Roland Winter | Frank Noll | Claus Czeslik

Methoden der Biophysikalischen Chemie

Studienbücher **Chemie**

Herausgegeben von
Prof. Dr. rer. nat Christoph Elschenbroich, Marburg
Prof. Dr. rer. nat. Dr. h.c. Friedrich Hensel, Marburg
Prof. Dr. phil. Henning Hopf, Braunschweig

Die Studienbücher der Reihe Chemie sollen in Form einzelner Bausteine grundlegende und weiterführende Themen aus allen Gebieten der Chemie umfassen. Sie streben nicht die Breite eines Lehrbuchs oder einer umfangreichen Monographie an, sondern sollen den Studierenden der Chemie – aber auch den bereits im Berufsleben stehenden Chemiker – kompetent in aktuelle und sich in rascher Entwicklung befindende Gebiete der Chemie einführen. Die Bücher sind zum Gebrauch neben der Vorlesung, aber auch anstelle von Vorlesungen geeignet. Es wird angestrebt, im Laufe der Zeit alle Bereiche der Chemie in derartigen Lehrbüchern vorzustellen. Die Reihe richtet sich auch an Studierende anderer Naturwissenschaften, die an einer exemplarischen Darstellung der Chemie interessiert sind.

www.viewegteubner.de

Roland Winter | Frank Noll | Claus Czeslik

Methoden der Biophysikalischen Chemie

2. Auflage

STUDIUM

Bibliografische Information der Deutschen Nationalbibliothek
Die Deutsche Nationalbibliothek verzeichnet diese Publikation in der
Deutschen Nationalbibliografie; detaillierte bibliografische Daten sind im Internet über
<http://dnb.d-nb.de> abrufbar.

Prof. Dr. rer. nat. Roland Winter
Geboren 1954 in Offenbach/Main, Chemiestudium an der Universität (TH) Karlsruhe, Promotion in Physikalischer Chemie bei Prof. Dr. U. Schindewolf, von 1983 bis 1991 wiss. Angestellter am FB Physikalische Chemie der Philipps-Universität Marburg bei Prof. Dr. F. Hensel, 1987 bis 1988 Forschungsaufenthalt an der School of Chemical Sciences in Urbana-Champaign bei Prof. Dr. J. Jonas, 1991 Habilitation in Physikalischer Chemie in Marburg, 1992 Ruf auf eine Professur für Physikalische Chemie an der Ruhr-Universität Bochum, 1993 Ruf auf einen Lehrstuhl für Physikalische Chemie an der TU Dortmund.
Hauptarbeitsgebiete: Biophysikalische Chemie (Modellbiomembranen; Signaltransduktion; Struktur, Dynamik und Faltung von Proteinen, Amyloidbildung; Hochdruckeffekte in der molekularen Biophysik)

Dr. rer. nat. Frank Noll
Geboren 1960 in Cölbe, Studium der Chemie an der Philipps-Universität Marburg, Promotion in Physikalischer Chemie 1990 bei Prof. Dr. Hensel, 1990 bis 1991 wiss. Mitarbeiter am FB Physikalische Chemie der Philipps-Universität Marburg, 1992 bis 1995 wiss. Mitarbeiter am Max Planck Institut für Festkörperforschung in Stuttgart. 1996 bis 2001 wiss. Assistent und 2001 bis 2007 wiss. Mitarbeiter am Fachbereich Chemie der Philipps-Universität Marburg, 2007 bis 2009 Akademischer Rat und seit 2009 Akademischer Oberrat an demselben Fachbereich.
Hauptarbeitsgebiete: Rastersondenmikroskopie und Röntgenstreuung an biologischen Materialien

Priv.-Doz. Dr. rer. nat. Claus Czeslik
Geboren 1968 in Oberhausen, Chemiestudium an der Ruhr-Universität Bochum, 1997 Promotion in Physikalischer Chemie an der Universität Dortmund bei Prof. Dr. R. Winter, 1998 bis 1999 Post-Doktorand an der University of Illinois at Urbana-Champaign bei Prof. Dr. J. Jonas, 2006 Habilitation in Physikalischer Chemie in Dortmund, seit 2008 Akademischer Oberrat an der Fakultät Chemie der Technischen Universität Dortmund bei Prof. Dr. R. Winter.
Hauptarbeitsgebiete: Biophysikalische Chemie (chemisch-biologische Grenzflächen, Proteinadsorption)

1. Auflage 1998
2., überarbeitete und erweiterte Auflage 2011

Alle Rechte vorbehalten
© Vieweg+Teubner Verlag | Springer Fachmedien Wiesbaden GmbH 2011

Lektorat: Ulrich Sandten | Kerstin Hoffmann

Vieweg+Teubner Verlag ist eine Marke von Springer Fachmedien.
Springer Fachmedien ist Teil der Fachverlagsgruppe Springer Science+Business Media.
www.viewegteubner.de

Das Werk einschließlich aller seiner Teile ist urheberrechtlich geschützt. Jede Verwertung außerhalb der engen Grenzen des Urheberrechtsgesetzes ist ohne Zustimmung des Verlags unzulässig und strafbar. Das gilt insbesondere für Vervielfältigungen, Übersetzungen, Mikroverfilmungen und die Einspeicherung und Verarbeitung in elektronischen Systemen.

Die Wiedergabe von Gebrauchsnamen, Handelsnamen, Warenbezeichnungen usw. in diesem Werk berechtigt auch ohne besondere Kennzeichnung nicht zu der Annahme, dass solche Namen im Sinne der Warenzeichen- und Markenschutz-Gesetzgebung als frei zu betrachten wären und daher von jedermann benutzt werden dürften.

Umschlaggestaltung: KünkelLopka Medienentwicklung, Heidelberg
Gedruckt auf säurefreiem und chlorfrei gebleichtem Papier
Printed in Germany

ISBN 978-3-8348-1316-9

Vorwort zur zweiten Auflage

Das Gebiet der Biophysikalischen Chemie und Biophysik hat in den letzten Jahren weiteren Aufschwung erfahren, nicht zuletzt aus dem Bedürfnis heraus, biologische Vorgänge quantitativer verstehen zu wollen. In der Folge gab es Neu- und Weiterentwicklungen zahlreicher Methoden, die es nun sogar erlauben, einzelne Biomoleküle in komplexen Umgebungen (z. B. in einer Zelle) zu verfolgen. Dies machte daher eine Neuauflage unseres Lehrbuches notwendig.

Die sehr freundliche Aufnahme, die unser Lehrbuch „Methoden der Biophysikalischen Chemie" erfuhr, hat uns bestärkt, das der ersten Auflage zugrunde liegende Konzept beizubehalten, d. h., ein prinzipielles Verständnis der biophysikalisch-chemischen Untersuchungsmethoden und ihrer Anwendungsmöglichkeiten anhand repräsentativer klassischer und neuerer Anwendungsbeispiele zu vermitteln. Da die Funktion biomolekularer Systeme in relativ komplexer Art und Weise von deren Struktur und Dynamik abhängt, ist meist der Einsatz komplementärer Untersuchungsmethoden vonnöten, worauf verstärkt abgehoben wird.

Wir haben an vielen Stellen, bedingt durch die oben genannte Weiterentwicklung von Methoden, umfangreichere Ergänzungen eingefügt, an anderen Stellen haben wir kleinere Korrekturen vorgenommen. Gerne nehmen wir Kommentare und Anregungen entgegen, die helfen, zukünftige Auflagen weiter zu verbessern.

Dortmund und Marburg, im Februar 2011   Die Autoren

Vorwort zur ersten Auflage

In immer stärkerem Maße steht das molekulare Verständnis der Lebensvorgänge im Vordergrund heutiger naturwissenschaftlicher Forschungsarbeiten. Die Disziplinen der Biophysikalischen Chemie und Biophysik haben daher in den letzten Jahrzehnten sehr an Bedeutung gewonnen und auch zu großen Entdeckungen in Biochemie, Biologie und Medizin geführt. Der große Erfolg dieses sich immer stärker ausweitenden Wissenschaftszweigs ist insbesondere auf die Fortschritte der physikalisch-chemischen Untersuchungsmethoden zurückzuführen, die es heute erlauben, selbst komplexe biochemische Systeme hinsichtlich ihrer strukturellen und dynamischen Eigenschaften zu analysieren. Er ist aber auch der Tatsache zu verdanken, dass die traditionellen Grenzen zwischen Chemie, Physik und Biologie auf diesem stark interdisziplinär angelegten Forschungsgebiet in den letzten Jahren immer mehr gefallen sind.

Dieses Buch hat das Ziel, ein prinzipielles Verständnis der biophysikalisch-chemischen Untersuchungsmethoden und ihrer Anwendungsmöglichkeiten zu vermitteln. Es wird zunächst ein Überblick über die Strukturprinzipien biologischer Moleküle gegeben. Nach der Einführung in die Prinzipien der einzelnen Methoden werden dann repräsentative Anwendungsbeispiele besprochen, sowohl historisch interessante Beispiele als auch Arbeiten aus der neueren Literatur.

Das Buch entstand aus einer Vorlesung für Studenten der Chemie im Hauptstudium. Das gezeigte Interesse und der Mangel an aktuellen einführenden Werken zu dieser Thematik bestärkte uns, dieses Buch zu schreiben. Es ist gleichermaßen auch für Biologen, Pharmazeuten und Physiker geeignet. Da es eine Einführung in die grundlegenden Konzepte der „Methoden der Biophysikalischen Chemie" darstellt, werden nur Grundkenntnisse der Chemie bzw. Physikalischen Chemie vorausgesetzt. Es ist klar, dass die vielen Facetten der derzeitigen Methoden nicht alle und auch nicht in gleicher Tiefe in einem einzigen Buch abgehandelt werden können. Die vorliegende Auswahl ergibt sich zum Teil aus den Interessen der Autoren, aber auch aus dem Mangel aktueller einführender Literatur zu einigen der Teilgebiete. Zur Vertiefung des Stoffs haben wir den einzelnen Kapiteln - in der Reihenfolge der abgehandelten Kapitel - eine Literaturzusammenstellung angefügt.

Frau J. Friedrich und Frau A. Kreusel danken wir herzlich für ihre wertvolle Hilfe bei der Erstellung der Druckvorlage. Dem Teubner-Verlag, insbesondere Herrn Dr. P. Spuhler, sind wir für die freundliche Betreuung und die Geduld dankbar.

Dortmund und Marburg, im Januar 1998   R. Winter, F. Noll

Inhaltsverzeichnis

Vorwort V

I. Allgemeine Strukturprinzipien 1
   1. Intermolekulare Wechselwirkungskräfte 1
      1.1 Ionenbindung 1
      1.2 VAN DER WAALS- und Dipol-Dipol-Wechselwirkungen 2
      1.3 Wasserstoffbrückenbindungen 5
      1.4 Wasser 5
      1.5 Der hydrophobe Effekt 7
   2. Chemischer Bau und Struktur der Biomoleküle 11
      2.1 Biologische Membranen und Modellmembranen 11
      2.2 Monomolekulare Filme 16
      2.3 Proteine und ihre Bausteine 19
      2.4 Nucleinsäuren 27
      2.5 Kohlenhydrate 32
   3. Konformationsumwandlungen von Biopolymeren 34
   4. Literatur zu Kapitel I 40

II. Thermisch-kalorische Messverfahren 43
   1. Difference Scanning Calorimetry (DSC) 43
      1.1 Thermotrope Phasenumwandlungen von Modellbiomembranen ... 47
      1.2 Polypeptide und Proteine 50
      1.3 Polynucleotide 52
   2. Wärmestrom-Differenz-Kalorimetrie 53
   3. Isotherme Titrationskalorimetrie (ITC) 54
   4. Literatur zu Kapitel II 58

III. Kolligative und hydrodynamische Methoden 59
   1. Charakterisierung der idealisierten Struktur von Biomolekülen in Lösung ... 60
   2. Kolligative Eigenschaften (Osmometrie) 64
   3. Viskosimetrie 67
   4. Translationsdiffusion 76
   5. Sedimentation 82
   6. Ultrazentrifugation 83
   7. Elektrophorese 93
      7.1 SDS-Gelelektrophorese 96
      7.2 Isoelektrische Fokussierung 97
      7.3 Das Zeta-Potenzial 99
   8. Chromatographie 100
      8.1 Gelpermeationschromatographie 101
      8.2 Ionenaustauschchromatographie 104
      8.3 Affinitätschromatographie 105
   9. Literatur zu Kapitel III 106

IV. Strukturuntersuchungen — 108

1. Mikroskopie — 110
   - 1.1 Lichtmikroskopie — 110
   - 1.2 Elektronenmikroskopie (EM) — 124
   - 1.3 Rastersondenmikroskopie — 131
   - 1.4 Optische Pinzetten — 144
2. Lichtstreuung — 146
   - 2.1 Elastische Lichtstreuung an punktförmigen Teilchen: RAYLEIGH-Streuung — 146
   - 2.2 Elastische Lichtstreuung an kleinen Makromolekülen in Lösung — 148
   - 2.3 Turbidität — 151
   - 2.4 Elastische Lichtstreuung an größeren Makromolekülen in Lösung — 151
   - 2.5 Dynamische Lichtstreuung — 155
3. RÖNTGEN- und Neutronen-Kleinwinkelstreuung — 161
   - 3.1 Das Prinzip des Streuexperiments — 162
   - 3.2 Der Aufbau von Kleinwinkelstreuapparaturen — 167
   - 3.3 Die Streuung an großen Teilchen in verdünnter Lösung — 173
   - 3.4 Die Auswertung von Kleinwinkel-Streukurven — 176
   - 3.5 Wechselwirkende Systeme — 184
   - 3.6 Das Verfahren der Kontrastvariation — 187
4. RÖNTGEN- und Neutronen-Reflektometrie — 191
5. Proteinkristallographie — 195
   - 5.1 Streuung an Kristallgittern — 197
   - 5.2 Das reziproke Gitter — 200
   - 5.3 Die BRAGGsche Gleichung — 201
   - 5.4 EWALD-Konstruktion und reziprokes Gitter — 202
   - 5.5 Der Strukturfaktor und die Bestimmung von Elektronendichten — 202
   - 5.6 Intensität von RÖNTGEN-Reflexen und Aufnahmetechniken — 205
   - 5.7 Das Phasenproblem — 211
   - 5.8 Durchführung von Proteinkristallstrukturanalysen — 214
6. Anomale RÖNTGEN-Streuung — 217
7. Streuung an teilgeordneten Strukturen — 218
   - 7.1 Lipidphasen — 218
   - 7.2 Fibrillen — 227
8. Quasielastische Neutronen-Streuung — 229
9. RÖNTGEN-Absorption (EXAFS) — 236
10. Literatur zu Kapitel IV — 238

V. Spektroskopische Methoden — 242

1. Elektromagnetische Strahlung — 242
2. Wechselwirkung von Licht mit Materie — 245
3. Elektronenspektroskopie — 247
   - 3.1 Das Übergangsdipolmoment — 247
   - 3.2 Absorptionsspektrometer — 250
   - 3.3 Das Gesetz von LAMBERT und BEER — 250
   - 3.4 Elektronische Energieniveaus — 253
   - 3.5 Biologische Chromophore — 259

3.6 Lösungsmitteleinflüsse	266
3.7 Lineardichroismus an orientierten Proben	269
4. Chiroptische Methoden	272
4.1 Zirkular und elliptisch polarisiertes Licht	272
4.2 Optische Rotationsdispersion (ORD)	272
4.3 Circulardichroismus (CD)	277
4.4 Ursachen der optischen Aktivität	281
4.5 Anwendungen	282
5. Fluoreszenzspektroskopie	290
5.1 Grundlagen der Fluoreszenzspektroskopie	290
5.2 Messmethoden in der Fluoreszenzspektroskopie	293
5.3 Fluoreszenzspektren	297
5.4 Fluorophore	301
5.5 Fluoreszenzquantenausbeute und –lebensdauer	305
5.6 Fluoreszenzlöschung	308
5.7 Excimere	313
5.8 Singulett-Singulett-Energietransfer nach FÖRSTER	314
5.9 Fluoreszenzdepolarisation	320
5.10 Photobleichverfahren (FRAP)	332
5.11 Fluoreszenzkorrelationsspektroskopie (FCS)	333
6. Schwingungsspektroskopie	342
6.1 Infrarotspektroskopie	342
6.2 RAMAN-Spektroskopie	367
6.3 Photoakustische Spektroskopie (PAS)	378
6.4 Terahertz-Spektroskopie	379
7. Kernmagnetische Resonanz (NMR)	381
7.1 Grundlagen	381
7.2 Experiment und Messung	384
7.3 Relaxation	386
7.4 Das NMR-Spektrum	395
7.5 Einfache Anwendungen der NMR-Spektroskopie	399
7.6 Paramagnetische Proben	408
7.7 Chemischer Austausch	411
7.8 Dynamische Prozesse	413
7.9 Deuteronen-NMR-Spektroskopie	418
7.10 Der Kern-OVERHAUSER-Effekt	424
7.11 Zweidimensionale NMR-Spektroskopie	429
7.12 Festkörper-NMR-Spektroskopie	443
7.13 Feldgradienten-NMR	449
7.14 NMR-Tomographie	451
8. Elektronenspinresonanz-Spektroskopie (ESR)	455
8.1 Grundlagen der ESR-Spektroskopie	455
8.2 Anwendungsbeispiele	459
9. MÖSSBAUER-Spektroskopie	469
10. Literatur zu Kapitel V	476

VI. Biochemische Reaktionen	**481**
1. Enzymatische Reaktionen	481
1.1 Energetik und Mechanismen enzymatischer Reaktionen	482
1.2 Kinetik enzymatischer Reaktionen	489
2. Messmethoden der Kinetik biochemischer Reaktionen	501
2.1 Absorptions- und Fluoreszenzspektroskopie	501
2.2 Untersuchungsmethoden der Kinetik schneller biochemischer Reaktionen	504
2.3 Oberflächenplasmonenresonanz (SPR)	519
3. Bindungsgleichgewichte	525
4. Literatur zu Kapitel VI	528
VII. Radioaktive Nuklide	**530**
1. Physikalische Eigenschaften radioaktiver Nuklide	530
2. Messung von β- und γ-Strahlung	535
2.1 Messung von β-Strahlung	535
2.2 Messung von γ-Strahlung	540
3. Die Herstellung radioaktiver Nuklide	540
4. Beispiele von Isotopenanwendungen	541
4.1 Radioimmunoassay	542
4.2 Autoradiographie	543
4.3 Radioluminographie	545
5. Biologische Strahlenwirkung	546
6. Literatur zu Kapitel VII	549
Anhang: Physikalische Größen und Einheiten	**550**
Index	**554**

I. Allgemeine Strukturprinzipien

In diesem Kapitel sollen die Strukturprinzipien biologischer Moleküle kurz erläutert werden, um - falls notwendig - die im Text angeführten Anwendungsbeispiele der biophysikalischen Messmethoden besser verstehen zu können. Aufgrund der Vielzahl guter Biochemie-Lehrbücher kann hier auf eine detaillierte Darstellung der Strukturen biologischer Moleküle verzichtet werden. Weiterführende Literatur ist im Anhang angegeben.

1. Intermolekulare Wechselwirkungskräfte

Im Folgenden soll die Frage erörtert werden, welche Kräfte für den Zusammenhalt biologischer Moleküle und deren dreidimensionale Struktur verantwortlich sind. Während kovalente Bindungskräfte, deren Bindungsenergien etwa zwischen 200 und 500 kJ mol^{-1} (vgl. Tab. I.1) liegen, für den Zusammenhalt der Monomerbausteine, wie z. B. der Aminosäuren in einer Proteinkette, verantwortlich sind, hängt die räumliche Struktur biologischer Moleküle wesentlich von nicht-kovalenten Bindungskräften ab. Man unterscheidet vereinfacht drei dieser Bindungs- oder Wechselwirkungstypen: die Ionenbindung, die VAN DER WAALS- und Dipol-Dipol-Wechselwirkung sowie die Wasserstoffbrückenbindung. Diese drei Bindungstypen unterscheiden sich in ihrer Bindungsstärke und Spezifität. Sie werden zudem durch Wasser als Lösungsmittel unterschiedlich stark beeinflusst. Wir wollen die einzelnen Bindungstypen etwas näher betrachten.

1.1 Ionenbindung

Entgegengesetzt geladene Moleküle oder Molekülgruppen ziehen sich gegenseitig an, wie dies z. B. eine negativ geladene Carboxylgruppe und eine positiv geladene, protonierte Aminogruppe (Abb. I.1) tun. Eine solche elektrostatische Anziehung besitzt nach dem COULOMBschen Gesetz die Wechselwirkungsenergie

$$E_{\text{Coul}} = \frac{q^+ \cdot q^-}{4\pi\varepsilon_0\varepsilon_\text{r} r} \tag{I.1}$$

Tab. I.1: Größen verschiedener Wechselwirkungsenergien.

Art der Wechselwirkung	Stärke der Wechselwirkung / kJ mol^{-1}	Beispiel
kovalent	200-500	H–CH$_3$: 435 kJ mol^{-1}
ionisch	10-30	1 M NaCl-Lösung
VAN DER WAALS	1-4	Ar $\cdots$ Ar
Wasserstoffbrücke	10-30	H$_3$C–CH$_2$OH $\cdots$ OH$_2$

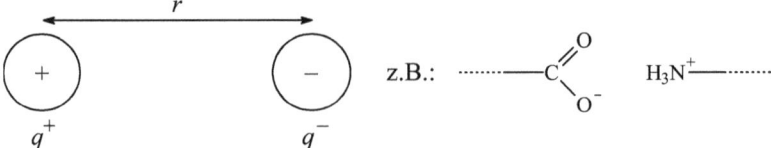

Abb. I.1: Elektrostatische Wechselwirkung zwischen ungleichnamig geladenen Gruppen.

q^+ und q^- sind die Ladungen der beiden Gruppen, r ihr Abstand voneinander, ε_0 die elektrische Feldkonstante und ε_r die relative Dielektrizitätskonstante (Dielektrizitätszahl) des umgebenden Mediums. Oftmals begegnet man auch dem Begriff des elektrischen Potenzials. Das elektrische Potenzial ist die Energie pro Ladung (Einheit V = J C^{-1}), die ein geladenes Teilchen an einem Raumpunkt besitzt. Biologische Vorgänge laufen in wässrigem Medium ab. Aufgrund der hohen Dielektrizitätszahl von Wasser (ε_r = 78,5 bei 298 K) wird die elektrostatische Anziehung drastisch abgeschwächt, so dass ionische Bindungsenergien in Wasser nur zwischen etwa 10 und 30 kJ mol^{-1} liegen (s. Tab. I.1). Innerhalb von Proteinen ist $\varepsilon_r \approx 4$, so dass elektrostatische Wechselwirkungskräfte groß sind.

1.2 VAN DER WAALS- und Dipol-Dipol-Wechselwirkungen

Zur Erläuterung der VAN DER WAALS-Wechselwirkung betrachten wir zunächst neutrale Argonatome in einem Abstand von etwa 0,3 bis 0,4 nm. In diesem Abstandsbereich, der von atomarer Größenordnung ist, werden VAN DER WAALS-Kräfte wichtig. Obwohl Argon als Edelgasatom kein permanentes elektrisches Dipolmoment besitzt, so fluktuiert doch die Verteilung seiner Elektronendichte mit der Zeit, sie ist in keinem Moment völlig symmetrisch (Abb. I.2). Es entsteht ein momentanes elektrisches Dipolmoment $\vec{\mu}_{\text{mom}}$, das kurzfristig eine ähnliche Asymmetrie der Elektronenverteilung der Nachbaratome, d. h. ein Dipolmoment $\vec{\mu}_{\text{ind}}$, induziert. Dadurch kommt es zu einer anziehenden Wechselwirkung von momentanem und induziertem elektrischem Dipol. Ihre Stärke hängt von der Polarisierbarkeit α und dem Abstand r der wechselwirkenden Atome 1 und 2 ab. Die Berechnung liefert folgenden Zusammenhang:

$$E_{\text{vdW}} \propto -\frac{\alpha_1 \cdot \alpha_2}{r^6} \tag{I.2}$$

Diese VAN DER WAALS-Anziehungkräfte (auch LONDONsche Dispersionskräfte genannt) zwischen zwei unpolaren Atomen nehmen also bei Annäherung der Atome stark zu, sind jedoch nur sehr kurzreichweitig. Dies geht natürlich nur solange, bis sich die Elektronenwolken der beiden Atome überlappen. Sie stoßen sich dann aufgrund des PAULI-Prinzips ab (Abb. I.3).

Die Energie der VAN DER WAALS-Bindung liegt bei etwa 1 bis 4 kJ mol^{-1} und ist damit von der Größenordnung der mittleren thermischen Energie bei Raumtemperatur ($RT \approx 2,5$ kJ mol^{-1} bei 298 K). Sie ist damit auch beträchtlich kleiner als die ionischer Bindungen. VAN DER WAALS-Kräfte spielen jedoch dann eine wesentliche Rolle, wenn viele Atome in einem Molekül gleichzeitig mit vielen Nachbaratomen wechselwirken, wie dies z. B. bei dicht gepackten langen Kohlenwasserstoffketten der Fall ist (Abb. I.4). Dies geschieht jedoch nur dann, wenn die beiden Moleküle in ihrer Konformation zusammenpassen.

1. Intermolekulare Wechselwirkungskräfte

Neben diesen LONDONschen Dispersionskräften spielen auch Wechselwirkungen unter Beteiligung von permanenten elektrischen Dipolen für intra- und intermolekulare Bindungen in biomolekularen Systemen eine große Rolle. Als Beispiel betrachten wir elektrische Dipol-Dipol-Wechselwirkungen (auch KEESOM-Wechselwirkung genannt), wie sie z. B. in benachbarten Peptideinheiten von Proteinen vorkommen (s. Abb. I.5).

Im einfachsten Fall setzt sich das elektrische Dipolmoment aus einer positiven und einer gleich großen negativen Ladung ($q^+ = |q^-| = q$), die einen Abstand $\vec{r}$ voneinander besitzen, zusammen ($\vec{\mu}_{el} = q\vec{r}$) und zeigt von der negativen zur positiven Ladung. Die Ladungen können auch Ladungsschwerpunkte einer beliebigen Ladungsverteilung im Raum sein. Das elektrische Dipolmoment einer Peptidgruppe zeigt vom partiell negativ geladenen Sauerstoff zum

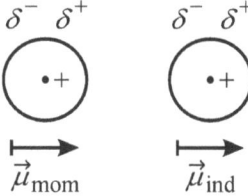

Abb. I.2: Auch Moleküle ohne permanentes elektrisches Dipolmoment können durch Fluktutionen der Elektronendichte in ihrer Elektronenhülle (im Zeitraum von 10^{-15} s) transiente induzierte Dipolmomente entwickeln. Hier sind zwei Argonatome mit unsymmetrischer Ladungsverteilung dargestellt. Zur Verdeutlichung der Asymmetrie der Elektronenverteilung ist diese so dargestellt, dass der Schwerpunkt der Elektronenhülle (•) und der Atomkern (+) sich nicht an derselben Stelle im Raum befinden. Dies führt zu einer partiellen Ladungstrennung (δ^+, δ^-) und dadurch zu den beiden Dipolmomenten $\vec{\mu}_{mom}$ und $\vec{\mu}_{ind}$.

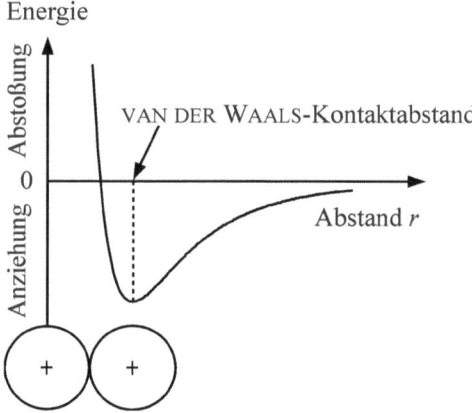

Abb. I.3: LENNARD-JONES-Wechselwirkungsenergie als Funktion des Abstands r zweier Atome. Der ansteigende rechte Ast der Kurve wird durch die VAN DER WAALS-Anziehung bestimmt. Die stärkste Anziehung beider Atome erfolgt beim Kontaktabstand.

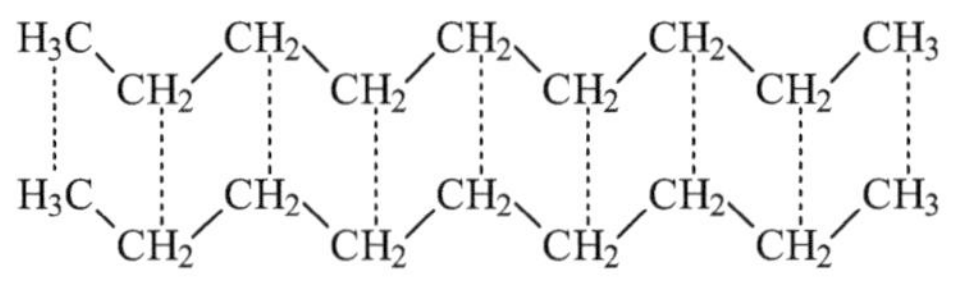

Abb. I.4: Ein langes, gesättigtes Kohlenwasserstoffmolekül kann über viele Kettenglieder mit einem Nachbarmolekül VAN DER WAALS-Bindungen eingehen, wie es hier für n-Nonan dargestellt ist.

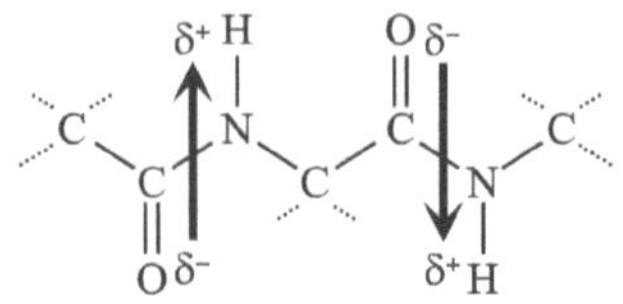

Abb. I.5: Elektrische Dipolmomente benachbarter Peptideinheiten in einer Polypeptidkette. Die hier gezeigte antiparallele Ausrichtung der Dipolmomente führt zu einer Energieabsenkung.

partiell positiv geladenen Wasserstoff und hat einen Betrag von 3,7 D (SI-Einheit: C·m; 1 D (Debye) = $3{,}336 \cdot 10^{-30}$ C·m). Die potenzielle Wechselwirkungsenergie zweier permanenter Dipolmomente $\vec{\mu}_{el,1}$ und $\vec{\mu}_{el,2}$ im Abstand $\vec{r}$ voneinander ist - für nicht zu kurze Abstände - gegeben durch

$$E_{\text{Dipol-Dipol}} = \frac{1}{4\pi\varepsilon_0\varepsilon_r}\left(\frac{\vec{\mu}_{el,1}\vec{\mu}_{el,2}}{r^3} - \frac{3(\vec{\mu}_{el,1}\vec{r})(\vec{\mu}_{el,2}\vec{r})}{r^5}\right) \tag{I.3}$$

Die Wechselwirkungsenergie hängt demnach von der relativen Orientierung der Dipole zueinander ab. Für z. B. ein lineares Dimer (→→), das aus zwei hintereinder liegenden Dipolen besteht, oder zwei antiparallel zueinander liegende Dipole (↑↓) erhält man eine negative Wechselwirkungsenergie (die Wechselwirkung ist also anziehend), für eine parallele Orientierung (↑↑) ist $E_{\text{Dipol-Dipol}} > 0$, die Dipole stoßen sich also ab. Für den Fall zweier thermisch fluktuierender elektrischer Dipole, die jede beliebige Orientierung relativ zueinander einehmen können (z. B. in einer Flüssigkeit), erhält man:

$$E_{\text{Dipol-Dipol}} = -\frac{1}{3k_B T(4\pi\varepsilon_0\varepsilon_r)^2}\frac{2\mu_{el,1}^2\mu_{el,2}^2}{r^6} \tag{I.4}$$

D. h., die Dipol-Dipol-Wechselwirkungsenergie ist attraktiv, aber nur sehr kurzreichweitig. Proteine insgesamt können relativ große Dipolmomente besitzen (z. B. Lysozym: 72 D, Insulin 360 D, Hämoglobin 480 D).

Entsprechende Gleichungen für Wechselwirkungsenergien lassen sich auch für Dipol-Punktladungssysteme sowie für Systeme, in denen induzierte und permanente elektrische Dipole miteinander wechselwirken, aufstellen. Meist zählt man alle Wechselwirkungen, deren potenzielle Energien proportional zu $-r^{-6}$ sind, zur Gruppe der VAN DER WAALS-Wechselwirkungen.

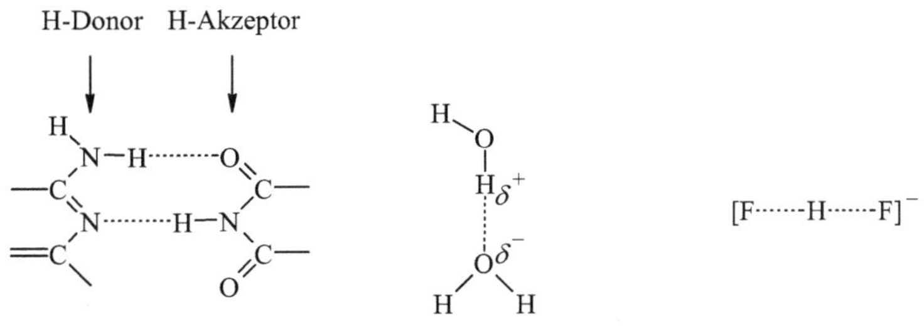

1. Intermolekulare Wechselwirkungskräfte

Abb. I.6: Beispiele für Wasserstoffbrückenbindungen, wie sie a) in DNA, b) in Wasser und c) im HF_2^--Ion vorliegen.

1.3 Wasserstoffbrückenbindungen

Auch Wasserstoffbrückenbindungen basieren bei genauer Betrachtung im Wesentlichen auf elektrostatischen Wechselwirkungen. Sie entstehen sowohl zwischen ungeladenen als auch zwischen geladenen protonenhaltigen Molekülen (Abb. I.6). Dabei teilen sich jeweils zwei benachbarte Atome ein Wasserstoffatom. Die Bindungsenergien der Wasserstoffbrückenbindungen reichen i. Allg. von 10 bis 30 kJ mol^{-1}, in Extremfällen (HF_2^--Ion) sogar bis 113 kJ mol^{-1}. Ein wichtiger Unterschied zu den anderen hier vorgestellten nicht-kovalenten Bindungsarten liegt in ihrer Richtungscharakteristik. Die stärkste Bindung liegt dann vor, wenn Donor-, Akzeptor- und Wasserstoff-Atom auf einer Linie angeordnet sind (wie z. B. im HF_2^--Ion, Abb. I.6c).

In biologischen Systemen besitzen Wasserstoffbrückenbindungen eine herausragende Bedeutung. So wird z. B. die α-Helix, ein häufiges Strukturelement der Proteine, durch H-Brücken zwischen Amid- und Carbonylgruppen zusammengehalten, und die beiden Ketten der DNA-Doppelhelix werden wesentlich durch Wasserstoffbrückenbindungen zwischen den Nucleotidbasen der beiden Ketten stabilisiert.

1.4 Wasser

Das Paradebeispiel für die Ausbildung von Wasserstoffbrückenbindungen ist natürlich das Wasser selbst. Da die Struktur biologischer Moleküle auch von ihrem Lösungsmittel, also Wasser, abhängt, sind dessen physikalisch-chemische Eigenschaften von besonderer Bedeutung und sollen aus diesem Grund hier etwas näher betrachtet werden. Beim Wassermolekül handelt es sich um ein gewinkeltes Molekül, das aufgrund der großen Elektronegativitätsdifferenz zwischen Sauerstoff und Wasserstoff (Elektronegativität nach PAULING: 2,20 für H, 3,44 für O) stark polaren Charakter und damit ein großes elektrisches Dipolmoment $\vec{\mu}_{el}$ besitzt (Abb. I.7). Aufgrund dieser Eigenschaften bildet Wasser im festen Zustand eine Struktur mit einer maximalen Anzahl von Wasserstoffbrückenbindungen aus (Abb. I.8). In der normalen hexagonalen Eisstruktur ist jedes Wassermolekül von vier Nachbarmolekülen umgeben (Koordinationszahl 4), zu denen es Wasserstoffbrückenbindungen ausbildet - zwei als Donor, zwei als Akzeptor. Jedes Sauerstoffatom hat dadurch zwei nähere und zwei entferntere Was-

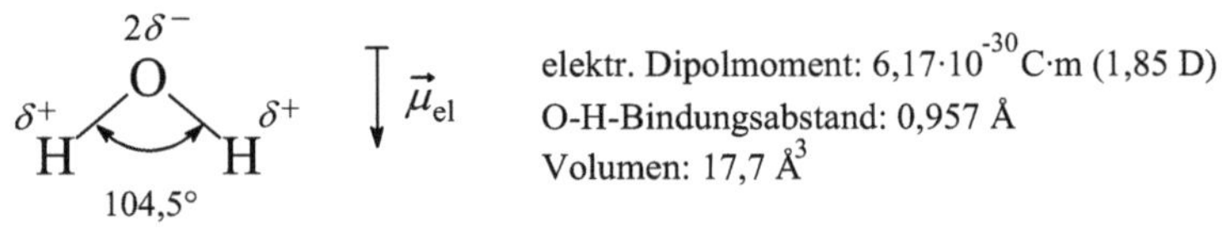

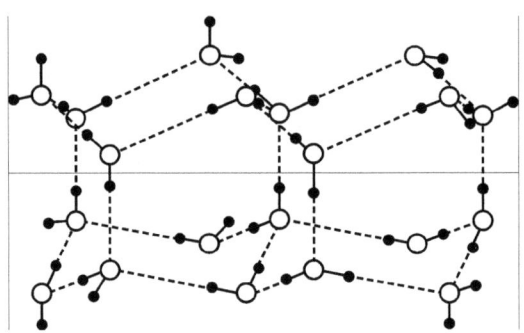

elektr. Dipolmoment: $6{,}17\cdot 10^{-30}$ C·m (1,85 D)
O-H-Bindungsabstand: 0,957 Å
Volumen: 17,7 Å^3

Abb. I.7: Schematische Darstellung eines Wassermoleküls und seines permanenten elektrischen Dipolmoments $\vec{\mu}_{el}$. Der Durchmesser des Wassermoleküls beträgt ca. 0,28 nm.

Abb. I.8: Die Struktur von hexagonalem Eis, welches sich bei 273 K bildet. Sauerstoffatome sind als offene, Wasserstoffatome als ausgefüllte Kreise dargestellt. Kovalente Bindungen sind als durchgezogene Linien, Wasserstoffbrückenbindungen als gestrichelte Linien symbolisiert (Donor-Akzeptor-Abstand 2,76 Å, Bindungsenergie ca. 20 kJ mol^{-1}).

serstoffatome als Nachbarn. Bei der Kristallisation entsteht ein relativ offenes, aus gewellten sechsgliedrigen Ringen bestehendes Strukturnetzwerk mit nur 42 % Raumausfüllung.

Die Struktur flüssigen Wassers ist wesentlich komplexer. Wasser besitzt bei Raumtemperatur eine um 9 % höhere Dichte als Eis. Die mittlere Anzahl nächster Nachbarn wurde in RÖNTGEN- und Neutronenstreuexperimenten zu etwa 4,5 bestimmt, und der mittlere Abstand nächster Nachbarn ist um etwa 0,1 Å größer als im Eis. Isolierte Wassermoleküle, d. h. Moleküle ohne Wasserstoffbrückenbindungen, oder isolierte Wassercluster existieren in flüssiger Phase nicht. Die Wasserstoffbrückenbindungen bleiben bei Raumtemperatur großenteils (zu ca. 80 %) erhalten. Sie haben eine Lebensdauer in der Größenordnung von ps. Flüssiges Wasser lässt sich damit durch eine ungeordnete, dreidimensionale, wasserstoffverbrückte Netzwerkstruktur beschreiben, die eine lokale Präferenz für tetraedrische Symmetrie besitzt, statistisch aber auch viele gebrochene Wasserstoffbrückenbindungen aufweist. Durch diese partielle Netzwerkstruktur wird ein sehr schneller Transport der H$^+$- und OH$^-$-Ionen in Wasser möglich (GROTTHUSS-Mechanismus, Abb. I.9). Ihre Beweglichkeiten sind um etwa eine Größenordnung größer als die anderer Ionen (Tab. I.2).

Aufgrund seines polaren Charakters ist Wasser ein ausgezeichnetes Lösungsmittel für polare und ionische Moleküle. Es schwächt die zwischen polaren Molekülen bestehenden elektrostatischen Bindungen gegenüber dem Zustand im Vakuum drastisch ab, und zwar um einen Faktor 78,5 bei Raumtemperatur, der dem Wert seiner Dielektrizitätszahl entspricht (Abb. I.10).

Abb. I.9: Protonentransport in Wasser. Anstelle des Transports eines einzelnen hydratisierten Protons erfolgt die effektive Bewegung eines Protons durch Umlagerung von Bindungen entlang einer langen Kette von Wassermolekülen. Dadurch kann die hohe Beweglichkeit von Protonen in Wasser erklärt werden. Den Transport von Hydroxidionen hat man sich analog vorzustellen.

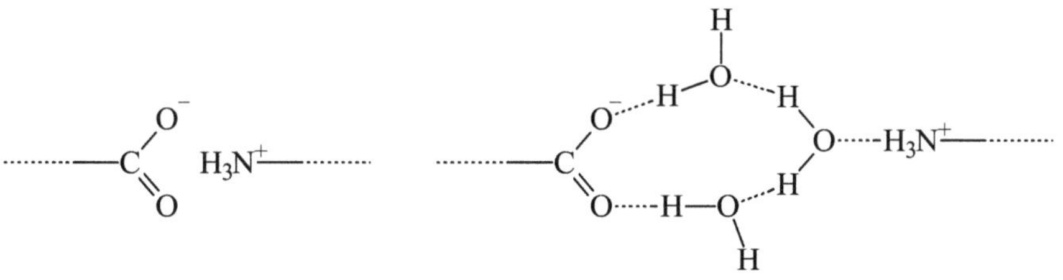

ohne Wasser   mit Wasser

Abb. I.10: Wassermoleküle schwächen die elektrostatischen Wechselwirkungen zwischen geladenen Gruppen aufgrund ihrer Polarität und der Fähigkeit, gerichtete Lösungsmittelhüllen um Ionen auszubilden.

Tab. I.2: Ionenbeweglichkeiten in Wasser bei 298 K.

μ_{ion} / 10^{-8} m^2 V^{-1}s^{-1}			
H$^+$	36,23	OH$^-$	20,64
Na$^+$	5,19	Cl$^-$	7,91
K$^+$	7,62	Br$^-$	8,09
Zn^{2+}	5,47	SO$_4^{2-}$	8,29

1.5 Der hydrophobe Effekt

Während es für die Existenz von Leben essentiell ist, dass sich polare oder geladene Moleküle, wie z. B. Kohlenhydrate und Proteine, in Wasser lösen, diffundieren und dadurch miteinander in Kontakt treten können, ist die Fähigkeit des Wassers, gerichtete Lösungsmittelhüllen (Hydrathüllen) ausbilden zu können, ebenfalls von zentraler Bedeutung (Abb. I.11). Sie ist Grundlage des sogenannten „hydrophoben Effekts". Darunter versteht man das Phänomen, dass unpolare Moleküle, wie z. B. Kohlenwasserstoffe, dazu neigen, sich in Wasser zu größeren Aggregaten zusammenzulagern.

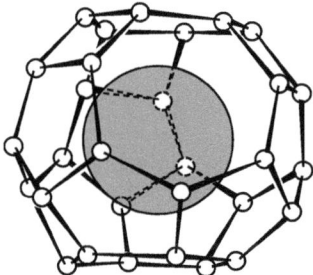

Abb. I.11: Hypothetischer Wasserkäfig (Clathrat-Struktur) um ein unpolares, sphärisches Molekül. Jede kleine Kugel symbolisiert ein Wassermolekül mit den Sauerstoffatomen auf den Vertices. Die Zahl der möglichen Orientierungen der H$_2$O-Moleküle in der Hydratationssphäre ist drastisch reduziert.

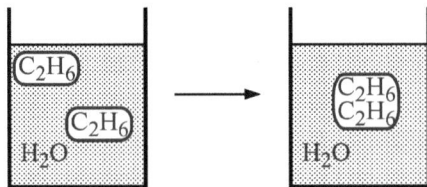

Abb. I.12: Bildung eines einzigen Lösungsmittelkäfigs um zwei unpolare Moleküle in Wasser als Folge des hydrophoben Effekts. Thermodynamische Messungen zeigen, dass die GIBBS-Energie-Änderung durch Entfernen einer CH$_2$-Gruppe aus der wässrigen Lösung etwa -3 kJ mol^{-1} beträgt.

Bringt man beispielsweise ein Methan- oder Ethanmolekül in Wasser, so orientieren sich die Wassermoleküle unter Bildung einer maximalen Zahl von Wasserstoffbrückenbindungen um dieses unpolare Teilchen (Abb. I.11). Die Ausbildung dieser geordneten Wasserstruktur ist mit einer Entropieabnahme des Wassers verbunden und damit ein ungünstiger Prozess. Enthalpische Effekte sind hier von untergeordneter Bedeutung. Das Einbringen eines weiteren Ethanmoleküls führt nun nicht dazu, dass sich ein zweiter solcher Käfig bildet, sondern die beiden unpolaren Teilchen lagern sich in einem einzigen Wasserkäfig zusammen (Abb. I.12). Dem hydrophoben Effekt liegt keine neue Bindungsart zugrunde, er ist, wie H. FRANK und M. EVANS 1945 zeigten, im Wesentlichen entropischen Ursprungs und bestimmt wesentlich die Struktur unpolarer biologischer Molekülaggregate.

Der hydrophobe Effekt bestimmt u. a. die Struktur amphiphiler Moleküle in Wasser, also von Teilchen, die eine hydrophile Kopfgruppe und eine hydrophobe aliphatische Kette besitzen, wie z. B. SDS oder DPPC (Abb. I.13). Oberhalb einer kritischen Konzentration, der sogenannten *kritischen Micellkonzentration* (engl.: *critical micelle concentration*, cmc) (z. B. $8 \cdot 10^{-3}$ M für SDS, 10^{-10} M für DPPC) bilden die Monomere molekulare Aggregate, im Fall des SDS Micellen aus ca. 60 Monomeren (Abb. I.14), Lipiddoppelschichten im Fall des DPPC (Abb. I.15).

Die Tendenz zur Micellbildung ist umso größer und die cmc damit umso kleiner, je größer der hydrophobe Anteil im amphiphilen Molekül ist. *Geometrische Packungsfaktoren* sowie die

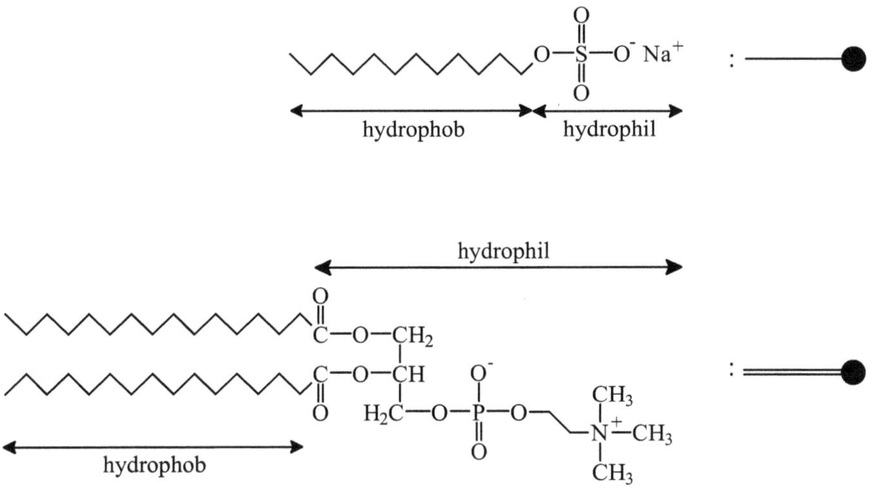

1. Intermolekulare Wechselwirkungskräfte

Abb. I.13: Strukturformeln und symbolische Kurzschreibweise von SDS (engl.: *sodium dodecyl sulfate*, Natriumdodecylsulfat, oben) und DPPC (1,2-Dipalmitylphosphatidylcholin, unten).

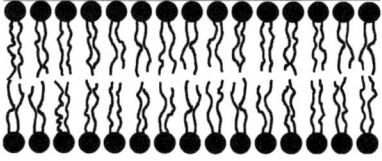

Abb. I.14: Schematische Darstellung des Aufbaus einer SDS-Micelle. Ihr Durchmesser beträgt ca. 3,5 nm.

Abb. I.15: Schematische Darstellung einer planaren Lipiddoppelschicht.

Ladung der Kopfgruppe - gleichnamig geladene Kopfgruppen stoßen sich ab und beanspruchen dadurch für sich ein größeres effektives Volumen - bestimmen wesentlich die Gestalt des Aggregats. Der Packungsfaktor kann mit Hilfe des kritischen Packungsparameters *CPP* beschrieben werden. Er ist als das Verhältnis von Volumen V der hydrophoben Kette zur benötigten Fläche A der Kopfgruppe, normiert auf die Kettenlänge l, gegeben. Für aliphatische Kohlenwasserstoffketten ist $l/\text{nm} = 0{,}15 + 0{,}127 \cdot n_c$, wobei n_c die Zahl der C-Atome pro Kette bedeutet. Es ist oft schwierig, die Kopfgruppenfläche genau anzugeben, da sie von einer Reihe von Faktoren, wie dem pH-Wert, der Ionenstärke der Lösung und der Temperatur, abhängt. Das Modell ist im Wesentlichen phänomenologischen Charakters, erlaubt jedoch eine qualitative Diskussion der Gestalt vieler amphiphiler Aggregatstrukturen. In Abbildung I.16 sind einige möglichen Aggregatstrukturen amphiphiler Moleküle als Funktion des Packungsparameters abgebildet. Ein weiteres, aber hier nicht näher erörtertes Konzept zur Beschreibung amphiphiler Aggregatstrukturen basiert auf dem Konzept der Krümmungsenergie (s. z. B. G. Cevc, D. Marsh, *Phospholipid Bilayers*, John Wiley & Sons, New York, 1987).

Struktur		Platzbedarf	$CPP, \dfrac{V}{A \cdot l}$	Beispiel
Kugelmicelle	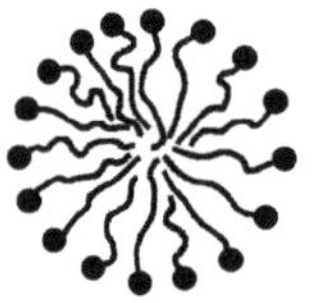	Kegel, Volumen V, Fläche A,  $R \leq l$	$< \dfrac{1}{3}$	SDS
Doppelschicht	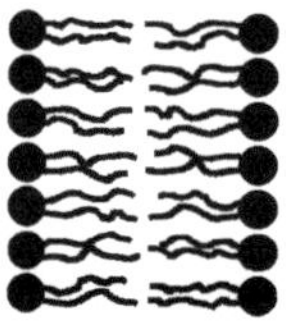	Zylinder, 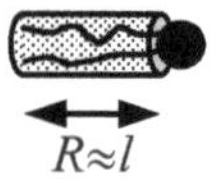 $R \approx l$	$\dfrac{1}{2}$ bis 1	Phosphatidylcholine
inverse Micelle	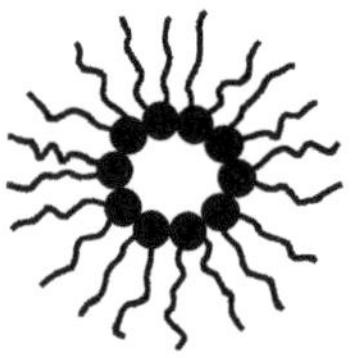	Kegelstumpf, 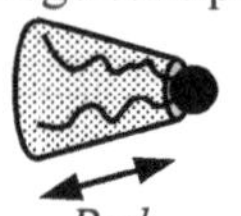 $R \approx l$	> 1	ungesättigte Phosphatidylethanolamine

Abb. I.16: Einige Aggregatstrukturen, ihr molekularer Platzbedarf und ihr kritischer Packungsparameter *CPP* (V Volumenbedarf der hydrophoben Ketten, l Kettenlänge, A Flächenbedarf der Kopfgruppe, R Radius bzw. halbe Schichtdicke der Aggregatstruktur).

2. Chemischer Bau und Struktur der Biomoleküle

Mit den im letzten Kapitel erworbenen Kenntnissen der in biologischen Systemen auftretenden Wechselwirkungskräfte können wir uns nun der Struktur und Konformation wichtiger biologischer Moleküle zuwenden. Aminosäuren, Nucleotide, Lipide und Kohlenhydrate sind ihre wichtigsten Grundbausteine. Diese Moleküle bilden zum Teil Makromoleküle mit großen Molekülmassen, wie z. B. Proteine, DNA oder Glykogen, die sich dann wiederum zu Überstrukturen, wie z. B. Chromosomen, Membranen oder Ribosomen, zusammenlagern können. Sie bilden die Grundlage organischer Lebensformen. Im Folgenden wird der Aufbau dieser Biomoleküle nur insoweit besprochen, als dies für das Verständnis der Anwendungsbeispiele in diesem Buch notwendig ist.

2.1 Biologische Membranen und Modellmembranen

Ohne Membranen sind viele Lebensprozesse nicht möglich. So wird eine lebende Zelle von einer Membran, der sog. Plasmamembran, umgeben. Membranen verleihen einer Zelle hierdurch ihre Individualität gegenüber ihrer Umgebung. Auch im Inneren der Zelle erfüllen sie wichtige Funktionen. In Eukaryonten, das sind Zellen mit einem Zellkern, werden der Zellkern und die Zellorganellen (z. B. Mitochondrien, Chloroplasten) ebenfalls von Membranen umschlossen. Membranen stellen für geladene und polare Moleküle unpassierbare Barrieren dar, während sie für andere Moleküle durchlässig sind. So können z. B. Metabolite, das sind Zwischenprodukte des Stoffwechsels, durch Poren eine Membran passieren, oder sie werden aktiv durch Ionenpumpen und andere Transportsysteme durch eine Membran geschleust. Zudem dringen kleinere unpolare Moleküle durch Diffusion in eine Zelle ein.

Biologische Membranen bestehen aus Lipiden, Proteinen und Kohlenhydraten. Letztere sind typischerweise an Lipide (Glykolipide) oder Proteine (Glykoproteine) gebunden. Der Lipidgehalt liegt in der Regel zwischen 40 und 60 %. Die Membranlipide setzen sich aus einer Reihe verschiedener amphiphiler Moleküle, wie Phospholipiden, Glykolipiden und Cholesterin, zusammen (Abb. I.17). In wässriger Lösung bilden sie normalerweise Lipiddoppelschichten mit einer Dicke von 4 bis 5 nm, in die die Proteine als integrale oder periphere Bestandteile eingelagert sind (Flüssig-Mosaik-Modell von SINGER und NICHOLSON, Abb. I.18). In der Doppelschicht stehen sich die Lipidmoleküle gegenüber, wobei ihre Längsachsen senkrecht zur Ebene der Schicht angeordnet sind. Die hydrophilen Kopfgruppen weisen nach außen, bilden also die Grenzfläche zum umgebenden Wasser, während die hydrophoben Ketten in der Mitte aneinanderstoßen.

Die einzelnen Komponenten der Membran besitzen eine relativ hohe laterale Beweglichkeit. Der laterale Diffusionskoeffizient der Lipidmoleküle beträgt etwa 10^{-12} m^2 s^{-1}; d. h. pro Sekunde legt ein Lipidmolekül etwa 2 µm zurück - dieser Wert ist von der Größenordnung des Durchmessers eines Bakteriums. Sie können auch leicht Rotationsbewegungen um ihre Längsachse (senkrecht zur Membranebene) durchführen. Demgegenüber ist das Umklappen eines Lipidmoleküls von der einen zur anderen Seite der Membran, also die transversale Diffusion, sehr langsam und gegenüber der lateralen Diffusion um den Faktor 10^9 unwahrscheinlicher. Obwohl im Kettenbereich kaum Wassermoleküle zu finden sind, ist die Wasserpermeabilität einer biologischen Membran relativ groß. Die Wanderungsgeschwindigkeit des Was-

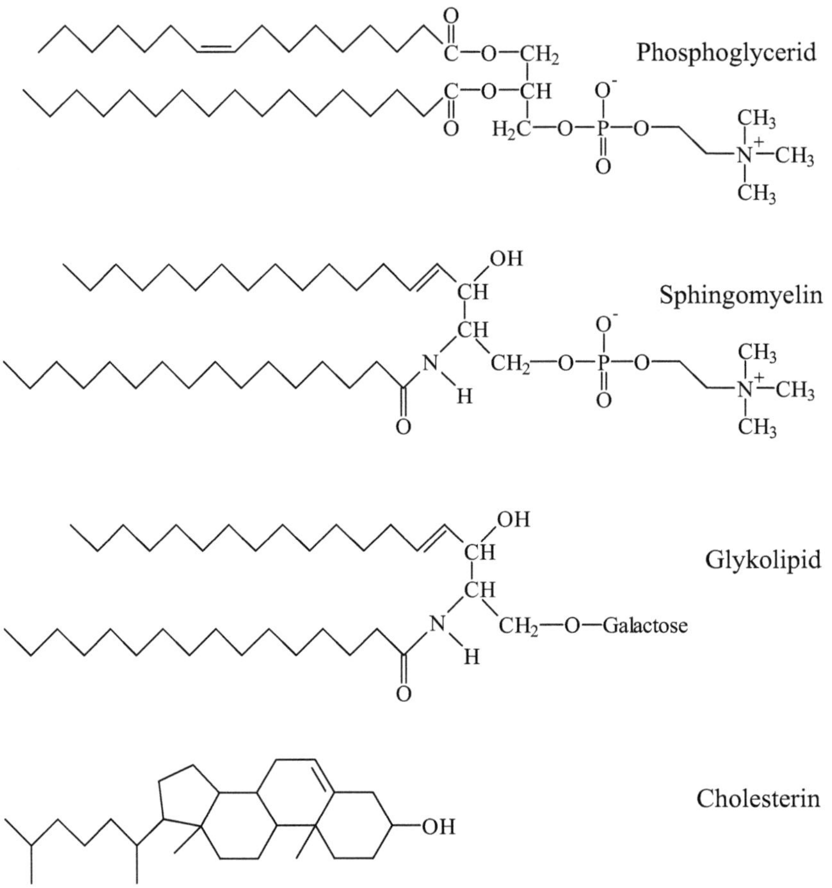

Abb. I.17: Strukturformeln einiger Membranlipide. Die unpolaren Molekülbereiche stehen links, die polaren rechts.

sers beträgt immerhin etwa 10^{-5} m·s^{-1} und ist damit von der Größenordnung der lateralen Diffusionsgeschwindigkeit der Lipidmoleküle.

In wässriger Phase dispergiert besitzen Phospholipide eine sehr große Strukturvielfalt (*lyotroper Polymorphismus*). Als Beispiel sei ein Ausschnitt des Phasendiagramms für das Phosphatidylcholin (Lecithin) DPPC betrachtet (Abb. I.19). Bis zu einem Wassergehalt von etwa 30 Gew.-% bildet DPPC lamellare Phasen aus parallelen, übereinandergestapelten Doppelschichten. Oberhalb dieses Wassergehalts bilden sich mehrschalige (*multilamellare*) Vesikel, sogenannte *Liposomen* (Abb. I.20), die auch unter dem Elektronenmikroskop sichtbar sind. Nur in sehr verdünnten Lösungen sind unilamellare Vesikel stabil. Wie aus Abbildung I.19 ersichtlich, durchlaufen die Lipiddoppelschichten eine Reihe von Phasenumwandlungen in Abhängigkeit von der Temperatur. Ihre Strukturen sind in Abbildung I.21 gezeigt.

2. Chemischer Bau und Struktur der Biomoleküle 13

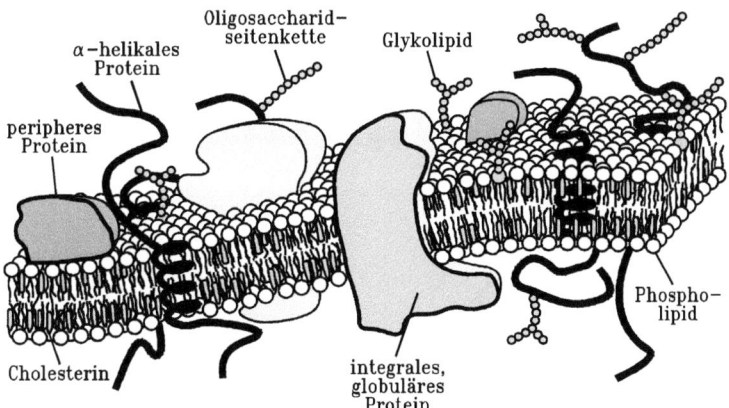

Abb. I.18: Schematische Darstellung einer biologischen Membran nach dem Flüssig-Mosaik-Modell von S. J. SINGER und G. L. NICHOLSON (Science **175** (1972) 720). Hauptstrukturelement ist eine aus amphiphilen Molekülen (Lipide, Glykolipide und Cholesterin) aufgebaute Doppelschicht, in die Proteine (auch Glykoproteine) eingelagert (integrale Membranproteine) oder peripher gebunden sind. Aus heutiger Sicht sind die Membranbestandteile jedoch sehr dynamisch und heterogen in der Membranebene organisiert, d. h., es koexistieren mehr oder weniger geordnete, submikrometergroße Lipid-Protein-„Inseln" (die reich an Cholesterin und Sphingolipiden sind) mit fluideren Regionen. Man nimmt an, dass die laterale Heterogenität der Lipidmatrix wichtig für deren Funktion ist.

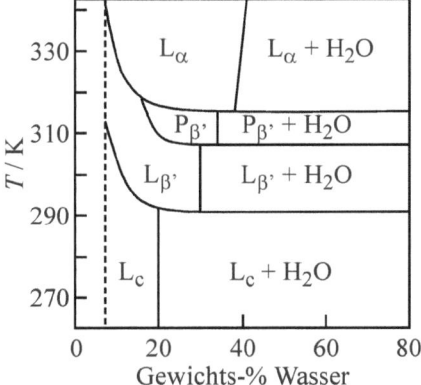

Abb. I.19: Lyotroper Polymorphismus von Dipalmitylphosphatidylcholin (DPPC). Der Ausschnitt aus dem Phasendiagramm zeigt den Existenzbereich der verschiedenen thermotropen, lamellaren Phasen von DPPC in Mischung mit Wasser. Bei geringen Wasserkonzentrationen und hohen Temperaturen treten noch weitere, der Übersicht halber hier nicht berücksichtigte Phasen auf (L_α flüssig-kristalline Phase, $P_{\beta'}$ Gel-Phase mit gewellter Überstruktur, $L_{\beta'}$ ebene Gel-Phase und L_c kristalline Gel-Phase; nach: G. Cevc, D. Marsh, *Phospholipid Bilayers*, S. 232, John Wiley & Sons, New York, 1987).

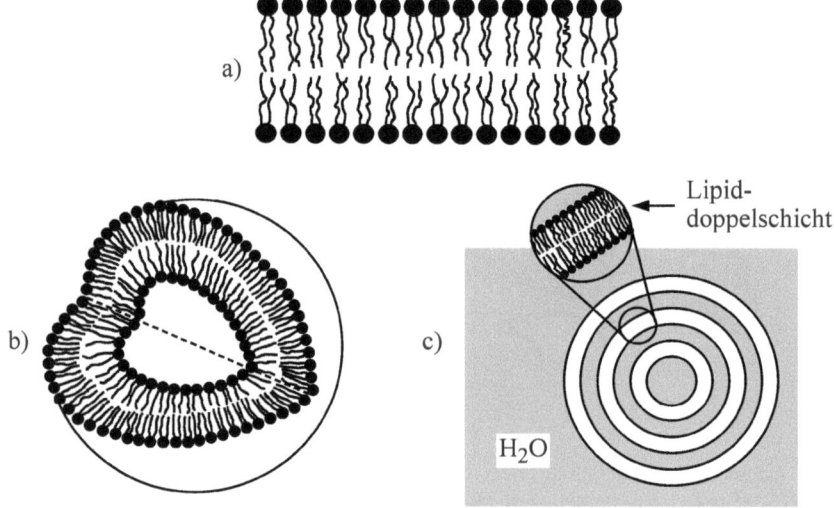

Abb. I.20: Doppelschichtstrukturen von Phospholipiden: a) planare Doppelschicht; b) unilamellares Vesikel; c) multilamellares Vesikel (Liposom).

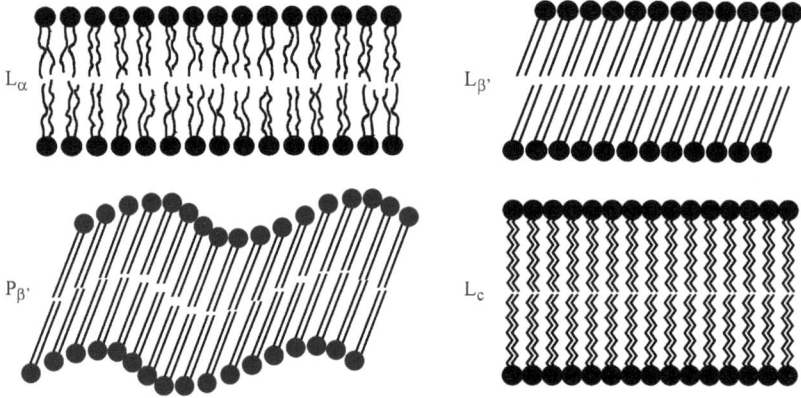

Abb. I.21: Die Strukturen thermotroper, lamellarer Phasen von Phospholipiden.

Die Sub-Gel-Phase L_c von DPPC bei $T < 291$ K tritt nach längerer Inkubationszeit bei tiefen Temperaturen auf. Sie ist durch eine kristalline Anordnung ihrer Kohlenwasserstoffketten in einem orthorhombischen Gitter charakterisiert, in der die freie Rotation der Lipidketten stark eingeschränkt ist. In der $L_{\beta'}$-Phase (bei 291 K $< T <$ 307 K) liegen die Kohlenwasserstoffketten hauptsächlich gestreckt in *all-trans* (*anti*)-Konformation (Abb. I.22) nebeneinander und sind - abhängig von der Temperatur - um einen Winkel von etwa 30° gegen die Membrannormale geneigt. Die Neigung der Lipide ist auf den unterschiedlichen Flächenbedarf der Kopfgruppen (ca. 0,5 nm^2) und der gesättigten Kohlenwasserstoffketten (ca. 0,4 nm^2) zurückzuführen und ermöglicht eine effiziente Packung der Ketten. Die Packung der Ketten erfolgt in einem verzerrten, quasi-hexagonalen Gitter. In der $P_{\beta'}$-Phase (bei 307 K $< T <$ 314 K) sind die Kohlenwasserstoffketten in der Doppelschicht ebenfalls gestreckt. Diese Phase unterscheidet sich von der $L_{\beta'}$-Phase aber durch eine Überstruktur in Form einer periodischen Wellung der lamellaren Doppelschicht. Die Kohlenwasserstoffketten sind in einem hexagonalen Gitter angeordnet.

Die L_α-Phase (bei $T >$ 314 K) ist durch eine hohe Beweglichkeit der Kohlenwasserstoffketten gekennzeichnet, die auf die Bildung von *gauche*-Isomeren der Ketten zurückzuführen ist (Abb. I.22) und daher oft als „geschmolzen" bezeichnet wird. Die L_α-Phase wird aus diesem Grund auch fluide oder flüssig-kristalline Phase genannt, während die $L_{\beta'}$-, $P_{\beta'}$- und L_c-Phase als Gel-Phasen bezeichnet werden. Die Dicke der Lipiddoppelschicht in der L_α-Phase ist geringer als die in den Gelphasen, da durch Bildung mehrerer Rotationsisomere in den Kohlenwasserstoffketten, z. B. g^+-t-g^--Kinken, die Kettenlänge reduziert wird.

Die Hauptübergangstemperatur von der Gel- zur L_α-Phase hängt empfindlich von der Kettenlänge und dem Sättigungsgrad der Kohlenwasserstoffketten ab. Für eine optimale physiologische Funktion ist der fluide Zustand der Membran, in dem der laterale Diffusionskoeffizient und damit die Beweglichkeit der Moleküle am größten ist, Voraussetzung. Unter verschiedensten Umweltbedingungen, z. B. in Tiefseegräben bei 277 K und unter hohem Druck von bis zu 1,2 kbar, ist den Zellen durch Variation der Zusammensetzung der Membranbestandteile (z. B. durch Einbau *cis*-ungesättigter Acylketten) die Möglichkeit gegeben, den fluiden Zustand der Zellmembranen aufrecht zu erhalten (homöoviskose Adaption). Der Phasenzustand der Lipiddoppelschicht hängt von der chemischen Zusammensetzung der Lipide ab und ist auf den - von Temperatur und Druck abhängigen - unterschiedlichen Querschnittsflächenbedarf der Kopfgruppe und der Kohlenwasserstoffketten sowie auf elektrostatische Wechselwirkungen zwischen den Kopfgruppen zurückzuführen. Weitere die Struktur bestimmende Faktoren sind die Ionenstärke der Lösung und ihr pH-Wert.

Wohldefinierte Modelle der komplex aufgebauten natürlichen Membranen ermöglichen es heute, membranassoziierte Grenzflächenprozesse mit modernen physikalischen Messmethoden im Detail zu analysieren und somit wertvolle Informationen über das Wechselspiel zwischen Lipiden und membrangebundenen Proteinen zu erhalten. Neben den Vesikeln kommen auch planare festkörperunterstützte (immobilisierte Lipiddoppelschichten auf einem Substrat) oder auch freitragende, quasi-zweidimensionale Lipiddoppelschichten zur Anwendung. Erstere können auf Substraten, zum Beispiel Glas, Siliziumdioxid, Glimmer, Gold oder Titandioxid durch Vesikelspreiten oder Verwendung der LANGMUIR-BLODGETT-Technik (s. nächstes Kapitel) präpariert werden. Ein bereits in den 1970er Jahren entwickeltes Modellmembransystem sind die schwarzen Membranen (engl.: *black lipid membranes*, BLMs), die insbesondere zur Charakterisierung von Ionenkanälen auf Einzelkanalebene herangezogen werden. BLMs sind planare, freitragende Lipiddoppelschichten, die ein kleines Loch in einer Plastikwand überspannen und so zwei wässrige Kompartimente voneinander trennen. Die entstandene Lipiddoppelschicht erscheint schwarz im reflektierten Licht, da es bei einer Membran-Schichtdicke von nur 4-6 nm zur destruktiven Interferenz des reflektierten Lichts von der vorderen und hinteren Grenzfläche kommt. Details und neuere porenüberspannende Modellmembran-Systeme werden in dem Übersichtsartikel von C. Steinem und A. Janshoff in Chem. unserer Zeit **42** (2008) 116 besprochen.

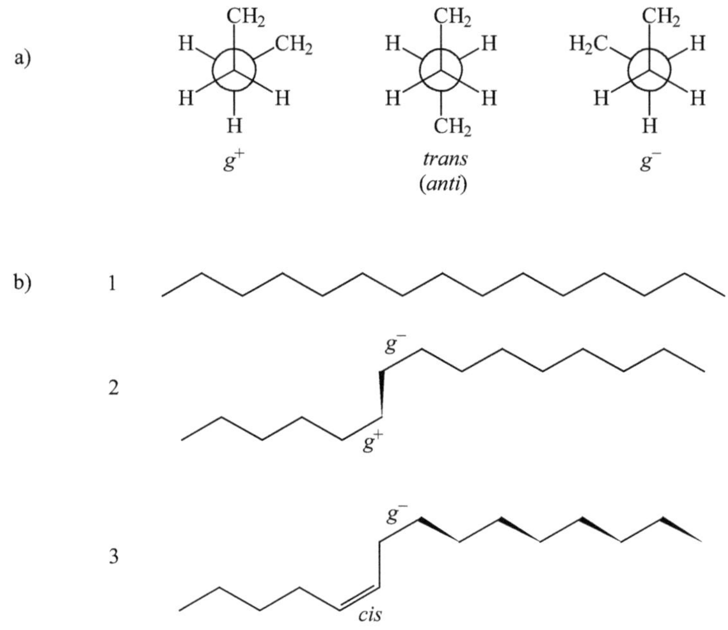

Abb. I.22: a) NEWMAN-Projektion dreier Konformationen eines Polymethylenkettensegments: zwei *gauche*- (g^+ und g^-) und ein *trans*-Isomeres. b) Darstellung möglicher Kohlenwasserstoffkonformationen: 1) Die *all-trans*-Konformation führt zu einer gestreckten Kette mit größtmöglicher Länge; 2) Eine g^+-*t*-g^--Sequenz, die zu einem Knick - auch Kinke genannt - in der Kette und damit zu einer Verkürzung der Kette führt; 3) Eine *cis*-*t*-g^--Sequenz. Diese Kombination in einer ungesättigten Kette besitzt ebenfalls eine geringere Länge als die der *all-trans*-Konformation. Ihre Querschnittsfläche ist wie im Fall der Sequenz 2 größer als diejenige der *all-trans*-Konformation.

2.2 Monomolekulare Filme

Monomolekulare Schichten sind quasi-zweidimensionale Schichtsysteme, welche aus nur einer Moleküllage bestehen und sich z. B. durch Spreiten auf einer flüssigen Oberfläche bilden. Voraussetzung für die Untersuchung der physikalisch-chemischen Eigenschaften solcher Monoschichtsysteme ist, dass sich die filmbildende Komponente im Substrat (im Allgemeinen Wasser) nur schlecht löst. Untersucht werden können Filme aus schwerlöslichen Substanzen, wie langkettigen Fettsäuren, Fettalkoholen, Aminen und Fettsäureestern. Auch Untersuchungen der thermodynamischen, elektrischen, optischen und strukturellen Eigenschaften dieser Monoschichten haben wesentlich zum Verständnis der Lipidschichten im Zusammenhang mit dem Aufbau und der Funktion biologischer Membranen beigetragen. Die Untersuchung monomolekularer Filme geht auf A. POCKELS zurück, die Ende des letzten Jahrhunderts das erste Modell einer Filmwaage entwickelte. Die Technik wurde von I. LANGMUIR weiterentwickelt und ist als LANGMUIR-POCKELS-Filmwaage in die Literatur eingegangen. Als treibende Kraft für die Bildung der Monoschicht wirkt der Spreitungsdruck (eigentlich Sprei-

2. Chemischer Bau und Struktur der Biomoleküle

tungskraft) Π_s, der als Differenz der Oberflächenspannungen des reinen Wassers ($\sigma_0 = 72$ mN m^{-1} bei Raumtemperatur) ohne Film und der filmbedeckten Wasseroberfläche σ gegeben ist:

$$\Pi_s = \sigma_0 - \sigma \qquad (I.5)$$

Eine Spreitung tritt dann auf, wenn Π_s positiv ist. Mit Hilfe der Filmwaagentechnik lässt sich die verfügbare Fläche pro Molekül auf der Wasseroberfläche kontinuierlich verändern und damit die Kompressionseigenschaften der Monoschicht bestimmen. Das Prinzip eines direkten Oberflächendruckmessverfahrens ist in Abbildung I.23 dargestellt. Eine Barriere grenzt die Lösung mit der oberflächenaktiven Substanz gegen das reine Lösungsmittel ab. Mit Hilfe eines sog. WILHELMY-Plättchens kann die Oberflächenspannung gemessen werden. Durch das Verfahren der Barriere wird die Fläche der Monoschicht kontrolliert.

Das Kompressionsverhalten der Monoschicht wird durch die $\Pi_s(A_s)$-Isotherme charakterisiert, wobei A_s die mittlere Fläche pro Molekül darstellt. Ihr Verlauf hängt wesentlich vom chemischen Aufbau des gespreiteten Films, seiner Zusammensetzung und der Temperatur ab. Als Beispiel ist in Abbildung I.24 das Kompressionsverhalten des Phospholipids DSPC dargestellt.

Interessanterweise beobachtet man in den Monoschichten oftmals ähnliche Phasenumwandlungen wie im Volumensystem. Der Teil der Isotherme für $T = 318$ K von großen A_s-Werten bis zum Knickpunkt wird als flüssigausgedehnter Bereich bezeichnet. In diesem Filmzustand liegen die Ketten infolge des großen Flächenangebots auf der Wasseroberfläche in zufälliger Anordnung verteilt vor. Für sehr kleine Spreitungsdrücke (0,1-0,5 mN m^{-1}) ist die zweidimensionale Zustandsgleichung idealer Oberflächenfilmsysteme annähernd gültig:

$$\Pi_s A_s = k_B T \qquad (I.6)$$

k_B ist die BOLTZMANN-Konstante, T die absolute Temperatur. Am Knickpunkt schließt sich ein horizontaler Übergangsbereich an, der einem Zweiphasengebiet entspricht (in dem hier gegebenen Beispiel verläuft der Übergangsbereich infolge einer relativ schnellen Filmkompression nicht ganz horizontal). In diesem Gebiet liegen flüssigausgedehnte und -kondensierte Filmanteile nebeneinander vor. Der Kurvenverlauf lässt sich näherungsweise analog der thermischen Zustandsgleichung realer Gase (VAN DER WAALS-Gleichung) beschreiben:

$$(\Pi_s + a/A_s^2) \cdot (A_s - b) = k_B T \qquad (I.7)$$

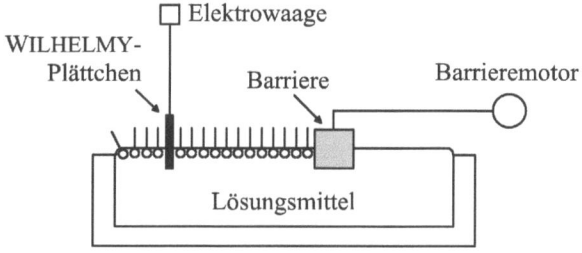

Abb. I.23: Prinzipieller Aufbau einer Filmwaage zur Messung des Spreitungsdrucks einer oberflächenaktiven Substanz oder von unlöslichen gespreiteten Monoschichten.

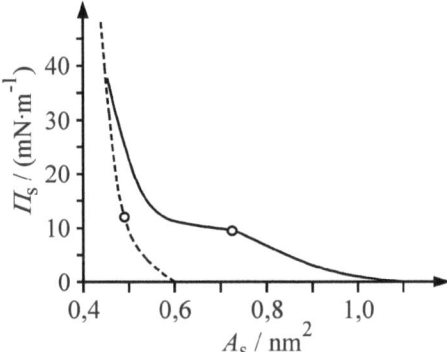

Abb. I.24: $\Pi_s(A_s)$-Isotherme von Distearylphosphatidylcholin (DSPC) auf 0,1 M NaCl-Lösung bei $T = 318$ K (durchgezogene Kurve) und $T = 295$ K (gestrichelte Kurve). Bei der höheren Temperatur liegt ein flüssigausgedehnter Film mit Zweiphasengebiet vor, bei der niedrigeren Temperatur ein kondensierter Film (nach: H.-D. Dörfler, *Grenzflächen- und Kolloidchemie*, S. 60, VCH, Weinheim, 1994).

mit den Konstanten a und b, in denen die anziehende Wechselwirkung der gespreiteten Moleküle bzw. der Mindestflächenbedarf dieser Teilchen steckt. Im flüssigkondensierten Filmzustand richten sich die Kohlenwasserstoffketten durch den Prozess der Kompression auf. Nach dem Übergangsbereich schließt sich der Isothermenabschnitt eines kondensierten Films an, und der flüssigkondensierte Filmzustand geht letztlich in einen kondensiertfesten Zustand (am Knickpunkt (o) in der 295 K-Isotherme) über, in dem die Moleküle senkrecht zur Wasseroberfläche orientiert und sehr dicht gepackt sind, entsprechend der Struktur eines zweidimensionalen Festkörpers. Wird dieser Teil der $\Pi_s(A_s)$-Isotherme auf den Oberflächendruck $\Pi_s = 0$ extrapoliert, so findet man den Wert für die mittlere Querschnittsfläche der Kohlenwasserstoffketten. Er liegt bei unverzweigten Fettsäuren bei etwa 20 Å^2 (0,2 nm^2). Der Kompressionsvorgang ist dann beendet, wenn die höchste Packungsdichte der Monoschicht erreicht ist. Wird über diesen Punkt hinaus komprimiert, so kollabiert der Film.

Mittels Beugungsmethoden und der Methode der Fluoreszenzmikroskopie ist es möglich, die Mikrostruktur der Monoschichtsysteme aufzuklären. Mit Hilfe dieser Techniken ist man heute in der Lage, Informationen über das Mischungsverhalten von Lipiden in monomolekularen Schichten und über Lipid-Protein-Wechselwirkungen zu erhalten.

Bereits I. LANGMUIR und seiner Mitarbeiterin K. B. BLODGETT gelang es 1935, Monoschichten auf Glasplättchen zu übertragen und polymolekulare Aufbauschichten, sog. LANGMUIR-BLODGETT-Schichten, herzustellen. Abbildung I.25 zeigt das Prinzip der Herstellung solcher Mehrfachschichtsysteme ausgehend von monomolekularen Schichteinheiten. Die Herstellung dieser Aufbauschichtsysteme gestattet die Konstruktion definierter Schichtstrukturen mit variabler Zusammensetzung. Mit diesen Aufbaufilmen lassen sich z. B. Modellversuche zum Problem der Energieübertragung (FÖRSTER-Mechanismus) zwischen Molekülen, die nicht unmittelbar benachbart sind, durchführen. Sie sind weiterhin von großem Interesse für das Studium biologischer, photochemischer und elektrooptischer Prozesse.

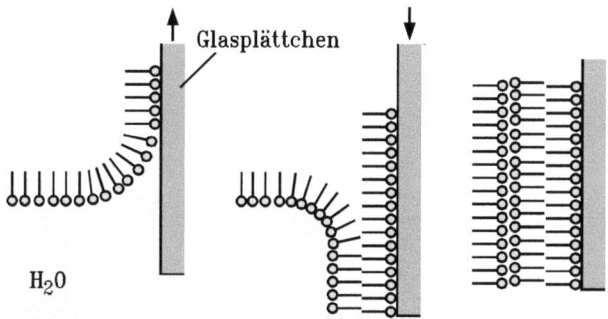

Abb. I.25: Mehrere Monoschichten aus oberflächenaktiven Substanzen können durch wiederholtes Eintauchen und Herausziehen eines Trägers auf diesem zu Mehrfachschichten gestapelt werden (LANGMUIR-BLODGETT-Verfahren).

2.3 Proteine und ihre Bausteine

Die monomeren Bausteine der Proteine sind die 20 natürlich vorkommenden α-Aminosäuren (Abb. I.26). Sie kommen bis auf wenige Ausnahmen (z. B. D-Alanin in Bakterien) nur als linksdrehende L-Aminosäuren vor. Ihre Struktur in FISCHER-Projektion ist in Abbildung I.27 dargestellt. In wässriger Lösung liegen die Aminosäuren aufgrund ihres amphoteren Charakters als polare Ionen vor. Ihr Ladungszustand hängt vom pH-Wert der Lösung ab. Bei physiologischem pH (zwischen pH = 6 und pH = 7,5) liegen sie in dipolarer Form als Zwitterionen vor (Abb. I.28).

Beim Aufbau der Proteine kondensieren die Aminosäuren unter Wasseraustritt zu langen Ketten, wobei zwischen der α-Carboxylgruppe einer Aminosäure und der α-Aminogruppe einer zweiten Aminosäure eine Peptidbindung entsteht (Abb. I.29). Diese Peptidbindung besitzt mit 132 pm einen recht kurzen Bindungsabstand: Er liegt zwischen dem einer normalen C–N-Einfachbindung (149 pm) und dem einer C=N-Doppelbindung (127 pm). Die Peptidbindung muss also einen partiellen Doppelbindungscharakter besitzen, und man kann, wie in Abbildung I.30 gezeigt, für sie zwei Resonanzstrukturen schreiben. Dadurch wird die Rotationsbewegung um die Peptidbindung stark eingeschränkt (Rotationsbarriere: 88 kJ mol^{-1}), und die Peptidgruppe ist nahezu planar. Zwischen den Peptidgruppen ist die Ausbildung intramolekularer Wasserstoffbrückenbindungen leicht möglich.

Die Abfolge der Aminosäuren-Seitenketten entlang der Polypeptidkette ist ein wichtiger Faktor bei der Bildung der spezifischen Konformation eines Proteins. Man kann drei Hauptgruppen von Aminosäureresten R unterscheiden:

- R ist unpolar (kann VAN DER WAALS-Bindungen eingehen; z. B. Isoleucin)
- R ist ungeladen, aber polar (enthält O- oder N-Atome, die zu Wasserstoffbrückenbindungen befähigt sind; z. B. Serin)
- R ist positiv oder negativ geladen (hier sind elektrostatische Wechselwirkungen möglich; bei pH = 7 sind Asp und Glu negativ, Lys und Arg positiv geladen).

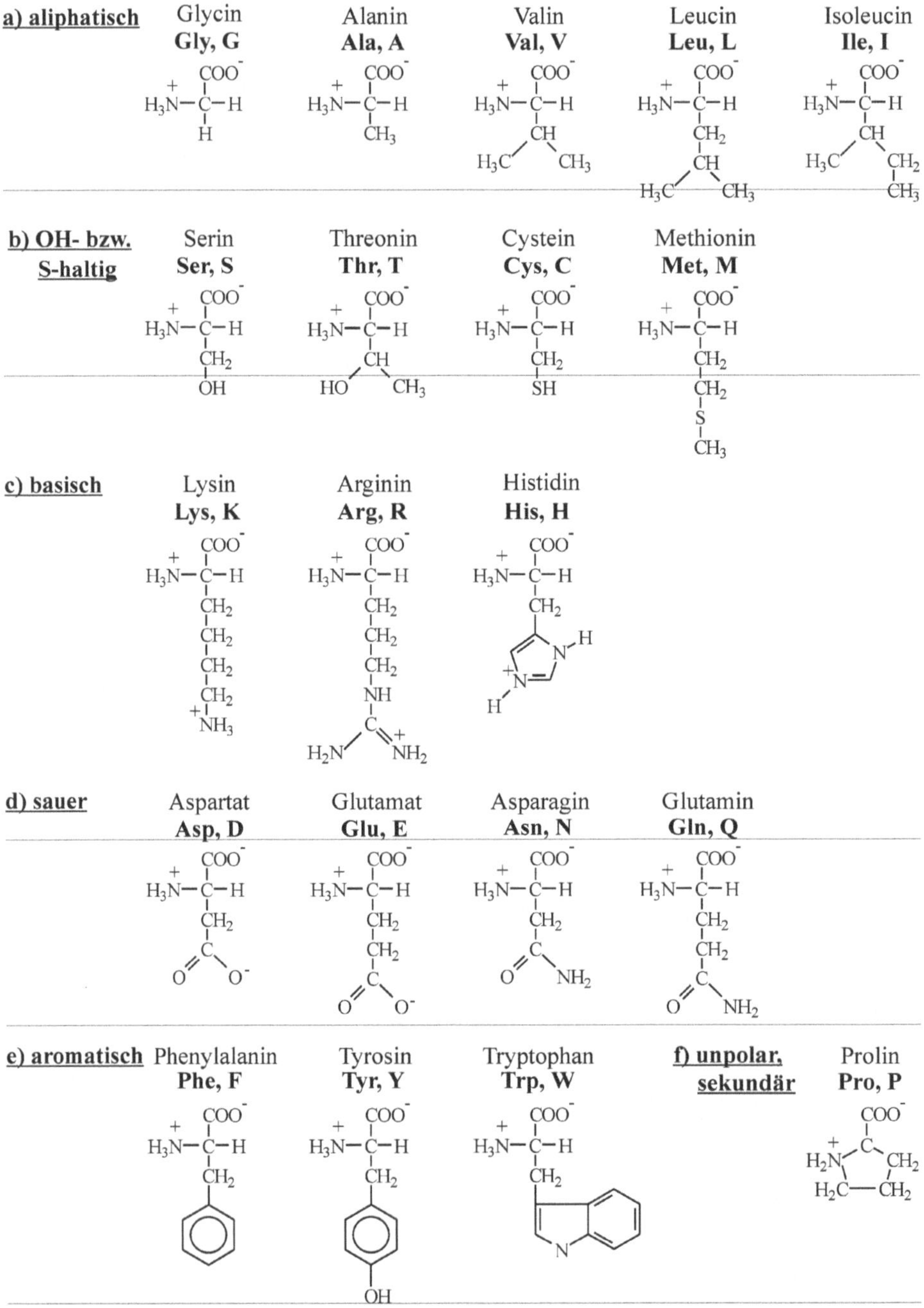

a) aliphatisch

Glycin	Alanin	Valin	Leucin	Isoleucin
Gly, G	**Ala, A**	**Val, V**	**Leu, L**	**Ile, I**

b) OH- bzw. S-haltig

Serin	Threonin	Cystein	Methionin
Ser, S	**Thr, T**	**Cys, C**	**Met, M**

c) basisch

Lysin	Arginin	Histidin
Lys, K	**Arg, R**	**His, H**

d) sauer

Aspartat	Glutamat	Asparagin	Glutamin
Asp, D	**Glu, E**	**Asn, N**	**Gln, Q**

e) aromatisch

Phenylalanin	Tyrosin	Tryptophan
Phe, F	**Tyr, Y**	**Trp, W**

f) unpolar, sekundär

Prolin
Pro, P

Abb. I.26: Die 20 natürlich vorkommenden α-Aminosäuren in Strichformeldarstellung und ihre 3- bzw. 1-Buchstabenabkürzungen.

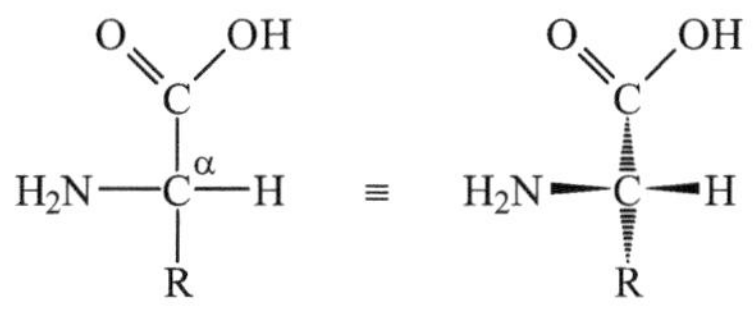

Abb. I.27: L-Aminosäuren in der FISCHER-Projektion (links) und ihre räumliche Struktur (⫽⫽⫽⫽ Gruppe steht nach hinten, ◄ Gruppe steht nach vorne).

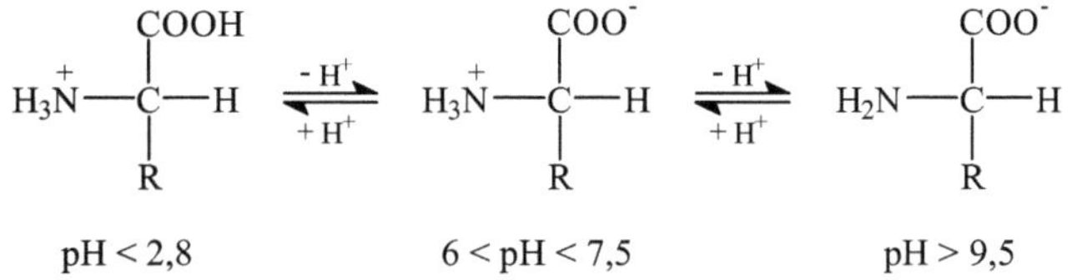

Abb. I.28: Ladungszustand von Aminosäuren in Abhängigkeit vom pH-Wert.

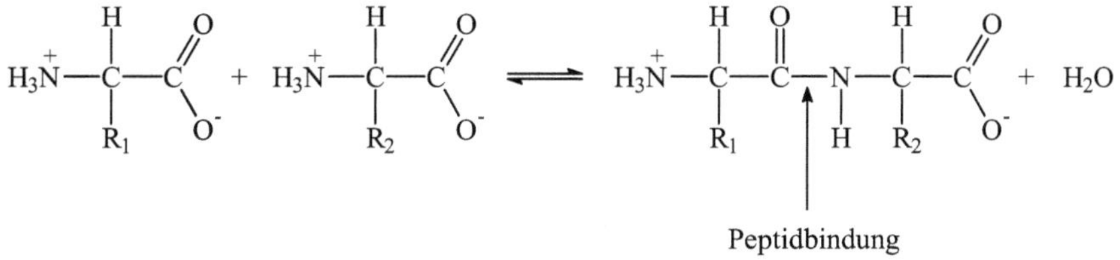

Abb. I.29: Entstehung einer Peptidbindung aus zwei Aminosäuren.

Abb. I.30: Mesomere Grenzstrukturen der Peptidgruppe. Die Peptidgruppe ist durch ein großes Dipolmoment ausgezeichnet (3,7 D).

Typischerweise enthält ein Protein etwa 40 % unpolare, 40 % polare, ungeladene und 20 % geladene Seitenketten. Dies hat folgende Konsequenzen für die Struktur des Proteins: Durch den hohen Prozentsatz an unpolaren Aminosäuren wird die Oberfläche des Proteins aufgrund des hydrophoben Effekts möglichst klein sein. Daher strebt ein Protein eine globuläre (sphäri-

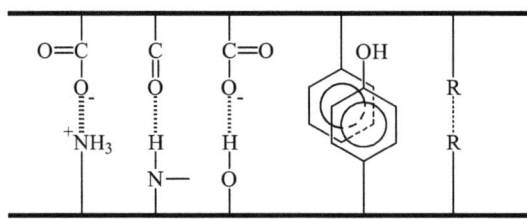

Abb. I.31: Schematische Darstellung der nicht-kovalenten Wechselwirkungsmöglichkeiten zwischen den Aminosäureresten einer Polypeptidkette. Von links nach rechts sind dies: elektrostatische Wechselwirkungen zwischen geladenen Gruppen, Wasserstoffbrückenbindungen zwischen Atomen der Peptidbindung, Wasserstoffbrückenbindungen zwischen geladenen Aminosäureseitenketten, Stapel- oder „charge-transfer"-Wechselwirkungen zwischen aromatischen Resten und VAN DER WAALS-Wechselwirkungen zwischen hydrophoben Seitenketten (R).

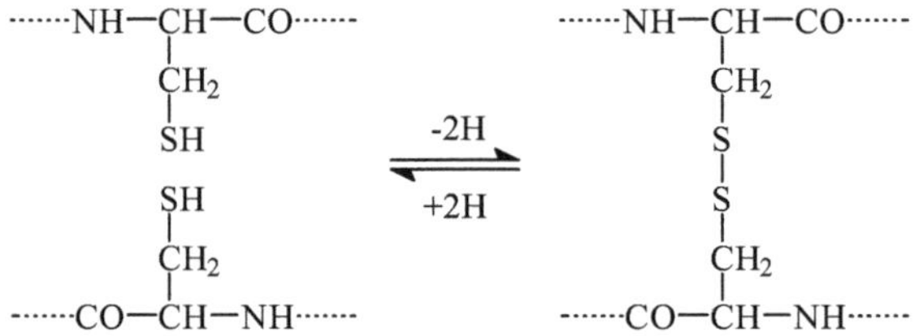

Abb. I.32: Bildung einer Disulfidbrücke durch Oxidation der Sulfhydrylgruppen (–SH) zweier Cysteinreste.

sche) Struktur an. Nicht nur unpolare, sondern auch polare Gruppen liegen im Inneren des Proteins. Sie gehen dort Wasserstoffbrückenbindungen ein. Aufgrund ihrer Vielzahl ist das Proteininnere, wie RÖNTGEN- und Neutronenbeugungsexperimente gezeigt haben, sehr dicht gepackt (die Packungsdichte beträgt ca. 75 %). Proteine besitzen jedoch keine statische, sondern, wie wir später sehen werden, eine dynamische, fluktuierende Struktur. Die geladenen Atomgruppen sitzen in der Regel auf der äußeren, der dem Wasser zugewandten Seite und bilden mit dem Lösungsmittel Wasserstoffbrückenbindungen aus. Sie können auch Protein-Ligand-Wechselwirkungen eingehen und sind daher auch wichtig für enzymatische Prozesse.

Die dreidimensionale Struktur der Proteine liegt in ihrer Aminosäuresequenz begründet und hängt von den möglichen Wechselwirkungen zwischen den einzelnen Aminosäureresten ab (Abb. I.31). Neben den oben erörterten nicht-kovalenten Wechselwirkungen spielt auch eine kovalente Verknüpfung zweier Ketten über eine Disulfidbrücke bei der Proteinfaltung eine große Rolle. Wie in Abbildung I.32 dargestellt, erfolgt diese Verknüpfung durch die Oxidation zweier Cystein-Reste. Solche Disulfidbrücken können sowohl innerhalb einer Peptidkette als auch zwischen zwei verschiedenen Ketten geknüpft werden. Sie tragen wesentlich zur Stabilität der nativen Konformation globulärer Proteine (z. B. Insulin) bei.

2. Chemischer Bau und Struktur der Biomoleküle

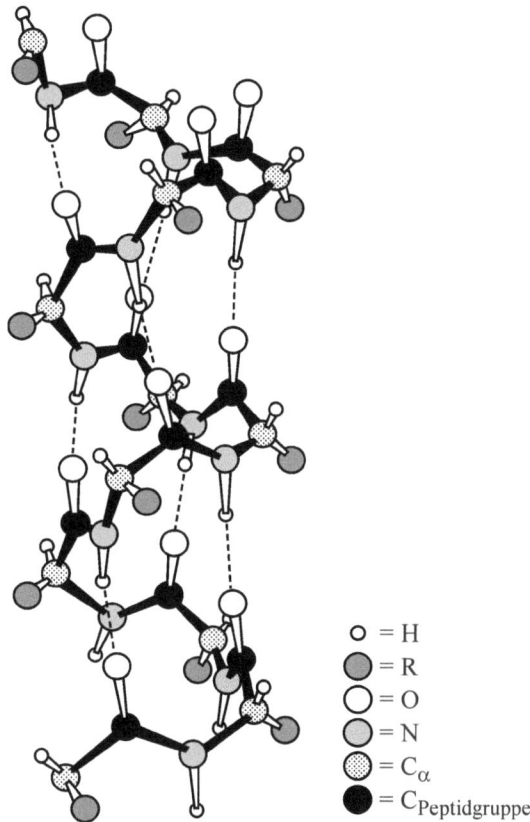

○ = H
● = R
○ = O
○ = N
○ = C_α
● = $C_{Peptidgruppe}$

Abb. I.33: Struktur einer α-Helix. Dargestellt ist eine rechtsgängige Helix, die durch fast lineare Wasserstoffbrückenbindungen zwischen CO- und NH-Gruppen der Hauptkette stabilisiert wird. Die Carbonylgruppe des Rests n bildet dabei eine Wasserstoffbrückenbindung mit der NH-Gruppe des Rests $n+4$ aus. Die gesamte Struktur besitzt ein stabförmiges Aussehen, wobei die Aminosäureseitenketten nach außen ragen. Für jede Windung werden 3,6 Aminosäurereste benötigt, d. h. die einzelnen Positionen wiederholen sich nach 18 Aminosäuren. Neben der rechtsgängigen Helix kann auch eine linksgängige Helix aufgebaut werden. Sie kommt jedoch in der Natur kaum vor.

Man unterscheidet im Wesentlichen folgende vier Elemente der Proteinstruktur:

1) *Primärstruktur*: Sie gibt die Aminosäuresequenz des Polypeptids und die Position der Disulfidbrücken an.

2) *Sekundärstruktur*: Die Ausbildung von intramolekularen Wasserstoffbrückenbindungen zwischen den Peptidbindungen führt a) zur Bildung von rechtsgängigen α-Helix-Strukturen (α-Konformation, Abb. I.33) oder b) zur Ausbildung von Faltblattstrukturen (β-Konformation, Abb. I.34). In der Faltblattstruktur sind benachbarte Polypeptidsegmente parallel oder antiparallel „zickzack-förmig" angeordnet. Außer diesen beiden Sekundärstrukturen findet man auch ungeordnete Konformationsbereiche im Protein, die geordnete Bereiche miteinander verknüpfen. Weitere, weniger häufig auftretende Sekundärstrukturelemente sind die

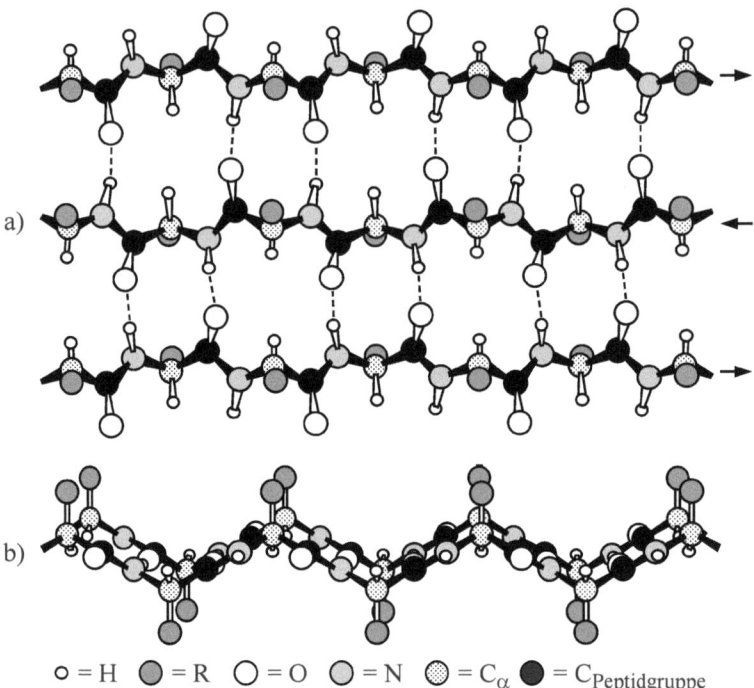

o = H ● = R ○ = O ◐ = N ◉ = C$_\alpha$ ● = C$_{Peptidgruppe}$

Abb. I.34: Darstellung einer antiparallelen β-Faltblatt-Struktur in a) Aufsicht und b) Seitenansicht. Diese Struktur wird durch Wasserstoffbrückenbindungen zwischen CO- und NH-Gruppen von parallel zueinander liegenden Peptidsträngen stabilisiert. Die Peptidstränge können derselben oder verschiedenen Peptidketten angehören. Neben der hier dargestellten antiparallelen Struktur, in der die benachbarten Peptidstränge entgegengesetzt verlaufen, gibt es auch eine parallele β-Faltblattstruktur, in der die einzelnen Stränge in derselben Richtung verlaufen.

linksgängige α-Helix, die π-Helix, die 3$_{10}$-Helix und die Kollagenhelix (sie ist linksgängig und kann intrahelikal keine H-Brücken ausbilden; die Stabilisierung erfolgt erst durch Zusammenlagerung von 3 Helices zu einer rechtgängigen Kollagen-Tripelhelix; Kollagen kommt im Bindegewebe vor).

An Stellen, an denen die Peptidkette ihre Richtung ändert, findet man häufig sog. β-Schleifen. Hier sind 4 Aminosäurereste so angeordnet, dass sich der ursprüngliche Verlauf der Kette in die Gegenrichtung umkehrt. Sie werden meist durch H-Brücken zwischen den Resten 1 und 4 stabilisiert.

Alternativ kann man die Sekundärstrukturen auch über typische Werte ihrer dihedralen Winkel definieren. Die Konformation der Hauptkette lässt sich durch die Torsionswinkel um die C$_\alpha$-N-Bindungen (φ) und die C$_\alpha$-C-Bindungen (ψ) der Aminosäurereste beschreiben. Ihre Werte können aber aufgrund sterischer Abstoßung benachbarter Gruppen nicht beliebig sein. Eine Helix kann durch die Anzahl n der Aminosäurereste pro helikaler Windung (meist keine ganze Zahl) und durch die Distanz d, die pro Rest in Richtung der Helixachse zurückgelegt wird, beschrieben werden. Das Produkt $n \cdot d$ ist die Ganghöhe p (engl.: *pitch*, Abstand zweier

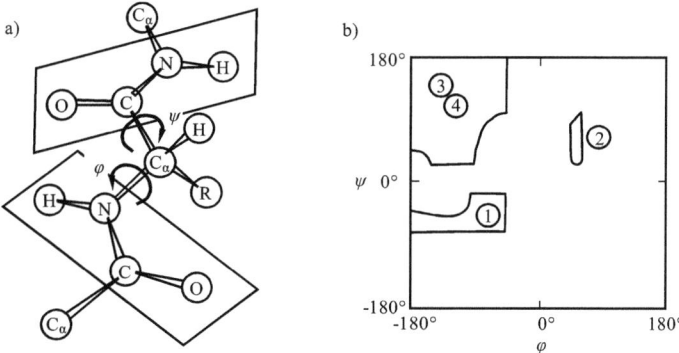

Abb. I.35: a) Stereochemie der Peptidbindung. Die Peptidbindung (-CO-NH-) zwischen zwei aufeinanderfolgenden Aminosäureresten ist planar. Die Rotations-Freiheitsgrade der Polypeptidkette beschränken sich auf zwei Winkel: φ um die C_α-N Bindung und ψ um die C_α-C Bindung. In der gezeigten Konformation sind die beiden Torsionswinkel 180° und nehmen bei Drehung im Uhrzeigersinn zu (vom C_α aus gesehen). b) Es sind nicht alle Torsionswinkelwerte erlaubt, da sich sonst Atome zu nahe kommen würden. Die möglichen Konformationen lassen sich in zwei Dimensionen im RAMACHANDRAN-Diagramm darstellen, indem man für jeden Wert des Winkels φ die erlaubten Werte für ψ bestimmt (hier für R = CH_3, d. h. Poly-Alanin). Stabile Sekundärstrukturen findet man z. B. in diesen Bereichen: 1 und 2: rechts- und linksgängige α-Helices; 3 und 4: antiparallele und parallele β-Faltblatt-Strukturen. Die linksgängige α-Helix ist zwar aus sterischen Gründen erlaubt, tritt jedoch in Proteinen nicht auf. Sie ist energetisch weniger günstig als die rechtsgängige α-Helix.

Windungen in Richung der Helixachse). Für Helices verwendet man die Notation n_m, wobei m die Anzahl der Atome (inkl. H-Atom) ist, die über eine H-Brücke zwischen zwei Windungen ringförmig verbunden sind (z. B. α-Helix: $3,6_{13}$). Eine Helix ist chiral, d. h. sie kann entweder rechts- oder linksgängig sein (stellt man sich eine rechtsgängige Helix als Wendeltreppe vor, läuft man rechtsherum, wenn man sie hinabsteigt).

Im sog. RAMACHANDRAN-Plot sind die sterisch erlaubten Werte von φ und ψ für verschiedene Peptidkonformationen zusammengestellt. Diese werden mit Hilfe von Modell- und Computerrechnungen und den Radien der Atome ermittelt. Es kann aber nicht abgelesen werden, welche Zustände tatsächlich von einer Polypeptidkette bevorzugt werden, da keine Angaben über die auftretenden Energien enthalten sind. Abbildung I.35 zeigt ein Beispiel für einen RAMACHANDRAN-Plot. In dieser Konformationskarte liegen auch die beobachteten Konformationswinkel der meisten Aminosäurereste von Proteinen (mit Ausnahme von Gly, das sterisch viel weniger eingeschränkt ist), deren Strukturen mit Hilfe der RÖNTGEN-Beugung aufgeklärt wurden. Eine weitere Ausnahme bildet das Prolin. Dessen cyclische Seitenkette begrenzt den zugehörigen φ-Winkel stark, was die Konformation eines Polypeptids signifikant beeinflusst. Prolin-Reste unterbinden z. B. die Ausbildung einer α-Helix.

3) *Tertiärstruktur*: Durch weitere Faltung der Sekundärstruktur entsteht diese Strukturebene eines Proteins. Ursache für die Ausbildung der Tertiärstruktur ist die Wechselwirkung von Aminosäureresten, die in der linearen Sequenz weit voneinander entfernt sind. Beispiele für Proteine mit charakteristischer Tertiärstruktur sind:

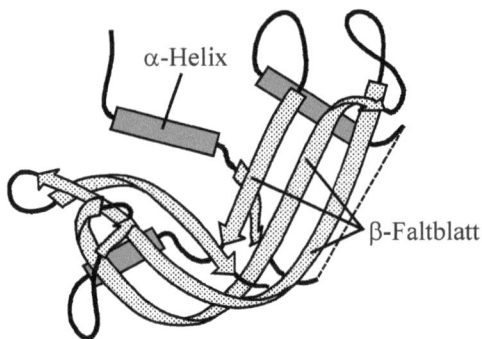

Abb. I.36: Vereinfachte dreidimensionale Struktur (sog. *ribbon*-Diagramm) des Enzyms Ribonuclease S. Die Rechtecke stellen α-helikalen Bereiche, die mit Pfeilen versehenen Bänder β-Faltblatt-Strukturen dar. Eine Faltblattstruktur besteht aus antiparallel angeordneten Strängen, die gegeneinander stark verdreht sind. In der Ribonuclease S ist die Peptidbildung zwischen den Aminosäuren 20 und 21 gelöst (gestrichelte Linie). An Stellen, an denen die Peptidkette ihre Richtung ändert, findet man häufig sogenannte β-Schleifen. Hier sind vier Aminosäurereste so angeordnet, dass sich der ursprüngliche Verlauf der Ketten um etwa 180° in die Gegenrichtung umkehrt.

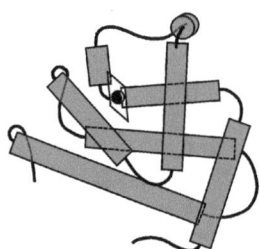

Abb. I.37: Vereinfachte dreidimensionale Struktur von Myoglobin. Die acht α-helikalen Bereiche sind durch kurze Peptidstücke miteinander verbunden. In einer „Tasche" eingelagert ist die Häm-Gruppe (Raute) mit dem Eisen-Ion (•). Das Häm besteht aus einem Eisen-Ion und einem organischen Teil, dem Protoporphyrin, das aus 4 Pyrrolringen zusammengesetzt ist. Das Eisen-Ion ist mit 4 seiner 6 Koordinationsstellen an die Stickstoffatome der Pyrrolringe gebunden. Auch viele andere Proteine benötigen für ihre Funktion solche als prosthetische Gruppen bezeichnete Einheiten.

- Faserproteine, wie Keratin (in Haar oder Wolle). Hier sind rechtsgängige α-Helices umeinander gewickelt und über Disulfidbrücken zu einer linksgängigen Superhelix vernetzt. Dadurch wird das Riesenmolekül wasserunlöslich.
- Proteine mit β-α-β-Strukturdomänen, die z. B. durch elektrostatische Wechselwirkungen zwischen den Sekundärstrukturelementen zusammengehalten werden (z. B. Ribonuclease S, Abb. I.36).
- Globuläre, wasserlösliche Proteine, wie Enzyme, Transportproteine, Immunglobuline oder Hormone (z. B. Myoglobin, das der Sauerstoffspeicherung im Muskel dient; es enthält acht α-helikale Bereiche und einen Eisen-Porphyrinring in einer „hydrophoben" Tasche, Abb. I.37).

2. Chemischer Bau und Struktur der Biomoleküle

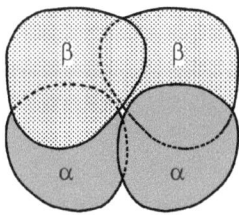

Abb. I.38: Schematische Darstellung der Quartärstruktur von Hämoglobin. Die vier Einzelketten ähneln in ihrer Struktur dem Myoglobin.

4) *Quartärstruktur*: Es gibt eine Reihe von Proteinen, die aus mehr als einer einzelnen Polypeptidkette bestehen und ein Molekülaggregat bilden. Solche Proteine, deren einzelne Ketten als Untereinheiten bezeichnet werden, besitzen eine quartäre Struktur. Diese beschreibt die räumliche Anordnung der Untereinheiten und die Art ihrer Kontakte. Die einfachste Anordnungsmöglichkeit ist ein Protein mit zwei gleichen Untereinheiten (ein Homodimer), wie die Alkoholdehydrogenase der Leber. Es gibt auch eine ganze Reihe größerer Molekülaggregate, z. B. Virushüllen oder Multienzymkomplexe. Ein gut untersuchtes Proteinaggregat ist das Hämoglobin, das dem Sauerstoff- und CO_2-Transport im Blut dient. Es ist ein tetrameres Molekül, das aus zwei α- und zwei β-Peptidketten (Abb. I.38) besteht und pro Untereinheit einen Eisen-Porphyrinring besitzt. Der hydrophobe Effekt ist oft der wesentliche stabilisierende Faktor der Proteinassoziation.

2.4 Nucleinsäuren

Zur Speicherung und Übertragung der genetischen Information dienen Nucleinsäuren. Man unterscheidet einmal die Desoxyribonucleinsäure (DNA), das genetische Material in den Zellen, und die Ribonucleinsäure (RNA), der Stoff oder Adapter bei der Proteinbiosynthese. Ihre Bausteine sind die Nucleotide, die aus drei Grundbausteinen zusammengesetzt sind (Abb. I.39).

Die Pentose (Kohlenhydratbaustein mit fünf Kohlenstoffatomen) ist D-Ribose für RNA und 2-Desoxy-D-ribose für DNA (Abb. I.40). Die Stickstoffbasen sind Derivate des Purins oder des Pyrimidins. In der DNA kommen davon jeweils zwei vor: Adenin (A) und Guanin (G) bzw. Cytosin (C) und Thymin (T, Abb. I.41). In der RNA ist Uracil (U, Abb. I.42) anstelle von Thymin eingebaut. In einem Nucleosid ist das C-1-Atom einer Ribose mit dem N-1-Atom eines Pyrimidinderivats oder dem N-9-Atom eines Purinderivats verknüpft. Durch Veresterung eines solchen Nucleosids mit einem Phosphorsäurerest an der OH-Gruppe am C-5-Atom des Zuckerrests entsteht dann ein Nucleosid-5′-phosphat oder - einfacher - ein Nucleotid

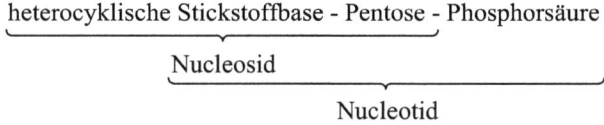

Abb. I.39: Schematischer Aufbau eines Nucleotids.

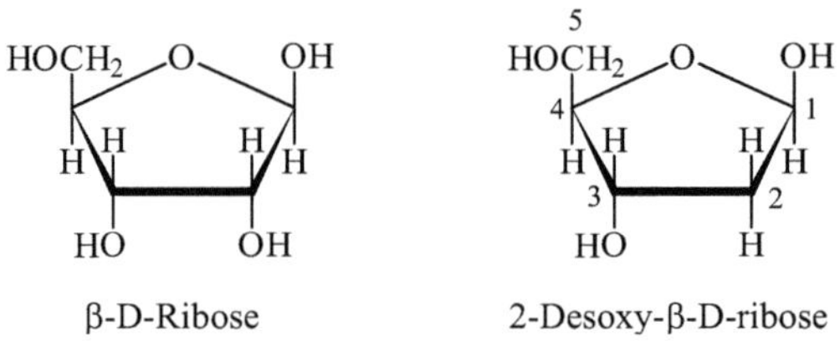

β-D-Ribose   2-Desoxy-β-D-ribose

Abb. I.40: Strukturen der in Nucleinsäuren vorkommenden Pentosen.

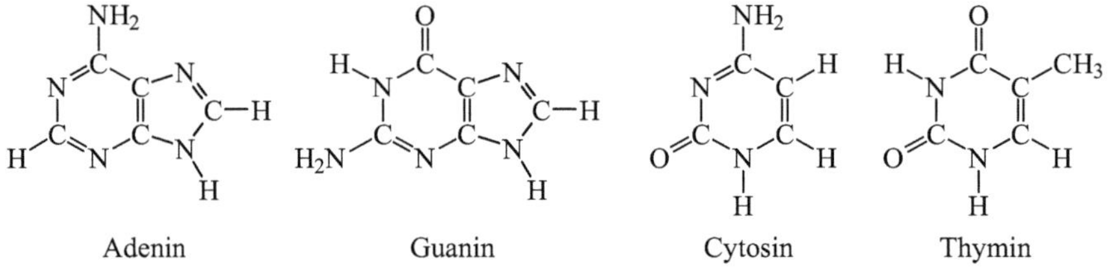

Adenin   Guanin   Cytosin   Thymin

Abb. I.41: Strukturen der Stickstoffbasen Adenin (A), Guanin (G), Cytosin (C) und Thymin (T). Adenin und Guanin sind Derivate des Purins, Cytosin und Thymin Derivate des Pyrimidins.

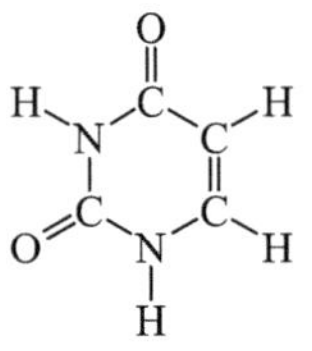

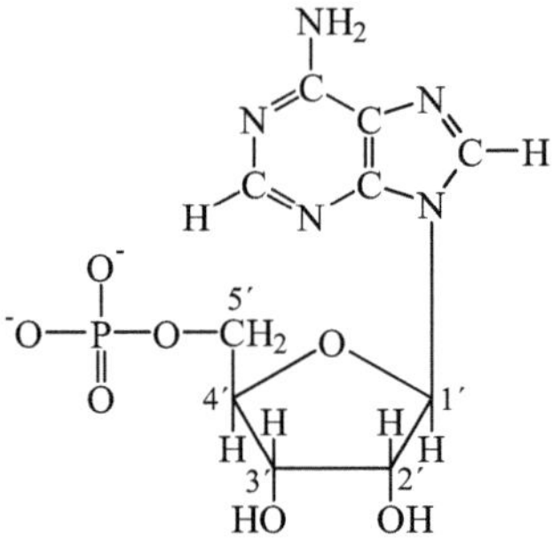

Abb. I.42: Uracil (U).   **Abb. I.43:** Adenosin-5'-monophosphat (AMP).

(z. B. Adenosin-5'-monophosphat, AMP, Abb. I.43). Wie in Abbildung I.44 gezeigt, sind die Nucleinsäuren Polykondensate dieser einzelnen Nucleotide. Sie entstehen dadurch, dass sich in DNA wie in RNA die 3'-Hydroxylgruppe des Kohlenhydratteils eines Nucleotids mit der 5'-Phosphatgruppe des nächsten Nucleotids über eine Phosphorsäurediesterbrücke verbindet, wodurch lange Kettenstrukturen entstehen können.

DNA und RNA besitzen unterschiedliche Raumstrukturen. Während RNA i. Allg. einzelsträngig als *messenger*-, ribosomale oder *transfer*-RNA vorliegt, besteht die Raumstruktur der DNA aus zwei Einzelsträngen. Sie wurde 1953 von J. WATSON und F. CRICK aufgeklärt. Sie analysierten die RÖNTGEN-Beugungsbilder, die M. WILKINS und R. FRANKLIN von DNA-

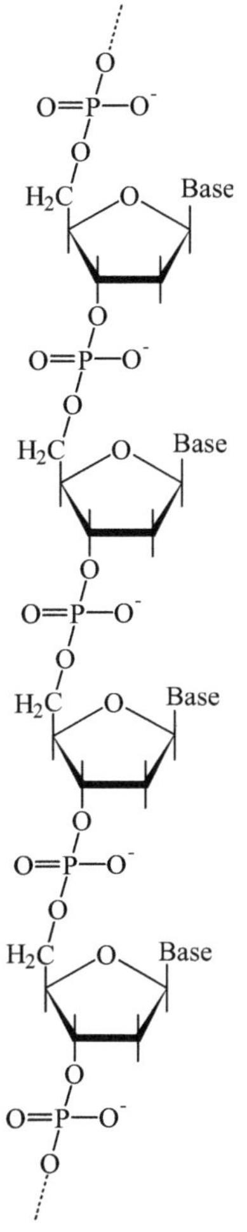

2. Chemischer Bau und Struktur der Biomoleküle

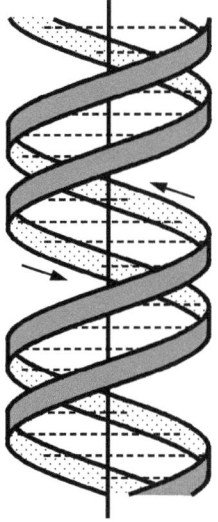

Abb. I.44: Ausschnitt aus einer Nucleinsäurekette.

Abb. I.45: Schematische Darstellung (Skelettmodell) der DNA-Doppelhelix (Durchmesser ca. 2 nm). In der hier dargestellten B-DNA verlaufen die beiden Einzelstränge antiparallel zueinander, die Basen (gestrichelte Linien) reichen nahe an die Helixachse heran und stehen mit ihrer Ebene nahezu senkrecht zur Achse. Die ideale B-DNA hat 10 Basenpaare (bp) pro Windung, die Ganghöhe (Anstieg pro Windung) ist 3,4 nm.

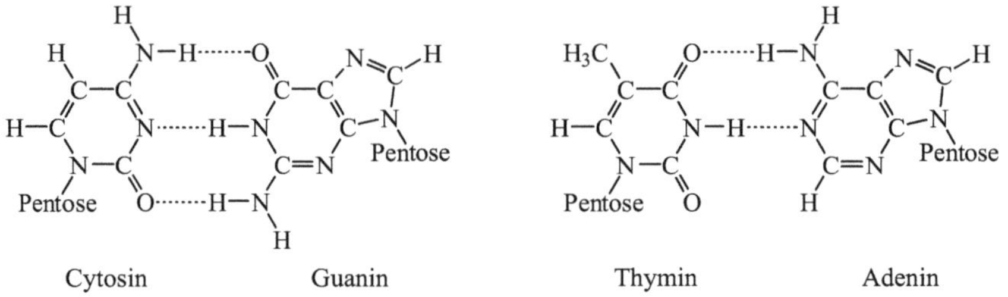

Abb. I.46: Wasserstoffbrückenbindungen (gestrichelte Linien) zwischen den heterocyclischen Stickstoffbasen der DNA. Cytosin und Guanin bilden drei, Thymin und Adenin nur zwei Wasserstoffbrückenbindungen aus.

Fasern aufgenommen hatten. Die DNA bildet eine Doppelhelix (Abb. I.45), in der die beiden Einzelstränge um eine gemeinsame Achse gewunden sind. Die Basen sind ins Innere gekehrt, die Phosphorsäure- und Zuckerreste ragen nach außen. Die Helix wird u. a. durch Wasserstoffbrückenbindungen, die sich zwischen den Stickstoffbasen ausbilden, stabilisiert. Dabei geht Adenin nur mit Thymin, Guanin hingegen nur mit Cytosin Wasserstoffbrückenbindungen ein. Zwischen A und T bilden sich zwei, zwischen G und C drei solcher Brücken aus (Abb. I.46). Die Ringebenen der Basenpaare liegen fast senkrecht zur Helixachse. Dadurch kommt es zu einer stabilisierenden Stapelwechselwirkung der übereinanderliegenden Basen. Jede Base ist um einen Winkel von 36° gegenüber der benachbarten Base helikal verdreht und 0,34 nm von ihr entfernt (in Bezug auf die Helixachse, Ganghöhe). Da eine volle Windung der Helix 10 Basen enthält, wiederholt sich die Struktur nach 3,4 nm. Das Rückgrat der DNA weist zwei unterschiedlich große Furchen auf, die kleine und die große Furche. Wegen ihrer großen Länge werden DNA-Moleküle durch die Anzahl ihrer Basenpaare (bp) oder Tausende von Basenpaaren (kbp) beschrieben. Proteine treten meist mit den besser zugänglichen Basen im Bereich der großen Furche (engl.: *major groove*) in Wechselwirkung.

Bei der Dehydratation der oben beschriebenen B-DNA bildet sich die sog. A-DNA. In ihr ist die Senkrechte der Basenpaarebene etwa 20° gegen die Helixachse geneigt, und sie besitzt 11 Einheiten pro Windung. Neben den rechtsgewundenen Formen der B- und A-DNA ist auch eine linksgewundene Form bekannt. Sie wird als Z-DNA bezeichnet und kommt möglicherweise in einzelnen Abschnitten in Eukaryonten-Chromosomen vor.

Wie die Polypeptidkette in Proteinen, deren Aminosäuresequenz von der terminalen Aminogruppe (N-Terminus) zur terminalen Carboxylgruppe (C-Terminus) geschrieben wird, wird auch für die DNA-Kette ein Richtungssinn definiert. Das eine Ende der Kette bildet eine 3'-Hydroxylgruppe, das andere eine 5'-Hydroxylgruppe. Nach Übereinkunft schreibt man die Basensequenz in der 5' → 3' -Richtung.

Man findet auch DNA-Tertiärstrukturen. Zum Beispiel umwindet die DNA-Doppelhelix in einer Superhelix einen Komplex aus Histonen (stark basische Proteine, deren positive Ladungen die negativen Ladungen der Phosphatgruppen der DNA kompensieren) im Zellkern (Abb. I.47). Dadurch entsteht ein sogenanntes Nucleosom. Weitere Überstrukturen stellen das Chromatin und die Chromosomen dar, die durch weitere Zusammenlagerung der DNA-Nucleosomen entstehen.

2. Chemischer Bau und Struktur der Biomoleküle

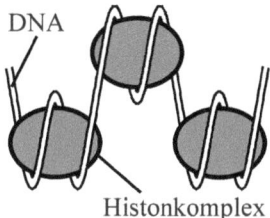

Abb. I.47: Vereinfachte Darstellung einer DNA-Tertiärstruktur. In einem Nucleosom umwindet eine DNA-Doppelhelix einen aus acht basischen Proteinen bestehenden Histonkomplex. Hier sind drei solcher Nucleosomen dargestellt, die durch sog. Linker-DNA verknüpft sind.

Abb. I.48: Tertiärstruktur von Hefe tRNA^{Phe}. Die Struktur der RNA-Kette, die hier einem auf dem Kopf stehenden „L" ähnelt, wird durch teilweise Basenpaarung (gestrichelte Linien) stabilisiert. Im unteren Schlaufenbereich befinden sich die 3 Basen des Anticodons, die mit mRNA in Kontakt treten.

Bei erhöhter Temperatur denaturiert auch die DNA, sie „schmilzt". Dabei dissoziieren die Einzelstränge und es findet eine Umwandlung von der Doppelhelix in ein ungeordnetes Knäuel statt (*Helix-Knäuel-Umwandlung*).

RNA - wenn auch in der Regel meist einzelsträngig - kann ebenfalls komplizierte Raumstrukturen ausbilden, indem sie auch Regionen mit Doppelhelixstruktur ausbildet. Ein gut bekanntes Beispiel ist die Tertiärstruktur von tRNA^{Phe} (Abb. I.48). Sie nimmt durch Basenpaarung eine „L"-förmige dreidimensionale Struktur ein. Die Aufklärung ihrer Struktur gelang 1975 A. RICH und - unabhängig von ihm - A. KLUG mit Hilfe von Einkristall-RÖNTGEN-Beugungsexperimenten.

Einzelne funktionelle Abschnitte der DNA bezeichnet man als Gene. Tausende solcher Gene eines Organismus codieren für die Aminosäuresequenzen der Proteine, d. h., sie enthalten die Information für die Reihenfolge der Aminosäurereste. Jeder Aminosäurerest wird in der entsprechenden DNA-Sequenz durch ein „Codewort" aus drei aufeinanderfolgenden Basenpaaren (Triplett) dargestellt. Es gibt insgesamt $4^3 = 64$ Codewörter, von denen allerdings drei die Kettentermination bewirken. Die 20 verschiedenen Aminosäuren werden somit durch 61 Codewörter dargestellt. Der genetische Code ist also entartet, wodurch eine Mutation der Aminosäuresequenz häufig vermieden wird, selbst wenn in einem Triplett ein Basenpaar verändert wurde.

Zur Expression eines Gens, d. h. zur Synthese des entsprechenden Proteins, muss die Sequenzinformation der DNA in eine Proteinsequenz umgesetzt werden. Die Proteinbiosynthese läuft jedoch nicht direkt an der DNA ab. Zunächst wird die Information aus dem Zellkern an den Ort der Proteinbiosynthese, ein Ribosom, weitergeleitet. In einem ersten Schritt, der *Transkription*, wird die Nucleotid-Sequenz eines Gens auf der DNA mit Hilfe einer RNA-Polymerase, einem großen Proteinkomplex, in eine *messenger*-RNA-Sequenz (mRNA, engl. für Boten-RNA) umgeschrieben. Die Sequenz dieser mRNA ist der des codierenden DNA-Strangs komplementär. Da RNA Uracil statt Thymin enthält, entsteht so z. B. aus dem DNA-Triplett AAG das mRNA-Codon UUC. Ein Codon ist die Abfolge von drei Basen der mRNA. In Eukaryonten wird die gebildete mRNA zunächst noch mehrfach modifiziert. Die modifizierte mRNA gelangt dann ins Cytoplasma und bindet an ein Ribosom. Ribosomen sind Protein-RNA-Komplexe, bestehend aus einer großen Zahl von Proteinen sowie der ribosomalen RNA (rRNA). Die rRNA hat eine Enzymfunktion bei der Polypeptidsynthese im Ribosom. RNA-Moleküle mit Enzymfunktion werden auch als Ribozyme bezeichnet.

Die eigentliche Informationsübersetzung von der mRNA in die Aminosäuresequenz (*Translation*) basiert auf der Wechselwirkung eines Codons der mRNA mit dem Anticodon der sog. *transfer*-RNA (tRNA) durch Basenpaarung. Ein tRNA-Molekül weist neben dem Anticodon eine Aminosäurebindungsstelle auf. Hier wird diejenige Aminosäure gebunden, die zum Anticodon bzw. zum Codon der mRNA passt. Es gibt demnach viele verschiedene tRNA-Moleküle, mindestens eines für jede Aminosäure. Jedes tRNA-Molekül wird durch ein spezifisches Enzym mit der dazugehörenden Aminosäure beladen und stellt entsprechend der Sequenzinformation der mRNA jeweils die richtige Aminosäure am Ribosom bereit. Beispielsweise wird am 3'-Ende von tRNA^{Phe} die Aminosäure Phenylalanin gebunden und so Phe-tRNA^{Phe} gebildet. Erscheint am Ribosom während der Ablesung auf der mRNA das Codon UUC, dann bindet das Anticodon AAG von Phe-tRNA^{Phe} an die mRNA und bringt dadurch den gebundenen Phenylalanin-Rest in eine Position, in der er in die wachsende Polypeptidkette eingebaut werden kann. Die tRNA-Moleküle binden sequenziell an die mRNA an, wodurch die Polymerisation der Aminosäuren erfolgen kann (Translation). Der Informationsfluss ist damit abgeschlossen und das Protein synthetisiert.

2.5 Kohlenhydrate

Als weitere Substanzklasse, die in biologischen Systemen von Bedeutung ist, ist die der Kohlenhydrate oder Zucker zu nennen. Sie übernehmen in allen Lebensformen vielfältige Funktionen und machen den größten Anteil an der gesamten Masse der auf der Erde vorkommenden Biomoleküle aus. Grundeinheit der in der Natur vorkommenden Kohlenhydratmoleküle sind die Monosaccharide. Dies sind Aldehyde oder Ketone mit der Formel $(CH_2O)_n$. Für $n = 3$ erhält man die kleinsten Monosaccharide: die Triosen Glycerinaldehyd und Dihydroxyaceton (Abb. I.49). Entsprechend nennt man Kohlenhydrate mit vier, fünf, sechs oder sieben Kohlenstoffatomen Tetrosen, Pentosen, Hexosen oder Heptosen. Beispiele für Hexosen sind die Glucose (als Aldehyd eine sog. Aldose) und Fructose (entsprechend als Keton eine Ketose, Abb. I.50). Wie Ribose und Desoxyribose, die wir als Bestandteile von RNA und DNA schon kennengelernt haben, bilden auch sie eine Ringstruktur. Glucose bildet die intramolekularen Halbacetale α- und β-D-Glucose (Abb. I.51).

2. Chemischer Bau und Struktur der Biomoleküle 33

Neben dem Vorkommen von Ribose und Desoxyribose in RNA und DNA sind Zucker als Energiespeicher, „Brennstoff" und Metaboliten von Bedeutung. Der universelle Energiespeicher ATP (Adenosin-5'-triphosphat) ist beispielsweise ein Zuckerderivat, und die Stärke in den Pflanzen, wie auch das Glykogen in Tieren (beides Ausgangsstoffe bzw. Speichermoleküle im Stoffwechsel), sind Polysaccharide (Vielfachzucker), die zu Glucose abgebaut bzw. aus Glucose aufgebaut werden können. Cellulose, die häufigste organische Verbindung auf der Erde, ein wichtiges Strukturelement der Zellwände von Bakterien und Pflanzen, ist ebenfalls ein Polysaccharid. Schließlich sind Kohlenhydrate - wie wir bereits in Abb. I.18 gesehen haben - oft in Form von Oligosacchariden (Mehrfachzucker) mit Proteinen und Lipiden verknüpft. In dieser Form dienen sie beispielsweise der Zellerkennung.

In Polysacchariden sind zumeist Hexosen miteinander verknüpft. Dabei wird eine Bindung zwischen dem C-1-Atom eines Zuckermoleküls mit dem am C-4-Atom eines weiteren Zuckermoleküls gebundenen Sauerstoffatom unter Wasserabspaltung geknüpft (sog. 1→4-glykosidische Bindung, z. B. Cellulose aus β-D-Glucose, Abb. I.52). Neben dieser 1→4-Verknüpfung gibt es auch die Möglichkeit einer 1→6-Bindung, wodurch es zu einer Verzweigung der Polysaccharidketten kommt (Abb. I.53).

Wie man der FISCHER-Projektion der Hexosen entnehmen kann, besitzen Zuckermoleküle eine ganze Reihe asymmetrischer Kohlenstoffatome, wodurch eine Vielzahl von Enantiomeren und Diastereomeren möglich ist. Zusammen mit den unterschiedlichen Verknüpfungsarten der Zuckermoleküle können Kohlenhydrate daher sehr komplexe, verzweigte Strukturen aufbauen.

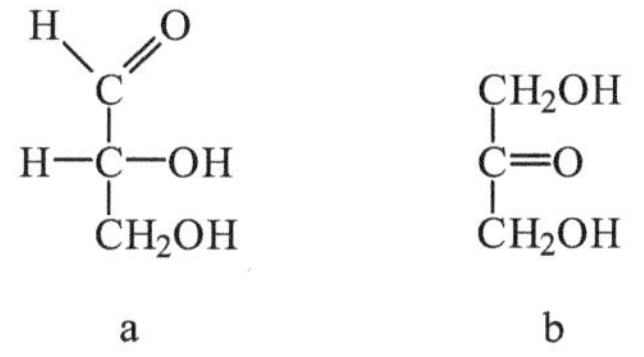

Abb. I.49: Die einfachsten Kohlenhydrate: a) D-Glycerinaldehyd und b) 1,3-Dihydroxyaceton.

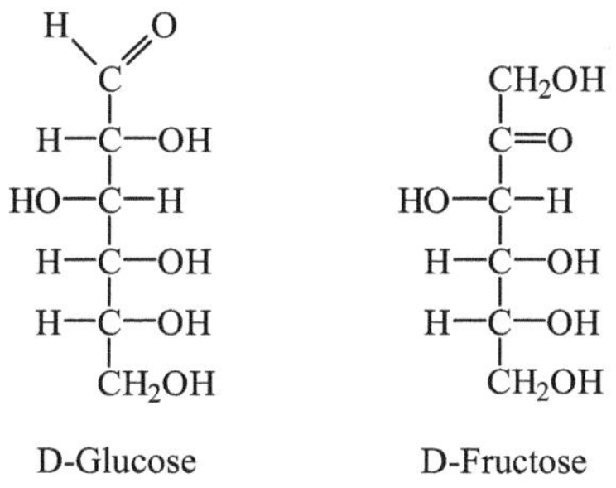

Abb. I.50: Zwei Kohlenhydratmoleküle in offener Form. D-Glucose ist eine Aldose (Aldohexose), D-Fructose eine Ketose (Ketohexose).

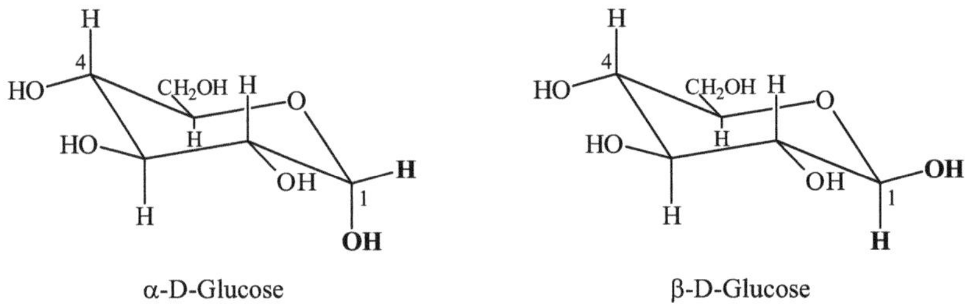

Abb. I.51: Struktur der beiden intramolekularen Halbacetale α- und β-D-Glucose. Die *all*-äquatoriale (β-) Konformation ist die stabilere Form. In wässriger Lösung liegen 64 % der Moleküle in dieser Struktur vor, hingegen nur 34 % in der α-Form. Die offenkettige „al-Form" ist dagegen wenig stabil; sie bildet spontan eines der beiden Halbacetale und liegt in Lösung zu weniger als 1 % vor.

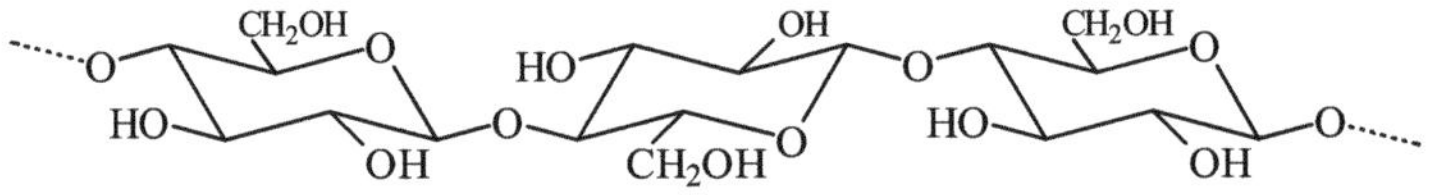

Abb. I.52: Ausschnitt aus einer Cellulose-Kette. β-D-Glucose-Moleküle sind durch 1→4-glykosidische Bindungen zu langen Ketten miteinander verknüpft.

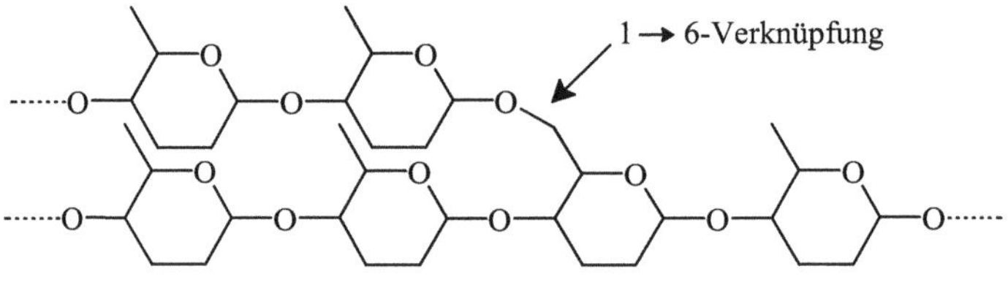

Abb. I.53: Schematische Darstellung von Kettenverzweigungen durch 1→6-glykosidische Bindungen in einem Polysaccharid.

3. Konformationsumwandlungen von Biopolymeren

Die meisten Biopolymere besitzen im nativen Zustand eine wohl definierte Konformation. Alle Wechselwirkungen, die die Sekundär- und Tertiärstrukturen der Biomoleküle und damit die Konformation der Moleküle stabilisieren, hängen vom Lösungsmittel, dem pH-Wert, der Ionenstärke, der Temperatur und dem Druck ab. Die native Konformation ist entscheidend für die biochemische Funktion des Biomoleküls. So ist z. B. mit dem Verlust der nativen Konformation bei der Proteindenaturierung ein Verlust der Enzymaktivität verbunden. Untersuchungen der Konformationsumwandlungen biochemischer Systeme liefern wertvolle Informationen über die Stabilität der Systeme und über molekulare Mechanismen biochemischer Prozesse.

3. Konformationsumwandlungen von Biopolymeren

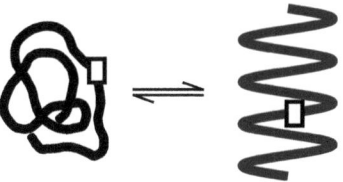

Abb. I.54: Schematische Darstellung der Knäuel-Helix-Umwandlung eines Polypeptids. Hervorgehoben ist ein Segment (Peptideinheit) der Kette.

Die Konformationsumwandlungen biologischer Makromoleküle lassen sich mit einer Reihe experimenteller Methoden, z. B. spektroskopische oder kalorimetrische, verfolgen. Diese Methoden werden im einzelnen später erläutert. Hier wollen wir nur betrachten, wie man solche Phasenumwandlungen beschreiben und charakterisieren kann. Aus der Thermodynamik makroskopischer Systeme kennen wir die Einteilung in Phasenübergänge erster und zweiter Ordnung. Während sich bei einem Phasenübergang erster Ordnung (z. B. beim Schmelzen oder Verdampfen von Wasser) die Enthalpie, Entropie und das Volumen des Systems sprunghaft ändern, variieren diese Größen bei einem Phasenübergang zweiter Ordnung (z. B. am kritischen Punkt von Wasser) kontinuierlich. Aus obigen thermodynamischen Variablen ableitbare Größen, wie die spezifische Wärmekapazität oder der isotherme Kompressibilitätskoeffizient, verhalten sich bei Annäherung an den kritischen Punkt dann wieder diskontinuierlich, sie divergieren. Bei Phasenumwandlungen biologischer Systeme hat man es jedoch meist nicht mit strukurellen Umwandlungen ausgedehnter, großer Systeme, sondern mit Umwandlungen relativ kleiner Moleküllaggregate zu tun. Dies hat zur Folge, dass die Phasenübergänge erster Ordnung nicht mehr scharf sind, sondern verbreitert erscheinen. Zur Charakterisierung der Phasenübergänge biologischer Systeme führt man daher auch neue Konzepte, wie das Konzept der *Kooperativität*, ein.

Als erstes Beispiel betrachten wir die durch eine Temperaturänderung hervorgerufene Knäuel-Helix-Umwandlung eines Homopolypeptids (Abb. I.54).

Nehmen wir zunächst einmal an, dass die Umwandlung eines Segments von der ungeordneten Knäuel-Konformation A in die geordnete α-Helix-Konformation B als ein Zwei-Zustands-Gleichgewicht

$$A \rightleftharpoons B \qquad (I.8)$$

(A: Segment im ungeordneten Knäuel, B: Segment in der α-Helix) behandelt werden kann, und wenden auf dieses Gleichgewicht das Massenwirkungsgesetz an. Die Gleichgewichtskonstante dieses Gleichgewichts ist dann gegeben durch

$$K = \frac{n_B}{n_A} \qquad (I.9)$$

(n_I Stoffmenge der Segmente im Zustand I). Ferner wollen wir noch den Helixbildungsgrad φ einführen. Er beschreibt, wie groß der Anteil der Segmente im Helixzustand im Verleich zur Gesamtzahl an Segmenten ist. Damit ergibt sich für die Gleichgewichtskonstante:

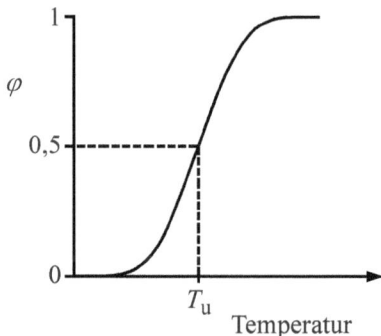

Abb. I.55: Schematische Darstellung der Temperaturabhängigkeit des Helixbildungsgrads φ für Poly-γ-benzyl-L-glutamat im Lösungsmittelgemisch 1,2-Dichlorethan/Dichloressigsäure (Anmerkung: in wässriger Lösung findet man jedoch i. Allg. einen thermisch induzierten Übergang von der Helix- in die Knäuel-Konformation).

$$K = \frac{\varphi}{1-\varphi} \qquad (I.10)$$

Die Temperaturabhängigkeit der Gleichgewichtskonstanten ist durch die VAN'T HOFFsche Gleichung gegeben:

$$\frac{\partial \ln K}{\partial T} = \frac{\Delta H^o_{m,u}}{RT^2} \qquad (I.11)$$

Sie ist mit der molaren Umwandlungsenthalpie $\Delta H^o_{m,u}$ im Standardzustand verknüpft. Man bezeichnet die dem Helixbildungsgrad $\varphi = 0{,}5$ (hier ist $K = 1$) zugeordnete Temperatur T_u als Umwandlungstemperatur. Bei dieser Temperatur liegt die Hälfte aller Segmente in der Helixkonformation vor. Ein möglicher Verlauf von φ als Funktion der Temperatur ist in Abbildung I.55 dargestellt. Die „Steilheit" der Umwandlungskurve $(d\varphi/dT)_{T_u}$, d. h. die Steigung der in Abbildung I.55 dargestellten Kurve bei T_u, ist damit gegeben durch:

$$\left(\frac{d\varphi}{dT}\right)_{T_u} = \frac{\Delta H^o_{m,u}}{4RT_u^2} \qquad (I.12)$$

(folgt mit Gl. I.10 und $K = 1$ bei $T = T_u$). Man findet z. B. für die Knäuel-Helix-Umwandlung des Polypeptids Poly-γ-benzyl-L-glutamat bei $T_u = 313$ K einen experimentellen Wert von $(d\varphi/dT)_{T_u} = 0{,}28$ K^{-1}. Wasserstoffbrückenbindungen zwischen den Peptidgruppen einer Polypeptidkette sind maßgeblich für die Stabilität der α-Helix-Konformation. Die Umwandlungsenthalpie $\Delta H^o_{m,u}$ sollte daher in der Größenordnung einer Wasserstoffbrückenbindung von etwa 16 kJ·mol^{-1} liegen, woraus sich ein Wert für $(d\varphi/dT)_{T_u}$ von $5 \cdot 10^{-3}$ K^{-1} ergäbe. Offensichtlich ist der experimentell erhaltene Wert für die Steilheit der Umwandlung wesentlich größer. Die Umwandlungsenthalpie muss somit viel größer sein als der oben angenommene Wert.

Dies bedeutet, dass der oben angenommene Mechanismus einer Einzelsegmentumwandlung gemäß Gleichung I.8 nicht richtig ist. Die Wechselwirkung mit den Nachbarsegmenten der

3. Konformationsumwandlungen von Biopolymeren

Polypeptidkette bei der Umwandlung ist offensichtlich nicht zu vernachlässigen. Dies bedeutet, dass benachbarte Segmente der Kette gemeinsam („kooperativ") aus dem Knäuel- in den Helix-Zustand übergehen.

Unter Beibehaltung des bisherigen Formalismus führt man zur Beschreibung der experimentellen Daten die sogenannte mittlere kooperative Länge N_0 ein. Sie entspricht der mittleren Anzahl der bei T_u kooperativ von dem Knäuel- in den Helix-Zustand übergehenden Segmente und kann damit als stöchiometrische Einheit für die kooperative Konformationsumwandlung bezeichnet werden. Die in der VAN'T HOFFschen Gleichung I.11 auf das einzelne Segment bezogene molare Umwandlungsenthalpie $\Delta H^o_{m,u}$ muss durch das Produkt $N_0 \cdot \Delta H^o_{m,u}$, die sog. „scheinbare" Umwandlungsenthalpie (pro Mol kooperative Einheiten), ersetzt werden. Die VAN'T HOFFsche Umwandlungsenthalpie ist somit $\Delta H^o_{vH} = N_0 \cdot \Delta H^o_{m,u}$, und aus Gleichung I.11 wird:

$$\frac{\partial \ln K}{\partial T} = \frac{\Delta H^o_{vH}}{RT^2} \tag{I.13}$$

Die Steilheit des Übergangs bei T_u ist entsprechend gegeben durch:

$$\left(\frac{d\varphi}{dT}\right)_{T_u} = \frac{N_0 \cdot \Delta H^o_{m,u}}{4RT_u^2} \tag{I.14}$$

Die „wahre", auf ein Mol Einzelsegmente bezogene Umwandlungsenthalpie $\Delta H^o_{m,u}$ erhält man aus kalorimetrischen Messungen (s. Kap. II). Da $\Delta H^o_{m,u}$ durch die Enthalpieänderung dH pro Stoffmenge dn_B an gebildeten Segmenten B gegeben ist,

$$\Delta H^o_{m,u} = \frac{dH}{dn_B} \tag{I.15}$$

und da sich mit der Gesamtzahl $n = n_A + n_B$ an Segmenten sowie den Gleichungen I.9 und I.10 die Beziehung

$$\frac{d\varphi}{dT} = \frac{1}{n} \cdot \frac{dn_B}{dT} \tag{I.16}$$

ergibt, erhält man für den auf die Stoffmenge an Segmenten bezogenen Umwandlungsanteil der Wärmekapazität:

$$C_{m,u} = \frac{1}{n} \cdot \frac{dH}{dT} = \Delta H^o_{m,u} \cdot \frac{d\varphi}{dT} \tag{I.17}$$

$\Delta H^o_{m,u}$ ergibt sich experimentell aus der Fläche unter der Wärmekapazitätskurve $C_{m,u}(T)$ (Abb. I.56):

$$\Delta H^o_{m,u} = \int_{T_0}^{T_1} C_{m,u}(T)\, dT \tag{I.18}$$

Der Maximalwert von $C_{m,u}(T)$ tritt bei der Phasenübergangstemperatur T_u auf und beträgt (Gl. I.14 und I.17):

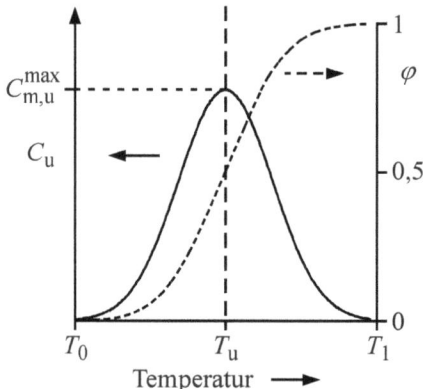

Abb. I.56: Temperaturverlauf des Helixbildungsgrads φ (rechte Skala) und des Umwandlungsanteils $C_{m,u}$ der molaren Wärmekapazität (linke Skala) in der Nähe der Phasenumwandlungstemperatur T_u.

$$C_{m,u}^{max} = \frac{N_0 \cdot (\Delta H_{m,u}^o)^2}{4RT_u^2} \qquad (I.19)$$

Aus den kalorimetrisch bestimmbaren Größen T_u, $C_{m,u}^{max}$ und $\Delta H_{m,u}^o$ (ΔH_{cal}) lässt sich somit die kooperative Einheit N_0 bestimmen.

Der Prozess der Proteindenaturierung ist ein kooperativer Prozess, und man findet Werte für N_0 bis zu 10^4. Die Kooperativität und damit die Steilheit des Übergangs ist umso größer, je länger die Polypeptidkette ist (Abb. I.57).

Die thermisch induzierte Helix-Knäuel-Denaturierung wird häufig mit einem Schmelzvorgang verglichen, obwohl es sich hierbei streng genommen nicht um einen Phasenübergang erster Ordnung handelt. Aus den experimentell bestimmten Denaturierungskurven lassen sich Aussagen über die relative Stabilität von Proteinstrukturen ableiten. Auch sog. chaotrope Agenzien (z. B. Harnstoff, Guanidinium-Ionen) können zur Protein-Denaturierung verwendet werden. Sie binden an das Peptidrückgrat und führen damit zu Entfaltung des Proteins. Die meisten Proteine haben T_u-Werte weit unter 373 K. Ausnahmen bilden Proteine thermophiler Bakterien, die in heißen Quellen vorkommen.

Ein weiteres Beispiel für eine kooperative Phasenumwandlung von Biomolekülen ist das durch pH-Änderung oder Temperaturerhöhung induzierte Aufschmelzen (Aufwinden) der DNA-Doppelhelix (DS) in zwei Einzelstränge (ES):

$$DS \rightleftharpoons 2 \, ES \qquad (I.20)$$

wobei die Wasserstoffbrückenbindungen zwischen den Stickstoffbasen der beiden DNA-Stränge aufgebrochen werden. Die hohe Viskosität nativer DNA-Lösungen geht dabei verloren. Der Übergang lässt sich mit Hilfe spektroskopischer Messungen bei einer Lichtwellenlänge von 260 nm verfolgen, da Doppel- und Einzelstrang bei dieser Wellenlänge unterschiedlich stark absorbieren. Dieser Effekt ist auf eine elektronische Wechselwirkung zwischen den Basenpaaren zurückzuführen (s. Kap. V). Als Umwandlungstemperatur T_u oder Schmelztemperatur bezeichnet man hier die Temperatur, bei der die Hälfte aller Nucleotidba-

3. Konformationsumwandlungen von Biopolymeren

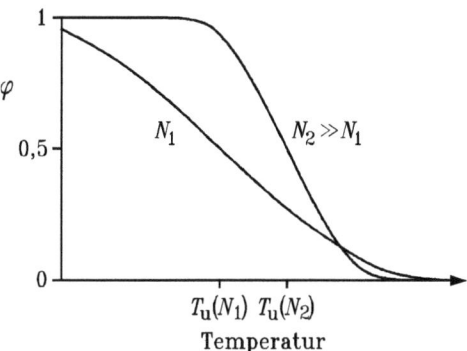

Abb. I.57: Einfluss der Kettenlänge auf die Steilheit einer temperaturinduzierten Helix-Knäuel-Umwandlung. Lange Polypeptidketten (mit N_2 Aminosäureresten) besitzen eine größere Kooperativität als kürzere (mit N_1 Aminosäureresten).

sen ungepaart vorliegt. Kalorimetrisch findet man z. B. für das Schmelzen von *E. coli* K12-DNA als „wahre" Umwandlungsenthalpie $\Delta H^{\circ}_{m,u} = 29$ kJ pro mol Basenpaare. Aus der experimentell bestimmten Steilheit des Übergangs ergibt sich eine VAN'T HOFFsche Umwandlungsenthalpie ΔH°_{vH} von etwa 9000 kJ·mol^{-1}. Die mittlere kooperative Einheit beträgt somit $N_0 \approx 300$, d. h. beim Schmelzen der DNA dissoziieren etwa 300 Helix-Segmente - sprich Nucleotidpaare - gleichzeitig.

Die Schmelztemperatur der DNA hängt von einer Reihe von Faktoren ab. Eine Zunahme der Ionenstärke der Lösung und eine Verlängerung der Kettenlänge der DNA-Moleküle (DNA besteht typischerweise aus 10^6 bis 10^8 Nucleotidbasen) führt zu einer Stabilisierung der DNA-Struktur und damit zu einer Erhöhung von T_u. Weiterhin hängt T_u signifikant von der Basenzusammensetzung der DNA ab. DNA mit vielen GC-Basenpaaren besitzt eine höhere Schmelztemperatur als DNA mit überwiegend AT-Paaren (Abb. I.58). Die T_u-Werte von DNA vieler Arten variieren linear mit dem GC-Gehalt. Für die thermisch induzierte Doppelhelix-Denaturierung in einer 0,15 M NaCl- und 0,015 M Natriumcitratlösung findet man folgende Beziehung:

$$T_u/K = 342{,}4 + 0{,}41 \cdot f_{GC} \tag{I.21}$$

wobei f_{GC} den Guanin-Cytosin-Gehalt der DNA in % angibt. GC-Basenpaare sind u. a. deswegen stabiler als AT-Paare, da sie drei anstelle von zwei Wasserstoffbrückenbindungen ausbilden können. Dies ist auch der Grund, weshalb beim Schmelzen der DNA die AT-reichen DNA-Bezirke zuerst aufbrechen (Abb. I.59).

Offensichtlich haben die Wasserstoffbrückenbindungen der komplementären Basenpaare neben der Stapelwechselwirkung der Nucleotidbasen einen signifikanten Einfluss auf die Stabilität der DNA-Doppelhelixstruktur. Stabilitätsuntersuchungen sind somit auch von praktischer Bedeutung für die Ermittlung des GC-Gehalts von Nucleinsäuren. Der Vorgang des Entfaltens der DNA kann reversibel verlaufen. Getrennt komplementäre DNA-Stränge können beim langsamen Abkühlen spontan wieder zur Doppelhelixstruktur reassoziieren.

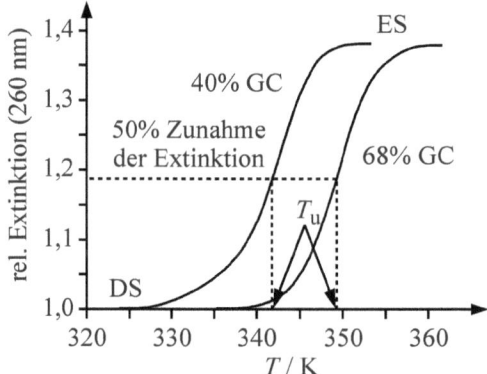

Abb. I.58: Thermische Umwandlungskurven von DNA unterschiedlicher Basenzusammensetzung.

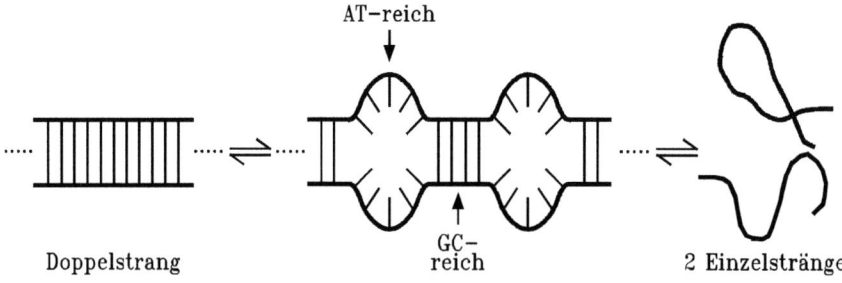

Abb. I.59: Modell des DNA-Schmelzvorgangs. Mit zunehmender Temperatur brechen zunächst die AT-reichen Abschnitte des DNA-Doppelstrangs auf. Bei weiterer Temperaturerhöhung werden dann auch die Wasserstoffbrückenbindungen in den GC-reichen Abschnitten aufgebrochen. Die DNA liegt dann einzelsträngig vor.

4. Literatur zu Kapitel I

J. M. Berg, J. L. Tymoczko, L. Stryer, *Biochemie*, 6. Aufl., Spektrum Akademischer Verlag, Heidelberg, 2007.

D. Nelson, M. Cox, *Lehninger Biochemie*, 4. Aufl., Springer, Heidelberg, 2008.

D. Voet, J. G. Voet, C. W. Pratt, *Lehrbuch der Biochemie*, VCH, Weinheim, 2010.

D. Doenecke, J. Koolman, G. Fuchs, W. Gerok, Karlsons *Biochemie und Pathobiochemie*, Georg Thieme Verlag, Stuttgart, 2005.

T. E. Creighton, *Proteins*, W. H. Freeman & Company, New York, 1993.

C. Branden, J. Tooze, *Introduction to Protein Structure*, 2. Aufl., Garland Publishing, Inc., New York, 1999

4. Literatur zu Kapitel I

B. Alberts, A. Johnson, J. Lewis, M. Raff, K. Roberts, P. Walter, *Molekularbiologie der Zelle*, Wiley-VCH, Weinheim, 2004

N. A. Campbell, J. B. Reece, *Biologie*, Pearson Studium, 6. Aufl., München, 2006.

R. Phillips, J. Kondev, J. Theriot, *Physical Biology of the Cell*, Garland Science, New York, 2009.

K. E. van Holde, W. C. Johnson, P. Shing Ho, *Principles of Physical Biochemistry*, Prentice Hall, New Jersey, 1998.

C. R. Cantor, P. R. Schimmel, *Biophysical Chemistry*, Vol. 1-3, W. H. Freeman & Co., San Francisco, 1980.

W. Hoppe, W. Lohmann, H. Markl, H. Ziegler (Hrsg.), *Biophysik*, 2. Aufl., Springer Verlag, Berlin, 1982.

M. B. Jackson, *Molecular and Cellular Biophysics*, Cambridge University Press, Cambridge, 2006.

R. B. Gennis, *Biomembranes*, Springer Verlag, New York, 1989.

R. Lipowski, E. Sackmann (Hrsg.), *Structure and Dynamics of Membranes*, Vol. 1-2, Elsevier, Amsterdam, 1995.

G. Cevc, D. Marsh, *Phospholipid Bilayers*, John Wiley & Sons, New York, 1987.

G. Cevc (Hrsg.), *Phospholipids Handbook*, Marcel Dekker Inc., New York, 1993.

O. G. Mouritsen, *Life - As a Matter of Fat*, Springer, Heidelberg, 2005.

T. Heimburg, *Thermal Biophysics of Membranes*, Wiley-VCH, Weinheim, 2007.

D. Boal, *Mechanics of the Cell*, Cambridge University Press, Cambridge, 2003.

C. Tanford, *The Hydrophobic Effect: Formation of Micelles and Biological Membranes*, John Wiley & Sons, New York, 1980.

J. N. Israelachvili, *Intermolecular and Surface Forces*, Academic Press, London, 1992.

H.-J. Butt, M. Kappl, *Surface and Interfacial Forces*, Wiley-VCH, Weinheim, 2010

G. Gompper, M. Schick, *Self-Assembling Amphiphilic Systems*, Academic Press, London, 1994.

H.-D. Dörfler, *Grenzflächen und kolloid-disperse Systeme*, Springer, Heidelberg, 2002.

P. C. Hiemenz, R. Rajagopalan, *Principles of Colloid and Surface Chemistry*, 3. Aufl., Marcel Dekker, New York, 1997.

D. F. Evans, H. Wennerström, *The Colloidal Domain - Where Physics, Chemistry, Biology and Technology Meet*, VCH, Weinheim, 1994.

G. Brezesinski, H.-J. Mögel, *Grenzflächen und Kolloide*, Spektrum Akademischer Verlag, Heidelberg, 1993.

M. Daume, *Molekulare Biophysik*, Friedr. Vieweg & Sohn, Braunschweig, 1997.

R. Glaser, *Biophysik*, Gustav Fischer Verlag, Jena, 1996.

D. T. Haynie, *Biological Thermodynamics*, Cambridge University Press, Cambridge, 2001.

J. T. Edsall, H. Gutfreund, *Biothermodynamics - The Study of Biochemical Processes at Equilibrium*, John Wiley & Sons, Chichester, 1983.

R. Winter, „Struktur und Dynamik von Modell-Biomembranen", Chem. unserer Zeit **24** (1990) 71.

H. Möhwald, „Phospholipid and Phospholipid-Protein Monolayers at the Air/Water Interface", Annu. Rev. Phys. Chem. **41** (1990) 441.

II. Thermisch-kalorische Messverfahren

Zur Untersuchung thermodynamischer Parameter im Verlaufe von Struktur- und Phasenumwandlungen sowie intermolekularer Wechselwirkungsprozesse liegt es nahe, kalorimetrische Messverfahren einzusetzen. Zu den thermisch-kalorischen Messtechniken, die in der Biophysikalischen Chemie häufig Anwendung finden, gehören die dynamische Differenz-Kalorimetrie (engl.: *difference scanning calorimetry*, DSC) mit Leistungskompensationstechnik, die Wärmestrom-Differenz-Kalorimetrie sowie die isotherme Titrationskalorimetrie (engl.: *isothermal titration calorimetry*, ITC). Diese Verfahren werden im Folgenden vorgestellt.

1. Difference Scanning Calorimetry (DSC)

Die DSC-Methode ist die häufigste Methode für quantitative kalorimetrische Untersuchungen an Biomolekülen. In Abbildung II.1 ist der Aufbau eines DSC-Geräts schematisch dargestellt. Proben- (1) und Referenzbehälter (2) befinden sich jeweils auf einer Heizplatte (3). Sie enthalten eine Lösung der zu untersuchenden Substanz (z. B. eine Lipiddispersion) bzw. das reine Lösungsmittel. Beide Gefäße werden dicht verschlossen. Sie befinden sich in einem thermisch isolierten Gefäß (4). Der thermisch isolierende Mantel (5) sorgt dafür, dass keine Wärme das System nach außen verlassen oder von außen aufgenommen werden kann (isoperibole Betriebsart). Beide Gefäße werden getrennt beheizt, und ihre Temperaturen werden von je einem Temperaturfühler (6) erfasst. Das Aufheizen von Probe und Referenz erfolgt mit einer vor Messbeginn eingestellten Heizrate $\beta = \Delta T/\Delta t$, die die gewünschte Temperaturänderung pro Zeiteinheit angibt. Die Temperatur T des Systems ist damit gegeben als

$$T = T_0 + \beta \cdot t \tag{II.1}$$

(T_0 Temperatur zum Zeitpunkt $t = 0$).

Das Messprinzip der DSC-Methode fordert, dass die Temperaturen von Probe (T_P) und Referenz (T_R) während der Messung gleich bleiben, d. h.

$$T = T_P = T_R \tag{II.2}$$

Durch die symmetrische Zwillingsanordnung von Probe und Referenz wirken sich eventuelle Unzulänglichkeiten der thermischen Abschirmung auf beide gleichermaßen aus, so dass daraus resultierende Messfehler weitgehend ausgeschaltet sind. Findet in der Probe z. B. eine endotherme Phasenumwandlung statt, muss diese im Vergleich zur Referenz stärker aufgeheizt werden, damit die beiden Temperaturen gleich gehalten werden können. Die Heizleistung für die Probe (P_P) wird also größer als die für die Referenz (P_R). Die daraus resultierende Differenz ΔP der Heizleistungen ist die Messgröße:

$$\Delta P = P_P - P_R \tag{II.3}$$

Diese Differenz ist dem Unterschied $\Delta C(T)$ der Wärmekapazitäten von Probe und Referenz proportional:

$$\Delta C(T) = C_P(T) - C_R(T) = \Delta P(T)/\beta \tag{II.4}$$

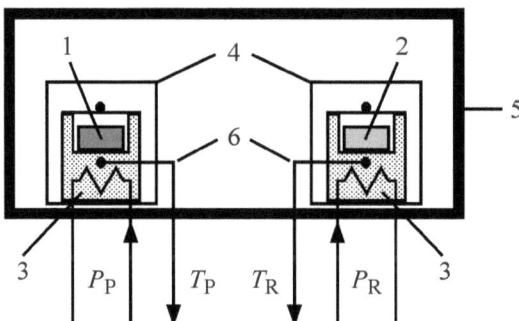

Abb. II.1: Schematische Darstellung einer DSC-Apparatur (1 Probe, 2 Referenz, 3 Heizplatten, 4 thermisch isolierte Gefäße, 5 isolierender Mantel für temperaturkonstante Umgebung, 6 Temperaturmessstellen).

In DSC-Thermogrammen wird ΔP gegen T aufgetragen. Bei bekannter Heizrate β lässt sich aus den Thermogrammen nach Gleichung II.4 die Wärmekapazitätsdifferenz $\Delta C(T)$ zwischen Probe und Referenz bestimmen. Diese Exzesswärmekapazität, die relativ zum reinen Lösungsmittel gemessen wird, setzt sich aus zwei Beiträgen zusammen, dem Umwandlungsanteil C_u der spezifischen Wärme im Verlaufe einer Phasenumwandlung und der Verschiebung der Basislinie, die durch den temperaturabhängigen Unterschied der Wärmekapazitäten von Probe und Referenz zustande kommt.

Als Beispiel ist in Abbildung II.2 das DSC-Thermogramm einer verdünnten Lösung des Proteins Lysozym bei verschiedenen pH-Werten dargestellt. Deutlich erkennt man die mit der Denaturierung des Proteins einsetzende Enthalpieänderung.

Durch Integration zwischen Anfangs- (T_1) und End- (T_2) Temperatur des untergrundkorrigierten DSC-Signals bzw. der $C_u(T)$-Kurve ergibt sich die Umwandlungsenthalpie

$$\Delta H_u = \int_{T_1}^{T_2} C_u(T) dt \tag{II.5}$$

An der $C_u(T)$-Kurve kann zudem der Maximalwert der Wärmekapazität C_u^{max} abgelesen werden. Aus beiden Größen lässt sich mit Hilfe von Gleichung I.19 die mittlere kooperative Einheit N_0 der Phasenumwandlung bestimmen.

Mit Hilfe von DSC-Daten lässt sich auch die Stabilität eines Proteins bei Raumtemperatur, die durch die Entfaltungs-GIBBS-Energie ΔG° bei 25 °C (298 K) charakterisiert ist, bestimmen (im Folgenden wird auf den Index u verzichtet). Am Phasenübergang selbst, d. h. bei der Temperatur $T = T_m$, ist die Gleichgewichtskonstante zwischen entfaltetem und gefaltetem Zustand $K = c_U/c_F = 1$ und $\Delta G^{\circ} = \Delta H^{\circ} - T\Delta S^{\circ} = 0$. Damit erhält man für die Entropieänderung bei der Phasenumwandlung $\Delta S^{\circ} = \Delta H^{\circ}/T_m$. Der Standardzustand ist hier 1 mol L^{-1}, und wir vernachlässigen intermolekulare Wechselwirkungen. Weiterhin setzen wir $\Delta H \approx \Delta H^{\circ}$ und $\Delta C \approx \Delta C^{\circ}$ für die aus dem DSC-Experiment erhaltenen Werte. Um den Wert für ΔG° bei $T = 298$ K zu erhalten, müssen wir die KIRCHHOFFsche Gleichung anwenden:

1. Difference Scanning Calorimetry (DSC)

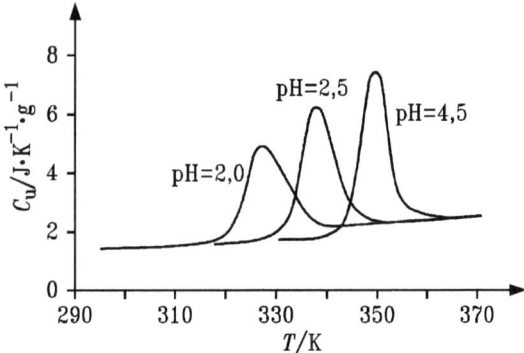

Abb. II.2: DSC-Thermogramme einer Lysozym-Lösung (1,8 mg mL^{-1}) bei verschiedenen pH-Werten. Dargestellt ist die partielle spezifische Wärmekapazität der Proteinlösung als Funktion der Temperatur (nach: P. L. Privalov, Adv. Protein Chemistry **33** (1979) 167).

$$\Delta H^{\circ}(298\,\text{K}) = \Delta H^{\circ}(T_m) + \int_{T_m}^{298\,\text{K}} \Delta C^{\circ}\,dT \approx \Delta H^{\circ}(T_m) + \Delta C^{\circ} \cdot (298\,\text{K} - T_m) \qquad \text{(II.6)}$$

$$\Delta S^{\circ}(298\,\text{K}) = \Delta S^{\circ}(T_m) + \int_{T_m}^{298\,\text{K}} \frac{\Delta C^{\circ}}{T}\,dT \approx \Delta S^{\circ}(T_m) + \Delta C^{\circ} \cdot \ln(298\,\text{K}/T_m) \qquad \text{(II.7)}$$

Man erhält daraus $\Delta G^{\circ}(298\,\text{K}) = \Delta H^{\circ}(298\,\text{K}) - 298\,\text{K} \cdot \Delta S^{\circ}(298\,\text{K})$. Für das Protein Staphylokokken-Nuclease (SNase) findet man z. B. bei $T_m = 325$ K und pH = 7 die Werte $\Delta H^{\circ} = 164$ kJ mol^{-1} und $\Delta C^{\circ} = 8,3$ kJ mol^{-1} K^{-1}, so dass $\Delta G^{\circ}(298\,\text{K}) = 4$ kJ mol^{-1}. Meist liegt ΔG° im Bereich von 20 bis 60 kJ mol^{-1}, d. h., Proteine sind bei Raumtemperatur nur mäßig stabil. Unter der Annahme, dass ΔC° weitgehend temperaturunabhängig ist, lässt sich ΔG° für jede beliebige Temperatur bestimmen. Abbildung II.3 zeigt die entsprechenden Werte für die SNase bei pH = 5,5. Man erkennt, dass das Protein nicht nur bei hohen Temperaturen entfaltet (d. h. $\Delta G^{\circ} < 0$), sondern auch bei tiefen Temperaturen ($\Delta G^{\circ} = 0$ bei 259 K), was Kältedenaturierung genannt wird. Ursache ist ein positiver ΔC°-Wert, d. h., die Tatsache, dass die Wärmekapazität des entfalteten Proteins größer ist als die des nativen. Dies ist im Wesentlichen auf die Hydratation hydrophober Seitenketten im entfalteten Zustand des Proteins zurückzuführen. Die temperaturinduzierte Entfaltung des Proteins hängt im Wesentlichen mit der Zunahme an Konformationsentropie zusammen, die Kältedenaturierung mit dem Enthalpiegewinn bei der Hydratation des entfalteten Proteins bei tiefen Temperaturen.

Der kalorimetrisch bestimmte Wert der Entfaltungsenthalpie eines Proteins ΔH_{cal} repräsentiert die Wärmetönung pro Stoffmenge an eingesetztem Protein (Einheit kJ mol^{-1}). Die Enthalpieänderung, die man z. B. über spektroskopische Messungen aus der Temperaturabhängigkeit der Gleichgewichtskonstanten erhält, die sog. VAN'T HOFFsche Enthalpieänderung ΔH_{vH}, bezieht sich dagegen auf die tatsächliche Anzahl der an der Reaktion beteiligten Spezies oder Einheiten, also auf die Transformation einer kooperativen Einheit des Systems. Für den Fall,

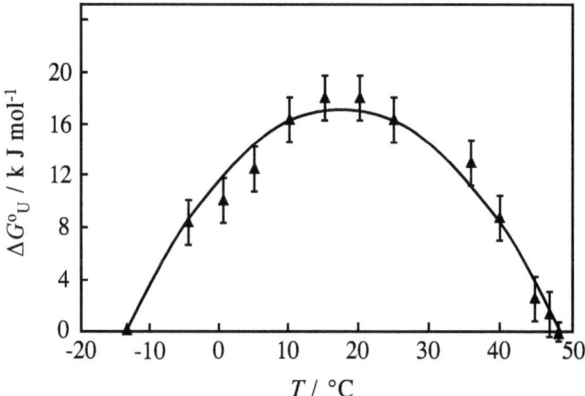

Abb. II.3: Temperaturabhängigkeit der Standard-Entfaltungs-GIBBS-Energie von SNase bei pH = 5,5 (nach: G. Panick, G. J. A. Vidugiris, R. Malessa, G. Rapp, R. Winter, C. A. Royer, Biochemistry **38** (1999) 4157).

dass die kooperativ entfaltende Domäne eines Proteins kleiner ist als das gesamte Molekül (wie bei einem Protein, das aus mehreren Domänen besteht), ist $\Delta H_{vH} < \Delta H_{cal}$. Umgekehrtes tritt ein, wenn die kooperative Einheit größer ist als das Molekül, z. B. bei Vorliegen intermolekularer Wechselwirkungen, die zur Bildung von Oligomeren führen. Ein Unterschied zwischen der VAN'T HOFFschen und kalorimetrischen Umwandlungsenthalpie ($\Delta H_{vH} \neq \Delta H_{cal}$) kann auch auf intermediäre Strukturen im Verlauf der Umwandlung hindeuten.

Manchmal ist es auch von Interesse, die partielle spezifische Wärmekapazität des Biomakromoleküls absolut zu kennen. Sie lässt sich aus der gemessenen Wärmekapazitätsdifferenz $\Delta C(T)$ zwische Probe und Referenz, die reines Lösungsmittel oder Pufferlösung ist, berechnen:

$$\Delta C(T) = c_M(T) \cdot m_M - c_{solv}(T) \cdot \Delta m_{solv} \tag{II.8}$$

wobei $c_M(T)$ die partielle spezifische Wärmekapazität des Makromoleküls M bei der Temperatur T ist, d. h. die Wärmekapazität pro Masseneinheit der Substanz. m_M ist die Masse von M in der Messzelle, $c_{solv}(T)$ die partielle spezifische Wärmekapazität des Lösungsmittels (Solvens) und Δm_{solv} die durch das Makromolekül verdrängte Masse des Lösungsmittels. Letztere kann aus den partiellen spezifischen Volumina des Makromoleküls und des Lösungsmittels berechnet werden:

$$\Delta m_{solv} = m_M \cdot V_{spez,M}(T) / V_{spez,solv}(T) \tag{II.9}$$

Kommerziell erhältliche DSC-Geräte arbeiten meistens in einem Temperaturbereich von 77 bis 1000 K, Heizraten β sind von 1 K h^{-1} bis 500 K min^{-1} einstellbar, und die Auswertung erfolgt i. Allg. rechnergestützt. Das sehr kompakte Messsystem (Heizung, Temperaturfühler und Probenbehälter) wiegt oft nicht mehr als etwa 1 g. Die DSC-Methode besitzt den Vorteil, dass auch sehr kleine Substanzmengen untersucht werden können. Da durch aufwändige Isolierungsverfahren Biomoleküle oft nur in geringer Menge erhältlich sind, ist die hohe Empfindlichkeit der DSC-Methode in diesen Fällen essentiell.

1. Difference Scanning Calorimetry (DSC)

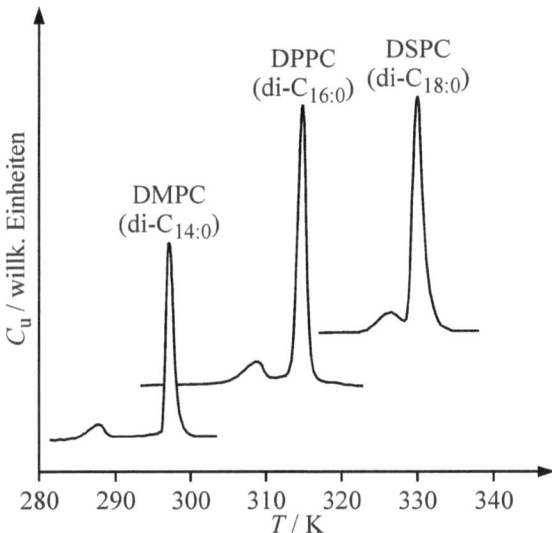

Abb. II.4: Wärmekapazitätskurven $C_u(T)$ wässriger Dispersionen dreier Phosphatidylcholine mit unterschiedlicher Länge der Kohlenwasserstoffketten (die Kurven sind gegeneinander nach oben versetzt).

Im Folgenden werden einige weitere charakteristische Beispiele für kalorimetrische Messungen an Biomolekülen vorgestellt. Während erste Experimente an Lösungen von Polynucleotiden und Polypeptiden mit selbstentwickelten adiabatischen Kalorimetern durchgeführt wurden, werden heute zur Messung von $C_u(T)$-Kurven in der Regel nur noch Apparaturen eingesetzt, die nach der DSC-Methode arbeiten.

1.1 Thermotrope Phasenumwandlungen von Modellbiomembranen

Einige der verschiedenen Phasen, die Lipid-Doppelschichten als Modellmembran-Systeme einnehmen können, wurden bereits in Kapitel I vorgestellt (Abb. I.21). Mit Hilfe von DSC-Messungen lassen sich die bei den thermotropen Phasenübergängen auftretenden Umwandlungsenthalpien ermitteln. In Abbildung II.4 sind die Thermogramme wässriger Lipiddispersionen von DMPC (1,2-Dimyristylphosphatidylcholin, di-$C_{14:0}$), DPPC (1,2-Dipalmitylphosphatidylcholin, di-$C_{16:0}$) und DSPC (1,2-Distearylphosphatidylcholin, di-$C_{18:0}$) wiedergegeben.

Jedes Lipid durchläuft zwei endotherme Phasenumwandlungen, eine Gel/Gel-Vorumwandlung und eine Gel/flüssig-kristallin-Hauptumwandlung bei höherer Temperatur. Aus den Messkurven erhält man neben den Umwandlungstemperaturen (Tab. II.1) mit Hilfe von Gleichung II.5 durch Ausmessen der Fläche unter den DSC-Peaks die Enthalpieänderung ΔH_u beim Phasenübergang. Unter Annahme eines reversiblen Phasenübergangs erster Ordnung lässt sich daraus die entsprechende Entropieänderung berechnen:

$$\Delta S_u = \frac{\Delta H_u}{T_u} \tag{II.10}$$

T_u entspricht dem Maximum der Wärmekapazitätskurve im DSC-Thermogramm.

Tab. II.1: Ergebnisse aus DSC-Messungen an verschiedenen Phospholipid-Dispersionen.

Lipid	Vorübergang		Hauptübergang		
	T_u / K	ΔH_u / kJ mol^{-1}	T_u / K	ΔH_u / kJ mol^{-1}	ΔS_u / J K^{-1} mol^{-1}
DMPC	285	3	297	26	88
DPPC	307	5	314	36	115
DSPC	324	7	328	45	137
DOPC			~251	~33	~131
DPPE			337	33	98
DSPE			347	44	127

Mit Hilfe der maximalen Wärmekapazität C_u^{max}, die den DSC-Thermogrammen weiterhin entnommen werden kann, lässt sich nach Gleichung I.19 mit T_u und ΔH_u die mittlere kooperative Einheit N_0 der Umwandlung bestimmen. Voraussetzung hierfür ist die Annahme eines reversiblen Zwei-Zustands-Modells für die Umwandlung. Die kooperative Einheit für die Gel/flüssig-kristallin-Umwandlung der Lipide hängt empfindlich von der Reinheit des Lipidsystems ab. N_0 liegt in der Größenordnung von 200, d. h., dass auch die Phospholipid-Hauptumwandlung ein hoch-kooperativer Prozess ist. Die Ergebnisse sind in Tabelle II.1 bzw. Abbildung II.5 zusammengefasst. Man erkennt, dass die Hauptumwandlungstemperatur und die Enthalpie- und Entropieänderung am Übergang drastisch von der Kettenlänge abhängen. Die Größe der T_u- und ΔH_u-Werte hängt jedoch nicht nur von der Länge, sondern auch vom Sättigungsgrad der Acylketten und auch von der Art der Phospholipidkopfgruppe ab. Das di-*cis*-ungesättigte DOPC (1,2-Dioleylphosphatidylcholin, di-$C_{18:1,cis}$) besitzt eine um 77 K tiefer liegende Hauptumwandlungstemperatur als das entsprechende gesättigte Phospholipid DSPC (Tab. II.1). Die T_u-Werte der Phosphatidylethanolamine DPPE und DSPE liegen höher und die ΔS_u-Werte etwas niedriger als die entsprechenden Werte der Phosphatidylcholine DPPC und DSPC.

Die Einführung von *cis*-Doppelbindungen in die Lipidkette ist eine sehr effiziente Methode, die „Fluidität" der Membran (flüssig-kristalline Phase) über einen weiten Temperaturbereich zu erhalten. Dies hat bedeutsame physiologische Konsequenzen. Da die physiologischen Funktionen natürlicher Membranen den fluiden Zustand erfordern, müssen lebende Organismen den Effekt tiefer Temperaturen (und auch hoher Drücke) durch Anpassung ihrer Membrananteile kompensieren, ein als „homöoviskose Adaption" bekanntes Phänomen. Tiefe Temperaturen und hohe Drücke (bis etwa 1,2 kbar), wie sie z. B. in Tiefseegräben herrschen, üben einen stark ordnenden Einfluss auf die Struktur der Membran aus. Daher müssen Tiefseeorganismen kompensierende Strukturmerkmale in ihren Zellmembranen besitzen, um ihre Fluidität zu erhalten. Der Einbau von *cis*-Doppelbindungen ist ein effizienter Weg dafür.

Biologische Membranen bestehen jedoch nicht nur aus Phospholipiden. Ein weiterer wichtiger Bestandteil ist das Cholesterin. Sein Anteil reicht von etwa 4 bis 40 Mol-%. Cholesterin wird als amphiphiles Molekül in Lipiddoppelschichten eingebaut (Abb. II.6). DSC-Messungen an

1. Difference Scanning Calorimetry (DSC)

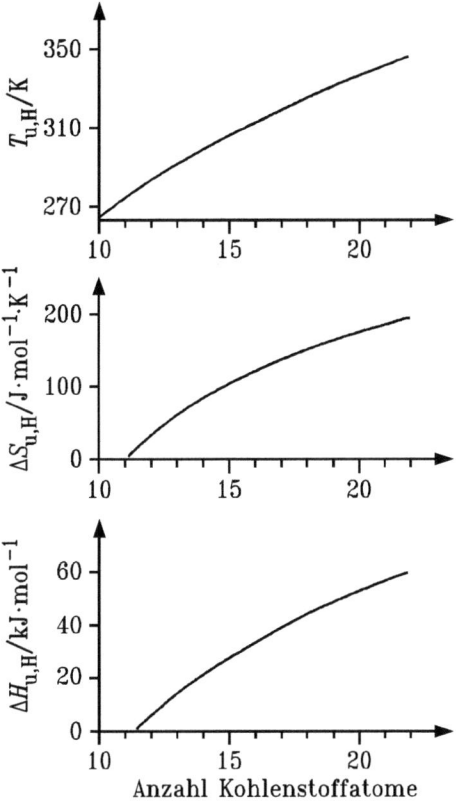

Abb. II.5: Abhängigkeit der Hauptumwandlungstemperatur, -entropie und -enthalpie von der Länge der Acylketten gesättigter Phosphatidylcholine (nach: R. Winter, Chem. unserer Zeit **24** (1990) 71).

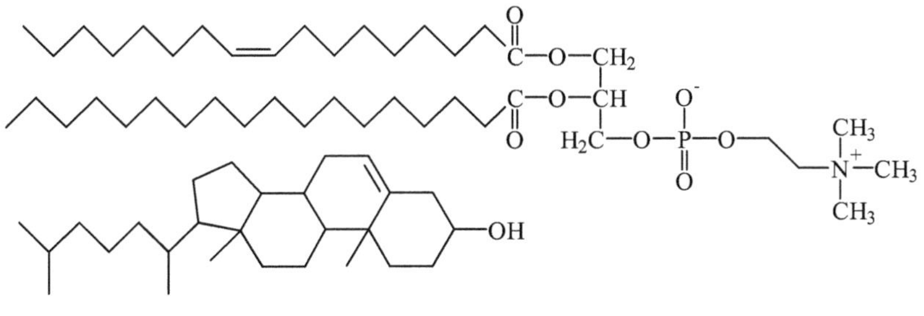

Abb. II.6: Die Lage von Cholesterin relativ zu einem Phospholipid in der Membran.

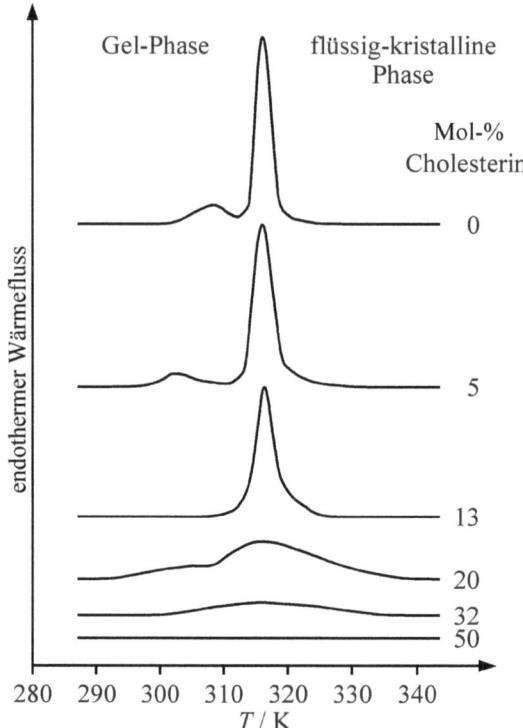

Abb. II.7: DSC-Thermogramme von DPPC/Cholesterin-Dispersionen unterschiedlicher Konzentrationen. Der molare Anteil an Cholesterin in der Lipidmischung ist jeweils angegeben.

Lipid/Cholesterin-Mischungen (Abb. II.7) zeigen, dass mit zunehmender Cholesterinkonzentration der Hauptübergang verbreitert wird und bei etwa 50 Mol-% ganz verschwindet. Ab einer Konzentration von einigen Mol-% Cholesterin in Membranen treten bereits Entmischungserscheinungen mit Zweiphasen-Koexistenzbereichen auf, über die eine detaillierte Analyse der DSC-Thermogramme Auskunft geben kann. Die Natur hat mit dem Einbau von Cholesterin in die Lipiddoppelschichten einen weiteren, sehr effizienten Regelmechanismus gefunden, um die Struktur und damit auch die Dynamik der Membran-Matrix zu beeinflussen.

Durch Analyse oder Simulation der DSC-Thermogramme binärer Lipidmischungen lassen sich Temperatur/Konzentrations-Phasendiagramme der Systeme erstellen (s. z. B. S. Mabrey, J. M. Sturtevant, Proc. Natl. Acad. Sci. USA **73** (1976) 3862; A. G. Lee, Biochim. Biophys. Acta **472** (1977) 285; C. Johann, P. Garidel, L. Mennicke, A. Blume, Biophys. J. **71** (1996) 3215).

1.2 Polypeptide und Proteine

In der Regel denaturieren, d. h. entfalten, Proteine bei Temperaturen oberhalb von etwa 330 K, wobei ihre biochemische Aktivität verloren geht. Es gibt jedoch eine ganze Reihe von Einzellern (Thermophile), die z. B. heiße Vulkanquellen besiedeln und deren Proteine höhere

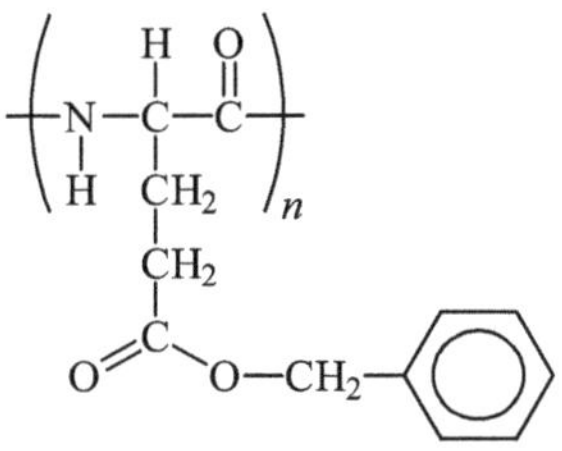

1. Difference Scanning Calorimetry (DSC)

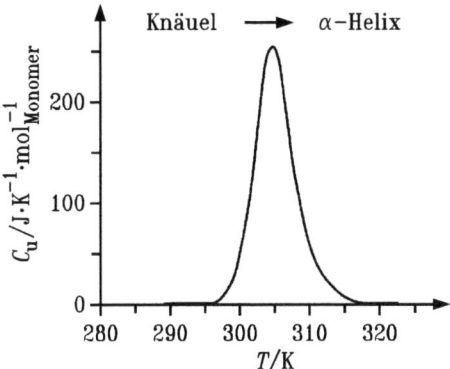

Abb. II.8: Poly-γ-benzyl-L-glutamat.

Abb. II.9: Temperaturverlauf der Wärmekapazität bei der Phasenumwandlung von Poly-γ-benzyl-L-glutamat in einer Lösungsmittelmischung aus DCE und DCES (nach: T. Ackermann, H. Rüterjans, Ber. Bunsenges. Phys. Chem. **68** (1964) 850).

Denaturierungstemperaturen aufweisen. Aus Messungen der Denaturierungsenthalpie lassen sich wertvolle Hinweise über die Stabilität von Proteinstrukturen und die Natur der Helix-Knäuel-Phasenumwandlung gewinnen.

Als Beispiel betrachten wir Messungen an dem Modell-Polypeptid Poly-γ-benzyl-L-glutamat (PBG, Abb. II.8). Als Lösungsmittel wurde ein Gemisch aus 1,2-Dichlorethan (DCE) und Dichloressigsäure (DCES) verwendet. In dieser nicht-wässrigen Lösungsmittelmischung ist die α-Helix die bei höheren Temperaturen stabile Konformation, während bei tiefen Temperaturen das Polypeptid als ungeordnetes Knäuel vorliegt. Dieses Lösungsmittelgemisch wurde gewählt, da aufgrund der stark solvatisierenden Eigenschaften von DCES eine fast stöchiometrische Solvatation der Peptidbindungen des Polypeptids vorausgesetzt werden kann. In einer Mischung aus 81 % DCES und 19 % DCE erhält man aus kalorimetrischen Messungen einen Temperaturverlauf des Umwandlungsanteils der Wärmekapazität, wie er in Abbildung II.9 abgebildet ist. Die Knäuel-Helix-Umwandlung erfolgt für PBG, das aus etwa 1100 Monomeren besteht, in einem Temperaturbereich von etwa 297 bis 313 K; das Maximum der Wärmekapazität liegt bei 305 K. Aus der Messung der Wärmekapazität als Funktion der Temperatur wurde die Phasenumwandlungsenthalpie ΔH_u bestimmt. Da diese jedoch von der

Peptidkonzentration abhängt, wurde der Wert auf den Standardzustand idealer Verdünnung extrapoliert und zu 4 kJ mol^{-1} Monomer bestimmt. Mit Hilfe dieses Werts und des Maximalwerts der Wärmekapazität bei T_u ergibt sich die mittlere kooperative Einheit zu $N_0 = 100$. Die Knäuel-Helix-Umwandlung von PBG ist offensichtlich auch ein hoch-kooperativer Prozess.

Für einfache, kleine globuläre Proteine, wie RNase A, SNase und Lysozym, wurden $\Delta H_{vH}/\Delta H_{cal}$-Werte, die nahe bei Eins liegen, gefunden, woraus man schließen kann, dass es sich bei der Entfaltung der Proteine um einen Zwei-Zustands-Prozess handelt (P. L. Privalov, Adv. Protein Chem. **33** (1979) 167). Oftmals treten bei der Denaturierung jedoch Zwischenzustände auf, wodurch eine geeignetere Analyse der DSC-Kurven notwendig wird. So wird z. B. die Dekonvolutionsmethode zur Bestimmung der Zustandssumme und damit der Population intermediärer Zustände angewendet (s. z. B. K. P. Murphy, E. Freire, Adv. Protein Chem. **43** (1992) 313; E. Freire, in: *Protein Stability and Folding - Theory and Practice*, Methods in Molecular Biology, Vol. 40, B. A. Shirley (Hrsg.), S. 191, Humana Press, Totowa, 1995).

1.3 Polynucleotide

Thermisch-kalorische Messungen an Polynucleotiden liefern eine Reihe wichtiger Informationen über deren Primär- und Sekundärstruktur. Ein typisches DSC-Thermogramm für DNA zeigt Abbildung II.10.

Für DNA-Moleküle hat man einen systematischen Zusammenhang zwischen der Doppelhelix-Einzelstrang-Umwandlungsenthalpie ΔH_u und dem Gehalt an den Nucleinsäuren Guanin und Cytosin festgestellt. Diese beiden Nucleotide bilden drei Wasserstoffbrückenbindungen miteinander aus, während Adenin und Thymin nur zwei solcher Bindungen eingehen können (Abb. I.46). Wenn für die Phasenumwandlung von Doppelhelix zu Einzelsträngen nur der Bruch von Wasserstoffbrückenbindungen verantwortlich wäre, sollte man für die Phasenumwandlungsenthalpie einer reinen GC-DNA relativ zu einer DNA, die nur aus A und T besteht, ein Verhältnis von 3:2 erwarten. Für eine Reihe von DNA-Proben ist die Abhängigkeit der ΔH_u Werte vom GC-Gehalt gemessen worden (Abb. II.11). Die Abhängigkeit der Umwandlungsenthalpie vom GC-Gehalt ist jedoch weit geringer, als man es für eine ausschließlich

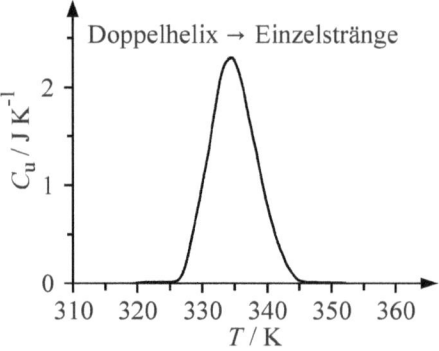

Abb. II.10: DSC-Thermogramm für DNA, die aus Lachssperma gewonnen wurde (nach: H. Klump, T. Ackermann, Biopolymers **10** (1971) 513).

2. Wärmestrom-Differenz-Kalorimetrie

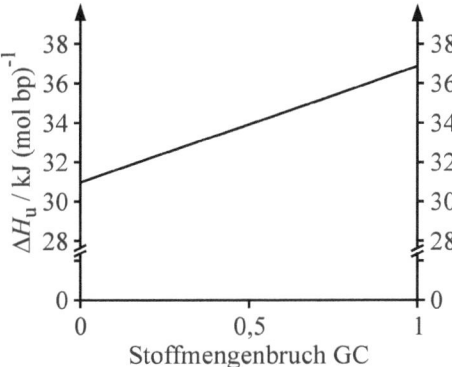

Abb. II.11: Phasenumwandlungsenthalpie ΔH_u pro Mol Basenpaare (bp) bei der DNA-Denaturierung als Funktion des Guanin-Cytosin (GC)-Gehaltes (nach: T. Ackermann, Angew. Chem. **101** (1989) 1005).

durch Wasserstoffbrückenbindungen stabilisierte Doppelhelix erwarten würde. Die Ursache hierfür ist, dass die Doppelhelixstruktur in erster Linie durch Wechselwirkungen zwischen den übereinanderliegenden Basen (Stapelwechselwirkung) stabilisiert wird. Etwa 70 % des gesamten Enthalpieeffekts sind bei der Doppelhelix-Denaturierung auf diese Basenentstapelung zurückzuführen. Die Wasserstoffbrückenbindungen sind erst in zweiter Linie für die Stabilität der Sekundärstruktur von Bedeutung. Die mit der kalorimetrischen Methode erhaltenen Enthalpiewerte können als analytische Methode zur Bestimmung der relativen Basenzusammensetzung von Polynucleotiden herangezogen werden.

2. Wärmestrom-Differenz-Kalorimetrie

Bei der in Kapitel II.1 beschriebenen DSC-Methode werden Heizleistungsdifferenzen zwischen der zu untersuchenden Probe und der Referenz gemessen, wobei eine im Verlauf einer Phasenumwandlung auftretende Temperaturdifferenz minimiert wird. Diese sog. Leistungskompensationstechnik liefert Umwandlungsenthalpien mit höchster Genauigkeit. Ein anderes DSC-Verfahren stellt die Wärmestrom-Differenz-Kalorimetrie dar. Hierbei werden die Probe und die Referenz von derselben Quelle gemeinsam aufgeheizt. Sie werden auf einer Scheibe, die eine gute Wärmeleitfähigkeit besitzt und mit Temperaturfühlern versehen ist, symmetrisch zum Mittelpunkt positioniert. Die Scheibe wird in einem Ofen mit einer konstanten Heizrate erwärmt. Bei thermisch gleichem Verhalten sind die Wärmeströme vom Ofen zur Probe und zur Referenz gleich groß, so dass keine Temperaturdifferenz zwischen Probe und Referenz auftritt. Wird bei einer Phasenumwandlung der Probe Wärme aufgenommen oder freigesetzt, entsteht dagegen eine messbare Temperaturdifferenz. Die Wärmeströme passen sich an, um dieses Ungleichgewicht auszugleichen. Die aktuelle Temperaturdifferenz ΔT, die zur Differenz der Wärmeströme proportional ist, wird als Funktion der Zeit bzw. der Temperatur T gemessen. Wenn man das Wärmestrom-Differenz-Kalorimeter mit einer Substanz kalibriert, die im relevanten Temperaturbereich eine Phasenumwandlung mit bekannter Umwandlungsenthalpie aufweist, können aus den gemessenen Temperaturdifferenzen einer unbekannten Substanz auch Umwandlungsenthalpien bestimmt werden:

$$\Delta H_\mathrm{u} = K \int_{T_1}^{T_2} \Delta T \, \mathrm{d}T \tag{II.11}$$

wobei K der Kalibrierungsfaktor ist und T_1 und T_2 zwei Temperaturen unmittelbar vor und nach der Phasenumwandlung darstellen. Der Kalibrierungsfaktor konvertiert somit die Peakfläche in eine Enthalpiedifferenz. Er kann selbst von der Temperatur abhängig sein.

3. Isotherme Titrationskalorimetrie (ITC)

Mit Hilfe der isothermen Titrationskalorimetrie (engl.: *isothermal titration calorimetry*, ITC) können intermolekulare Wechselwirkungen zwischen gelösten Biomolekülen, wie z. B. die Bindung eines Liganden an ein Protein oder der Einbau von Peptiden in Lipidmembranen, gemessen werden. Der experimetelle Aufbau gleicht dem der Leistungskompensations-DSC (Kap. II.1). Es gibt ein Proben- und ein Referenzgefäß, die getrennt geheizt werden. Im Gegensatz zur DSC wird jedoch kein Temperaturprogramm verfolgt. Vielmehr wird die Heizleistungsdifferenz zwischen Probe und Referenz gemessen, wenn der Probenlösung bei konstanter Temperatur eine Lösung zugetropft wird, die den Bindungspartner der Probe enthält. Wie in Abbildung II.12 gezeigt, haben Proben- und Referenzgefäß gleiche Volumina. Sie sind von einer isothermen Ummantelung umgeben und verfügen jeweils über Heizelemente zur Temperaturregelung sowie über Temperatursensoren. Die Titrationsvorrichtung, mit der der Bindungspartner zur Probe hinzugetropft wird, besteht aus einer motorgetriebenen Spritze, deren Stempel präzise bewegt werden kann, um die gewünschten Lösungsvolumina zugeben zu können.

Abbildung II.13 zeigt ein Beispiel für eine Messkurve. Nach jedem Injektionsschritt der Ligandenlösung in die Probenlösung vermischt sich der Ligand L mit dem Makromolekül M und bildet den Komplex ML in einer exothermen Reaktion. Da hierbei von der Probenzelle Wärme abgegeben wird, muss die Heizleistung für die Probenzelle entsprechend gesenkt werden, um die Temperatur in der Probenzelle konstant zu halten (wäre die Reaktion endotherm, müsste die Heizleistung entsprechend angehoben werden). Die relativ zur Referenz gemessene Heizleistungsdifferenz ΔP während eines Injektionsschrittes liefert nach Integration über die Zeit die Wärmemenge Q, die die Probe mit der Umgebung ausgetauscht hat. Die Wärmemenge wird auf die Änderung der Gesamtkonzentration an Ligand bezogen ($\mathrm{d}Q/\mathrm{d}c_{\mathrm{L,tot}}$) und als Funktion der Gesamtligandenkonzentration $c_{\mathrm{L,tot}}$ oder als Funktion des Verhältnisses der molaren Konzentrationen von L und M ($c_{\mathrm{L,tot}}/c_{\mathrm{M,tot}}$) aufgetragen. Die so erhaltenen Daten können hinsichtlich der Standard-Bindungsenthalpie $\Delta H_\mathrm{B}^\circ$ und der Bindungskonstante K_B ausgewertet werden, sofern die Stöchiometrie der Komplexbildung bekannt ist. Fehlt diese Information, wählt man das einfachste Bindungsmodell, das mit den gemessenen Daten konsistent ist.

Wir wollen uns den Gang der Auswertung etwas genauer anschauen. Hierzu gehen wir von einer 1:1-Bindungsstöchiometrie zwischen einem Makromolekül M und einem Liganden L aus:

3. Isotherme Titrationskalorimetrie (ITC)

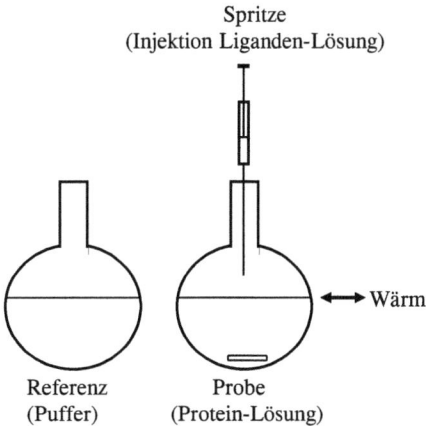

Abb. II.12: Prinzipieller Aufbau eines isothermen Titrationskalorimeters. Messgröße bei der ITC ist die Heizleistungsdifferenz ΔP zwischen Probe und Referenz, die bei Zugabe eines Aliquots (typischerweise 10 µL) einer Lösung mit Liganden L zur Probe mit Makromolekülen M (z. B. Protein) auftritt, wenn die Temperatur der Probe konstant bleiben soll. Die Referenzlösung enthält z. B. reine Pufferlösung.

$$M + L \longleftrightarrow ML \qquad (II.12)$$

Die Bindungs- oder Assozationsgleichgewichtskonstante des Prozesses

$$K_B = \frac{c_{ML}}{c_M \cdot c_L} \qquad (II.13)$$

ist über $K_B = K_D^{-1}$ mit der Dissoziationskonstante K_D des Komplexes ML verknüpft. c_i ist die molare Konzentration der Reaktionskomponente i. Allgemein sind auch mehrere Ligandenbindungsstellen pro Makromolekül (unter Bildung des Komplexes ML_n) möglich.

Experimentell bekannte Größen sind die Gesamtkonzentrationen an M und L, $c_{M,tot}$ und $c_{L,tot}$, wobei gilt:

$$c_{M,tot} = c_M + c_{ML} \quad \text{und} \quad c_{L,tot} = c_{ML} + c_L \qquad (II.14)$$

Gesucht sind die Bindungskonstante K_B und die Standard-Bindungsenthalpie ΔH_B^o (allgemein die Standard-Reaktionsenthalpie). Weist das Makromolekül M, abweichend von Gleichung II.12, $n > 1$ Ligandenbindungsstellen auf, so ist n ein weiterer Modellparameter. Durch Integration eines ΔP-Peaks und nach Abzug der Verdünnungswärme (Abb. II.13), erhält man die Wärmemenge Q für jeden Titrationsschritt, welche bei der Bindung von L an M aufgenommen oder abgegeben wird:

$$Q = V \cdot \Delta H_B^o \cdot \Delta c_{ML} \qquad (II.15)$$

V ist das Volumen der Probenlösung. Δc_{ML} ist die jeweils hinzukommende Konzentration an Komplex. Bezieht man diese Wärmemenge auf die Erhöhung der Gesamtligandenkonzentration $\Delta c_{L,tot}$ beim Zutropfen, kann man schreiben:

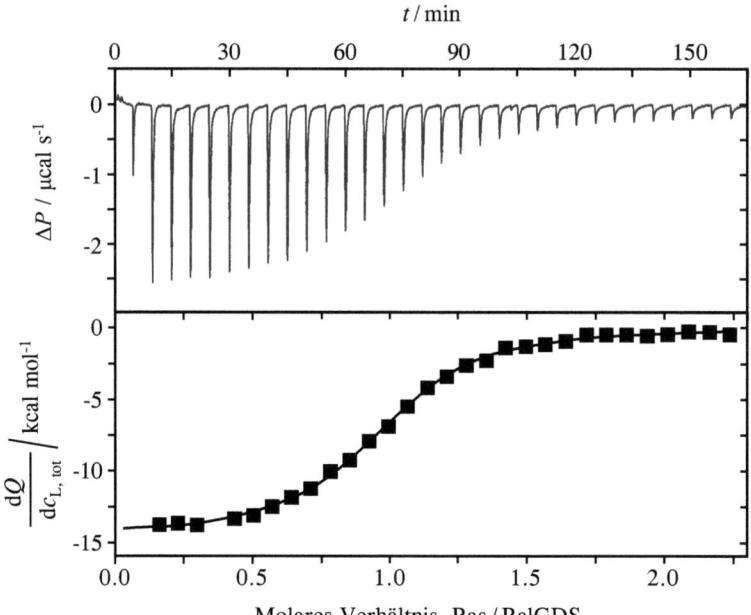

Abb. II.13: Typisches ITC-Experiment. a) Messsignal (Heizleistungsdifferenz ΔP zwischen Probe und Referenz) nach jedem Titrationsschritt. Gibt man unter Rühren mit Hilfe einer Spritze schrittweise Ligandenlösung zur Probenlösung, so wird die Probenlösung in Folge der Bindung des Liganden und der Verdünnung der Probenlösung Wärme mit der Umgebung austauschen. Die elektrische Heizleistung, die der Probenlösung stetig zugeführt wird, um sie zu thermostatisieren, muss demnach erniedrigt oder erhöht werden. Die Fläche eines Peaks entspricht der ausgetauschten Wärmemenge. Zu Beginn des Experiments wird die Wärmemenge im Wesentlichen durch die Bindungsenthalpie, gegen Ende des Experiments dagegen nur noch durch die Verdünnungsenthalpie bestimmt. Nach Abzug des Verdünnungsbeitrags erhält man die Wärmemenge Q für jeden Titrationsschritt. b) Wärmemenge pro Änderung der Gesamtligandenkonzentration in der Probenlösung, $dQ / dc_{L,tot}$. Die Messdaten zeigen die Wechselwirkung des Signalproteins Ras (das mit GTP beladen ist) mit einem seiner Effektorproteine, RalGDS, mit dem es über die Ras-Bindungsdomäne RBD interagiert. Zu Beginn werden 45 µM RalGDS (hier das Makromolekül M) in der Probenzelle vorgelegt. 600 µM Ras (hier der Ligand L) befinden sich in der Spritze. Jede Zugabe von Ras im Abstand von 4 min führt zu einer negativen Heizleistungsdifferenz, die aufgrund zunehmender Sättigung der RalGDS-Proteinmoleküle mit Ras immer kleiner wird. Offensichtlich ist diese Reaktion exotherm. Durch Anpassung der Daten mit einem Bindungsmodell (durchgezogene Linie) erhält man die Bindungskonstante $K_B = 5.8 \cdot 10^5$ M^{-1} und die Bindungsenthalpie $\Delta H_B^o = -60$ kJ mol^{-1} (nach: J. Kuhlmann, C. Herrmann, Topics in Current Chemistry **211** (2000) 61).

$$\frac{dQ}{dc_{L,tot}} = V \cdot \Delta H_B^o \cdot \frac{dc_{ML}}{dc_{L,tot}} \tag{II.16}$$

Der Ausdruck $dc_{ML}/dc_{L,tot}$ hängt vom Bindungsmodell ab. Für den Fall einer einzigen Ligandenbindungsstelle ($n = 1$, Gl. II.12) ergibt sich mit der Definition von K_B nach Gleichung II.13 sowie den Stoffmengenbilanzen nach Gleichung II.14 ein Ausdruck für c_{ML}, der in Gleichung II.16 eingesetzt werden kann:

3. Isotherme Titrationskalorimetrie (ITC)

$$\frac{dQ}{dc_{L,tot}} = V \cdot \Delta H_B^o \cdot \left(\frac{1}{2} + \frac{1-(K_B \cdot c_{M,tot})^{-1} - x}{2\sqrt{\left(1+(K_B \cdot c_{M,tot})^{-1}+x\right)^2 - 4x}} \right) \qquad (II.17)$$

$dQ/dc_{L,tot}$ wird dann als Funktion von $x = c_{L,tot}/c_{M,tot}$ aufgetragen und unter Variation von $\Delta H_B°$ und K_B an die gemessenen Datenpunkte angepasst (Abb. II.13). Kommt noch n als weiterer Modellparameter hinzu, kann evtl. keine eindeutige Anpassung durchgeführt werden. Hier ist es dann von Vorteil, wenn n in einem unabhängigen Experiment bestimmt wird.

Bei Kenntnis von K_B und ΔH_B^o können dann auch noch die Standard-GIBBS-Energieänderung $\Delta G_B^o = -RT \ln K_B$ und die Standard-Entropieänderung $\Delta S_B^o = (\Delta H_B^o - \Delta G_B^o)/T$ beim Bindungsprozess berechnet werden. Die Werte von ΔG_B^o, ΔH_B^o und ΔS_B^o erlauben Aussagen darüber, ob die Reaktion enthalpiegetrieben ($\Delta H_B^o < 0$, z. B. durch Bildung von Wasserstoff-Brückenbindungen oder durch attraktive Dipol-Dipol- oder Coulomb-Wechselwirkungen) oder entropiegetrieben ($\Delta S_B^o > 0$, z. B. durch hydrophobe Wechselwirkungen) ist. Positive ΔS_B^o-Werte sind ein Hinweis darauf, dass bei der Bindung eines Liganden (zuvor immobilisierte) Wassermoleküle aus der Bindungstasche verdrängt werden. Negative ΔS_B^o-Werte weisen darauf hin, dass bei der Ligand-Bindung Wassermoleküle an der Ligand-Makromolekül-Kontaktfläche immobilisiert werden oder die Flexibilität von Seitenketten eingeschränkt wird.

Die isotherme Titrationskalorimetrie kann bei verschiedenen Temperaturen T durchgeführt werden. Bei unterschiedlichen Temperaturen erhält man in der Regel verschiedene Werte für K_B und ΔH_B^o. Aus der T-Abhängigkeit von ΔH_B^o kann die Wärmekapazitätsänderung bei der Bindungsreaktion bestimmt werden: $\Delta C_{p,B}^o = d\Delta H_B^o / dT$. Hat man ΔH_B^o bei zwei Temperaturen T_1 und T_2 ermittelt, gilt näherungsweise (unter Vernachlässigung der T-Abhängigkeit der Reaktionswärmekapazität): $\Delta C_{p,B}^o = [\Delta H_B^o(T_2) - \Delta H_B^o(T_1)]/(T_2 - T_1)$. Die Kenntnis von $\Delta C_{p,B}^o$ erlaubt Aussagen über den Anteil polarer und unpolarer Seitenketten eines Proteins, die in der Bindungstasche begraben werden, wenn der Ligand bindet. Wird die Bindungstasche von mehrheitlich unpolaren, hydrophoben Seitenketten ausgekleidet, ist $\Delta C_{p,B}^o$ groß und negativ. Ist die Bindungstasche dagegen von polaren und geladenen Seitenketten ausgekleidet, ist $\Delta C_{p,B}^o$ eher klein. Hierzu noch ein Beispiel: Die Bildung einer DNA-Doppelhelix aus zwei Oligonucleotid-Einzelsträngen wurde bei zwei Temperaturen mit Hilfe der ITC charakterisiert. Man erhielt ΔH_B^o-Werte von -331 kJ mol^{-1} und -429 kJ mol^{-1} für T = 292,8 K und T = 312,4 K, woraus sich $\Delta C_{p,B}^o$ = -5,0 kJ mol^{-1} K^{-1} ergibt (nach: J. A. Holbrook, M. W. Capp, R. M. Saecker, M. T. Record, Biochemistry 38 (1999) 8409).

Die Empfindlichkeit der Titrationskalorimeter erlaubt die Verwendung von Konzentrationen in der Probenzelle hinunter bis etwa 1 µM. Affinitätskonstanten von etwa 10^6 M^{-1} bis 10^9 M^{-1} lassen sich noch genau bestimmen. Für die Bestimmung noch größerer Bindungskonstanten wurden spezielle Protokolle, wie Ligandenverdrängungsexperimente, entwickelt. Für schwache Komplexe ($K_B < 10^5$ M^{-1}) werden höhere Konzentrationen benötigt, so dass hier die Verfügbarkeit oder Löslichkeit der Proteine limitierend werden kann.

4. Literatur zu Kapitel II

W. Hemminger, H. K. Cammenga, *Methoden der Thermischen Analyse*, Springer Verlag, Berlin, 1989.

P. J. Haines, *Thermal Methods of Analysis - Principles, Applications and Problems*, Blackie Academic & Professional, London, 1995.

J. T. Edsall, H. Gutfreund, *Biothermodynamics - The Study of Biochemical Processes at Equilibrium*, John Wiley & Sons, Chichester, 1983.

T. Ackermann, „Kalorimetrische Untersuchungen an Biopolymeren und Aggregaten von Phospholipiden", Angew. Chem. **101** (1989) 1005.

E. Freire, „Differential Scanning Calorimetry", in: *Protein Stability and Folding-Theory and Practice*, Methods in Molecular Biology **40**, B. A. Shirley (Hrsg.), S. 191, Humana Press, Totowa, 1995.

D. Bach, „Calorimetric Studies of Model and Natural Biomembranes", in: *Biomembrane Structure and Function*, D. Chapman (Hrsg.), Verlag Chemie, Weinheim, 1984.

J. M. Sturtevant, „Biochemical Applications of Differential Scanning Calorimetry", Annu. Rev. Phys. Chem. **38** (1987) 463.

J. Seelig, „Thermodynamics of Lipid-Peptide Interactions", Biochim. Biophys. Acta **1666** (2004) 40.

A. Velazquez-Campoy, S. A. Leavitt, E. Freire, „Characterization of Protein-Protein-Interactions by Isothermal Titration Calorimetry", Methods Mol. Biol. **261** (2004) 35.

III. Kolligative und hydrodynamische Methoden

Ein Ziel biochemischer und biophysikalischer Arbeiten ist oftmals die Charakterisierung der Gestalt der Biomoleküle und die Bestimmung ihrer Molmasse. In diesem Kapitel wird gezeigt, wie mit Hilfe der Osmometrie und hydrodynamischer Messmethoden die Molmasse und die idealisierte globale Struktur von Biomolekülen bestimmt werden können. Abbildung III.1 zeigt einige typische Ergebnisse, die mit Hilfe dieser klassischen Untersuchungsmethoden gewonnen wurden. Eine exakte theoretische Behandlung der hydrodynamischen Methoden ist nur im Rahmen der Theorie irreversibler Prozesse möglich. Sie ist jedoch aufgrund der Komplexität der Phänomene nur in einigen Fällen möglich. Hier werden wir im Wesentlichen phänomenologische Ansätze zur Beschreibung der Messmethoden heranziehen.

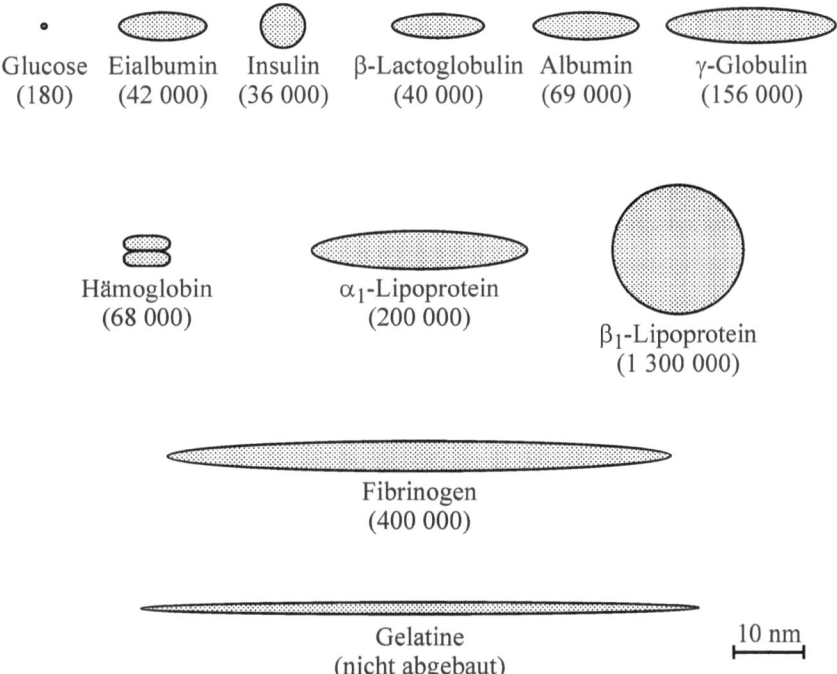

Abb. III.1: Idealisierte Form und relative Abmessungen verschiedener Biomoleküle (in Projektion dargestellt). Ihre mittleren Molmassen (in g mol^{-1}) sind in Klammern mit angegeben.

1. Charakterisierung der idealisierten Struktur von Biomolekülen in Lösung

Biomoleküle besitzen aufgrund intra- und intermolekularer Wechselwirkungen bestimmte Konformationen in Lösung. Diese lassen sich oft in *idealisierte Strukturkategorien* einteilen (s. Lehrbücher der Makromolekularen Chemie):

a) *Zufallsknäuel*. Lineare Polymere, die nur eine geringe Wechselwirkung zwischen ihren Seitengruppen aufweisen, bilden in Lösung oft Zufallsknäuel (Abb. III.2a). Solche ungeordneten Knäuel werden z. B. bei synthetischen Polymeren, einigen Kohlenhydraten und auch bei denaturierten Proteinen und Nucleinsäuren gefunden. Für Zufallsknäuel lässt sich nur eine mittlere Konformation und damit Größe angeben. Sie kann durch den sogenannten *Streumassenradius* (Gyrationsradius) R_G charakterisiert werden. Wenn die Polymerkette aus Monomereinheiten i gleicher Masse m_i besteht, ist R_G definiert als

$$R_G^2 = \frac{\sum_i m_i R_i^2}{\sum_i m_i} = \frac{\sum_i R_i^2}{N} \tag{III.1}$$

wobei R_i^2 das Abstandsquadrat der Einheit i vom Massenschwerpunkt des Makromoleküls angibt (N: Anzahl der Monomereinheiten). Wir werden später sehen, dass R_G experimentell mit Hilfe von Streumethoden bestimmt werden kann. Eine Analyse der Gestalt des Zufallsknäuels zeigt, dass im zeitlichen Mittel die Segmente sphärisch symmetrisch um den Massenschwerpunkt angeordnet sind. Für den quadratisch gemittelten End-zu-End-Abstand h eines idealen, frei beweglichen Polymerknäuels ergibt sich $h = l \cdot \sqrt{N}$, wobei l die Bindungslänge der N Monomereinheiten ist (Abb. III.2a). Bei einer Erhöhung der Anzahl der Monomere in einem ungeordneten Knäuel nimmt die Ausdehnung des Knäuels also mit $\sqrt{N}$ zu. Als Wert für R_G^2 ergibt sich für das Knäuel $R_G^2 = h^2/6$. Der experimentell bestimmbare Streumassenradius R_G stellt somit ein Maß für die Ausdehnung des Zufallsknäuels in der Lösung dar. Bei einer Polyethylenkette mit der relativen Molmasse $M_{rel} = 56000$ ist $N = 4000$. Man erhält hierfür $h = 13{,}8$ nm und $R_G = 5{,}6$ nm. Die Gesamtlänge der Kette (Konturlänge) mit der C–C-Bindungslänge $l = 154$ pm ist dagegen 616 nm. Der Zahlenwert von R_G bedeutet, dass das Knäuel sich wie eine Kugel mit dem Radius 5,6 nm und mit der Masse des Knäuels verhält. Für den realeren Fall, dass die Bindungen nicht jeden beliebigen Winkel zueinander einnehmen können, und wenn Packungs- und Lösungsmitteleffekte mit berücksichtigt werden, ergeben sich etwas andere Werte für h und R_G.

Das ungeordnete Knäuel ist die am wenigsten strukturierte Konformation einer Polymerkette. Sie entspricht dem Zustand maximaler Konformationsentropie. Das Volumen des Zufallsknäuels in Lösung besteht zu einem Großteil aus Lösungsmittel, die Raumerfüllung des Polymers beträgt meist nur einige Prozent. Zufallsknäuel in Lösung verhalten sich oft wie „Kugeln", die sich nur wenig durchdringen können. Dieser wechselseitige räumliche Ausschluss („*excluded volume*"-Effekt) zeigt sich in vielen hydrodynamischen und thermodynamischen Messungen.

In „guten" Lösungsmitteln sind Makromoleküle solvatisiert. Dadurch werden sie steifer, die Rotationsbehinderung nimmt zu und das „ausgeschlossene" Knäuelvolumen wird größer. Die-

1. Charakterisierung der idealisierten Struktur von Biomolekülen in Lösung

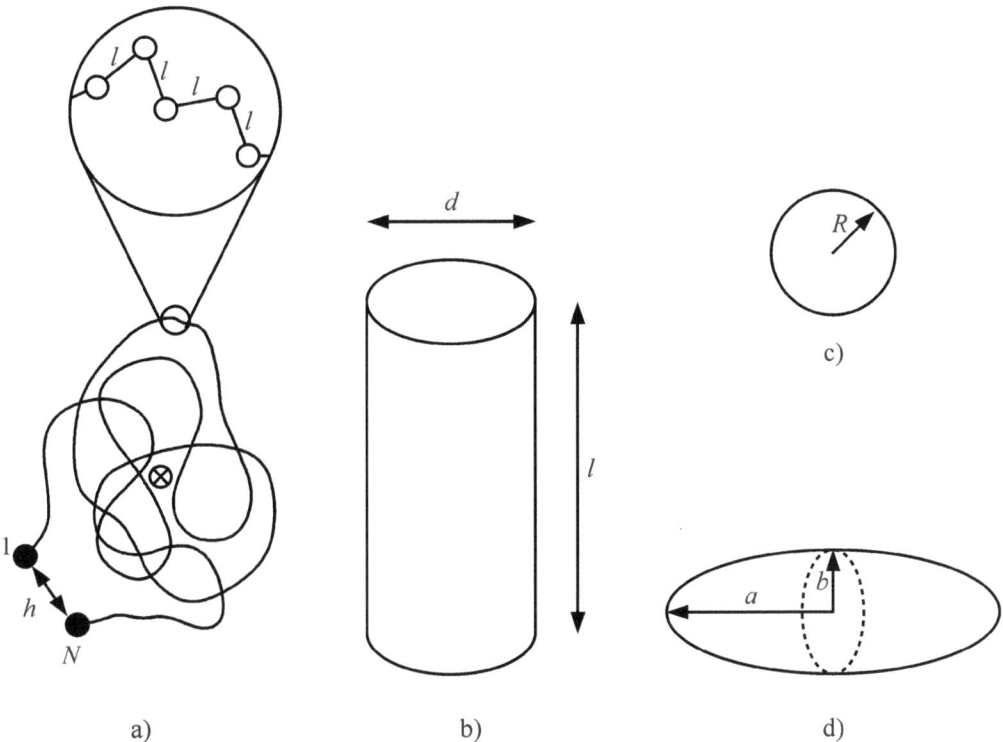

Abb. III.2: Beispiele idealisierter Konformationen von Makromolekülen in Lösung: a) Zufallsknäuel mit Massenzentrum ⊗, b) Stab mit Durchmesser d und Länge l, c) Kugel mit Radius R, d) Ellipsoid mit Achsenverhältnis a/b.

se Aufweitung äußert sich auch in der Vergrößerung des mittleren Endpunktabstandes. Er ist für das betreffende Lösungsmittel typisch und umso größer, je stärker die Wechselwirkung des Lösungsmittels mit dem Makromolekül ist.

b) *Stabförmige Makromoleküle.* Einige Biopolymere, wie Polynucleotide und helikale Polypeptide, nehmen in Lösung eine stäbchenförmige Gestalt an (Abb. III.2b).

c) *Globuläre Makromoleküle.* Eine starke Wechselwirkung zwischen den Seitengruppen des Makromoleküls führt oft zu relativ dichten globulären Konformationen, z. B. den sogenannten globulären Proteinen. Ihre Gestalt ist entweder sphärisch symmetrisch oder ellipsoid mit einem bestimmten Achsenverhältnis a/b (Abb. III.2c,d).

Einfluss der Ionenstärke: Eventuell vorhandene Oberflächenladungen der Makromoleküle besitzen auch einen großen Einfluss auf die Konformation des Makromoleküls in Lösung. Aus der DEBYE-HÜCKEL-Theorie der Elektrolytlösungen folgt, dass bei geringen Salzkonzentrationen im Lösungsmittel die elektrischen Potenziale der Oberflächenladungen des geladenen Makromoleküls (Makroions) relativ weitreichend sind (Tab. III.1). Bei hohen Salzkonzentrationen dagegen können die Salzionen die Oberflächenladungen des Makromoleküls effektiv abschirmen.

Tab. III.1: Mittlere Reichweite r_D des elektrostatischen Potenzials einer Ladung in Abhängigkeit der Ionenstärke I der Lösung bei $T = 298$ K (c_i molare Konzentration der Ionensorte i mit der Ladungszahl z_i).

$I / \text{M} = 0{,}5 \cdot \sum_i z_i^2 c_i / \text{M}$	r_D / nm
10^{-4}	30
10^{-3}	10
10^{-2}	3
10^{-1}	1
1	0,3

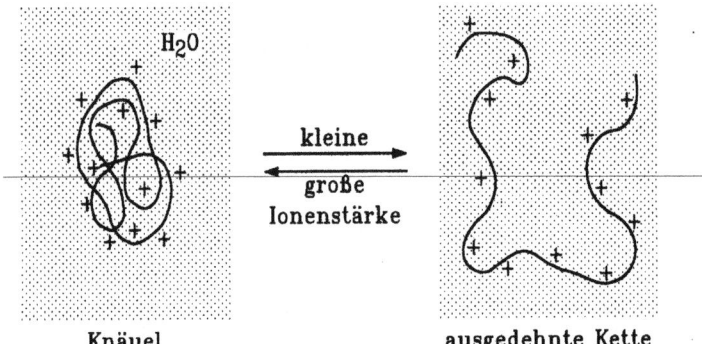

Abb. III.3: Konformation eines Makromoleküls mit positiven Oberflächenladungen bei verschiedenen Ionenstärken des Lösungsmittels.

Gleichartige Ladungen auf dem Makroion, deren Potenziale große Reichweiten besitzen, versuchen sich abzustoßen. Das Makromolekül wird deshalb versuchen, sich auszudehnen (Abb. III.3). Dies kann dazu führen, dass globuläre Proteine mit gleichartig geladenen Oberflächengruppen bei geringer Ionenstärke denaturieren. Bei großer Ionenstärke werden die Oberflächenladungen jedoch effektiv abgeschirmt, und die Konformation des Proteins bleibt stabil.

Mittlere Molmasse: Ein wichtiges Charakteristikum eines Polymers in Lösung neben seiner Form ist seine Molekül- bzw. Molmasse. Synthetische Makromoleküle und einige Biopolymere sind nicht molekulareinheitlich, d. h., sie sind polydispers. Das bedeutet, dass ihre Molmasse eine gewisse Verteilung um einen zu definierenden Mittelwert $\overline{M}$ besitzt. Prinzipiell kommen zur Charakterisierung der mittleren Molmasse verschiedene Mittelwerte in Frage. Sie sind definiert durch die Gleichung:

1. Charakterisierung der idealisierten Struktur von Biomolekülen in Lösung   63

$$\overline{M} = \frac{\sum_i g_i M_i}{\sum_i g_i} \qquad \text{(III.2)}$$

(M_i Molmasse der i-ten Molekülsorte, g_i statistisches Gewicht der i-ten Molekülsorte).

Stützt man sich bei der Bestimmung der Molmasse auf eine sogenannte kolligative Eigenschaft, wie z. B. die Osmose, oder auf chemische Analysemethoden (Endgruppenbestimmung), so kommt es lediglich auf die Anzahl der Moleküle in der Lösung an. Für g_i ist hier die Anzahl der Makromoleküle N_i der Sorte i einzusetzen, und man spricht vom Zahlenmittel der Molmasse:

$$\overline{M}_N = \frac{\sum_i N_i M_i}{\sum_i N_i} \qquad \text{(III.3)}$$

Bei der Ermittlung der Molmasse aus Lichtstreuexperimenten oder der Sedimentationsgeschwindigkeit hängt das statistische Gewicht g_i nicht nur von der Anzahl der Moleküle, sondern auch von der Molekülmasse ab. Hier misst man das Gewichtsmittel:

$$\overline{M}_W = \frac{\sum_i (N_i M_i) M_i}{\sum_i N_i M_i} = \frac{\sum_i N_i M_i^2}{\sum_i N_i M_i} \qquad \text{(III.4)}$$

Ähnlich lassen sich noch weitere Mittelwerte, z. B. das z-Mittel, definieren:

$$\overline{M}_z = \frac{\sum_i N_i M_i^3}{\sum_i N_i M_i^2} \qquad \text{(III.5)}$$

Die unterschiedlichen Mittelwerte ergeben sich aus der Anwendung verschiedener Methoden der Molmassenbestimmung. Für polydisperse Systeme gilt allgemein: $\overline{M}_N \leq \overline{M}_w \leq \overline{M}_z$. Dabei bezieht sich das Gleichheitszeichen auf eine molekulareinheitliche (monodisperse) Probe.

In der Praxis wird oft auch der sog. viskosimetrische Mittelwert verwendet:

$$\overline{M}_\eta = \left[\frac{\sum_i N_i M_i^{1+a}}{\sum_i N_i M_i} \right]^{1/a} \qquad \text{(III.6)}$$

wobei a der Exponent der MARK-HOUWINK-Gleichung ist ($0{,}5 < a < 2{,}0$). $\overline{M}_\eta$ liegt meist zwischen $\overline{M}_N$ und $\overline{M}_w$.

Methoden zur Bestimmung der Molmasse von Makromolekülen sind folgende Verfahren: Osmometrie, Viskosimetrie, Sedimentationsgleichgewichtsmessung, Licht-, RÖNTGEN- und

Neutronenstreuung sowie chromatographische Verfahren. Bevor wir die hydrodynamischen Methoden zur Bestimmung der Molmasse und der groben Gestalt der Makromoleküle näher erläutern, wollen wir zunächst die Osmometrie als Methode zur Molmassenbestimmung besprechen.

2. Kolligative Eigenschaften (Osmometrie)

Oft werden Molmassen durch Messung der sogenannten kolligativen Eigenschaften der Substanz, wie Dampfdruckerniedrigung, Gefrierpunkterniedrigung und osmotischer Druck, bestimmt. Diese Eigenschaften hängen nur davon ab, wie viele Teilchen der gelösten Substanz vorhanden sind, die Art der Teilchen spielt keine Rolle. Im Fall der Molmassenbestimmung von Makromolekülen mit Hilfe der kolligativen Eigenschaften erweist sich jedoch aus Gründen der Messempfindlichkeit nur die Methode der Messung des osmotischen Druckes als geeignet.

Das Phänomen der Osmose ist das Bestreben eines Lösungsmittels, durch eine halbdurchlässige (semipermeable) Membran (z. B. Cellophan) in eine Lösung, die die gelösten Makromoleküle enthält, hineinzudiffundieren. Ein biologisch wichtiges Beispiel ist der Transport von Flüssigkeit durch Zellmembranen. Trennt man das Lösungsmittel (i. Allg. H_2O) und eine Lösung durch eine halbdurchlässige Membran, die nur für die Lösungsmittelmoleküle durchlässig ist (Abb. III.4), so hat man neben einer flüssigen Mischphase (Lösung) α eine reine Lösungsmittelphase β vorliegen. Das Lösungsmittel dringt nun solange aus der reinen Lösungsmittelphase in die Lösung ein, bis sich das thermodynamische Gleichgewicht eingestellt hat. Damit sich das Gleichgewicht einstellen kann, muss sich eine Druckdifferenz zwischen den beiden flüssigen Phasen α und β aufbauen. Die die Makromoleküle enthaltende Lösung steht dabei unter einem Zusatzdruck, dem osmotischen Druck $\pi = p_\alpha - p_\beta$. Wird von außen kein Druckunterschied ausgeübt, findet solange eine Wanderung der Lösungsmittelmoleküle statt, bis das System den Druckunterschied selbst aufgebaut hat.

Für verdünnte, ideale Lösungen erhält man aus dem Gleichgewicht der chemischen Potenziale des Lösungsmittels auf beiden Seiten der Membran (s. Lehrbücher der Physikalischen Chemie) die VAN'T HOFFsche-Gleichung:

$$\pi M = c_m RT \tag{III.7}$$

(M Molmasse, c_m Massenkonzentration der gelösten Substanz). Der osmotische Druck verdünnter Lösungen ist also nur der Konzentration des gelösten Stoffes proportional. Wie die anderen kolligativen Eigenschaften hängt er nicht von der Molekülart ab.

Die Lösungen von Makromolekülen sind jedoch im Allgemeinen nicht-ideal. Dies liegt zum Teil an dem großen Raumbedarf der gelösten Makromoleküle, zum Teil tragen auch Wechselwirkungskräfte zwischen den Lösungsmittel- und Makromolekülen zur Nichtidealität der Lösung bei. Für nicht-ideale Lösungen lässt sich Gleichung III.7 erweitern:

$$\pi = RT\left[\frac{c_m}{M} + Bc_m^2 + ...\right] \tag{III.8}$$

2. Kolligative Eigenschaften (Osmometrie)

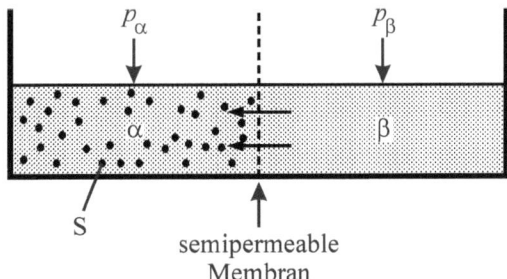

Abb. III.4: Bei der Osmose betrachtet man das Gleichgewicht zwischen der den Stoff S enthaltenden Lösung α und der reinen Lösungsmittelphase β. Beide Phasen sind durch eine semipermeable Membran getrennt, die nur für das reine Lösungsmittel durchlässig ist.

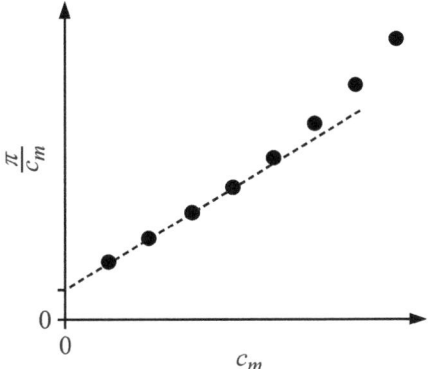

Abb. III.5: Trägt man π/c_m gegen c_m auf, kann man aus dem Schnittpunkt der Ausgleichsgeraden durch die Messpunkte mit der Ordinate die Molmasse M und aus der Steigung den osmotischen Virialkoeffizienten B bestimmen.

Der sog. zweite Virialkoeffizient B beinhaltet die Effekte der Nichtidealität der Lösung. Er hängt von der Größe und Form des Polymers, aber auch vom Lösungsmittel, der Wechselwirkung Polymer-Lösungsmittel sowie der Assoziation in der Lösung ab ($B > 0$: „gutes" Lösungsmittel, $B = 0$: „ideales" Lösungsmittel, $B < 0$ „schlechtes" Lösungsmittel, in dem es zur Aggregation der Moleküle kommen kann). Manchmal kann das Lösungsmittel durch Änderung der Temperatur, der Ionenstärke oder des pH-Werts derart in seinen Eigenschaften verändert werden, dass $B = 0$ wird. Unter diesen Bedingungen (sog. Θ-Zustand) verhält sich das Polymer scheinbar „ideal".

Zur Bestimmung der Molmasse M muss man auf die Konzentration $c_m \to 0$ extrapolieren. Man geht dabei so vor, dass man die gemessenen π-Druckwerte durch die Teilchenkonzentration dividiert und in einem Diagramm gegen c_m aufträgt (Abb. III.5). Der Abschnitt der extrapolierten Kurve auf der Ordinatenachse ist dann gleich RT/M, woraus M ermittelt werden

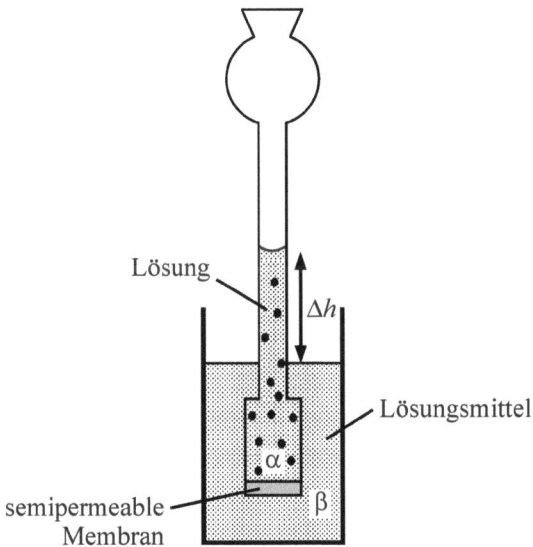

Abb. III.6: Schematische Anordnung zur Messung des osmotischen Drucks mit Hilfe der hydrostatischen Druckdifferenz. Der osmotische Druck ist proportional zur Höhendifferenz Δh.

kann. Falls die Molmassen der gelösten Makromoleküle nicht einheitlich sind, erhält man die über die Teilchenzahl gemittelte mittlere Molmasse $\overline{M}_N$.

Die schematische Skizze einer Apparatur zur Messung des osmotischen Drucks zeigt Abbildung III.6. Ein Druckrohr zeigt die Druckdifferenz als Höhenstandsänderung Δh der Lösung an. Der osmotische Druck entspricht dem Gewicht der entsprechenden Wassersäule: $\pi = \rho_L g \Delta h$ (g = 9,81 m s^{-2} ist die Erdbeschleunigung). Ist die molare Konzentration einer gelösten Substanz z. B. 1 mM und die Dichte der Lösung ρ_L = 1 g cm^{-3}, so ergibt sich ein osmotischer Druck von 2500 Pa und eine Steighöhe von Δh = 25 cm. Wir sehen, dass die Osmometrie eine relativ empfindliche Methode zur Molmassenbestimmung ist.

Der osmotische Druck einer Lösung von z. B. 0,8 g Albumin in 100 cm^3 Wasser beträgt 2,5 cm Wassersäule bei 276 K. Hieraus ergibt sich eine mittlere Molmasse von etwa 74000 g mol^{-1}.

Als Beispiel zeigt Abbildung III.7 Messergebnisse für das Enzym Aldolase in Puffer bei neutralem pH-Wert und für dessen inaktiven Untereinheiten in 6 M Guanidinhydrochlorid-Lösung. Die relative Molmasse der Aldolase ist mit 156500 etwa um den Faktor 4 größer als die mittlere Molmasse der Untereinheiten. Der zweite Virialkoeffizient der Untereinheiten ist deutlich größer als der der nativen Aldolase.

Bei Messungen an Polyelektrolyten - dies sind Hochpolymere, die entlang ihrer Kette ionisierbare Gruppen tragen, wie z. B. DNA - ist zu beachten, dass sie, abhängig vom pH-Wert der Lösung, in ein Polymer-Ion und eine entsprechende Anzahl von Gegenionen dissoziieren können. Dadurch erhöht sich die Konzentration der osmotisch wirksamen gelösten Teilchen und die Molmasse des Polymers lässt sich nicht mehr ohne Weiteres ermitteln. Weiterhin können sich Ionen zusätzlich gelöster Salze unter Assoziatbildung an die Polymer-Ionen anla-

3. Viskosimetrie

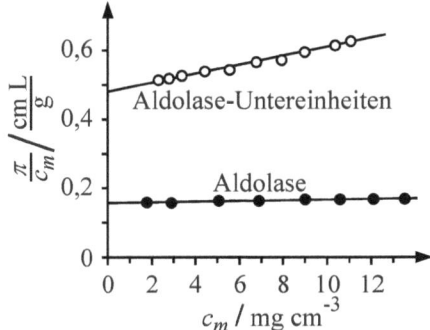

Abb. III.7: Reduzierter osmotischer Druck π/c_m des Proteins Aldolase in Pufferlösung bei neutralem pH-Wert sowie seiner Untereinheiten in 6 M Guanidinhydrochlorid-Lösung als Funktion der Konzentration (nach: F. J. Castellino, O. R. Barker, Biochemistry **7** (1968) 2207).

gern. Führt man die osmotische Messung mit einer für die Salz-Ionen durchlässigen Membran durch, so kommt es zu einer ungleichen Verteilung der Kationen und Anionen zwischen dem Lösungsraum des Polymers und dem Lösungsmittelraum (DONNAN-Gleichgewicht). Dieser Effekt führt zu einem modifizierten zweiten Virialkoeffizienten, der nun in erster Näherung proportional zu $z^2/(4M^2 c_{MX})$ (c_{MX} Salzkonzentration, z Ladungszahl des Polyelektrolyten) ist. Man sieht jedoch, dass sich diese störenden Einflüsse unterdrücken lassen, wenn die zugesetzte Salzkonzentration groß wird. Durch Verwendung einer Pufferlösung hinreichend hoher Salzkonzentration (z. B. 0,1 M) lassen sich diese Effekte weitgehend eliminieren und die Molmasse des Polyelektrolyten kann für $c_m \to 0$ bestimmt werden.

Osmotische Effekte spielen auch für die Stabilität biologischer Zellen eine große Rolle. Drastische Konzentrationsunterschiede der Stoffe auf beiden Seiten von Zellmembranen können zur Zerstörung der Zelle führen. So verlieren Zellen roter Blutkörperchen im Blutserum ihre Gestalt, wenn sich die Zusammensetzung bzw. der Elektrolytgehalt des Mediums innen oder außen ändert. Bringt man die Zellen in ein hypotonisches Medium (z. B. reines Wasser), diffundiert Flüssigkeit in das Zellinnere. Dadurch baut sich ein osmotischer Druck auf, so dass die Zellen zerplatzen. In hypertonischen Medien (konz. Salzlösung) dagegen geht der Fluss in die andere Richtung und die Zellen schrumpfen.

3. Viskosimetrie

Das Fließverhalten von Lösungen makromolekularer Substanzen wird weitgehend durch die Größe und Form der gelösten Makromoleküle bestimmt. Aus diesem Grund erlauben Viskositätsmessungen eine, wenn auch nur grobe, Charakterisierung der Gestalt und Bestimmung der Masse gelöster Biomoleküle. Betrachten wir zunächst die Ursache viskosen Verhaltens.

Moleküle in einer Lösung beeinflussen sich gegenseitig in einer Weise, dass die Verschiebung einer gedachten Flüssigkeitsschicht (Abb. III.8) gegenüber einer anderen Schicht nur unter Aufwendung einer Kraft möglich ist. Die Wechselwirkung der Moleküle untereinander bewirkt, dass bei der Verschiebung der beiden Schichten eine Reibungskraft auftritt, die für die

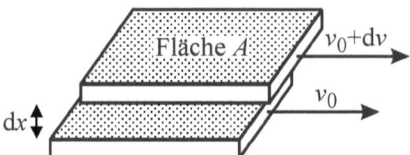

Abb. III.8: Zur Erläuterung der Viskosität: Durch die Impulsübertragung zwischen den Teilchen der mit verschiedenen Geschwindigkeiten aneinander vorbeigleitenden Flüssigkeitsschichten entsteht eine innere Reibung.

Verschiebung der Flüssigkeitsschichten überwunden werden muss. Diese Reibungskraft F_{Reib} wird umso größer, je größer die zu bewegende Fläche A, je größer die Geschwindigkeitsdifferenz dv und je kleiner der Abstand dx der Schichten ist. Nach NEWTON gilt für laminare, nicht turbulente Strömungen (sog. NEWTONsche Flüssigkeiten):

$$F_{Reib} = \eta \, A \frac{dv}{dx} \tag{III.9}$$

Der Proportionalitätsfaktor η wird Viskosität oder besser Viskositätskoeffizient genannt. Er hat die Dimension Pa·s (1 Pa s = 1 kg m^{-1} s^{-1}; ältere Einheit: 1 Poise = 1 P = 1 g cm^{-1} s^{-1} = 0,1 Pa s). Der Betrag von η ist damit gleich dem Betrag der Kraft, die auf eine Fläche von 1 m^2 wirkt, wenn die Geschwindigkeit der Strömung in 1 m Abstand von dieser Fläche 1 m s^{-1} beträgt. Weitere, gelegentlich benutzte Kenngrößen im Zusammenhang mit der Viskosität sind die Fluidität = $1/\eta$ sowie die kinematische Viskosität η/ρ_L. Ihre SI-Einheit ist m^2 s^{-1} (ältere Einheit: 1 STOKES = 1 cm^2 s^{-1}).

Die Viskosität einer Lösung lässt sich z. B. dadurch messen, dass man die zu untersuchende Lösung mit Hilfe eines Druckunterschiedes $\Delta p = p_1 - p_2$ durch ein zylindrisches Rohr strömen lässt (Abb. III.9). Auch in dem Fall des zylindrischen Rohres muss die an einer Zylinderoberfläche $O = 2\pi r l$ angreifende Reibungskraft F_{Reib} durch die aus dem Druckunterschied stammende Antriebskraft ($F_{Antr} = \Delta p A = \Delta p \pi r^2$) überwunden werden, damit die Lösung strömt. Im dynamischen Gleichgewicht, für das $F_{Reib} = F_{Antr}$ gilt, erhält man:

$$\eta \cdot (2\pi r l) \cdot \frac{dv}{dr} = \Delta p \pi r^2 \tag{III.10}$$

Durch Integration der Gleichung ergibt sich die Strömungsgeschwindigkeit der Flüssigkeit als Funktion des Abstandes r vom Zentrum des Rohres zu

$$v = \frac{\Delta p (R^2 - r^2)}{4\eta l} \tag{III.11}$$

Wir erkennen, dass die Strömungsgeschwindigkeit im Zentrum des Rohres ($r = 0$) maximal und an den Wänden ($r = R$) gleich Null ist. Sie lässt sich deshalb schlecht als Messgröße benutzen. Sinnvoller ist es, das gesamte innerhalb einer bestimmten Zeit t durch das Rohr hindurchgeflossene Volumen V der Lösung zu bestimmen. Dazu benutzt man z. B. die in Abbildung III.10 dargestellte Apparatur. Man füllt das U-förmige Rohr mit der zu untersuchenden Lösung und stoppt die Zeit, die der Meniskus der Lösung braucht, um die Strecke zwischen

3. Viskosimetrie

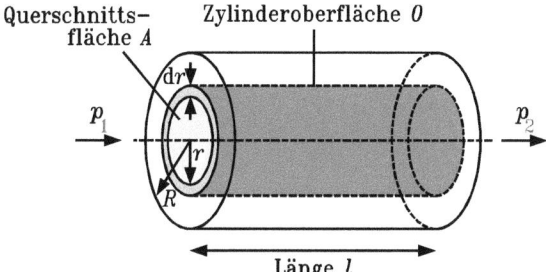

Abb. III.9: Skizze zur Ableitung des HAGEN-POISEUILLEschen Gesetzes. Durch ein Rohr mit der Länge l und dem Radius R strömt eine Flüssigkeit mit der Geschwindigkeit v. Das Druckgefälle längs l sei $\Delta p = p_1 - p_2$.

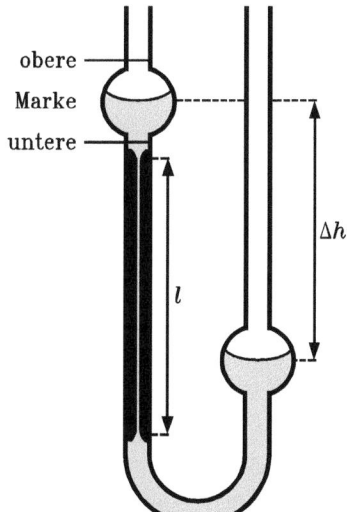

Abb. III.10: Im OSTWALD-Viskosimeter wird die Zeit t, in der eine Flüssigkeit aufgrund der Schwerkraft von der oberen zur unteren Marke fließt, gemessen. Sie ist ein Maß für die Viskosität der Lösung.

den beiden Marken zu durchlaufen. Das in der Zeit Δt mit der Geschwindigkeit v durch die Kapillare geströmte Volumen der Lösung ist nach HAGEN-POISEUILLE:

$$\frac{V}{t} = \int_0^R (2\pi r) v \, dr = \frac{\pi \Delta p R^4}{8\eta\, l} \qquad (III.12)$$

In einem Kapillarviskosimeter wird Δp durch den hydrostatischen Druck der Wassersäule mit der mittleren Höhendifferenz Δh der Menisken links und rechts hervorgerufen: $\Delta p = \rho_L g \Delta h$

Tab. III.2: Viskositätskoeffizient $\eta(T)$ von H_2O.

T / K	$\eta(T)$ / 10^{-5} Pa s	Dichte / g cm^{-3}
273	178,9	0,9999
283	130,7	0,9997
293	100,2	0,9982
298	89,0	0,9969
303	79,8	0,9957
323	54,9	0,9881
373	28,2	0,9584

(g Erdbeschleunigung). Mit Gleichung III.12 lässt sich somit der Viskositätskoeffizient η der Lösung bestimmen:

$$\eta = K_\eta \rho_L t \quad \text{mit:} \quad K_\eta = \frac{\pi \Delta h g R^4}{8lV} \tag{III.13}$$

K_η stellt eine Apparatekonstante dar. Sie kann mit Eichlösungen bekannter Viskosität bestimmt werden (z. B. H_2O, Tabelle III.2). Die unbekannte Viskosität der Lösung mit der Dichte ρ_L ergibt sich dann durch Messung der Durchlaufzeit t durch das Viskosimeter. Kapillarviskosimeter werden bevorzugt zur präzisen Messung niederviskoser Flüssigkeiten eingesetzt. Nachteile bestehen darin, dass die in ihnen auftretenden Scherkräfte i. Allg. recht hoch sind.

Ein anderer Viskosimetertyp besteht aus zwei konzentrischen Zylindern, zwischen denen sich die Lösung befindet und die gegeneinander rotieren (Abb. III.11). Dabei wird der äußere Zylinder bewegt und das auf den inneren Zylinder wirkende Drehmoment gemessen.

Tabelle III.2 zeigt den Viskositätskoeffizienten des Lösungsmittels H_2O in Abhängigkeit von der Temperatur. Er nimmt mit steigender Temperatur ab. Aufgrund der drastischen Temperaturabhängigkeit von η ist eine gute Temperaturkontrolle beim Experiment notwendig.

Im Vergleich zum Wasser hat Blut einen etwa 4-fach höheren Viskositätskoeffizienten. Eine Änderung der Viskosität von Blut kann von erheblicher physiologischer Bedeutung sein. Die Viskosität ist z. B. in unterkühlten Gliedmaßen erheblich größer als bei Normaltemperatur.

Gelöste Makromoleküle beeinflussen die Viskosität eines Lösungsmittels sehr stark. Für ideal verdünnte Lösungen von Biomolekülen in Wasser verwendet man folgende Viskositätsmaße:

$$\frac{\eta}{\eta_0} = \eta_{rel} = 1 + v_s \varphi \tag{III.14}$$

und

$$\eta_{sp} = \frac{\eta - \eta_0}{\eta_0} = \eta_{rel} - 1 = v_s \varphi \tag{III.15}$$

3. Viskosimetrie

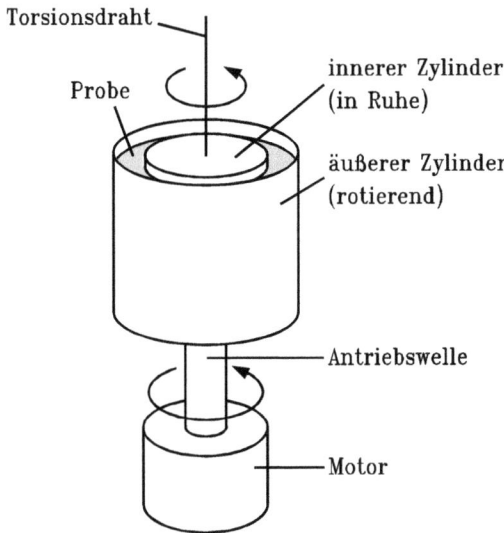

Abb. III.11: Im COUETTE-Rotationsviskosimeter wird das Drehmoment gemessen, welches auf die innere Trommel wirkt, wenn der äußere Zylinder rotiert.

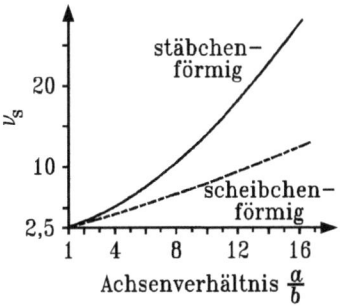

Abb. III.12: Formfaktor v_s für Rotationsellipsoide in Stäbchen- bzw. Scheibenform in Abhängigkeit ihres Achsenverhältnisses.

(η_0 Viskositätskoeffizient des reinen Lösungsmittels, η_{rel} relativer Viskositätskoeffizient, η_{sp} spezifischer Viskositätskoeffizient, v_s Formfaktor (SIMHA-Faktor) des Teilchens, φ Volumenbruch der gelösten Moleküle).

Für Kugeln hat EINSTEIN $v_s = 2{,}5$ gefunden. Für nicht-sphärische Formen ist v_s und damit die Viskosität größer. Für Rotationsellipsoide findet man v_s in Abhängigkeit des Achsenverhältnisses a/b angegeben (Abb. III.12). Stäbchenförmige Teilchen erhöhen die Viskosität wesentlich stärker als scheibenförmige.

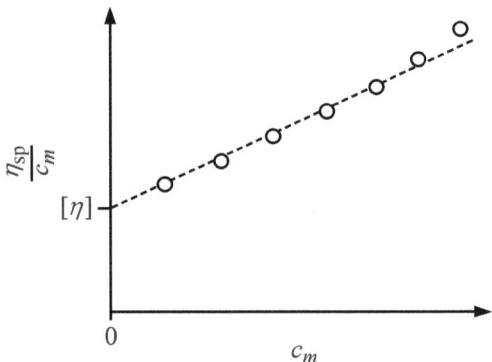

Abb. III.13: Die intrinsische Viskosität [η] ergibt sich aus dem Schnittpunkt der Messkurve von η_{sp} / c_m mit der Ordinate bei $c_m = 0$.

Der Volumenbruch φ des gelösten Teilchens ist gegeben durch $\varphi = \overline{V}_h \cdot c_m$, wobei $\overline{V}_h$ das partielle spezifische Volumen des Polymers (Volumen pro Masse, z. B. in cm$^3 \cdot$g^{-1}) und c_m die Massenkonzentration des Gelösten (z. B. in g cm^{-3}) sind. Hiermit ergibt sich dann $\eta_{sp} / c_m = v_s \cdot \overline{V}_h$. In das spezifische Volumen fließt nicht das Volumen des reinen trockenen Polymers ein, sondern das sogenannte *hydrodynamische Volumen*, d. h. das Volumen des hydratisierten Teilchens in Lösung. Näherungsweise ist das hydrodynamische Volumen des Teilchens gegeben durch

$$V_h = \frac{M}{N_A}\left(\overline{V} + \delta_{H_2O}\overline{V}_{H_2O}\right) \tag{III.16}$$

wobei $\overline{V}$ das partielle spezifische Volumen des nicht hydratisierten Gelösten, $\overline{V}_{H_2O}$ das partielle spezifische Volumen des Wassers und N_A die AVOGADRO-Konstante sind. Das spezifische Volumen $\overline{V}$ liegt bei ca. 0,75 cm^3 g^{-1} für Proteine und 0,53 cm^3 g^{-1} für Polynucleotide; i. Allg. gilt: $\overline{V}_{Lipid} > \overline{V}_{Protein} > \overline{V}_{DNA}$; δ_{H_2O} ist das Massenverhältnis des gebundenen Wassers zum Gelösten (in g g^{-1}). Für Proteine liegen Werte für δ_{H_2O} zwischen 0,2 und 0,5.

Bei Berücksichtigung der i. Allg. starken Wechselwirkung zwischen den gelösten makromolekularen Teilchen muss Gleichung III.15 erweitert werden:

$$\frac{\eta_{sp}}{c_m} = v_s\overline{V}_h + B'\overline{V}_h^2 c_m + \ldots \tag{III.17}$$

Zur Bestimmung von v_s oder $\overline{V}_h$ muss der durch die zwischenmolekulare Wechselwirkung hervorgerufene Einfluss auf die Viskosität eliminiert und daher η_{sp} / c_m auf unendliche Verdünnung extrapoliert werden (Abb. III.13). Man erhält dabei die sogenannte *intrinsische Viskosität* oder *Grenzviskositätszahl* (STAUDINGER-Index):

$$[\eta] = \lim_{c_m \to 0} \frac{\eta_{sp}}{c_m} = v_s\overline{V}_h \tag{III.18}$$

(typische Einheit: cm^3 g^{-1}). Sie wird i. Allg. experimentell ermittelt und angegeben, da sie stoffspezifische Vergleiche der Systeme ermöglicht.

3. Viskosimetrie

Tab. III.3: Intrinsische Viskositätswerte und Molmassen einiger Biomoleküle in wässriger Lösung bei $T = 298$ K.

Biomolekül	M / g mol^{-1}	$[\eta]$ / cm^3 g^{-1}
Ribonuclease (globulär)	13 683	3,3
β-Lactoglobulin (Dimer)	35 000	3,4
Serumalbumin (globulär)	67 500	3,7
Fibrinogen (Stäbchen)	330 000	27
Poly-γ-benzyl-L-glutamat	340 000	
- Knäuel		184
- α-Helix		720
Myosin (Stäbchen)	440 000	217
DNA	6 000 000	5000
Tabak-Mosaik-Virus (Stäbchen)	40 000 000	37

Für ein kugelförmiges Teilchen, z. B. ein kompaktes globuläres Protein, ist $v_s = 2,5$. Für nicht sphärische Teilchen ist v_s größer. Für flexible Polymere wird ein größerer $[\eta]$-Wert gefunden als für kompaktere globuläre Strukturen. Es ergibt sich typischerweise $[\eta] = 4$ cm^3 g^{-1} für ein globuläres Protein und ein Vielfaches dieses Wertes für ein denaturiertes Protein. Letzteres nimmt ein viel größeres Volumen ein als das native Protein mit derselben Masse. Tabelle III.3 zeigt einige intrinsische Viskositätswerte für Biomoleküle bei $T = 298$ K.

Die Messung der intrinsischen Viskosität ist relativ einfach. Die Methode kann dann herangezogen werden, wenn man Änderungen der Molekülform nachweisen will. Wie der Tabelle III.3 zu entnehmen ist, ist der Übergang des Poly-γ-benzyl-L-glutamats aus dem Knäuel- in den Helixzustand mit einer starken Zunahme des $[\eta]$-Wertes verbunden.

Die intrinsische Viskosität einer DS-T7-DNA in neutraler Lösung als Funktion der Konzentration an NaCl zeigt Abbildung III.14. Bei geringen Salzkonzentrationen liegt eine große Abstoßung der Oberflächenladungen der DNA vor, und die DNA dehnt sich aus. Bei hohen Salzkonzentrationen werden dagegen die Oberflächenladungen besser abgeschirmt, die Struktur der DNA wird kompakter und $[\eta]$ folglich kleiner.

Abbildung III.15 zeigt als weiteres Beispiel die intrinsische Viskosität einer Ribonuclease-Lösung in Abhängigkeit der Temperatur. Der Wert für $[\eta]$ bei tieferen Temperaturen ist typisch für ein kompaktes globuläres Protein. Bei ca. 310 K setzt das Entfalten des Moleküls ein, und $[\eta]$ steigt an.

Die Bestimmung der Molmasse M aus Viskositätsmessungen ist oft nur indirekt möglich. Da

$$[\eta] = v_s \overline{V}_h = v_s \frac{V_{m,h}}{M} \tag{III.19}$$

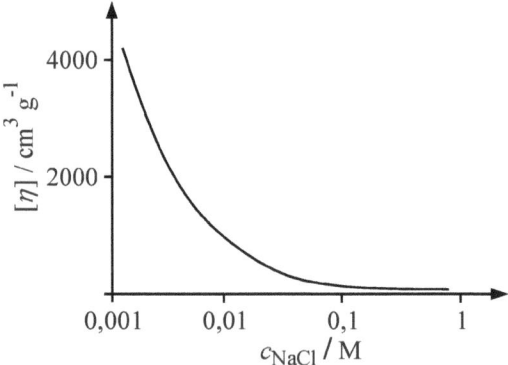

Abb. III.14: Intrinsische Viskosität [η] von DS-T7-DNA bei pH = 7 als Funktion der Konzentration an Kochsalz.

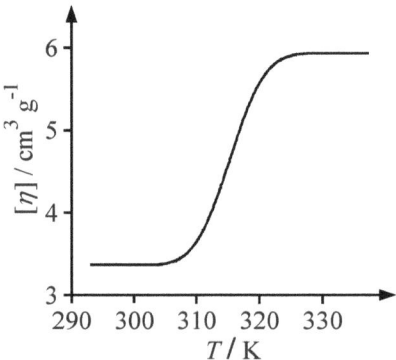

Abb. III.15: Temperaturabhängigkeit der intrinsischen Viskosität [η] von Ribonuclease bei pH = 2,8.

lassen sich aus Viskositätsmessungen prinzipiell Aussagen über die Molmasse der Teilchen gewinnen ($V_{m,h}$ partielles molares Volumen des hydratisierten Makromoleküls).

Für kugelförmige Teilchen mit dem STOKES-Radius R_s, dem Radius des hydratisierten („hydrodynamischen") Teilchens, ergibt sich $V_{m,h} = (4/3)\pi R_s^3 N_A \propto M$ (da $R_s^3 \propto M$). Für ein flexibles Polymerknäuel ist $V_{m,h} \approx (4/3)\pi R_G^3 N_A \propto M^{3/2}$ (da $R_G \propto M^{1/2}$). Wie aus Gleichung III.19 ersichtlich, ist damit [η] für das kugelförmige Teilchen unabhängig von M; für ein statistisches Idealknäuel (im Θ-Zustand) ist jedoch [η] $\propto M^{1/2}$.

Der Zusammenhang zwischen dem Viskositätskoeffizienten und der Molekülmasse einer realen Biopolymerstruktur ist in der Regel jedoch komplizierter und kann oft nur durch empirische Relationen (MARK-HOUWINK-Gleichung oder EINSTEIN-KUHNsches Viskositätsgesetz) der Form

$$[\eta] = K \cdot M^a \tag{III.20}$$

Tab. III.4: Werte der Konstanten K und a in der MARK-HOUWINK-Gleichung für einige Polymere.

Polymer	Lösungsmittel	T/K	$K / 10^{-2}$ cm^3 g^{-1}	a
Polystyrol	Benzol	298	0,95	0,74
	Butanon	298	3,9	0,58
	Cyclohexan	307	8,1	0,50
PVC	Cyclohexanon	293	1,1	0,85
Amylose	0,3 M KCl	298	11,3	0,50
PBG (a)				
- Knäuel	Dichloressigsäure	298	0,28	0,87
- α-Helix	Dimethylformamid	298	$1,4 \cdot 10^{-5}$	1,75
Kautschuk	Toluol	298	5	0,67
Protein	(b)	298	0,72 (c)	0,66

(a) Poly-γ-benzyl-L-glutamat
(b) in 6 M Guanidinhydrochlorid- und 0,1 M β-Mercaptoethanol-Lösung
(c) hier ist $[\eta] = K n^a$ (n Zahl der Aminosäurereste)

Tab. III.5: Werte der Größe a für einige idealisierte Formen von Makromolekülen.

Form des Polymers	a
kompakte Kugel	0
flexibles, idealstatistisches Polymerknäuel	0,5
starres Stäbchen	2

dargestellt werden; K und a sind Konstanten, die für jede Molekülsorte und für jedes Lösungsmittel verschiedene Werte besitzen. Die Gleichung gilt streng genommen nur für monodisperse Substanzen. Die experimentelle Bestimmung der Konstanten erfolgt mit einheitlichen Fraktionen und bei Kenntnis der Molmasse, welche mit Hilfe anderer Messmethoden (z. B. Lichtstreuung oder Sedimentationsmessung) bestimmt wird.

In Tabellenwerken sind Werte für K und a von Makromolekülen angegeben (Tab. III.4), so dass man im Fall einer bekannten Makromolekülsorte mit Hilfe von Kalibriermessungen an Standardpolymeren aus der Messung von $[\eta]$ die Molmasse abschätzen kann. Umgekehrt können die Paramter K und a aus Viskositätsmessungen bestimmt werden, wenn M bekannt ist, um Information über die grobe Form des Moleküls zu gewinnen (Tab. III.5). Polynucleotide haben a-Werte im Bereich von $0,5 < a < 0,8$. Für nicht-sphärische Moleküle (Ellipsoide) ist $a \geq 1$ (z. B. $a = 1,2$ für denaturierte Proteine in SDS Micellen). Bei Polyelektrolyten ist wiederum zu beachten, dass die Grenzviskositätszahl von der Ionenstärke abhängt.

Bei den bisher betrachteten Lösungen wurde vorausgesetzt, dass die Teilchen nicht miteinander wechselwirken. In konzentrierten Lösungen oder bei hochmolekularen Substanzen treten jedoch hydrodynamische Wechselwirkungen auf, wodurch Assoziatstrukturen, mesomorphe Phasen oder Gelnetzwerke entstehen können. Ihre Viskositätseigenschaften bezeichnet man als „*Strukturviskosität*". Unter dem Einfluss von Scherbeanspruchung, z. B. im Strömungsgefälle, können Strukturänderungen auftreten: Die Moleküle orientieren sich oder werden gestreckt, Aggregate können zerfallen, und mesoskopische Strukturen (z. B. Assoziationskolloide) können Phasenumwandlungen durchlaufen (s. z. B. H. Hoffmann, Adv. Mat. **6** (1994) 116; P. Lindner, in: *Neutron, X-ray and Light Scattering*, S. 261, P. Lindner, T. Zemb (Hrsg.), Elsevier, 1991; W. Richtering, Progr. Colloid. Polym. Sci. **104** (1997) 90). So ändern z. B. Erythrozyten im Blutplasma ihre Form, wenn sie einem starken Scherfeld ausgesetzt sind. Um eine Verformung der Molekülgestalt zu vermeiden, führt man Viskositätsmessungen an DNA-Molekülen bei möglichst kleinen Scherspannungen (i. Allg. in Rotationsviskosimetern) durch. Lösungen hochmolekularer DNA-Moleküle sollten deshalb auch nicht durch enge Pipettenröhrchen oder Kanülen gepresst werden.

Extrem hochmolekulare DNA-Proben besitzen eine besondere hydrodynamische Eigenschaft. Sie zeigen ein sogenanntes *viskoelastisches Verhalten*. Dies äußert sich z. B. bei der Viskositätsmessung mit einem Rotationsviskosimeter darin, dass der rotierende Antriebszylinder (Abb. III.11) bei Abschaltung des Gerätes in der Gegenrichtung zurückläuft, da er nun die von der DNA-Probe gespeicherte Deformationsenergie wieder aufnimmt. Die Relaxation der DNA-Moleküle in ihre Gleichgewichtskonformation erfolgt dabei mit einer charakteristischen Relaxationszeit τ, für die empirisch ein einfacher Zusammenhang mit der Molmasse der DNA gefunden wurde (z. B. $\tau \propto M^{5/3}$ bei $T = 298$ K). Die Relaxationszeit nimmt mit steigender Molmasse der DNA drastisch zu. Für $M = 10^8$ g mol^{-1} liegt sie bei 0,5 s. Die Messung dieser viskoelastischen Relaxationszeiten kann somit zur Ermittlung der Molmasse hochmolekularer DNA-Proben, sogar ganzer Chromosomen, herangezogen werden. Keine andere Methode kann relative Molmassen bis 10^{11} bestimmen. Für eine Chromosomen-DNA mit $M \approx 6 \cdot 10^{10}$ g mol^{-1} beträgt τ ungefähr 3 h.

4. Translationsdiffusion

Gelöste Moleküle bewegen sich aus einem Bereich hoher Konzentration solange in einen Bereich niedriger Konzentration, bis ein völliger Konzentrationsausgleich hergestellt ist. Experimentell stellt man fest, dass der Fluss der gelösten Teilchen proportional zum Konzentrationsgradienten ist. Diese Tatsache wird durch das 1. FICKsche Gesetz ausgedrückt:

$$J = -D \cdot \frac{dc}{dx} \tag{III.21}$$

Es beschreibt den Teilchenfluss, der durch eine Phasengrenzfläche von der konzentrierten zur verdünnten Phase bei zeitlich konstantem Konzentrationsgradienten dc/dx hindurchtritt (Abb. III.16). Der Proportionalitätsfaktor D (oder D_{trans}) wird Diffusionskoeffizient genannt (Einheit m^2 s^{-1}). Er enthält die speziellen strukturellen Eigenschaften der gelösten Moleküle und drückt im Wesentlichen die Fähigkeit der Moleküle aus, sich in einem Lösungsmittel bewegen zu können. Das negative Vorzeichen in Gleichung III.21 besagt, dass der Konzentrationsgradient

4. Translationsdiffusion

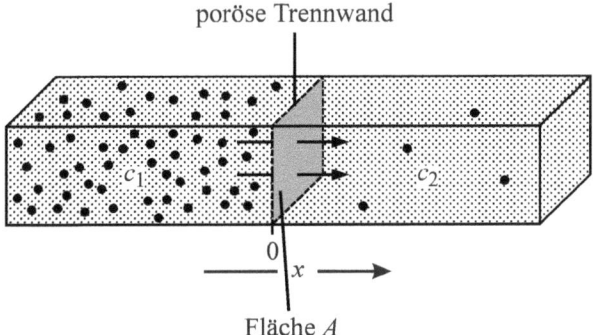

Abb. III.16: Schematische Darstellung der Diffusion von Teilchen in einem Konzentrationsgradienten ($c_1 \gg c_2$).

(dc/dx) negativ sein muss, wenn der Teilchenfluss in positiver x-Richtung erfolgt. Tabelle III.6 zeigt Diffusionskoeffizienten einiger Biomoleküle in H_2O als Lösungsmittel.

Das 1. FICKsche Gesetz gibt uns noch keinen Hinweis über Konzentrationsänderungen mit der Zeit. Über die zeitliche Änderung der Konzentration als Funktion des Konzentrationsgradienten gibt das 2. FICKsche Gesetz Auskunft (s. z. B. Adam et al., 1995). Für die Diffusion in x-Richtung lautet es:

$$\left(\frac{\partial c}{\partial t}\right)_x = D \cdot \left(\frac{\partial^2 c}{\partial x^2}\right)_t \tag{III.22}$$

Durch Lösen dieser Differentialgleichung gelangt man zu Beziehungen, die auch experimentell bestimmt werden können. So ergibt sich für das in Abbildung III.16 dargestellte Diffusionsproblem mit den Anfangsbedingungen $c(x,t) = c_0$ für $x < 0$ und $t = 0$ und $c(x,t) = 0$ für $x > 0$ und $t = 0$:

$$c(x,t) = \frac{c_0}{2} \cdot \left[1 - \mathrm{erf}\left(\frac{x}{2\sqrt{Dt}}\right)\right] \tag{III.23}$$

mit dem GAUSSschen Fehlerintegral

$$\mathrm{erf}(z) = \frac{2}{\sqrt{\pi}} \cdot \int_0^z e^{-y^2}\, dy \tag{III.24}$$

Das Integral lässt sich nicht geschlossen lösen, es muss numerisch ermittelt werden.

Für den Verlauf des Konzentrationsgradienten in Abhängigkeit der Zeit erhält man die GAUSS-Verteilung:

$$\left(\frac{\partial c}{\partial x}\right)_t = -\frac{c_0}{2\sqrt{\pi Dt}} \cdot e^{-x^2/(4Dt)} \tag{III.25}$$

Tab. III.6: Molmassen und Translations-Diffusionskoeffizienten einiger Biomoleküle in H_2O bei $T = 293$ K.

Biomolekül	M / g mol^{-1}	D / m^2 s^{-1}
Harnstoff	60	$1{,}4 \cdot 10^{-10}$
Glucose	180	$6{,}8 \cdot 10^{-10}$
Saccharose	342	$4{,}6 \cdot 10^{-10}$
Ribonuclease	13 700	$1{,}2 \cdot 10^{-10}$
Lysozym	14 100	$1{,}0 \cdot 10^{-10}$
Lactalbumin	17 400	$1{,}1 \cdot 10^{-10}$
β-Lactoglobulin (Dimeres)	35 000	$7{,}8 \cdot 10^{-11}$
Ovalbumin	45 000	$7{,}8 \cdot 10^{-11}$
Serumalbumin	66 000	$5{,}9 \cdot 10^{-11}$
Hämoglobin	67 000	$6{,}3 \cdot 10^{-11}$
Kollagen	345 000	$6{,}9 \cdot 10^{-12}$
Bakterien-DNA	2 000 000	$1{,}0 \cdot 10^{-11}$
Hämocyanin	6 600 000	$1{,}4 \cdot 10^{-11}$
Tabak-Mosaik-Virus	40 000 000	$3{,}0 \cdot 10^{-12}$

Die Messung des Diffusionskoeffizienten kann auf verschiedene Weise geschehen. Zum Beispiel wird in einer Messzelle, wie in Abbildung III.17 schematisch angedeutet, die zu untersuchende Lösung mit reinem Lösungsmittel überschichtet und die Extinktion der absorbierenden Biomoleküle in einem Abstand x von der Überschichtungsgrenze gemessen. Die Extinktion wird infolge der Diffusion der Moleküle in diesem Bereich mit der Zeit ansteigen. In der Regel werden in Apparaturen dieser Art die Diffusionskoeffizienten durch Messungen von Substanzen mit bekannten Diffusionskoeffizienten kalibriert. Statt einer Messung der Extinktion können auch die durch den Konzentrationsgradienten dc/dx und damit den Gradienten des Brechungsindex dn/dx auftretenden Schlieren in der Lösung mit Hilfe einer speziellen Schlierenoptik oder interferometrisch registriert werden, wodurch die Genauigkeit der Messung wesentlich erhöht wird (die Methode der Bestimmung von D mit Hilfe der dynamischen Lichtstreuung wird in Kap. IV.2.5 besprochen). Der Diffusionskoeffizient lässt sich dann unter Anwendung von Gleichung III.25 bestimmen.

Abbildung III.18 zeigt als Beispiel die zeitliche Entwicklung der Konzentration zweier aneinandergrenzender Medien unterschiedlicher Teilchenkonzentration. Da der Diffusionskoeffizient konzentrationsabhängig ist, werden die Messungen bei verschiedenen Konzentrationen

4. Translationsdiffusion

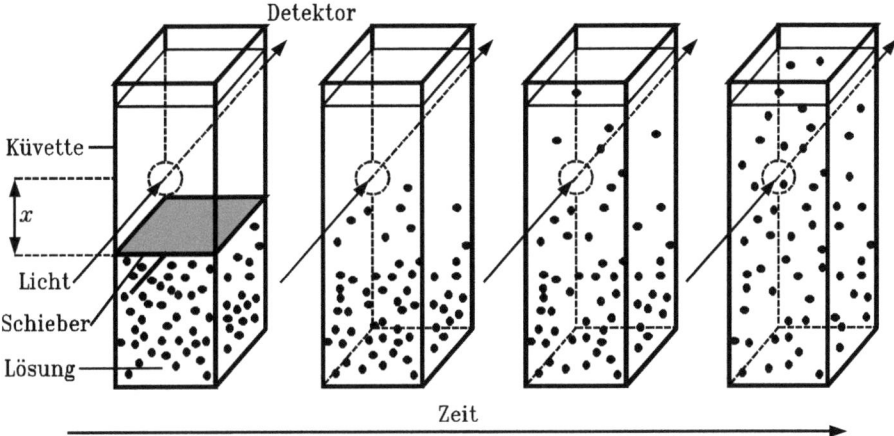

Abb. III.17: Messung der Diffusion von Teilchen in Lösung nach Herausnahme des Schiebers durch Zunahme der Extinktion mit der Zeit.

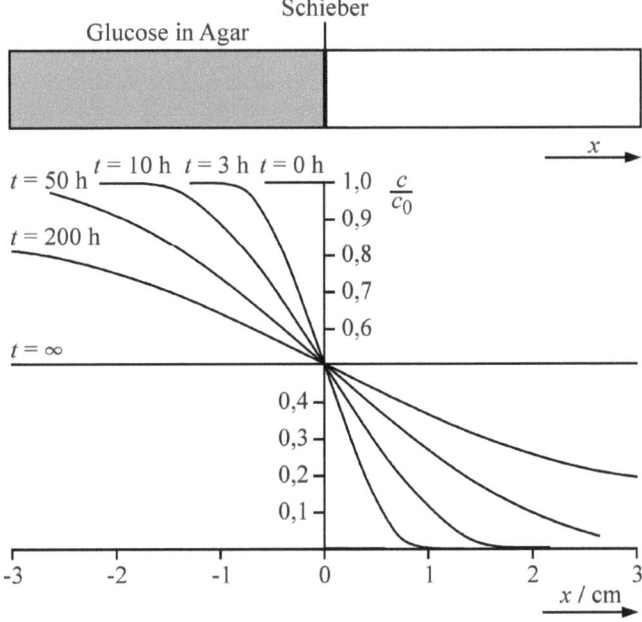

Abb. III.18: Oben: Schematische Darstellung von Glucosemolekülen mit $D = 8 \cdot 10^{-10}$ m^2 s^{-1} in Agar. Unten: Eindimensionale Konzentrationsprofile nach Herausnahme des Schiebers zu verschiedenen Diffusionszeiten t (c_0 Anfangskonzentration zur Zeit $t = 0$).

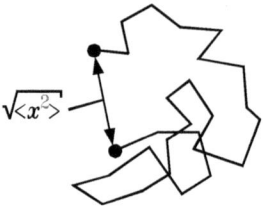

Abb. III.19: Die mittlere quadratische Verschiebung $\sqrt{<x^2>} = 2Dt$ eines Teilchens in Lösung.

durchgeführt und $D(c)$ auf $c \to 0$ extrapoliert, um den „wahren" Wert des Teilchendiffusionskoeffizienten, $D°$, zu erhalten.

Die treibende Kraft für den Konzentrationsausgleich ist der Gradient des chemischen Potenzials ($\mu \propto k_B T \ln c$) bzw. der Konzentrationsgradient zwischen den zwei Medien. Bei geladenen Teilchen verursacht dieser Gradient zusätzlich ein Diffusionspotenzial. Hier wollen wir aber zunächst nur die Diffusion neutraler Moleküle betrachten. Geht der Konzentrationsunterschied gegen Null, so diffundieren die Moleküle nicht mehr in eine ausgezeichnete Richtung, sie bewegen sich jedoch aufgrund ihrer thermischen Energie trotzdem. Diese ungerichtete Diffusionsbewegung bezeichnet man als *Selbstdiffusion*. Sie kann mit Hilfe von radioaktiv markierten Molekülen verfolgt werden (Tracermethode). Man hat dann ein System, in dem gewissermaßen die markierten Teilchen in unmarkierten gelöst sind. Bei großen Molekülen ist die Diffusionsbewegung auch makroskopisch unter dem Mikroskop sichtbar (BROWNsche Molekularbewegung). Ihre Ursache liegt in der ungeordneten Wärmebewegung der Moleküle, die von den thermisch bedingten Zusammenstößen der Moleküle herrührt.

Während die mittlere Verschiebung eines Teilchens in Lösung Null ist, ergibt sich für die mittlere quadratische Verschiebung $<x^2> = 2Dt$ in eindimensionaler Richtung (Abb. III.19). Für den dreidimensionalen Fall gilt $<r^2> = 6Dt$, d. h., der im Mittel zurückgelegte Weg eines Teilchens in Lösung ist proportional zur Wurzel aus der Zeit. Ein Makromolekül, wie z. B. Albumin mit $D = 6 \cdot 10^{-11}$ m² s⁻¹, legt also im Mittel 1 cm Wegstrecke in 77 h zurück, während ein kleines Molekül, wie z. B. Glucose mit $D = 1 \cdot 10^{-9}$ m² s⁻¹, in demselben Zeitraum 4 cm im Mittel zurücklegt.

Wir haben bereits gesehen, dass für die treibende Kraft der Diffusion in einem Konzentrationsgefälle dc/dx der Gradient des chemischen Potenzials veranwortlich ist. Da sich die Moleküle durch das Lösungsmittel bewegen müssen, wirkt dieser treibenden Kraft eine Reibungskraft F_{Reib} entgegen. Für große, kugelförmige Moleküle vom Radius R ergibt sich in erster Näherung das STOKESsche Gesetz

$$F_{Reib} = 6\pi\eta R v \qquad (III.26)$$

(v Geschwindigkeit, mit der sich das Teilchen durch die Lösung mit dem Viskositätskoeffizienten η bewegt). Es muss jedoch berücksichtigt werden, dass Moleküle in der Regel mit einer Hülle gebundener Wassermoleküle umgeben sind und mit dieser Wasserhülle wandern, so dass bei der Messung nicht der wahre Radius der Makromoleküle, sondern ein i. Allg. größe-

4. Translationsdiffusion

rer Effektivwert bestimmt wird, der sogenannte STOKES-Radius R_s der Moleküle (er wird auch hydrodynamischer Radius genannt). Liegt keine einheitliche Masseverteilung des Makromoleküls vor, bestimmt man einen Mittelwert für R_s. Der beobachtete Wert des Diffusionskoeffizienten enthält damit implizit auch die Masseverteilung und die Solvatationseigenschaften der Moleküle.

Gleichsetzen von treibender Kraft und Reibungskraft liefert mit dem 1. FICKschen Gesetz die EINSTEIN-Beziehung

$$D = \frac{k_B T}{f} \qquad (III.27)$$

mit dem Reibungskoeffizienten f (oder f_{trans}) und der BOLTZMANN-Konstanten k_B, vorausgesetzt, der Konzentrationsgradient bleibt zeitlich unverändert.

Für kugelförmige Teilchen erhält man mit $f = f_0 = 6\pi\eta R_s$ die STOKES-EINSTEIN-Gleichung. Gleichung III.27 ist der Ausdruck für die molekulare Interpretation des Diffusionskoeffizienten. D ist in makromolekularen Lösungen also umso größer, je kleiner der Teilchenradius und die Viskosität des Lösungsmittels sind. Wir sehen, dass der Diffusionskoeffizient auch von der Temperatur abhängt. Sie muss deshalb bei Diffusionsexperimenten konstant gehalten werden.

Wird für eine Lösung der Viskositätskoeffizient η und die Diffusionskonstante D gemessen, so kann man nach Gleichung III.27 den hydrodynamischen Radius des Makromoleküls bestimmen. Tabelle III.7 zeigt gemessene STOKES-Radien für einige native und denaturierte Proteine.

Man kann den Reibungskoeffizienten f nichtkugelförmiger Teilchen, wie den von Ellipsoiden, ebenfalls näherungsweise berechnen (Tab. III.8) und damit über Diffusionsmessungen die idealisierte Form des Polymermoleküls gewinnen. Dazu muss jedoch eine Annahme über die Hydratation des Teilchens gemacht werden. D-Werte werden i. Allg. als $D_{20,w}^o$ auf reines Wasser bei 20 °C (293 K) bezogen angegeben. Für ein gestrecktes Ellipsoid mit z. B. $a/b = 5$ ist $f/f_0 = 1,25$.

Nachteile der hier beschriebenen Diffusionsmethode sind die lange Messzeit und die trotz einfacher Auswertung sehr hohen Anforderungen an die Messgenauigkeit. Durch Vergrößerung der treibenden Kraft, wie z. B. bei der Sedimentation in der Ultrazentrifuge, kann die Messzeit drastisch herabgesetzt werden (s. nächstes Kapitel).

Nicht nur die Translation, auch die Rotation eines Makromoleküls in Lösung unterliegt den zufälligen thermischen Bewegungen der Umgebung. Die resultierende „Taumelbewegung" des Makromoleküls wird auch *Rotationsdiffusion* genannt. Der Rotationsdiffusionskoeffizient wird analog zum Translationsdiffusionskoeffizienten definiert: $D_{rot} = k_B T / f_{rot}$. Der Rotationsreibungskoeffizient einer Kugel mit Radius R in einer Flüssigkeit mit Viskositätskoeffizient η wurde zu $f_{rot} = 8\pi\eta R^3$ bestimmt, d. h., f_{rot} ist proportional zum Volumen des Teilchens (vgl.: f_{trans} ist proportional zum Radius des Teilchens). Die Rotationskorrelationszeit $\tau_{rot} = 1/(6 D_{rot})$ charakterisiert die mittlere Rotationszeit eines Moleküls in Lösung. Für ein globuläres Protein mit Radius $R = 1$ nm in Wasser bei $T = 298$ K ($\eta = 1,0 \cdot 10^{-3}$ Pa s) beträgt $\tau_{rot} = (4/3)\pi R^3 \eta / (k_B T) = 1,0 \cdot 10^{-9}$ s = 1,0 ns.

Tab. III.7: STOKES-Radien R_s für einige native und durch Guanidinhydrochlorid (GuHCl) denaturierte Proteine.

Protein	R_s/nm nativ	R_s/nm denaturiert (GuHCl)
Cytochrom c	1,6	3,0
Chymotrypsinogen	1,9	4,8
Ovalbumin	3,0	6,3
Serumalbumin (BSA)	3,5	8,7

Tab. III.8: Reibungskoeffizienten f (oder f_{trans}) für einige idealisierte Molekülformen.

Teilchenform	f
Kugel mit Radius R	$6\pi\eta R = f_0$
Ellipsoid (a große, b kleine Halbachse)	
- stäbchenförmig	$6\pi\eta(ab^2)^{1/3} \cdot \dfrac{(1-b^2/a^2)^{1/2}}{(b/a)^{2/3}} \cdot \left[\ln\dfrac{1+(1-b^2/a^2)^{1/2}}{b/a}\right]^{-1}$
- scheibenförmig	$6\pi\eta(a^2 b)^{1/3} \cdot \dfrac{(a^2/b^2-1)^{1/2}}{(a/b)^{2/3} \cdot \arctan(a^2/b^2-1)^{1/2}}$

5. Sedimentation

Bei der Messung des Diffusionskoeffizienten von Molekülen war die treibende Kraft durch ein Konzentrationsgefälle gegeben. Es liegt daher nahe, auch andere Kräfte auf die Moleküle einwirken zu lassen. Zum Beispiel kommt hierfür die Schwerkraft der Teilchen $F_{Schwer} = m \cdot g$ als treibende Kraft in Betracht. Hier wirkt die Erdbeschleunigung mit $g = 9{,}81$ m s^{-2}. Durch das Gravitationsfeld werden die Teilchen beschleunigt und wandern in Richtung des Gravitationszentrums.

Wenn sich die Teilchen in Lösung fortbewegen, verdrängen sie dabei Lösung der Masse m_L. Dadurch wirkt auf die Moleküle neben der Schwerkraft noch eine Auftriebskraft $F_{Auf} = m_L \cdot g$. Es folgt damit als effektive treibende Kraft für das Teilchen der Masse m im Schwerefeld

$$F_{Treib} = F_{Schwer} - F_{Auf} = mg\left(1 - \frac{\rho_L}{\rho}\right) \tag{III.28}$$

(ρ_L Dichte der Lösung, $\rho = 1/\overline{V}$ effektive Dichte des Teilchens (z. B. in g cm^{-3}), $\overline{V}$ partielles spezifisches Volumen des Teilchens, $(1-\rho_L/\rho)$ Auftriebsfaktor (engl.: *buoyancy factor*)). $\overline{V}$ lässt sich mit Hilfe eines Pyknometers über die Messung der Dichte im Vergleich zur Dichte des reinen Lösungsmittels bestimmen (s. Lehrbücher der Physikalischen Chemie). Für Proteine lässt sich $\overline{V}$ auch aus der Aminosäure-Zusammensetzung abschätzen. Die Geschwindigkeit der sinkenden Moleküle nimmt infolge der effektiven treibenden Kraft zunächst zu. Damit steigt jedoch auch die Reibungskraft $F_{Reib} = fv$, die proportional mit der Geschwindigkeit anwächst. Die Teilchen erreichen aber sehr schnell ihre Endgeschwindigkeit im Sedimentationsmedium. Im Kräftegleichgewicht $F_{Treib} = F_{Reib}$ gilt für kugelförmige Teilchen ($f = f_0 = 6\pi\eta R_s$)

$$mg\left(1-\frac{\rho_L}{\rho}\right) = 6\pi\eta R_s v \qquad (III.29)$$

Die Teilchen sinken mit der sich aus Gleichung III.29 ergebenden Geschwindigkeit

$$v = \frac{2R_s^2 \rho g\left(1-\dfrac{\rho_L}{\rho}\right)}{9\eta} \qquad (III.30)$$

wobei $m = \rho V$ mit $V = (4/3)\pi R_s^3$ gesetzt wurde.

Man sieht, dass die Absinkgeschwindigkeit für große Teilchen größer ist als für kleine, und man könnte mit Hilfe von Gleichung III.30 die Masse m der Teilchen bestimmen. Man muss jedoch bedenken, dass durch diese nach unten gerichtete Bewegung der Teilchen im unteren Teil der Lösung eine höhere Konzentration und damit insgesamt ein Konzentrationsgradient entsteht, welcher eine störende Rückdiffusionsbewegung der Teilchen zur Folge hat. Für eine Sedimentationsmessung sollte die Absinkgeschwindigkeit daher wesentlich größer als die Diffusionsgeschwindigkeit sein. Dies ist allerdings nur bei relativ großen Teilchen der Fall, wie bei Blut- oder Hefezellen. Aus der Messung der sog. Blutkörperchen-Senkungsgeschwindigkeit lassen sich z. B. Entzündungsreaktionen im menschlichen Körper erkennen. Kleinere Teilchen, wie Proteine ($R_s \approx 5$ nm), zeigen dagegen im Erdschwerefeld praktisch keine Sedimentation.

Mit Hilfe einer Ultrazentrifuge, in der sich eine über 10^5-fache Erdbeschleunigung erzielen lässt, kann die Absinkgeschwindigkeit jedoch drastisch erhöht werden, so dass auch für kleine bis mittelgroße Teilchen die Molekülmasse ermittelt werden kann.

6. Ultrazentrifugation

Entsprechend dem vielfältigen Einsatz der Ultrazentrifugation in Biochemie, Molekular- und Zellbiologie gibt es eine große Zahl spezieller Varianten dieser Methode. Hier wollen wir nur die Grundprinzipien erläutern.

In der Ultrazentrifuge, deren Prinzip schematisch in Abbildung III.20 angedeutet ist, wird statt der Schwerkraft F_{Schwer} die Zentrifugalkraft F_Z wirksam, die bei einer Kreisbewegung auftritt. Wird eine Masse m mit der Geschwindigkeit v im Abstand r um ein Drehzentrum bewegt, so ist die Zentrifugalkraft, die auf dieses Teilchen wirkt, gegeben durch

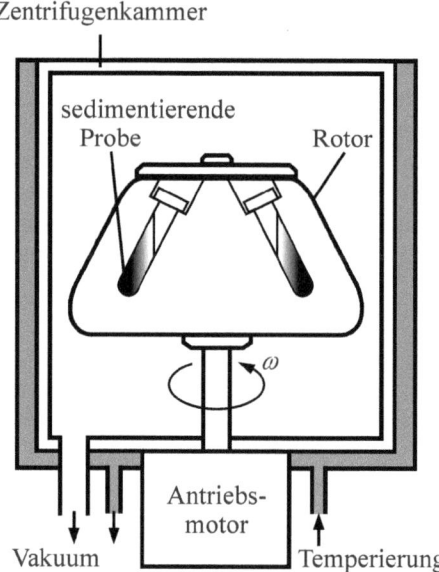

Abb. III.20: Eine Ultrazentrifuge besteht im Prinzip aus einem Zylinder, der mit sehr hoher Geschwindigkeit um seine Achse rotiert. Die zu untersuchende Probe befindet sich in Röhrchen, die im äußeren Teil des Zylinders eingesetzt werden. Im Verlaufe des Sedimentationsvorgangs bildet sich vom Meniskus der Füllung ausgehend ein Bereich teilchenfreier Lösung. Die Grenze zwischen diesem Bereich und der die Teilchen enthaltenden Suspension kann mit optischen Verfahren sichtbar gemacht werden.

$$F_Z = m\omega^2 r \tag{III.31}$$

($\omega = 2\pi/T$ Winkelgeschwindigkeit (Einheit: rad s^{-1}), $1/T$ Umlauffrequenz des Rotors, T = Umlaufzeit). Wie bei der Sedimentation im Schwerefeld muss auch hier die Auftriebskorrektur angebracht werden. Für die Zentrifugalkraft auf das Teilchen i der Masse m_i gilt daher:

$$F_Z = m\omega^2 r \left(1 - \frac{\rho_L}{\rho}\right) = m\omega^2 r \left(1 - \rho_L \overline{V}\right) \tag{III.32}$$

$\overline{V}$ ist wieder das partielle spezifische Volumen des Teilchens (z. B. in cm^3 g^{-1}), d. h. die Volumenänderung pro Probenmasse (Trockengewicht), die eintritt, wenn die Probe in einem sehr (genauer: unendlich) großen Volumen des Lösungsmittels aufgelöst wird.

Auch hier werden die Teilchen zunächst in eine beschleunigte Bewegung versetzt, bis die auftretende Reibungskraft so groß wie die Antriebskraft ist. Aus dem Kräftegleichgewicht im stationären Gleichgewicht folgt für die zeitlich konstante Bewegung des Teilchens mit dem Reibungskoeffizienten f:

$$m\omega^2 r \left(1 - \rho_L \overline{V}\right) = fv \tag{III.33}$$

und damit eine Sedimentationsgeschwindigkeit von

6. Ultrazentrifugation

$$v = \frac{m\omega^2 r \left(1 - \rho_L \overline{V}\right)}{f} \tag{III.34}$$

Gleichung III.34 zeigt, dass die Sedimentationsgeschwindigkeit v der Stärke des Zentrifugalfeldes direkt proportional ist. SVEDBERG hat für den Quotienten aus der Absinkgeschwindigkeit v und der Zentrifugalbeschleunigung $\omega^2 r$ den Sedimentationskoeffizienten

$$s = \frac{v}{\omega^2 r} = \frac{m\left(1 - \rho_L \overline{V}\right)}{f} = \frac{M\left(1 - \rho_L \overline{V}\right)}{N_A f} \tag{III.35}$$

eingeführt. Der Sedimentationskoeffizient stellt somit die Sedimentationsgeschwindigkeit bezogen auf die wirksame Zentrifugalbeschleunigung $\omega^2 r$ dar, die oft als Vielfaches der Erdbeschleunigung g angegeben wird. Damit hat man ein Maß für die Sedimentation, das nur noch von den Eigenschaften des Teilchens abhängt, aber nicht mehr davon, wie schnell die Probe in der Zentrifuge rotiert. Aus Gleichung III.35 erkennt man:

- Die Sedimentationsgeschwindigkeit eines Teilchens ist seiner Masse proportional.
- Ein dichtes Teil bewegt sich schneller als ein weniger dichtes, da die Auftriebskraft für ein dichteres Teilchen geringer ist.
- Auch die Form des Teilchens spielt für die Sedimentation eine Rolle, weil sie den Reibungswiderstand f beeinflusst. Man kann aus Gleichung III.35 daher nur näherungsweise die Molmasse M bestimmen. Der Reibungskoeffizient eines kugelförmigen Teilchens ist kleiner als der eines ausgedehnten Teilchens der gleichen Masse. Für kompakte sphärische Proteine ist $s \propto M^{2/3}$. Bei Stäbchen großer Länge steigt s mit dem Logarithmus der Stäbchenlänge. Bei Knäuelmolekülen steigt s mit $\sqrt{M}$ (im Θ-Zustand), in „guten" Lösungsmitteln mit M^x, wobei $x < 0{,}5$.
- Die Sedimentationsgeschwindigkeit hängt auch von der Dichte der Lösung ab. Teilchen sinken, wenn $1 > \rho_L \overline{V}$, sie schwimmen auf, wenn $1 < \rho_L \overline{V}$, und sie bleiben in Ruhe, wenn $1 = \rho_L \overline{V}$.

Für viele biologisch wichtige Teilchen aus der lebenden Zelle liegen die Sedimentationskonstanten in der Größenordnung von 10^{-13} Sekunden. Man gibt deshalb Sedimentationskoeffizienten in SVEDBERG-Einheiten an: $1\ S = 10^{-13}$ Sekunden. Abhängig vom Biomolekül ist der Sedimentationskoeffizient s mehr oder weniger konzentrationsabhängig (Abb. III.21). Durch Extrapolation auf $c_m \to 0$ erhält man den Wert $s°$ des Sedimentationskoeffizienten für verschwindend kleine Teilchenkonzentrationen.

Wird z. B. ein 150-kDa-Protein in einer Ultrazentrifuge mit einem Radius von 8 cm bei 75 000 Umdrehungen pro Minute (engl.: *revolutions per minute*, rpm; $\omega = 2\pi \cdot \text{rpm} / (60\ \text{s})$) zentrifugiert, so beträgt die Zentrifugalbeschleunigung $\omega^2 r = 4{,}93 \cdot 10^6$ m s^{-2}, was etwa dem $5 \cdot 10^5$-fachen des Schwerefeldes der Erde entspricht. Wenn die Sinkgeschwindigkeit des Proteins in diesem Feld $3{,}4 \cdot 10^{-3}$ cm s^{-1} beträgt, ergibt sich ein Sedimentationskoeffizient von 70 S.

Ein Ribosom aus Prokaryoten besteht aus zwei Untereinheiten, für die mit der Ultrazentrifuge die Sedimentationskoeffizienten 30 S und 50 S ermittelt wurden. Man nennt diese Teilchen deshalb einfach die 30S- und 50S-Untereinheiten der Ribosomen.

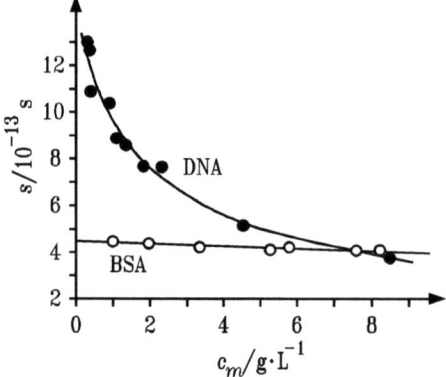

Abb. III.21: Konzentrationsabhängigkeit des Sedimentationskoeffizienten s für DNA (●) und ein Protein (BSA) (○).

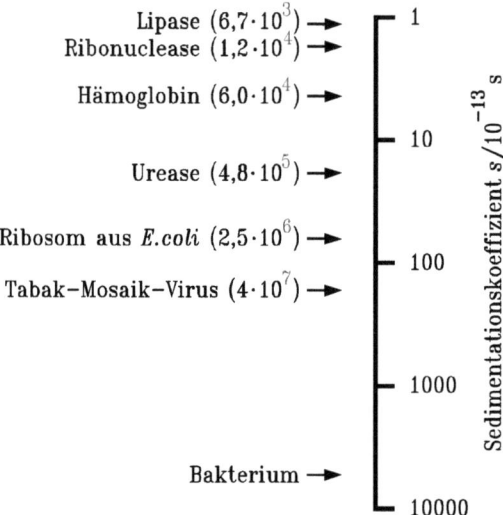

Abb. III.22: Spannweite der Werte für den Sedimentationskoeffizienten s von Biomolekülen und Zellen. In Klammern sind die relativen Molmassen der Moleküle angegeben.

Abbildung III.22 zeigt die Spanne der Sedimentationskoeffizienten von Biomolekülen und Zellen. In Tabelle III.9 sind einige experimentelle Werte für s angegeben.

Zur Bestimmung des Sedimentationskoeffizienten in der Ultrazentrifuge müssen die Absinkgeschwindigkeit v, die Umlaufkreisfrequenz des Rotors ω und der Abstand der Teilchen zur

6. Ultrazentrifugation

Tab. III.9: Sedimentationskoeffizienten $s°$, Diffusionskoeffizienten $D°$ und partielle spezifische Volumina $\overline{V}$, auf $T = 293$ K und reines H_2O als Lösungsmittel umgerechnet, und die daraus ermittelten Molmassen einiger Proteine und Viren.

Biomolekül	$s° / 10^{-13}$ s	$D° / 10^{-11}$ m^2 s^{-1}	$\overline{V}$ / cm^3 g^{-1}	M / g mol^{-1}
Lipase	1,14	14,5	0,732	6 667
Ribonuclease	1,64	11,9	0,688	12 400
Lysozym	1,87	10,4	0,751	14 100
Myoglobin	2,04	11,3	0,741	16 900
Chymotrypsin	2,54	9,5	0,721	23 200
β-Lactoglobulin	2,83	7,8	0,721	35 000
Ovalbumin	3,55	7,7	0,748	45 000
Hämoglobin	4,31	6,9	1,749	60 000
Serumalbumin	4,3	5,9	0,734	66 000
Fibrinogen	7,9	2,0	0,706	330 000
Urease	18,6	3,5	0,73	480 000
Bushy-Stunt-Virus	132	1,1	0,74	10 700 000
Tabak-Mosaik-Virus	170	0,3	0,73	40 000 000

Rotorachse gemessen werden. Zu Beginn ist die Lösung homogen. Die Grenzfläche der gelösten Teilchen bewegt sich bei der Sedimentation allmählich nach außen (Abb. III.23). Die Sedimentationsgeschwindigkeit v wird als die Verschiebung der wandernden Grenzlinie (G) zwischen Teilchenlösung und überstehendem Lösungsmittel gemessen: $v = dr_G/dt$. Mit zunehmender Sedimentation wird die Grenzlinie als Folge der Diffusion jedoch verschmiert. Bei polydispersen Systemen erhält man eine Verbreiterung der Grenzlinie auch aufgrund der Molmassenverteilung.

Zur Bestimmung des Sedimentationskoeffizienten

$$s = \frac{1}{\omega^2 r_G} \cdot \frac{dr_G}{dt} \tag{III.36}$$

integriert man obige Gleichung und erhält

$$\ln\left(\frac{r_G(t)}{r_G(t_0)}\right) = \omega^2 s(t - t_0) \tag{III.37}$$

wobei $r_G(t)$ und $r_G(t_0)$ die Positionen der wandernden Grenzfläche zu den Zentrifugationszeiten t und t_0 sind. Aus der graphischen Auftragung der Messdaten $\ln r_G(t)$ gegen t erhält man dann den Sedimentationskoeffizienten s.

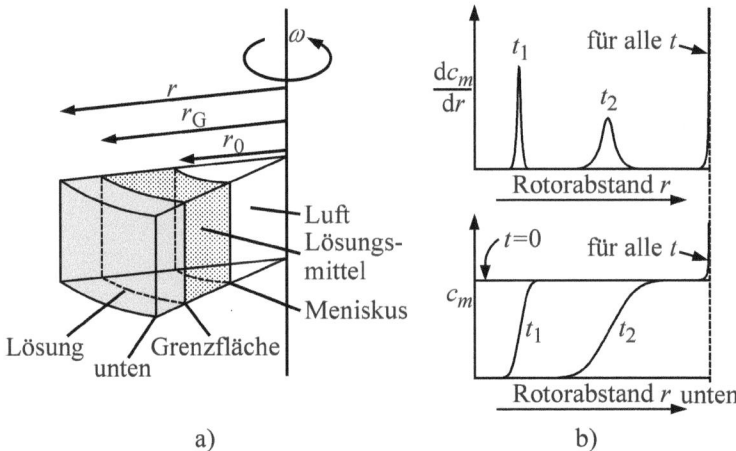

Abb. III.23: a) Zentraler Schnitt durch eine Ultrazentrifugenzelle mit einem sektorförmigen Ausschnitt, in dem sich die Lösung befindet. Die Zentrifugalkraft bewirkt die Sedimentation in Richtung auf den Unterteil der Zelle (außen); b) Konzentration c_m und Konzentrationsgradient dc_m/dr während des Sedimentationsvorgangs in der Ultrazentrifuge. Zur Zeit t_1 ist die Grenzlinie noch relativ scharf, bei t_2 aufgrund des Diffusionsprozesses schon verbreitet.

Zur Bestimmung der Konzentration bzw. des Konzentrationsgradienten der Lösung an beliebiger Stelle der Flüssigkeitssäule während der Zentrifugation kann man drei Verfahren anwenden (Abb. III.24): Die Messung der Absorption von Licht (Absorptionsoptik), der Interferenzfähigkeit kohärenter Lichtbündel (Interferenzoptik) oder der Lichtbrechung (Schlierenoptik). Beim Arbeiten mit absorptionsoptischen Systemen wird die Extinktion E (s. Kap. V) des gelösten Stoffes als Funktion des Abstandes r bestimmt. Für E gilt gemäß dem LAMBERT-BEERschen Gesetz $E(\lambda,r) = \varepsilon(\lambda) \, c_m(r) \, d$, ($\lambda$ Wellenlänge des verwendeten Lichts, $\varepsilon(\lambda)$ Extinktionskoeffizient, d Schichtdicke, $c_m(r)$ Konzentration am Ort r). Voraussetzung bei dieser Methode ist, dass die Probe einen ausreichend hohen Extinktionskoeffizienten im UV/VIS-Spektralbereich besitzt. Beim interferenzoptischen System wird die Proben- und Referenzzelle mit zueinander kohärenten Lichtbündeln durchstrahlt, die nach Passieren der Zellen zur Überlagerung gebracht werden. Man erhält RAYLEIGH-Interferogramme (Abb. III.24), d. h. helle und dunkle Streifen in regelmäßigen, durch λ festgelegten Abständen. Die Zahl der Streifen, um die die beiden Interferogramme gegeneinander verschoben sind, ist ein Maß für die Konzentration. Beim schlierenoptischen Verfahren wird der Ablenkwinkel bestimmt, den ein paralleles Lichtbündel bei der Durchstrahlung einer Substanzschicht erfährt, in der ein Konzentrations- und damit ein Brechungsindexgradient besteht. Sind mehrere Teilchensorten in der Lösung vorhanden, so ergibt jede Sorte ein Maximum bei der Registrierung der Schlieren, und man kann für jede Komponente die Sedimentationskonstante bestimmen. Ultrazentrifugen dieser Art werden analytische Ultrazentrifugen genannt.

Wenn aus der Sedimentationsgeschwindigkeit die Molekülmasse bestimmt werden soll, muss gemäß Gleichung III.35 bei bekannter Teilchen- und Lösungsdichte der Reibungskoeffizient f des Moleküls bekannt sein. Meist ist dies nicht der Fall und man muss f durch eine zweite Messung bestimmen, z. B. durch Messung des Diffusionskoeffizienten $D = k_B T/f$. Wenn der

6. Ultrazentrifugation

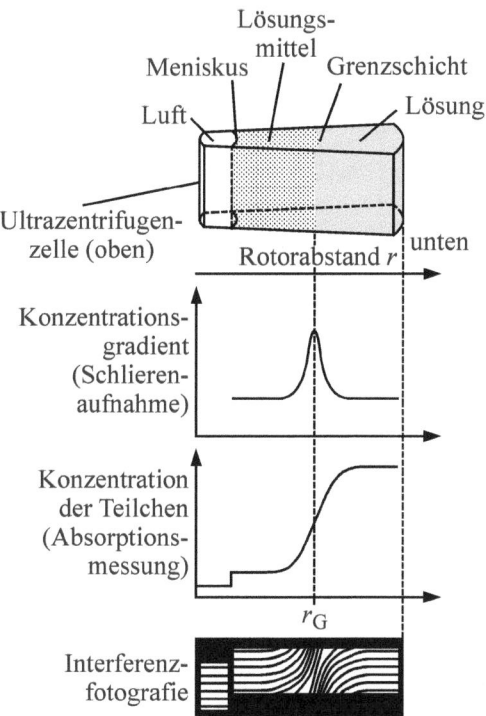

Abb. III.24: Konzentrationsprofil in der Ultrazentrifuge zu einem bestimmten Zeitpunkt t, zu dem sich die Grenzfläche der Teilchen im Abstand r_G zur Rotorachse befindet, und eine Zusammenstellung der für die Registrierung der Konzentrationsverhältnisse verwendeten Messmethoden.

unter den möglichst gleichen experimentellen Bedingungen bestimmte Diffusionskoeffizient $D°$ des Makromoleküls für $c_m \to 0$ bekannt ist, erhält man die Molmasse der Substanz:

$$M = \frac{s°}{D°} \cdot \frac{RT}{1 - \rho_L \overline{V}} \tag{III.38}$$

Das Ergebnis ist unabhängig von der Form der gelösten Moleküle und erlaubt es die Molmasse zu berechnen, wenn $s°$, $D°$, $\overline{V}$ und ρ_L bekannt sind.

Der Reibungskoeffizient lässt sich auch über die Bestimmung des STOKES-Radius R_s mit Hilfe der Gelfiltrationschromatographie oder der Grenzviskositätszahl bestimmen. Durch Verknüpfung der experimentellen Werte für den Sedimentationskoeffizienten und die Grenzviskositätszahl erhält man die SCHERAGA-MANDELKERN-Beziehung (van Holde, 1998; Cantor und Schimmel, 1980):

$$\beta(a/b) = \frac{N_A \eta_0 [\eta]^{1/3} s}{M^{2/3}(1 - \rho_L \overline{V})} \tag{III.39}$$

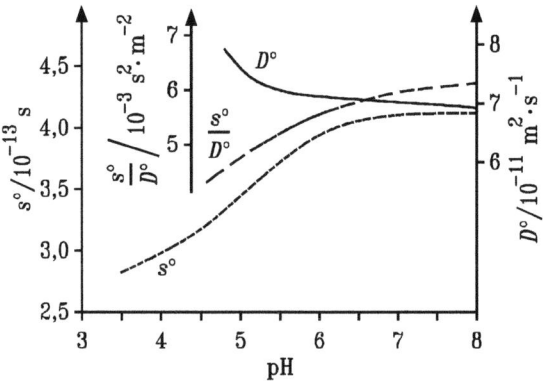

Abb. III.25: Sedimentations- und Diffusionskoeffizienten von Hämoglobin als Funktion des pH-Werts. Mit abnehmendem pH-Wert nimmt das Verhältnis $s°/D°$ ab, da die Masse der Teilchen aufgrund der Dissoziation des tetrameren Moleküls in seine Untereinheiten abnimmt.

die bei bekannter (tabellierter) Teilchenform $\beta(a/b)$ eine Abschätzung der Molmasse M erlaubt. Mit Hilfe dieser Methode wurden früher sehr hohe Molmassen, wie z. B. von Nucleinsäuren, bestimmt.

Abbildung III.25 zeigt als Beispiel $s°$, $D°$ und den Quotienten $(s°/D°)$ für Hämoglobin in Abhängigkeit des pH-Werts. Bei kleinen pH-Werten sinkt das Verhältnis $s°/D°$, d. h., die Masse des Teilchens wird kleiner - das tetramere Hämoglobin (Abb. I.38) ist in seine Monomereinheiten dissoziiert.

Ein direkterer Weg zur Bestimmung der Molmasse ist die Methode des *Sedimentationsgleichgewichts*. Hierzu zentrifugiert man die Probe bei relativ niedriger Geschwindigkeit, so dass die Sedimentation durch Rückdiffusion ausgeglichen wird.

Im Zentrifugalfeld mit der Winkelgeschwindigkeit ω hat ein Molekül im Abstand r vom Rotationszentrum die potentielle Energie $E_{pot} = (1/2)m\omega^2 r^2(1-\rho_L \overline{V})$. Die Energie des Moleküls nach einer Wanderung von r_1 nach r_2 ändert sich um $\delta E_{pot} = (1/2)m\omega^2(r_2^2 - r_1^2)(1-\rho_L \overline{V})$. Im Sedimentationsgleichgewicht ist δE_{pot} gleich der durch den Konzentrationsunterschied zwischen $c_1(r_1)$ und $c_2(r_2)$ hervorgerufenen chemischen Potenzialdifferenz $k_B T \ln(c_2/c_1)$, und es ergibt sich mit $R = N_A k_B$ für die Molmasse $M = mN_A$:

$$M = \frac{2RT \ln(c_2/c_1)}{\omega^2(r_2^2 - r_1^2)(1-\rho_L \overline{V})} \tag{III.40}$$

Misst man nach Einstellung des Gleichgewichts an den Orten r_1 und r_2 die Konzentration c_1 und c_2, so kann man die Molmasse nach Gleichung III.40 ermitteln. Man geht dabei oft so vor, dass man die im Abstand r vom Rotorzentrum gemessene Konzentration $c(r)$ als $\ln c(r)$ gegen $r^2 - r_0^2$ aufträgt gemäß

$$\ln c(r) = \ln c(r_0) + \frac{M\omega^2(1-\rho_L \overline{V})}{2RT}\left(r^2 - r_0^2\right) \tag{III.41}$$

6. Ultrazentrifugation

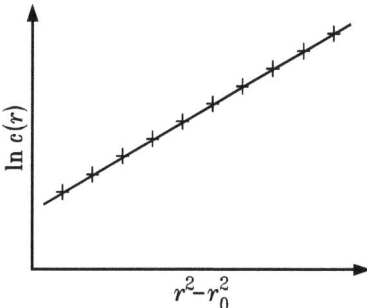

Abb. III.26: Im Sedimentationsgleichgewicht ergibt die Auftragung von $\ln c(r)$ gegen $(r^2 - r_0^2)$ eine Gerade, aus deren Steigung die Molmasse M der Teilchen bestimmt werden kann.

(c_0 Konzentration an der Position r_0 des Meniskus). Aus der Steigung der Kurve (Abb. III.26) wird die Molmasse M bei bekanntem $\overline{V}$ und ρ_L bestimmt. Da die Zentrifugation zum Sedimentationsgleichgewicht führt, taucht in obiger Gleichung kein Reibungskoeffizient auf. Bei polydispersen Systemen erhält man Gewichtsmittel.

Die Sedimentationsgleichgewichtszentrifugation ist eine recht genaue Methode zur Bestimmung der Molmasse und kann auch unter nichtdenaturierenden Bedingungen, bei denen die native Struktur von Proteinen mit ihren Untereinheiten erhalten bleibt, angewendet werden. Dagegen liefert z. B. die SDS-Polyacrylamid-Gelelektrophorese (Kap. III.7) nur die ungefähre Molmasse der dissoziierten Polypeptidketten unter denaturierenden Bedingungen. Ein Nachteil der Gleichgewichtszentrifugation ist die lange Zeitdauer bis zur Einstellung des Sedimentationsgleichgewichts.

Eine weitere verbreitete Zentrifugentechnik verwendet einen Dichtegradienten im Suspensionsmedium. Der Vorteil dieser *Dichtegradientenzentrifugation* (isopyknische Ultrazentrifugation) liegt vor allem in der besseren Trennung verschiedener Fraktionen. Sie kann sowohl für präparative als auch für analytische Zwecke genutzt werden. Wie aus Gleichung III.35 ersichtlich, wird die Absinkgeschwindigkeit Null, wenn $\rho_L \overline{V} = \rho_L / \rho = 1$ ist.

Man kann nun in ein Zentrifugengefäß eine Lösung so einfüllen, dass ein Dichtegefälle entsteht (Abb. III.27), wobei die Dichte unten größer als oben sein muss. Die Teilchen bewegen sich dann bei der Zentrifugation in Gebiete mit steigender Dichte, und zwar so lange, bis das umgebende Medium die gleiche Dichte wie das Teilchen besitzt ($\rho_L = \rho$). In diesem Fall ist die Auftriebskraft gleich der Zentrifugalkraft. Alle Teilchen mit gleicher Dichte sammeln sich dann im Dichtegradienten in einer bestimmten Höhe des Proberöhrchens an. Ein solcher Dichtegradient lässt sich z. B. dadurch in einem Zentrifugengefäß herstellen, dass eine Lösung mit hoher Dichte (z. B. Saccharose- oder Glycerin-Lösung) mit destilliertem Wasser in stetig steigendem Maße verdünnt wird, während diese Lösung in das Zentrifugenglas strömt (Abb. III.27). Solche vorgefertigten Gradienten können infolge ihrer hohen Viskosität über Stunden stabil sein. Die Dichten der Gradienten lassen sich über Brechungsindexmessungen bestimmen. Den Dichtegradienten kann man aber auch erst im Verlauf der Zentrifugation einstellen lassen. Solche Gleichgewichtsgradienten erzeugt man z. B. mit Schwermetallsalzen wie CsCl

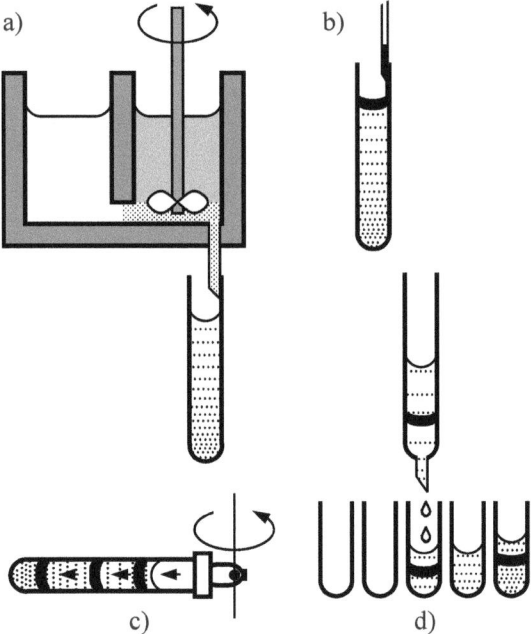

Abb. III.27: Schematische Darstellung der Zonenzentrifugation im vorgeformten Dichtegradienten. Nach der Herstellung eines Dichtegradienten im Gradientenmischer (a) wird die Probe aufgetragen (b). Das Proberöhrchen wird zentrifugiert (c), wodurch die Makromoleküle entsprechend ihrer Dichte sedimentieren. Anschließend werden mehrere Fraktionen entnommen (d).

oder $CsSO_4$. Als Beispiel zeigt Abbildung III.28 die Dichtegradientenzentrifugation von DNA im CsCl-Gradienten. Die DNA wird an die Stelle wandern, an der die Dichte des schwebenden Makromoleküls gleich der Dichte der CsCl-Lösung ist. Besitzt die Lösung Teilchen mit verschiedenen Dichten, so sammeln sich diese während der Zentrifugation im Dichtegradienten in Fraktionen in verschiedenen Höhen im Zentrifugengefäß an. Wird ein solches Zentrifugengefäß anschließend aus der Zentrifuge genommen, so können die Schichten mit Teilchen gleicher Dichte nacheinander entnommen werden. Dazu sticht man z. B. Celluloid-Zentrifugenröhrchen von unten mit einer Hohlnadel an und sammelt die austretenden Tropfen in einzelnen Proberöhrchen. Die Proberöhrchen können dann mit physikalischen oder biochemischen Methoden auf ihren Inhalt hin analysiert werden.

Die Methode der Dichtegradientenzentrifugation ist aufgrund ihrer hohen Genauigkeit eines der wichtigsten Hilfsmittel der experimentellen Biochemie. So können z. B. Biomoleküle, die sich nur in ihrer Isotopenzusammensetzung voneinander unterscheiden, noch getrennt werden. In dem historisch bedeutenden Versuch der Dichtegradientenzentrifugation von DNA von Bakterienstämmen, die in ^{15}N- und ^{14}N-Medien gewachsen waren, konnte diese Methode entscheidend zur Klärung des Replikationsmechanismus von Nucleinsäuren beitragen.

Neben ihrer präparativen Anwendung kann die Methode auch zur Bestimmung von Molmassen herangezogen werden, wenn die Zentrifugation im Beisein entsprechender Standardsub-

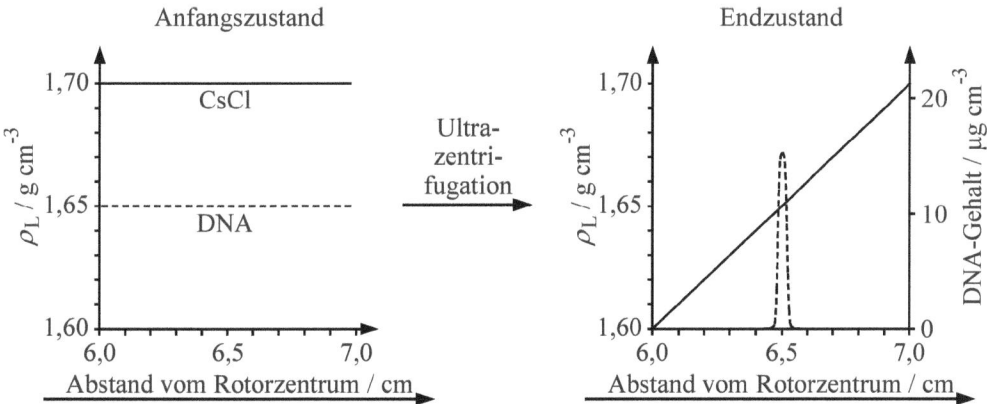

Abb. III.28: CsCl-Dichtegradienten-Gleichgewichtszentrifugation von DNA bei 45000 rpm bei Beginn der Zentrifugation (links) und nach Erreichen des Gleichgewichtzustandes (rechts) (nach: J. Vinograd, J. E. Hearst, Fortsch. Chem. Org. Naturstoffe **20** (1962) 372).

stanzen durchgeführt wird. Für die Fraktionierung von Proteingemischen ist die isopyknische Ultrazentrifugation ungeeignet, da die Proteine i. Allg. ähnliche Dichten besitzen. Darüber hinaus können hohe Salzkonzentrationen zur Denaturierung der Proteine führen.

7. Elektrophorese

Viele Makromoleküle tragen elektrische Ladungen, sie wandern daher im elektrischen Feld. Diese Bewegung wird auch Migration genannt. Auf diesem Phänomen basiert eine sehr wichtige Methode zur Trennung und Analyse von Proteinen und Nucleinsäuren, die Elektrophorese. Neben der Chromatographie kommt den elektrophoretischen Trennverfahren in der biochemischen Analytik und der klinischen Chemie eine sehr große Bedeutung zu. Wie in Abbildung III.29 angedeutet, hängt die Wanderungsgeschwindigkeit v eines geladenen Moleküls, z. B. eines Proteins, im elektrischen Feld von der elektrischen Feldstärke E, der Ladung $q = ze$ des Moleküls (z Anzahl der Ladungen des Moleküls, e Elementarladung) und dem Reibungskoeffizienten f der Lösung ab:

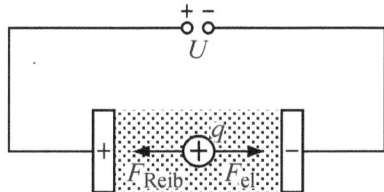

Abb. III.29: Wanderung eines Ions in einem elektrischen Feld $E = U/d$ (U angelegte Spannung, d Abstand der Elektroden). Auf das Ion wirkt die elektrische Kraft $F_{el} = qE$ in Richtung des elektrischen Feldes, dieser entgegengesetzt die Reibungskraft $F_{Reib} = fv$, die durch die Stöße mit den Lösungsmittelteilchen hervorgerufen wird.

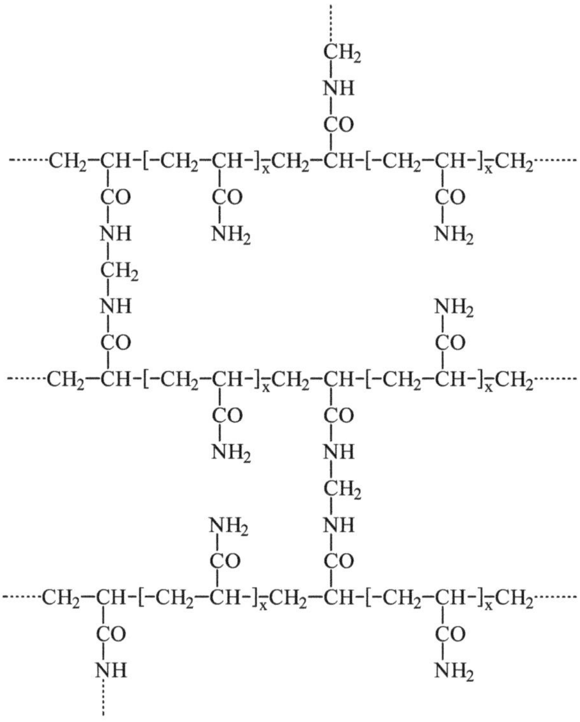

Abb. III.30: Strukturausschnitt aus einem Polyacrylamidgel für die Gelelektrophorese. Das Monomer ist Acrylamid, als quervernetzendes Agens kommt N,N'-Methylen-bis-acrylamid zum Einsatz.

$$v = \frac{qE}{f} \tag{III.42}$$

Die Wanderungsgeschwindigkeit ist somit proportional der angelegten Spannung. Als charakteristische Größe für die Mobilität des Moleküls führt man die elektrophoretische Beweglichkeit ein. Sie ist durch $u = v/E = q/f$ gegeben.

Der Reibungskoeffizient f hängt sowohl von der Masse und der Form des wandernden Moleküls als auch von der Viskosität des umgebenden Mediums ab. Eine exakte Berechnung von elektrophoretischen Beweglichkeiten ist i. Allg. nicht möglich, da der effektive Wert der elektrischen Ladung eines wandernden Moleküls in sehr komplexer Weise von seinem hydrodynamischen Verhalten und seinen Solvatationsbedingungen abhängt und die genaue Form des Moleküls i. Allg. unbekannt ist. Deshalb ist auch eine Absolutbestimmung der Molekülmasse eines Makromoleküls mit der Elektrophorese nicht möglich. Doch man kann mit ihrer Hilfe in relativ einfacher Weise Mischungen von Makromolekülen schnell und schonend trennen und quantitativ analysieren.

Man führt die Elektrophorese meist in Gelen und nicht frei in Lösung durch, da dadurch Konvektionsströme in der Lösung vermieden werden, und da das Gel zusätzlich als Molekularsieb

7. Elektrophorese

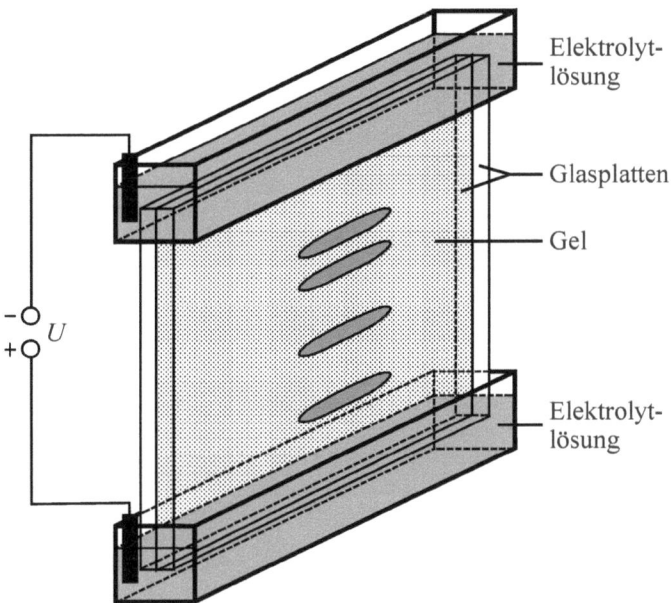

Abb. III.31: Schema einer einfachen Gelelektrophorese-Apparatur. Unter dem Einfluss der Potenzialdifferenz U trennen sich die Komponenten der Probe und bilden unterschiedliche Banden. Nach Anfärben - z. B. mit Coomassie Blau-Lösung (ein Triphenylfarbstoff, der eine unspezifische Bindung an kationische und nicht-polare hydrophobe Seitenketten eingeht) oder durch Silberfärbung (z. B. Reduktion von $AgNO_3$) - stellt man das Trennergebnis in Form eines Densitogramms dar.

wirken kann, wodurch die Auflösung der Trennung von Gemischen verbessert wird. Die verwendeten Gele besitzen einen netzartigen Siebeffekt und verringern dadurch die Beweglichkeit großer Moleküle relativ zu kleineren Molekülen.

Häufig verwendet man Polyacrylamidgele als Trägermedium bei der Elektrophorese, da diese Gele chemisch inert sind. Ihre Porengröße kann variiert werden, indem man bei der Polymerisation des Polyacrylamids unterschiedliche Konzentrationen des quervernetzenden Reagenzes einsetzt. Die resultierende Gelstruktur ist in Abbildung III.30 skizziert.

Abbildung III.31 zeigt schematisch eine Elektrophorese-Apparatur. Albumin hat eine elektrophoretische Beweglichkeit von $u = 4 \cdot 10^{-9}$ m^2 V^{-1} s^{-1} bei pH = 4. Mit $U = 2000$ V und einer Laufstrecke von $d = 20$ cm ergibt sich hieraus eine Wanderungsgeschwindigkeit von $v = 4 \cdot 10^{-5}$ m s^{-1} = 14,4 cm h^{-1} auf dem Gel.

Die elektrophoretische Beweglichkeit einer Substanz i wird i. Allg. nur relativ zu der eines Markers (z. B. Farbstoff F) bestimmt: $u_{\mathrm{rel},i} = u_i/u_F = x_i/x_F$ (x_i bzw. x_F auf dem Gel von der Substanz i bzw. dem Marker F zurückgelegter Weg).

Die gemessenen Beweglichkeiten hängen davon ab, ob die Elektrophorese in freier Lösung oder in einem Gel der Konzentration c_{Gel} (hier in %) durchgeführt wurde. In dem Gel werden die Beweglichkeiten durch dessen Porenstruktur (Molekularsiebeffekt) beeinflusst. Die Beweglichkeit der Komponente i ist oft darstellbar als

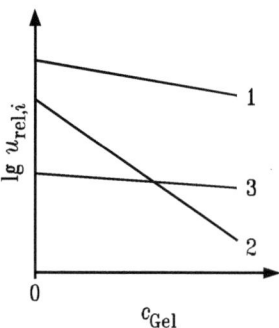

Abb. III.32: Schematischer FERGUSON-Plot für eine Auswahl charakteristischer Makromolekülsorten: Relative Beweglichkeit von Makromolekülen als Funktion der Gelkonzentration für 1) kleine Makromoleküle mit hoher Ladung, 2) große Makromoleküle mit hoher Ladung und 3) kleine Makromoleküle mit geringer Ladung.

$$\lg u_{\text{rel},i} = \lg u_{\text{rel},i}^0 - k_i c_{\text{Gel}} \tag{III.43}$$

mit $u_{\text{rel},i}^0 = u_{\text{rel},i}$ bei $c_{\text{Gel}} = 0$, der elektrophoretischen Beweglichkeit ohne den retardierenden Matrixeinfluss des Gels. In den sog. FERGUSON-Plots wird dieser Zusammenhang graphisch ersichtlich (Abb. III.32). Die Koeffizienten k_i, die im Wesentlichen unabhängig von der Ladung des Biopolymers sind, hängen vom Gelmaterial, der Form und Größe des Moleküls, d. h. von seinem STOKES-Radius R_s, und damit auch von der Molekülmasse M ab. Je größer das Molekül ist, desto größer ist der k_i-Wert. Ist der k_i-Wert für ein Biomolekül aus Messungen der relativen elektrophoretischen Beweglichkeit in Abhängigkeit der Geldichte bekannt, so lässt sich mit Hilfe der Eichkurven von Standardpolymeren bekannter Molekülmasse und -form die Masse des unbekannten Biomoleküls ermitteln, wenn eine Korrelation zwischen R_s und M sichergestellt ist. Für z. B. globuläre Proteine, DNA und denaturierte RNA lassen sich solche Beziehungen aufstellen, so dass für diese Biomoleküle Molmassenbestimmungen mit Hilfe der Gelelektrophorese durchgeführt werden können.

7.1 SDS-Gelelektrophorese

Proteine lassen sich im denaturierten Zustand auch aufgrund ihrer Masse in Polyacrylamidgelen trennen. Das Proteingemisch wird dabei zunächst unter Zusatz des anionischen Detergenzes Natriumdodecylsulfat (SDS, Abb. I.13) gelöst. Zum Aufbrechen möglicher Disulfidbrücken gibt man z. B. β-Mercaptoethanol (HS-CH$_2$-CH$_2$-OH) zu. Die SDS-Moleküle umhüllen die denaturierten Peptidketten und bilden gestreckte Micellen (Abb. III.33).

Die SDS-Moleküle schirmen die Proteinladungen im Inneren der Micelle ab. Es entsteht dabei ein Komplex aus SDS und Protein, dessen stark negative Ladung der Masse des Proteins in etwa proportional ist. Die Komplexe aus SDS und denaturiertem Protein werden dann der Polyacrylamid-Gelelektrophorese (SDS-PAGE) unterworfen. Man erhält eine Reihe von Banden, die man durch Anfärben sichtbar machen kann (Abb. III.34). Radioaktive Markierungen lassen sich nachweisen, indem man einen RÖNTGEN-Film auf das Gel legt (Autoradiographie,

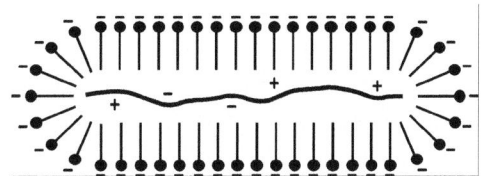

Abb. III.33: Denaturierte Proteinmoleküle in SDS-Lösung werden von SDS-Molekülen umschlossen und bilden elongierte Micellen. Die Dicke der Micellen liegt bei 1,8 nm. Im Mittel binden etwa 0,5 SDS-Moleküle an eine Peptidgruppe.

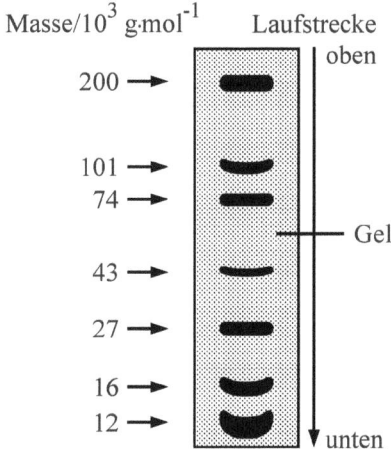

Abb. III.34: Durch Anfärben mit z. B. Coomassie-Blau lassen sich Proteine nach der elektrophoretischen Trennung in einem SDS-Polyacrylamidgel sichtbar machen. Weniger als 1 µg eines Proteins kann mit dieser Methode nachgewiesen werden. Empfindlicher ist eine Silberfärbung.

s. Kap. VII). Die kleinen Proteine wandern rasch durch das Gel, die großen bleiben weiter oben.

Wie in Abbildung III.35 gezeigt, sind die relativen Beweglichkeiten der Proteine unter diesen Bedingungen in etwa linear mit dem Logarithmus ihrer Masse korreliert. Mit Hilfe von Relativmessungen lässt sich somit die Molmasse des unbekannten Proteins ermitteln. Es gibt jedoch auch Proteine, wie z. B. Membranproteine oder Histone, die dieser empirischen Beziehung nicht folgen. Es handelt sich dabei meist um hochgeladene Proteine. Die SDS-Polyacrylamid-Gelelektrophorese ist schnell, empfindlich und erlaubt eine hohe Auflösung. Selbst Proteine, deren Massen sich nur um ca. 2 % unterscheiden, lassen sich noch trennen.

7.2 Isoelektrische Fokussierung

Die Variante der isoelektrischen Fokussierung ist das elektrische Analogon zur Gleichgewicht-Dichtegradientenzentrifugation unter den Sedimentationsverfahren. Proteine lassen sich auch aufgrund ihres relativen Gehalts an sauren und basischen Resten elektrophoretisch tren-

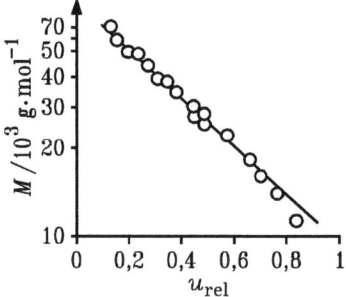

Abb. III.35: Logarithmus der Masse verschiedener Proteine als Funktion ihrer relativen Beweglichkeit u_{rel}. Deutlich ist die Proportionalität der Werte erkennbar (nach: K. Weber, M. Osborne, *The Proteins*, S. 179, H. Neurath, R. L. Hill (Hrsg.), Academic Press, London, 1975; K. Weber, M. Osborne, J. Biol. Chem. **244** (1969) 4406).

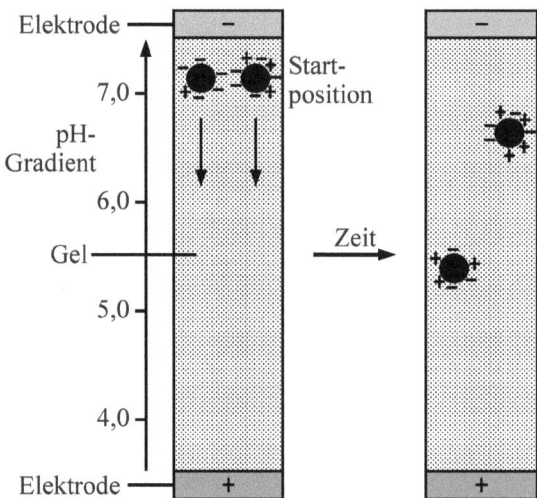

Abb. III.36: Schematische Darstellung der isoelektrischen Fokussierung. Proteine werden hierbei aufgrund ihrer unterschiedlichen isoelektrischen Punkte getrennt. In einem stabilen pH-Gradienten wandern die Proteine im Gel bei Anlegen eines äußeren elektrischen Feldes bis zu dem pH-Wert, an dem ihre Nettoladung Null ist (isoelektrischer Punkt).

nen. Am isoelektrischen Punkt (IP) eines Proteins, dem pH-Wert, bei dem seine Nettoladung Null ist, wird die elektrophoretische Beweglichkeit u des Teilchens gleich Null. Der IP von z. B. Cytochrom c, einem stark basischen Elektronentransportprotein, liegt bei 10,6, der vom Plasmaprotein Serumalbumin bei 4,8.

Betrachten wir die Elektrophorese eines Proteingemisches nun in einem pH-Gradienten. Jedes Protein wird so weit wandern, bis es die Position im Gel erreicht hat, deren pH-Wert seinem

IP entspricht (Abb. III.36). Diese Methode der Proteintrennung über isoelektrische Punkte nennt man isoelektrische Fokussierung. Den pH-Gradienten im Gel stellt man vorher z. B. durch Elektrophorese eines Gemisches von Polyampholyten her. Dies sind kleine, vielfach geladene Polymere mit unterschiedlichen IP-Werten.

Mit der Methode der isoelektrischen Fokussierung kann man selbst Proteine trennen, die sich nur um eine Elementarladung unterscheiden. Man kann die isoelektrische Fokussierung auch mit der SDS-Polyacrylamid-Gelelektrophorese kombinieren und erhält dann besonders hochauflösende Trennungen. Die Probe wird zuerst der isoelektrischen Fokussierung unterzogen. Dann legt man das Gel mit dem pH-Gradienten horizontal auf ein SDS-Polyacrylamidgel und führt eine vertikale Elektrophorese durch, was zu einem zweidimensionalen Punktmuster führt. Die Proteine sind dann in horizontaler Richtung aufgrund ihres isoelektrischen Punktes, in vertikaler Richtung aufgrund ihrer Masse voneinander getrennt. Durch diese zweidimensionale Elektrophorese lassen sich viele hundert bis tausend verschiedene Proteine in einem einzigen Experiment trennen.

7.3 Das Zeta-Potenzial

Im Zusammenhang mit der Besprechung der Elektrophorese ist noch erwähnenswert, dass bei Kenntnis der Partikelgeschwindigkeit prinzipiell auch die Möglichkeit gegeben ist, die „Nettoladung" bzw. das *Oberflächenpotenzial* der Teilchen relativ zur umgebenden Lösungsmittelphase zu bestimmen. An der Oberfläche elektrisch geladener Partikel (mit Oberflächenpotenzial ψ_0) bildet sich durch Adsorption von Gegenionen oder durch Adsorption von Dipolen aus der Umgebung eine sog. elektrische Doppelschicht aus, die relativ fest mit dem Teilchen verbunden ist (STERNsche Doppelschicht; s. Abb. III.37). Sie wird von einer beweglichen, diffusen Ionenschicht (GOUY-CHAPMAN-Schicht) umhüllt. An diese diffuse Doppelschicht schließt sich das elektrisch neutrale Lösungsmittelmedium an. Das elektrische Potenzial ψ ist hier auf den Wert Null abgesunken. Bei der Diffusionsbewegung der Teilchen im elektrischen Feld wird aufgrund der Reibungskräfte ein Teil der diffusen Doppelschicht abgestreift, und es entsteht eine Abreißebene (hydrodynamische Gleitebene). Das Potenzial ζ an dieser Stelle bezeichnet man als *Zeta-Potenzial*. Es kann näherungsweise aus der Wanderungsgeschwindigkeit v der Teilchen im elektrischen Feld (Elektrophorese) nach HELMHOLTZ-SMOLUCHOWSKI ermittelt werden (s. z. B. Müller, 1996):

$$\zeta \approx \frac{\eta v}{\varepsilon E} \qquad (III.44)$$

($\varepsilon = \varepsilon_r \cdot \varepsilon_0$ Dielektrizitätskonstante des Lösungsmittels, η Viskositätskoeffizient des Lösungsmittels, E elektrische Feldstärke). Diese Gleichung gilt für große Teilchen, deren Radius sehr viel größer ist als die elektrische Doppelschichtdicke. Neben der Reibungskraft im Lösungsmittel werden hier weitere auf die Ionenwanderung retardierend wirkende Effekte vernachlässigt. Diese werden zum einen hervorgerufen durch den Bremseffekt der Gegenionen, die in umgekehrter Richtung zum Teilchen wandern, zum anderen aber auch durch die Verzerrung der Ionenwolke, die bei der Bewegung im Feld auftritt und ein entgegengesetztes Feld verursacht. Die Partikelgeschwindigkeit kann mit Hilfe eines Lichtmikroskops (für große Teilchen) oder mit einem Laserlichtstreuverfahren bestimmt werden. Letzteres Verfahren wird auch Laser-Doppler-Anemometrie genannt. Passieren die Partikel den Laserstrahl, so streuen sie

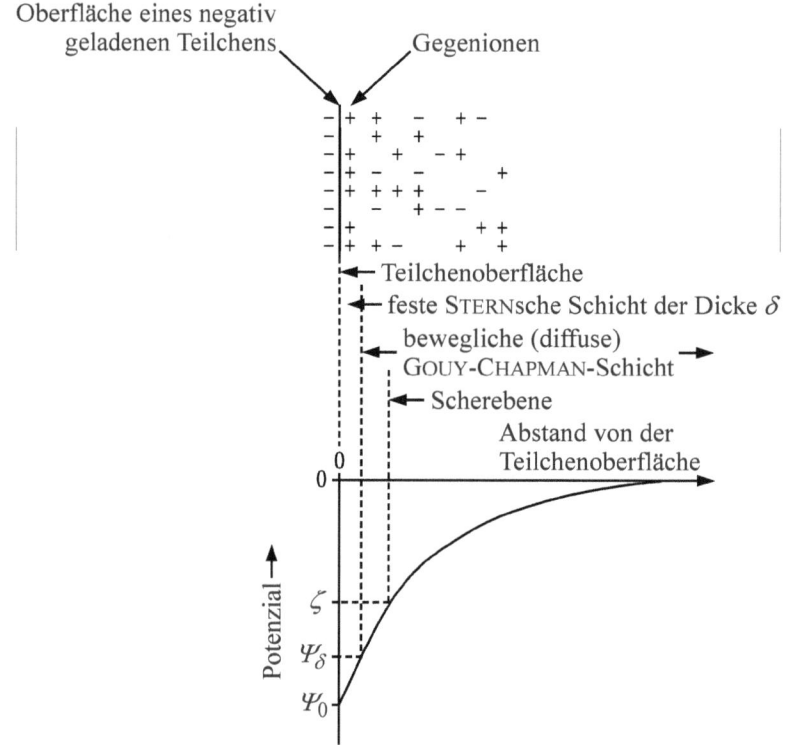

Abb. III.37: Schematische Darstellung des elektrischen Potenzials der Oberflächenladungen eines negativ geladenen Dispersionsteilchens (ψ_δ Potenzial zwischen der STERN- und der GOUY-CHAPMAN-Schicht, ψ_0 Oberflächenpotenzial, ζ Zeta-Potenzial).

Licht. Aufgrund des Dopplereffektes kommt es zu einer Frequenzverschiebung des gestreuten Lichtes, die von der Partikelgeschwindigkeit und somit auch von der Ladung des Teilchens abhängt. Aus der gemessenen Frequenzverschiebung kann die Teilchengeschwindigkeit berechnet werden, aus der wiederum die elektrophoretische Beweglichkeit bestimmt werden kann. Das Vorzeichen der Frequenzverschiebung gibt die Bewegungsrichtung des Teilchens an.

8. Chromatographie

Chromatographie ist die Bezeichnung für eine Reihe von Trennmethoden, mit deren Hilfe Substanzgemische über den Stoffaustausch zwischen zwei Phasen in ihre Komponenten zerlegt werden können. Eine dieser Phasen ist unbeweglich (stationäre Phase), die andere strömt an ihr vorbei (mobile Phase). Durch den chromatographischen Prozess kommt es zu multiplikativen Verteilungsvorgängen der Substanzen zwischen den zwei Phasen - dies führt dann zur Substanzauftrennung. Hier wird nur kurz auf einige der vielen chromatographischen Methoden eingegangen, insbesondere auf die Gelpermeationschromatographie, die Trennungen hinsichtlich der Molekülgröße erlaubt, aber unter gewissen Voraussetzungen auch eine Bestimmung der Molmasse von Biomolekülen zulässt.

8.1 Gelpermeationschromatographie

Mit Hilfe der Gelpermeationschromatographie (oder Gelausschlusschromatographie, Gelfiltrationschromatographie), einer Variante der Flüssigkeitschromatographie, lassen sich Biomoleküle aufgrund ihrer Größe trennen. Der Trennmechanismus ist hier die Zugänglichkeit der Poren des Gels. Die Probe wird auf eine Säule aus porösen Kügelchen aufgetragen, die aus einem unlöslichen, aber stark hydratisierten Polymer, wie z. B. den vernetzten Kohlenhydraten Dextran (Sephadex G) oder Agarose (Sepharose, Bio-Gel A), aus Polyacrylamid (Bio-Gel P) oder aus porösem Glas (Bio-Glas) bestehen (Abb. III.38). Der Durchmesser der Kügelchen beträgt typischerweise 100 µm und kann, abhängig von der Trennaufgabe, variiert werden. Wie in Abbildung III.39 schematisch dargestellt, können kleine Moleküle in diese Kügelchen eindringen, sehr große jedoch nicht. Folglich verteilen sich kleine Moleküle sowohl in der wässrigen Lösung innerhalb der Kügelchen, also auch zwischen ihnen, wohingegen große Moleküle auf das wässrige Medium zwischen den Kügelchen beschränkt bleiben und daher die Säule schneller passieren. Die Reihenfolge des Austritts der Moleküle aus solchen Säulen ist gerade umgekehrt zur Reihenfolge bei der Gelelektrophorese, bei der ein kontinuierliches polymeres Netzwerk die Bewegung großer Moleküle hemmt. Mit verschiedenen Kolonnenfüllungen kann man verschiedene Größenbereiche der Molekülmasse erfassen.

Der Verteilungskoeffizient K_D ist ein Maß dafür, welcher Bruchteil des Porenvolumens der Matrix den Biomolekülen zugänglich ist, und korreliert im Wesentlichen mit dem STOKES-Radius der Teilchen. Er lässt sich darstellen als:

$$K_D = \frac{V_e - V_0}{V_i} \tag{III.45}$$

V_0 ist das Zwischenraumvolumen (mobile Phase) der Säule. Es kann bestimmt werden, indem das Elutionsvolumen für Teilchen gemessen wird, die viel größer als das Porenvolumen sind. Kleinere Moleküle werden mit dem Elutionsvolumen V_e eluiert. Die kleinsten Moleküle, die in alle Poren einzudringen vermögen, werden die Säule nach Durchfluss des Volumens ($V_0 + V_i$) verlassen, wobei V_i das innere Porenvolumen der Gelpartikel ist, das dem Lösungsmittel zugänglich ist (Abb. III.40). K_D besitzt für ein bestimmtes Gel und eine gegebene gelöste Substanz einen Wert von $0 \leq K_D \leq 1$. In Abbildung III.41 ist ein Elutionsdiagramm schematisch dargestellt.

Da für sphärische Teilchen der STOKES-Radius R_s mit der Molmasse der Teilchen eindeutig verknüpft ist, findet man für sphärische, globuläre Proteine eine Korrelation zwischen den experimentell bestimmbaren Größen V_e bzw. K_D und der Molmasse der Proteine (Abb. III.42). Somit lassen sich mit Hilfe von Eichsubstanzen gleicher Form und bekannter Molmasse Eichkurven für $K_D(R_s)$ bzw. $K_D(M)$ aufstellen. Wie man der Abbildung III.43 entnehmen kann, können mit dieser Methode auch Molmassen denaturierter Proteine bestimmt werden.

Agarose

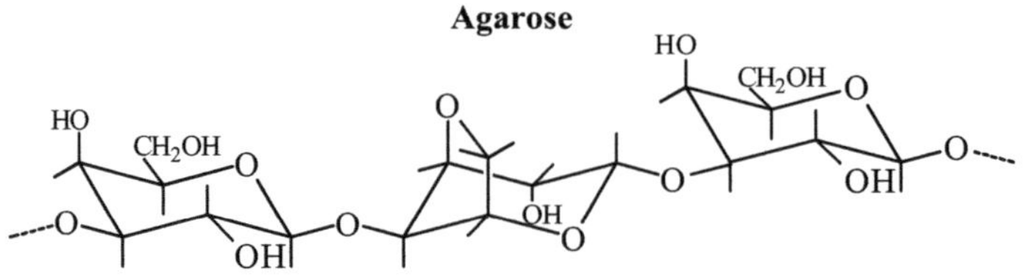

-β-1,3-D-Galactose-α-1,4-(3,6-Anhydro)-L-galactose-β-1,3-D-Galactose-

Cellulose

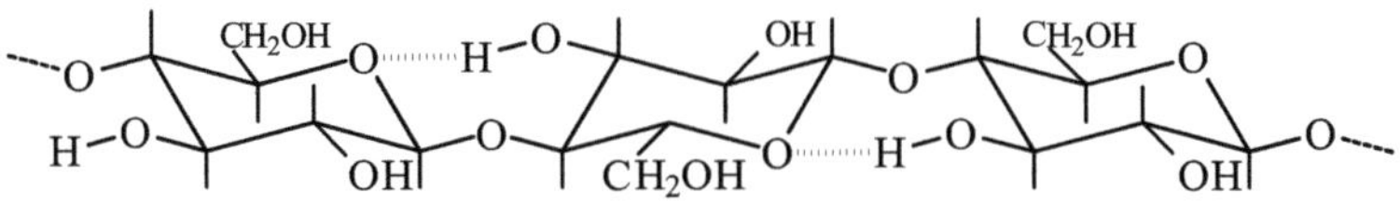

-β-1,4-D-Glucose-β-1,4-D-Glucose-β-1,4-D-Glucose-

Quervernetztes Dextran (Sephadex)

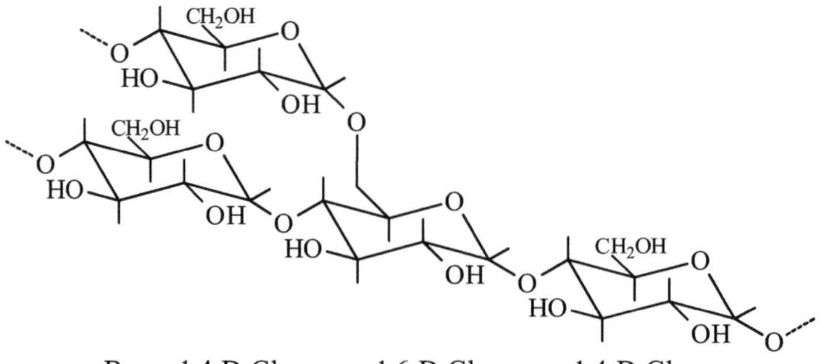

z.B.: -α-1,4-D-Glucose-α-1,6-D-Glucose-α-1,4-D-Glucose-

Quervernetztes Polyacrylamid

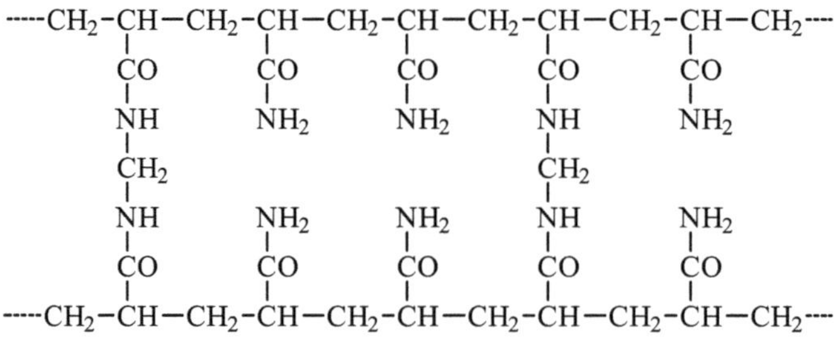

Abb. III.38: Polysaccharide und Polyamide als Gelmatrices.

8. Chromatographie

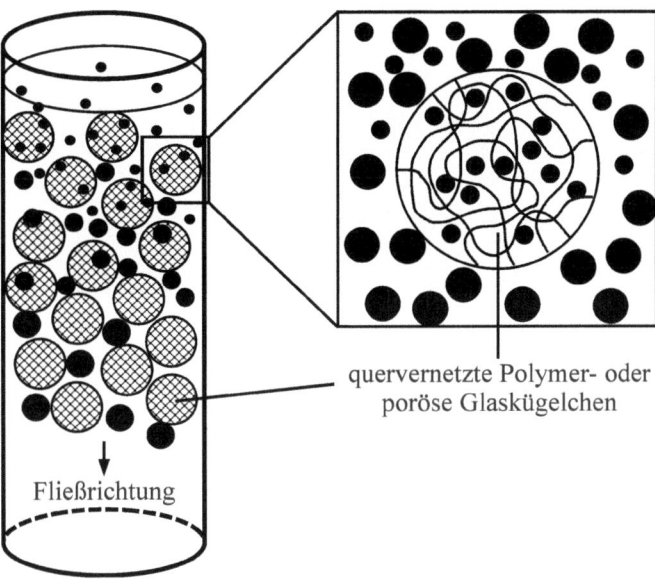

Abb. III.39: Bei der Gelpermeationschromatographie werden Makromoleküle (ausgefüllte Kreise) aufgrund ihrer Größe voneinander getrennt. Kleine Moleküle können in die wassergefüllten Hohlräume der Polymerkügelchen eindringen, große nicht. Daher wird die Methode auch als *size exclusion chromatography* bezeichnet.

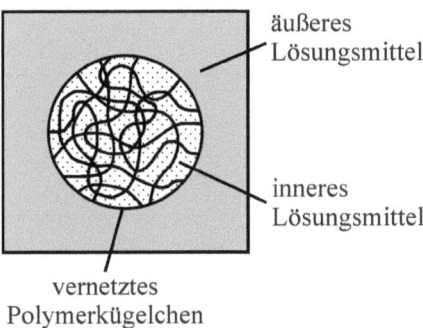

Abb. III.40: Schematische Darstellung eines Polymerkügelchens in der Gelchromatographiesäule. Das äußere Lösungsmittel nimmt das Volumen V_0 ein. Das Innere der Kügelchen nimmt das Volumen V_i auf.

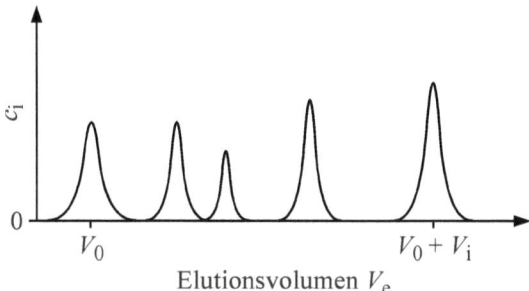

Abb. III.41: Schematische Darstellung eines Gelpermeations-Elutionsdiagramms. Das Elutionsvolumen V_e ist das erforderliche Volumen zur Elution einer aufgetragenen Substanz von der Säule. Die Konzentration der Teilchen kann mit Hilfe biochemischer oder physikalischer Methoden (optische Absorption, Brechungsindex) bestimmt werden.

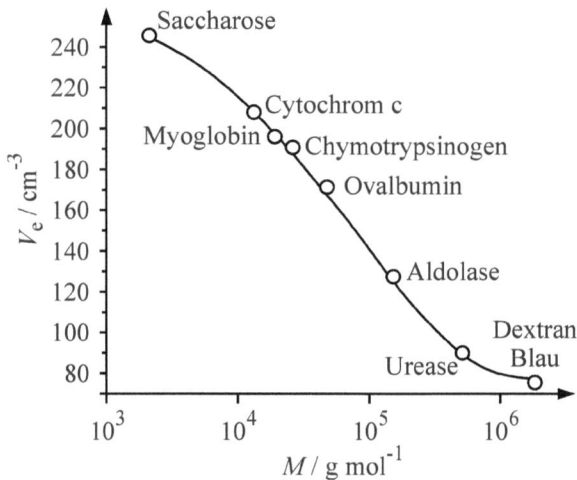

Abb. III.42: Korrelation des Elutionsvolumens für globuläre Proteine auf Sephadex G-200 mit dem Logarithmus der Molmasse von Proteinen (nach: P. Andrews, Biochem. J. **91** (1964) 222; **96** (1965) 597).

8.2 Ionenaustauschchromatographie

Ionenaustauscher bestehen aus geladenen Gruppen, die kovalent an eine feste Matrix gebunden sind. Viele Biomoleküle, wie z. B. Proteine, besitzen ionisierbare Gruppen, so dass ihre Fähigkeit, positive oder negative Nettoladungen zu tragen, in der Ionenaustauschchromatographie zur Trennung von Mischungen solcher Verbindungen ausgenutzt werden kann.

Ein Protein, das z. B. bei pH = 6 eine positive Nettoladung hat, wird sich i. d. R. an eine Säule mit negativ geladenen Gruppen (z. B. Carboxylatgruppen) binden, ein negativ geladenes Protein dagegen nicht. Das an eine solche Säule gebundene positiv geladene Protein kann dann

8. Chromatographie

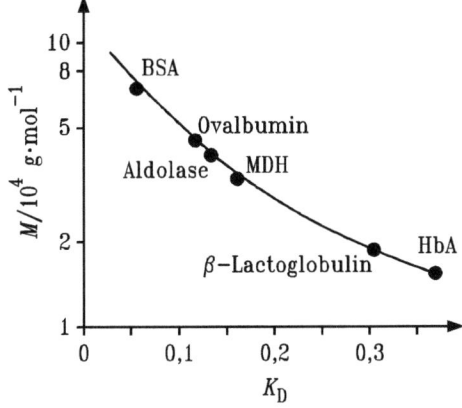

Abb. III.43: Korrelation zwischen der Molmasse M und dem Verteilungskoeffizienten K_D für in Guanidinhydrochlorid und Mercaptoethanol denaturierte Proteine, die in Agarosesäulen chromatographiert wurden (BSA Rinderserumalbumin, MDH Malatdehydrogenase, HbA Hämoglobin A) (s. a. N. Ui, Anal. Biochem. **97** (1979) 65).

anschließend eluiert (ausgewaschen) werden, indem man z. B. die Salzkonzentration (z. B. mit NaCl) im Elutionsmittel erhöht. Die Salzzugabe schwächt die elektrostatische Wechselwirkung durch Abschirmung, und die Na$^+$-Ionen konkurrieren mit den positiv geladenen Gruppen des Proteins um die Bindungsstellen der Säule. Proteine mit einer geringeren positiven Ladungsdichte verlassen die Säule zuerst, dann folgen diejenigen mit höherer Ladungsdichte. Eluiert werden kann auch durch pH-Wert-Änderung, bei der sich ja auch die Ladung des Proteins ändert.

Auch andere Faktoren als die Ladungsdichte, wie z. B. die Affinität zum Trägermaterial der Säule, beeinflussen zusätzlich das Verhalten von Proteinen in Ionenaustauschsäulen. Negativ geladene (anionische) Proteine können z. B. in Chromatographiesäulen mit positiv geladener Diethylaminoethylcellulose (DEAE-Cellulose) getrennt werden. Umgekehrt kann man positiv geladene (kationische) Proteine an negativ geladener Carboxymethylcellulose (CM-Cellulose) chromatographieren. Die Ionenaustauschchromatographie ist z. B. auch für die Bestimmung der Basenzusammensetzung von Nucleinsäuren angewendet worden. Mit dieser Methode wurde der gleiche Gehalt an A zu T und G zu C in DNA nachgewiesen.

8.3 Affinitätschromatographie

Die Affinitätschromatographie ist eine weitere Methode zur Reinigung biochemischer Verbindungen, wie z. B. von Enzymen. Sie nutzt die hohe Affinität vieler Biomoleküle zu spezifischen Molekülgruppen, z. B. die Wechselwirkung von Enzymen mit ihren Substratanaloga. Man kann mit der Affinitätschromatographie z. B. ein Protein, das die Gruppe G erkennt, wirkungsvoll isolieren, wenn man G oder ein chemisches Derivat von G an das Säulenmaterial bindet, das Proteingemisch auf die Säule aufträgt, die nichtgebundenen Proteine dann mit Puffer auswäscht und schließlich das gewünschte Protein durch Zugabe einer löslichen Form von G in hoher Konzentration eluiert. So lässt sich z. B. das Protein Concanavalin A dadurch reinigen, dass man die Mischung über eine Chromatographiesäule schickt, die kovalent gebundene Glucosereste enthält. Nur das Concanavalin A bindet spezifisch an die Glucosereste der Säule. Es kann in reiner Form gewonnen werden, indem man es durch Zugabe konzentrierter Glucoselösung von der Säule eluiert. Weitere Beispiele für Liganden sind AMP, das reversibel an eine Reihe von NAD^+-abhängigen Dehydrogenasen gebunden wird, oder auch Antikörper, die bestimmte Zelltypen selektiv zu binden vermögen. Zur Reinigung von rekombinant hergestellten Proteinen, die mehrere Histidinreste am Kettenende tragen (sog. Histidin-Anker), werden Nickel-Chelat-Säulen verwendet, die His-markierte Proteine in der Lösung effektiv binden, während andere Proteine durch die Säue laufen. Hierfür wird z. B. eine Nickelagarose-Matrix verwendet, auf der Ni^{2+}-Ionen mittels Chelatisierung an vierzähnige Nitrilotriacatetgruppen gebunden sind. Beim Verlauf der Aufreinigung binden dann zwei weitere deprotonierte Histidinreste an die freien Koordinationsstellen des Nickels, so dass sich ein oktaedrischer Chelatkomplex ausbildet. Durch pH-Wert-Änderung, die die Bindungsaffinität verändert, oder Waschen mit freiem Histidin oder Imidazol lässt sich das gebundene Protein dann wieder in die mobile Phase bringen.

9. Literatur zu Kapitel III

C. R. Cantor, P. R. Schimmel, *Biophysical Chemistry*, Part II, *Techniques for the Study of Biological Structure and Function*, W. H. Freemann & Company, San Francisco, 1980.

D. Freifelder, *Physical Biochemistry: Applications to Biochemistry and Molecular Biology*, Freeman, New York, 1982.

K. E. van Holde, W. C. Johnson, P. Shing Ho, *Principles of Physical Biochemistry*, Prentice-Hall, New Jersey, 1998.

G. Adam, P. Läuger, G. Stark, *Physikalische Chemie und Biophysik,* Springer Verlag, Berlin, 1995.

D. Eisenberg, D. Crothers, *Physical Chemistry - with Applications to the Life Sciences*, The Benjamin/Cummings Publishing Company, Menlo Park, 1979.

C. Tanford, *Physical Chemistry of Macromolecules*, John Wiley & Sons, New York, 1961.

C. Tanford, *The Hydrophobic Effect: Formation of Micelles and Biological Membranes*, John Wiley & Sons, New York, 1980.

M. D. Lechner, K. Gehrke, E. H. Nordmeier, *Makromolekulare Chemie*, 4. Aufl., Birkhäuser Verlag, Basel, 2010.

A. K. Bledzki, T. Spychaj, *Molekulargewichtsbestimmung von hochmolekularen Stoffen*, Hüthig & Wepf Verlag, Basel, 1991.

C. Nicolau (Hrsg.), *Experimental Methods in Biophysical Chemistry*, John Wiley & Sons, London, 1973.

C. H. W. Hirs, S. N. Timasheff (Hrsg.), *Enzyme Structure*, Part J, Methods in Enzymology, **117**, Academic Press, Orlando, 1985.

H.-D. Dörfler, *Grenzflächen- und Kolloidchemie*, VCH, Weinheim, 1994.

9. Literatur zu Kapitel III

M. J. Schwuger, *Lehrbuch der Grenzflächenchemie*, Georg Thieme Verlag, Stuttgart, 1996.

D. F. Evans, H. Wennerström, *The Colloidal Domain - where Physics, Chemistry, Biology and Technology Meet*, VCH, Weinheim, 1994.

B. Tieke, *Makromolekulare Chemie*, Wiley-VCH, Weinheim, 1997.

A. G. Marshall, *Biophysical Chemistry - Principles, Techniques, and Applications,* John Wiley & Sons, New York, 1978.

G. M. Barrow, *Physical Chemistry for the Life Sciences*, McGraw-Hill, New York, 1974.

H. K. Schachman, *Ultracentrifugation in Biochemistry*, Academic Press, New York, 1959.

H.-G. Elias, *Ultrazentrifugenmethoden*, Beckmann Instruments, München, 2. Auflage, 1961.

C. A. Price, *Centrifugation in Density Gradients*, Academic Press, New York, 1982.

D. Rickwood (Hrsg.), *Centrifugation - a Practical Approach*, IRL Press, Oxford, 1984.

P. Sheeler, *Centrifugation in Biology and Medical Science*, Wiley, New York, 1981.

K. E. van Holde, „Sedimentation Analyses of Proteins", in: *The Proteins*, H. Neurath, R.L. Hill (Hrsg.), Vol. 1, S. 225, Academic Press, New York, 1975.

E. Knözinger, H. Renz, „Molekulargewichtsbestimmung von Makromolekülen mit Hilfe der Ultrazentrifugation", Chemiker Zeitung **98** (1974) 194.

R. Hinton, M. Dobrata, „Density Gradient Ultracentrifugation", in: *Laboratory Techniques In Biochemistry and Molecular Biology*, T. S. Work, E. Work (Hrsg.), Vol. 6, Part I, North-Holland, 1978.

Th. Kleinert, *Elektrophoretische Methoden in der Proteinanalytik*, Thieme, Stuttgart, 1990.

R. Westermeier, *Elektrophorese-Praktikum*, VCH, Weinheim, 1990.

W. Heller, M. Schallies, K. Schmidt, „Elektrophoretische Trennverfahren: vom einfachen Demonstrationsversuch zur hochauflösenden Proteinanalytik", Chem. Exp. Technol. **3** (1977) 233.

P. D. G. Dean, W. S. Johnson, F. A. Middle (Hrsg.), *Affinity Chromatography, a Practical Approach*, IRL Press, Oxford, 1985.

H. Sternbach, *Chromatographische Methoden in der Biochemie*, Georg Thieme Verlag, Stuttgart, 1990.

K. Weber, J. R. Pringle, M. Osborn, „Measurements of Molecular Weights by Electrophoresis on SDS-acrylamide Gel", in: *Methods Enzymol.* **26** (1972) 3.

R. H. Müller, *Zetapotential und Partikelladung in der Laborpraxis*, Wissenschaftliche Verlagsgesellschaft, Stuttgart, 1996.

IV. Strukturuntersuchungen

In Abbildung IV.1 sind einige biologisch-chemisch relevante Objekte und ihre Größe angegeben. Die untere Grenze auf der Größenskala der interessierenden Objekte ist durch die atomare Dimension der Systeme gegeben. Dies ist die Domäne der klassischen Kristallographie, der Einkristallstrukturuntersuchung mit Hilfe der RÖNTGEN- und Neutronenbeugung. Die Dimensionen von Proteinen, Membrandicken, Viren und Phagen liegen im Bereich von einigen nm bis etwa hundert nm.

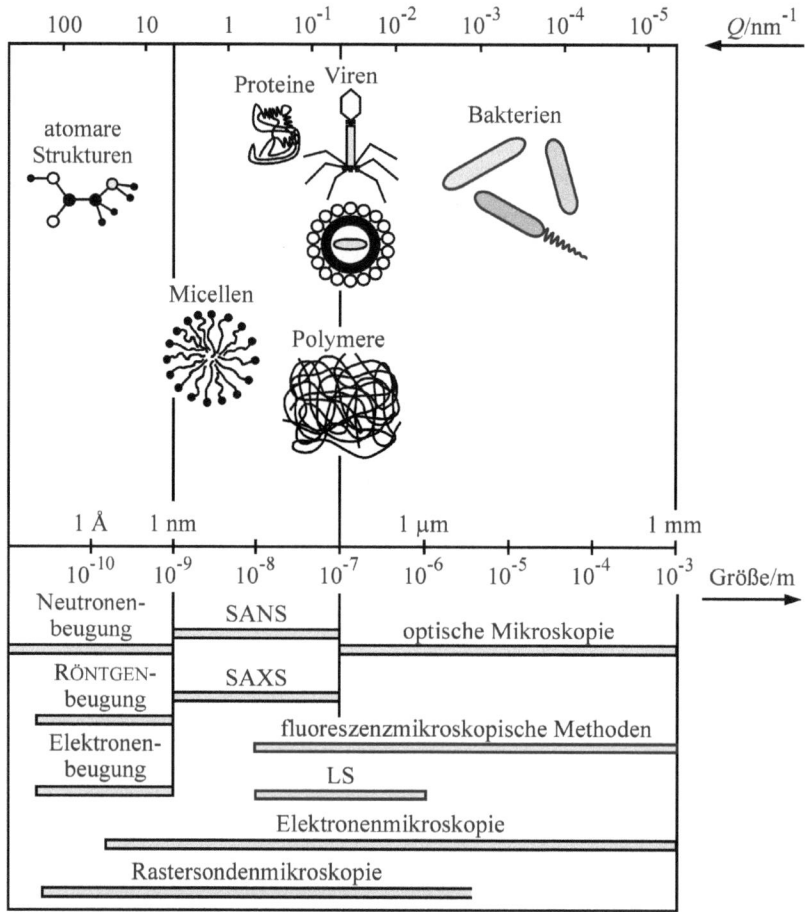

Abb. IV.1: Charakteristische Dimensionen biologisch-chemischer Systeme und experimentelle Methoden zu ihrer Untersuchung (SANS: *small angle neutron scattering* - Neutronen-Kleinwinkelstreuung, SAXS: *small angle X-ray scattering* - RÖNTGEN-Kleinwinkelstreuung, LS: *light scattering* – Lichtstreuung.

1. Mikroskopie

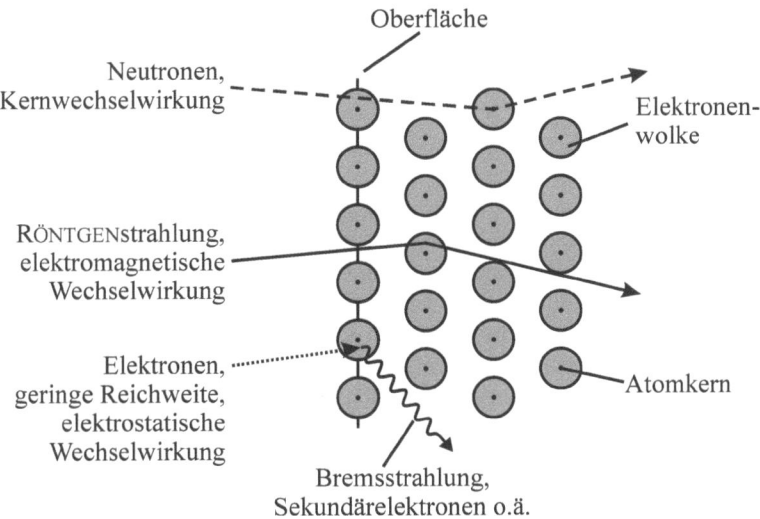

Abb. IV.2: Schematische Darstellung der Wechselwirkung von Neutronen, RÖNTGEN-Strahlen und Elektronen mit Materie.

Für die Untersuchung der Struktur dieser Systeme, die im Allgemeinen in wässriger Lösung vorliegen, sind spezielle Techniken erforderlich. Im unteren Teil der Abbildung IV.1 sind experimentelle Methoden aufgeführt, mit denen die strukturellen Eigenschaften der jeweiligen Objekte untersucht werden können. Die obere Grenze der Größenskala ist durch Objekte gegeben, die mit Hilfe der konventionellen Lichtmikroskopie untersucht werden können. Man erkennt, dass die Methoden der RÖNTGEN- und Neutronenkleinwinkelbeugung einen großen Bereich der in der Biophysikalischen Chemie interessierenden Strukturen abdecken. Auf diese Methoden soll daher im Folgenden etwas ausführlicher eingegangen werden. Aber auch mikroskopische Techniken - optisch oder nicht-optisch - decken einen weiten Größenbereich ab und werden hier vorgestellt.

Neutronen, RÖNTGEN-Strahlung und Elektronen besitzen unterschiedliche Eigenschaften, und jede der Strahlungsarten besitzt Vor- und Nachteile für Strukturuntersuchungen. Abbildung IV.2 illustriert die Wechselwirkungen dieser drei Sonden bei ihrem Auftreffen auf eine Probe. Neutronen besitzen keine Ladung, wechselwirken mit den Atomkernen und werden im Allgemeinen nur wenig absorbiert. Ihre Eindringtiefe beträgt daher einige cm für die meisten Materialien. RÖNTGEN-Strahlen, eine kurzwellige elektromagnetische Strahlung, werden an den Hüllenelektronen der Atome gestreut, können unter Umständen jedoch auch Atome ionisieren. Sie werden beim Durchgang durch Materie erheblich geschwächt. Elektronen sind geladen und wechselwirken daher elektrostatisch mit den Elektronen der Atome. Auch sie können die Atome ionisieren. Ihre Eindringtiefe in Materie ist daher sehr gering, sie beträgt oft nur einige 100 nm bis μm.

1. Mikroskopie

1.1 Lichtmikroskopie

Beugungsbegrenzte Lichtmikroskopie

Die Existenz von Zellen, ihr Aufbau aus Zellkern und Zellplasma und die Anwesenheit von Untereinheiten, wie Mitochondrien, Golgiapparat etc., sind durch lichtmikroskopische Untersuchungen entdeckt worden. Der Vergrößerung im Lichtmikroskop ist eine natürliche Grenze gesetzt, die ihren Grund in der Wellenlänge und der Beugung des Lichts hat. Bei der Abbildung sehr kleiner Gegenstände ergeben sich statt eines scharfen Bildes infolge der Beugung der Lichtwellen Beugungsscheibchen, d. h. ein Beugungsbild mit mehreren hellen und dunklen Ringen. Zwei kleine Gegenstände, die sich in einem gewissen Abstand voneinander befinden, können gerade noch gut getrennt abgebildet werden, wenn ihre Beugungsscheibchen sich nur wenig überlappen. Man nennt diesen kritischen Abstand d das Auflösungsvermögen des Mikroskops.

Ernst ABBÉ hat um 1870 abgeleitet, dass das Auflösungsvermögen des Mikroskops mit der Wellenlänge λ des benutzen Lichts, dem Öffnungswinkel α des Objektivs und dem Brechungsindex n des Mediums zwischen Objektiv und Probe wie folgt zusammenhängt (Abb. IV.3):

$$d = \frac{0{,}61 \cdot \lambda}{n \cdot \sin(\alpha/2)} \tag{IV.1}$$

Wie aus Abbildung IV.3 ersichtlich, ist α der Winkel, unter dem die Objektivöffnung vom Objekt aus erscheint. Je kleiner die Wellenlänge λ des Lichts, umso größer ist also das Auflösungsvermögen. Es gibt noch eine weitere Möglichkeit, das Auflösungsvermögen des Mikroskops zu steigern. Man bringt zwischen Objekt und Objektiv eine so genannte Immersionsflüssigkeit mit hoher Brechzahl, z. B. Immersionsöl mit $n \approx 1{,}5$. Dadurch geht im Immersionsöl die Wellenlänge des Lichts vom Vakuumwert auf λ/n zurück. Die Verwendung von Immersionsöl hat den weiteren Vorteil, dass die Totalreflexion des Lichts an der Oberfläche des Deckgläschens vermieden wird. Auf diese Weise erhält man eine höhere Lichtintensität.

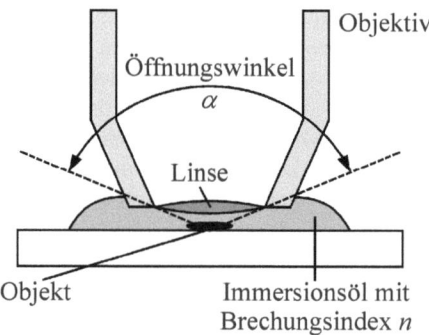

Abb. IV.3: Definition des Öffnungswinkels α der Objektivblende eines Lichtmikroskops.

1. Mikroskopie

Den Nenner $n \cdot \sin(\alpha/2)$ in Gleichung IV.1 nennt man numerische Apertur des Objektivs. Sie kann maximal einen Wert von etwa 1,7 erreichen, da $\sin(\alpha/2)$ maximal eins werden kann. Im Allgemeinen ist $n < 2$. Man erhält damit aus Gleichung IV.1 für die Entfernung zweier Objektpunkte, die gerade noch auflösbar sind:

$$d \approx \lambda / 2 \tag{IV.2}$$

Objektpunkte, die näher als etwa eine halbe Wellenlänge des verwendeten Lichts beieinander liegen, können nicht mehr getrennt wahrgenommen werden. Die absolute Auflösungsgrenze für blaues Licht ($\lambda \approx 400$ nm) liegt daher bei etwa 200 nm.

Erfahrungsgemäß kann man mit bloßem Auge in deutlicher Sehweite Objekte noch unterscheiden, die 0,2 mm voneinander entfernt sind. Die Leistungsfähigkeit eines Lichtmikroskops ist demnach ausgeschöpft, wenn die nach Gleichung IV.2 gerade noch auflösbare Entfernung zweier Objektpunkte von $2 \cdot 10^{-4}$ mm (mit $\lambda = 400$ nm) auf 0,2 mm vergrößert wird. Die dazu notwendige, förderliche Vergrößerung beträgt demnach 0,2 mm/$2 \cdot 10^{-4}$ mm = 1000. Jede weitere Vergrößerung macht die Einzelheiten nur größer, kleinere Struktureinzelheiten werden jedoch nicht erkennbar.

Lichtmikroskope werden häufig als Durchlicht- oder Auflichtmikroskop (Voraussetzung bei opaken Proben) genutzt, zudem kann die Beleuchtung im Fall der Durchlichtmikroskopie im sog. Hell- oder - im Fall kontrastarmer Proben - Dunkelfeld erfolgen. Weitere durch die Probe hervorgerufene Änderungen der Eigenschaften des Lichts, wie eine Phasenverschiebung (Phasenkontrast) oder die Drehung der Polarisationsrichtung linear polarisierten Lichts, können ebenfalls zur mikroskopischen Untersuchung der Proben genutzt werden. Eine Methode, die *Phasenkontrastmikroskopie*, wurde von F. ZERNIKE (Nobelpreis 1953) erfunden, um durchsichtige Objekte, wie kontrastarme biologische Proben, ohne Anfärben mit Farbstoffen beobachten zu können. Der Kontrast entsteht aufgrund der Brechungsindexunterschiede im Präparat. Die resultierende Phasenverschiebung wird in ein Bild mit Amplitudenkontrast (Helligkeitsvariation) umgewandelt, der vom menschlichen Auge dann wahrgenommen werden kann. Das einfallende Licht passiert eine Ringblende, so dass die Kondensor-Linse einen Lichtring auf die Probe richtet. Licht, das ungehindert durch die Probe geht, wird vom Objektiv auf einen sog. Phasenring (ein Ring aus durchsichtigem, optisch dichtem Material, der in der hinteren Brennebene des Objektivs liegt) fokussiert. Er schwächt einen Teil des direkten Lichtstrahls ab und verschiebt seine Phase um $\lambda/4$. Die Ringblende wird auf den Phasenring abgebildet. Wenn im Präparat Licht gebeugt wird, verschiebt sich seine Phase. Diese Strahlen werden mit dem ungebrochenen Teil der Lichtwellen wieder in der Bildebene vereinigt, wodurch ein Hell-Dunkel-Kontrast entsteht.

Die *Differential-Interferenz-Kontrastmikroskopie* (engl.: *differential interference contrast microscopy*, DIC) nach G. NOMARSKI nutzt ebenfalls die Phasenverschiebung des Lichts durch das Objekt aus. Der Kontrast entsteht durch Interferenz zweier durch benachbarte Stellen des Präparates laufende Lichtstrahlen. Einfallendes linear polarisiertes Licht wird durch ein WOLLASTON-Prisma in zwei senkrecht zueinander polarisierte Strahlen aufgespalten, die um ca. 0,2 μm seitlich gegeneinander versetzt sind. Diese werden durch eine nachgeschaltete Kondensor-Linse auf das Präparat fokussiert. Die Dichteunterschiede im Präparat erzeugen eine Phasenverschiebung der Teilstrahlen. Hinter dem Präparat werden diese wieder durch ein zweites WOLLASTON-Prisma vereinigt. Sie passieren dann einen Analysator und werden auf

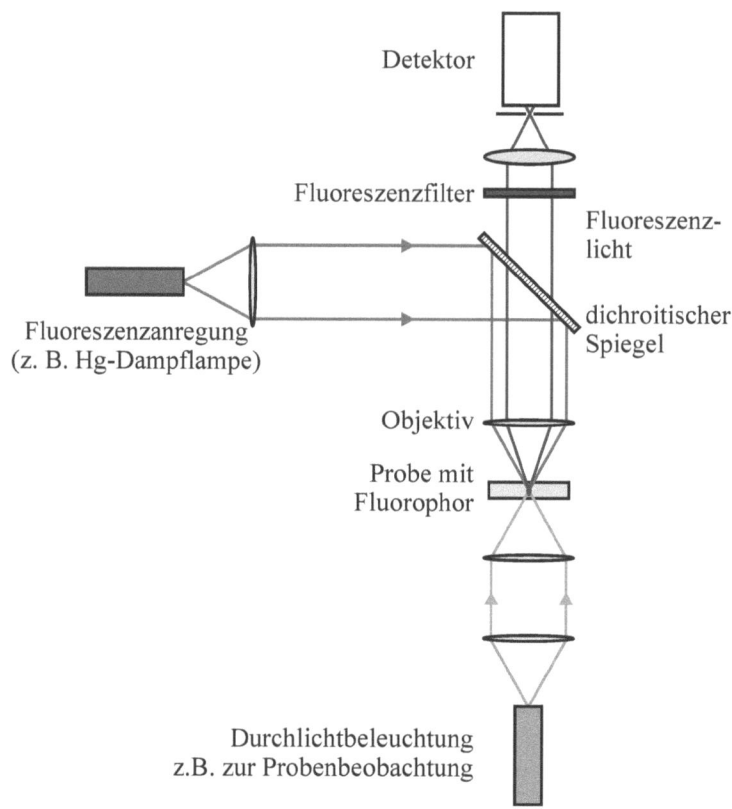

Abb. IV.4: Schematische Darstellung des Aufbaus eines Fluoreszenzmikroskops.

den Detektor fokussiert, der die Dichteunterschiede der Probe als Hell-Dunkel-Kontrast registriert.

Weit verbreitet ist auch die Benutzung von Lichtmikroskopen zum Beobachten von fluoreszierenden Proben. Es gibt eine Vielzahl von fluoreszierenden Molekülen, die in der Biologie, Medizin, Biophysik und Biophysikalischen Chemie zum Einsatz kommen. Über die Grundlagen der Fluoreszenz informiert Kapitel V.5 (Fluoreszenzspektroskopie), im Rahmen dieses Kapitels werden daher nur die zum Verständnis der vorgestellten Methoden unbedingt notwendigen Details beschrieben.

Im Fall der Fluoreszenzmikroskopie wird ein in die Probe eingebrachter Farbstoff mittels spezieller Beleuchtung elektronisch angeregt (z. B. durch eine Quecksilber-Dampflampe). Da Anregungs- und Fluoreszenzlicht unterschiedliche Wellenlänge besitzen, lassen sie sich im Fluoreszenzmikroskop mittels eines Strahlteilers (dichroitischer Spiegel) trennen und sich so nur die Fluoreszenz der Probe beobachten (Abb. IV.4).

Die dreidimensionale Darstellung eines Objektes ist mit dieser Art der optischen Lichtmikroskopie nicht möglich. Mit Hilfe eines technischen Tricks, intensiverer Lichtquellen und leistungsstarker Computer ist dies jedoch möglich. Diese Verbesserungen vereint das *konfokale*

1. Mikroskopie

Laserscanningmikroskop (LSM). Normalerweise gelingt es nicht, den hohen Streulichtanteil in einem konventionellen Lichtmikroskop zu unterdrücken, weshalb die Bilder diffus erscheinen. Des Weiteren kann in diesen Mikroskopen zwar auf eine Schicht des Präparates fokussiert werden, der Beitrag der nicht aus dieser Ebene kommenden Lichtstrahlen macht das Bild jedoch unscharf. Mit Hilfe der konfokalen Technik umgeht man diese Probleme. Das Präparat wird mit einer punktförmigen Lichtquelle bestrahlt. Dies kann ein Laserstrahl sein, der in die Öffnung einer Lochblende fokussiert wird (Abb. IV.5a). Das Licht fällt dann über einen Strahlteiler auf einen Motor betriebenen Spiegel, der es auf die Mikroskopoptik umlenkt. Diese fokussiert den Lichtstrahl auf oder in das Präparat. Das von dem Präparat ausgehende Licht wird durch die Mikroskopoptik auf den Spiegel gelenkt, welcher es wiederum auf den Strahlteiler führt. Durch den Strahlteiler fällt es auf eine weitere Lochblende. Da die beiden Lochblenden in optisch konjugierten Punkten liegen, d. h., die Lichtwege von den Blenden zum Präparat sind gleich lang und enthalten dieselben optischen Komponenten, tritt durch diese zweite, die Detektionslochblende, größtenteils nur das Licht, welches aus der Brennebene des Präparates stammt (Abb. IV.5b).

Mit Hilfe geeigneter Detektoren - wie z. B. Photomultipliern (s. Abb. VII.6) - wird dieses Licht nachgewiesen. In technisch aufgerüsteten Geräten befinden sich mehrere Detektoren, welche das aus dem Brennpunkt stammende Licht mit Hilfe von Sperrfiltern nach Wellenlängen getrennt aufnehmen können. Mit Hilfe des drehbaren Spiegels kann das Laserlicht Punkt für Punkt und Zeile für Zeile auf dem Präparat bewegt werden, bis die gewünschte Ebene abgetastet ist. Dieser Vorgang kann dann für verschiedene Brennebenen wiederholt werden, so dass Schnitte durch ein ganzes Präparat erhalten werden. Diese Schnitte können schließlich in einem leistungsfähigen Computer zu dreidimensionalen Aufnahmen zusammengesetzt werden. Ein wichtiger Anwendungsbereich dieser Art der Mikroskopie ist z. B. der Nachweis von Fluoreszenz in lebenden Zellen. Die Auflösung ist wegen der konfokalen Technik höher als im Fall der optischen Lichtmikroskopie. Die Methode lässt sich soweit treiben, dass man auch den Weg einzelner fluoreszenzmarkierter Viren auf ihrem Infektionsweg in der Zelle verfolgen kann (G. Seisenberger, M. U. Ried, T. Endreß, H. Büning, M. Hallek, C. Bräuchle, Science **294** (2001) 1929).

Oft werden Präparate für mikroskopische Untersuchungen z. B. auf Glasträgern (Objektträger) präpariert. Fluoreszierende Strukturen, die sich in unmittelbarer Nähe des Trägers befinden, können dann oft wegen Hintergrundstreulichts nicht mehr mittels Fluoreszenzmikroskopie untersucht werden. Dies geht jedoch mit einer anderen Technik, die ausnutzt, dass - ähnlich dem quantenmechanischen Tunneleffekt - Licht bei Totalreflexion an Grenzflächen (wie z. B. an der Grenzfläche zwischen Objektträger und der Messprobe) doch zu einem gewissen Betrag durch die Grenzfläche tritt. Dort nimmt die Intensität $I(z)$ des Feldes, es wird evaneszentes Feld genannt (Abb. IV.6), jedoch exponentiell ab:

$$I(z) = I(0) \cdot e^{-4\pi z \sqrt{n_1^2 \cos^2 \alpha_1 - n_2^2}/\lambda} \qquad (IV.3)$$

z steht dabei für den Abstand von der Grenzfläche, α_1 ist der Winkel zwischen eingestrahltem Licht und der Grenzfläche, λ die Wellenlänge des Lichts im Vakuum. Die Totalreflexion tritt erst unterhalb eines bestimmten Grenzwinkels α_c auf, der von den Brechungsindizes n_1 und n_2 der beiden Materialien abhängt:

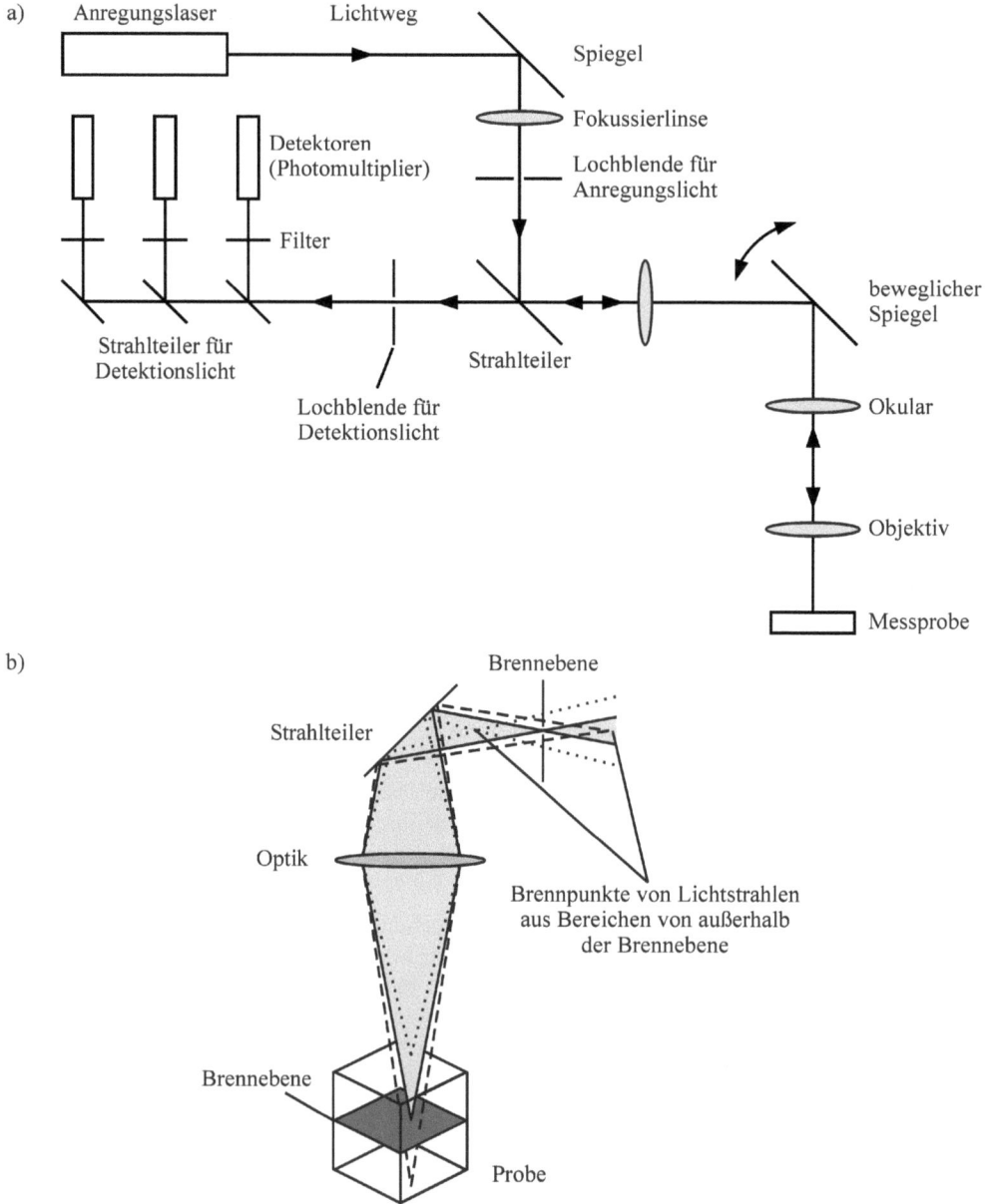

Abb. IV.5: Prinzipskizze (a) und Strahlengang (b) in einem konfokalen Laserscanningmikroskop.

1. Mikroskopie

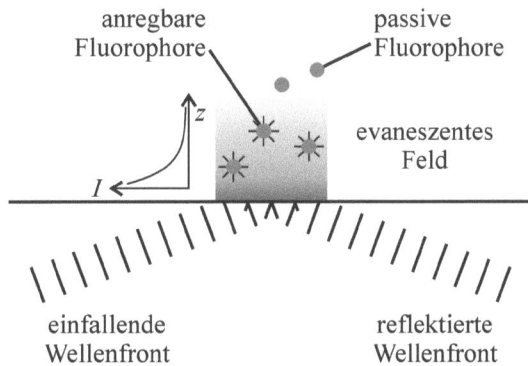

Abb. IV.6: Schematische Darstellung von Totalreflexion und evaneszentem Feld. Fluorophore, die sich noch im evaneszenten Feld befinden, können zur Fluoreszenz angeregt werden. Ist der Abstand der Fluorophore von der Grenzfläche zu groß, tragen sie nicht mehr zur Fluoreszenz bei. Die Intensität I des Lichts im evaneszenten Feld nimmt exponentiell mit dem Abstand z von der Grenzfläche ab.

$$\cos \alpha_c = \frac{n_2}{n_1} \qquad (IV.4)$$

Dabei muss n_1 größer als n_2 sein. Für mikroskopische Untersuchungen beträgt n_1 im Fall von Glas 1,52 und n_2 für wässrige Proben etwa 1,33. Damit wird α_c etwa 29° und das eingestrahlte Licht muss unter einem kleineren Winkel eingestrahlt werden.

Die Eindringtiefe des evaneszenten Feldes beträgt für sichtbares Licht etwa 100 bis 200 nm. Es ist in der Lage, in diesem Bereich Fluorophore elektronisch anzuregen (Abb. IV.6). Es werden also nur Fluorophore zur Fluoreszenz angeregt, die sich sehr nahe an der Grenzfläche befinden, nicht aber Fluorophore in der Volumenphase der Probe.

Diese Eigenschaften macht man sich bei der sog. TIRF-Technik (engl.: *total internal reflection fluorescence microscopy*, interne Totalreflexionsmikroskopie) zu nutze. Durch die geringe Eindringtiefe des evaneszenten Feldes in die Probe wird eine hohe vertikale Auflösung erreicht. Werden Zellen z. B. direkt auf Objektträgern fixiert, lassen sich insbesondere Strukturen der Zellmembranen und den Bereichen direkt darunter mit dieser Technik gut analysieren. Da aber nach wie vor die Beugungsbedingung in einem TIRF-Mikroskop gilt, entspricht die laterale Auflösung der eines normalen optischen Mikroskops. Durch Einsatz der Konfokaltechnik kann die Auflösung geringfügig erhöht werden.

Nicht nur die Eigenschaft der Fluorophore Licht zu emittieren kann genutzt werden, um wichtige Informationen über Struktur und Eigenschaften biologischer Materialien zu gewinnen, sondern auch die Zeitdauer, die ein Molekül benötigt, um unter Aussendung des Fluoreszenzphotons in den elektronischen Grundzustand zurückzukehren. Dies liegt daran, dass diese sog. Fluoreszenzlebensdauer empfindlich von der Umgebung des Fluorophors abhängt. Ein elektronisch angeregtes Molekül kann jedoch nicht nur unter Aussendung eines Photons (Fluoreszenz) in den Grundzustand relaxieren (Abb. IV.7), sondern auch durch verschiedene andere Prozesse (durch Stöße mit Nachbarmolekülen, Energietransfer auf Nachbarfluorophore, usw.).

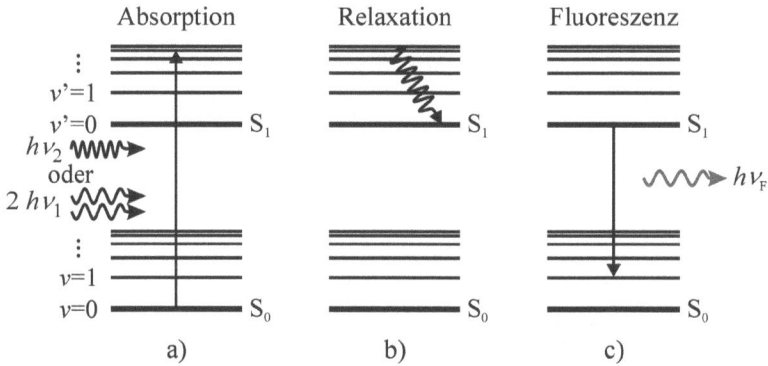

Abb. IV.7: An- und Abregungsprozesse bei der Fluoreszenz. a) Durch Absorption eines ($h\nu_2$) oder zweier ($h\nu_1$) Photonen wird ein Molekül elektronisch angeregt. b) Innerhalb einiger ps relaxiert das sowohl elektronisch, als auch schwingungsangeregte Molekül in den Schwingungsgrundzustand ($v' = 0$) des elektronischen Anregungszustands (S_1). c) Die Relaxation in den elektronischen Grundzustand kann durch Emission (Fluoreszenz) eines Photons ($h\nu_F$) erfolgen. Die Lebensdauer der Fluoreszenz liegt im Nanosekundenbereich.

Der zeitliche Abbau $I(t)$ der Fluoreszenzintensität eines Moleküls folgt meist einem Exponentialgesetz:

$$I(t) = I(0) \cdot e^{-t/\tau} \tag{IV.5}$$

Dabei stehen $I(0)$ für die Anfangsintensität und τ für die Fluoreszenzlebensdauer (Kehrwert der Summe der Zerfallsraten aller möglichen Relaxationsprozesse, strahlend und nichtstrahlend). Sie hängt vom Fluorophor und seiner Umgebung ab. Die Zeitskala für diese Prozesse reicht vom Subnanosekundenbereich bis zu mehreren ns. In einem Fluoreszenzlebensdauermikroskop (FLIM: *fluorescence lifetime imaging microscopy*) werden nun Bilder aus der Fluoreszenzlebensdauer erhalten, wobei jeder Bildpunkt – farblich kodiert – die Lebensdauer an diesem Ort wiedergibt. Um in einem Mikroskop zeitlich aufgelöste Bilder der Fluoreszenz zu erhalten, können verschiedene Techniken genutzt werden.

In der sog. Zeitdomänen-Technik (*time domain*-FLIM oder TD-FLIM) wird die Probe mit einem ultrakurzen Laserpuls (im fs- bis ps-Bereich) bestrahlt. Dieser Puls wirkt wie ein deltaförmiges Signal im Vergleich zur Fluoreszenzlebensdauer. Um das Problem, dass das Anregungslicht (Laserpuls) und die Fluoreszenz spektral eng beieinander liegen, zu umgehen, können die Fluorophore auch statt durch Absorption eines einzelnen Photons durch Mehrphotonen-Absorption (i. d. R. zwei Photonen mit der doppelten Wellenlänge) elektronisch angeregt werden (Abb. IV.7). Der Laserstrahl wird punktweise über die Probe geführt (oder die Probe punktweise unter dem Laserstrahl bewegt) und die resultierende Fluoreszenz mittels schneller Detektoren (Photomultiplier, Lawinen-Photodioden) zeitaufgelöst detektiert. Für jeden Messpunkt kann so die zeitliche Abnahme der Fluoreszenzintensität gemessen werden (Abb. IV.8).

Ebenfalls möglich ist die Bestimmung der Fluoreszenzlebensdauer in der Frequenzdomäne (*frequency domain*-FLIM oder FD-FLIM). Diese Idee datiert weit zurück (1899) und wurde -

1. Mikroskopie

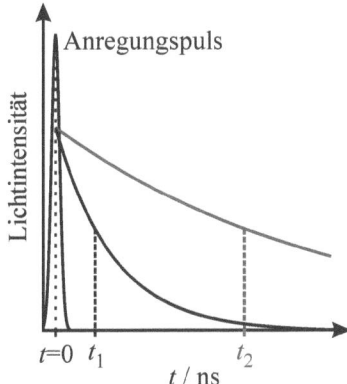

Abb. IV.8: Prinzip des TD-FLIM. Nach einem kurzen Anregungspuls zum Zeitpunkt $t = 0$ wird die Fluoreszenzintensität zeitabhängig an einem Ort der Probe gemessen. Von Ort zu Ort kann sich die Fluoreszenzlebensdauer eines Fluorophors unterscheiden (t_1, t_2).

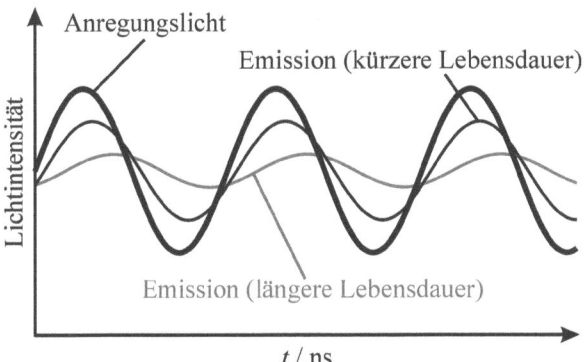

Abb. IV.9: Prinzip eines FD-Fluoreszenzexperiments. Die Intensität des Anregungslichts wird sinusförmig moduliert, die Phasenverschiebung und Modulation des Fluoreszenzlichts gemessen. Aus beiden lässt sich die Fluoreszenzlebensdauer ermitteln.

wenn auch nicht für ortsaufgelöste Messungen - bereits 1921 erstmals technisch umgesetzt. Im FD-FLIM wird die Intensität des Fluoreszenz-Anregungslicht kontinuierlich moduliert, in der Regel sinusförmig. Das Emissionslicht ist daher ebenfalls sinusförmig moduliert und wird phasenempfindlich detektiert. Aufgrund der endlichen Fluoreszenzlebensdauer tritt das Emissionssignal verzögert (phasenverschoben) zum Anregungslicht auf (Abb. IV.9), zudem ist seine Modulation verringert. Nach richtiger Kalibrierung des Messsystems (z. B. mit einer Referenzprobe) kann aus diesen beiden Effekten die Fluoreszenzlebensdauer errechnet werden (s. a. Kap.V.5.2). Die eingestrahlte Lichtintensität wird mit einer Frequenz von mehreren zehn MHz moduliert. Dazu werden in einem FD-FLIM (Abb. IV.10) akusto-optische Modulatoren (AOM) benutzt. Hierbei handelt es sich um transparente Kristalle (z. B. aus Glas, $LiNbO_3$,

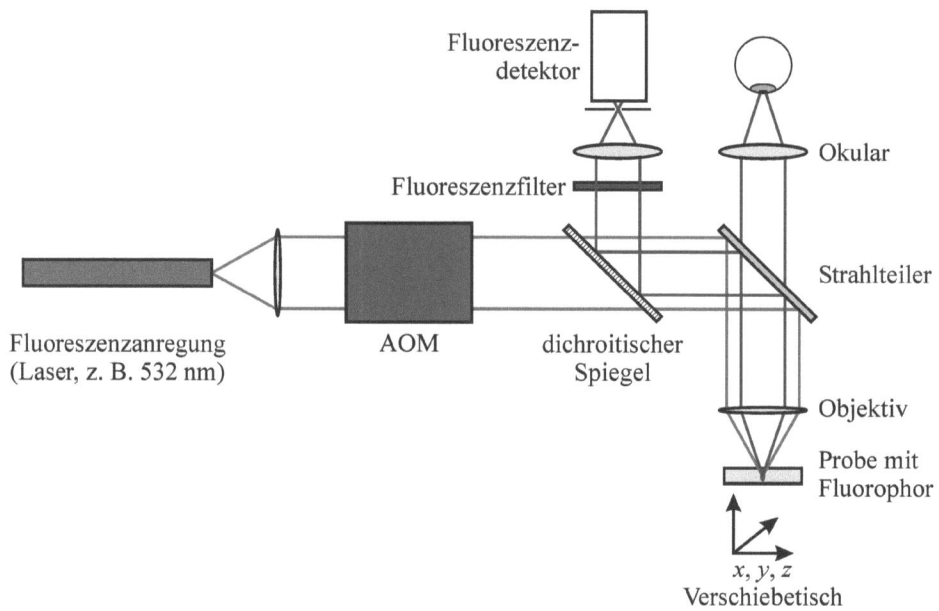

Abb. IV.10: Schematische Darstellung des Aufbaus eines FD-FLIM. AOM: akusto-optischer Modulator.

PbMoO$_4$), in denen bei Einstrahlung eines Ultraschallfeldes (durch einen piezoelektrischen Kristall) eine periodische Dichteänderung und damit eine periodische Änderung des Brechungsindex erfolgt, so dass ein optisches Beugungsgitter entsteht. An diesem wird ein Laserstrahl (der BRAGG-Bedingung folgend) zu höherer Ordnung gebrochen. Über die Intensität der Schallwelle wird die Amplitude moduliert (dabei wird die nullte Ordnung ausgeblendet).

Alle die Fluoreszenzlebensdauer beeinflussenden Phänomene können nun mittels FLIM untersucht werden - und dies ortsaufgelöst. Dabei spielen Untersuchungen des Energietransfers nach FÖRSTER (FRET: *fluorescence resonance energy transfer*) eine wichtige Rolle. In Kapitel V.5.8 wird dieser Mechanismus behandelt. Er beruht darauf, dass die von einem Fluorophor absorbierte Anregungsenergie strahlungslos auf ein sich in unmittelbarer Nähe befindendes Akzeptormolekül übertragen wird. Wichtig ist, dass die Übertragung der Energie stark abstandsabhängig (proportional zu r^{-6}) und bereits bei einem Abstand von etwa 10 nm nicht mehr messbar ist. Durch den FRET-Effekt wird die Fluoreszenzintensität geschwächt und die Fluoreszenzlebensdauer durch diesen zusätzlich auftretenden Relaxationsprozess verringert. Aufgrund der starken Abstandsabhängigkeit des Energietransfers kann bei Messung der Fluoreszenzlebensdauer im FLIM auf intermolekulare Abstände innerhalb des untersuchten Systems mit hoher Ortsauflösung geschlossen werden. Diese Abstände sind von der Größenordnung der Größe von Proteinen. Um solche Abstände in einer Probe zu erreichen - ohne dass spezifische intermolekulare Wechselwirkungen zwischen den beteiligten Molekülen auftreten - wären sehr hohe (molare) Konzentrationen notwendig; solche Konzentrationen sind physiologisch gesehen eher bedeutungslos. Daher kann aus FRET-FLIM-Messungen geschlossen werden, ob Fluorophore und Akzeptoren, die einen FÖRSTER-Energietransfer aufweisen, spezifisch miteinander interagieren.

1. Mikroskopie

Lichtmikroskopie unter Umgehung der Beugungsbegrenzung

Bereits im Jahr 1994 haben S. HELL und J. WICHMANN eine Technik vorgeschlagen, mit der die beugungsbegrenzte Auflösung von Mikroskopen, die mit fokussiertem sichtbarem Licht arbeiten, umgangen werden kann. Die Technik wird in der Fluoreszenzmikroskopie eingesetzt, die in den Lebenswissenschaften eine sehr große Rolle spielt. Das zu Grunde liegende Prinzip sieht die Markierung der zu untersuchenden Proben mit Fluoreszenzfarbstoffen vor, die nach Anregung teilweise wieder in den Grundzustand ohne Fluoreszenzemission überführt werden können und so nicht zum Messsignal beitragen. Dies geschieht lokal begrenzt und kreisförmig um das Zentrum der Anregung, so dass die gemessene Fluoreszenz aus einem Bereich der Probe stammt, der viel kleiner als der Lichtfleck für die Fluoreszenzanregung ist. Die hohe Auflösung (jenseits der Beugungsbedingung) wird dann dadurch erreicht, dass die Probe punktweise abgetastet wird und die Intensität der Fluoreszenz aus dem schärferen Punkt rasterförmig registriert wird. Ein Computer erstellt aus den Informationen das Fluoreszenzbild.

Allgemein kann man die Beugungsbegrenzung der Lichtmikroskopie umgehen, indem man Fluorphore verwendet, die einerseits fluoreszieren und andererseits vorübergehend und reversibel in einen nicht-fluoreszierenden Zustand überführt werden können. Die Reversibilität ist wichtig, damit der Farbstoff seine Fluoreszenzeigenschaften nicht verliert und das erhaltene Bild somit nicht verfälscht wird. Dazu eignen sich optisch sättigbare Übergänge, die an der Fluoreszenz beteiligt sind. Prinzipiell sind der Auflösung bei diesem Konzept (RESOLFT, engl.: *reversible saturable optical fluorescence transitions*) keine Grenzen gesetzt, sie hängt nur davon ab, wie hoch der erreichte Sättigungsgrad ist - im (theoretischen) Grenzfall fluoresziert nur noch ein einziges Molekül.

Das Konzept wurde von T. A. KLAR und S. HELL 1999 technisch in der sog. STED-Mikroskopie umgesetzt (STED: *stimulated emission depletion*). Als Farbstoffe werden im Fall des STED-Mikroskops fluoreszierende Moleküle eingesetzt, die einen hohen Absorptionskoeffizienten besitzen. Dies bedeutet gleichzeitig, dass sie ebenfalls einen hohen Koeffizienten für die sog. stimulierte Emission aufweisen. Das Prinzip der stimulierten Emission wird auch beim Lasereffekt genutzt. Ihm liegt zu Grunde, dass ein Molekül nach der Absorption eines Photons (dies stellt den Ausgangspunkt der Fluoreszenz dar) durch Wechselwirkung mit einem Photon geeigneter Energie wieder in den Grundzustand unter Aussendung eines Photons derselben Energie relaxiert (Abb. IV.11). Gängige Farbstoffe sind z. B. Fluoresceinisothiocyanat (FITC) oder auch das grün fluoreszierende Protein GFP (engl.: *green fluorescent protein*). Letzteres ist insbesondere deshalb interessant, da es mittels gentechnischer Methoden direkt an Proteine gekoppelt werden und so sehr selektiv in eine Zelle eingeschleust werden kann.

Die nicht mehr beugungsbegrenzte hohe Auflösung im STED-Mikroskop wird nun dadurch erreicht, dass die meisten der sich im Fokus der Fluoreszenzanregung (der eine räumliche Ausdehnung von über 200 nm besitzt) befindenden Fluorophore durch einen weiteren Puls geeigneter Energie und Form zur Emission stimuliert werden und somit nicht mehr fluoreszieren können. Dieser Stimulationspuls (STED-Puls) wird dem Anregungspuls zeitlich leicht verzögert (im ps-Bereich) überlagert und beleuchtet denselben Bereich der Probe (Abb. IV.12). Durch bestimmte optische Bauteile (z. B. eine Phasenplatte mit helikaler Phasenverschiebung oder zwei reflektierende Phasenplatten) wird er jedoch derart ortsmodifiziert, dass ein ringförmiges Intensitätsprofil mit einem Intensitätsminimum in der Mitte resultiert (Abb. IV.13).

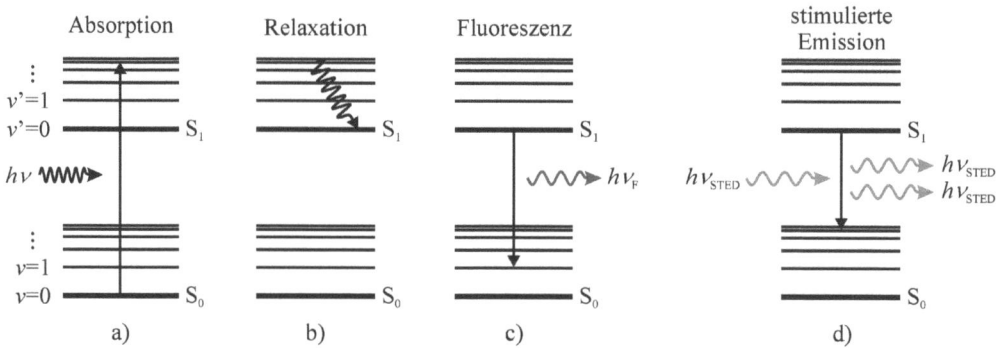

Abb. IV.11: An- und Abregungsprozesse im STED-Mikroskop. Nach Absorption eines Photons (a) relaxiert der elektronisch angeregte Fluorophor (im S_1-Zustand) in den Schwingungsgrundzustand ($v' = 0$) des S_1-Zustands (b). Danach kann es entweder unter Aussendung eines Photons $h\nu_F$ fluoreszieren (c) oder mit Hilfe eines Laserpulses der Energie $h\nu_{STED}$ durch stimulierte Emission in einen Schwingungszustand des elektronischen Grundzustands S_0 relaxieren (d).

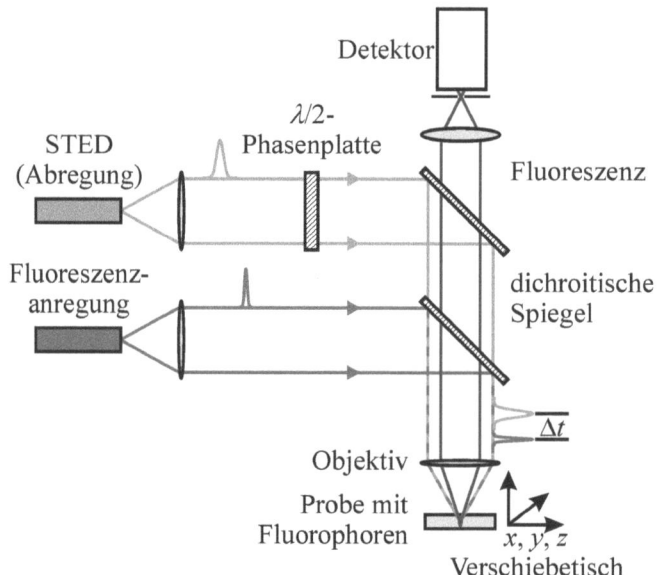

Abb. IV.12: Schematische Darstellung des Aufbaus eines STED-Mikroskops. Fluoreszenzanregungs- und STED-Abregungspuls werden zeitlich verzögert (Δt im ps-Bereich) in denselben Bereich der Probe gelenkt; das dort entstehende Fluoreszenzlicht wird detektiert. Der STED-Puls bekommt dabei mit Hilfe von $\lambda/2$-Phasenplättchen eine ringförmige Struktur. Die Probe wird in allen drei Raumrichtungen bewegt, wodurch ein hoch aufgelöstes Fluoreszenzbild der Probe mit Hilfe eines Computers zusammengesetzt werden kann.

1. Mikroskopie

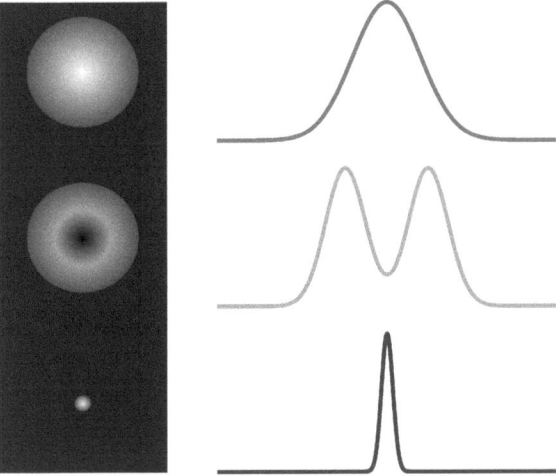

Abb. IV.13: Schematische Darstellung der Foki (links) und Querschnitte durch die Intensitätsprofile der im STED-Mikroskop auftretenden Lichtpulse. Oben: Anregungspuls, Mitte: STED-Puls, unten: resultierender verbleibender Fluoreszenzpuls.

Da der STED-Puls geringfügig zeitlich verzögert auf die Probe trifft, sind alle Moleküle im Absorptionsfokus elektronisch angeregt. Durch Bestrahlung mit dem STED-Puls werden nun nahezu alle belichteten Moleküle dazu stimuliert, ein Photon der Stimulationswellenlänge zu emittieren und nicht mehr zu fluoreszieren - nicht stimulierte Moleküle befinden sich dabei in der Mitte des STED-Pulses. Das kann theoretisch auch nur ein einzelnes Molekül sein. Da die Stimulations- und die stimulierte Emissionswellenlänge übereinstimmen, ist es technisch nicht schwierig, diese von der Fluoreszenz der nicht stimulierten Moleküle abzutrennen und die Fluoreszenz getrennt zu detektieren, zumal die Fluoreszenz auch eine längere Lebensdauer besitzt und daher zeitlich verzögert auftritt. Auf den Detektor trifft daher nur Fluoreszenzlicht, welches aus dem Bereich austritt, der vom STED-Puls nicht belichtet wurde, mithin aus dem Bereich der Mitte des STED-Pulses. Dieser bestimmt somit die Auflösung des STED-Mikroskops und nicht die Beugungsbedingung. Wird die Intensität des STED-Pulses erhöht, verkleinert sich in dessen Mitte der Bereich, aus dem Fluoreszenz detektierbar ist. Für die Ortsauflösung erhält man:

$$d \geq \frac{\lambda}{n \cdot \sin(\alpha/2) \cdot \sqrt{1 + I/I_{sat}}} \tag{IV.6}$$

Hier stehen I für die Intensität des STED-Pulses und I_{sat} für die sog. Sättigungsintensität. I_{sat} ist eine für jeden Farbstoff charakteristische Größe, die angibt, mit welcher Lichtintensität eingestrahlt werden muss, um die Fluoreszenz mit einer gewissen Wahrscheinlichkeit (50 %) zu verhindern. Wird durch Erhöhung der eingestrahlten Intensität des STED-Pulses der Wert von I/I_{sat} kontinuierlich erhöht, verbessert sich die Auflösung und geht für den Grenzfall $I/I_{sat} \rightarrow \infty$ sogar gegen 0. Entfällt der STED-Puls ($I = 0$), geht Gleichung IV.6 in den ABBÉschen Fall über.

Werden nun Fluoreszenzanregungspulse und STED-Pulse über die Probe gerastert, ergibt sich ein hoch aufgelöstes Bild der Probe, welches nicht mehr beugungsbegrenzt ist. Dies liegt daran, dass im STED-Mikroskop zwei Punkte oder Objekte, die für ein normales optisches Mikroskop zu nahe zusammen liegen, nacheinander gezielt ein- und ausgeschaltet und nacheinander detektiert werden. Mit Hilfe eines Rechners wird anschließend ein hoch aufgelöstes Bild zusammengesetzt. Für die Auflösung im STED-Mikroskop werden derzeit Werte um 30 nm erhalten.

Auch ein in erster Näherung umgekehrter Weg kann genutzt werden, um die Beugungsbegrenzung in der Fluoreszenzmikroskopie zu umgehen. Bei dieser Technik kommen fluoreszierende Moleküle zum Einsatz, die zunächst inaktiv sind, also nicht fluoreszieren. Durch Licht geeigneter Wellenlänge und Intensität können sie aber in einen Zustand geschaltet - photoaktiviert - werden, in dem sie fluoreszieren. Dies macht man sich bei der Lokalisationsmikroskopie nach Photoaktivierung (engl.: *photoactivated localization microscopy*, PALM, auch unter FPALM - *fluorescence* PALM - oder STORM - *stochastic optical reconstruction microscopy* - bekannt) zu Nutze.

Bei PALM wird ausgenutzt, dass einzelne, isolierte Punktlichtquellen in einem optischen Mikroskop genauer lokalisiert werden können als es die Beugungsgrenze für zwei nahe beieinander liegende Punkte erlaubt. Voraussetzung ist also, dass in der Probe unter dem Mikroskop solche einzelnen, isolierten Lichtquellen anzutreffen sind. Dazu werden die photoaktivierbaren Farbstoffe (z. B. spezielle Varianten des GFP) an die Strukturen gebunden, die untersucht werden sollen. Im Fall des GFP ist dies beispielsweise durch molekularbiologische Techniken möglich. In der Probe werden dann durch geeignete Wahl der Intensität der Aktivierungsquelle (gepulst oder auch kontinuierlich strahlend) nur sehr wenige der aktivierbaren Moleküle in den fluoreszierenden Zustand geschaltet, die zudem nicht dicht beieinander liegen. Diese Moleküle werden anschließend durch Licht anderer Wellenlänge zur Fluoreszenz angeregt. Es entstehen Punktlichtquellen, die im Mikroskop aufgenommen werden. Weitere Bestrahlung mit dem Fluoreszenzanregungslicht führt dazu, dass die aktivierten Moleküle ausbleichen, d. h., ihre Fähigkeit zur Fluoreszenz geht irreversibel verloren. Daher stehen sie für weitere Photoaktivierungen - und somit als erneute Punktlichtquellen - nicht mehr zur Verfügung.

Diese Vorgehensweise - Photoaktivierung, Fluoreszenzanregung und Bildaufnahme, Bleichen - wird wiederholt. Dadurch werden in weiteren Zyklen nach und nach alle photoaktivierbaren Moleküle geschaltet und somit im Mikroskop sichtbar, durch den großen Abstand zueinander, der aus der Photoaktivierung nur weniger Moleküle resultiert, aber auch getrennt sichtbar. Die Orte der wenigen, wegen der Beugungsbedingung verschwommen erscheinenden Fluoreszenzlichtpunkte im Mikroskopbild werden jeweils mit Hilfe der Punktspreizfunktion (engl.: *point spread function*, PSF; sie entspricht der Amplitudenverteilung, die eine Linse von einer ideal punktförmigen Lichtquelle erzeugt) aus den Daten berechnet. Die Fluorophore können somit genau lokalisiert werden. Aus der Summe der Aufnahmen wird dann das Gesamtbild generiert. Abbildung IV.14 zeigt schematisch die Vorgehensweise, die zu einer mikroskopischen Aufnahme führen kann, die aus bis zu mehreren 10.000 Aufnahmen besteht.

Der Vorteil dieser Technik liegt darin, dass der Mikroskopaufbau vergleichsweise einfach ist (Abb. IV.15). Er ähnelt stark dem Aufbau eines üblichen Fluoreszenzmikroskops, ergänzt um eine zweite Lichtquelle (Aktivierungslichtquelle) und versehen mit einer schnellen EMCCD (*electron multiplying charge-coupled device*)-Kamera. Als Lichtquellen dienen in der Regel Laser. Begrenzend für PALM ist die Zahl der zur Verfügung stehenden Farbstoffe.

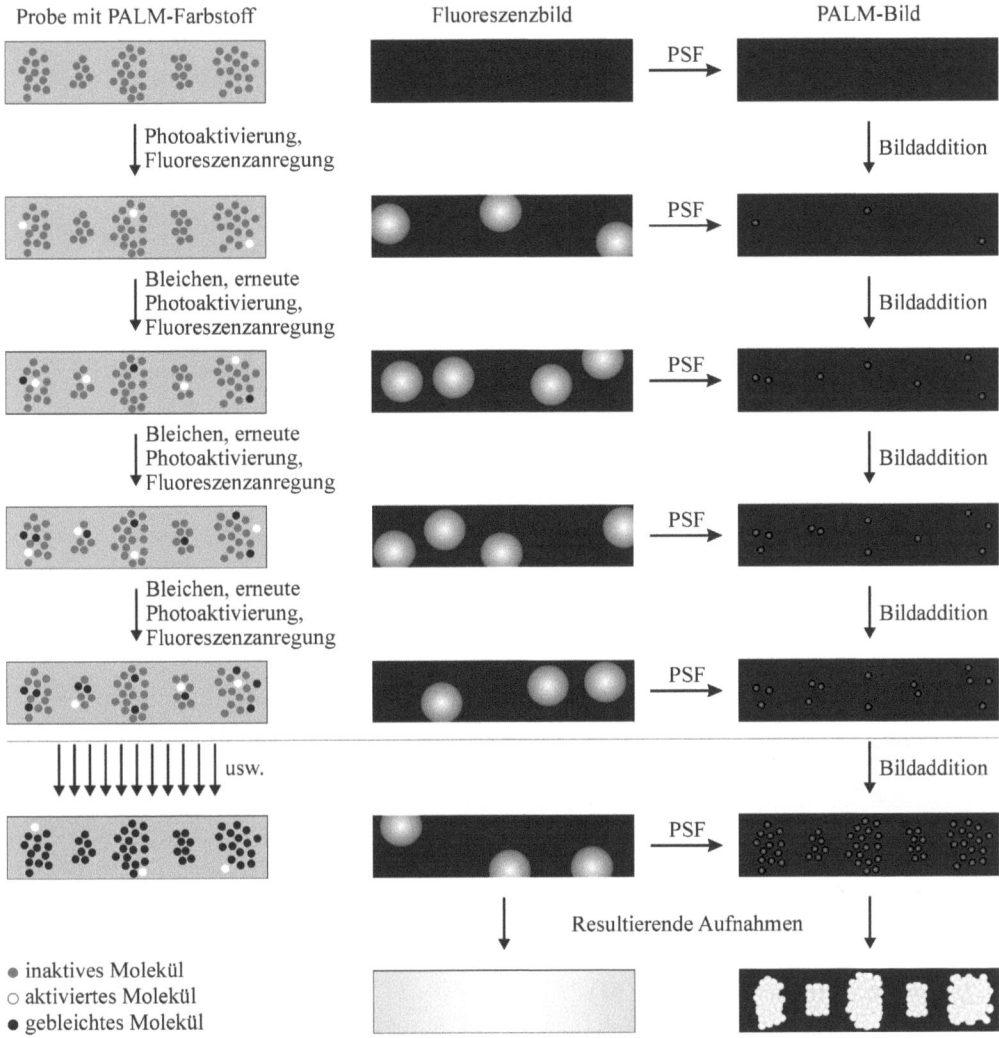

Abb. IV.14: Schematische Darstellung des Bildentstehungsprozesses in einem PALM. Links: Probe mit photoaktivierbaren Molekülen, die nach und nach photoaktiviert und nach der Fluoreszenz gebleicht werden, Mitte: fluoreszenzmikroskopische Aufnahmen, rechts: mit Hilfe der Punktspreizfunktion (PSF) berechnete PALM-Aufnahmen. Nach mehreren 1000 Zyklen wäre im Weitfeldmikroskop keine Struktur erkennbar (Mitte unten), während im PALM die in diesem Fall fünf markierten Strukturen deutlich aufgelöst erscheinen (rechts unten).

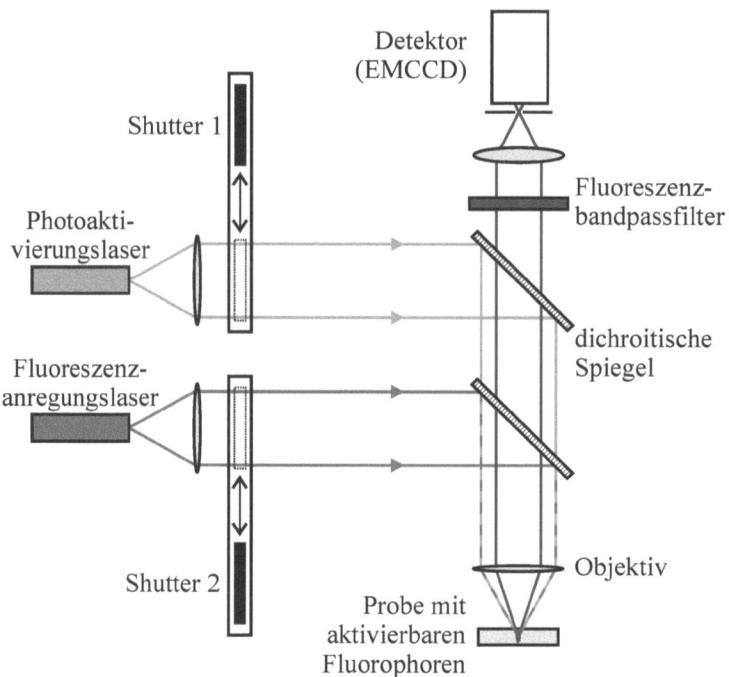

Abb. IV.15: Schematische Darstellung des Aufbaus eines PAL-Mikroskops. Photoaktivierungs- und Fluoreszenzanregungslaser können mit Shuttern an- und ausgeschaltet werden. Mittels dichroitischer Spiegel wird das Licht in die Probe gelenkt, das Fluoreszenzlicht tritt durch die dichroitischen Spiegel und einen Fluoreszenzbandpassfilter durch und wird mittels einer empfindlichen CCD-Kamera detektiert. Mit Hilfe eines Computers wird aus den Fluoreszenzaufnahmen eine hoch aufgelöste PALM-Aufnahme generiert.

1.2 Elektronenmikroskopie (EM)

L. de BROGLIE hat bereits um 1930 vorausgesagt, dass sich auch Materieteilchen, wie Elektronen und Neutronen, wie Wellen verhalten sollten. Die Wellenlänge λ eines Elektrons hängt von seiner Geschwindigkeit v bzw. seinem Impuls $p = m_e \cdot v$ ab:

$$\lambda = \frac{h}{m_e \cdot v} \tag{IV.7}$$

wobei h die PLANCK-Konstante und m_e die Masse des Elektrons sind. Dies ist die Voraussetzung dafür, dass man grundsätzlich wie mit Licht auch mit Elektronen Abbildungen herstellen kann, also auch ein Mikroskop für Elektronenstrahlen, ein Elektronenmikroskop (EM), bauen kann.

Die Geschwindigkeiten der Elektronen sind so regelbar, dass man Wellenlängen um 0,001 nm erreicht, was mit einer Apertur von etwa 10^{-3} ein bis um einen Faktor 1000 besseres Auflösungsvermögen im Vergleich zum Lichtmikroskop bringt. Damit lässt sich nun ein völlig neu-

1. Mikroskopie

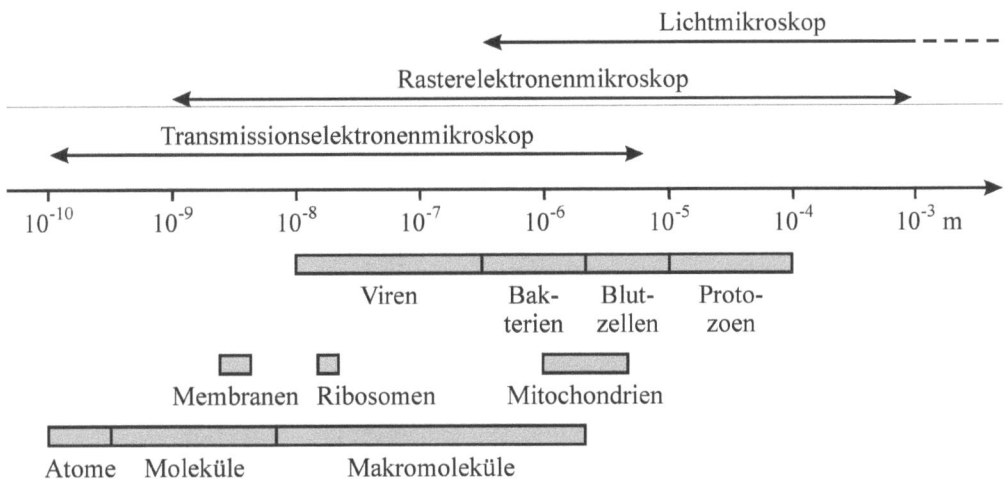

Abb. IV.16: Vergleich der Erfassungsbereiche von Teilchendimensionen durch verschiedene Mikroskopiearten.

er Bereich biologischer Strukturen bis hin zu Makromolekülen erforschen. Abbildung IV.16 zeigt die Arbeitsbereiche und das Auflösungsvermögen von Licht- und Elektronenmikroskopen im Vergleich. Ein weiterer wesentlicher Unterschied zum Lichtmikroskop ist, dass Elektronen durch Gase so stark gestreut werden, dass die optischen Wege eines Elektronenmikroskops auf mindestens 10^{-2} Pa (10^{-7} bar) evakuiert sein müssen.

Bei kleinen Objektstrukturen kommt es aufgrund unterschiedlicher Weglängen von gestreuten und ungestreuten Elektronenwellen durch Phasendifferenz bei der Vereinigung beider Wellenzüge in der Nähe der Fokusebene zu Interferenzerscheinungen. Dies bezeichnet man als Phasenkontrast. Er ist für kleine Objektstrukturen (<10 nm) wichtig. Größere Strukturen werden im Wesentlichen durch den Streuabsorptionskontrast abgebildet, d. h., das Bild entsteht durch Ausblenden der unter großen Winkeln gestreuten Elektronen. Strukturen, die mit großen Streuwinkeln verbunden sind, erscheinen dann dunkel. Die auf solch größere Strukturen treffenden Elektronen erfahren zwar auch eine Phasenverschiebung, sie fällt jedoch bei der Bildentstehung nicht stark ins Gewicht.

Das Transmissionselektronenmikroskop (TEM)
Die Baugruppen eines Transmissions- oder Durchstrahl-Elektronenmikroskops sind ähnlich denen eines Lichtmikroskops (Abb. IV.17). Anstelle der Glühlampe im Lichtmikroskop tritt ein Elektronenstrahler. Kondensor, Objektiv und Okular werden durch elektromagnetische Linsen ersetzt. Die Rolle des menschlichen Auges nimmt ein Leuchtschirm mit Photoeinrichtung oder eine CCD-Kamera (*charged-coupled device*) ein.

Die Bauteile des Elektronenmikroskops müssen sich im Hoch- bis Ultrahochvakuum befinden, damit die zur Abbildung benötigten Elektronen nicht durch Stöße mit Luftmolekülen abgelenkt werden. Als Elektronenquelle dient eine Glühkathode, z. B. ein geheizter Wolframdraht, der auf einer negativen Hochspannung liegt, oder auch eine Feldemissionskathode. Die von ihm emittierten Elektronen werden in Richtung auf die Anode beschleunigt, wobei Beschleunigungsspannungen von etwa 60 bis 300 kV verwendet werden. Die dabei erreichten

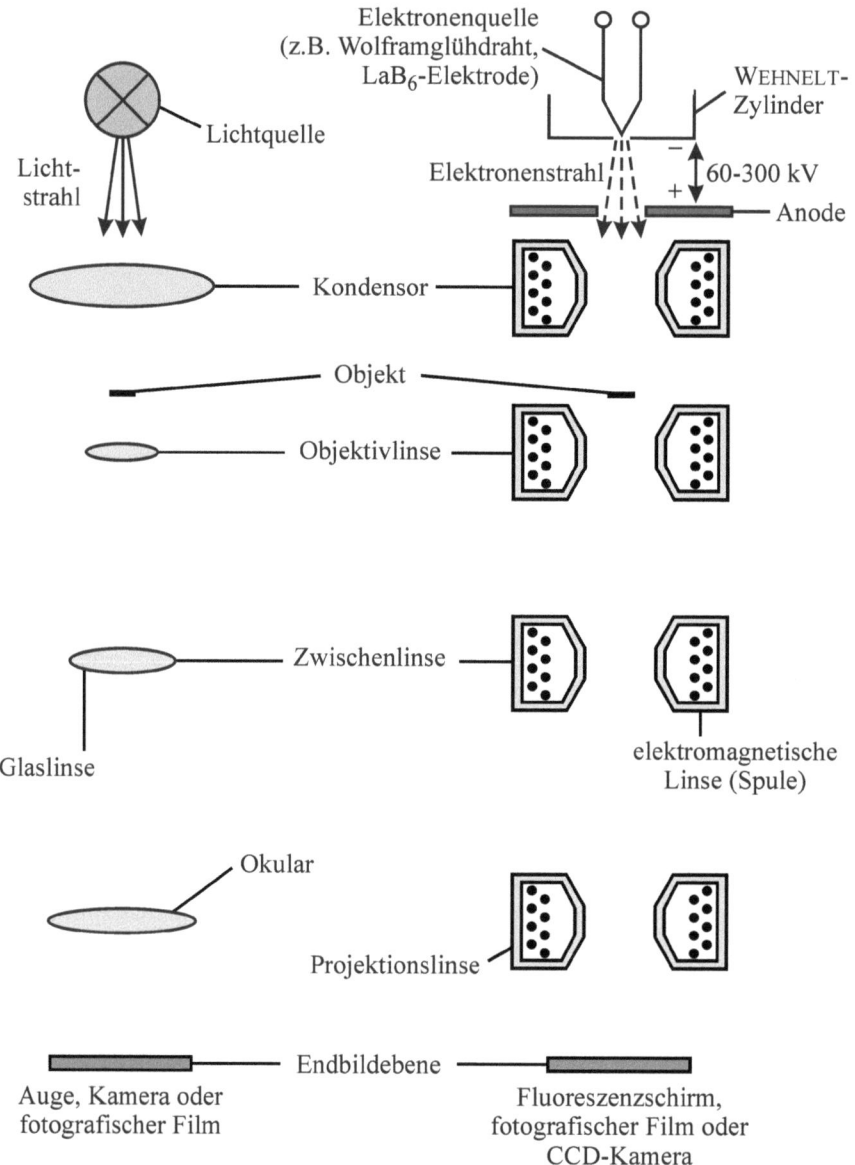

Abb. IV.17: Vergleich der Komponenten von Licht- und Transmissionselektronenmikroskop.

Wellenlängen der Elektronen betragen etwa 0,005 bis 0,002 nm. Die Auflösung in der Elektronenmikroskopie wird jedoch nicht wie bei der Lichtmikroskopie durch die Wellenlänge der Strahlung, sondern durch die geringe Qualität der Elektronen-Linsensysteme (starke sphärische Aberration), aber auch durch die Herstellungstechnik des Präparates begrenzt. Moderne Geräte erreichen Auflösungen von 0,2-0,3 nm, bei biologischen Objekten sind aber nur selten

1. Mikroskopie

Auflösungen unter 2 nm zu erreichen. Die förderliche Vergrößerung liegt damit in der Größenordnung von 0,2 mm/2 nm = 100.000. Die Anode ist durchbohrt und liefert damit den für die Elektronenmikroskopie notwendigen Elektronenstrahl, der nun auf das abzubildende Objekt gerichtet wird. Dazu dient eine Elektronenlinse, die wie im Lichtmikroskop als Kondensor bezeichnet wird und die Elektronen als parallele Bündel auf das Untersuchungsobjekt richtet. Man benutzt als Träger für elektronenmikroskopische Präparate z. B. runde Netzchen (engl.: *grids*) aus Kupfer. Auf dem Netzchen wird ein dünner Film, z. B. durch Aufdampfen eines Kohlefilms von einigen zehn nm Dicke, deponiert, auf dem dann das Präparat zu liegen kommt. Der Objekthalter kann gekippt und die Probe somit unter verschiedenen Projektionswinkeln abgebildet werden; dies ist für die dreidimensionale Rekonstruktion des Objektes notwendig. Als Elektronenlinsen dienen z. B. magnetische Felder einer geeignet gebauten stromdurchflossenen Spule. Ihre Brennweite lässt sich durch Einstellung des Stromflusses verändern. Die Elektronen werden durch sie auf schraubenförmige Bahnen gelenkt und lassen sich fokussieren. Von dem Objekt treffen sie auf eine als Objektiv wirkende Linse. Die Objektivlinse erzeugt ein erstes Bild der Probe auf einer Zwischenebene, das mit Hilfe der Zwischenlinse sowie der Projektionslinse weiter vergrößert wird. Das letzte Bild kann dann auf dem Leuchtschirm betrachtet oder auf einem photographischen Film oder von einer CCD-Kamera aufgezeichnet werden. Das Punkt-Auflösungsvermögen von kommerziellen Hochleistungs-Transmissionselektronenmikroskopen liegt bei etwa 0,1 nm.

Der elektronenoptische Kontrast durch ein Objekt entsteht im Wesentlichen dadurch, dass an Stellen mit viel Materie die Elektronen aus ihrer Flugrichtung abgelenkt werden. Diese Elektronen gelangen nicht durch das Objektiv, wodurch diese Stelle des Objektes relativ dunkel auf dem Leuchtschirm erscheint. Je weniger Materie sich im Elektronenstrahl befindet, umso heller ist also das Leuchtschirmbild. Das TEM-Bild entsteht hauptsächlich also durch Streuung und Absorption im Objekt, und der Kontrast ist in erster Linie eine Funktion der Massendicke-Differenzen des Objektes. Eine einzelne elektronenmikroskopische Aufnahme stellt eine zweidimensionale Projektion der Probe dar. Erst durch viele Aufnahmen unter Drehung der Probe kann man ein dreidimensionales Bild rekonstruieren.

Wegen der starken Wechselwirkung von Elektronen mit Materie können nur geringe Präparatdicken durchstrahlt werden. Die Grenzdicke liegt bei etwa 0,1 µm. Mit Hilfe eines Ultramikrotoms, einer speziellen Schneidevorrichtung mit sehr scharfem Messer, können dünne Schichten von einigen 10 nm hergestellt werden.

Da biologische Objekte zum überwiegenden Teil aus Atomen niedriger Ordnungszahl (C, H, N, O) bestehen, erzeugen sie nur einen geringen Kontrast, so dass oftmals eine Kontrastverstärkung notwendig wird. Eine Methode ist die Negativkontrastierung (engl.: *negative staining*) mit Schwermetallsalzen, welche ein starkes Streu- und Absorptionsvermögen für Elektronen besitzen. Hierfür werden z. B. Lösungen von Uranylacetat oder Phosphorwolframat eingesetzt. Das Salz hüllt das Präparat ein und füllt Vertiefungen und Löcher aus. Es bestimmt den Kontrast des Bildes. Nach Trocknung kann es mikroskopiert werden.

Das sog. Matrizenabdruckverfahren eignet sich für die Untersuchung der Oberflächenstruktur der Präparate. Mit Hilfe aufgebrachter Materialien (Kollodium, Cellulosenitrat, Zaponlack, Gelatine o. ä.) wird ein Oberflächenabdruck des Präparates gewonnen, der dann anschließend elektronenmikroskopisch untersucht werden kann. Ein Oberflächenabdruck kann auch durch Aufdampfen, z. B. von Kohlenstoff und Platin, gewonnen werden. Der abgelöste Kohle-

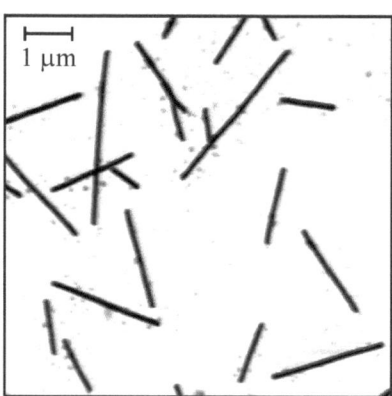

Abb. IV.18: TEM-Aufnahme von Tabak-Mosaik-Viren (ca. 10^5fache Vergrößerung; s. a. T. Koller, Chem. unserer Zeit **7** (1973) 148).

Platin-Film wird dann im Elektronenmikroskop durchstrahlt. Durch Schrägbedampfung entstehen Kontraste, aus denen die Größe der Objekte abgeschätzt werden kann.

Proteine können auch spezifisch markiert werden, z. B. mit an Sulfhydrylgruppen bindende Substanzen oder mit Antikörpern, an die Goldkügelchen gekoppelt werden können, welche den Kontrast drastisch erhöhen.

Ein Nachteil der TEM-Methode ist natürlich, dass nur trockene Proben und keine lebenden Strukturen untersucht werden können. Als klassisches Beispiel zeigt Abbildung IV.18 eine TEM-Aufnahme des Tabak-Mosaik-Virus.

Die TEM-Technik hat sich auch für die Strukturaufklärung integraler Membranproteine bewährt, welche zweidimensionale Kristalle in der Membranebene bilden. Das erste Membranprotein, dessen Struktur mit 0,2–0,3 nm Auflösung auf diese Weise gelöst wurde, war das Bakteriorhodopsin, das sich in der Purpurmembran von Halobakterien befindet (J. M. Baldwin, R. Henderson, E. Beckman, F. Zemlin, J. Mol. Biol. **202** (1988) 585.). Es besteht aus sieben α-Helices, die die Membran durchspannen. Auch das Öffnen eines spannungsabhängigen K^+-Ionenkanals (KvAP) konnte mit dieser Methode nach Negativ-Kontrastierung detektiert werden (Q.-X. Jiang, D.-N. Wang, R. MacKinnon, Nature **430** (2004) 806).

Das Rasterelektronenmikroskop (REM)
Mit dem bisher beschriebenen Verfahren ist es möglich, Schnitte aus dem Inneren von Objekten, z. B. von Zellen und Geweben, abzubilden. Das Rasterelektronenmikroskop ermöglicht nun auch eine direkte Abbildung von Oberflächen biologischer Objekte. Die Elektronenquelle erzeugt die Elektronen und beschleunigt sie auf eine Energie zwischen etwa 0,5 keV und 30 keV, d. h. Energien, die wesentlich niedriger sind als die bei einem TEM. Im Rasterelektronenmikroskop wird der Elektronenstrahl durch eine oder mehrere elektromagnetische Kondensorlinsen auf Durchmesser von etwa 2 bis 10 nm fokussiert, und ein Ablenkgenerator wird so gesteuert, dass der feine Elektronenstrahl die Probenoberfläche zeilenförmig abrastert. Fällt dieser feine Elektronenstrahl von oben auf das Objekt, so werden einige der Elektronen von den Atomen des Objektes zurückgestreut, andere setzen beim Zusammenstoß mit den Atomelektronen sekundäre Elektronen frei, von denen ein Teil das Objekt nach oben verlässt (Abb.

1. Mikroskopie

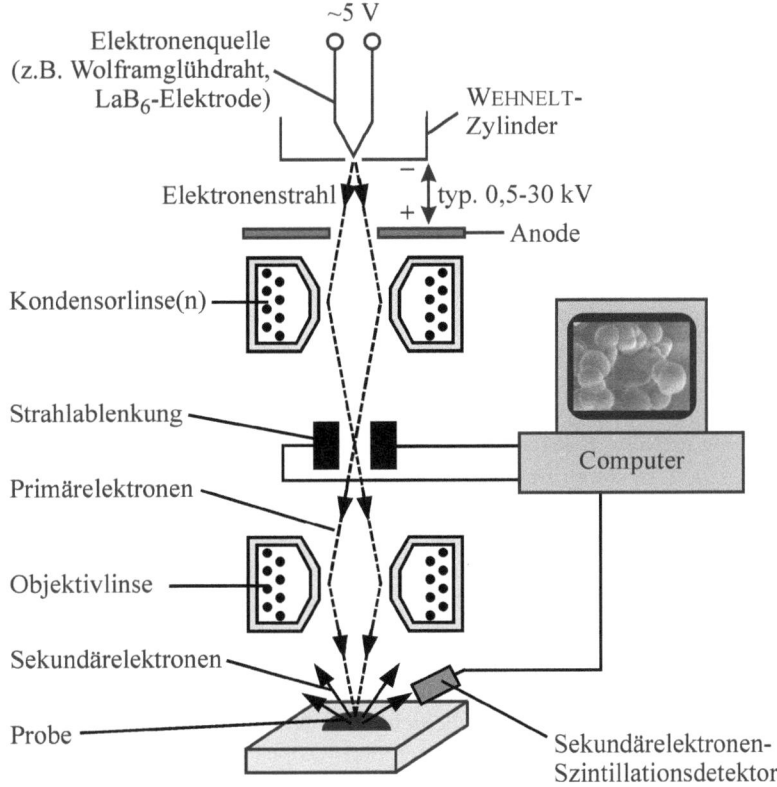

Abb. IV.19: Schematische Darstellung der wichtigsten Elemente eines Rasterelektronenmikroskops.

IV.19). Das Zustandekommen des Oberflächenbildes beruht darauf, dass die Sekundärelektronenausbeute von Punkt zu Punkt verschieden ist. Schräg zum Objekt befindet sich ein Drahtgitter auf einem positiven Potenzial (Saugelektrode), durch das die Elektronen auf einen Szintillator treffen und einen elektrischen Impuls in einem Halbleiterdetektor auslösen, der der Zahl der auftreffenden Elektronen und damit dem Reflexions- und Elektronenemissionsvermögen des Objektes proportional ist. Der feine Elektronenstrahl wird nun über das Objekt geführt, wodurch die Oberfläche des Objektes abgetastet werden kann, während der Detektor die Zahl der niederenergetischen Sekundärelektronen oder andere Strahlung misst, die nacheinander von jedem Punkt der Oberfläche abgegeben wird. Der Abbildungskontrast der REM-Aufnahme wird im Wesentlichen durch die Oberflächenstrukturierung, den Reliefkontrast, bestimmt. Der besondere Vorteil des Rasterbildes ist seine große Tiefenschärfe. Um elektrostatische Aufladungen des Objektes zu vermeiden, wird das Objekt vor dem Einbringen in das Vakuum des Rasterelektronenmikroskops mit einer dünnen, aber gut leitenden Kohlenstoff- oder Metallschicht bedampft. Durch Einstellung der Spulenströme und damit der Strahlablenkung lässt sich die Bildvergrößerung variieren. Auf diese Weise kann die Vergrößerung in einem Rasterelektronenmikroskop von etwa zehnfach (Lupenvergrößerung) bis etwa 300.000-fach eingestellt werden. Das Auflösungsvermögen beträgt etwa 1 nm und ist damit um etwa eine Größenordnung schlechter als das des Transmissionselektronenmikroskops.

Eine Sonderbauart des Elektronenmikroskops ist das *Rastertransmissionselektronenmikroskop* (engl.: *scanning transmission electron microscope,* STEM). Im Gegensatz zum konventionellen Transmissionselektronenmikroskop, bei dem das großflächig beleuchtete Objekt in der Bildebene abgebildet wird, ist das STEM analog zum REM aufgebaut. Das Objekt wird vom punktförmig fokussierten Elektronenstrahl abgerastert und die vom (durchstrahlbaren) Objekt gestreuten Elektronen in Transmission detektiert. Das erreichbare Auflösungsvermögen liegt bei ca. 1 nm.

Herstellung von Präparaten durch Gefrierätzung
Bei den Präparationstechniken des Gefrierbruchs oder der Gefrierätzung wird die biologische Probe sehr schnell auf tiefe Temperaturen gebracht, bei denen alle biochemischen Reaktionen, also auch die Auflösung der Zellen durch Cytolyse, sehr langsam verlaufen. Würde man ein Präparat, z. B. eine Zellsuspension, langsam einfrieren, dann würde zunächst nur das Wasser außerhalb der Zellen kristallisieren und den Zellen dabei Wasser entziehen, wodurch in den Zellen unerwünschte Schrumpfungsprozesse und damit Strukturveränderungen auftreten würden. Die Bildung größerer Eiskristalle kann durch sehr schnelles Abkühlen des Präparats (mit 10^2 bis 10^5 K s^{-1}), z. B. durch Eintauchen der Probe in flüssigen Stickstoff, Ethan o. ä., weitgehend vermieden werden. Die auf diese Weise eingefrorenen Präparate werden anschließend in einen vorgekühlten Präparatehalter eingespannt und dieser in ein Mikrotom eingesetzt, mit dem ein Schnitt im Vakuum bei $T < 200$ K durchgeführt wird (Abb. IV.20). Bei diesen tiefen Temperaturen bilden sich beim Schneiden keine gleichmäßigen Schnittflächen aus. Die kleinen Eiskriställchen splittern nur ab und legen eine Art Relief von der Präparategrenzfläche frei. Diese Reliefbildung wird durch die anschließende Sublimation des Eises im Hochvakuum weiter verstärkt. Wird diese Oberfläche nun im Vakuum mit einer Kohlenstoff/Platin-Schicht bedampft, dann lässt sich diese Schicht nach dem Auftauen des Objekts leicht von der Oberfläche ablösen und davon eine elektronenmikroskopische Aufnahme herstellen.

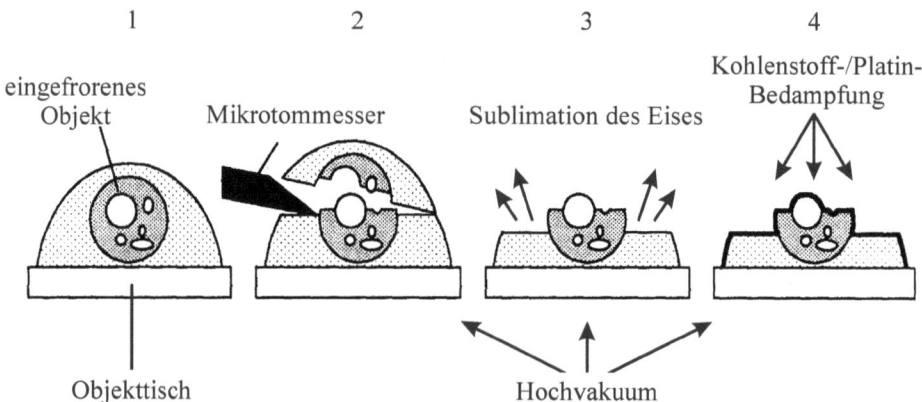

Abb. IV.20: Die vier wichtigsten Präparationsschritte bei der Gefrierätzung: 1) Das Objekt wird eingefroren. 2) Mit einem Mikrotom wird ein Stück des eingefrorenen Präparates abgeschnitten. 3) Im Hochvakuum wird das Eis auf der Oberfläche absublimiert. 4) Von den freigelegten Teilen des Objektes wird durch Kohlenstoff/Platin-Bedampfung ein Abdruck hergestellt.

3D-Kryo-Elektronentomographie
Ein TEM in Kombination mit Kryo-Präparationstechniken und entsprechenden Bildverarbeitungsmethoden hat sich in den letzen Jahren zunehmend als Mittel der Wahl für die Strukturaufklärung großer biomolekularer Komplexe sowie ganzer Zellen etabliert. Bei der 3D-Kryo-Elektronenmikroskopie (Elektronentomographie) werden nach der biochemischen Präparation die Objekte in möglichst nativen Pufferbedingungen in flüssigem Ethan (bei ca. -182 °C) schockgefroren, so dass sie in einer dünnen Schicht von amorphem Eis fixiert vorliegen. Bei solch tiefen Temperaturen sind auch die Strahlenschäden beim Elektronenbeschuss geringer. Nach dieser relativ schonenden Konservierungsmethode werden viele Einzelbilder gesammelt. Da EM-Bilder 2D-Projektionen der Elektronendichte der Systeme in der Bildebene entsprechen, müssen sehr viele Einzelsysteme untersucht werden oder das Präparat muss so gekippt und unter verschiedenen Projektionswinkeln abgebildet werden, dass eine 3D-Rekonstruktion möglich wird. Hierfür stehen geeignete Algorithmen zur Verfügung. Da biologische Komplexe sehr strahlungsempfindlich sind und nur bei geringen Elektronendosen abgebildet werden können, weisen die Aufnahmen zunächst ein sehr schlechtes Signal-zu-Rausch-Verhältnis auf, welches durch Mittelung möglichst vieler Einzelbilder verbessert werden kann. Diese Methode bietet nunmehr auch die Möglichkeit, das Interaktionsnetzwerk makromolekularer Komplexe im funktionellen Zustand einzelner Zellen mit einer Auflösung von einigen nm zu untersuchen. Durch Weiterentwicklung elektronenmikroskopischer Techniken ist es W. BAUMEISTER und seinen Mitarbeitern in den letzten Jahren gelungen, zahlreiche intrazelluläre Strukturen, wie das Proteosom, das Zytoskelett und Kernporenkomplexe, in ihrer intakten zellulären Umgebung bei fast molekularer Auflösung sichtbar zu machen (s. z. B. O. Medalia, I. Weber, A. S. Frangakis, D. Nicastro, G. Gerisch, W. Baumeister, Science **298** (2002) 1209, S. Nickell et al., Proc. Natl. Acad. Sci. USA **106** (2009) 11943).

1.3 Rastersondenmikroskopie

Einen großen Fortschritt beim Vordringen in die direkte Abbildung atomarer Dimensionen brachte die Entwicklung des Rastertunnelmikroskops (engl.: *scanning tunneling microscope*, STM) durch G. BINNIG und H. ROHRER im Jahre 1981. Mit diesem Instrument gelang es, mit verblüffend einfachen Mitteln, den atomaren Aufbau der Materie direkt abzubilden. In der Folgezeit wurden - aufbauend auf dem Grundprinzip des STM - eine ganze Reihe von Varianten entwickelt, von denen insbesondere das Rasterkraftmikroskop (engl.: *atomic force microscope*, AFM) für Untersuchungen biologischer Proben breite Anwendung gefunden hat.

Rastertunnelmikroskopie
Die Kernstücke von STM und AFM sind sich sehr ähnlich. Zunächst ist dies eine sehr feine Spitze, die in einem geringen Abstand d der Probenoberfläche gegenüber steht (Abb. IV.21). Dieser Abstand der Spitze kann durch einen piezoelektrischen Antrieb - ein keramisches Material, das sich beim Anlegen einer Spannung charakteristisch zusammenzieht oder ausdehnt - auf etwa 0,001 nm genau eingestellt werden. Zwei weitere piezokeramische Stellelemente sorgen dafür, dass sich Probe und Spitze in x- und y-Richtung zueinander mit einer Stellgenauigkeit von bis zu 0,01 nm verschieben lassen. Die Oberfläche kann somit rasterförmig abgetastet werden.

Beim STM beträgt der Abstand zwischen der metallischen Spitze und der ebenfalls elektrisch leitenden Probe typischerweise einige zehntel bis einige nm, so dass sich die Elektronenwolken der Atome von Spitze und Probe sehr nahe kommen. Wird zwischen beiden eine kleine

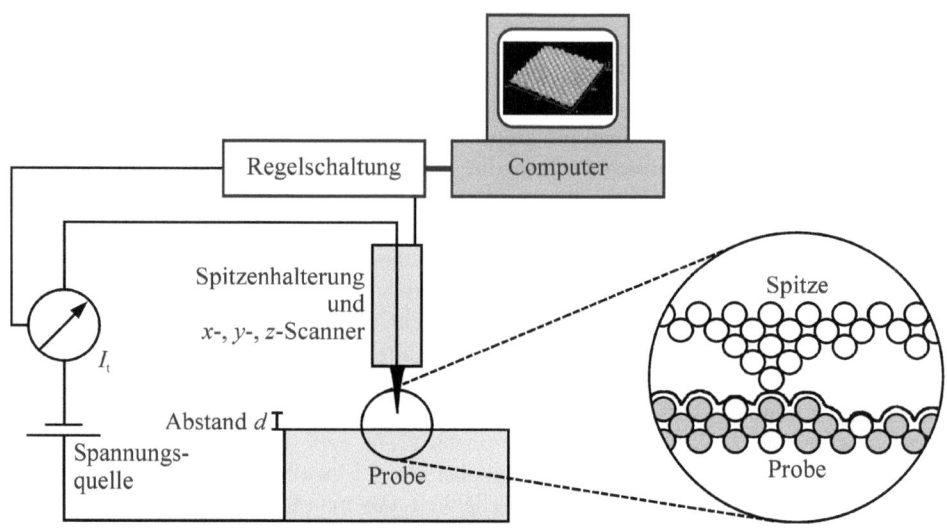

Abb. IV.21: Schematische Darstellung eines Rastertunnelmikroskops. Die atomare Auflösung leitender Oberflächen wird dadurch erreicht, dass selbst bei relativ großen Spitzenradien im Idealfall nur ein Atom der Spitze aufgrund der exponentiellen Abstandsabhängigkeit des Tunnelstroms den Tunnelkontakt herstellt (Vergrößerung rechts). Spannungsquelle und -messung sind in die Regelschaltung integriert.

Spannung (um 100 mV) angelegt, so fließt trotz dieses Abstands ein geringer Strom. Ursache hierfür ist der quantenmechanische Tunneleffekt. Es fließt ein Tunnelstrom I_t, der exponentiell vom Abstand d abhängt:

$$I_t(d) \propto U_t \cdot e^{-2,1 \cdot d\sqrt{\Phi}} \tag{IV.8}$$

(Φ: Austrittsarbeit der Elektronen). Dies liegt daran, dass die Aufenthaltswahrscheinlichkeit der Elektronen exponentiell mit der Entfernung von der Oberfläche abnimmt.

Wird die Probe relativ zur Spitze bewegt, dann variiert dieser Tunnelstrom entsprechend des Oberflächenprofils (genauer: entsprechend der elektronischen Oberflächenzustandsdichte), und auf diese Weise wird ein Bild der Höhenkontur der Oberfläche erzeugt. Um eine sehr hohe laterale Auflösung des Objektes zu erreichen, sollte die Spitze so scharf sein, wie es aus Stabilitätsgründen noch möglich ist. Durch Ätzprozesse werden z. B. Spitzen aus Wolfram oder Platin-Iridium-Legierungen hergestellt. Aufgrund der starken Abstandsabhängigkeit des Tunnelstroms tragen jedoch nur sehr wenige Atome im unmittelbaren Spitzenbereich zum Tunnelstrom bei, so dass selbst bei großen Spitzenradien von einigen 100 nm die laterale Auflösung des STM im atomaren Bereich liegt. Mit Hilfe eines Regelkreises kann die Spitze in einem konstanten Abstand (d. h. I_t = konst.) über die Probenoberfläche geführt werden (Modus konstanten Tunnelstroms).

Der Tunnelstrom dient als Messsignal, eine Rückkopplungsschleife regelt den z-Piezo nach. Ein Computer registriert und verarbeitet die Bewegung der Spitze und stellt sie graphisch als dreidimensionales Bild der Oberfläche dar. Der Tunnelstrom hängt aber nicht nur vom Abstand Spitze-Probe, sondern, wie Gleichung IV.8 zu entnehmen ist, auch noch von der Aus-

1. Mikroskopie

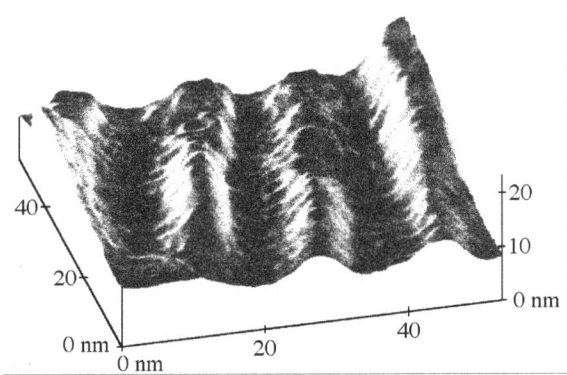

Abb. IV.22: Schematische Darstellung einer STM-Aufnahme der $P_{\beta'}$-Gelphase von DMPC nach Gefrierätzung und Bedampfung mit Kohlenstoff und Platin (nach: P. K. Hansma, V. B. Elings, O. Marti, C. E. Braker, Science **242** (1988) 209; s. a. J. T. Woodward IV, J. A. Zasadzinski, Biophys. J. **72** (1997) 964).

trittsarbeit Φ der Elektronen und damit der elektronischen Struktur der Oberfläche ab. Damit ist er auch elementspezifisch, und das STM hat damit nicht nur die Fähigkeit topographische, sondern auch elektronische Strukturen aufzulösen.

Die Anwendung des Tunnelmikroskops ist auf leitende und halbleitende Materialien beschränkt. Durch Gefrierätzung gewonnene biologische Proben können daher nur dann mit dem STM untersucht werden, wenn sie mit einer leitenden Schicht überzogen werden. Abbildung IV.22 zeigt als Beispiel eine STM-Aufnahme der $P_{\beta'}$-Gelphase der Phospholipid-Doppelschicht von DMPC (s. Abb. I.21), welche durch Gefrierätzung gewonnen wurde. Dem Bild kann direkt die Wellenlänge der Oberflächenwellen der $P_{\beta'}$-Struktur von etwa 13 nm entnommen werden. Ein Vorteil der STM-Technik gegenüber elektronenmikroskopischen Verfahren liegt darin, dass nicht im Ultrahochvakuum gearbeitet werden muss.

Rasterkraftmikroskopie
G. BINNIG, der 1986 zusammen mit H. ROHRER den Nobelpreis für die Entwicklung des STM erhielt, schlug eine Modifikation des STM vor, die dann auch zur Untersuchung von nicht stromleitenden Oberflächen verwendet werden kann: das *Rasterkraftmikroskop* (AFM). Die Modifikation besteht darin, dass zwischen die Tunnelspitze und die Probe eine mit Federkraft auf die Probe gedrückte Spitze gebracht wird (Abb. IV.23). Diese Spitze ist in unmittelbarem Kontakt mit der Oberfläche der Probe. Beim Abrastern der Oberfläche folgt die Spitze dem Oberflächenprofil und bewegt sich auf und ab. Diese Bewegung wurde bei den ersten entwickelten AFM mit Hilfe einer aufgesetzten Tunnelspitze gemessen.

Bei den heute kommerziell erhältlichen Geräten hat sich als Nachweismethode der Bewegung der Spitze eine optische Methode durchgesetzt (Abb. IV.24). Der Lichtstrahl eines Lasers wird von der mikroskopischen Blattfeder, an der sich die feine Spitze befindet, reflektiert und von einer in der Regel viergeteilten Photodiode detektiert. Die Bewegung der Spitze und somit der Feder führt zu einer Veränderung des Reflexionswinkels α und dadurch zu einer Wanderung des Laserlichtflecks auf der Diode. Folglich liefern die beiden oberen Felder der Diode einen anderen Stromwert als die unteren. Das Differenzsignal stellt das Messsignal dar und kann entweder direkt in eine Höheninformation umgerechnet werden (Modus konstanter *z*-

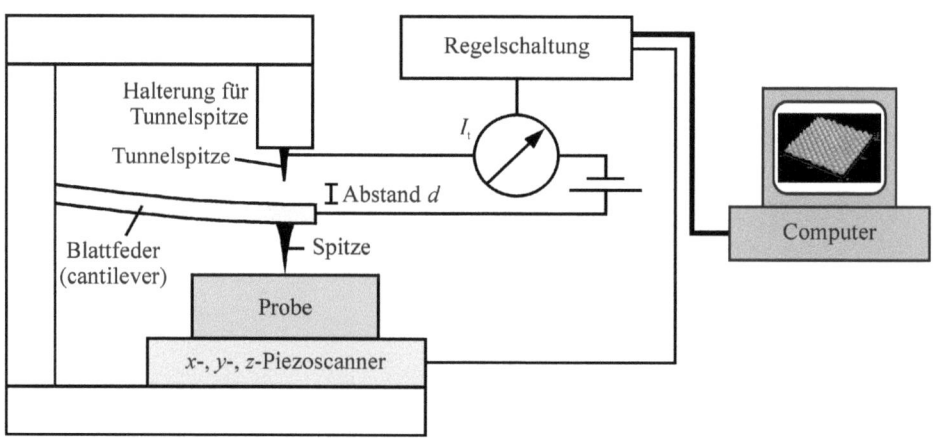

Abb. IV.23: Schematische Darstellung eines AFM mit Tunnelstromdetektion. Bei den ersten entwickelten Rasterkraftmikroskopen erfolgte die Detektion der Auslenkung der federnd angebrachten Sensorspitze (cantilever) mit Hilfe eines Tunnelkontakts. Der Aufbau ähnelt ansonsten sehr dem eines STMs.

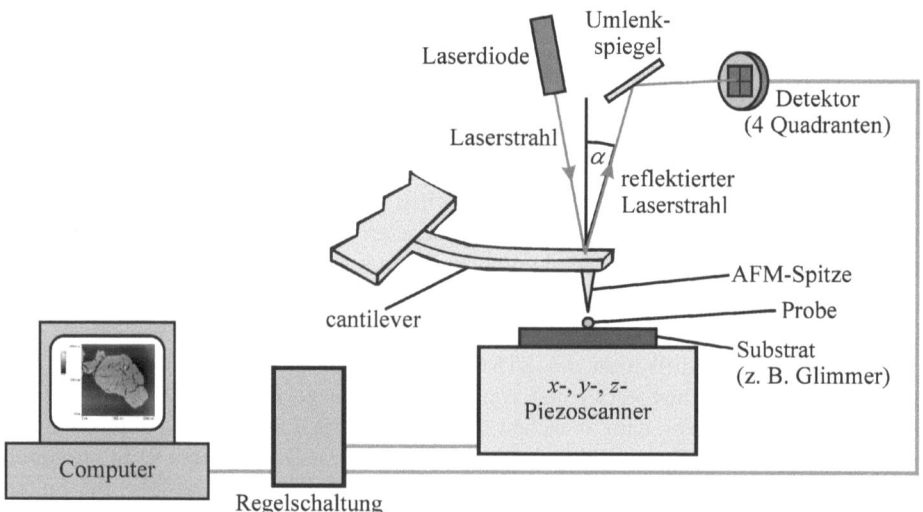

Abb. IV.24: Nachweis der Ablenkung des Kraftsensors eines heutigen Rasterkraftmikroskops mit einem Laser-Photodioden-System.

Position), oder der z-Piezo wird über einen Rückkopplungsmechanismus derart nachgeregelt, dass die Auflagekraft - und damit die Biegung der Feder - konstant bleibt (Modus konstanter Kraft). Im zweiten Fall ergibt sich aus dem Steuersignal für den z-Piezo die Information über die Oberflächentopographie. Die Spitzen bestehen in der Regel aus Silizium (Abb. IV.25) oder Si_3N_4 und werden durch Ätzverfahren hergestellt.

1. Mikroskopie

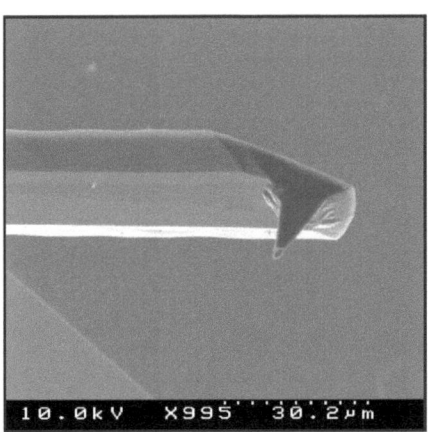

Abb. IV.25: REM-Aufnahme einer AFM-Spitze aus Silizium.

Mit diesem Kontakt-AFM ist eine nahezu atomare Auflösung der Oberfläche erreichbar. Der große Vorteil der AFM-Methode ist, dass die in der Regel nicht leitenden biologischen Proben nicht mit leitfähigen Materialien bedampft werden müssen und auch keinem Vakuum oder hochenergetischer Elektronenstrahlung ausgesetzt werden, wodurch eine direkte und unverfälschte Beobachtung möglich ist. Als Beispiel zeigt Abbildung IV.26 AFM-Aufnahmen von Purpurmembranen.

Die Wechselwirkungskräfte zwischen AFM-Spitze und Oberfläche lassen sich näherungsweise mit einem LENNARD-JONES-Potenzial beschreiben (Abb. IV.27). Nähert man die Spitze an die Oberfläche an, erfährt sie aufgrund attraktiver VAN DER WAALS-Wechselwirkungen zunächst eine anziehende Kraft, durchläuft den Gleichgewichtsabstand r_0 - in dem sich anziehende und abstoßende Wechselwirkungen aufheben - und wird bei weiterer Annäherung von der Oberfläche aufgrund elektrostatischer Kräfte und des PAULI-Verbots abgestoßen (s. a. Kap. I). Das Kontakt-AFM arbeitet genau in diesem Bereich. Die Spitze drückt dabei mit Kräften im pN- bis nN-Bereich auf die Oberfläche. Die starke Abstandsabhängigkeit der abstoßenden Kräfte sorgt - in Analogie zum STM - für die hohe Auflösung.

Nachteilig für das Kontakt-AFM erweist sich die relativ große Reichweite der VAN DER WAALS-Kräfte. Diese sorgt dafür, dass neben den abstoßenden auch immer anziehende Wechselwirkungen im Kontakt-AFM vorliegen. Das führt letztlich zu einer Verringerung der Auflösung, die jedoch immer noch im Å-Bereich liegt. Um diesen Nachteil zu umgehen, wurden weitere Techniken entwickelt, bei denen die Spitze die Probe entweder überhaupt nicht (Nichtkontakt-AFM) oder nur kurzzeitig berührt (*tapping mode*-AFM - der Begriff „*tapping mode*" ist Markenzeichen der Fa. Bruker AXS Inc., Madison, USA). Da die Wechselwirkungskräfte zwischen einer makroskopischen Spitze und einer Oberfläche generell sehr gering sind und eine dadurch hervorgerufene Auslenkung der AFM-Spitze nur sehr schwer messbar ist, bedient sich diese Technik eines Tricks: die AFM-Spitze wird nahe der eigenen Resonanzfrequenz v_0 zum Schwingen angeregt und die Schwingungsamplitude gemessen. Bei dieser Technik kommt es dann auf den Kraftgradienten des VAN DER WAALS-Potenzials an, also dessen zweite Ableitung nach dem Abstand r. Diesen kann man mit einer schwingenden Spitze

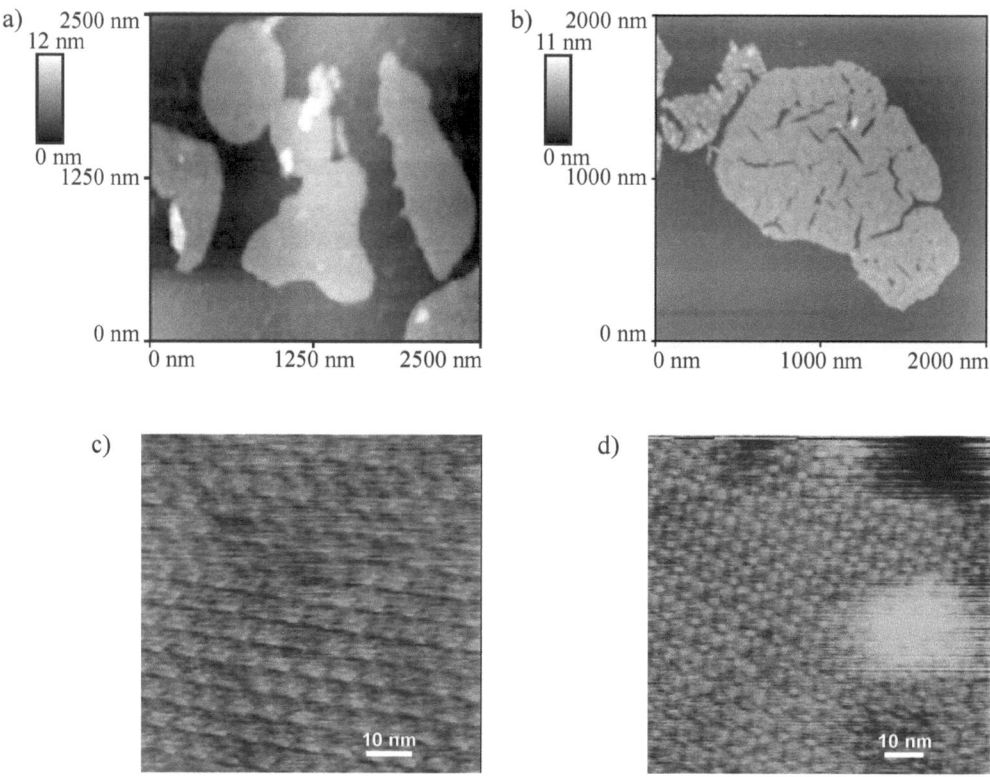

Abb. IV.26: Rasterkraftmikroskopische Aufnahmen von Purpurmembranen aus *Halobacterium salinarum* auf Glimmer im a) Kontakt- und b) Nichtkontakt-Modus. Die Geometrie der Risse durch die Membran in b) deutet auf die hexagonale Struktur des in Purpurmembranen vorliegenden zweidimensionalen Kristallgitters aus Bakteriorhodopsintrimeren hin, wie sie in c) und d) gezeigt sind; die Aufnahmen c) und d) belegen das hohe Auflösungsvermögen dieser Methode für Strukturuntersuchungen an biologischen Materialien. Im hier gezeigten Fall unterscheidet das AFM sogar die cytoplasmatische (c) von der extrazellulären (d) Seite der Purpurmembran.

messen. Bringt man die Spitze nahe oder bei der Eigenfrequenz v_0 in einem Abstand von der Oberfläche zum Schwingen, der außerhalb des Wirkungsbereiches des Potenzials liegt, so ist die Amplitude der Schwingung durch die Federkonstante der Biegefeder und die Anregungsenergie gegeben. Nähert man nun die Spitze der Oberfläche an, so überlagert sich diesem Spitzenpotenzial der Eigenfrequenz v_0 das VAN DER WAALS-Potenzial. Dies führt zu einer Erniedrigung der Resonanzfrequenz ($\Delta v = v - v_0$), und die Amplitude der Schwingung bei v_0 bzw. einer leicht höheren Messfrequenz v_m nimmt ebenfalls ab (Abb. IV.28). Die Schwingungsamplitude ist somit ein Maß für den Abstand der Spitze von der Oberfläche. Dies wird ausgenutzt, um oberflächentopographische Information zu gewinnen. Zudem verschiebt sich die Phase der Spitzenschwingung im Vergleich zur Anregungsphase. Auch dies kann zur Rückkopplung und somit zur Messung der Oberflächenstruktur herangezogen werden.

1. Mikroskopie 137

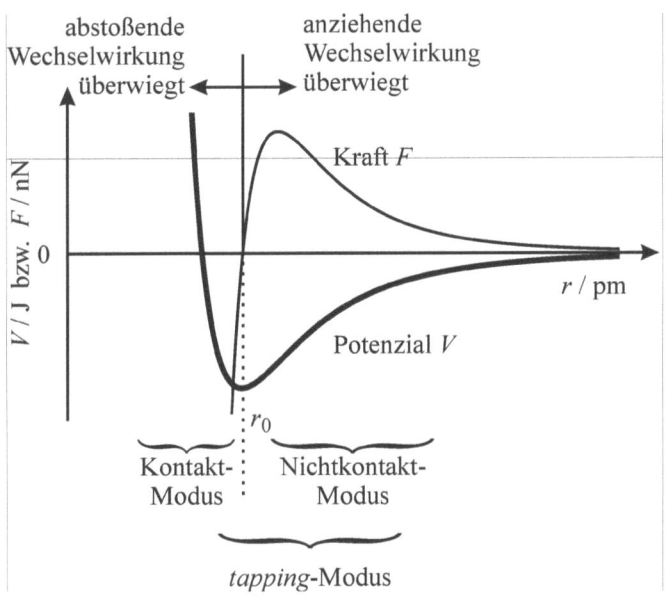

Abb. IV.27: Schematische Darstellung des LENNARD-JONES-Potenzials $V(r)$ und der zugehörigen Kraft $F(r)$ zwischen der AFM-Spitze und einer Oberfläche. Im Gleichgewichtsabstand r_0 beträgt die resultierende Kraft Null, bei kleineren Abständen überwiegt eine abstoßende Kraft, die im Kontakt-AFM genutzt wird. Im Nichtkontakt-Modus bewegt sich die Spitze nur rechts vom Gleichgewichtsabstand, während im *tapping*-Modus die Spitze kurzzeitig auch die Probenoberfläche berührt.

Die Messung der Amplitude (bzw. der Phasenlage) erfolgt in Analogie zum Kontakt-AFM mit Hilfe eines geteilten Photodetektors (Abb. IV.29). Der von der Spitze reflektierte Lichtfleck bewegt sich auf dem Detektor mit der Schwingungsfrequenz der Spitze auf und ab, die Auslenkung ist ein Maß für die Schwingungsamplitude. Man erhält ein Signal, aus dem man die Schwingungsamplitude berechnen kann. Es dient dem Rückkopplungskreis als Messgröße. Die Regelung fährt die Spitze beim Abrastern der Oberfläche dann in einem konstanten Abstand über die Probe hinweg. Man erhält demnach Konturlinien, die hier durch die Bedingung festgelegt sind, dass der Kraftgradient des VAN DER WAALS-Potenzials konstant bleibt. Die Signale der x-, y- und z-Regelung werden dem Bildverarbeitungssystem zugeführt und in eine dreidimensionale Darstellung der Oberflächentopographie umgesetzt. Mit dieser Methode können auch sehr weiche Proben zerstörungsfrei untersucht werden. Sie ist damit für die Untersuchung biologischer Proben von großer Bedeutung. Abbildung IV.30 zeigt als Beispiel Aufnahmen von DNA auf Glimmer in Luft. Die laterale Auflösung ist aufgrund des größeren Arbeitsabstands und von Oberflächenkontaminationen in Luft etwas geringer als die des Kontakt-AFM und liegt im Bereich von etwa 1 nm. Im Ultrahochvakuum werden jedoch auch Auflösungen im Sub-Å-Bereich erreicht.

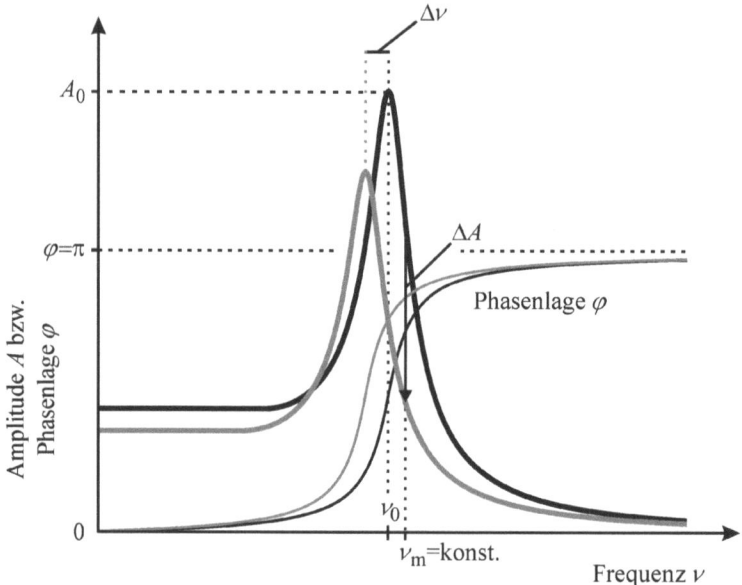

Abb. IV.28: Darstellung von Schwingungsamplitude und Phasenlage im Nichtkontakt-AFM. Bei Annäherung der schwingenden Spitze (schwarz: freie Schwingungsamplitude und Phasenlage) verschiebt sich die Resonanzfrequenz ν_0 des Systems wegen der zunehmenden VAN DER WAALS-Wechselwirkungen um $\Delta\nu$ zu niedrigeren Frequenzen (grau). Die bei der Messfrequenz ν_m resultierende Amplitudendämpfung ΔA oder die Änderung der Phasenlage dienen als Rückkopplungsparameter.

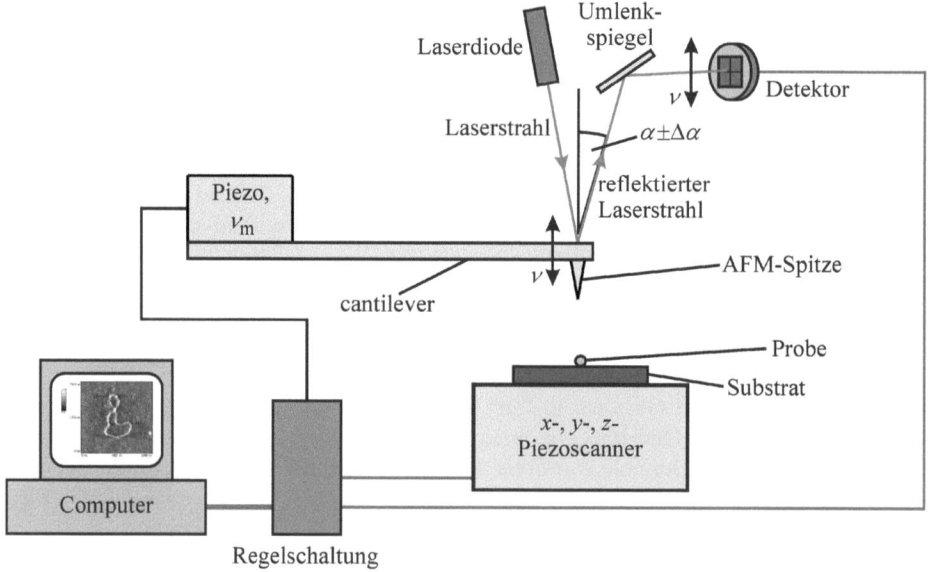

Abb. IV.29: Schematische Darstellung des Aufbaus eines kontaktfreien Rasterkraftmikroskops.

1. Mikroskopie

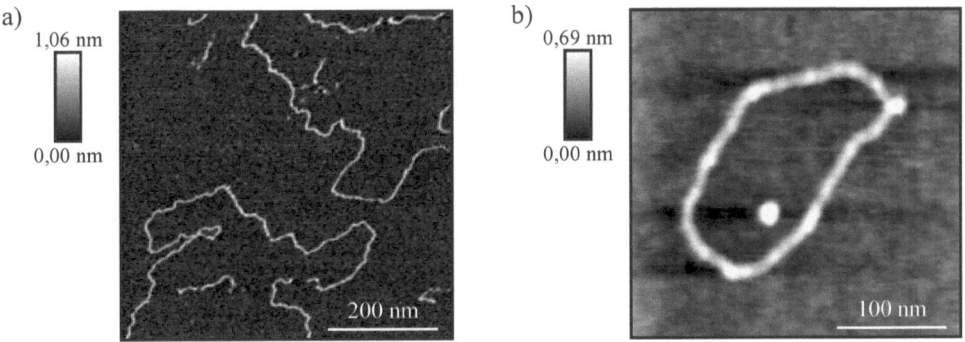

Abb. IV.30: Nichtkontakt-AFM-Aufnahmen von (a) Lachshoden-DNA und (b) pUC18-Plasmid-DNA auf Glimmer.

Als Weiterentwicklung des Kontakt-AFM wurde der sog. Modus intermittierenden Kontakts (engl.: *intermittent contact mode*, auch *tapping*-Modus genannt) eingeführt. Hier wird die AFM-Spitze ebenfalls in Schwingung versetzt, berührt jedoch dabei einmal pro Schwingung kurzfristig die Oberfläche. Dadurch werden neben der Topographie auch Informationen über die Eigenschaften und Zusammensetzung der Oberfläche zugänglich (z. B. deren Elastizität), da verschiedene Materialien zu einer unterschiedlichen Dämpfung der Spitzenschwingung und damit zu einer unterschiedlichen Phasenverschiebung zwischen Anregungsschwingung und Spitzenschwingung führen. Der im Vergleich zum Nichtkontakt-AFM geringere Abstand zwischen Spitze und Probe führt zu einer höheren Auflösung (molekular), im Gegensatz zum Kontakt-AFM werden jedoch Scherkräfte, die Probe und Spitze beschädigen können, vermieden. Abbildung IV.31 zeigt zwei Beispiele für Untersuchungen an biologischen Proben.

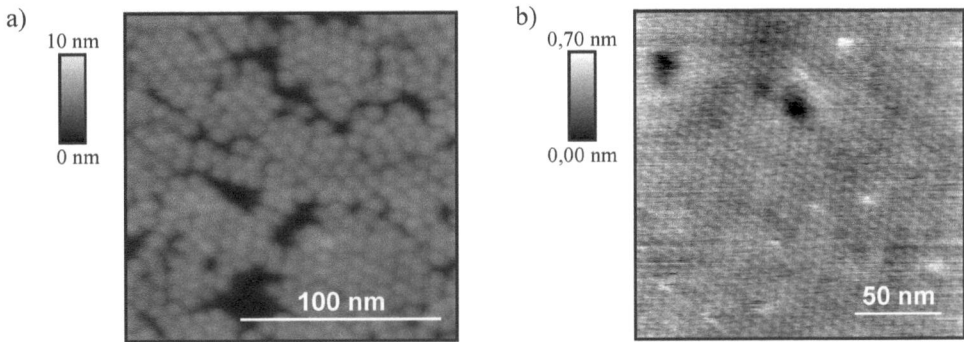

Abb. IV.31: *Tapping*-Modus-AFM-Aufnahmen des Eisenspeicherproteins MrgA aus *Bacillus subtilis* (a, nach: A. Schönafinger, A. Morbitzer, D. Kreß, L.-O. Essen, F. Noll, N. Hampp, Langmuir **22** (2006) 7185) und der zytoplasmatischen Seite von Purpurmembran aus *Halobacterium salinarum*, jeweils präpariert auf Glimmer. Die einzelnen Proteine (a) sowie die Bakteriorhodopsintrimere (b) sind deutlich erkennbar.

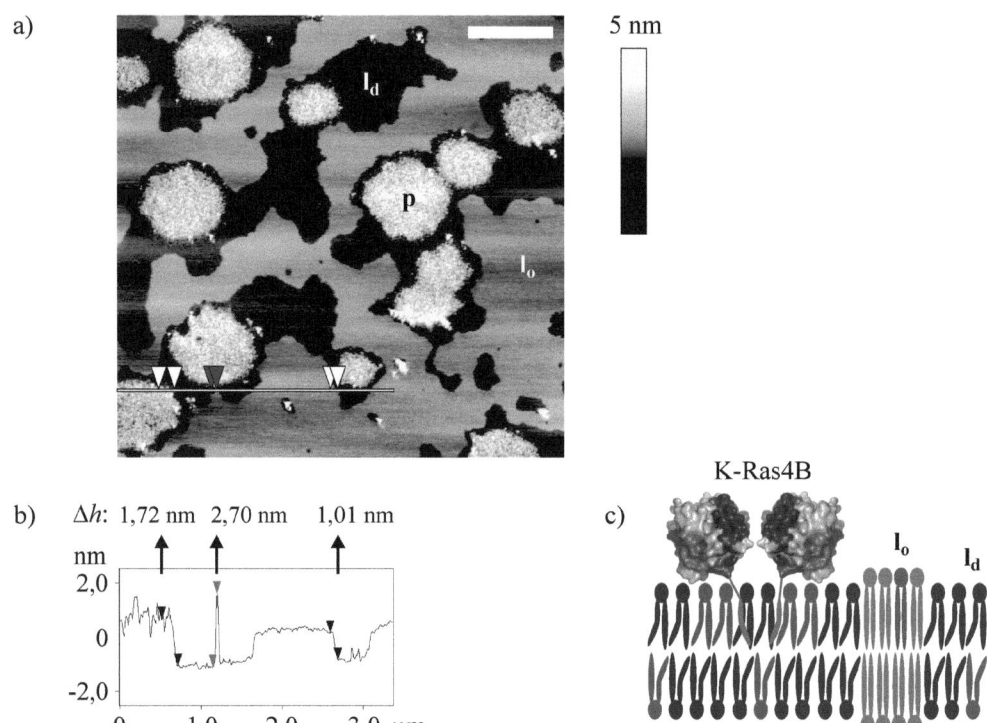

Abb. IV.32: a) *Tapping*-Modus-AFM-Aufnahme einer phasenseparierten Lipiddoppelschicht aus einer DOPC/DOPG/DPPC/Cholesterin-Mischung mit eingelagerten Proteindomänen. In dem Falschfarbenbild ist die l_d-Phase der Membran in schwarz, die l_o-Phase in grau dargestellt. Das aktive Protein K-Ras4B bildet bei der Wechselwirkung mit der Membran in der l_d-Phase neue, proteinangereicherte Domänen (hellgrau-weiß, p) aus. Der Skalierungsbalken (rechts oben) entspricht 1 μm. In b) ist die dazugehörige Höhenanalyse dargestellt. Der Ort der Höhenanalyse ist in a) durch die horizontale Linie (links unten) angegeben. Durch die Bestimmung der Höhendifferenzen der durch Pfeilpaare markierten Orte können folgende Informationen gewonnen werden: die Dicke der proteinangereicherten Domänen in Bezug auf die l_d-Phase (1,72 nm), die Größe eines K-Ras4B-Proteins (2,70 nm) sowie die Höhendifferenz zwischen der l_d- und l_o-Phase (1,01 nm). In c) ist die Lokalisierung der farnesylierten K-Ras4B-Proteine in der phasenseparierten Membran schematisch veranschaulicht (nach: K. Weise, S. Kapoor, C. Denter, J. Nikolaus, N. Opitz, S. Koch, G. Triola, A. Herrmann, H. Waldmann, R. Winter, J. Am. Chem. Soc. **133** (2011) 880).

AFM-Messungen im *tapping*-Modus können auch in einer Flüssigkeitszelle durchgeführt werden. Abbildung IV.32 zeigt als Beispiel die Lokalisation eines lipidierten Proteins (das Signalprotein K-Ras4B), das einen Farnesyl-Lipidanker trägt, in einer heterogenen Membran, die fluid-ungeordnete (liquid-disordered, l_d) und fluid-geordnete (liquid-ordered, l_o) Lipiddomänen aufweist. Letztere besitzen eine ca. 1 nm größere Dicke. Beim Einbau bildet das K-Ras4B neue Domänen, in denen es sich zu Clustern zusammenlagert.

1. Mikroskopie

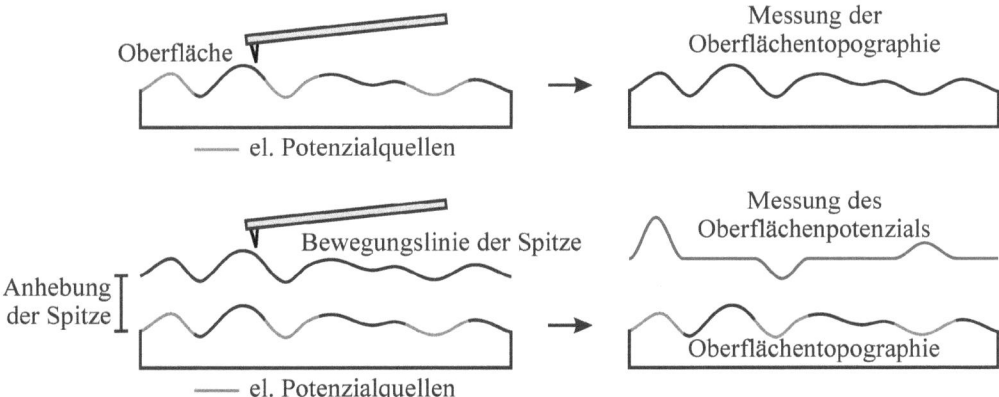

Abb. IV.33: Schematische Darstellung der Aufzeichnung von Oberflächenpotenzialen im EFM. Nachdem zunächst im *tapping*-Modus eine Linie der Oberflächenstruktur aufgenommen wurde (oben), wird die Spitze einige nm angehoben. Sie tastet dann entlang derselben Linie das Potenzial ab (unten).

Grundsätzlich können eine ganze Reihe an Eigenschaften biologischer Materialien mit Sondenmikroskopen erfasst werden. Es müssen nur entsprechende Sensoren entwickelt und dann die entsprechenden Wechselwirkungen detektiert werden. Werden beispielsweise elektrisch leitfähige AFM-Spitzen (mit Metall beschichtet oder aus dotiertem Silizium) verwendet, lassen sich Oberflächenpotenziale messen. Dies geschieht im sog. elektrostatischen Kraftmikroskop (engl.: *electrostatic force microscope*, EFM). Dieses Mikroskop funktioniert im Wesentlichen wie ein Nichtkontakt-AFM, nur kann zusätzlich die AFM-Spitze an ein elektrisches Potenzial angeschlossen werden.

Eine gängige Technik zur Messung der Oberflächenpotenziale biologischer Proben besteht darin, mit diesem Mikroskop zunächst die Oberflächenstruktur im *tapping*-Modus aufzuzeichnen (Abb. IV.33). Die Spitze wird dazu auf das elektrische Potenzial Null gesetzt. Im zweiten Schritt wird die Spitze um einige nm angehoben, die mechanische Schwingung abgestellt, die Spitze auf ein elektrisches Potenzial (Gleich- und Wechselspannung) gesetzt und dieselbe Fläche erneut abgerastert, wobei die Spitzensteuerung die Spitze entsprechend der gemessenen Oberflächenstruktur nachsteuert, so dass der Abstand zwischen Spitze und Probe konstant bleibt. Besitzt die Oberfläche verschiedene Oberflächenpotenziale, wechselwirken diese entsprechend ihres Vorzeichens und ihrer Größe mit dem Spitzenpotenzial und führen zu einer Dämpfung der Spitzenschwingung sowie zu einer Phasenverschiebung.

In der Regel wird das an die Spitze angelegte elektrische Potenzial während der Messung derart nachgesteuert, dass die Spitze letztlich keine Kräfte durch Oberflächenpotenziale erfährt und daher nicht schwingt. Aus dem derart modifizierten Spitzenpotenzial ergibt sich das Oberflächenpotenzial. Diese Art der Messung von Oberflächenpotenzialen wird auch als *KELVIN probe microscopy* bezeichnet. Das gleichzeitige Anlegen von Gleich- und Wechselspannung erlaubt neben der Bestimmung des Oberflächenpotenzials auch die Ermittlung dessen Vorzeichens. Abbildung IV.34 zeigt als Beispiel Topographie- und Potenzialmessungen an Purpurmembranen.

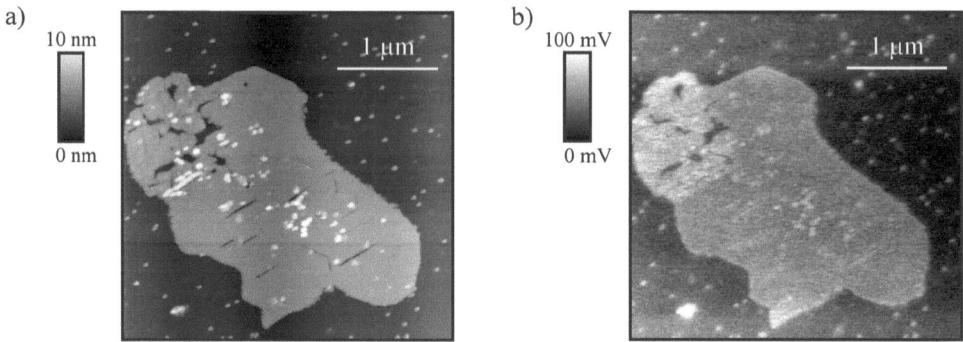

Abb. IV.34: Aufnahmen der Oberflächenstruktur (a) und des elektrischen Potenzials (b) von Purpurmembranen. Während die Topographieaufnahme anscheinend eine einzige Membran zeigt, ist im Potenzialbild ein um 20 mV höheres Potenzial im linken oberen Bereich erkennbar. Dies deutet darauf hin, dass hier zwei Purpurmembranen unterschiedlich orientiert auf dem Substrat zu liegen kamen, denn die beiden Seiten einer Purpurmembran unterscheiden sich in ihrem Oberflächenpotenzial.

Eine andere Weiterentwicklung der Rastersondenmikroskope stellt auch das *Optische Rasternahfeldmikroskop* (engl.: *scanning near field optical microscope*, SNOM; amerikanisch NSOM) dar. Bei diesem Gerät besteht die Messsonde z. B. aus einer fein nach vorne zulaufenden Glasfaser, deren Wand mit einer dünnen Aluminiumschicht bedampft ist. Das vorderste Ende der Faser wird dabei nicht mit Al beschichtet, so dass eine Öffnung mit einem Durchmesser von ca. 50 nm bleibt, durch die in die Glasfaser eingekoppeltes Laserlicht wieder austreten kann. Bewegt man diese Sonde in einem Abstand von einigen nm über eine Probe, arbeitet also im sog. Nahfeldbereich (im evaneszenten Feld, s. a. Abb. IV.6), wird die ABBÉsche Beugungsbedingung umgangen und man kann Mikroskopie mit einer im Vergleich zu gängigen Lichtmikroskopen weitaus höheren Auflösung, die durch den Durchmesser der Sondenöffnung begrenzt wird, betreiben. Unter geeigneten Bedingungen, wie z. B. ausreichender Verdünnung der Probe, ist dann sogar Spektroskopie an einzelnen Molekülen möglich. Dabei wird zumeist die Fluoreszenz geeigneter Sondenmoleküle als Messsignal detektiert. Da die Spitze mit Hilfe eines Piezoelements senkrecht zur Oberfläche in Schwingung versetzt werden kann und diese in Abhängigkeit vom Abstand von der Probe gedämpft wird, ist eine Bewegung der Spitze in konstantem Abstand ähnlich zum Nichtkontakt-AFM und somit die Messung der Oberflächenstruktur möglich. Als Beispiel zeigt Abbildung IV.35 Untersuchungen an mit dem Fluoreszenzfarbstoff Ethidiumbromid angefärbter DNA.

Mittlerweile sind auch SNOM-Sensoren verfügbar, die als noch kleiner dimensionierte Lichtquelle fungieren. Dabei handelt es sich um sog. aperturlose SNOM-Spitzen. Dies sind mit geeigneten Farbstoffen belegte AFM-Spitzen, welche mit einem evaneszenten Laserlichtfeld wechselwirken. Dadurch werden im Spitzenmaterial Plasmonen angeregt, die ihrerseits dazu führen, dass die Farbstoffmoleküle lumineszieren.

Durch die Entwicklung weiterer Sensoren für die Kraftmikroskopie ist es auch möglich, magnetische (Magnetkraftmikroskop, engl.: *magnetic force microscope*, MFM) oder thermische (thermisches Rasterkraftmikroskop, engl.: *scanning thermal microscope*, SThM) Eigenschaften auf Oberflächen zu messen. Es ist zu erwarten, dass die Familie der Rastersondenmikro-

1. Mikroskopie

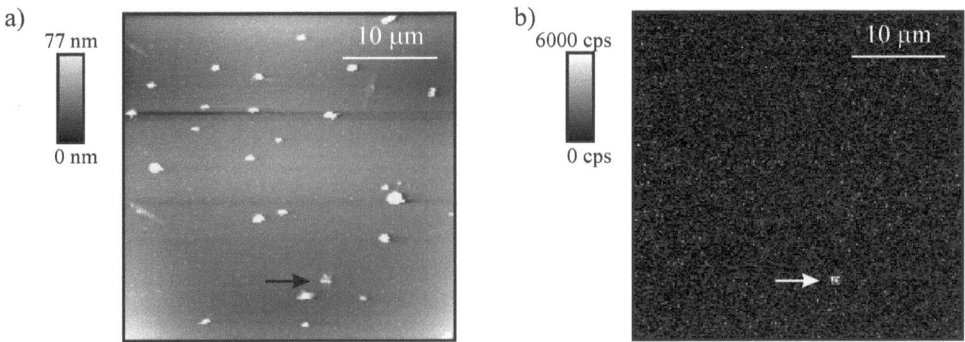

Abb. IV.35: SNOM-Aufnahmen der Oberflächenstruktur (a) und der Fluoreszenz (b) von DNA auf Glimmer. Während die Topographieaufnahme mehrere DNA-Fäden zeigt, ist im Fluoreszenzbild nur ein einzelnes, fluoreszierendes, mit Ethidiumbromid angefärbtes DNA-Molekül erkennbar (jeweils mit einem Pfeil markiert).

skope durch die Entwicklung weiterer Sonden auch in Zukunft fortschreiten wird und somit weitere Informationen über biologische Materialien zugänglich werden. Zudem sind schnellerer Aufzeichnungstechniken in der Entwicklung, die es erlauben, auch Ergebnisse über die Dynamik biologisch-chemischer Prozesse zu erhalten.

Kraftspektroskopie
Da mit einem AFM Kräfte im pN-Bereich gemessen werden können, ist es mit einer AFM-Spitze möglich, auch Informationen über intra- und intermolekulare Wechselwirkungen zu erhalten. Dazu müssen die zu untersuchenden Moleküle aber an der AFM-Spitze anhaften. Dies kann entweder unspezifisch geschehen oder mittels „Hilfsmolekülen", welche kovalent an die AFM-Spitze angekoppelt sind und z. B. selektiv mit nur einem bestimmten, sich auf einem Probenträger befindenden Zielmolekül interagieren. Ein Beispiel für letzteren Weg stellen Biotin und Streptavidin dar.

In der Kraftspektroskopie wird nun eine AFM-Spitze - chemisch modifiziert oder nicht - auf die zu untersuchende Probe gedrückt. Das Molekül bindet an die Spitze, und diese wird dann zurückgezogen (Abb. IV.36). Kommt es zwischen AFM-Spitze und auf einem Substrat gebundenem Molekül zu einer Bindung, erfährt die Spitze beim Hochziehen je nach Stärke der intra- oder intermolekularen Wechselwirkungen eine sich ändernde Kraft in Richtung Probenoberfläche. Diese wird gemessen. Bei weiterem Hochziehen der Spitze reißt schließlich das Probenmolekül von der Spitze oder der Oberfläche ab.

Auf diese Weise kann z. B. gemessen werden, welche Kraft notwendig ist, um eine DNA-Doppelhelix zu entfalten oder auch α-Helices eines Proteins, welches auf einem Substrat gebunden ist. Abbildung IV.37 zeigt als Beispiel kraftspektroskopische Untersuchungen an Bakteriorhodopsin, welches insgesamt sieben α-helikale Bereiche aufweist. Die Ergebnisse zeigen, dass sechs α-Helices paarweise aus der Purpurmembran herausgezogen werden (entsprechend den drei Maxima in der Kraft-Abstands-Kurve). Mittels Modellrechnungen lässt sich so z. B. auf die molekulare Länge (d. h. die Anzahl an Aminosäureresten) der verschiedenen Bereiche des Proteins schließen.

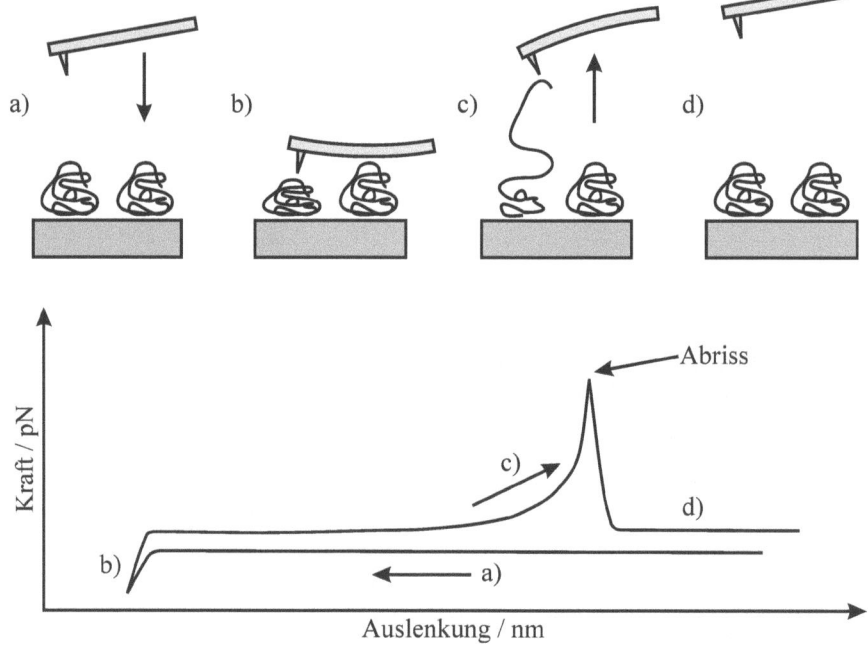

Abb. IV.36: Oben: Schematische Darstellung der Prozesse bei der Kraftspektroskopie. Die AFM-Spitze wird der Probe angenähert (a) und kurzzeitig auf die Probe gedrückt (b). Dann wird die Spitze wieder nach oben gezogen. Wenn ein Probenmolekül an die Spitze gebunden hat, wird das Molekül in die Länge gezogen (c, z. B. wird ein Protein entfaltet). Dabei erfährt die Spitze eine Kraft und wird nach unten durchgebogen. Wird die Spitze weiter nach oben gezogen, reißt die Bindung zwischen Spitze und Probe oder Probe und Oberfläche schließlich ab (d). Unten: Zugehöriger Verlauf der Kraft-Abstands-Kurve.

Generell hängt die Abrisskraft immer von der Ziehgeschwindigkeit ab. Beim Durchtrennen der Bindungen überschreitet man die Energiebarriere, welche den gebundenen und ungebundenen Zustand trennt. Die GIBBS-Aktivierungsenergie, die spontane Übergangsrate vom einen zum anderen Zustand und die Breite des Potenzialbergs der Energielandschaft bestimmen den Prozess. Zugang zu diesen Parametern liefern geschwindigkeitsabhängige Messungen der Abrisskraft (s. z. B. M. Rief, H. Grubmüller, Phys. Bl. **57(2)** (2001) 55).

1.4 Optische Pinzetten

Schließlich wollen wir noch eine weitere Methode kurz erwähnen, die es erlaubt, mechanische Kräfte auf einzelne Moleküle auszuüben. Sie beruht darauf, dass Licht ebenfalls Kräfte auf Materie ausübt (Strahlungsdruck). Mit Hilfe der sog. optischen Pinzetten (engl.: *optical tweezers*) lassen sich mechanische Kräfte auf einzelne Moleküle übertragen. Die Technik wurde um 1970 von A. ASHKIN vorgestellt. Ein durch das Objektiv eines Mikroskops stark fokussierter Laserstrahl hat die Fähigkeit, sphärische dielektrische Teilchen (deren Brechungsindex größer ist als der ihrer Umgebung) in einem Größenbereich von Nanometern bis Mikrometern

1. Mikroskopie

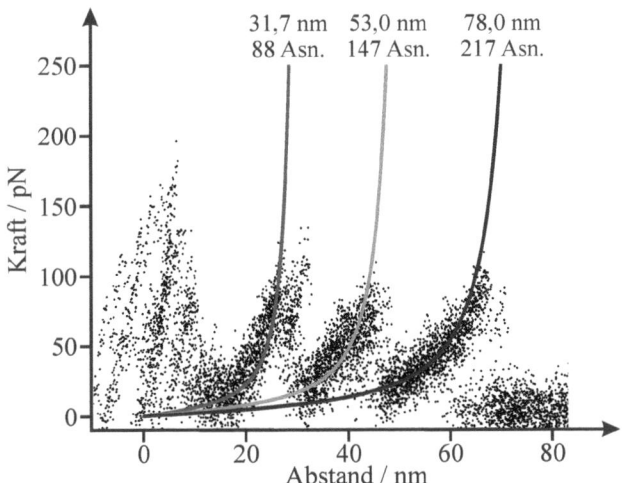

Abb. IV.37: Kraft-Abstands-Kurven von Bakteriorhodopsin, das in der Purpurmembran eingebettet ist. Die durch das Herausziehen von drei Paaren von α-Helices aus der Membran hervorgerufenen Kraftsignale können mit einem Modell (durchgezogenen Linien) angepasst werden und liefern so Informationen über die Längen der herausgezogenen Aminosäureketten des Proteins (Asn.: Aminosäuren). Wegen der geringen Kräfte ist es notwendig, eine Vielzahl von Experimenten durchzuführen, um statistisch aussagekräftige Ergebnisse zu erhalten - daher die vielen Messpunkte (nach: M. Schranz, F. Noll, N. Hampp, Langmuir **23** (2007) 11134).

im Fokus festzuhalten und bei einer Bewegung mitzuführen. Das Festhalten der Teilchen durch diese optische Pinzette ergibt sich durch das Strahlungsfeld der am dielektrischen Teilchen gebeugten und gestreuten Photonen, also durch Lichtkräfte. Hierzu werden meist zwei entgegengesetzt gerichtete Laser eingesetzt. Beispielsweise kann ein Polymerkügelchen, ein sogenanntes *bead*, an dem ein Biomolekül angekoppelt ist, durch Bewegen des Laserstrahls manipuliert werden. Wenn das Biomolekül zwischen dem im Laserstrahl eingefangenen Kügelchen und einem immobilisieren Objekt (z. B. auf einem Objektträger) angebracht ist, kann nach geeigneter Kalibrierung über das HOOKEsche Gesetz die Kraft gemessen werden, die beim Bewegen des Teilchens auftritt. Für Bewegungen bis etwa 200 nm vom Mikrofokus des Lasers entfernt ist der Weg proportional zur Kraft, die auf das Kügelchen wirkt. Die Position des Teilchens kann z. B. wieder mit einem Quadranten-Photodetektor mit Sub-nm-Genauigkeit bestimmt werden. Optische Pinzetten ermöglichen die Messung von pN-Kräften und Verschiebungen auf der nm-Ortsskala. Mit Infrarotlasern lassen sich sogar ganze Zellen manipulieren. Es gibt auch sog. magnetische Pinzetten, mit denen man Kräfte im fN-Bereich messen und auch Torsionsbewegungen durchführen kann. Typische Anwendungsbeispiele sind z. B. die Bestimmung der Kräfte beim Entfalten von DNA und die Bestimmung der Kräfte, die bei den Motorproteinen Myosin und Kinesin auftreten (s. z. B. A. D. Metha, M. Rief, J. A. Spudich, D. A. Smith, R. M. Simmons, Science **283** (1999) 1689, K. C. Neuman, A. Nagy, Nature Methods **5** (2008) 491). Das Motorprotein Kinesin bewegt sich entlang den Mikrotubuli des Zytoskeletts und übernimmt dabei Transportaufgaben innerhalb der Zelle. Das in den Skelettmuskeln vorkommende Myosin bewegt sich entlang von Aktinfilamenten und führt so zur

Muskelkontraktion. Eine Konformationsänderung der Myosinköpfe durch ATP-Hydrolyse verursacht eine Verrückung von etwa 11 nm, was eine Kraft von ca. 3 pN erzeugt.

2. Lichtstreuung

Je nachdem, ob beim Streuprozess zwischen Licht und Materie Energie ausgetauscht wird oder nicht, unterscheidet man zwischen inelastischer, quasielastischer (dynamischer) bzw. elastischer (statischer) Streuung. Zunächst beschränken wir uns auf den Fall der elastischen Lichtstreuung. Sie ist eine wichtige Methode zur Bestimmung der Molmasse von Makromolekülen. Weiterhin liefert sie Informationen über die Größe und Form der Moleküle sowie deren intermolekulare Wechselwirkungen. Letztere ergeben sich aus dem zweiten Virialkoeffizienten, der zur Beschreibung der Streuintensität höher konzentrierter Lösungen benötigt wird.

Abbildung IV.38 zeigt das Schema einer experimentellen Anordnung zur Messung der Lichtstreuung. Anstelle konventioneller Lichtquellen, wie z. B. Xe-Lampen, werden in Lichtstreuapparaturen Laser verwendet, da sie monochromatisches, kollimiertes Licht hoher Intensität liefern. Die an der Probe gestreute Strahlung wird unter dem Streuwinkel 2θ von einem Photoelektronenvervielfacher (engl.: *photomultiplier tube*, PMT) detektiert, der drehbar um die Probe angeordnet ist.

2.1 Elastische Lichtstreuung an punktförmigen Teilchen: RAYLEIGH-Streuung

Lord RAYLEIGH entwickelte 1871 eine Theorie der Lichtstreuung an isotropen Teilchen, deren Durchmesser a im Vergleich zur Lichtwellenlänge λ sehr klein ist ($a \ll \lambda$). Für diesen Fall ist das elektrische Feld des Lichts über das gesamte Teilchen hinweg gleich groß, und man spricht von RAYLEIGH-Streuung.

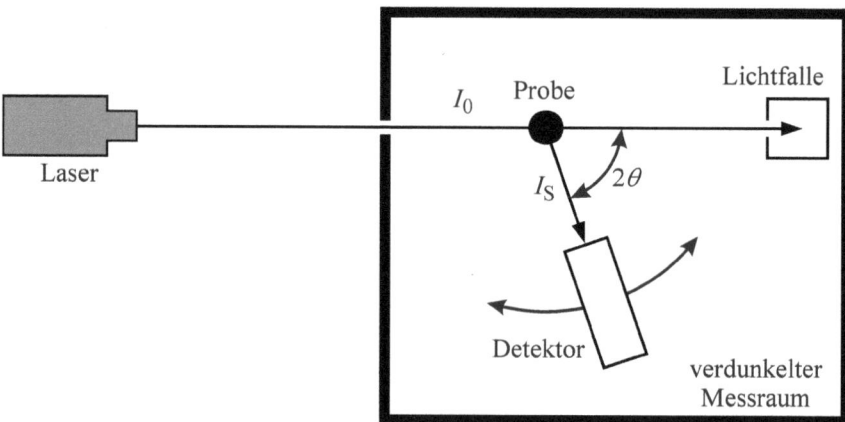

Abb. IV.38: Schematischer Aufbau einer Lichtstreuapparatur. Einfallendes Licht der Intensität I_0 wird unter einem Winkel 2θ mit der Intensität I_s gestreut. Als Anregungswellenlänge wird eine Wellenlänge gewählt, die von der Probe nicht absorbiert wird.

2. Lichtstreuung

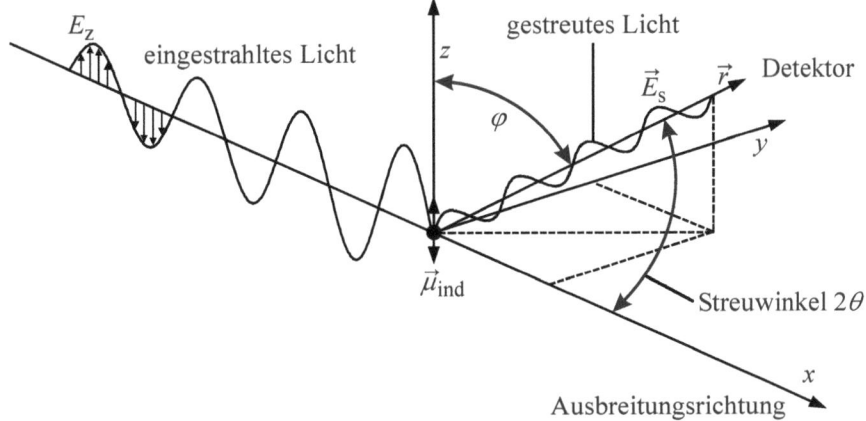

Abb. IV.39: Streugeometrie bei der Lichtstreuung an einem Teilchen, das im Ursprung des Koordinatensystems sitzt. Die Beobachtungslinie hat den Winkel φ zur z-Achse und den Winkel 2θ (Streuwinkel) zur x-Achse.

Wenn Licht auf Materie trifft, regt es die Elektronen der Atome an, die dann ihrerseits wieder Licht aussenden. Elektromagnetische Strahlung besteht aus einem elektrischen und einem magnetischen oszillierenden Feld. Im Gegensatz zum elektrischen Feld spielt das magnetische Feld beim Streuprozess i. Allg. keine Rolle. Die elektrische Feldstärke des eingestrahlten monochromatischen Lichts sei wie folgt gegeben:

$$E_z = E_{0,z} \cos(\omega t - kx) \tag{IV.9}$$

Wie in Abbildung IV.39 zu erkennen ist, oszilliert das elektrische Feld in z-Richtung, während die Lichtwelle sich in x-Richtung mit der Zeit t ausbreitet. $E_{0,z}$ ist die maximale Auslenkung oder Amplitude der Welle, $\omega = 2\pi\nu$ ist die Kreisfrequenz und $k = 2\pi/\lambda$ ist der Wellenvektorbetrag des Lichts (Frequenz ν und Wellenlänge λ sind über die Lichtgeschwindigkeit c miteinander verknüpft: $c = \lambda\nu$).

Am Ort des Streuzentrums ($x = 0$) variiert das elektrische Feld mit der Zeit und induziert in den Probenteilchen ein elektrisches Dipolmoment:

$$\mu_{\text{ind}} = \alpha E_z = \alpha E_{0,z} \cos(\omega t) \tag{IV.10}$$

α ist die Elektronenpolarisierbarkeit der Moleküle. Das induzierte elektrische Dipolmoment stellt nach den Gesetzen der Elektrodynamik – ähnlich einer Fernsehantenne – einen winzigen HERTZschen Dipol dar. Wenn das Molekül isotrop aufgebaut ist, zeigt dieser in dieselbe Richtung wie die elektrische Feldstärke. Der HERTZsche Dipol emittiert nun seinerseits elektromagnetische Strahlung derselben Frequenz. Die Stärke des ausgesandten elektrischen Feldes ist proportional zur zweiten Ableitung des elektrischen Dipolmoments nach der Zeit:

$$E_s = -\frac{1}{4\pi\varepsilon_0 rc^2} \omega^2 \alpha E_{0,z} \cos(\omega t - kr) \sin\varphi \tag{IV.11}$$

wobei ε_0 die elektrische Feldkonstante, r der Abstand vom Streuzentrum und φ der Winkel zur z-Achse ist (Abb. IV.39). Experimentell erhält man jedoch die Intensität einer Lichtwelle. Sie gibt die Energie an, die die Welle pro Zeit durch die Einheitsfläche transportiert. Die Intensität des gestreuten Lichts ist proportional zum Amplitudenquadrat der elektrischen Feldstärke E_s und ist relativ zur einfallenden Lichtintensität gegeben durch

$$\frac{I_s}{I_0} = \frac{\omega^4 \alpha^2}{16\pi^2 \varepsilon_0^2 r^2 c^4} \sin^2 \varphi = \frac{\pi^2 \alpha^2}{\varepsilon_0^2 r^2 \lambda^4} \sin^2 \varphi \qquad (IV.12)$$

Diese Gleichung gilt nur, wenn das einfallende Licht vertikal polarisiert ist (z-Richtung). Die vom Teilchen unter dem Streuwinkel 2θ elastisch, d. h. ohne Energieverlust, gestreute Lichtintensität I_s hängt somit von der einfallenden Primärstrahlintensität I_0, dem Probe-Detektor-Abstand r und der Elektronenpolarisierbarkeit α der Teilchen ab. Weiterhin fällt die Intensität des Streulichts mit der vierten Potenz der Lichtwellenlänge ab ($I_s \propto 1/\lambda^4$). Kurzwelliges Licht wird also viel stärker gestreut als langwelliges. Auf diese Weise kommt die blaue Farbe des Himmels zustande. Die blaue (kurzwellige) Komponente des Sonnenlichts wird von den Luftmolekülen stärker gestreut als die anderen Farbkomponenten. Licht mit einer Wellenlänge von 250 nm wird etwa hundertmal stärker gestreut als Licht mit $\lambda = 800$ nm.

Die Streuintensität I_s hängt von der Richtung der Streustrahlung ab. I_s ist proportional zu $\sin^2 \varphi$ für vertikal polarisiertes Licht (Gl. IV.12). Für unpolarisiertes Licht, wie es alle herkömmlichen Lichtquellen aussenden, muss dieser Term durch $[1+\cos^2(2\theta)]/2$ ersetzt werden:

$$\frac{I_s}{I_0} = \frac{\pi^2 \alpha^2}{\varepsilon_0^2 r^2 \lambda^4} \cdot \frac{1 + \cos^2(2\theta)}{2} \qquad (IV.13)$$

Im Fall der polarisierten Strahlung ist I_s maximal für $\varphi = 90°$, d. h. senkrecht zur Achse des oszillierenden Dipols. Für unpolarisiertes einfallendes Licht beobachtet man auch für $\varphi = 0°$ und 180° Streuintensität (Abb. IV.40).

Im Allgemeinen fasst man die experimentellen Parameter (Einfallintensität, Detektorabstand, Beobachtungswinkel) zum sog. RAYLEIGH-Verhältnis R_θ zusammen. Für unpolarisiertes einfallendes Licht gilt

$$R_\theta = \frac{I_s}{I_0} \cdot \frac{r^2}{1+\cos^2(2\theta)} = \frac{\pi^2 \alpha^2}{2\varepsilon_0^2 \lambda^4} \qquad (IV.14)$$

R_θ sollte damit unabhängig von der Streugeometrie sein. Bisher haben wir nur die Lichtstreuung an einem einzelnen Molekül betrachtet. Für die Streuung an einer Vielzahl von Molekülen ist Gleichung IV.14 mit der Teilchenzahldichte N/V zu multiplizieren, um die Streuintensität pro Volumeneinheit zu erhalten. Im Folgenden werden wir die Streuung von Licht an einem Ensemble von Teilchen in Lösung diskutieren.

2.2 Elastische Lichtstreuung an kleinen Makromolekülen in Lösung

Lösungen von Makromolekülen streuen sehr stark Licht. Dies kann ausgenutzt werden, um die Molmasse und Größe der Makromoleküle zu bestimmen. Die Lichtstreuung erfolgt hier

2. Lichtstreuung

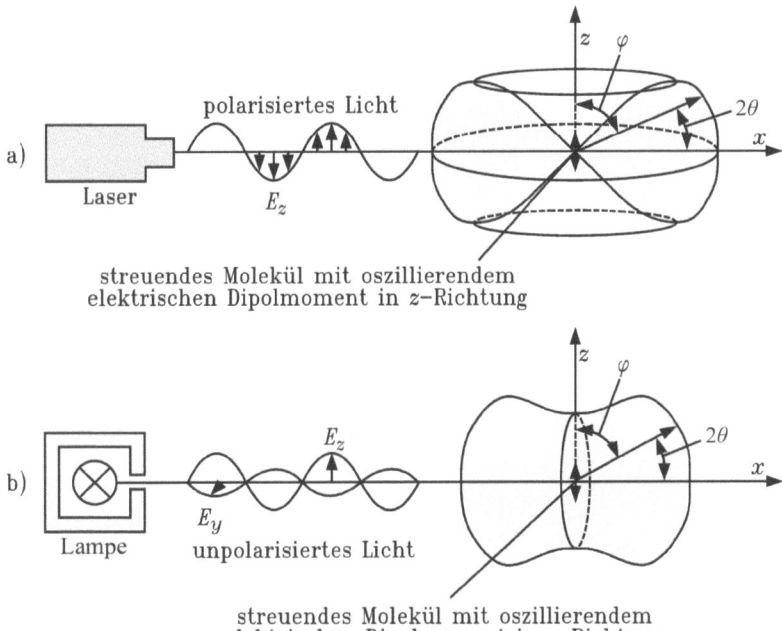

Abb. IV.40: Räumliche Verteilung der RAYLEIGH-Streuintensität eines schwingenden elektrischen Dipols im Fall von polarisiertem (a) und unpolarisiertem (b) einfallenden Licht. φ ist der Winkel zwischen der Dipolachse und der Beobachtungslinie. Der Streuwinkel 2θ ist der Winkel zwischen der Beobachtungslinie und der Richtung des einfallenden und ungestreuten Lichts.

nicht an einzelnen Molekülen, sondern an lokal und zeitlich auftretenden Dichte- und Konzentrationsfluktuationen der Lösung und den damit verbundenen Fluktuationen der Polarisierbarkeit α. Diese Fluktuationen erstrecken sich über Längen, die der Lichtwellenlänge entsprechen. Die Makromoleküle selbst sind kleiner als die Lichtwellenlänge (Dimension $a < \lambda/20$).

Da die Polarisierbarkeit keine bequeme Messgröße ist, ist es sinnvoller, sie entsprechend der CLAUSIUS-MOSOTTI-Gleichung durch den Brechungsindex der Lösung zu ersetzen. Zwischen dem Brechungsindex der Lösung n, dem Brechungsindex des reinen Lösungsmittels n_{LM} und den entsprechenden Polarisierbarkeiten α bzw. α_{LM} besteht näherungsweise der folgende Zusammenhang:

$$\frac{N}{V}(\alpha - \alpha_{LM}) = \varepsilon_0 \left(n^2 - n_{LM}^2 \right) \tag{IV.15}$$

N/V ist die Zahl der Makromoleküle pro Lösungsvolumen. Unter Verwendung der Massenkonzentration $c_m = m/V = NM/(N_A V)$ (m Gesamtmasse der Makromoleküle, M molare Masse der Makromoleküle, N_A Avogadro-Konstante), des Brechungsindexinkrements $dn/dc_m \approx (n - n_{LM})/c_m$ und der Näherung $n + n_{LM} \approx 2n_{LM}$ erhält man für die Differenz der Polarisierbarkeiten

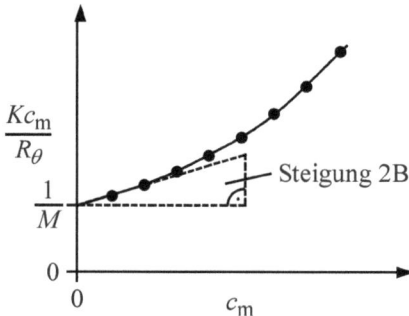

Abb. IV.41: Bestimmung der Molmasse M und des zweiten Virialkoeffizienten B aus Lichtstreumessungen.

$$\delta\alpha = \alpha - \alpha_{LM} = 2\varepsilon_0 n_{LM} \frac{dn}{dc_m} \cdot \frac{M}{N_A} \qquad (IV.16)$$

Ersetzt man in Gleichung IV.14 α^2 durch $(\delta\alpha)^2$ und multipliziert den erhaltenen Ausdruck noch mit der Teilchenzahldichte N/V, ergibt sich das RAYLEIGH-Verhältnis zu

$$R_\theta = KMc_m \qquad (IV.17)$$

mit

$$K = \frac{2\pi^2 n_{LM}^2}{\lambda^4 N_A}\left(\frac{dn}{dc_m}\right)^2 \qquad (IV.18)$$

Die Änderung des Brechungsindexes mit der Massenkonzentration der Makromoleküle lässt sich mit Hilfe eines Differential-Diffraktometers mit einer Messgenauigkeit des Brechungsindexes von 10^{-5} bis 10^{-6} bestimmen. Wie aus Gleichung IV.17 ersichtlich, kann durch Messung des RAYLEIGH-Verhältnisses R_θ die molare Masse M der Makromoleküle ermittelt werden.

Für höher konzentrierte Lösungen ist die Einführung von Korrekturtermen notwendig, und es gilt die korrigierte Form von Gleichung IV.17:

$$\frac{Kc_m}{R_\theta} = \frac{1}{M} + 2Bc_m + \ldots \qquad (IV.19)$$

B ist der zweite Virialkoeffizient. Er ist ursprünglich über die Virialgleichung definiert, die den osmotischen Druck einer Lösung als Funktion ihrer Konzentration beschreibt:

$$\pi_{osm} = RT\left(\frac{1}{M}c_m + Bc_m^2 + \ldots\right) \qquad (IV.20)$$

Wie eingangs erwähnt, gilt Gleichung IV.19 nur für gelöste Moleküle, die viel kleiner sind als die Wellenlänge des verwendeten Lichts. Trägt man Kc_m/R_θ gegen c_m auf, liefert der Achsenabschnitt die molare Masse M und die Steigung der Kurve den zweiten Virialkoeffizienten B, der ein Maß für die Wechselwirkung zwischen den Molekülen ist (Abb. IV.41). Man misst die Lichtstreuung der Lösung über einen gewissen Konzentrationsbereich und extrapoliert

2. Lichtstreuung

dann die Werte auf die Konzentration Null. Lichtstreuwerte von polydispersen makromolekularen Lösungen liefern die über die Masse gemittelte Molmasse $\overline{M}_w$. Aus Messwerten des osmotischen Drucks erhält man dagegen das Zahlenmittel $\overline{M}_N$. Für ein polydisperses System gilt immer $\overline{M}_w > \overline{M}_N$. Das Verhältnis der beiden Mittelwerte ist ein Maß für den Grad der Polydispersität.

2.3 Turbidität

Durch die Lichtstreuung an einer makromolekularen Lösung wird die Intensität des einfallenden Lichtstrahls in Vorwärtsrichtung reduziert. Sie kann durch eine Formel ähnlich dem LAMBERT-BEER'schen Gesetz angegeben werden:

$$I = I_0 \cdot e^{-\tau d} \tag{IV.21}$$

d ist die Weglänge des Lichts in der Lösung. τ wird Trübung (Turbidität) oder besser Trübungskoeffizient genannt. Die Intensität des einfallenden Lichts in Vorwärtsrichtung wird demzufolge gemäß einer Exponentialfunktion geschwächt. Die Verringerung der Lichtintensität beruht hier nicht auf einem Absorptions-, sondern auf einem Streuprozess. Zwischen dem Trübungskoeffizienten und dem RAYLEIGH-Verhältnis R_θ besteht folgende Beziehung:

$$\tau = \frac{16\pi}{3} R_\theta \tag{IV.22}$$

In etwa 1-%igen Lösungen von Polymeren liegt τ bei 10^{-3} cm^{-1}. Im Vergleich dazu beträgt der entsprechende Wert von Milch 10 cm^{-1}, weshalb man nur etwa 1 mm tief in Milch hineinsehen kann.

2.4 Elastische Lichtstreuung an größeren Makromolekülen in Lösung

Voraussetzung bei der bisherigen Betrachtung des Streuprozesses war, dass die Streuzentren isotrop, nicht absorbierend und viel kleiner als die Wellenlänge des Lichts sind (Dimension $a < \lambda/20$). Wenn die Teilchengröße in die Größenordnung der Lichtwellenlänge kommt, kann das Molekül nicht mehr als Punktdipol angesehen werden. Es finden nun an verschiedenen Stellen des Makromoleküls Streuvorgänge statt (Abb. IV.42), und es kommt zur Interferenz der an den verschiedenen Stellen gestreuten Lichtwellen. Die Streutheorie an größeren Molekülen wurde im Wesentlichen von GANS und DEBYE ausgearbeitet.

Denken wir uns ein Molekül, das aus Atomen zusammengesetzt ist, die die Abstände R_{ij} zueinander haben, dann interferieren die an jedem Atompaar gestreuten Lichtwellen. Die von allen Atompaaren im Molekül herrührende Streustrahlung kann man berechnen. Der resultierende Interferenzterm, der sog. Teilchenstreufaktor, hängt vom Beobachtungswinkel, d. h. vom Streuwinkel 2θ, ab und ist für ein Makromolekül aus N_s Streuzentren allgemein gegeben durch:

$$P(2\theta) = \frac{1}{N_s^2} \sum_{i=1}^{N_s} \sum_{j=1}^{N_s} \frac{\sin(QR_{ij})}{QR_{ij}} \tag{IV.23}$$

mit $Q = n(4\pi/\lambda)\sin\theta$, dem Wellenvektorübertrag, der vom Brechungsindex n des Mediums, der Vakuumwellenlänge λ und dem halben Streuwinkel θ abhängt.

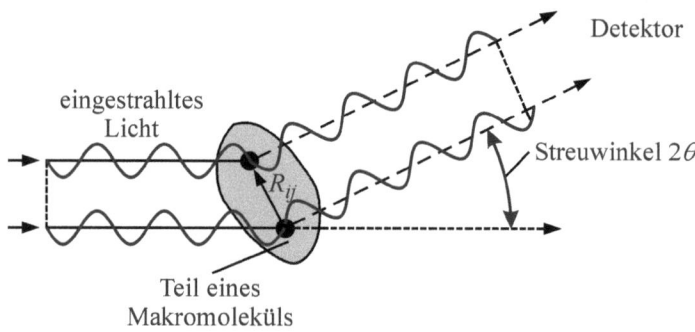

Abb. IV.42: Lichtstreuung an einem Molekül, dessen Größe $\lambda/20$ übersteigt (λ ist die Lichtwellenlänge). Wenn Licht an verschiedenen Punkten des Moleküls gestreut wird, interferieren die gestreuten Wellen. Die Intensitätsverteilung der Streustrahlung lässt Rückschlüsse auf die Gestalt des Moleküls (z. B. Biopolymer) zu.

Wenn das Molekül kleiner als die Wellenlänge des Lichts ist, kann man die Sinusfunktion in obiger Gleichung durch eine Reihe ersetzen, die nach den ersten zwei Gliedern abgebrochen wird:

$$P(2\theta) \approx \frac{1}{N_s^2} \sum_{i=1}^{N_s} \sum_{j=1}^{N_s} \left(1 - \frac{1}{6}(QR_{ij})^2\right) = 1 - \frac{Q^2}{6N_s^2} \sum_{i=1}^{N_s} \sum_{j=1}^{N_s} R_{ij}^2 \qquad (IV.24)$$

Der sog. Streumassenradius oder auch Gyrationsradius R_G ist definiert über

$$R_G^2 = \frac{1}{2N_s^2} \sum_{i=1}^{N_s} \sum_{j=1}^{N_s} R_{ij}^2 \qquad (IV.25)$$

und gibt den mittleren quadratischen Abstand der Streuzentren des Moleküls von dessen Schwerpunkt an. Für den Teilchenstreufaktor erhält man so

$$P(2\theta) \approx 1 - \frac{Q^2 R_G^2}{3} \qquad (IV.26)$$

Mit diesem Teilchenstreufaktor müssen wir das RAYLEIGH-Verhältnis korrigieren, um die Lichtstreuintensität der Lösung beschreiben zu können. Aus Gleichung IV.19 wird dann:

$$\frac{Kc_m}{R_\theta} = \frac{1}{P(2\theta)} \left(\frac{1}{M} + 2Bc_m\right) \qquad (IV.27)$$

Solange QR_G klein ist, können wir den reziproken Teilchenstreufaktor näherungsweise schreiben als

$$\frac{1}{P(2\theta)} \approx 1 + \frac{Q^2 R_G^2}{3} \qquad (IV.28)$$

so dass man schließlich die folgende Gleichung zur Auswertung von Lichtstreudaten erhält:

2. Lichtstreuung

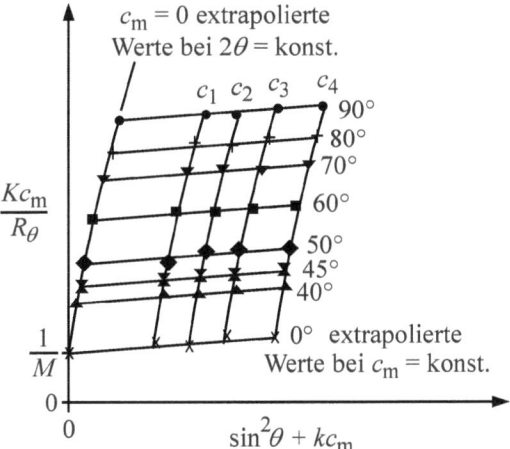

Abb. IV.43: ZIMM-Plot von Lichtstreudaten an Lösungen eines Polymers. Durch Extrapolation der Daten auf $c_m = 0$ und $2\theta = 0°$ werden zwei Kurven erhalten, die die Ordinate bei $1/M$ schneiden. Aus der Steigung der ($c_m = 0$)-Kurve erhält man R_G und aus der Steigung der ($2\theta = 0°$)-Kurve erhält man B.

$$\frac{Kc_m}{R_\theta} = \left(1 + \frac{16\pi^2 n^2 R_G^2}{3\lambda^2}\sin^2\theta\right) \cdot \left(\frac{1}{M} + 2Bc_m\right) \tag{IV.29}$$

Für kleine Teilchen ($R_G \ll \lambda$) wird $P(2\theta) = 1$ und damit unabhängig vom Streuwinkel. Für größere Teilchen hängt die Lichtstreuintensität dagegen von 2θ ab. Die Molmasse der Teilchen bestimmt man, indem man Lösungen verschiedener Konzentration c_m bei verschiedenen Streuwinkeln 2θ vermisst und die Daten gemäß Gleichung IV.29 im sog. ZIMM-Plot aufträgt (Abb. IV.43). Im Allgemeinen werden die Werte Kc_m/R_θ gegen $\sin^2\theta + kc_m$ aufgetragen, wobei k eine willkürliche Konstante ist, die eingeführt wird, um die Datenpunkte im Diagramm auseinander zu ziehen. Extrapolation der Daten auf die Konzentration Null und den Streuwinkel Null liefert

$$\lim_{\substack{c_m \to 0 \\ 2\theta \to 0}} \frac{Kc_m}{R_\theta} = \frac{1}{M} \tag{IV.30}$$

An diesem Punkt im Diagramm stört die Wechselwirkung zwischen den Molekülen und die Interferenz der an verschiedenen Stellen desselben Moleküls gestreuten Strahlen die Auswertung von M nicht. Die Molmassenbestimmung durch statische Lichtstreuung ist etwa im Bereich $5 \cdot 10^3 < M/\text{g·mol}^{-1} < 10^7$ möglich.

Weiterhin lässt sich aus der Steigung der ($c_m = 0$)-Linie im ZIMM-Plot der Streumassenradius R_G der Makromoleküle bestimmen. Er ist ein Maß für die räumliche Ausdehnung der Moleküle. Wenn die Form der Teilchen bekannt ist, kann aus R_G die Gesamtausdehnung der Teilchen bestimmt werden. Der Streumassenradius R_G und der Teilchenstreufaktor $P(2\theta)$ lassen sich für verschiedene Teilchengeometrien über die Gleichungen IV.25 und IV.26 berechnen. Für eine Kugel mit dem Radius R gilt beispielsweise $R_G = \sqrt{3/5}R$. Tabelle IV.1 zeigt für einfache

Teilchenformen weitere Zusammenhänge. Da der Verlauf der Streukurve bei großen Streuwinkeln explizit von der Form der Teilchen abhängt, lässt sich zudem durch einen Vergleich mit Modellstreukurven eine grobe Information über die Teilchenform gewinnen.

Als Beispiel zeigt Abbildung IV.44 Lichtstreudaten einer Lösung des Tabak-Mosaik-Virus. Der gemessene reziproke Teilchenstreufaktor ist zusammen mit zwei berechneten Kurven für Teilchenlängen von 290 nm und 320 nm aufgetragen. Wie aus der Abbildung ersichtlich, ergibt sich für den Virus eine Länge von etwa 300 nm. Für seine Molmasse erhält man einen Wert von etwa $4 \cdot 10^7$ g mol^{-1}. Aus Länge, Molmasse und experimentell bestimmter Dichte berechnet man so einen effektiven Durchmesser von 15 nm für die Viren.

Tab. IV.1: Zusammenhang zwischen Streumassenradius R_G und den geometrischen Dimensionen einiger Teilchenformen.

Teilchenform	Größenparameter	Streumassenradius
Zufallsknäuel	$h = (<r^2>)^{1/2}$: quadratisch gemittelter End-zu-End-Abstand	$R_G^2 = h^2/6$
Kugel	R: Kugelradius	$R_G^2 = (3/5)R^2$
langer Stab	L: Stablänge	$R_G^2 = L^2/12$
zylindrische Scheibe	R: Scheibenradius	$R_G^2 = R^2/2$
Ellipsoid	a, b, c: Halbachsen	$R_G^2 = (a^2 + b^2 + c^2)/5$

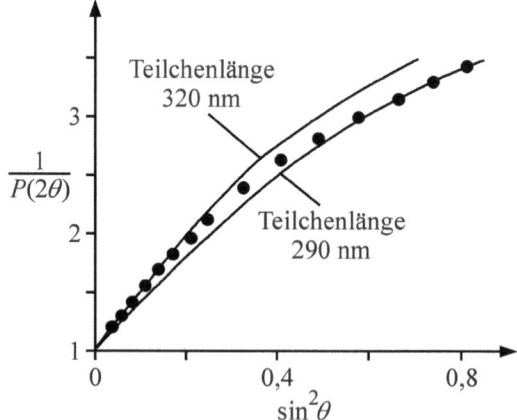

Abb. IV.44: Lichtstreukurve einer Lösung des Tabak-Mosaik-Virus. Modellkurven für zwei verschieden lange Stäbchen von 290 und 320 nm (Linien) werden mit den experimentellen Daten (Symbole) verglichen (nach W. J. Moore, D. O. Hummel, *Physikalische Chemie*, Walter de Gruyter, Berlin, 1976, S. 1141).

2. Lichtstreuung

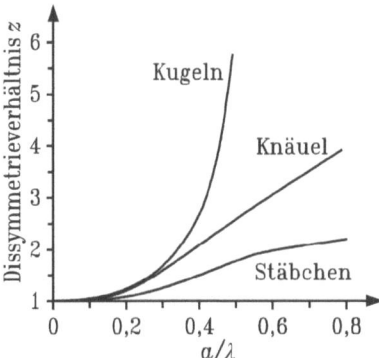

Abb. IV.45: Dissymmetrieverhältnis z als Funktion der relativen Teilchengröße a/λ für Kugeln, Knäuel und Stäbchen (a ist der Radius der Kugeln bzw. der Fadenendenabstand der Knäuel oder die Länge der Stäbchen).

Wenn lediglich Informationen über die Größe des Objekts gewünscht werden, reicht es aus, das sog. Dissymmetrieverhältnis z zu bestimmen. Man misst die Streuintensität I_s bei verschiedenen Konzentrationen für die Streuwinkel 45° und 135°, bei denen der Term $1+\cos^2(2\theta)$ denselben Wert annimmt, und extrapoliert auf $c_m \to 0$. z ergibt sich dann aus

$$z = \frac{I_s(2\theta = 45°)}{I_s(2\theta = 135°)} = \frac{P(2\theta = 45°)}{P(2\theta = 135°)} \tag{IV.31}$$

Mit dem so erhaltenen z-Wert kann der Streumassenradius R_G und bei bekannter Teilchenform zudem die tatsächliche Teilchendimension aus Tabellen oder Graphen abgelesen werden (Tab. IV.1, Abb. IV.45).

Für Teilchen mit Dimensionen größer als $\lambda/2$ sowie Teilchen, die Licht absorbieren, muss die hier dargestellte RAYLEIGH-GANS-DEBYE-Theorie noch erweitert werden. Diese im Wesentlichen von MIE erarbeitete Theorie ist hier aber nicht von großer Relevanz und wird daher nicht weiter erörtert.

Für kleine Teilchen mit $R_G < 15$ nm können aufgrund der relativ großen Lichtwellenlänge der Streumassenradius und die Molmasse nicht mehr aus Lichtstreudaten berechnet werden. Für solch kleine Teilchen muss man die Methode der RÖNTGEN- oder Neutronen-Kleinwinkelstreuung anwenden, um R_G und M bestimmen zu können. Diese Methoden werden weiter unten behandelt.

2.5 Dynamische Lichtstreuung

Beim statischen Lichtstreuexperiment dauert die Registrierzeit der Streustrahlung viel länger als die Bewegungsmoden der Moleküle. Es werden folglich Mittelwerte über Orte, Orientierungen und Konformationen der Moleküle erfasst. Die Methode der dynamischen (quasielastischen) Lichtstreuung (engl.: *dynamic light scattering*, DLS) erlaubt es nun, Translations-, Rotations- und intramolekulare Bewegungen von Biomolekülen in Lösung zu studieren. Da diese Bewegungen natürlich auch mit der Form und Größe der Biomoleküle zusammen hängen, lie-

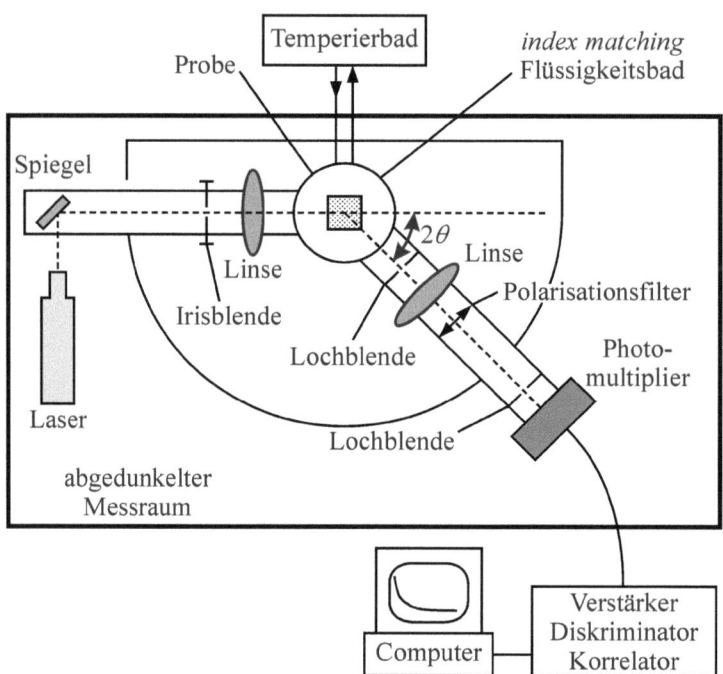

Abb. IV.46: Schematische Darstellung einer Messapparatur für dynamische Lichtstreuung. Der Lichtstrahl eines kontinuierlich arbeitenden Lasers ist auf die Probenlösung in einer Glasküvette gerichtet, die von einem Flüssigkeitsbad (z. B. Toluol oder Dekalin) umgeben ist, das den gleichen Brechungsindex wie die Küvette hat („index matching"), so dass störende Lichtstreueffekte weitgehend vermieden werden. Das von der Probe hervorgerufene Streulicht wird von einem Photomultiplier detektiert, dessen Ausgang mit einer Verstärker-Diskriminator-Zählelektronik verbunden ist. Über die Zählelektronik werden die Pulse aufsummiert (statische Lichtstreuung) oder zeitlich verfolgt (dynamische Lichtstreuung). Die Photonenzählraten werden mit einem Computer weiter verarbeitet. Die Probenlösung muss sehr sauber sein, da Staubpartikel zu großen Messfehlern führen. Sie muss daher vor der Messung sorgfältig gefiltert und/oder zentrifugiert werden.

fert die DLS-Methode indirekt auch strukturelle Eigenschaften der Biomoleküle. DLS-Techniken lassen sich aufgrund ihrer Zeitskala unterscheiden. Generell werden Prozesse, die länger als 10^{-6} s dauern, mit der sog. Photonen-Korrelationsspektroskopie untersucht, während schnellere Prozesse mit elektrooptischen Filtermethoden studiert werden können.

In einem Photonen-Korrelationsexperiment wird ein Laserstrahl auf die Probenlösung gerichtet, die die Makromoleküle enthält (Abb. IV.46). Ein Bruchteil des Lichts wird gestreut, der Rest verlässt die Probenlösung in Vorwärtsrichtung. Mit Hilfe eines Photomultiplier-Detektors wird nun die Zahl der pro Zeitintervall unter einem Streuwinkel 2θ gestreuten Photonen gemessen. Die Zahl der detektierten Photonen spiegelt ein Interferenzmuster wider, das von den relativen Positionen der Streuzentren im Streuvolumenelement bestimmt wird. Da die Streuzentren sich aufgrund der BROWNschen Molekularbewegung (ein Temperatureffekt) bewe-

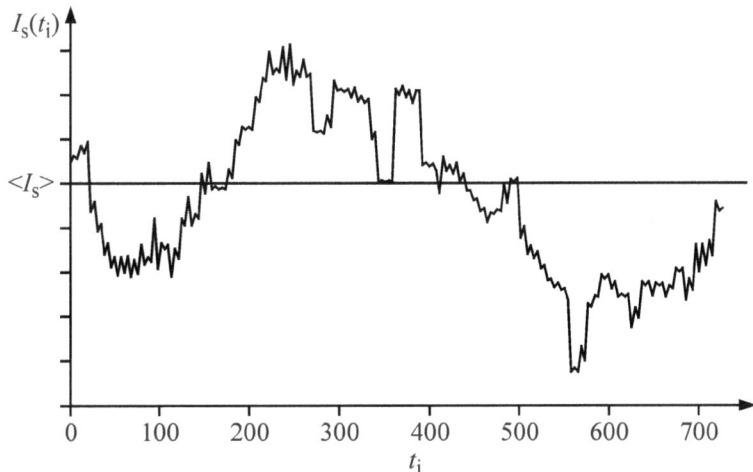

Abb. IV.47: Zeitliche Fluktuation der Streuintensität $I_s(t_i)$ um deren zeitlichen Mittelwert $<I_s>$. Die Intensitätsfluktuationen sind eine Folge der thermischen Bewegung der Teilchen in der Probenlösung, da die Streuwellen je nach momentaner Anordnung der Teilchen unterschiedlich interferieren. Da sich kleine Teilchen schneller bewegen als große, kann aus der mittleren Frequenz der Fluktuationen die Teilchengröße bestimmt werden. Jeder Intensitätswert wird über ein festes Zeitintervall Δt ermittelt, so dass $t_i = i\Delta t$.

gen, wird die Zahl der unter dem Winkel 2θ gestreuten Photonen mit der Zeit fluktuieren (Abb. IV.47).

Eine zentrale Rolle bei der Interpretation von DLS-Daten spielt der Streuvektorbetrag $Q = n(4\pi/\lambda)\sin\theta$ (n: Brechungsindex, λ: Wellenlänge, θ: halber Streuwinkel). $2\pi/Q$ ist ein Maß für den Abstand der Streuzentren in der Lösung, genauer gesagt, für die räumliche Ausdehnung der Konzentrationsfluktuationen in der Lösung, die untersucht werden können. Bei sehr kleinen Q-Werten – entsprechend großen Abständen – gibt das DLS-Signal Auskunft über die Translationsbewegung der Makromoleküle in der Lösung. Bei größeren Q-Werten, d. h. größeren Streuwinkeln, werden Fluktuationen in der Größe der Makromoleküle detektiert. In diesem Fall beinhaltet das DLS-Signal zusätzlich Informationen über Molekülrotationen und intramolekulare Bewegungsvorgänge.

Information über die Translation und andere Bewegungsmoden der Makromoleküle in einer Probenlösung kann aus der Intensitätskorrelationsfunktion $C(\tau)$ des Streulichts gewonnen werden. Diese Funktion wird mittels eines Korrelators oder Computers berechnet, indem die Photonenintensität des Streulichts zu einer bestimmten Zeit t_i mit der Photonenintensität zu einer späteren Zeit $t_i + \tau$ multipliziert wird. τ ist die Korrelationszeit. Diese Multiplikation wird für n aufeinander folgende Streulichtsignale bei gleicher Korrelationszeit wiederholt. Die Ergebnisse werden aufsummiert und die Summe durch n geteilt, so dass man einen Mittelwert erhält:

$$C(\tau) = \frac{1}{n} \sum_{i=1}^{n} I_s(t_i) \cdot I_s(t_i + \tau) \tag{IV.32}$$

Für $\tau = 0$ wird jedes Streulichtsignal mit sich selbst multipliziert, so dass die Korrelationsfunktion der mittleren quadratischen Streuintensität $<I_s^2>$ entspricht. Dies ist der Maximalwert von $C(\tau)$. Bei kleinen Korrelationszeiten werden die beiden miteinander multiplizierten Photonenintensitäten noch ähnlich sein. Wenn τ jedoch groß ist, haben die miteinander multiplizierten Photonenintensitäten zufällig verschiedene Werte, d. h., sie sind unkorreliert. Die Korrelationsfunktion gibt dann das Quadrat der mittleren Intensität $<I_s>^2$ an. Im Fall nichtperiodischer Intensitätsfluktuationen $I_s(t_i)$ fällt $C(\tau)$ monoton von $<I_s^2>$ auf $<I_s>^2$ ab. Dies wird durch die sog. SIEGERT-Gleichung ausgedrückt:

$$\frac{C(\tau)}{<I_s>^2} = 1 + A|g_1(\tau)|^2 \tag{IV.33}$$

A ist eine Konstante. Die Funktion $g_1(\tau)$ kann oft durch einen oder mehrere Exponentialterme beschrieben werden. Bei kleinen Streuwinkeln und Q-Werten und in verdünnter Lösung trägt oft nur die Translationsbewegung der Makromoleküle zur Korrelationsfunktion bei. Dann gilt

$$g_1(\tau) = e^{-DQ^2\tau} \tag{IV.34}$$

wobei D der Translationsdiffusionskoeffizient des Makromoleküls ist. DQ^2 im Exponenten von Gleichung IV.34 bestimmt das Abklingen der Korrelation. Den Translationsdiffusionskoeffizienten D erhält man z. B. durch Anpassung der Gleichung IV.33 an die experimentell erhaltene Korrelationsfunktion. Wegen $<r^2> = 6Dt$ hängt D mit dem mittleren Verschiebungsquadrat $<r^2>$ der Makromoleküle in der Zeit t zusammen (s. Kap. III.4). Oft wird die STOKES-EINSTEIN-Beziehung (Gl. III.27) herangezogen, um aus dem Diffusionskoeffizienten den hydrodynamischen oder STOKES-Radius R_S des Makromoleküls zu ermitteln. Diese Beziehung gilt streng genommen nur für sphärische Teilchen. Sie bildet allerdings die Grundlage für die Teilchengrößenbestimmung mit Hilfe der dynamischen Lichtstreuung. Hierzu muss noch der Viskositätskoeffizient η des Lösungsmittels bekannt sein. Die dynamische Lichtstreuung ist zur Bestimmung von Diffusionskoeffizienten im Bereich von 10^{-13} bis 10^{-10} m^{2}s^{-1} geeignet, was im wässrigen Medium Teilchengrößen von etwa 5 nm bis hin zu 5 µm entspricht. Polydisperse Lösungen von Makromolekülen führen dazu, dass die Korrelationsfunktion nicht einfach exponentiell abklingt. Die Exponentialfunktion in Gleichung IV.34 ist dann durch eine Summe von Exponentialfunktionen zu ersetzen.

Bei größeren Streuwinkeln tragen auch Rotations- und intramolekulare Bewegungsvorgänge zu den Intensitätsfluktuationen $I_s(t_i)$ des Streulichts bei. Die Überlagerung der verschiedenen Relaxationsprozesse kann dann durch mehrere Exponentialfunktionen mit verschiedenen Relaxationsraten k oder durch eine Verteilung von Relaxationsraten beschrieben werden:

$$g_1(\tau) = \int_0^\infty G(k)\exp(-k\tau)\mathrm{d}k \tag{IV.35}$$

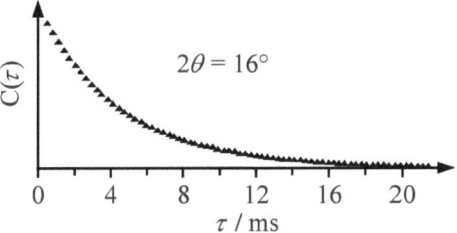

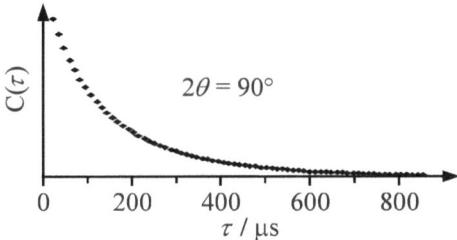

Abb. IV.48: Intensität-Zeit-Korrelationsfunktionen bei zwei unterschiedlichen Streuwinkeln von DNA-Fragmenten (2311 bp, 450 µg mL^{-1}, 100 mM NaCl, 10 mM TRIS-HCl-Puffer bei pH = 8,0 und 293 K; nach: S. S. Sorlie, R. Pecora, Comments Mol. Cell. Biophys. **5** (1990) 271).

$G(k)$ ist die Verteilungsfunktion der Relaxationsraten. Ziel ist es, diese Verteilungsfunktion aus der experimentellen Korrelationsfunktion $C(\tau)$ zu extrahieren. Bei monodispersen anisotropen Teilchen können die Beiträge der Rotations- und Translationsdiffusion durch polarisations- und winkelabhängige Messungen im günstigen Fall getrennt werden. Als Beispiel betrachten wir in Abbildung IV.48 Lichtstreuspektren eines monodispersen DNA-Fragments mit 2311 Basenpaaren (bp) aus bakterieller Plasmid-DNA bei zwei verschiedenen Streuwinkeln. Zu der 16°-Korrelationsfunktion trägt nur die Translationsdiffusion bei. Zur 90°-Korrelationsfunktion, die wegen des größeren Q^2-Wertes steiler abfällt, tragen auch noch weitere Bewegungsmoden (Rotation und intramolekulare Bewegungen) mit ihren charakteristischen Relaxationsraten bei. Abbildung IV.49 zeigt den aus den Messungen bei kleinen Q-Werten erhaltenen Translationsdiffusionskoeffizienten für verschiedene DNA-Fragmentlängen. Der hydrodynamische Radius des 2311-bp-DNA-Fragments errechnet sich aus $D = 4{,}56 \cdot 10^{-12}$ m^{2}s^{-1} zu $R_S = 46{,}6$ nm.

Zu einer Intensität-Zeit-Korrelationsfunktion gibt es ein entsprechendes Frequenzspektrum („power spectrum"):

$$S(\nu) = \frac{1}{2\pi} \int_0^\infty g_1(\tau) \exp(2\pi i \nu \tau) d\tau \tag{IV.36}$$

Diese Funktion gibt die Streulichtintensität in Abhängigkeit der Frequenz an. Für einen einfachen translatorischen Diffusionsprozess ist $g_1(\tau) = \exp(-DQ^2\tau)$, so dass im Frequenzspektrum eine LORENTZ-Kurve beobachtet wird:

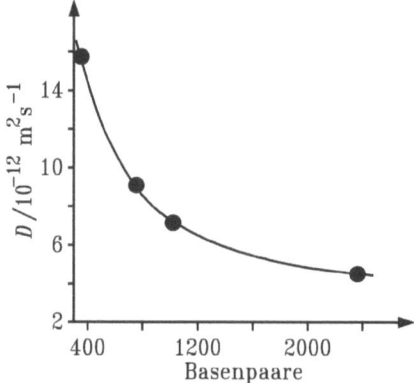

Abb. IV.49: Aus dynamischen Lichtstreumessungen ermittelte Translationsdiffusionskoeffizienten von DNA-Fragmenten in Abhängigkeit der Zahl ihrer Basenpaare (nach: S. S. Sorlie, R. Pecora, Comments Mol. Cell. Biophys. **5** (1990) 271).

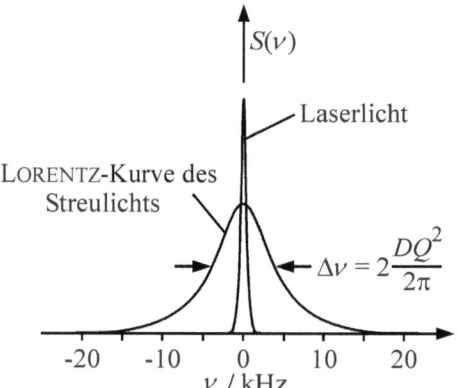

Abb. IV.50: Spektrale Verteilung des durch Translationsdiffusion verbreiterten Streulichts bei Einstrahlung von Laserlicht. Die Frequenzachse gibt die Abweichung von der Frequenz des Laserlichts an. Die Streulichtintensität folgt einer LORENTZ-Verteilung.

$$S(\nu) = \frac{1}{2\pi} \frac{DQ^2}{\left(DQ^2\right)^2 + \left(2\pi\nu\right)^2} \tag{IV.37}$$

ν wird hier relativ zur Frequenz des eingestrahlten Laserlichts gemessen (Abb. IV.50). Aus der vollen Halbwertsbreite $\Delta\nu = 2DQ^2/2\pi$ der Bande im Spektrum erhält man direkt den Diffusionskoeffizienten D, falls keine anderen Bewegungsmoden zum Messsignal beitragen.

3. RÖNTGEN- und Neutronen-Kleinwinkelstreuung

Tab. IV.2: Translationsdiffusionskoeffizienten D einiger Biomoleküle (nach: S. B. Dubin, J. H. Lunacek, G. B. Benedek, Proc. Natl. Acad. Sci. USA **57** (1967) 1164).

Biomolekül	D / 10^{-11} m^{2}s^{-1}
Lysozym	11,5
Ovalbumin	7,1
Rinder-Serumalbumin	6,7
Tabak-Mosaik-Virus	0,4
DNA	0,2

Für Makromoleküle liegt D meist im Bereich zwischen 10^{-12} m^{2}s^{-1} und 10^{-10} m^{2}s^{-1}. In Tabelle IV.2 sind Translationsdiffusionskoeffizienten einiger biologischer Makromoleküle aufgelistet, die mit dieser Methode ermittelt wurden.

Die durch die BROWNsche Bewegung der Moleküle hervorgerufene DOPPLER-Verbreiterung der Laserlinie im Frequenzspektrum beträgt etwa $\Delta \nu = 10^2$ bis 10^4 Hz. Das Laserlicht hat eine Frequenz von $\nu_0 = 6 \cdot 10^{14}$ Hz. Eine Apparatur zum Nachweis der DOPPLER-Verbreiterung muss demnach eine sehr hohe Auflösung besitzen. Diese wird beispielsweise in einer von CUMMINS und SWINNEY entwickelten Technik erreicht, der sog. *self beating*-Spektroskopie. Das Prinzip dieser Methode basiert auf der Verschiebung der spektralen Information, die im optischen Frequenzbereich $\nu_0 \pm \Delta \nu$ liegt, zu viel kleineren Frequenzen, bei denen konventionelle elektronische Filter zu Auflösung des Spektrums verwendet werden können.

3. RÖNTGEN- und Neutronen-Kleinwinkelstreuung

Erste Antworten auf wichtige Fragen nach der Struktur biologischer Makromoleküle, wie z. B. Proteine, wurden durch Ergebnisse der Proteinkristallographie gegeben. So konnte mit ihrer Hilfe die Struktur von Myoglobin und einer Vielzahl weiterer Proteine mit atomarer Auflösung aufgeklärt werden. Bei dieser Methode kommen die klassischen Verfahren der Kristallographie zur Anwendung. Wir werden sie in einem späteren Kapitel kurz besprechen.

Voraussetzung für die Durchführung von Kristallstrukturuntersuchungen ist die Fähigkeit des Moleküls, genügend große Einkristalle zu bilden. Leider kristallisieren nicht alle Proteinmoleküle. Die meisten rein dargestellten Proteine liegen zunächst in Form einer verdünnten wässrigen Lösung vor. Es gibt nun Untersuchungsmethoden, mit denen die Struktur größerer Biomoleküle auch in Lösung studiert werden kann. Für die Strukturuntersuchung von gelösten Molekülen mit einer Größe von einigen hundert Nanometern haben wir die statische Lichtstreuung kennen gelernt. Für kleinere Moleküle in der Größenordnung 1 – 100 nm sind die Methoden der RÖNTGEN- und Neutronen-Kleinwinkelstreuung geeignet. Hier erhält man anstelle von scharfen Beugungsreflexen, die typisch für kristalline Strukturen sind, ein diffuses Streubild bei kleinen Streuwinkeln. Aus dem diffusen Streubild lassen sich Größe und Form der gelösten Makromoleküle gewinnen, allerdings ohne atomare Auflösung.

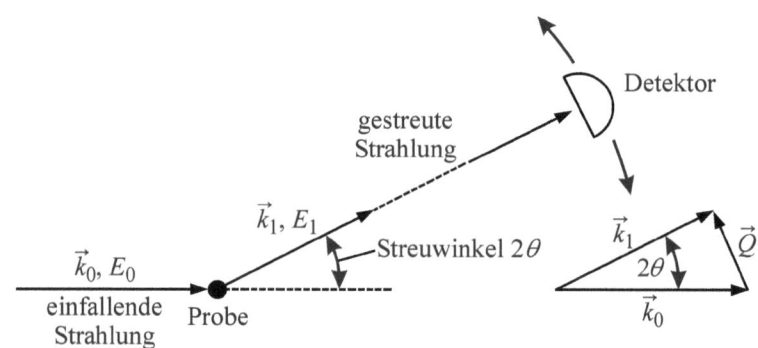

Abb. IV.51: Schematische Darstellung eines Streuprozesses. Die einfallende Strahlung wird unter dem Streuwinkel 2θ gestreut. Die Richtungsänderung der Strahlung wird mit dem Streuvektor oder Wellenvektorübertrag $\vec{Q}$ angegeben. Der Betrag des Streuvektors ist $Q = (4\pi/\lambda) \sin \theta$.

Die der RÖNTGEN- und Neutronen-Kleinwinkelstreuung zugrunde liegenden Theorien sind sehr ähnlich. In den nachfolgenden Kapiteln wird stets zunächst die RÖNTGEN-Streuung behandelt. Besonderheiten im Fall der Neutronen-Streuung werden jeweils am Ende eines Kapitels beschrieben.

3.1 Das Prinzip des Streuexperiments

Das Prinzip eines Streuexperiments ist in Abbildung IV.51 zu sehen. Der als ebene Welle einfallende RÖNTGEN-Strahl mit dem Wellenvektor $\vec{k}_0$ ($|\vec{k}_0| = 2\pi/\lambda_0$) und der Energie $E_0 = \hbar\omega_0 = hc/\lambda_0$ trifft auf die zu untersuchende Probe. Von dort breitet sich die gestreute Strahlung als Kugelwelle aus. Gemessen wird die Intensität der gestreuten Strahlung mit dem Wellenvektor $\vec{k}_1$ und der Energie E_1 unter dem Streuwinkel 2θ im Raumwinkelelement $\Delta\Omega$. Beim Streuprozess kann sowohl eine Richtungsänderung als auch eine Energieänderung der RÖNTGEN-Welle auftreten, die mit einem Wellenvektorübertrag (Streuvektor)

$$\vec{Q} = \vec{k}_1 - \vec{k}_0 \qquad (IV.38)$$

und einem Energieübertrag

$$\Delta E = \hbar(\omega_1 - \omega_0) \qquad (IV.39)$$

verbunden sind. Im Folgenden wollen wir stets von elastisch gestreuter Strahlung ausgehen ($\Delta E = 0$, $|\vec{k}_0| = |\vec{k}_1|$, $\lambda_0 = \lambda_1 = \lambda$), die für Strukturuntersuchungen relevant ist. In diesem Fall ergibt sich für den Betrag des Wellenvektorübertrags:

$$Q = \frac{4\pi}{\lambda} \sin \theta \qquad (IV.40)$$

Für Q verwendet man oft auch den Streuvektorbetrag $s = Q/2\pi$.

RÖNTGEN-Detektoren messen i. d. R. die Zahl an eintreffenden Photonen pro Zeiteinheit, was allgemein als Streuintensität I_s bezeichnet wird. Die gemessene Streuintensität hängt allerdings davon ab, wie groß das Raumwinkelelement $\Delta\Omega$ ist, das vom Detektor abgedeckt wird,

3. RÖNTGEN- und Neutronen-Kleinwinkelstreuung

und wie groß die Intensität I_0 des auf die Probe treffenden RÖNTGEN-Strahls ist. Daher verwendet man häufig eine normierte Streuintensität, den sog. differentiellen Streuquerschnitt:

$$\frac{d\sigma}{d\Omega} = \frac{I_s / \Delta\Omega}{I_0 / A_0} \qquad (IV.41)$$

I_0 / A_0 ist der einfallende Photonenfluss, wobei A_0 die Querschnittsfläche des einfallenden Strahls angibt. Der differentielle Streuquerschnitt hat demnach die Einheit einer Fläche; eine übliche Einheit ist 1 barn = 10^{-24} cm^2.

In vielen Fällen besteht ein einfacher Zusammenhang zwischen dem differentiellen Streuquerschnitt und strukturellen Eigenschaften der Probe. Allgemein lässt sich der differentielle Streuquerschnitt wie folgt schreiben:

$$\frac{d\sigma}{d\Omega} \propto N_s P(Q) S(Q) \qquad (IV.42)$$

N_s gibt die Zahl der Streuzentren in der Probe an. $P(Q)$ ist der intrapartikuläre und $S(Q)$ ist der interpartikuläre Strukturfaktor. Handelt es sich bei den Streuzentren um einzelne gleiche Atome, dann ist N_s die Zahl der Atome. $P(Q)$ liefert dann den Streubeitrag eines einzelnen Atoms. $S(Q)$ hängt von der Interferenz der an den einzelnen Atomen gestreuten Wellen ab und liefert damit Informationen über die relative Anordnung der Atome. Im Folgenden wollen wir stets die sog. kinematische Näherung voraussetzen. Sie verlangt, dass die gestreute Intensität gegenüber der einfallenden Intensität klein ist, so dass die Wechselwirkung der gestreuten Welle mit der Primärwelle sowie Mehrfachstreueffekte vernachlässigbar sind.

RÖNTGEN-Strahlung wird an der Elektronenhülle der Atome gestreut. Da die Energie eines RÖNTGEN-Photons gegenüber der Anregungsenergie eines Hüllenelektrons i. d. R. groß ist, ist die Wechselwirkung beim Streuprozess schwach. Die elektrische Feldkomponente der einfallenden elektromagnetischen Welle zwingt das Hüllenelektron zu Oszillationen gegen den Atomkern. Der dabei entstehende HERTZ'sche Dipol emittiert wieder eine elektromagnetische Welle. Der differentielle Streuquerschnitt für die RÖNTGEN-Streuung an einem quasi-freien Elektron (THOMSON-Streuung) ergibt sich für unpolarisierte Strahlung zu

$$\frac{d\sigma}{d\Omega} = r_e^2 \frac{1 + \cos^2(2\theta)}{2} \qquad (IV.43)$$

Hier ist r_e der sog. klassische Elektronenradius, der sich wie folgt berechnen lässt:

$$r_e = \frac{e^2}{4\pi\varepsilon_0 m_e c^2} = 2{,}82 \cdot 10^{-15} \text{ m} \qquad (IV.44)$$

Die Energie der RÖNTGEN-Strahlung ist so groß, dass alle Hüllenelektronen eines Atoms zu Oszillationen gezwungen werden. Daher müssen die von den verschiedenen Elektronen ausgesandten elektromagnetischen Wellen phasenrichtig überlagert werden, um die Intensität der am Atom gestreuten RÖNTGEN-Welle berechnen zu können. Befindet sich ein Elektron im Ursprung des Koordinatensystems und ein weiteres am Ort $\vec{r}$, dann beträgt die Phasendifferenz der beiden Partialwellen $\vec{Q}\vec{r}$ (Abb. IV.52). Somit lässt sich jede Partialwelle als $\exp(i\vec{Q}\vec{r})$ schreiben. Unter Berücksichtigung der Elektronendichte $\rho(\vec{r})$ des Atoms erhält man für die Streuwelle eines Atoms

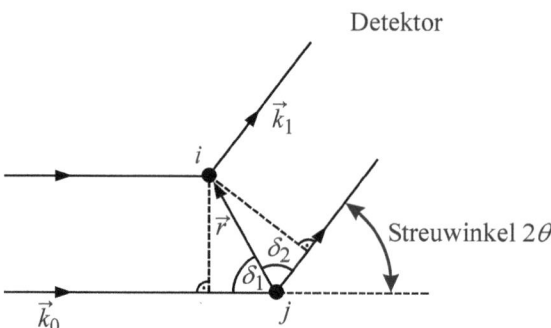

Abb. IV.52: Berechnung der Phasendifferenz zwischen zwei gestreuten Partialwellen. Die Wegdifferenz berechnet sich zu $\Delta l = r\cos\delta_1 + r\cos\delta_2$. Gleichzeitig gilt $-\vec{k}_0\vec{r} = (2\pi/\lambda)r\cos\delta_1$ und $\vec{k}_1\vec{r} = (2\pi/\lambda)r\cos\delta_2$. Damit erhält man für die Phasendifferenz $\Delta l \cdot 2\pi/\lambda = -\vec{k}_0\vec{r} + \vec{k}_1\vec{r} = \vec{Q}\vec{r}$.

$$f(\vec{Q}) = \int \rho(\vec{r})\,e^{i\vec{Q}\vec{r}}\,d\vec{r} \qquad (\text{IV.45})$$

wobei die Integration über das Volumen des Atoms ausgeführt wird. Das Integral kann man anschaulich als Summe über alle Streuwellen deuten, wobei die Elektronendichte angibt, wie viele Elektronen in einem Volumenelement $d\vec{r}$ des Atoms vorhanden sind. $f(\vec{Q})$ ist als Atomformfaktor bekannt. Die sog. Streulänge eines Atoms berechnet sich zu $-r_e f(\vec{Q})$. Im Fall der RÖNTGEN-Streuung an einzelnen gleichen Atomen kann aus dem Atomformfaktor der intrapartikuläre Strukturfaktor gemäß $P(Q) = |f(\vec{Q})|^2$ erhalten werden (Gl. IV.42). Für Vorwärtsstreuung ist $2\theta = 0°$, und $f(\vec{Q})$ entspricht der Kernladungszahl Z, so dass die Streulänge des Atoms in diesem Fall einfach $-r_e Z$ beträgt. Daher streuen schwere Atome RÖNTGEN-Strahlung besonders stark. Die Untersuchung atomarer Strukturen mit RÖNTGEN-Strahlung kann schwierig sein, wenn die Positionen leichter Atome (Z klein) in Gegenwart von schweren (Z groß) bestimmt werden sollen.

Neutronen werden häufig als alternative Streusonde zur RÖNTGEN-Strahlung eingesetzt. Neutronen haben eine Masse von $m_n = 1{,}675 \cdot 10^{-27}$ kg und eine Ladung von 0. Thermische Neutronen (das sind Neutronen, die durch Stöße mit einem Medium an die Umgebungstemperatur angepasst wurden) haben eine mittlere Energie von nur $(3/2)k_B T = 39$ meV bei 298 K. Diese Energie ist viel kleiner als die von RÖNTGEN-Strahlung. Bei einer typischen Wellenlänge von 1,54 Å haben RÖNTGEN-Photonen eine Energie von über 8000 eV. Dieser Energieunterschied erklärt, warum Streuexperimente mit Neutronen auch bei längeren Einstrahlzeiten i. d. R. zu keinen Strahlenschäden an Molekülen führen. Darüber hinaus können kleine Energieänderungen der Neutronen in einem inelastischen Streuexperiment gut gemessen werden. Die inelastische Neutronenstreuung bietet die Möglichkeit, gleichzeitig die Struktur und die Dynamik von molekularen Bewegungen (Selbstdiffusion, Rotation, Schwingung) zu erfassen.

Gemäß dem Welle-Teilchen-Dualismus besitzen Neutronen auch Welleneigenschaften. Die oben beschriebenen thermischen Neutronen haben im Mittel eine Geschwindigkeit von $v = \sqrt{3k_B T/m_n} = 2700$ m s^{-1}, die nach der DE BROGLIE-Beziehung mit einer mittleren Wellenlänge von $\lambda = h/(m_n v) = 1{,}5$ Å verknüpft ist. Offensichtlich sind die Wellenlängen thermischer Neutronen in der gleichen Größenordnung wie die von RÖNTGEN-Strahlung. Durch Va-

3. RÖNTGEN- und Neutronen-Kleinwinkelstreuung   165

riation der Wellenlänge und des Streuwinkels können Streuvektorbeträge von $Q = 10$ Å^{-1} bis 10^{-3} Å^{-1} erreicht werden.

Neutronen werden an den Atomkernen gestreut. Die Wechselwirkung bei dieser Art der Streuung ist von kurzer Reichweite und stark. Da der Radius von Atomkernen (etwa 10^{-14} m) um viele Größenordnungen kleiner als die Wellenlänge der Neutronen ist, ist die Neutronenstreuung an Atomkernen isotrop, d. h., die Neutronen-Streulänge eines Atoms ist unabhängig vom Streuwinkel 2θ und vom Streuvektorbetrag Q (im Gegensatz zur RÖNTGEN-Streulänge eines Atoms, s. o.). Die Neutronen-Streulänge b eines Atoms kann experimentell bestimmt werden. Sie hängt unsystematisch von der Kernart ab (Abb. IV.53). Auch Isotope haben unterschiedliche Neutronen-Streulängen. D-Atome haben eine Streulänge von 6,671 fm, während H-Atome eine von −3,741 fm aufweisen (Tab. IV.3). Das Minuszeichen bedeutet eine Phasenverschiebung der Streuwelle um 180°. Das Deuterieren einzelner Molekülgruppen wird als wichtiges Hilfsmittel in der Neutronen-Streuung an Biomolekülen genutzt, wodurch diese Molekülgruppen gezielt gegenüber der Umgebung „sichtbar" gemacht werden können.

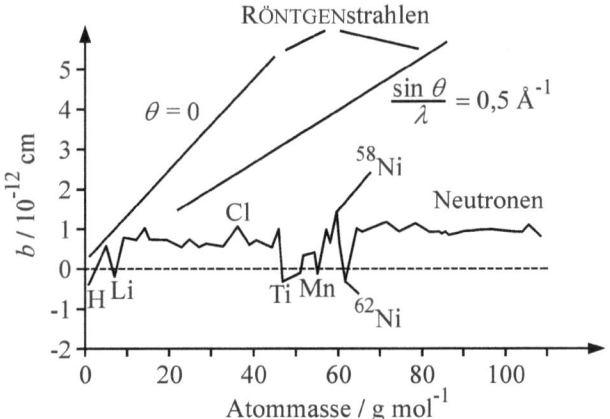

Abb. IV.53: Abhängigkeit der Neutronen-Streulänge b von der Atommasse. Zum Vergleich ist auch der Betrag der RÖNTGEN-Streulänge $|-r_e f(\vec{Q})|$ für $Q = 0$ und $Q = 6{,}28$ Å^{-1} ($\sin\theta/\lambda = 0{,}5$ Å^{-1}) eingezeichnet.

Tab. IV.3: Kohärente Streulängen einiger Atome. Im Fall der Neutronen-Streuung sind die Werte Q-unabhängig. Im Fall der RÖNTGEN-Streuung sind die Werte für $Q = 0$ berechnet worden. Alle Werte haben die Einheit 10^{-12} cm.

Atom	^{1}H	^{2}H (D)	^{12}C	^{14}N	^{16}O	^{31}P	^{32}S	^{56}Fe
b (Neutronen)	−0,37	0,67	0,66	0,94	0,58	0,51	0,28	0,99
$|-r_e Z|$ (RÖNTGEN-Str.)	0,28	0,28	1,69	1,97	2,25	4,23	4,51	7,33

Die Verwendung deuterierter Moleküle in Neutronenstreuexperimenten, vor allem die Verwendung von D_2O anstelle von H_2O als Lösungsmittel, liegt auch darin begründet, dass H-Atome einen großen Untergrund zur Streukurve beitragen, der die Auswertung erschweren kann. Um diesen Sachverhalt zu verstehen, müssen wir berücksichtigen, dass Neutronen eine Spinquantenzahl von 1/2 aufweisen. Wenn ein Neutron mit einem Atomkern, das die Kernspinquantenzahl I aufweist, in Wechselwirkung tritt, können sich daher zwei verschiedene Kern-Neutron-Spinzustände bilden, die Gesamtspinquantenzahlen von $S_+ = I + 1/2$ bzw. $S_- = I - 1/2$ und Neutronen-Streulängen von b_+ bzw. b_- haben. Damit gehen von gleichen Atomen unterschiedliche Neutronen-Streuwellen aus. Für die Berechnung der Neutronen-Streuintensität und des differentiellen Streuquerschnitts einer Ansammlung gleicher Atome müssen wir über alle Streuwellen summieren, die von den einzelnen Atomen ausgehen:

$$\frac{d\sigma}{d\Omega} = \left| \sum_i b_i e^{i\vec{Q}\vec{r}_i} \right|^2 = \sum_i \sum_j b_i b_j e^{i\vec{Q}(\vec{r}_i - \vec{r}_j)} \tag{IV.46}$$

Da die Streuintensität proportional zum Amplitudenquadrat der resultierenden Streuwelle ist, muss mit der konjugiert komplexen Funktion multipliziert werden (Betragsquadrat). Die Streulängen b_i und b_j der Atome i und j können beide die instantanen Werte b_+ bzw. b_- annehmen. Wenn wir über alle Partialwellen des Streuprozesses mitteln, müssen wir zwischen der Streuung an einem Atompaar ($i \neq j$) und der Streuung an einem einzelnen Atom ($i = j$) unterscheiden:

$$\overline{b_i b_j} = \begin{cases} \overline{b}^2 & \text{für } i \neq j \\ \overline{b^2} & \text{für } i = j \end{cases} \tag{IV.47}$$

Die Ermittlung der gemittelten Werte für die Streulängen geschieht in der Weise, dass die Streulängen b_+ und b_- mit den Spinmultiplizitäten $2S_+ + 1$ bzw. $2S_- + 1$ gewichtet werden. Für den differentiellen Streuquerschnitt erhält man

$$\frac{d\sigma}{d\Omega} = \overline{b}^2 \sum_i \sum_{j \neq i} e^{i\vec{Q}(\vec{r}_i - \vec{r}_j)} + N_s \overline{b^2}$$

$$= N_s \overline{b}^2 \left(1 + \frac{1}{N_s} \sum_i \sum_{j \neq i} e^{i\vec{Q}(\vec{r}_i - \vec{r}_j)} \right) + N_s \left(\overline{b^2} - \overline{b}^2 \right) \tag{IV.48}$$

wobei N_s die Zahl der streuenden Atome ist. Man erhält einen sog. kohärenten Streubeitrag (1. Summand) und einen inkohärenten Streubeitrag (2. Summand). Während beim kohärenten Streubeitrag von Atomen mit gleicher Streulänge $\overline{b}$ (kohärente Streulänge) ausgegangen wird, wird mit dem inkohärenten Streubeitrag die statistische Varianz der Streulängen berücksichtigt, die hier aus den verschiedenen Kern-Neutron-Spinzuständen resultiert. Man definiert für beide Streubeiträge einen kohärenten (Index coh) und einen inkohärenten Streuquerschitt (Index inc):

$$\sigma_{\text{coh}} = 4\pi b_{\text{coh}}^2 = 4\pi \overline{b}^2 \tag{IV.49}$$

3. RÖNTGEN- und Neutronen-Kleinwinkelstreuung

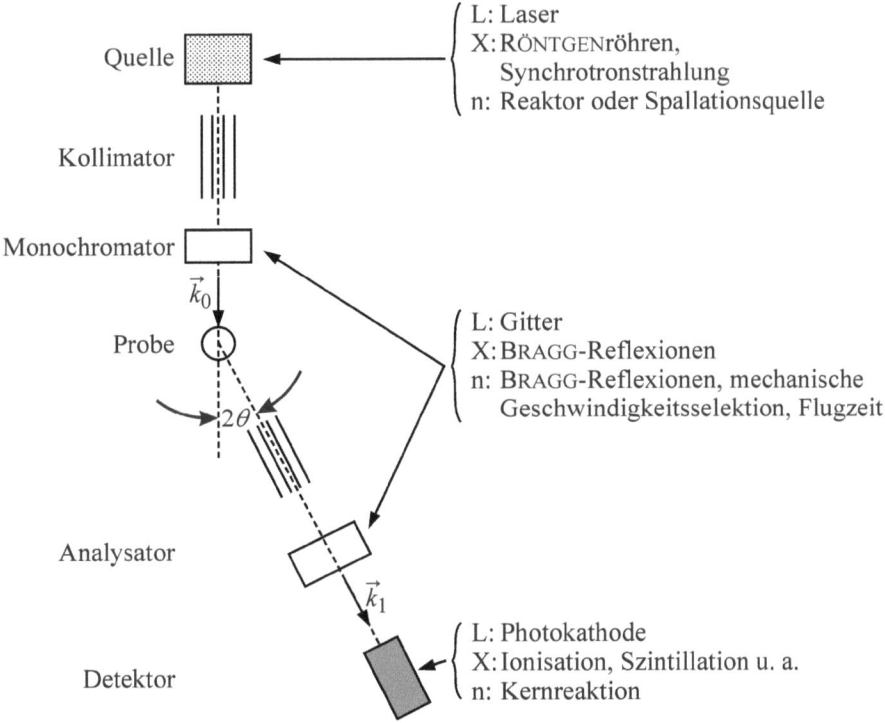

Abb. IV.54: Prinzipieller Aufbau einer Streuapparatur für Lichtstreuung (L), RÖNTGEN-Streuung (X) und Neutronenstreuung (n).

$$\sigma_{inc} = 4\pi b_{inc}^2 = 4\pi \left(\overline{b^2} - \overline{b}^2 \right) \tag{IV.50}$$

Für ^{1}H-Atome ist $\sigma_{coh} = 1{,}76 \cdot 10^{-24}$ cm^2 und $\sigma_{inc} = 80{,}3 \cdot 10^{-24}$ cm^2. Ihr inkohärenter Streubeitrag ist offensichtlich sehr groß. Wenn eine Probe Isotope eines Elements enthält, wie z. B. ^{10}B und ^{11}B, dann führen die verschiedenen Streulängen der Isotope ebenfalls zu kohärenter und inkohärenter Neutronenstreuung. In diesem Fall errechnet sich die kohärente Streulänge als Mittelwert der einzelnen Isotopen-Streulängen. Da im inkohärenten Streubeitrag keine Ortsvektoren $\vec{r}_i$ der Atome auftauchen, liefert er keine Strukturinformationen und erhöht Q-unabhängig lediglich die Streuintensität (Gl. IV.48). Wir werden im Folgenden nur den kohärenten Streubeitrag weiter verfolgen, da nur er die Positionen der Streuzentren enthält und für die Q-Abhängigkeit der Streuintensität verantwortlich ist.

3.2 Der Aufbau von Kleinwinkelstreuapparaturen

Der prinzipielle Aufbau einer Streuapparatur mit den wichtigsten Bauteilen für die Streumethoden ist in Abbildung IV.54 dargestellt. Entscheidend ist im Fall der Kleinwinkelstreuung der Zugriff auf kleine Streuvektorbeträge im Bereich $10^{-4} < Q/\text{Å}^{-1} < 0{,}5$ [$Q = (4\pi/\lambda) \sin \theta$].

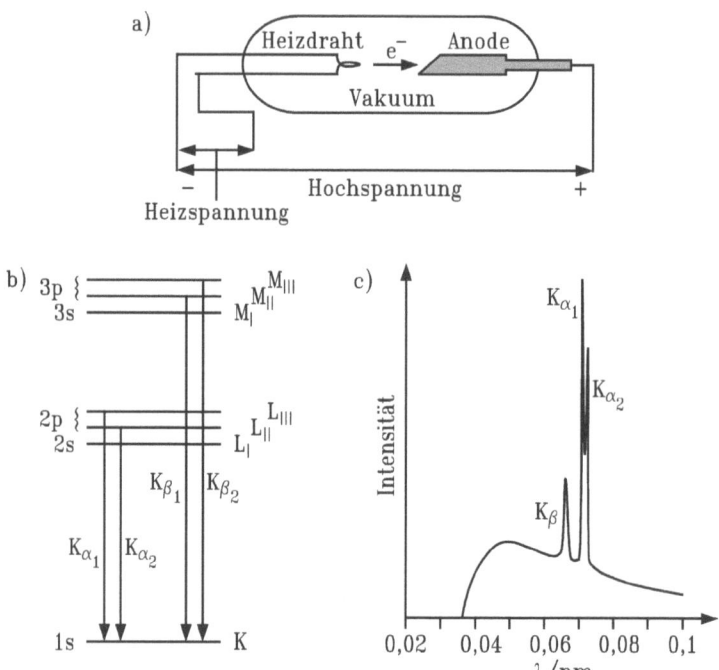

Abb. IV.55: Schematische Darstellung einer RÖNTGEN-Röhre (a) und das Zustandekommen des charakteristischen RÖNTGEN-Spektrums (b). Im Hochvakuum werden die aus einer Glühkathode austretenden Elektronen durch eine Hochspannung (10 – 100 kV) beschleunigt und treffen auf eine gekühlte Metallanode. Sie schlagen dabei kernnahe Elektronen aus den Atomen des Anodenmaterials heraus. Durch Auffüllen der freigewordenen K-Schale mit Elektronen aus höher liegenden Schalen ergibt sich das Linienspektrum mit K_α- und K_β-Strahlung. Zusätzlich erhält man durch Ablenkung und Abbremsen der eintreffenden Elektronen im elektrischen Feld der Anodenatome ein kontinuierliches Spektrum, die sog. Bremsstrahlung. Gebräuchliche Anodenmaterialien sind Cu ($\lambda_{K\alpha 1} = 1{,}5406$ Å und $\lambda_{K\alpha 2} = 1{,}5444$ Å), Mo ($\lambda_{K\alpha 1} = 0{,}7093$ Å und $\lambda_{K\alpha 2} = 0{,}7136$ Å) und Cr ($\lambda_{K\alpha 1} = 2{,}2897$ Å und $\lambda_{K\alpha 2} = 2{,}2937$ Å). In c) ist das RÖNTGEN-Spektrum einer Mo-Röhre bei 35 kV Beschleunigungsspannung gezeigt.

Dies wird zum einen durch eine Detektion der Streuintensität bei kleinen Streuwinkeln 2θ erreicht; zum anderen werden möglichst große Wellenlängen λ verwendet.

Als Quellen für RÖNTGEN-Beugungsexperimente dienen RÖNTGEN-Röhren und Synchrotrone. In RÖNTGEN-Röhren werden Elektronen aus einer Glühkathode emittiert und auf eine Anode gelenkt (Abb. IV.55). Die Elektronen erreichen bei dieser Beschleunigung eine Energie von beispielsweise 60 keV. Beim Auftreffen auf das Anodenmaterial (z. B. Cu, Mo) erzeugen die Elektronen ein kontinuierliches RÖNTGEN-Spektrum („Bremsstrahlung") und ein vom Anodenmaterial abhängiges Linienspektrum („charakteristische Strahlung"). Letzteres entsteht dadurch, dass die eintreffenden Elektronen aus den Atomen des Anodenmaterials innere Elektronen heraus schlagen. Beim Auffüllen der unteren Schalen mit Elektronen aus höheren Schalen wird RÖNTGEN-Strahlung mit einer Wellenlänge emittiert, die sich aus der Energie-

3. RÖNTGEN- und Neutronen-Kleinwinkelstreuung

differenz der Schalen ergibt. K_α-Strahlung wird durch Elektronenübergänge aus der L- in die K-Schale hervorgerufen (Abb. IV.55). Eine solche Linie hat noch wegen der Aufspaltung der atomaren Energieniveaus aufgrund von Bahndrehimpuls- und Spinquantisierung eine Feinstruktur (Abb. IV.55).

Für viele Struktur- und Dynamikuntersuchungen an biologischen Systemen wird heutzutage auf Synchrotronstrahlung zurückgegriffen. In einem Synchrotron werden Elektronen oder Positronen auf nahezu Lichtgeschwindigkeit beschleunigt. Anschließend werden sie in einen Speicherring überführt, in dem sie für viele Stunden bei konstanter Energie kreisen (Abb. IV.56). Dieser besteht aus geraden und gekrümmten Abschnitten. Eine Krümmung der Flugbahn der Teilchen wird durch Ablenkmagnete erreicht. Aufgrund der relativistischen Geschwindigkeit der Elektronen oder Positronen entsteht im Ablenkmagneten sog. Synchrotronstrahlung, die tangential zur Flugbahn nach vorn abgestrahlt wird. Synchrotronstrahlung weist eine breite Wellenlängenverteilung auf, deren Mittelwert gegeben ist durch $\lambda_c = 5{,}59 \cdot R \cdot E^{-3}$ (mit λ_c in Å, dem Krümmungsradius R der Flugbahn in m und der Energie E der Elektronen in GeV). An der europäischen Synchrotronstrahlungsquelle ESRF (European Synchrotron Radiation Facility, Grenoble, Frankreich) beträgt R ca. 25 m und E 6 GeV, so dass $\lambda_c \approx 0{,}6$ Å (R ist der Flugbahnradius im Ablenkmagneten; der Umfang des Speicherrings beträgt 844 m). Extrem hohe Intensitäten werden durch sog. Wiggler und Undulatoren erreicht, die in die geraden Abschnitte eines Speicherrings eingebaut werden (*insertion devices*). In diesen Bauelementen passieren die Elektronen oder Positronen alternierende magnetische Felder, die sie auf eine oszillierende Flugbahn zwingen. An jedem Umkehrpunkt entsteht ebenfalls Synchrotronstrahlung. In einem Wiggler ist die Amplitude der oszillierenden Flugbahn groß, so dass hohe Photonenenergien erreicht werden. In einem Undulator ist sie dagegen klein, so dass die nach vorn ausgesandte Strahlung an jedem Umkehrpunkt kohärent addiert wird. Man erhält schärfere Wellenlängenspektren und eine höhere Brillanz.

Mit der Brillanz wird die Qualität eines Synchrotronstrahls charakterisiert. Sie bezieht die Zahl der emittierten Photonen auf die Zeit (Einheit s), auf die Querschnittsfläche der Quelle (Einheit mm^2), auf die Kollimation des Strahls in horizontaler und vertikaler Richtung (Einheit mrad^2) und auf 0,1 % der sog. relativen Bandbreite. Die Bandbreite gibt an, wie groß der Bereich der Photonenenergien ist, über den die Intensitätsmessung erfolgt. An der ESRF werden Brillanzen in der Größenordnung von 10^{20} s^{-1}mm^{-2}mrad^{-2} erreicht. Dagegen liegt die Brillanz einer RÖNTGEN-Röhre bei nur 10^7 s^{-1}mm^{-2}mrad^{-2}. Die hohen Einfallsintensitäten der Synchrotronstrahlung erlauben die Durchführung von Streuexperimenten in extrem kurzen Zeiten und an sehr kleinen Probenvolumina, wie z. B. in einer Diamantstempelzelle, falls druckabhängige Messungen gewünscht sind. In einer Diamantstempelzelle wird eine Probe zwischen zwei kleinen Diamanten unter Druck gesetzt, der bis in den Megabarbereich reichen kann. Die Diamanten zeigen eine ausreichende Durchlässigkeit für RÖNTGEN-Strahlen. Das Probenvolumen liegt typischerweise bei einigen Nanolitern. Zur Druckkalibrierung werden der Probe kleine Rubinflitter beigegeben. Die Druckabhängigkeit der Rubin-Fluoreszenzlinien wird zur Kalibrierung herangezogen.

Da die Elektronen oder Positronen in einem Speicherring in Paketen (engl.: *bunches*) umlaufen, wird Synchrotronstrahlung in Form von Lichtblitzen mit periodischer Abfolge ausgesandt. An der ESRF liegt die Pulsdauer unter 100 ps, die Zeit zwischen den Pulsen im Nano- bis Mikrosekundenbereich. Die dem Primärstrahl aufgeprägte Zeitstruktur bietet die Möglich-

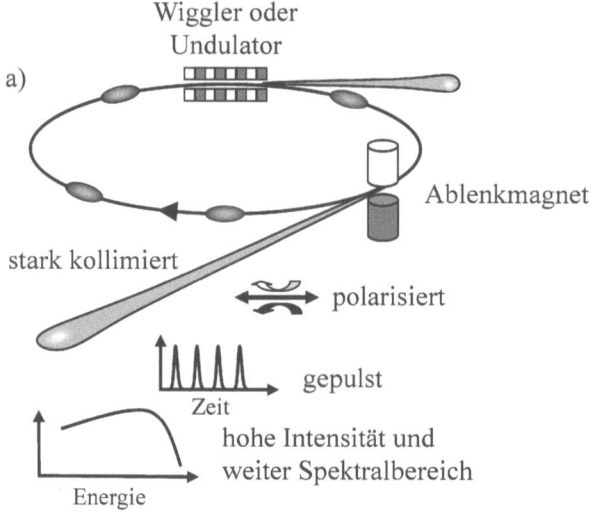
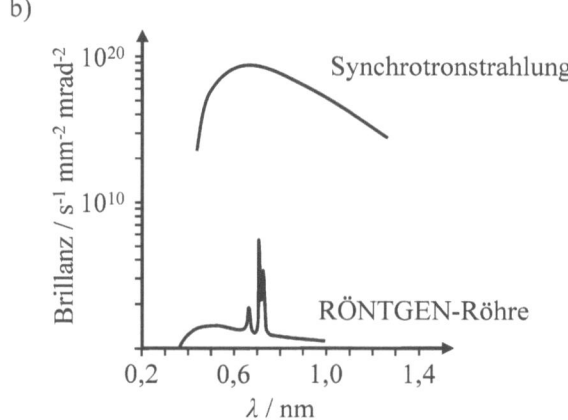

Abb. IV.56: a) Das Entstehen von Synchrotronstrahlung. Werden relativistische Elektronen oder Positronen durch ein Magnetfeld auf eine gekrümmte Flugbahn gezwungen, geben sie intensives Licht über einen großen Energiebereich ab. b) Synchrotronstrahlung ist um viele Größenordnungen intensiver als die Strahlung einer RÖNTGEN-Röhre.

keit, schnelle Vorgänge zeitaufgelöst verfolgen zu können. Dies wird ausgenutzt, um zeitaufgelöste Strukturuntersuchungen biomolekularer Vorgänge durchzuführen. Aktuelle Informationen zur ESRF sind im Internet unter http://www.esrf.eu zu finden.

Für Kleinwinkel-Messungen benötigt man spezielle Kameras, um die Streustrahlung in der Nähe des Primärstrahls registrieren zu können. Die bei kleinen Winkeln störende, durch Dichteschwankungen der Luft hervorgerufene Luftstreuung kann vermieden werden, indem die Kamera evakuiert wird. An konventionellen RÖNTGEN-Röhren werden oftmals Spaltkollima-

3. RÖNTGEN- und Neutronen-Kleinwinkelstreuung

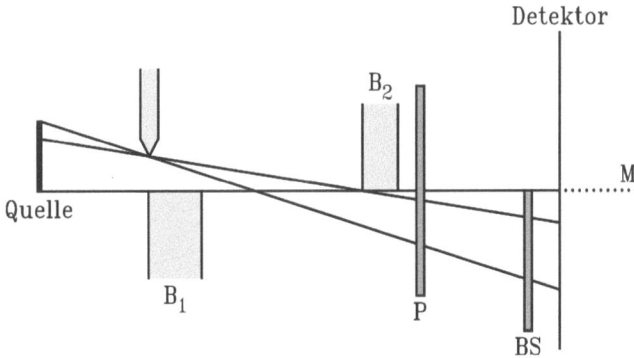

Abb. IV.57: Prinzipskizze einer KRATKY-Kamera zur Messung von RÖNTGEN-Kleinwinkelstreuung (s. z. B. O. Kratky, Progr. Colloid & Polymer Sci. **77** (1988) 1). Das von einem strichförmigen Brennfleck der Anode ausgehende Strahlenbündel fällt durch ein asymmetrisches Blendensystem auf die Probe P. Die Längsrichtung des Schlitzes der RÖNTGEN-Quelle liegt senkrecht zur Papierebene. Die Strahlung wird z. B. durch Filter oder Graphiteinkristalle monochromatisiert. Der „beam stop" BS fängt den direkten Strahl auf. Die Metallblöcke B1 und B2 kollimieren das RÖNTGEN-Licht, die Probe P sitzt hinter B2. Die gestreuten RÖNTGEN-Strahlen werden oberhalb der Mittellinie M registriert. Parasitäre Streuung oberhalb der Mittellinie wird durch diese Art der Anordnung vermieden. Mit einem Proportionalzählrohr oder Szintillationszähler wird die Streustrahlung entlang der Detektorebene registriert. Die Verwendung ortsempfindlicher Flächendetektoren bietet heute die Möglichkeit, die gesamte Streukurve gleichzeitig vermessen zu können, wodurch die Messzeiten erheblich kürzer werden. Durch den langen schmalen Spalt werden die Streukurven jedoch „verschmiert", d. h. asymmetrisch verbreitert. Dem Einfluss der Spaltverschmierung muss bei der Auswertung der Messdaten Rechnung getragen werden. Die Kamera erlaubt die Registrierung von Streuvektorbeträgen Q bis hinunter zu etwa $3 \cdot 10^{-3}$ Å^{-1}. Der Photonenfluss am Probenort beträgt typischerweise $10^7 - 10^8$ Photonen pro Sekunde.

tionskameras verwendet, weil sie bei hohem Auflösungsvermögen noch relativ hohe Beugungsintensitäten liefern. Zur Registrierung der Streuintensität dienen z. B. Proportional- oder Szintillationszähler (s. Kap. VII). Abbildung IV.57 zeigt als Beispiel den schematischen Aufbau einer KRATKY-Kamera.

Für Neutronen-Kleinwinkelstreuexperimente benötigt man einen Neutronenstrahl. Neutronen werden z. B. durch Kernspaltung in Forschungsreaktoren gewonnen. ^{235}U hat einen großen Wirkungsquerschnitt für Neutronen-Einfang und Kernspaltung, wobei 2 bis 3 Neutronen freigesetzt werden, z. B. gemäß

$$^{235}\text{U} + \text{n} \rightarrow {}^{95}\text{Mo} + {}^{139}\text{La} + 2\text{n}$$

Die Energiebilanz ergibt 200 MeV oder $2 \cdot 10^{10}$ kJ mol^{-1} an freiwerdender Energie, davon entfallen 6 MeV auf die kinetische Energie der entstehenden Neutronen. Die Uran-Brennstäbe sind von einem Moderator umgeben, der die hochenergetischen Neutronen auf thermische Energie abbremst. Als Moderator kommt z. B. D$_2$O zur Anwendung. Durchleiten der Neutronen durch „heiße" oder „kalte Quellen" führt zu einer Verschiebung der MAXWELL-BOLTZMANN-Geschwindigkeitsverteilung der Neutronen. In flüssigem D$_2$ bei 25 K liegt das Wellenlängenmaximum der Neutronen bei etwa 0,6 nm = 6 Å (Abb. IV.58). Am Neutronen-

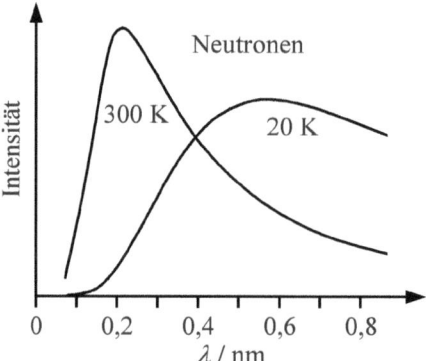

Abb. IV.58: Intensität thermischer Neutronen in Abhängigkeit der Wellenlänge. Das Maximum der Verteilung verschiebt sich bei tieferer Temperatur (in „kalten Quellen") zu größeren Wellenlängen.

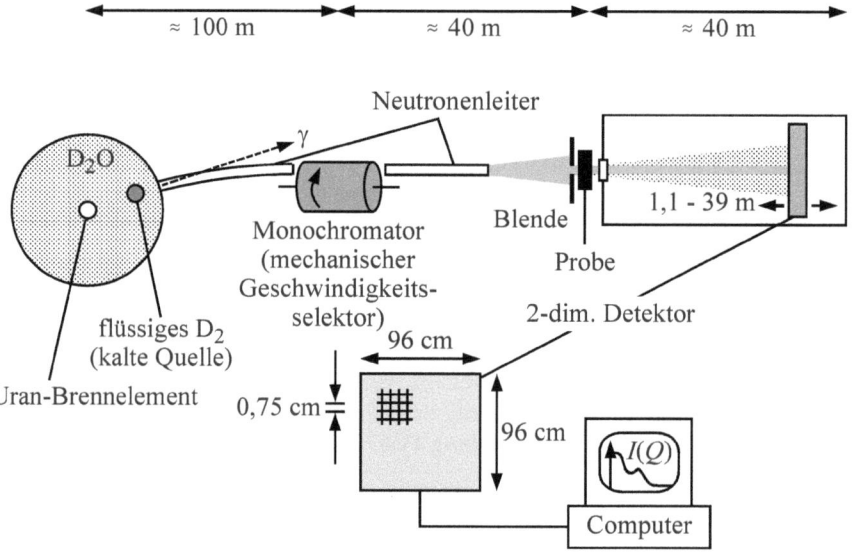

Abb. IV.59: Schematische Darstellung des Neutronenkleinwinkel-Instruments D11 am Institut Laue-Langevin (ILL) in Grenoble, Frankreich. Details sind im Internet unter http://www.ill.eu zu finden.

Kleinwinkelstreuinstrument D11 des ILL (Institut Laue-Langevin, Grenoble, Frankreich) wird am Probenort ein Neutronenfluss von 10^8 Neutronen $cm^{-2}s^{-1}$ erreicht (Abb. IV.59).

Neutronen können auch mit Spallationsquellen gewonnen werden, in denen Targetmaterialien (z. B. W, Ta, ^{238}U, ^{235}U) mit einem gepulsten, hochenergetischen Teilchenstrahl (z. B. Protonenstrahl) bombardiert werden, so dass Neutronenpulse freigesetzt werden. Die zukünftige europäische Neutronenquelle ESS (European Spallation Source) wird als Spallationsquelle betrieben.

3. RÖNTGEN- und Neutronen-Kleinwinkelstreuung

Neutronen sind nicht ionisierend und können daher immer nur indirekt nachgewiesen werden, z. B. über die folgenden Kernreaktionen in gasgefüllten Zählrohren:

BF$_3$-Zählrohr: ^{10}B + n → ^{7}Li + ^{4}He

^{3}He-Zählrohr: ^{3}He + n → ^{3}H + ^{1}H

Die einfallenden Neutronen werden durch Kernabsorption in geladene α-Teilchen (^{4}He) und Protonen (^{1}H) umgewandelt, die dann detektiert werden können.

In Abbildung IV.59 ist eine Neutronen-Kleinwinkelstreuapparatur schematisch dargestellt. Die aus dem Reaktor freigesetzten Neutronen werden thermalisiert, passieren eine „kalte Quelle" und treten in einen gekrümmten Neutronenleiter ein. Ein Neutronenleiter ist eine rechteckige, von innen mit Nickel beschichtete Glasröhre, in der die thermischen Neutronen durch Totalreflexion weitergeleitet werden. Hochenergetische γ-Strahlung und schnelle Neutronen werden von leicht gekrümmten Neutronenleitern nicht weitergeleitet. Ein mechanischer Geschwindigkeitsselektor schneidet einen engen Wellenlängenbereich aus dem Wellenlängenspektrum heraus. Er besteht aus einer rotierenden Trommel mit helikalen Schlitzen. Nur Neutronen mit Wellenlängen und Geschwindigkeiten, die der Rotationsgeschwindigkeit der Trommel entsprechen, können passieren. Zwischen dem Geschwindigkeitsselektor und der Probe liegt eine lange Kollimationsstrecke, die aus mehreren beweglichen Neutronenleitern und Lochblenden besteht, die in den und aus dem Neutronenstrahl gefahren werden können. Nach der Streuung an der Probe treffen die Neutronen auf einen zweidimensionalen ortsempfindlichen ^{3}He-Gasdetektor, dessen Position in einem Abstand von 1 bis 39 m verschiebbar ist, so dass ein Q-Bereich von $3\cdot 10^{-4}$ bis 1 Å^{-1} überstrichen werden kann.

3.3 Die Streuung an großen Teilchen in verdünnter Lösung

Im Folgenden wird die Streuung an großen Teilchen, z. B. Makromolekülen und Proteinen, in verdünnter Lösung besprochen. Sie liefert Information über die Größe und Form der Teilchen. In einer verdünnten Lösung sind die Abstände zwischen den Teilchen so groß, dass keine interpartikuläre Streuung, d. h. keine Interferenz der an verschiedenen Teilchen gestreuten Partialwellen auftritt. In verdünnten Systemen erhält man als Streuintensität einfach die Summe der Streuintensitäten der einzelnen Teilchen. Aufgrund der BROWNschen Molekularbewegung unterscheiden sich jedoch die Orientierungen aller Teilchen. Zur Berechnung der Streuintensität aller Teilchen muss daher die Streuintensität eines einzelnen Teilchens über alle Orientierungen gemittelt werden. Die resultierende Streukurve nennt man Partikelstreukurve:

$$I(Q) = N_\text{p} \left\langle \left| \int \rho(\vec{r}) e^{i\vec{Q}\vec{r}} d\vec{r} \right|^2 \right\rangle \quad \text{(IV.51)}$$

In dieser Gleichung bedeuten N_p die Zahl der Teilchen, die zum Streusignal beitragen, $\langle ... \rangle$ die Mittelung über alle Orientierungen eines Teilchens, $|...|^2$ das Betragsquadrat der Streuwelle, da die gemessene Streuintensität zum Amplitudenquadrat der Streuwelle proportional ist, und $\rho(\vec{r})$ die Elektronendichte innerhalb des Teilchens am Ort $\vec{r}$. Wie beim Atomformfaktor (Gl. IV.45) kann man sich das Integral als Summe aller Partialwellen vorstellen, die von den Elektronen des Teilchens ausgehen. $\vec{Q}\vec{r}$ ist die Phasenverschiebung einer Partialwelle, deren Ursprung der Ort $\vec{r}$ ist (Abb. IV.52).

Im Fall der Kleinwinkelstreuung wird keine atomare Auflösung erreicht. Daher kann man in guter Näherung die Elektronendichte des Teilchens $\rho(\vec{r})$ durch einen konstanten Wert ρ_p ersetzen. Allerdings muss berücksichtigt werden, dass das umgebende Lösungsmittel (i. d. R. Wasser) die Elektronendichte ρ_s aufweist. Wenn nun ρ_p und ρ_s gleich groß wären, dann würde ein RÖNTGEN-Strahl beim Übergang vom Lösungsmittel in das Teilchen keine Änderung in der Elektronendichte erfahren, d. h., der RÖNTGEN-Strahl wird nicht gestreut. Es kommt daher auf den Unterschied in den Elektronendichten von Teilchen und Lösungsmittel an. Die Streuintensität ist umso größer, je größer die Differenz ist. Um diesen Umstand zu berücksichtigen, ersetzen wir in Gleichung IV.51 $\rho(\vec{r})$ durch die Differenz $\rho_p - \rho_s$:

$$I(Q) = N_p (\rho_p - \rho_s)^2 \left\langle \left| \int e^{i\vec{Q}\vec{r}} d\vec{r} \right|^2 \right\rangle \tag{IV.52}$$

Man definiert den Konstrastfaktor $K = V_p(\rho_p - \rho_s)$ und den Formfaktor $F(\vec{Q})$:

$$F(\vec{Q}) = \frac{1}{V_p} \int e^{i\vec{Q}\vec{r}} d\vec{r} \tag{IV.53}$$

V_p ist das Volumen eines Teilchens. Der Formfaktor hängt nur von der äußeren Teilchengeometrie ab. Für die Streuintensität folgt:

$$I(Q) = N_p K^2 \left\langle \left| F(\vec{Q}) \right|^2 \right\rangle = N_p K^2 \left\langle P(\vec{Q}) \right\rangle = N_p K^2 P(Q) \tag{IV.54}$$

$P(Q)$ nennen wir intrapartikulären Strukturfaktor. Er lässt sich für eine Vielzahl von Teilchengeometrien berechnen. Im Folgenden wollen wir einige typische Streukurven verdünnter und monodisperser Systeme betrachten, also von Systemen, deren Teilchen alle dieselbe Form und dasselbe Volumen besitzen. Monodispersität wird meist bei biologischen Proben angetroffen.

Die Mittelung von $P(\vec{Q}) = |F(\vec{Q})|^2$ über alle Orientierungen des Teilchens zur Ermittlung von $P(Q)$ wurde 1915 von P. DEBYE berechnet. Hierfür hat er die Beziehung

$$\left\langle e^{i\vec{Q}\vec{r}} \right\rangle = \frac{\sin(Qr)}{Qr} \tag{IV.55}$$

verwendet. Für ein kugelsymmetrisches Teilchen mit dem Radius R lautet der Formfaktor demnach

$$F_{\text{Kugel}}(Q) = \frac{1}{V_p} \int_0^R \frac{\sin(Qr)}{Qr} \cdot 4\pi r^2 dr \tag{IV.56}$$

Damit erhält man den intrapartikulären Strukturfaktor einer Kugel mit Radius R zu

$$P_{\text{Kugel}}(Q) = \left(\frac{3[\sin(QR) - (QR)\cos(QR)]}{(QR)^3} \right)^2 \tag{IV.57}$$

3. RÖNTGEN- und Neutronen-Kleinwinkelstreuung 175

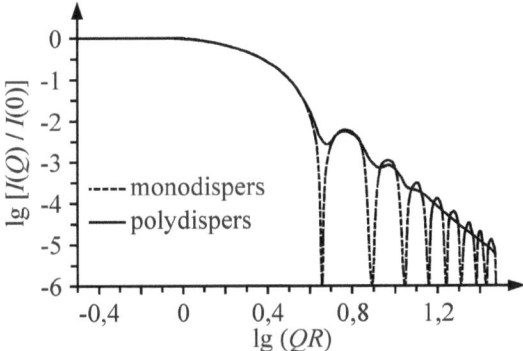

Abb. IV.60: Kleinwinkelstreuintensität (doppeltlogarithmische Auftragung) einer verdünnten Lösung von Kugeln mit einheitlichem Radius R (monodispers) sowie eines polydispersen Systems von Kugeln unterschiedlicher Radien mit einer GAUßschen Größenverteilung ($\Delta R / \overline{R} = 20\,\%$).

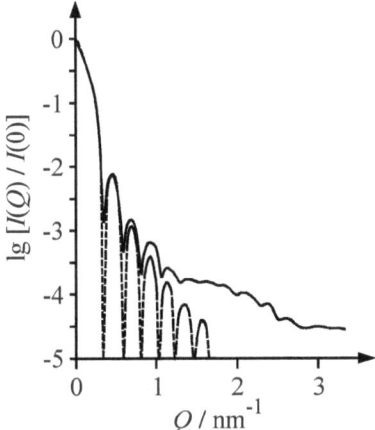

Abb. IV.61: RÖNTGEN-Streuintensität von Bakteriophagen R17 in Lösung (durchgezogene Linie) als Funktion des Streuvektorbetrags im Vergleich zu der berechneten Streuintensität für Kugeln mit dem Radius 13,3 nm (nach: I. Pilz, in: *Physical Principles and Techniques of Protein Chemistry*, S. Leach (Hrsg.), Academic Press, New York, 1973).

Abbildung IV.60 zeigt $P(Q)$ für homogene monodispersive Kugeln mit Radius R. Für $Q \to 0$ gilt $P(Q) \to 1$. Daher kann der intrapartikuläre Strukturfaktor nach $P(Q) = I(Q)/I(0)$ berechnet werden. Man beobachtet mehrere Maxima und Minima ab $QR = 3\pi/2$.

Bei uneinheitlicher Radienverteilung der Kugeln (polydisperses System) verschmieren die scharfen Minima, und zwar umso mehr, je größer der Polydispersitätsgrad ist. In Abbildung IV.61 ist die Kleinwinkelstreukurve des Bakteriophagen R17 in Lösung gezeigt. Der Vergleich

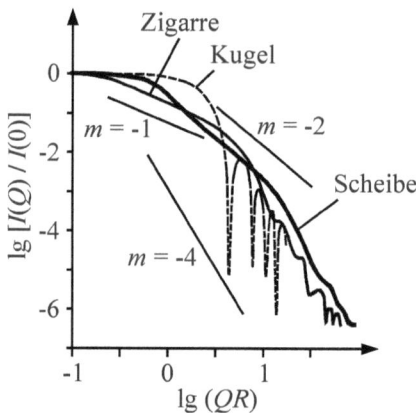

Abb. IV.62: Doppeltlogarithmische Auftragung der normierten Streuintensität gegen den Streuvektorbetrag für verschiedene Ellipsoide (R ist der Radius einer Kugel mit gleichem Volumen). Die Steigungen m betragen −1 für zigarrenförmige (Verhältnis der Halbachsen a/b des Ellipsoids beträgt 30), −2 für scheibenförmige (a/b = 1/30) und −4 für kugelförmige (a/b = 1) Teilchen (nach: C. G. Windsor, J. Appl. Cryst. **21** (1988) 582).

mit einer Modellstreukurve zeigt, dass das Virus in etwa Kugelgestalt mit Radius $R = 13$ nm besitzt.

Für homogene Zylinder, deren Länge $2L$ und deren Radius R beträgt ($L \gg R$), kann der folgende intrapartikuläre Strukturfaktor angegeben werden:

$$P_{\text{Zylinder}}(Q) = \int_0^{\pi/2} \frac{\sin^2(QL\cos\beta)}{(QL\cos\beta)^2} \cdot \frac{4J_1^2(QR\sin\beta)}{(QR\sin\beta)^2} \cdot \sin\beta \, d\beta \approx \frac{\pi}{2QL} e^{-(QR)^2/4} \quad \text{(IV.58)}$$

für $QR \leq 1$ ($J_1(x)$ ist die BESSEL-Funktion 1. Ordnung). Moleküle, deren Gestalt einem Ellipsoid gleicht, zeigen dagegen den folgenden intrapartikulären Strukturfaktor:

$$P_{\text{Ellipsoid}}(Q) = \int_0^{\pi/2} P_{\text{Kugel}}(Q) \cos\beta \, d\beta \quad \text{(IV.59)}$$

Im Ausdruck für $P_{\text{Kugel}}(Q)$ (Gl. IV.57) muss R durch $ab/\sqrt{a^2\sin^2\alpha + b^2\cos^2\alpha}$ ersetzt werden. Die Halbachsen des Ellipsoids sind a, a und b, wobei $a\tan\alpha = b\tan\beta$ ist. Abbildung IV.62 zeigt die relativen Streuintensitäten für verschiedene Ellipsoide.

3.4 Die Auswertung von Kleinwinkel-Streukurven

Aus Kleinwinkel-Streukurven lassen sich mit Hilfe einfacher grafischer Verfahren verschiedene charakteristische Strukturparameter der streuenden Teilchen gewinnen, wie das Volumen oder den sog. Streumassenradius. Diesen Verfahren liegen Streugesetze zugrunde, die die spezifische Struktur der streuenden Teilchen unberücksichtigt lassen. Darüber hinaus können allerdings die gemessenen Kleinwinkel-Streukurven mit Hilfe von Computersimulationen angepasst werden, um die individuelle Form der streuenden Teilchen zu ermitteln.

3. RÖNTGEN- und Neutronen-Kleinwinkelstreuung

POROD-Gesetz. Für $Q \to \infty$ fallen die in den Abbildungen IV.60 und IV.62 gezeigten Kurven proportional zu Q^{-4} ab. Dieses asymptotische Verhalten lässt sich allgemein für beliebig geformte homogene Teilchen mit glatten Oberflächen herleiten (POROD, 1951). Für größere Q-Werte (größer als der reziproke Streumassenradius, s. u.) gilt die POROD-Näherung für den intrapartikulären Strukturfaktor:

$$P(Q) = \frac{2\pi A_p}{V_p^2} Q^{-4} \qquad (IV.60)$$

mit A_p als Oberfläche und V_p als Volumen des Teilchens.

Teilchenvolumen. Aus der Extrapolation $Q \to 0$ lässt sich das Teilchenvolumen gewinnen:

$$V_p = \frac{2\pi^2 I^2(0)}{\int_0^\infty I(Q) Q^2 dQ} \qquad (IV.61)$$

$I(0)$ ist die Streuintensität bei $Q = 0$. Eine Normierung der Streuintensitäten (Berechnung des differentiellen Streuquerschnitts) ist nicht erforderlich.

GUINIER-Näherung. Wenn man eine Kleinwinkelstreukurve bei kleinen Q-Werten untersucht, kann man mit Hilfe der sog. GUINIER-Näherung die Größe der streuenden Teilchen ermitteln. Die GUINIER-Näherung beruht auf den folgenden Überlegungen. Berechnet man das Betragsquadrat in Gleichung IV.51, beträgt die Kleinwinkelstreuintensität

$$I(Q) = N_p \left\langle \int\int \rho(\vec{r}_1) \rho(\vec{r}_2) e^{i\vec{Q}\vec{r}_{12}} d\vec{r}_1 d\vec{r}_2 \right\rangle \qquad (IV.62)$$

$\vec{r}_{12} = \vec{r}_1 - \vec{r}_2$ ist der Abstandsvektor zwischen zwei Streuzentren. Der Koordinatenursprung wird in den Schwerpunkt eines streuenden Teilchens gelegt. Die Mittelung über alle Teilchenorientierungen $\langle ... \rangle$ wurde von P. DEBYE wie folgt ermittelt:

$$I(Q) = N_p \int\int \rho(\vec{r}_1) \rho(\vec{r}_2) \frac{\sin(Qr_{12})}{Qr_{12}} d\vec{r}_1 d\vec{r}_2 \qquad (IV.63)$$

Für kleine Q-Werte kann die Sinus-Funktion durch eine Reihe ersetzt werden, die nach dem zweiten Glied abgebrochen wird. Dann gilt

$$\frac{\sin(Qr_{12})}{Qr_{12}} \approx 1 - \frac{1}{6}(Qr_{12})^2 \qquad (IV.64)$$

Setzt man diesen Ausdruck in Gleichung IV.63 ein und substituiert r_{12}^2 durch $r_1^2 + r_2^2 - 2\vec{r}_1\vec{r}_2$, kann das Doppelintegral ausgewertet werden:

$$\begin{aligned} I(Q) &= N_p \int\int \rho(\vec{r}_1)\rho(\vec{r}_2) d\vec{r}_1 d\vec{r}_2 - N_p \frac{1}{6} Q^2 \int\int \rho(\vec{r}_1)\rho(\vec{r}_2) r_{12}^2 d\vec{r}_1 d\vec{r}_2 \\ &= N_p \int \rho(\vec{r}_1) d\vec{r}_1 \int \rho(\vec{r}_2) d\vec{r}_2 \left[1 - \frac{1}{6} Q^2 \left(\frac{\int r_1^2 \rho(\vec{r}_1) d\vec{r}_1}{\int \rho(\vec{r}_1) d\vec{r}_1} + \frac{\int r_2^2 \rho(\vec{r}_2) d\vec{r}_2}{\int \rho(\vec{r}_2) d\vec{r}_2} \right) \right] \end{aligned} \qquad (IV.65)$$

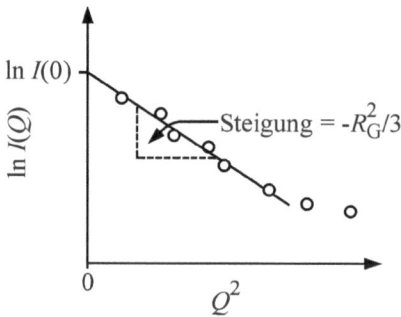

Abb. IV.63: GUINIER-Auftragung.

Der sog. Streumassenradius (*radius of gyration*) ist der quadratisch gemittelte Abstand aller Streuzentren innerhalb eines Teilchens von dessen Schwerpunkt:

$$R_G^2 = \frac{\int r^2 \rho(\vec{r}) d\vec{r}}{\int \rho(\vec{r}) d\vec{r}} \approx \frac{1}{V_p} \int r^2 d\vec{r} \qquad (IV.66)$$

Wie oben bereits erwähnt, kann in der Kleinwinkelstreuung die Elektronendichte des Teilchens als ortsunabhängig angesehen werden ($\rho(\vec{r}) \approx$ konst.). Der Streumassenradius beinhaltet das zweite Moment der Elektronendichte. R_G ist also analog definiert wie der Trägheitsradius in der Mechanik. R_G lässt sich für einfache geometrische Körper ausrechnen, z. B. ist $R_G = \sqrt{3/5} R$ für Kugeln mit dem Radius R. In Tabelle IV.1 sind noch weitere Beispiele aufgeführt. Damit erhält man schließlich die GUINIER-Näherung:

$$I(Q) = I(0)\left[1 - \frac{1}{3} Q^2 R_G^2\right] \approx I(0)\, e^{-Q^2 R_G^2 / 3}$$

$$\ln I(Q) = \ln I(0) - Q^2 R_G^2 / 3 \qquad (IV.67)$$

Die GUINIER-Näherung gilt für $Q R_G < 1$. Trägt man $\ln I(Q)$ gegen Q^2 auf (sog. GUINIER-Auftragung, Abb. IV.63), erhält man eine Kurve, deren Anfangssteigung $-R_G^2/3$ beträgt, so dass R_G ermittelt werden kann.

Der Streumassenradius macht keine Aussage über die Form eines Teilchens. Er ist jedoch ein einfacher Indikator für die mittlere Größe und damit für Strukturänderungen einer Substanz. Beispielsweise lässt sich ein Anstieg von R_G beim „Schmelzen" von DNA oder RNA leicht messen. Ebenso kann die Entfaltung von Proteinen durch Ermittlung des Streumassenradius verfolgt werden (Abb. IV.64).

KRATKY-Plot. Die Gestalt polymerer Kettenmoleküle in verdünnten Lösungen wurde schon sehr früh mit Hilfe der Licht- und RÖNTGEN-Streuung untersucht. Im Allgemeinen verknäulen sich gelöste Polymere in „guten" (Θ-) Lösungsmitteln, sie bilden sog. statistische Knäuel. Die beobachtete Streukurve besteht aus drei Ästen (Abb. IV.65a). Der innerste Bereich verläuft etwa nach einer GAUß-Kurve und wird durch die Streuung am Gesamtpartikel hervorgerufen. Die GUINIER-Auftragung liefert den Streumassenradius des gesamten Moleküls. Der äußere Bereich der Streukurve verläuft nach $I(Q) \propto Q^{-1}$, einer sog. Nadelstreukurve, da er

3. RÖNTGEN- und Neutronen-Kleinwinkelstreuung 179

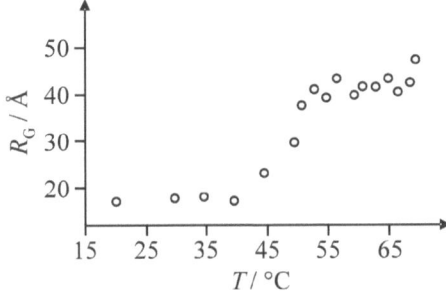

Abb. IV.64: Temperaturabhängigkeit des Streumassenradius des Proteins SNase. Der Entfaltungsprozess des Proteins beginnt bei 40 °C (nach: G. Panick, R. Malessa, R. Winter, G. Rapp, K. J. Frye, C. A. Royer, J. Mol. Biol. **275** (1998) 389).

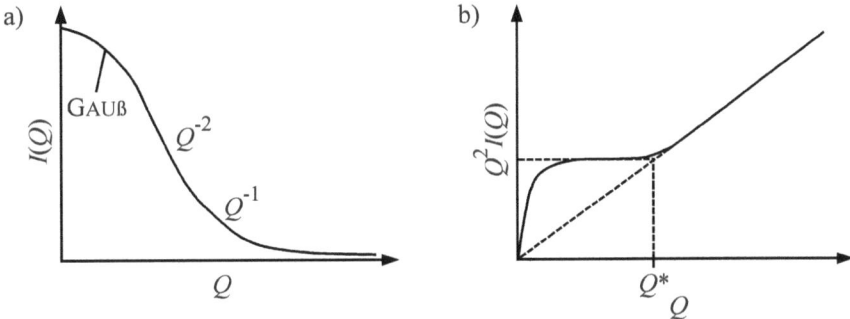

Abb. IV.65: Schematische Darstellung der Streukurve $I(Q)$ für statistisch verknäuelte Fadenmoleküle (a) und der dazugehörige KRATKY-Plot (b).

sehr kleine Ausschnitte des Moleküls widerspiegelt, die gestreckt sind. Der mittlere Bereich der Streukurve, der größeren Ausschnitten des Moleküls zuzuordnen ist, weist die Streufunktion $I(Q) \propto Q^{-2}$ auf. Sie ist charakteristisch für eine stochastische Aneinanderreihung von Massen. In Abbildung IV.65b ist die Streukurve in der Form $Q^2 I(Q)$ gegen Q (sog. KRATKY-Plot) gezeigt. Das Plateau in dieser Darstellung entspricht dem Streugesetz $I(Q) \propto Q^{-2}$. Je steifer und gestreckter das Molekül ist, umso kleiner sind die Q-Werte, zu denen sich der Verlauf der ansteigenden Q^{-1}-Kurve erstreckt. Die Streukurve im KRATKY-Plot geht bei $Q = Q^* \approx 1{,}91/a$ in einen linearen Anstieg über. Hier erfolgt die Streuung an „pseudo-linearen", kürzeren Segmenten der Länge a des Kettenmoleküls. Die Länge a wird Persistenzlänge genannt.

Für den einfachen Fall einer ungestörten, frei verbundenen Kette (GAUßsche Kette) gilt für hinreichend große Kettenlängen die DEBYE-Streufunktion:

$$P(Q) = \frac{2}{z^2}\left(e^{-z} - 1 + z\right) \tag{IV.68}$$

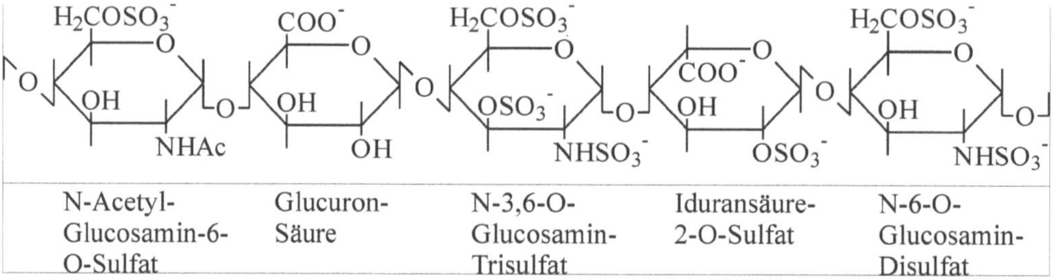

H2COSO3-
COO-
H2COSO3-
H2COSO3-
OH
OSO3-
COO-
NHAc
OH
NHSO3-
OSO3-
NHSO3-
N-Acetyl-Glucosamin-6-O-Sulfat
Glucuron-Säure
N-3,6-O-Glucosamin-Trisulfat
Iduransäure-2-O-Sulfat
N-6-O-Glucosamin-Disulfat

Abb. IV.66: Ausschnitt aus einem Heparin-Molekül. Der anionische Polyelektrolytstrang ist von einer Wolke von Gegenionen (Na^+ und Ca^{2+}) umgeben. Die Molmassen der Heparine variieren zwischen $3 \cdot 10^4$ und $5 \cdot 10^5$ g mol^{-1}.

a=2,1 nm
Q²I(Q)/willk. Einheiten
0
1
2
3
4
0
0,5
1,0
1,5
Q/nm⁻¹

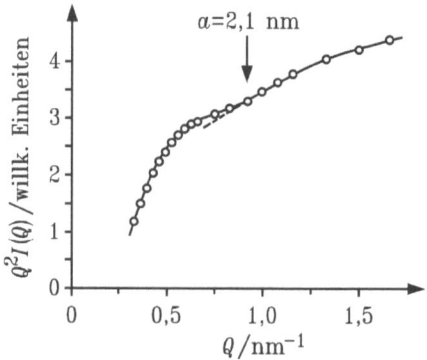

Abb. IV.67: KRATKY-Plot für eine Heparin-Lösung (nach: S. S. Stivala, M. Herbst, O. Kratky, I. Pilz, Arch. Biochem. Biophys. **127** (1968) 795).

mit $z = Q^2 l^2 N/6 = Q^2 R_G^2$ (l Bindungslänge, N Anzahl der Atome in der Kette, $h = l\sqrt{N}$ mittlerer End-zu-End-Abstand, $R_G^2 = h^2/6 = l^2 N/6$). Die Größe z enthält als einzigen Parameter der Kettenkonformation den Streumassenradius, der aus der Streukurve bestimmt werden kann. Reale Ketten besitzen eine größere Ausdehnung als Folge einer größeren Steifigkeit.

Als Beispiel eines GAUßschen Knäuels sehen wir uns Streukurven von Heparin-Lösungen an. Heparin ist ein wasserlöslicher, anionischer Polyelektrolyt, der eine große Zahl von Sulfat- und Carboxylatgruppen enthält (Abb. IV.66). Es wird in der Pharmakologie zur Verhinderung der Koagulation von Blut eingesetzt. Seine zahlreichen negativen Ladungen sind für die gerinnungshemmende Wirkung wichtig. Der von der Konzentration stark abhängige Streumassenradius ergibt sich bei Extrapolation auf unendliche Verdünnung zu R_G = 3,38 nm. Der KRATKY-Plot (Abb. IV.67) weist einen Knick auf, aus dem die Persistenzlänge zu a = 2,1 nm bestimmt werden kann. Der mittlere Bereich der Streukurve, der nur bei unendlich großen Knäueln horizontal verläuft, ist hier geneigt.

3. RÖNTGEN- und Neutronen-Kleinwinkelstreuung

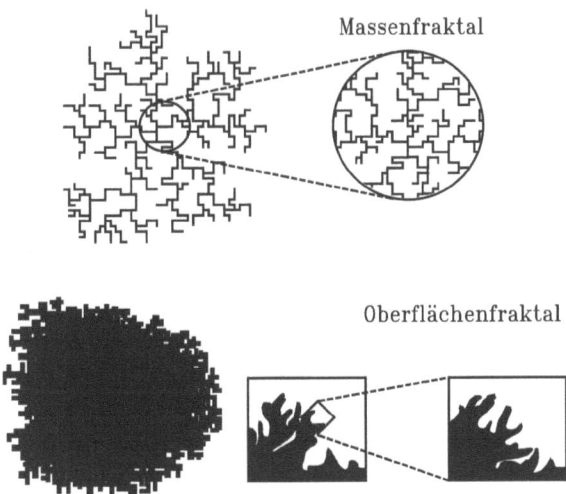

Abb. IV.68: Schematische Darstellung eines Massen- und eines Oberflächenfraktals. Das Prinzip der Selbstähnlichkeit ist anhand von Ausschnittvergrößerungen illustriert.

Fraktale. Neben geometrisch glatten Teilchen, beispielsweise Kugeln oder Plättchen, weist die Natur auch stark irreguläre, „fraktale" Strukturen auf. Sie entstehen oft bei stochastischen Wachstums- und Aggregationsprozessen. Beispiele sind Aggregatformen, die sich bei der Gelbildung und bei der Gerinnung von Milch oder Blut zeigen. Man unterscheidet Massenfraktale (auch Volumenfraktale genannt) und Oberflächenfraktale. Abbildung IV.68 zeigt hierzu zwei Illustrationen. Massenfraktale sind poröse Objekte, Oberflächenfraktale sind innen kompakt und haben eine raue Oberfläche. Beiden gemeinsam ist das Prinzip der Selbstähnlichkeit. Vergrößert man einen Teil des Fraktals, so sieht der Ausschnitt dem Ganzen ähnlich.

Die Masse m_p eines Massenfraktals skaliert mit dem Radius r einer Kugel, die die Masse einschließt, nach:

$$m_p \propto r^{D_m} \tag{IV.69}$$

D_m ist die „fraktale Dimension" des Objekts ($1 < D_m < 3$). $D_m = 3$ ist der Grenzfall für die euklidische Dimension eines homogenen, kompakten Teilchens. Streuung an solchen selbstähnlich aufgebauten Strukturen führt zu einem Streugesetz der Form

$$I(Q) \propto Q^{-D_m} \tag{IV.70}$$

im Bereich $R_G^{-1} < Q < d^{-1}$ (d ist die Größe der das Fraktal aufbauenden Struktureinheit). Die fraktale Dimension lässt sich aus dem Exponenten in Gleichung IV.70 bestimmen, also aus der Steigung der doppeltlogarithmischen Auftragung $\ln I(Q)$ gegen $\ln Q$.

Oberflächenfraktale sind Objekte mit rauer, fraktaler Oberfläche. Die Größe A_p der Oberfläche skaliert mit dem Radius r einer Kugel, die die Oberfläche einschließt, gemäß

$$A_p \propto r^{D_s} \tag{IV.71}$$

Die fraktale Dimension der Oberfläche liegt im Bereich $2 < D_s < 3$. Für das Streugesetz folgt:

$$I(Q) \propto Q^{-6+D_s} \tag{IV.72}$$

$D_s = 2$ ist der Grenzwert für eine glatte Oberfläche, für die die Streukurve dem „klassischen" POROD-Gesetz folgt. Im Extremfall $D_s = 3$ dehnt sich die Oberfläche über das gesamte Teilchenvolumen aus.

Abstandsverteilungsfunktion. Im mittleren Q-Bereich einer Kleinwinkelstreukurve steckt die wesentliche Information über die Form der Teilchen. Aus der FOURIER-Transformierten der Streuintensität kann die Abstandsverteilung $p(r)$ der Streuzentren innerhalb eines Teilchens berechnet werden. Dafür müssen Inhomogenitäten innerhalb des Teilchens klein sein. $p(r)\mathrm{d}r$ entspricht der Häufigkeit, Abstände im Molekül zwischen r und $(r+\mathrm{d}r)$ zu finden. Die Auftragung $p(r)$ gegen r liefert aus der Position des Schnittpunktes mit der r-Achse die maximale Distanz D_{max} innerhalb des Partikels. Die Abstandsverteilungsfunktion erhält man aus der experimentell erhaltenen Intensitätskurve $I(Q)$ nach:

$$p(r) = \frac{r^2}{(2\pi)^3}\int_0^\infty I(Q)\frac{\sin(Qr)}{Qr}\cdot 4\pi Q^2 \mathrm{d}Q \tag{IV.73}$$

Die Kenntnis dieser Funktion bietet auch einen Weg für die Berechnung des Streumassenradius R_G:

$$R_G^2 = \frac{\int_0^\infty r^2 p(r)\mathrm{d}r}{2\int_0^\infty p(r)\mathrm{d}r} \tag{IV.74}$$

Da die Abstandsverteilungsfunktion signifikant von dem Gestalttypus des Teilchens abhängt, lässt sich dieser oftmals durch Anpassung von Modellen an die $p(r)$-Kurve bestimmen. In Abbildung IV.69 ist ein Beispiel gezeigt. In der Regel ist es jedoch nicht vorteilhaft, $p(r)$ direkt aus $I(Q)$ zu berechnen, da $I(Q)$ nicht von $Q = 0$ bis ∞ gemessen werden kann (Gl. IV.73). Stattdessen stellt man die Abstandsverteilungsfunktion als Linearkombination orthogonaler Funktionen dar. Die Transformation dieser Modellfunktion $p_{\text{Modell}}(r)$ liefert die berechnete Streuintensität:

$$I_{\text{Modell}}(Q) = \int_0^{D_{max}} p_{\text{Modell}}(r)\frac{\sin(Qr)}{Qr}\cdot 4\pi \mathrm{d}r \tag{IV.75}$$

Man variiert nun die Linearkombination $p_{\text{Modell}}(r)$, bis die berechnete Streuintensität mit der gemessenen übereinstimmt.

Bei Teilchen mit Kugelsymmetrie ist es auch möglich, die Elektronendichte aus der Streuintensität zu berechnen:

3. RÖNTGEN- und Neutronen-Kleinwinkelstreuung

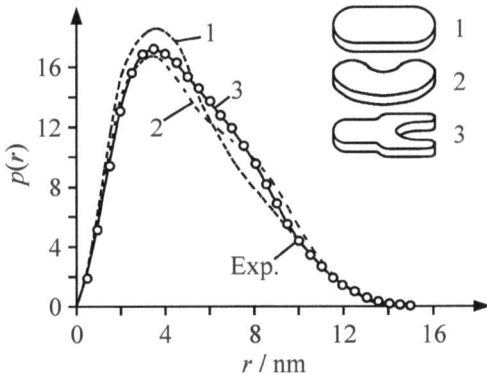

Abb. IV.69: Strukturbestimmung der σ-Untereinheit von RNA-Polymerase aus dem Vergleich der experimentell bestimmten Abstandsverteilungsfunktion $p(r)$ mit Modell 1, 2 und 3. Die Übereinstimmung mit Modell 3 ist gut (nach: O. Meisenberger, I. Pilz, H. Hermann, FEBS Letters **112** (1980) 39).

$$\rho(r) = \frac{1}{(2\pi)^3} \int_0^\infty A(Q) \frac{\sin(Qr)}{Qr} \cdot 4\pi Q^2 dQ \tag{IV.76}$$

r ist der Abstand vom Schwerpunkt des Teilchens. $A(Q)$ wird aus der gemessenen Intensität durch Wurzelziehen ermittelt ($A(Q) = \pm\sqrt{I(Q)}$). Hierbei tritt allerdings das Problem der Vorzeichenbestimmung auf (sog. Phasenproblem), das jedoch lösbar ist (für Details siehe z. B. O. Glatter in: Modern Aspects of Small-Angle Scattering, S. 107, H. Brumberger (Hrsg.), Kluwer, Dordrecht, 1995).

Modellierung der Teilchenform. Heutzutage ist es möglich, mit Hilfe von Computersimulationen Kleinwinkelstreukurven beliebiger Teilchen anzupassen, um die genaue Form dieser Teilchen zu ermitteln (siehe z. B. M. H. J. Koch, P. Vachette, D. I. Svergun, Quart. Rev. Biophys. **36** (2003) 147). Voraussetzung ist dabei natürlich, dass die untersuchte Lösung monodispers ist, d. h., dass die gemessene Streuintensität repräsentativ für die Streuintensität eines einzelnen Teilchens ist. Weiterhin muss die untersuchte Lösung so verdünnt sein, dass interpartikuläre Streuung vernachlässigbar ist. Generell geht man so vor, dass ein Strukturmodell für das streuende Teilchen so lange variiert und verfeinert wird, bis die hierzu berechnete Streukurve mit der gemessenen übereinstimmt. Dabei kann es allerdings vorkommen, dass mehrere Strukturmodelle mit den Streudaten kompatibel sind.

Beispielsweise kann die Struktur eines streuenden Teilchens als Ensemble von Kugeln gleicher Größe dargestellt werden. Für jede Kugel kann der Formfaktor in Abhängigkeit des Ortes angegeben werden. Nach Summation der einzelnen Formfaktoren, Berechnung des Betragsquadrats und Mittelung über alle Orientierungen erhält man die Streuintensität des Kugelmodells, die mit der gemessenen Streuintensität verglichen wird.

In einem moderneren Verfahren verwendet man die Kugelfunktionen $Y_{l,m}(\theta, \varphi)$ mit $m = -l, ..., +l$ und $l = 0, ..., L$, um die Form des streuenden Teilchens zu beschreiben. Zur Berechnung seiner Elektronendichte werden die Kugelfunktionen mit den Radialfunktionen $\rho_{lm}(r)$ gewichtet und addiert (Multipolentwicklung):

$$\rho(\vec{r}) \approx \sum_{l=0}^{L} \sum_{m=-l}^{l} \rho_{lm}(r) Y_{lm}(\theta, \varphi) \qquad \text{(IV.77)}$$

r, θ, φ sind die Kugelkoordinaten. L bestimmt die Genauigkeit der Entwicklung. Die gestreute Intensität lässt sich aus den Radialfunktionen berechnen. Jede Radialfunktion steuert additiv einen unabhängigen Beitrag zur Streuintensität bei. Näherungsweise kann auch hier von einer konstanten Elektronendichte innerhalb des streuenden Teilchens ausgegangen werden, so dass r-unabhängige Koeffizienten an die Stelle der Radialfunktionen treten.

In einer Weiterentwicklung des oben beschriebenen Kugelmodells wird ein Suchvolumen mit kleinen Kugeln dicht gepackt. Das Suchvolumen kann die Form einer großen Kugel haben, deren Durchmesser der maximalen Ausdehnung des streuenden Teilchens entspricht. Jede kleine Kugel wird mit 1 oder 0 indiziert, je nachdem ob sie das Teilchen oder das Lösungsmittel repräsentiert. Damit erhält man einen binären Konfigurationsvektor, zu dem die Streuintensität berechnet wird. Nun wird nach dem optimalen Konfigurationsvektor gesucht, der eine geringe Abweichung zwischen berechneter und gemessener Streuintensität liefert und zugleich strukturelle Rahmenbedingungen erfüllt. Diese fordern u. a., dass sich die Teilchen-Kugeln (Index 1) möglichst nah am Mittelpunkt des Suchvolumens befinden, untereinander verbunden sind und eine kompakte Struktur ausbilden. In Abbildung IV.70 wird diese Auswertungsmethode anhand von Beispielen illustriert.

3.5 Wechselwirkende Systeme

In konzentrierteren Lösungen treten Wechselwirkungen zwischen den streuenden Teilchen auf. Zu dem bisher betrachteten intramolekularen Streubeitrag kommt dann ein interpartikulärer Streubeitrag hinzu. Wenn die gegenseitige Orientierung der Teilchen beliebig ist, wie z. B. in einer Proteinlösung, gilt (Gl. IV.42):

$$I(Q) = N_p K^2 P(Q) S(Q) \qquad \text{(IV.78)}$$

N_p ist die Zahl der streuenden Teilchen (z. B. Proteinmoleküle), K ist der Kontrastfaktor, $P(Q)$ ist der über alle Orientierungen gemittelte intrapartikuläre Strukturfaktor eines einzelnen streuenden Teilchens, und $S(Q)$ ist der interpartikuläre Strukturfaktor, der vom Abstand r_{mn} der streuenden Teilchen m und n zueinander abhängt:

$$S(Q) = \frac{1}{N_p} \left\langle \sum_{n}^{N_p} \sum_{m}^{N_p} e^{i\vec{Q}(\vec{r}_m - \vec{r}_n)} \right\rangle \qquad \text{(IV.79)}$$

Die Ortsvektoren $\vec{r}_m$ und $\vec{r}_n$ geben die Lage der Teilchenzentren an. $\langle ... \rangle$ kennzeichnet eine Mittelung über alle Orientierungen der Abstandsvektoren $\vec{r}_{mn} = \vec{r}_m - \vec{r}_n$. Da die Abstände zwischen den streuenden Teilchen von der intermolekularen Wechselwirkung abhängen, kann aus $S(Q)$ das intermolekulare Wechselwirkungspotenzial $V(r)$ ermittelt werden. Für kolloidale oder mizellare Lösungen, aber auch für Proteinlösungen, gibt es Theorien, die $S(Q)$ mit $V(r)$ verknüpfen. Diese Verknüpfung ist allgemein ein zentrales Anliegen der Theorie von Flüssigkeiten. Für $N_p \rightarrow 0$ gilt $S(Q) \rightarrow 1$. Der Einteilchen-Strukturfaktor $P(Q)$ ergibt sich daher aus der Messung verdünnter Lösungen.

3. RÖNTGEN- und Neutronen-Kleinwinkelstreuung

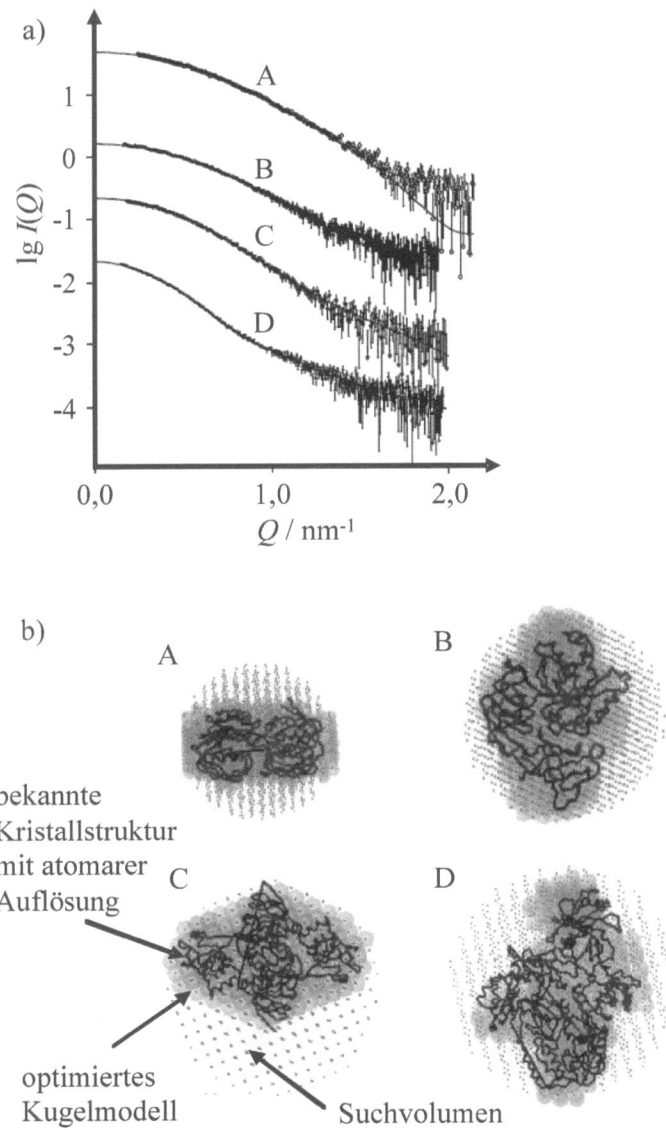

Abb. IV.70: Analyse von RÖNTGEN-Kleinwinkelstreukurven mit Hilfe eines Kugelmodells. a) Zu sehen sind die gemessenen Streukurven mit überlagerten angepassten Streukurven. Die Anpassung der Streukurven erfolgt durch Berechnung der Streuintensität von Kugelmodellen, deren Gestalt variiert wird. b) Die optimalen Kugelmodelle stimmen gut mit den bekannten Kristallstrukturen der Proteine überein (nach: D. I. Svergun, Biophys. J. **76** (1999) 2879).

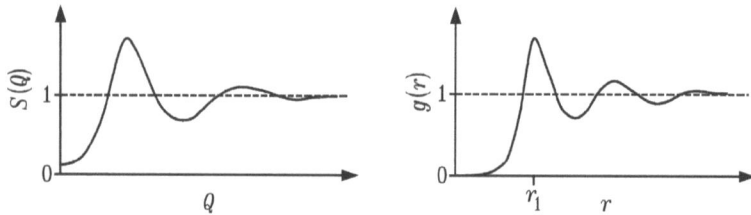

Abb. IV.71: Schematische Darstellung des interpartikulären Strukturfaktors $S(Q)$ und der Paarkorrelationsfunktion $g(r)$. Im Abstand r_1 befinden sich die nächsten Teilchen. Eine langreichweitige Ordnung existiert nicht.

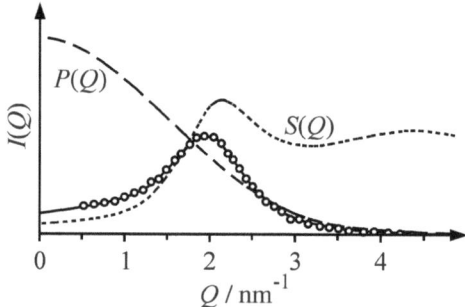

Abb. IV.72: Kleinwinkelstreukurve (o) von 1,2 M Na-oktanoat in D$_2$O bei 301 K. Die gestrichelten Kurven geben die Beiträge von $P(Q)$ und $S(Q)$ zum Streusignal an (nach: J. B. Hayter, in: *Physics of Amphiphiles: Micelles, Vesicles and Microemulsions*, V. Degiorgio, M. Corti (Hrsg.), S. 59, North Holland, Amsterdam, 1985).

Durch FOURIER-Transformation von $S(Q)$ erhält man eine entsprechende Funktion im realen Raum, die interpartikuläre Paarkorrelationsfunktion $g(r)$:

$$g(r) = 1 + \frac{1}{(N_p/V)(2\pi)^3} \int_0^\infty [S(Q)-1] \frac{\sin(Qr)}{Qr} \cdot 4\pi Q^2 \, dQ \qquad \text{(IV.80)}$$

So wie $S(Q)$ für große Q-Werte, strebt $g(r)$ für große Abstände r gegen 1. $g(r)$ gibt die Wahrscheinlichkeit an, ein Teilchen im Abstand r von einem zentralen Teilchen zu finden. N_p/V ist die Teilchenzahldichte. Abbildung IV.71 zeigt typische Verläufe von $S(Q)$ und $g(r)$. Das erste Maximum von $g(r)$ gibt die Position r_1 der ersten Nachbarschale an. Aus der Integration von $g(r)$ bis zum ersten Minimum erhält man die Koordinationszahl oder die Zahl der nächsten Nachbarn.

Als Beispiel zeigt Abbildung IV.72 die Streukurve einer konzentrierten mizellaren Lösung. Deutlich ist ein Maximum (Korrelationspeak) bei etwa 2 nm^{-1} sichtbar. Es wird durch den interpartikulären Streubeitrag hervorgerufen.

3. RÖNTGEN- und Neutronen-Kleinwinkelstreuung

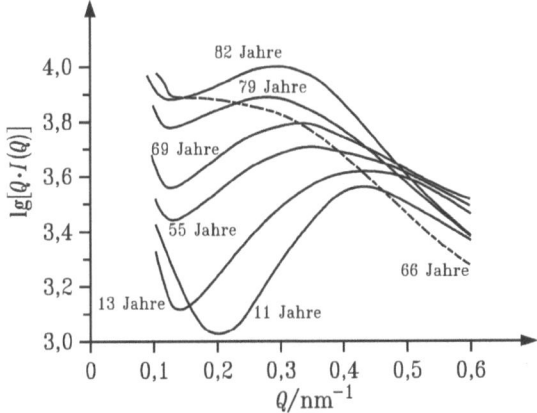

Abb. IV.73: Kleinwinkelstreukurven an Augenlinsen unterschiedlich alter Menschen. Der 66 Jahre alte Mann litt seit seiner frühen Kindheit an Diabetes. Aufgrund dieser Krankheit setzte bei ihm der Agglomerationsprozess schon in jungen Jahren ein (nach: H. G. Haubold, in: *Synchrotronstrahlung zur Erforschung kondensierter Materie*, S. 29.1, 23. IFF-Ferienkurs Forschungszentrum Jülich, 1992; A. Tardieu, in: *Neutron and Synchrotron Radiation for Condensed Matter Studies*, Vol. III, S. 145, J. Baruchel et al. (Hrsg.), Springer Verlag, Berlin, 1994).

Als weiteres Beispiel für einen durch den interpartikulären Streubeitrag hervorgerufenen Korrelationspeak betrachten wir die annähernd kugelförmigen Protein-Agglomerate („Crystallins") der Augenlinsen. Augenlinsen bestehen aus Zellen, die 20-40 Gew.-% dieser Proteinagglomerate enthalten. Abbildung IV.73 zeigt Ergebnisse von Kleinwinkelstreumessungen an Augenlinsen. In frühen Jahren liegt das Korrelationsmaximum der Streukurve bei $Q_{max} \approx 0{,}45$ nm^{-1}, entsprechend einem Abstand d der Proteinagglomerate von $d \approx 2\pi/Q_{max} = 14$ nm. Im Lauf des Lebens lagern sich die Crystallins zu größeren Aggregaten zusammen, die dann größere Abstände voneinander haben (das Maximum des Korrelationspeaks verschiebt sich zu kleineren Q-Werten). Gleichzeitig nimmt die Größenverteilung zu, bis hinein in den Bereich der Lichtwellenlängen. Wenn die Teilchendimensionen in den Bereich der Lichtwellenlängen kommen, geht die Transparenz der Augenlinse verloren, es wird trüb, der Graue Star hat sich entwickelt.

Das intermolekulare Wechselwirkungspotenzial von Proteinen in Lösung hängt natürlich auch von der Ionenstärke und der Anwesenheit von Cosolventien, wie z. B. Glucose und Harnstoff, ab. Messungen von $S(Q)$ können hierüber Auskunft geben (s. z. B. N. Javid, K. Vogtt, C. Krywka, M. Tolan, R. Winter, ChemPhysChem **8** (2007) 679).

3.6 Das Verfahren der Kontrastvariation

In biologischen Systemen gibt es viele Beispiele für chemisch heterogene Systeme. Hierzu gehören z. B. Chromatin, dessen Desoxyribonucleinsäure Proteine bindet, Viren, die neben ihrer Proteinhülle Nucleinsäuren enthalten, und Lipoproteine, d. h. Proteine, die in Membranen eingelagert sind. Da sich die Komponenten i. Allg. nur wenig durchdringen, besteht prinzipiell die Möglichkeit, durch eine Veränderung des Lösungsmittels den Streubeitrag einer Kompo-

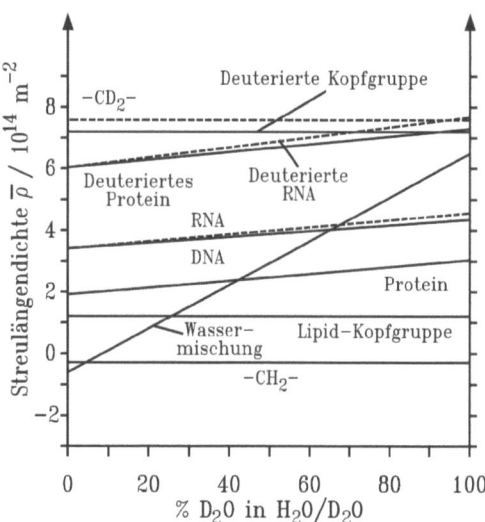

Abb. IV.74: Mittlere Neutronen-Streulängendichten von H$_2$O-D$_2$O-Mischungen und einigen Biomolekülen.

nente des Komplexes verschwinden zu lassen, während das Streubild der anderen Komponente sichtbar bleibt. Man variiert hierfür den Kontrastfaktor $K = V_p(\rho_p - \rho_s)$. Im Fall der RÖNTGEN-Streuung ist der Kontrastfaktor durch die Elektronendichtedifferenz von Probe und Lösungsmittel gegeben. Die Variation der Elektronendichte des Lösungsmittels kann durch Zugabe von geeigneten niedermolekularen Stoffen, wie Salzen, Glycerin, Zucker etc. erreicht werden. Im Allgemeinen wird dadurch jedoch nur ein verhältnismäßig kleines Elektronendichteintervall überdeckt. Unter Umständen kann die Variation des Lösungsmittels die Struktur eines Biomoleküls beeinflussen. Im Idealfall schafft man es, die Elektronendichte des Lösungsmittels der Elektronendichte einer Komponente anzupassen, so dass der Kontrastfaktor und damit die Streuintensität nur dieser Komponente verschwinden.

Bei der Neutronenstreuung treten an die Stelle der Elektronendichten die Neutronen-Streulängendichten $\rho = \sum b_i / \Delta V$ (b_i Neutronen-Streulänge des Atoms i im Volumenelement ΔV). Wie wir gesehen haben, variiert die Neutronen-Streulänge unregelmäßig von Element zu Element (Abb. IV.53 und Tabelle IV.3). In einigen Fällen beobachtet man auch negative Streulängen. So besitzt z. B. Wasserstoff (^{1}H) eine negative Streulänge, während das Isotop Deuterium (^{2}H oder D) eine große positive Streulänge besitzt. Hieraus resultieren Streulängendichten von $-0{,}56 \cdot 10^{14}$ m^{-2} für H$_2$O und $6{,}37 \cdot 10^{14}$ m^{-2} für D$_2$O. Wie aus Abbildung IV.74 ersichtlich wird, besitzen Biomoleküle i. Allg. Streulängendichten, die in dem von H$_2$O und D$_2$O abgesteckten Intervall liegen. Somit kann durch ein geeignetes H$_2$O-D$_2$O-Mischungsverhältnis i. d. R. erreicht werden, dass eine Teilchenkomponente die gleiche Streulängendichte hat wie die Wasser-Mischung, so dass die Streuintensität der Teilchenkomponente verschwindet. In der Neutronen-Kleinwinkelstreuung ist die Kontrastvariation durch H-D-Austausch ein gängiges Verfahren, um das Streusignal komplexer Systeme in die Beiträge der Komponenten aufzulösen.

3. RÖNTGEN- und Neutronen-Kleinwinkelstreuung

Betrachten wir zum Beispiel ein Lipoprotein. Wenn die Neutronen-Kleinwinkel-Untersuchungen bei einer Lösungsmittelzusammensetzung von etwa 40 % D$_2$O durchgeführt werden, entspricht die mittlere Streulängendichte des Proteins der des Lösungsmittels, und man detektiert nur den Streubeitrag des Lipids. Wenn dagegen die Strukturuntersuchungen in reinem H$_2$O durchgeführt werden, misst man keinen Streubeitrag der Lipidketten und im Wesentlichen den Streubeitrag des Proteins. Aus der Analyse der Streukurven können die Gestalt der Komponenten und ihre relativen Positionen bestimmt werden. Es kann also die Frage beantwortet werden, ob das Protein an der Lipidmembranoberfläche sitzt, oder ob es integral in die Membran eingebaut ist.

Abbildung IV.75 zeigt als Beispiel für die Bestimmung der inneren Struktur eines Molekülaggregats mittels Kontrastvariation die Streukurven eines Virus (*Southern Bean Mottle Virus*) in 69,5 % D$_2$O und in 42 % D$_2$O. Wie der Abbildung zu entnehmen ist, misst man im ersteren Fall den Streubeitrag des Protein-Capsids, im letzteren Fall nur den der RNA. Aus den Streukurven ist bereits ersichtlich, dass es sich um ein nahezu sphärisch symmetrisches Teilchen handeln muss (Abb. IV.76).

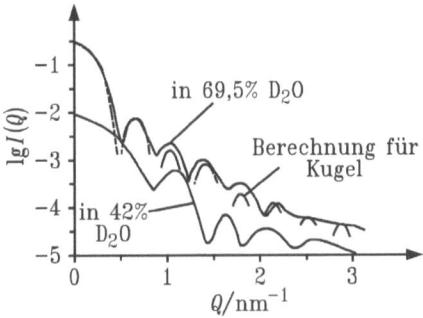

Abb. IV.75: Streuintensitäten für den *Southern Bean Mottle Virus* in Wasser mit 69,5 % D$_2$O und in Wasser mit 42 % D$_2$O. Im letzteren Fall trägt die RNA des Virus hauptsächlich zur Streuung bei. Zum Vergleich ist die berechnete Streuintensität für ein Kugelmodell eingezeichnet (nach: B. Jacrot, Rep. Prog. Phys. **39** (1976) 911).

Abb. IV.76: Ein Viren-Capsid besteht aus einer Proteinhülle (hier schematisch dargestellt). Im Inneren ist die genetische Information in Form von RNA oder DNA eingelagert.

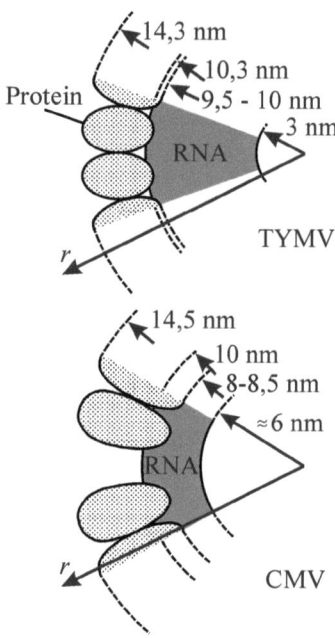

Abb. IV.77: Durch Auswertung von Neutronenstreudaten erhält man Streulängendichten, aus denen Strukturmodelle für Viren-Capsid/RNA-Komplexe erstellt werden können, hier gezeigt für den *Cucumber Mosaik Virus* (CMV) und den *Turnip Yellow Mosaik Virus* (TYMV) (nach: B. Jacrot, C. Chauvin, J. Witz, Nature **266** (1977) 417).

Für zwei sphärische (genauer: ikosaedrische) Virusarten sind Ergebnisse aus Neutronen-Kleinwinkeluntersuchungen in Abbildung IV.77 gezeigt. Deutlich erkennt man die relativen Positionen von Protein und RNA. Letztere ist im Inneren einer sphärischen Proteinhülle mit etwa 29 nm Durchmesser eingepackt. Für den Fall des CMV erkennt man weiterhin, dass die Proteinhülle nach Verlassen der RNA aus dem Capsid instabil werden muss.

Im Allgemeinen besitzen Biomoleküle und ihre Aggregate jedoch keine sphärische Symmetrie, und ihre Streulängendichteverteilung ist inhomogen. Eine Verallgemeinerung der Methode der Kontrastvariation für diese Systeme geht auf Stuhrmann und Kirste zurück (s. z. B. Z. Phys. Chem. **56** (1967) 334; J. Appl. Cryst. **7** (1974) 173). Sie beruht auf der Bestimmung der Streuintensität bei drei verschiedenen mittleren Kontrasten $\Delta\rho = \rho_p - \rho_s$. Die Streuintensität kann in drei Terme aufgeteilt werden:

$$I(Q) = \Delta\rho\, I_{VF}(Q) + \Delta\rho^2 I_V(Q) + I_F(Q) \tag{IV.81}$$

$I_V(Q)$ ist die Streuintensität eines Teilchens mit gleicher Form wie das tatsächliche Teilchen, jedoch mit homogener Streulängendichte. Diese Streuintensität gibt somit die Form des Teilchens wieder. $I_F(Q)$ entspricht dem Streubeitrag, der durch Fluktuationen der Streulängendichte im Inneren des Teilchens hervorgerufen wird. $I_{VF}(Q)$ ist ein Kreuzterm beider Beiträge. Alle drei Streubeiträge zu $I(Q)$ lassen sich rechnerisch aus den drei gemessenen Streukurven ermit-

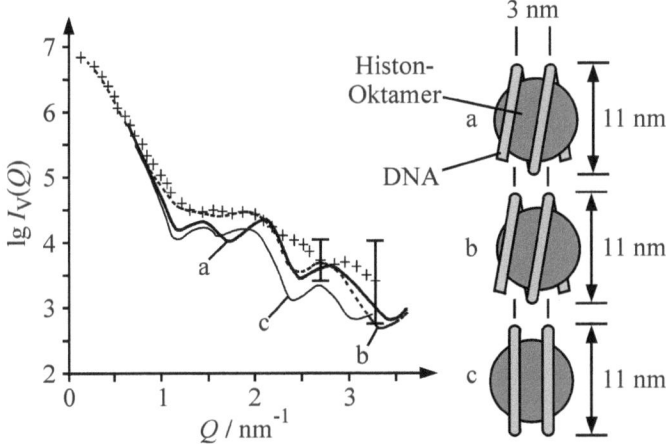

Abb. IV.78: Vorhergesagte Streuintensitäten $I_V(Q)$ als Funktion des Streuvektorbetrages für verschiedene Nucleosom-Kern-Modelle (a bis c) im Vergleich zu den Messwerten (+ mit Fehlerbalken). Am besten beschreibt Modell c die experimentelle Streukurve (nach: P. Suau, G. G. Kneale, G. W. Braddock, J. P. Baldwin, E. M. Bradbury, Nucl. Acids Res. **4** (1977) 3769; G. W. Braddock, J. P. Baldwin, E. M. Bradbury, Biopolymers **20** (1981) 327).

teln. Durch Anpassen von Modellen an die Streukurven lässt sich die Aggregatstruktur der Partikel bestimmen. Als Beispiel für eine solche Analyse zeigt Abbildung IV.78 einen Modellfit an die Streukurve $I_V(Q)$ von Nucleosomen. Sie bestehen aus basischen Proteinen (Histone), um die die DNA gewickelt ist (Abb. I.47).

Der Vollständigkeit halber wollen wir hier noch erwähnen, dass der Kontrast in SANS-Experimenten auch ohne Änderung der Isotopenzusammensetzung variiert werden kann. Die erstmals von Stuhrmann vorgeschlagene Methode beruht auf der Anwendung polarisierter Neutronen und magnetischer Felder, die die Kernspins der Probe orientieren. Durch Variation des Magnetfeldes wird der Kontrast variiert. Die Experimente können nur bei sehr tiefen Temperaturen, d. h. an gequenchten Proben, durchgeführt werden.

4. RÖNTGEN- und Neutronen-Reflektometrie

Die Untersuchung von Ober- und Grenzflächen mittels RÖNTGEN- und Neutronenstreuung ist ein relativ junges Forschungsgebiet. Die RÖNTGEN- und die Neutronen-Reflektometrie sind zu der Rasterkraftmikroskopie und der hochauflösenden Elektronenmikroskopie komplementäre Methoden. Im Gegensatz zur Mikroskopie, die im Wesentlichen laterale Strukturen auflöst, liefert die Reflektometrie Strukturinformation entlang der Grenzflächennormalen, d. h., man erhält ein Elektronendichteprofil bzw. ein Neutronen-Streulängendichteprofil durch die Grenzfläche hindurch. Typische biologische Systeme, die mit Hilfe der RÖNTGEN- und Neutronen-Reflektometrie untersucht werden, sind Lipidmembranen und Proteinadsorbate, die sich an der Wasser-Luft-Grenzfläche oder an einer Wasser-Festkörper-Grenzfläche bilden.

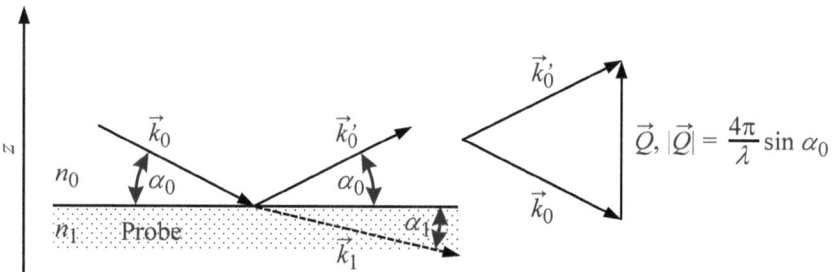

Abb. IV.79: Streugeometrie bei Reflektivitätsmessungen. Einfallender und ausfallender RÖNTGEN-Strahl schließen den Winkel α_0 zur Grenzfläche ein. Aus den gemessenen Intensitäten des einfallenden Strahls I_0 und des ausfallenden Strahls I berechnet sich die Reflektivität $R = I/I_0$. Unterhalb des kritischen Winkels α_{0c} tritt an einer Luft-Probe-Grenzfläche externe Totalreflexion auf ($R = 1$), da der Brechungsindex einer Probe für RÖNTGEN-Strahlen kleiner als eins ist. $\vec{Q} = \vec{k}_0' - \vec{k}_0$ ist der Wellenvektorübertrag, $\vec{k}_0$ und $\vec{k}_0'$ sind die Wellenvektoren des einfallenden und des reflektierten (gestreuten) Strahls mit dem Betrag $2\pi/\lambda$. Im Experiment wird R als Funktion von α_0 bzw. Q gemessen.

In Abbildung IV.79 ist die Streugeometrie der Reflektometrie dargestellt. Ein RÖNTGEN-Strahl trifft von oben auf eine Grenzfläche, die zwei Medien mit den Brechungsindices n_0 und n_1 trennt. Der Brechungsindex für RÖNTGEN-Strahlen hängt in einfacher Weise mit der Elektronendichte ρ und dem linearen Absorptionskoeffizienten μ eines Mediums zusammen:

$$n = 1 - \frac{\lambda^2}{2\pi} r_e \rho + i\frac{\lambda}{4\pi}\mu \qquad (\text{IV.82})$$

λ ist die Wellenlänge der Strahlung und r_e der klassische Elektronenradius. Im Fall der Neutronen-Reflektometrie ist $r_e\rho$ durch die Neutronen-Streulängendichte zu ersetzen. Man sieht, dass der Realteil von n kleiner als 1 ist, was dazu führt, dass ein RÖNTGEN-Strahl bei genügend kleinen Einfallswinkeln (gemessen zwischen Strahl und Grenzfläche) extern an einer Luft-Probe-Grenzfläche totalreflektiert werden kann. Der Einfallswinkel muss hierfür kleiner als der kritische Winkel α_{0c} sein, der in Luft ($n_0 = 1$) durch $\cos\alpha_{0c} = n_1$ gegeben ist.

Oberhalb des kritischen Winkels wird der einfallende Strahl teilweise reflektiert und teilweise in das untere Medium gebrochen. Das Amplitudenverhältnis von reflektierter zur einfallenden Welle wird mit dem sog. Reflexionskoeffizienten der Grenzfläche beschrieben:

$$r_{01} = \frac{Q_0 - Q_1}{Q_0 + Q_1} \exp\!\left(-\tfrac{1}{2} Q_0 Q_1 \sigma_{01}^2\right) \qquad (\text{IV.83})$$

Die Streuvektorbeträge Q_0 und Q_1 hängen mit den z-Komponenten der Wellenvektoren senkrecht zur Grenzfläche zusammen: $Q_0 = 2k_{0,z}$ und $Q_1 = 2k_{1,z}$. σ_{01} berücksichtigt die Grenzflächenrauigkeit. Gleichzeitig kann mit σ_{01} auch eine kontinuierliche Änderung der Elektronendichte beim Übergang von Medium 0 in Medium 1 beschrieben werden. Q_0 wird aus dem Einfallswinkel α_0 und der Wellenlänge λ der einfallenden RÖNTGEN-Strahlung berechnet und stellt somit wie in der Kleinwinkelstreuung den Streuvektorbetrag Q dar, der bei der Messung variiert wird [$Q = Q_0 = (4\pi/\lambda)\sin\alpha_0$]. Q_1 lässt sich bequem aus Q_0 und Q_{0c} (entspricht Q_0 beim kritischen Winkel) berechnen:

4. RÖNTGEN- und Neutronen-Reflektometrie

$$Q_1 = \sqrt{Q_0^2 - Q_{0c}^2} \approx \sqrt{Q_0^2 - 16\pi\, r_e \rho} \tag{IV.84}$$

Schließlich ergibt sich die Reflektivität als Betragsquadrat des Reflexionskoeffizienten:

$$R = |r_{01}|^2 \tag{IV.85}$$

Die Reflektivität R wird im Experiment aus den Intensitäten des einfallenden Strahls I_0 und des ausfallenden Strahls I als Funktion von Q ermittelt: $R = I / I_0$. Die Auswertung einer gemessenen Reflektivitätskurve $R(Q)$ geschieht in der Weise, dass $R(Q)$ mit Hilfe obiger Gleichungen berechnet und unter Variation der Strukturparameter an die experimentellen Daten angepasst wird.

Bildet sich an einer Grenzfläche ein Film, z. B. ein Proteinadsorbat, kann der RÖNTGEN-Strahl an der Ober- und an der Unterseite des Films reflektiert werden. Folglich ergeben sich zwei Reflexionskoeffizienten r_{01} (oben) und r_{12} (unten). Beim Verlassen des Films interferieren die beiden reflektierten Strahlen, was mit einem Gesamtreflexionskoeffizienten ausgedrückt wird:

$$r'_{01} = \frac{r_{01} + r_{12}\exp(iQ_1 d_1)}{1 + r_{01} r_{12}\exp(iQ_1 d_1)} \tag{IV.86}$$

Hier sind Q_1 der Streuvektorbetrag im Film und d_1 die Filmdicke. Die Reflektivität wird aus r'_{01} analog zu Gleichung IV.85 berechnet. Für solch ein Einschichten-System gibt es bereits sechs Strukturparameter, die bei der Anpassung der experimentellen Daten variiert werden können: die Elektronendichten ρ_0 (oberes Medium), ρ_1 (Film) und ρ_2 (unteres Medium), die Filmdicke d_1 und die Rauigkeiten σ_{01} und σ_{12}. Im Fall eines Multischichten-Systems kann Gleichung IV.86 als Rekursionsformel verwendet werden, was auf L. G. PARRATT (1954) zurückgeht. Man beginnt mit den beiden untersten Grenzflächen, für die gemäß Gleichung IV.86 der gemeinsame Reflexionskoeffizient berechnet wird. Aus diesem und dem Reflexionskoeffizienten der darüber liegenden Grenzfläche berechnet man wiederum mit Gleichung IV.86 den gemeinsamen Reflexionskoeffizienten der drei untersten Grenzflächen. Man wiederholt dies so lange, bis die oberste Grenzfläche des Multischichten-Systems erreicht ist.

Obgleich die PARRATT-Methode für jedes Multischichten-System die genaue Berechnung von Reflektivitäten $R(Q)$ erlaubt, kann sich die Vielzahl an Fitparametern als problematisch erweisen. Alternativ lässt sich dann die Reflektivität im Rahmen der sog. kinematischen Näherung gemäß

$$R(Q) \approx \frac{16\pi^2 r_e^2}{Q^4} \left| \int_{-\infty}^{+\infty} \frac{d\rho}{dz} e^{iQz} dz \right|^2 \tag{IV.87}$$

ermitteln. Die kinematische Näherung setzt voraus, dass es zu keiner Mehrfachstreuung des einfallenden RÖNTGEN-Strahls kommt, was vor allem bei kleinen Einfallswinkeln (kleinen Q-Werten) nicht gegeben ist. Gleichung IV.87 macht deutlich, dass die Reflektivität von der Änderung der Elektronendichte entlang der Grenzflächennormalen (z-Richtung) abhängt. Dies kann in Analogie zum Kontrast in der Kleinwinkelstreuung gesehen werden.

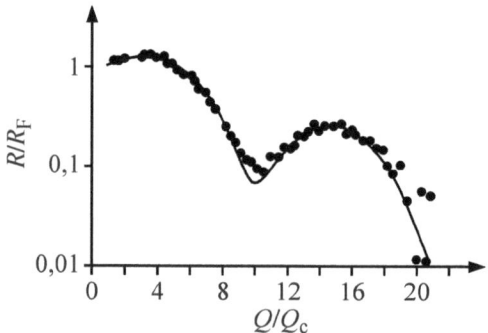

Abb. IV.80: RÖNTGEN-Reflektivität einer DMPC-Monolage auf Wasser (• Messwerte, - Modellrechnung) als Funktion des auf Q_c normierten Streuvektorbetrages in z-Richtung. R_F ist die sog. FRESNEL-Reflektivität für den Fall einer glatten Luft-Wasser-Grenzfläche ohne DMPC. Diese fällt für $Q \gg Q_c$ mit Q^{-4} ab (nach: C. A. Helm, H. Möhwald, K. Kjaer, J. Als-Nielsen, Europhys. Lett. **4** (1987) 697).

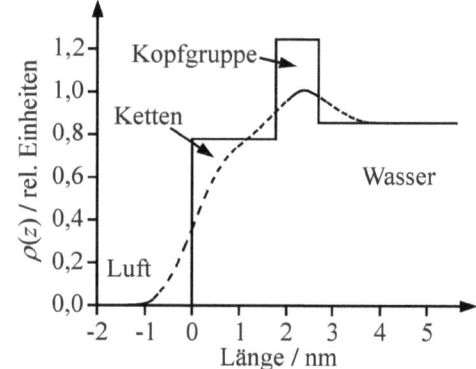

Abb. IV.81: Elektronendichteprofil $\rho(z)$ einer DMPC-Monolage auf Wasser. Die aus diesem Profil berechnete RÖNTGEN-Reflektivität stimmt mit der experimentellen gut überein (Abb. IV.80). Zwei Schichten dienen zur Modellierung der Ketten und Kopfgruppen der DMPC-Moleküle. Die drei zugehörigen Grenzflächen werden mit einer Rauigkeit „verschmiert", um dem kontinuierlichen Verlauf der Elektronendichte Rechnung zu tragen.

Als Beispiel betrachten wir einen monomolekularen Film des Phospholipids Dimyristoylphosphatidylcholin (DMPC) auf einer Wasseroberfläche, wie er mit einer LANGMUIR-Filmwaage (Abb. I.23) untersucht werden kann. Abbildung IV.80 zeigt die Reflektivität der Monoschicht. Deutlich sind Maxima und Minima zu sehen, die durch Interferenz der an dem DMPC-Film reflektierten RÖNTGEN-Strahlen entstehen. Die durchgezogene Linie gibt das berechnete Ergebnis für das in Abbildung IV.81 gezeigte Elektronendichteprofil des Grenzflächensystems wieder.

Neutronen-Reflektivitätsmessungen sind oftmals von Vorteil gegenüber RÖNTGEN-Reflektivitätsmessungen. Vor allem, wenn Biomoleküle auf einer Festkörperoberfläche untersucht werden, können durch RÖNTGEN-Strahlung schnell Strahlenschäden auftreten, da der Austausch der adsorbierten Biomoleküle begrenzt ist. Wie auch bei der Neutronen-Kleinwinkelstreuung kann in Neutronen-Reflektivitätsexperimenten der Kontrast zu Biomolekülen durch Verwendung von D_2O als Lösungsmittel extrem erhöht werden. Gegenüber Biomolekülen, die an einer D_2O-Festkörper-Grenzfläche adsorbiert sind, zeigt die Neutronen-Reflektometrie daher eine sehr große Sensitivität. Abbildung IV.82 gibt ein Beispiel. Das Peptid IAPP (*islet amyloid polypeptide*) adsorbiert spontan an einer Wasser-Polystyrol-Grenzfläche. Das Polystyrol wurde als dünner Film auf einer Siliziumscheibe abgeschieden. Durch Verwendung von D_2O und perdeuteriertem Polystyrol können die Neutronen-Streulängendichten der beiden Medien einander angepasst werden. Ohne IAPP wäre der Polystyrolfilm für Neutronen daher „unsichtbar", und die $R(Q)$-Kurve würde gemäß dem POROD-Gesetz mit Q^{-4} abfallen. Die beobachteten Oszillationen in der $R(Q)$-Kurve zeigen demnach das adsorbierte Peptid an. Allerdings ist bei der Neutronen-Reflektometrie, bedingt durch einen relativ geringen Neutronenfluss, der zugängliche Q-Bereich sehr begrenzt, was zu einer verminderten Auflösung des Neutronen-Streulängendichteprofils führt. Die RÖNTGEN-Reflektometrie unter Verwendung intensiver Synchrotron-Strahlung liefert dagegen Reflektivitäten über einen sehr viel größeren Q-Bereich.

RÖNTGEN-Kleinwinkelstreuung unter streifendem Einfall (engl.: *grazing incidence small-angle X-ray scattering*, GISAXS) und Beugung unter streifendem Einfall (engl.: *grazing incidence diffraction*, GID) sind der RÖNTGEN-Reflektometrie verwandte Streutechniken, bei denen unter kleinen Winkeln α_0 (in der Nähe des kritischen Winkels) ein RÖNTGEN-Strahl auf eine Probenoberfläche, z. B. Wasseroberfläche mit Lipidfilm oder hydratisierter Lipidfilm auf fester Substratoberfläche, gelenkt wird. Bei einer strukturierten Packung der Oberflächenmoleküle entsteht außerhalb der Reflexionsebene ein Streubild, das mit Hilfe eines Flächendetektors registriert wird und hinsichtlich der Oberflächenstruktur der Probe ausgewertet werden kann. Der unter dem Glanzwinkel reflektierte Strahl wird dagegen mit einem Beamstop aufgefangen, um den Detektor vor zu hoher Intensität zu schützen. Durch Elektronendichteänderungen parallel zur Probenoberfläche wird der RÖNTGEN-Strahl aus der Reflexionsebene gestreut, so dass Informationen über die laterale Packung der Moleküle, wie die Elementarzellengröße und die Molekülorientierung, erhalten werden (s. z. B. J. R. Levine, J. B. Cohen, Y. W. Chung, P. Georgopoulos, J. Appl. Cryst. **22** (1989) 528; T. Salditt, Curr. Opin. Struct. Biol. **13** (2003) 1). Weiterhin lässt sich der Einfluss von Zusätzen auf die Struktur und Molekülanordnung in einer Monoschicht bestimmen, wie z. B. von Peptiden in einer Lipidschicht. Es ist auch möglich, den strukturellen Aufbau von LANGMUIR-BLODGETT-Filmen zu studieren. Diese Methoden werden sicher in Zukunft helfen, komplexe biologische Grenzflächen besser zu verstehen.

5. Proteinkristallographie

Der folgende Abschnitt soll einen kurzen Einblick in das Gebiet der RÖNTGEN-Strukturanalyse von Proteinkristallen geben. Wenn die Wellenlänge der Strahlung vergleichbar (kommensurabel) mit den interatomaren Abständen (0,1 – 0,3 nm) eines Kristalls ist, fin-

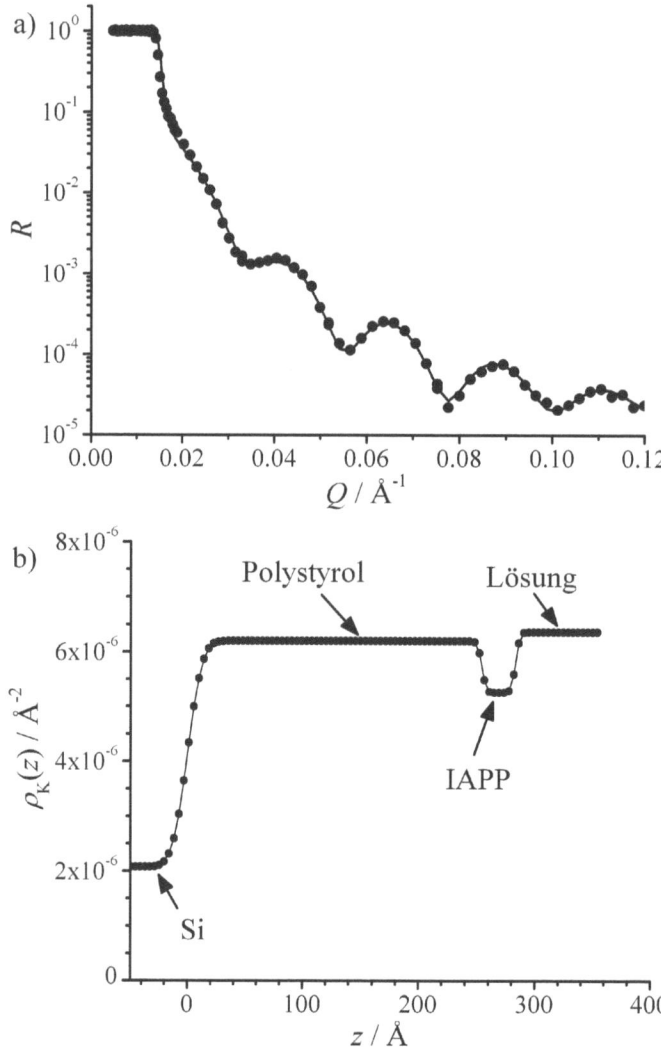

Abb. IV.82: a) Neutronen-Reflektivitätskurve einer Si-Polystyrol-IAPP-Lösung-Grenzfläche. Die Symbole geben die experimentellen Daten wieder, die durchgezogene Linie wurde auf der Grundlage eines Strukturmodells berechnet. Das Polystyrol ist perdeuteriert und hat in etwa die gleiche Streulängendichte wie die Lösung mit D_2O als Lösungsmittel. Die auftretenden Oszillationen können daher auf das adsorbierte Peptid IAPP zurückgeführt werden. b) Zugehöriges Streulängendichteprofil; aufgetragen ist die Streulängendichte $\rho_K(z)$, d. h. die Summe der Neutronen-Streulängen pro Volumenelement, als Funktion des Abstandes z von der Si-Oberfläche. Aus der Streulängendichte des IAPP-Adsorbats und dessen Dicke kann eine Grenzflächenkonzentration von 1,7 mg m^{-2} berechnet werden (nach: C. Jeworrek, O. Hollmann, R. Steitz, R. Winter, C. Czeslik, Biophys. J. **96** (2009) 1115).

5. Proteinkristallographie

det man unter bestimmten Winkeln gebeugte Strahlenbündel. Dies trifft für die RÖNTGEN- und die Neutronenstrahlung zu. Wie wir bereits in Kapitel IV.3 gesehen haben, bilden RÖNTGEN-Strahlen einen Teil des elektromagnetischen Spektrums, und sie besitzen Wellenlängen um 10^{-10} m. Für die Wechselwirkung zwischen RÖNTGEN-Strahlen und Materie sind drei Prozesse von Bedeutung: 1) Absorption, 2) inkohärente Streuung (COMPTON-Effekt) und 3) kohärente Streuung. Die inkohärente und inelastische Streuung entsteht durch Stöße zwischen den RÖNTGEN-Photonen und den Elektronen der Atome. Die gestreute Strahlung weist eine etwas größere Wellenlänge auf als die einfallende Strahlung. Sie ist nicht interferenzfähig und erhöht lediglich den Streuuntergrund. Bei der kohärenten und elastischen Streuung werden die Hüllenelektronen der Atome zu erzwungenen Schwingungen angeregt, die dann selbst elektromagnetische Wellen gleicher Wellenlänge abstrahlen. Die Interferenz der von den verschiedenen Atomen ausgehenden elastisch gestreuten Partialwellen bildet die Grundlage für die RÖNTGEN-Strukturanalyse von Kristallen. Nur für bestimmte Beugungswinkel 2θ weisen benachbarte Wellenzüge die gleiche Phase auf, so dass konstruktive Interferenz erfolgt. Durch Auswertung des Beugungsmusters kann die Kristall- und Molekülstruktur bestimmt werden. Die notwendigen Grundlagen zur Interpretation der Beugungsaufnahmen werden im Folgenden erörtert.

5.1 Streuung an Kristallgittern

Bei der kohärenten THOMSON-Streuung wird ein Elektron von der einfallenden RÖNTGEN-Strahlung zu einer erzwungenen Schwingung angeregt. Die Strahlungsintensität der Streustrahlung beträgt nach der MAXWELL-Theorie für unpolarisierte Strahlung (vgl. Gl. IV.43)

$$I(2\theta) = I_0 \left(\frac{e^2}{4\pi\varepsilon_0 m_e c^2} \right)^2 \cdot \frac{1+\cos^2(2\theta)}{2} \cdot \frac{1}{r^2} \tag{IV.88}$$

(I_0 Intensität der einfallenden RÖNTGEN-Strahlung, r Probe-Detekor-Abstand).

Für quasi-freie Elektronen wird ein Phasenunterschied von 180° zwischen den einfallenden und gestreuten elektromagnetischen Wellen beobachtet. Kommt die Frequenz der einfallenden RÖNTGEN-Strahlung der Frequenz der K-Absorptionskante (vgl. Abb. IV.55) des bestrahlten Atoms nahe, so kann die Streuung jedoch nicht mehr als elastisch betrachtet werden. Die eingestrahlte Energie wird zum Teil zur Anregung der Elektronen benutzt. An den Atomformfaktoren müssen dann Korrekturen (sog. anomale Dispersion, s. Kap. IV.6) vorgenommen werden. Auf die Bedeutung dieser Korrekturen zur Bestimmung der Streuphasen wird weiter unten eingegangen.

Um von der Streuung am einzelnen Atom zur Beugung am Kristallgitter zu kommen, müssen wir die Kugelwellen aufsummieren, die von jedem einzelnen Atom im Kristallgitter ausgehen. Ein Kristallgitter baut sich aus einzelnen Elementarzellen auf. Solch eine Elementarzelle ist die kleinste Einheit eines Kristalls, die sich periodisch wiederholt. Die Elementarzellen werden durch die Gitterkonstanten a, b, c und die Winkel α, β, γ beschrieben. Die Achsen werden meist so gewählt, dass sie mit Richtungen hoher Symmetrie im Kristall übereinstimmen. Im einfachsten Fall sitzt auf jedem Gitterpunkt einer Elementarzelle ein Atom (z. B. C-Diamant-Kristall). In der Regel wird ein Gitterpunkt jedoch mit einem ganzen Molekül besetzt. Es gilt das Prinzip: „Kristall = Gitter + Basis". In einem NaCl-Kristall bildet ein Na^+-Cl^--Ionenpaar

Tab. IV.4: Die sieben Kristallsysteme.

Kristallsystem	Gitterkonstanten	Achsenwinkel
triklin	$a \neq b \neq c$	$\alpha \neq \beta \neq \gamma \neq 90°$
monoklin	$a \neq b \neq c$	$\alpha = \gamma = 90°, \beta \neq 90°$
orthorhombisch	$a \neq b \neq c$	$\alpha = \beta = \gamma = 90°$
hexagonal	$a = b \neq c$	$\alpha = \beta = 90°, \gamma = 120°$
tetragonal	$a = b \neq c$	$\alpha = \beta = \gamma = 90°$
rhomboedrisch	$a = b = c$	$\alpha = \beta = \gamma \neq 90°$
kubisch	$a = b = c$	$\alpha = \beta = \gamma = 90°$

die Basis, die auf jedem Gitterpunkt einer kubisch-flächenzentrierten Elementarzelle lokalisiert ist. In Proteinkristallen enthält die Elementarzelle somit 1000 oder mehr Atome. Die Koordinaten x, y, z der Atome werden in Einheiten der Gitterkonstanten a, b, c angegeben. Die Koordinaten eines Atoms im Zentrum der Elementarzelle sind daher (1/2,1/2,1/2). Es können sieben verschiedene Achsensysteme gewählt werden, was eine Einteilung der Kristalle in sieben Kristallsysteme ermöglicht (Tab. IV.4).

Für Punktgitter kann man 14 sogenannte BRAVAIS-Gitter unterscheiden. Sie sind in Abbildung IV.83 zusammengestellt. Mit den 14 Gittern lassen sich alle Kristalle darstellen, indem man auf jeden Gitterpunkt die Basis aus den entsprechenden Atomen, Molekülen oder Ionen setzt.

Untersucht man mit Hilfe der Gruppentheorie alle Kombinationsmöglichkeiten der einfachen und gekoppelten Symmetrieelemente einschließlich der Translation, so findet man 230 mögliche Raumgruppen. Sie geben die Art und räumliche Lage der Symmetrieelemente an, die in einer Kristallstruktur möglich sind. Wenn man eine Struktureinheit in die Elementarzelle einführt, dann reproduzieren die Operationen der Raumgruppen unmittelbar die gesamte Kristallstruktur.

Die Lage einer Fläche in einem Gitter (Netzebene) kann über die Achsenabschnitte ausgedrückt werden, welche die Fläche schneidet. Netzebenen werden durch die sog. MILLERschen Indizes h, k, l angegeben. Man erhält die Indizes, indem man das kleinste, ganzzahlige Verhältnis der reziproken Achsenabschnitte bildet. Schneidet die Netzebene die Achsen bei a/h, b/k und c/l, so wird sie durch (hkl) gekennzeichnet. In Abbildung IV.84 sind zwei Beispiele gegeben.

Aus dem periodischen Aufbau der Kristalle folgt, dass Netzebenen im Kristall in gleichbleibendem Abstand voneinander angeordnet sind. Dieser sog. Netzebenenabstand d_{hkl} ist eine wichtige Größe in der Beugungstheorie. Aus geometrischen Überlegungen folgt für den Netzebenenabstand in einem orthorhombischen Kristall mit den Achsenabschnitten a, b und c

5. Proteinkristallographie

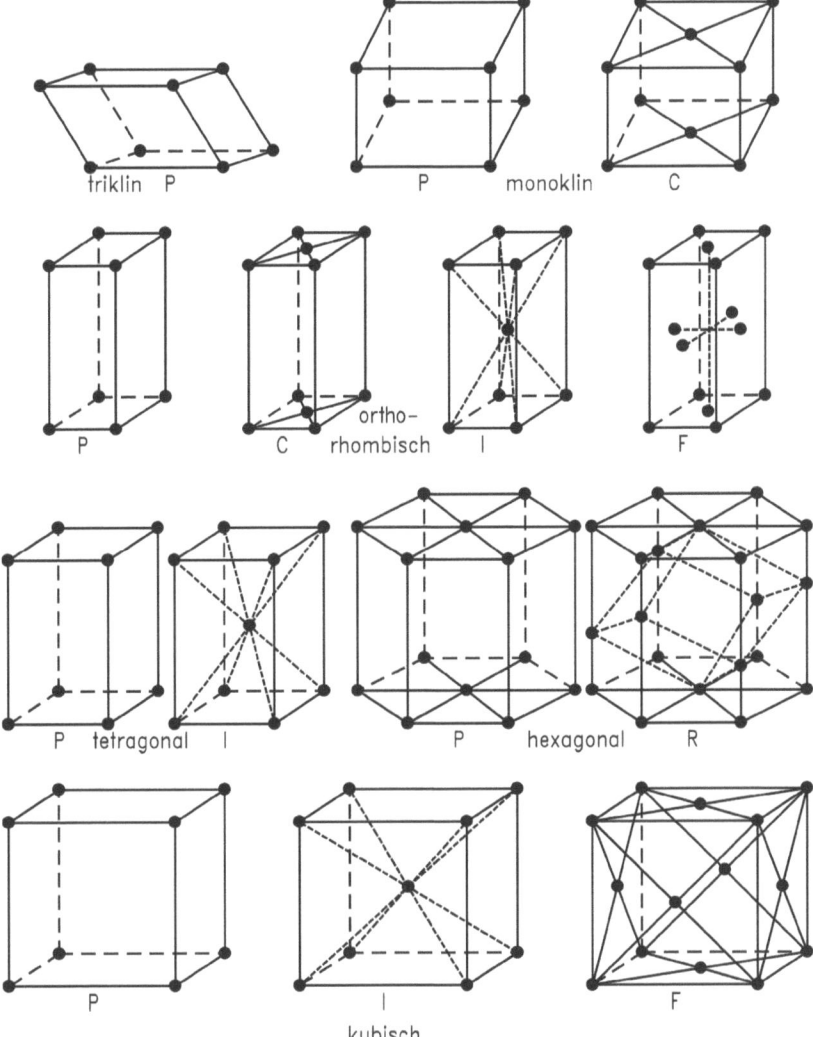

Abb. IV.83: Die 14 verschiedenen BRAVAIS-Gitter (P primitive Gitter; C einfach flächenzentrierte Gitter; I innenzentrierte Gitter; F flächenzentrierte Gitter; R rhomboedrische Gitter).

$$\frac{1}{d_{hkl}} = \sqrt{\frac{h^2}{a^2} + \frac{k^2}{b^2} + \frac{l^2}{c^2}} \tag{IV.89}$$

und für den Fall des kubischen Gitters ($a = b = c$)

$$\frac{1}{d_{hkl}} = \frac{1}{a}\sqrt{h^2 + k^2 + l^2} \tag{IV.90}$$

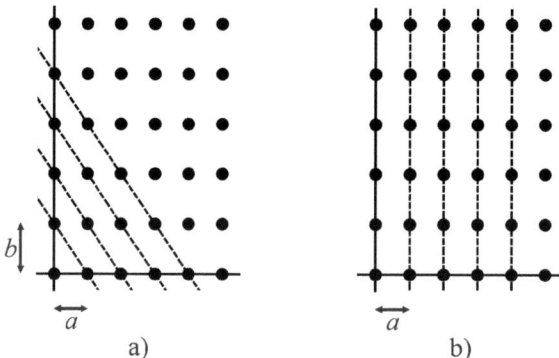

Abb. IV.84: Beispiele für Netzebenen in einem Gitter (c-Achse senkrecht zur Papierebene). a) Achsenabschnitte: a,b,∞; MILLERsche Indizes: 110; b) Achsenabschnitte: a,∞,∞; MILLERsche Indizes: 100.

Ähnliche Ausdrücke kann man für alle anderen Kristallsysteme ableiten (s. z. B. Azaroff, 1968; Wölfel, 1987, Massa, 2009).

5.2 Das reziproke Gitter

In Abbildung IV.85 ist eine eindimensionale Reihe von Gitterpunkten mit dem Abstand a dargestellt. Monochromatische RÖNTGEN-Strahlung der Wellenlänge λ treffe unter einem Winkel α_0 auf diese Punktreihe. Eine Verstärkung der Streustrahlung (konstruktive Interferenz) tritt nur dann auf, wenn der Wegunterschied zwischen benachbarten Wellenfronten ein ganzzahliges Vielfaches der Wellenlänge ist. Es gilt dann die LAUE-Gleichung:

$$h\lambda = a(\cos\alpha - \cos\alpha_0) \quad \text{mit } h = 0, 1, 2, \ldots \tag{IV.91}$$

Analoge Gleichungen gelten in einem dreidimensionalen Gitter in den verbleibenden Richtungen $\vec{b}$ und $\vec{c}$:

$$k\lambda = b(\cos\beta - \cos\beta_0) \quad \text{mit } k = 0, 1, 2, \ldots \tag{IV.92}$$

$$l\lambda = c(\cos\gamma - \cos\gamma_0) \quad \text{mit } l = 0, 1, 2, \ldots \tag{IV.93}$$

h, k und l sind ganze Zahlen, a, b und c sind die Abstände der Streuzentren in der jeweiligen Raumrichtung des Kristalls. Die Winkel α_0, β_0, γ_0 sowie α, β, γ geben die Richtung der einfallenden bzw. gestreuten Strahlung in Bezug auf die jeweils betrachtete Raumrichtung an. In allen anderen Richtungen wird bei genügend großer Anzahl an Streuzentren die Streustrahlung ausgelöscht.

Für eine senkrechte Einstrahlung ($\alpha_0 = 0°$) auf eine Punktreihe erhält man als Beugungsmuster eine Reihe paralleler Linien. Der Abstand der Linien a^* im Beugungsmuster steht in reziproker Beziehung zum Gitterabstand a im Kristallgitter. Analoge Beugungsbilder werden in den Richtungen $\vec{b}$ und $\vec{c}$ erhalten. Das Beugungsmuster eines Kristallgitters kann daher auch durch ein dreidimensionales, sog. reziprokes Gitter beschrieben werden. Dieses Gitter wird durch die reziproken Gitterkonstanten a^*, b^*, c^* und die Winkel α^*, β^*, γ^* charakterisiert. Die reziproken Gittervektoren sind gegeben durch:

5. Proteinkristallographie

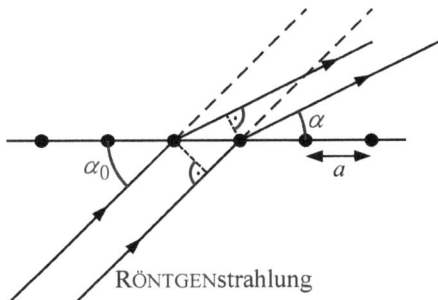

Abb. IV.85: Darstellung der Streugeometrie für die Herleitung der LAUE-Gleichung (eindimensionaler Fall).

$$\vec{a}^* = \frac{\vec{b} \times \vec{c}}{V_z} \quad \vec{b}^* = \frac{\vec{c} \times \vec{a}}{V_z} \quad \vec{c}^* = \frac{\vec{a} \times \vec{b}}{V_z} \tag{IV.94}$$

Das Volumen der Elementarzelle ist $V_z = \vec{a} \cdot (\vec{b} \times \vec{c})$; $\vec{a}\vec{a}^* = \vec{b}\vec{b}^* = \vec{c}\vec{c}^* = 1$; $\vec{a}\vec{b}^* = 0$, $\vec{b}\vec{c}^* = 0$, usw.

Analog zum Gittervektor $\vec{r} = u\vec{a} + v\vec{b} + w\vec{c}$ (u,v,w ganze Zahlen) im Kristallgitter definiert man einen Vektor im reziproken Gitter:

$$\vec{s}_{hkl} = h\vec{a}^* + k\vec{b}^* + l\vec{c}^* \quad \text{mit} \quad s_{hkl}^2 = h^2 a^{*2} + k^2 b^{*2} + l^2 c^{*2} \tag{IV.95}$$

Er ist dem Betrag nach gleich dem reziproken Netzebenenabstand ($|\vec{s}_{hkl}| = 1/d_{hkl}$) und steht senkrecht auf der Netzebenenschar (*hkl*). Ordnet man auf diese Weise jeder möglichen Netzebene einen $\vec{s}$-Vektor zu, so spannen die Vektoren ein reziprokes Gitter (im reziproken Raum) auf. Seine Gitterpunkte zählt man mit dem Tripel ganzer Zahlen *hkl* ab. Das reziproke Gitter ist lediglich eine mathematische Konstruktion, die jedoch bei der Interpretation von Beugungsaufnahmen sehr vorteilhaft ist. Aus Pulveraufnahmen können die Beträge reziproker Gittervektoren bestimmt und damit die Gitterkonstanten ermittelt werden.

5.3 Die BRAGGsche Gleichung

W. L. BRAGG erkannte 1913, dass die Entstehung von Beugungsmaxima als „Reflexion" an den Netzebenen des Kristallgitters beschrieben werden kann. Bezeichnet θ den Einfalls- und Ausfallswinkel der Strahlung und d den Netzebenenabstand, so erhält man für das Auftreten konstruktiver Interferenz der „reflektierten" Strahlung die sog. BRAGGsche Gleichung:

$$n\lambda = 2d \sin\theta \tag{IV.96}$$

mit $n = 1, 2, 3, \ldots$. Unter dieser Bedingung ist die Wegdifferenz zweier an aufeinanderfolgenden Netzebenen reflektierten Strahlen gerade das n-fache der Wellenlänge λ. θ ist der sog. BRAGG-Winkel (Abb. IV.86).

Bei der Auswertung von Beugungsdiagrammen ist es oft von Vorteil, wenn man nicht mit Beugungsordnungen $n = 1, 2, 3, \ldots$ arbeitet, sondern n in die Indices der Netzebenen einbe-

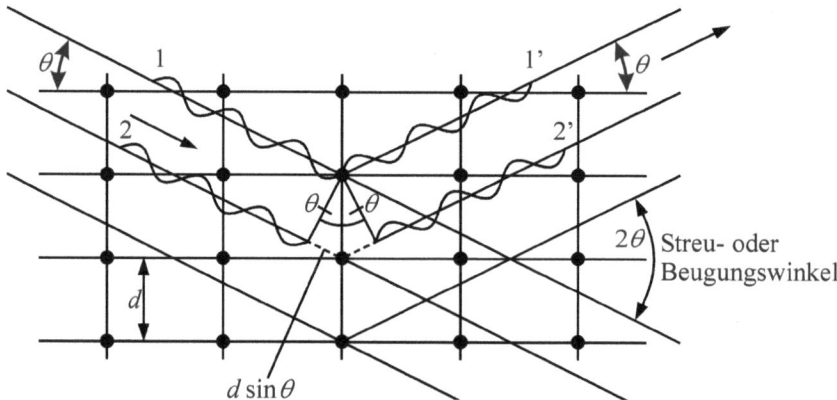

Abb. IV.86: Die BRAGGsche Reflexionsbedingung. Für konstruktive Interferenz muss die Wegdifferenz der gebeugten Wellen 1' und 2' einem ganzzahligen Vielfachen der Wellenlänge der Strahlung gleichen. Der Wegunterschied zwischen benachbarten Wellen ist $2d\sin\theta$. Daraus ergibt sich Gleichung IV.96.

zieht. Ein gebeugter RÖNTGEN-Strahl n-ter Ordnung an der Netzebene (hkl) wird wie ein Reflex 1. Ordnung an einer fiktiven Netzebene ($nh\ nk\ nl$) behandelt.

Das reziproke Gitter stellt das Beugungsbild eines Kristallgitters dar. Nach der BRAGGschen Gleichung hat jeder Punkt des reziproken Gitters seinen Ursprung in einer Reflexion an einer bestimmten Netzebene (hkl). Die Gitterpunkte des reziproken Gitters mit den Intensitäten I_{hkl} lassen sich deshalb mit hkl indizieren. Die Intensitäten hängen mit der Struktur der Basis, die jeden Gitterpunkt besetzt, zusammen. Die LAUE-Gleichungen und die BRAGGsche Gleichung sind alternative Beschreibungsmöglichkeiten des gleichen physikalischen Vorgangs.

5.4 EWALD-Konstruktion und reziprokes Gitter

Eine graphische Darstellung der Reflexionsbedingung zeigt Abbildung IV.87. Der einfallende Strahl hat die Richtung $\overline{AO}$ und schließt den Winkel θ zu einer Netzebene (hkl) ein, die durch K verläuft. Der unter einem Winkel 2θ auftretende reflektierte Strahl hat die Richtung $\overline{KP}$. P_{hkl} ist ein Punkt des reziproken Gitters, dessen Ursprung O ist. Der Streuvektor $\vec{s}_{hkl}$ steht senkrecht zur Netzebene. Immer wenn ein reziproker Gitterpunkt auf dem Kreis bzw. auf der Kugeloberfläche mit dem Radius $1/\lambda$ zu liegen kommt, ist die Reflexionsbedingung erfüllt und man registriert einen RÖNTGEN-Reflex auf dem Detektor. Beugungsbilder sind „Fotografien" des reziproken Gitters, und jeder Reflex stammt von einer ganz bestimmten Netzebene (hkl).

5.5 Der Strukturfaktor und die Bestimmung von Elektronendichten

Aus der Lage der Beugungsreflexe erhält man den Gittertyp, aus den Intensitäten der Reflexe Aussagen über die Anordnung der Atome in der Elementarzelle bzw. ihre Elektronendichteverteilung. Als Modell betrachten wir in Abbildung IV.88 ein Gitter eines AB-Molekülkristalls, dessen Atome in der x,y-Ebene angeordnet sind. Durch die A-Atome sind die Netzebenen (310) gezeichnet, für die die BRAGG-Bedingung erfüllt sein soll.

5. Proteinkristallographie

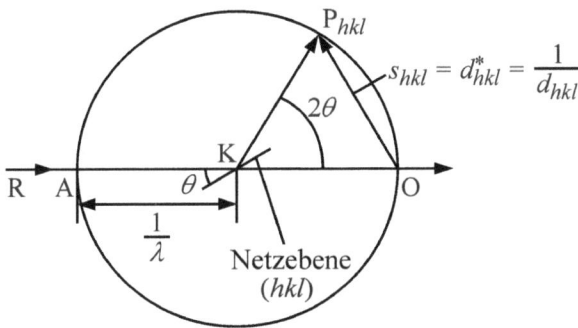

Abb. IV.87: Darstellung der Reflexionsbedingung im reziproken Raum (EWALD-Konstruktion) (R einfallender RÖNTGEN-Strahl, K Kristall, O Ursprung des reziproken Gitters, P ein reziproker Gitterpunkt, 2θ Streuwinkel).

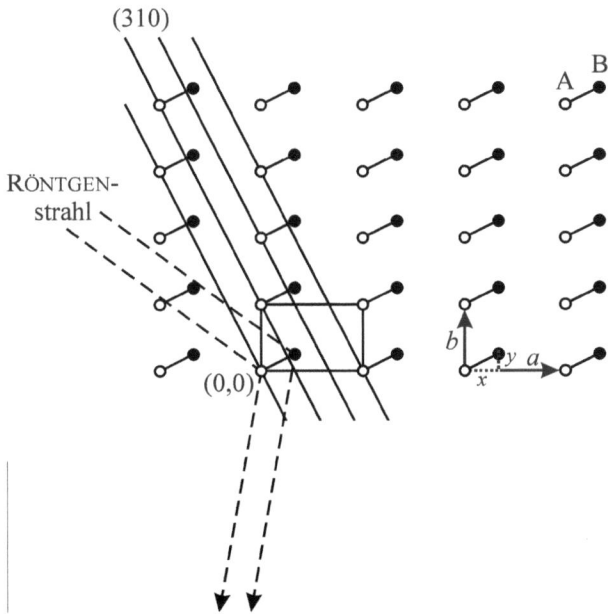

Abb. IV.88: RÖNTGEN-Beugung an einem AB-Molekülkristall mit (310)-Netzebenen.

Es besteht nun eine Phasendifferenz zwischen den an den A-Atomen und den B-Atomen reflektierten RÖNTGEN-Strahlen. Bezeichnen wir den Ort des B-Atoms mit xa in a-Richtung, yb in b-Richtung und zc in c-Richtung (die c-Achse soll senkrecht zur Papierebene stehen), gilt:

$$\varphi_B - \varphi_A = \Delta\varphi = 2\pi(hx + ky + lz) \tag{IV.97}$$

Die Phasenverschiebung der an A-Atomen gestreuten Wellen betrage Null. Die gemessene Intensität des (310)-Reflexes ergibt sich aus dem Amplitudenquadrat der Streuwelle $F = f_A + f_B e^{i\Delta\varphi}$ zu:

$$I \propto FF^* = \left(f_A + f_B e^{i\Delta\varphi}\right) \cdot \left(f_A + f_B e^{-i\Delta\varphi}\right) = f_A^2 + f_B^2 + 2 f_A f_B \cos(\Delta\varphi) \tag{IV.98}$$

Offenbar hängt die Intensität des RÖNTGEN-Reflexes an den (hkl)-Netzebenen von der Phasendifferenz und damit von den Koordinaten des B-Atoms ab. Der Cosinusterm kann die Intensität je nach Größe der Phasenverschiebung entweder verstärken oder abschwächen.

Allgemein ergibt sich für n Atome in der Elementarzelle

$$I(hkl) \propto |F(hkl)|^2 = \left|\sum_{j=1}^{n} f_j e^{i\varphi_j}\right|^2 = \left|\sum_{j=1}^{n} f_j e^{2\pi i(hx_j + ky_j + lz_j)}\right|^2 \tag{IV.99}$$

wobei f_j wieder der Streufaktor der Atome ist, und $F(hkl)$ hier als Strukturfaktor der Elementarzelle bezeichnet wird. Er ist proportional zu den Amplituden der an den Atomen j gestreuten Wellen, die von der Reflexion an einer bestimmten (hkl)-Ebene herrühren. Der Strukturfaktor und mit ihm die entsprechende Intensität des (hkl)-Reflexes hängt somit von der relativen Position x_j, y_j und z_j aller Atome j in der Elementarzelle ab.

Die Atomformfaktoren f_j (abhängig von 2θ) beschreiben das Streuvermögen ruhender Atome. Infolge der Wärmebewegung führen die Atome jedoch Schwingungen um ihre Gitterpositionen aus. Nach einer von P. DEBYE und I. WALLER abgeleiteten Theorie kann ein Atomformfaktor näherungsweise durch einen Term der Form $\exp(-B_j \sin^2\theta/\lambda^2)$ korrigiert werden. Der Temperaturfaktor B stellt ein zusätzliches Dämpfungsglied für den atomaren Streufaktor $f_j(2\theta)$ dar. Er bewirkt, dass die Streukurven mit zunehmendem Beugungswinkel schneller an Intensität verlieren. B_j ist über $B_j = 8\pi^2 \langle u_j^2 \rangle$ mit der mittleren quadratischen Auslenkung $\langle u_j^2 \rangle$ des Atoms senkrecht zur reflektierenden Netzebene verknüpft. Häufig wird anstelle von B_j der Temperaturfaktor $U_j = \langle u_j^2 \rangle = B_j/(8\pi^2)$ verwendet. Bei der Strukturverfeinerung werden diese Temperaturkoeffizienten in sechs richtungsabhängige Tensorkomponenten aufgegliedert. Mit ihnen lassen sich die Schwingungsellipsoide um die Atompositionen beschreiben.

Im Prinzip kann durch Berechnung der Reflexintensitäten für verschiedene Positionen der Atome in der Elementarzelle und Vergleich mit den beobachteten Reflexintensitäten auf die Atomanordnung geschlossen werden.

Da die streuenden Atomelektronen nicht streng lokalisiert sind, führt man anstelle der Streufaktoren f_j die Elektronendichte $\rho(x,y,z)$ ein. Der Strukturfaktor ist dann durch folgendes FOURIER-Integral über das Volumen V_z der Elementarzelle gegeben:

$$F(hkl) = \int_{V_z} \rho(x,y,z) e^{2\pi i(hx+ky+lz)} dV \tag{IV.100}$$

Die Elektronendichteverteilung in der Elementarzelle, d. h. die Anzahl der Elektronen pro Volumeneinheit am Ort mit den Koordinaten (x,y,z) ergibt sich durch FOURIER-Transformation:

$$\rho(x,y,z) = \frac{1}{V_z} \sum_{h=-\infty}^{+\infty} \sum_{k=-\infty}^{+\infty} \sum_{l=-\infty}^{+\infty} F(hkl) e^{-2\pi i(hx+ky+lz)} \tag{IV.101}$$

5. Proteinkristallographie

Die FOURIER-Koeffizienten dieser Reihe sind demnach die Strukturfaktoren. Die Koordinaten x, y, z sind hier wieder in Einheiten der Elementarzellenabmessungen gegeben.

Kennt man alle $F(hkl)$, so kann man die Elektronendichteverteilung in der Elementarzelle für jeden Punkt (x,y,z) bestimmen. In der Praxis genügt es, in einem Punkteraster mit etwa 0,2 Å Abstand Dichtewerte zu berechnen, um dann durch Interpolation Elektronendichtemaxima lokalisieren zu können, die die Koordinaten der Atomlagen liefern. Aus Gleichung IV.101 ist ersichtlich, dass hierfür die Kenntnis der zugehörigen Phase notwendig ist ($F(hkl)$ ist eine komplexe Größe und kann nicht einfach durch Wurzelziehen aus $I(hkl)$ berechnet werden). Zur Lösung dieses Problems wurden im Laufe der Zeit verschiedene Verfahren entwickelt (s. Kap. IV.5.7). Die Elektronendichteverteilung wird i. Allg. durch „Höhenlinien" dargestellt, die entstehen, wenn man Punkte gleicher Elektronendichte verbindet.

5.6 Intensität von RÖNTGEN-Reflexen und Aufnahmetechniken

Wir haben gesehen, dass aus der Position der RÖNTGEN-Reflexe die Abmessungen der Elementarzelle ermittelt werden können. Aus evtl. auftretenden Auslöschungen von Reflexen folgt der Typ des Translationsgitters und - jedoch i. Allg. nicht eindeutig - die Raumgruppe. Eine vollständige Strukturanalyse eines Kristalls hat darüber hinaus die Ermittlung der Positionen der einzelnen Atome innerhalb der Elementarzelle zum Ziel. Hierzu ist die Kenntnis der Intensität möglichst vieler Beugungsreflexe $I(hkl)$ nötig. Bei einem Kristallvolumen V_K und z Elementarzellen in der Volumeneinheit ergibt sich bei einer Drehung des Kristalls in einem Vierkreisdiffraktometer durch die Reflexionsstellung mit einer Drehfrequenz ω die Intensität $I(hkl)$ eines Reflexes mit dem Strukturfaktor $F(hkl)$ zu

$$I(hkl) = I_0 \left(\frac{e^2}{4\pi\varepsilon_0 m_e c^2}\right)^2 |F(hkl)|^2 \frac{\lambda^3 z^2 V_K}{\omega r^2} \cdot \frac{1+\cos^2(2\theta)}{2} \cdot \frac{1}{\sin(2\theta)} \quad \text{(IV.102)}$$

Die letzten beiden Terme sind von der Aufnahmetechnik abhängig (kombinierter LORENTZ-Polarisationsfaktor). Sie berücksichtigen die Polarisierung der RÖNTGEN-Strahlung und die Tatsache, dass die Netzebenen verschieden lange Verweilzeiten in Reflexionsstellung besitzen. Gleichung IV.102 ist nur gültig, wenn man bei der Beugung am Kristall die Wechselwirkung zwischen einfallenden und gebeugten RÖNTGEN-Strahlen vernachlässigt (primäre Extinktion) und außerdem nicht berücksichtigt, dass der einfallende RÖNTGEN-Strahl auf seinem Weg durch den Kristall infolge Beugung geschwächt wird (sekundäre Extinktion) und daher nicht alle Teile im Kristall in gleicher Weise zur Beugung beitragen können. Eine absolute Intensitätsmessung ist schwierig, so dass i. Allg. zur Auswertung verschiedener Aufnahmen eines Kristalls eine Kalibrierung auf einen relativen Standard notwendig ist.

Im Folgenden wollen wir einige der Aufnahmetechniken kurz erläutern. Bei Betrachtung der BRAGGschen Gleichung (Gl. IV.96) stellen wir fest, dass die Reflexionsbedingung erfüllt ist, wenn bei festgehaltenem Streuwinkel 2θ die Wellenlänge λ variiert wird (LAUE-Methode) oder bei festgehaltenem λ (monochromatisches RÖNTGEN-Licht) 2θ variiert wird. Die Variation von 2θ kann entweder durch Drehen des Kristalls erreicht werden (Drehkristallmethode) oder dadurch, dass ein Kristallpulver mit statistisch orientierten Kristalliten vorliegt (Pulvermethode).

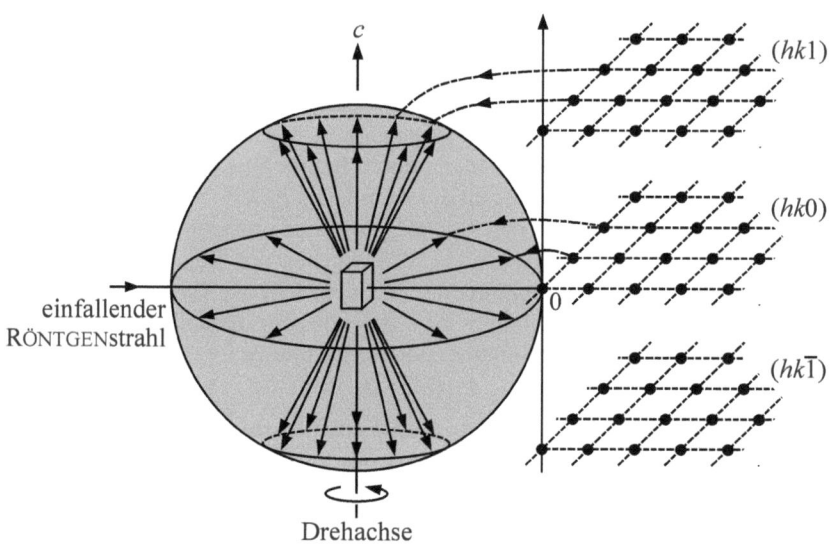

Abb. IV.89: Reziprokes Gitter und Reflexionskugel beim Drehkristallverfahren. Alle Äquatorialreflexe bei einer Rotation um die c-Achse stammen von $(hk0)$-Ebenen. Die anderen Schichtlinienreflexe liegen symmetrisch zu beiden Seiten der Äquatorialreflexe (nach: L. V. Azaroff, *Elements of X-Ray Crystallography*, McGraw Hill Book Co., New York, 1968).

Für Einkristallverfahren werden Kristalle mit Dimensionen zwischen etwa 0,1 und 0,5 mm benötigt. Bei den Drehkristallmethoden (Abb. IV.89) wird der zu untersuchende Einkristall bezüglich der Primärstrahlrichtung orientiert und um eine Achse (z. B. die c-Achse) senkrecht zum Primärstrahl gedreht. Umgibt man den Kristall mit einem zylindrischen Film, dessen Zylinderachse mit der Drehachse des Kristalls zusammenfällt, so liegen die Reflexe mit konstantem l auf einer Linie. Die 1. Schichtlinie ($l = 1$ bzw. $l = -1$) liegt im gleichen Abstand über und unter dem Äquator. Analoges gilt für die 2. Schichtlinie usw.. Aus dem Schichtlinienabstand und dem Abstand Kristall-Film kann dann die Gitterkonstante c berechnet werden. Die restlichen Gitterkonstanten a und b erhält man, indem man Drehkristallaufnahmen um die a- bzw. b-Achse anfertigt. Die WEISSENBERG-Methode stellt eine Erweiterung der Drehkristallmethode dar. Das zugrunde liegende Prinzip ist eine synchrone Kopplung von Kristalldrehung und Linearverschiebung des Films, wobei die Achse des zylindrisch gerollten Films mit der Drehachse und gleichzeitig mit der Verschiebungsrichtung zusammenfällt. Bei dieser Methode werden die Reflexe, die bei der gewöhnlichen Drehkristallmethode auf einer Schichtlinie liegen, über die ganze Filmebene auseinandergezogen, was die Indizierung der Reflexe erleichtert.

Der fotografische Film kann auch durch eine Ionisationskammer oder ein Zählrohr (s. a. Abb. VII.4) ersetzt werden. Dies sind mit einem geeigneten Gas unter vermindertem Druck (z. B. Ar bei 104 Pa) gefüllte Kammern, in denen ein dünner Metalldraht eingespannt ist. Zwischen dem Draht und der Kammerwand liegt eine Hochspannung (z. B. 1 – 2 kV) an. Jedes RÖNTGEN-Quant, das durch eine dünne Folie in die Kammer eindringt, erzeugt in dem Gas Ionen und Elektronen. In dem angelegten elektrischen Feld werden die Elektronen beschleu-

5. Proteinkristallographie

nigt, bilden durch Stoßionisation weitere Elektronen und Ionen und rufen letztlich einen stoßförmigen Entladestrom zwischen Draht und Kammerwand hervor. Entweder wird der Entladestrom gemessen (Ionisationskammer), oder die Stromstöße werden einzeln gezählt (Zählrohr). In Szintillationszählern (s. a. Abb. VII.6) treffen die RÖNTGEN-Quanten auf einen Kristalldetektor, der ihre Energie in Fluoreszenzlicht umwandelt. Die entstehenden Lichtquanten lösen in einer Photokathode Photoelektronen aus, deren Strom in einem Sekundärelektronenvervielfacher verstärkt wird. Die von den Messeinrichtungen ausgehenden elektrischen Impulse werden elektronisch aufbereitet und registriert.

In der Pulverdiffraktometrie und der Proteinkristallographie haben in den letzten Jahren ortsempfindliche Detektoren zunehmend an Bedeutung gewonnen. Durch die Aneinanderreihung vieler Zähldrähte erhält man einen Flächenzähler, der viele Impulse in kurzer Zeit registrieren kann, so dass eine große Zahl von Reflexen innerhalb kurzer Zeit vermessen werden kann.

In der sog. Präzessionskamera (BUERGER-Kamera) ist der Kristallträger mit dem Filmträger so gekoppelt, dass beide während der Aufnahme gleichartige Bewegungen ausführen. Eine Richtung im Einkristall präzediert dabei um den einfallenden RÖNTGEN-Strahl; dies bewirkt, dass Punkte des reziproken Gitters während der Aufnahme die Reflexionskugel durchstoßen, die auf einer zur genannten Kristallrichtung senkrechten Ebene liegen. Die Präzessionsaufnahme gibt das reziproke Gitter damit unverzerrt wieder und die Indizierung der Reflexe wird erleichtert.

Abbildung IV.90 zeigt als Beispiel die Aufnahme eines Lysozymchloridkristalls. Da die Kristallhauptachse senkrecht zur Photoplatte mitgeführt wird, sind die Reflexabstände vom Zentralreflex umkehrt proportional zu den Gitterabständen d_{hkl}. Die Abmessungen der tetragonalen Elementarzelle des Lysozyms betragen $a = b = 7{,}91$ nm, $c = 3{,}79$ nm und das Volumen der Elementarzelle 237 nm^3. Bei bekannter Dichte und bekannter Molmasse (15 kDa) ergibt sich eine Molekülzahl von 8 pro Elementarzelle.

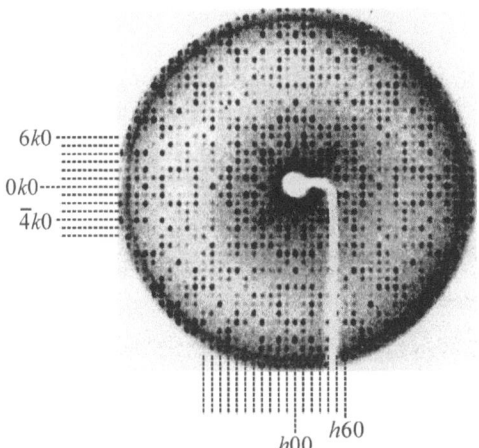

Abb. IV.90: RÖNTGEN-Beugungsbild eines Lysozymchloridkristalls mit $hk0$ Reflexen (nach: J. R. Knox, J. Chem. Educ. **49** (1972) 476).

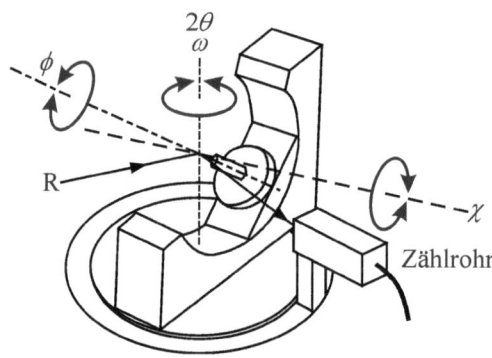

Abb. IV.91: Vierkreis-Diffraktometer nach dem Prinzip der offenen EULER-Wiege. Die Basis des Geräts ist in der horizontalen Ebene (ω-Kreis) drehbar. Darauf steht ein χ-Kreis, auf dessen Innenseite der Goniometerkopf vertikal im Kreis fahren kann. Der Goniometerkopf ist noch um seine eigene Achse (ϕ-Kreis) drehbar. Der vierte Kreis (2θ) ist koaxial mit dem ω-Kreis und trägt den Detektor (Zählrohr). Durch computergesteuertes Einstellen der vier Messkreise wird jeder Reflex nacheinander durchfahren und die Intensität bestimmt (R: RÖNTGEN-Strahl).

Für Einkristallstrukturanalysen werden heute i. Allg. Vierkreis-Einkristalldiffraktometer verwendet. Sie verfügen über vier unabhängige Kreise, die von einem Computer gesteuert werden und damit beliebige Kristallorientierungen und Messgeometrien ermöglichen (Abb. IV.91). Die χ- und ϕ-Kreise drehen den Kristall so, dass der reziproke Gittervektor des zu vermessenden Reflexes in die Äquatorebene des Gerätes fällt, auf der der Detektor umläuft. Der ω-Kreis in Verbindung mit dem 2θ-Kreis dient zur Einstellung der BRAGG-Bedingung.

In vielen Fällen ist es nicht möglich, die Positionen von Wasserstoff-Atomen mit einer RÖNTGEN-Einkristallstrukturanalyse zu bestimmen. Dies liegt daran, dass die Elektronendichte, die den Wasserstoff-Atomen zuzuordnen ist, zu gering ist. In der Mehrzahl der Fälle ergeben sich die Positionen der Wasserstoff-Atome aus denen der übrigen Atome. Will man dagegen etwa Wasserstoff-Brückenbindungen genauer studieren, so sind Neutronenbeugungsaufnahmen erforderlich: Wasserstoff in Form von H oder besser noch D (wegen der geringeren inkohärenten Streuung; s. Kap. IV.3.1) stellt hier einen starken Streuer dar. Auch zur Untersuchung von im Periodensystem benachbarten Elementen können Neutronen-Beugungsuntersuchungen nötig werden.

Bei den Pulvermethoden wird die notwendige Variation von 2θ dadurch erzielt, dass ein feinkörniges Pulver durchstrahlt wird, bei dem die Kriställchen beliebig orientiert sind (Abb. IV.92).

Zusätzlich wird das Präparat noch gedreht. Eine bestimmte Netzebenenschar (hkl) des Kristalls reflektiert dann mit einer bestimmten Ordnung n nach der BRAGGschen Gleichung unter dem Winkel 2θ. Die Reflexionen der verschiedenen Netzebenenscharen bilden Kreiskegel, deren Achsen mit dem Primärstrahl zusammenfallen. Schneidet man diese Kegel mit einer Fotoplatte, die senkrecht zum Primärstrahl angeordnet ist, entstehen konzentrische Kreise als Schnittkurven. Im Allgemeinen benutzt man aber einen Film, der zylindrisch um das Präparat gelegt ist, wobei die Zylinderachse senkrecht zum Primärstrahl gerichtet ist (DEBYE-

5. Proteinkristallographie

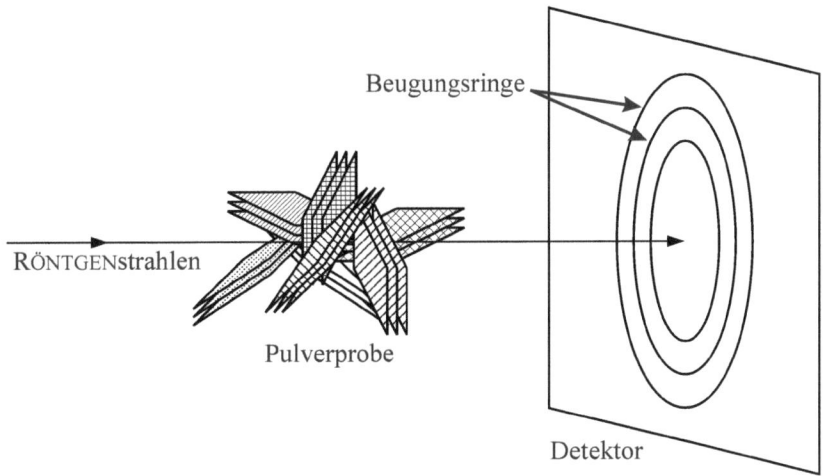

Abb. IV.92: Schematische Darstellung einer RÖNTGEN-Beugungsaufnahme an einer Pulverprobe.

SCHERRER-Methode). Auf dem Film entstehen die Interferenzlinien als Schnittkurven der koaxialen Kegelmäntel mit dem Zylinderfilm (Abb. IV.93). Mit Hilfe der BRAGGschen Gleichung können dann die d-Werte für die einzelnen Linien berechnet werden.

Eine höhere Auflösung wird mit der GUINIER-Kamera erreicht. Durch eine bestimmte geometrische Anordnung von Präparat und Fokus der RÖNTGEN-Röhre wird eine Fokussierung des Strahlengangs erreicht. Die Strahlung monochromatisiert man z. B. mit Hilfe eines gekrümmten Quarzkristalls.

Für kubische Kristalle gibt Gleichung IV.90 den Zusammenhang der d_{hkl}-Werte mit der Gitterkonstanten wieder. Mit der BRAGGschen Gleichung (Gl. IV.96) folgt:

$$\sin^2 \theta = \frac{\lambda^2}{4a^2}(h^2 + k^2 + l^2) \tag{IV.103}$$

Aus den gemessenen Beugungswinkeln 2θ werden zunächst die $\sin^2\theta$-Werte für jeden Reflex berechnet. Anschließend versucht man die Reflexe so zu indizieren, dass Gleichung IV.103 erfüllt ist, und man erhält die Gitterkonstante a. Die möglichen BRAVAIS-Gitter P, I und F weisen folgende systematische Auslöschungen der Reflexe auf (n ganze Zahl):

P : keine Auslöschung

I : $h+k+l = 2n+1$

F : $h+k = 2n+1$, $h+l = 2n+1$, $k+l = 2n+1$

Die zulässigen RÖNTGEN-Interferenzen sind in Tabelle IV.5 angegeben. Abbildung IV.94 zeigt entsprechende Pulveraufnahmen der kubischen P-, I- und F-Gitter.

Bei allen Untersuchungen, egal nach welchem Verfahren, gilt es bei der Strukturaufklärung zuerst einmal, die Reflexe zu indizieren. Pulverdiagramme eignen sich lediglich zur Strukturbestimmung hochsymmetrischer Kristalle. Niedersymmetrische Kristalle besitzen Gitterebe-

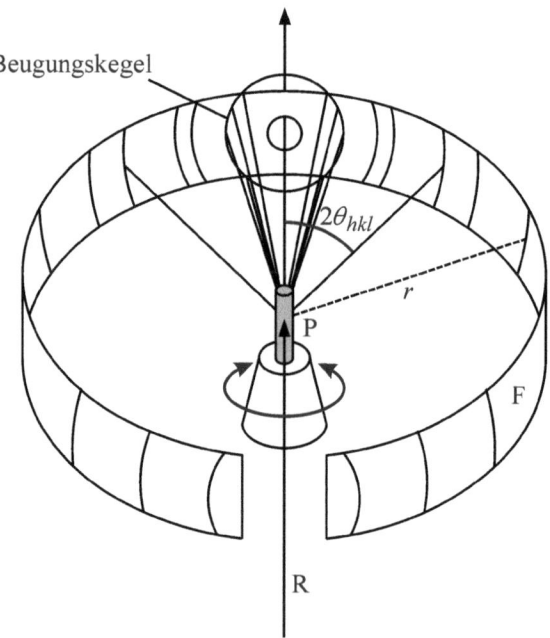

Abb. IV.93: DEBYE-SCHERRER-Methode (R RÖNTGEN-Strahl, P Pulverpräparat, r Kammerradius, F Film).

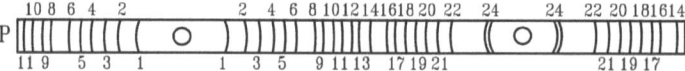

Abb. IV.94: Pulveraufnahmen verschiedener kubischer Gitter mit den möglichen Zahlenwerten für $h^2+k^2+l^2$.

5. Proteinkristallographie

Tab. IV.5: Zulässige Pulverreflexe für verschiedene kubische Kristallgitter.

$h^2+k^2+l^2$	P	I	F
1	100	-	-
2	110	110	-
3	111	-	111
4	200	200	200
5	210	-	-
6	211	211	-
7	-	-	-
8	220	220	220
9	221,300	-	-
10	310	310	-
11	311	-	311
12	222	222	222
13	320	-	-
14	321	321	-
15	-	-	-
16	400	400	400

nen mit sehr ähnlichen Gitterabständen, deren Reflexe sich im Pulverdiagramm überlagern und nicht trennbar sind. Nur Einkristalluntersuchungen können hier weiterhelfen.

Je gestörter ein Kristall ist, d. h. je kleiner seine wirklich kristallinen Bezirke sind, umso breiter werden die Reflexe. Diese Reflexverbreiterung lässt sich u. U. zur Bestimmung der Größe dieser kristallinen Bereiche heranziehen.

5.7 Das Phasenproblem

Der Strukturfaktor $F(hkl)$ ist i. Allg. eine komplexe Größe. Dieser ist in der GAUßschen Zahlenebene ein Absolutbetrag $|F(hkl)|$ und ein Phasenwinkel $\Phi(hkl)$ zuzuordnen (Abb. IV.95).

Nach dem EULERschen Satz gilt für den Strukturfaktor:

$$F = |F|e^{i\Phi} = |F|\cos\Phi + i|F|\sin\Phi = A + iB \qquad (IV.104)$$

wobei $\tan\Phi = B/A$ und $|F|^2 = A^2 + B^2$ gilt. Er ist nicht durch einfache Addition der Streuanteile der einzelnen Atome, sondern durch deren Vektoraddition gegeben. Die Winkel der einzelnen Streuanteile mit der reellen Achse betragen $\varphi_j = 2\pi(hx_j+ky_j+lz_j)$ (Gl. IV.99).

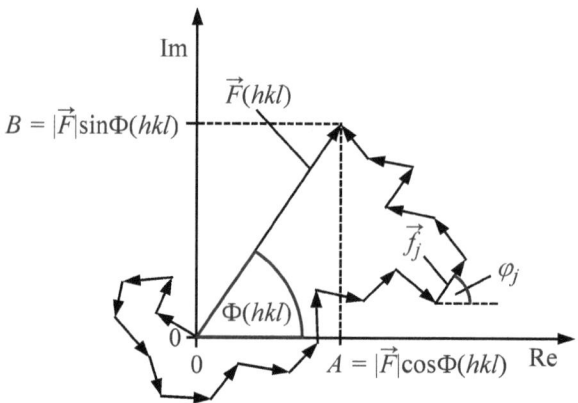

Abb. IV.95: Darstellung der vektoriellen Addition der Streuwellen der einzelnen Atome zum Strukturfaktor in der GAUßschen Zahlenebene (s. Gl. IV.99). Es ist der Imaginärteil gegen den Realteil der komplexen Größe $F(hkl)$ aufgetragen. Den Strukturfaktor $F(hkl)$ eines Reflexes an den Netzebenen (hkl) kann man sich als Vektorsumme der Streubeiträge der Atome in der Elementarzelle denken. Jeder Beitrag wird durch eine Amplitude f_j und eine Phase φ_j repräsentiert.

Wie aus Gleichung IV.99 ersichtlich, kann aus der gemessenen Intensität $I(hkl)$ eines Reflexes nur die Amplitude $|F(hkl)|$ des Strukturfaktors experimentell bestimmt werden, jedoch nicht der Phasenwinkel $\Phi(hkl)$. Die Phaseninformation geht bei der Intensitätsmessung verloren. Früher war die „trial and error"-Methode der Weg, mit deren Hilfe man einfache Strukturen zu ermitteln hoffte. Diese Methode hat heute keine große Bedeutung mehr. Man bediente sich des sog. R-Werts:

$$R = \frac{\sum_{hkl} \left| |F(hkl)|_{\text{beob}} - |F(hkl)|_{\text{ber}} \right|}{\sum_{hkl} |F(hkl)|_{\text{beob}}} \tag{IV.105}$$

Er gibt an, wie weit man mit einem Strukturmodell an die reale Struktur herangekommen ist. Hierbei wird die Summe über alle gemessenen Reflexe gebildet. Die $|F(hkl)|_{\text{beob}}$ stellen die beobachteten, die $|F(hkl)|_{\text{ber}}$ die mit Hilfe des Strukturmodells berechneten Amplituden dar. Je kleiner der R-Wert, umso wahrscheinlicher ist es, dass das angenommene Strukturmodell richtig ist.

Die Arbeiten von A. L. PATTERSON zeigen jedoch, dass in den gemessenen Intensitäten auch Information über die Phasen steckt. Die PATTERSON-Funktion

$$P(u,v,w) = \frac{1}{V_z} \sum_{h=-\infty}^{+\infty} \sum_{k=-\infty}^{+\infty} \sum_{l=-\infty}^{+\infty} |F(hkl)|^2 \cos[2\pi(hu + kv + lw)] \tag{IV.106}$$

enthält nur $|F|^2$-Werte, die sich unmittelbar aus den gemessenen Intensitäten ergeben. Sie liefert zwar nicht die Elektronendichte $\rho(x,y,z)$ am Punkt (x,y,z), wohl aber Maxima für bestimmte Punkte (u,v,w) im sog. PATTERSON-Raum. Ein Vektor zwischen dem Ursprung $(0,0,0)$ und

5. Proteinkristallographie

einem Maximum (u,v,w) entspricht einem Vektor zwischen zwei Atomen der realen Struktur. Die Stärke des Maximums ist dem Produkt aus den Ordnungszahlen der beiden Atome proportional. Die Koordinaten (u,v,w) unterscheiden sich von den Atompositionen (x,y,z) in der Weise, dass sie nur die relative Position eines Atoms zu einem anderen angeben, das im Ursprung liegt. Gleichung IV.106 erfordert lediglich die Kenntnis der Strukturfaktoramplituden $|F|$, nicht aber der Phasen. Sind n Atome in einer Elementarzelle vorhanden, so werden $n(n-1)$ Vektoren berechnet, die alle von einem Punkt ausgehen. $P(u,v,w)$ ergibt damit ein Histogramm der atomaren Abstandsverteilungen in der Elementarzelle, gewichtet mit der Streukraft der einzelnen Atome. Kennt man alle Maxima einer PATTERSON-Funktion einer nicht allzu komplizierten Struktur, ist es möglich, das Strukturproblem zu lösen. Die vollständige Interpretation einer PATTERSON-Synthese wird jedoch oftmals dadurch erschwert, dass die Maxima nicht aufgelöst sind.

Die sog. Schweratommethode beruht darauf, dass ein Kristall wenige schwere Atome oder Ionen (z. B. Br^-, I^-, Hg^{2+}, Pt^{2+}) mit hoher Ordnungszahl enthält. I. Allg. bereitet es dann keine Schwierigkeiten, die Abstandsvektoren zwischen den schweren Atomen über eine PATTERSON-Funktion zu finden. Hat man die Lage der Schweratome in der Zelle bestimmt, so kann man durch FOURIER-Reihen auch die leichteren Atome lokalisieren, da die Schweratome durch ihr großes Streuvermögen die Phasen vieler Interferenzen bestimmen. In der Praxis werden Schweratomkoordinaten meist aus der Differenz-PATTERSON-Funktion von Kristall ohne Schweratome und einem Derivatkristall mit Schweratomen bestimmt.

Es ist jedoch auch möglich, aus der Kenntnis der Strukturfaktoramplituden $|F|$ Aussagen über die zugehörigen Phasen zu bekommen. Für die praktikable Anwendung dieser Methode erhielten J. KARLE und H. A. HAUPTMAN 1985 den Nobelpreis. Eine wichtige Gleichung zur direkten Phasenbestimmung ist z. B. die von D. SAYRE 1952 entwickelte Gleichung. Mit ihr werden die Randbedingungen berücksichtigt, dass die Elektronendichte eines Kristalls nicht negativ werden kann und näherungsweise in punktförmigen Maxima lokalisiert ist. Für einen Strukturfaktor kann man schreiben:

$$F(H) = \Omega_H \sum_{H'} F(H') \cdot F(H - H') \tag{IV.107}$$

Ω_H ist ein Skalierungsfaktor, H, H' und $H - H'$ sind Vektoren im reziproken Raum und stehen jeweils für ein Indextripel (hkl). Alle Atome seien hier als gleich angenommen. Multipliziert man beide Seiten der Gleichung IV.107 mit $F(\overline{H})$ ($\overline{H}$ sei eine andere Schreibweise für $-H$), so folgt:

$$|F(H)|^2 = \Omega_H \sum_{H'} F(\overline{H}) \cdot F(H') \cdot F(H - H') \tag{IV.108}$$

Für große Werte von $F(H)$ wird die rechte Seite groß, reell und positiv. Sind $F(H)$, $F(H')$ und $F(H-H')$ groß, so gelten die Wahrscheinlichkeitsaussagen:

$$S(H) \cdot S(H') \cdot S(H - H') \approx +1 \tag{IV.109}$$

im zentrosymmetrischen Fall und

$$\Phi(\overline{H}) + \Phi(H') + \Phi(H - H') \approx 0 \tag{IV.110}$$

im nicht zentrosymmetrischen Fall. $S(H)$ ist das Vorzeichen und $\Phi(H)$ die Phase von $F(H)$. Aus der Kenntnis der Vorzeichen oder Phasen von zwei Strukturfaktoren kann man also auf das Vorzeichen oder die Phase eines dritten Strukturfaktors schließen.

Von HUGHES stammt die heute gebräuchliche Form der SAYREschen Gleichung

$$E(H) = n^{1/2} \langle E(H') \cdot E(H-H') \rangle_{H'} \qquad (IV.111)$$

wobei n die Anzahl der Atome in der Elementarzelle und $\langle ... \rangle_{H'}$ der Mittelwert über alle H' bedeuten sollen. $E(H)$ ist der normalisierte Strukturfaktor, der folgendermaßen definiert ist:

$$|E(H)|^2 = \frac{|F(H)|^2}{\sum_{j=1}^{n} f_j^2} \qquad (IV.112)$$

Im Nenner steht die Summe der Quadrate der Atomformfaktoren f_j aller Atome j in der Elementarzelle.

Es ist somit wahrscheinlich, dass die Summe der Phasen von zwei Reflexen gleich der Phase eines dritten Reflexes ist [$\Phi(H') + \Phi(H-H') = -\Phi(\overline{H}) = \Phi(H)$, Gl. IV.110], wenn die Summen der Indizes der ersten beiden Reflexe gerade die Indizes des dritten Reflexes ergeben [$H' + (H-H') = H$], und wenn die drei beteiligten Reflexe relativ stark sind. Wie man Gleichung IV.111 entnehmen kann, müssen zu Beginn einer Phasenbestimmung bereits Phasen bekannt sein oder als bekannt angenommen werden. Je nach vorliegender Raumgruppe bzw. vorliegendem BRAVAIS-Gitter sind die Phasen von bis zu drei Reflexen frei wählbar. Eine Phasenbestimmung mit Hilfe dieser direkten Methoden läuft in etwa folgendermaßen ab: Berechnung der Absolutbeträge der normalisierten Strukturfaktoren $|E|$, Auswahl der den Ursprung definierenden und der zusätzlichen anderen Reflexe im Phasenstartsatz, Bestimmung der Phasen der Phasensätze, Auswahl der am günstigsten erscheinenden Phasensätze, Durchführung der FOURIER-Synthese zur Bestimmung der Elektronendichte. Schließlich werden Strukturverfeinerungsprozeduren der Atomkoordinaten und Temperaturfaktoren durchgeführt. Wurden die Koordinaten der Atome in der Elementarzelle bestimmt und verfeinert, so können die Abstände zwischen benachbarten Atomen sowie die Bindungswinkel bestimmt werden. Für die Phasenbestimmung mittels direkter Methoden stehen heute leistungsfähige Computerprogramme zur Verfügung. Die direkten Methoden der Phasenbestimmung arbeiten jedoch nicht mehr, wenn die Kristallstruktur zu komplex wird. Sie lassen sich dann mit anderen Methoden kombinieren.

5.8 Durchführung von Proteinkristallstrukturanalysen

Das Verständnis der Struktur und Funktion von Proteinen ist durch die RÖNTGEN-Kristallographie maßgebend gewachsen (s. z. B. Drenth, 2007). Grundvoraussetzung hierfür ist die Verfügbarkeit des betreffenden Proteinkristalls, dessen Kristallisation i. Allg. eine Kunst ist. Man gewinnt Proteinkristalle z. B., indem man Ammoniumsulfat, $(NH_4)_2SO_4$, oder ein anderes Salz zu einer konzentrierten Lösung des Proteins gibt, um dessen Löslichkeit herabzusetzen. Myoglobin kristallisiert z. B. in 3 M $(NH_4)_2SO_4$-Lösung. Eine der eingesetzten Kristallisationsmethoden ist die „hanging drop"-Methode. Ein Tropfen der Proteinlösung wird

5. Proteinkristallographie

an der Unterseite eines Glasplättchens hängend über ein Gefäß positioniert, das eine Salzlösung enthält. Wenn die Proteinlösung anfangs eine geringere Salzkonzentration enthält, verdampft Wasser aus dem Tropfen und geht in das darunter liegende Reservoir über. Die Konzentration des Proteins im hängenden Tropfen nimmt mit der Zeit zu, bis die Sättigungsgrenze erreicht ist, und es beginnt auszukristallisieren. Letztlich muss der Kristall für die Strukturuntersuchung einige zehntel mm Durchmesser besitzen.

Nach jahrelangen Bemühungen gelang es 1958 M. KENDREW und J. PERUTZ, die ersten Proteinstrukturen zu lösen. Die direkten kristallographischen Verfahren, mit denen man i. Allg. die Struktur von Molekülen bestimmt, versagen, wenn die Zahl der Nichtwasserstoff-Atome größer als etwa 200 wird. Bei Anwesenheit von Schweratomen verschiebt sich diese Grenze allerdings nach oben. Von dieser Tatsache macht man bei der Strukturanalyse von Proteinen Gebrauch. Man arbeitet hier mit der Methode des *isomorphen Ersatzes*. Meistens besteht der sogenannte isomorphe Ersatz darin, dass man schwere Ionen in die mit Lösungsmittel gefüllten Hohlräume von Proteinkristallen eindiffundieren und dort definierte Positionen einnehmen lässt, wobei eigentlich nicht ein Ersatz, sondern ein Einbau von Atomen in völlig neue Positionen stattfindet. Es werden unterschiedliche Leerstellen in der Proteinstruktur durch Schweratome (z. B. Pt^{2+}, I^-) besetzt, die z. B. durch Donoratome in den Polypeptidseitenketten koordiniert werden. Eine Ausnahme liegt z. B. beim Insulin vor, bei dem Zn^{2+}-Ionen durch Pb^{2+}- oder Hg^{2+}-Ionen ersetzt werden. Im nicht zentrosymmetrischen Fall, mit dem man es bei Proteinen immer zu tun hat, sind zur Phasenbestimmung der Strukturfaktoren mehrere Schweratom-Derivate erforderlich, um aus den Schweratomlagen eine Abschätzung der Phasen zu erhalten (Methode des multiplen isomorphen Ersatzes; engl.: *multiple isomorphous replacement*, MIR). Der Effekt der anomalen RÖNTGEN-Streuung kann ebenfalls zur Phasenbestimmung herangezogen werden (engl.: *multi-wavelength anomalous diffraction*, MAD). Unter Einbeziehung des anomalen Effekts ist es prinzipiell möglich, mit nur einem Schweratomderivat das Phasenproblem zu lösen.

Die RÖNTGEN-Beugungsmessungen an Proteinkristallen werden aus Intensitätsgründen meist an Synchrotronquellen durchgeführt. Gemessen wird i. Allg. bei relativ tiefen Temperaturen (z. B. bei der Flüssigstickstoff-Temperatur von 77 K), um Strahlenschäden am Protein zu vermeiden. Die tiefen Temperaturen führen auch zu einer Verbesserung des Signal-Rausch-Verhältnisses, da bei tiefen Temperaturen weniger Gitterschwingungen angeregt sind und die Konformationsunordnung des Proteins geringer ist.

Wie weit die Interpretation der FOURIER-Synthese der Elektronendichte gehen kann, hängt davon ab, bis zu welcher Auflösung die Daten vermessen wurden. Daten geringer Auflösung liegen vor, wenn die Netzebenenabstände, denen gemessene Reflexe zugeordnet werden können, größer als 0,5 nm sind. Außer den Molekülabmessungen und der Gestalt des Moleküls kann der FOURIER-Synthese dann nichts weiter entnommen werden. Bei einer Auflösung von 0,3 nm kann schon der Verlauf der Polypeptidketten erkannt werden. Bei einer hohen Auflösung von 0,15 nm, die etwa der Größenordnung von Bindungsabständen entspricht, kann man einzelne Atome erkennen und Seitenketten identifizieren. Abbildung IV.96 zeigt als klassisches Beispiel für eine FOURIER-Synthese aus RÖNTGEN-Einkristallstrukturuntersuchungen wesentliche Merkmale der Kristallstruktur von Myoglobin und einen Ausschnitt aus der Elektronendichteverteilung von Myoglobin im Bereich der Hämgruppe.

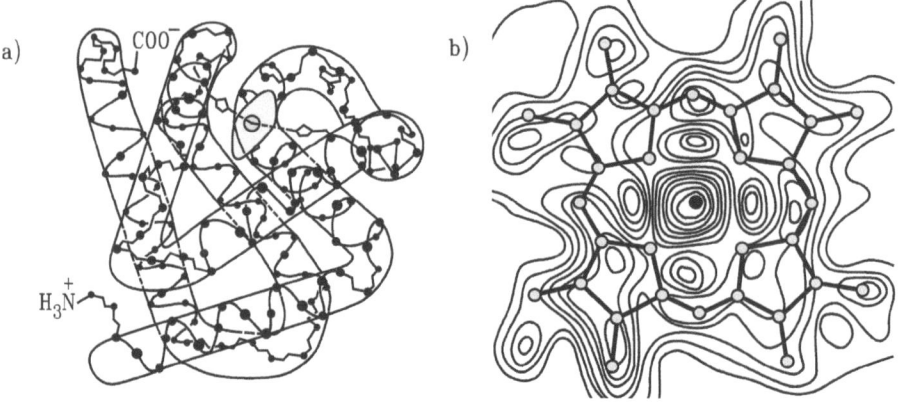

Abb. IV.96: a) Modell des Myoglobins mit hoher Auflösung. Der Übersichtlichkeit halber sind nur die α-C-Atome der Polypeptidkette und die Häm-Gruppe dargestellt. b) Ausschnitt aus der Elektronendichteverteilung bei 0,2 nm Auflösung von Myoglobin im Bereich der Häm-Gruppe. Die Ringe im Zentrum kennzeichnen die Lage des Eisenatoms (nach: J. C. Kendrew, *The Three-dimensional Structure of a Protein Molecule*, Scientific American, 1961; R. E. Dickerson, in: *The Proteins*, H. Neurath (Hrsg.), S. 634, Academic Press, New York, 1964; J. C. Kendrew et al., Nature **185** (1960) 442).

Inzwischen sind die Strukturen von mehreren hundert Proteinen aufgeklärt. Die Kenntnis ihrer molekularen Struktur hat uns einen wesentlichen Einblick in die Funktionsweise von Enzymen gegeben. Die RÖNTGEN-Kristallographie an Proteinen wird noch durch andere Methoden unterstützt, wie die Elektronenmikroskopie und mehrdimensionale NMR-Methoden (s. Kap. V.7.11).

Neben der Bestimmung statischer räumlicher Strukturen gibt es ein wachsendes Interesse daran, die strukturellen Umwandlungen von Proteinen im Verlauf biologischer Prozesse zu studieren. Hierzu nutzt man die hohe Brillanz und Zeitstruktur der Synchrotronstrahlungsquellen aus (s. Kap. IV.3). Ein Puls von 50 ps Länge mit ca. 10^{12} Photonen und 6 – 40 keV Bandbreite reicht z. B. aus, um zeitaufgelöste LAUE-Aufnahmen an Protein-Einkristallen mit polychromatischer Strahlung durchzuführen. Die maximale Zeitauflösung ist durch die *bunch*-Breite der Pulse im Synchrotron bestimmt und liegt bei etwa 50 ps. Der biologische Prozess kann durch einen Laserpuls getriggert werden, die Synchrotronpulse folgen dann nach vorgegebenen Zeitintervallen. Die zu verschiedenen *delay*-Zeiten aufgenommenen Beugungsmuster geben dann ein Bild der strukturellen Kinetik. Solche Messungen wurden schon an Myoglobin während der Desorption von CO durch Photodissoziation von Mb·CO durchgeführt. Kinetische Diffraktionsstudien wurden z. B. an stimulierten Muskelfasern und an Bakteriorhodopsin, einem integralen Protein in Purpurmembranen halophiler Bakterien, im Verlauf des Fotozyklus, in dem es Protonen aus der Zelle pumpt, durchgeführt (s. z. B. G. Rapp, R. S. Goody, J. Appl. Cryst. **24** (1991) 857; M. H. J. Koch, N. A. Dencher, D. Oesterhelt, H.-J. Plöhn, G. Rapp, G. Büldt, EMBO Journal, **10** (1991) 521). Um eine genügend hohe Auflösung zu erhalten, muss der Prozess auch im Kristall ablaufen. Das Substrat muss daher schon am Ort der Reaktion zur Verfügung stehen. Dies lässt sich durch sog. Schutz- oder *caged-*

Substrate erreichen. Dies sind biochemisch inaktive, photolytisch abtrennbare Gruppen (z. B. 1-(2-Nitrophenyl)-ethanol für Nucleotide). Die reaktive Gruppe wird dann erst durch einen Laser-Lichtblitz sehr schnell aktiviert. Die Zeitbereiche, in denen die biochemischen Vorgänge ablaufen, liegen meist zwischen ps und ms, was den Einsatz möglichst intensiver RÖNTGEN-Synchrotronquellen erforderlich macht (s. z. B. I. Schlichting, Acc. Chem. Res. **33** (2000) 532).

6. Anomale RÖNTGEN-Streuung

Bisher sind wir davon ausgegangen, dass RÖNTGEN-Strahlen klassisch elastisch an den Elektronen der Atome gestreut werden (THOMSON-Streuung). Diese Näherung ist gut, wenn die RÖNTGEN-Energie gegenüber allen inneren Anregungsenergien der Atome groß ist. Die Streuung an einem Atom kann dann durch einen „normalen" Atomformfaktor $f_j(2\theta)$ beschrieben werden (Gl. IV.45). Wenn die Energie der RÖNTGEN-Strahlung allerdings in den Bereich der Anregungsenergie eines Elektrons fällt, d. h., wenn die RÖNTGEN-Energie nahe einer Absorptionskante liegt, muss der Atomformfaktor modifiziert werden. Dies trifft für die inneren Elektronen schwerer Atome zu. Die Bindung der Elektronen im Atomverband führt dazu, dass sie unter dem Einfluss der RÖNTGEN-Strahlung nicht mehr frei schwingen können. Phänomenologisch kann man diese Tatsache dadurch beschreiben, dass man die Elektronen als gedämpfte Oszillatoren mit einer Eigenfrequenz auffasst. Dies hat zur Folge, dass in der Nähe der Absorptionskante Resonanzeffekte auftreten, und die Streulänge zu einer komplexen Zahl wird. Die Streustrahlung erfährt eine geringfügige Änderung in Amplitude und Phase. Diese zusätzlichen Streubeiträge werden durch einen Realteil $\Delta f_j'$ und einen Imaginärteil $\Delta f_j''$ beschrieben. Die anomalen Streubeiträge hängen nicht vom Beugungswinkel ab:

$$f_j(2\theta, E) = f_j(2\theta) + \Delta f_j'(E) + i\Delta f_j''(E) \tag{IV.113}$$

Der Faktor $\Delta f_j'(E)$ beschreibt den Korrekturbeitrag zur Streuwelle, der die gleiche Phase wie die von $f_j(2\theta)$ herrührende Streuwelle besitzt, während $\Delta f_j''(E)$ einen um 90° phasenverschobenen Beitrag zur Streuwelle liefert. E ist die Energie der RÖNTGEN-Strahlung.

Die Variation von $\Delta f_j'$ und $\Delta f_j''$ durch eine Variation von E in der Nähe einer Absorptionskante wird bei der anomalen RÖNTGEN-Streuung ausgenutzt. Durch Variation der RÖNTGEN-Photonenenergie (z. B. an Synchrotronquellen) im Bereich von ca. 100 eV um die K- oder L-Kante eines Atoms in einer Probe ist es möglich, eine Variation der Streulänge um etwa 10 % zu erzielen, wodurch der Kontrast des Atoms zur Umgebung geändert wird. Es handelt sich hierbei also um eine weitere Möglichkeit der Kontrastvariation bei Streuexperimenten.

Eine weitere Anwendung findet die anomale Streuung bei der Lösung des Phasenproblems der Kristallstrukturanalyse. Bei zentrosymmetrischen Strukturen gilt das FRIEDELsche Gesetz: Die Reflexe (hkl) und $(\overline{h}\overline{k}\overline{l})$ besitzen dieselbe Intensität, also:

$$|F(hkl)|^2 = |F(\overline{h}\overline{k}\overline{l})|^2 \tag{IV.114}$$

mit $\overline{h} = -h, \overline{k} = -k, \overline{l} = -l$. Dies gilt jedoch nicht mehr, wenn es zur anomalen Streuung an einer Atomsorte der Kristallstruktur kommt. Durch Variation von $\Delta f_j''$ treten für verschiedene FRIEDEL-Paare Intensitätsunterschiede auf, aus denen sich die Phase von $F(hkl)$ bestimmen lässt. Die Nutzung des kontinuierlichen RÖNTGEN-Synchrotronspektrums bei gleichzeitiger Verwendung hochauflösender Monochromatoren hat dazu geführt, dass heute die Methode der Phasenanalyse mit Hilfe der anomalen Streuung bei komplexen, großen Molekülstrukturen schon häufig verwendet wird. Hierfür müssen jedoch i. Allg. schwere Atome in diese Strukturen eingebaut werden, um eine signifikante Variation von $\Delta f_j''$ zu erhalten.

7. Streuung an teilgeordneten Strukturen

Auch teilgeordnete Systeme liefern im RÖNTGEN-Diffraktionsexperiment Reflexe, aus denen Strukturinformationen abgeleitet werden können. Es gilt die BRAGGsche Gleichung (Gl. IV.96), die die Positionen der RÖNTGEN-Reflexe im Diffraktogramm beschreibt:

$$s = \frac{1}{d_{hkl}} = \frac{2}{\lambda}\sin\theta \qquad (IV.115)$$

d_{hkl} ist der Netzebenenabstand, λ die RÖNTGEN-Wellenlänge und θ der halbe Beugungswinkel. Teilgeordnete Strukturen haben lyotrope Lipidphasen sowie DNA- und Protein-Fibrillen.

7.1 Lipidphasen

Lipidaggregate in Wasser können in verschiedenen Formen auftreten, z. B. als lamellare Doppelschichten, Zylinder, Micellen oder kubische Strukturen. Sie unterscheiden sich in der Dimensionalität ihrer Gitter. In Tabelle IV.6 sind die möglichen s_{hkl}-Werte für einige dieser Strukturen aufgelistet, Abbildung IV.97 zeigt die entsprechenden schematischen Pulverdiagramme. Aufgrund der relativ großen thermisch induzierten Gitterstörungen dieser „weichen Materie" beobachtet man in diesen Systemen i. Allg. nur wenige Reflexe.

Im Folgenden wollen wir etwas näher auf die Lipiddoppelschichten, die als Modellmembransysteme angesehen werden können, eingehen (s. Kap. I). Strukturelle Information über Membranen kann aus dem Kleinwinkel- und dem Weitwinkelbereich der gestreuten Strahlung gewonnen werden.

Die Diffraktionsmessungen werden i. Allg. an einem Stapel von orientierten Lipidmembranen durchgeführt. Diese multilamellaren Doppelschichten besitzen senkrecht zur Doppelschichtebene eine quasi-eindimensionale Periodizität (vgl. Abb. I.20c).

Tab. IV.6: Reflexpositionen für einige Lipidstrukturen.

Struktur	Reflexpositionen	Verhältnisse der Reflexpositionen
lamellar	$s_h = h/d$	1, 2, 3, 4, 5, ...
hexagonal	$s_{hk} = \frac{2}{\sqrt{3}a}\sqrt{h^2+k^2+hk}$	1, $\sqrt{3}$, 2, $\sqrt{7}$, 3, $\sqrt{12}$, $\sqrt{13}$, ...
kubisch (primitiv)	$s_{hkl} = \frac{1}{a}\sqrt{h^2+k^2+l^2}$	1, $\sqrt{2}$, $\sqrt{3}$, 2, $\sqrt{5}$, $\sqrt{6}$, $\sqrt{8}$, 3, ...

7. Streuung an teilgeordneten Strukturen

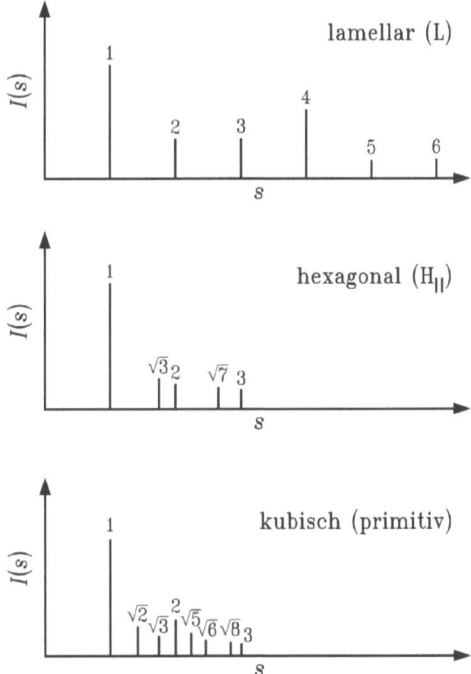

Abb. IV.97: Schematische Darstellung der Pulverdiagramme einiger Lipidstrukturen.

Abbildung IV.98 zeigt schematisch das Diffraktogramm einer Modellmembran als Funktion des Streuvektorbetrags s. Im Kleinwinkelbereich sind mehrere äquidistante Beugungsreflexe sichtbar, aus denen sich mit Hilfe der BRAGGschen Gleichung die Länge d der lamellaren Elementarzelle dieses eindimensionalen Gitters bestimmen lässt. Sie entspricht der Summe aus der Dicke der Lipiddoppelschicht d_L und der an die Kopfgruppen angrenzenden Wasserschicht d_W. Bei großen s-Werten erscheint hier ein weiterer Reflex, der entsprechend der BRAGGschen Gleichung einem Netzebenenabstand von etwa 4 Å entspricht. Reflexe in diesem Bereich geben Auskunft über die zweidimensionale laterale Anordnung der Kohlenwasserstoffketten. Der symmetrische BRAGG-Reflex entspricht hier einer hexagonalen, dichten Packung der Lipidketten.

Abbildung IV.99 zeigt das RÖNTGEN-Synchrotrondiffraktogramm von multilamellaren DPPC-Vesikeln in Exzess-Wasser in Abhängigkeit der Temperatur. Es sind die ersten drei lamellaren Reflexe (001), (002) und (003) im Kleinwinkelgebiet erkennbar. Sie verschieben sich in charakteristischer Weise mit der Temperatur. Die entsprechenden lamellaren Gitterkonstanten $d(T)$ sind in Abbildung IV.100 dargestellt. Deutlich sind mehrere diskontinuierliche Änderungen des d-Wertes als Funktion der Temperatur erkennbar. Sie entsprechen den strukturellen Änderungen im Verlauf der thermotropen (temperaturabhängigen) Phasenumwandlungen $L_c \rightarrow L_{\beta'} \rightarrow P_{\beta'} \rightarrow L_\alpha$. In Kombination mit den Weitwinkelmessungen, die Informationen über die Packung der Lipidketten liefern, ergeben sich die Strukturen in Abbildung I.21 für die verschiedenen thermotropen lamellaren Phasen wässriger DPPC-Doppelschichten.

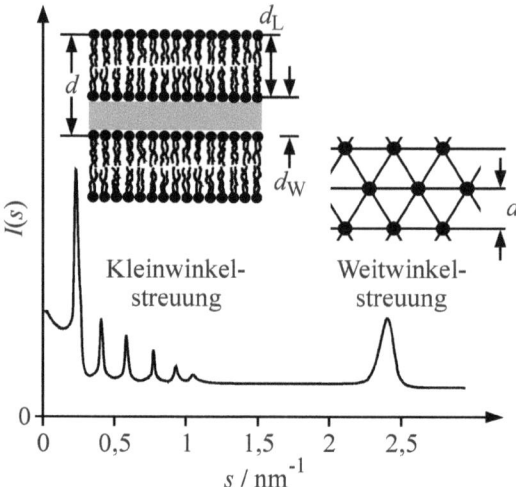

Abb. IV.98: Schematisches Diffraktogramm (Kleinwinkel- und Weitwinkelbereich) multilamellarer Lipiddoppelschichten und die Parameter, die aus Kleinwinkelstreumessungen gewonnen werden können (d lamellare Gitterkonstante, d_L Dicke der Lipiddoppelschicht, d_W Dicke der Wasserschicht zwischen den Kopfgruppen, a Netzebenenabstand der lateralen Lipidpackung).

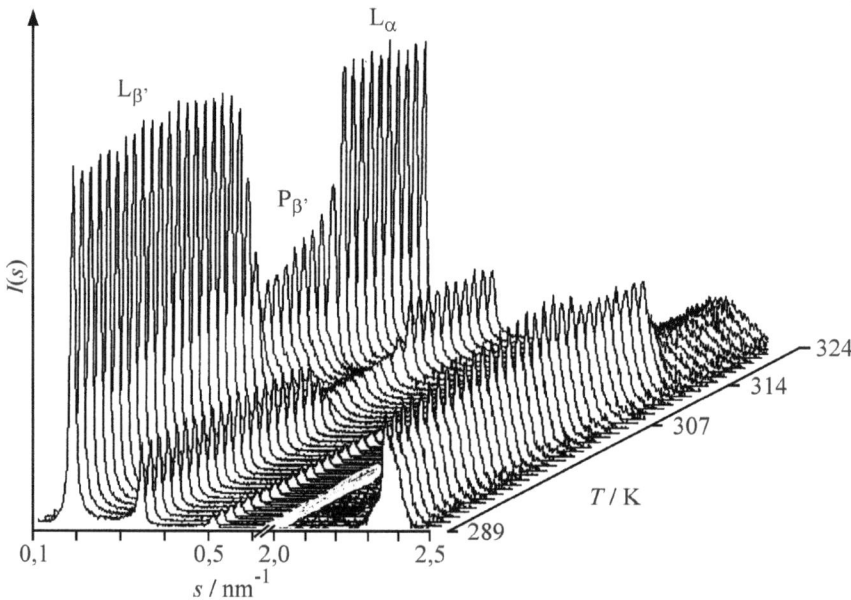

Abb. IV.99: RÖNTGEN-Synchrotronbeugungsdiagramme von multilamellaren DPPC-Vesikeln in Exzess-Wasser (Aufheizrate: 0,5 K/min).

7. Streuung an teilgeordneten Strukturen

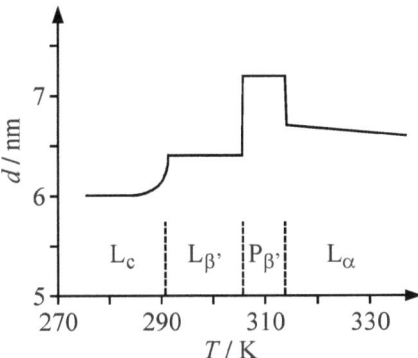

Abb. IV.100: Temperaturabhängigkeit der lamellaren Gitterkonstante d von DPPC in Exzess-Wasser.

Bei Kenntnis der Molmasse des Lipids (M_L), der spezifischen partiellen Volumina des Wassers ($\overline{V}_w$) und des Lipids ($\overline{V}_L$) sowie des Massenanteils an Lipid ($\tilde{c}_L$) kann man weitergehende Strukturinformation aus der Position der BRAGG-Reflexe erhalten (LUZZATI-Methode). Hierbei wird als Näherung vorausgesetzt, dass man die Struktur der multilamellaren Vesikel in einen Lipidbereich und einen Wasserbereich aufteilen kann, die sich gegenseitig nicht durchdringen (s. Abb. IV.98). Die Lipiddoppelschichtdicke d_L ergibt sich durch Messung der lamellaren Gitterkonstanten d an der Grenze zur vollständigen Hydratisierung (i. Allg. zwischen 20 und 40 Gew.-% Wasser) zu:

$$d_L = \frac{d}{1 + \frac{\overline{V}_w}{\overline{V}_L} \cdot \frac{1-\tilde{c}_L}{\tilde{c}_L}} \tag{IV.116}$$

Die Volumenbrüche von Lipid φ_L und Wasser $\varphi_w = 1-\varphi_L$ hängen über $d_L = d \cdot \varphi_L$ und $d_w = d \cdot \varphi_w$ mit den d-Werten zusammen. Die Querschnittsfläche A_{Mol} pro Molekül erhält man aus einfachen geometrischen Überlegungen:

$$A_{Mol} = \frac{2 M_L \overline{V}_L}{d_L N_A} \tag{IV.117}$$

Liegen Messungen aus dem Weitwinkelbereich vor, so lässt sich die von einer Lipidkette beanspruchte Querschnittsfläche und ein evtl. vorliegender Neigungswinkel der Lipidketten bestimmen. Für eine hexagonale zweidimensionale Packung der Lipidketten erhält man mit Hilfe des Weitwinkelreflexes s_{hk}, der bei etwa $(0{,}42 \text{ nm})^{-1}$ auftritt, die Gitterkonstante $a = 2/(\sqrt{3} s_{hk})$ und die Ketten-Querschnittsfläche $A_{Kette} = 2/(\sqrt{3} s_{hk}^2)$. Für eine verzerrt hexagonale Packung der Lipide, wie sie z. B. in der $L_{\beta'}$-Phase vorliegt, in der die Ketten geneigt sind, beobachtet man noch eine Schulter am Weitwinkelreflex (Abb. IV.99). Der Neigungswinkel Θ_{Kette} der Ketten relativ zur Normalen, die senkrecht auf der Doppelschichtoberfläche steht, ist gegeben durch:

$$\Theta_{Kette} = \arccos\left(\frac{2 A_{Kette}}{A_{Mol}}\right) \tag{IV.118}$$

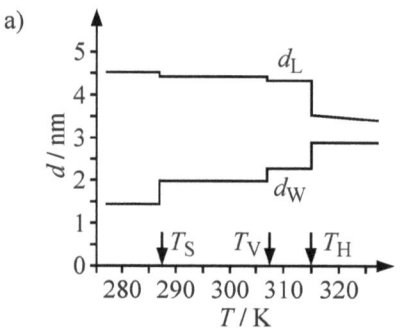 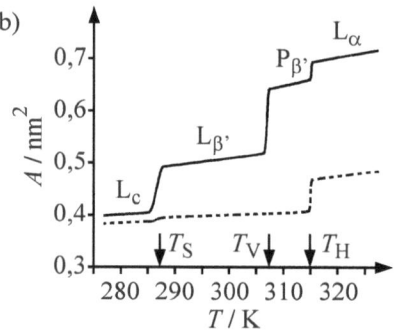

Abb. IV.101: Temperaturabhängigkeit der Lipid-Doppelschichtdicke d_L, der interlamellaren Wasserschichtdicke d_W (a) und der Querschnittsflächen von Kette (- - -) und Kopfgruppe (——) des DPPC-Moleküls in Wasser (b) (T_S, T_V, T_H Phasenübergangstemperaturen für den Sub-, Vor- und Hauptübergang; nach: Y. Ionoko, T. Mitsui, J. Phys. Soc. Japan **44** (1978) 1918; M. J. Janiak, D. M. Small, G. G. Shipley, J. Biol. Chem. **254** (1979) 6068; A. V. Parsegian, Biophys. J. **44** (1983) 413; G. Cevc, D. Marsh, *Phospholipid Bilayers*, S. 234, John Wiley & Sons, New York, 1987).

Man findet typischerweise Werte für Θ_{Kette} zwischen 0 und etwa 30°. Im fluiden Zustand (L_α) sieht man aufgrund der geringeren lateralen Ordnung nur noch einen breiten Reflex um $(0,45$ nm$)^{-1}$. Entsprechende Ergebnisse für die Temperaturabhängigkeit der d-Werte und Querschnittsflächen von DPPC-Molekülen in multilamellaren Vesikeln sind in Abbildung IV.101 gezeigt.

Mit steigender Temperatur beobachtet man eine Zunahme der Kopfgruppen-Querschnittsfläche aufgrund einer Zunahme der Hydratisierung dieser Gruppen. Sie ändert sich bei den Phasenumwandlungstemperaturen sprunghaft. Für die $L_{\beta'}$-Gelphase ergibt sich ein Neigungswinkel von etwa 30°. Der Hauptübergang ist mit einer drastischen Zunahme der Ketten-Querschnittsfläche verbunden ($\Delta A_{Kette}/A_{Kette} \approx 0,2$). Sie wird durch die Entstehung von *gauche*-Konformeren und Kinken (s. Abb. I.22) hervorgerufen. Diese bedingen auch eine drastische Reduktion der Lipid-Doppelschichtdicke d_L. Die Bildung einer g^+-t-g^--Kinke führt zu einer Verringerung der Kettenlänge um 0,125 nm.

Bei einigen Lipiden, wie Ethanolaminen oder Monoacylgliceriden (Abbauprodukte bei der Fettverdauung), ist die Tendenz, nicht-lamellare Lipidstrukturen auszubilden, besonders stark ausgeprägt. Hierbei wird von der lamellaren Doppelschicht als strukturbestimmendem Element abgewichen. Wichtige nicht-lamellare Strukturen stellen die invertiert hexagonale H_{II}-Phase und bikontinuierliche kubische Phasen dar (Abb. IV.102). Die bikontinuierlichen kubischen Phasen werden durch eine durchgängige Lipiddoppelschicht aufgebaut, die die Form einer periodischen Minimalfläche einnimmt. Man vermutet, dass bei biochemischen Prozessen, wie der Zellfusion, Zellteilung und Fettverdauung, nicht-lamellare Strukturen als transiente und lokale Zwischenstufen auftreten.

Als Beispiel für lamellare und nicht-lamellare Strukturen sind in Abbildung IV.103 die Klein- und Weitwinkel-RÖNTGEN-Beugungsdiagramme einer wässrigen Lösung von Dimyristylphosphatidylcholin/Myristinsäure (DMPC/MA) als Funktion der Temperatur dargestellt. Beginnend bei niedrigen Temperaturen erkennt man im Kleinwinkelbereich die BRAGG-Reflexe

7. Streuung an teilgeordneten Strukturen

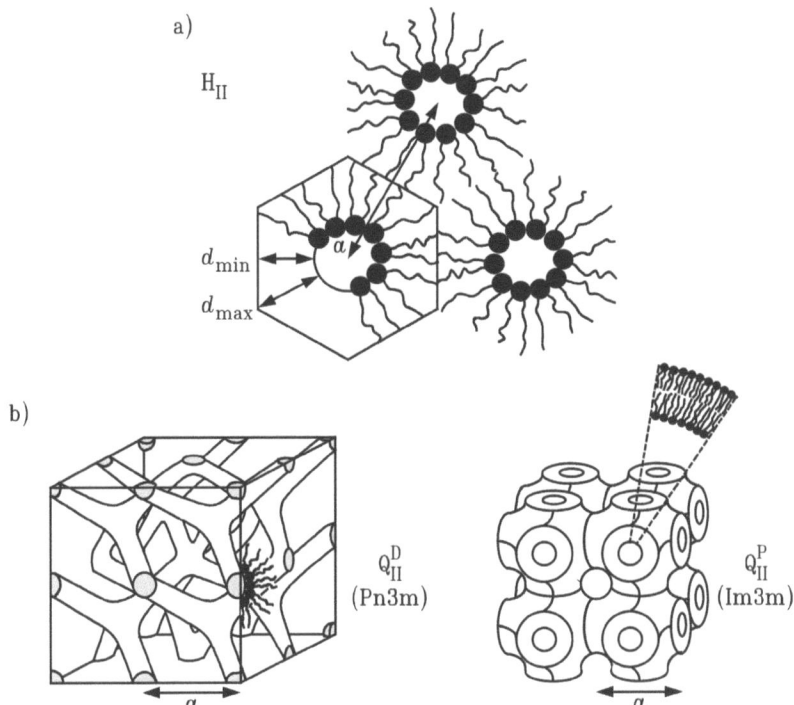

Abb. IV.102: Schematische Darstellung einiger nicht-lamellarer Lipidstrukturen: a) die invertiert hexagonale Phase H_{II} und b) die bikontinuierlichen invertiert kubischen Phasen Q_{II}^D und Q_{II}^P der Raumgruppen Pn3m bzw. Im3m (a Gitterkonstante).

der kristallinen lamellaren Phasen von Myristinsäure (1. Ordnung) und von DMPC/MA (1. und 2. Ordnung). Das Diffraktogramm im Weitwinkelbereich ist typisch für kristalline Lipidphasen. Oberhalb einer Temperatur von 306 K tauchen die ersten beiden Ordnungen der lamellaren Struktur L_β auf und ein einzelner Reflex bei $s = (4{,}25\ \text{Å})^{-1}$ im Weitwinkelbereich. Oberhalb von 322 K erscheinen die Reflexe (10), (11) und (20) der hexagonalen Phase H_{II} sowie die Reflexe (110), (200) und (211) der kubischen Phase Q_{II}^P. Letztere entstehen jedoch nur mit schwacher Intensität, da die Heizrate von 1 K·min^{-1} verglichen mit der Geschwindigkeit der Bildung der kubischen Phase hoch ist. Bei höheren Temperaturen verschwinden die Reflexe der kubischen Phase wieder und die hexagonale Phase bleibt zurück. Mit Hilfe dieser Art von Strukturuntersuchungen lassen sich zuverlässig Phasendiagramme von Lipidsystemen aufstellen.

Wie wir an den vorausgegangenen Beispielen gesehen haben, kann man aus der Lage der Beugungsreflexe auf die Geometrie der einzelnen lyotropen Mesophasen schließen. Weitergehende Strukturinformationen erhält man aus der Elektronendichteverteilung in der Elementarzelle. Hierzu muss jedoch die Streuintensität möglichst vieler Beugungsreflexe ausgemessen werden. Wie wir in Kapitel IV.5.5 gesehen haben, kann man im Fall einer periodischen Anordnung die Elektronendichte ρ als FOURIER-Reihe schreiben (Gl. IV.101). Die Entwick-

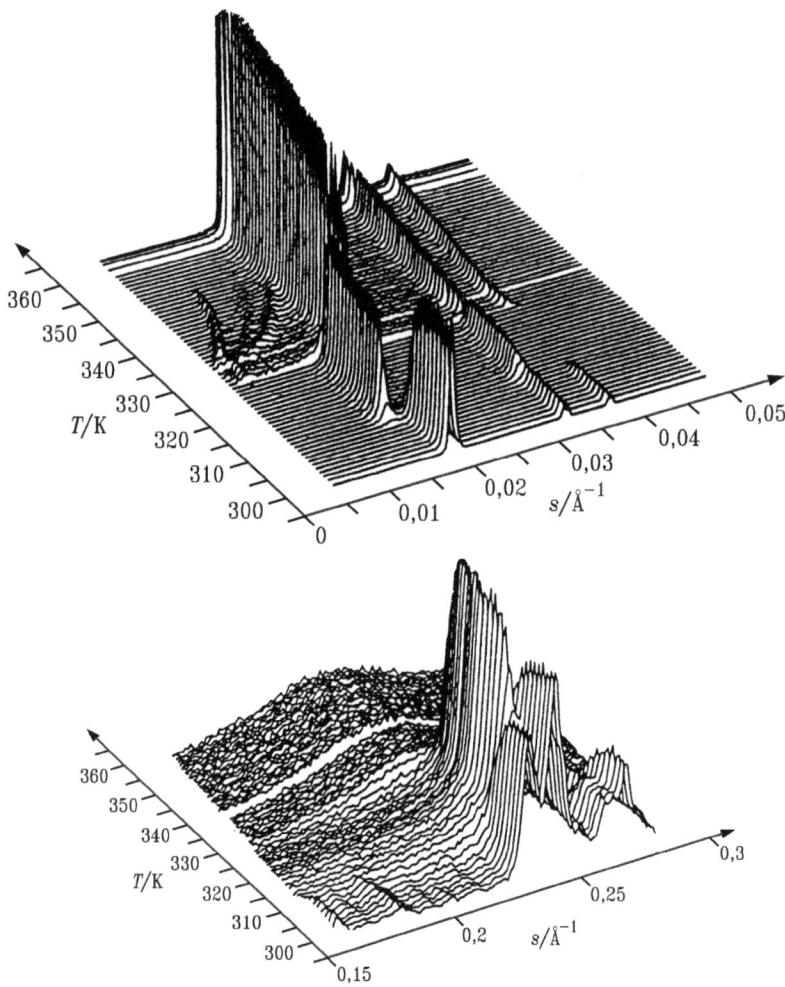

Abb. IV.103: RÖNTGEN-Synchrotrondiffraktogramm im Kleinwinkel- (oben) und Weitwinkelbereich (unten) einer Dispersion von DMPC/MA 1:2 (25 Gew.-%) bei 1 bar in Abhängigkeit der Temperatur (Heizrate: 1 K·min^{-1}) (nach: J. Erbes, R. Winter, G. Rapp, Ber. Bunsenges. Phys. Chem. **100** (1996) 1713).

lungskoeffizienten sind dabei mit der Streuintensität der BRAGG-Reflexe verknüpft. Für eine in z-Richtung periodische und zentrosymmetrische Anordnung mit der Gitterkonstanten d, wie sie für multilamellare Lipiddoppelschichtsysteme vorliegt, hat man:

$$\rho(z) = \frac{F(0)}{d} + \frac{2}{d}\sum_{l=1}^{\infty} F(l)\cos(2\pi l z/d) \tag{IV.119}$$

7. Streuung an teilgeordneten Strukturen

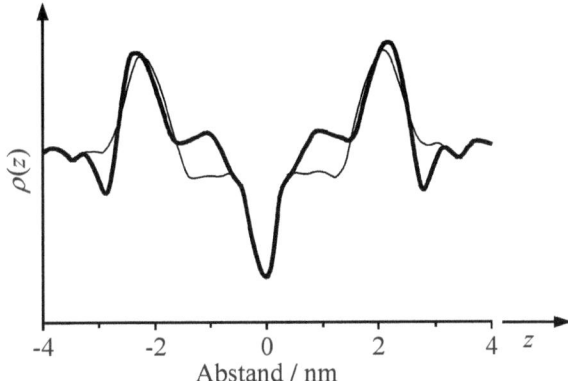

Abb. IV.104: Elektronendichteprofil $\rho(z)$ von DPPC (dünne Linie) und DPPC/Cholesterin (fette Linie) in der Gelphase der Membran bei 293 K (nach: T. J. McIntosh, Biochim. Biophys. Acta **513** (1978) 43).

Die Größen $F(l)$ sind die Strukturfaktoren. Ihr Betrag ist mit der Intensität $I(l)$ der Beugungsreflexe l'ter Ordnung über $|F(l)| = \sqrt{I(l)}$ verknüpft (abgesehen von Korrekturtermen, die von Probe und Streugeometrie abhängig sind). Bei Kenntnis der Phasen, die hier nur Werte von 0° und 180° annehmen können, lässt sich somit bei Vorliegen genügend vieler gemessener Reflexordnungen das transversale Elektronendichteprofil der Membran mit mittlerer Auflösung bestimmen. Das Phasenproblem ist hier reduziert auf die Bestimmung des Vorzeichens von $F(l)$. Für n beobachtete Reflexordnungen gibt es $2^n - 1$ mögliche Phasenkombinationen für $\pm F(l)$. Es gibt einige indirekte Methoden, die sie für Membransysteme zufriedenstellend bestimmen, z. B. die sog. Quellmethode (s. z. B. M. F. Moody, Science **142** (1963) 1173; N. P. Franks, Y. K. Levine, in: *Membrane Spectroscopy*, E. Grell (Hrsg.), S. 437, Springer Verlag, Berlin, 1981; A. E. Blaurock, Biochim. Biophys. Acta **650** (1982) 167).

In Abbildung IV.104 sind die Ergebnisse der FOURIER-Synthese aus einer RÖNTGEN-Beugungsmessung an einer DPPC- und einer DPPC/Cholesterin-Lösung gezeigt. Deutlich erkennt man die Maxima der Elektronendichte im Kopfgruppenbereich, ca. 2,1 nm von der Mitte der Doppelschicht entfernt, das Plateau im Kettenbereich und das Minimum von $\rho(z)$ bei $z = 0$ in der Doppelschichtmitte. Durch den Einbau des Cholesterins steigt die Elektronendichte im Kettenbereich, da das Sterolgerüst beim Einbau im Acylkettenbereichen zu liegen kommt.

Der Einsatz der Neutronenstreuung bietet hier in Kombination mit der Methode der Kontrastvariation deutliche Vorteile, da der Kontrast relativ einfach variiert werden kann. Durch spezifische Deuterierung können Molekülsegmente im Streulängendichteprofil sichtbar gemacht werden. Abbildung IV.105 zeigt das Neutronen-Streulängendichteprofil $\rho_K(z)$ einer Ei-Phosphatidylcholin/Cholesterin-Mischung, wobei das Cholesterin am C-Atom, welches die OH-Gruppe trägt, deuteriert bzw. protoniert ist ($\rho_K(z)$ berechnet sich als Summe der Neutronen-Streulängen pro Volumenelement). Deutlich erkennt man die Erhöhung von $\rho_K(z)$ im Kopfgruppenbereich durch das stärker streuende, deuterierte Cholesterin.

Abbildung IV.106 zeigt $\rho_K(z)$ von DPPC, das an zwei unterschiedlichen Kettenpositionen deuteriert wurde. Durch die stark positive Streulänge der Deuteronen sind diese Gruppen im

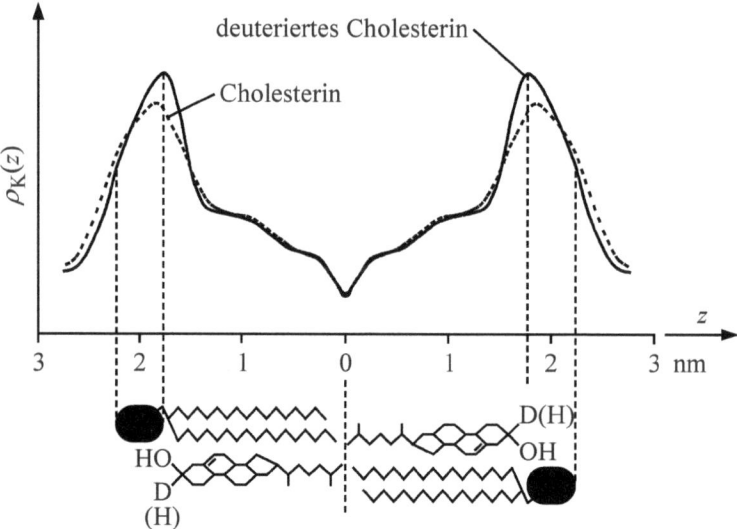

Abb. IV.105: Neutronen-Streulängendichteprofil $\rho_K(z)$ einer Ei-Phosphatidylcholin/40 mol% Cholesterin-Mischung, in der das Cholesterin an dem C-Atom, das die Hydroxylgruppe trägt, protoniert (- - -) bzw. deuteriert (—) vorliegt. Das D-Label befindet sich ca. 1,8 nm vom Zentrum der Doppelschicht entfernt, an der Stelle, wo sich die Estergruppen der Acylketten befinden (nach: D. L. Worcester, N. P. Franks, J. Mol. Biol. **100** (1976) 359).

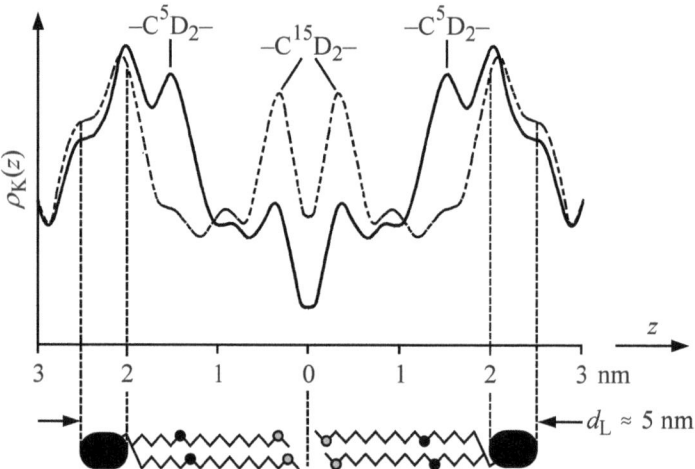

Abb. IV.106: Neutronen-Streulängendichteprofile $\rho_K(z)$ von selektiv im Kettenbereich deuteriertem DPPC.

Streubild stark hervorgehoben, so dass ihr relativer Abstand zueinander vermessen werden kann. Desweiteren kann man die d_L- und d_w-Werte dem Streulängendichteprofil entnehmen.

Betont sei hier nochmals, dass das mit dieser Methode erreichbare Auflösungsvermögen von der Anzahl der vermessenen Beugungsreflexe abhängt (Auflösung $\approx s_{max}^{-1}$). Um möglichst viele Reflexe vermessen zu können, sind spezielle Präparationsbedingungen der Proben vonnöten.

Zeitaufgelöste RÖNTGEN-Beugungsexperimente. Kinetische Untersuchungen erfordern eine hohe Strahlintensität wie sie von Speicherringen und Synchrotronen bereitgestellt wird. Nur in wenigen Fällen, wie z. B. H-D-Austauschreaktionen, konnten auch Neutronen-Messungen mit ausreichender Statistik und Zeitauflösung durchgeführt werden.

Die gegenwärtige rasante Entwicklung der intensiven Synchrotronstrahlungsquellen erlaubt es in zunehmendem Maße, auch zeitaufgelöste RÖNTGEN-Strukturuntersuchungen durchzuführen, so dass auch an nativen Objekten im Beugungsexperiment molekulare Bewegungsabläufe zeitaufgelöst analysiert werden können. Mit Hilfe der intensiven Synchrotronstrahlung können Strukturänderungen nach einem Auslösepuls, wie z. B. einem Lichtblitz, Temperatur- oder Drucksprung, mit einer Zeitauflösung im Submillisekundenbereich untersucht werden. Als einfaches Beispiel wollen wir hier die Kinetik von Lipidphasenumwandlungen betrachten.

Drucksprung-Relaxationsexperimente in Kombination mit RÖNTGEN-Synchrotronbeugungsexperimenten an einer Reihe verschiedener Lipidphasenumwandlungen zeigen, dass die Kinetik signifikant von der Topologie der jeweiligen mesoskopischen Struktur und der Drucksprungamplitude abhängt. Sie wird wesentlich durch die laterale Diffusion von Wasser und Lipid bestimmt und kann - je nach der Struktur der mesoskopischen Lipidaggregate mit ihren charakteristischen Labyrinthfaktoren (Wasserkanäle unterschiedlicher Dimensionalität und Größe) - Millisekunden, Minuten und sogar Stunden in Anspruch nehmen (s. z. B. P. Laggner, M. Kriechbaum, G. Rapp, J. Appl. Cryst. **24** (1991) 836; J. Erbes, R. Winter, G. Rapp, Ber. Bunsenges. Phys. Chem. **100** (1996) 1713).

In Abbildung IV.107 sind Diffraktogramme eines Drucksprungexperiments an Ei-Phosphatidylcholin beim Übergang von der fluiden lamellaren L_α-Phase in die invers hexagonale Phase gezeigt. Deutlich zu erkennen ist, dass der BRAGG-Reflex der L_α-Phase verschwindet und die (10), (11) und (20) Reflexe der hexagonalen Phase nach wenigen Sekunden entstehen. Dieser Umwandlung liegt ein hochkooperativer Mechanismus zugrunde. Metastabile Zwischenstufen werden hier nicht beobachtet.

Die Kenntnis der kinetischen Strukturparameter aus Untersuchungen an Lipidmodellmembranen sind auch für das Verständnis von Phasenumwandlungserscheinungen natürlicher Membransysteme, z. B. im Verlauf der Zellfusion, Zellteilung, Porenbildung, und von Transportprozessen wichtig (s. z. B. C. E. Conn, O. Ces, X. Mulet, S. Finet, R. Winter, J. M. Seddon, R. H. Templer, Phys. Rev. Lett. **96** (2006) 108102).

7.2 Fibrillen

Obwohl eigentlich nicht kristallin, weisen längliche kettenförmige Moleküle mit regelmäßiger Struktur, wie α-helikale Polypeptide, Polysaccharide und DNA, eine Faserstruktur auf. Sie bilden i. Allg. keine Einkristalle, sondern faserartige Aggregate, die um die Faserachse angeordnet sind. Mit Hilfe von Faseraufnahmen haben F. WILKINS, J. WATSON und F. CRICK

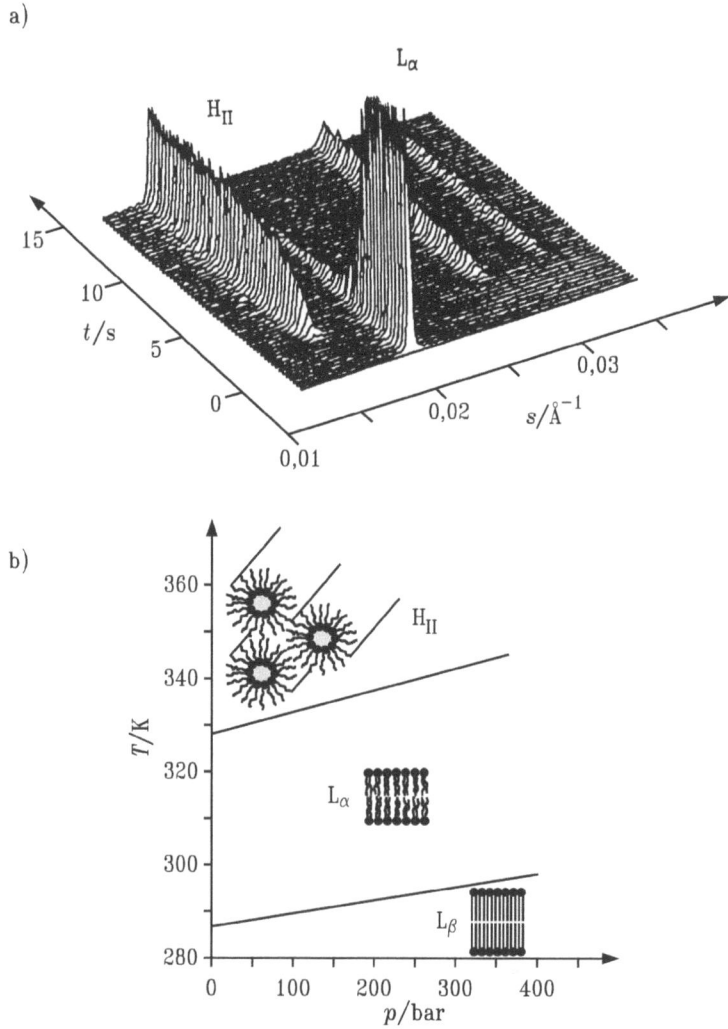

Abb. IV.107: a) RÖNTGEN-Synchrotrondiffraktogramme im Kleinwinkelbereich von Ei-Phosphatidylcholin (30 Gew.-%) nach einem Drucksprung von 400 bar auf 50 bar bei $T = 335$ K. Der Drucksprung erfolgt zur Zeit $t = 0$; b) das (T,p)-Phasendiagramm von Ei-Phosphatidylcholin in Exzess-Wasser unter Gleichgewichtsbedingungen.

ihren berühmten Vorschlag für die Doppelhelixstruktur von DNA gemacht. Abbildung IV.108 zeigt eine solche RÖNTGEN-Faseraufnahme von DNA.

Eine Helix lässt sich mit Hilfe von zwei Parametern charakterisieren, der Ganghöhe p entlang der Helixachse, die für eine Windung der Helix notwendig ist, und dem Radius R_H der Helix senkrecht zur Helixachse. Die Wiederholungseinheit hat die Länge p parallel zur Achse, über die sich die molekulare Struktur wiederholt. Das Beugungsbild zeigt eine typische X-Form

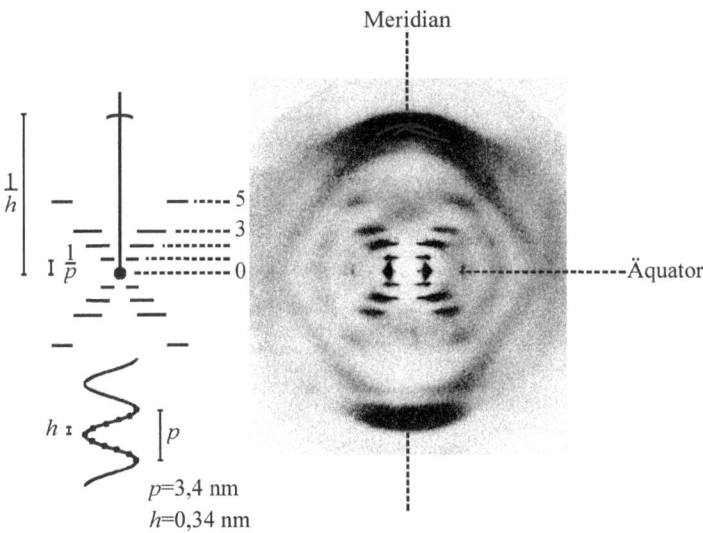

Abb. IV.108: RÖNTGEN-Beugungsdiagramm und Strukturparameter einer gezogenen DNA-Faser. Die vertikale Filmachse ist parallel zur Faserachse angeordnet (Meridian). Die kreisförmige Ausdehnung der Reflexe ist dadurch bedingt, dass die Faserkriställchen ihre Vorzugsachse nur ungefähr parallel zueinander einnehmen. Die Wiederholungseinheit im Polynucleotidstrang beträgt $p = 3{,}4$ nm und führt im Beugungsbild zu einem Schichtlinienabstand $\propto 1/p$. Der diffuse Beugungsring im Abstand $1/h$ wird durch den Stapelabstand h zwischen parallelen, benachbarten Nucleotidbasen hervorgerufen.

mit Beugungsmaxima auf Linien senkrecht zur Faserachse. Die Linienabstände $1/p$ sind umgekehrt proportional zur Länge der Wiederholungseinheit. Ihre Positionen und Intensitäten hängen vom Radius R_H der Helix und der Anzahl der Molekülgruppen pro Windung ab. Bei einer geraden Anzahl n von Molekülgruppen pro Windung wird sich das Beugungsmuster nach n Linien wiederholen. B-DNA besitzt z. B. zehn Basenpaare/Windung, so dass ein starker meridianer Reflex für jede zehnte Schichtlinie zu sehen ist. Beugungsreflexe in äquatorialer Richtung (auf der nullten Linie) werden von der Packung der helikalen Strukturen bestimmt. DNA-Moleküle sind i. Allg. hexagonal gepackt. Mit Hilfe von Modellrechnungen erhält man weitere Strukturparameter, wie Bindungswinkel und Bindungsabstände.

8. Quasielastische Neutronen-Streuung

Zur Bestimmung von Diffusionskoeffizienten spielt die quasielastischen Neutronenstreuung (QENS) eine besondere Rolle. Sie gestattet es, Bewegungsvorgänge beim Materietransport auf mikroskopischer Ebene räumlich (0,1 – 10 nm) und zeitlich aufzulösen. Die QENS ist dazu in der Lage, weil Neutronen als Messsonde nicht nur so genügend kleine Energien besitzen, dass sie von den diffundierenden Teilchen beeinflusst werden, sondern weil sie darüber hinaus auch noch Wellenlängen besitzen, die typischen atomaren Abständen entsprechen. Unter QENS versteht man die Streuung von Neutronen mit kleinen Energieüberträgen, typischerweise ±2 meV (±16 cm^{-1}), die durch Wechselwirkung der Neutronen mit diffundierenden Teilchen auf einer Zeitskala von etwa $10^{-12} - 10^{-10}$ s hervorgerufen wird. Die quasielastische Streuung besteht im Wesentlichen aus Beiträgen der Translations- und Rotationsdiffusion. Mit Hilfe geeigneter Modellansätze lassen sich die einzelnen Beiträge - was manchmal nicht ganz einfach ist - separieren. Eine räumliche Beschränkung der Bewegung eines Teilchens (z. B. im Fall einer Rotationsbewegung oder Diffusion in kleinen Poren) führt neben der quasielastischen Linienverbreiterung auch noch zu einem elastischen Peak (dem sog. *elastic incoherent structure factor*, EISF) bei $\omega = 0$. Aus dem Verhältnis beider Beiträge lassen sich damit auch Informationen über die Geometrie der Bewegung gewinnen. Bei größeren Energieüberträgen (» 1 meV) treten zusätzlich Schwingungsübergänge im inelastischen Neutronenstreuspektrum auf (Abb. IV.109). Diese Beiträge wollen wir im Folgenden unberücksichtigt lassen.

Besteht das betrachtete System nur aus einer einzigen Atomsorte, und sind ihre Isotope und Kernspinorientierungen statistisch verteilt, kann der experimentell bestimmbare doppelt differentielle Streuquerschnitt in zwei Anteile zerlegt werden (s. z. B. Squires, 1978; Bée, 1988):

$$\frac{\partial^2 \sigma}{\partial \Omega \partial \omega} = N \frac{k_1}{k_0} \left(b_{\text{coh}}^2 S_{\text{coh}}(\vec{Q}, \omega) + b_{\text{inc}}^2 S_{\text{inc}}(\vec{Q}, \omega) \right) \tag{IV.120}$$

Er gibt die Zahl der gemessenen Neutronen an, die pro Zeiteinheit in das Raumwinkelelement dΩ gestreut werden und deren Energieänderung $\Delta E = \hbar \omega$ beträgt. Die Zahl der Neutronen ist dabei auf den einfallenden Neutronenfluss (Neutronen pro Probenquerschnittsfläche und Zeiteinheit) normiert. N ist die Zahl der streuenden Teilchen in der Probe. k_0 und k_1 sind die Beträge der einfallenden und gestreuten Wellenvektoren. b_{coh} und b_{inc} sind die kohärenten bzw. inkohärenten Streulängen der Teilchen (s. Kap. IV.3.1). $S_{\text{coh}}(\vec{Q}, \omega)$ und $S_{\text{inc}}(\vec{Q}, \omega)$ bezeichnet man als kohärente bzw. inkohärente Streufunktionen oder auch als kohärenten bzw. inkohärenten dynamischen Strukturfaktor. Diese Größen hängen nur noch von den strukturellen und dynamischen Eigenschaften der Probe ab.

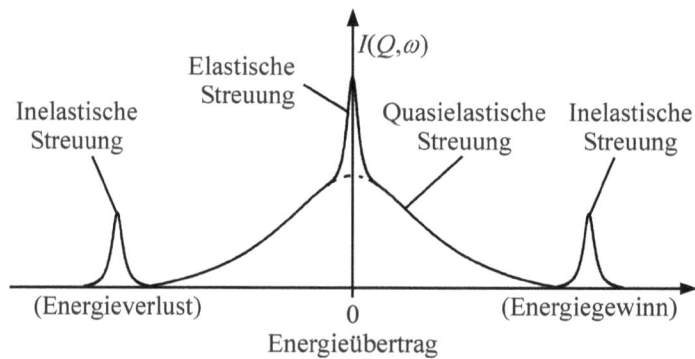

Abb. IV.109: Schematische Darstellung des inelastischen Neutronenstreuspektrums eines Makromoleküls (z. B. eines Proteins in Lösung) mit einem elastischen, quasielastischen und inelastischen Streubeitrag.

8. Quasielastische Neutronen-Streuung

Man denkt sich die gestreute Intensität also aus zwei Beiträgen zusammengesetzt. Der erste Term steht für die kohärente Streuung, welche die Informationen über die relative Lage und kollektive Bewegung der Teilchen enthält. Er ist der Streubeitrag, welchen das System liefern würde, wenn alle Atomkerne die gemittelte Streulänge b_{coh} hätten. Dieser Beitrag führt zu Interferenzbeiträgen der von verschiedenen Atomen ausgehenden Streuwellen und liefert nach Integration über ω die Strukturinformation, wie wir sie in Kapitel IV.3 kennengelernt haben. Der zweite Term beinhaltet die übrige, inkohärente Streuung des Systems, welche von der statistischen Abweichung der Streulängen vom Mittelwert herrührt. $S_{inc}(\vec{Q},\omega)$ hängt lediglich von der Dynamik des Einzelmoleküls ab. Inwieweit das System kohärent oder inkohärent streut, hängt von seinen Kerneigenschaften ab. Die entsprechenden Streulängen entnimmt man Tabellenwerken der Neutronenstreuung. Elemente, die im Wesentlichen aus nur einem Isotop bestehen und einen Kernspin Null besitzen, streuen fast nur kohärent. Das H-Atom hat einen sehr großen inkohärenten Streuquerschnitt (^{1}H: $\sigma_{inc} = 4\pi b_{inc}^2 = 79{,}7$ barn, $\sigma_{coh} = 4\pi b_{coh}^2 = 1{,}76$ barn; 1 barn = 10^{-24} cm^2). Deuterierung führt zu einem stark kohärent streuenden System (^{2}H: $\sigma_{inc} = 2{,}0$ barn, $\sigma_{coh} = 5{,}6$ barn).

Die Strukturfaktoren $S(\vec{Q},\omega)$ für kohärente und inkohärente Streuung können als FOURIER-Transformierte der sog. VAN HOVE-Korrelationsfunktionen $G_d(\vec{r},t)$ und $G_s(\vec{r},t)$ dargestellt werden (s. z. B. Squires, 1978; Bée, 1988):

$$S_{coh}(\vec{Q},\omega) = \frac{1}{2\pi} \iint G_d(\vec{r},t) e^{i(\vec{Q}\vec{r}-\omega t)} d\vec{r} dt \qquad (IV.121)$$

$$S_{inc}(\vec{Q},\omega) = \frac{1}{2\pi} \iint G_s(\vec{r},t) e^{i(\vec{Q}\vec{r}-\omega t)} d\vec{r} dt \qquad (IV.122)$$

Für den klassischen Grenzfall (große Zeiten t $\gg \hbar/k_B T \approx 3 \cdot 10^{-13}$ s und kleine Energieüberträge $\hbar\omega \ll k_B T$) können diese Größen anschaulich interpretiert werden:

- $G_d(\vec{r},t)$, eine Paarkorrelationsfunktion, ist die Wahrscheinlichkeit, ein Teilchen i im Volumenelement d$\vec{r}$ am Ort $\vec{r}$ zur Zeit t zu finden, wenn sich ein *anderes* Teilchen j zur Zeit $t = 0$ am Ort $\vec{r} = \vec{0}$ befand. Es wird über alle Teilchen i, j summiert.

- $G_s(\vec{r},t)$, die Selbstkorrelationsfunktion, ist die Wahrscheinlichkeit, ein Teilchen im Volumenelement d$\vec{r}$ am Ort $\vec{r}$ zur Zeit t zu finden, wenn sich *dasselbe* Teilchen zur Zeit $t = 0$ am Ort $\vec{r} = \vec{0}$ befand. Dabei wird über die Anfangsverteilungen gemittelt.

Es besteht damit eine unmittelbare Verknüpfung zwischen dem messbaren doppelt differentiellen Streuquerschnitt und der Teilchenbewegung im Raum und in der Zeit. Zur Analyse der Streuexperimente werden üblicherweise Modelle für die Bewegung der Teilchen erstellt und die entsprechenden Streugesetze hergeleitet. Die Werte der Modellparameter können durch Anpassung an die gemessenen Streukurven bestimmt werden. Unterliegen die Atome verschiedenen Bewegungsarten, und kann man annehmen, dass diese weitgehend unabhängig voneinander sind, so kann $S_{inc}(\vec{Q},\omega)$ durch Faltung aus den Streufunktionen der verschiedenen Bewegungsarten angenähert werden.

In vielen Fällen lässt sich die Dynamik der streuenden Teilchen als klassische Bewegung beschreiben. Wir betrachten als Beispiel die Translations-Diffusion einzelner diffundierender Teilchen, die sich aus dem inkohärenten dynamischen Strukturfaktor $S_{inc}(\vec{Q},\omega)$ bestimmen

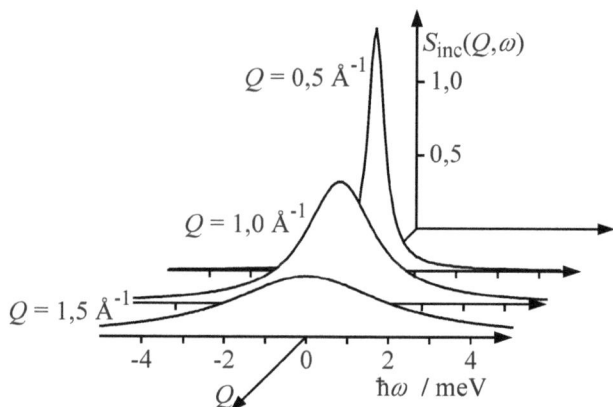

Abb. IV.110: Streukurve $S_{\text{inc}}(Q,\omega)$ als Funktion des Energie- und Wellenvektorübertrags für einen Translations-Diffusionsprozess mit $D = 8 \cdot 10^{-11}$ m²s⁻¹. Es sind Streukurven für einige Q-Werte von 0,5 bis 1,5 Å⁻¹ angegeben. Jedes Spektrum stellt eine LORENTZ-Kurve mit der Halbwertsbreite $\Delta\omega = 2DQ^2$ dar.

lässt. Seine FOURIER-Transformierte lässt sich im Grenzfall großer Zeiten aus der Diffusionsgleichung (2. FICKsches Gesetz; s. Kap. III.4) bestimmen:

$$G_s(r,t) = \frac{1}{(4\pi Dt)^{3/2}} e^{-r^2/(4Dt)} \tag{IV.123}$$

Die Selbstkorrelationsfunktion besitzt damit GAUß-Form und eine zeitabhängige Halbwertsbreite. Die durch Messung erhältliche inkohärente Streufunktion ergibt sich für konstanten Streuvektorbetrag Q als eine um $\omega = 0$ zentrierte LORENTZ-Kurve (Abb. IV.110):

$$S_{\text{inc}}(Q,\omega) = \frac{1}{2\pi} \cdot \frac{DQ^2}{\omega^2 + (DQ^2)^2} \tag{IV.124}$$

mit der vollen Halbwertsbreite $\Delta\omega = 2DQ^2$. Die diffundierenden Teilchen können beliebig kleine Energiebeträge mit den einfallenden Neutronen austauschen und liefern maximale Streuintensität beim Energieübertrag $\hbar\omega = 0$. Man spricht daher von quasielastischer Streuung. Die Auftragung der Halbwertsbreite $\Delta\omega$ in Abhängigkeit von Q^2 liefert eine Gerade, aus deren Steigung man den Selbstdiffusionskoeffizienten D bestimmen kann.

Systeme mit hoher Beweglichkeit, wie Flüssigkeiten, besitzen laterale Diffusionskoeffizienten in der Größenordnung 10^{-9} m²s⁻¹. Bei einem Streuvektorbetrag von $Q = 1$ Å⁻¹ erwartet man demnach eine quasielastische Streuung mit einer Halbwertsbreite von $\Delta(\hbar\omega) = 0,1$ meV. Quasielastische Streuexperimente bei Energieüberträgen dieser Größenordnung lassen sich mit Flugzeit- oder Rückstreuspektrometern durchführen. Das Messprinzip des Flugzeitspektrometers ist die zeitaufgelöste Messung der Zählrate der gestreuten Neutronen. Es wird die Flugzeit registriert und daraus die Energie der Neutronen errechnet. Am Rückstreuspektrometer wird die Energie der gestreuten Neutronen über einen Analysatorkristall gemessen. Die Zeitstruktur der einfallenden Neutronen wird durch Rückstreuung an einem sich bewegenden Kristall durch DOPPLER-Verbreiterung hervorgerufen. Für Systeme mit sehr kleinen Diffusionskoeffizienten von $D \approx 10^{-14}$ m^{2}s^{-1} beträgt die quasielastische Linienbreite nur noch einige neV. Diese hohe Energieauflösung kann mit einem Spin-Echo-Spektrometer realisiert werden. Anders als die anderen Techniken misst man hier die Neutronengeschwindigkeit der einfallenden und gestreuten Neutronen über die LARMOR-Präzession des Neutronenspins in einem externen Magnetfeld.

Streuexperimente bei kleinen Wellenvektorüberträgen tasten Eigenschaften des Streusystems bei großen Abständen im realen Raum ab. Daher ist in diesem Bereich die der Diffusionsgleichung zugrunde liegende Kontinuumsnäherung gut anwendbar. Sobald aber die Wellenvektorüberträge in den Bereich von reziproken Atomabständen kommen ($Q \gtrsim 2\pi/d$; d interatomarer Abstand), macht sich der Einfluss der diskreten atomaren Struktur auch in der Flüssigkeit bemerkbar. Gerade die Abweichungen der quasielastischen Halbwertsbreite von der Diffusionsgeraden liefern Informationen über den mikroskopischen Diffusionsmechanismus in Ort und Zeit.

Analog zur freien Translationsdiffusion lassen sich auch für eingeschränkte Diffusionsprobleme entsprechende Ausdrücke ableiten, wie z. B. für das Translations-Sprungmodell von CHUDLEY und ELLIOTT, in dem angenommen wird, dass das diffundierende Atom sich in einem regelmäßigen Gitter durch statistisches Springen zwischen benachbarten Plätzen fortbewegt. Die zum Sprung benötigte Zeit wird gegenüber der mittleren Verweilzeit τ_0 pro Platz vernachlässigt, und es wird angenommen, dass die Bewegungen verschiedener diffundierender Atome miteinander nicht korreliert sind. Es gibt weiterhin eine Reihe von Verallgemeinerungen des CHUDLEY-ELLIOTT-Modells, welche dem jeweiligen Diffusionsproblem angepasst sind.

Der Beitrag der Schwingungsbewegung zur QENS ist meist vernachlässigbar. Eine weitere signifikante Bewegungsart ist dagegen die Rotation. Der Übergang eines Moleküls zu einer benachbarten Orientierung in fluider Phase geschieht i. Allg. durch eine statistische (diffusionsartige) Rotationsbewegung. Ein einfaches Modell, welches im zeitlichen Mittel gleiche Wahrscheinlichkeit aller Orientierungen voraussetzt, ist das der kontinuierlichen Rotationsdiffusion. Wenn die Symmetrie des Systems bei der Rotationsbewegung eine Rolle spielt, so kommt dies in einer anisotropen, zeitlich gemittelten Orientierungsverteilung der Moleküle zum Ausdruck. Ein einfaches Modell, welches eine solche Anisotropie vorsieht, ist das Rotations-Sprungmodell. Hierbei wird angenommen, dass die zeitlich gemittelte Orientierungsverteilung durch eine bestimmte Anzahl diskreter Orientierungen beschrieben werden kann. Auf Einzelheiten wollen wir hier nicht eingehen. Die Streufunktionen für Rotationsbewegungen enthalten immer einen rein elastischen Term (Peak bei $\omega = 0$). Er wird dadurch hervorgerufen, dass die Bewegung des Teilchens auf einen endlichen Raum von atomaren Abmessungen beschränkt ist.

Als erstes Beispiel betrachten wir die Dynamik von Wasser in Agarose. Letzteres ist ein Polysaccharid mit vier OH-Gruppen pro Disaccharid-Einheit, in der die Zuckerringe 3,6-Anhydro-L-galactose und D-Galactose verknüpft sind (Abb. IV.111a). Es bildet eine doppelt-helikale Sekundärstruktur, die oberhalb von 0,1 % Polymergehalt in Wasser ein dreidimensional vernetztes Gel ausbildet, das aus 10 bis 30 wasserstoffbrückenvernetzten Bündeln dieser Doppelhelices aufgebaut ist. Abbildung IV.111b zeigt QENS-Spektren von H_2O in einem 1 %-igen Agarosegel bei $T = 277$ K und verschiedenen Q-Werten. Es dominiert die inelastische Streuung des H_2O. Eine Analyse der Spektren zeigt, dass die Translations-Dynamik des im Gel ein-

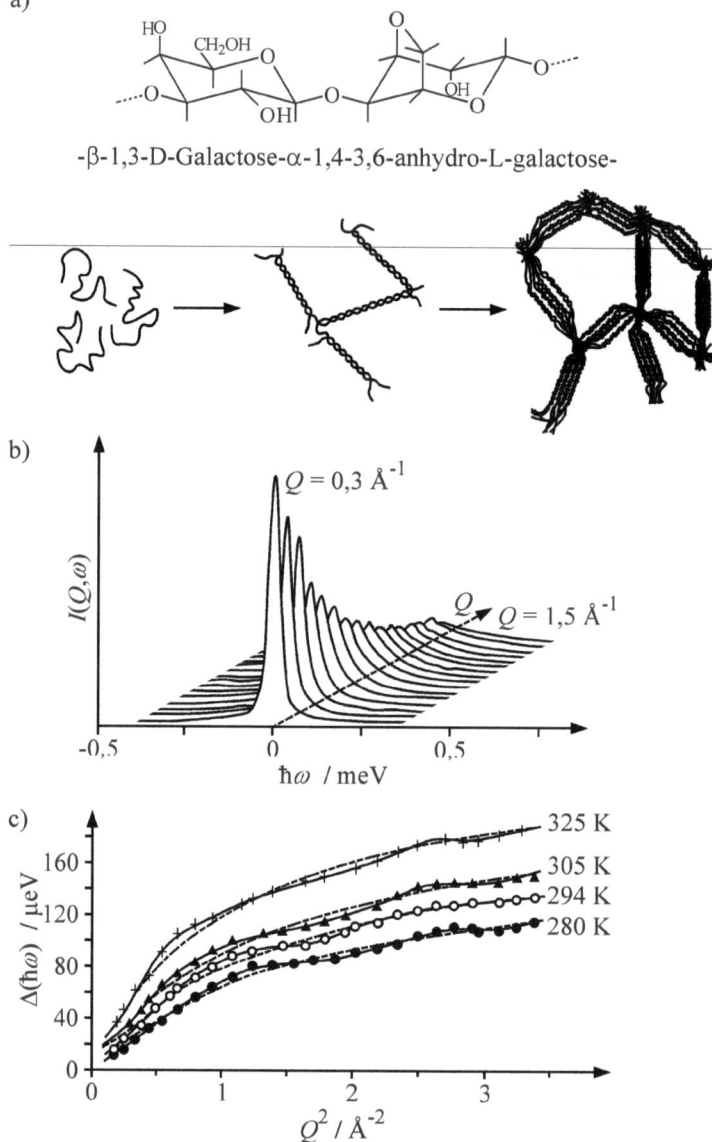

Abb. IV.111: a) Ausschnitt aus der Agarose und schematische Darstellung der Gelbildung, die oberhalb von 0,1 % Polysaccharid einsetzt; b) QENS-Spektren eines 1 %-igen Agarosegels bei $T = 277$ K und Q-Werten von 0,3-1,5 Å^{-1} (von vorne nach hinten); c) die Halbwertsbreite der Translationsdiffusions-Komponente des quasielastischen Peaks für verschiedene Temperaturen. Die gestrichelten Kurven basieren auf einem CHUDLEY-ELLIOTT-Sprungmodell (nach: A. Deriu, F. Cavatorta, D. Cabrini, C. J. Carlile, H. D. Middendorf, Europhys. Lett. **24** (1993) 351; ISIS-Report 1993, S. 86, ISIS-Facility, RAL, Chilton, Didcot, Oxon, U.K.).

9. RÖNTGEN-Absorption (EXAFS)

geschlossenen Wassers deutlich langsamer als die von reinem Wasser ist. Es können verschiedene H_2O-Komponenten bezüglich ihrer Dynamik unterschieden werden. Ein Teil ist relativ starr durch Wasserstoffbrückenbindungen an das Polysaccharid gebunden (Lebensdauer > 10^{-8} s). Weiterhin können zwei verschieden schnelle Komponenten durch Sprungdiffusionsmodelle mit verschiedenen Residenzzeiten unterschieden werden. Die Rotationsdynamik der H_2O-Moleküle ändert sich dagegen nicht wesentlich. Die Wasserdynamik entspricht in groben Zügen der von unterkühltem reinen H_2O. Die Halbwertsbreite $\Delta\omega$ zeigt ein oszillatorisches Verhalten als Funktion von Q^2 (Abb. IV.111c), was auf lokale und transiente ($10^{-10} - 10^{-9}$ s) Dichtefluktuationen von ca. 10 Å Größe hindeutet (Bildung von Wasseraggregaten).

Als zweites Beispiel betrachten wir das Neutronenstreuspektrum von hydratisiertem Myoglobin bei konstantem Streuwinkel und verschiedenen Temperaturen (Abb. IV.112). Es handelt sich hier um eine Arbeit zur Proteindynamik. Bei tiefen Temperaturen (z. B. 100 K) erkennt man im Wesentlichen eine elastische Komponente im Spektrum, die auf den Schwingungsanteil zurückzuführen ist. Sie nimmt mit der Temperatur langsam ab, entsprechend einer Zunahme der Amplituden der harmonischen Schwingungsbewegungen. Oberhalb von etwa 200 K tritt ein drastischer quasielastischer Streubeitrag auf. Die mittlere quadratische Auslenkung der H-Atome nimmt oberhalb dieser Temperatur stärker zu. Ein ähnliches Verhalten ergaben kristallographische Messungen des DEBYE-WALLER-Faktors und MÖßBAUER-Experimente (s. Kap. V.9). Man spricht hier von einem dynamischen Übergang, der wahrscheinlich durch die Anregung anharmonischer lokaler Segment-Sprungbewegungen hervorgerufen wird. Die Proteinstruktur darf man sich somit nicht starr vorstellen, sie ist dynamisch. Proteine besitzen ein weites Spektrum von Gleichgewichtsfluktuationen auf verschiedenen Längen- und Zeitskalen. Die Dynamik ist wahrscheinlich wesentlich für ihre biologischen Funktionen.

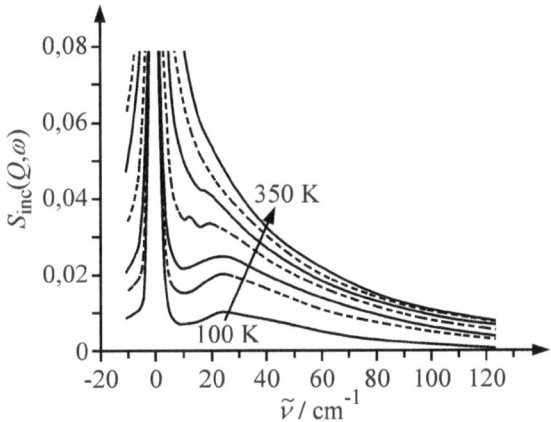

Abb. IV.112: Neutronenspektrum $S_{inc}(Q,\omega)$ von hydratisiertem Myoglobin bei konstantem Streuwinkel (108°) und verschiedenen Temperaturen (100, 180, 220, 270, 300, 320, 350 K). Der Energieübertrag ist hier in cm^{-1} angegeben (nach: S. Cusack, W. Doster, Biophys. J. **58** (1990) 243).

9. RÖNTGEN-Absorption (EXAFS)

Zum Schluss dieses Kapitels wollen wir noch eine Methode kurz ansprechen, mit deren Hilfe es möglich ist, die lokale Struktur in der Nähe eines RÖNTGEN-Strahlung absorbierenden Atoms abzutasten. Für die Absorption von RÖNTGEN-Strahlung werden charakteristische Absorptionskanten beobachtet. Bei Energien, die nicht ausreichen, um Elektronen vollständig aus einem Atom zu entfernen (d. h. vor der Absorptionskante), wird eine Feinstruktur (XANES, engl.: *X-ray absorption near edge structure*) beobachtet. Zum Beispiel können hier Elektronen aus der K-Schale in nicht besetzte, hochliegende Orbitale angeregt werden. Zusätzlich beobachtet man oftmals auch eine Feinstruktur (EXAFS, engl.: *extended X-ray absorption fine structure*) bei Energien, die höher als die Absorptionskante liegen. Erst nach Einführung der Synchrotronquellen konnten diese Effekte effektiv genutzt werden. Das Zustandekommen dieser Feinstruktur ist in Abbildung IV.113 schematisch dargestellt. Die von einem Ursprungsatom (hier Fe) freigesetzten Photoelektronen besitzen eine DE BROGLIE-Wellenlänge λ. Durch Rückstreuung dieser Elektronen an benachbarten Atomen (hier N) kommt es zur Interferenz. Dies hat zur Folge, dass sich der beobachtete RÖNTGEN-Absorptionskoeffizient μ_0 des freien Atoms ändert. Die Modifikation des Absorptionskoeffizienten wird durch den Parameter

$$\chi(k) = \frac{\mu(k) - \mu_0(k)}{\mu_0(k)} \tag{IV.125}$$

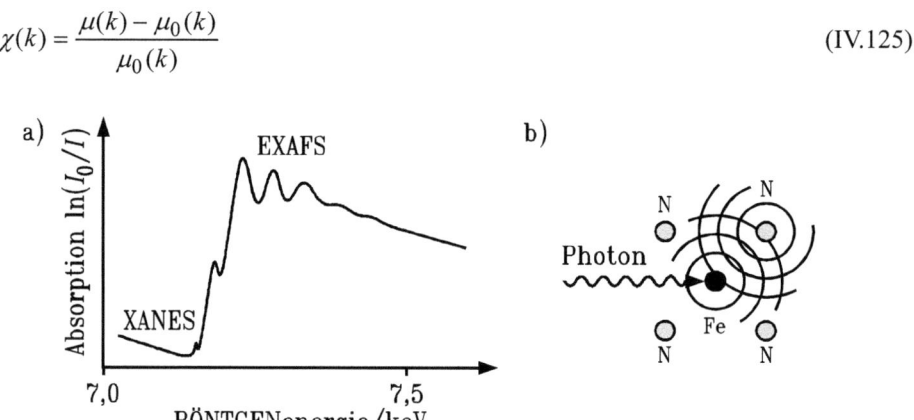

Abb. IV.113: a) Schematisches RÖNTGEN-Absorptionsspektrum mit XANES- und EXAFS-Bereich. Durch Absorption von RÖNTGEN-Strahlung können die 1s-, 2s- und 2p-Elektronen eines Elements in unbesetzte, hochliegende Orbitale oder durch höherenergetische RÖNTGEN-Photonen ins Kontinuum angeregt werden. An der RÖNTGEN-Absorptionskante, an der die Ionisation des Atoms einsetzt, lässt sich häufig der Oxidationszustand des Metallions bestimmen; b) Ursprung der EXAFS: Interferenz der vom absorbierenden Atom (hier Fe) emittierten Photoelektronenwelle mit der an den Nachbaratomen (hier N) zurückgestreuten Welle führt zu einer Feinstruktur im Hochenergie-Ausläufer des Absorptionsspektrums, aus der sich die Art, die Zahl und der Abstand der Nachbaratome in der ersten Koordinationssphäre abschätzen lässt. Die EXAFS-Region beginnt etwa 50 eV oberhalb der Absorptionskante.

9. RÖNTGEN-Absorption (EXAFS)

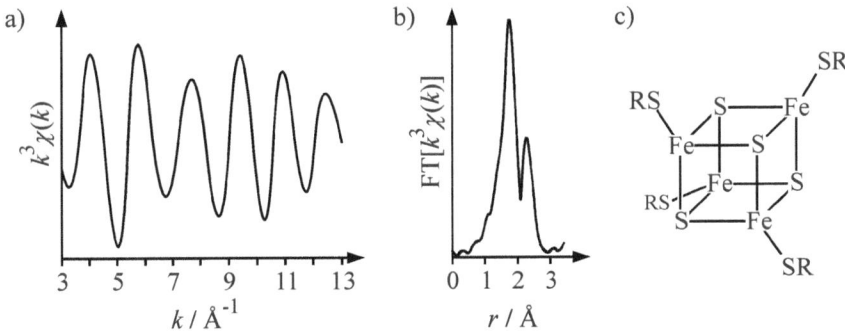

Abb. IV.114: EXAFS-Ergebnisse für das [4Fe-4S]-Protein Ferredoxin mit bakteriellem Ursprung. a) Die Fe-EXAFS-Funktion. b) Die FOURIER-Transformation zeigt zwei Peaks, die den Fe-S- und Fe-Fe-Abständen zugeordnet werden können. Der erste Peak kommt durch die Rückstreuung an S-Liganden im Abstand 2,23-2,25 Å, der zweite durch die Rückstreuung an benachbarten Fe-Atomen im Abstand 2,73 Å zustande. c) Fe-S-Zentrum des Proteins (nach: B.-K. Teo, R. G. Shulman, in: *Iron-Sulfur-Proteins*, T. G. Spiro (Hrsg.), S. 343, Wiley, New York, 1982).

beschrieben ($k = 2\pi/\lambda$ Wellenvektorbetrag des Elektrons). Hierbei ist μ der beobachtete lineare Absorptionskoeffizient ($I = I_0 \cdot \exp(-\mu x)$; I und I_0 sind die RÖNTGEN-Intensitäten nach bzw. vor der Probe mit der Schichtdicke x; μ hat z. B. die Einheit cm^{-1}). μ_0 ist der Absorptionskoeffizient ohne EXAFS. Die Größe von $\chi(k)$ wird durch die benachbarten Atome in einer Probe mitbestimmt. Durch Bestimmung von $\chi(k)$ ist es daher möglich, Informationen über Nachbarabstände zu gewinnen. Eine quantitative Beschreibung des EXAFS-Effekts liefert den folgenden Ausdruck (s. z. B. Yachandra, 1995; Koningsberger, Prins, 1988):

$$\chi(k) = -\sum_i \frac{|f_i(k)| \cdot N_i}{kr_i^2} e^{-2<u_i^2>k^2} e^{-2r_i/\lambda} \sin[2kr_i + \varphi_i(k)] \qquad (IV.126)$$

N_i ist Zahl der streuenden äquivalenten Nachbaratome i im Abstand r_i vom absorbierenden Ursprungsatom, das ein Photoelektron emittiert, $f_i(k)$ die Rückstreuamplitude (abhängig von der Atomsorte mit Elektronenzahl Z des rückstreuenden Elements), $<u_i^2>$ die mittlere quadratische Schwingungsamplitude des Atoms i und $\exp(-2<u_i^2>k^2)$ der DEBYE-WALLER-Faktor, der die Schwingungen der einzelnen Atome berücksichtigt. Die Phase setzt sich aus dem Term $2kr_i$, der durch den Weg des Elektrons zum Streuort und zurück zustande kommt, und aus der Phasenverschiebung $\varphi_i(k)$ bei der Rückstreuung aufgrund der Wechselwirkung der Elektronenwelle mit den Atompotenzialen zusammen. Inelastische Streueffekte führen zum Exponentialterm $\exp(-2r_i/\lambda)$ (λ mittlere freie Weglänge des Photoelektrons).

Die $\varphi_i(k)$-Werte können experimentell bestimmt oder theoretisch berechnet werden. Die experimentelle Bestimmung wird gewöhnlich an Verbindungen mit ähnlicher, aber bekannter Struktur durchgeführt. Allerdings sind diese Phasenwerte nicht immer unbedingt übertragbar, so dass hier Fehler auftreten können. Zunächst wird $k^3 \cdot \chi(k)$ als Funktion des Wellenvektorbetrags k berechnet (Abb. IV.114) (da die Amplitude $f_i(k)$ proportional zu k^{-2} ist). Diese Kurve ist die Summe verschiedener Sinus-Wellen, aus der durch FOURIER-Transformation eine

Paarkorrelationsfunktion erhalten wird (vgl. Kap. IV.3.5), aus der die interatomaren Abstände bestimmt werden können.

Als Strahlungsquellen werden Synchrotronquellen eingesetzt. Die Wellenlängenselektion erfolgt mit Hilfe eines Doppelmonochromators. Die Intensität der Strahlung wird vor (I_0) und nach (I) der Probe mit Hilfe eines Detektors (z. B. Zählrohr) gemessen. Die Methode hat den Vorteil, dass auch Lösungen und nichtkristalline Festkörper untersucht werden können.

EXAFS-Messungen werden oft bei der Untersuchung aktiver Zentren in Metalloenzymen eingesetzt. Abbildung IV.114 zeigt EXAFS-Daten eines bakteriellen Ferredoxins. Sein Eisen-Schwefel-Cluster ist über Cysteinatliganden (RS^-) mit dem Protein verknüpft. Eisen-Schwefel-Proteine dienen vor allem als ubiquitäre Ein-Elektronenüberträger. Sie besitzen wichtige biochemische Funktionen, z. B. bei der Photosynthese, der Zellatmung, der Stickstoff-Fixierung sowie der Umwandlung von H_2, NO_2^- und SO_3^{2-}. Der Elektronentransfer kommt durch Valenzwechsel des Eisens zwischen Fe^{2+} und Fe^{3+} zustande. Ein Eisen-Schwefel-Zentrum ist vom Typ [4Fe-4S], in dem vier Eisen- und vier Sulfid-Ionen in einer verzerrt würfelartigen Anordnung zusammengefasst sind. EXAFS-Daten von Modellverbindungen können mit der Paarverteilungskurve verglichen werden, so dass die Messdaten interpretiert werden können.

10. Literatur zu Kapitel IV

C. R. Cantor, P. R. Schimmel, *Biophysical Chemistry, Part II, Techniques for the Study of Biological Structure and Function*, W. H. Freeman and Company, San Francisco, 1980.

K. E. van Holde, *Physical Biochemistry*, Prentice Hall Inc., Englewood Cliffs, 1985.

P. J. Duke, A. G. Michette, *Modern Microscopies - Techniques and Applications*, Plenum Press, New York, 1990.

E. M. Slayter, H. S. Slayter, *Light and Electron Microscopy*, Cambridge University Press, Cambridge, 1992.

J. Engelhardt, W. Knebel, „Konfokale Laserscanning-Mikroskopie", Phys. unserer Zeit **24** (1993) 70.

G. Donnert, J. Keller, R. Medda, M. A. Andrei, S. O. Rizzoli, R. Lührmann, R. Jahn, C. Eggeling, S. W. Hell, „Macromolecular-scale resolution in biological fluorescence microscopy", Proc. Natl. Acad. Sci. USA **103** (2006) 11440.

T. Wazawa, M. Ueda, „Total Internal Reflection Fluorescence Microscopy in Single Molecule Nanobioscience", Adv. Biochem. Engin. Biotechnol. **95** (2005) 77.

T. W. J. Gadella (Hrsg.), *FRET and FLIM Techniques*, Elsevier, Amsterdam, 2009.

A. Periasamy, R. M. Clegg (Hrsg.), *FLIM Microscopy in Biology and Medicine*, CRC Press, Boca Raton, 2010.

S. T. Hess, T. P. K. Girirajan, M. D. Mason, „Ultra-High Resolution Imaging by Fluorescence Photoactivation Localization Microscopy", Biophys. J. **91** (2006) 4258.

10. Literatur zu Kapitel IV

E. Betzig, G. H. Patterson, R. Sougrat, O. W. Lindwasser, S. Olenych, J. S. Bonifacino, M. W. Davidson, J. Lippincott-Schwartz, H. F. Hess, „Imaging Intracellular Fluorescent Proteins at Nanometer Resolution", Science **313** (2006) 1642.

T. A. Klar, S. W Hell, „Subdiffraction resolution in far-field fluorescence microscopy", Opt. Lett. **24** (1999) 954.

D.-P. Herten, „Einblicke in den Nanokosmos: Optische Einzelmolekülspektroskopie", Chem. unserer Zeit **42** (2008) 192.

P. J. Goodhew, F. J. Humphreys, *Elektronenmikroskopie: Grundlagen und Anwendung*, McGraw-Hill Book Co., London, 1991.

S. J. Flegler, J. W. Heckman, K. L. Klomparens, *Elektronenmikroskopie: Grundlagen - Methoden - Anwendungen*, Spektrum Akademischer Verlag, Heidelberg, 1995.

L. Reimer, G. Pfefferkorn, *Raster-Elektronenmikroskopie*, Springer Verlag, Berlin, 1979.

J. Frank, *Three-Dimensional Electron Microscopy of Macromolecular Assemblies*, Oxford University Press, New York, 2006.

R. M. Glaeser, K. Downing, D. DeRosier, *Electron Crystallography of Biological Macromolecules*, Oxford University Press, Oxford, 2007.

A. Janshoff, M. Neitzert, Y. Oberdörfer, H. Fuchs, „Kraftmikroskopie an molekularen Systemen - Einzelmolekülmikroskopie an Polymeren und Biomolekülen", Angew. Chem. **112** (2000) 3346.

C: H. Lei, A. Das, M. Elliott, J. E. Macdonald, „Quantitative electrostatic force microscopy - phase measurements", Nanotechnology **15** (2004) 627.

R. Berger, H-J. Butt, M. B. Retschke, S. A. L. Weber, „Electrical Modes in Scanning Probe Microscopy", Macromol. Rapid Commun. **30** (2009) 1167.

M. Hietschold, *Einführung in die Raster-Sonden-Mikroskopie-Verfahren*, Teubner Verlag, Stuttgart, 1998.

R. Wiesendanger, *Scanning Probe Microscopy and Spectroscopy*, Cambridge University Press, Cambridge, 1994.

O. Marti, M. Amrein (Hrsg.), *STM and SFM in Biology*, Academic Press, San Diego, 1993.

P. K. Hansma, V. B. Elings, O. Marti, C. E. Bracker, „Scanning Tunneling Microscopy and Atomic Force Microscopy: Application to Biology and Technology", Science **242** (1988) 209.

M. A. Paesler, P. J. Moyer, *Near-Field Optics*, John Wiley & Sons, New York, 1996.

P. C. Hiemenz, *Principles of Colloid and Surface Chemistry*, Marcel Dekker Inc., New York, 1986.

B. J. Berne, R. Pecora, *Dynamic Light Scattering*, Wiley, New York, 1976.

R. Pecora, *Dynamic Light Scattering - Applications of Photon Correlation Spectroscopy*, Plenum Press, New York, 1985.

K. S. Schmitz, *An Introduction to Dynamic Light Scattering by Macromolecules*, Academic Press, Boston, 1990.

S. E. Harding, D. B. Sattelle, V. A. Bloomfield (Hrsg.), *Laser Light Scattering in Biochemistry*, Royal Society of Chemistry, Information Services, London, 1992.

V. A. Bloomfield, „Quasi-elastic Light-scattering in Biochemistry and Biology", Annu. Rev. Biophys. Bioeng. **10** (1981) 421.

W. Burchard, „Static and Dynamic Light Scattering Approaches to Structure Determination of Biopolymers", in: *Laser Light Scattering in Biochemistry.* S. E. Harding, D. B. Sattelle, V. A. Bloomfield (Hrsg.), S. 3, Royal Society of Chemistry, Cambridge, 1992.

N. C. Santos, M. Castanho, „Teaching Light Scattering Spectroscopy: The Dimension and Shape of Tabacco Mosaic Virus", Biophys. J. **71** (1996) 1641.

O. Glatter, O. Kratky, *Small Angle X-ray Scattering*, Academic Press, New York, 1982.

H. Brumberger, *Modern Aspects of Small-Angle Scattering*, Kluwer Academic Publishers, Dordrecht, 1995.

L. A. Feigin, D. I. Svergun, *Structure Analysis by Small-Angle X-ray and Neutron Scattering*, Plenum Press, New York, 1987.

O. Kratky, „Die Welt der vernachlässigten Dimensionen und die Kleinwinkelstreuung der RÖNTGEN-Strahlen und Neutronen an biologischen Makromolekülen", Nova Acta Leopoldina (Band 55) **256** (1983) 2.

B. Jacrot, „The Study of Biological Structures by Neutron Scattering from Solution", Rep. Prog. Phys. **39** (1976) 911.

S. H. Chen, „Small Angle Neutron Scattering Studies of the Structure and Interaction in Micellar and Microemulsion Systems", Annu. Rev. Phys. Chem. **37** (1986) 351.

H. B. Stuhrmann, „Neutronenstreuung an Biopolymeren", Chem. unserer Zeit **13** (1979) 11.

A. Guinier, *X-Ray Diffraction*, W. H. Freeman and Co., San Francisco, 1963.

L. V. Azaroff, *Elements of X-Ray Crystallography*, McGraw-Hill Book Co., New York, 1968.

J. Als-Nielsen, D. McMorrow, *Elements of Modern X-Ray Physics*, Wiley, New York, 2001.

U. Pietsch, V. Holý, T. Baumbach, *High-Resolution X-Ray Scattering*, Springer, New York, 2004.

J. Fitter, T. Gutberlet, J. Katsaras (Hrsg.), *Neutron Scattering in Biology*, Springer, Berlin, 2006.

J. S. Higgins, H. C. Benoît, *Polymers and Neutron Scattering*, Clarendon Press, Oxford, 1996.

T. P. Russell, „X-ray and neutron reflectivity for the investigation of polymers", Mater. Sci. Rep. **5** (1990) 171.

M. Tolan, W. Press, „X-ray and neutron reflectivity", Z. Kristallogr. **213** (1998) 319.

L. G. Parratt, „Surface Studies of Solids by Total Reflection of X-Rays", Phys. Rev. **95** (1954) 359.

E. R. Wölfel, *Theorie und Praxis der Röntgenstrukturanalyse*, Vieweg, 1987.

L. E. Alexander, *X-Ray Diffraction Methods in Polymer Science*, Wiley, New York, 1969.

W. Massa, *Kristallstrukturbestimmung*, Vieweg+Teubner, Wiesbaden, 2009.

R. J. Newport, B. D. Rainford, R. Cywinski, *Neutron Scattering at a Pulsed Source*, Adam Hilger, Bristol, 1988.

10. Literatur zu Kapitel IV

T. L. Blundell, L. N. Johnson, *Protein Crystallography*, Academic Press, New York, 1976.

N. V. Raghavan, A. Wlodawer, *Neutron Crystallography of Proteins*, Methods of Experimental Physics, Vol. 23, S. 335, Academic Press, New York, 1987.

D. E. McRee, *Practical Protein Crystallography*, Academic Press, New York, 1993.

J. Drenth, *Principles of Protein X-Ray Crystallography*, Springer, Berlin, 2007.

G. Büldt, „Proteinkristallographie", in: *Streumethoden zur Untersuchung kondensierter Materie*, S. C1.1, 27. IFF-Ferienkurs, Forschungszentrum Jülich, Jülich, 1996.

J. Baruchel, J. L. Hodeau, M. S. Lehmann, J.-R. Regnard, C. Schlenker (Hrsg.), *Hercules: Neutron and Synchrotron Radiation for Condensed Matter Studies*, Vols. I, II, Les Editions de Physique, Springer Verlag, Berlin, 1993.

E. Mandelkow (Hrsg.), *Synchrotron Radiation in Chemistry and Biology*, Springer Verlag, Berlin, 1988.

S. M. Gruner, „Time-resolved X-ray Diffraction of Biological Materials", Science **238** (1987) 305.

T. Nemetschek, „Synchrotronstrahl-Beugung bei der zeitaufgelösten Analyse von Bewegungsabläufen auf biomolekularer Ebene", Naturwissenschaften **75** (1988) 178.

I. Schlichting, „Die vierte Dimension in der Kristallographie", Chem. unserer Zeit **29** (1995) 230.

D. Jacquemain, S. Grayer Wolf, F. Leveiller, M. Deutsch, K. Kjaer, J. Als-Nielsen, M. Lahav, L. Leiserowitz, „Zweidimensionale Kristallographie an amphiphilen Molekülen an der Luft-Wasser-Grenzfläche", Angew. Chem. **104** (1992) 134.

H. Möhwald, „Surfacant Layers at Water Surfaces", Rep. Prog. Phys. **56** (1993) 653.

R. D. B. Fraser, T. P. MacRae, *Conformation in Fibrous Proteins and Related Synthetic Polypeptides*, Academic Press, New York, 1973.

G. L. Squires, *Thermal Neutron Scattering*, Cambridge University Press, Cambridge, 1978.

R. E. Lechner, C. Riekel, *Anwendungen der Neutronenstreuung in der Chemie*, Akademische Verlagsgesellschaft, Wiesbaden, 1982.

M. Bée, *Quasielastic Neutron Scattering: Principles and Applications in Solid State Chemistry, Biology and Materials Science*, Adam Hilger, Bristol, 1988.

H. D. Mittendorf, „Biophysical Applications of Quasi-Elastic and Inelastic Neutron Scattering", Annu. Rev. Biophys. Bioeng. **13** (1984) 425.

V. K. Yachandra, „X-Ray Absorption Spectroscopy and Applications in Structural Biology", in: Methods in Enzymology **246** (1995) 638.

D. C. Koningsberger, R. Prins (Hrsg.), *X-Ray Absorption: Principles, Applications, Techniques of EXAFS, SEXAFS and XANES*, John Wiley, New York, 1988.

V. Spektroskopische Methoden

In diesem Kapitel wollen wir aus der Vielzahl der spektroskopischen Techniken diejenigen vorstellen, die im Bereich der Biophysik und Biochemie häufig Verwendung finden. Absorption und Streuung von Licht ist ein allgemein auftretendes Phänomen. Je nach Spektralbereich des Lichts werden jedoch unterschiedliche Moleküleigenschaften untersucht. Tabelle V.I gibt einen Überblick über die verwendeten Spektralbereiche und den Informationsgehalt der jeweils erhaltenen Spektren. Bevor die Methoden im Einzelnen erläutert werden, wollen wir kurz auf die Eigenschaften des bei der Spektroskopie genutzten Informationslieferanten - des Lichts - eingehen.

1. Elektromagnetische Strahlung

J. C. MAXWELL entwickelte in den Jahren 1861-1862 die Hypothese, dass es sich bei Licht um elektromagnetische Wellen handelt. Diese Anschauung, die er theoretisch untermauerte, regten die Untersuchungen von H. HERTZ 1886 zur Erzeugung und zum Empfang elektromagnetischer Wellen an. Das sichtbare Licht überstreicht nur einen kleinen Bereich des elektromagnetischen Spektrums. Es besteht aus einer elektrischen und einer magnetischen Feldkomponente. Abbildung V.1 zeigt schematisch die Ausbreitung einer elektromagnetischen Welle. Sie lässt sich als cosinusförmig oszillierendes elektrisches Wechselfeld darstellen, auf dem dazu und zur Ausbreitungsrichtung senkrecht ein entsprechendes Magnetfeld oszilliert.

In Abbildung V.1 ist eine elektromagnetische Welle gezeigt, die sich in x-Richtung ausbreitet. Ihr elektrischer Feldvektor $\vec{E}$ schwingt hier in der x,z-Ebene. Entsprechend schwingt der Magnetfeldvektor $\vec{B}$ in der x,y-Ebene. Da bei der Wechselwirkung von elektromagnetischer Strahlung mit Materie der magnetische Anteil nur bei der Elektronenspin- und der kernmagnetischen Resonanzspektroskopie, bei denen die Messprobe starken Magnetfeldern ausgesetzt ist, eine Rolle spielt, werden wir diesen Beitrag zunächst außer Acht lassen. Die physikali-

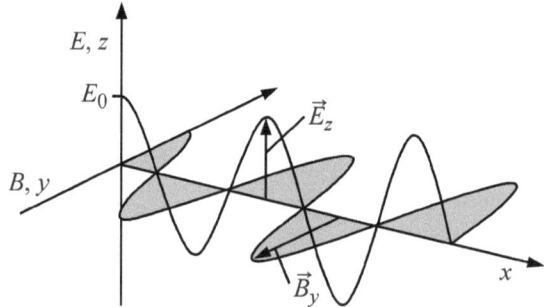

Abb. V.1: Schematische Darstellung einer elektromagnetischen Welle, die sich in x-Richtung ausbreitet. Senkrecht zum elektrischen Feldvektor $\vec{E}$ schwingt der magnetische Feldvektor $\vec{B}$.

1. Elektromagnetische Strahlung

Tab. V.1: Charakterisierung elektromagnetischer Strahlung, die in verschiedenen Messmethoden verwendeten Spektralbereiche und die zugehörigen Informationsgehalte. Die Frequenzen ν, Wellenlängen λ und Energien E der jeweils verwendeten Lichtquanten (Photonen) sind mit angegeben.

ν/s^{-1}	Spektralbereich	Messmethode	Anregung	Informationsgehalt	λ/m	$E/kJ\,mol^{-1}$
10^7						10^{-5}
10^8	Radiowellen	NMR	magnetische Übergänge im Atomkern	Art der Nachbarkerne, elektronische Umgebung, Konformation, Dynamik		10^{-4}
10^9					1	10^{-3}
10^{10}					10^{-2}	10^{-2}
10^{11}	Mikrowellen	ESR	Spinumkehr ungepaarter Elektronen	s. NMR, jedoch für ungepaarte Elektronen	10^{-3}	10^{-1}
10^{12}		Rotationsspektroskopie	Rotation von Molekülen	Atomabstände, elektr. Dipolmomente	10^{-4}	1
10^{13}	Infrarot	IR/RAMAN-Spektroskopie	Rotation und Schwingung von Molekülen	Atomabstände, Stärke chemischer Bindungen, Identifikation von Molekülgruppen, Konformation		10
10^{14}	sichtbares Licht				10^{-6}	10^2
10^{15}	nahes UV	UV/VIS-Absorption, Fluoreszenz, Phosphoreszenz	elektronische Übergänge	elektronische Energieniveaus, Dissoziationsenergien, elektronische Umgebung, Konformation, Dynamik	10^{-7}	10^3
10^{16}	fernes UV	Photoelektronenspektrosk.	Entfernung von Valenzelektronen	Ionisierungs- und Bindungsenergien	10^{-8}	10^4
10^{17}		RÖNTGEN-Absorption	Entfernung von Elektronen aus inneren Niveaus	Ionisierungsenergien, innere Energieniveaus	10^{-9}	10^5
10^{18}	RÖNTGEN-Strahlung	RÖNTGEN-Beugung	Reflexion an periodischen Strukturen	Raumstruktur von Kristallen, Makromolekülen, Flüssigkeiten, v.d.W.-Radien	10^{-10}	10^6
10^{19}						10^7
10^{20}	γ-Strahlung	MÖSSBAUER-spektroskopie	Resonanzabsorption der Atomkerne	Anordnung der Nachbaratome, elektronische Kernumgebung	10^{-12}	10^8

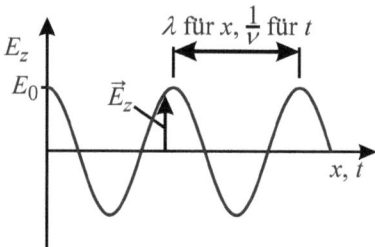

Abb. V.2: Charakterisierung elektromagnetischer Strahlung durch Wellenlänge λ, Frequenz ν und Amplitude E_0 des elektrischen Wechselfelds.

schen Größen, mit denen wir das Licht charakterisieren können, sind in Abbildung V.2 dargestellt. Die Lichtwelle breitet sich mit der ihr eigenen Geschwindigkeit, der Lichtgeschwindigkeit c, aus. Sie ist im Vakuum maximal und beträgt dort näherungsweise $3 \cdot 10^8$ m s^{-1}. Den maximalen Wert des elektrischen Felds nennt man die Amplitude E_0, den Abstand zwischen zwei Maxima die Wellenlänge λ. Da man die Lichtgeschwindigkeit kennt, kann man in Abbildung V.2 anstelle der Weglänge x auch die Zeit t setzen.

Die Lichtwelle lässt sich dann auch mit Hilfe der Frequenz ν, also der Anzahl an Schwingungen pro Zeiteinheit, beschreiben:

$$\left|\vec{E}_z\right| = E_0 \cdot \cos(2\pi \nu t) \tag{V.1}$$

Zwischen der Wellenlänge λ und der Frequenz ν besteht über die Lichtgeschwindigkeit c der Zusammenhang

$$\nu = \frac{c}{\lambda} \tag{V.2}$$

Außer der Wellenlänge λ und Frequenz ν wird oftmals auch die Wellenzahl $\tilde{\nu} = 1/\lambda$ zur Charakterisierung der Energie des Lichts herangezogen. Sie gibt an, wie oft der Wellenvektor während einer Längeneinheit schwingt und ist der Kehrwert der Wellenlänge (gebräuchliche Einheit: cm^{-1}).

Seit M. PLANCK die Quantenmechanik einführte, wissen wir, dass elektromagnetische Wellen in Paketen, den Lichtquanten, auftreten. Die Energie E eines solchen Pakets ist nach EINSTEIN proportional zur Frequenz und beträgt

$$E = h\nu \tag{V.3}$$

($h = 6{,}6262 \cdot 10^{-34}$ J s, PLANCKsches Wirkungsquantum). Es ist daher üblich, das elektromagnetische Spektrum in Bereiche zu unterteilen. Sie sind in Tabelle V.1 dargestellt, weiterhin die Messmethoden, bei denen die entsprechenden Frequenzen eingesetzt werden, die zugehörigen Anregungen und der Informationsgehalt, den man den Experimenten entnehmen kann.

Der sichtbare Bereich des elektromagnetischen Spektrums stellt nur einen sehr kleinen Ausschnitt dar. Der Unterschied zwischen der hochenergetischen γ-Strahlung, sichtbarem Licht und den niederfrequenten Radiowellen liegt nur in ihrer Frequenz und damit ihrer Energie. Der Mensch neigt dazu, dies zu vergessen, da er ein Sinnesorgan entwickelt hat (das Auge),

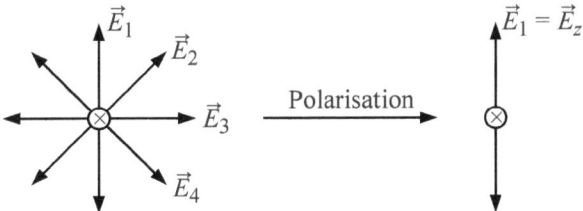

Abb. V.3: Licht setzt sich aus Photonen zusammen, deren elektrische Feldvektoren in allen möglichen Raumrichtungen schwingen (links). Mit Hilfe von Polarisationsfiltern kann man linear polarisiertes Licht (rechts) erhalten, bei dem der Feldvektor nur noch in einer Ebene schwingt. Die Ausbreitungsrichtung des Lichts in der Abbildung ist senkrecht zur Papierebene.

welches elektromagnetische Strahlung nur im Wellenlängenbereich zwischen etwa 380 und 780 nm wahrnehmen kann. Mit den in den letzten Jahrzehnten entwickelten messtechnischen Hilfsmitteln wurde es möglich, den gesamten Spektralbereich zu nutzen. Dadurch gelang es, zu einem tieferen Verständnis der molekularen Struktur und Dynamik selbst komplexer biochemischer Systeme zu kommen.

In Abbildung V.2 ist eine spezielle elektromagnetische Welle gezeigt, man bezeichnet sie als linear polarisiert. Der elektromagnetische Feldvektor schwingt bei linear polarisiertem Licht in nur einer Ebene, hier in der x,z-Ebene. Bei unpolarisiertem Licht schwingen die Feldvektoren in allen möglichen Ebenen um die Ausbreitungsrichtung x (Abb. V.3).

2. Wechselwirkung von Licht mit Materie

Wie in einer Antenne wird durch eine oszillierende Ladungsverschiebung eine elektromagnetische Welle erzeugt. Bei einem Absorptionsvorgang wird dieser Prozess nun umgekehrt, d. h. es wird eine Ladungsverschiebung durch Absorption einer elektromagnetischen Welle hervorgerufen. Hierbei ist nun zu beachten, dass die Energiezustände in Atomen und Molekülen quantisiert sind, so dass z. B. die Elektronen in einem Atom nur diskrete Energieniveaus besetzen können und auch nur bestimmte Wellenfunktionen (Orbitale) und damit Elektronendichteverteilungen im Raum einnehmen. Entspricht die Energie eines auf ein Atom oder Molekül auftreffenden Photons genau der Energiedifferenz zweier solcher Zustände ($\Delta E = h\nu$), so kann die elektromagnetische Strahlung ein Elektron von einem in ein anderes Energieniveau überführen (Resonanzbedingung). Das eingestrahlte Licht wird durch den Absorptionsvorgang abgeschwächt.

Nun setzt sich die Energie eines Moleküls nicht nur aus dem Anteil der Elektronen zusammen, ein Molekül kann auch schwingen und rotieren; ferner besitzen Atomkerne und Elektronen auch noch einen Eigendrehimpuls, den Spin. Für die Gesamtenergie E kann man näherungsweise schreiben:

$$E = E_{\text{elek}} + E_{\text{vib}} + E_{\text{rot}} + E_{\text{spin}} \tag{V.4}$$

Genaugenommen fehlt hier noch die Bewegungs- oder Translationsenergie. Sie spielt für die Spektroskopie jedoch keine Rolle. Damit überhaupt ein Übergang zwischen zwei Energiezuständen möglich wird, muss der untere Zustand, aus dem die Energieaufnahme heraus erfolgen soll, besetzt sein. Die Besetzung der Energieniveaus (Abb. V.4) hängt von der Temperatur ab und ist durch die BOLTZMANN-Verteilung gegeben:

$$\frac{N_2}{N_1} = e^{-\Delta E / k_B T} \tag{V.5}$$

(T Temperatur in KELVIN, k_B BOLTZMANN-Konstante, N_i Besetzungszahl von unterem ($i =$ 1) und oberem ($i = 2$) Energieniveau).

Je größer die Energiedifferenz ΔE zwischen den beiden Niveaus, desto geringer ist der obere Zustand besetzt. Umgekehrt nimmt mit steigender Temperatur die Besetzung höherer Niveaus zu (Abb. V.5).

Während die Energiedifferenzen zwischen Rotationsniveaus so gering sind (einige zehntel kJ mol^{-1}), dass bereits die thermische Energie der Umgebung (ca. 2,5 kJ mol^{-1} bei Raumtemperatur) ausreicht, um höhere Niveaus zu besetzen, ist im Fall der Schwingung i. Allg. nur das unterste Niveau - der Grundzustand - besetzt. Der erste angeregte Zustand besitzt in der Regel eine um mehr als 30 kJ mol^{-1} höhere Energie. Noch extremer sind die Verhältnisse für elektronische Niveaus. Hier liegen die Energiedifferenzen benachbarter Zustände schon im Bereich einiger hundert kJ mol^{-1}, weshalb eine thermische Anregung von Elektronen erst bei sehr hohen Temperaturen erfolgt.

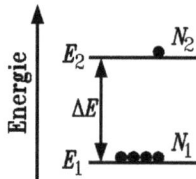

Abb. V.4: Die Besetzungszahlen N_1 und N_2 der Energieniveaus E_1 und E_2 mit dem Abstand ΔE.

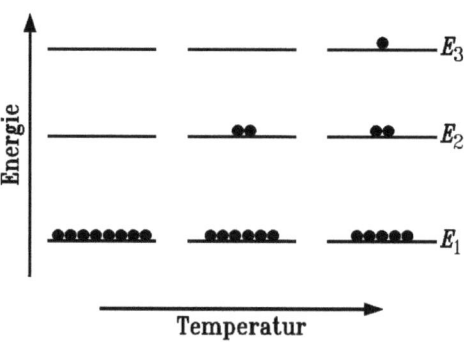

Abb. V.5: Abhängigkeit der Besetzung von Energieniveaus von der Temperatur. Am absoluten Nullpunkt befinden sich alle Teilchen im Grundzustand mit der Energie E_1.

3. Elektronenspektroskopie

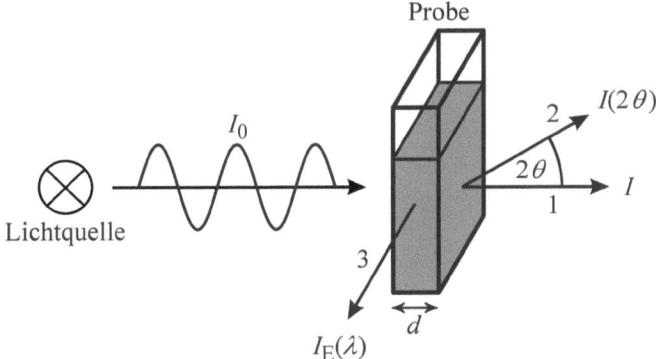

Abb. V.6: Darstellung möglicher physikalischer Messprozesse beim Bestrahlen einer Messprobe mit Licht der Intensität I_0. Für die Absorption (1) ist $I < I_0$; im Fall der Streuung (2) misst man die Intensität $I(2\theta)$ des Streulichts in Abhängigkeit vom Streuwinkel 2θ. Im Fall der Emission von Strahlung (3) - z. B. durch Fluoreszenz - bestimmt man die Intensität $I_E(\lambda)$ des emittierten Lichts, meist senkrecht zum einfallenden Licht.

Für die Spinumkehr dagegen gilt nahezu eine Gleichbesetzung der Energieniveaus. Die Energiedifferenzen sind hier so klein, dass Übergänge mit den langwelligen und energiearmen Radiowellen induziert werden können (s. Tabelle V.1). Bei der ^{1}H-NMR-Spektroskopie beträgt der Besetzungsunterschied nur ein Teilchen von einer Million Teilchen oder N_2/N_1 = 0,999999.

Strahlt man Licht in eine Messprobe ein, so können außer der Schwächung des Lichts durch Absorption auch noch andere Prozesse stattfinden (Abb. V.6). Bei diesen Prozessen handelt es sich zum einen um die Emission von Licht, die durch die Einstrahlung von Licht der Intensität I_0 ausgelöst wird, wie etwa die Fluoreszenz oder Phosphoreszenz, zum anderen um Lichtstreuung. Die Lichtstreuung wird unter einem Winkel 2θ von der Ausbreitungsrichtung des einfallenden Lichts gemessen, kann aber auch aufgrund der Reduktion des transmittierten Lichts bei $2\theta = 0°$ bestimmt werden. Diese scheinbare Absorption durch Streuung nennt man Turbidität. Sie kann zur Bestimmung der Molmasse von Biopolymeren einsetzt werden (s. Kap. IV.2.3). Im Folgenden wollen wir uns zunächst mit der Absorptionsspektroskopie befassen.

3. Elektronenspektroskopie

3.1 Das Übergangsdipolmoment

Bei der Absorption im UV/VIS(sichtbaren)-Spektralgebiet, in dem Elektronen vom Grundzustand in ein höheres Niveau angehoben werden, findet eine Ladungsverschiebung statt. Die Molekülbestandteile, die für die Absorption verantwortlich sind, nennt man *Chromophore* (nach dem griechischen Wort für farbtragend). Diese Chromophore besitzen eine bestimmte räumliche Ladungsverteilung und damit ein elektrisches Dipolmoment $\vec{\mu}_{el}$ (Abb. V.7).

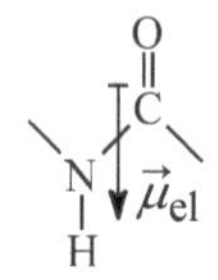

248 V. Spektroskopische Methoden

|$\vec{\mu}_{el}$| = 1,2·10^{-29} Cm (3,7 D)

Abb. V.7: Lage des permanenten elektrischen Dipolmoments $\vec{\mu}_{el}$ einer Peptidbindung.

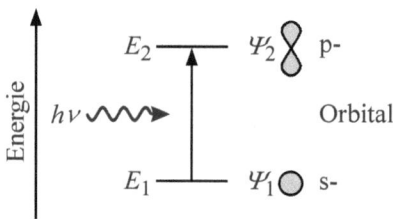

Abb. V.8: Durch Absorption eines Photons der Energie $h\nu$ induzierter elektronischer Übergang von einem Elektron aus einem kugelsymmetrischen s-Orbital der Energie E_1 (Wellenfunktion ψ_1) in ein p-Orbital der Energie E_2 (Wellenfunktion ψ_2).

Elektronischer Grund- und angeregter Zustand verfügen jeweils über ein solches Dipolmoment (das jedoch auch den Wert null besitzen kann), welche sich dann voneinander unterscheiden, wenn die Ladungsverteilungen in beiden Zuständen unterschiedlich sind. Beispielsweise ist die Ladungsverteilung in einem s-Orbital sehr verschieden von der in einem p-Orbital (Abb. V.8).

Aus einer quantenmechanischen Störungsrechnung lässt sich mit den Wellenfunktionen Ψ_1 und Ψ_2 von Grund- und angeregtem Zustand und dem elektrischen Dipolmomentoperator $\hat{\mu}_{el}$ eine vektorielle Größe berechnen, die ein quantitatives Maß für die Wechselwirkung zwischen dem Molekül und der elektrischen Komponente der elektromagnetischen Strahlung darstellt. Dies ist das sog. *Übergangsdipolmoment* $\vec{\mu}_{21}^{el}$ zwischen den Zuständen 1 und 2 mit ihren Wellenfunktionen Ψ_1 und Ψ_2:

$$\vec{\mu}_{21}^{el} = \int \Psi_2^* \hat{\mu}_{el} \Psi_1 dV \qquad (V.6)$$

Die Integration erfolgt über das gesamte Volumen V des Moleküls. Wenn sich die beiden Wellenfunktionen nicht überlappen, wird das Übergangsdipolmoment gleich null. Im Fall eines Ein-Elektronen-Systems ist $\hat{\mu}_{el} = -e \cdot \vec{r}$. Das elektrische Dipolmoment des Moleküls hingegen stellt die Summe über alle Dipolmomente dar, die sich aus den Ladungen q_i und den Ortsvektoren $\vec{r}_i$ der i Teilchen (Kerne oder Elektronen) zusammensetzt:

$$\vec{\mu}_{el} = \sum_i q_i \vec{r}_i \qquad (V.7)$$

Die Wahrscheinlichkeit der Anregung eines Elektrons in einem Molekül ist am höchsten, wenn die Richtung des $\vec{E}$-Feldes der elektromagnetischen Strahlung parallel zum Übergangsdipolmoment liegt. Da die Wellenfunktionen von Grund- und angeregtem Zustand oszil-

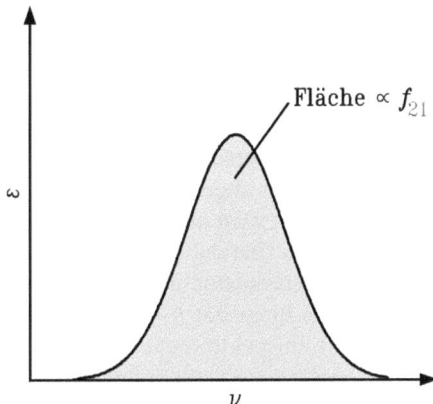

Abb. V.9: Darstellung eines einfachen Absorptionsspektrums $\varepsilon(\nu)$. Die Fläche unter dem Messsignal ist proportional zur Oszillatorenstärke des elektronischen Übergangs.

lieren, ist ihr Vorzeichen austauschbar und damit auch die Richtung des Übergangsdipolmoments willkürlich (weshalb man manchmal einen Doppelpfeil über dessen Symbol findet).
Die Größe $\vec{\mu}_{21}^{\,el}$ ist ein Maß für die Wahrscheinlichkeit eines elektronischen Übergangs. Als weiteres Maß wird auch oft die *Oszillatorenstärke f*, die dem Quadrat des Übergangsdipolmoments proportional ist, herangezogen:

$$f_{21} = \text{konst.} \cdot \left|\vec{\mu}_{21}^{\,el}\right|^2 \qquad (V.8)$$

Die Konstante wird dabei so gewählt, dass für einen erlaubten Übergang in einem Zwei-Zustandssystem die Oszillatorenstärke den Wert eins besitzt. Die dimensionslose Oszillatorenstärke eines Übergangs kann aus der Fläche unter dem frequenzabhängigen Absorptionssignal berechnet werden (Abb. V.9):

$$f_{21} = \frac{4\varepsilon_0 m_e c \ln 10}{N_A e^2} \int_{\text{Bande}} \varepsilon(\nu) d\nu \qquad (V.9)$$

(ε_0 elektrische Feldkonstante, m_e Elektronenmasse, c Lichtgeschwindigkeit, N_A AVOGADRO-Konstante, e Elementarladung, $\varepsilon(\nu)$ Extinktionskoeffizient).

Ein elektronischer Übergang ist für $f_{21} = 0$ unmöglich, d. h., der elektrische Feldvektor des eingestrahlten Lichts kann mit einem solchen Molekül nicht wechselwirken. Für $f_{21} \to 0$ spricht man von verbotenen Übergängen.

Eine quantitative Berechnung der Übergangswahrscheinlichkeiten liefert die sog. *Auswahlregeln*, also die Bedingungen, für die ein spektroskopischer Übergang erlaubt ist. Eine Bedingung für elektronische Übergänge kennen wir schon: Mit dem Übergang muss eine Ladungsverschiebung verknüpft sein. Weiterhin ist die Symmetrie der Wellenfunktionen von Grund- und angeregtem Zustand entscheidend. So findet man für Moleküle mit Inversionszentrum, dass nur elektronische Übergänge zwischen Orbitalen mit geraden (g) und ungeraden (u) Wellenfunktionen erlaubt sind. u→u- und g→g-Übergänge (z. B. zwischen zwei s- oder p-

Orbitalen) sind also nicht erlaubt (LAPORTE-Verbot), d. h. ihr berechnetes Übergangsdipolmoment ist gleich null.

3.2 Absorptionsspektrometer

Ein Absorptionsspektrometer ist relativ einfach aufgebaut (Abb. V.10). Sogenanntes weißes Licht einer Lampe, d. h. das ganze von ihr abgestrahlte Frequenzspektrum, fällt mit der Intensität I_0 auf die Probe. Ein Teil des Lichts wird auf dem Weg der Länge d durch die Probe bei bestimmten Frequenzen absorbiert, es besitzt daher nach dem Durchgang durch die Probe nur noch die Intensität I. In einem Monochromator wird dieses Licht spektral zerlegt und trifft dann auf einen Photodetektor, der die Intensität $I(\lambda)$ als Funktion der Wellenlänge aufzeichnet. Moderne Geräte sind als Zweistrahlspektrometer (Abb. V.10b) ausgelegt, d. h. sie besitzen einen Referenzstrahlengang. Sie zeichnen alternierend $I(\lambda)$ und $I_0(\lambda)$ auf. Dadurch können Lösungsmitteleffekte und andere äußere Einflüsse automatisch aus dem Spektrum eliminiert werden.

3.3 Das Gesetz von LAMBERT und BEER

Die Intensität des auf eine Probe fallenden Lichts nimmt im Fall einer Absorption exponentiell mit dem zurückgelegten Weg x in der Probe ab (Abb. V.11).

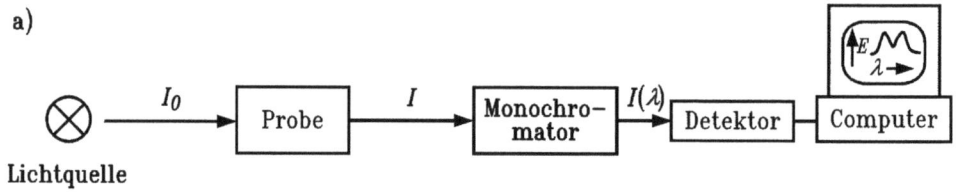

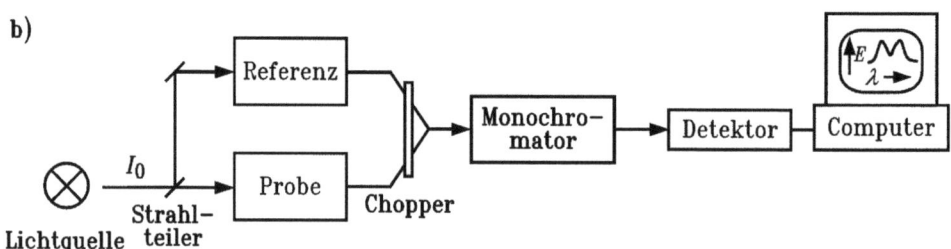

Abb. V.10: a) Schematische Darstellung eines Einstrahl-Absorptionsspektrometers. b) Schematische Darstellung eines Zweistrahl-Absorptionsspektrometers.

3. Elektronenspektroskopie

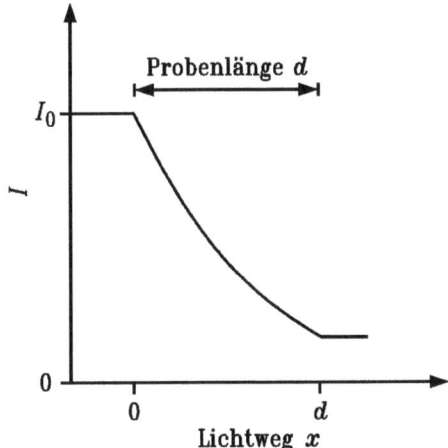

Abb. V.11: Intensitätsabnahme des Lichts in einer Probe der Dicke d durch Absorption.

Dies lässt sich mathematisch wie folgt beschreiben:

$$I = I_0 \cdot e^{-\alpha \cdot d} \tag{V.10}$$

($\alpha = \alpha(\lambda)$ materialspezifischer Absorptionskoeffizient, d Weglänge des Lichts durch die Probe). Für Lösungen, also dem für biologische Systeme normalen Zustand, kann für α geschrieben werden:

$$\alpha = 2{,}303 \cdot \varepsilon \cdot c \tag{V.11}$$

(ε (molarer) dekadischer *Extinktionskoeffizient*, c (molare) Konzentration des Chromophors), und wir kommen durch Einsetzen zum LAMBERT-BEERschen Gesetz:

$$I = I_0 \cdot 10^{-\varepsilon \cdot c \cdot d} \tag{V.12}$$

Der (molare) dekadische Extinktionskoeffizient $\varepsilon(\lambda)$ ist wellenlängenabhängig und ein Maß für das Absorptionsvermögen eines Chromophors. Damit hängt er vom Übergangsdipolmoment der Substanz ab.

Meist wird ein Absorptionsspektrum durch die Auftragung des Extinktionskoeffizienten $\varepsilon(\lambda)$ oder auch der *Extinktion* $E(\lambda)$ (engl.: *absorbance*, A; manchmal auch als optische Dichte OD(λ) bezeichnet) als Funktion von λ dargestellt, wobei

$$E = \lg \frac{I_0}{I} = \varepsilon \cdot c \cdot d \tag{V.13}$$

Dies ist nur die logarithmische Schreibweise des LAMBERT-BEERschen Gesetzes. Ein Absorptionsspektrum (Abb. V.12a) lässt sich durch den maximalen Wert des Extinktionskoeffizienten ε_{max} und die Wellenlänge λ_{max}, bei der dieser Wert auftritt, charakterisieren.

Manchmal findet man auch Auftragungen, die auf eine Schichtdicke von 1 cm normiert sind. In diesem Fall wird die Extinktion auch „optische Dichte" genannt. In einigen - hauptsächlich älteren - Veröffentlichungen findet man auch noch Absorptionsspektren in Abhängigkeit der

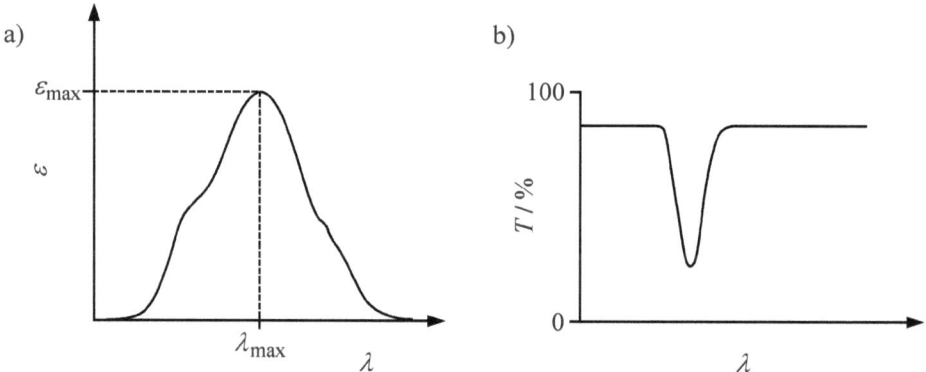

Abb. V.12: Schematische Darstellung a) eines Absorptionsspektrums und b) eines Transmissionsspektrums.

Transmission aufgetragen. Hier ist der Bruchteil $T = T(\lambda)$ des Lichts (in %), der durch die Probe hindurch gelassen wird, gegen die Wellenlänge aufgetragen (Abb. V.12b):

$$T/\% = 100 \cdot \frac{I}{I_0} \tag{V.14}$$

Welche Informationen kann man nun einem Absorptionsspektrum entnehmen? In der Regel sind die molaren Extinktionskoeffizienten für Biomoleküle bekannt, so dass aus der Messgröße E nach dem LAMBERT-BEERschen Gesetz die Konzentration eines Chromophors berechnet werden kann:

$$c = \frac{E}{\varepsilon \cdot d} \tag{V.15}$$

Wir betrachten ein Beispiel: Eine NADH-Lösung in einer Küvette der Dicke 1 cm lässt bei 340 nm 20 % des Lichts durch, d. h. $T = 20$ %. Wir erhalten für die Extinktion $E = \lg(I_0/I) = 0{,}68$. Mit dem Wert für den molaren dekadischen Extinktionskoeffizienten ε (340 nm) = $6{,}22 \cdot 10^2$ m^2 mol^{-1} erhält man dann für die gesuchte NADH-Konzentration $c = 1{,}1 \cdot 10^{-4}$ mol L^{-1}.

Für Lösungen, in denen mehrere Chromophore i vorliegen, wird die Extinktion i. Allg. als additive Größe angesehen, d. h.:

$$E = \sum_i \varepsilon_i c_i d \tag{V.16}$$

Voraussetzung hierfür ist, dass die Konzentrationen c_i nicht zu hoch sind. Ist dies nicht gegeben, können die Substanzen nicht mehr als voneinander unabhängig betrachtet werden. Aufgrund von Aggregat- und Komplexbildung, durch Wechselwirkung von Übergangsdipolmomenten oder durch Dissoziationsvorgänge kann es zu Abweichungen vom LAMBERT-BEERschen Verhalten kommen.

Der Extinktionskoeffizient $\varepsilon(\lambda)$ hängt oftmals empfindlich von der Temperatur, der Lösungsmittelumgebung und der Konformation des Chromophors ab.

3. Elektronenspektroskopie 253

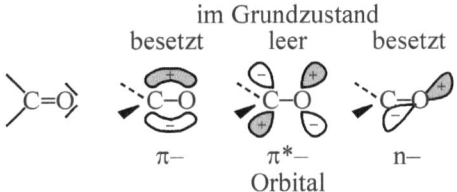

Abb. V.13: Eine Carbonylgruppe (links) und die drei an Absorptionsprozessen beteiligten Molekülorbitale. Das π-Orbital besitzt bindenden Charakter, da die Aufenthaltswahrscheinlichkeit der Elektronen zwischen dem C- und O-Atom am größten ist. Entsprechend besitzt das π*-Orbital antibindenden, das n-Orbital nichtbindenden Charakter.

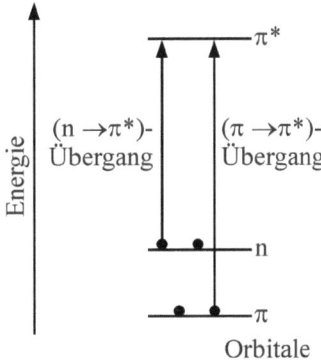

Abb. V.14: Energetische Lage der in Abb. V.13 gezeigten Molekülorbitale einer Carbonylgruppe, ihre Besetzung mit Elektronen (●) im Grundzustand und die möglichen elektronischen Übergänge.

3.4 Elektronische Energieniveaus

Die Energieniveaus der Moleküle werden durch Molekülorbitale beschrieben. In der Regel sind die Orbitale mit zwei Elektronen, die einen unterschiedlichen Spin besitzen (PAULI-Prinzip), besetzt, oder aber sie sind leer. Wird ein Elektron durch Absorption elektromagnetischer Strahlung angeregt, so wird es von einem besetzten Orbital in ein leeres angehoben.

Ein Beispiel für einen Chromophor, der in Biomolekülen weit verbreitet ist, ist die Carbonylgruppe (Abb. V.13). Sie besitzt eine intensive Absorptionsbande bei etwa 190 nm.

Im Grundzustand ist das bindende π-Orbital mit zwei Elektronen besetzt, ebenso wie das nichtbindende n-Orbital. Das energetisch höher liegende π*-Orbital ist unbesetzt (Abb. V.14). Durch Absorption eines Photons kann ein Elektron aus dem π- oder dem n-Orbital in das π*-Orbital angehoben werden. Diese Prozesse bezeichnet man als (π ⟶ π*)- bzw. (n ⟶ π*)-Übergang (Abb. V.14,15).

Tabelle V.2 zeigt die Lage und die Intensität von Absorptionsbanden, die im UV/VIS-Gebiet liegen, für verschiedene biologisch relevante Moleküle. Es fällt auf, dass (n→π*)-Übergänge

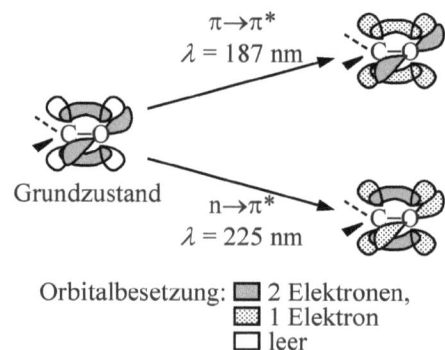

Abb. V.15: Schematische Darstellung des ($\pi \rightarrow \pi^*$)- und ($n \rightarrow \pi^*$)-Übergangs einer Carbonylgruppe im Orbitalbild.

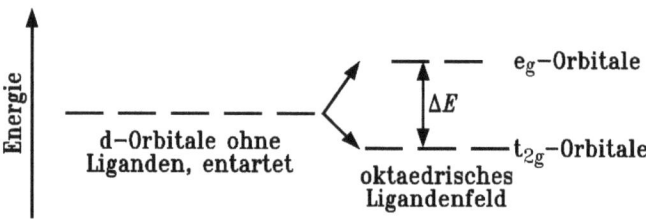

Abb. V.16: Aufspaltung der fünf d-Orbitale eines Übergangsmetalls in einem oktaedrischen Ligandenfeld (z. B. $Ti(H_2O)_6^{3+}$).

wesentlich geringere Intensität als ($\pi \rightarrow \pi^*$)-Übergänge besitzen. Dies liegt daran, dass die Wellenfunktionen von n- und π^*-Orbital nur wenig überlappen, wodurch das Übergangsdipolmoment klein wird.

Viele Biomoleküle enthalten gebundene Übergangsmetallatome, z. B. Eisen im Blutfarbstoff Häm (Eisenporphyrin). In diesen Übergangsmetallkomplexen können die elektronischen Energieniveaus analog durch Molekülorbitale (MO's) beschrieben werden, die von den Metallatomen und den sie umgebenden Liganden gebildet werden. Dabei sind i. Allg. aber nur die fünf d-Orbitale der Metallatome zu berücksichtigen. Ohne Liganden sind diese Orbitale entartet, d. h., sie besitzen dieselbe Energie (Abb. V.16). Im Ligandenfeld spalten diese Niveaus jedoch auf, wobei die Art und Weise der Aufspaltung von der Geometrie und Stärke des Ligandenfelds abhängt. Zwischen den so entstandenen Niveaus können nun elektronische Übergänge erfolgen. „Charge-transfer"-Übergänge zwischen MO's von Zentralatom und Liganden sind sehr intensiv (10^3-10^4 M^{-1} cm^{-1}). Sie machen den farbigen Charakter vieler Metallkomplexe und Porphyrine aus.

Von besonderer biologischer Relevanz ist die Lichtabsorption durch 11-*cis*-Retinal (Abb. V.17). Dieses Molekül ist als Chromophor Bestandteil des Photorezeptorproteins Rhodopsin, welches in den Stäbchenzellen der Netzhaut vorkommt. Durch elektronische Anregung ent-

3. Elektronenspektroskopie

steht ein Zustand, in dem die ungesättigte Kette von der 11-*cis*- in die *all-trans*-Konformation isomerisieren kann. Dadurch wird der Rhodopsinkomplex instabil und zerfällt in Opsin und Retinal.

Tab. V.2: Absorptionsmaxima λ_{max} und molare Extinktionskoeffizienten $\varepsilon(\lambda_{max})$ einiger biologisch interessanter Chromophore (1 M^{-1} cm^{-1} = 0,1 m^2 mol^{-1}).

Chromophor		λ_{max}/nm	ε/M^{-1} cm^{-1}
Tryptophan		280	5600
		219	47000
Phenylalanin		257	200
		206	9300
		188	60000
Tyrosin		274	1400
		222	8000
		193	48000
Peptid	$\pi \to \pi^*$	190	7000
	$n \to \pi^*$	220	100
Adenosin		259	14900
		206	21200
		190	19800
Guanosin		276	9000
		252	13700
		188	26800
Cytidin		271	9100
		230	8200
		198	23200
Uridin		261	10100
		205	9800
Thymidin		267	9700
		206	9800
DNA		258	6600
RNA		258	7400
Flavin-Radikal		600	5000
Flavin (oxidiert)		450	12000
Cytochrom c		420	126000
red. Cytochrom c, Mensch (Fe^{2+}-Häm)		550	27700
Rhodopsin, Rind (Retinal)		498	48000
		350	11000
Chlorophyll a		780	85000
		362	60000
Carotin		450	120000
Wasser		167	7000

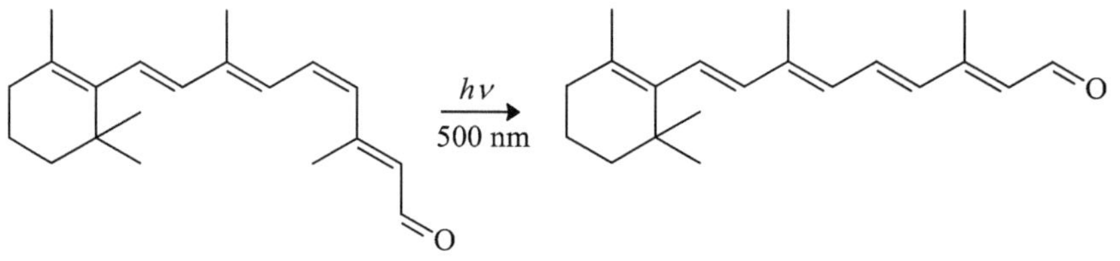

256   V. Spektroskopische Methoden

[Strukturformel 11-cis-Retinal] $\xrightarrow{h\nu}_{500 \text{ nm}}$ [Strukturformel all-trans-Retinal]

11-*cis*-Retinal   *all-trans*-Retinal

$$\lambda_{max} \approx 500, \varepsilon_{max} \approx 48000 \text{ M}^{-1}\text{cm}^{-1}$$

Abb. V.17: Lichtinduzierte Konformationsänderung des 11-*cis*-Retinals als Primärereignis des Sehprozesses.

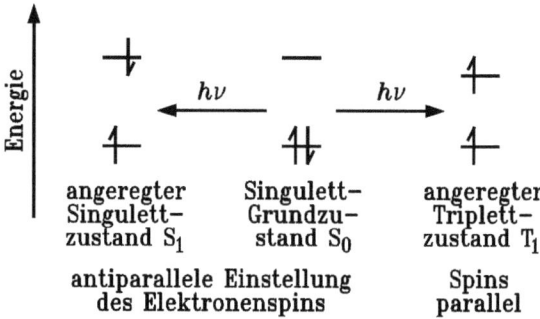

Abb. V.18: Spineinstellung der Elektronen in Singulett- und Triplettzuständen.

Ferner wird eine Enzymkaskade ausgelöst, an deren Endpunkt ein Nervenimpuls entsteht, der zum Gehirn weitergeleitet wird. Bei Wirbeltieren muss das *all-trans*-Retinal enzymatisch wieder in die 11-*cis*-Form überführt werden und kann sich dann erneut spontan mit dem Opsin verbinden. Neben dem Beispiel für die außerordentliche Bedeutung eines Absorptionsprozesses in der Biologie ist dies auch ein Beispiel dafür, dass elektronische Übergänge eine photochemische Reaktion auslösen können.

Neben der Art der an der Absorption beteiligten Molekülorbitale klassifiziert man die elektronischen Übergänge auch nach der Spinanordnung der Elektronen (Abb. V.18).

Diese Klassifizierung erfolgt über die sogenannte Spinmultiplizität M:

$$M = 2S + 1 \tag{V.17}$$

wobei S die Gesamtspinquantenzahl darstellt. Für den Singulett-Grundzustand S_0 beträgt $S = +1/2 - 1/2 = 0$, somit ist $M = 1$ (daher Singulett-Zustand). Analoges gilt für den S_1-Zustand, während für den Triplettzustand $S = 1$ und $M = 3$ ist. Die Auswahlregel für elektronische Übergänge lautet nun, dass sich die Spinmultiplizität M beim Übergang nicht ändern darf. Für Dipolübergänge darf sich aufgrund der Drehimpulserhaltung bei der Photon-Molekül-Wechselwirkung die Drehimpulsquantenzahl nur um ±1 ändern (das Photon ist ein Teilchen

3. Elektronenspektroskopie

mit Eigendrehimpuls $1\,\hbar$). Somit sind $(S_0 \to S_1)$-Übergänge erlaubt, $(S_0 \to T_1)$-Übergänge hingegen nicht. Dieses Verbot gilt jedoch quantenmechanisch nicht streng, besagt aber, dass der Übergang in diesem Fall mit sehr kleiner Wahrscheinlichkeit erfolgt, so dass die beobachteten Intensitäten für $(S_0 \to T_1)$-Übergänge sehr gering sind.

In flüssiger Phase werden i. Allg. breite Absorptionsbanden beobachtet. Dies liegt daran, dass bei elektronischer Anregung noch Molekülschwingungen mit angeregt werden und diese nicht aufgelöst werden können. Dies wollen wir am Beispiel des $(S_0 \to S_1)$-Übergangs eines zweiatomigen Moleküls kurz erläutern.

Man kann für elektronische Zustände jeweils eine anharmonische Potentialkurve als Funktion des Kern-Kern-Abstands annehmen (Abb. V.19), wobei der Gleichgewichtsabstand r_1 im Anregungszustand S_1 i. Allg. etwas größer ist als der des Grundzustands, r_0. Jeder elektronische Zustand besitzt seine Schwingungszustände. Diese werden durch die Schwingungsquantenzahlen v und die Eigenfunktionen Ψ_v charakterisiert. Das Quadrat der Eigenfunktionen stellt die Aufenthaltswahrscheinlichkeit des schwingenden Teilchens dar.

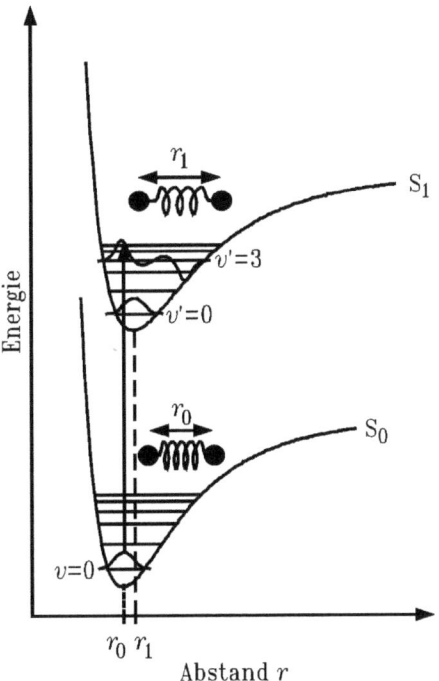

Abb. V.19: Potenzialkurven für den elektronischen Grundzustand S_0 und ersten angeregten Zustand S_1 für ein zweiatomiges Molekül sowie einige Schwingungsenergieniveaus v und v'. Für einige der Schwingungsniveaus sind die Schwingungswellenfunktionen eingezeichnet. Der Übergang $S_0(v=0) \to S_1(v'=3)$ ist hier recht wahrscheinlich, da er von einem Maximum der Wellenfunktion in ein anderes erfolgt (senkrechte Linie). Der Gleichgewichtsabstand r_1 des angeregten Zustands ist größer als der im elektronischen Grundzustand (r_0).

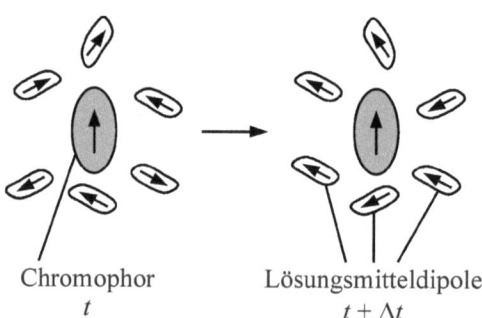

Abb. V.20: Zeitliche Änderung des Dipolfeldes um einen Chromophor durch Bewegung der Lösungsmitteldipole. Der Chromophor sieht ein sich zeitlich änderndes Dipolfeld in seiner Umgebung. Dadurch wird das Übergangsdipolmoment sowie die Form der Absorptionsbande beeinflusst.

Nun erfolgt eine elektronische Anregung so schnell (in $\sim 10^{-15}$ s), dass sich der Kernabstand in diesem Zeitraum nicht ändert, da die Schwingungsdauer etwa 10^{-13} s beträgt. In Abbildung V.19 kann der elektronische Übergang somit durch eine senkrechte Linie symbolisiert werden (FRANCK-CONDON-Prinzip). Die Anregung erfolgt vom Schwingungsgrundzustand des elektronischen Grundzustands aus.

Überlappen sich die Wellenfunktionen Ψ_v der Schwingungen im elektronischen Grund- und angeregten Zustand, so kommt es zur Absorption von Strahlung. Diese ist umso intensiver, je besser beide Funktionen überlappen, je größer also ihr Überlappungsintegral ist. Die Schwingungsstruktur des Spektrums hängt somit von der Lage der beiden Potentialkurven zueinander ab. Sie ist in Lösung aber nicht mehr auflösbar. Man beobachtet nur noch eine breite Absorptionsbande.

Eine Verbreiterung des Absorptionssignals kann dadurch auftreten, dass verschiedene elektronische Übergänge überlappen, aber auch durch den Einfluss des Lösungsmittels, in dem sich das Chromophor befindet (in der Regel Wasser). Dieser Einfluss ist auf die zeitliche Änderung der Orientierung der Lösungsmitteldipole und damit die unterschiedlichen Chromophorumgebungen zurückzuführen (Abb. V.20).

Verschiedene Einflüsse, wie Temperatur, Druck, Konformationsveränderungen, Lösungsmittelpolarität, Beweglichkeit, pH-Wert und Ionenstärke der Lösung führen zu geringfügigen spektralen Unterschieden im Absorptionsspektrum. Durch Aufnahme von Differenzspektren können diese geringen spektralen Unterschiede besser sichtbar gemacht werden. Aus diesem Grund wird auch die Derivativ- oder Ableitungsspektroskopie oftmals eingesetzt. Beispielsweise treten in der vierten Ableitung des Spektrums ($d^4E/d\lambda^4$) spektrale Änderungen besser zutage. Sie hilft auch bei der Ermittlung der Absorptionsmaxima einzelner Komponenten bei einer Multikomponentenanalyse. Ein ähnliches Ziel hat auch die sog. Dekonvolutions- oder Entfaltungsmethode, die zu einer Erhöhung der Wellenlängenauflösung des Spektrums führt. Diese Methoden erfordern sehr genaue Messungen.

Mit Hilfe spezieller Techniken, wie z. B. der *stopped-flow*-Technik (s. Kap. VI), lassen sich Kinetiken schneller biochemischer Reaktionen spektralphotometrisch erfassen. Optische Spektren können heute sehr schnell aufgenommen werden (< ms). Hierzu werden sog. *optical*

3. Elektronenspektroskopie 259

multichannel analyzer (OMA), MICHELSON-Interferometer oder schnell scannende Spektrometer eingesetzt, in denen das von einem Dispersionselement (Gitter, Prisma) entworfene Spektrum mechanisch sequentiell, z. B. durch schnelle Drehung eines Spiegels, abgetastet wird („rapid scan"-Monochromator).

3.5 Biologische Chromophore

Eine Übersicht über die spektrale Lage verschiedener, für Biomoleküle relevanter elektronischen Übergänge gibt Abbildung V.21. Die spektroskopischen Eigenschaften einer Reihe biologisch wichtiger Moleküle sind in Tabelle V.2 zusammengefasst.

Proteine: Proteine enthalten Chromophore, wie z. B. Porphyrinringe im Hämoglobin oder Chlorophyll, die Peptidbindung oder einige Aminosäure-Seitenketten.

Peptidbindung: Die (n→π*)- und (π→π*)-Übergänge der Peptidgruppe liegen im nahen UV-Bereich um 200 nm. Die π-Elektronen sind über die C-, N- und O-Atome delokalisiert (Abb. V.22). Der (n→π*)-Übergang ist verboten, daher ist sein molarer Extinktionskoeffizient sehr

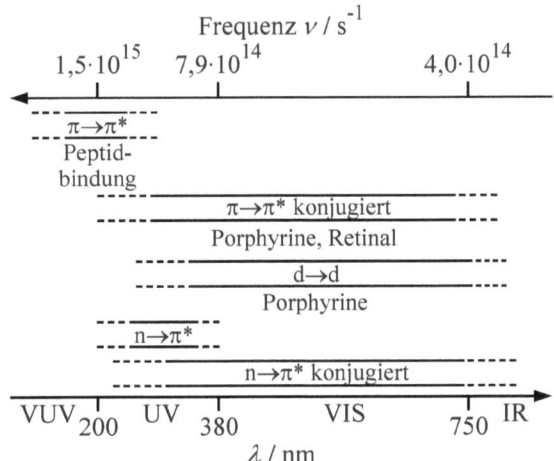

Abb. V.21: Spektrale Lage wichtiger elektronischer Übergänge von Biomolekülen.

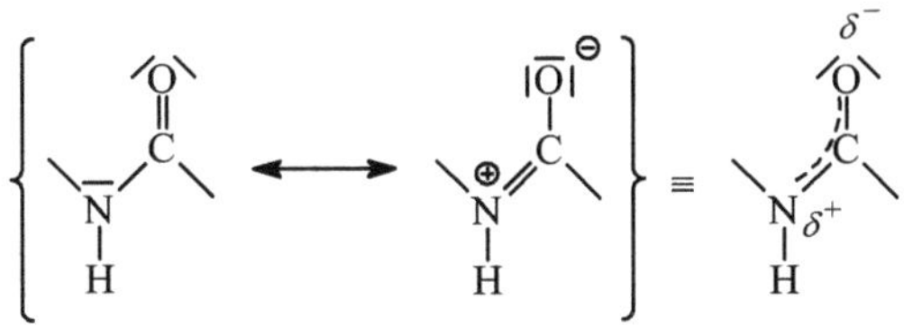

Abb. V.22: Delokalisierung der π-Elektronen einer Peptidbindung.

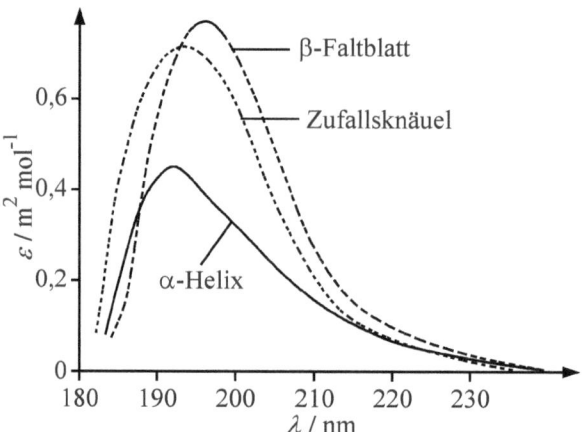

Abb. V.23: Absorptionsspektrum von Poly-L-lysin für drei verschiedene Konformationen in wässriger Lösung: Zufallsknäuel (298 K, pH = 6), α-Helix (298 K, pH = 10,8) und β-Faltblatt (325 K, pH = 10,8) (nach: K. Rosenheck, P. Dotky, Proc. Natl. Acad. Sci. USA **47** (1961) 1775; I. D. Campbell, R. A. Dwek, *Biological Spectroscopy*, S. 86, Benjamin/Cummings Publ. Co., Menlo Park, USA, 1984).

klein ($\varepsilon_{max} \approx 100$ M^{-1} cm^{-1}). Das Maximum des Übergangs liegt zwischen 210 und 230 nm. Die Frequenz des Übergangs ist sensitiv auf H-Brückenbindungen. Der (π→π*)-Übergang hingegen ist intensiv ($\varepsilon_{max} \approx 7000$ M^{-1} cm^{-1}). Er liegt im Bereich 180-200 nm. Die Lage des Absorptionsmaximums hängt empfindlich von der Umgebung der Bindung und damit auch von der Konformation des Peptids ab. Aus absorptionsspektroskopischen Untersuchungen lassen sich daher Aussagen über die Konformation bzw. über Konformationsänderungen von Polypeptiden gewinnen (z. B. für Poly-L-lysin in Abbildung V.23). Der (n→π*)-Übergang ist hier weniger aussagekräftig. In dem Spektralbereich seines Auftretens absorbieren bereits auch Aminosäure-Seitenketten.

Der (π→π*)-Übergang der α-Helix ist entartet. Er besteht aus zwei Komponenten, einer bei 191 nm und einer bei 208 nm. Sie sind einem senkrecht bzw. parallel zur Helixachse liegenden Beitrag zuzuschreiben. Der (n→π*)-Übergang liegt hier bei etwa 222 nm.

Aminosäure-Seitenketten: Bei Wellenlängen größer als 230 nm absorbieren auch einige Aminosäure-Seitenketten, wie z. B. Phenylalanin, Tyrosin und Tryptophan (Abb. V.24). Diese Seitenketten enthalten aromatische Gruppen. Die Spektrenform der Aminosäurereste ist - wie auch die der Peptidgruppe - von der Umgebung abhängig (s. z. B. Abb. V.25), so dass diese Spektren außer für die Aminosäure-Konzentrationsbestimmung auch für Konformationsuntersuchungen herangezogen werden können.

Porphyrine: Die planaren, mit konjugierten Doppelbindungen ausgestatteten Porphyrine (Abb. V.26) sind als Metallkomplexe Bestandteil einer ganzen Reihe von Peptiden, die wichtige Funktionen im Organismus übernehmen. Im Hämoglobin dient ein Eisenporphyrin als Sauerstofftransporter, in den Cytochromen als Elektronenüberträger, und im Chlorophyll dient ein Magnesiumporphyrin als Energie- und Elektronenüberträger. Hierbei sind die Porphyrine mit ihrem Zentralatom in entsprechende Proteine integriert. Die Absorptionsspektren gelöster

3. Elektronenspektroskopie 261

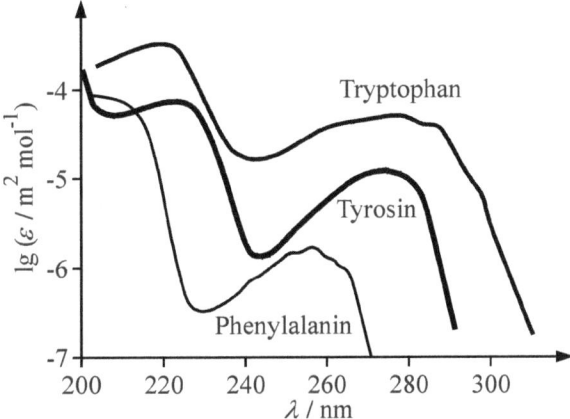

Abb. V.24: Absorptionsspektrum von Phenylalanin, Tyrosin und Tryptophan. Im Wellenbereich oberhalb von 230 nm sind die aromatischen Seitenketten der drei Aminosäuren für die Absorption verantwortlich (nach: D. B. Wettlaufer, Adv. Protein Chem. **17** (1962) 303).

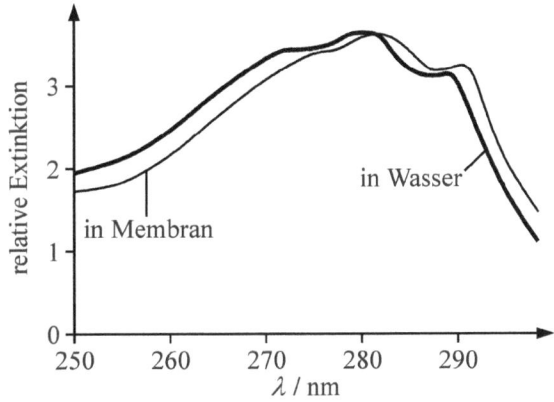

Abb. V.25: Bathochromer Effekt für das Peptid Melittin (Bestandteil des Bienengifts). Für die Absorption ist hauptsächlich die Aminosäure Tryptophan verantwortlich. Bei Inkorporation in eine Lipidmembran (hydrophobe Umgebung) wird das Spektrum relativ zu dem in Wasser rotverschoben (nach: S. Georghiou, M. Thompson, A. K. Mukhopadhyay, Biochim. Biophys. Acta **688** (1982) 441).

Chlorophylls zeigen bei 600-800 nm sowie bei 400 nm zwei ausgeprägte Absorptionsbanden, letztere ist als SORET-Bande bekannt (nach ihrem Entdecker J.-L. SORET benannt). Im Häm des Hämoglobins liegt Eisen in zweiwertiger Form vor. Wie die Spektren (Abb. V.27a) zeigen, ist O_2-beladenes arterielles Blut hellrot (geringere Absorption im roten Spektralbereich), während sauerstoffarmes venöses Blut dunkelrot ist. Diese Absorptionsänderung kann für medizinisch-analytische Untersuchungen herangezogen werden. Im sog. Oxymeter wird die

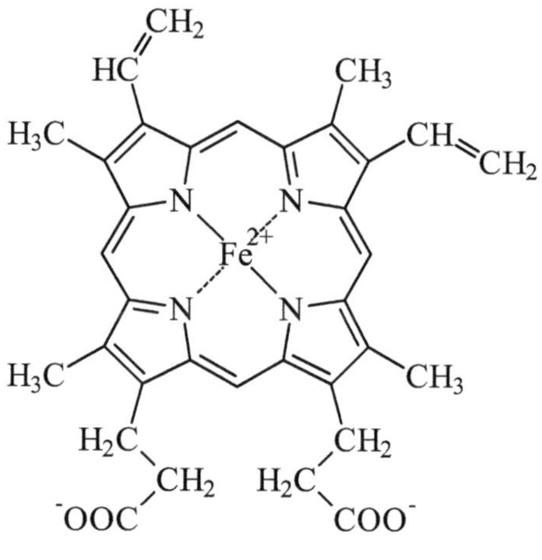

Abb. V.26: Chemische Struktur eines Porphyrinrings (Häm-Gruppe).

Absorptionsänderung von Blut im nahen IR-Bereich zur Bestimmung der Sauerstoffbeladung ausgenutzt.

Das Absorptionsspektrum ist außer von der Umgebung auch vom Oxidationszustand des Zentralatoms abhängig. Der Redoxwechsel der Cytochrome geschieht vornehmlich am zentralen Eisenatom (Fe^{2+}/Fe^{3+}). Die entsprechenden Absorptionsspektren von Cytochrom c sind in Abbildung V.27b gezeigt. Chlorophyll a (Abb. V.27c) besitzt bei 680 nm einen molaren Extinktionskoeffizienten ε von etwa 85000 M^{-1} cm^{-1}, mithin einen der größten, der bei organischen Verbindungen gemessen wurde.

Nucleinsäuren: Die Absorptionsbanden der Nucleinsäuren kommen durch die (n→π*)- und (π→π*)-Übergänge der Purin- bzw. Pyrimidinbasen (Abb. I.41 und I.42) zustande und liegen im Bereich zwischen 200 und 300 nm. Auch hier hängt die Lage der Absorptionsbande von der Mikroumgebung der Chromophore ab. Besonders stark wird sie durch elektronische Wechselwirkungen zwischen den Basen bei der Bildung polymerer Strukturen, wie einer Doppelhelix, beeinflusst. So besitzt das Absorptionsspektrum einer Adenosinmonophosphat-Lösung eine Absorptionsbande wesentlich höherer Intensität als das einer Lösung polymeren Adenosins vergleichbarer Basenkonzentration (Abb. V.28).

Somit können durch Messung eines *hypochromen* (Extinktionserniedrigung) bzw. *hyperchromen* (Extinktionserhöhung) Effekts Rückschlüsse auf die Konformation von Nucleinsäuren gezogen werden. Dies nutzt man z. B. bei der Bestimmung der Schmelztemperatur T_m von DNA aus. Beim „Schmelzen" von DNA wird die Doppelhelix aufgebrochen und die geordnete, stapelförmige Anordnung der Basen zerstört. Dadurch nimmt die Extinktion der Probe zu, man beobachtet einen hyperchromen Effekt (Abb. V.29).

Eine grob qualitative Erklärung des Phänomens ist die, dass die Übergangsdipolmomente benachbarter Chromophore sich beeinflussen. Die Kopplung der Dipolmomente hängt empfindlich von ihrer gegenseitigen Orientierung ab, so dass die optischen Absorptionsspektren über die geometrische Anordnung der Chromophore Auskunft geben können. Wir analysieren das

3. Elektronenspektroskopie

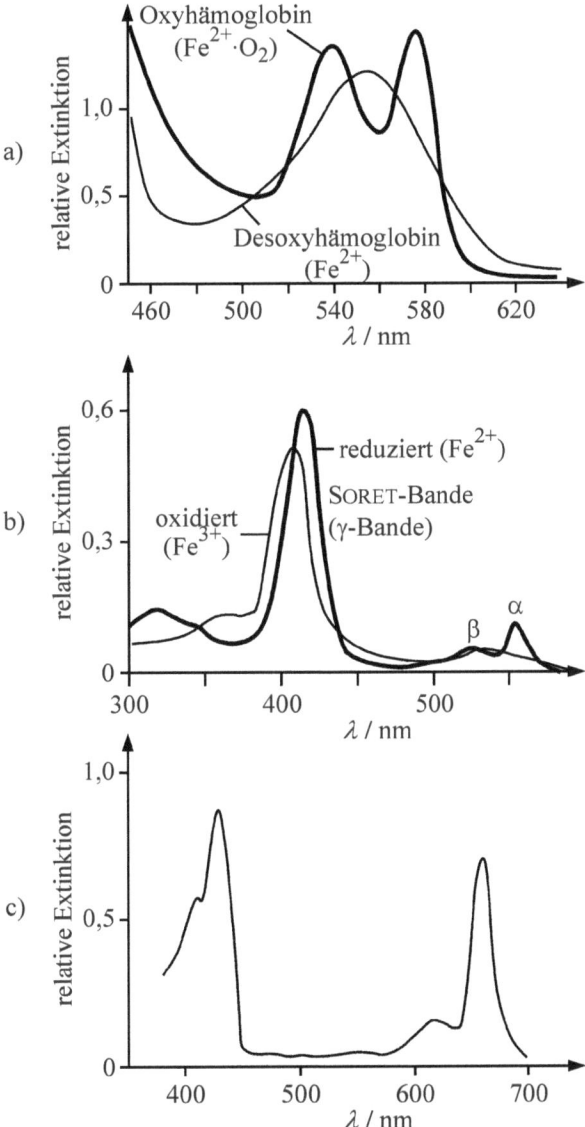

Abb. V.27: Absorptionsspektren von a) Oxy- und Desoxyhämoglobin, b) reduziertem und oxidiertem Cytochrom c sowie c) von Chlorophyll a (nach: L. Stryer, *Biochemie*, S. 153, 429, Spektrum der Wissenschaft Verlagsges., 1990; C. K. Mathews, K. E. van Holde, *Biochemistry*, S. 650, Benjamin/Cummings Publ. Co., Redwood City (Cal.), USA, 1990).

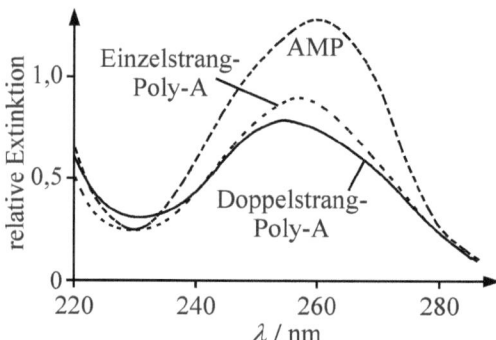

Abb. V.28: Hypochromie von Polyadenosin (Poly-A). Die Spektren unterscheiden sich in ihrer Form nur wenig, jedoch signifikant in ihrer Intensität (nach: K. E. van Holde, *Physical Biochemistry*, S. 192, Prentice-Hall, Englewood Cliffs (NJ), USA, 1985).

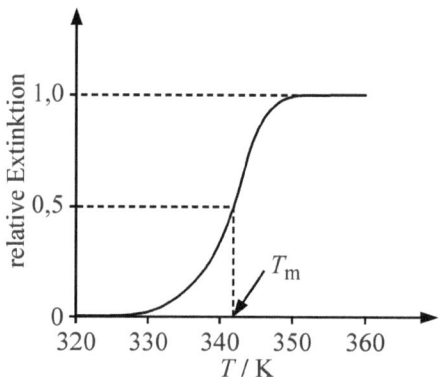

Abb. V.29: Zunahme der Extinktion ($\lambda \approx 260$ nm) beim thermisch induzierten Aufbrechen der Doppelhelixstruktur von DNA. Beim „Schmelzen" von DNA erfolgt ein drastischer Anstieg der Extinktion bei etwa 260 nm. Er ist typisch für einen hochkooperativen Prozess (s. z. B. D. Voet et al., Biopolymers **1** (1963) 193).

Spektrum für einige repräsentative Geometrien (Abb. V.30). Bei stapelförmiger Anordnung (a) und paralleler Ausrichtung der Übergangsdipolmomente kommt es aufgrund der abstoßenden Wechselwirkung zu einer Erhöhung des elektronischen Anregungszustandes S_1. Man beobachtet eine Intensitätserniedrigung (Hypochromie) im Spektrum bei der Wellenlänge λ_0 der Monomeren und eine neue Bande mit zunehmender Intensität (Hyperchromie) bei kleineren Wellenlängen. Bei antiparalleler Lage der Übergangsdipolmomente verschwindet die Oszillatorenstärke des zugehörigen Übergangs. Bei linearer Anordnung (b) und paralleler Ausrichtung (anziehende Wechselwirkung) der Übergangsdipolmomente beobachtet man entsprechend das Entstehen einer Bande bei größeren Wellenlängen. Im Fall einer nicht-linearen An-

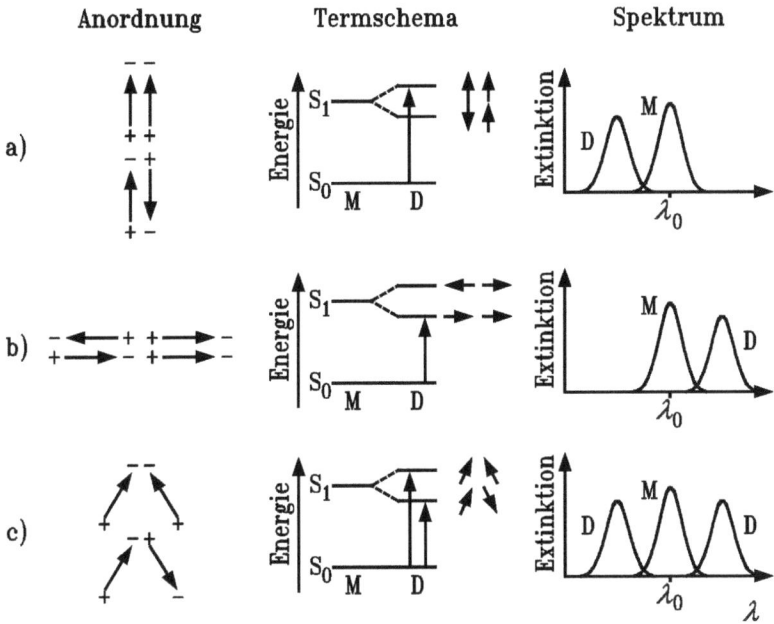

Abb. V.30: Beispiele für die Anordnung der Übergangsdipolmomente zweier benachbarter Chromophore als Vektormodell zur Erklärung der Hypochromie, Hyperchromie und der DAVYDOV-Aufspaltung: a) Stapelanordnung; b) lineare Anordnung; c) Anordnung unter einem bestimmten Winkel. Es sind jeweils die in-Phase- und außer-Phase-Oszillationen der Dipolmomente eingezeichnet (M Monomer, D Dimer, S_0 Singulett-Grundzustand, S_1 erster angeregter Singulett-Zustand).

ordnung (c) ergeben sich im rot- und blau-verschobenen Spektralbereich Banden und damit eine Aufspaltung der Monomerenbande (Exciton- oder DAVYDOV-Aufspaltung).

Ein Beispiel hierfür ist im UV-Spektrum der Proteine sichtbar, das aufgrund der α-helikalen Anordnung der Amid-Chromophore eine Aufspaltung der ($\pi \rightarrow \pi^*$)-Bande aufweist. Abbildung V.31 zeigt als Beispiel das Absorptionsspektrum einer orientierten Polyglutaminsäureprobe.

Proteine und Polynucleotide weisen eine Intensitätserniedrigung (hypochromer Effekt) im langwelligen Teil ihres Spektrums auf (Fall a in Abbildung V.30), wenn sie von einem ungeordneten in einen geordneten Zustand übergehen. Da die Gesamtoszillatorenstärke erhalten bleibt, muss ein Intensitätsanstieg im kurzwelligen Spektralbereich erfolgen. Die ($\pi \rightarrow \pi^*$)-Bande der Proteine im Vakuum-UV-Gebiet zeigt die erwartete Intensitätserhöhung (hyperchromer Effekt). Diese Effekte können genutzt werden, um mit relativ einfachen Mitteln Ordnungs-Unordnungs-Phasenübergänge von Biopolymeren zu studieren.

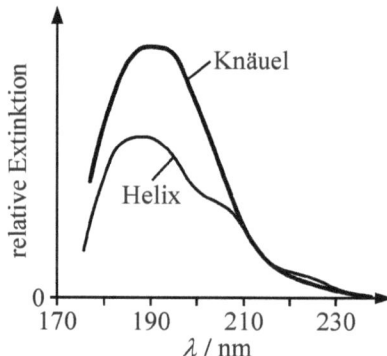

Abb. V.31: Hypochromie und Excitonaufspaltung bei der Helixbildung von Polyglutaminsäure (orientierte Probe). Die 190-nm-Peptidbande weist eine Schulter bei etwa 208 nm auf. Die Aufspaltung ist auf den ($\pi \rightarrow \pi^*$)-Übergang mit Komponenten des Übergangsdipolmoments senkrecht und parallel zur Helixachse zurückzuführen (s. a. J. Brahms et al., Proc. Natl. Acad. Sci. USA **60** (1968) 1130).

3.6 Lösungsmitteleinflüsse

Bei vielen Substanzen beobachtet man eine Verschiebung des Absorptionsmaximums beim Wechsel in ein Lösungsmittel mit anderer Polarität. Das Lösungsmittel beeinflusst die Lage der Energieniveaus. Oft werden beim Übergang von einem unpolaren zu einem polaren Lösungsmittel für *polare Chromophore* (z. B. Carbonylgruppe) folgende Verschiebungen beobachtet:

($\pi \rightarrow \pi$)*-Übergang: Die Absorptionsbande wird zu größeren Wellenlängen (rot-) verschoben. Dies nennt man eine *bathochrome* Verschiebung, die Energiedifferenz zwischen Grund- und Anregungszustand wird geringer.

($n \rightarrow \pi$)*-Übergang: Diese Absorptionslinie wird zu geringeren Wellenlängen (blau-) verschoben. In diesem Fall liegt eine *hypsochrome* Verschiebung vor, bei der die entsprechende Energiedifferenz zunimmt.

Diese Befunde sollen an einem einfachen Molekül erklärt werden, dem Mesityloxid (Abb. V.32).

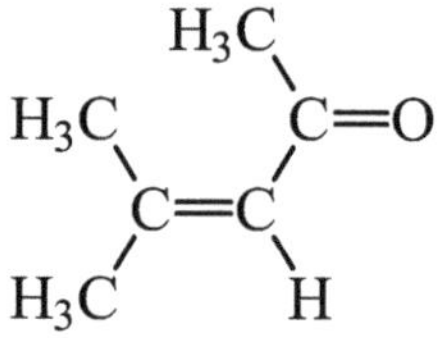

$$\begin{array}{c} H_3C \\ H_3C\!-\!C\!=\!C\!-\!C(CH_3)\!=\!O \\ H_3C \quad \quad H \end{array}$$

Abb. V.32: Strukturformel von Mesityloxid.

3. Elektronenspektroskopie

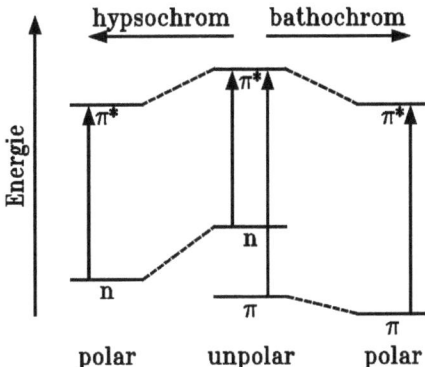

Abb. V.33: Verschiebung der Energieniveaus einer Carbonylgruppe beim Übergang von einem unpolaren in ein polares Lösungsmittel.

In dem das Molekül umgebenden Lösungsmittelkäfig werden die einzelnen Energieniveaus wie folgt beeinflusst (Abb. V.33):

n-Niveau: Das nichtbindende Elektronenpaar am Sauerstoffatom der Carbonylgruppe kann mit einem polaren Lösungsmittel (z. B. H$_2$O) über Wasserstoffbrückenbindungen wechselwirken, wodurch die Energie dieses Niveaus abgesenkt wird.

π-Niveau: Die Lage dieses Orbitals wird durch ein polares Lösungsmittel wenig beeinflusst, denn es ist selbst relativ unpolar. Seine energetische Absenkung ist daher nicht sehr ausgeprägt.

π*-Niveau: Dieses Molekülorbital ist im Gegensatz zum π-Orbital sehr polar und besitzt damit das größere Dipolmoment. Polare Lösungsmittel wie Wasser stabilisieren diesen Zustand. Aufgrund der stärkeren Wechselwirkung mit polaren Medien wird das n-Niveau jedoch stärker stabilisiert und energetisch weiter abgesenkt als das π*-Niveau. Als Resultat erhält man die in Abbildung V.33 gezeigten Verschiebungen. Für Mesityloxid sind die Wellenlängen-Verschiebungen in Tabelle V.3 für verschiedene Lösungsmittel aufgeführt.

Tab. V.3: Verschiebung der Absorptionsbande (bezogen auf Ethanol) von Mesityloxid durch Lösungsmittel unterschiedlicher Dielektrizitätszahl ε_r (ε_{max} (π→π*) = 12600 M^{-1} cm^{-1}, ε_{max} (n→π*) = 40 M^{-1} cm^{-1}).

Lösungsmittel	ε_r	$\Delta\lambda$ (π→π*)/nm	$\Delta\lambda$ (n→π*)/nm
Hexan	2	−7,5	12
Diethylether	4	−7	11
Ethanol	25	0	0
Methanol	31	1	−3
Wasser	81	7,5	−10

Tab. V.4: Verschiebung der ($\pi \rightarrow \pi^*$)-Absorptionsbanden (bezogen auf Wasser) von Benzol und Phenol bei 298 K durch Lösungsmittel unterschiedlicher Polarisierbarkeit α.

Lösungsmittel	$\alpha/10^{-40}$ C^2 m^2 J^{-1}	$\Delta\lambda_{Benzol}$/nm	$\Delta\lambda_{Phenol}$/nm
Wasser	1,65	0	0
Ethanol	5,7	0,6	-
Chloroform	9,2	1,6	1,9
Tetrachlormethan	11,7	2,0	2,9

Bei *unpolaren Chromophoren* kann ebenfalls eine Verschiebung der Absorptionsbanden erfolgen. Hierfür spielen Dispersions-Wechselwirkungen eine wesentliche Rolle. Verantwortlich für die Größe der Stabilisierung der elektronischen Zustände ist somit die Polarisierbarkeit α des Lösungsmittelmoleküls. Mit zunehmender Polarisierbarkeit des Lösungsmittels wird die Energie des polareren Zustands (π^*) mehr und mehr abgesenkt, wodurch die Absorptionsbanden ins Rote verschoben werden. In Tabelle V.4 sind diese Rotverschiebungen des Benzols und Phenols (als Modellchromophore für Chromophore in Proteinen und Nucleinsäuren) für einige Lösungsmittel relativ zu Wasser, welches die geringste Polarisierbarkeit der hier angegebenen Lösungsmittel besitzt, aufgelistet.

Wie Abbildung V.34 zeigt, ist dieser Effekt bei Aminosäuren sichtbar. Hier sind die Absorptionsspektren von Tryptophan und Tyrosin zum einen in Wasser, zum anderen in einer 20 % wässrigen Dimethylsulfoxid (DMSO)-Lösung gezeigt. DMSO besitzt eine größere Polarisierbarkeit als Wasser (α (DMSO) = $8,8 \cdot 10^{-40}$ C^2 m^2 J^{-1}; $\alpha(H_2O)$ = $1,65 \cdot 10^{-40}$ C^2 m^2 J^{-1}). Infolgedessen erscheinen die Spektren für das Lösungsmittelgemisch rotverschoben.

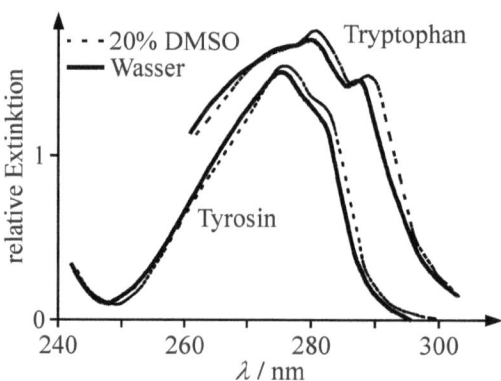

Abb. V.34: Absorptionsspektren von Tyrosin und Tryptophan in Wasser (durchgezogene Linien) und in einer 20 %igen wässrigen DMSO-Lösung (nach: I. D. Campbell, R. A. Dwek, *Biological Spectroscopy*, S. 75, Benjamin/Cummings Publ. Co., Menlo Park (Cal.), USA, 1984).

3. Elektronenspektroskopie

Die Proteindenaturierung führt daher auch in der Regel zu einer Blauverschiebung der Tyrosin- und Tryptophan-Bande, da das hydrophobe Innere des Proteins eine Umgebung größerer Polarisierbarkeit darstellt.

3.7 Lineardichroismus an orientierten Proben

Die Übergangsdipolmomente für die beiden bisher am häufigsten betrachteten elektronischen Anregungen ($\pi \to \pi^*$) und ($n \to \pi^*$) besitzen aufgrund der unterschiedlichen Wellenfunktionen des jeweiligen Grundzustands verschiedene Werte und unterschiedliche Richtungen. Erreicht man eine Ausrichtung der Probe, z. B. indem man die Moleküle in eine Folie einbringt und diese dann streckt oder indem man sie einem Scher- oder starken elektrischen Feld aussetzt, so erhält man eine feste Einstellung der Übergangsdipolmomente. Die beiden Übergänge können dann mit Hilfe linear polarisierten Lichts unterschieden werden.

Bei Einstrahlung linear polarisierten Lichts, dessen elektrischer Feldvektor in der x,z-Ebene schwingt und dessen Intensität $I_\parallel$ sei, sorgt die Komponente $\mu^{el}_{21,\parallel}$ des Übergangsdipolmoments für die Absorption (Abb. V.35). $\mu^{el}_{21,\parallel}$ und damit die Stärke der Absorption hängt vom Winkel zwischen dem Übergangsdipolmoment und der Polarisationsebene des Lichts ab. Die senkrechte Komponente $\mu^{el}_{21,\perp}$ von $\vec{\mu}^{el}_{21}$ kann in einem zweiten Experiment bestimmt werden, indem man linear polarisiertes Licht der Intensität $I_\perp$ einstrahlt, dessen elektrischer Feldvektor in der x,y-Ebene schwingt.

Im Experiment (Abb. V.36) erfolgt oftmals die Ausrichtung der Moleküle derart, dass das Übergangsdipolmoment parallel zur Anregungsintensität $I_{0,\parallel}$ steht. Messgrößen sind die Intensitäten $I_\parallel$ und $I_\perp$ bzw. die Extinktionen des die Probe durchstrahlenden linear polarisierten Lichts. Als Beispiel ist das Spektrum $E(\lambda)$ von Poly-L-glutamin gezeigt (Abb. V.37). Beide Extinktionen unterscheiden sich in ihrem Wellenlängenverlauf. Man bestimmt das dichroiti-

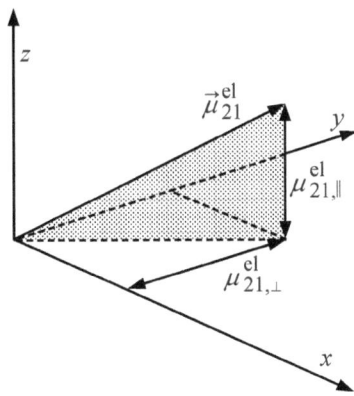

Abb. V.35: Darstellung der Lage eines elektrischen Übergangsdipolmoments $\vec{\mu}^{el}_{21}$ im Raum. Das Licht breite sich in x-Richtung aus. Das Übergangsdipolmoment besitzt zwei Komponenten senkrecht zur Ausbreitungsrichtung, $\mu^{el}_{21,\parallel}$ und $\mu^{el}_{21,\perp}$. Ist das eingestrahlte Licht in der x,z-Ebene polarisiert, ist $\mu^{el}_{21,\parallel}$ für die Absorption verantwortlich. Schwingt hingegen der elektrische Feldvektor in der x,y-Ebene, trägt lediglich $\mu^{el}_{21,\perp}$ zur Absorption bei.

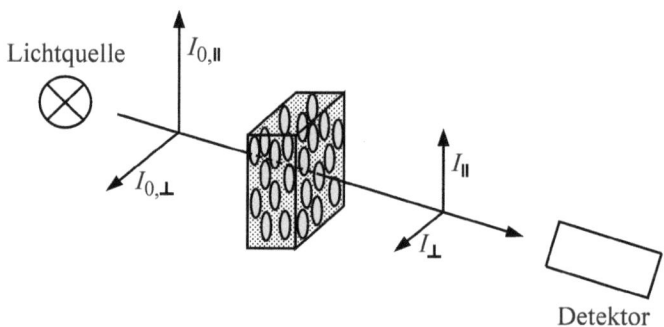

Abb. V.36: Schematische Darstellung der Messanordnung zur Bestimmung des dichroitischen Verhältnisses.

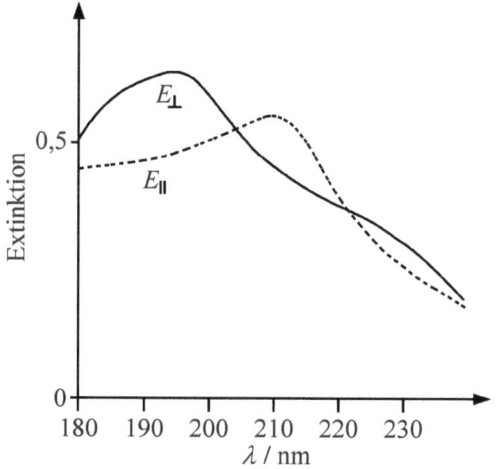

Abb. V.37: Absorptionsspektrum von Poly-L-glutamin für linear polarisiertes Licht. Aufgetragen ist die Extinktion für parallele ($E_\parallel$) und senkrechte ($E_\perp$) Polarisation des Lichts (nach: I. D. Campbell, R. A. Dwek, *Biological Spectroscopy*, S. 84, Benjamin/Cummings Publ. Co., Menlo Park (Cal.), USA, 1984; J. Brahms et al., Proc. Natl. Acad. Sci. USA **60** (1968) 1130).

sche Verhältnis d_{Di}, welches sich aus den wellenlängenabhängigen unterschiedlichen Extinktionen nach

$$d_{Di}(\lambda) = \frac{E_\parallel(\lambda) - E_\perp(\lambda)}{E_\parallel(\lambda) + E_\perp(\lambda)} \tag{V.18}$$

ergibt. Es wird als Funktion der Wellenlänge aufgetragen (Abb. V.38) und kann sowohl positive als auch negative Werte annehmen. Wir bekommen positive Werte für d_{Di}, wenn $E_\parallel > E_\perp$ ist, d. h. bei einer überwiegend parallelen Einstellung des Übergangsdipolmoments.

3. Elektronenspektroskopie

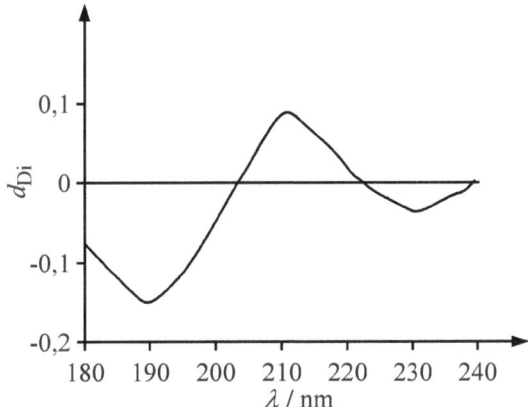

Abb. V.38: Dichroitisches Verhältnis d_{Di} von Poly-L-glutamin (nach: I. D. Campbell, R. A. Dwek, *Biological Spectroscopy*, S. 84, Benjamin/Cummings Publ. Co., Menlo Park (Cal.), USA, 1984; J. Brahms et al., Proc. Natl. Acad. Sci. USA **60** (1968) 1130).

Stehen die beiden Übergangsdipolmomente für die ($\pi \to \pi^*$)- und ($n \to \pi^*$)- Anregung eines Chromophors nicht parallel zueinander, kann man sie mit Hilfe des Lineardichroismus voneinander unterscheiden. In unserem Beispiel sind die Carbonylgruppen der Peptidbindungen nahezu parallel ausgerichtet und das Übergangsdipolmoment des ($\pi \to \pi^*$)-Übergangs besitzt in etwa dieselbe Ausrichtung. Nahezu senkrecht dazu steht das Übergangsdipolmoment der ($n \to \pi^*$)-Anregung. Dies führt im Bereich der Anregung eines nichtbindenden Elektrons (230 nm) zu $E_\perp > E_\parallel$ und damit $d_{Di} < 0$. Mit abnehmender Wellenlänge kommen wir in den Bereich, in dem π-Elektronen angeregt werden. Aufgrund der Ausrichtung der Moleküle ist dann bei 210 nm $E_\parallel > E_\perp$, und d_{Di} wird positiv. Bei kleineren Wellenlängen ($\lambda < 200$ nm) ist ein weiterer Vorzeichenwechsel für d_{Di} erkennbar. Da in diesem Bereich immer noch π-Elektronen angeregt werden, muss das Übergangsdipolmoment auch eine senkrechte Komponente besitzen. Sie ist auf Wechselwirkungen zwischen benachbarten Chromophoren zurückzuführen.

Es ist somit möglich, bei Kenntnis der räumlichen Lage von Übergangsdipolmomenten und bekannter Struktur eines Moleküls mit Hilfe des Dichroismus Aussagen über die Orientierung der Chromophore im Makromolekül zu erhalten. An orientierten DNA-Proben in der B-Form wurde ein dichroitisches Verhältnis $d_{Di} < 0$ bestimmt. Da die Übergangsdipolmomente in der Ebene der Basen liegen, müssen die Basenpaare senkrecht zur Molekülängsachse orientiert sein. Weiterhin lässt sich die Orientierung der Chromophore von Membranproteinen (z. B. im photosynthetischen Reaktionszentrum) in Lipiddoppelschichten bestimmen. Neben dem elektronischen Lineardichroismus gibt es auch noch einen Infrarot-Lineardichroismus, bei dem entsprechend dem längeren Wellenlängenbereich Molekülschwingungen angeregt werden.

4. Chiroptische Methoden

Bei den chiroptischen Messmethoden handelt es sich um Varianten der Absorptionsspektroskopie, die die Chiralität von Molekülen ausnutzen. Es sind dies der Circulardichroismus (CD) und die optische Rotationsdispersion (ORD). Voraussetzung für beide Spektroskopiearten ist das Vorliegen von optischer Aktivität der Probe, d. h. von unterschiedlicher Wechselwirkung mit links und rechts zirkular polarisiertem Licht.

4.1 Zirkular und elliptisch polarisiertes Licht

Bei linear polarisiertem Licht schwingt der elektrische Feldvektor nur in einer Ebene (Abb. V.1). Man kann sich diesen Vektor aus zwei Komponenten zusammengesetzt denken (Abb. V.39). Bei diesen Komponenten handelt es sich um zwei $\vec{E}$-Feld-Vektoren $\vec{E}_L$ und $\vec{E}_R$, die gegenläufig zirkular um die Ausbreitungsrichtung rotieren, der eine links, der andere rechts herum. Die Drehfrequenzen sind gleich, ebenso ihre Beträge. Es resultiert durch Vektoraddition der Feldvektor $\vec{E}$ des linear polarisierten Lichts.

Es lassen sich aber auch Lichtwellen erzeugen, bei denen sich die Spitze des $\vec{E}$-Feldvektors mit konstanter Winkelgeschwindigkeit auf einem Kreis oder einer Ellipse senkrecht zur Ausbreitungsrichtung bewegt. Man nennt dieses Licht zirkular bzw. elliptisch polarisiert (Abb. V.40). Solches Licht entsteht, wenn zwei linear polarisierte Lichtwellen ($\vec{E}_1$, $\vec{E}_2$) gleicher Frequenz mit senkrecht aufeinander stehenden Schwingungsebenen zur Überlagerung kommen. Im Fall des zirkular polarisierten Lichts sind die Amplituden gleich, die Phasen aber um 90° verschoben (Abb. V.40a). Elliptisch polarisiertes Licht entsteht, wenn sich die Komponenten in Amplitude und Phase unterscheiden (Abb. V.40b).

4.2 Optische Rotationsdispersion (ORD)

Optisch aktive Substanzen bestehen aus Molekülen, die die Eigenschaft der Chiralität (nach dem griechischen Wort für Händigkeit) besitzen, wie etwa Alanin (Abb. V.41). Das bedeutet,

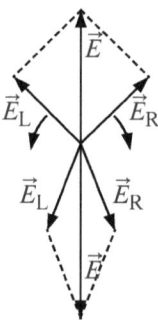

Abb. V.39: Linear polarisiertes Licht lässt sich als Überlagerung zweier zirkular (kreisförmig) polarisierter Lichtstrahlen mit gegenläufigen elektrischen Feldvektoren $\vec{E}_R$ und $\vec{E}_L$ gleichen Betrags auffassen. Die Lichtwelle läuft hier auf den Betrachter zu.

4. Chiroptische Methoden

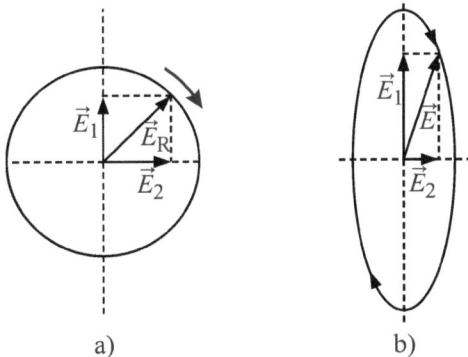

a) b)

Abb. V.40: a) Bei zirkular polarisiertem Licht kreist der elektrische Feldvektor (hier als $\vec{E}_R$ dargestellt) im oder gegen den Uhrzeigersinn um die Ausbreitungsrichtung (senkrecht zur Blattebene). b) Elliptisch polarisiertes Licht. Der resultierende Feldvektor $\vec{E}$ rotiert ebenfalls, wobei sein Betrag periodisch zu- und abnimmt.

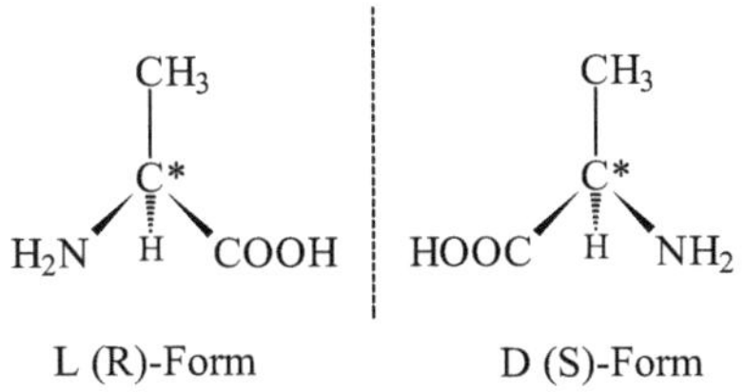

Abb. V.41: Die beiden spiegelbildlichen Formen von Alanin in Keilstrichprojektion. Die Strukturen sind nur durch eine Spiegelung ineinander überführbar.

dass zwei unterschiedliche Formen des Moleküls existieren, die sich wie Bild und Spiegelbild zueinander verhalten und nicht miteinander zur Deckung zu bringen sind. Solche Moleküle werden auch als Enantiomere bezeichnet. Im Fall des Alanins wird diese Eigenschaft durch ein sog. asymmetrisches Kohlenstoffatom hervorgerufen, d. h. durch Bindung von vier unterschiedlichen Resten an das Zentralatom (C*). Chirale Moleküle drehen die Ebene des linear polarisierten Lichts (Abb. V.42).

Bei der ORD misst man diesen Drehwinkel. Zu einer Drehung der Polarisationsebene kann es dann kommen, wenn eine der zirkular polarisierten Komponenten, aus denen sich dieses Licht zusammensetzt, langsamer durch die Probe läuft als die andere. Da die Beträge der Feldvektoren gleich bleiben, resultiert nur eine Drehung der Polarisationsebene um den Winkel α (Abb. V.43).

Die Lichtgeschwindigkeiten der rechts- und links-zirkular polarisierten Komponenten in der Probe müssen also unterschiedlich sein. Im Vakuum ist die Lichtgeschwindigkeit maximal

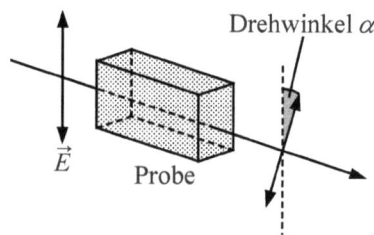

Abb. V.42: Drehung der Schwingungsebene von linear polarisiertem Licht beim Durchgang durch eine optisch aktive Probe um den Winkel α.

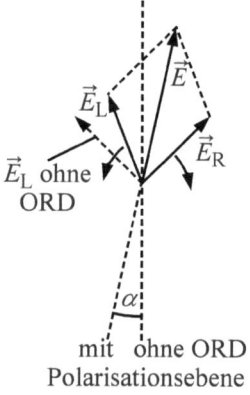

Abb. V.43: Darstellung der Schwingungsebene linear polarisierten Lichts und seiner Komponenten $\vec{E}_R$ und $\vec{E}_L$ nach Durchgang durch eine optisch aktive Substanz.

(c_0), beim Übergang in ein optisch dichteres Medium nimmt sie auf $c < c_0$ ab. Charakterisiert wird die Lichtgeschwindigkeit in einer Substanz durch die Brechzahl (Brechungsindex) n:

$$n = \frac{c_0}{c} \tag{V.19}$$

Da c_0 immer größer als c ist, bleibt n immer größer als eins. Bei optisch aktiven Substanzen ist nun die Geschwindigkeit von rechts- und links-zirkular polarisiertem Licht unterschiedlich, es gilt somit

$$n_L \neq n_R \tag{V.20}$$

Die Differenz der Brechungsindizes ist sehr gering und liegt in der Größenordnung von 10^{-7}. Die Messgröße ist der wellenlängenabhängige Drehwinkel α_λ; er gibt die Differenz der beiden Brechungsindizes wieder:

$$\alpha_\lambda = \frac{180° \cdot d}{\lambda} \cdot (n_L - n_R) \tag{V.21}$$

4. Chiroptische Methoden

Durch Normierung auf die Konzentration c_m und die Schichtdicke d erhalten wir eine stoffspezifische Größe, die *spezifische Rotation* oder den *spezifischen Drehwinkel*:

$$[\alpha]_\lambda^T = \frac{\alpha_\lambda}{c_m \cdot d} \tag{V.22}$$

Aus historischen Gründen werden die Konzentration c_m in g cm^{-3} und die Schichtdicke d in dm eingesetzt, so dass als Einheit der spezifischen Rotation Grad(°) cm^3 g^{-1} dm^{-1} folgt. Sie entspricht dem Drehwinkel, den man erhalten würde, wenn 1 g optisch aktiver Substanz in 1 cm^3 gelöst und als Schichtdicke 1 dm gewählt würde. Da sie außer von der Wellenlänge des Lichts auch noch von der Temperatur abhängt, müssen diese beiden Größen mit angegeben werden, also z. B. für 20 °C (T = 293 K) und λ = 589 nm (Na-D-Linie) $[\alpha]_{589}^{20}$.

Für den Vergleich des Drehvermögens verschiedener Verbindungen eignet sich besser die sog. *molare Rotation*. Man erhält sie durch Multiplikation der spezifischen Rotation mit der Molmasse M:

$$[\alpha_M]_\lambda^T = [\alpha]_\lambda^T \cdot M = \frac{\alpha_\lambda \cdot M}{c_m \cdot d} \tag{V.23}$$

Die molare Rotation wird - ebenfalls aus historischen Gründen - mit der Einheit Grad cm^2 dmol^{-1} (dmol Dezimol) angegeben. Typische molare Rotationen liegen um 10^6 Grad cm^2 dmol^{-1}.

Bei Biopolymeren, wie z. B. Proteinen mit vielen Aminosäurebestandteilen, ist der Bezug der molaren Rotation auf die Stoffmenge des Biopolymers nicht sinnvoll. Stattdessen bezieht man sie auf die Stoffmenge der Polymerisationseinheit. Hierzu setzt man in Gleichung V.23 die mittlere Molmasse $\overline{M}$ der Polymerisationseinheit ein, z. B. der Aminosäuren des Proteins, und definiert die mittlere molare Rotation dann zu:

$$[\overline{\alpha}_M]_\lambda^T = [\alpha]_\lambda^T \cdot \overline{M} \tag{V.24}$$

Anstelle des Kürzels $[\alpha_M]$ wird oft auch $[M]$ oder $[\Phi]$ geschrieben.

In Tabelle V.5 sind für eine Reihe von Biomolekülen die Werte für die spezifische Rotation wiedergegeben. Die Drehung der Polarisationsebene ist relativ groß und daher relativ einfach zu messen. Sie lässt sich zur Konzentrationsbestimmung heranziehen, z. B. von wässrigen Rohrzuckerlösungen mit ihrem großen Wert der spezifischen Rotation von 66,4°cm^{3}g^{-1}dm^{-1} bei 293 K und λ = 589 nm im sog. Polarimeter.

Im Bereich von elektronischen Absorptionsbanden nimmt der Verlauf der molaren Rotation einen besonders interessanten Verlauf. In diesem Gebiet durchläuft die Rotation Minima und Maxima (Abb. V.44).

Nach ihrem Entdecker nennt man diese Erscheinung COTTON-Effekt. Von einem positiven COTTON-Effekt spricht man dann, wenn das Maximum (rechtsdrehender Bereich) bei höheren Wellenlängen als das Minimum erscheint, im umgekehrten Fall liegt ein negativer COTTON-Effekt vor.

Der Aufbau zur Messung der optischen Rotationsdispersion ist in Abbildung V.45 dargestellt. Weißes Licht wird in einem Monochromator wellenlängenselektiert. Mit Hilfe eines Polarisationsfilters wird linear polarisiertes Licht erzeugt. Es trifft auf die optisch aktive Probe, wo-

Tab. V.5: Spezifische Drehwinkel optisch aktiver Stoffe bei T = 293 K (20 °C) und λ = 589 nm (Na-D-Linie) (s. a. W. Schmidt, *Optische Spektroskopie*, S. 340, VCH, Weinheim, 1994).

Verbindung	Lösungsmittel	$[\alpha]_{589}^{20}/°\text{cm}^3\text{g}^{-1}\text{dm}^{-1}$
D-Milchsäure	Wasser	−2,3
L-Milchsäure	Wasser	+2,3
Hexose	Wasser	−11
D-Glucose	Wasser	+52,5
D-Fructose	Wasser	−92
Rohrzucker (Saccharose)	Wasser	+66,5
L-Alanin	Wasser	+2,7
Cholesterin	Ether	−31,5
Vitamin D$_2$	Ethanol	+102,5

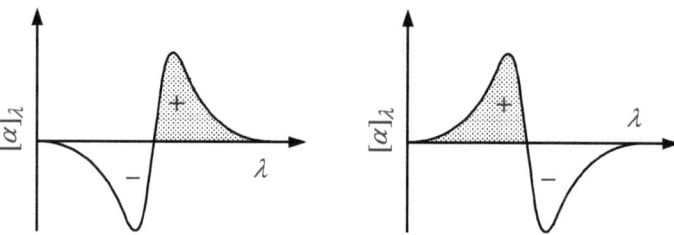

Abb. V.44: Positiver (links) und negativer (rechts) COTTON-Effekt bei optischer Rotationsdispersion (+: rechtsdrehend, −: linksdrehend).

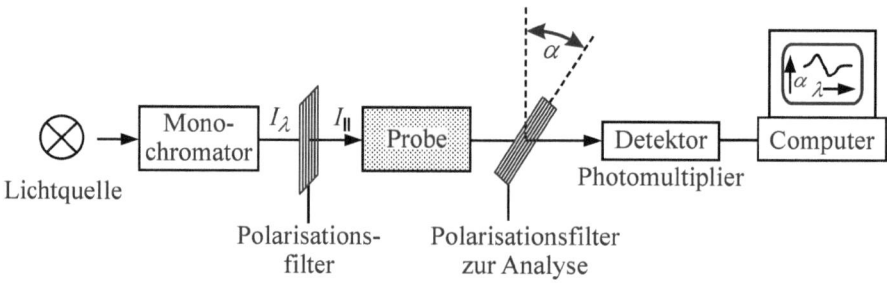

Abb. V.45: Schematischer Aufbau eines ORD-Spektrometers.

durch seine Polarisationsebene gedreht wird. Das Licht trifft dann auf einen Analysator-Polarisationsfilter. Dieser wird derart gedreht, dass das auf den Detektor (z. B. Photomultiplier) fallende Licht maximal wird. Der festgestellte Drehwinkel kann als Funktion der Wellenlänge aufgezeichnet werden. Als Polarisationsfilter kommen doppelbrechende Kristalle und Polymerfolien in Frage. Ein doppelbrechender Kristall (z. B. Kalkspat) zerlegt einfallendes unpolarisiertes Licht in einen sog. ordentlichen und einen außerordentlichen Lichtstrahl. Beide Strahlen sind linear polarisiert und ihre $\vec{E}$-Feldvektoren stehen senkrecht aufeinander. Im NICOL-Prisma werden die Strahlen mit Hilfe der Totalreflexion getrennt, so dass vollständig linear polarisiertes Licht zur Verfügung steht. Sind zwei NICOLsche Prismen hintereinandergeschaltet, wirkt das erste als Polarisator, das zweite als Analysator der Schwingungsrichtung des Lichts. Neuere Polarisationsfilter bestehen aus Folien polymerer Substanzen. Durch starkes Dehnen erhalten die Polymerketten eine Vorzugsrichtung, die Folie wird doppelbrechend, und es entstehen beim Durchstrahlen mit Licht wieder ein ordentlicher und ein außerordentlicher Lichtstrahl. Durch Zusatz dichroitischer Stoffe kann einer der beiden Lichtstrahlen absorbiert werden, so dass linear polarisiertes Licht entsteht.

4.3 Circulardichroismus (CD)

Auch die Extinktionskoeffizienten ε_L und ε_R für links- und rechts-zirkular polarisiertes Licht unterscheiden sich für eine optisch aktive Substanz. Der Unterschied $\Delta\varepsilon = \varepsilon_L - \varepsilon_R$ kann positiv oder negativ sein, d. h., der links- oder der rechts-zirkular polarisierte Strahl kann stärker absorbiert werden. Der Unterschied $\Delta\varepsilon$ ist die eigentliche Messgröße. In der praktischen CD-Spektroskopie wird die sog. *Elliptizität* Θ_λ gemessen, die wie folgt definiert ist:

$$\tan\Theta_\lambda = \frac{E_R - E_L}{E_R + E_L} \tag{V.25}$$

Die Elliptizität ist wellenlängenabhängig, daher der Index λ. E_R und E_L sind die Amplituden der elektrischen Feldkomponenten des rechts bzw. links zirkular polarisierten Lichts nach dem Absorptionsvorgang. Die Lichtintensitäten $I_R = E_R^2$ und $I_L = E_L^2$ sind nach dem LAMBERT-BEERschen Gesetz (Gl. V.12) mit den Extinktionskoeffizienten ε_R und ε_L verknüpft. Setzt man sie in die Definitionsgleichung für die Elliptizität ein, so erhält man näherungsweise für kleine Θ:

$$\Theta_\lambda = \ln 10 \cdot \frac{180°}{4\pi} \cdot (\varepsilon_L - \varepsilon_R) \cdot c_m \cdot d \approx 33° \cdot \Delta\varepsilon \cdot c_m \cdot d \tag{V.26}$$

In Analogie zur ORD erhalten wir für die *spezifische Elliptizität* $[\Theta]_\lambda$:

$$[\Theta]_\lambda = \frac{\Theta_\lambda}{c_m \cdot d} \tag{V.27}$$

Sie wird i. d. R. mit der Einheit Grad cm^3 g^{-1} dm^{-1} angegeben (c_m ist die Massenkonzentration und d die Probendicke). Die *molare Elliptizität* $[\Theta_M]_\lambda$ ist schließlich definiert als:

$$[\Theta_M]_\lambda = [\Theta]_\lambda \cdot M \tag{V.28}$$

mit M als Molmasse. Üblicherweise wird die molare Elliptizität auf die Einheit Grad cm^2 dmol^{-1} umgerechnet (z. B. ist 1 Grad cm^3 g^{-1} dm^{-1} · 1 g mol^{-1} = 0,01 Grad cm^2 dmol^{-1}). Bei

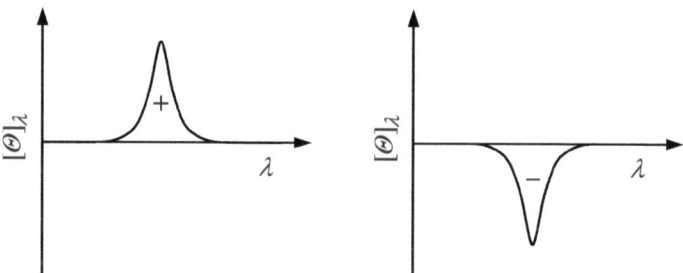

Abb. V.46: Positiver (links) und negativer (rechts) COTTON-Effekt beim Circulardichroismus.

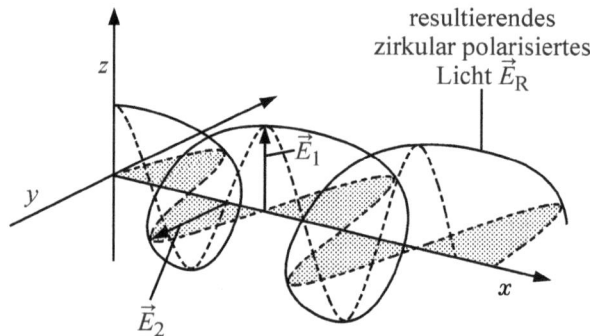

Abb. V.47: Rechts-zirkular polarisiertes Licht als Kombination zweier linear polarisierter Komponenten $\vec{E}_1$ und $\vec{E}_2$, deren Phasen um den Betrag $\lambda/4$ gegeneinander verschoben sind.

Biopolymeren (z. B. Proteinen) verwendet man wieder die mittlere Molmasse der optisch aktiven Reste (engl.: *mean residue weight*, MRW), so dass sich die molare Elliptizität auf die Stoffmenge an Resten bezieht. Zur einfacheren Berechnung der Differenz der Extinktionskoeffizienten aus der spezifischen Elliptizität fasst man die Konstanten zusammen und erhält (vgl. Gl. V.26):

$$[\Theta]_\lambda \approx 33° \cdot \Delta\varepsilon \tag{V.29}$$

Analog hängt die molare Elliptizität mit den molaren dekadischen Extinktionskoeffizienten ε_L und ε_R zusammen. In einem CD-Spektrum ist $\Delta\varepsilon$ oder die Elliptizität als Funktion der Wellenlänge aufgetragen. Man kann sowohl positive, als auch negative Werte erhalten (Abb. V.46), und – wie im Fall der ORD – spricht man von positivem oder negativem COTTON-Effekt. Typische Werte für die Elliptizität liegen bei 10^5 Grad cm^2 dmol^{-1}; dies entspricht einer Differenz der Extinktionskoeffizienten von weniger als 100 M^{-1} cm^{-1}. Da Extinktionskoeffizienten für erlaubte Übergänge Werte bis etwa 10^5 M^{-1} cm^{-1} besitzen, ist der Effekt des Circulardichroismus recht klein:

$$\frac{\Delta\varepsilon}{\varepsilon} \leq 10^{-3} \tag{V.30}$$

4. Chiroptische Methoden

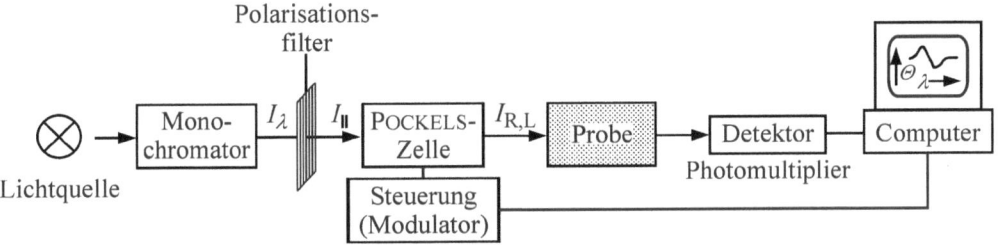

Abb. V.48: Schematischer Aufbau eines CD-Spektrometers.

Bei der experimentellen Bestimmung der Elliptizität muss die Absorption von links- und rechts-zirkular polarisiertem Licht gemessen werden. Dazu wird auch hier zunächst linear polarisiertes Licht erzeugt. Dieses kann mittels eines sog. $\lambda/4$-Plättchens aus doppelbrechendem Material (z. B. Kaliumdihydrogenphosphat, Quarz, Glimmer) zu zirkular polarisiertem Licht umgeformt werden (Abb. V.47). Wenn die Polarisationsebene des einfallenden Strahls einen Winkel von 45° mit den optischen Achsen des Plättchens bildet, entsteht zirkular polarisiertes Licht. Wird der Einstrahlwinkel von 45° auf −45° gedreht, so ändert sich der Drehsinn des resultierenden zirkular polarisierten Lichtstrahls.

Moderne Geräte verwenden KERR- oder POCKELS-Zellen zur Erzeugung dieses Lichts. Bestimmte Kristalle (z. B. Ammonium- oder Kaliumdihydrogenphosphat) ändern ihre doppelbrechenden Eigenschaften unter dem Einfluss elektrischer Felder. Diesen Effekt nutzt man in der POCKELS-Zelle aus, mit der sowohl links- als auch rechts-zirkular polarisiertes Licht mit einer Wechselfrequenz im Bereich von einigen kHz erhalten wird, wenn man ein elektrisches Wechselfeld an den Kristall anlegt. Ein Photomultiplier nimmt das durch die Probe durchgelassene Licht auf, und ein Computer errechnet aus den jeweiligen Intensitätswerten die Elliptizität (Abb. V.48). CD-Spektrometer decken heute den Wellenlängenbereich zwischen dem fernen UV (ca. 185 nm) und dem nahen IR (1000 nm) ab.

Im Allgemeinen besitzt ein Biomolekül eine Reihe von Absorptionsbanden. Einige der absorbierenden Chromophore können auch chiral sein. Ist dies der Fall, unterscheiden sich ε_L und ε_R und damit auch die Berechnungsindizes n_L und n_R. Beim Einstrahlen von linear polarisiertem Licht wird man sowohl eine Elliptizität Θ als auch eine Rotation α ungleich null messen können. Resultieren wird elliptisch polarisiertes Licht, dessen Hauptachse gegenüber der Polarisationsachse der eingestrahlten Welle gedreht ist (Abb. V.49).

Die verschiedenen Spektren, die ORD, CD und Absorption liefern, werden in Abbildung V.50 verglichen. Ein Molekül habe drei Absorptionsbanden, von denen eine optisch inaktiv sei (also kein CD- und kein ORD-Signal liefert, Bande 1). Für Bande 2 ist $\Delta\varepsilon$ negativ, für Bande 3 positiv. Nun sind CD und ORD nicht unabhängig voneinander, daher erhalten wir für CD und ORD im Fall von Bande 2 einen negativen, für Bande 3 einen positiven COTTON-Effekt.

Diese Redundanz der beiden Messmethoden kann mathematisch über die KRAMERS-KRONIG-Beziehung hergeleitet werden. Jede der Methoden hat jedoch ihre messtechnischen Vor- und Nachteile. CD-Banden sind i. Allg. schärfer und lassen sich besser zuordnen. Da ORD-Banden oft weit über den Bereich der Absorptionsbanden hinausgehen, kann man viele

Moleküle auch noch relativ weit entfernt von ihrem oft schwierig zugänglichen UV-Absorptionsbereich untersuchen.

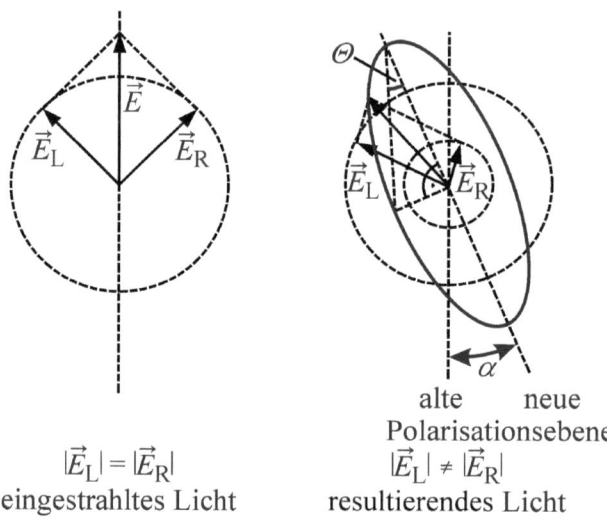

Abb. V.49: Beim Bestrahlen optisch aktiver Proben entsteht aus linear (bzw. rechts- und links-zirkular) polarisiertem Licht elliptisch polarisiertes Licht, dessen Hauptschwingungsachse gegenüber dem einfallenden Licht um den Winkel α gedreht ist ($n_L \neq n_R$, $\varepsilon_L \neq \varepsilon_R$). Das Verhältnis der kurzen zur langen Ellipsenachse ist der Tangens des Winkels Θ, der sog. Elliptizität.

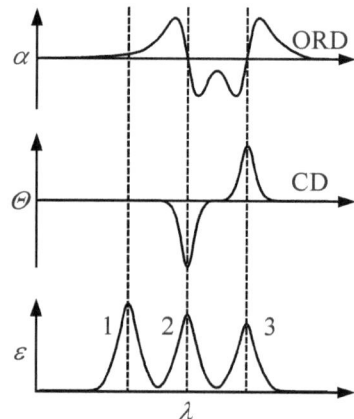

Abb. V.50: Gegenüberstellung der ORD-, CD- und Absorptionsspektren eines hypothetischen Moleküls mit drei Absorptionsbanden, von denen nur zwei (Bande 2 und 3) optisch aktiv sind.

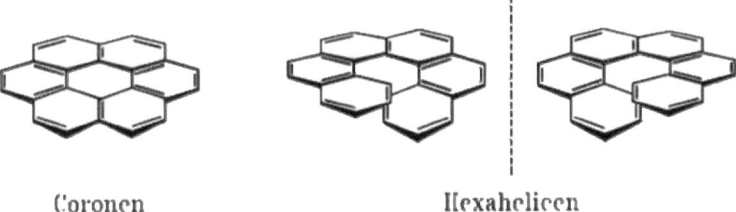

Abb. V.51: Coronen und die beiden Enantiomere des Hexahelicens.

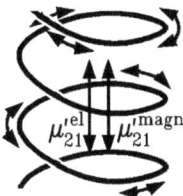

Abb. V.52: Elektronische Übergänge optisch aktiver Moleküle sind mit einer schraubenartigen (helikalen) Ladungsverschiebung verbunden. Zusätzlich zum elektrischen Übergangsdipolmoment (das einer linearen Ladungsverschiebung bei Anregung durch ein Photon geeigneter Energie entspricht) tritt ein magnetisches Dipolmoment auf, das durch eine kreisförmige Ladungsbewegung hervorgerufen wird. Beide Übergangsdipolmomente besitzen eine parallele Komponente ('). Die Kollinearität der beiden Komponenten ist notwendige Bedingung für das Auftreten von optischer Aktivität. Ihre relative Lage zueinander (d. h. ob sie gleich- oder gegenphasig schwingen) bestimmt das Vorzeichen des COTTON-Effekts.

4.4 Ursachen der optischen Aktivität

Zur Verdeutlichung des Phänomens der optischen Aktivität betrachten wir zwei verschiedene organische Moleküle (Abb. V.51), das achirale Coronen und die Enantiomere des Hexahelicens. Diese Verbindungen weisen Absorptionsbanden im ultravioletten Spektralbereich auf, die durch ($\pi \rightarrow \pi^*$)-Übergänge hervorgerufen werden. Während Coronen eine planare Struktur besitzt, nehmen die beiden Enantiomere des Hexahelicens eine helikale Form ein. Wird Hexahelicen mit elektromagnetischen Wellen bestrahlt, so wechselwirkt ihr elektrischer Feldvektor derart mit der π-Elektronenhülle, dass entlang der Helix ein oszillierender elektrischer Dipol induziert wird. Es entsteht ein helikaler Stromfluss (Abb. V.52) und daher ein elektrisches Dipolmoment, welches eine Komponente in Richtung der Helixachse besitzt. Ein solcher Stromfluss induziert nun senkrecht dazu ein magnetisches Dipolmoment $\vec{\mu}_{21}^{\mathrm{magn}}$, welches ebenfalls eine Komponente parallel zur Helixachse hat.

Die quantenmechanische Rechnung zeigt, dass ein Molekül nur dann optische Aktivität hervorruft, wenn elektrisches und magnetisches Übergangsdipolmoment eine parallele Komponente zueinander besitzen und nicht senkrecht aufeinander stehen. Man erhält die sog. *Rotationsstärke* R_{21} für den Übergang (1→2) als Maß für die Stärke der optischen Aktivität über den Imaginärteil (Im) des Skalarprodukts der beiden Übergangsdipolmomente:

$$R_{21} = \text{Im}\left(\vec{\mu}_{21}^{\text{el}} \cdot \vec{\mu}_{21}^{\text{magn}}\right) \tag{V.31}$$

Im Fall des Coronens stehen beide Dipolmomente senkrecht zueinander, das Molekül ist somit optisch inaktiv. $\vec{\mu}_{21}^{\text{el}}$ liegt in der Ringebene, da der durch Wechselwirkung mit dem Licht induzierte Ringstrom in der Molekülebene liegt. Das magnetische Moment steht senkrecht dazu, so dass $R_{21} = 0$ wird.

Ein Molekül weist dann optische Aktivität auf, wenn bei einem elektronischen Übergang eine helikale Ladungsverschiebung auftritt. Das bereits erwähnte asymmetrisch substituierte Kohlenstoffatom erscheint dann als Spezialfall. Die vier verschiedenen Substituenten erzeugen ein asymmetrisches statisches elektrisches Feld. Daher wird die Verschiebung von Elektronen durch Absorption einen helikalen Anteil besitzen, woraus die optische Aktivität der Gruppe resultiert.

4.5 Anwendungen

Oft wird bei der Untersuchung von Biomolekülen die CD- der ORD-Spektroskopie vorgezogen. Das liegt daran, dass CD-Banden i. Allg. leichter zuzuordnen sind, da jeder optisch aktive elektronische Übergang ein CD-Signal mit einem bestimmten Vorzeichen liefert. Auch sind CD-Banden schmaler, wodurch eine bessere Auflösung erhalten wird.

Für die Anwendung der CD-Spektroskopie ist zunächst von Bedeutung, welche Chromophore optische Aktivität zeigen. Zunächst kann dies einmal jedes absorbierende Molekül sein, das keine Symmetrieebene oder kein Symmetriezentrum besitzt. Es handelt sich dann um Chromophore, die von sich aus optisch aktiv sind. Dazu gehören bis auf Glycin alle in der Natur vorkommenden Aminosäuren, da ihre α-Kohlenstoffatome jeweils vier verschiedene Substituenten tragen. Optische Aktivität kann jedoch auch hervorgerufen werden, wenn ein Chromophor sich in einer asymmetrischen Mikroumgebung befindet. Dies führt zu einer induzierten optischen Aktivität. So besitzen etwa die π-Elektronen des Phenylringes in Tyrosin für sich nur ein schwach ausgeprägtes Rotationsvermögen. Kommt ein solcher Rest durch die Proteinfaltung jedoch in eine derartige Umgebung, dass asymmetrische elektrische Felder auf die π-Elektronen einwirken, kann dies zu einer starken optischen Aktivität führen.

Desweiteren besitzen viele Biopolymere helikale Sekundärstrukturen, so z. B. Proteinbereiche mit α-helikaler Struktur. Die Carbonylgruppen der Peptidbindungen zeigen damit optische Aktivität nicht nur aufgrund ihrer Bindung an die asymmetrischen α-Kohlenstoffatome, sondern auch durch die Kopplung der Anregung mit benachbarten Peptidbindungen. Diese Kopplungen sind ebenfalls in DNA und RNA wichtig. Monomere Nucleotide hingegen zeigen nur schwache optische Aktivität. Die Kopplung von Chromophoren führt dazu, dass die optische Aktivität ein empfindlicher Monitor der Sekundärstruktur von Biomolekülen ist und entsprechend gerne zur Strukturanalyse genutzt wird.

Nucleinsäuren: Abbildung V.53 zeigt als Beispiel ein CD-Spektrum von Adenosin und Adenosin unterschiedlich langer Verknüpfung. Aufgetragen ist die Elliptizität von monomerem Adenosinmonophosphat (AMP) im Vergleich zur Elliptizität des Dimeren (ApA) sowie eines

4. Chiroptische Methoden 283

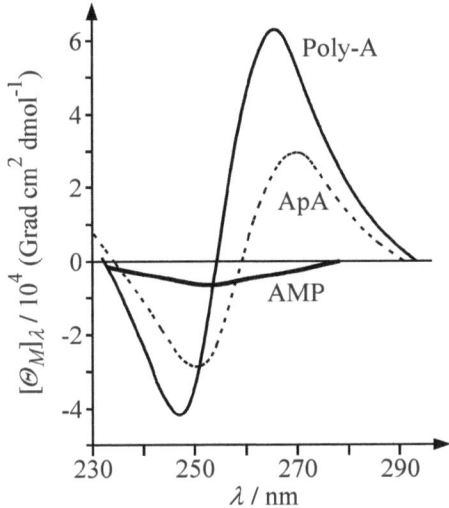

Abb. V.53: Circulardichroismus von Adenosin unterschiedlich langer Verknüpfung: langkettig polymerisiert (Poly-A), dimerisiert (ApA) und monomer (AMP) (nach: K. E. van Holde, J. Brahms, A. M. Michelson, J. Mol. Biol. **12** (1965) 726).

längeren Polyadenosins im ultravioletten Spektralbereich, in dem die Basen eine starke Absorption zeigen, in Abhängigkeit der Wellenlänge. Die freien Purine und Pyrimidine sind symmetrisch aufgebaut und daher optisch inaktiv. Diese Symmetrie wird durch die Beteiligung der N-glykosidischen Bindung zum Nucleotid jedoch aufgehoben, so dass auch AMP schon geringfügig optisch aktiv ist. Durch die Dimerisierung kommt es aufgrund der Kopplung der beiden Basen bereits zu einem starken Anstieg der Elliptizität. Bei einer weiteren Polymerisation nimmt diese Kopplung weiter zu, da das Polymer eine helikale Struktur bildet. Die Elliptizität nimmt, bezogen auf eine einzelne Base, weiter zu.

CD-Spektren von Nucleotiden sind nicht nur vom Polymerisationsgrad, sondern auch von der Anordnung der Basen abhängig. So besitzen Adenosin und Guanosin, zu zwei verschieden gemischten Dimeren verknüpft (ApG und GpA), unterschiedliche optische Aktivitäten und CD-Spektren (Abb. V.54).

In doppelsträngigen Polynucleotiden schließlich wird die Elliptizität über alle Basenpaare gemittelt. Nun kann aber DNA in unterschiedlicher helikaler Konformation vorliegen, z. B. in der bereits geschilderten (in der Natur vorkommenden) B-Form oder in der A-Form, in der die Basenpaare um etwa 20° gegen die Helixachse geneigt sind. Dadurch unterscheiden sich beide Formen auch im Abstand der Basenpaare (0,34 nm in B-DNA, 0,24 nm in A-DNA). Da die Kopplung der Basenabsorption abstands- und winkelabhängig ist, äußert sich dies in unterschiedlichen CD-Spektren (Abb. V.55). Aus diesem Grund sind auch die CD-Spektren von DNA und RNA unterschiedlich (s. z. B. Allen et al., Biopolymers **11** (1972) 853; Samejima et al., J. Mol. Biol. **34** (1968) 39). CD-Spektren von Nucleotiden geben somit wertvolle Informationen über die Stapelung von Basen und können zur Detektion von Konformationsänderungen herangezogen werden (Abb. V.56).

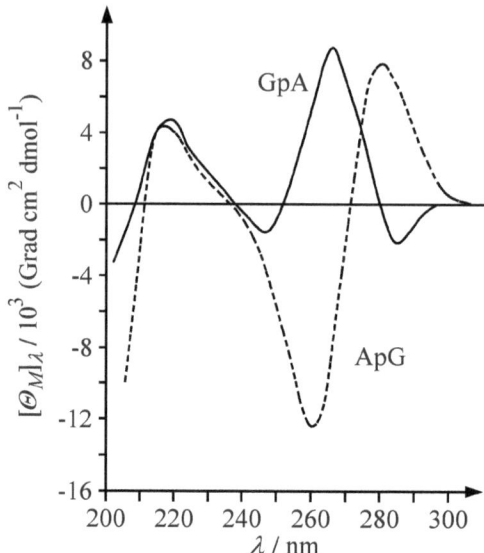

Abb. V.54: Circulardichroismus von Adenyl-(3'→5') Guanosin (ApG) und Guanyl-(3'→5') Adenosin (GpA) bei Raumtemperatur in wässriger Lösung bei pH = 7 (nach: M. M. Warshaw, C. R. Cantor, Biopolymers **9** (1970) 1079).

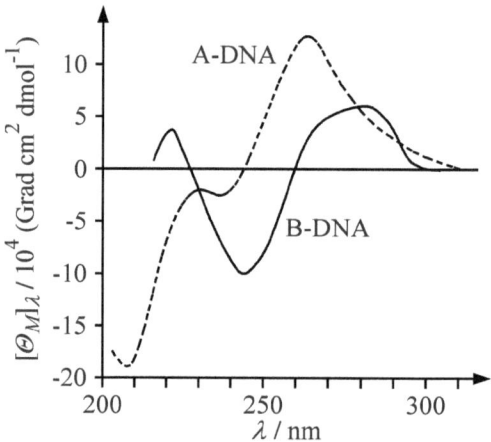

Abb. V.55: CD-Spektren von DNA. Die A-Form liegt hier bei einem Feuchtigkeitsgehalt von 75 %, die B-Form bei einem Feuchtigkeitsgehalt von 92 % vor (nach: I. D. Campell, R. A. Dwek, *Biological Spectroscopy*, S. 265, Benjamin/Cummings Publ. Co., Menlo Park, 1984).

4. Chiroptische Methoden

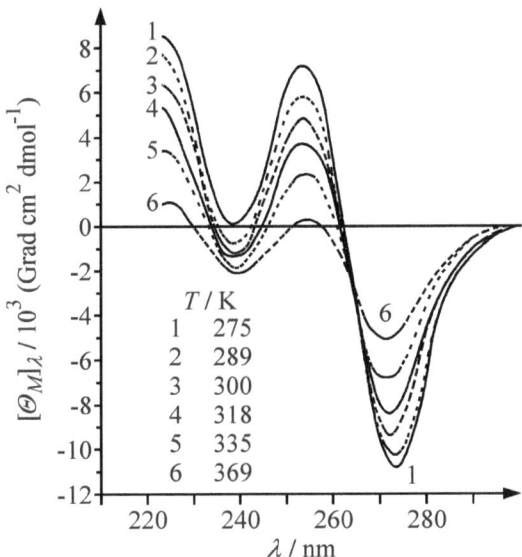

Abb. V.56: CD-Spektren von Adenosin-5'-mononicotinat in einer 2 molaren NaCl-Lösung bei verschiedenen Temperaturen. Während bei tiefen Temperaturen die beiden Basen des Moleküls gestapelt vorliegen, steigt durch Temperaturerhöhung ihr Dissoziationsgrad an (nach: D. W. Miles, D. W. Urry, J. Phys. Chem. **71** (1967) 4448).

Polypeptide und Proteine: Zusätzlich zu der intrinsischen optischen Aktivität von Proteinen und Polypeptiden aufgrund ihres Aufbaus aus Aminosäuren tragen auch Kopplungen von Chromophoren durch die Ausbildung von Sekundärstrukturelementen, wie α-Helix, β-Faltblatt und Zufallsknäuel, zu den CD-Spektren dieser Moleküle bei. Es sind dieselben Wechselwirkungen, die in optischen Absorptionsspektren zur Exciton-Aufspaltung und Hypo- bzw. Hyperchromie Anlass geben. Auch Seitenkettenchromophore oder prosthetische Gruppen in asymmetrischer Umgebung können die optische Aktivität beeinflussen.

Wir betrachten zunächst das CD-Spektrum einer Modellsubstanz, Poly-L-alanin, (Abb. V.57a). Das Molekül liegt als α-Helix vor. Im CD-Spektrum sind die drei Banden des senkrecht und parallel polarisierten ($\pi \rightarrow \pi^*$)-Übergangs (190 und 204 nm) sowie des ($n \rightarrow \pi^*$)-Übergangs (220 nm) in guter Auflösung zu erkennen, während das Absorptionsspektrum lediglich eine breite Bande mit einer Schulter zeigt (Abb. V.57b).

Deutlich anders sehen die Spektren für eine β-Faltblattstruktur oder ein Zufallsknäuel aus. Poly-L-lysin, hier ebenfalls als Modellsubstanz betrachtet, nimmt in Abhängigkeit von pH-Wert und Temperatur drei verschiedene Konformationen ein und zeigt somit drei unterschiedliche CD-Spektren. Die zugehörigen ORD-Spektren sind hier auch gezeigt (Abb. V.58). Der Vergleich der CD-Spektren zeigt den Vorteil der besseren Auflösung im Fall des Circulardichroismus.

Nun ist man natürlich auch daran interessiert, aus den CD-Spektren von Proteinen ihre Sekundärstruktur zu ermitteln. Dazu macht man einen halbempirischen Ansatz, bei dem man da-

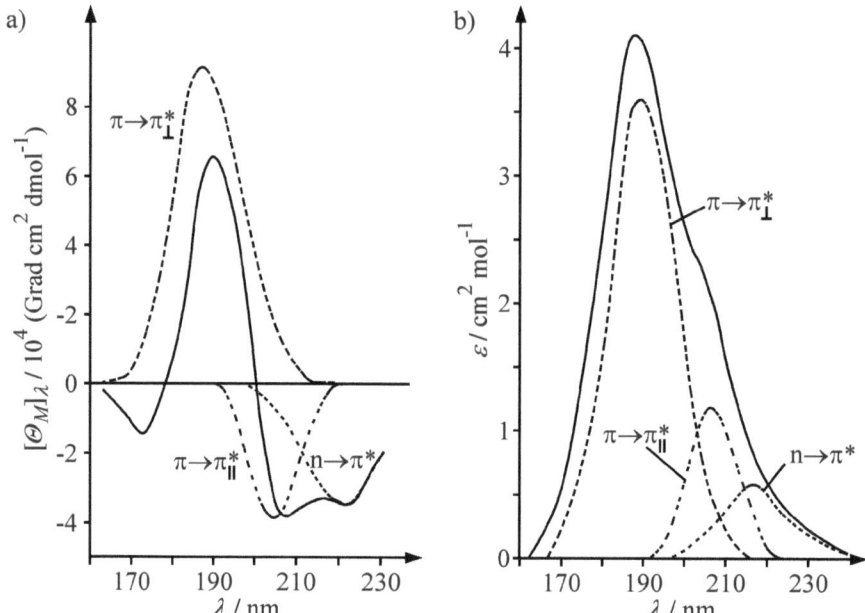

Abb. V.57: a) CD-Spektren und b) Absorptionsspektren von Poly-L-alanin (durchgezogene Linien) in α-helikaler Konformation und die zugrunde liegenden drei Übergänge (gestrichelt) (nach: F. Quadrifoglio, D. W. Urry, J. Am. Chem. Soc. **90** (1968) 2755).

von ausgeht, dass sich ein Protein als Aneinanderreihung von Regionen mit α-helikaler, β-Faltblatt- und Zufallsknäuelstruktur (engl.: *random coil*, rc) beschreiben lässt, und dass sich das CD-Spektrum aus den Beiträgen der einzelnen Strukturen additiv zusammensetzt, wobei man Seitenketteneffekte, wie sich aus einer Reihe von Experimenten ergab, oft vernachlässigen kann. Als Basis für die Rechnungen benutzt man die Elliptizität, die sich aus den CD-Spektren von Modellsubstanzen (wie Poly-L-lysin) für die drei Strukturmerkmale ergibt. Dies führt zu folgender Beziehung für die Berechnung von CD-Spektren:

$$[\Theta_M]_\lambda = f_\alpha \cdot [\Theta_M^\alpha]_\lambda + f_\beta \cdot [\Theta_M^\beta]_\lambda + f_{rc} \cdot [\Theta_M^{rc}]_\lambda \tag{V.32}$$

$[\Theta_M^i]_\lambda$ sind die Elliptizitäten für die reinen Strukturmerkmale i, f_i die Anteile der Sekundärstrukturmerkmale im Protein ($f_\alpha + f_\beta + f_{rc} \leq 1$).

Zum einen lassen sich nach dieser Gleichung die CD-Spektren für verschiedene Gehalte an α-Helix, β-Faltblatt und Zufallsknäuel berechnen (Abb. V.59), zum anderen aber auch gemessene Spektren anpassen. Als Beispiel ist in Abbildung V.60 die Analyse des CD-Spektrums von Myoglobin gezeigt.

Mit Hilfe eines Computerprogramms können die Parameter f_i solange variiert werden, bis die berechneten Punkte auf dem gemessenen Spektrum liegen. Die so ermittelten Strukturdaten sind in Tabelle V.6 mit den aus der RÖNTGEN-Kristallstrukturanalyse erhaltenen Daten zusammengefasst. Die Übereinstimmung ist beeindruckend, aber nicht in jedem Fall so gut. Es

4. Chiroptische Methoden

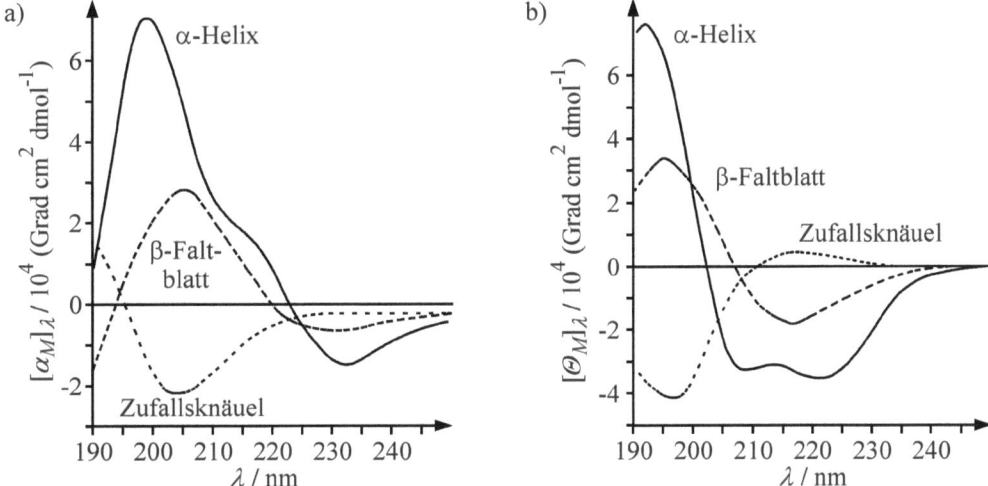

Abb. V.58: a) ORD- und b) CD-Spektren dreier unterschiedlicher Konformationen von Poly-L-lysin (nach: N. Greenfield, B. Davidson, G. Fasman, Biochemistry **6** (1967) 1630; N. Greenfield, G. Fasman, Biochemistry **8** (1969) 4108). CD-Spektren von α-Helices weisen Minima bei etwa 209 und 222 nm sowie ein starkes Maximum bei etwa 192 nm auf (das Couplet bei 192 und 209 nm geht auf den ($\pi \rightarrow \pi^*$)-Übergang, das Minimum bei 222 nm auf den ($n \rightarrow \pi^*$)-Übergang zurück); β-Strukturen besitzen ein Minimum zwischen 210 und 225 nm sowie ein Maximum zwischen 190 und 200 nm; ungeordnete Strukturen zeigen eine starke negative Bande um 200 nm, im Bereich des ($n \rightarrow \pi^*$)-Übergangs jedoch kein ausgeprägtes CD-Signal mehr.

muss nämlich noch die Abhängigkeit des CD-Spektrums von der Größe der Strukturelemente berücksichtigt werden, auch ist die Näherung der Additivität der Sekundärstrukturelemente (Gl. V.32) nicht immer gegeben. Man verwendet daher möglichst umfangreiche Datensätze von Proteinen bekannter Struktur und ausgeklügelte Fit-Algorithmen. Oftmals ist es auch angebracht, noch eine weitere Methode zur Sekundärstrukturbestimmung, wie die FTIR-Spektroskopie, heranzuziehen, um eindeutige Sekundärstrukturaussagen zu bekommen, falls keine kristallographischen Daten vorliegen.

Tab. V.6: Berechnung der Sekundärstruktur von Myoglobin aus RÖNTGEN-Strukturanalyse und Circulardichroismus.

Messmethode	Strukturmerkmal in %		
	α-Helix	β-Faltblatt	Zufallsknäuel
RÖNTGEN-Strukturanalyse	~68	0	~32
CD-Spektroskopie (mit Poly-L-lysin-Basisspektren)	68,3	4,7	27,0

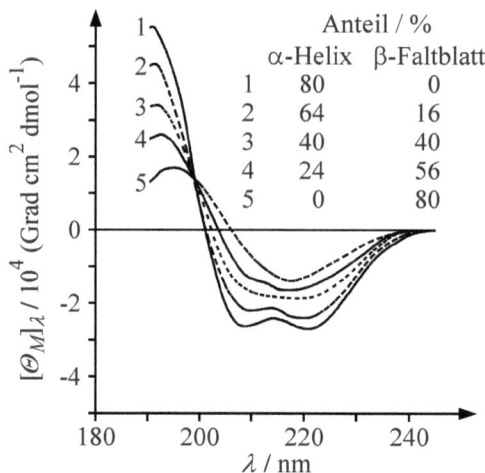

Abb. V.59: Mit Hilfe der Daten aus Abb. V.58b berechnete CD-Spektren für variable Gehalte an α-Helix und β-Faltblatt bei 20 % Zufallsknäuel (nach: N. Greenfield, G. Fasman, Biochemistry **8** (1969) 4108).

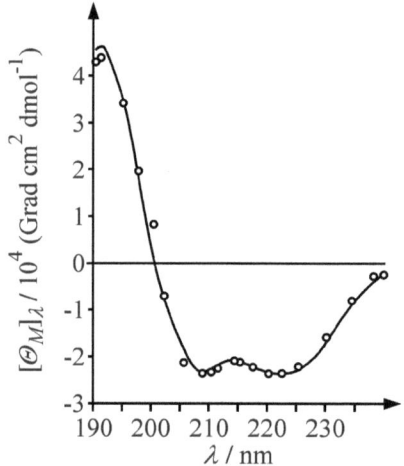

Abb. V.60: CD-Spektrum von Myoglobin (durchgezogene Linie) und die mit Hilfe der Daten aus Abbildung V.58b für einen Gehalt von 68,3 % α-Helix, 4,7 % β-Faltblatt und 27 % Zufallsknäuel berechneten Punkte (nach: N. Greenfield, G. Fasman, Biochemistry **8** (1969) 4108).

Zur Untersuchung kinetischer biochemischer Vorgänge, wie der Proteinfaltung und -entfaltung, können auch zeitabhängige CD-Studien durchgeführt werden. Der Prozess kann z. B. durch einen Temperatursprung oder durch schnelle Zugabe von Guanidinhydrochlorid (GuHCl) in einer *stopped-flow*-Apparatur (s. Kap. VI) initiiert werden.

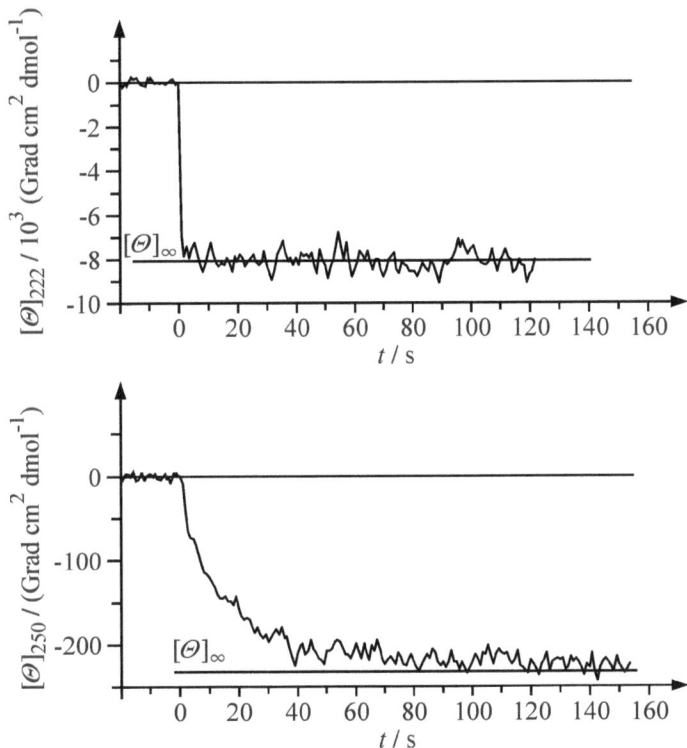

Abb. V.61: Zeitabhängigkeit der molaren Elliptizität von Lysozym bei zwei verschiedenen Wellenlängen, bei $T \approx 278$ K und pH $\approx 1{,}6$. Die Rückfaltung des Proteins wird durch einen GuHCl-Konzentrationssprung von 6,0 M auf 0,3 M ausgelöst (nach: K. Kuwajima, Y. Hiraoka, M. Ikeguchi, S. Sugai, Biochemistry **24** (1985) 874).

Abbildung V.61 zeigt typische kinetische CD-Kurven bei der Rückfaltung von Lysozym, die durch Verdünnung des mit 6 M GuHCl-Lösung denaturierten Proteins ausgelöst wurde. Deutlich erkennt man die unterschiedlich schnellen Kinetiken der bei den zwei verschiedenen Wellenlängen gemessenen CD-Kurven. Die CD-Kurve bei 222 nm, welche die Änderungen der Sekundärstruktur des Proteinrückgrates detektiert, ist innerhalb der Totzeit des Experiments schon abgeklungen, während die Elliptizität für 250 nm, die Änderungen der Seitenketten-Tertiärstruktur erfasst, erst nach etwa 1 min einen Plateauwert erreicht. Diese Art von kinetischen Untersuchungen helfen, den Mechanismus der Proteinfaltung besser zu verstehen und evtl. auftretende Zwischenstufen zu detektieren.

In jüngerer Zeit wurde der zur Verfügung stehende Spektralbereich in das Infrarote (VCD, Vibrational CD) sowie auch in das ferne UV (Vakuum-UV CD) durch Verwendung von Synchrotronstrahlungsquellen ausgedehnt. Hierdurch wird eine eindeutigere Sekundärstrukturzuordnung für Proteine möglich (siehe z. B. G. D. Fasman (Ed.), Circular Dichroism and the Conformational Analysis of Biomolecules, Plenum Press, New York, 1996; A. J. Miles, B. A. Wallace, Chem. Soc. Rev. **35** (2006) 39).

5. Fluoreszenzspektroskopie

Wie im Kapitel Elektronenspektroskopie ausgeführt, geschieht die Absorption eines Lichtquants sehr schnell (10^{-15} s), d. h., man erhält in der Absorptionsspektroskopie nur einen Schnappschuss der Eigenschaften der Moleküle in Lösung. Ein durch Absorption eines Photons angeregtes Molekül wird nun versuchen, diese überschüssige Energie wieder abzugeben. Geschieht diese Desaktivierung durch Aussenden elektromagnetischer Strahlung von einem angeregten Singulettzustand, nennt man diesen Prozess Fluoreszenz (Abb. V.62). Dabei handelt es sich um eine kurzlebige Emission im ns-Bereich.

Da für die Fluoreszenz sehr empfindliche Detektionsmethoden zur Verfügung stehen und die Frequenzen der absorbierten Strahlung i. Allg. nicht mit denen der Fluoreszenzstrahlung übereinstimmen, ist zumeist nur sehr wenig Probenmaterial (ca. 10^{-8} M Lösungen) für Fluoreszenzuntersuchungen notwendig. Die Fluoreszenzspektroskopie stellt somit eine sehr empfindliche Messmethode dar. Sie ist um mehrere Größenordnungen empfindlicher als die Absorptionsspektroskopie.

5.1 Grundlagen der Fluoreszenzspektroskopie

Eine Besonderheit der Fluoreszenz liegt darin, dass es bis zur Aussendung der Strahlung von einem angeregten Molekül relativ lange dauern kann (ca. 10^{-8} s). In dieser Zeitspanne kann das elektronisch angeregte Molekül seine Lage im Raum ändern oder auch mit der Umgebung wechselwirken. Somit hängt das emittierte Licht neben der Molekülumgebung auch von den dynamischen Eigenschaften des Biomoleküls zu diesem Zeitpunkt ab.

Es geben jedoch nicht alle angeregten Moleküle die ihnen zugeführte Energie durch Lichtemission ab. Zur quantitativen Beschreibung der Fluoreszenz ist es daher notwendig, alle Desaktivierungsprozesse zu berücksichtigen. Die möglichen Mechanismen lassen sich in einem Energieterm-Schema zusammenfassen, dem sog. JABLONSKI-Diagramm (Abb. V.63).

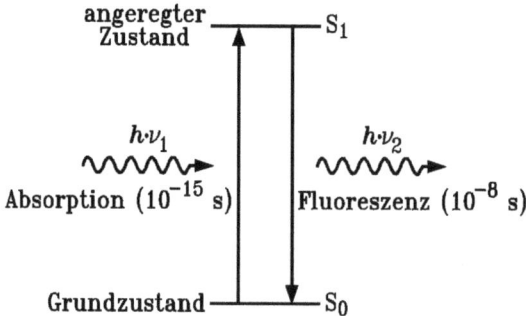

Abb. V.62: Stark vereinfachtes Energieniveauschema zur Verdeutlichung von Absorption und Fluoreszenz elektromagnetischer Strahlung (S_0 elektronischer Grundzustand, S_1 angeregter elektronischer Singulett-Zustand).

5. Fluoreszenzspektroskopie 291

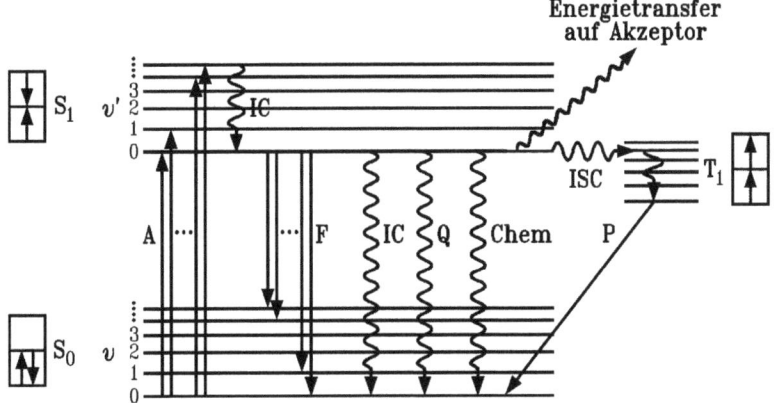

Abb. V.63: Mögliche Relaxationsprozesse eines nach einer Aktivierung durch Lichtabsorption A angeregten Fluorophors in einem Energieniveauschema (JABLONSKI-Diagramm). Der Grundzustand S_0 besitzt 2 Elektronen mit entgegengesetztem Spin (↑↓). Bei Anregung in die nächst höheren elektronischen Zustände gibt es die Möglichkeit, dass die Spins ihre entgegengesetzte Orientierung beibehalten (Singulett-Zustand S_1) oder aber aufgrund inter- oder intramolekularer Wechselwirkung eine parallele Orientierung (↑↑) in unterschiedlichen Energieniveaus annehmen (Triplett-Zustand T_1).

Die Moleküle befinden sich vor der Anregung im Schwingungsgrundzustand $v = 0$ des elektronischen Grundzustandes S_0. Durch Lichtabsorption (A) gelangen die Fluorophore in angeregte Zustände, und zwar - gemäß den zugehörigen FRANCK-CONDON-Faktoren - in verschiedene Schwingungszustände v' des ersten elektronisch angeregten Zustandes S_1 (oder auch in höher liegende Zustände S_2 etc.). Die Absorption erfolgt dabei sehr schnell. Sie besitzt eine Geschwindigkeitskonstante im Bereich $k_A = 10^{15}$ s^{-1} (d. h., ein Absorptionsprozess dauert im Mittel $\tau_A = 1/k_A = 10^{-15}$ s). Aus diesen Zuständen heraus erfolgen nun die verschiedenen im Folgenden beschriebenen Desaktivierungsprozesse: Zunächst gelangen die angeregten Moleküle in den untersten Schwingungszustand des ersten elektronisch angeregten Zustandes $S_1(v'=0)$. Die überschüssige Energie geben sie dabei durch Stöße mit den umgebenden Lösungsmittelmolekülen ab. Die Geschwindigkeitskonstante dieses als *innere Umwandlung* (engl.: *internal conversion*, IC) bezeichneten Prozesses kann man bei Kenntnis der Stoßzahlen der Teilchen, d. h. der mittleren Anzahl der Stöße pro Zeiteinheit, abschätzen. Die Stoßzahl mit Wassermolekülen beträgt etwa 10^{11}-10^{12} s^{-1}, und genau von dieser Größenordnung ist die Schwingungsrelaxationskonstante k_{IC}. In etwa 10^{-11} s wird somit die überschüssige Schwingungsenergie an die Umgebung abgegeben. Aus dem $S_1(v'=0)$-Zustand kann eine Relaxation in den elektronischen Grundzustand ebenfalls über *internal conversion* erfolgen. Da die Energiedifferenz zum elektronischen Grundzustand jedoch i. Allg. relativ groß ist, erfolgt sie hier wesentlich langsamer. Sie liegt im Bereich der Geschwindigkeitskonstanten der Fluoreszenz k_F, welche Werte um 10^8 s^{-1} annimmt.

Die *Fluoreszenz* geht ebenfalls vom $S_1(v'=0)$-Niveau aus. Bei der Desaktivierung durch Fluoreszenz (F) kann das Molekül in ein höheres Schwingungsniveau des elektronischen Grundzustandes gelangen - die Wahrscheinlichkeit des entsprechenden Übergangs hängt wieder von dem zugehörigen FRANCK-CONDON-Faktor ab. Dadurch erscheint das Fluoreszenlicht im Vergleich zum absorbierten Licht bei größeren Wellenlängen, ist also rotverschoben.

Ein weiterer Konkurrenzprozess zur Fluoreszenz ist die *Energieübertragung* auf ein benachbartes Molekül, z. B. durch Stoß, wobei die Emission von Licht unterbleibt; man sagt, die Fluoreszenz wird gelöscht (engl.: *quenching*). Der angeregte Fluorophor X* geht dabei kurzfristig einen Stoßkomplex mit dem Quenchpartner Q ein:

$$X^* + Q \rightarrow [XQ]^* \tag{V.33}$$

Für Q = X wird der Komplex Excimer, für Q ≠ X Exciplex genannt. Dieser Komplex besitzt nun ganz andere Energieniveaus als der Fluorophor X und wird daher Fluoreszenzstrahlung ganz anderer Frequenz aussenden:

$$[XQ]^* \rightarrow X + Q + h\nu_3 \tag{V.34}$$

Der Komplex kann seine Energie jedoch auch strahlungslos abgeben, wodurch die Fluoreszenz unterdrückt wird:

$$[XQ]^* \rightarrow X + Q + \text{Wärme} \tag{V.35}$$

Damit es jedoch zur Bildung des Stoßkomplexes zwischen angeregtem Fluorophor und Quencher kommt, müssen beide während der Fluoreszenzlebensdauer $\tau_F = 1/k_F$, also innerhalb von etwa 10^{-8} s, miteinander stoßen. Ihr Abstand darf somit einen gewissen Wert nicht überschreiten.

In Lösung bewegen sich die beiden Moleküle nicht direkt aufeinander zu, sondern legen aufgrund der vielen Stöße (BROWNsche Molekularbewegung) einen komplizierten Weg zurück (Abb. V.64), den man mit Hilfe des zweiten FICKschen Gesetzes (Gl. III.22) berechnen kann. Setzt man für die Zeit die mittlere Fluoreszenzlebensdauer τ_F und für den Diffusionskoeffizienten eines kleineren Moleküls $D = 5 \cdot 10^{-10}$ m^2 s^{-1} ein, erhält man für den im Mittel zurückgelegten Weg innerhalb τ_F etwa 5 nm. Wird die Quencherkonzentration so groß gewählt, dass im Mittel der Abstand zwischen Fluorophor und Quencher diesem Wert entspricht, kann die Fluoreszenz gelöscht werden.

Eine weitere Möglichkeit der Desaktivierung ist der *Singulett-Singulett-Energietransfer*, auch FÖRSTER-Transfer genannt. Bei diesem Prozess wird die Energie von dem angeregten Fluorophor X* auf ein anderes Teilchen Y übertragen (X*+Y → X+Y*). Mit Hilfe dieses Effektes kann, wie später gezeigt wird, der Abstand zwischen Chromophoren bestimmt werden.

Beim *Interkombinationsübergang* (engl.: *intersystem crossing*, ISC) gelangt der angeregte Fluorophor durch Spinumkehr strahlungslos in höhere Schwingungszustände des elektronischen Triplettzustandes T_1. Streng genommen ist dieser Übergang in einfachster Näherung quantenmechanisch verboten, bei geringen Energiedifferenzen zwischen T_1- und S_1-Zuständen erfolgt er aber in merklichem Ausmaß ($k_{ISC} \approx 10^8$ s^{-1}). Durch IC wird auch dort der Schwingungsgrundzustand erreicht. Die erneute Spinumkehr in den S_0-Grundzustand ist wiederum verboten, so dass die Relaxation in den Singulett-Grundzustand S_0 langsam erfolgt. Dieser Übergang ist wiederum mit Lichtemission verbunden, der sogenannten *Phosphoreszenz* P. Ihre Geschwindigkeitskonstante k_P liegt i. Allg. im Bereich von 10^{-2} bis 10^2 s^{-1}. Da der T_1-Zustand energieärmer ist als der S_1-Zustand, erscheint Phosphoreszenzlicht gegenüber dem Fluoreszenzlicht deutlich rotverschoben.

5. Fluoreszenzspektroskopie

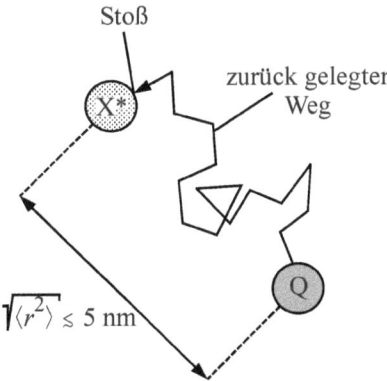

Abb. V.64: Schematische Darstellung der Bewegung eines Quenchermoleküls Q zu einem angeregten Molekül X*. Zur Zeit t nehmen beide im Mittel den Abstand $<r^2>^{1/2}$ ein.

Als letzter Relaxationskanal sei schließlich noch die Ausnutzung des Anregungslichts für *chemische Reaktionen* (Chem) genannt. Ein Beispiel hierfür ist die erste Stufe des Sehprozesses. Der lichtempfindliche Teil in den Stäbchenzellen der Netzhaut ist Rhodopsin, welches aus dem Protein Opsin (absorbiert nicht im sichtbaren Spektralbereich) und 11-*cis*-Retinal besteht. Als Start der Sehkaskade absorbiert Retinal ein Photon. Die dabei aufgenommene Energie wird nun nicht einfach wieder abgegeben, sondern zu einer Isomerisierungsreaktion genutzt. Aus dem 11-*cis*-Retinal wird *all-trans*-Retinal (Abb. V.17). Ein weiteres wichtiges Beispiel ist natürlich auch die Photosynthese. Ohne diese lichtgetriebene chemische Reaktion, bei der aus CO_2 und H_2O Glucose und O_2 gebildet werden, wäre Leben - wie wir es kennen - auf unserem Planeten nicht möglich.

Lumineszenz kann auch von einer enzymatischen Reaktion herrühren (sog. *Biolumineszenz*). In Leuchtkäfern (Glühwürmchen) reagiert Luciferin in Anwesenheit des Enzyms Luciferase mit ATP und Sauerstoff zu Oxyluciferin, wobei Licht mit einer Wellenlänge von etwa 560 nm ausgesandt wird.

Wir haben gesehen, dass eine Vielzahl von Desaktivierungsprozessen mit der Fluoreszenz konkurrieren kann. Sie lassen sich z. T. - wie die Fluoreszenzstrahlung selbst - als Hilfsmittel zur Untersuchung der Konformation, Umgebung und Dynamik der Fluorophore einsetzen.

5.2 Messmethoden in der Fluoreszenzspektroskopie

Aus der Messung der Fluoreszenzstrahlung eines Moleküls lassen sich Aussagen über die Eigenschaften des angeregten Fluorophors und seiner Umgebung innerhalb seiner Lebensdauer von etwa 10^{-8} s erhalten. Dabei können folgende Prozesse eine Rolle spielen und untersucht werden:

- Stoßprozesse, d. h. Löschung (*quenching*) oder Excimerbildung
- Energietransfer
- Lösungsmittelrelaxation
- Fluorophorrotation

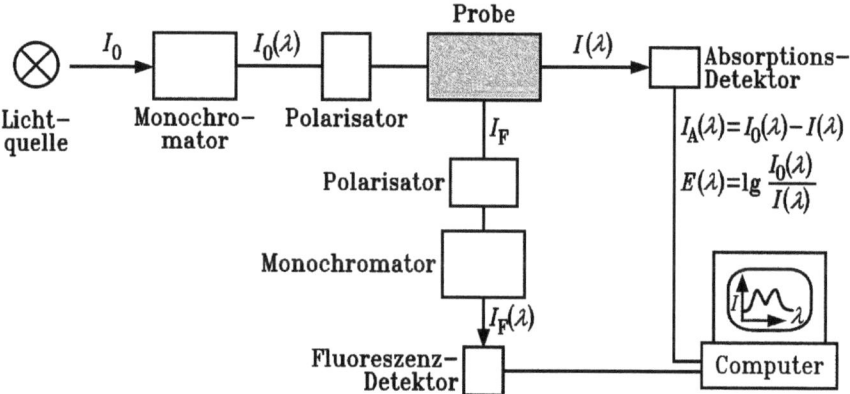

Abb. V.65: Schematische Darstellung einer Apparatur zur statischen Messung von Absorption und Fluoreszenz. Im dynamischen Experiment werden Lampe und zugehöriger Monochromator durch einen gepulsten Laser (oder Lampe mit POCKELS-Zelle) ersetzt (I_0 eingestrahlte Lichtintensität, I_F Fluoreszenzintensität, I Intensität der transmittierten Photonen, I_A Intensität der absorbierten Photonen).

Die Untersuchung dieser Prozesse kann wertvolle Hinweise auf die Umgebung und die Dynamik des Fluorophors, welcher meist Bestandteil eines größeren Biomoleküls ist, geben. Hierzu werden die beiden folgenden Messverfahren eingesetzt.

Statische Fluoreszenzmessung
Mit einem Fluorometer (Abb. V.65) wird die Fluoreszenzstrahlung statisch gemessen. Dabei wird kontinuierlich monochromatisches Licht, welches auch polarisiert werden kann, in eine Probe eingestrahlt. Senkrecht zur Anregungsstrahlung wird die Intensität des emittierten Fluoreszenzlichts, ebenfalls wellenlängen- und, wenn nötig, polarisationsabhängig mit einem Photomultiplier gemessen. Gleichzeitig kann die Absorption der Probe gemessen werden. Messgrößen sind somit die wellenlängenabhängige Fluoreszenzintensität $I_F(\lambda)$, die Intensität des absorbierten Lichts $I_A(\lambda)$ bzw. die Extinktion $E(\lambda)$, die Quantenausbeute der Fluoreszenz (das Verhältnis von emittiertem zu absorbiertem Licht, I_F/I_A) sowie Polarisationseffekte. Eine lineare Abhängigkeit der Fluoreszenz- von der Absorptionsintensität ist nur für ausreichend verdünnte Proben mit Extinktionen bis etwa $E = 0{,}05$ gegeben. Wenn die Fluorophorkonzentration zu hoch ist, kann es zur Reabsorption der emittierten Strahlung kommen. Die Fluoreszenzintensität ist i. Allg. stark temperaturabhängig, da der Beitrag der strahlungslosen Relaxationsprozesse mit zunehmender Temperatur größer wird.

Dynamische Fluoreszenzmessung
Die zeitaufgelöste Fluoreszenzspektroskopie gestattet es, schnelle Reaktionen und dynamische Bewegungen im µs- bis ps-Bereich zu studieren. Untersuchungen der Abklingzeiten angeregter elektronischer Zustände von Fluorophormolekülen, die durch Resonanz-Energietransfer, Lösungsmittelrelaxation, dynamisches Quenching, Protonen-Transfer oder Rotationsdiffusion bedingt sind, können detaillierte Informationen über die Dynamik und Struktur des Fluorophors und seine Umgebung liefern. Die Entwicklung zeitauflösender Fluoreszenzspektrometer für die Untersuchung dynamischer Eigenschaften von Membranen und Proteinen wurde in den letzten Jahren wesentlich vorangetrieben. Dabei konnte die Messgenauig-

5. Fluoreszenzspektroskopie

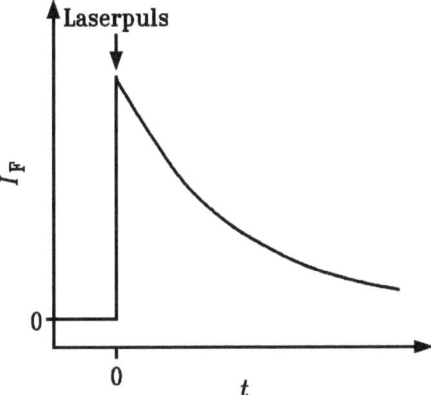

Abb. V.66: Schematische Darstellung der Intensitätsabnahme des Fluoreszenzlichtes $I_F(t)$ als Funktion der Zeit t nach Anregung der Probe mit einem Laserlichtpuls zur Zeit $t = 0$. Aus ihr lässt sich die Lebensdauer τ des angeregten elektronischen Zustandes bestimmen.

keit im Nano- bis Pikosekundenbereich durch den Einsatz von ps-Farbstofflasern mit hoher Repetitionsrate und entsprechend schnellen Detektoren erheblich verbessert werden. Als Detektoren werden Photomultiplier, Lawinenphotodioden (engl.: *avalanche photodiode*, APD) oder Streakkameras verwendet. Zwei Arten von Techniken werden eingesetzt: Die Puls- bzw. Zeitdomänen-Technik und die Phasenmodulations- bzw. Frequenzdomänen-Technik. Die Zeitdomänen-Technik (s. Abb. V.66) wird in der Regel mit Hilfe der *single photon counting*-Messmethode durchgeführt, bei der mit einer gepulsten Lichtquelle - einer Nanosekunden-Blitzlampe, einem Laser oder mit einer Synchrotronquelle - gearbeitet wird (s. Lakowicz, 1991, 2006; Valeur, 2002).

Bei den *Pulsverfahren* unterscheidet man Einzelpulsmethoden (Laseranregung, Detektion mittels Photomultiplier und Speicherung mit einem Transientenrekorder oder Detektion mittels Streak-Kamera, deren Leuchtstreifen in einem optischen Vielkanalanalysator abgespeichert wird) und Vielfachpulsmethoden. Die *zeitkorrelierte Einzelphotonenzählung* (engl.: *time correlated single photon counting*, TCSPC) ist eine statistische Methode, die darauf beruht, dass jeweils nur ein Photon am Detektor gemessen wird. Durch eine Lichtquelle, die intensive Pulse möglichst kurzer Dauer (ns, ps) mit hoher Repetitionsrate (z. B. einige 10 MHz) erzeugt, wird die Probe zur Fluoreszenz angeregt. Von jedem Anregungspuls wird ein geringer Teil ausgeblendet und über einen Photoempfänger ein elektrischer Impuls erzeugt, der als Startsignal für einen Zeit-Amplituden-Wandler (engl: *time-to-amplitude converter*, TAC) dient. Im TAC wächst linear mit der Zeit eine Spannung an, bis ein Stoppsignal, das von der Detektion des emittierten Fluoreszenzphotons herrührt, eintrifft. Die Spannungshöhe am Ausgang des TAC ist somit der Zeitdifferenz zwischen Start- und Stoppsignal proportional. Der TAC-Impuls wird entsprechend seiner Spannung in einen Kanal eines Vielkanalanalysators (*multichannel analyzer*, MCA) einsortiert und dort als Ereignis (*count*) abgespeichert. Nach der Messung einer genügend großen Zahl von TAC-Impulsen geben die *counts* der Kanäle des MCA die gesuchte Fluoreszenzabklingkurve wieder.

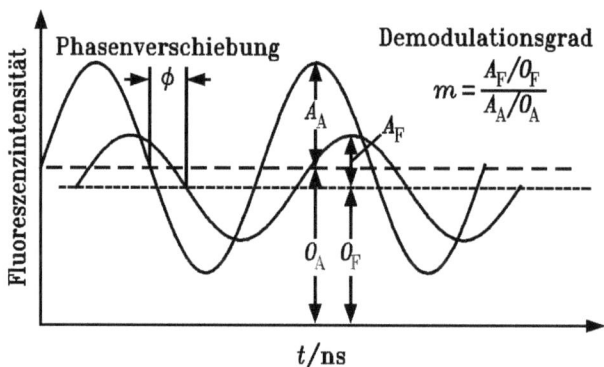

Abb. V.67: Frequenzantwort der Fluoreszenzstrahlung auf eine Anregung mit der Kreisfrequenz ω in einem Phasenfluorometer (Frequenzdomänen-Technik). Zur Bestimmung der Fluoreszenzlebensdauer mittels moduliertem Anregungslicht (Lichtwelle mit großer Amplitude A_A, offset O_A) wird die Phasenverschiebung ϕ und der Demodulationsgrad m ermittelt. Das phasenverschobene Fluoreszenzlicht besitzt eine kleinere Amplitude A_F relativ zum offset O_F.

Die zweite Methode, die eines *Phasenfluorometers*, beruht auf der Amplituden- und Phasenbeziehung zwischen anregendem und emittiertem Licht. Hauptunterschied zur Zeitdomänen-Technik ist die kontinuierliche Bestrahlung der Probe durch Licht, welches in seiner Intensität sinusförmig moduliert wird, typischerweise im Bereich von 1-300 MHz. Die Fluoreszenzantwort ist entsprechend der Anregung mit derselben Kreisfrequenz ω moduliert, aber sie ist im Vergleich zur Anregungsfrequenz zeitlich verschoben (mit Phasenverschiebung ϕ), und die Intensitätsamplitude ist relativ zur mittleren Intensität verringert, was als Demodulation bezeichnet wird (Abb. V.67). Phasenverschiebung und Demodulationsgrad werden üblicherweise bei mehreren Frequenzen gemessen. Das Fluoreszenzlicht erscheint aufgrund der endlichen Lebensdauer des angeregten elektronischen Zustandes verzögert, d. h. relativ zum Anregungslicht um den Phasenwinkel ϕ phasenverschoben. Der Demodulationsgrad m (Abb. V.67) des emittierten Lichts ändert sich, da noch nicht alle angeregten Chromophore in den elektronischen Grundzustand übergegangen sind. Aus beiden Größen lässt sich die Lebensdauer des angeregten Zustandes τ bestimmen:

$$\tan\phi = \omega\tau_\phi \tag{V.36}$$

$$m = \frac{A_F/O_F}{A_A/O_A} = \frac{1}{\left(1+\omega^2\tau_m^2\right)^{1/2}} \tag{V.37}$$

($\omega = 2\pi\nu$ Modulationskreisfrequenz; $\tau_F = \tau_\phi = \tau_m$ für eine monoexponentiell abklingende Fluoreszenzintensität).

Für jede Modulationskreisfrequenz wird die Phasenverschiebung ϕ und der Demodulationsgrad m bestimmt. Die Phasenverschiebung wird in Winkeleinheiten angegeben. Sie nimmt mit zunehmender Frequenz von 0° auf 90° zu. Der Demodulationsgrad ist dimensionslos und nimmt mit zunehmender Frequenz von maximal 1 (100 %) auf minimal 0 (0 %) ab (Abb. V.68). Liegt ein komplexer zeitlicher Verlauf der Fluoreszenzstrahlung vor, z. B. wenn meh-

5. Fluoreszenzspektroskopie   297

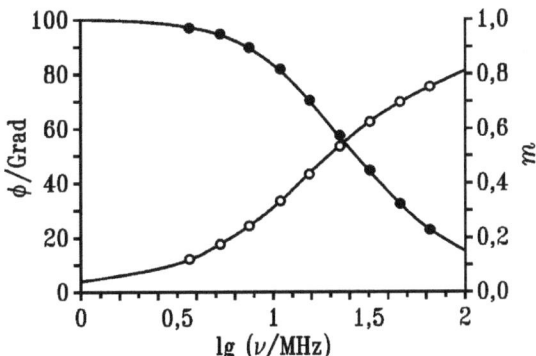

Abb. V.68: Demodulationsgrad m (●) und Phasenverschiebung ϕ (○) in Abhängigkeit der Frequenz ($\nu = \omega/2\pi$) des modulierten Anregungslichts für ein Fluorophor mit 10 ns Fluoreszenzlebensdauer.

rere Fluorophore Strahlung emittieren, ist $\tau_\phi < \tau_m$. Durch Variation der Modulationskreisfrequenz lassen sich mit dieser Methode die einzelnen fluoreszierenden Komponenten nebeneinander bestimmen.

5.3 Fluoreszenzspektren

Das Emissionsspektrum $I_F(\lambda)$ ist im Vergleich zum Absorptionsspektrum rotverschoben. Oft ist die Form des Emissionsspektrums spiegelbildlich zu der des Absorptionsspektrums. Dies ist dann der Fall, wenn Grund- und angeregter Zustand dieselbe Schwingungsfeinstruktur besitzen und somit die Absorptions- und Fluoreszenzübergangswahrscheinlichkeiten zu denselben FRANCK-CONDON-Faktoren proportional sind (Abb. V.69).

Die beiden Spektren überlappen in dem Bereich, der dem Übergang in den Schwingungsgrundzustand ($v = v' = 0$) entspricht. In der Regel sind die Schwingungsübergänge in Lösung nicht aufgelöst, und die Überlappung von Absorptions- und Fluoreszenzbande ist relativ groß. Dafür sind im Wesentlichen folgende Effekte verantwortlich:

- Durch Wechselwirkung zwischen den Fluorophoren und aufgrund von Lösungsmittelinhomogenitäten kann die Lage der Energieniveaus von Grund- und angeregtem Zustand beeinflusst werden. Dies führt dazu, dass ein Teil der Moleküle bei einer anderen Wellenlänge absorbiert bzw. fluoresziert als andere. Es resultiert eine Verbreiterung der Spektren.
- Grund- und angeregter Zustand eines Fluorophors besitzen i. Allg. ein unterschiedliches elektrisches Dipolmoment und wechselwirken damit unterschiedlich mit umgebenden polaren Lösungsmittelmolekülen (s. z. B. Abb. V.70). Das hat zur Folge, dass die (0→0)-Übergänge für Absorption und Fluoreszenz nicht zusammenfallen, und dass die Lage der Energieniveaus durch das umgebende Lösungsmittel unterschiedlich beeinflusst wird.

In einem polaren Lösungsmittel orientieren sich die Lösungsmitteldipole antiparallel zu dem Dipolmoment des Fluorophors (s. Abb. V.71). Im Gleichgewichtszustand nimmt die Gibbs-Energie einen minimalen Wert an. Durch die Absorption von Licht (in 10^{-15} s) ändert sich das elektrische Dipolmoment des Fluorophors in Stärke und Orientierung. Die Lösungsmittelmoleküle werden sich durch erneute Einstellung des Gleichgewichts dieser Lage anzupassen ver-

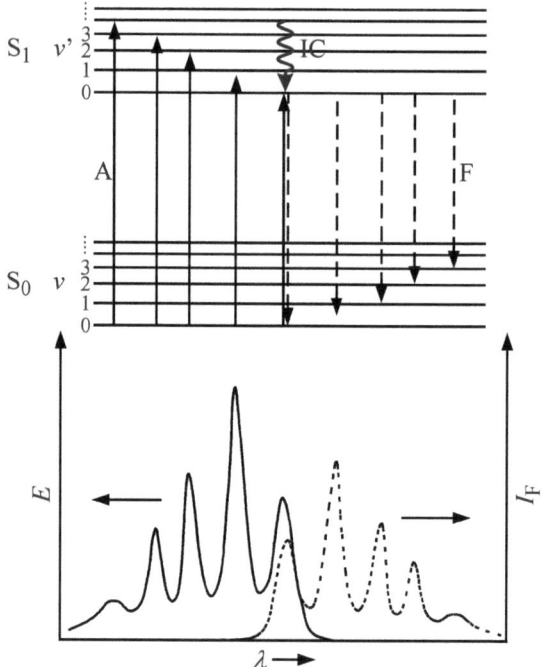

Abb. V.69: Schematische Darstellung der Absorptions (A)- und Fluoreszenz (F)-Übergänge eines Fluorophors (oben) und die zugehörigen schwingungsaufgelösten Spektren (unten).

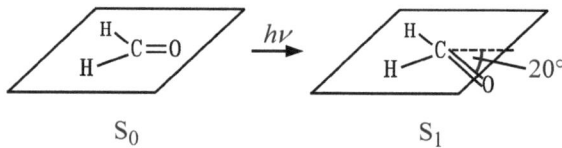

Abb. V.70: Die verschiedenen räumlichen Strukturen von Formaldehyd im elektronischen Grund- und angeregten Zustand. Im angeregten Zustand liegt das Molekül in einer gewinkelten Form vor und besitzt ein anderes elektrisches Dipolmoment. Dementsprechend wechselwirken beide Spezies unterschiedlich mit dem Lösungsmittel.

suchen. Dies nimmt jedoch etwa 10^{-10} s in Anspruch. Dadurch wird der S_1-Zustand stabilisiert und somit energetisch abgesenkt. Die Fluoreszenz erfolgt erst nach 10^{-8} s, so dass die Ausrichtung der Lösungsmittelteilchen schnell genug ist, um zu der Energieabsenkung zu führen. Nach der Emission besitzt der Fluorophor nun wieder das ursprüngliche Dipolmoment, aber die umgebenden Lösungsmittelmoleküle sind dazu nicht mehr energetisch günstig ausgerichtet. Aus diesem Grund liegt der erreichte Grundzustand etwas höher als der Gleichgewichtsgrundzustand. Das System relaxiert natürlich wieder in diesen Zustand. Als Ergebnis bleibt eine Rotverschiebung des Fluoreszenzlichts aufgrund der Wechselwirkung mit den Lösungs-

5. Fluoreszenzspektroskopie

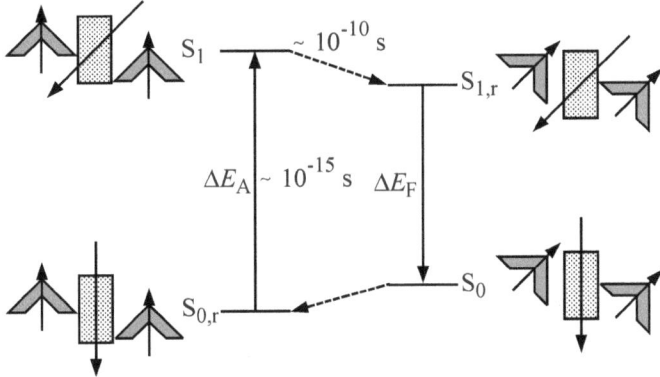

Abb. V.71: Erklärung der Rotverschiebung des Fluoreszenzspektrums eines Chromophors durch den Einfluss eines polaren Lösungsmittels (H$_2$O) im Energieniveauschema. Die H$_2$O-Moleküle und Fluorophore mit ihren Dipolmomenten sind nur schematisch angedeutet (S$_{0,r}$, S$_{1,r}$ relaxierter elektronischer Grund- und angeregter Zustand).

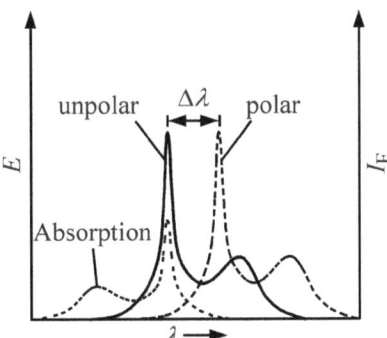

Abb. V.72: Schematische Darstellung eines Absorptions- und zweier Fluoreszenzspektren mit und ohne STOKES-Verschiebung $\Delta\lambda$, der Wellenlängendifferenz der Maxima von Absorptions- und Fluoreszenzspektrum.

mittelmolekülen, die zusätzlich zur Rotverschiebung durch IC (s. o.) auftritt. Man nennt sie STOKES-Verschiebung (Abb. V.72). Je größer die Polarität des Lösungsmittels, desto größer ist i. Allg. die Rotverschiebung der Spektren. Sie ist von der Größenordnung 20-50 nm.

Eine Verschiebung wird nicht oder nur in weitaus geringerem Maße beobachtet, wenn das Lösungsmittel unpolar ist oder sich seine Moleküle nicht schnell genug ausrichten können, wie etwa in hochviskosen Medien, z. B. in Gläsern oder im eingefrorenen Zustand. So sind Absorptions- und Fluoreszenzspektren bei 77 K (Flüssig-Stickstoff-Temperatur) gegenüber den Raumtemperaturspektren oft hypsochrom (blau) verschoben.

Tab. V.7: Rotverschiebung des Emissionsmaximums λ_F von Tryptophan in unterschiedlichen Lösungsmittelumgebungen.

Lösungsmittelumgebung	λ_F/nm
unpolar	~325
Wasser	~350

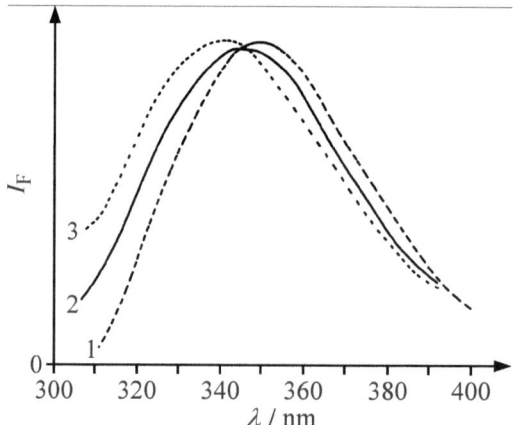

Abb. V.73: Fluoreszenzspektren von Seminalplasmin in wässriger Lösung mit unterschiedlichem Gehalt an DMPC-Vesikeln bei 306 K (in der flüssig-kristallinen Phase). 1: wässrige Lösung; 2: molares Verhältnis Lipid/Protein 50:1; 3: molares Verhältnis Lipid/Protein 200:1 (nach: H.-J. Galla, M. Warncke, K.-H. Scheit, Eur. Biophys. J. **12** (1985) 211).

Tabelle V.7 zeigt die Lage der Tryptophan-Fluoreszenzbande (z. B. eines Proteins) in unterschiedlicher dielektrischer Umgebung. Deutlich erkennbar ist die Wellenlängenverschiebung bei einer Proteindenaturierung. Tryptophan befindet sich im nativen Protein zumeist in einer unpolaren Umgebung. Durch Denaturierung kommen die Trp-Reste in Kontakt mit den polaren Wassermolekülen. Dadurch wird die Fluoreszenz rotverschoben. Das Emissionsspektrum ist oftmals ein guter Sensor der Mikroumgebung der Fluorophore.

Diesen Effekt der Verschiebung des Fluoreszenzspektrums zeigt auch Abbildung V.73. In diesem Beispiel ist die Fluoreszenz des antimikrobiell wirkenden Proteins Seminalplasmin, welches aus einer Kette von 48 Aminosäuren aufgebaut ist, zu sehen. Verantwortlich für die Fluoreszenz ist der eine im Molekül vorhandene Tryptophanrest. Während in wässriger Lösung das Fluoreszenzmaximum bei 350 nm liegt (Spektrum 1), verschiebt sich dieses bei Zugabe von DMPC-Vesikeln zu kürzeren Wellenlängen (Spektren 2 und 3). Ab einem molaren Verhältnis Lipid zu Protein von etwa 180:1 ändert sich die Lage des Maximums nicht mehr und bleibt auch bei weiterer Zugabe von DMPC bei ca. 340 nm. Diese Blauverschiebung ist

5.4 Fluorophore

Wir haben bisher schon einiges über die Fluoreszenzmessmethode, wenig aber über die untersuchten Moleküle erfahren. Im Folgenden werden einige der wichtigsten Fluorophore vorgestellt.

Intrinsische Fluorophore: Eine Reihe von Biomolekülen enthält bereits fluoreszierende Bestandteile; sie werden intrinsische Fluorophore genannt. So sind die Basen der Nucleinsäuren in der Lage, Fluoreszenzlicht zu emittieren. Leider geschieht dies nicht bei physiologischen Temperaturen, sondern erst bei relativ tiefen Temperaturen (Abb. V.74), bei denen der Anteil strahlungsloser Desaktivierung an den Relaxationskanälen drastisch herabgesetzt ist.

Proteine fluoreszieren, wenn sie Aminosäuren mit aromatischen Resten, also Tryptophan, Tyrosin oder Phenylalanin, enthalten. Diese drei Aminosäuren zeigen eine ausreichende Fluoreszenz (Abb. V.75, Tabelle V.8), wobei in Proteinen die des Tryptophans dominiert, da dessen Fluoreszenzquantenausbeute am größten ist und es zudem die Fluoreszenz von dem in der

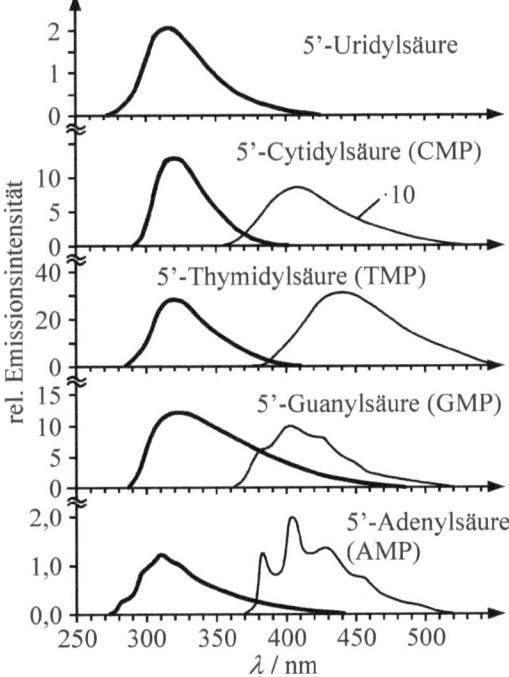

Abb. V.74: Fluoreszenz- (links) und Phosphoreszenzspektren der fünf Mononucleotide bei 80 K in Gläsern aus einer 1:1 Mischung Ethandiol/Wasser bei pH = 7 (nach: J. Eisinger, Photochem. Photobiol. **7** (1968) 597).

Regel in hohem Maß in Proteinen vorkommenden Tyrosin wirkungsvoll löscht (s. Vergleich der Quantenausbeuten der drei Aminosäuren in Wasser und Rinderserumalbumin in Tabelle V.9).

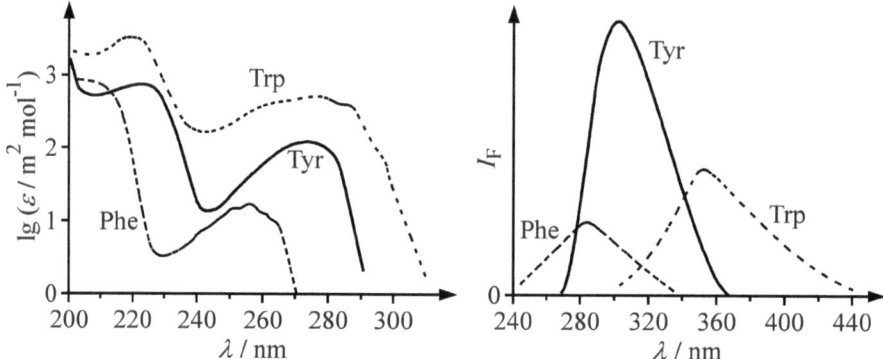

Abb. V.75: Absorptions- und Fluoreszenzspektren der aromatischen Aminosäuren Tryptophan, Tyrosin und Phenylalanin (nach: F. W. J. Teale, G. Weber, Biochem. J. **65** (1957) 476). Die Fluoreszenzlebensdauer der intrinsischen Fluorophore liegt bei $\tau_F < 6$ ns. In der Regel überwiegt die Fluoreszenzstrahlung der Tryptophanreste. Die Quantenausbeuten Q_F von Phenylalanin und Tyrosin sind oft sehr klein.

Tab. V.8: Fluoreszenzmerkmale von Nuclein- und Aminosäuren in Wasser bei pH = 7 ($\lambda_{A,max}$ Wellenlänge des Absorptionsmaximums, ε dekadischer Extinktionskoeffizient, $\lambda_{F,max}$ Wellenlänge des Fluoreszenzmaximums, Q_F Quantenausbeute, τ Fluoreszenzlebenszeit).

Chromophor	Absorption		Emission		
	$\lambda_{A,max}$/nm	$\varepsilon/10^3\,M^{-1}\,cm^{-1}$	$\lambda_{F,max}$/nm	Q_F	τ/ns
Uracil	260	9,5	308	$0,4\cdot10^{-4}$	<0,02
Adenin	260	13,4	321	$2,6\cdot10^{-4}$	<0,02
Cytosin	267	6,1	313	$0,8\cdot10^{-4}$	<0,02
Guanin	275	8,1	329	$3,0\cdot10^{-4}$	<0,02
NADH	340	6,2	470	0,02	0,4
Y-Base	330	1,3	460	0,07	6,3
Phenylalanin	257	0,2	282	0,04	6,4
Tyrosin	274	1,4	303	0,14	3,6
Tryptophan	280	5,6	348	0,20	2,6

5. Fluoreszenzspektroskopie

Tab. V.9: Quantenausbeuten der freien und in Rinderserumalbumin gebundenen Aminosäuren.

Aminosäure	frei	gebunden
Phenylalanin	0,04	0,00
Tyrosin	0,14	0,02
Tryptophan	0,20	0,47

Tab. V.10: Fluoreszenzeigenschaften und Einsatzbereiche einiger extrinsischer Fluorophore. Eingetragen sind die jeweiligen Werte für die Maxima von Absorption und Fluoreszenz (ANS 1-Anilino-naphthalin-8-sulfonat, FITC Fluoresceinisothiocyanat).

Substanz	Einsatzbereich	Absorption		Fluoreszenz		
		λ_A/nm	$\varepsilon/10^3\,M^{-1}\,cm^{-1}$	λ_F/nm	Q_F	τ/ns
Ethidiumbromid	Nucleinsäuren	515	3,8	600	~1	26,5
ANS	Proteine	374	6,8	454	0,98	16
Proflavinmono-semicarbazid	RNA	445	15	516	0,02	-
FITC	Proteine	495	42	516	0,3	4
Ethenoadenosin	Nucleinsäuren	300	2,6	410	0,40	26
Dansylchlorid	Proteine	330	3,4	510	0,1	13
Pyren und seine Derivate	Polarisationsuntersuchungen an großen Systemen	342	40	383	0,25	100

Extrinsische Fluorophore: Wenn man andere Biomoleküle mit Hilfe der Fluoreszenzspektroskopie untersuchen will, ist man auf den Einsatz von Fluoreszenzsonden angewiesen. Man gibt der Probe Fluorophore zu, welche sich entweder nicht-kovalent an ein Biomolekül anlagern, oder aber kovalent an es gebunden werden. Abbildung V.76 zeigt die Strukturen einiger wichtiger extrinsischer Fluorophore, einige ihrer Fluoreszenzeigenschaften sind in Tabelle V.10 zusammengestellt.

Ein auch in der Molekular- und Zellbiologie häufig verwendeter Fluorophor ist das grün fluoreszierende Protein (engl.: *green fluorescent protein*, GFP). Es ist ein erstmals 1961 beschriebenes Protein aus der Qualle *Aequorea victoria*, das bei Anregung mit blauem oder ultraviolettem Licht grün fluoresziert. Es kann mit beliebigen anderen Proteinen mit Hilfe molekularbiologischer Verfahren fusioniert werden. Zur Herstellung der GFP-Fusionsproteine wird die DNA des zu untersuchenden Proteins mit der GFP-DNA verbunden und in eine Form gebracht, die von der Zelle aufgenommen werden kann, so dass die Zelle das Fusionsprotein selbstständig herstellt. Auf diese Weise liegt das zu untersuchende Protein in der Zelle mit GFP extrinsisch markiert vor. Mittels Fluoreszenzmikroskopie kann dann dessen räumliche

a)

Ethidiumbromid   ANS   Acridinorange

Diphenylhexatrien (DPH)   Proflavinmonosemicarbazid

Fluoresceinisothiocyanat (FITC)   Ethenoadenosin   Dansylchlorid

1-Stearoly-2-[10-(1-pyren)decanoyl]-glycero-3-phosphatidylcholin

b)

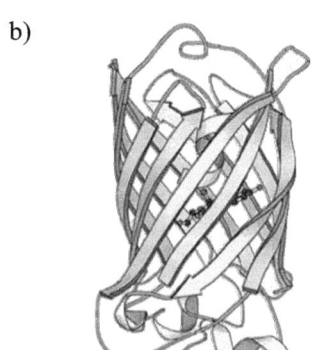

Abb. V.76: a) (linke Seite) Strukturen verschiedener extrinsischer Fluorophore; b) Struktur des grün fluoreszierenden Proteins GFP. GFP besitzt eine einzigartige Zylinder-Struktur, die aus einer α-Helix und 11 β-Faltblättern besteht. Die β-Faltblätter umgeben die α-Helix, in der sich der Fluorophor befindet, der im Zentrum des Zylinders lokalisiert ist (nach: R. Y. Tsien, Annu. Rev. Biochem. **67** (1998) 509).

Verteilung in der Zelle in Abhängigkeit der Zeit visualisiert und studiert werden. Die Primärstruktur des GFP besteht aus 238 Aminosäuren. Die eigentlich fluoreszierende Gruppe im GFP, 4-(p-Hydroxybenzyliden)-imidazolidin-5-on, bildet sich autokatalytisch aus der Tripeptidsequenz Ser_{65}-Tyr_{66}-Gly_{67} innerhalb der Polypeptidkette. In seinem Ursprungsorganismus erhält GFP seine Anregungsenergie durch strahlungsfreien Energietransfer vom Photoprotein Aequorin. In Anwendungen wird GFP optisch angeregt. Das unmodifizierte, natürlich vorkommende GFP hat zwei Anregungsmaxima (bei 395 nm und 475 nm), die Emissionswellenlänge liegt bei 509 nm. Mittlerweile gibt es viele modifizierte Versionen des Original-GFP, die etwas andere Fluoreszenzeigenschaften aufweisen. Entsprechend ihrer Farbe heißen diese z. B. CFP (*cyan*) oder YFP (*yellow*). Im Jahr 2008 wurde der Nobelpreis für Chemie für die Entdeckung und Weiterentwicklung des grün fluoreszierenden Proteins an O. SHIMOMURA, M. CHALFIE und R. TSIEN verliehen. Von Bedeutung sind auch fluoreszierende Proteine aus Korallen, wie das rot fluoreszierende Protein drFP583 (aus *Discosoma*), Handelsname DsRed.

5.5 Fluoreszenzquantenausbeute und -lebensdauer

Die Informationen über die Mikroumgebung des Fluorophors stecken im Wesentlichen in der sogenannten Quantenausbeute und der Fluoreszenzlebensdauer, d. h. in dem Anteil des absorbierten Lichts, welches als Fluoreszenz emittiert wird, und der mittleren Lebensdauer des angeregten Zustands, bevor er unter Aussendung eines Photons in den Grundzustand relaxiert. Wir werden nun erörtern, wie diese Größen erhalten werden können.

Statische Messmethode: Im JABLONSKI-Diagramm (Abb. V.63) erkennt man die Vielzahl der Relaxationskanäle, die in Konkurrenz zur Fluoreszenz stehen. Durch Absorption werden $N^*(t)$ Teilchen angeregt. Mit Ausnahme der Fluoreszenzrelaxationsrate k_F fassen wir alle anderen Geschwindigkeitskonstanten k_i (also z. B. k_{IC} für die innere Umwandlung (*internal conversion*) und k_{ISC} für *intersystem crossing*) zusammen:

$$k = \sum_{i \neq F} k_i \tag{V.38}$$

Bei der statischen Messmethode wird kontinuierlich Licht in die Probe eingestrahlt. Uns interessiert nun, wie sich die Konzentration der elektronisch angeregten Teilchen mit der Zeit ändert, wir fragen also nach der Ableitung $dN^*(t)/dt$. Zunächst wird $N^*(t)$ durch die Lichtabsorption bestimmt. I_A ist die Zahl der absorbierten Photonen pro Zeiteinheit (Sekunde). Durch die verschiedenen Relaxationsprozesse nimmt $N^*(t)$ jedoch ab, und man erhält:

$$\frac{dN^*(t)}{dt} = I_A - (k_F + k) \cdot N^*(t) \tag{V.39}$$

wobei $(k_F+k) \cdot N^*(t)$ die Zahl der pro Zeiteinheit desaktivierten Moleküle darstellt. Bei statischen Messbedingungen ist bereits nach kurzer Zeit der quasistationäre Gleichgewichtszustand erreicht und die Konzentration der angeregten Teilchen bleibt konstant. Den Differentialausdruck in Gleichung V.39 können wir also gleich null setzen. Es ergibt sich:

$$I_A = (k_F + k) \cdot N^* \tag{V.40}$$

Die Zahl N^* der angeregten Moleküle ist jetzt nicht mehr zeitabhängig. Durch die kontinuierliche Lichtabsorption bei gleichzeitiger Relaxation bleibt sie konstant. Der Ausdruck $k_F \cdot N^*$ stellt die Anzahl der Fluoreszenzübergänge pro Zeiteinheit dar. Für die *Fluoreszenzquantenausbeute* Q_F (engl.: *fluorescence quantum yield*) erhalten wir somit:

$$Q_F = \frac{I_F}{I_A} = \frac{k_F \cdot N^*}{I_A} \tag{V.41}$$

Einsetzen von Gleichung V.40 liefert:

$$Q_F = \frac{k_F}{k + k_F} \tag{V.42}$$

In dieser Beziehung erscheinen dann nur noch die einzelnen Relaxationsgeschwindigkeitskonstanten. Die Fluoreszenzquantenausbeute kann maximal gleich eins (100 %) werden, und zwar dann, wenn k gegen null geht, d. h. die strahlungslose Desaktivierung keine Rolle spielt. Die Farbstoffe Fluorescein und Rhodamin haben z. B. Q_F-Werte nahe eins. Man erhält Q_F aus der Fläche unter dem Fluoreszenzspektrum ($I_F(\nu)$) bei gleichzeitiger Kenntnis der Extinktion der Probe. Oft wird relativ zu einem Referenzmolekül, wie z. B. Chinindisulfat oder Fluorescein, gemessen, deren absolute Quantenausbeute genau bekannt ist.

Dynamische Messmethode: Durch die Bestrahlung einer fluoreszierenden Messprobe mit einem ns-Lichtpuls wird der elektronisch angeregte Zustand S_1 mit N_0^*-Teilchen besetzt. Mit der Zeit nimmt die Anzahl der angeregten Moleküle aufgrund der Desaktivierungsprozesse ab, und zwar nach:

$$-\frac{dN^*(t)}{dt} = (k_F + k) \cdot N^*(t) \tag{V.43}$$

Diese Differentialgleichung ist mit der Nebenbedingung $N^*(t=0) = N_0^*$ einfach durch Integration lösbar. Man erhält für die Konzentration angeregter Moleküle zum Zeitpunkt t:

5. Fluoreszenzspektroskopie

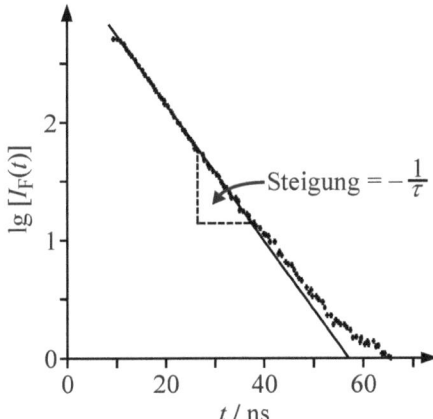

Abb. V.77: Halblogarithmische Darstellung der Fluoreszenzabnahme der Y-Base in Hefe-tRNA[Phe]. Nach der elektronischen Anregung durch den Anregungspuls nimmt die Fluoreszenz in dieser Darstellung linear mit der Zeit ab (nach: C. R. Cantor, T. Tao, in *Procedures in Nucleic Acid Research*, Vol. 2, S. 31, Haper & Row, New York, 1971).

$$N^*(t) = N_0^* \cdot e^{-(k_F+k)t} = N_0^* \cdot e^{-t/\tau} \tag{V.44}$$

$\tau = 1/(k_F+k)$ ist die Fluoreszenzlebensdauer, d. h. die Zeit, nach der noch 1/e (ca. 37 %) der Moleküle im angeregten Zustand sind ($\tau_n = 1/k_F$ nennt man natürliche oder intrinsische Fluoreszenzlebensdauer). Die Fluoreszenzintensität $I_F(t)$ ihrerseits ist proportional zur Besetzung des angeregten Zustands:

$$I_F(t) = k_F \cdot N^*(t) = k_F \cdot N_0^* \cdot e^{-t/\tau} \tag{V.45}$$

Sie nimmt exponentiell mit der Zeit ab (Abb. V.66). In einer halblogarithmischen Auftragung (Abb. V.77) lässt sich die Lebensdauer τ aus der Steigung der erhaltenen Geraden ermitteln.

Die Gesamtzahl N_F^* der emittierten Fluoreszenzphotonen ergibt sich aus der Fläche unter der zeitabhängig aufgetragenen Fluoreszenzintensität $I_F(t)$:

$$N_F^* = \int_0^\infty I_F(t)\,dt = k_F N_0^* \int_0^\infty e^{-t/\tau}\,dt = k_F N_0^* \tau \tag{V.46}$$

Häufig wird die Fluoreszenzintensität $I_F(t)$ eines Fluorophors auf die Gesamtzahl an emittierten Fluoreszenzphotonen N_F^* normiert:

$$\frac{I_F(t)}{N_F^*} = \frac{1}{\tau} e^{-t/\tau} \tag{V.47}$$

Dieser Ausdruck ist nützlich, wenn man verschiedene fluoreszente Spezies nebeneinander vorliegen hat.

Die Fluoreszenzlebensdauer τ ist in der Fluoreszenz-Spektroskopie und -Mikroskopie ein wichtiger Parameter, der zur Charakterisierung und Identifizierung eines Fluorophors dient.

Die chemische Umgebung und die Nachbarschaft anderer Fluorophore kann die Lebenszeit deutlich beeinflussen, indem die Rate der strahlungslosen Desaktivierung z. B. durch Stöße oder Resonanz-Energietransfer angehoben wird. Zwei verschiedene Flurophore, deren Fluoreszenzspektren stark überlappen, können in einer Probe dennoch nebeneinander identifiziert werden, wenn sich deren Lebenszeiten unterscheiden. Hiervon wird in der *Fluoreszenzlebensdauer-Mikroskopie* (engl.: *fluorescence lifetime imaging microscopy*, FLIM) Gebrauch gemacht. Sie ist ein bildgebendes Verfahren und beruht nicht auf einer Messung der Fluoreszenzintensität oder Fluoreszenzwellenlänge, sondern auf unterschiedlichen Abklingzeiten τ der angeregten fluoreszierenden Moleküle. Die Fluoreszenzlebensdauer-Mikroskopie wird insbesondere in Verbindung mit der konfokalen und der Multiphotonenmikroskopie angewendet (s. Kap. IV.1).

5.6 Fluoreszenzlöschung

Die Fluoreszenzquantenausbeute kann durch in der Lösung diffundierende Fremdmoleküle stark herabgesetzt werden. Typische Löscher-Moleküle (Quencher) sind z. B. O_2, I^-, NO, BrO_4^-, Schweratome, Olefine und halogenierte Kohlenwasserstoffe, wie $CHCl_3$. Die Molekülfluoreszenz wird i. Allg. dadurch gelöscht, dass die Quenchermoleküle durch Spin-Bahn-Wechselwirkung einen ($S_1 \rightarrow T_1$)-Übergang (ISC) induzieren. Um Energie von dem angeregten Fluorophor aufnehmen zu können, müssen Fluorophor F und Quencher Q in Kontakt miteinander kommen. Dabei können beide entweder einen Komplex [FQ] bilden, oder aber die Moleküle diffundieren nach dem Stoß wieder voneinander weg. Entsprechend unterscheidet man zwei Arten der Fluoreszenzlöschung.

Bei der *statischen Fluoreszenzlöschung* konkurrieren folgende Prozesse miteinander:

$$\begin{array}{l} F + h\nu_1 \xrightarrow{k_A}_{\text{Absorption}} F^* \xrightarrow{k_F}_{\text{Fluoreszenz}} F + h\nu_2 \\[2mm] F + Q \underset{\text{Komplex-}}{\underset{\text{bildung}}{\longleftrightarrow}} [FQ] \xrightarrow{h\nu_1}_{\text{Absorption}} [FQ]^* \longrightarrow FQ + \text{Wärme} \end{array} \qquad (V.48)$$

Die zweite Reaktion ist für die Löschung der Fluoreszenz verantwortlich: Aus Fluorophor und Quencher bildet sich im Grundzustand ein Komplex, der nicht in der Lage ist zu fluoreszieren. Der angeregte Komplex [FQ]* kehrt in den Grundzustand zurück, ohne ein Photon zu emittieren. Durch Bildung des Komplexes [FQ] wird die Gesamtzahl der für die Fluoreszenz zur Verfügung stehenden Moleküle verringert. Deren Fluoreszenzlebensdauer τ hingegen wird nicht beeinflusst. Die Fluoreszenzquantenausbeute Q_F nimmt mit zunehmender Quencherkonzentration c_Q ab. Zur quantitativen Betrachtung benötigen wir die Gleichgewichtskonstante K_{FQ} für die Komplexbildung:

$$K_{FQ} = \frac{c_{FQ}}{c_F \cdot c_Q} \qquad (V.49)$$

(c_i Konzentration des Reaktionspartners *i*). Mit der Gesamtkonzentration $c_F^0 = c_F + c_{FQ}$ an Fluorophor ist

5. Fluoreszenzspektroskopie

$$K_{FQ} = \frac{c_F^0 - c_F}{c_F \cdot c_Q} = \frac{c_F^0}{c_F \cdot c_Q} - \frac{1}{c_Q} \tag{V.50}$$

Nun ist die Konzentration an Fluorophor (bei nicht zu hohen Extinktionskoeffizienten der Absorption) der jeweiligen Fluoreszenzintensität proportional, und diese ist wiederum mit der Quantenausbeute verknüpft, so dass man schreiben kann:

$$\frac{I_F^0}{I_F} = \frac{Q_F^0}{Q_F} \approx \frac{c_F^0}{c_F} = 1 + K_{FQ} \cdot c_Q \tag{V.51}$$

(falls Fluorophor und Komplex dieselben Absorptionseigenschaften besitzen). Das Verhältnis von Fluoreszenzintensität ohne Quencher (I_F^0) zu der mit Quencher (I_F) ist im Fall der Komplexbildung also proportional zur Quencherkonzentration c_Q.

Erfolgt die Desaktivierung des angeregten Fluorophors durch einen Stoß, spricht man von *dynamischer Fluoreszenzlöschung* (Kollisionslöschen). Nach der Lichtabsorption konkurrieren folgende Desaktivierungsprozesse miteinander:

$$\begin{aligned}
\text{Fluoreszenz} \quad & F^* \xrightarrow{k_F} F + h\nu_2 \\
\text{Innere Umwandlung:} \quad & F^* \xrightarrow{k_{IC}} F + \text{Wärme} \\
\text{Löschung durch Stoß:} \quad & F^* + Q \xrightarrow{k_Q} F + Q + \text{Wärme}
\end{aligned} \tag{V.52}$$

Ohne Quencherzusatz können wir für die Quantenausbeute Q_F^0 wieder schreiben:

$$Q_F^0 = \frac{k_F}{k_F + k_{IC}} \tag{V.53}$$

Die Berechnung der Quantenausbeute für den Fall der dynamischen Fluoreszenzlöschung erfolgt in ähnlicher Weise wie bei der dynamischen Messmethode. Zunächst schreibt man für die zeitliche Abnahme der Konzentration an angeregtem Fluorophor:

$$\begin{aligned}
-\frac{dN^*(t)}{dt} &= k_F N^*(t) + k_{IC} N^*(t) + k_Q N^*(t) c_Q \\
&= [k_F + k_{IC} + k_Q c_Q] \cdot N^*(t)
\end{aligned} \tag{V.54}$$

Lösen der Differentialgleichung ergibt für die Konzentration angeregter Moleküle:

$$N^*(t) = N_0^* e^{-(k_F + k_{IC} + k_Q c_Q) t} \tag{V.55}$$

Die Fluoreszenzintensität I_F ist proportional zur Zahl der angeregten Moleküle, Proportionalitätsfaktor ist die Geschwindigkeitskonstante k_F:

$$I_F(t) = k_F N^*(t) = k_F N_0^* e^{-(k_F + k_{IC} + k_Q c_Q) t} \tag{V.56}$$

Die Gesamtzahl emittierter Photonen und damit auch die Zahl der fluoreszierenden Teilchen ergibt sich im Fall eines Pulsexperiments als Integral über $I_F(t)$:

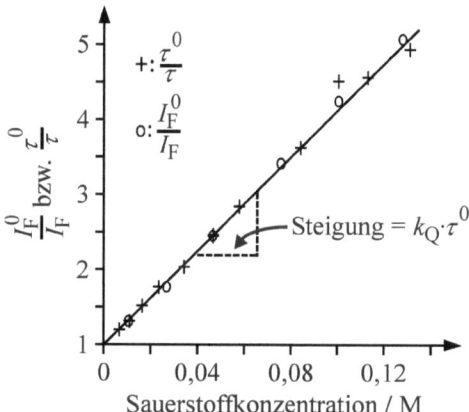

Abb. V.78: Quenchen der Tryptophanfluoreszenz mit Sauerstoff, gemessen über die Verhältnisse der Fluoreszenzintensitäten I_F^0 / I_F bzw. Lebensdauern τ^0 / τ in 0,1 M Natriumphosphatpuffer bei pH = 7 (nach: J. R. Lakowicz, G. Weber, Biochemistry **12** (1973) 4161).

$$N_F^* = \int_0^\infty I_F(t)\,dt = k_F N_0^* \int_0^\infty e^{-(k_F + k_{IC} + k_Q c_Q)t}\,dt = k_F N_0^* \frac{1}{k_F + k_{IC} + k_Q c_Q} \tag{V.57}$$

Für die Quantenausbeute Q_F erhalten wir damit im Fall der dynamischen Fluoreszenzlöschung:

$$Q_F = \frac{N_F^*}{N_0^*} = \frac{k_F}{k_F + k_{IC} + k_Q c_Q} \tag{V.58}$$

Messgrößen sind wiederum die Fluoreszenzintensitäten mit und ohne Quencherzusatz. Die Quencherkonzentration ist bekannt. Für das Verhältnis der beiden Größen erhält man:

$$\frac{I_F^0}{I_F} = \frac{Q_F^0}{Q_F} = \frac{k_F}{k_F + k_{IC}} \cdot \frac{k_F + k_{IC} + k_Q c_Q}{k_F} = 1 + \frac{k_Q}{k_F + k_{IC}} \cdot c_Q = 1 + k_Q \tau^0 \cdot c_Q \tag{V.59}$$

(τ^0 Fluoreszenzlebensdauer in Abwesenheit von Quenchermolekülen). Diese Beziehung nennt man STERN-VOLMER-Gleichung. Das Verhältnis der Fluoreszenzintensitäten zeigt einen linearen Zusammenhang mit der Quencherkonzentration. Ein solches Verhalten wird in vielen Experimenten gefunden (Abb. V.78).

Dieser Zusammenhang sollte auch nicht überraschen, stehen bei höherer Quencherkonzentration doch auch viel mehr Moleküle für Stöße zur Verfügung. Einen ähnlichen Zusammenhang zeigt auch die statische Fluoreszenzlöschung (Gl. V.51). Hier geht zusätzlich noch die Lebensdauer τ^0 des angeregten Zustands ohne Anwesenheit von Quenchermolekülen ein. Sie lässt sich z. B. aus einem Pulsexperiment ohne Quencherzusatz bestimmen.

Zur Unterscheidung der verschiedenen Quenchmechanismen dient z. B. eine Messung bei verschiedenen Temperaturen. In der Regel destabilisieren höhere Temperaturen einen Stoßkomplex, wie er im Fall der statischen Fluoreszenzlöschung gebildet wird. Die Fluoreszenzintensität I_F sollte mit steigender Temperatur zunehmen, das Verhältnis I_F^0/I_F somit abnehmen (Abb. V.79a).

Temperaturerhöhung führt auch zu einer Zunahme der Diffusionskoeffizienten. Folglich nimmt die Stoßzahl zwischen den Molekülen zu. Dadurch nimmt im Fall der dynamischen Fluoreszenzlöschung I_F ab, das Verhältnis I_F^0/I_F mit steigender Temperatur also zu (Abb. V.79b). Einen umgekehrten Einfluss hat die Änderung der Viskosität der Lösung: Viskositätserhöhung, z. B. durch Zuckerzusatz, erschwert die Diffusion und erhöht dadurch die Fluoreszenzintensität bei dynamischer Fluoreszenzlöschung. Durch experimentelle Variation von T oder η sind die beiden Quenchprozesse also unterscheidbar.

Da es bei der dynamischen Fluoreszenzlöschung zum Stoß zwischen Fluorophor und Quencher kommen muss, kann k_Q nicht größer werden als die Stoßzahl der beiden Moleküle in Lösung. Diese wird von der Diffusionsgeschwindigkeit bestimmt, so dass man im Fall eines diffusionskontrollierten Quenchprozesses näherungsweise schreiben kann:

$$k_Q = k_{Diff} = 4\pi N_A D_{FQ} r_{FQ} \qquad (V.60)$$

($r_{FQ} = r_F + r_Q$ Summe der Radien von Quencher und Fluorophor, $D_{FQ} = D_F + D_Q$ Summe der Diffusionskoeffizienten von Quencher und Fluorophor). Für die Fluoreszenzlöschung von Tryptophan mit Sauerstoff erhält man beispielsweise mit den Werten $r = 0,4$ nm, $D(O_2) = 2,6 \cdot 10^{-9}$ m^2 s^{-1} und $D(Trp) = 0,66 \cdot 10^{-9}$ m^2 s^{-1} (für $T = 298$ K) einen Wert für die Geschwindigkeitskonstante der Fluoreszenzlöschung von $k_Q \approx 10^{10}$ M^{-1} s^{-1}.

Mit Hilfe der STOKES-EINSTEIN-Gleichung III.27 erhält man

$$k_{Diff} = \frac{8RT}{3\eta_{LM}} \qquad (V.61)$$

(η_{LM} Viskositätskoeffizient des Lösungsmittels). Man erkennt, dass durch Messung der Fluoreszenzlöschung die Viskosität der Lösung erhalten werden kann; umgekehrt kann der Einfluss von η_{LM} auf k_{Diff} abgeschätzt werden. Die Beziehung gilt nur für Neutralteilchen.

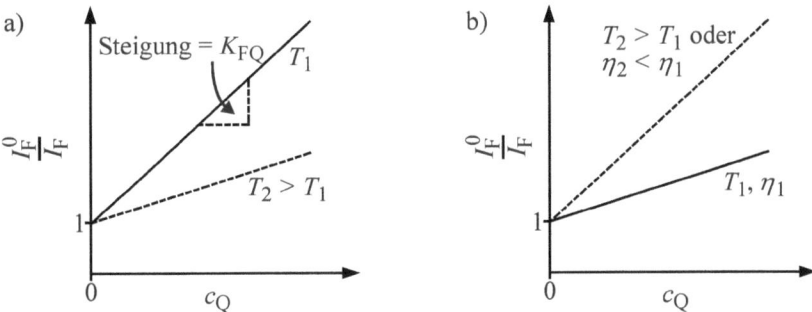

Abb. V.79: s) Abnahme des Fluoreszenzverhältnisses I_F^0/I_F durch Zunahme der Temperatur im Fall der statischen Fluoreszenzlöschung, b) Zunahme des Fluoreszenzverhältnisses durch Zunahme der Temperatur oder Abnahme der Viskosität η im Fall der dynamischen Fluoreszenzlöschung.

Tab. V.11: Sauerstoff- und Iodid-Quenchkonstanten k_Q für natives und denaturiertes Trypsinogen im Vergleich zu freiem Tryptophan.

	$k_Q/10^{10}\,\mathrm{M^{-1}\,s^{-1}}$	
Substanz	O_2	I^-
Tryptophan	1,2	0,39
Trypsinogen		
- nativ	0,43	0,03
- denaturiert	1,17	0,24

Ein Beispiel für ein Fluoreszenzlöschungsexperiment, welches Auskunft über Proteinfluktuationen in Lösung gibt, gaben J. R. LAKOWICZ und G. WEBER (Biochemistry **12** (1973) 4161 und 4171). Sie untersuchten die Wirkung von Quenchern auf die Tryptophanfluoreszenz von nativen und denaturierten Proteinen, wie etwa Trypsinogen. Sie verwendeten dabei die Ergebnisse, die sie für die verschiedenen k_Q erhielten, als Maß für die Zugänglichkeit des Tryptophans für die Quenchermoleküle. Als Fluoreszenzlöscher wurden Sauerstoff und Iodidionen eingesetzt. Für natives und denaturiertes Trypsinogen sind die Werte für k_Q im Vergleich zu den Werten für die freie Aminosäure Tryptophan in Tabelle V.11 zusammengestellt. Aus der Tabelle geht hervor, dass Sauerstoff und Iodid freies Tryptophan sehr effizient quenchen; k_Q liegt mit Werten um $10^{10}\,\mathrm{M^{-1}\,s^{-1}}$ im Bereich von k_{Diff}. Ähnliches beobachtet man im Fall des denaturierten Proteins. Ein signifikanter Unterschied ergibt sich aber für das native Protein. Während I^- die Fluoreszenz nun um einen Faktor 10 schlechter löscht, quencht O_2 auch hier die Fluoreszenz recht gut. Wie die Messungen zeigen, liegt ein dynamischer Quenchprozess vor. Es muss also zum Stoß zwischen Tryptophan und Quencher kommen. Nun zeigen jedoch RÖNTGEN-Strukturuntersuchungen an Trypsinogenkristallen, dass sich die Tryptophanreste im Proteininneren befinden und die Atome im Molekül recht dicht gepackt sind (wobei diese Strukturuntersuchungen einen Mittelwert der Konformationszustände liefern). Die Fluoreszenzuntersuchung zeigt, dass Sauerstoff recht leicht in das Innere der Proteine eindringen kann. Die Proteinstruktur muss also fluktuieren. Das Iodidion hingegen kann offensichtlich nicht so gut in das Trypsinogen eindringen. Zum einen ist I^- größer (Ionenradius 220 pm) als das Sauerstoffmolekül (Kovalenzradius 66 pm), zum anderen ist es geladen, wodurch es eine Solvathülle trägt.

Diese Ergebnisse weisen darauf hin, dass das Protein um etwa 100 pm (1 Å) auf der ns-Zeitskala um seine Gleichgewichtsstruktur fluktuiert. Dieser Wert wird von Simulationsrechnungen und durch Auswertung der Halbwertsbreite der RÖNTGEN-Reflexe bestätigt. Diese Art von Fluktuationen und damit die Flexibilität von Proteinen sind wahrscheinlich auch für die Enzymaktivität von Bedeutung. Allgemein ist eine Unterscheidung von Oberflächen- und Innenraumlage fluoreszierender Moleküle mit Hilfe solcher Fluoreszenzlöschexperimente möglich.

5.7 Excimere

Nicht nur die Fluoreszenzlöschung mittels Quenchermolekülen liefert eine Reihe interessanter Ergebnisse bezüglich der Dynamik biologisch relevanter Prozesse, sondern auch eine Fluoreszenzverschiebung, dem ein ganz anderer Mechanismus zugrunde liegt. 1954 wurde entdeckt, dass mit zunehmender Konzentration das Fluoreszenzspektrum von Pyren einen Umschlag zu höheren Wellenlängen zeigt. Dieser beruht auf der Bildung eines Dimeren aus einem angeregten und einem nicht angeregten Molekül:

$$\text{Pyren*} + \text{Pyren} \xrightarrow{k_E} [\text{Pyren}]_2^* \tag{V.62}$$

Angeregte Dimere dieser Art nennt man Excimere (*excited dimer*). Sie existieren nur im angeregten Zustand und können über verschiedene Reaktionskanäle relaxieren:

$$\begin{aligned}
\text{Fluoreszenz} &\quad [\text{Pyren}]_2^* \xrightarrow{k_{F,E}} 2\,\text{Pyren} + h\nu \\
\text{Strahlungsloser Übergang:} &\quad [\text{Pyren}]_2^* \longrightarrow 2\,\text{Pyren} + \text{Wärme} \\
\text{Dissoziation:} &\quad [\text{Pyren}]_2^* \longrightarrow \text{Pyren*} + \text{Pyren}
\end{aligned} \tag{V.63}$$

Da die Bildung der Excimere zu einer Löschung der Fluoreszenz der Monomere führt, kann man diesen Prozess auch als dynamische Fluoreszenzlöschung auffassen. Somit kann man auch hier eine STERN-VOLMER-Gleichung formulieren:

$$\frac{Q_{F,M}^{max}}{Q_{F,M}} = 1 + k_E \tau^0 c_M \tag{V.64}$$

($Q_{F,M}^{max}$ maximale Fluoreszenzquantenausbeute des Monomers (ohne Excimer-Quenchkanal), messbar bei hoher Verdünnung; τ^0 Lebensdauer des angeregten Monomers, $k_E c_M$ Löschkonstante durch Excimerenbildung). Dies gilt für die Fluoreszenz der Monomere. Für die Excimere, deren Fluoreszenz ja mit der Monomerkonzentration c_M ansteigt, ist der entsprechende Ausdruck proportional zu $(k_E \tau^0 c_M)^{-1}$ (Galla, 1988).

Aufgrund der beschränkten Lebensdauer der angeregten Monomere kann es nur dann zur Bildung der Excimere kommen, wenn während der Fluoreszenzlebensdauer das angeregte Teilchen mit einem anderen, nicht angeregten stoßen kann. Diese Tatsache macht man sich nun zunutze, um laterale Diffusionskoeffizienten D zu bestimmen. Diese Methode wurde z. B. zur Bestimmung der Diffusionskoeffizienten von Molekülen in Lipid-Doppelschichten eingesetzt. Aus dem Verhältnis der Quantenausbeuten (aus den Fluoreszenzintensitäten) von Excimer zu Monomer lässt sich bei Kenntnis der Lebensdauer τ_E der Excimere $k_E c_M$ bestimmen (Abb. V.80). Dieser Wert wiederum ist mit der Diffusionsgeschwindigkeit der Moleküle in der Membran verknüpft, da er von der Wahrscheinlichkeit, dass ein angeregtes und ein nicht angeregtes Fluorophor miteinander stoßen, abhängt.

Um den Diffusionskoeffizienten bestimmen zu können, bedient man sich z. B. des Modells eines statistischen Hüpfprozesses (s. H.-J. Galla et al., J. Membrane Biol. **48** (1979) 215; H.-J. Galla, W. Hartmann, Chem. Phys. Lipids **27** (1980) 199) und betrachtet die Lipiddoppelschicht als zweidimensionales Gitter, auf dem die Diffusion als Sprung von einem Gitterplatz zum nächsten stattfindet. Auf diese Art und Weise wurden Diffusionskoeffizienten in der fluiden Phase von Modellmembranen zu 10^{-11} bis 10^{-12} m^2 s^{-1} bestimmt. Diese Werte stellen

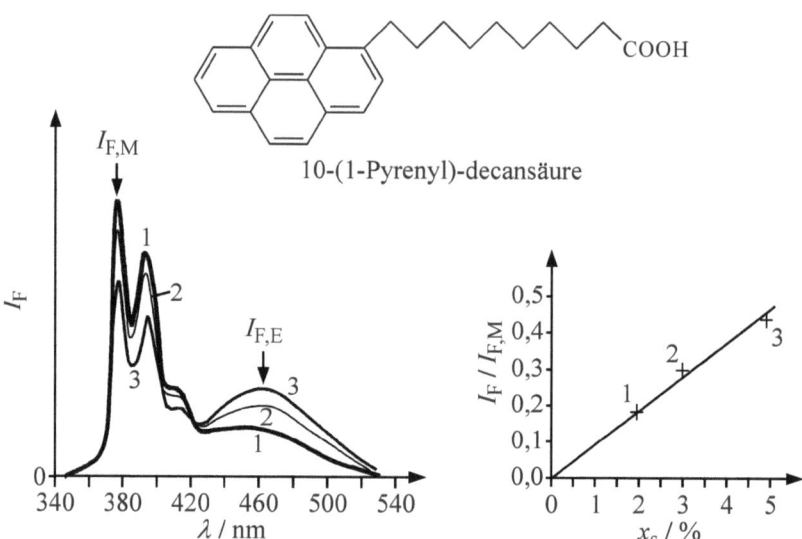

Abb. V.80: Fluoreszenzspektren von 10-(1-Pyrenyl)-decansäure in fluiden DMPC-Membranen (links) bei verschiedenen Konzentrationen (1: $x_s = 2\%$, 2: $x_s = 3\%$, 3: $x_s = 5\%$; x_s Stoffmengenbruch der Sondenmoleküle). Aus der Steigung des Fluoreszenzintensitätsverhältnisses $I_{F,E}/I_{F,M}$ als Funktion der Sondenkonzentration lässt sich der laterale Diffusionskoeffizient der Sonden bestimmen (nach: H.-J. Galla, *Spektroskopische Methoden in der Biochemie*, S. 64, Thieme, Stuttgart, 1988).

auch in etwa die untere Grenze für die Diffusionskoeffizienten dar, die mit dieser Methode gemessen werden können. Dies liegt an der Fluoreszenzlebensdauer der Pyren-Sonden, die bei 100 ns liegt. Bei einer zu geringen lateralen Beweglichkeit kommt es in diesem Zeitraum nicht mehr zur Excimerenbildung. Im Vergleich dazu ist die Selbstdiffusion von Wasser ein wesentlich schnellerer Prozess (10^{-9} bis 10^{-10} m² s⁻¹). Im Gegensatz zur FRAP-Methode der Messung lateraler Diffusionskoeffizienten (s. Kap. V.5.10) ist die Excimeren-Technik eine lokale Methode, in der Diffusion über nm-Distanzen betrachtet wird.

Die Excimermessmethode erlaubte erstmals den Nachweis, dass ATPase in Membranen des sarkoplasmatischen Retikulums von Skelettmuskelzellen Oligomere bildet. Die Fluoreszenzsonde N-(1-Pyrenyl)-maleinimid (NPM) bindet an das Protein. In Vesikeln der untersuchten Membran tritt bereits bei geringen Sondenkonzentrationen (Abb. V.81) die Excimerenfluoreszenz des NPM auf. Da diese nach der Auflösung der Membran mittels Detergentien verschwindet, ist auszuschließen, dass die Excimere sich durch Anlagerung mehrerer Sonden an ein Proteinmolekül bilden; mithin müssen sich die markierten Proteine zu Oligomeren zusammenlagern, so dass die beobachtete Excimerenfluoreszenz erklärt werden kann.

5.8 Singulett-Singulett-Energietransfer nach FÖRSTER

Die Anregungsenergie eines Fluorophors kann auch durch Resonanzenergietransfer von Molekül zu Molekül übertragen werden. Dieser Prozess spielt in zahlreichen photochemischen und photobiologischen Prozessen (z. B. in den Lichtsammel-Proteinkomplexen des Chloro-

5. Fluoreszenzspektroskopie

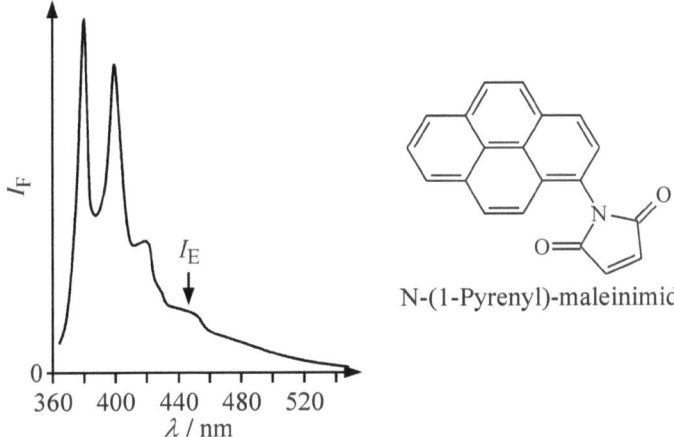

Abb. V.81: Fluoreszenzspektren von Vesikeln, die mit ATPase und Pyrenylmaleinimid (Molverhältnis 10:1) versetzt sind (Anregungswellenlänge 340 nm). Deutlich ist die Excimerenbande des NPM bei 450 nm relativ zu den Monomerenbanden bei kleineren Wellenlängen zu erkennen (nach: H. Lüdi, W. Hasselbach, Z. Naturforsch. **37c** (1982) 1170).

phylls) eine große Rolle und ist zu einem wichtigen Werkzeug der Biophysikalische Chemie, Biophysik und Zellbiologie geworden. Man unterscheidet prinzipiell zwei Mechanismen des Energietransfers:

- Den Exzitonen-Mechanismus, bei dem die Energie durch quantenmechanische Austauschwechselwirkung (gekoppelte Oszillatoren) vom Donor- auf das Akzeptormolekül übertragen wird und der eine sehr enge Nachbarschaft der Moleküle (< 1 nm) erfordert.

- Den FÖRSTER-Transfer durch die weiterreichende elektrische Dipol-Dipol-Wechselwirkung zwischen einem angeregten Donormolekül und einem Akzeptor. Dieser Prozess wird viel häufiger angetroffen und wird im Folgenden näher diskutiert.

Während bei der statischen und dynamischen Fluoreszenzlöschung ein Quenchermolekül direkt in Kontakt mit dem Fluorophor kommt, wird beim Energietransfer nach FÖRSTER die Anregungsenergie durch elektrische Dipol-Dipol-Kopplung von Donor- und Akzeptormolekül über einen Abstandsbereich von bis zu etwa 8 nm übertragen (Abb. V.82). Von diesem Mechanismus zu unterscheiden ist die Reabsorption emittierter Fluoreszenzstrahlung durch Akzeptormoleküle. Im Gegensatz zum Energietransfer erfolgt die Reabsorption nach der Emission der Donorfluoreszenz-Strahlung. Das Auftreten von Reabsorption kann durch eine Verringerung der Probendicke weitgehend verhindert werden.

Die zur Beschreibung des Energietransfers notwendige Theorie wurde im Wesentlichen bereits 1948 von T. FÖRSTER entwickelt. Der Energietransfer ist nur dann möglich, wenn das Absorptionsspektrum des Akzeptors A mit dem Fluoreszenzspektrum des Fluorophors oder Donors D überlappt (Abb. V.83). Diesen Prozess kann man als Reaktion formulieren:

$$D^* + A \xrightarrow{k_{trans}} D + A^* \tag{V.65}$$

Der angeregte Akzeptor kann nun seinerseits fluoreszieren (Abb. V.84).

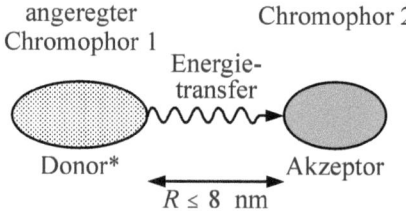

Abb. V.82: Energietransfer von einem Donor auf einen Akzeptor nach FÖRSTER.

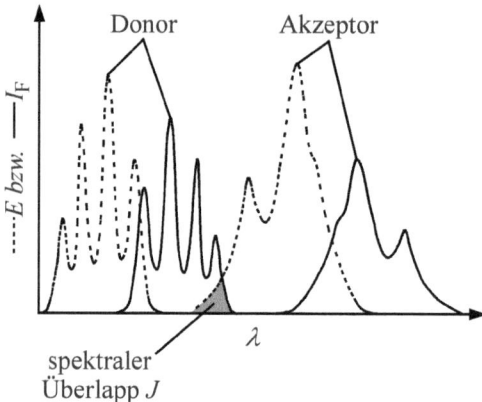

Abb. V.83: Schematische Darstellung von Absorptions- (gestrichelte Linien) und Fluoreszenzspektren (durchgezogene Linie) eines Donor-Akzeptor-Paars, welches aufgrund des spektralen Überlapps J für einen FÖRSTER-Energietransfer in Frage kommt.

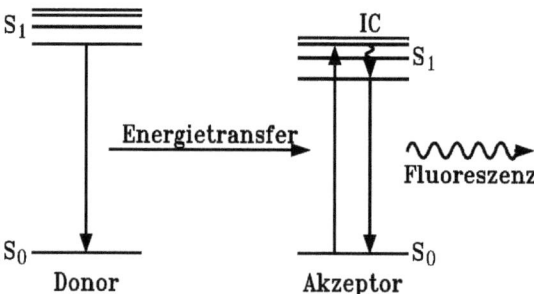

Abb. V.84: JABLONSKI-Diagramm für den FÖRSTER-Energietransfer.

5. Fluoreszenzspektroskopie

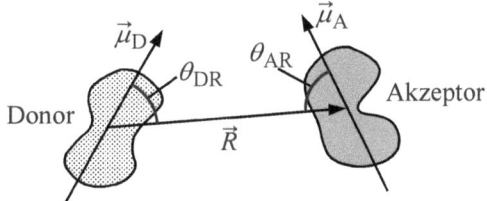

Abb. V.85: Räumliche Orientierung der Übergangsdipolmomente von Donor ($\vec{\mu}_D$) und Akzeptor ($\vec{\mu}_A$). Die Moleküle besitzen den Abstand R voneinander, die Übergangsdipolmomente haben die Winkel θ_{DR} und θ_{AR} zum Abstandsvektor.

Das Fluoreszenzlicht ist i. Allg. gegenüber dem des Donors rotverschoben. Donor und Akzeptor müssen für diesen Transfer nicht unbedingt Teil eines Moleküls sein. Die Konzentration an Akzeptor muss aber so groß sein, dass der mittlere Abstand zwischen D* und A 8 nm nicht überschreitet.

Die exakte theoretische Beschreibung dieses Transfermechanismus bedarf einer quantenmechanischen Rechnung. Wir wollen hier nur das Ergebnis vorstellen. Aufgrund der relativ großen Reichweite des Energietransfers kommen für ihn im Wesentlichen nur Dipol-Dipol-Wechselwirkungen in Frage. In der Regel besitzen die Übergangsdipolmomente $\vec{\mu}_{12}^{el} = \vec{\mu}_D$ für Donor bzw. $\vec{\mu}_{21}^{el} = \vec{\mu}_A$ für Akzeptor verschiedene räumliche Orientierung (Abb. V.85).

Die Wechselwirkungsenergie E_{DD} zwischen den zwei Übergangsdipolmomenten beträgt bei optischen Frequenzen:

$$E_{DD} = \frac{1}{4\pi\varepsilon_0 n_L^2 R^3} \cdot \left\{ \vec{\mu}_D \vec{\mu}_A - \frac{3}{R^2}(\vec{\mu}_D \vec{R})(\vec{\mu}_A \vec{R}) \right\} \tag{V.66}$$

(n_L Brechungsindex der Lösung; $E_{DD} = 0$, wenn $\vec{\mu}_D \perp \vec{\mu}_A$ und $\vec{\mu}_D \perp \vec{R}$ oder $\vec{\mu}_A \perp \vec{R}$).

Die Geschwindigkeitskonstante für den Energietransfer k_{trans} ist dem Quadrat der Wechselwirkungsenergie proportional (s. a. Cantor, Schimmel, 1980):

$$k_{trans} \propto E_{DD}^2 = \frac{1}{(4\pi\varepsilon_0)^2 n_L^4 R^6} \mu_D^2 \mu_A^2 K^2 \tag{V.67}$$

Der Einfachheit halber wurden alle Terme, die die Orientierung der Vektoren $\vec{\mu}_D, \vec{\mu}_A$ und $\vec{R}$ enthalten, zur Größe K zusammengefasst ($K^2 = 2/3$ für eine statistische Orientierung von $\vec{\mu}_A$ und $\vec{\mu}_D$).

Die Quadrate der Übergangsdipolmomente lassen sich durch die Oszillatorenstärken f der Übergänge ersetzen. Diese sind ein Maß für die Intensität der Übergänge und daher den entsprechenden Geschwindigkeitskonstanten k proportional. Für den Emissionsprozess gilt:

$$f_D \propto k_{F,D} = \frac{Q_{F,D}}{\tau_D} \tag{V.68}$$

($Q_{F,D}$ Quantenausbeute, τ_D Lebensdauer des Donors ohne Akzeptormoleküle).

Es ist einleuchtend, dass k_{trans} auch dem sog. spektralen Überlapp J (schraffierte Fläche in Abbildung V.83) proportional ist. Man erhält somit für die Transferrate:

$$k_{trans} = \text{konst.} \cdot \frac{K^2 J \, Q_{F,D}}{n_L^4 R^6 \tau_D} \tag{V.69}$$

Der Energietransfer nimmt also mit der sechsten Potenz des Abstandes R zwischen Donor und Akzeptor ab. Die konstanten Größen in Gleichung V.69 werden zum sog. FÖRSTER-Abstand R_0 zusammengefasst. Somit erhalten wir:

$$k_{trans} = \frac{1}{\tau_D} \cdot \left(\frac{R_0}{R}\right)^6 \tag{V.70}$$

Die Transfergeschwindigkeitskonstante k_{trans} liegt oft um 10^{12} M^{-1} s^{-1} und ist damit viel größer als k_{Diff}. Auch ist k_{trans} nicht von der Viskosität der Lösung abhängig.

Zur Bestimmung des Abstandes von Donor und Akzeptor misst man die sog. Effizienz E_{trans} des Energietransfers. Diese Größe gibt den Beitrag des FÖRSTER-Transfers am gesamten Desaktivierungsprozess an und lässt sich wie folgt darstellen:

$$\begin{aligned} E_{trans} &= \frac{k_{trans}}{k_{trans}+k_F+k_{IC}+k_{ISC}} = 1 - \frac{k_F+k_{IC}+k_{ISC}}{k_{trans}+k_F+k_{IC}+k_{ISC}} \\ &= 1 - \frac{Q_{F,D+A}}{Q_{F,D}} = 1 - \frac{I_{F,D+A}}{I_{F,D}} \\ E_{trans} &= \frac{1}{1+(k_F+k_{IC}+k_{ISC})/k_{trans}} = \frac{1}{1+(R/R_0)^6} \end{aligned} \tag{V.71}$$

Die Quantenausbeuten bzw. Fluoreszenzintensitäten sind die Messgrößen und werden in An- und Abwesenheit des Akzeptors gemessen. Bei Kenntnis von R_0 ergibt sich aus E_{trans} der mittlere Abstand R der Moleküle D und A. Wenn $R = R_0$ ist, so wird E_{trans} gleich 0,5, d. h., 50 % der absorbierten Energie wird vom Donor auf den Akzeptor übertragen. Für biochemische Systeme liegt R_0 in der Regel im Bereich zwischen 2,5 und 5 nm. Leider sind aufgrund der Unsicherheit in der Kenntnis des sterischen Faktors K die Werte für den FÖRSTER-Abstand meist nicht sehr genau bestimmbar, so dass die gemessenen Abstände R oft nur qualitativ abschätzbar sind. Daher ist oft nur die Aussage möglich, ob die am Energietransfer beteiligten Gruppen eng benachbart sind oder nicht.

Ein klassisches Beispiel für den experimentellen Nachweis der Abstandsabhängigkeit des Energieübertrags zeigt Abbildung V.86 an einem Molekül, welches zugleich Donor (α-Naphthyl-Gruppe) als auch Akzeptor (Dansyl-Gruppe) ist. Beide Bausteine sind durch eine Poly-L-prolin-Kette voneinander getrennt. Die Zahl der Prolinreste bestimmt den Abstand beider Gruppen. Abbildung V.87 zeigt die Fluoreszenzspektren der Verbindungen. Die Transfereffizienz lässt sich aus der Akzeptor-Fluoreszenzbande bei ca. 290 nm ermitteln. Die Übereinstimmung zwischen Experiment (Messpunkte) und Theorie (durchgezogene Linie) ist gut (Abb. V.86, links).

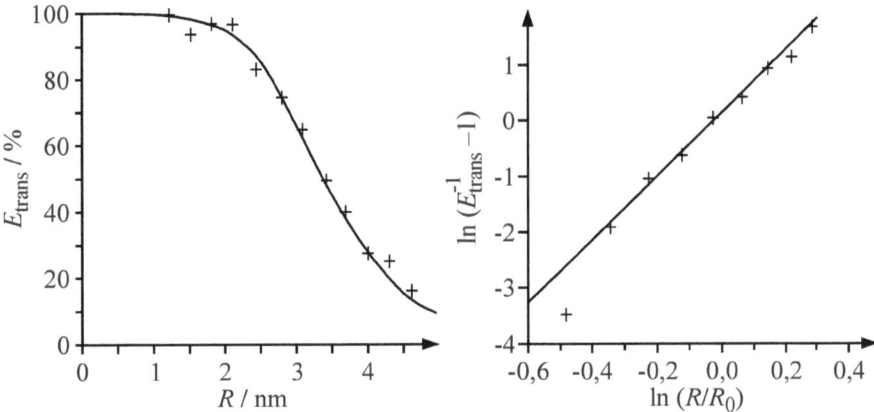

Dansyl-(L-prolyl)$_n$-α-naphthyl-semicarbazid

Abb. V.86: Transfereffizienz der α-Naphthylgruppe auf die Dansylgruppe in dem Oligopeptid Dansyl-(L-prolyl)$_n$-α-naphthyl-semicarbazid für $n = 1$ bis $n = 12$. Der Donor-Akzeptorabstand variiert zwischen 12 Å ($n = 1$) und 46 Å ($n = 12$). Die durchgezogene Linie (links) ist für einen FÖRSTER-Radius von 3,46 nm berechnet. Aus der doppelt logarithmischen Darstellung (rechts) erhält man eine Steigung von 5,9 ± 0,3 (nach: L. Stryer, R. Haugland, Proc. Natl. Acad. Sci. USA **58** (1967) 719).

Umformen von Gleichung V.71 in eine logarithmische Form liefert:

$$\ln\left(\frac{1}{E_{trans}} - 1\right) = 6 \cdot \ln\left(\frac{R}{R_0}\right) \quad (V.72)$$

Daher sollte die Steigung in der doppelt logarithmischen Auftragung (Abb. V.86, rechts) den Exponenten der Abstandsabhängigkeit liefern. Aus der Auswertung des Experiments ergibt sich 5,9 ± 0,3 als Steigung, in guter Übereinstimmung mit der Theorie.

Angewendet werden Messungen des Energietransfers zur Lokalisation und Abstandsbestimmung von Bindungsstellen in Proteinen, zum Nachweis lateraler Assoziation von Membrankomponenten sowie zur Bestimmung der Beweglichkeit von Makromolekülen in Lösung. Ein schönes erstes Illustrationsbeispiel der Methode kam von C. W. WU und L. STRYER (C. W. Wu. L. Stryer, Proc. Natl. Acad. Sci. **69** (1972) 1104). Sie bestimmten den Abstand verschiedener fluoreszenzfarbstoffmarkierter Bindungsstellen zum Chromophor 11-*cis*-Retinal des Photorezeptorproteins Rhodopsin in den Stäbchenzellen der Netzhaut. Sie folgerten, dass das

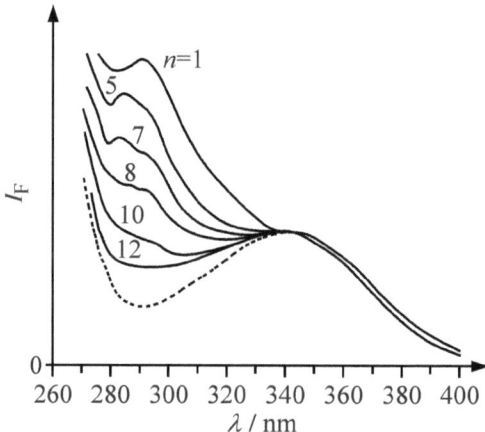

Abb. V.87: Fluoreszenzspektren von Dansyl-(L-prolyl)$_n$-α-naphthyl (n = 5, 7, 8, 10, 12) und zum Vergleich von Dansyl-L-prolyl-hydrazid (E_{trans} = 0 %, gestrichelte Kurve) und Dansyl-L-prolyl-α-naphthyl (E_{trans} ≈ 100 %, n = 1) in Abhängigkeit der Anregungswellenlänge (nach: L. Stryer, R. P. Haugland, Proc. Natl. Acad. Sci. **58** (1967) 719).

Protein elongiert ist und das 11-*cis*-Retinal in der hydrophoben Umgebung des Proteins im Membraninneren sitzen muss.

Der Energietransfer hat oftmals auch einen großen Einfluss auf das Emissionsspektrum normaler Proteine. Da die Fluoreszenzbande des Tyrosins mit der Absorptionsbande des Tryptophans überlappt (R_0 ≈ 9 Å), kommt es oft zur Löschung der Tyrosinfluoreszenz, so dass im Wesentlichen nur die Tryptophanfluoreszenz im Emissionsspektrum von Proteinen beobachtet wird.

Sehr schnelle Energietransferprozesse, die auf der Femtosekunden (fs)- bis Picosekunden (ps)-Zeitskala ablaufen, lassen sich mit ultraschnellen Lasersystemen studieren. In einem „Anregungs-Abfrage"-Experiment (engl.: *pump-probe experiment*) wird das untersuchte System mittels eines sehr kurzen, intensiven Laserpulses in einen angeregten elektronischen Zustand versetzt (*pump*-Puls). Durch einen zweiten Laserpuls, der gegenüber dem Anregungs-Puls zeitlich verzögert ist (z. B. durch einen verlängerten Strahlengang), wird die Antwort des Systems nach der seit der Anregung verstrichenen Zeit gemessen (*probe*-Puls). Man variiert nun die Verzögerungszeit und misst für jede Verzögerung die Antwort des Systems. Die Variation der Zeitdifferenz zwischen diesen zwei Pulsen erlaubt somit eine zeitliche Auflösung der Dynamik der nach der Anregung ablaufenden photochemischen Prozesse. Diese Ultrakurzzeit-Methode erlaubte z. B. die Untersuchung des Lichtsammelkomplexes und der Energiekonversion im Photosyntheseapparat und trug damit wesentlich zur Aufklärung der Primärereignisse bei der Photosynthese bei (siehe z. B. Walla, 2009).

5.9 Fluoreszenzdepolarisation

Die Bedeutung von polarisiertem Licht zur Analyse von Molekülstrukturen haben wir schon bei der Elektronenspektroskopie und den chiroptischen Messmethoden kennengelernt. Durch

5. Fluoreszenzspektroskopie

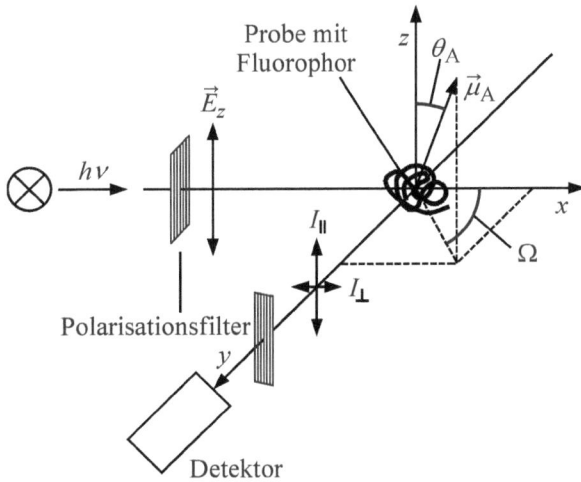

Abb. V.88: Schematische Darstellung des Messprinzips der Fluoreszenzdepolarisation.

Bestrahlen von Biomolekülen mit linear polarisiertem Licht werden durch Analyse des Fluoreszenzlichts noch weitere Informationen über die Moleküle und ihre Umgebung zugänglich. Diese als Fluoreszenzdepolarisation bezeichnete Messmethode ist eine der am weitesten verbreiteten Messtechniken in der Biophysikalischen Chemie, um die Rotationsbeweglichkeit von Chromophoren, ihre Orientierung und die Viskosität in ihrer direkten Umgebung (sog. Mikroviskosität) zu studieren.

Wir betrachten zunächst das Messprinzip (s. Lakowicz, 1991, 2006). Bei der Fluoreszenzdepolarisation wird linear polarisiertes Licht in die Probe eingestrahlt (Abb. V.88). Dieses Licht wird zum Teil von den Fluorophoren in der Lösung absorbiert. Die Absorption ist maximal, wenn das Übergangsdipolmoment $\vec{\mu}_A$ parallel zum elektrischen Feldvektor $\vec{E}$ des Lichts ausgerichtet ist. Im Allgemeinen ist dies jedoch nicht der Fall. Entscheidend für das Ausmaß der Absorption ist der Winkel θ_A, den beide miteinander einschließen. Die Intensität I_z der Absorption ist dem Quadrat des Produkts aus Dipolmoment und elektrischem Feldvektor proportional:

$$I_z \propto (\vec{\mu}_A \cdot \vec{E}_z)^2 \propto \langle \cos^2 \theta_A \rangle \qquad (V.73)$$

Dieses wiederum wird bestimmt durch den Mittelwert $\langle \cos^2 \theta_A \rangle$ ($\langle ... \rangle$ Ensemblemittelwert). Der Index z zeigt die Polarisationsrichtung an (der elektrische Feldvektor schwinge nur in z-Richtung). Für kleine Winkel θ_A wird die Absorption groß und für $\theta_A = 0$ maximal. Diese Bevorzugung der Absorption für bestimmte Orientierungen des Fluorophors bzw. seines Übergangsdipolmoments nennt man auch *Photoselektion*.

Kommt es zur Fluoreszenz, so besitzt diese ein Übergangsdipolmoment ($\vec{\mu}_F$), welches in der Regel nicht mit $\vec{\mu}_A$ übereinstimmt. Die Fluoreszenz wird senkrecht zur Einstrahlungsrichtung x gemessen. Experimentell ermittelt werden mit Hilfe eines Polarisationsfilters die Anteile $I_\parallel$ (Fluoreszenzlicht ist ebenfalls in z-Richtung polarisiert) und $I_\perp$. Für den Anteil $I_{F,z}$ (gleich $I_\parallel$) des in z-Richtung polarisierten Fluoreszenzlichts gilt dann in Analogie zum Anregungslicht

$$I_{F,z} \propto (\vec{\mu}_F \cdot \vec{E}_z)^2 \propto \langle \cos^2 \theta_F \rangle \tag{V.74}$$

wobei θ_F hier der Winkel zwischen $\vec{\mu}_F$ und $\vec{E}_z$ ist.

Analoge Überlegungen für die beiden anderen Raumrichtungen liefern für die entsprechenden Fluoreszenzintensitäten (Lakowitz, 2006):

$$\begin{aligned} I_{F,y} &\propto \langle \sin^2 \theta_F \rangle \cdot \langle \sin^2 \Omega \rangle \\ I_{F,x} &\propto \langle \sin^2 \theta_F \rangle \cdot \langle \cos^2 \Omega \rangle \end{aligned} \tag{V.75}$$

Die gesamte Fluoreszenzintensität ergibt sich als Summe der drei Bestandteile: $I_{F,ges} = I_{F,x} + I_{F,y} + I_{F,z}$. Messbar sind mit dem entsprechenden Aufbau alle Einzelbeiträge. Die Messgrößen für Polarisationsexperimente sind die *Polarisation P*

$$P = \frac{I_\parallel - I_\perp}{I_\parallel + I_\perp} \tag{V.76}$$

oder, heute meist verwendet, die *Anisotropie A*

$$A = \frac{I_\parallel - I_\perp}{I_\parallel + 2I_\perp} \tag{V.77}$$

wobei $I_\parallel + 2I_\perp$ gleich der gesamten Fluoreszenzintensität $I_{F,ges}$ ist. Dies liegt daran, dass $2I_\perp$ die Anteile des emittierten Lichts addiert, welche in x- und y-Richtung polarisiert sind. Zwischen den experimentell ermittelbaren Größen Polarisation und Anisotropie besteht folgender einfacher Zusammenhang:

$$A = \frac{2}{3} \cdot \left[\frac{1}{P} - \frac{1}{3} \right]^{-1} \tag{V.78}$$

Beide Größen könnten maximal gleich eins werden, und zwar für $I_\perp = 0$. Aufgrund der Photoselektion und der Dynamik des Systems werden im Experiment jedoch kleinere Werte gemessen.

Setzt man die Winkelbeziehungen für die einzelnen Lichtintensitäten in den Ausdruck für die Anisotropie ein und berechnet die Mittelwerte über die Terme mit dem Winkel Ω (sie ergeben den Wert 1/2), so erhält man für z-polarisiertes Licht

$$A = \frac{3\langle \cos^2 \theta_F \rangle - 1}{2} \tag{V.79}$$

Wenn mehrere fluoreszierende Spezies vorliegen, ist $A_{ges} = \sum_i x_i A_i$ (x_i Anteil der Spezies i). Die Anisotropie des Fluoreszenzlichts ist somit mit dem Mittelwert von $\cos^2 \theta_F$ verknüpft, d. h. mit der Orientierung aller Moleküle zu dem Zeitpunkt, an dem sie Licht emittieren. Wir betrachten nun, welche Vorgänge den Winkel θ_F beeinflussen:

Zum Zeitpunkt der Anregung soll der Winkel zwischen dem Übergangsdipolmoment des Moleküls und der Polarisationsrichtung θ_0 sein. Der Einfachheit halber nehmen wir diesen Zeitpunkt als Nullpunkt ($t = t_0 = 0$). Der Beitrag zu A ist dann proportional zu $\langle \cos^2 \theta_0 \rangle$.

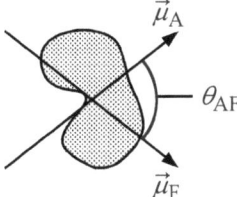

Abb. V.89: Schematisches Beispiel für ein Molekül mit unterschiedlich orientierten Absorptions- und Fluoreszenzübergangsdipolmomenten.

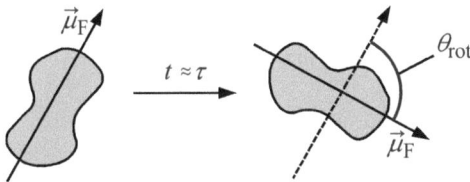

Abb. V.90: Schematische Darstellung der Rotationsdiffusion eines angeregten Fluorophors während der Fluoreszenzlebensdauer τ.

Die Übergangsdipolmomente von Absorption und Fluoreszenz können unterschiedliche Raumrichtungen besitzen und somit einen Winkel einschließen (θ_{AF} in Abbildung V.89). Die Polarisation und Anisotropie werden null, wenn $\langle \cos^2\theta_{AF}\rangle = 1/3$, d. h. $\theta_{AF} = 54{,}7°$ (sog. magischer Winkel).

Uns interessiert nun aber insbesondere der Einfluss der Rotation (Rotationsdiffusion) des Moleküls in der Zeitspanne der Fluoreszenzlebensdauer (Abb. V.90). Wenn der Fluorophor ungehindert rotieren kann, kommt es zu einer Depolarisation des Lichts, also einer Abnahme von Polarisation und Anisotropie.

Die Berechnung der Anisotropie unter Berücksichtigung dieser Effekte ergibt, wenn Energietransferprozesse ausgegrenzt werden können:

$$A = \frac{3\langle\cos^2\theta_F\rangle - 1}{2} = \left[\frac{3\langle\cos^2\theta_0\rangle - 1}{2}\right] \cdot \left[\frac{3\langle\cos^2\theta_{AF}\rangle - 1}{2}\right] \cdot \left[\frac{3\langle\cos^2\theta_{rot}\rangle - 1}{2}\right] \qquad (V.80)$$

Die Anisotropie setzt sich also aus drei Termen zusammen. Der erste beschreibt den Einfluss der Photoselektion. Führt man die sphärische Mittelung über $\cos^2\theta_0$ durch, wobei noch berücksichtigt werden muss, dass die Anzahl von Molekülen, die zur Absorption beitragen, in Polrichtung ($\theta_0 = 0°$ und $180°$) minimal und in Äquatorrichtung ($\theta_0 = 90°$) maximal ist (entsprechend dem Oberflächenelement einer Kugel proportional zu $\sin\theta_0$), erhält man den Wert $\langle\cos^2\theta_0\rangle = 0{,}6$. Aufgrund der Photoselektion (1. Term) kann die Anisotropie also nicht größer als 0,4 werden. Im zweiten Term wird der Winkel θ_{AF} zwischen den Übergangsdipolmomenten des Moleküls im elektronischen Grund- und angeregten Zustand berücksichtigt. Er ist abhängig von der elektronischen Struktur des Fluorophors. Für $\theta_{AF} = 0$ wird dieser Term gleich

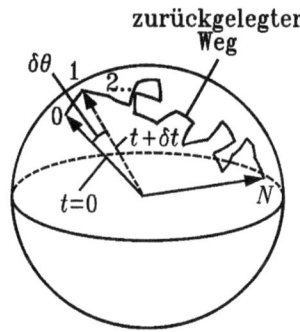

Abb. V.91: Modell für eine freie Rotationsdiffusionsbewegung. Die Rotation lässt sich als Diffusionsbewegung auf einer Kugeloberfläche darstellen.

eins, und er erreicht bei 90° einen Wert von −0,5. Somit können wir einen Wertebereich für die Anisotropie angeben (wenn wir die im dritten Term berücksichtigte Rotationsdiffusion zunächst vernachlässigen): $-0{,}2 \leq A_0 \leq 0{,}4$.

Werden die beiden ersten Terme in Gleichung V.80 zusammengefasst, erhalten wir:

$$A = A_0 \cdot \left[\frac{3\langle \cos^2 \theta_{\text{rot}} \rangle - 1}{2} \right] \tag{V.81}$$

Um letztlich den Zusammenhang zwischen dem Rotationswinkel θ_{rot} und dem Rotationsdiffusionskoeffizienten D_{rot} herstellen zu können, benötigen wir ein Modell für die Rotationsbewegung. Wir nehmen zunächst eine isotrope Rotationsbewegung an (Abb. V.91). Wir sehen die Rotationsbewegung eines Teilchens als Diffusionsbewegung auf einer Kugeloberfläche an, die sich aus einer Reihe isotroper Schritte und somit Winkeländerungen zusammensetzt. In jedem Zeitabschnitt δt ändere sich die Raumrichtung um das Winkelinkrement $\delta\theta$. Nach N Schritten fluoresziere das Molekül. Der Rotationsdiffusionskoeffizient $D_{\text{rot}}/\text{s}^{-1}$ ist hier definiert als

$$(\delta\theta)^2 = 4 D_{\text{rot}} \cdot \delta t \tag{V.82}$$

Mit $N = t/\delta t$ und für kleine Winkel $\delta\theta$ erhält man als zeitabhängiges Ergebnis für die Anisotropie die PERRIN-Gleichung:

$$A(t) = A_0 \cdot e^{-6D_{\text{rot}}t} = A_0 \cdot e^{-t/\tau_{\text{rot}}} \tag{V.83}$$

($\tau_{\text{rot}} = 1/(6 D_{\text{rot}})$ Rotationskorrelationszeit). Für den Zeitpunkt $t = 0$ erhält man $A = A_0$, für lange Zeiten geht A gegen null, da sich die Moleküle aufgrund der Rotation vollständig isotrop verteilen.

Der Rotationsdiffusionskoeffizient ist somit durch zeitabhängige Messungen der Fluoreszenzanisotropie (z. B. mit Hilfe von Laserpuls-Experimenten) bestimmbar (Abb. V.92).

Analog zur Messung der Fluoreszenzlebensdauer kann mit Hilfe von Polarisatoren die Zeitabhängigkeit der Anisotropie auch in der Frequenzdomäne untersucht werden. Es wird bei einer Reihe von Modulationsfrequenzen gemessen, um schnelle und langsame dynamische Prozesse

5. Fluoreszenzspektroskopie

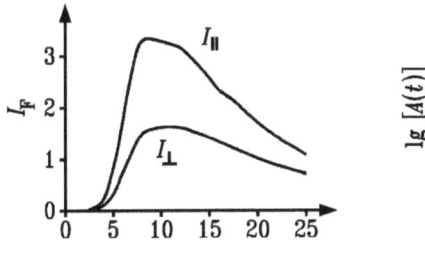
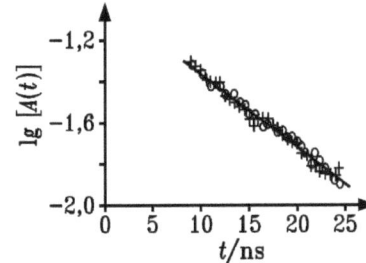

Abb. V.92: Fluoreszenzpolarisationsmessungen an α-Chymotrypsin in 0,1 M Phosphatpuffer bei pH = 6,8 und $T = 295$ K. Das Protein ist mit einer Anthraniloylgruppe als Fluoreszenzsonde verknüpft. Neben den Fluoreszenzintensitäten $I_\parallel$ und $I_\perp$ (links) ist die Anisotropie $A(t)$ gezeigt (rechts). Aus der Steigung der lg($A(t)$)-Kurve ergibt sich eine Rotationskorrelationszeit von 52 ns (nach: L. Stryer, Science **162** (1968) 526).

erfassen zu können. Die Probe wird mit intensitätsmoduliertem Licht angeregt, welches vertikal polarisiert ist. Messwert ist der Unterschied im Phasenwinkel (differentielle Phase, $\Delta\varphi$) bzw. im Demodulationsgrad Λ von paralleler und senkrechter Komponente des Fluoreszenzlichts. Die FOURIER-Transformation liefert die entsprechenden Daten in der Zeitdomäne. Für einen einzelnen sphärischen Rotator erhält man (G. Weber, J. Chem. Phys. **66** (1977) 4081):

$$\Delta\varphi_\omega = \varphi_{\parallel,\omega} - \varphi_{\perp,\omega}$$
$$= \arctan\left[\frac{18\omega A_0 D_{\text{rot}}}{(k_F^2 + \omega^2)(1 + A_0 - 2A_0^2) + 6D_{\text{rot}}(6D_{\text{rot}} + 2k_F + k_F A_0)}\right] \quad \text{(V.84)}$$

$$\Lambda_\omega^2 = \left(\frac{m_{\parallel,\omega}}{m_{\perp,\omega}}\right)^2 = \frac{[(1-A_0)k_F + 6D_{\text{rot}}]^2 + (1-A_0)^2\omega^2}{[(1+2A_0)k_F + 6D_{\text{rot}}]^2 + (1+2A_0)^2\omega^2} \quad \text{(V.85)}$$

Bei Kenntnis von A_0 und k_F erhält man mit einer Fitroutine den Rotationsdiffusionskoeffizienten bzw. die Rotationskorrelationszeit.

Im Allgemeinen besitzt ein Biomolekül jedoch mehrere Rotationsmoden. Es können lokale Rotationen um verschiedene fluoreszierende Gruppen, deren Rotationsbeweglichkeit meistens eingeschränkt ist, oder auch die BROWNsche Rotationsdiffusion des ganzen Moleküls auftreten.

Wir betrachten als Beispiel aus der Frequenzdomänen-Messtechnik ein Protein mit intrinsischem Fluorophor, die Staphylokokken-Nuclease B (Abb. V.93). Sie enthält nur einen einzelnen Tryptophanrest, wodurch die Datenanalyse erleichtert wird. Der zeitliche Abfall der Fluoreszenzanisotropie lässt sich am besten mit einem biexponentiellen Fit mit den Rotationskorrelationszeiten $\tau_{\text{rot},1} = 0{,}09$ ns und $\tau_{\text{rot},2} = 10{,}2$ ns beschreiben. Die kürzere Rotationszeit wird der Rotationsbewegung des Tryptophanrestes in einer relativ starren Mikroumgebung, in der seine Rotationsmöglichkeit auf einen kleinen Konuswinkel beschränkt bleibt, zugeschrieben. Dem größeren τ_{rot}-Wert liegt die Rotationsbewegung des gesamten hydratisierten Proteins zugrunde.

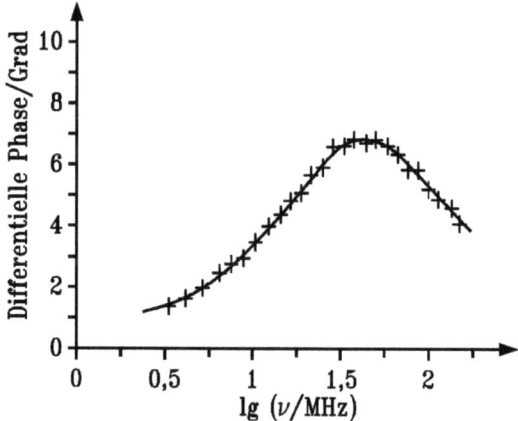

Abb. V.93: Differentielle Phase von *S. Nuclease B* in Abhängigkeit der Modulationsfrequenz. Die Messkurve lässt sich durch einen biexponentiellen Fit mit zwei Rotationskorrelationszeiten anpassen (nach: J. R. Lakowicz, in: *Topics in Fluorescence Spectroscopy*, Vol. 2, S. 34, Plenum Press, New York, 1991).

Bei der Denaturierung globulärer Proteine nimmt die Rotationsbeweglichkeit der Tryptophanreste in charakteristischer Weise zu, was zu einer stärkeren Depolarisierung der Fluoreszenzstrahlung führt (siehe z. B. M. R. Eftink et al., Biochemistry **30** (1991) 8945).

Die Fluoreszenzmethode ist eine sehr empfindliche Messmethode. Proteinkonzentrationen $c_m \leq 0{,}01$ mg mL^{-1} sind noch gut zu untersuchen. Die Methode eignet sich auch, um Ligandenbindungen, Oligomerdissoziationen und Assoziationsreaktionen zu untersuchen. Es muss jedoch sichergestellt sein, dass bei Einsatz eines extrinsischen Fluorophors die Struktur nicht beeinflusst wird.

Bei der *statischen Messung der Fluoreszenzdepolarisation* misst man Anisotropie und Polarisation als zeitlichen Mittelwert. Dieser Mittelwert ist auf die Gesamtintensität der Fluoreszenzstrahlung normiert und gegeben durch:

$$A = \overline{A} = \frac{\int_0^\infty I_F(t) A(t) \, dt}{\int_0^\infty I_F(t) \, dt} \tag{V.86}$$

Wenn ein monoexponentielles Zeitgesetz für $I_F(t)$ vorliegt (z. B. für Fluorophore in homogener Lösung), d. h.

$$I_F(t) = I_F(0) \, e^{-t/\tau} \tag{V.87}$$

und wenn

$$A(t) = A_0 e^{-t/\tau_{\text{rot}}} \tag{V.88}$$

mit $\tau_{rot} = (6D_{rot})^{-1}$, so ergibt sich die PERRIN-Gleichung in der Form

$$A = A_0 \cdot \frac{1}{1 + 6D_{rot}\tau} \tag{V.89}$$

oder in reziproker Form

$$\frac{1}{A} = \frac{1}{A_0} \cdot (1 + 6D_{rot}\tau) = \frac{1}{A_0} \cdot \left(1 + \frac{\tau}{\tau_{rot}}\right) \tag{V.90}$$

Bei bekannter Fluoreszenzlebensdauer τ kann somit die Rotationsdiffusionskonstante D_{rot} durch Messung der Anisotropie auch im statischen Experiment bestimmt werden.

Für kugelförmige Moleküle ist diese Konstante nach dem STOKESschen Gesetz mit Temperatur, Viskosität und dem effektiven hydratisierten Molekülvolumen V_h verknüpft:

$$D_{rot} = \frac{k_B T}{6\eta V_h} = \frac{k_B T}{8\pi \eta R_s^3} \tag{V.91}$$

wobei η die Mikroviskosität, also die Viskosität, die der Fluorophor in seiner unmittelbaren Umgebung erfährt, darstellt. R_s ist der STOKES-Radius des Teilchens. Für ein globuläres Protein von 25000 Da liegt τ_{rot} bei etwa 10 ns, und τ_{rot} nimmt um etwa 1 ns pro 2550 Da zu (Faustformel für sphärische Proteine: $\tau_{rot} \approx (M/2550) \cdot 10^{-9}$ s; M Molmasse in Da).

Abbildung V.94 zeigt den PERRIN-Plot für die statische Anisotropie von Anthraniloyl-Ser[195]-α-chymotrypsin in Abhängigkeit von (T/η). Aus der Steigung erhält man bei Kenntnis von τ das Molekülvolumen V_h. Aus dem Ordinatenabschnitt ergibt sich für $(T/\eta) \rightarrow 0$ der Grenzwert der Anisotropie zu $A_0 = 0{,}3$. Für die Rotationskorrelationszeit errechnet man einen Wert von 15 ns.

Zur erfolgreichen Bestimmung von D_{rot} im statischen Fluoreszenzdepolarisations-Experiment ist zu beachten, dass τ und τ_{rot} von ähnlicher Größenordnung sein müssen. Wird $\tau_{rot} \gg \tau$, erfolgt während der Fluoreszenzlebensdauer keine Molekülrotation, und man misst A_0. Wird hingegen $\tau_{rot} \ll \tau$, rotieren die angeregten Teilchen so schnell, dass sich die Richtung ihrer Übergangsdipolmomente während τ isotrop im Raum verteilt und die Anisotropie null wird. D. h., dass mit üblichen Fluorophoren nur Rotationszeiten gemessen werden können, die im Bereich zwischen etwa 1 und 100 ns liegen. Im Fall der Phosphoreszenz als Emissionsstrahlung können Rotationszeiten bis zu einigen ms ermittelt werden.

Es gilt jedoch zu beachten, dass der PERRIN-Gleichung einige Annahmen zugrunde liegen, welche ihre Anwendung oftmals nicht erlaubt. Streng genommen ist die Gleichung nur für Moleküle anwendbar, welche kugelförmig sind oder welche Rotationseigenschaften besitzen, die Teilchen mit kugelförmigem Volumen haben (es gibt aber Erweiterungen der PERRIN-Gleichung für komplexere Geometrien). Die Viskosität in der Umgebung eines rotierenden Moleküls entspricht in der Regel nicht der Viskosität der Volumenphase. Eine weitere Annahme ist, dass die Rotation des Moleküls statistisch und ungehindert erfolgt. Zudem soll ausgeschlossen werden, dass die Depolarisation der Emissionstrahlung auf andere Effekte als die Unterschiede in der Orientierung der Übergangsdipolmomente und die Molekularbewegung zurückzuführen ist. Weitere Effekte (z. B. Energietransfer auf Nachbarmoleküle) können in verdünnten Lösungen meist ausgeschlossen werden.

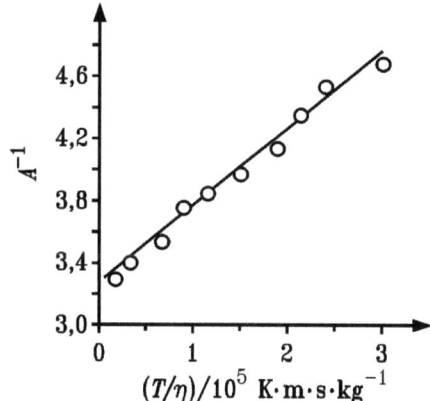

Abb. V.94: PERRIN-Plot von Anthraniloyl-Ser[195]-α-chymotrypsin in Abhängigkeit von (T/η); $T = 298$ K, η wurde durch Glycerinzusatz variiert (nach: R. P. Haugland, L. Stryer, in: *Conformation of Biopolymers*, Vol. 1, G. N. Ramachandran (Hrsg.), Academic Press, New York, 1967).

Wir betrachten noch ein Anwendungsbeispiel für Fluoreszenzanisotropie-Messungen: die Detektion einer Rezeptor-Ligand-Wechselwirkung:

R + L ⇔ RL

(R Rezeptor, L Ligand, RL Rezeptor-Ligand-Komplex). Die Dissoziationskonstante des Komplexes sei $K_D = c_R c_L / c_{RL}$. Die gemessene Anisotropie der Mischung aus der ungebundenen, freien (free, f) und der gebundenen (bound, b) Form des fluoreszierenden Liganden ergibt sich zu

$$A = x_f A_f + x_b A_b \qquad (V.92)$$

x_f und x_b sind die jeweiligen Anteile, A_f und A_b die Anisotropiewerte des separat gemessenen freien und gebunden Liganden. Weiterhin gilt für x_b:

$$x_b = \frac{c_{RL}}{c_L + c_{RL}} = \frac{c_R}{c_R + K_D} \qquad (V.93)$$

Mit Gleichung V.92 und $x_f + x_b = 1$ erhalten wir den Anteil an gebundenem Liganden

$$x_b = \frac{A - A_f}{A_b - A_f} \qquad (V.94)$$

und damit auch den Anteil der ungebundenen Form. Aus der Titrationskurve, der Messung von A in Abhängigkeit der Rezeptorkonzentration (s. Abb. V.95), erhält man mit den Gleichungen V.93 und V.94 dann K_D.

Falls sich bei der Komplexbildung auch die Quantenausbeute des Fluorophors ändert, muss Gleichung V.94 noch modifiziert werden:

$$x_b = \frac{A - A_f}{(A_b - A)r + A - A_f} \qquad (V.95)$$

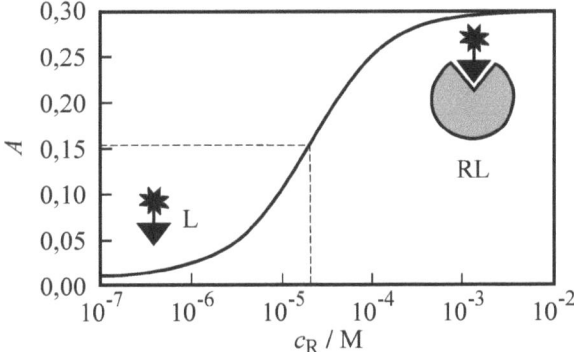

Abb. V.95: Über die Fluoreszenz-Anisotropie gemessene Titrationskurve einer Rezeptor-Ligand-Wechselwirkung (c_R molare freie Rezeptorkonzentration). Es sei z. B. $c_L = 1,0 \cdot 10^{-7}$ M zu Beginn, $A_f = 0,01$, $A_b = 0,30$. An der Stelle $A = (A_b + A_f)/2 = 0,155$ ist dann $x_b = x_f = 0,5$ und $K_D = c_R = 2 \cdot 10^{-5}$ M.

wobei $r = Q_{F,b}/Q_{F,f}$ das Verhältnis der Quantenausbeuten des gebunden und freien Fluorophors ist.

Die für *Membranuntersuchungen* notwendigen Fluorophore sind extrinsischer Natur, da Phospholipide selbst keine Fluoreszenz im UV/VIS-Gebiet aufweisen. Man erhält somit aus den Fluoreszenzmessungen nur indirekte Informationen über dynamische Membranprozesse. Meistens werden stabförmige Fluorophore, wie das TMA-DPH (1-[4-(Trimethylammonium)-phenyl]-6-phenyl-1,3,5-hexatrien), als Sonde eingesetzt. Für Membranfluorophore ist das Modell der ungehinderten Rotation nicht mehr gültig. Der Fluorophor kann innerhalb der Membran lediglich Rotationsbewegungen in einem Kegel mit einem Maximalwinkel θ_{max} um die Membrannormale ausführen. In diesem Modell der gehinderten Rotation ist die zeitaufgelöste Anisotropie, wenn nur eine Rotationskorrelationszeit vorliegt, gegeben durch:

$$A(t) = (A_0 - A_\infty)e^{-t/\tau_{rot}} + A_\infty \tag{V.96}$$

Die Gleichung ist bis auf den Beitrag der Grenzanisotropie identisch mit der PERRIN-Gleichung. $A(t)$ erreicht nicht den Wert null, da der in der Membran eingebettete Fluorophor nicht alle möglichen Orientierungen einnehmen kann. Die Rotationskorrelationszeit hängt über

$$\tau_{rot} = \frac{A_0 - A_\infty}{6 D_w A_0} \tag{V.97}$$

mit dem „*wobbling*"-Diffusionskoeffizienten D_w, der die Rotationsbewegung in dem Kegelvolumen beschreibt, zusammen (Lakowicz, 1991, 2006).

Folgt die Fluoreszenzintensität einem einfach-exponentiellen Zerfall, so ergibt sich für die statische Fluoreszenzanisotropie:

$$A = \frac{A_0 - A_\infty}{1 + \tau/\tau_{rot}} + A_\infty \tag{V.98}$$

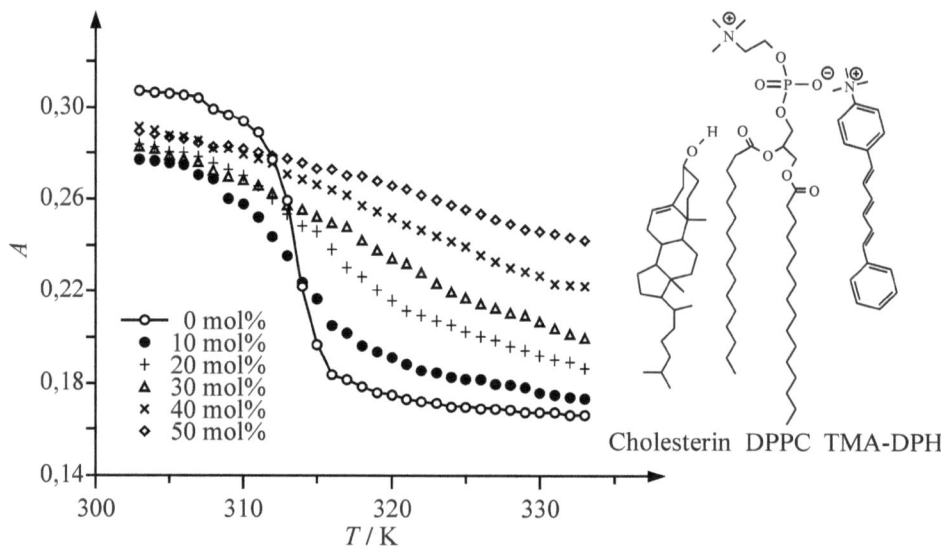

Abb. V.96: Statische Fluoreszenzanisotropie A von TMA-DPH in DPPC-Vesikeln mit unterschiedlichem Gehalt an Cholesterin in Abhängigkeit der Temperatur (nach: C. Bernsdorff, A. Wolf, R. Winter, Z. Phys. Chem. **193** (1996) 151).

Die Anisotropie A setzt sich also aus zwei Beiträgen zusammen, dem statischen bzw. strukturellen Anisotropiebeitrag A_∞ (Grenzanisotropie), der dem Quadrat des Lipidordnungsparameters proportional ist, und dem dynamischen Anisotropiebeitrag (1. Term in Gl. V.96), der in Zusammenhang mit der Rotationskorrelationszeit des Fluorophors steht. Für TMA-DPH bestimmt der erste Beitrag das Verhalten von A. Im Rahmen eines Kegelmodells für die Rotationsdiffusion erhält man für den Zusammenhang von θ_{max} mit der Grenzanisotropie A_∞:

$$\frac{A_\infty}{A_0} = \left[\frac{1}{2}\cos\theta_{max}(1+\cos\theta_{max})\right]^2 \tag{V.99}$$

Das Verhältnis A_∞/A_0 ist somit ein Maß für die Orientierungsordnung des Fluorophors, die den Ordnungsgrad der umgebenden Lipidmoleküle reflektiert. Es ist über

$$S = \sqrt{\frac{A_\infty}{A_0}} \qquad \text{mit: } 0 \leq S \leq 1 \tag{V.100}$$

mit dem Orientierungsordnungsparameter (2. Ordnung) S der Lipide in der Membran verknüpft. Bei Parallelausrichtung zur Membrannormalen beträgt $S = 1$, bei statistischer Orientierung des Fluorophors ist $S = 0$.

Abbildung V.96 zeigt als Beispiel Werte der statischen Anisotropie von TMA-DPH in DPPC-Doppelschichten als Funktion der Temperatur und des Cholesteringehaltes. Der überstrichene Temperaturbereich liegt zwischen 303 und 333 K, d. h., es wurde sowohl die Fluoreszenzanisotropie von TMA-DPH in der Gelphase ($T < 315$ K) als auch in der fluiden Phase von DPPC ($T > 315$ K) gemessen. Die Fluoreszenzanisotropiewerte geben primär Auskunft über die

5. Fluoreszenzspektroskopie

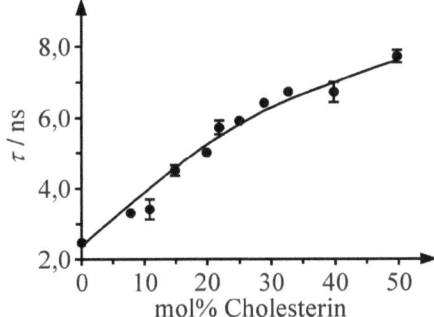

Abb. V.97: Mittlere Fluoreszenzlebensdauer von TMA-DPH in DPPC-Vesikeln in Abhängigkeit der Cholesterinkonzentration bei $T = 331$ K (nach: C. Bernsdorff, A. Wolf, R. Winter, E. Gratton, Biophys. J. **72** (1997) 1264).

Orientierungsordnung der Acylketten in der direkten Umgebung des Fluorophors, d. h., die statische Fluoreszenzanisotropie wird im Wesentlichen durch den strukturellen Anisotropiebeitrag A_∞, in den der Ordnungsparameter eingeht, bestimmt. Daher lassen sich aus den Messungen Aussagen über die Änderung des Ordnungszustandes der Acylketten der Lipiddoppelschicht durch den Einbau von Cholesterin erhalten. Die Rotationsdiffusionsrate des Fluorophors, die den dynamischen Anisotropiebeitrag ausmacht, kann nur mit Hilfe der zeitaufgelösten Fluoreszenzanisotropiemethode bestimmt werden. Die statische Fluoreszenzanisotropie in reinen DPPC-Vesikeln zeigt eine fast sprunghafte Abnahme von etwa 0,30 auf 0,17 im Bereich der Phasenumwandlung Gel zu flüssig-kristallin, die auf die Bildung von *gauche*-Konformeren und Kinken in der fluiden Phase zurückzuführen ist. Bei Zugabe von mehr als 10 Mol-% Cholesterin nimmt A und damit S von TMA-DPH in der Gelphase von DPPC um 0,02 auf etwa 0,28 ab. In der flüssig-kristallinen Phase von DPPC steigt mit zunehmender Cholesterinkonzentration die statische Fluoreszenzanisotropie von TMA-DPH und damit der Ordnungsparameter annähernd linear an. Ursache hierfür ist das rigide Sterolringsystem, das eine partielle Ordnung der Acylketten in der fluiden Phase erzwingt. Mit Hilfe anderer spektroskopischer Verfahren, wie z. B. der ^{2}H-NMR-Spektroskopie, werden ähnliche Ergebnisse erhalten. Die Verbreiterung der Phasenumwandlung Gel zu flüssig-kristallin von DPPC nimmt mit steigender Cholesterinkonzentration zu. Bei einer Konzentration von etwa 30 Mol-% ist die Hauptumwandlung des Lipids kaum noch detektierbar. Die statische Fluoreszenzanisotropie nimmt oberhalb 30 Mol-% Cholesterin nur noch geringfügig mit steigender Temperatur ab. Hohe Cholesterinkonzentrationen (> 30 Mol-%) können somit den Ordnungsparameter der Membrandoppelschicht über einen großen Temperaturbereich relativ konstant halten bzw. die Packung der Lipide stabilisieren.

Fluoreszenzlebensdauerwerte geben oftmals wertvolle Informationen über die lokale dielektrische Umgebung des Fluorophors. Die TMA-DPH Fluoreszenzlebensdauer wird drastisch durch Anwesenheit von H_2O-Molekülen reduziert. In der Gelphase von DPPC beträgt sie etwa 5,8 ns, in der fluiden Phase, in der Wasser weiter in die Doppelschicht und damit bis in den Bereich des Fluorophors eindringen kann, lediglich noch 2,5 ns. Abbildung V.97 zeigt die aus zeitaufgelösten Fluoreszenzmessungen erhaltene Fluoreszenzlebensdauer des TMA-DPH

332　　　　　　　　　　　　　　　　　　　　　　　　V. Spektroskopische Methoden

in Abhängigkeit der Cholesterinkonzentration. Die Abbildung verdeutlicht, dass der Einbau von Cholesterin in fluide Membranen zu einer partiellen Dehydratisierung im Grenzschichtbereich zwischen Lipidketten und Kopfgruppe der Membran führt. Die rotationsdynamischen Eigenschaften der Membran bleiben jedoch im Wesentlichen erhalten.

5.10 Photobleichverfahren (FRAP)

Laterale Diffusionsprozesse in Membranen lassen sich mit Hilfe des Photobleichverfahrens (engl.: *fluorescence recovery after photobleaching*, FRAP) untersuchen. Zur Bestimmung der lateralen Diffusion von Membranteilchen (Lipide oder auch Proteine) werden die interessierenden Moleküle zunächst mit einem fluoreszierenden Molekül als Sonde verknüpft. Eine häufig verwendete Sonde ist das NBD-PE (Abb. V.98), die fluoreszierende Variante eines Phosphatidylethanolamins. Eine kleine Fläche (einige μm^2) einer mit dieser Sonde versehen Membranprobe wird in einem Lichtmikroskop beobachtet. Dieses Messfeld wird mit einem Laserlichtpuls hoher Intensität kurzfristig bestrahlt, so dass die sich im Messfeld befindenden

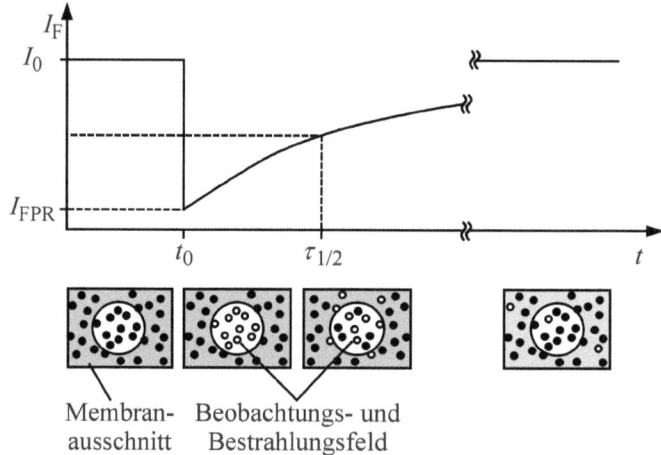

N-4-Nitro-benzo-2-oxa-1,3-diazol-phosphatidylethanolamin (NBP-PE)

Abb. V.98: FRAP-Technik zur Diffusionsmessung. Oben ist die Strukturformel der Lipid-Sonde NBD-PE gezeigt. In einem Bestrahlungsfeld werden zum Zeitpunkt $t = 0$ die vorhandenen Fluoreszenzsonden durch einen intensiven Laserstrahl zerstört, so dass die Fluoreszenzintensität abnimmt. Mit der Zeit werden durch Diffusion diese Sonden durch intakte ersetzt, und die Fluoreszenz steigt wieder an.

Fluoreszenzsondenmoleküle irreversibel ausbleichen und ihre Fluoreszenz erlischt. Durch Diffusion wandern nun nicht ausgeblichene Moleküle aus dem umgebenden Membranfeld mit der Zeit in die beobachtete Membranebene und ersetzen die zerstörten. Die im Beobachtungsfeld auftretende Fluoreszenz nimmt somit im Verlauf der Zeit wieder zu (Abb. V.98). Zu Beginn besitzt die Fluoreszenzintensität I_F den Wert I_0. Nach der Bestrahlung nimmt sie auf I_{FPR} ab, um dann mit der Zeit wieder zuzunehmen. Nach einer längeren Zeitspanne erreicht die Fluoreszenzintensität nahezu den Ausgangswert. Die Auswertung der Kinetik von $I_F(t)$ liefert den lateralen Diffusionskoeffizienten der Moleküle. Hierbei muss auch die Geometrie des Laserstrahls berücksichtigt werden. Als gute Näherung kann man für den einfachen Fall der Diffusion einer einzigen Komponente - in Anlehnung an die Lösung des zweiten FICKschen Gesetzes in zwei Dimensionen - schreiben:

$$D = \frac{w^2}{4\tau_{1/2}} \cdot \gamma \qquad (V.101)$$

($\tau_{1/2}$ Zeitraum, in dem die Fluoreszenzintensität den halben Anfangswert wieder erreicht, w Radius des Laserstrahls, γ Parameter, der das Strahlprofil und den Grad des Photobleichens berücksichtigt).

Die lateralen Diffusionskoeffizienten hängen von der Größe und Gestalt der untersuchten Moleküle ab (Tab. V.12). Mit der FRAP-Methode lassen sich Diffusionskoeffizienten von etwa 10^{-10} bis 10^{-16} m² s⁻¹ bestimmen. Im Gegensatz zur Excimer-Methode oder zur Methode der quasielastischen Neutronenstreuung misst die FRAP-Technik die langreichweitige Diffusion über μm-Distanzen.

Die Diffusionskoeffizienten D von Lipidmolekülen in fluiden Modellmembranen liegen bei 10^{-11}-10^{-12} m² s⁻¹, d. h., ein Lipidmolekül diffundiert in einer Membran in 1 s im Mittel etwa 2 μm. D-Werte von Lipiden in Plasmamembranen der Zellen sind dagegen niedriger (10^{-12} bis 10^{-13} m² s⁻¹).

Man kann auch die Diffusion anderer Membranbausteine untersuchen, wenn geeignete Sonden zur Verfügung stehen. So können z. B. verschiedene Glykoproteine mit dem an α-D-Glucose oder α-D-Mannose bindendes Concanavalin A als Sonde verknüpft werden (Tabelle V.12).

Auf diese Art und Weise können Diffusionskoeffizienten von Proteinen in Membranen bis herunter zu ca. 10^{-16} m² s⁻¹ gemessen werden (Tab. V.12). Die D-Werte reagieren sehr empfindlich auf Konfigurationsänderungen oder Aggregationsprozesse, die durch biochemische Reaktionen hervorgerufen werden können. Die Diffusion eines Fluorophors durch die Zellmembran lässt sich bestimmen, wenn man das Zellinnere mit dem Fluorophor füllt, ausbleicht, und den Transport der Fluoreszenzsonden aus dem Außenmedium in das Innere der Zelle verfolgt.

5.11 Fluoreszenzkorrelationsspektroskopie (FCS)

Mit Hilfe der Fluoreszenzkorrelationsspektroskopie (engl.: *fluorescence correlation spectroscopy*, FCS) werden Konzentrationsfluktuationen fluoreszierender Teilchen in einem sehr kleinen Beobachtungsvolumen (etwa 1 μm³), das einen Ausschnitt aus der untersuchten Probe darstellt, gemessen. Aus den gewonnenen Daten kann nach Berechnung der sog. Autokorrela-

Tab. V.12: Laterale Diffusionskoeffizienten D verschiedener Biomoleküle aus FRAP-Experimenten (s. a. M. Shinitzky (Hrsg.), *Biomembranes - Physical Aspects*, VCH, Weinheim, 1993).

Untersuchte Substanz	Fluoreszenzsonde	D/m^2 s^{-1}
DMPC-Doppelschicht	NBD-PE	
Gel (293 K)		$1{,}5 \cdot 10^{-14}$
fl.-krist. (303 K)		$8 \cdot 10^{-12}$
DMPC + Cholesterin 1:1	NBD-PE	
303 K		$8 \cdot 10^{-13}$
318 K		$2 \cdot 10^{-12}$
Ei-Phosphatidylcholin (298 K)	NBD-PE	$1{,}8 \cdot 10^{-12}$
Erythrozyten-Lipide	Spinlabel-PC	$8 \cdot 10^{-13}$
Erythrozyten-Ghosts-Lipide (308 K)	NBD-PE	$5 \cdot 10^{-13}$
Lymphozyten-Lipide (295 K)	Fluorescein-PE	$3{,}4 \cdot 10^{-13}$
Bakteriorhodopsin		
in DMPC 1:210 (295 K)	EGF-Rezeptor	$3{,}4 \cdot 10^{-12}$
Lektin-Rezeptor		
in Myoblast-Zellen (296 K)	Concanavalin A	$2{,}9 \cdot 10^{-15}$
in Neuronen (295 K)	Concanavalin A	$(11\text{-}14) \cdot 10^{-15}$
Oberflächen-Antigen		
in Fibroblast 3T3	Anti-P388-Rezeptor	$2{,}6 \cdot 10^{-14}$
Erythrozyten (310 K)	integrale Membranproteine	$4 \cdot 10^{-15}$
Erythrozyten-Ghosts (293 K)	integrale Membranproteine	$< 3 \cdot 10^{-16}$
Myotubes (295 K)	Acetylcholinrezeptor	$(4\text{-}5) \cdot 10^{-15}$

tionsfunktion der Diffusionskoeffizient und die mittlere Teilchenzahl ermittelt werden. Diese beiden Größen bilden die Grundlage für eine Reihe verschiedener Anwendungen der FCS in der Biophysik. Beispielsweise lassen sich Protein-Ligand-Bindungsgleichgewichte verfolgen. Aufgrund des extrem kleinen Beobachtungsvolumens sind auch Untersuchungen dynamischer Prozesse in einer biologischen Zelle möglich, wie z. B. das Anbinden von Proteinen an die Zellmembran. Die FCS kann noch zu den relativ jungen Untersuchungsmethoden gezählt werden. Sie wurde erstmals von D. MAGDE, E. L. ELSON und W. W. WEBB 1972 eingeführt und zur Untersuchung der Bindung von Ethidiumbromid an DNA angewandt. Zu Beginn der

5. Fluoreszenzspektroskopie

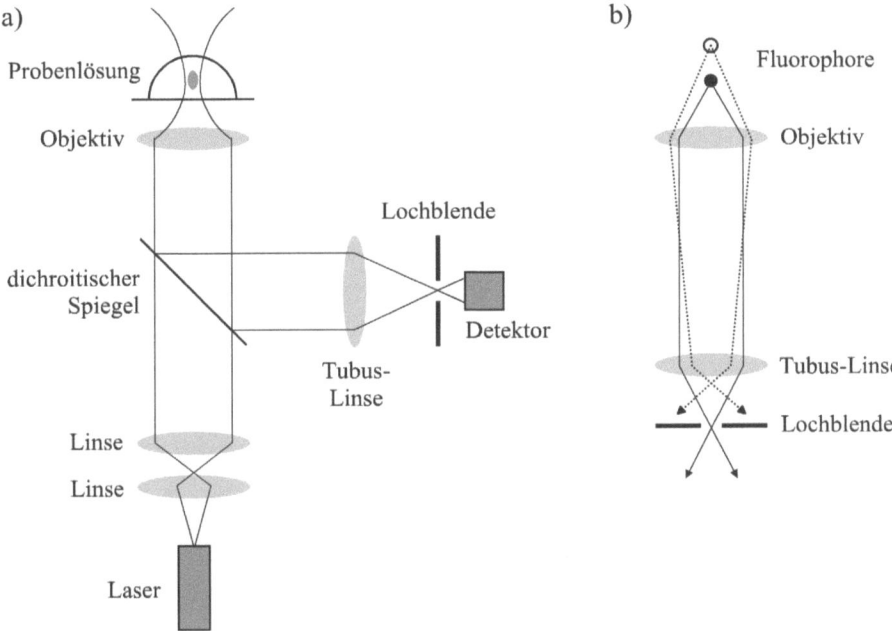

Abb. V.99: a) Schematischer Aufbau zur Durchführung von FCS-Experimenten. b) Konfokales Detektionsprinzip.

1990er Jahre waren die ersten kommerziellen Fluoreszenzkorrelationsspektroskope erhältlich, mit denen die FCS eine weite Verbreitung erfuhr.

Die experimentelle Umsetzung der FCS ist schematisch in Abbildung V.99 gezeigt. Ein Laser dient als Lichtquelle. Das Anregungslicht wird über einen dichroitischen Spiegel durch das Objektiv eines Mikroskops in die Probenlösung fokussiert. Dort werden die fluoreszenten Teilchen angeregt, und deren Fluoreszenzlicht wird durch dasselbe Objektiv eingefangen (Epifluoreszenz-Optik). Das Objektiv ist in der Regel durch eine hohe numerische Apertur charakterisiert, so dass der Brennpunkt sehr nahe am Objektiv liegt. Häufig wird ein inverses Mikroskop verwendet, bei dem sich das Objektiv unterhalb der Probenlösung befindet. Die Probenlösung wird hierfür auf ein sehr dünnes Glasplättchen (Objektträger) aufgebracht. Da das Fluoreszenzlicht eine größere Wellenlänge als das Anregungslicht des Lasers hat, kann es mit Hilfe des dichroitischen Spiegels vom Anregungslicht getrennt und zum Detektor gelenkt werden. Im Falle eines konfokalen Fluoreszenzaufbaus passiert das Fluoreszenzlicht zuvor eine Lochblende. Diese Lochblende bewirkt, dass unfokussiertes Fluoreszenzlicht, das außerhalb der Brennebene des Objektivs entstanden ist, ausgeblendet wird. Hierdurch erhöht sich die Tiefenauflösung drastisch. Letztlich wird nur das Fluoreszenzlicht detektiert, das von Teilchen im Brennpunkt des Objektivs emittiert wird. Das resultierende Beobachtungsvolumen hat entlang der optischen Achse eine Ausdehnung im Mikrometerbereich, während lateral Submikrometerauflösung erreicht wird. In einem Beobachtungsvolumen von 1 fL befinden sich bei einer Fluorophorkonzentration von 1 nM im zeitlichen Mittel etwa 0,6 Fluorophore. Die FCS zählt somit zu den Einzelmolekültechniken. Als Detektoren kommen Photoelektronenvervielfacher (engl.: *photomultiplier tube*, PMT) oder Lawinenphotodioden (engl.: *avalanche photodiode*, APD) zum Einsatz.

Ein punktförmiges Beobachtungsvolumen kann auch durch eine Zwei-Photonen-Anregung der Fluorophore erreicht werden. Hierbei muss Laserlicht hoher Intensität, das mit gepulsten Lasern erzeugt wird, in die Probenlösung fokussiert werden. Es kommt dann zu einer nahezu simultanen Absorption von zwei Photonen durch einen Fluorophor. Außerhalb des Brennpunktes ist die Photonendichte zu gering, so dass keine Fluorophoranregung erfolgt; eine Tiefenauflösung ist somit ohne Lochblende gegeben. Zudem unterbleibt ein mögliches Photobleichen von Fluorophoren, die sich zwar im Strahlengang, jedoch außerhalb des Brennpunktes befinden. Beispielsweise kann ein Fluorophor den angeregten Zustand durch Absorption eines einzelnen 400-nm-Photons oder durch zwei 800-nm-Photonen erreichen. Hieraus ergibt sich der weitere Vorteil, dass das Anregungsstreulicht weit vom Fluoreszenzlicht getrennt wird. Bei Anregung mit einer Wellenlänge von 800 nm wird RAMAN-Streuung oberhalb von 800 nm beobachtet, während das Fluoreszenzlicht im Bereich von etwa 450 – 650 nm registriert werden kann.

Im Fall eines konfokalen Messaufbaus wird das Anregungsvolumen in der Probenlösung durch die Fokussierung des aus dem Objektiv tretenden Lichts bestimmt, während die Lochblende vor dem Detektor dafür sorgt, dass nur Fluoreszenzstrahlen einer bestimmten Tiefe innerhalb der Probenlösung den Detektor erreichen. Die Faltung des Anregungs- mit dem Detektionsvolumens liefert die sog. *point spread function* (PSF), die mit einer dreidimensionalen GAUSS-Funktion angenähert werden kann:

$$\text{PSF} = \frac{I(x,y,z)}{I_0} = \exp\left(-\frac{2(x^2+y^2)}{w_{xy}^2} - \frac{2z^2}{w_z^2}\right) \tag{V.102}$$

w_{xy} und w_z sind die Abmessungen der PSF senkrecht und parallel zur Laserstrahlrichtung.

Nur wenn ein Fluorophor durch das Beobachtungsvolumen, d. h. durch das PSF-Volumen, diffundiert, wird während dieser Zeit Fluoreszenzlicht detektiert. Aufgrund dieser zeitlichen Abhängigkeit registriert man eine fluktuierende Fluoreszenzintensität $F(t)$ (Abb. V.100). Es ist praktisch ausgeschlossen, direkt aus diesem Signal eine Information über den Diffusionsvorgang abzulesen. Daher muss das Signal mathematisch ausgewertet werden. Eine Möglichkeit besteht in der Berechnung der sog. Autokorrelationsfunktion:

$$G(\tau) = \frac{\langle \delta F(t) \cdot \delta F(t+\tau) \rangle}{\langle F(t) \rangle^2} \tag{V.103}$$

mit der Fluoreszenzfluktuation $\delta F(t) = F(t) - \langle F(t) \rangle$. $\langle ... \rangle$ kennzeichnet eine Mittelung über alle Datenpunkte. Mit $G(\tau)$ wird die Ähnlichkeit des Signals mit einer Kopie des Signals, das um die Zeit τ verschoben ist, ermittelt (Abb. V.100). Bei kleinen Korrelationszeiten τ wird die Ähnlichkeit des Signals mit dessen Kopie noch groß sein, und $G(\tau)$ nimmt einen relativ großen Wert an. Mit zunehmender Verschiebung der Kopie, d. h. mit zunehmender Korrelationszeit τ, fallen unkorrelierte Datenpunkte aufeinander, so dass die Autokorrelationsfunktion gegen null strebt. Man kann zeigen, dass $G(0)$ umgekehrt proportional zur mittleren Zahl der Fluorophore innerhalb des Beobachtungsvolumens ist: $G(0) = 1/N$. Der zeitabhängige Abfall der Autokorrelationsfunktion hängt von der Dynamik der Fluorophore innerhalb des Beob-

5. Fluoreszenzspektroskopie

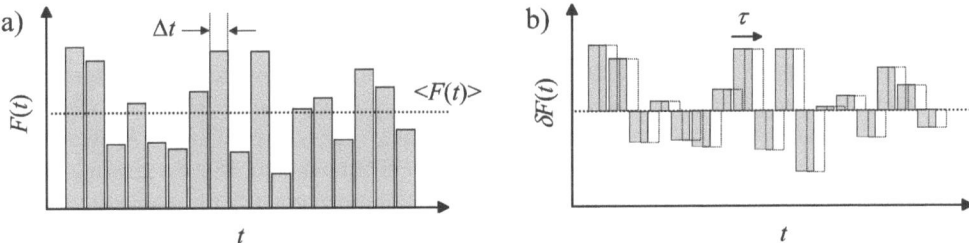

Abb. V.100: a) Rohdaten in einem Fluoreszenzfluktuationsexperiment. Wenn ein Fluorophor durch das Beobachtungsvolumen diffundiert, wird während des Messintervalls Δt die Fluoreszenzintensität $F(t)$ detektiert. b) In der Fluoreszenzkorrelationsspektroskopie wird aus den zeitlich fluktuierenden Fluoreszenzintensitäten die Autokorrelationsfunktion berechnet, indem eine Kopie des Fluktuationssignals um die Korrelationszeit τ verschoben und dessen Überlappung mit dem Original berechnet wird.

achtungsvolumens ab. Prinzipiell kann diese durch Translationsdiffusion, Rotationsdiffusion, Flüsse, chemische Reaktionen und Triplettübergänge bestimmt werden. Hier wollen wir nur den Fall der Translationsdiffusion betrachten.

Wenn die Fluorophore in der Lösung eine BROWNsche Bewegung ausführen, kann die lokale Konzentration $c(\vec{r},t)$ mit dem Diffusionskoeffizienten D über das zweite FICKsche Gesetz verknüpft werden:

$$\frac{\partial c(\vec{r},t)}{\partial t} = D\nabla^2 c(\vec{r},t) \tag{V.104}$$

Diese Beziehung gilt auch für die Fluktuation der lokalen Konzentration $\delta c(\vec{r},t)$. Aus $\delta c(\vec{r},t)$ kann die Fluktuation der Fluoreszenzintensität durch Integration über das Beobachtungsvolumen gewonnen werden:

$$\delta F(t) = K \int \delta c(\vec{r},t) I(\vec{r}) dV \tag{V.105}$$

K ist eine Konstante. Wenn man $I(\vec{r})$ nach Gleichung V.102 ersetzt, nimmt die Autokorrelationsfunktion die folgende Form an:

$$G(\tau) = G(0)\left(1 + \frac{4D\tau}{w_{xy}^2}\right)^{-1}\left(1 + \frac{4D\tau}{w_z^2}\right)^{-1/2} \tag{V.106}$$

Die Datenanalyse in einem FCS-Experiment geschieht nun in der Weise, dass man aus den gemessenen Intensitäten $F(t)$ die Autokorrelationsfunktion nach Gleichung V.103 berechnet und dann ein Bewegungsmodell, z. B. das der Translationsdiffusion nach Gleichung V.106, an $G(\tau)$ anpasst. In Gleichung V.106 wird $G(0)$ und D bei der Anpassung solange variiert, bis eine optimale Übereinstimmung zwischen Experiment und Modell gegeben ist. Die Abmessungen w_{xy} und w_z der PSF werden zuvor mit einer Kalibrierungsmessung bestimmt, indem man beispielsweise einen Fluorophor mit bekanntem Diffusionskoeffizienten verwendet und dann in Gleichung V.106 die Parameter w_{xy} und w_z variiert.

Während das zeitliche Verhalten der Fluoreszenzintensität $F(t)$ mit Hilfe der Autokorrelationsfunktion beschrieben werden kann, wird die Größe der einzelnen gemessenen Fluoreszenzintensitäten durch die Wahrscheinlichkeit bestimmt, eine bestimmte Zahl an Photonen pro Messintervall Δt zu detektieren. Im sog. *photon counting histogram* (PCH) ist die Detektionshäufigkeit als Funktion der Photonenzahl aufgetragen. Die entsprechende Auswertung ist auch als *fluorescence intensity distribution analysis* (FIDA) bekannt. Mit ihr gewinnt man neben der mittleren Zahl an Fluorophoren im Beobachtungsvolumen N die molekulare Helligkeit der Fluorophore ε. Der Vorteil der FIDA- oder PCH-Methode gegenüber einem FCS-Experiment liegt darin begründet, dass sich i. d. R. die molekularen Helligkeiten verschiedener biologischer Spezies stärker unterscheiden als deren Diffusionskoeffizienten (siehe Y. Chen, J. D. Müller, P. T. C. So, E. Gratton, Biophys. J. **77** (1999) 553; P. Kask, K. Palo, D. Ullmann, K. Gall, Proc. Natl. Acad. Sci. USA **96** (1999) 13756).

Fluoreszenzfluktuationen werden oft gemessen, um Bindungsgleichgewichte zu verfolgen. Wenn ein kleiner Ligand mit einem Fluorophor markiert ist, wird das FCS-Experiment einen großen Diffusionskoeffizienten für den frei diffundierenden, ungebundenen Liganden liefern. Bindet der Ligand an ein Makromolekül, sinkt der Diffusionskoeffizient. Die beobachtete Autokorrelationsfunktion kann in zwei Autokorrelationsfunktionen zerlegt werden, wenn langsam und schnell diffundierende Fluorophore nebeneinander vorliegen und sich die Diffusionskoeffizienten D_1 und D_2 genügend stark voneinander unterscheiden:

$$G(\tau) = G_1(0)\left(1+\frac{4D_1\tau}{w_{xy}^2}\right)^{-1}\left(1+\frac{4D_1\tau}{w_z^2}\right)^{-1/2} + G_2(0)\left(1+\frac{4D_2\tau}{w_{xy}^2}\right)^{-1}\left(1+\frac{4D_2\tau}{w_z^2}\right)^{-1/2}$$

(V.107)

Als Fitparameter dienen $G_1(0)$, $G_2(0)$, D_1 und D_2. Die Amplituden $G_1(0)$ und $G_2(0)$ sind umgekehrt proportional zu den mittleren Zahlen N_1 und N_2 im Beobachtungsvolumen; sie sind allerdings auch noch von den molekularen Helligkeiten ε_1 und ε_2 der diffundierenden Spezies abhängig:

$$G_i(0) = \frac{1}{N_i}\left(\frac{\varepsilon_i N_i}{\varepsilon_1 N_1 + \varepsilon_2 N_2}\right)^2$$

(V.108)

Eine Zwei-Komponenten-PCH-Analyse liefert dagegen die mittleren Zahlen N_1 und N_2 sowie die molekularen Helligkeiten ε_1 und ε_2 direkt als Fitparameter.

Als Beispiel betrachten wir FCS-Experimente zur Untersuchung eines Peptids an eine Zellmembran (Abb. V.101). Proinsulin-C-Peptid wurde mit dem Fluorophor Tetramethylrhodamin markiert. Wenn das Peptid frei in Lösung vorliegt, diffundiert es sehr schnell durch das Beobachtungsvolumen. Man detektiert dementsprechend schnell aufeinander folgende Fluoreszenzsignale. Durch ein sehr kleines Beobachtungsvolumen von nur 0,2 fL ist es möglich, auch die molekularen Vorgänge an der Zellmembran von renalen tubulären Zellen zu untersuchen. Wenn Proinsulin-C-Peptid an dieser Zellmembran gebunden vorliegt, ist dessen Diffusion stark verlangsamt. Die zugehörige Autokorrelationsfunktion fällt dementsprechend erst bei etwa 100-mal längeren Korrelationszeiten auf null ab als die des freien Peptids (Abb. V.101).

5. Fluoreszenzspektroskopie

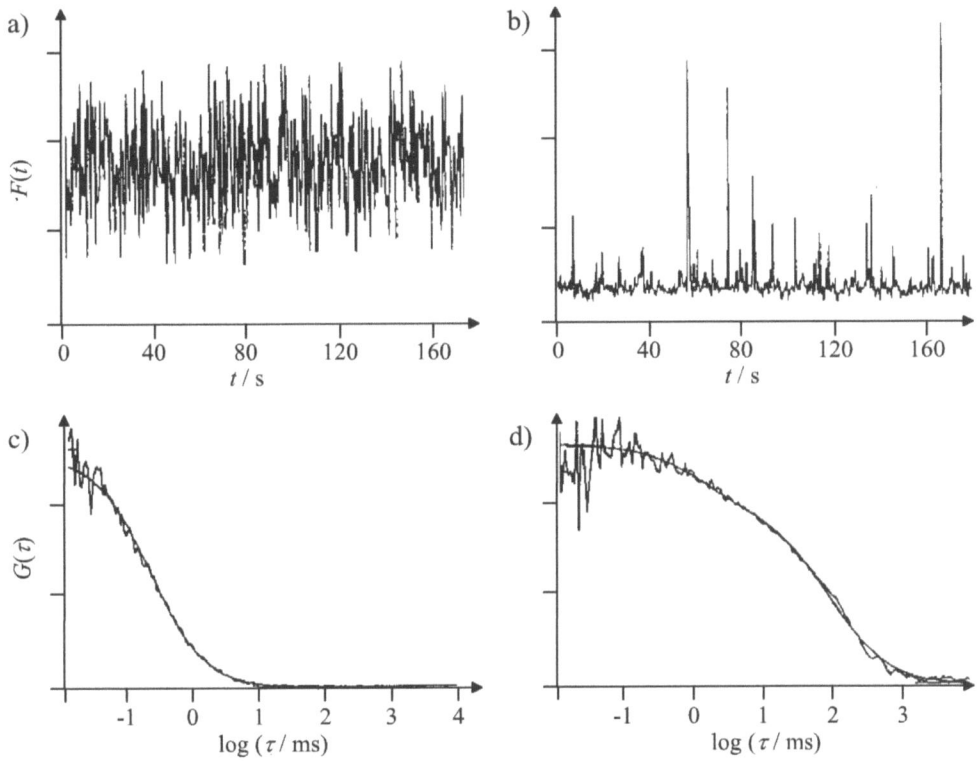

Abb. V.101: Fluoreszenzintensitätsfluktuationen (a) von ungebundenem Proinsulin-C-Peptid, das mit einem Fluorophor markiert wurde, bei einer Konzentration von 5 nM und die zugehörige Autokorrelationsfunktion (c). Wenn das Beobachtungsvolumen von 0,2 fL die Zellmembran einschließt, kann das an der Zellmembran gebundene Peptid detektiert werden (b und d; nach: R. Rigler, A. Pramanik, P. Jonasson *et al.*, Proc. Natl. Acad. Sci. USA **96** (1999) 13318).

In einer ähnlichen Studie wurde unter Anwendung der Zwei-Photonen-Anregung die Lokalisation von zwei Formen der Adenylat-Kinase in HeLa-Zellen untersucht. AK1 und AK1β, das sich von AK1 durch ein zusätzliches 18-Aminosäure-Kettensegment unterscheidet, wurden mit EGFP (engl.: *enhanced green fluorescent protein*) markiert. Die chimären Proteine wurden in den Zellen exprimiert und mittels FCS charakterisiert. Es zeigt sich, dass das AK1-EGFP in der ganzen Zelle mit einem relativ großen Diffusionskoeffizienten vorliegt. Aus den erhaltenen Autokorrelationsfunktionen geht hervor, dass AK1-EGFP frei im Zytoplasma diffundieren kann (Abb. V.102). Untersucht man jedoch das AK1β-EGFP, findet man es bevorzugt an der Plasmamembran. Die ortsaufgelöste Messung der Autokorrelationsfunktion zeigt die Anwesenheit einer sehr langsam diffundierenden Spezies an der Plasmamembran, was darauf schließen lässt, dass AK1β mit seinem 18-Aminosäure-Kettensegment an die Zellmembran bindet (Abb. V.102).

Die Bindung von zwei in Lösung diffundierenden Molekülen kann nicht nur durch eine Abnahme des Diffusionskoeffizienten nachgewiesen werden. Es gibt auch die Möglichkeit, die

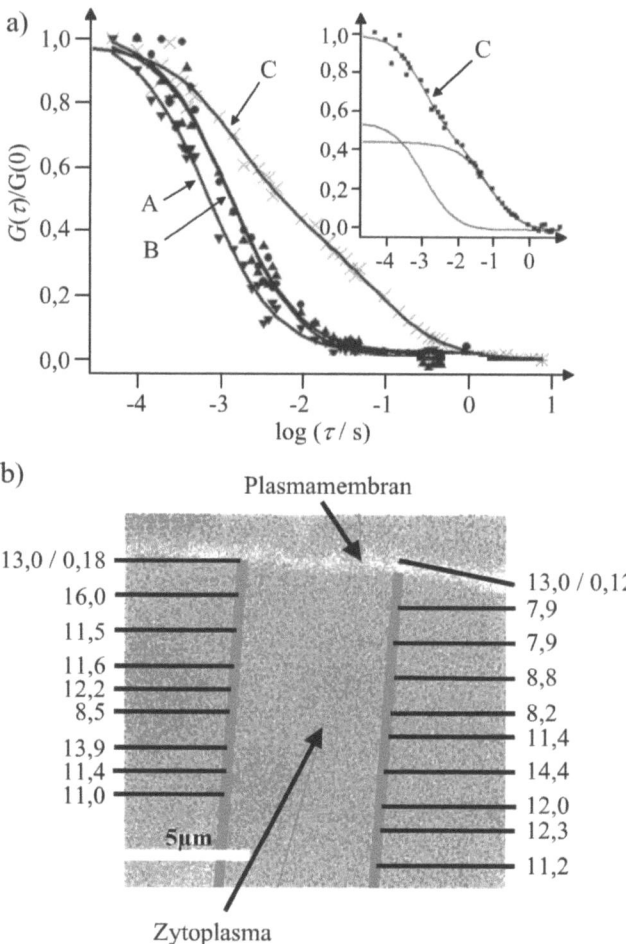

Abb. V.102: a) Autokorrelationsfunktionen von (A) EGFP in HeLa-Zellen, (B) AK1-EGFP und AK1β-EGFP in HeLa-Zellen, sowie (C) AK1β-EGFP an der Plasmamembran von HeLa-Zellen. Die Kurven der beiden Proteine in HeLa-Zellen (B) fallen aufeinander. Die Kurve C kann in zwei Komponenten aufgelöst werden (kleines Bild). b) Ortsaufgelöste Messung des Diffusionskoeffizienten (in $\mu m^2 s^{-1}$) von AK1β-EGFP in einer HeLa-Zelle (nach: Q. Ruan, Y. Chen, E. Gratton *et al.*, Biophys. J. **83** (2002) 3177).

sog. Kreuzkorrelationsfunktion zu bestimmen. Hierfür markiert man beide Bindungspartner mit unterschiedlichen Fluorophoren, die bei verschiedenen Wellenlängen emittieren. Im FCS-Experiment werden die Fluoreszenzbanden der beiden Fluorophore mit einem Strahlteiler und geeigneten Filtern voneinander getrennt und mit zwei Detektoren gleichzeitig gemessen. Man erhält zwei Fluoreszenzsignale $F_1(t)$ und $F_2(t)$. Die Kreuzkorrelationsfunktion wird hieraus wie folgt berechnet:

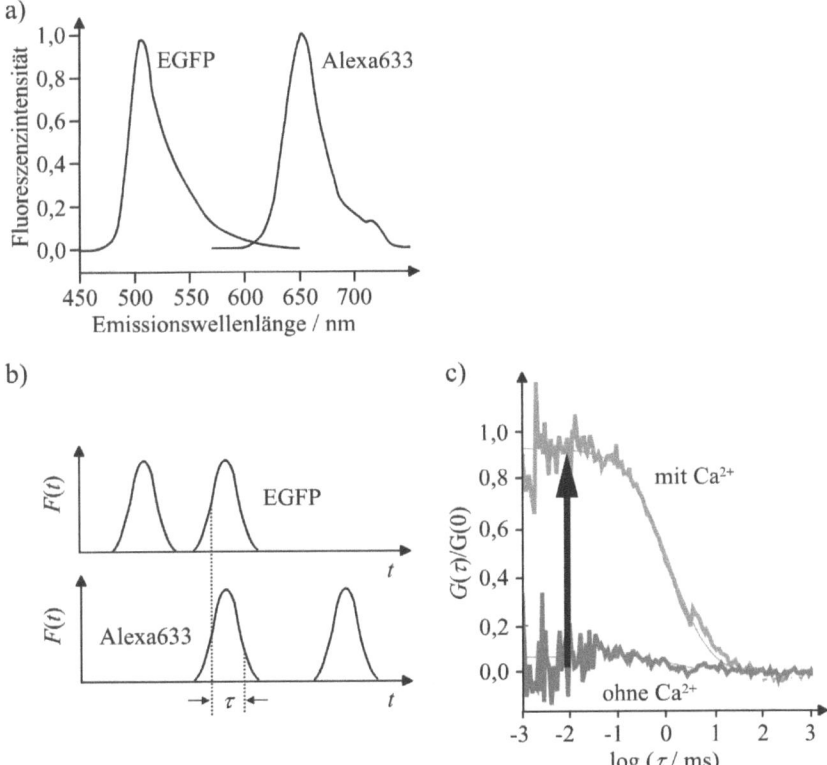

Abb. V.103: a) Fluoreszenzspektren von Calmodulin-Alexa633 und Kinase II-EGFP. b) Die Fluoreszenzsignale der beiden in Lösung vorliegenden Spezies werden gleichzeitig und getrennt voneinander registriert. c) In Anwesenheit von Ca²⁺-Ionen kann aus den beiden Fluoreszenzsignalen eine Kreuzkorrelationsfunktion berechnet werden, die positive Werte aufweist und somit die korrelierte Diffusion der beiden fluoreszenten Proteine anzeigt (nach: S. A. Kim, K. G. Heinze, M. N. Waxham, P. Schwille, Proc. Natl. Acad. Sci. USA **101** (2004) 105).

$$G(\tau) = \frac{\langle \delta F_1(t) \cdot \delta F_2(t) \rangle}{\langle F_1(t) \rangle \cdot \langle F_2(t) \rangle} \qquad (V.109)$$

Wenn die beiden Moleküle ungebunden und unabhängig voneinander in der Lösung diffundieren, werden die Fluktuationen $\delta F_1(t)$ und $\delta F_2(t)$ unkorreliert sein, und $G(\tau)$ ist gleich null. Im Fall einer Bindung diffundieren die beiden Moleküle jedoch gleichzeitig durch das Beobachtungsvolumen, so dass in beiden Detektionskanälen gleichzeitig Fluoreszenzsignale gemessen werden. Folglich sind $\delta F_1(t)$ und $\delta F_2(t)$ korreliert, und $G(\tau)$ zeigt die Diffusion des Komplexes an.

In Abbildung V.103 wird die Kreuzkorrelationstechnik an einem Beispiel illustriert. Calmodulin-Alexa633 (Alexa633-Fluoreszenzmaximum bei 650 nm) bindet in Anwesenheit von Ca²⁺-Ionen an Kinase II-EGFP (EGFP-Fluoreszenzmaximum bei 510 nm). Die Fluoreszenzsignale der beiden Bindungspartner wurden unter Zwei-Photonen-Anregung bei einer Wellenlänge von 920 nm gleichzeitig und getrennt voneinander registriert. Die Kreuzkorrelationsfunktion ergibt sich nach Gleichung V.109 aus den Fluoreszenzsignalen des EGFP und des Alexa633. Nur in Anwesenheit von Ca^{2+}-Ionen hat diese Funktion positive Werte, was auf die Bindung von Calmodulin an Kinase II schließen lässt.

Für ein FCS- oder PCH-Experiment genügt es, Fluoreszenzphotonen über feste Zeitintervalle Δt zu sammeln und als Fluoreszenzintensität als Funktion der Zeit abzuspeichern (Abb. V.100). Die apparative Messtechnik ist heutzutage jedoch so weit fortgeschritten, dass auch jedes Fluoreszenzphoton einzeln detektiert und abgespeichert werden kann. Hierzu verwendet man für die Anregung gepulste Laser mit ps- bis fs-Pulslängen und misst die Zeit zwischen Laserpuls und Detektorsignal. Jedes Fluoreszenzphoton wird dann mit der Zeit seit Experimentbeginn und der Zeit nach dem letzten Laserpuls abgespeichert (engl.: *time correlated single photon counting*, TCSPC). Solche Datensätze ermöglichen eine sehr flexible Analyse. Ordnet man die registrierten Photonen nach der Zeit zwischen Laserpuls und Detektorsignal, kann die Fluoreszenzlebenszeit des Fluorophors ermittelt werden. RAMAN-Streuung kann zudem unterdrückt werden, indem man alle Photonen ausselektiert, die praktisch zeitgleich mit dem Lasperpuls eingetroffen sind. Es kann auch zwischen zwei Fluorophoren unterschieden werden, wenn sie sich in ihrer Fluoreszenzlebenszeit deutlich unterscheiden. Auch die Fluoreszenzanisotropie kann mit solchen Apparaturen gemessen werden. Hierfür trennt man den Fluoreszenzemissionsweg mit einem polarisierenden Strahlteiler auf und misst die beiden polarisierten Signale mit zwei Detektoren. Letztlich erlaubt eine solche Multiparameter-Fluoreszenzdetektion die Identifikation verschiedener fluoreszenter Spezies in einer Probenlösung (siehe z. B. J. Widengren, V. Kudryavtsev, M. Antonik, S. Berger, M. Gerken, C. A. M. Seidel, Anal. Chem. **78** (2006) 2039).

6. Schwingungsspektroskopie

6.1 Infrarotspektroskopie

Theoretische Grundlagen und Messtechnik
Das Gebiet der Schwingungsspektroskopie umfasst im elektromagnetischen Spektrum den Wellenlängenbereich zwischen etwa 800 und 10^6 nm. Man unterscheidet in der Schwingungsspektroskopie drei Teilbereiche: Das kurzwellige *Nahe Infrarot* (NIR: 800 nm bis 2,5 µm), das *Mittlere Infrarot* (MIR: 2,5 bis 50 µm) und das langwellige *Ferne Infrarot* (FIR: 50 bis 10^3 µm). Im NIR beobachtet man hauptsächlich Oberschwingungen, im MIR Grundschwingungen, im FIR noch Gerüstschwingungen. Hier beginnt bereits das Gebiet der Rotationsspektroskopie.

Infrarotaktiv sind nur Schwingungen, bei denen sich während des Schwingungsvorgangs das elektrische Dipolmoment ändert ($\partial \vec{\mu}_{el} / \partial r \neq 0$). Aus apparativen Gründen misst man bei der IR-Spektroskopie i. Allg. nicht direkt die Absorption der Substanz, sondern die Durchlässigkeit oder Transmission T. Letztere ist definiert als der Bruchteil der Intensität eines monochromatischen Lichtstrahls, der von der Probe durchgelassen wird. Selbstregistrierende Geräte zeichnen die prozentuale Durchlässigkeit $T = (I/I_0) \cdot 100\ \%$ (von 0 bis 100 %) der Probe als

6. Schwingungsspektroskopie

Funktion der Wellenlänge λ oder der Wellenzahl $\tilde{\nu} = 1/\lambda$ auf. Die Angabe in Wellenzahlen ist vorteilhaft, da sie dem Energieunterschied der Niveaus, zwischen denen der Übergang erfolgt, proportional ist. Häufig verwendet man anstelle der Durchlässigkeit T auch die Absorbanz A oder Extinktion $E = \lg(1/T)$ (s. Gl. V.13).

Um die Entstehung eines Schwingungsspektrums zu erklären, wollen wir das Modell des *harmonischen Oszillators* heranziehen. Wir betrachten ein zweiatomiges Molekül. Die beiden Atome besitzen die Massen m_1 und m_2 und befinden sich in ihrem Gleichgewichtsabstand r_0. Die Bindung zwischen den zwei Atomen verhält sich wie eine Feder mit der Federkonstanten k. Verändert man diesen Gleichgewichtsabstand durch Streckung oder Stauchung, so erfährt man eine rücktreibende Kraft $F_{\text{rück}}$, welche die beiden Atome wieder in den Gleichgewichtsabstand bringen möchte (Abb. V.104). Sie ist durch das HOOKEsche Gesetz

$$F_{\text{rück}} = -k \cdot \Delta r \tag{V.110}$$

gegeben (Auslenkung $\Delta r = r - r_0$). Das System wird durch die Auslenkung zu einer harmonischen Schwingung angeregt. Die potenzielle Energie des schwingenden Systems ist:

$$E_{\text{pot}} = \frac{1}{2} k \cdot \Delta r^2 \tag{V.111}$$

Sie steigt bei der Auslenkung aus der Gleichgewichtslage entsprechend der Gleichung parabolisch um r_0 an (Abb. V.105a). Die Gesamtenergie des schwingenden Systems setzt sich aus den Beiträgen der potenziellen und kinetischen Energie zusammen. Im Moment der maximalen Auslenkung besitzt die potenzielle Energie ein Maximum. E_{kin} ist hier null. Beim Durchschwingen durch die Gleichgewichtslage erreicht die kinetische Energie ihr Maximum und E_{pot} ist null. Lösen der SCHRÖDINGER-Gleichung für dieses Modell zeigt, dass der harmonische Oszillator nur bestimmte Energiewerte annehmen kann:

$$E_\nu = h\nu_0 \left(\nu + \frac{1}{2}\right) \tag{V.112}$$

wobei $\nu = 0, 1, 2, 3, \ldots$ die möglichen Schwingungsquantenzahlen sind und

$$\nu_0 = \frac{1}{2\pi}\sqrt{\frac{k}{\mu}} \ ; \quad \mu = \frac{m_1 \cdot m_2}{m_1 + m_2} \text{ reduzierte Masse} \tag{V.113}$$

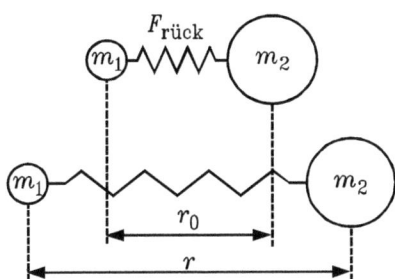

Abb. V.104: Modell eines schwingenden zweiatomigen Moleküls.

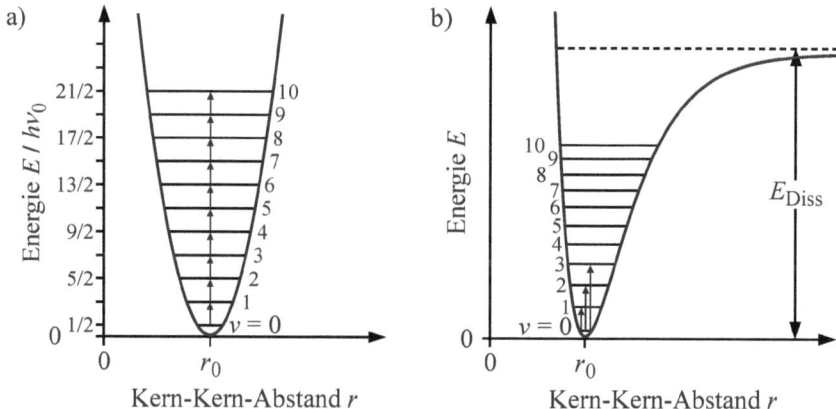

Abb. V.105: Potenzialkurve des a) harmonischen und b) anharmonischen Oszillators.

die Eigenfrequenz des Oszillators ist. Die Energieniveaus sind somit äquidistant. Die Anregung der Molekülschwingung erfolgt, wenn das Molekül durch Aufnahme von Lichtquanten von einem Schwingungszustand in den nächst höheren übergeht (Auswahlregel $\Delta v = \pm 1$). Damit Absorption auftritt, muss die Energiedifferenz

$$\Delta E = E_{v+1} - E_v = h\nu_0 \tag{V.114}$$

der Energie des eingestrahlten Lichtquants $h\nu$ entsprechen. Die Eigenfrequenz ν_0 des Oszillators lässt sich aus dem Schwingungsspektrum entnehmen und damit der Wert für die Federkonstante berechnen. Sie ist ein Maß für die Bindungsstärke der Atome im Molekül.

Bei der Schwingungsanregung werden gleichzeitig auch Rotationsübergänge induziert. Die Rotationsfeinstruktur der Schwingungsspektren ist jedoch nur in Gasphasenspektren sichtbar. Für biologische Materialien, die i. Allg. in kondensierter Phase untersucht werden, sind die Rotationslinien nicht aufgelöst, diese Übergänge sind somit hier nicht von Interesse. Ein freie Rotation der Moleküle findet in Lösung auch nicht statt.

Das Modell des harmonischen Oszillators ist jedoch nur beschränkt für reale Moleküle anwendbar. Bei großen Schwingungsamplituden kann es zur Dissoziation des Moleküls kommen. Außerdem ist aufgrund des PAULI-Prinzips die Potenzialkurve bei der Stauchung der Bindung wesentlich steiler. Ein verbesserter Ansatz ist der eines *anharmonischen Oszillators* (MORSE-Potenzial, s. Abb. V.105b). Das Ergebnis der quantenmechanischen Rechnung zeigt, dass die Abstände zwischen den Energieniveaus nun nicht mehr äquidistant sind. Die Termabstände konvergieren bei Annäherung an die Dissoziationsenergie E_{Diss} gegen null. Die Berechnung der Auswahlregeln zeigt, dass Übergange nicht nur zum nächst höheren Energieniveau ($\Delta v = \pm 1$), die sog. Grundschwingung, sondern auch zum übernächsten ($\Delta v = \pm 2$) oder zu noch höheren Niveaus ($\Delta v = \pm 3, ...$), sog. Oberschwingungen, möglich sind. Ihre Intensitäten nehmen mit steigendem Δv allerdings rasch ab. Bei Raumtemperatur ist i. Allg. nur der Schwingungsgrundzustand mit $E_0 = h\nu_0/2$ besetzt, so dass praktisch alle Übergänge von $v = 0$ ausgehen.

6. Schwingungsspektroskopie

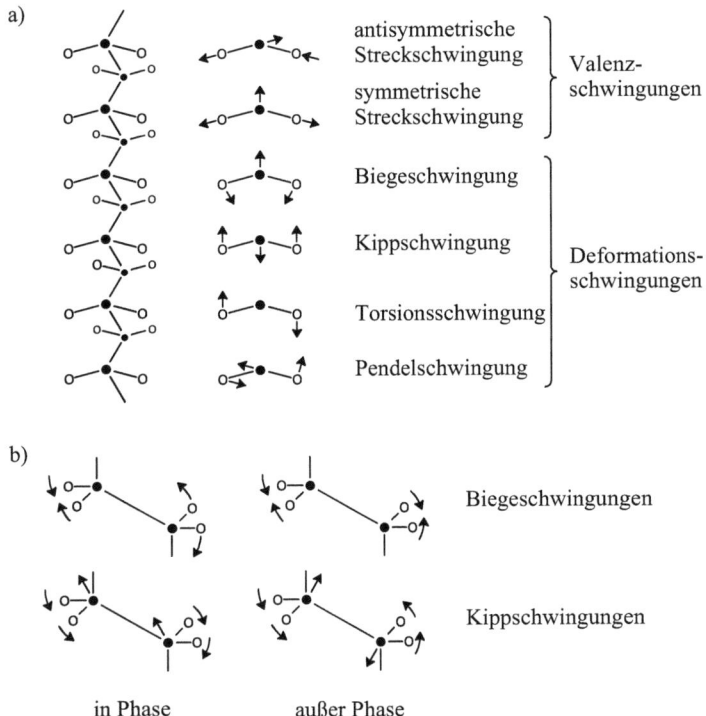

Abb. V.106: Typische Schwingungen einer Kohlenwasserstoffkette: a) Valenz- und Deformationsschwingungen der CH_2-Gruppen; b) gekoppelte Schwingungen zwischen benachbarten CH_2-Gruppen (nach: R. L. Amey, D. Chapman, in: *Biomembrane Structure and Function*, D. Chapman (Hrsg.), S. 214, VCH, Weinheim, 1984).

Die Anzahl von beobachtbaren Eigenschwingungen (*Normalschwingungen*) eines mehratomigen Moleküls hängt von dessen geometrischem Aufbau und der Zahl n der Atome, die das Molekül enthält, ab. Jede Schwingung des Moleküls ergibt sich aus der Überlagerung gleichfrequenter Schwingungen der Atome, die als Normalschwingungen bezeichnet werden. Die Atome bewegen sich mit gleicher Frequenz und i. Allg. mit gleicher Phase, jedoch mit unterschiedlichen Amplituden und in unterschiedlichen Richtungen. Bei bestimmten Schwingungen können auch einige der Atome in Ruhe bleiben. Bei einer Normalschwingung bewegen sich die Atome gerade so weit und in solcher Richtung zueinander, dass weder eine Verschiebung des Schwerpunkts (Translation) noch eine Drehbewegung (Rotation) des Moleküls erfolgt. Bezüglich der Schwingungsformen lassen sich zwei Unterteilungen treffen (s. a. Abb. V.106):

- *Valenz- oder Streckschwingungen*
  Die Auslenkung der Atome aus der Ruhelage erfolgt hier in Richtung der Bindungsachse, der Bindungsabstand verändert sich periodisch. Wenn zwei Atomgruppen symmetrieäquivalent und ihre Valenzschwingungen somit gekoppelt sind, werden diese als symmetrische

(ν_s) oder antisymmetrische (ν_{as}) Valenzschwingung bezeichnet, je nachdem, ob die Molekülsymmetrie erhalten bleibt oder nicht.

- *Deformationsschwingungen*

  Bei einer Deformationsschwingung (δ) ändert sich der Bindungswinkel periodisch bei annähernd konstantem Bindungsabstand. Auch hier können symmetrische (δ_s) und antisymmetrische (δ_{as}) Schwingungen vorkommen. Die Bindungswinkel können in verschiedenen Richtungen Deformationen erfahren, so dass verschiedene Typen von Deformationsschwingungen unterschieden werden. Man unterscheidet zwischen den unterschiedlichen Formen ebene Biege-, Pendel (*rocking*, r)-, Torsions (*twisting*, τ)- oder Kipp (*wagging*, w)-Schwingung (Abb. V.106). Treten bei planaren Molekülen Deformationsschwingungen aus der Ebene (*out of plane*) auf, werden sie mit γ bezeichnet.

Die Valenzschwingungen besitzen i. Allg. höhere Kraftkonstanten und sind somit energiereicher als die Deformationsschwingungen. Wenn zwei Oszillatoren gleicher Schwingungsrasse und ähnlich großer Schwingungsfrequenz über eine Bindung verknüpft sind, kann es zur Kopplung der Schwingung und damit zu Frequenzverschiebungen kommen (s. Abb. V.106b).

Ein n-atomiges Molekül besitzt $3n$ Freiheitsgrade der Bewegung. Drei davon entfallen auf die Translationsbewegung. Man unterscheidet neben zyklischen Systemen zwischen gewinkelten und linearen Molekülen. Nichtlineare und lineare Moleküle weisen drei bzw. zwei Freiheitsgrade der Rotation auf. Liegen gewinkelte Moleküle vor, so beträgt die Zahl der Normalschwingungen $3n-6$. Die Zahl der Valenzschwingungen ergibt sich zu $n-1$, die Zahl der Deformationsschwingungen zu $(3n-6)-(n-1) = 2n-5$. Bei linearen Molekülen mit insgesamt $3n-5$ Normalschwingungsmoden findet man ebensoviele Valenzschwingungen ($n-1$), aber $(3n-5)-(n-1) = 2n-4$ Deformationsschwingungen. Zyklische Systeme sind durch n Valenzschwingungen charakterisiert, die Zahl der Deformationsschwingungen beträgt $(3n-6)-n = 2n-6$. Nicht jede der Normalschwingungen ist jedoch IR-aktiv. Eine Bande im IR-Spektrum tritt nur dann auf, wenn sich das elektrische Dipolmoment des Moleküls im Verlauf der Schwingung ändert.

Mit zunehmender Symmetrie des Moleküls tritt der Fall auf, dass manche Eigenschwingungen die gleiche Energie und damit Frequenz aufweisen. Man nennt sie entartete Schwingungen. Im gewinkelten Wassermolekül mit $3n-6 = 3$ Normalschwingungen sind alle Schwingungen IR-aktiv. Entsprechend der gleich- oder gegenphasigen Schwingungen seiner H-Atome findet man eine symmetrische und eine antisymmetrische Valenzschwingung. Weiterhin tritt eine Deformationsschwingung auf (Tab. V.13). Beim symmetrischen linearen CO_2-Molekül ändert sich hingegen bei der symmetrischen Valenzschwingung das elektrische Dipolmoment nicht. Diese Schwingung ist im IR-Spektrum daher nicht sichtbar. Im Gegensatz zum H_2O treten bei CO_2 aber zwei entartete Deformationsschwingungen auf. Da die meisten funktionellen Molekülgruppen der Biomoleküle kein Symmetriezentrum besitzen, werden viele Moden beobachtet.

Die meisten Schwingungsmoden beinhalten sehr komplexe Bewegungsmuster aller beteiligten Atome. In einigen Fällen ist die Schwingung jedoch mehr oder weniger auf einen bestimmten Molekülbereich lokalisiert und man kann sie einer bestimmten Gruppe mit bestimmter charakteristischer *Gruppenfrequenz* zuordnen. Kopplungen zwischen benachbarten schwingenden Molekülgruppen haben einen Einfluss auf das IR-Spektrum. Man kann gewisse Spektralbereiche festlegen, in denen man Schwingungen für Element-Wasserstoff-Bindungen sowie Ele-

6. Schwingungsspektroskopie 347

Tab. V.13: Normalschwingungen des H_2O-Moleküls.

Zuordnung	Schwingungsform	Wellenzahl $\tilde{v}$/cm^{-1}
v_s	H–O–H (symmetrische Streckschwingung)	3652
δ	H–O–H (Deformationsschwingung)	1595
v_{as}	H–O–H (antisymmetrische Streckschwingung)	3756

ment-Element-Dreifach-, -Doppel- oder -Einfach-Bindungen findet. Etwa zwischen 3800 und 2800 cm^{-1} findet man Element-Wasserstoff-Valenzschwingungen. Valenzschwingungen von Dreifach- und Zweifachbindungen, an denen insbesondere die Elemente Kohlenstoff, Stickstoff oder Sauerstoff beteiligt sind, beobachtet man etwa zwischen 2400 und 1900 cm^{-1} bzw. 1900 und 1500 cm^{-1}. Unterhalb von etwa 1500 cm^{-1} schließen sich die Schwingungen von Einfachbindungen an. Von hier ab bis in das langwellige (ferne) Infrarotgebiet liegen Deformations- und Valenzschwingungen, an denen schwerere Atome beteiligt sind.

Messtechnik: Die IR-Messung erfolgt z. B. unter Verwendung eines Zweistrahlphotometers (Abb. V.107). Als Lichtquelle wird ein auf Rot- oder Weißglut gebrachter Festkörper aus Oxiden (NERNST-Stift) oder Siliciumcarbid (Globar) verwendet. Das von der Lichtquelle ausgesandte Licht wird durch optische Spiegel in zwei Strahlenbündel zerlegt, von denen eines durch die Probe läuft, wogegen das andere als Vergleichsstrahl dient. Wie beim UV/VIS-Absorptionsspektrometer ist der Vergleich der Intensitäten von Mess- und Vergleichsstrahl erforderlich, da die Intensität der Strahlungsquelle nicht über das gesamte Frequenzspektrum konstant ist. Mit Hilfe des Zweistrahlspektrometers lassen sich der Messzellenuntergrund und auch Lösungsmittelbanden korrigieren, wenn man in den Proben- und Vergleichsstrahl dasselbe Lösungsmittel gibt. Für den Monochromator (Gitter oder Prismen) müssen spezielle Materialien verwendet werden, da Glas IR-Strahlung zu stark absorbiert. Es kommen Einkristalle z. B. aus NaCl, KBr oder NaF zur Anwendung. Für wässrige Lösungen werden Messzellen (1-10 μm Schichtdicke für H_2O, 50-100 μm für D_2O als Lösungsmittel) aus CaF_2 verwendet, für Hochdruckmessungen auch Diamantzellen. Als Detektoren für die transmittierte IR-Strahlung werden z. B. Thermoelemente und Photodioden eingesetzt. Das Prinzip der Thermoelemente beruht auf der temperaturabhängigen Änderung der Thermospannung, die an der Kontaktstelle zwischen zwei verschiedenen Metall- oder Halbleiterlegierungen entsteht. In einem Photoelement verändert die einfallende Strahlung die elektrische Leitfähigkeit im bestrahlten Halbleitermaterial. Wegen ihrer Empfindlichkeit werden oft flüssig-stickstoffgekühlte $Hg_{1-x}Cd_xTe$ (MCT)-Detektoren eingesetzt. Weiterhin werden auch DTGS (deuteriertes Triglycinsulfat)-Detektoren verwendet. Ihre Wirkungsweise beruht auf einer temperaturabhängigen Polarisationsänderung der ferroelektrischen Substanz.

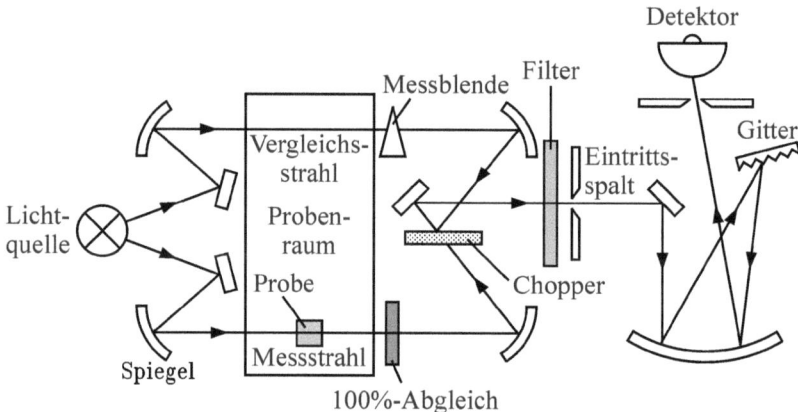

Abb. V.107: Schematischer Aufbau eines Doppelstrahl-Spektrometers.

Um durch Absorption von Wasserdampf hervorgerufene Banden im IR-Spektrum zu vermeiden, wird das IR-Gerät mit trockenem Stickstoff oder trockener Luft gespült. Der Wellenbereich, der mit Routinegeräten erfasst wird, reicht von 200 bis 4000 cm^{-1}.

Bereits seit längerer Zeit hat in der IR-Spektroskopie eine völlig neuartige Messmethodik zunehmend an Bedeutung gewonnen, die FOURIER-Transform-IR (FT-IR)-Spektroskopie. FT-IR-Spektrometer arbeiten im Gegensatz zu herkömmlichen IR-Spektrometern nicht mit einem dispersiven Element, wie z. B. einem Strichgitter, welches sequenziell die einzelnen Wellenlängen des Infrarot ausblendet und einzeln vermisst, sondern „scannen" den gesamten Frequenzbereich gleichzeitig ab. Dazu werden alle Wellenlängen mit einer charakteristischen Frequenz moduliert und erreichen den Detektor zur selben Zeit. Diese Akkumulation aller IR-Signale und die hohe Intensität des IR-Strahls, der das Interferometer verlässt, resultiert in einem Signal/Rausch-Verhältnis, das deutlich höher ist als das bei dispersiven Spektrometern.

Ein MICHELSON-Interferometer ist in Abbildung V.108 dargestellt. Es besteht aus drei Hauptelementen:

- einem halbdurchlässigen Strahlteiler, um den von der Lichtquelle kommenden Strahl im rechten Winkel aufzuspalten,
- einem festen Spiegel, der den einen Strahl zum Strahlteiler zurückreflektiert,
- und einem parallel zum ankommenden Strahl beweglichen Spiegel („Scanner"), der den zweiten Strahl reflektiert.

Die beiden Spiegel sind im rechten Winkel zueinander ausgerichtet, so dass die beiden Strahlen exakt am Strahlteiler rekombinieren, von wo aus sie aus dem Interferometer austreten. Die eine Hälfte des IR-Strahls wird zurück zur Lichtquelle reflektiert, die andere wird in den Probenraum und weiter zum Detektor gelenkt. Wenn der Abstand des beweglichen und des festen Spiegels vom Strahlteiler gleich ist, d. h. die optische Wegdifferenz x gleich null ist (*zero path difference*, ZPD), so interferieren die beiden Teilstrahlen konstruktiv am Strahlteiler und der Strahl, der das Interferometer verlässt, besitzt maximale Intensität. Ist die optische Wegdifferenz ungleich null, so sind die beiden Teilstrahlen außer Phase und interferieren destruktiv un-

6. Schwingungsspektroskopie

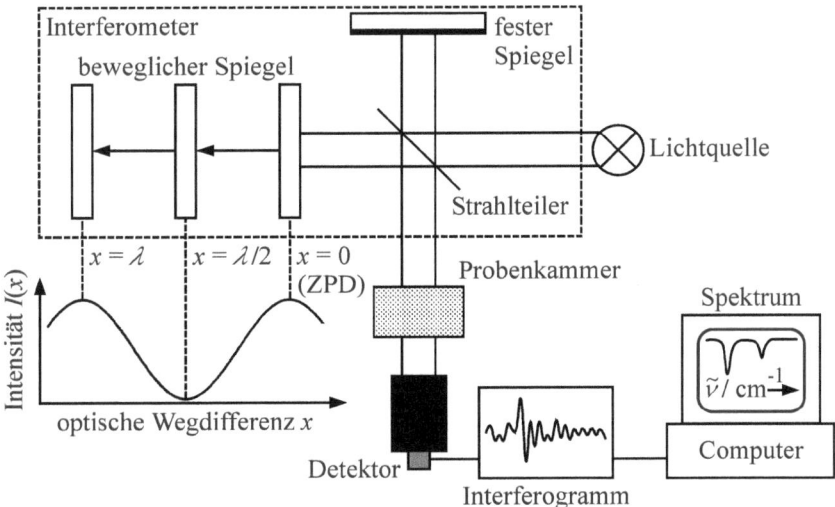

Abb. V.108: Schematische Darstellung des Aufbaus eines MICHELSON-Interferometers. Die Strahlung der Lichtquelle enthält ein breites Frequenzband im IR-Bereich. Die Geschwindigkeit der Spiegelbewegung liegt bei 1 cm s^{-1}. Das nach Durchlaufen des Weges x im Detektor registrierte Interferogramm wird im Computer gespeichert, FOURIER-transformiert, und man erhält das Absorptionsspektrum.

ter Verringerung der Intensität. Für monochromatisches Licht erhält man einen cosinusförmigen Intensitätsverlauf des IR-Strahls als Funktion der Wegdifferenz x (Abb. V.108). Diese Abhängigkeit kann mit folgender Gleichung beschrieben werden:

$$I(x) = A\bigl(1 + \cos(2\pi \tilde{v} x)\bigr) \tag{V.115}$$

In dieser Gleichung ist $\tilde{v}$ die Wellenzahl des betrachteten IR-Strahls. A beinhaltet die Intensität des einfallenden Lichts sowie die Transmission und Reflektivität des Strahlteilers. Für polychromatisches Licht ist A selbst eine Funktion der Wellenzahl, und analog zu Gleichung V.115 kann $I(x)$ durch

$$I(x) = \int_0^\infty A(\tilde{v})\bigl(1 + \cos(2\pi \tilde{v} x)\bigr) d\tilde{v} \tag{V.116}$$

ausgedrückt werden, wobei $A(\tilde{v})$ nun auch die Transmission der Probe in Abhängigkeit der Wellenzahl berücksichtigen soll. Führt man $I(\infty)$ als die Intensität bei großer optischer Wegdifferenz ein, d. h., x sei sehr viel größer als die größte Wellenlänge des IR-Lichts, so dass sich die $\cos(2\pi \tilde{v} x)$-Terme zu null mitteln, folgt für die *Interferogramm-Funktion F(x)*

$$F(x) = I(x) - I(\infty) = \int_0^\infty A(\tilde{v}) \cos(2\pi \tilde{v} x) d\tilde{v} \tag{V.117}$$

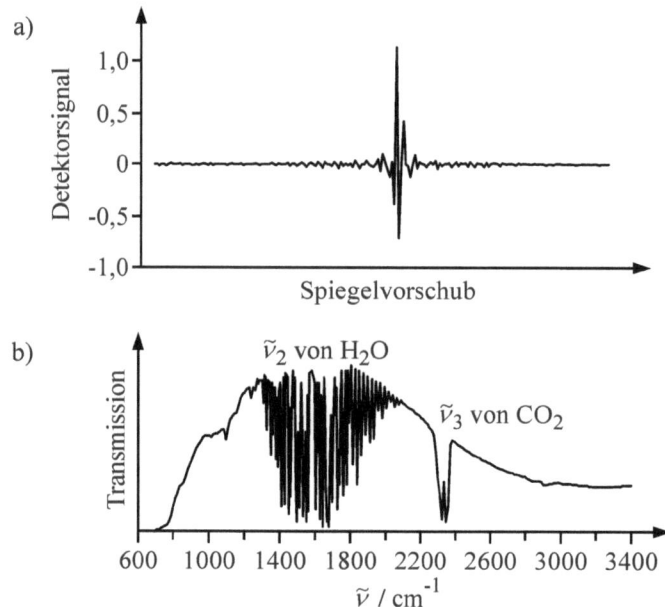

Abb. V.109: Interferogramm und Transmissionsspektrum von Luft im Wellenzahlbereich 600-3400 cm^{-1}. Deutlich zeigt die IR-Bande $\tilde{\nu}_2$ des H$_2$O noch die Rotationsauflösung in diesem Gasphasenspektrum.

Ein Interferogramm, das dieser idealen Interferogramm-Funktion nahekommt, ist in Abbildung V.109 wiedergegeben. Die spektralen Intensitäten $A(\tilde{\nu})$ erhält man nun, indem das gemessene Interferogramm FOURIER-transformiert wird:

$$A(\tilde{\nu}) = 4 \int_0^\infty F(x)\cos(2\pi\tilde{\nu}x)\,dx \qquad (V.118)$$

In praxi geht x natürlich nicht bis unendlich, sondern liegt typischerweise bei 1 bis 20 cm. Statt eines optischen Monochromators wird in der FT-IR-Spektroskopie also eine mathematische Filterung der polychromatischen Interferogramm-Funktion vorgenommen. Um ein Transmissionsspektrum einer Probe zu messen, wird zunächst ein Interferogramm ohne Probe aufgenommen und FOURIER-transformiert. Das Ergebnis ist ein *single beam*- oder Intensitätsspektrum, in dem die Lichtintensität, die den Detektor erreicht, gegen die Wellenzahl aufgetragen ist. Danach wird das Interferogramm der Probe aufgenommen, FOURIER-transformiert und die Transmission durch Division der beiden Spektren berechnet.

Die Art der Spektrenaufnahme mit Hilfe eines Interferometers bietet einige Vorteile gegenüber der dispersiven Infrarotspektroskopie. Die wichtigsten sind:

- Alle Frequenzen werden gleichzeitig detektiert. Das gesamte Interferogramm kann in der gleichen Zeit aufgenommen werden, die nötig wäre, ein Wellenlängen-Band im herkömmlichen Spektrometer bei gleicher Intensität, Empfindlichkeit und gleichem Energiedurch-

satz zu vermessen. Die Aufnahmezeit eines Spektrums kann daher bis in den Sekunden-Bereich und - bei Zuhilfenahme spezieller Techniken (s. u.) - noch darunter gebracht werden. Dies erlaubt dann auch die Durchführung kinetischer Messungen.
- Der Energiedurchsatz ist höher als bei dispersiven Spektrometern, da keine Blenden oder Spalte benutzt werden, die diesen einschränken. Das Signal-Rausch-Verhältnis der Spektren verbessert sich daher drastisch.
- Durch die Verwendung eines Lasers als internem Kalibrierstandard, welcher dynamisch die Position des beweglichen Spiegels kontrolliert, wird eine Präzision der Wellenzahl von 0,01-0,001 cm^{-1} erreicht. Diese Präzision ist wichtig, da während einer Messung oft über einige hundert Scans gemittelt wird.
- Weitere Vorteile ergeben sich aus der Tatsache, dass das Spektrum direkt in digitalisierter Form vorliegt, wodurch die weitere Verarbeitung der Daten vereinfacht wird.

Als Beispiel zeigt Abbildung V.109 die Interferogramm-Funktion und dessen FOURIER-transformierte, das Transmissionsspektrum, von Luft. Deutlich sind die Absorptionsbanden von CO_2 und H_2O im Wellenzahlbereich 600-3400 cm^{-1} zu sehen.

Bei stark absorbierenden Proben kann oftmals kein Transmissionsspektrum aufgezeichnet werden, da die Intensität der durchgehenden Strahlung zu gering ist, um empfindlich genug detektiert werden zu können. Für diese Proben eignet sich die Methode der *attenuated total reflection* (ATR), der abgeschwächten Totalreflexion, die erstmals von FAHRENFORT 1961 beschrieben wurde. Das Probenmaterial wird als dünne Schicht auf einem IR-durchlässigen Kristall mit großer Brechzahl aufgetragen. Man benutzt Einkristalle aus ZnSe, KRS5 (Mischkristall aus TlBr/TlI), Ge oder Si. Der Kristall ist trapezförmig geschliffen, um ein senkrechtes Auftreffen des IR-Strahls zu ermöglichen, wodurch Energieverluste durch Reflexion beim Eintreten in den Kristall vermieden werden. Da die Brechzahl der Platte (n_1) groß gegenüber der der aufgebrachten Probe (n_2) ist, tritt beim Überschreiten eines kritischen Einfallswinkels Totalreflexion auf, und der IR-Strahl durchläuft den Kristall mit etwa 20-30 Reflexionen. Absorbiert die Probe IR-Strahlung, so ist die Reflexion abgeschwächt. Ursache hierfür ist eine evaneszente Welle, die bei jeder Totalreflexion des IR-Strahls einige 100 nm weit in die Probe eindringt. Die Eindringtiefe d_p (*penetration depth*) hängt von beiden Brechungsindizes, der Wellenlänge der IR-Strahlung und von ihrem Einfallswinkel Θ ab:

$$d_p = \frac{\lambda}{2\pi\sqrt{n_1^2 \sin^2\Theta - n_2^2}} \quad (V.119)$$

Ein ZnSe-Kristall z. B. hat einen Brechungsindex von 2,4 und der Brechungsindex der meisten biologischen Proben in wässriger Lösung liegt bei 1,4, so dass sich für den Wellenlängenbereich von 5 bis 10 µm (2000 bis 1000 cm^{-1}) und einem Einfallswinkel von 45° (der kritische Winkel beträgt 35°) eine Eindringtiefe des IR-Strahls von 0,83 bis 1,7 µm ergibt. Der den Kristall verlassende Strahl wird detektiert und liefert als Ergebnis ein Spektrum, das sich im Wesentlichen nicht von einem gewöhnlichen Transmissionsspektrum unterscheidet. Abbildung V.110 zeigt eine ATR-Einrichtung schematisch. Der Kristall kann durch eine in die Halteplatte integrierte elektrische Heizung temperiert werden. Der ATR-Aufbau lässt sich auch als Durchfluss-Zelle konstruieren, so dass mit Hilfe einer Pumpe Probenlösung in die ATR-Zelle geleitet werden kann.

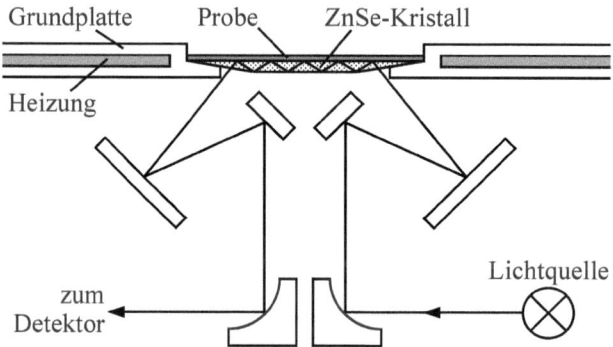

Abb. V.110: Schematischer Aufbau einer horizontalen ATR-Einrichtung.

Zum Schluss dieses Abschnitts werden kurz noch einige spezielle Verfahren und Neuentwicklungen erwähnt. Die IR-Absorption eines Moleküls kann verstärkt werden, wenn es auf einer nanoskalig rauen Metalloberlächen gebunden ist. Durch Anregung von Oberflächenplasmonen im Metall tritt eine Feldvertärkung auf (dieser Effekt wird im nächsten Kapitel bei der Behandlung des RAMAN-Effekts noch etwas näher beleuchtet), woraus eine 10- bis 100-fache Verstärkung der Schwingungsintensitäten resultiert. Dieses Phänomen wird oberflächenverstärkte IR-Absorption (engl.: *surface-enhanced infrared absorption*, SEIRA) genannt und meist in Kombination mti der ATR-Technik eingesetzt. Zur Steuerung der Adsorptionsbedingungen kann die Festkörperoberfläche des ATR-Kristalls chemisch modifiziert werden. Man verwendet hierfür häufig selbsorganisierte Monoschichten (engl.: *self-assembled monolayers*, SAMs). Die oberflächenverstärkte IR-Absorptions-Spektroskopie (SEIRAS) wurde auch schon zur Untersuchung elekrochemischer Grenzflächen eingesetzt, indem der feldverstärkende Metallfilm (z. B. Au) auch als Elektrode genutzt wurde. J. HEBERLE u. a. nutzen diese Technik für das Studium von Elektronentransferprozessen membrangebundener Redoxproteine (z. B. von Cyt c). Die Aufnahme der IR-Spektren wurde simultan mit der Cyclovoltammetrie betrieben, wodurch eine direkte Korrelation der Strukturänderungen des Proteins mit dem Elektronentransferprozess möglich wurde. Die Methode lässt sich weiterhin für das Studium der Kinetik der Redoxreaktion im Mikro- bis Millisekundenbereich erweitern (eine Übersicht der technischen Möglichkeiten gibt K. Ataka, T. Kottke, J. Heberle, Angew. Chem. **112** (2010) 5544).

Infrarot-Spektren lassen sich auch von monomolekularen Oberflächenfilmen an der Luft-Wasser-Grenzfläche - erzeugt mit einer Langmuir-Filmwaage (sog. LANGMUIR-Filme, s. Kap. I) - studieren. Bei dieser Methode, der *Infrarot-Reflexions-Absorptions-Spektroskopie* (IRRAS), wird die Probe in Reflexionsgeometrie untersucht und das an der Grenzfläche reflektierte IR-Licht in einen Detektor gelenkt. Als Referenz wird die reine Flüssigkeitsoberfläche vermessen. Die Technik erlaubt die simultane Aufnahme von IRRA-Spektren und der π/A_s-Isotherme und damit die Korrelation von IR-spektroskopischen Parametern mit z. B. Molekülquerschnittsflächen oder Phasenübergängen. Durch die molekulare Ausrichtung der Moleküle an der Luft-Wasser-Grenzfläche gestattet der Einsatz von polarisierter IR-Strahlung die Bestimmung der Orientierung von Übergangsdipolmomenten in Bezug auf die Oberflächennormale. Damit ist es z. B. möglich, die Neigung der Alkylketten von Lipiden in Monoschichten zu ermitteln. Desweiteren kann die Orientierung von Sekundärstrukturen von Proteinen oder Peptiden sowohl an der Luft-Wasser-Grenzfläche als auch in Wechselwirkung mit Lipidmonoschichten bestimmt werden. Untersucht wurden z. B. die Adsorption von amyloidbildenden Peptiden an Lipidmonoschichten (s. z. B. E. Maltseva, A. Kerth, A. Blume, H. Möhwald, G. Brezesinski, ChemBioChem **6** (2005) 1817) oder die Adsorption von lipidierten Signalproteinen an Lipidgrenzflächen (s. z. B. A. Meister, C. Nicolini, H. Waldmann, J. Kuhlmann, A. Kerth, R. Winter, A. Blume, Biophys. J. **91** (2006) 1388).

Anwendungen der IR-Spektroskopie
Für die relativ großen Biomoleküle erwarten wir ein sehr komplexes IR-Spektrum. Es treten trotzdem eine Reihe charakteristischer Banden auf, aus deren Lage und Form man wertvolle Aussagen über die Struktur des Moleküls und seine Wechselwirkungen gewinnen kann. Im Gegensatz zu einigen anderen Techniken (z. B. ESR-, Fluoreszenz-Spektroskopie mit extrinsischen Sondenmolekülen) hat die IR-Spektroskopie den Vorteil, dass sie nicht den Einbau von Sonden erfordert, der u. U. zu ungewünschten Artefakten führen kann. Die Zeitskala der IR-Methode liegt bei 10^{-12} s. Ein IR-Spektrum zeigt somit eine Momentaufnahme der Struktur der Biomoleküle. Es findet somit auch keine Zeitmittelung über anisotrope Bewegungen, wie etwa in der NMR- und ESR-Spektroskopie, statt.

Modell- und Biomembranen: Die FT-IR-Spektroskopie wird häufig eingesetzt, um qualitative und z. T. auch quantitative Aussagen über die Struktur und das Phasenverhalten von Lipidmembranen zu gewinnen. Die Phospholipide als Hauptkomponente der Biomembranen besitzen mehrere charakteristische IR-aktive Gruppenfrequenzen. Es ist möglich, unterschiedliche Regionen des Lipidmoleküls spektroskopisch „abzutasten", da die meisten Phospholipide IR-aktive Gruppen sowohl im hydrophoben Acylkettenbereich als auch in der polar/apolar-Grenzschicht und in der polaren Kopfgruppen-Region aufweisen. Obwohl die Absorptionsbanden des Lösungsmittels Wasser einige Regionen im IR-Spektrum verdecken, kann durch Vergleichsmessungen von Lipidsuspensionen in H_2O und D_2O der gesamte spektrale Bereich erschlossen werden. Die wichtigsten IR-Banden sind in Tabelle V.14 zusammengefasst. Der Austausch von H_2O durch D_2O ändert die physikalischen Eigenschaften der Lipidsysteme in der Regel nur unwesentlich.

Abbildung V.111 zeigt beispielhaft das IR-Spektrum von DPPC in D_2O bei 298 K. Die Zuordnung der auftretenden Banden wird im Folgenden besprochen:

Schwingungsbanden der hydrophoben Alkylketten. Die internen Schwingungen der Kohlenwasserstoffgruppen (CH_3, CH_2 und =C–H) in den Alkylketten können durch Vergleich mit den von R. G. SNYDER durchgeführten Experimenten an Polymethylenen zugeordnet werden. Die CH-Streckschwingungen treten im spektralen Bereich von 3100 bis 2800 cm^{-1} auf und sind i. Allg. die intensivsten Banden in den IR-Spektren der Lipide. Die antisymmetrischen und symmetrischen Methylenstreckschwingungen werden bei 2920 cm^{-1} und 2850 cm^{-1} beobachtet. Diese Bandenlagen sind konformationsabhängig und können daher zur qualitativen Bestimmung des *trans/gauche*-Konformationsverhältnisses der Alkylketten genutzt werden. Die Schwingungsbanden der terminalen CH_3-Gruppen liegen bei 2956 cm^{-1} (antisymmetrische Valenzschwingung) und 2873 cm^{-1} (symmetrische Valenzschwingung). In den IR-Spektren ungesättigter Lipide tritt eine weitere Bande bei ~3010 cm^{-1} auf, die der Streckschwingung der olefinischen (=C–H)-Gruppen zugeordnet werden kann.

Tab. V.14: Einige wichtige IR-Schwingungsbanden der Lösungsmittel H_2O und D_2O bei $T = 298$ K.

Wellenzahl / cm^{-1}	Schwingung	Bemerkung
~3400	$\nu(H_2O)$	OH-Streckschwingung
~2500	$\nu(D_2O)$	OD-Streckschwingung
2125	$\nu_A(H_2O)$	Assoziationsschwingung
1645	$\gamma(H_2O)$	Scherschwingung
1555	$\nu_A(D_2O)$	Assoziationsschwingung
1460	$\gamma(HOD)$	Scherschwingung
1215	$\gamma(D_2O)$	Scherschwingung

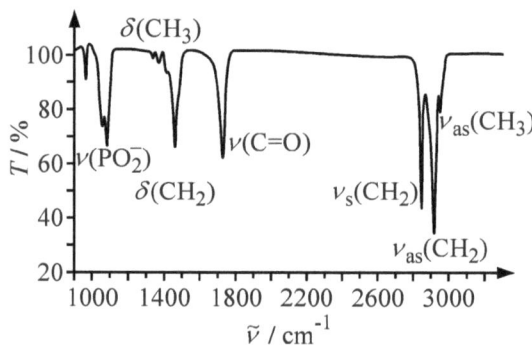

Abb. V.111: IR-Spektrum von DPPC bei $T = 298$ K (Lösungsmittel D_2O) mit einigen charakteristischen Schwingungsbanden.

Verschiedene Deformationsschwingungen der Methyl- und Methylengruppen treten im Bereich von 1350 bis 1500 cm^{-1} auf. Die Scherschwingung (*scissoring*-Schwingung) der CH_2-Gruppen zeigt eine scharfe Bande bei ~1468 cm^{-1}, die von der Packung der Alkylketten und deren Konformation abhängt. Die Absorptionsbanden der antisymmetrischen und symmetrischen Deformationsschwingungen der Methylgruppen erscheinen im Spektrum bei 1450 cm^{-1} und 1378 cm^{-1} (*umbrella*-Schwingung). In den IR-Spektren von Phospholipiden in der flüssig-kristallinen Phase können die Methylkippschwingungen (*wagging*-Schwingungen) zwischen 1340 cm^{-1} und 1370 cm^{-1} zur quantitativen Konformationsanalyse der Alkylketten herangezogen werden. In der Gelphase beobachtet man zusätzlich sogenannte Progressionsbanden der Kippschwingungen zwischen 1325 cm^{-1} und 1180 cm^{-1}, deren Anzahl von der Kettenlänge des Phospholipids abhängt. Ähnliche Progressionsbanden der Methylenpendelschwingungen (*rocking*-Schwingungen) treten im spektralen Bereich des Spektrums von 700 bis 1150 cm^{-1} auf, allerdings sind diese Banden wesentlich schwächer als die entsprechenden Absorptionen der Kippschwingungen, so dass in der Regel nur die erste Bande dieser

Progression bei 720 cm^{-1} deutlich zu erkennen ist. Da in diesem Bereich des Spektrums auch H$_2$O-Absorption auftritt, bietet sich zur Analyse der Pendelschwingungen die Verwendung von D$_2$O als Lösungsmittel an.

Schwingungsbanden der polar/apolar-Grenzschicht. Die wichtigste Bande aus dem Bereich der polar/apolar-Grenzschicht der Membran ist die Streckschwingung der Estercarbonylgruppe. Die Bande der C=O-Streckschwingung tritt im Spektrum der Lipide bei ~1740 cm^{-1} auf und kann zur Untersuchung der Hydratationsverhältnisse an der Grenzschicht genutzt werden. Die weiterhin auftretende C–O-Streckschwingung der Esterfunktion bei einer Wellenzahl von 1170 cm^{-1} ist weniger charakteristisch und wird außerdem stark von C–C-Streckschwingungen überlagert.

Schwingungsbanden der Kopfgruppenregion. Die Infrarotbanden, die den Schwingungen der Kopfgruppen zugeordnet werden können, hängen von der Art des untersuchten Phospholipids ab. Die Cholin-, Serin- und Ethanolamin-Gruppen zeigen zahlreiche spezifische Absorptionsbanden im IR-Spektrum. Bei den Phosphatidylcholinen tritt z. B. eine Bande der Kopfgruppe bei etwa 3050 cm^{-1} auf, die der antisymmetrischen Streckschwingung der Methylgruppen des Cholins zugeordnet werden kann. Die Deformationsschwingungen der Cholin-Methylgruppen beobachtet man ebenfalls bei größeren Wellenzahlen als die der Methylgruppen in den Alkylketten. Sie treten bei 1490 cm^{-1} (antisymmetrisch) und 1405 cm^{-1} (symmetrisch) auf. Eine weitere, recht intensive Bande bei 970 cm^{-1} kann der antisymmetrischen N(CH$_3$)$_3$-Streckschwingung zugeordnet werden.

Eine andere Serie von charakteristischen IR-Banden in den Spektren der Phospholipide stammt von Schwingungen der Phosphatgruppe. Die Absorptionen der P=O-Streckschwingungen führen zu intensiven IR-Banden bei 1250 cm^{-1} und 1085 cm^{-1} (PO$_2^-$ antisymmetrische und symmetrische Streckschwingung). Die Schwingungen der P–O-Einfachbindungen absorbieren dagegen bei kleineren Wellenzahlen zwischen 800 und 900 cm^{-1} und sind relativ unspezifisch. Eine Zusammenfassung der wichtigsten Schwingungsbanden der Phospholipide ist in Tabelle V.15 gegeben.

Abbildung V.112 zeigt als Beispiel FT-IR-Spektren für DPPC-Suspensionen im Temperaturbereich von 293 K bis 338 K, aufgenommen im Bereich von 2800 bis 3050 cm^{-1}. Im Spektrum sind die Banden der symmetrischen und antisymmetrischen Valenzschwingungen der CH$_2$- und CH$_3$-Gruppen der C$_{16}$-Acylketten des DPPC zu sehen. Die sehr intensiven Absorptionsbanden der CH$_2$-Gruppen beobachtet man bei ~2850 cm^{-1} (symmetrisch) und ~2920 cm^{-1} (antisymmetrisch), die schwächeren Banden der CH$_3$-Gruppen sind zu etwas höheren Wellenzahlen verschoben und treten bei ~2871 cm^{-1} (symmetrisch) und ~2956 cm^{-1} (antisymmetrisch) auf. Die Positionen der CH$_2$-Absorptionsbanden hängen empfindlich von der Konformation der Methylengruppen ab und können daher zur qualitativen Abschätzung des *trans/gauche*-Verhältnisses innerhalb der Acylketten herangezogen werden. Phasenumwandlungen, die eine Änderung dieses Konformeren-Verhältnisses verursachen, können anhand dieser Schwingungsbanden empfindlich detektiert werden. Mit steigender Temperatur verschieben sich die Wellenzahlen der symmetrischen und antisymmetrischen Streckschwingungen der CH$_2$-Gruppen zu größeren $\tilde{\nu}$-Werten. Deutlich zu erkennen ist der Sprung beim Hauptphasenübergang von der P$_{\beta'}$-Gelphase zur flüssig-kristallinen Phase bei 315 K.

Tab. V.15: IR-Banden von Phospholipidmembranen.

Wellenzahl $\tilde{\nu}$ / cm^{-1}	funktionelle Gruppe	Schwingung (Symbol)	Bemerkung
3028-3050	N$^+$–(CH$_3$)$_3$	ν_{as}(CH$_3$)	
3010	cis–CH=CH–	ν_{as}(CH)	in ungesättigten Lipiden
2956	C–CH$_3$	ν_{as}(CH$_3$)	
2920	–(CH$_2$)$_n$–	ν_{as}(CH$_2$)	
2873	C–CH$_3$	ν_s(CH$_3$)	
2850	–(CH$_2$)$_n$–	ν_s(CH$_2$)	
2212	C–CD$_3$	ν_{as}(CD$_3$)	in deuterierten Lipiden
2195	–(CD$_2$)$_n$–	ν_{as}(CD$_2$)	in deuterierten Lipiden
2090	–(CD$_2$)$_n$–	ν_s(CD$_2$)	in deuterierten Lipiden
2169	C–CD$_3$	ν_s(CD$_3$)	in deuterierten Lipiden
1740	–CH$_2$–COOR	ν(C=O)	
1650	cis–CH=CH–	ν(C=C)	in ungesättigten Lipiden
1490	N$^+$–(CH$_3$)$_3$	δ_{as}(CH$_3$)	
1468	–(CH$_2$)$_n$–	δ(CH$_2$)	scissoring-Schwingung
1450	C–CH$_3$	δ_{as}(CH$_3$)	
1418	α-CH$_2$	δ(CH$_2$)	
1405	N$^+$–(CH$_3$)$_3$	δ_s(CH$_3$)	
1378	C–CH$_3$	δ_s(CH$_3$)	umbrella-Schwingung
1370-1340	–(CH$_2$)$_n$–	γ_w(CH$_2$)	wagging-Schwingungen (fluide Ph.)
1325-1180	–(CH$_2$)$_n$–	γ_w(CH$_2$)	wagging-Progression (Gelphase)
1250	RO–PO$_2^-$–OR'	ν_{as}(PO$_2^-$)	
1170	R–COO–R'	ν_{as}(CO–O–C)	
1110	–(CD$_2$)$_n$–	δ(CD$_2$)	in deuterierten Lipiden
1085	RO–PO$_2^-$–OR'	ν_s(PO$_2^-$)	
1055	C–CD$_3$	δ_s(CD$_3$)	in deuterierten Lipiden
970	R–N$^+$(CH$_3$)$_3$	ν_{as}(C–N$^+$–C)	
720	–(CH$_2$)$_n$–	γ_r(CH$_2$)	rocking-Schwingung
600-650	–(CD$_2$)$_n$–	γ_r(CD$_2$)	rocking-Schwingung

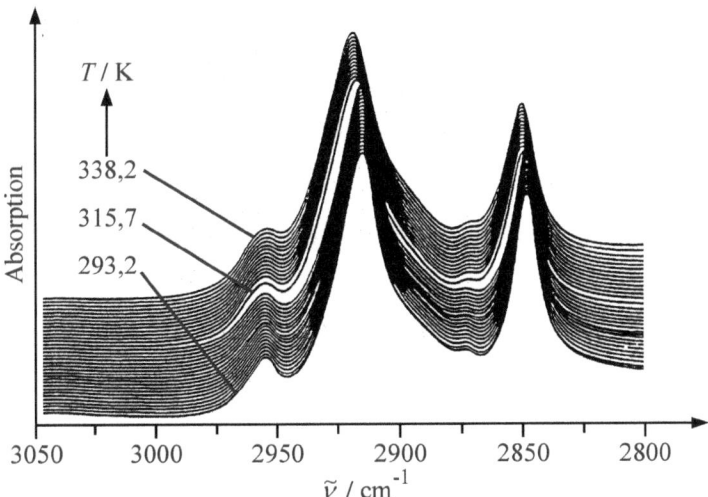

Abb. V.112: Ausschnitt aus dem FT-IR-Spektrum von DPPC in D$_2$O im Bereich der CH$_2$-Streckschwingungen in Abhängigkeit der Temperatur.

Die Temperaturabhängigkeit der Wellenzahl der symmetrischen CH$_2$-Streckschwingung ist in Abbildung V.113 dargestellt. Bei niedrigen Temperaturen beobachtet man $\tilde{\nu}_s(CH_2)$ bei etwa ~2849,2 cm^{-1}. Wenn sich Methylengruppen in *all-trans*-Konformation befinden, tritt die Schwingung bei ~2849 cm^{-1} auf. Dies ist der Fall bei den CH$_2$-Gruppen der Acylketten des DPPC in der L$_{\beta'}$-Phase. Bei einer Temperatur von 308 K verschiebt sich die Wellenzahl der CH$_2$-Valenzschwingung um ~0,2 cm^{-1} zu größeren Werten. Dieser Shift deutet auf eine geringe Zunahme an *gauche*-Konformationen beim Phasenübergang von der L$_{\beta'}$- in die P$_{\beta'}$-Phase hin, der bei dieser Temperatur auftritt. Die geringe Verschiebung der Bandenlage zeigt, dass die konformellen Änderungen innerhalb der Acylketten bei diesem sogenannten Vorübergang relativ klein sind. Am Hauptübergang des Systems DPPC-D$_2$O ($T_H \approx 315$ K) ändert sich die Wellenzahl der symmetrischen CH$_2$-Streckschwingung sprunghaft um etwa 2,5 cm^{-1} in Richtung höhere Wellenzahlen. Der Grund dafür ist, dass die Acylketten oberhalb von T_H „schmelzen" (s. Kap. I), was zu einer drastischen Erhöhung der Anzahl von *gauche*-Konformationen führt.

Mit steigender Cholesterin-Konzentration verschiebt sich $\tilde{\nu}_s(CH_2)$ in der Gelphase zu größeren Werten. Da die Bandenposition der CH$_2$-Valenzschwingung ein Maß für die Anzahl an *gauche*-Konformationen in den Acylketten ist, bedeutet dies, dass die Zugabe von Cholesterin zu einer Erhöhung der konformellen Unordnung in der Gelphase des DPPC führt. Oberhalb der Hauptphasenumwandlungstemperatur des DPPC beobachtet man den entgegengesetzten Effekt. Die Wellenzahl der symmetrischen CH$_2$-Streckschwingung verschiebt sich mit steigendem Cholesterin-Gehalt zu kleineren Werten, d. h., Cholesterin übt in der flüssigkristallinen Phase einen ordnenden Einfluss auf die Membran aus, die Anzahl an *gauche*-Konformationen in den Ketten nimmt ab. Der Phasenübergang zwischen Gel- und flüssigkristalliner Phase wird durch diesen gegenläufigen Einfluss des Cholesterins mit steigender Konzentration immer weiter unterdrückt.

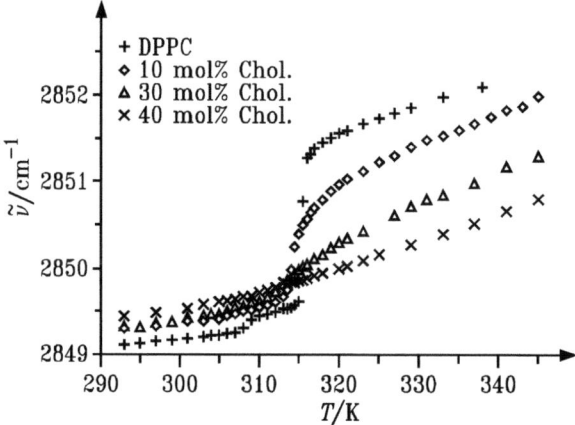

Abb. V.113: Temperaturabhängigkeit der Wellenzahl der symmetrischen CH$_2$-Streckschwingung von DPPC und DPPC/Cholesterin-Mischungen unterschiedlicher Cholesterin-Konzentrationen (nach: O. Reis, R. Winter, T. W. Zerda, Biochim. Biophys. Acta **1279** (1996) 5).

Bei etwa 40 Mol-% Cholesterin-Gehalt in der DPPC-Membran ist mit dieser Methode kein Phasenübergang mehr detektierbar. Der Vorübergang im System DPPC-Wasser bei ~308 K, der beim reinen Lipid nur durch eine sehr geringe Änderung von $\tilde{\nu}_s(T)$ detektierbar ist, tritt schon bei Zugabe von 10 Mol-% Cholesterin nicht mehr auf. Da die *trans-gauche*-Isomerisierung auf einer langsameren Zeitskala abläuft als die Schwingung, erhält man für die verschiedenen Konformationen diskrete Banden im IR-Spektrum, deren Intensitäten bestimmt werden können. Im Fall des Systems DPPC-Wasser zeigen *gauche-trans-gauche* (*g-t-g*)-, *double-gauche* (*d-g*)- und *end-gauche* (*e-g*)-Konformationen charakteristische Methylendeformationsschwingungen, deren Bandenlagen in der flüssig-kristallinen Phase in Tabelle V.16 zusammengefasst sind.

Abbildung V.114 zeigt ein IR-Spektrum von DPPC-D$_2$O bei 323 K im Wellenzahlbereich von 1330 cm^{-1} bis 1390 cm^{-1}. Durch Bandenanalyse lassen sich die Einzelkomponenten und daraus die Konformationsanteile abschätzen. Es treten pro Kette im Mittel ca. 2-3 *gauche*-Konformationen auf. R. MENDELSOHN et al. (R. Mendelsohn et al., Biochemistry **28** (1989)

Tab. V.16: Bandenlagen der Methylen-Kippschwingungen verschiedener Konformationen im DPPC in der fluiden Phase.

Konformation	Wellenzahl / cm^{-1}
g^+-t-g^- (*kink*) und *g-t-g*	1369
d-g (*double gauche*)	1354
e-g (*end gauche*)	1341

6. Schwingungsspektroskopie

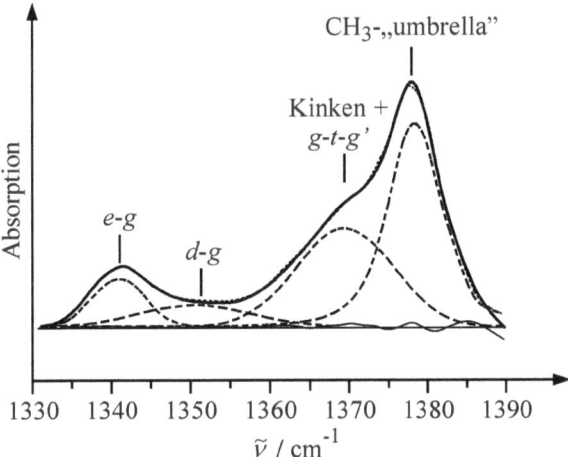

Abb. V.114: IR-Spektrum von DPPC im Bereich der CH_2-Kippschwingungen bei 323 K. Experimentelles Spektrum: durchgezogene Linie; simuliertes Gesamtspektrum: unterbrochene Linie; simulierte Einzelbanden: gestrichelte Linien; Differenz zwischen experimentellem und simuliertem Spektrum: strichpunktierte Linie.

8934) untersuchten die Konformation der Acylketten durch spezifische Deuterierung einzelner Methylengruppen an unterschiedlichen Positionen der Kette und analysierten die CD_2-Pendelschwingungen. Sie schätzten eine Gesamtzahl von 3-4 *gauche*-Konformationen pro Kette ab.

Die IR-Spektren der Diacylglycerolipide und anderer O-acylierter Lipide weisen eine starke Absorptionsbande auf, die den Streckschwingungen der Estercarbonylgruppen zugewiesen werden kann. Form und Lage der C=O-Absorptionsbanden sind abhängig von der Konformation der Estergruppe, der Polarität der Umgebung und der Ausbildung von Wasserstoffbrückenbindungen zum Lösungsmittel oder zu anderen Liganden.

Bei allen O-acylierten Lipiden beobachtet man die Carbonylstreckschwingungen im spektralen Bereich zwischen $1650\ cm^{-1}$ und $1780\ cm^{-1}$, der frei von Absorptionen anderer IR-aktiver Gruppen ist. Daher ist die C=O-Absorptionsbande zur Untersuchung der Phospholipide besonders nützlich, da Änderungen der Bandenform und -position der $\nu_{C=O}$-Schwingung in Hinblick auf Änderungen der Struktur oder der Hydratation der polar/apolar-Grenzschicht interpretiert werden können (s. z. B. A. Blume et al., Biochemistry **27** (1988) 8239; R. N. A. H. Lewis et al., Biophys. J. **67** (1994) 2367).

Wertvolle strukturelle Informationen liefert die IR-Spektroskopie auch über den Einbau von Molekülen, wie Anästhetika, Pharmaka und Proteine (z. B. Bakteriorhodopsin, Ca^{2+}-ATPase). Es können auch IR-Spektren von biologischen Membranen aufgenommen werden. Sie liefern wertvolle Hinweise über die Konformation der Komponenten. Aus der Lage und Form der Amid-Banden der Proteine können Rückschlüsse auf die Konformation des Proteins in der Membran gezogen werden. Abbildung V.115 zeigt das IR-Spektrum von Membranen des Sar-

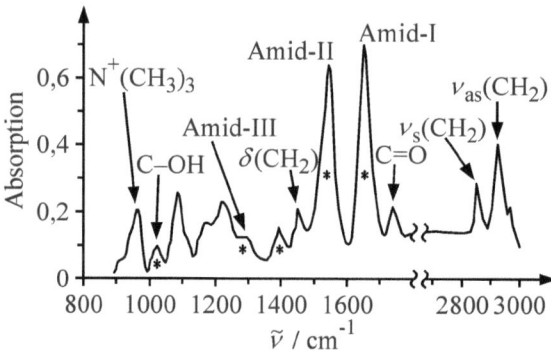

Abb. V.115: IR-Differenzspektrum von Membranen des Sarcoplasmatischen Retikulums in H_2O bei 303 K. Einige der Banden sind gekennzeichnet (nach: R. L. Amey, D. Chapman, in: *Biomembrane Structure and Function*, D. Chapman (Hrsg.), S. 250, VCH, Weinheim, 1984).

coplasmatischen Retikulums in H_2O. Fünf der beobachteten Banden können den Proteinen zugeordnet werden (mit * gekennzeichnet).

Proteine: Proteine weisen mehrere charakteristische IR-Absorptionsbanden auf. Diese stellen Schwingungen des Polypeptidgerüstes dar. Eine Zusammenstellung der wichtigsten Banden ist in Tabelle V.17 gegeben.

Die aussagekräftigste und bestuntersuchte Bande ist die Amid-I-Bande (Amid-I' für D_2O als Lösungsmittel) bei ~1650 cm^{-1}, der im Wesentlichen die C=O-Streckschwingung (mit geringen Beiträgen der C–N-Streck- und C–C–N-Deformationsschwingung) zugrunde liegt. Da die C=O- und N–H-Gruppen der Proteine an der Ausbildung von Wasserstoffbrückenbindungen in der α-helikalen und β-Faltblatt-Struktur beteiligt sind, stellt das Peptidrückgrat eine Reihe gekoppelter Oszillatoren dar. Damit hängen Frequenzlage und Bandenform der IR-Banden empfindlich von der Sekundärstruktur des Peptids ab. Tabelle V.18 zeigt die konformationsabhängige Lage der Amid-I-Bande.

Die Analyse der Amid-II-Bande wird gelegentlich herangezogen, um H/D-Austauschprozesse zu studieren, wie z. B. die Austauschraten verschiedener Sekundärstrukturen und Aminosäurereste in D_2O.

Tab. V.17: Zuordnung einiger Amid-Schwingungsbanden von Proteinen (Richtwerte).

Name	Wellenzahl / cm^{-1}	Gruppenschwingung
Amid-A	3250 – 3300	N–H-Streckschwingung in Resonanz mit Amid-II-Oberton
Amid-I	1600 – 1700	im Wesentlichen C=O Streckschwingung (70-85 %)
Amid-II	1480 – 1575	N–H-Biege-/C–N-Streckschwingung
Amid-III	1230 – 1330	N–H-Biege-/C–N-Streckschwingung
Amid-IV	625 – 770	im Wesentlichen O=C–N-Deformationsschwingung

6. Schwingungsspektroskopie

Tab. V.18: Wellenzahlbereiche (Richtwerte) verschiedener Proteinkonformationen in der Amid-I-Region. Nicht angegeben sind Banden von Aminosäure-Seitenketten, die auch zu 10-20 % zur Amid-I-Region beitragen können.

Wellenzahl $\tilde{\nu}$ /cm^{-1}	Zuordnung
1620 – 1640	β-Faltblatt
1640 – 1650	ungeordnete Strukturen
1650 – 1658	α-Helix
1660 – 1690	Schleifen
1670 – 1680	β-Faltbaltt

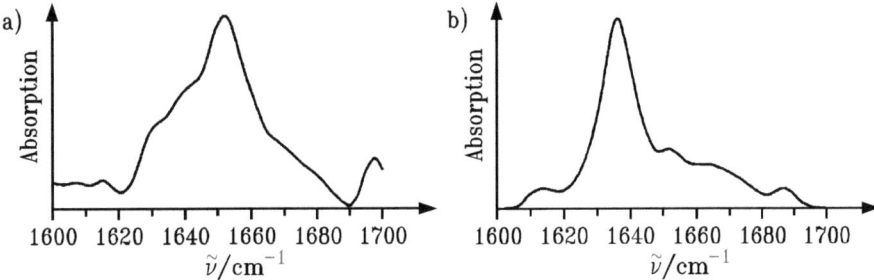

Abb. V.116: Amid-I'-FT-IR-Spektrum (Bandbreite 20 cm^{-1}, *resolution enhancement factor* 2,0) eines α-Helix-reichen (a: Hepatitis B Oberflächen-Antigen) und β-Faltblatt-reichen (b: IgG monoklonales Immunglobulin) Proteins. Die Spektren wurden in D$_2$O bei Konzentrationen von 1-10 mg cm^{-3} aufgenommen. Der Peak bei 1654 cm^{-1} entspricht α-helikalen Bereichen, der bei 1638 cm^{-1} β-Faltblatt-Sekundärstrukturelementen (nach: B. A. Shirley (Hrsg.), *Protein Stability and Folding: Theory and Practise*, *Methods in Molecular Biology*, Vol. 40, S. 146, Humana Press, Totowa, New Jersey, 1995).

Die Zuordnung der verschiedenen Sekundärstrukturelemente im Amid-I-Bereich basiert auf Normalkoordinatenanalysen und der Untersuchung synthetischer Polypeptide und Proteine bekannter Struktur (s. z. B. D. M. Byler, H. Susi, Biopolymers **25** (1986) 469). Bei der Analyse der IR-Bande ist i. Allg. ein Mehrkomponentenfit nach Verbesserung der spektralen Auflösung notwendig. Hierfür stehen eine Reihe verschiedener Verfahren zur Verfügung (z. B. die sog. Derivativ-Spektroskopie oder FOURIER-*self deconvolution*, s. z. B. D. J. Moffatt, H. H. Mantsch, Methods Enzymol. **210** (1992) 192).

Abbildung V.116 zeigt Beispiele für Proteine mit stark unterschiedlichen Sekundärstrukturanteilen. Voraussetzung bei der quantitativen Bandenanalyse der IR-Spektren ist, dass die verschiedenen Sekundärstrukturen ähnlich große Extinktionskoeffizienten besitzen.

Die IR-Methode wird vielfach eingesetzt, um die *Faltung* und *Entfaltung* von Proteinen zu untersuchen. Die Entfaltung kann z. B. durch Zugabe von Guanidinhydrochlorid (GuHCl),

Harnstoff, durch pH-Änderung oder durch Temperatur- und Druckerhöhung induziert werden. Abbildung V.117 zeigt FT-IR-Spektren von SNase WT in Abhängigkeit der Temperatur und des Drucks. SNase ist ein kleines globuläres Protein der Molmasse 17,5 kDa mit 149 Aminosäureresten. Das Protein besitzt ca. 26 % α-Helix- und 25 % β-Faltblatt-Strukturen. Der Rest sind im Wesentlichen Schleifen und ungeordnete Bereiche. Die temperaturinduzierte Entfaltung des Proteins setzt bei 313 K ein. Bis 333 K ist sie reversibel, bei höheren Temperaturen irreversibel. Die druckinduzierte Denaturierung des Proteins ist reversibel und liegt zwischen 1,5 und 3 kbar. Die Amid-I'-Bandenanalyse zeigt, dass die α-Helix- und β-Faltblatt-Strukturen bei der Denaturierung verloren gehen. Im Fall der Druckdenaturierung bleibt ein Teil der β-Faltblatt-Strukturen jedoch erhalten. Bei der Denaturierung nimmt die IR-Intensität bei 1641 cm^{-1}, die ungeordneten Strukturen des Proteinmoleküls zugeordnet wird, zu. Unter der Annahme, dass die druckinduzierte Denaturierung der SNase ein Zweizustandsprozess ist, lässt sich für diesen Prozess eine Änderung der GIBBS-Energie von $\Delta_{denat}G° = 16$ kJ mol^{-1} und eine Volumenänderung von $\Delta_{denat}V° = -80$ cm^3 mol^{-1} abschätzen.

Sehr effizient kann die FT-IR-Spektroskopie auch zur Untersuchung der Aggregation und Fibrillbildung von Proteinen eingesetzt werden. So erkennt man z. B. die Fibrillbildung des Insulins an einer Bande bei ~1620 cm^{-1}, die auf die Bildung paralleler intermolekularer Faltblätter zurückzuführen ist (s. z. B. W. Dzwolak, R. Ravindra, J. Lendermann, R. Winter, Biochemistry **42** (2003) 11347).

Das Potenzial der FT-IR-Spektroskopie kann noch weiter ausgeschöpft werden, wenn die *Isotopensubstitutionsmethode* eingesetzt wird. Ersatz von z. B. ^{12}C durch ^{13}C führt zu einer Verschiebung um ca. 40 cm^{-1} zu kleineren Wellenzahlen. Durch spezifische Markierung von Segmenten in der Proteinstruktur können diese Bereiche spektral aufgelöst werden. Diese Technik wird oftmals kombiniert mit molekularbiologischen Methoden (ortsspezifische Mutagenese).

Einen großen Aufschwung hat in den letzten Jahren die Durchführung *kinetischer IR-Messungen* erfahren, die es ermöglichen, zeitaufgelöste Untersuchungen bis in den Subnanosekundenbereich durchzuführen (s. z. B. F. Siebert, in: *Infrared Spectroscopy of Biomolecules*, H. H. Mantsch, D. Chapman (Hrsg.), S. 83, Wiley-Liss, New York, 1996; G. Souvignier, K. Gerwert, Biophys. J. **63** (1992) 1393; R. Rammelsberg, B. Heßling, H. Chorongiewski, K. Gerwert, Applied Spectroscopy **51** (1997) 558). Als Beispiel wollen wir die lichtgetriebene Protonenpumpe des Bakteriorhodopsins betrachten, die durch einen Lichtpuls getriggert wird.

Im *rapid scan mode* werden ein Interferogramm der Probe vor dem Auslösepuls der biochemischen Reaktion und viele Interferogramme in schneller Folge danach aufgenommen. Mit heutigen Spektrometern lassen sich mit dieser Methode noch zeitabhängige Vorgänge im 10 ms-Bereich auflösen. Die Dauer eines Scans hängt nicht nur von der Spiegelgeschwindigkeit, sondern auch vom zurückgelegten Weg und damit von der spektralen Auflösung ab. Nach der FOURIER-Transformation werden Differenzspektren von den Aufnahmen nach und vor dem Triggerpuls gebildet, da die Absorptionsänderungen i. Allg. sehr klein sind ($\Delta E/E \approx 10^{-4}$).

Eine Zeitauflösung von ca. 20 µs erreicht man mit der *Stroboskop*-Technik. Bei dieser Methode wird nicht das gesamte Interferogramm aufgenommen, sondern nur ein Teil digitalisiert. Der restliche Teil wird sukzessive zum entsprechend zeitlich versetzten Auslösepuls aufgenommen. In dieser Reihe aufeinanderfolgender Experimente werden schließlich alle Segmente

6. Schwingungsspektroskopie

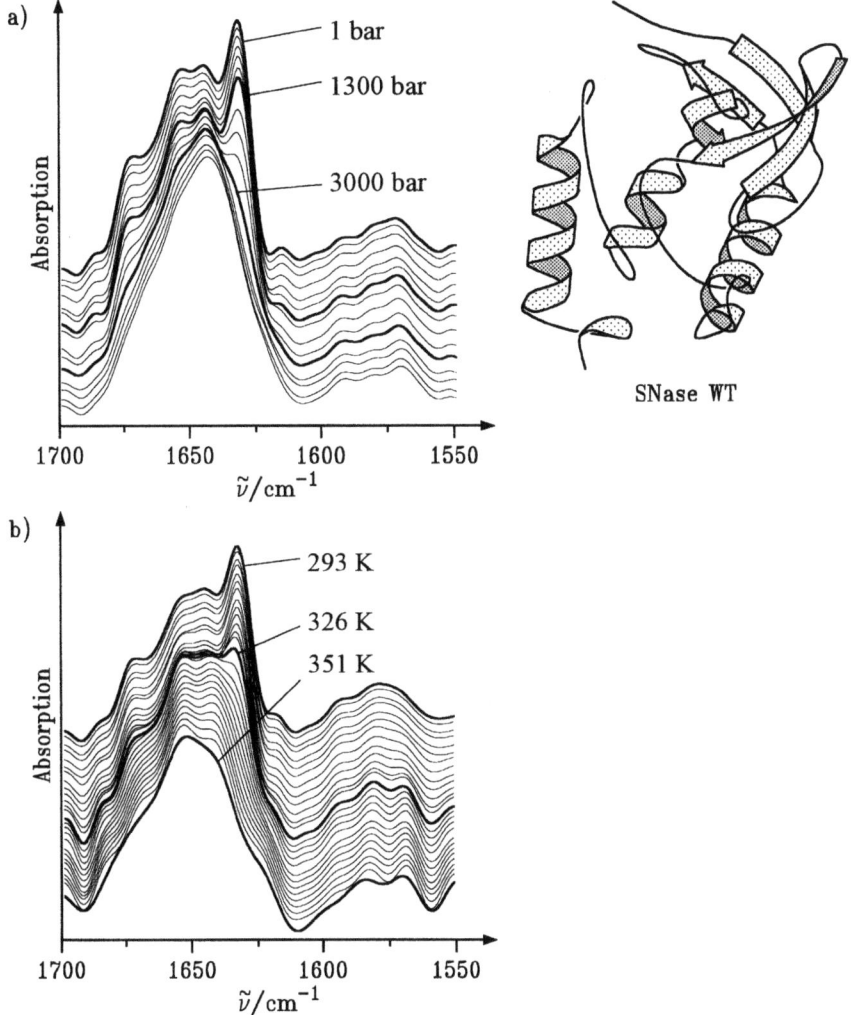

Abb. V.117: FT-IR-Spektren (nach FOURIER-*self deconvolution*) von SNase WT in Abhängigkeit a) des Drucks bei $T = 298$ K und b) der Temperatur bei 1 bar. Die druckabhängigen Messungen wurden in einer Diamantstempelzelle durchgeführt. Zur Druckkalibrierung wurde die druckabhängige Verschiebung der Phononenbande von Quarz eingesetzt, der in Form kleiner Kriställchen mit in den Probenraum gegeben wurde (nach: G. Panick, R. Malessa, R. Winter, G. Rapp, K. J. Frye, C. Royer, J. Mol. Biol. **275** (1997) 389).

des Interferogramms erfasst. Die Software kombiniert die Teilinterferogramme zu einem neuen Interferogramm mit verbesserter Zeitauflösung.

Der *step scan*-Technik liegt eine andere Methode zugrunde. Man hält den beweglichen Interferometerspiegel schrittweise an verschiedenen Positionen an, startet den biochemischen Pro-

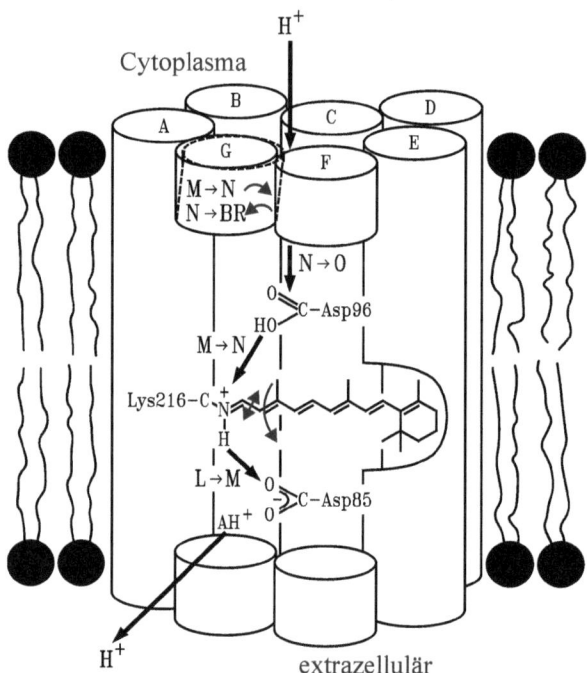

Abb. V.118: Modell der lichtgetriebenen Protonenpumpe des Bakteriorhodopsins (nach: K. Gerwert, in: *Infrared and Raman Spectroscopy*, S. 635, B. Schrader (Hrsg.), VCH, Weinheim, 1995).

zess und registriert das Signal an diesem Interferogrammpunkt in Abhängigkeit der Zeit mit einem Transientenrekorder. Dieser Vorgang wird für jeden Punkt des Interferogramms wiederholt. Reorganisation der Daten und FOURIER-Transformation liefern die Intensitätsänderungen in Abhängigkeit der Zeit. Die Zeitauflösung bei dieser Methode ist durch die Ansprechzeit des Detektors (ns und darunter) gegeben. Die Anwendung der letzten beiden Techniken setzt in der Regel voraus, dass der biochemische Prozess reversibel und zyklisch getriggert werden kann. Indem man nur das Antwortsignal bei bestimmten Wellenzahlen verfolgt, kann man auch mit konventionellen Techniken - ähnlich den Photolyseeinrichtungen im UV/VIS-Spektralbereich - hohe Zeitauflösungen erreichen. Durch Einsatz gepulster IR-Laser lassen sich Spektren mit ps-Zeitauflösung aufnehmen.

Wir wollen ein Beispiel aus den Untersuchungen am Membranprotein Bakteriorhodopsin (BR) von *Halobacterium halobium* betrachten (Abb. V.118). Die lichtgetriebene Protonenpumpe besteht aus dem 27 kDa großen Protein Opsin, das die Lipidmembran in sieben 40-Å-langen α-Helices durchspannt und einen polaren Kanal bildet. Der Ionenkanal wird durch 26 Aminosäuren aufgebaut, die den Helices B, C, G und F angehören. Zehn der Aminosäuren formen die Retinal-Bindungstasche. Der Chromophor, das *all-trans*-Retinal, ist in Form einer SCHIFFschen Base über die ε-Aminogruppe des Lysin-216 in Helix G des Proteins gebunden. Nach der Anregung bei ca. 500 nm durch Absorption von Licht isomerisiert das Retinal in 450 fs nach 13-*cis*. Ausgehend vom Grundzustand BR werden eine Reihe von Zwischenstufen

6. Schwingungsspektroskopie 365

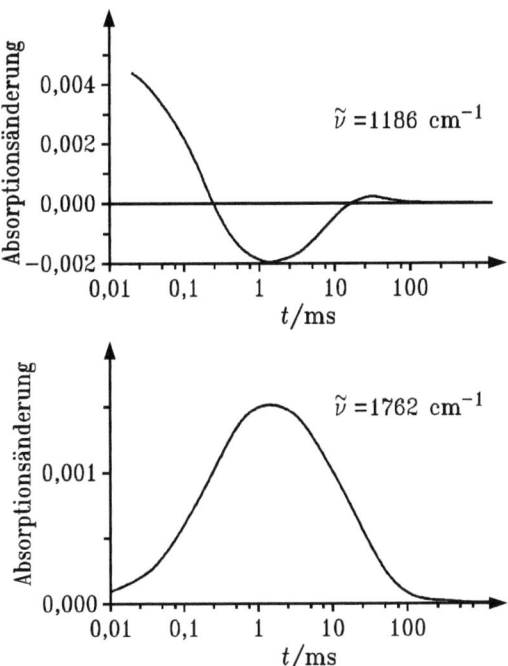

Abb. V.119: Kinetische FT-IR-Kurven der Protonenpumpe Bakteriorhodopsin bei ausgewählten Wellenzahlen (nach: K. Gerwert, in: *Infrared and Raman Spectroscopy*, S. 635, B. Schrader (Hrsg.), VCH, Weinheim, 1995).

J, K, L, M, N und O innerhalb weniger ms durchlaufen. Während der L→M-Reaktion wird die SCHIFFsche Base deprotoniert. Sie wird dann im M→N-Schritt wieder protoniert. Durch Reorientierung einer α-Helix wird die SCHIFFsche Base bei dieser Reaktion zum Protonendonor Asp-96 orientiert. Während der L→M-Reaktion wird ein Proton in den extrazellulären Raum freigesetzt. Von der cytoplasmatischen Seite wird im Verlauf der M→BR-Reaktion eines nachgeliefert. Viele der ablaufenden Prozesse wurden eingehend mit Hilfe der zeitaufgelösten FT-IR-Spektroskopie untersucht (s. z. B. K. Gerwert, Curr. Opin. Struct. Biol. **3** (1993) 769; C. Kötting, K. Gerwert, ChemPhysChem **6** (2005) 881).

Abbildung V.119 zeigt einen Ausschnitt aus dem mit Hilfe der Stroboskop-Technik erhaltenen Differenzspektrum im Verlauf der Reaktion L→M→N/O→BR. Der Kurvenverlauf bei 1186 cm^{-1} spiegelt die Bande des 13-*cis* Retinals wider. Das Entstehen der Bande im Femtosekundenbereich ist nicht aufgelöst. Das Verschwinden der Absorptionsbande zeigt die Deprotonierung der SCHIFFschen Base (L→M) an, ihr Wiederentstehen die Reprotonierung im Schritt M→N und die Relaxation in den *all-trans*-BR-Grundzustand. Gleichzeitig zeigt die Carbonyl-Bande bei 1762 cm^{-1} die kurzzeitige Protonierung der internen Asparaginsäure Asp-85. Man erkennt, dass die SCHIFFsche Base ähnlich schnell deprotoniert wie Asp-85 protoniert wird. Änderungen im Amid-I-Bereich weisen, in Übereinstimmung mit zeitaufgelösten

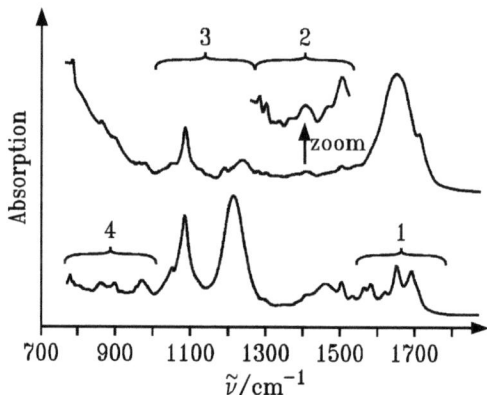

Abb. V.120: IR-Spektren einer Doppelhelix in H_2O (oben) und D_2O (unten). Die intensiven Banden bei etwa 1650 bzw. 1230 cm^{-1} sind den Schwingungen von H_2O bzw. D_2O zuzuschreiben (nach: J. Liguier, E. Taillandier, in: *Infrared Spectroscopy of Biomolecules*, H. H. Mantsch, D. Chapman (Hrsg.), S. 131, Wiley-Liss, New York, 1996).

RÖNTGEN-Beugungsmessungen (M. H. J. Koch, N. Dencher, D. Oesterhelt, H. J. Plöhn, G. Rapp, G. Büldt, EMBO J. **10** (1991) 521), auf strukturelle Veränderungen des Proteingerüsts beim Zerfall von M hin.

Das Studium biologischer Proben wird, ähnlich wie in der Fluoreszenzspektroskopie, durch den Einsatz optischer Mikroskope in Kombination mit der FT-IR-Methode erstmals möglich. Hierdurch kann man auch kleine Bereiche der Probe spektroskopisch erfassen.

Nucleinsäuren: Das IR-Spektrum von Nucleinsäuren zeigt im Bereich 500-2000 cm^{-1} etwa 40 Absorptionsbanden. Ihre Positionen und Intensitäten hängen von der Geometrie der Nucleinsäure ab. Abbildung V.120 zeigt das IR-Spektrum einer Doppelhelix in H_2O und D_2O. Durch Messung in beiden Lösungsmitteln wird der gesamte Spektralbereich zugänglich. Es treten folgende typische Bereiche im Spektrum auf.

Bereich 1: Schwingungsbanden der Doppelbindungen der Basen. Ihre Positionen hängen von der Packung der Basenpaare ab.

Bereich 2: Deformationsschwingungen der Basen, über die glykosidische Bindung an die Zuckerschwingungen gekoppelt. Die Bandenlage hängt vom Torsionswinkel ab.

Bereich 3: Symmetrische (1090 cm^{-1}) und antisymmetrische (1230 cm^{-1}) Phosphatgruppen-Schwingungen.

Bereich 4: Schwingungsmoden des Zucker-Phosphat-Gerüsts.

Die IR-Spektrenform hängt damit sensitiv von der Basenpaarung und der Geometrie der Zuckerreste in den Nucleinsäuren ab.

Abbildung V.121 zeigt den Einfluss der Basenpaarung (links: GC-Paare, rechts: AT-Paare) auf das IR-Spektrum. Bei der Basenpaarung der G- und C-Basen beobachtet man eine drastische Verschiebung der Carbonyl-Streckschwingung des Guanin zu größeren Wellenzahlen

6. Schwingungsspektroskopie

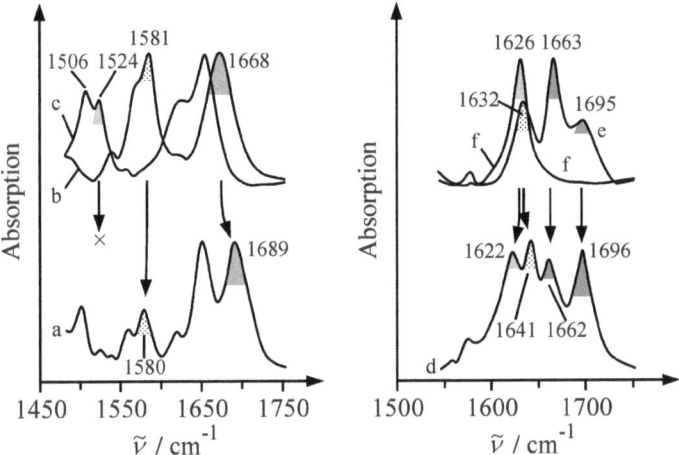

Abb. V.121: Einfluss der Basenpaarung auf IR-Spektren (Zucker: Desoxyribose, Lösungsmittel: D$_2$O, pH: neutral). a) Poly-dG, Poly-dC; b) dGmP; c) Poly-dC; d) dA$_{12}$·dT$_{12}$; f) dA$_{12}$ (nach: J. Liguier, E. Taillandier, in: *Infrared Spectroscopy of Biomolecules*, H. H. Mantsch, D. Chapman (Hrsg.), S. 131, Wiley-Liss, New York, 1996).

(1668 → 1689 cm^{-1}), und die 1581 cm^{-1}-Guanin-Bande verliert an Intensität. Die Cytosin C=O-Schwingung bei 1652 cm^{-1} wird dagegen kaum beeinflusst. Die Schwingung des Cytosin-Rings bei 1524 cm^{-1} verschwindet bei der Bildung von GC-Basenpaaren. Ähnlich signifikante Änderungen treten bei der AT-Basenpaarung auf. Hierdurch ist es möglich, das thermisch induzierte Entfalten der DNA auch mit Hilfe der IR-Spektroskopie zu studieren. Weiterhin bietet die IR-Methode aufgrund charakteristischer konformationssensitiver IR-„marker"-Banden die Möglichkeit, Informationen über die molekulare Geometrie der Nucleinsäuren (polymorphe DNA-Formen) zu gewinnen.

6.2 RAMAN-Spektroskopie

Theoretische Grundlagen

Die RAMAN-Spektroskopie liefert ebenfalls Informationen über Schwingungszustände von Molekülen und ist in diesen Aussagen der Infrarotspektroskopie vergleichbar. Die vielfältigen Anwendungsmöglichkeiten der Infrarotspektroskopie sind daher i. Allg. auch für die RAMAN-Spektroskopie zu erwarten. Wir werden daher nur einige wenige Beispiele anführen und dann noch einige Besonderheiten der RAMAN-Spektroskopie erwähnen. Für viele Fälle der Strukturbestimmung ist aber die Kenntnis des möglichst vollständigen Schwingungsspektrums notwendig. Hierzu ist dann meist eine kombinierte Auswertung der Infrarot- und RAMAN-Spektren unerlässlich.

Im Jahre 1928 entdeckte der Physiker C. V. RAMAN, dass sich bei der Bestrahlung von Flüssigkeiten und Gasen im gestreuten Licht außer den Wellenlängen des eingestrahlten Lichts zusätzliche frequenzverschobene Streustrahlung nachweisen lässt. Er erkannte aufgrund der Größenordnung der Frequenzverschiebung Δv_i den Zusammenhang zur IR-Absorption von Molekülen und deutete sie als Absorption entsprechender Lichtquanten in den Molekülen. Der

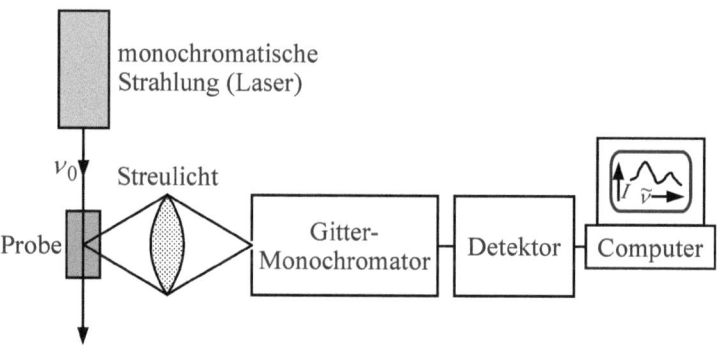

Abb. V.122: Schematische Darstellung eines dispersiven RAMAN-Spektrometers. Im Probenraum wird die zu untersuchende Substanz mit Hilfe eines Lasers (z. B. Ar-Ionen-Laser mit 488,0 und 514,5 nm) bestrahlt und die Streustrahlung senkrecht zur Einstrahlrichtung untersucht. Im Monochromator wird sie spektral zerlegt und im Detektor (meist ein Photomultiplier) registriert. Die Streuintensität wird i. Allg. relativ zur Lage der RAYLEIGH-Bande als Funktion der Wellenzahl in cm^{-1} aufgezeichnet.

RAMAN-Effekt beruht im Gegensatz zu den bisher behandelten Spektroskopiearten auf einem Streuvorgang und nicht direkt auf der Absorption und Emission von Lichtquanten. Um den RAMAN-Effekt zu beobachten, bestrahlt man eine Probe mit monochromatischer elektromagnetischer Strahlung (Laser) (Abb. V.122). Der größte Teil der Strahlung tritt ohne Wechselwirkung mit den Molekülen durch die Probe, während ein geringer Anteil in alle Richtungen gestreut wird. Im Streulicht findet man neben der Anregungsfrequenz v_0 weitere Frequenzen v_i, die relativ zu v_0 registriert werden.

Bei den Stößen der Photonen des Anregungsstrahls der Energie hv_0 mit den Molekülen der Probe werden zwei Stoßprozesse unterschieden: Zum einen sind dies elastische Stöße, bei denen die gestreute Strahlung die gleiche Frequenz wie die Anregungsstrahlung hat ($v_i = v_0$). Diese Strahlung bezeichnet man als RAYLEIGH-Strahlung. Zum anderen treten inelastische Stöße auf, die mit einer Änderung der Energie verbunden sind ($v_i \neq v_0$). Diese Streuung bezeichnet man für $v_i < v_0$ als STOKES-, für $v_i > v_0$ als Anti-STOKES-Streuung (Abb. V.123).

Die Lichtwellen des Laserstrahls wechselwirken aufgrund der sich periodisch ändernden elektrischen Feldstärke E mit den Elektronenhüllen der Atome bzw. Moleküle der Probe und regen sie zu erzwungenen Schwingungen an. Wie leicht sich die Elektronen eines Moleküls in erzwungene Schwingungen versetzen lassen, hängt von ihrer Polarisierbarkeit $\alpha = \alpha(v)$ ab. Es wird ein oszillierendes Dipolmoment μ_{ind}^{el} induziert:

$$\mu_{ind}^{el} = \alpha \cdot E = \alpha \cdot E_0 \cos(2\pi v_0 t) \tag{V.120}$$

Dieses führt seinerseits, analog einem Radiosender, zur Ausstrahlung elektromagnetischer Wellen in den Raum. Diese Sekundärstrahlung stellt die mit unveränderter Frequenz v_0 beobachtete RAYLEIGH-Streuung dar. Schwingt nun das Molekül aber mit der Eigenfrequenz v_{vib}, so ändert sich die Polarisierbarkeit α der Elektronen periodisch mit der Schwingungsbewegung entlang der Normalkoordinate Q_i der Schwingung:

$$Q_i = Q_{i,max} \cdot \cos(2\pi v_{vib} t) \tag{V.121}$$

6. Schwingungsspektroskopie

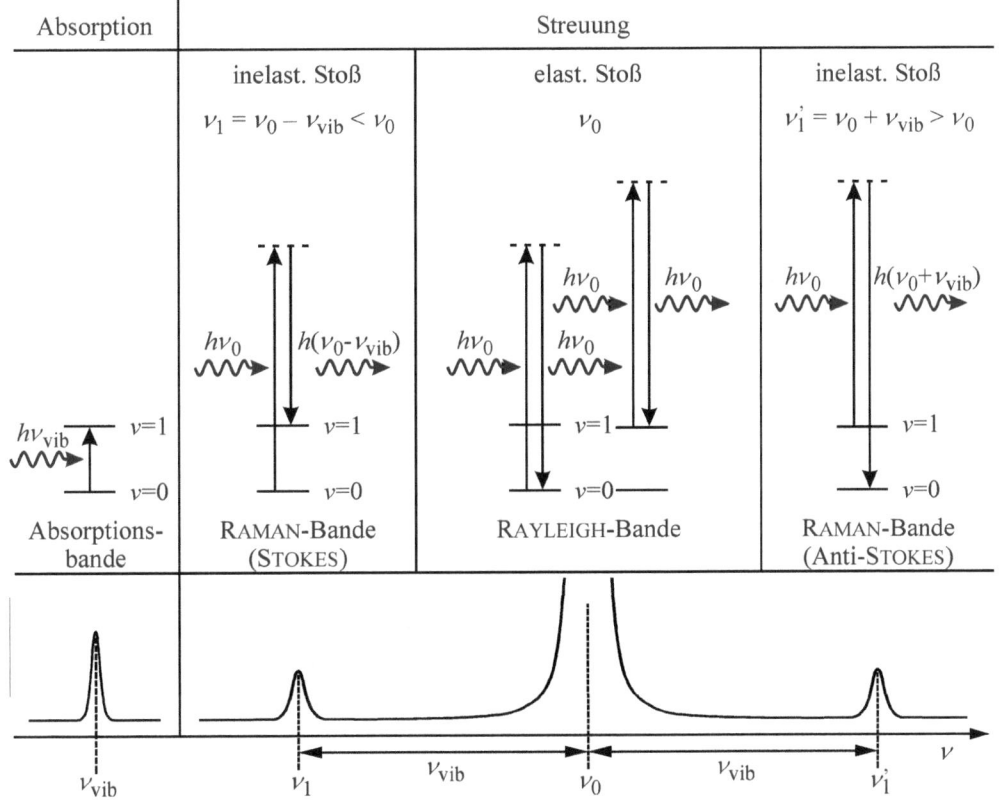

Abb. V.123: Erläuterung des RAMAN-Effekts im Vergleich zum Absorptionsprozess (- - - virtuelles Energieniveau).

Sie lässt sich aufteilen in einen Beitrag, der die mittlere Polarisierbarkeit in der Gleichgewichtslage α_0 enthält und einen, der die Änderung bei der Schwingung berücksichtigt. α lässt sich in Form einer Reihenentwicklung ansetzen:

$$\alpha_i = \alpha_0 + \frac{\partial \alpha}{\partial Q_i} Q_i + \ldots \tag{V.122}$$

Einsetzen in Gleichung V.120 liefert nach trigonometrischer Umformung:

$$\begin{aligned}\mu_{\text{ind}}^{\text{el}} &= \alpha_0 E_0 \cos(2\pi \nu_0 t) \\ &+ \frac{E_0 Q_{i,\max}}{2} \cdot \frac{\partial \alpha}{\partial Q_i} \left(\cos[2\pi(\nu_0 - \nu_{\text{vib}})t] + \cos[2\pi(\nu_0 + \nu_{\text{vib}})t] \right)\end{aligned} \tag{V.123}$$

Die Intensität I des gestreuten Lichts ist proportional zu $\nu_0^4 (\mu_{\text{ind}}^{\text{el}})^2$. Das induzierte Dipolmoment oszilliert also mit den drei Frequenzen ν_0, $\nu_0-\nu_{\text{vib}}$ und $\nu_0+\nu_{\text{vib}}$, die den RAYLEIGH-, STOKES- und Anti-STOKES-Linien entsprechen. Gleichung V.123 entnimmt man weiterhin, dass der RAMAN-Effekt nur beobachtet wird, wenn $\partial\alpha/\partial Q_i \neq 0$, d. h., wenn sich die Polarisierbarkeit des Moleküls im Verlauf der Kernschwingung ändert:

$$I \propto \left(\frac{\partial \alpha}{\partial Q_i}\right)^2 \tag{V.124}$$

So ist im Gegensatz zur IR-Spektroskopie die symmetrische Streckschwingung des CO_2 beobachtbar, da die Polarisierbarkeit, d. h. die Deformierbarkeit der Elektronenwolke, in der gestauchten und gestreckten Form bei der Schwingung verschieden ist. Das elektrische Dipolmoment ändert sich dagegen bei der Schwingung nicht ($\partial\mu_{el}/\partial Q = 0$).

Eine genauere Betrachtung muss berücksichtigen, dass die Polarisierbarkeit α eines Moleküls entsprechend seiner Gestalt meist in verschiedenen Richtungen unterschiedlich ist. Dies wird in genaueren Rechnungen durch einen Tensor mit verschiedenen Komponenten der Polarisierbarkeit berücksichtigt. Die Untersuchung des Polarisationszustands des Streulichts mit Hilfe eines Polarisationsfilters kann weiterhin wertvolle Hinweise auf die Symmetrie der Normalschwingung geben (symmetrisch oder antisymmetrisch). Die Polarisierbarkeit kann sich auch bei der Rotation des Moleküls ändern. Dies führt zu Rotationslinien im RAMAN-Spektrum. Sie sind jedoch bei Untersuchungen in fluider Phase nicht auflösbar und werden daher hier nicht weiter diskutiert.

Die verschiedenen Anregungsmechanismen für Schwingungen haben zur Folge, dass sich IR- und RAMAN-Spektren in den Intensitäten der einzelnen Banden häufig unterscheiden. Schwingungen, an denen polare Atomgruppen beteiligt sind, führen wegen der hohen Bindungsdipolmomente zu intensiven IR-Banden. Schwingungen, an denen wenig polare Atomgruppen oder Atome mit „weichen", d. h. leicht polarisierbaren, Elektronenhüllen beteiligt sind, führen zu intensiven Banden im RAMAN-Spektrum. Bei höherer Symmetrie der Moleküle können sich IR- und RAMAN-Spektren wegen verschiedener Auswahlregeln auch in der Zahl der Banden unterscheiden, bis hin zum „Alternativgebot", wenn ein Symmetriezentrum vorliegt. Symmetrische Streckschwingungen sind i. Allg. die intensivsten im RAMAN-Spektrum, während antisymmetrische und Deformationsschwingungen oft intensivere IR-Banden ergeben.

Ein Vorteil der RAMAN-Spektroskopie gegenüber der IR-Spektroskopie ist, dass Wasser ein sehr intensitätsschwaches RAMAN-Spektrum liefert. Biomoleküle können somit relativ einfach in wässriger Lösung untersucht werden.

In den letzten Jahren gewannen FT-RAMAN-Spektrometer immer mehr Verbreitung. Sie verwenden als Strahlungsquelle einen Festkörperlaser (z. B. Nd:YAG, YAG = Yttrium-Aluminium-Garnet), der eine intensive monochromatische Strahlung im NIR-Bereich bei 1,06 μm liefert. Es lassen sich damit typische Probleme der RAMAN-Spektroskopie, nämlich störende Elektronenübergänge (Fluoreszenz) sowie thermische Zersetzung der Probe, vermeiden.

Durch Ausnutzung des sog. *Resonanz-RAMAN-Effekts* kann die Empfindlichkeit und Selektivität der Methode erheblich gesteigert werden. Der Effekt tritt auf, wenn bei einer Frequenz angeregt wird, die ungefähr (*preresonance*) oder genau (*resonance*) einem Elektronenübergang des Moleküls entspricht. Hierbei kann es zu einer signifikanten Ladungsverschiebung und damit Änderung der Polarisierbarkeit kommen. Die normale RAMAN-Streuung kann dabei um mehrere Größenordnungen verstärkt werden, so dass die Methode besonders bei geringen Konzentrationen (bis etwa 10^{-5} M) der Probe eingesetzt werden kann. Die Stärke des Effekts hängt von der Größe des elektrischen Übergangsdipolmoments und der Symmetrie der Schwingung ab. Die Intensitätssteigerung betrifft vor allem die total symmetrischen Schwingungen sowie deren Obertöne. Wenn die Molekülgeometrie im Grund- und angeregten elektronischen Zustand verschieden ist, werden die Schwingungen, deren Bewegung zur selben Symmetrie gehört, ebenfalls verstärkt.

Neben der klassischen RAMAN-Spektroskopie gibt es noch einige Weiterentwicklungen. Dazu gehören spektroskopische Techniken basierend auf der nicht-linearen RAMAN-Streuung (z. B. CARS, engl.: *coherent anti-STOKES RAMAN scattering*) und der *oberflächenverstärkten RAMAN-Streuung* (engl.: *surface enhanced RAMAN scattering*, SERS) sowie die Kombination aus SERS und Rasterkraftmikroskopie (AFM), die spitzenverstärkte RAMAN-Spektroskopie (engl.: *tip-enhanced RAMAN spectroscopy*, TERS):

Für die CARS-Spektroskopie werden zwei Laserstrahlen mit unterschiedlichen Frequenzen (Pump- und STOKES-Laser) benötigt. Wenn die überlagerten Frequenzen einem RAMAN-Resonanzübergang entsprechen, wird das RAMAN-Streulicht resonant verstärkt. Das CARS-Signal ist aufgrund seiner räumlich gerichteten kohärenten Natur um Größenordnungen stärker als die schwache spontane RAMAN-Streuung. Die Methode lässt sich daher auch mit einem Mikroskop kombinieren. Man erhält CARS-Bilder bestimmter Molekülschwingungen, welche somit chemische Strukturinformation über die Probe liefern. Diese Technik lässt sich auch für die biomedizinische Diagnostik (z. B. zur Identifikation von Krebszellen) einsetzen (s. z. B. M. Schmitt, J. Popp, Chem. unserer Zeit **45** (2011) 14).

Die RAMAN-Streuung von Molekülen besitzt, wie oben erwähnt, normalerweise einen sehr kleinen Steuquerschnitt, so dass man eine relativ hohe Konzentration an Molekülen oder eine hohe Laserintensität benötigt, um ein gut detektierbares Signal zu erhalten. Eine drastische Verstärkung der Signalintensität erhält man mit Hilfe der oberflächenverstärkten RAMAN-Streuung, d. h., wenn man die Spektren der Moleküle aufnimmt, nachdem sie auf der Oberfläche kolloidaler metallischer Partikel adsorbiert wurden. Bei Auftreten von SERS können Verstärkungen der RAMAN-Signale von 10^3 bis 10^6 gegenüber den Signalen in Abwesenheit der metallischen Oberfläche erreicht werden. Der Effekt ist im Wesentlichen darauf zurückzuführen, dass das Laserlicht Oberflächenplasmonen - d. h. kollektive Schwingungen der Leitungselektronen des Metalls - anregt, was (u. U. zusammen mit einem Ladungstransfer) zu einer drastischen Feldverstärkung an der Oberfläche im Bereich der adsorbierten Biomoleküle führt, wodurch diese intensivere RAMAN-Übergänge zeigen. Im Fall des resonanten RAMAN-Effekts lassen sich sogar Verstärkungen bis um den Faktor 10^{15} erreichen. Mittels intelligent konzipierter Metallstrukturen ist es möglich, lokal sehr starke elektromagnetische Felder zu erzeugen, die sogar RAMAN-Spektroskopie an einzelnen Molekülen ermöglicht.

Die an ein AFM gekoppelte spitzenverstärkte RAMAN-Streuung (TERS) bietet weiterhin den Vorteil einer hohen räumlichen Auflösung. Sie erreicht z. B. eine laterale Auflösung bis hin zu einigen Nucleobasen und könnte in Zukunft die Identifizierung der Zusammensetzung und die Sequenzierung polymerer Biomakromoleküle erlauben (s. z. B. E. Bailo, V. Deckert, Angew. Chem. **120** (2008) 1682).

Schließlich sei hier noch die *vibrational circular dichroism* (VCD)-FT-IR- und RAMAN-Spektroskopie erwähnt, eine neuere Entwicklung im Vergleich zur klassischen UV-CD-Spektroskopie, bei der elektronische Übergänge chiraler Moleküle untersucht werden (s. Kap.

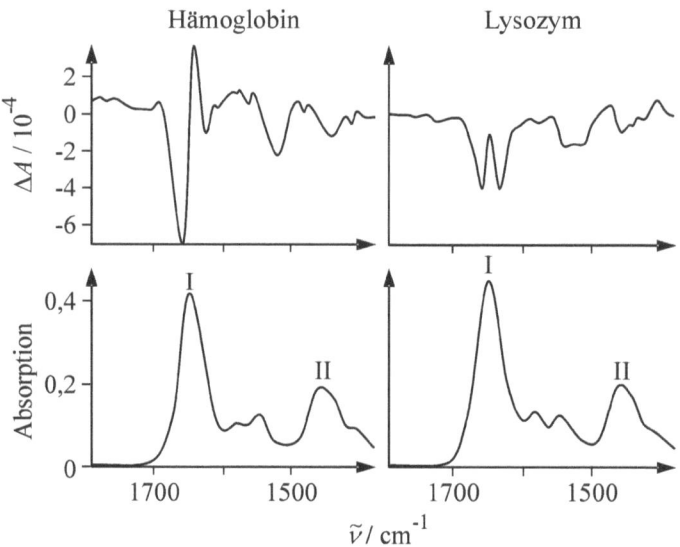

Abb. V.124: VCD-(oben) und IR-Spektren (unten) der Amid-I- und Amid-II-Region einer 5 %igen Lösung von Hämoglobin und Lysozym in D$_2$O (nach: H.-H. Drews, Nachr. Chem. **51** (2003) 999).

V.4). Im Gegensatz zur klassischen Schwingungsspektroskopie, bei der Absorptionsspektren aufgrund von Schwingungsanregungen mit unpolarisierter IR-Strahlung detektiert werden, wird bei der VCD-Spektroskopie der Absorptionsunterschied zwischen rechts- und linkszirkular polarisierter IR-Strahlung optisch aktiver Verbindungen detektiert. Das zirkular polarisierte Licht wird dabei durch einen in das Messsystem integrierten photoelastischen Modulator erzeugt. Die Absorption von rechts- und links-zirkular polarisiertem IR-Licht ist bei optisch aktiven Verbindungen mit ihren $3n-5$ oder $3n-6$ Schwingungsmoden auch von unterschiedlicher Größe. Die Differenz $\Delta A = A_L - A_R$ ist daher ungleich null. Dieses Verhalten bezeichnet man als zirkularen Dichroismus. So zeigen z. B. Proteine mit unterschiedlichem Faltungsmuster auch unterschiedliche charakteristische VCD-Spektren, welche manchmal einfacher zu interpretieren sind als UV-CD-Spektren. Nachteilig wirkt sich hingegen die geringe Signalintensität aus, die in der Regel mehrere Größenordnungen kleiner ist als die der elektronischen Zirkulardichroismus-Spekroskopie. Abbildung V.124 zeigt ein Beispiel zur VCD-Spektroskopie.

Anwendungen der RAMAN-Spektroskopie
Ergänzend zu den bei der IR-Spektroskopie besprochenen Anwendungen sollen hier nur noch einige wenige Beispiele und Besonderheiten der RAMAN-Spektroskopie erläutert werden. Ebenso wie in der Infrarotspektroskopie geben Intensität, Position und Form der RAMAN-Banden Informationen über intra- und intermolekulare Wechselwirkungen und die Konformation der Moleküle. Ein Vorteil gegenüber der IR-Spektroskopie liegt darin, dass der Bereich 200-2000 cm^{-1} ohne starke Störung durch Wasserabsorption in wässriger Lösung und *in vivo* untersucht werden kann. Hier liegen eine Reihe konformationssensitiver niederfrequenter Banden, wie z. B. S–S-, C–S-Moden und Schwingungen von aromatischen Seitenketten. Die meisten untersuchten Gruppen sind nicht fluoreszierend, so dass das relativ schwache RA-

6. Schwingungsspektroskopie

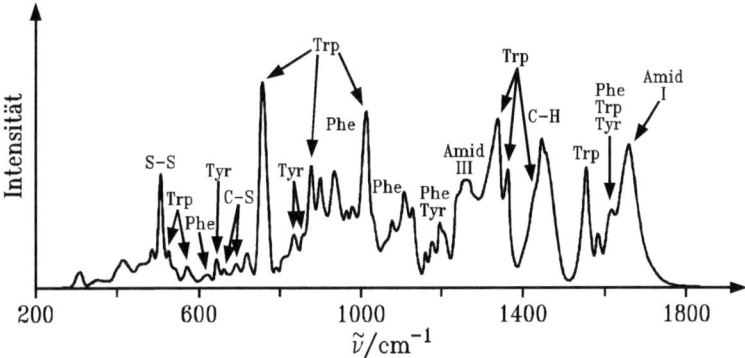

Abb. V.125: RAMAN-Spektrum von Lysozym bei 298 K und pH = 5,2. Neben der Amid-I- und Amid-III-Bande sind insbesondere die Aromaten-Schwingungen gut aufgelöst. Die COOH-Bande bei ~1730 cm^{-1} taucht nicht auf, da bei diesem pH-Wert die Gruppe ionisiert ist (nach: R. C. Lord, N. T. Yu, Mol. Biol. **50** (1970) 509).

MAN-Signal ohne einen starken Fluoreszenzhintergrund detektiert werden kann. Aufgrund der hohen Polarisierbarkeit der aromatischen Systeme sind sie i. Allg. gute RAMAN-Streuer. Die Amid-II-Bande ist im RAMAN-Spektrum sehr schwach, die Amid-I- und die Amid-III-Bande können aber detektiert und auf ihre Sekundärstrukturmerkmale hin analysiert werden. Abbildung V.125 zeigt beispielhaft für ein Protein einen Teil des RAMAN-Spektrums von Lysozym.

Natürliche und Modellmembranen weisen ein konformationssensitives RAMAN-Spektrum auf. Tabelle V.19 zeigt eine Auswahl beobachtbarer RAMAN-Banden. Die C–C-Streckschwingungsregion liefert wertvolle Information über die Population von *trans*- und *gauche*-Konformationen der Ketten (s. Abb. V.126). Ähnliche Informationen bekommt man aus dem C–H-Streckschwingungsbereich. Oftmals werden Peakhöhenverhältnisse (wie h_{2880}/h_{2850}, h_{2930}/h_{2850}, h_{1090}/h_{1130}, h_{1090}/h_{1060}) herangezogen, um Änderungen inter- und intramolekularer Kettenordnung zu analysieren. Alternativ können die Peakhöhen auch mit Hilfe einer Bande normiert werden, die unabhängig von der Konformation der Ketten ist (z. B. die Cholinbande bei 720 cm^{-1}).

Abbildung V.127 zeigt zwei RAMAN-Spektren von Glykolipiden im Vergleich: von Cerebrosid (Galactose als Zucker) und Phosphatidylinositol (Inositol als Zuckerrest). Die größere Kettenordnung im Cerebrosid liegt darin begründet, dass es fast nur lange, gesättigte Ketten besitzt (vgl. C=C-Bande bei 1665 cm^{-1}) und dass die Kopfgruppen im Cerebrosid intermolekulare Wasserstoffbrückenbindungen ausbilden. Neben den Acylkettenschwingungen sind auch RAMAN-Banden von Schwingungen im Kopfgruppenbereich der Lipide analysierbar. Der Einfluss von Zusätzen, wie Cholesterin, Antibiotika, Peptide und Proteine, auf die Lipidstruktur lässt sich ebenfalls mit dieser Methode untersuchen.

Für Untersuchungen von Mikrostrukturen lassen sich RAMAN-Spektrometer auch mit Mikroskopen koppeln. Es lassen sich nicht nur wässrige Systeme, sondern auch Pulverproben und

Kristalle (mit einer Eindringtiefe des Laserstrahls von einigen zehn μm) studieren (z. B. Proteine im Verlauf ihrer Kristallisation bei der *hanging drop*-Methode). RAMAN-Spektren von Geweben lassen sich heute leicht nicht-invasiv und ohne Probenentnahme gewinnen und zur medizinischen Diagnostik einsetzen. Abbildung V.128 zeigt als Beispiel Spektren von gesunder und pathologisch veränderter Haut. Eine infrarotspektroskopische Identifizierung von pathologischem Gewebe mit Faser-optischen Sensoren oder mit Endoskopen ist möglich.

Tab. V.19: Auswahl konformationsselektiver RAMAN-Banden der Acylketten von Lipiden. Die Tabelle zeigt auch, wie sich Peaklage und -intensität mit zunehmender Konformationsunordnung der Ketten ändern (w sehr schwach). Die entsprechenden Daten für perdeuterierte Ketten sind in Klammern angegeben. FERMI-Resonanz tritt auf, wenn eine Grundschwingung mit einer Ober- oder Kombinationsschwingung gleicher Symmetrie und ähnlicher Energie wechselwirkt; sie führt i. Allg. zur Aufspaltung der Bande. Die 2880 cm^{-1} C–H-Bande sitzt auf einem breiten Untergrund, der durch FERMI-Resonanz der symmetrischen C–H-Streckschwingung (~2850 cm^{-1}) mit Ober- und Kombinationsschwingungen der 1450 cm^{-1} Methylen-Deformationsschwingungen zustande kommt (nach: M. R. Bunow, in: *Biophysics*, Vol. 20, S. 123, G. Ehrenstein, H. Lecar (Hrsg.), Academic Press, New York, 1982).

$\tilde{\nu}$ / cm^{-1}	Zuordnung	Änderung mit zunehmender Lipid-Konformationsunordnung	
		Frequenzlage	Peakhöhe
	Methylengruppen:		
2925 (2200)	C–H antisym.-Streckschw. (IR-aktiv)	+ (+)	+ (−)
2880 (2180)	C–H antisym.-Streckschwingung	+ (0)	− (0)
2850 (2103)	C–H sym.-Streckschwingung	+ (+)	− (−)
1450 (960 - 985)	CH$_2$ Biegeschwingung	− (−)	− (−)
1295 (920 - 940)	CH$_2$ *twist*-Schwingung	+ (+)	− (−)
	C–C-Streckschwingungen:		
1130 (1249)	*all-trans* (*t*)-Konformation	− (−)	− (−)
1090	*gauche* (*g*)-Konformation		+
1060 (1145)	*all-trans* (*t*)-Konformation	+ (−)	− (−)
	terminale Methylgruppen:		
2960 (2217)	C–H antisym.-Streckschwingung	w (w)	w (w)
2935, 2070 (2126, 2075)	C–H sym.-Streckschwingung (durch FERMI-Resonanz aufgespalten)	w (0)	w (−)

6. Schwingungsspektroskopie

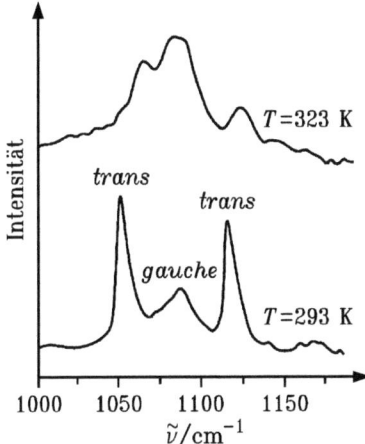

Abb. V.126: Bereich der C–C-Streckschwingungen von DPPC in wässriger Dispersion bei $T = 293$ K (Gelphase) und $T = 323$ K (fluide Phase). Deutlich ist die Zunahme der Population an *gauche*-Konformationen oberhalb der Hauptphasenübergangstemperatur von $T_H = 315$ K erkennbar. Das Höhenverhältnis h_{1090}/h_{1060} nimmt daher bei T_H drastisch zu (nach: J. L. Lippert, W. L. Peticolas, Biochim. Biophys. Acta **282** (1972) 8).

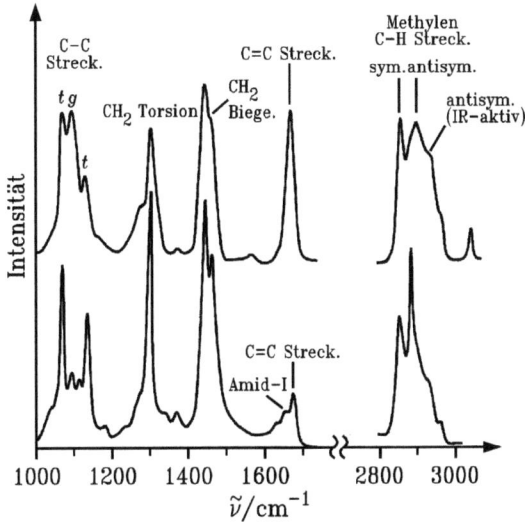

Abb. V.127: RAMAN-Schwingungsspektrum von Phosphatidylinositol (oben) und Cerebrosid (unten) in der fluiden bzw. Gel-Phase bei 288 K. Das Bandenhöhenverhältnis der C–H (antisym.)-Streckschwingungen von 2935 und 2880 cm^{-1} zu der C–H (sym.)-Schwingung bei 2850 cm^{-1} und die Peakprofile im C–C-Streckschwingungsbereich (1050-1150 cm^{-1}) geben Auskunft über die Kettenkonformation der Lipidmembranen (nach: M. R. Bunow, I. W. Levin, in: *Biophysics*, Vol. 20, S. 123, G. Ehrenstein, H. Lecar (Hrsg.), Academic Press, New York, 1982).

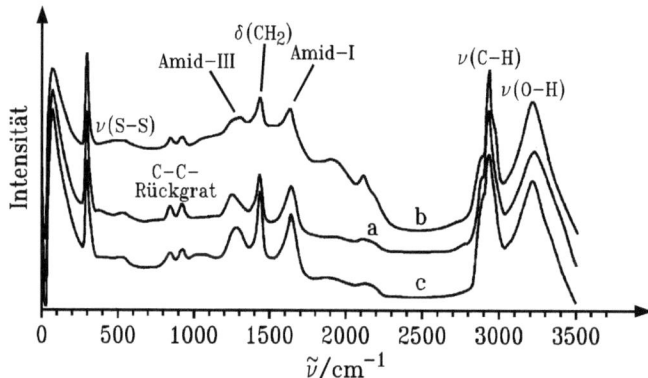

Abb. V.128: RAMAN-Spektren von gesunder (a) und pathologisch veränderter Haut (b: Melanom; c: Ekzem). Der Amid-III-Bereich bei etwa 1300 cm^{-1} zeigt, dass die Proteine unterschiedliche Sekundärstrukturmerkmale aufweisen (nach: B. Schrader, „Die Möglichkeiten der RAMAN-Spektroskopie in Nah-Infrarot-Bereich, Teil II", Chem. unserer Zeit **31** (1997) 270).

Schließlich betrachten wir noch ein Beispiel aus dem Bereich der *Resonanz-RAMAN-Spektroskopie* (RRS). Sie bietet die Möglichkeit, definierte kleine Bereiche um einen Chromophor schwingungspektroskopisch mit hoher Intensität untersuchen zu können. Es lassen sich z. B. Metalloproteine oder Proteine mit Chromophoren, wie Chlorophyll, Carotinoide, oder Coenzymen, studieren.

Untersuchungen an Häm-Proteinen erlauben Aussagen über konformative Änderungen bei der Ligandenbindung an die Häm-Gruppe und über Änderungen der elektronischen Umgebung der Porphyrinmoleküle in der Proteintasche. Um die Spektren besser interpretieren zu können, müssen oftmals noch Isotopensubstitutionen und Synthesen von Modellverbindungen durchgeführt werden. Beispielsweise wurden die Schwingungen der Häm-Gruppe im Oxy-Hämoglobin untersucht. Da der Proteinteil des Moleküls das Erregerlicht ($\lambda_{ex} \approx 568$ nm) nicht absorbiert, werden seine RAMAN-Linien nicht verstärkt. Das aromatische Ringsystem des Porphyrinrings führt zu intensiven ($\pi \rightarrow \pi^*$)-Übergängen im sichtbaren Frequenzbereich. Die ersten Übergänge (α-, β-Bande) oberhalb von 500 nm sind mit $\varepsilon \approx 10^4$ M^{-1} cm^{-1} weniger intensiv als die SORET-Bande bei 400 nm mit $\varepsilon \approx 10^5$ M^{-1} cm^{-1}. Resonanzanregung der Banden führt zu einer drastischen Intensitätszunahme des RAMAN-Schwingungsspektrums der Häm-Gruppe. Die Porphyrinring-Bandenlagen bei 1350 und 1650 cm^{-1} („*core-size marker*") hängen vom Spinzustand des Fe und der Koordination des Rings ab.

Auch Moden axialer Liganden, wie O$_2$ und CO, wurden schon detektiert. Abbildung 129 zeigt das RR-Spektrum von CO-Myoglobin (Mb·CO) und Desoxy-Myoglobin bei Anregung der SORET-Bande (sie ist die intensivste Bande im sichtbaren Bereich der Absorptionsspektren von Chlorophyllen, liegt im blauen Wellenlängenbereich und ist nach ihrem Entdecker J.-L. SORET benannt). Deutlich erkennt man die durch CO-Anlagerung induzierten Änderungen im Schwingungsspektrum der Häm-Gruppe. Die Bindung von CO an die Fe^{2+}-Häm-Gruppe führt

6. Schwingungsspektroskopie

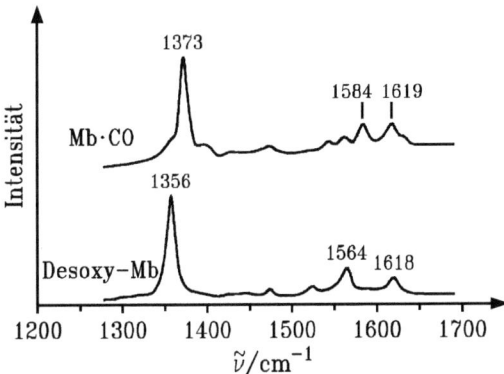

Abb. V.129: RR-Spektrum von CO-Myoglobin (Mb·CO) und Desoxy-Myoglobin bei Anregung der SORET-Bande. Die verschiedenen Porphyrinring-Moden sind unterschiedlich sensitiv auf den Spin- und Oxidationszustand des Fe und die Ligandenbindung (nach: D. L. Rousseau, J. M. Friedman, in: *Biological Applications of Raman Spectroscopy*, T. G. Spiro (Hrsg.), Vol. 3, S. 133, Wiley, New York, 1988).

zur Reduktion der Fe-Porphyrin-Rückbindung, woraus die Frequenzerhöhung einiger der Ringschwingungen resultiert.

Abbildung V.130 zeigt das RR-Spektrum von Desoxy-Myoglobin für verschiedene Fe-Isotope. Die Fe-Imidazol-Streckschwingung im 5-fach koordinierten Fe^{2+}-Komplex bei etwa 220 cm^{-1} wird bei Ersatz von ^{56}Fe durch ^{54}Fe signifikant verschoben.

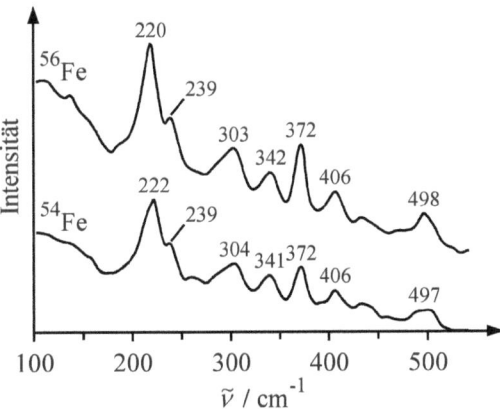

Abb. V.130: RR-Spektrum von Desoxy-Myoglobin bei Anregung mit Licht der Wellenlänge 441,6 nm (nach: T. Kitagawa, in: *Biological Applications of Raman Spectroscopy*, T. G. Spiro (Hrsg.) Vol. 3, S. 97, Wiley, New York, 1988).

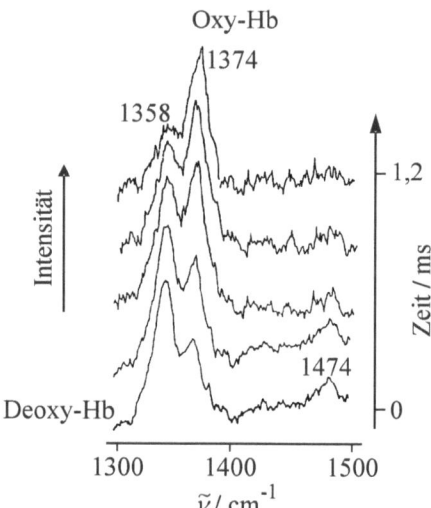

Abb. V.131: Zeitabhängige Resonanz-RAMAN-Spektren der Reaktion von 0,25 mM Desoxyhämoglobin (Hb) mit O_2-enthaltendem Puffer bei pH 7,0. Die Bande bei 1358 cm^{-1} entspricht dem Hb, die bei 1374 cm^{-1} Hb·dem O_2 (nach: J. R. Kincaid, Meth. Enzymol. **246** (1995) 460).

Analog zur FT-IR-Spektroskopie lassen sich auch in der RAMAN-Spektroskopie *kinetische Vorgänge* mit ähnlich hoher Zeitauflösung (bis herunter in den ps-Bereich durch Verwendung von gepulsten Lasern und hochsensitiven Detektoren) verfolgen. Ausführlich untersucht wurden z. B. kinetische Prozesse von Häm-Proteinen. Für nicht photoinduzierbare Prozesse stehen schnelle Mischkammern zur Verfügung, in denen zwei Lösungen schnell turbulent vermischt werden (s. Kap. VI), wobei Totzeiten von einige zehn µs erreicht werden. Auch hier kann durch Verwendung von Metallkügelchen (z. B. aus Pt) am Ausgang der Mischkammer der SERS-Effekt ausgenutzt werden. Abbildung V.131 zeigt als Beispiel zeitabhängige RAMAN-Spektren der Reaktion von Desoxyhämoglobin mit O_2.

6.3 Photoakustische Spektroskopie (PAS)

Bisher haben wir in der Spektroskopie Absorption oder Emission von Strahlung betrachtet. Neben den optischen Übergängen treten aber auch strahlungslose Übergänge auf (vgl. Abb. V.63), bei denen die in höhere Zustände elektronisch angeregten Moleküle durch strahlungslose Desaktivierung in den niedrigsten angeregten Singulettzustand übergehen. Die Energie wird dabei durch Schwingungen und Stöße mit benachbarten Molekülen an die Umgebung abgeführt, was zur Einstellung des thermischen Gleichgewichts führt. Die Folge ist, dass sich die unmittelbare Umgebung erwärmt, was bei einem Gas mit einer Volumenänderung verbunden ist. Wird die Anregung einer Probe mit Hilfe eines Choppers mit periodisch moduliertem, monochromatischem Licht vorgenommen, entsteht eine entsprechend periodisch modulierte Volumenänderung oder bei festem Volumen eine Druckschwankung, die eine Schallwelle zur Folge hat. Sie kann mit Hilfe eines Mikrophons nachgewiesen werden (Abb. V.132). Näherungsweise ist die Intensität des akustischen Signals dem Extinktionskoeffizienten der Probe

6. Schwingungsspektroskopie

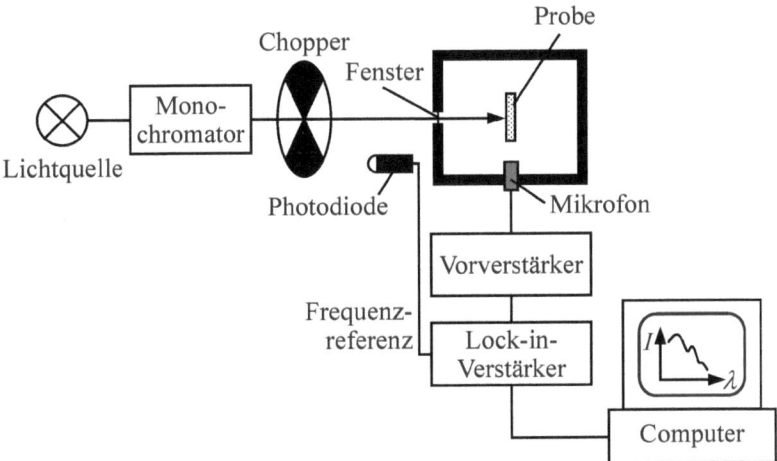

Abb. V.132: Schematischer Aufbau eines photoakustischen Spektrometers. Um die Wärmeabgabe nachweisen zu können, wird das Anregungslicht mit Hilfe eines Unterbrechers (Chopper) frequenzmoduliert. Die von der Probe freigesetzte Wärme setzt an der Probenoberfläche im Gasraum Druckwellen frei, die mit einem empfindlichen Mikrophon nachgewiesen werden. Das Signal wird im Mikrophon in ein elektrisches Signal übertragen, vorverstärkt und im *lock-in*-Verstärker frequenzselektiv weiterverstärkt. Schließlich wird das PA-Signal vom Schreiber oder Computer erfasst.

proportional, so dass bei Variation der Wellenlänge ein sog. *Optoakustisches Spektrum* erhalten wird, das dem optischen Absorptionsspektrum entspricht.

Die Methode ist sehr empfindlich. Ein Vorteil der photoakustischen Spektroskopie ist, dass die Lichtstreuung der Probe die Spektrenaufnahme nicht stört. Es lassen sich auch Absorptionsspektren optisch opaker Proben (z. B. unlösliche Stoffe, Gewebe, Pflanzen) gewinnen, und das in Abhängigkeit der Schichttiefe. So kann z. B. das Absorptionsspektrum der Pigmente in einem Hummerpanzer aufgenommen werden, ohne dass man den Panzer zerstören muss. Einschränkungen des Anwendungsbereichs der PAS liegen in den erforderlichen hohen Messlichtintensitäten.

Abbildung V.133 zeigt als klassisches Beispiel das optische Absorptionsspektrum einer verdünnten Cytochrom c-Lösung im Vergleich zum PA-Spektrum von festem Cytochrom c. Die Unterschiede der Spektren sind lediglich auf die unterschiedlichen Aggregatzustände zurückzuführen. Ein Beispiel aus der dermatologischen Forschung zeigt Abbildung V.134.

6.4 Terahertz-Spektroskopie

Mit Hilfe leistungsstarker Terahertz-Laser ist es heute auch möglich, Biomoleküle im Terahertz-Bereich (1 THz = 10^{12} Hz = 1 ps^{-1}) zu spektroskopieren. Der Terahertz-Bereich liegt im elektromagnetischen Spektrum zwischen Mikrowellen und Infrarotstrahlung (Frequenzen von 0,3 THz bis 10 THz entsprechen Wellenlängen von 1 mm bis 0,03 mm). In diesen Frequenzbereich fallen kollektive Bewegungen größerer Molekülkomplexe. Die Methode erlaubt es beispielsweise, das Wasserstoffbrückennetzwerk, das Proteine umgibt und sich im Picosekun-

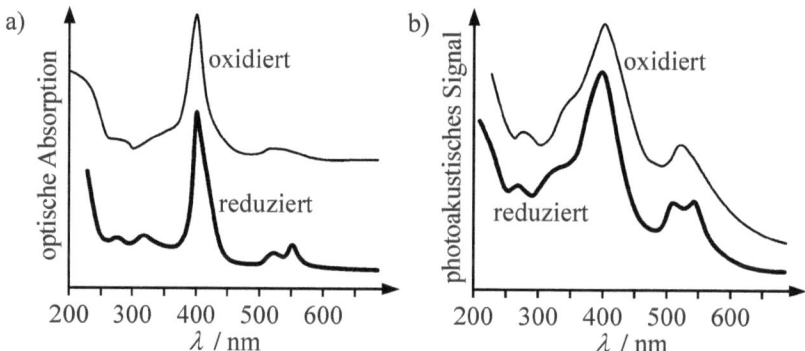

Abb. V.133: Vergleich des optischen Absorptionsspektrums einer wässrigen Lösung von oxidiertem und reduziertem Cytochrom c (a) mit dem photoakustischen Spektrum von festem, pulverförmigen Cytochrom c (b) (nach: A. Rosencwaig, Science **181** (1973) 657).

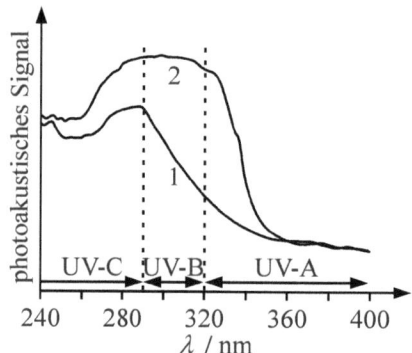

Abb. V.134: *In vivo*-PAS-Untersuchung menschlicher Haut (*Stratum corneum*). 1: PA-Spektrum unbehandelter Haut; 2: PA-Spektrum nach Behandlung mit Sonnenschutzcreme. Während durch UV-B/C-Strahlung ein Sonnenbrand hervorgerufen wird, bewirkt im Wesentlichen UV-A-Strahlung die Sonnenbräune. Dieser Erkenntnis wird die Sonnenschutzcreme gerecht, wie das PA-Spektrum 2 zeigt. Das UV-B/C-Licht wird absorbiert, UV-A-Strahlung oberhalb von 350 nm durchgelassen (nach: A. Rosencwaig, in: *Adv. Electronics and Electron Physics*, Vol. 46, L. Marton (Hrsg.), S. 207, Academic Press, New York, 1978; W. Schmidt, *Optische Spektroskopie*, VCH, Weinheim, 1994).

den-Zeitbereich verändert, zu studieren. Insbesondere in Verbindung mit Molekulardynamik-Simulationsmethoden ist die Methode in der Lage, die kollektiven dynamischen Eigenschaften des Wassers in der Solvathülle der Biomoleküle zu analysieren (D. M. Leitner, M. Gruebele, M. Havenith, Bunsen-Magazin **11** (2009) 184). Wasser weist im THz-Gebiet eine kontinuierliche Absorptionsbande auf. Da sich die dynamischen Eigenschaften des Hydratwassers von Proteinen durch Wechselwirkung mit der Proteinoberfläche ändern, macht sich dies in einer signifikanten Änderung (Vergrößerung) des Absorptionskoeffizienten bemerkbar, der gemessen wird. So konnte z. B. gezeigt werden, dass Anti-Freeze-Glykoproteine im Blut antarktischer Fische durch eine Vergrößerung ihrer dynamischen Hydrathülle die Eigenschaften der Wassermoleküle derart verändern, dass ein Ausfrieren in zellulärer Umgebung unmöglich wird (S. Ebbinghaus, K. Meister, B. Born, A. L. DeVries, M. Gruebele, M. Havenith, J. Am. Chem. Soc. **132** (2010) 12210).

7. Kernmagnetische Resonanz (NMR)

7.1 Grundlagen

In diesem Kapitel wollen wir ein weiteres spektroskopisches Resonanzverfahren kennenlernen, die kernmagnetische Resonanz-Spektroskopie, kurz NMR (*nuclear magnetic resonance*) genannt. Ein Molekül muss einen nichtverschwindenden Kernspin besitzen, um ein NMR-Spektrum aufzuweisen. Kernspins tragen permanente magnetische Dipolmomente. Im Gegensatz zu den optischen Übergängen zwischen unterschiedlichen elektronischen Zuständen basieren kernmagnetische Resonanzspektren auf Übergängen zwischen quantisierten Kerndrehimpulszuständen, die bei Abwesenheit eines äußeren Magnetfeldes entartet sind. Diese entarteten Zustände spalten durch die Wechselwirkung der permanenten magnetischen Kerndipole mit einem äußeren Magnetfeld auf. Wird nun eine Hochfrequenzstrahlungsquelle genau auf die Resonanzfrequenz entsprechend der Aufspaltung dieser Zustände abgestimmt, so können Absorption und Emission dieser Strahlung stattfinden.

Tabelle V.20 zeigt die Kernspinquantenzahl I einiger Kerne zusammen mit weiteren physikalischen Eigenschaften, die im Folgenden diskutiert werden. Jeder Kern mit nichtverschwindendem Kernspin $\vec{P}$ besitzt ein magnetisches Dipolmoment $\vec{\mu}_N$, das zu $\vec{P}$ proportional ist:

$$\vec{\mu}_N = \gamma_N \cdot \vec{P} \tag{V.125}$$

Die Proportionalitätskonstante γ_N wird das *gyromagnetische Verhältnis* des Kernisotops genannt; es muss für jeden Kern experimentell bestimmt werden. Sein Vorzeichen kann positiv oder negativ sein. Von den stabilen Isotopen hat der Kern des Wasserstoffatoms ^{1}H das größte γ_N. Der wichtigste Atomkern für die NMR-Spektroskopie ist das Proton (^{1}H). Weitere wichtige Kerne in biomolekularen Systemen sind ^{13}C, ^{15}N und ^{31}P.

Die quantenmechanische Rechnung zeigt, dass der Kernspin dem Betrag nach

$$|\vec{P}| = \hbar[I(I+1)]^{1/2} \tag{V.126}$$

und damit ein Vielfaches von $\hbar$ ist. Die Kernspinquantenzahl I weist für jedes Kernisotop einen festen halb- oder ganzzahligen Wert (einschließlich null) auf (s. Tab. V.20).

Oft ist in der Literatur nicht $\vec{\mu}_N$ direkt, sondern das Verhältnis von $|\vec{\mu}_N|$ zu μ_K, dem sogenannten Kernmagneton, angegeben. Letzteres ergibt sich aus:

$$\mu_K = \frac{e \cdot \hbar}{2m_p} = 5{,}0505 \cdot 10^{-27} \, \mathrm{J\,T^{-1}} \tag{V.127}$$

(m_p Ruhemasse des Protons). Der analoge Ausdruck für Elektronen ist die Größe $\mu_B = (|e| \cdot \hbar)/(2m_e)$, das BOHRsche Magneton, das um das Verhältnis $m_p/m_e \approx 1836$ größer ist als das Kernmagneton. Magnetische Kernmomente sind daher um diesen Faktor kleiner als die von den Elektronenspins herrührenden magnetischen Momente.

Tab. V.20: Eigenschaften einiger wichtiger Atomkerne. Die NMR-Nachweisempfindlichkeit wird relativ zu der des ^{1}H-Kerns (100 %) angesetzt.

Isotop	Kernspin-Quantenzahl I	gyromagnetisches Verhältnis $\gamma_N/T^{-1}\,s^{-1}$	Resonanzfrequenz bei 14,092 T/MHz	natürliche Häufigkeit/%	rel. Empfindlichkeit/%
^{1}H	1/2	$2{,}6752 \cdot 10^8$	600,0	99,985	100,00
^{2}H	1	$4{,}1065 \cdot 10^7$	92,1	0,015	0,96
^{12}C	0	-	-	98,89	-
^{13}C	1/2	$6{,}7266 \cdot 10^7$	150,9	1,11	1,59
^{14}N	1	$1{,}9325 \cdot 10^7$	43,3	99,63	0,10
^{15}N	1/2	$-2{,}7108 \cdot 10^7$	60,8	0,37	0,10
^{16}O	0	-	-	99,76	-
^{17}O	5/2	$-3{,}6267 \cdot 10^7$	81,4	0,04	2,91
^{18}O	0	-	-	0,20	-
^{19}F	1/2	$2{,}5167 \cdot 10^8$	564,5	100,00	83,34
^{23}Na	3/2	$7{,}0762 \cdot 10^7$	158,7	100,00	9,25
^{24}Mg	0	-	-	78,99	-
^{25}Mg	5/2	$-1{,}6371 \cdot 10^7$	36,7	10,00	0,27
^{26}Mg	0	-	-	11,01	-
^{31}P	1/2	$1{,}0829 \cdot 10^8$	242,9	100,00	6,63
^{32}S	0	-	-	95,00	-
^{33}S	3/2	$2{,}0518 \cdot 10^7$	46,0	0,76	0,23
^{34}S	0	-	-	4,22	-
^{35}Cl	3/2	$2{,}6213 \cdot 10^7$	58,8	75,77	0,47
^{37}Cl	3/2	$2{,}1819 \cdot 10^7$	48,9	24,23	0,27
^{39}K	3/2	$1{,}2484 \cdot 10^7$	28,0	93,26	0,05
^{41}K	3/2	$6{,}8521 \cdot 10^6$	15,4	6,73	0,01
^{40}Ca	0	-	-	96,94	-
^{43}Ca	7/2	$-1{,}8000 \cdot 10^7$	40,4	0,14	0,64

7. Kernmagnetische Resonanz (NMR)

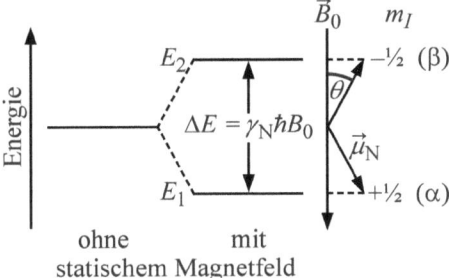

Abb. V.135: Aufspaltung der Energieniveaus mit $m_I = \pm 1/2$ für Protonen ($I = 1/2$) in einem äußeren statischen Magnetfeld $\vec{B}_0$ und die „parallele" bzw. „antiparallele" Ausrichtung der magnetischen Kernmomente. Die Energiedifferenz beträgt $\Delta E = \gamma_N \hbar B_0$. α und β bezeichnen die entsprechenden Kernspinzustände. Der Besetzungsunterschied von Grund- und angeregtem Zustand, der durch die BOLTZMANN-Gleichung gegeben ist, ist sehr gering (der energieärmere Zustand ist zu 0,001 % mehr mit Kernspins besetzt).

Die Atomkerne, die einen Spin (quantenmechanischer Eigendrehimpuls) der Quantenzahl $I \neq 0$ aufweisen (Tab. V.20), rufen ein magnetisches Dipolmoment hervor, das sich in einem äußeren Magnetfeld orientiert und dabei unterschiedliche Energiezustände annehmen kann (klassisches Analogon: die Rotation eines geladenen Teilchens führt zu einem magnetischen Moment). Die thermisch induzierte regellose Orientierung der magnetischen Dipole wird damit teilweise aufgehoben. Nettoeffekt ist eine von null verschiedene makroskopische Magnetisierung.

Wir wollen nun die Wechselwirkung eines magnetischen Dipols $\vec{\mu}_N$ mit einem von außen angelegten Magnetfeld $\vec{B}_0$, das in z-Richtung liegen soll, beschreiben. Ein weiteres Ergebnis der quantenmechanischen Behandlung des Problems ist, dass die Komponente des Vektors $\vec{P}$ entlang irgendeiner ausgezeichneten Richtung (wir wählen die z-Achse) durch $P_z = \hbar \cdot m_I$ gegeben ist, wobei m_I eine weitere Quantenzahl, die Quantenzahl der z-Komponente des Kernspins oder die magnetische Quantenzahl, mit der Werteschar $m_I = I, I-1, I-2, ..., -I$ ist. Sie charakterisiert die $(2I+1)$ möglichen Orientierungen des Kernspins im Magnetfeld. Abbildung V.135 zeigt als Beispiel für $I = 1/2$ den Gesamtdrehimpuls und seine beiden Orientierungsmöglichkeiten.

Die potenzielle Energie eines magnetischen Moments in einem äußeren magnetischen Feld der Flussdichte B_0 ergibt sich aus $E = -\vec{\mu}_N \vec{B}_0$. Für die z-Komponente erhält man:

$$E_{m_I} = -\gamma_N \hbar m_I B_0 \tag{V.128}$$

Für den Fall $I = 1/2$ finden wir daher gerade zwei Energiezustände (Abb. V.135). Der Zustand mit positivem m_I ist der energetisch günstigere. Wie bei jeder Spektroskopieart lassen sich die Übergänge zwischen den Energieniveaus induzieren, wenn die Energie der eingestrahlten elektromagnetischen Quanten $\hbar\omega$ gleich der Energiedifferenz der Zustände ist:

$$\Delta E = \hbar\omega = \hbar\gamma_N B_0 \tag{V.129}$$

Für magnetische Dipolübergänge gilt die Auswahlregel $\Delta m_I = \pm 1$, so dass Übergänge nur zwischen benachbarten Energiezuständen möglich sind. Sie erfolgen bei der Kreisfrequenz $\omega = \gamma_N \cdot B_0$. Sie wird auch LARMOR-Frequenz ω_0 genannt. Wirkt auf die Probe im Magnetfeld B_0 ein oszillierendes Strahlungsfeld mit der Magnetfeldkomponente B_1 in x-Richtung, wird der Übergang zwischen den Energieniveaus induziert, wenn die Resonanzbedindung (Gl. V.129) erfüllt ist.

Heute werden magnetische Felder in supraleitenden Magneten bis zu etwa 14 T genutzt, so dass die meisten Spektrometer mit Radiofrequenzen $\nu_0 = \omega_0/2\pi$ für Protonen bis zu etwa 600 MHz arbeiten. Für Protein-Strukturuntersuchungen stehen heute auch Magnete mit Feldstärken von 18,8 T (entsprechend einer Protonen-Resonanzfrequenz von 800 MHz) zur Verfügung. Gleichung V.129 sagt uns, dass für eine gegebene Magnetfeldstärke unterschiedliche Kerne bei verschiedenen Frequenzen beobachtet werden, da jede Kernart einen anderen γ_N-Wert aufweist. Für ein Feld von 14 T sind die Resonanzfrequenzen für einige Kerne ebenfalls in Tabelle V.20 angegeben.

7.2 Experiment und Messung

Der im Prinzip einfache Aufbau eines kernmagnetischen Resonanzspektrometers ist schematisch in Abbildung V.136 gezeigt. Ein starker Magnet erzeugt das Magnetfeld der Stärke $\vec{B}_0$, dessen Richtung zugleich die z-Achse festlegt. Die kernmagnetischen Momente präzedieren um diese Achse mit der LARMOR-Frequenz ω_0 (Abb. V.137). Eine Spule erzeugt ein (schwaches) oszillierendes Magnetfeld $\vec{B}_1$ senkrecht zu $\vec{B}_0$. Im Resonanzfall induziert dieses Wechselfeld Übergänge zwischen den benachbarten Kernspinzuständen und lenkt die Kernmomente phasensynchron aus ihrer aktuellen Lage zum statischen Feld aus. Im Resonanzfall registriert eine Spule in der x,y-Ebene ein Wechselspannungssignal, das aufgezeichnet wird.

Im Folgenden werden wir den Resonanzvorgang im sogenannten *rotierenden Koordinatensystem* betrachten. Im Gegensatz zum festen Laborkoordinatensystem (x,y,z) denken wir uns ein mit der Winkelgeschwindigkeit ω_0 um die z-Achse rotierendes Koordinatensystem $(x',y',z=z')$. Der Vektor $\vec{\mu}_N$ nimmt in einem mit der LARMOR-Frequenz rotierenden Koordinationssystem dann eine raumfeste Lage ein. Tatsächlich hat man es jedoch nicht mit einem einzigen isolierten Kernspin, sondern mit vielen Kernen in der Probe zu tun. 1 cm^3 Wasser enthält ca. 10^{22} ^{1}H-Kerne. Diese Kernspins sind im $\vec{B}_0$-Feld gemäß der BOLTZMANN-Statistik auf die beiden Zustände α und β verteilt. Die gesamte Magnetisierung für alle Kerne i, bezogen auf die Volumeneinheit V, ist daher

$$\vec{M} = \frac{\sum_i \vec{\mu}_{N,i}}{V} \tag{V.130}$$

Die Komponenten in x- und y-Richtung mitteln sich durch die statistische Verteilung der Kernmomente auf dem Kegelmantel heraus, so dass $\vec{M}$ nur eine Komponente in z-Richtung besitzt (Abb. V.137). Im klassischen NMR-Experiment wird das schwache $\vec{B}_1$-Feld kontinuierlich eingestrahlt. Heute führt man die NMR-Experimente jedoch mit kurzen Pulsen (Dauer t_p) eines stärkeren B_1-Feldes durch. Die Methode wird FOURIER-Transform (FT)-NMR genannt. Diese sehr kurzen Pulse von einigen μs Dauer erzeugen ein breites Frequenzspektrum, das ausreicht, um den gesamten Bereich unterschiedlicher Resonanzfrequenzen zu erfassen.

7. Kernmagnetische Resonanz (NMR)

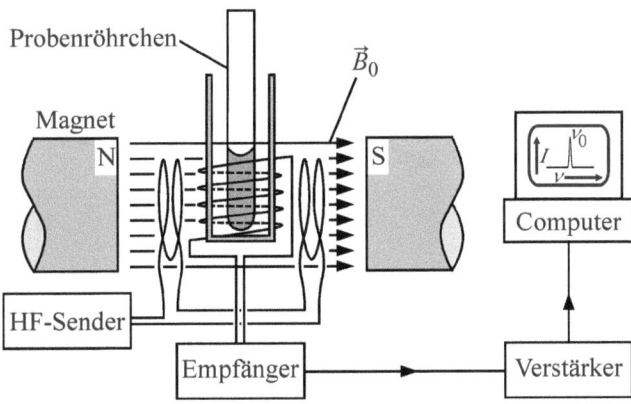

Abb. V.136: Blockschema eines NMR-Spektrometers mit getrennter Sender- und Empfängerspule. In der CW-Methode wird bei der Aufnahme des NMR-Spektrums die Frequenz des HF-Senders kontinuierlich variiert, bis Resonanz eintritt. Im Resonanzfall wird der makroskopische Magnetisierungsvektor in y-Richtung ausgelenkt und erzeugt damit Quermagnetisierung, die in der Empfängerspule ein stationäres Signal induziert. Bei der FT-NMR-Spektroskopie erfolgt die Kernanregung durch einen Hochfrequenzpuls starker Leistung und sehr kurzer Dauer (ca. 0,5-50 µs). Da der kurze Radiofrequenzpuls in einem breiten Anregungsband um v_0 viele Frequenzen enthält, werden alle Kerne gleichzeitig angeregt. $\vec{M}$ wird auch in y-Richtung ausgelenkt, unterliegt jedoch nach dem Puls nur noch der Kraftwirkung von $\vec{B}_0$, so dass $\vec{M}$ mit ω_0 um die z-Achse präzediert. Das in der Empfängerspule registrierte Zeitsignal $S(t)$ klingt aufgrund der Relaxation der Kerne ab (sog. freier Induktionsabfalls, engl.: *free induction decay*, FID). Durch FOURIER-Transformation erhält man das Spektrum $S(v)$.

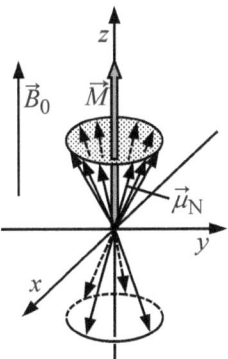

Abb. V.137: Makroskopische Magnetisierung $\vec{M}$. Der Besetzungsunterschied zwischen dem α- und β-Kernzustand ist der Anschaulichkeit wegen stark übertrieben.

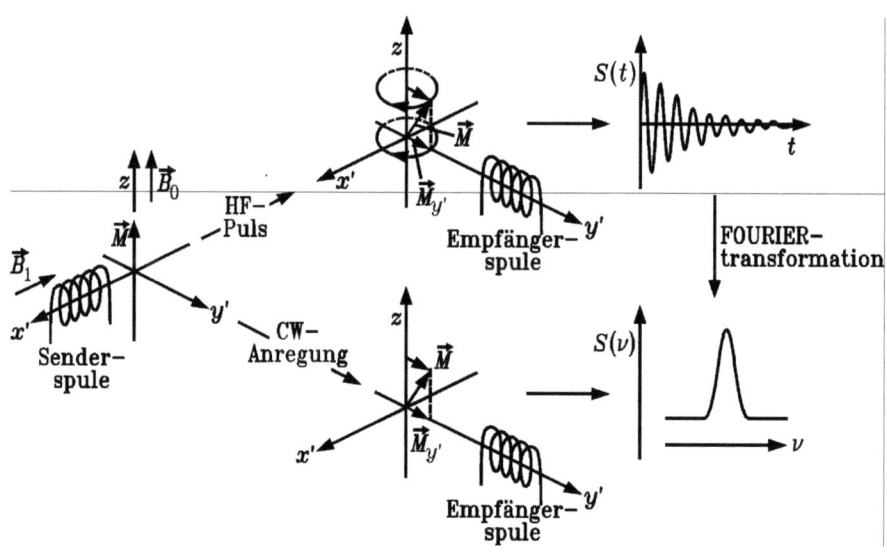

Abb. V.138: Vergleich des CW- und FT-NMR-Messprinzips.

Bei diesem Pulsverfahren werden somit alle Kerne gleichzeitig angeregt. Nach der Anregung relaxiert das Spinsystem wieder in den Grundzustand und kann schließlich erneut durch einen Puls angeregt werden. Durch vielfache Wiederholung dieses Prozesses lassen sich relativ schnell Spektren mit gutem Signal-zu-Rausch-Verhältnis gewinnen. $\vec{M}$ wird durch den starken $\vec{B}_1$-Puls um den Winkel $\alpha = \gamma_N B_1 t_p$ ausgelenkt. Durch Variation von $\vec{B}_1$ und t_p lassen sich somit beliebige Auslenkungen von $\vec{M}$ erreichen. So wird z. B. durch einen 90° ($\pi/2$)-Puls aus der x'-Richtung $\vec{M}$ in die x,y-Ebene bzw. y'-Richtung gedreht, und es entsteht transversale Magnetisierung. B_1 muss dabei so gewählt werden, dass t_p klein gegenüber den Relaxationszeiten ist (typischerweise im Bereich 0,5-50 µs). Die in y'-Richtung angeordnete Empfängerspule registriert ein Signal. In Abbildung V.138 wird das Prinzip des klassischen CW (*continuous wave*)- und des FT-NMR-Experiments verglichen.

7.3 Relaxation

Jedes Molekül mit seinen Kernen und Elektronen rotiert, bewegt sich im Raum und stößt mit den nächsten Nachbarn zusammen. Dadurch entsteht zusätzlich zum starken, von außen angelegten Feld B_0 eine Vielfalt schwacher, lokaler Magnetfelder. Diese zeitlich fluktuierenden lokalen Felder, die u. a. auch die LARMOR-Frequenz als eine Frequenzkomponente enthalten können, reichen jedoch aus, um mit einem angeregten Kern Energie auszutauschen, so dass er in den Energiegrundzustand zurückkehren, d. h. relaxieren kann. Die Relaxationszeiten sind damit von der Beweglichkeit des Moleküls in Lösung abhängig, die durch die sogenannte Rotationskorrelationszeit τ_c des Moleküls beschrieben wird. Weiterhin sind sie von ω_0 und damit auch vom angelegten B_0-Feld abhängig. Die von den angeregten Kernteilchen durch Relaxation abgegebene Energie wird vom Gesamtverband der Moleküle als Wärme aufgenommen. So erhält die Probe die für einen Absorptionsvorgang notwendige Überbesetzung des unteren

7. Kernmagnetische Resonanz (NMR)

Energiezustands. Wird jedoch das Strahlungsfeld in der Intensität so stark, dass die Relaxationsprozesse die absorbierte Energie nicht mehr hinreichend schnell abführen können, wird der Unterschied in der Besetzung zunehmend kleiner, verschwindet schließlich völlig, und wir sprechen von einer Sättigung des betreffenden Übergangs.

In der NMR-Spektroskopie spielen zwei Relaxationsprozesse eine wichtige Rolle: die longitudinale Relaxation (oder Spin-Gitter-Relaxation) und die transversale Relaxation (oder Spin-Spin-Relaxation) (s. z. B. Farrar, Becker, 1971; McConnell, 1987; Günther, 1992).

Longitudinale Relaxation: Die bei den Übergängen vom oberen zum unteren Kernspinzustand abgegebene Energie wird dabei von der Umgebung (dem „Gitter") aufgenommen, daher der Name. Diese Energie tritt dabei als Wärme (Bewegungsenergie), jedoch kaum messbar, in Erscheinung. Die longitudinale Relaxation ist mit der Rückkehr der Kernmagnetisierung zu ihrem Gleichgewichtswert verknüpft. Als *longitudinale Relaxationszeit* T_1 bezeichnet man die Zeit, in der die Überschussbesetzungsdichte nach Abschalten des B_0-Felds auf 1/e, d. h. 0,37, abgefallen ist, bzw. wenn die bei Resonanz gestörte Magnetisierung $\vec{M}_z$ wieder auf den Gleichgewichtswert relaxiert ist (Abb. V.139). Es gilt für die Magnetisierung in z-Richtung folgendes Zeitgesetz:

$$\frac{dM_z}{dt} = \frac{M_z(t=\infty) - M_z(t)}{T_1} \qquad (V.131)$$

($M(t=\infty) = M_0$ Gleichgewichtsmagnetisierung). T_1 liegt typischerweise im Bereich von 10^{-2} bis 10^4 s für Festkörper und von 10^{-2} bis 10^2 s für Flüssigkeiten. Sind in letzteren paramagnetische Ionen vorhanden oder absichtlich eingebracht worden, so werden T_1-Werte von etwa 10^{-4} s erreicht.

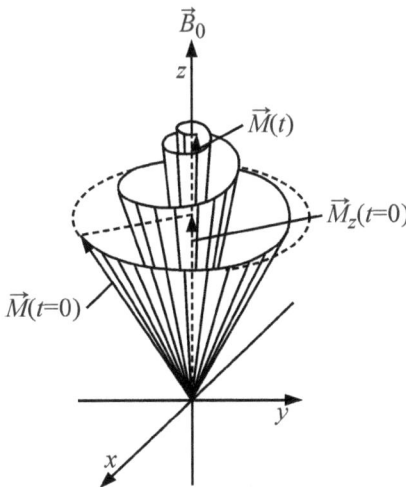

Abb. V.139: Relaxation des Magnetisierungsvektors $\vec{M}(t)$ nach einer Störung zur Zeit $t = 0$.

Die o. g. fluktuierenden Felder, die diese Relaxation induzieren, können verschiedenen Ursprungs sein. Ein wichtiger Mechanismus ist die magnetische *Dipol-Dipol-Relaxation*. Jeder magnetische Kern i erzeugt ein lokales Magnetfeld $\vec{B}_i$ am Ort eines weiteren Kerns. Seine Stärke hängt vom Abstand $\vec{r}$ der Kerndipole und dem Winkel Θ zwischen $\vec{r}$ und $\vec{B}_0$ ab. Die dadurch bedingte Änderung der lokalen Magnetfeldstärke beträgt:

$$\Delta B_i = \frac{\mu_0}{4\pi} \cdot \mu_{N,i} \frac{3\cos^2\Theta - 1}{r^3} \tag{V.132}$$

($\mu_0 = 4\pi \cdot 10^{-7}$ m³T²J⁻¹, magnetische Feldkonstante). Für den Fall des sog. magischen Winkels ($\Theta = 54{,}7°$) wird $(3\cos^2\Theta - 1) = 0$ und damit $\Delta B_i = 0$.

Transversale Relaxation: Wir haben gesehen, dass die Gleichgewichtsmagnetisierung $\vec{M}$ durch Einschalten des $\vec{B}_1$-Feldes eine Komponente in der x',y'-Ebene erhält, es entsteht sog. Quermagnetisierung. Sie entsteht dadurch, dass sich die $\vec{\mu}_{N,i}$ nicht mehr statistisch auf einem Kegelmantel verteilen, sondern eine Phasenbeziehung zueinander besitzen, d. h., ein kleiner Teil von ihnen präzediert gebündelt in Phase um die z-Achse. Die Prozesse, die diese sog. Phasenkohärenz nun stören – so dass die Protonen-Spins aus dem „Takt" geraten (dephasieren) – und damit zum Verschwinden der Quermagnetisierung führen, heißen transversale oder Spin-Spin-Relaxationsprozesse. Dies kann z. B. dadurch passieren, dass ein Kern im β-Zustand seine Energie an einen Kern im α-Zustand abgibt. Dieser Prozess kann zu jedem beliebigen Zeitpunkt erfolgen, so dass die Spins ihre feste Phasenbeziehung zu den übrigen Spins verlieren. Dieser sog. Spinflip ist mit keiner Energieänderung verbunden, er ist rein entropisch bedingt. Die *transversale Relaxationszeit* T_2 wird als die Zeit definiert, in der die mit ω_0 rotierende Quermagnetisierung $M_{x,y}$ auf den e-ten Teil gesunken ist:

$$\frac{dM_{x,y}}{dt} = -\frac{M_{x,y}}{T_2} \tag{V.133}$$

Im Fall niedrigviskoser Flüssigkeiten relaxiert die transversale Magnetisierung $M_{x,y}$ so schnell wie die longitudinale M_z, da nach einer Anregung $M_{x,y} = 0$ erreicht wird, wenn der ursprüngliche Wert von M_z wieder hergestellt ist. T_2 hängt aber nicht nur von T_1 ab ($T_2 \leq T_1$). Sie wird auch durch Inhomogenitäten des B_0-Feldes am Ort der individuellen Kernmomente beeinflusst. Befänden sich alle Spins in genau der gleichen Umgebung, so würden sie die Präzessionsbewegung mit der gleichen Geschwindigkeit ausführen. Damit bliebe ihre gegenseitige Orientierung und damit die Phasenlage erhalten. Unterscheiden sich die lokalen magnetischen Felder etwas, dann führen sie ihre Präzessionsbewegung mit etwas verschiedener Geschwindigkeit aus. Ihre Phasen laufen folglich auseinander, wodurch die Gesamtmagnetisierung mit einer für den Prozess charakteristischen Zeit T_2^*, einer effektiven Spin-Spin-Relaxationszeit, verschwindet.

Der Zerfall von $M_{x,y}$ nach einem 90°-Puls als Funktion der Zeit hängt somit von T_2^* ab (Abb. V.140). Er wird FID (engl.: *free induction decay*) genannt und enthält die Information über die Intensitäten und Linienbreiten der relaxierenden Kerne. Durch FOURIER-Transformation erhält man das entsprechende Frequenzspektrum $S(\nu)$.

Durch die Größe der Relaxationszeiten bedingt, wird die Breite einer Spektrallinie nicht beliebig scharf, sondern ist durch eine Frequenzbreite $\Delta\nu_{1/2}$ gekennzeichnet, die sich nach W. HEISENBERG zu $\Delta\nu_{1/2} \geq 1/(\pi T_2^*)$ ergibt. Haben wir es mit sehr kurzen Relaxationszeiten

7. Kernmagnetische Resonanz (NMR)

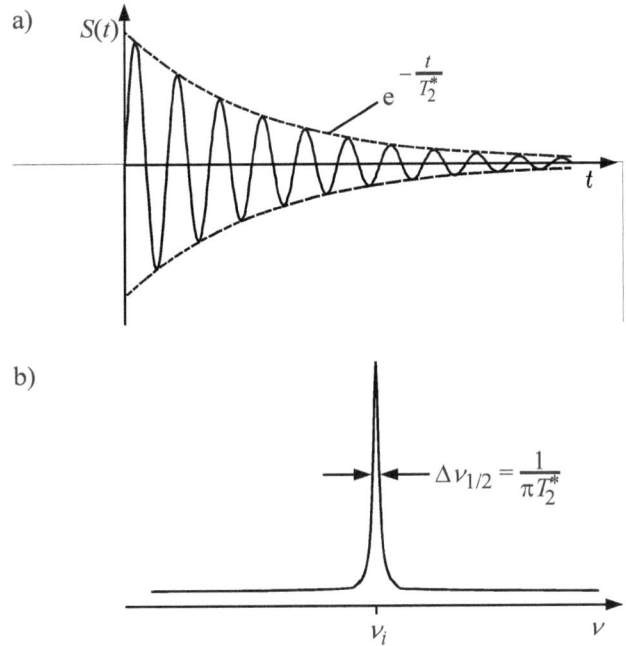

Abb. V.140: a) FID eines einzelnen NMR-Signals (Kern i). b) Darstellung von a) in der Frequenzdomäne, das NMR-Spektrum $S(\nu)$.

$T_2 \leq 10^{-4}$ s zu tun, so ist die Frequenzbreite groß (typisch 1 kHz). Ist die Relaxationszeit dagegen lang, sind die Linienbreiten entsprechend kleiner. Daher lassen sich die NMR-Spektren grob einteilen in *hochaufgelöste NMR-Spektren* und *Breitbandspektren*. Letztere sind charakteristisch für Festkörper sowie einige Flüssigkeiten mit extrem schneller Relaxation, die z. B. durch zugegebene paramagnetische Ionen hervorgerufen wird. Hochaufgelöste NMR-Spektren werden von Proben in niedrigviskosen Lösungen gewonnen. Ist T_2 die dominierende Relaxationszeit, so kann sie aus der Halbwertsbreite $\Delta\nu_{1/2}$ des Absorptionssignals gewonnen werden: $T_2 = 1/(\pi\Delta\nu_{1/2})$. Die T_2-Werte für Protonenresonanzen liegen i. Allg. bei einigen Sekunden, so dass man Linienbreiten von etwa 0,1 Hz beobachtet.

Die FT-NMR-Methode hat wegen ihres wesentlich besseren Signal-zu-Rausch-Verhältnisses die CW-NMR-Methode abgelöst. Mit ihrer Hilfe ist es möglich, auch Kerne wie ^{13}C mit geringer natürlicher Häufigkeit (1,1 %) und kleinem gyromagnetischen Verhältnis zu vermessen. Außerdem ermöglicht diese Methode, durch verschiedene Pulsfolgen eine Vielzahl von Multipulsexperimenten durchzuführen. Die Intensität des NMR-Signals für N Spins ist proportional zu $\gamma_N^4 B_0^2 N B_1/T$. Hohe B_0-Felder sind also vorteilhaft. Dies ist einer der Gründe, warum man bestrebt ist, supraleitende Magnete mit immer größeren Magnetfeldern einzusetzen.

Messung der Relaxationszeiten: Die Relaxationszeiten können direkt gemessen werden, indem man die FT-NMR-Technik der gepulsten Anregung verwendet. Sie erlaubt es, dass durch Variation der Pulszeit und der B_1-Feldstärke der Magnetisierungsvektor in jede beliebige Richtung gedreht werden kann. Wir wollen hier die sog. *inversion recovery*- und die Spin-Echo-Pulsfolge als Methoden zur Bestimmung der Relaxationszeiten T_1 bzw. T_2 kennenlernen.

Die *inversion recovery*-Methode (Abb. V.141) wird zur Bestimmung der longitudinalen Relaxationszeit T_1 eingesetzt. Man kippt zunächst $\vec{M}$ durch einen 180°-Puls in die negative z-Richtung. Da aber M_z nicht direkt beobachtet werden kann, wird nach Zeiten τ ein 90°-Puls angelegt, der die M_z-Komponente in die x',y'-Ebene rotiert und einen beobachtbaren Magnetisierungszerfall erzeugt. Nun wird das Spinsystem sich selbst überlassen. Aus dem Kurvenverlauf von $M_z(t)$ erhält man T_1. Insbesondere ist M_z bei $t = \ln 2 \cdot T_1$ gleich null, so dass man auch durch Bestimmung des Nulldurchgangs von M_z die longitudinale Relaxationszeit T_1 ablesen kann.

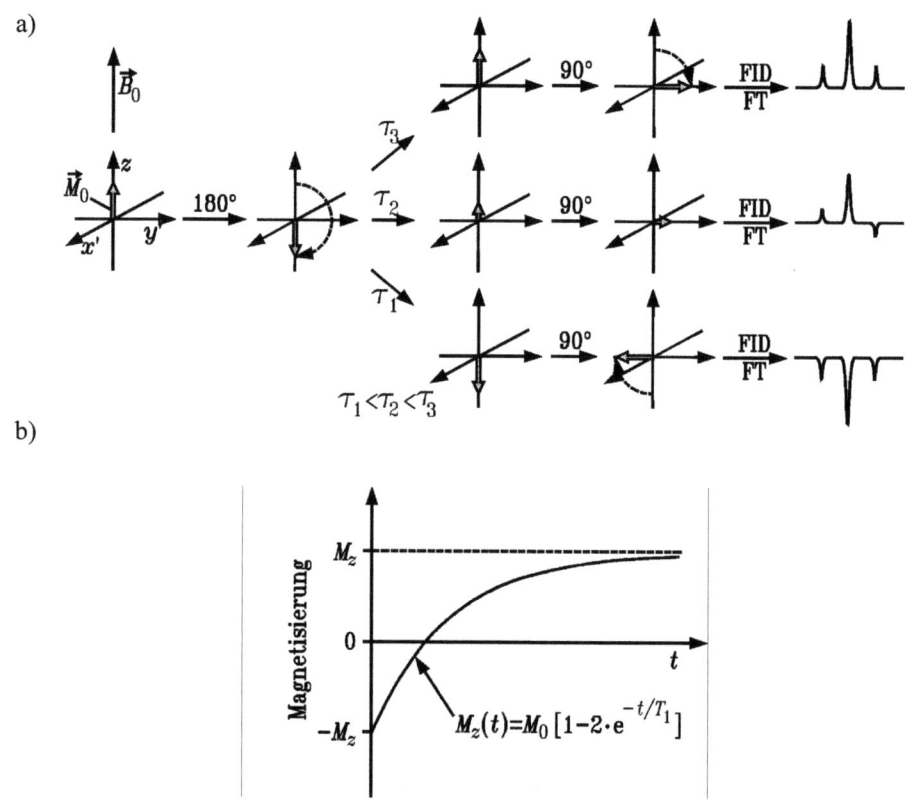

Abb. V.141: a) Pulsfolge und Prinzip der *inversion recovery*-Methode (180°-τ-90°); der FID wird zu 3 verschiedenen Zeiten τ für ein System aus drei nichtäquivalenten Kernen aufgenommen; b) Verlauf der Magnetisierung und damit Signalintensität eines Kerns in Abhängigkeit der Zeit nach dem 180°-Puls. Sie erholt sich mit der Zeitkonstante T_1. Die Lösung der Differentialgleichung V.131 lautet mit der Randbedingung $M_z(t=0) = -M_0$: $M_z(t) = M_0[1 - 2\exp(-t/T_1)]$.

7. Kernmagnetische Resonanz (NMR)

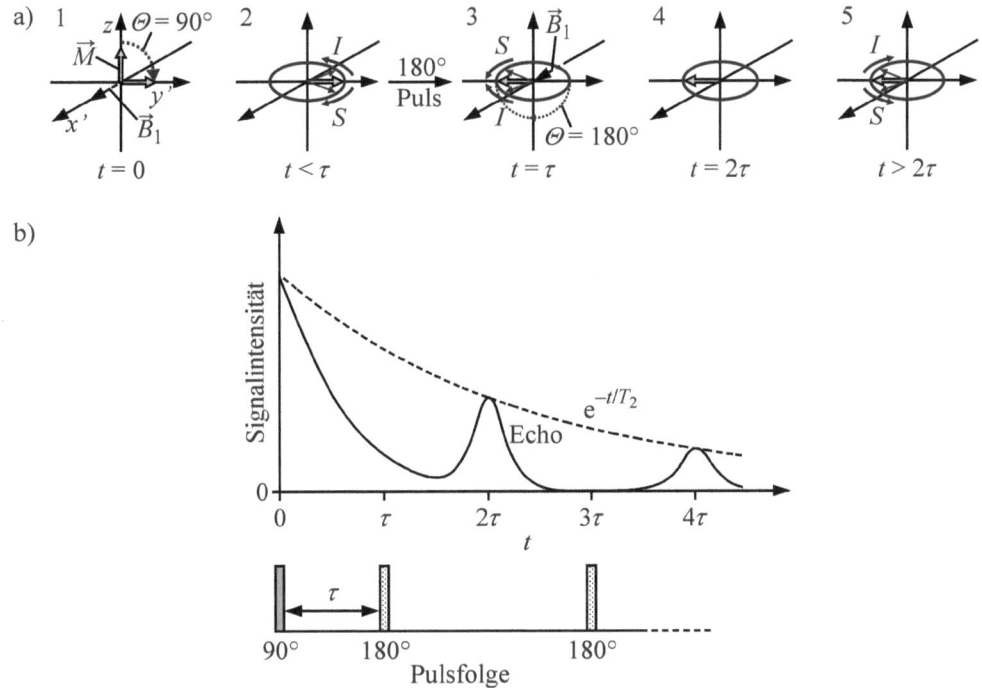

Abb. V.142: a) Prinzip des Spin-Echo-Experiments nach HAHN (Darstellung im rotierenden Koordinatensystem); b) Puls-Sequenz (90°-τ-180°) und die Spinechos nach 2τ, 4τ etc.

Im *Spin-Echo-Experiment* erfolgt zunächst ein 90°-Puls aus der x'-Richtung; er dreht $\vec{M}$ nach y' in die x',y'-Ebene (Abb. V.142), und es resultiert eine Quermagnetisierung $M_{y'}$. Die einzelnen magnetischen Momente, die direkt nach der 90°-Anregung in y'-Richtung ausgerichtet sind, laufen wegen unterschiedlicher lokaler Magnetfelder am Ort der Kerne und damit unterschiedlicher LARMOR-Frequenzen in ihrer Phase auseinander (in Abbildung V.142 für zwei Spinpakete I und S gezeigt). Dadurch verschwindet $M_{y'}$ mit der Zeit. Wird nun nach einer Zeit τ ein 180°-Puls in y'-Richtung eingestrahlt, kommt es nach Warten einer weiteren Zeitspanne τ zu einer Refokussierung der Spins, da nun die schnelleren Spins die langsameren eingeholt haben. Die Phasenkohärenz wird wieder hergestellt, und man beobachtet zur Zeit 2τ das Echo des Anfangszustands. Man detektiert nun in $-y'$-Richtung das exponentiell mit T_2 abgefallene $M_{y'}$-Signal, da der Beitrag der Feldinhomogenitäten durch den 180°-Puls eliminiert wurde, nicht jedoch die Spin-Spin-Relaxation. Verschiedene Kerne besitzen unterschiedliche T_2-Zeiten. Bei dieser Pulssequenz zur Bestimmung von T_2 (Spin-Echo-Methode) stört noch die Translations-Diffusion der Moleküle in der Probe, da auch dadurch Kerne unterschiedliche effektive Magnetfelder erfahren. Man gibt deshalb eine ganze Folge von 180°-Pulsen (CARR-PURCELL-MEIBOOM-GILL-Pulsfolge) auf die Probe.

Relaxationsmechanismen: Für die kernmagnetische Relaxation können eine Reihe möglicher Wechselwirkungen verantwortlich sein, wie die bereits andiskutierte magnetische Dipol-Dipol-Wechselwirkung, die Anisotropie der chemischen Verschiebung, die Kernquadrupol-

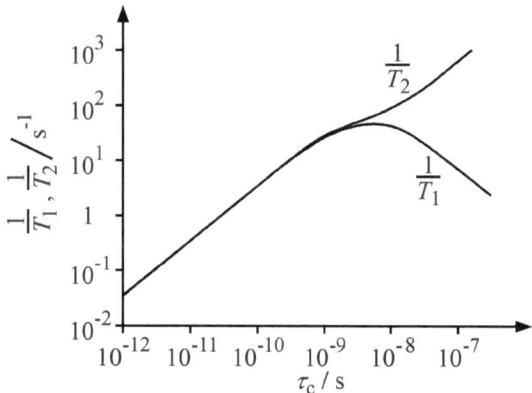

Abb. V.143: Abhängigkeit der transversalen und longitudinalen Relaxationsraten des ^{13}C-Kerns einer Methylengruppe von der Rotationskorrelationszeit τ_c (Magnetfeldstärke 4,7 T und $\nu_0(^{13}C) = 50{,}3$ MHz).

wechselwirkung und die Wechselwirkung mit ungepaarten Elektronen. Für Protonen ist die *Dipol-Dipol-Wechselwirkung* (DD) mit gleichartigen Kernspins der wichtigste Relaxationsmechanismus. Für den Fall schneller Molekülrotation ($\tau_c \omega_0 \ll 1$, *extreme motional narrowing*-Bereich) und einer isotropen Bewegung des Moleküls ist die Relaxationsrate $1/T_1$ zwischen einem Kernspin $I_A = 1/2$ und einem Kernspin $I_X = 1/2$ gegeben durch:

$$\frac{1}{T_1^{DD}} = \frac{1}{T_2^{DD}} = \left(\frac{\mu_0}{4\pi}\right)^2 \frac{\gamma_A^2 \gamma_X^2 \hbar^2}{r^6} \cdot \tau_c \quad (V.134)$$

Die *Rotationskorrelationszeit* τ_c ist die Zeit, in der sich das Molekül oder Molekülsegment, in dem sich der Kernspin befindet, im Mittel um einen Winkel von 1 rad dreht. Ähnliche Gleichungen gibt es für $1/T_1$ und $1/T_2$ im Bereich langsamerer Bewegungsvorgänge (s. z. B. Farrar, Becker, 1971). Die funktionalen Abhängigkeiten sind für den Fall der Relaxation eines ^{13}C-Kerns durch die direkt gebundenen Protonen einer CH$_2$-Gruppe in Abbildung V.143 dargestellt.

Im Bereich $\tau_c \omega_0 \ll 1$ sind die Relaxationsraten $1/T_1$ und $1/T_2$ gleich und proportional zur molekularen Beweglichkeit (Gl. V.134). Für $\tau_c \approx 1/\omega_0$ erreicht $1/T_1$ ein Maximum, während $1/T_2$ weiter ansteigt. Im folgenden Bereich ($\omega_0 \tau_c \gg 1$) nimmt die Relaxationsrate $1/T_1$ mit abnehmender molekularer Beweglichkeit ab. In der fluiden Phase liegt τ_c bei $3 \cdot 10^{-12}$ s für H$_2$O, 10^{-11} bis 10^{-10} s für Aminosäuren und etwa 10^{-9} bis 10^{-7} s für globuläre Proteine.

Kerne mit einer Kernspinquantenzahl $I \geq 1$ besitzen außer ihrem magnetischen Moment $\vec{\mu}_N$ noch ein *elektrisches Kernquadrupolmoment*

$$Q = \frac{1}{e} \int r^2 (3\cos^2\theta - 1) \rho(\vec{r}) \, d\tau \quad (V.135)$$

(e Elementarladung, $\rho(\vec{r})$ Ladungsdichte, r Abstand des Volumenelements $d\tau$ vom Kernzentrum, θ Winkel zwischen dem Radiusvektor $\vec{r}$ und der Quantisierungsachse des Spins). Es gibt an, in wie weit die Verteilung der positiven Kernladung von der Kugelsymmetrie ab-

7. Kernmagnetische Resonanz (NMR)

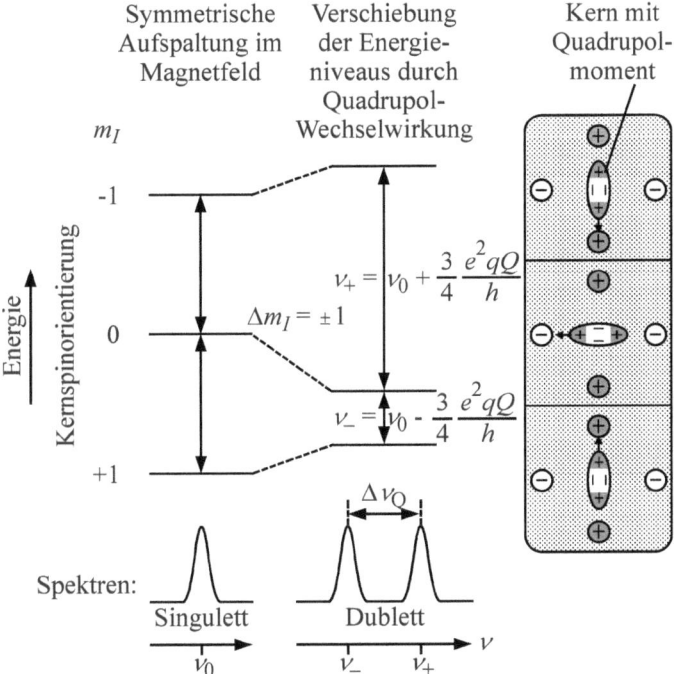

Abb. V.144: Aufspaltung der Energieniveaus für einen $I = 1$ Kern durch die Kernquadrupolwechselwirkung (oben) und die zugehörigen Spektren (unten). Die Energieaufspaltung variiert mit der Orientierung der V_{zz}-Komponente des EFG-Tensors relativ zum Magnetfeld $\vec{B}_0$. Gezeigt ist die Orientierung, bei der die Quadrupolaufspaltung maximal ist.

weicht (für eine kugelsymmetrische Ladungsdichte $\rho(\vec{r})$ ist das Integral gleich null). Der Kern kann damit außer mit B_0 auch mit lokalen elektrischen Feldern wechselwirken. In vielen Molekülen befinden sich die Kerne aufgrund der sie umgebenden unsymmetrischen Elektronenverteilung in einem inhomogenen elektrischen Feld mit dem elektrischen Feldgradienten (EFG) $V_{zz} = e \cdot q = (\partial^2 V/\partial z^2)$, der durch die zweite Ableitung des elektrischen Potenzials V nach den räumlichen Koordinaten (sei maximal in z-Richtung) gegeben ist. In einem solchen Feldgradienten kann der Quadrupolkern nur ganz bestimmte Orientierungen einnehmen, die jeweils einem bestimmten Energiewert entsprechen. Das resultierende NMR-Spektrum ist für den Fall eines ($I = 1$)-Kerns (z. B. ^{2}H oder ^{14}N) in Abbildung V.144 gezeigt.

Im B_0-Feld kann die Quadrupolwechselwirkung als eine Störung der ZEEMAN-Aufspaltung aufgefasst werden. Sie führt zu einer Anhebung und Absenkung der $(2I+1)$ ZEEMAN-Niveaus. Die quantenmechanische Rechnung liefert für den Fall eines axialsymmetrischen Feldgradienten (z. B. aliphatische C–D-Bindung) mit Rotationsachse in B_0-Richtung die Energieeigenwerte

$$E_{m_I} = -\gamma_N \hbar m_I B_0 + \frac{e^2 qQ}{4I(2I-1)}\left[3m_I^2 - I(I+1)\right] \tag{V.136}$$

Der Kernspin mit $I = 1$ kann im B_0-Feld drei verschiedene Orientierungen einnehmen, die den magnetischen Quantenzahlen $m_I = +1, 0, -1$ entsprechen. Die Abstände der Energieniveaus sind ohne die Kernquadrupolwechselwirkung ($eQ \cdot eq = e^2qQ$) äquidistant, so dass man für diesen Kern nur eine Absorptionslinie beobachten würde. Infolge der Kernquadrupolwechselwirkung verschieben sich jedoch die Energieniveaus mit $m_I = +1, 0, -1$ derart, dass diese Abstände nun nicht mehr äquidistant sind, und man beobachtet zwei Absorptionslinien. Die erlaubten zwei Übergänge sind durch die Auswahlregel $\Delta m_I = \pm 1$ gegeben und eingezeichnet. Die Übergänge mit den Frequenzen ν_- und ν_+ liegen symmetrisch um die ungestörte Frequenz ν_0. Für Kerne mit der Kernspinquantenzahl $I \geq 1$ ist die Kernquadrupolwechselwirkung meist der dominierende Relaxationsmechanismus.

Für den Fall eines zylindersymmetrischen elektrischen Feldgradienten längs einer molekularen Achse (z. B. C–D-Bindung) gilt im *extreme narrowing*-Zeitbereich (für den Asymmetrieparameter $\eta \approx 0$, s. Kap. V.7.9):

$$\frac{1}{T_1^Q} = \frac{1}{T_2^Q} = \frac{3}{40} \cdot \frac{2I+3}{I^2(2I-1)} \cdot \left(\frac{e^2qQ}{\hbar}\right)^2 \cdot \tau_c \qquad (V.137)$$

Wegen dieser sehr effizienten, schnellen Relaxation beobachtet man große Linienbreiten. Quadrupolare Kerne sind für die hochauflösende NMR-Spektroskopie daher weniger geeignet. Eine Ausnahme bildet das Deuterium (^{2}H) mit seinem relativ kleinen Quadrupolmoment. In Tabelle V.21 sind die Quadrupolmomente einiger Atomkerne aufgelistet.

Tab. V.21: Eigenschaften einiger wichtiger Atomkerne mit Kernquadrupolmoment. Q gibt die Abweichung der Kernladungsverteilung von der Kugelsymmetrie an; Q ist positiv für zigarrenförmig verlängerte Kerne, negativ für scheibenförmige Kerne.

Kern	Spinquantenzahl I	Quadrupolmoment $Q/10^{-28}$ m^2	Resonanzfrequenz/MHz (bei B_0 = 11,75 T)
^{2}H	1	$2{,}8 \cdot 10^{-3}$	76,8
^{14}N	1	$1{,}7 \cdot 10^{-2}$	36,1
^{17}O	5/2	$-2{,}6 \cdot 10^{-2}$	67,8
^{23}Na	3/2	$1{,}0 \cdot 10^{-1}$	132,3
^{33}S	3/2	$-6{,}4 \cdot 10^{-2}$	38,4
^{39}K	3/2	$5{,}5 \cdot 10^{-2}$	23,3
^{43}Ca	7/2	$-5{,}0 \cdot 10^{-2}$	33,6
^{59}Co	7/2	$4{,}0 \cdot 10^{-1}$	118,1
^{67}Zn	5/2	$1{,}5 \cdot 10^{-1}$	31,3
^{127}I	5/2	$-6{,}9 \cdot 10^{-1}$	100,1

7. Kernmagnetische Resonanz (NMR)

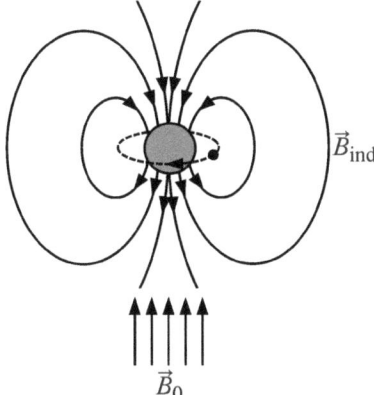

Abb. V.145: Schematische Darstellung der diamagnetischen Abschirmung eines Atomkerns durch einen „Elektronenstrom".

7.4 Das NMR-Spektrum

Chemische Verschiebung (engl.: chemical shift): Protonen in unterschiedlicher chemischer Umgebung absorbieren nicht bei der gleichen Resonanzfrequenz. Dies liegt daran, dass an den Atomkernen nicht das von außen angelegte Magnetfeld der Stärke B_0 wirksam ist, sondern ein sogenanntes lokales Feld B_{lok}, das auch durch die den Kern umgebenden Elektronen beeinflusst wird und damit strukturabhängig ist. Das B_0-Feld erzeugt in der Elektronenwolke einen „Kreisstrom" und damit ein magnetisches Moment, das gemäß der LENZschen Regel der Elektrodynamik dem B_0-Feld entgegengerichtet ist (Abb. V.145). Daher sieht der Atomkern ein etwas anderes Feld. Kerne in unterschiedlicher chemischer Umgebung werden somit unterschiedlich stark abgeschirmt. Dieser Effekt wird durch die Abschirmungskonstante σ berücksichtigt:

$$B_{lok} = B_0(1-\sigma) \qquad (V.138)$$

Die Werte für die dimensionslose Abschirmungskonstante liegen bei 10^{-6}. Die Resonanzkreisfrequenz des Atomkerns i im Molekül ist damit

$$\omega_{0,i} = \gamma_{N,i} B_0 (1-\sigma_i) = \omega_{0,\text{Spektrometer}}(1-\sigma_i) \qquad (V.139)$$

Neben diesem diamagnetischen Abschirmungsanteil der Elektronen σ_{dia} können noch weitere Beiträge zu σ_i hinzukommen:

$$\sigma_i = \sigma_{dia} + \sigma_{para} + \sigma_m + \sigma_R + \sigma_S \qquad (V.140)$$

σ_{para} ist der paramagnetische Anteil (wichtig, wenn Valenzorbitale nicht kugelsymmetrisch sind), σ_m erfasst Anisotropieeffekte durch unterschiedliche Anteile der magnetischen Suszeptibilität in den drei Raumrichtungen, σ_R Ringströme in Aromaten und σ_S Solvenseffekte.

Wenn der Bereich der chemischen Verschiebungen klein ist, wie im Fall der ^{1}H-NMR, müssen auch sekundäre Effekte in Betracht gezogen werden. Zum Beispiel bewirkt ein intra- oder intermolekulares elektrisches Feld (z. B. Wasserstoffbrückenbindungen) eine Verzerrung der Elektronenwolke und damit eine Veränderung von σ und somit der Resonanzfrequenz.

Wichtig sind auch Ringstromeffekte in zyklisch konjugierten Systemen. Die erstaunlich große chemische Verschiebung von Benzolprotonen liegt daran, dass durch die Rotationsbewegung (Präzession) der π-Elektronen im Ring ein Zusatzfeld $\vec{B}_{ind}$ hervorgerufen wird, das für die Benzolprotonen zu $\vec{B}_0$ hinzukommt (Abb. V.146). Es bewirkt die Verschiebung der Resonanz der außen liegenden Protonen zu einem etwas tieferen Feld.

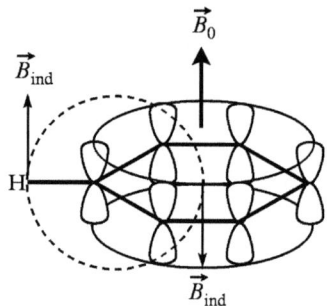

Abb. V.146: Diamagnetischer Ringstromeffekt im Benzol-Molekül. Am Ort der Protonen resultiert eine Verstärkung des $\vec{B}_0$-Feldes durch das induzierte Feld $\vec{B}_{ind}$. Die Resonanz der Benzolprotonen erfolgt daher bei tieferem Feld.

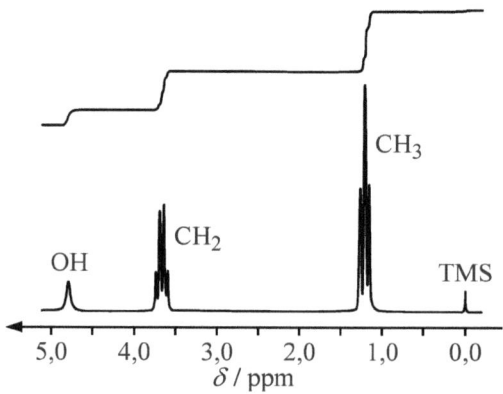

Abb. V.147: NMR-Spektrum der Protonen des flüssigen Ethanols. Die chemische Verschiebung wird im Spektrum von rechts nach links in ppm-Einheiten aufgetragen. Die Zunahme der δ-Werte entspricht bei vorgegebener Frequenz einer Verschiebung zu tieferem Feld. Das rechts stehende Signal rührt von der Bezugssubstanz Tetramethylsilan (TMS) her. Die Treppenkurve gibt Auskunft über die Fläche der einzelnen Signale und damit über die relative Anzahl der Protonen in den einzelnen Gruppen des Moleküls (hier 1:2:3).

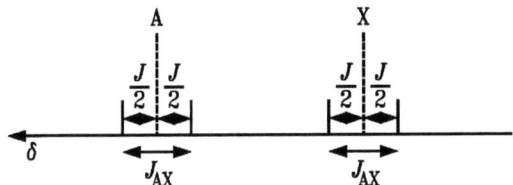

Abb. V.148: Vierlinienspektrum, das durch die Spin-Spin-Wechselwirkung von zwei Kernen A und X der Kernspinquantenzahl $I = 1/2$ hervorgerufen wird.

Die chemische Verschiebung liefert nicht nur Informationen über die intramolekulare Struktur, sie ist auch sensitiv auf intermolekulare Effekte, wie z. B. Austauschprozesse. Ein Beispiel hierfür ist die Verbreiterung des OH-Signals von Ethanol in Abbildung V.147. Dieses Proton ist frei beweglich und tauscht mit den Protonen des Wassers (in wässrigem Ethanol) aus, oder es wird zwischen zwei Ethanol-Molekülen ausgetauscht.

Die *chemischen Verschiebungen* (δ) werden nicht absolut in Hz, sondern relativ gegen einen Standard angegeben:

$$\delta / \text{ppm} = -(\sigma_{\text{Probe}} - \sigma_{\text{Standard}}) \cdot 10^6$$
$$= \frac{\nu_{0,\text{Probe}} - \nu_{0,\text{Standard}}}{\nu_{0,\text{Standard}}} \cdot 10^6 \approx \frac{\nu_{0,\text{Probe}} - \nu_{0,\text{Standard}}}{\nu_{0,\text{Spektrometer}}} \cdot 10^6 \qquad (\text{V.141})$$

(ppm: parts per million, Teile pro Million). Für die ^{1}H-NMR wird Tetramethylsilan (Si(CH$_3$)$_4$, TMS) als Standard verwendet. Da Protonen i. Allg. nur von einer geringen Elektronendichte umgeben sind, sind ihre chemischen Verschiebungen klein ($\delta < 15$ ppm). Die chemischen Verschiebungen anderer Kerne, wie z. B. ^{19}F, überdecken mehrere hundert ppm.

Spin-Spin-Kopplung (Feinaufspaltung): Weiterhin beobachtet man im Spektrum noch eine Feinaufspaltung der Peaks benachbarter, magnetisch nicht-äquivalenter Kerne. Sie wird durch die Spin-Spin-Kopplung (sog. skalare oder auch indirekte Kopplung) erzeugt und hängt nicht von B_0 ab (Abb. V.148). Das Magnetfeld am Kernort und damit die potenzielle Energie des Kerns hängt auch von der Orientierung der Kernspins der umgebenden Atomkerne ab. Man erhält eine $(n+1)$-fache Linienaufspaltung für n benachbarte Kerne mit $I = 1/2$. Ihre Intensitäten folgen einer Binomialverteilung und lassen sich nach dem PASCALschen Dreieck ermitteln. Die Wechselwirkung der Kernspins erfolgt über die Bindungselektronen, die in diamagnetischen Systemen gepaart sind (FERMI-Kontakt-Wechselwirkung). Sie bewirkt eine bevorzugte antiparallele Polarisation der Elektronenhülle in der Nähe eines Kerns. Durch die Elektronenkorrelation in einem Bindungsorbital (PAULI-Prinzip) erfolgt eine umgekehrte Elektronenpolarisation in der Nähe des zweiten Kerns, so dass die Energie von der relativen Orientierung der beiden Kernspins abhängt. Allgemein ist die Aufspaltungsregel $(2nI+1)$, wenn I die Kernspinquantenzahl der n magnetisch äquivalenten Nachbarkerne ist. Der Frequenzunterschied zweier aufgespaltener Linien wird mit Hilfe der skalaren Kopplungskonstante J_{ij} beschrieben. Die Spin-Spin-Wechselwirkungsenergie der Spins i und j ist gegeben durch:

$$H_{ij} = hJ_{ij}\frac{\vec{P_i}\vec{P_j}}{\hbar^2} \qquad (\text{V.142})$$

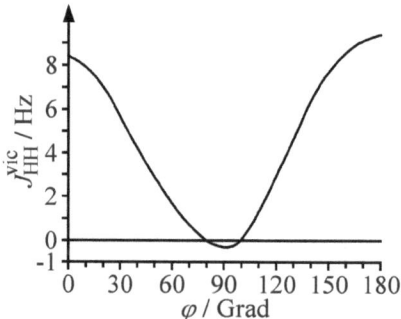

Abb. V.149: KARPLUS-Kurve zur Abhängigkeit der vicinalen H-H-Kopplung vom Torsionswinkel φ. Bei der *trans*-Konformation beträgt der Winkel zwischen den beiden C-H-Bindungen 180°, bei der *gauche*-Konformation ist $\varphi = 60°$. Die Kopplungskonstante variiert zwischen etwa 0 und 9 Hz über alle Diederwinkel.

Da der Effekt unabhängig von der Feldstärke ist, wird J_{ij} absolut in Hz angegeben. Sie hängt von der Art der koppelnden Kerne, ihrem Abstand, Bindungswinkel und der Art und Anzahl der zwischen ihnen liegenden Bindungen ab. Die homonuklearen Kopplungskonstanten für Protonen liegen zwischen 0 und 20 Hz, die anderer Kerne (z. B. ^{13}C, ^{31}P) sind wesentlich größer.

Kerne mit identischer magnetischer Umgebung zeigen keine Linienaufspaltung, da durch die Spin-Spin-Wechselwirkung Grund- und angeregter Zustand in gleicher Weise energetisch verschoben werden. Kopplungen werden nur beobachtet, wenn die Lebensdauer der Spinorientierung des koppelnden Nachbarkerns größer ist als J_{ij}^{-1}. Wenn der Unterschied in den Resonanzfrequenzen vergleichbar groß ist wie die *J*-Kopplung, folgen die Kopplungsmuster nicht mehr den o. g. einfachen Regeln.

Aus der Größe der Kopplungskonstante lassen sich oft wertvolle Strukturparameter ablesen, da verschiedene geometrische Anordnungen (z. B. *cis-trans*-Isomere) verschiedene *J*-Werte besitzen. Es lassen sich auch Informationen über den Hybridisierungsgrad der Bindung erhalten. Die Größe der *J*-Kopplung nimmt mit zunehmender Zahl *b* der übertragenden chemischen Bindungen ab und wird für $b > 3$ meist unmessbar klein. Umfangreiches Datenmaterial gibt es z. B. über vicinale Kopplungskonstanten J^{vic} (oder ^3J, um auszudrücken, dass drei Bindungen die Protonen trennen) und ihre Beziehung zur molekularen Struktur. Sie hängen signifikant vom Dieder- oder Torsionswinkel φ zwischen benachbarten C–H-Bindungen ab. Die zuerst mit Hilfe der *valence bond*-Theorie von M. KARPLUS für Ethan berechnete Abhängigkeit der vicinalen Kopplungskonstante von φ ist in Abbildung V.149 dargestellt. Sie wird allgemein durch Gleichungen des Typs

$$J_{HH}^{vic} = A + B\cos\varphi + C\cos^2\varphi \qquad (V.143)$$

dargestellt (*A*, *B*, *C* sind empirisch bestimmte Konstanten, die von der Elektronegativität der Substituenten abhängen). Solche Beziehungen sind sehr wichtig zur Aufklärung stereochemischer Probleme. Eine entsprechende Methode gibt es für die Bestimmung der Tertiärstruktur von Proteinen über eine Beziehung gleichen Typs, bei der die Torsionswinkel φ des Protein-

7. Kernmagnetische Resonanz (NMR)

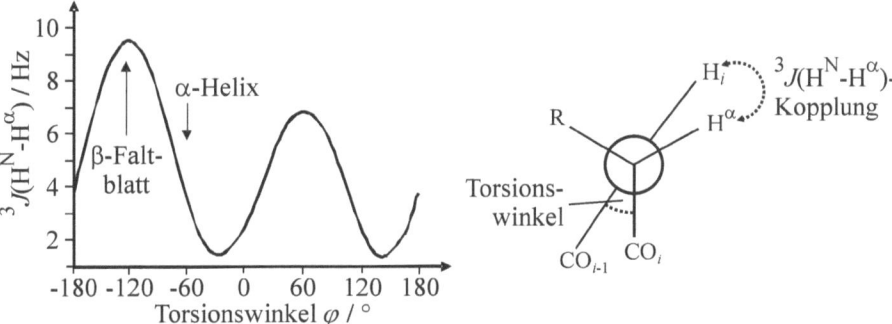

Abb. V.150: Korrelation zwischen $^3J(H^N\text{-}H^\alpha)$ und dem Torsionswinkel φ zwischen benachbarten Aminosäuren i und i-1 eines Peptids (NEWMAN-Projektion: Aufsicht auf die C^α-N-Achse der Aminosäure i) (nach: F. Lottspeich et al., 2006).

rückgrats (H^N-N-C^α-H^α) über die $^3J(H^N\text{-}H^\alpha)$-Kopplungskonstanten bestimmt werden können (Abb. V.150).

Wir betrachten nochmals das Ethanolspektrum in Abbildung V.147. Wegen der schnellen Rotation um die C–C-Bindung ist klar, dass die drei Methylprotonen auf der einen Seite und die zwei Methylenprotonen auf der anderen Seite magnetisch äquivalent sind. Man beobachtet daher keine H-H-Kopplungen innerhalb dieser Gruppen. Dagegen sieht jedes Methylproton die zwei äquivalenten Protonen der Methylengruppe und liefert ein Triplett - man beobachtet in der Tat die Überlagerung von drei Tripletts, die den drei äquivalenten Protonen der Methylgruppe entsprechen. In gleicher Weise sieht jedes der zwei Methylenprotonen die drei Protonen der Methylgruppe und liefert also ein Quartett. Die Kopplung mit dem Proton der OH-Gruppe verschwindet wegen des schnellen chemischen Austauschs mit Wasserprotonen (s. u.), da der Mechanismus der J-Kopplung intramolekular ist.

7.5 Einfache Anwendungen der NMR-Spektroskopie

Neben ihren vielseitigen chemisch orientierten Anwendungen kann die NMR-Spektroskopie auch Informationen über die räumliche Anordnung der Atome in Biomolekülen und über die Dynamik der Moleküle oder bestimmter Molekülgruppen liefern. Weiterhin kann sie Aufklärung über biochemische Vorgänge *in vivo* geben, und sie wird zur Bildgebung herangezogen. Eine Übersicht über die Anwendungsbereiche zeigt Tabelle V.22. Im Folgenden wollen wir eine Reihe typischer einfacher Anwendungen der NMR-Spektroskopie kennenlernen.

pH-Abhängigkeit der chemischen Verschiebung: Die Werte der chemischen Verschiebung von Protonen hängen signifikant vom Ionisationsgrad ab. Wir erinnern uns an die HENDERSON-HASSELBALCH-Gleichung für das Säure-Base-Gleichgewicht einer Säure AH:

$$\text{pH} = \text{p}K + \lg\frac{c_{A^-}}{c_{AH}} \qquad (V.144)$$

(pK = $-\lg K$, K Gleichgewichtskonstante des Säure-Base-Gleichgewichts). Verschiedene Ladungszustände von in wässriger Lösung protonierbaren oder deprotonierbaren Molekülen füh-

Tab. V.22: Mögliche Anwendungen der NMR-Spektroskopie.

Ermittlung einer unbekannten chemischen Struktur
Nicht-invasive Konzentrationsbestimmung
Untersuchungen von Reaktionswegen und Reaktionsprodukten
Bestimmung von Bindungskonstanten
Bestimmung von Geschwindigkeitskonstanten
Konformationsänderung durch äußere Einflüsse (pH, Temperatur, Druck, Ionenstärke, Substratbindung)
Struktur des aktiven Zentrums von Enzymen
Wechselwirkung zwischen Molekülen (z. B Enzym-Substrat-, Protein-Protein- und Protein-Nucleinsäure-Wechselwirkung)
Bestimmung der Sekundärstruktur und Tertiärstruktur von Proteinen in Lösung
Bestimmung der Dynamik und des Bewegungstyps der Moleküle oder Molekülsegmente
Tomographie, funktionale Bildgebung

ren zu Unterschieden in den chemischen Verschiebungen δ_A- und δ_{AH} der funktionellen Gruppen A$^-$ und AH. Im Vergleich zur NMR-Zeitskala sind solche Protonierungs-Deprotonierungsreaktionen schnell, so dass i. Allg. nur eine mittlere chemische Verschiebung beobachtet wird. Misst man δ(pH), kann man die pK-Werte einzelner funktioneller Gruppen bestimmen. So erhält man für anorganisches Phosphat drei Titrationsstufen entsprechend den verschiedenen Protonierungsformen H_3PO_4, $H_2PO_4^-$, HPO_4^{2-} und PO_4^{3-}. Abbildung V.151 zeigt die Änderung der chemischen Verschiebung von Alanin in D_2O in Abhängigkeit des pD-Werts. Aus den Wendepunkten der Titrationskurven erhält man die pK-Werte der Carboxylgruppe (2,34) und Aminogruppe (9,69) des Alanins.

Umgekehrt, wenn die Titrationskurve bekannt ist, kann der pH-Wert (z. B. intrazellulärer pH) abgeschätzt werden. Histidin und Phosphat gehören zu den Gruppen, die in der Nähe des physiologischen pH-Werts ionisieren. Somit kann aus dem Shift der anorganischen Phosphatgruppe der pH-Wert in einer Zelle bestimmt werden. Verschiebungen im pK-Wert ergeben oft wertvolle Hinweise auf Änderungen der chemischen Umgebung.

Als Beispiel ist in Abbildung V.152 die Titrationskurve von His-β-146 in Oxy- und Desoxy-Hämoglobin gezeigt. Wenn Hämoglobin O_2 abgibt, nimmt es ein Proton auf. Es wurde vermutet, dass der His-β-146-Rest an dem Prozess beteiligt ist, da mit ihm eine Änderung der lokalen Konformation um diese Gruppe einhergehen könnte. Im O_2-freien Zustand verschiebt sich tatsächlich der pK-Wert der Gruppe, da die geladene Form durch Asp-β-94 stabilisiert wird.

Analog den Säure-Base-Gleichgewichten lassen sich auch Komplexbildungsgleichgewichte von Molekülen mit diamagnetischen Liganden, wie z. B. Komplexe mit Metallionen bei der enzymatischen Katalyse, NMR-spektroskopisch untersuchen.

7. Kernmagnetische Resonanz (NMR)

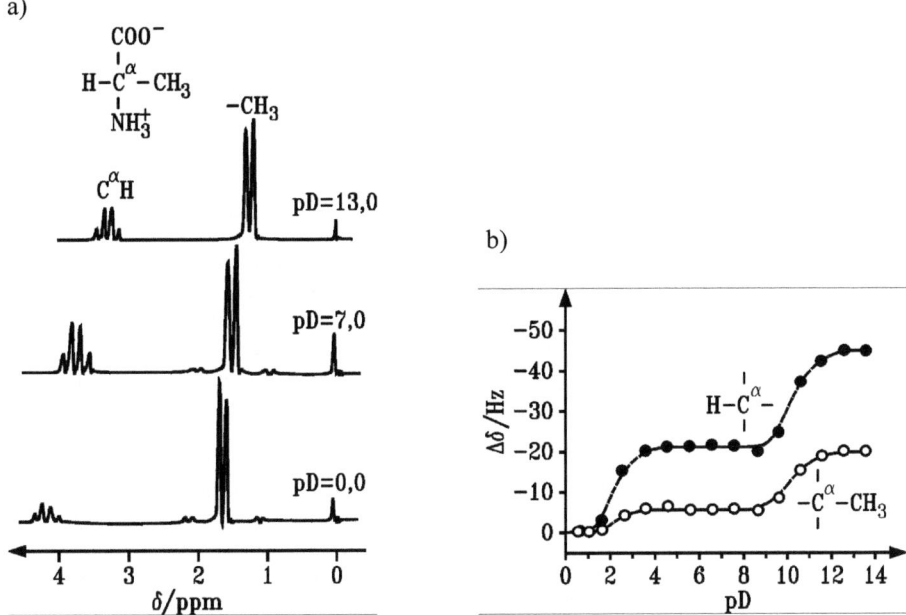

Abb. V.151: a) ^{1}H-NMR-Spektrum von Alanin in D$_2$O bei verschiedenen pD-Werten; b) Änderung der chemischen Verschiebungen mit dem pD-Wert der Lösung (sogenannte Titrationskurven) (nach: K. Wüthrich, *NMR in Biological Research: Peptids and Proteins*, North Holland Publ. Comp., 1976).

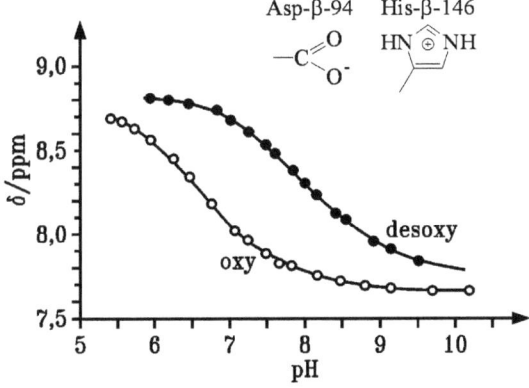

Abb. V.152: Titrationskurven von His-β-146 in Oxy- und Desoxy-Hämoglobin (nach: I. D. Campbell, in: *NMR in Biology*, R. A. Dwek et al. (Hrsg.), S. 33, Academic Press, London, 1977).

^{31}P und in vivo-NMR: Neben der bisher hauptsächlich diskutierten ^{1}H-NMR-Spektroskopie spielt in der Biochemie und in der Medizin die ^{31}P-NMR ($I = 1/2$) eine große Rolle, da der Phosphor in vielen wichtigen Biomolekülen (z. B. ATP, DNA oder in Phospholipiden) vorkommt. Abbildung V.153 zeigt das ^{31}P-NMR-Spektrum eines Lipidextrakts aus dem Endoplasmatischen Retikulum. Die Lipide tragen Phosphatgruppen in unterschiedlicher chemischer Umgebung (s. Kap. I), was zum Auftreten unterschiedlicher Resonanzfrequenzen führt. Aus der unterschiedlichen Intensität der Resonanzlinien der einzelnen Lipide kann auf die prozentuale Zusammensetzung der Lipide im Membransystem geschlossen werden.

Ein wichtiges Anwendungsfeld der NMR-Spektroskopie ist die Untersuchung der Stoffwechselvorgänge in intakten Organismen. Hier ist neben der Ortsselektion eine optimale spektrale Auflösung der NMR-Spektren vonnöten. Um das Ziel einer ortsselektiven *in vivo*-Spektroskopie zu erreichen, kann man ortsabhängige Hochfrequenzfelder, die meist durch Oberflächenspulen erzeugt werden, verwenden, oder man selektiert ein definiertes Volumen durch Methoden ähnlich denen der NMR-Tomographie (s. Kap. V.7.14). Spule und Objekt bringt man dabei in spezielle Kryomagnete mit weiter Bohrung.

Wir betrachten ein Anwendungsbeispiel aus der ^{31}P-*in vivo*-NMR-Spektroskopie. Da bei den meisten Untersuchungen nur wenige phosphorhaltige Moleküle gleichzeitig vorkommen, sind die Probleme, die durch Überlagerung von Resonanzlinien entstehen, im Fall der Untersuchungen des ^{31}P-Kerns relativ gering. Weiterhin besitzt der ^{31}P-Kern 100 % natürliches Vorkommen und eine hohe Empfindlichkeit. Wegen der großen physiologischen Bedeutung des ATP kann man fast immer seine drei Phosphorresonanzen beobachten. Weiterhin findet man noch die Resonanzlinien von anorganischem Phosphat P_i und von Creatinphosphat. Die chemischen Verschiebungen des Phosphoratoms in $H_2PO_4^-$ und HPO_4^{2-} unterscheiden sich um 2,4 ppm. In einer Orthophosphatlösung erhält man jedoch nur ein einziges Signal, weil ein schneller Austausch zwischen diesen beiden Formen vorliegt. Die Position dieses Signals hängt aber vom Verhältnis der beiden Ionensorten ab (Abb. V.154) und ist somit ein Indikator des intrazellulären pH-Werts.

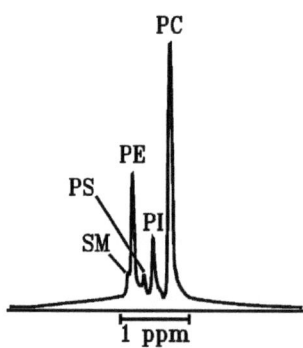

Abb. V.153: ^{31}P-NMR-Spektrum eines Lipidextrakts aus dem Endoplasmatischen Retikulum. Es können 5 verschiedene Phospholipid-Signale aufgelöst werden: PC Phosphatidylcholin, PE Phosphatidylethanolamin, PI Phosphatidylinositol, PS Phosphatidylserin, SM Sphingomyelin (nach: J. Breckow, R. Greinert, *Biophysik - eine Einführung*, S. 316, Walter de Gruyter, Berlin, 1994).

7. Kernmagnetische Resonanz (NMR)

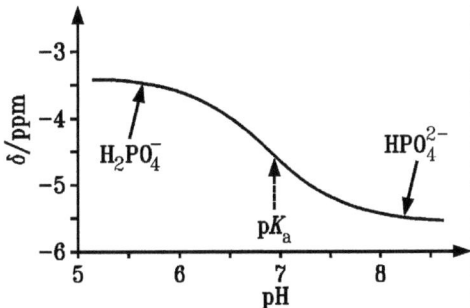

Abb. V.154: Die chemische Verschiebung des ^{31}P-NMR-Signals von Orthophosphat in Abhängigkeit vom pH-Wert. Die chemische Verschiebung ist hier auf die Position der Creatinphosphat-Resonanz bezogen (nach: D. G. Gadian et al., in: *Biological Applications of Magnetic Resonance*, R. G. Shulman (Hrsg.), S. 475, Academic Press, London, 1979).

Die ^{31}P-NMR-Spektren des Unterarmmuskels einer Person vor und während einer körperlichen Betätigung sind in Abbildung V.155 dargestellt. Man erkennt fünf Signale. Drei stammen von den α-, β- und γ-Phosphoratomen des ATP, die beiden anderen von den Phosphoratomen des Creatinphosphats und des Orthophosphats. Das nach 19 Minuten Beanspruchung erhaltene Spektrum zeigt, dass die Menge an Creatinphosphat deutlich abgenommen und die an Orthophosphat merklich zugenommen hat. Dagegen ist der ATP-Spiegel fast konstant geblieben. Man kann auf diese Weise wertvolle quantitative Aussagen über den intrazellulären pH und den Reaktionsweg der Phosphatgruppen gewinnen. Die Hydrolyse des ATP in ADP und P_i liefert die Energie für die Muskelkontraktion. Damit dieser Prozess kontinuierlich weiterlaufen kann, wird vom Organismus ununterbrochen ATP resynthetisiert (mittels Glucose oder Creatinphosphat) und damit der ATP-Spiegel konstant gehalten.

Die Untersuchung der Muskelphysiologie ist nur eines der Hauptanwendungsgebiete der ^{31}P-*in vivo*-NMR-Spektroskopie. Eine weitere Anwendung ist in der Tumorbiochemie die Untersuchung des Stoffwechsels phosphorhaltiger Metaboliten. Weitere Kerne, die in der *in vivo*-NMR von Bedeutung sind, sind ^{13}C, ^{15}N, ^{19}F, ^{23}Na und ^{39}K. Unter Umständen müssen die Isotope angereichert werden, um zu einem besseren Signal-zu-Rausch-Verhältnis zu kommen.

Die *in vivo*-NMR stellt eine nicht-invasive Untersuchungsmethode wichtiger physiologischer Parameter in biologischem Gewebe dar. Mit dieser Methode können Signale körpereigener Stoffe untersucht werden, ohne dass dazu Fremdmoleküle, wie z. B. Fluorophore bei den Fluoreszenztechniken, in die Zellen eingebracht werden müssen.

Eindimensionale NMR-Spektren von Proteinen, Nucleinsäuren und Membranen
Da bei der Untersuchung von Biomolekülen in Lösung die Konzentration des Lösungsmittels viel größer ist als die des Gelösten, hat man häufig das Problem, die schwachen Signale der Probe neben denen des Lösungsmittels (Wasser) zu detektieren. Man kann dies umgehen, indem man das Lösungsmittel deuteriert (D_2O statt H_2O) und/oder indem man die Lösungsmittelsignale spektroskopisch unterdrückt. Hierzu wird z. B. die Lösungsmittelresonanz mit einem langen, schwachen NMR-Puls vorgesättigt, oder es werden spezielle NMR-Pulsfolgen zur Unterdrückung des Wassersignals eingesetzt.

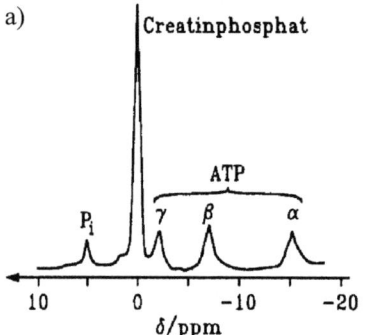
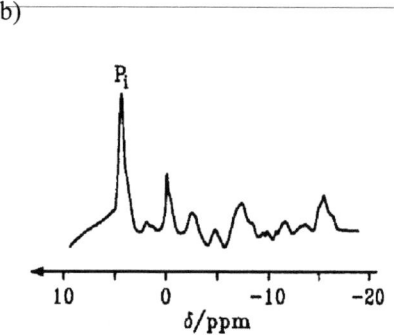

Abb. V.155: Die Auswirkung von körperlicher Arbeit auf den ATP-, Creatinphosphat- und Orthophosphatspiegel im Unterarmmuskel eines menschlichen Probanden. a) ^{31}P-NMR-Ruhespektrum; b) Spektrum nach 19 Minuten Belastung am Beugungsmuskel (nach: G. K. Radda, Science **233** (1986) 641).

Das Problem der ^{1}H-NMR-Spektroskopie zur Untersuchung der Struktur von Proteinen ist die Auflösung und Zuordnung der einzelnen Resonanzlinien, selbst bei Verwendung hoher Magnetfeldstärken (z. B. 800 MHz) zur Verbesserung der Auflösung. Wesentliches Problem ist, dass in großen globulären Proteinen die einzelnen Linien wegen relativ langer Rotationskorrelationszeiten stark verbreitert sind ($\Delta v_{1/2} \propto T_2^{-1} \propto \tau_c$).

Abbildung V.156 zeigt das Protonen-NMR-Spektrum von Lysozym, einem kleinen Protein mit der Molmasse 14 kDa, im nativen und denaturierten Zustand. Im nativen Zustand sind die Linien stark verbreitert. Im denaturierten Zustand entfaltet das Protein und die Beweglichkeit der Molekülgruppen nimmt zu. Als Folge nehmen die Linienbreiten ab und die NMR-Linien sind besser aufgelöst. Durch das Auflösen der Sekundär- und Tertiärstrukturen treten auch Linienverschiebungen auf. Relativ zum ungeordneten Zustand des Zufallsknäuels sind in helikalen Strukturen die δ-Werte zu höherem Feld verschoben (ca. 0,1 ppm für NH, 0,39 ppm für CH), im Bereich von β-Faltblättern zu tieferem Feld (ca. 0,5 ppm für NH, 0,37 ppm für CH). Eine weitere auffallende Eigenschaft von Proteinspektren sind die Signale, welche unterhalb von 0 ppm auftreten. Sie kommen durch sehr stark abgeschirmte Protonen im Inneren des Proteins zustande und sind ein Zeichen für eine stabile Tertiärstruktur.

7. Kernmagnetische Resonanz (NMR) 405

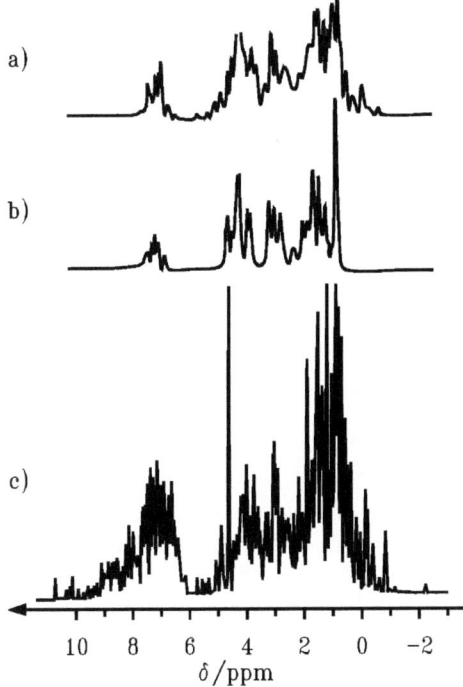

Abb. V.156: 270-MHz-¹H-NMR-Spektrum von 5 mM Lysozym a) im nativen Zustand bei 331 K und b) im denaturierten Zustand bei 353 K; c) zeigt ein 750-MHz-Spektrum des Proteins. Deutlich erkennt man die mit steigender Magnetfeldstärke bessere Auflösung der Absorptionssignale. Bei etwa 11 ppm sind die Signale der Tryptophanindolprotonen zu sehen, im Bereich von 10 – 6 ppm die Resonanzen der NH-Protonen des Proteinrückgrats und der NH_2-Seitenketten von Asn und Gln. Zwischen 7,5 und 6,5 ppm liegen die Aromatenprotonen, zwischen 5,5 und 3,5 ppm die Resonanzen der H^α-Protonen. Bei kleineren chemischen Verschiebungen (< 3,5 ppm) liegen die Signale der Seitenketten sowie der Methylprotonen (zwischen 2 und etwa −0,5 ppm) (z. T. nach: I. D. Campbell, R. A. Dwek, *Biological Spectroscopy*, S. 136, The Benjamin/Cummings Publishing Company, Menlo Park, 1984).

Die Zuordnung der Resonanzen kann u. U. durch Vergleich mit dem aus der Summe der einzelnen Aminosäure-Resonanzen berechneten Spektrum oder durch Vergleich mit NMR-Spektren von Modellpeptiden erfolgen. Erst moderne mehrdimensionale NMR-Verfahren (s. Kap. V.7.11) helfen bei der Strukturermittlung nativer Proteine weiter. Um eine möglichst hohe Auflösung der sehr großen Zahl an Absorptionssignalen zu erreichen, ist man bestrebt, bei möglichst hohen Feldstärken zu arbeiten (s. Abb. V.156c).

Abbildung V.157 zeigt das ¹H-NMR-Spektrum von 6,9-Dimethyladenin in Abhängigkeit der Basenkonzentration. Mit zunehmender Konzentration der Basen beobachtet man eine Verschiebung ihrer Ringprotonen-Resonanzen zu höherem Feld, d. h. zu kleineren δ-Werten. Diese Verschiebung beruht auf der erwarteten Stapelung der Basenpaare senkrecht zu ihrer Ring-

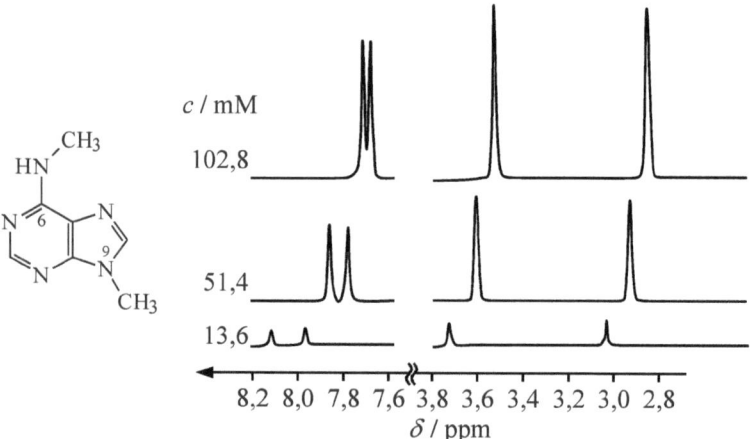

Abb. V.157: Konzentrationsabhängigkeit des ^{1}H-NMR-Spektrums von 6,9-Dimethyladenin zum Nachweis der Stapelwechselwirkung (nach: H. H. Paul et al., „Kernresonanzspektroskopie", in: *Biophysik*, W. Hoppe, W. Lohmann, H. Markl, H. Ziegler (Hrsg.), S. 209, Springer Verlag, Berlin, 1982).

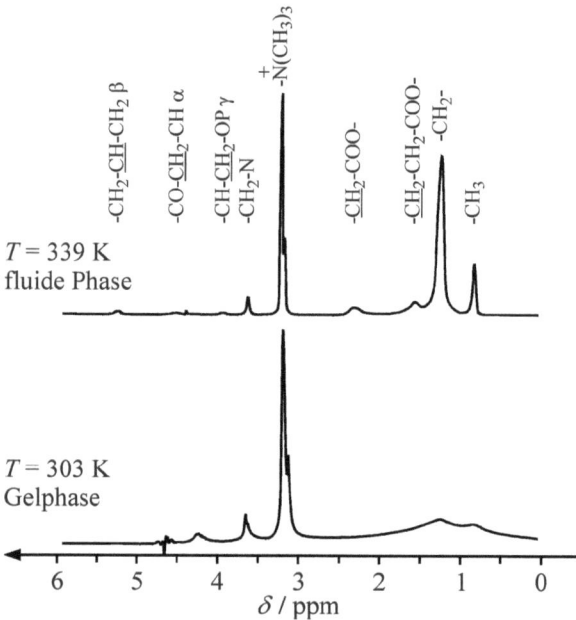

Abb. V.158: ^{1}H-NMR-Spektrum von Dipalmitylphosphatidylcholin (DPPC) in D$_2$O bei einer Temperatur unterhalb (303 K) und oberhalb (339 K) der Hauptphasenumwandlungstemperatur des Lipids (T_H = 315 K).

ebene. Dabei befinden sich die Protonen in einem Magnetfeld, das den Ringstrom-Effekt der Nachbarmoleküle schwächt, so dass die chemische Verschiebung abnimmt. Hochaufgelöste NMR-Spektren erlauben somit die Bestimmung der Position von Doppelstrangbereichen, z. B. in RNA-Molekülen.

Abbildung V.158 zeigt das ^{1}H-NMR-Spektrum der Modellbiomembran DPPC bei einer Temperatur unterhalb und einer Temperatur oberhalb der Gel/flüssig-kristallin-Übergangstemperatur T_H von 315 K. In der Gelphase sind die Kettenresonanzen aufgrund der höheren Ordnungszustände und der damit eingeschränkten Mobilität der Ketten stark verbreitert ($\Delta v_{1/2} \propto \tau_c$). Lediglich die Resonanz der Cholinkopfgruppe, die dem umgebenden Wasser zugewandt ist, ist schmal. Eine deutliche Linienverschmälerung tritt beim Übergang in die fluide Phase ein. Dies zeigt die zunehmende Flexibilität der Acylketten beim Überschreiten der Hauptumwandlungstemperatur der Lipidmembran.

Das Protonenspektrum einer biologischen Membran ist in Abbildung V.159 dargestellt. Natürliche Membranen müssen fluide sein, wie aus der hohen Signalintensität und der Breite der Acylketten-Resonanzen geschlossen werden kann.

In Membransystemen und anderen supramolekularen Lipidaggregaten mit ^{31}P-Kernen im Kopfgruppenbereich der Amphiphile lassen sich aus ^{31}P-NMR-Spektren Informationen über die Struktur der polymorphen Lipidphase bekommen (Abb. V.160). Ursache ist die Anisotropie der chemischen Verschiebung ($\omega = \gamma_N(1-\hat{\sigma})B_0$). Die Abschirmungskonstante ist allgemein ein Tensor ($\hat{\sigma}$), der durch geeignete Koordinatentransformation in Diagonalform gebracht werden kann. Im Festkörper ist in der Regel $\sigma_{11} \neq \sigma_{22} \neq \sigma_{33}$ oder bei axialsymmetrischen Molekülen, wie Phospholipiden in Membranen, $\sigma_{11} = \sigma_{22} = \sigma_\perp \neq \sigma_{33} = \sigma_\parallel$. Während man bei schneller isotroper Bewegung in der Flüssigkeit die chemische Verschiebung als Spur der Matrix misst (Sp $\hat{\sigma} = (\sigma_{11} + \sigma_{22} + \sigma_{33})/3$), registriert man bei Pulverspektren je nach Orientierung der einzelnen Domänen relativ zur $\vec{B}_0$-Richtung unterschiedliche σ-Werte. In den Phospholipiden von Membranen liegt z. B. eine solche anisotrope Elektronenverteilung um die Phosphatgruppe vor. In den großen Lipidaggregaten wird diese Anisotropie nicht durch schnelle Rotation herausgemittelt. Die chemische Verschiebung wird daher von der Orientierung des Molekülachsensystems relativ zum B_0-Feld abhängig, und man beobachtet ein Pulverspektrum mit Linienbreiten im kHz-Bereich.

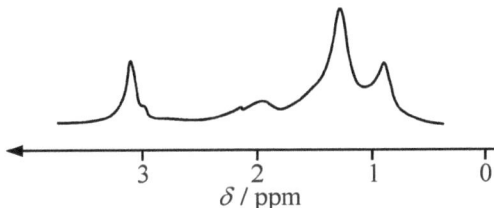

Abb. V.159: ^{1}H-NMR-Spektrum von Membranen des Sarkoplasmatischen Retikulums (nach: A. G. Lee, in: *Methods in Membrane Biology*, E. D. Korn (Hrsg.), Vol. 2, Plenum Press, New York, 1974).

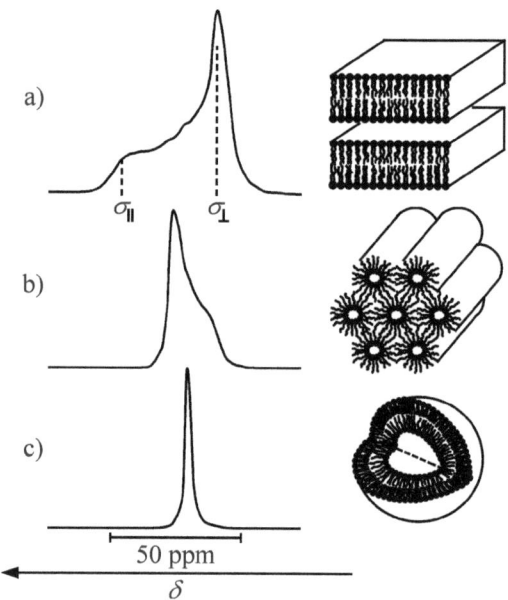

Abb. V.160: ^{31}P-NMR-Spektren von Phospholipid-Dispersionen unterschiedlicher Aggregatstruktur: a) lamellare Doppelschicht; b) hexagonale H$_{II}$-Phase; c) Phase mit isotroper Bewegung (z. B. kleine unilamellare Vesikel oder kubische Lipidphasen). Hier findet man nur eine isotrope Linie. Aufgrund der axialen Symmetrie der Lipidmoleküle beobachtet man bei langsamer Aggregatrotation ($\tau_c > 10^{-6}$ s) Pulverspektren. Anhand der Spektren kann die Anisotropie der chemischen Verschiebung (hier $\Delta\sigma = \sigma_\parallel - \sigma_\perp$) ermittelt werden.

7.6 Paramagnetische Proben

Das magnetische Moment ungepaarter Elektronen ist etwa 658-fach größer als das von Atomkernen. Paramagnetische Substanzen (z. B. Mn^{2+}, Lanthaniden-Ionen) haben daher einen drastischen Einfluss auf benachbarte Kernspins. Sie können eine starke Verbreiterung und Verschiebung der Resonanzfrequenzen der beobachteten Kerne und eine Verkürzung ihrer Relaxationszeiten bewirken. Diese Abhängigkeit kann ausgenutzt werden, um Informationen über die Molekülbeweglichkeit, Entfernung des paramagnetischen Zentrums zum beobachteten Kern und über die Bindung eines paramagnetischen Ions an ein Biomolekül zu erhalten. Durch Zugabe von Lanthaniden-Shift-Reagenzien zu einer NMR-Probe können auch NMR-Spektren aufgefächert und damit leichter interpretierbar werden.

Soweit die paramagnetische Verschiebung von der magnetischen dipolaren Kopplung zwischen dem beobachteten Kernspin des Atoms A und dem ungepaarten Elektronenspin S verursacht wird, fällt sie mit der dritten Potenz des Abstands r ab. Unter Annahme einer Axialsymmetrie des AS-Komplexes gilt für diesen dipolaren Verschiebungsanteil (*Pseudokontaktverschiebung*) die MCCONNEL-ROBERTSON-Gleichung $\delta_{dip} = K(3\cos^2\phi - 1)/r^3$. Hier ist ϕ der Winkel zwischen der magnetischen Achse des Komplexes und dem Vektor zwischen dem Ion und dem betrachteten Kernspin. K ist eine Konstante. Die Relaxationsrate ist proportional zu r^{-6}. Die fluktuierenden Felder des ungepaarten Elektronenspins stellen den dominierenden Relaxationskanal für die Atomkerne dar.

Wenn die Elektronendichte am Kernort nicht verschwindet, kommt zur dipolaren Wechselwirkung noch die skalare FERMI-Kontaktwechselwirkung hinzu. Sie basiert auf der Delokalisierung elektronischer Spindichte über die chemischen Bindungen des Liganden bis zum Ort des koppelnden Atomkerns. Sie erstreckt sich nur über wenige Bindungen, so dass diese sog. *Kontaktverschiebung* nur für die Kerne der Atome von Bedeutung ist, die sehr nahe an der Koordinationsstelle des paramagnetischen Metallions liegen.

Meist genügen sehr kleine Mengen eines Übergangsmetallions, um im NMR-Spektrum eine Verbreiterung der Linien von Molekülsegmenten hervorzurufen, in deren Nähe die Komplexierungsstelle des paramagnetischen Ions liegt. Paramagnetische Proben lassen sich somit für Konformationsuntersuchungen einsetzen, z. B. zur Untersuchung der Bindungsstellen in Enzymen.

Die longitudinale Relaxationsrate ($1/T_{1,M}$) hängt in diesen Systemen von einer Reihe von Parametern ab: dem Anteil gebundener paramagnetischer Spezies, der Stöchiometrie des Komplexes, der Lebensdauer τ_M des Komplexes, der Korrelationszeit τ_c für die dipolare Wechselwirkung zwischen Kern- und Elektronenspin und der Entfernung r zwischen dem paramagnetischen Zentrum und dem Atomkern (s. z. B. Ehrenstein, Lecar, 1982):

$$\frac{1}{T_{1,M}} = \frac{2}{15} \cdot \frac{\mu_0}{4\pi} \cdot \frac{\gamma_I^2 g^2 \mu_B^2 S(S+1)}{r^6} \left(\frac{3\tau_c}{1+\omega_I^2\tau_c^2} + \frac{7\tau_c}{1+\omega_S^2\tau_c^2} \right) + \frac{2}{3} \cdot \frac{a^2 S(S+1)}{\hbar^2} \cdot \frac{\tau_e}{1+\omega_S^2\tau_e^2} \quad (V.145)$$

(S Elektronenspin-Quantenzahl, g LANDÉ-Faktor, μ_B BOHRsches Magneton, a Hyperfeinkopplungskonstante, τ_e effektive Korrelationszeit der skalaren Wechselwirkung, ω_S elektronische, ω_I Kern-LARMOR-Frequenz). Für enzymgebundene paramagnetische Komplexe überwiegt meist der magnetische dipolare Beitrag von Kern- und Elektronenspin (erster Term in Gl. V.145).

Die Korrelationszeit τ_c hängt von der Gesamtrotationsbewegung τ_R des Biomoleküls und der Lebensdauer τ_M des Komplexes ab. In einem typischen Experiment bestimmt man den paramagnetischen Anteil $T_{1,P}$ von $T_{1,M}$ aus der Differenz zwischen der gemessenen Relaxationsrate in An- und Abwesenheit des paramagnetischen Agens. Er ist näherungsweise gegeben durch:

$$\frac{1}{T_{1,P}} \approx \frac{f \cdot Z}{T_{1,M} + \tau_M} \quad (V.146)$$

(f Stoffmengenanteil gebundener Moleküle, Z Koordinationszahl; oft ist $T_{1,M} \gg \tau_M$). Aus dem dipolaren Beitrag zu $T_{1,M}$ lässt sich prinzipiell der Abstand Kernspin-paramagnetisches Zentrum bestimmen, wenn τ_c bekannt ist (z. B. über die Messung von $T_{1,P}$ bei verschiedenen Frequenzen) und wenn der dipolare Relaxationsmechanismus dominiert. Diese i. Allg. aufwändige Prozedur kann für verschiedene Substratkerne wiederholt werden, so dass man letztlich Informationen über die Orientierung des Substrats relativ zum paramagnetischen Zentrum an der aktiven Stelle des Proteins gewinnen kann. Voraussetzung ist jedoch, dass die Bindung

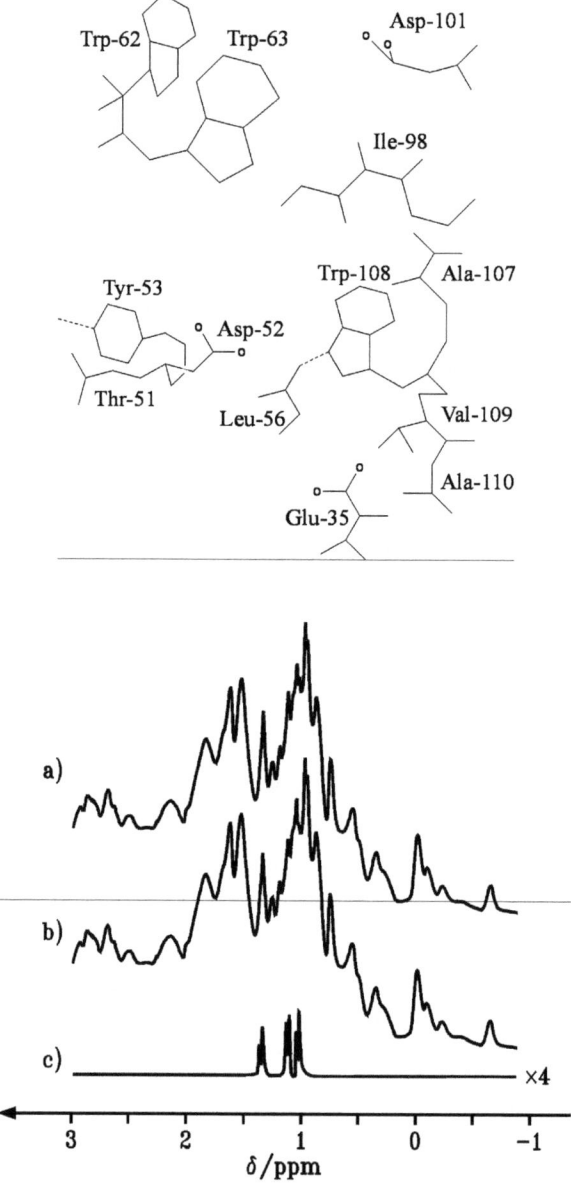

Abb. V.161: 270-MHz-^{1}H-NMR-Spektrum von 5 mM Lysozym a) mit 50 mM diamagnetischem La^{3+}; b) mit $5 \cdot 10^{-5}$ M paramagnetischem Gd^{3+}; c) Differenzspektrum. Die Signale der Gruppen sind sichtbar, die durch Bindung an Gd^{3+} stark verbreitert werden. Oben: Skizze des aktiven Zentrums von Lysozym als Ergebnis von RÖNTGEN-Strukturuntersuchungen (nach: I. D. Campbell, R. A. Dwek, *Biological Spectroscopy*, The Benjamin/Cummings Publ. Comp., Menlo Park, 1984).

des Metallions zu keiner Störung der Struktur des Biomoleküls führt. Dieser Methode sind die mehrdimensionalen NMR-Techniken jedoch oft überlegen.

Wir betrachten als Beispiel die Wirkung von Gd^{3+}-Ionen auf das ^{1}H-Spektrum des Enzyms Lysozym (Abb. V.161). Sie soll helfen, die Valin-Resonanzen um $\delta = 1$ ppm den verschiedenen Stellen im Protein zuzuordnen. Lysozym bindet Metallionen an Asp-52 und Glu-35 im aktiven Zentrum. Val-109 ist die einzige Valin-Gruppe in der Umgebung. Der Zusatz des paramagnetischen Ions führt zur Verbreiterung der NMR-Resonanz der Gruppen an der Bindungstelle. Im NMR-Differenzspektrum (mit und ohne Zusatz von Gd^{3+}) sieht man, welche Resonanz verbreitert wurde und damit welche Valin-Resonanz im NMR-Spektrum der Bindungstasche zugeordnet werden kann. Ähnliche Resultate erhält man mit Entkopplungsexperimenten.

7.7 Chemischer Austausch

Mit Hilfe der NMR-Spektroskopie können nicht nur statische Molekülstrukturen aufgeklärt, sondern auch dynamische intra- und intermolekulare Prozesse studiert werden. Wenn sich verschiedene Spezies im System ineinander umwandeln, hängt das Aussehen des NMR-Spektrums von der Lebensdauer der einzelnen Formen ab.

Im einfachsten Fall gibt es nur zwei verschiedene Zustände, A und B, die sich durch ihre unterschiedliche Resonanzfrequenz ν_A bzw. ν_B unterscheiden. Die mittleren Lebensdauern im Zustand A und B seien τ_A und τ_B. Dem Messprinzip liegt nun die Tatsache zugrunde, dass getrennte NMR-Signale nur dann beobachtet werden, wenn die Geschwindigkeitskonstante k der chemischen Austauschreaktion A $\leftrightarrow$ B in der Größenordnung der Differenz der Resonanzfrequenzen $\Delta\nu_0 = \nu_{0,A} - \nu_{0,B}$ der beiden Kerne in ihren beiden unterschiedlichen magnetischen Umgebungen ist. Die zugehörigen NMR-Spektren können mit einer Erweiterung der BLOCH-schen Gleichungen beschrieben werden (Günther, 1992; Evans, 1995).

Kernresonanz-Signale sind, wie die Lösung der BLOCHschen Gleichungen ergibt, LORENTZ-Linien. Treten dynamische Phänomene auf, werden drei Grenzfälle unterschieden, nämlich das Gebiet des langsamen Austauschs, in dem für die Reaktionsgeschwindigkeitskonstante $k \ll \Delta\nu_0$ gilt, das Koaleszenzgebiet mit $k \approx \Delta\nu_0$, und schließlich das Gebiet des schnellen Austauschs mit $k \gg \Delta\nu_0$. Typische Linienformen sind in Abbildung V.162 wiedergegeben. Die zwei scharfen Linien im Gebiet des langsamen Austauschs verbreitern sich hier bei Erhöhung der Temperatur, bis schließlich der Koaleszenzpunkt erreicht ist. Bei noch weiterer Temperaturerhöhung erhält man nur noch eine einzige Linie.

Am Koaleszenzpunkt, an dem die breiten Banden gerade zu einer zusammenfallen, gilt - für den Fall gleicher Populationen p der Spezies A und B - für die Austauschkorrelationszeit

$$\tau \approx \frac{\sqrt{2}}{\pi \Delta \nu_0} \tag{V.147}$$

(mit: $\tau = \tau_A = \tau_B$ und $p_A = p_B$, $T_{2,A} = T_{2,B}$). Hieraus erhält man die Geschwindigkeitskonstante $k = 1/\tau$ für diesen Austauschprozess bei der Koaleszenztemperatur. $k(T)$ kann durch eine Linienformanalyse mit Hilfe der BLOCHschen Gleichungen erhalten werden. Mit Hilfe der EYRING-Gleichung der Reaktionskinetik lassen sich dann auch die Aktivierungsenthalpie und -entropie für den Austauschprozess bestimmen. Man findet z. B. für Amidprotonen von Prote-

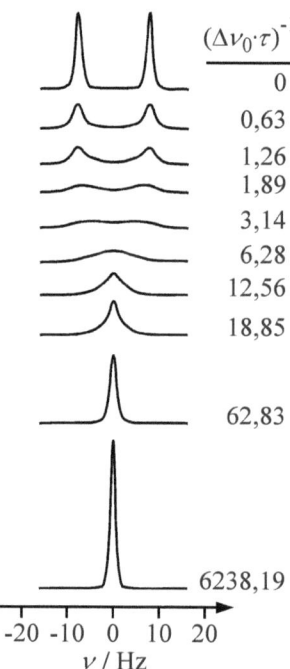

Abb. V.162: Die Änderung der Linienform mit der Austauschkorrelationszeit τ. Simulation eines Zweiseitenaustauschs als Funktion von $(\Delta\nu_0\cdot\tau)^{-1} = k/\Delta\nu_0$ bei einer Gleichgewichtskonstante $K = p_A/p_B$ von 1. Die Änderung der Linienform kann z. B. durch Temperaturänderung hervorgerufen werden.

inen Austauschraten in Wasser, die zwischen 10^{-5} s^{-1} und 2 s^{-1} liegen. Die Werte hängen von der Zugänglichkeit der Peptidbindung für die Wasserprotonen ab.

Austauschvorgänge können auch die Spin-Spin-Kopplung aufheben. In Methanol (CH_3OH) ist wegen der Kopplung zwischen den Methyl- und den Hydroxyl-Protonen ein Dublett und ein Quartett zu erwarten. Ein solches NMR-Spektrum beobachtet man jedoch nur, wenn der Austausch zwischen den Hydroxyl-Protonen sehr langsam verläuft. Dieser Austausch wird durch Temperaturerhöhung oder Säurekatalyse stark beschleunigt. Meistens ist er so rasch, dass die Methylgruppe nicht mehr an ein einziges Hydroxyl-Proton koppelt, sondern durch den Mittelwert der Spineinstellungen vieler OH-Protonen beeinflusst wird und damit als scharfes Singulett erscheint. Am Koaleszenzpunkt ist die mittlere Lebensdauer eines Protons in der Hydroxylgruppe gerade $\tau = \sqrt{2}/(2\pi J)$ (J Kopplungskonstante).

Die NMR-Methode kann für eine Reihe kinetischer Untersuchungen in der Biochemie eingesetzt werden, wie z. B. für enzymkatalysierte Reaktionen und Ligandenbindungsreaktionen. Komplexe mit Metallionen spielen bei vielen enzymatischen Reaktionen eine große Rolle. Ein Beispiel ist die Komplexierung von Adenosin-5'-triphosphat (ATP), das unter physiologischen Bedingungen fast immer mit einem Mg^{2+}-Ion komplexiert. Die Lebensdauer des Mg·ATP-Komplexes ist temperaturabhängig. Wie Abbildung V.163 zeigt, liegt die Koaleszenztemperatur bei etwa 298 K. Bei tiefen Temperaturen sieht man die ^{31}P-NMR-Signale von

7. Kernmagnetische Resonanz (NMR)

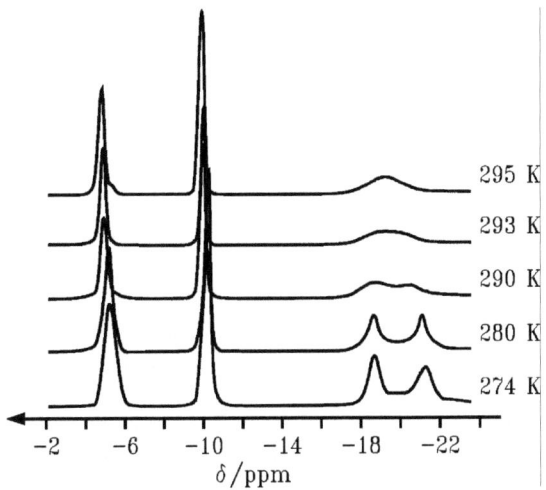

Abb. V.163: ^{31}P-NMR-Spektren des Mg·ATP-Komplexes und des freien ATP bei verschiedenen Temperaturen. Die ^{31}P-Resonanz bei −5 ppm entspricht der γ-Phosphatgruppe des ATP, diejenige bei −10,3 ppm der α-Phosphatgruppe. Bei 274 K sind die Resonanzen der β-Phosphatgruppe in Mg·ATP und ATP getrennt beobachtbar. Im Mg·ATP liegt sie bei −18,6 ppm und in metallfreiem ATP bei −21,2 ppm. Mit zunehmender Temperatur und damit schnellerem Austausch des komplexierten Mg^{2+}-Ions rücken die beiden Linien aufeinander zu, bis sie schließlich zusammenfallen (Austauschrate $k = 1/\tau_{Mg \cdot ATP} = 1100$ s^{-1}) (nach: G. M. Sontheimer, W. Kuhn, H. R. Kalbitzer, Biochim. Biophys. Acta **134** (1986) 1379).

Mg·ATP und freiem ATP, bei hohen Temperaturen nur noch eine austauschverschmälerte Resonanzlinie, deren Linienposition konzentrationsabhängig ist.

7.8 Dynamische Prozesse

Tabelle V.23a zeigt eine Übersicht über die Zeit- und Frequenzskala physikalischer Bewegungsvorgänge. Fast der gesamte Zeitbereich von langsamen bis zu schnellen Bewegungsvorgängen im Frequenzbereich von etwa 10^{11} s^{-1} ist mit Methoden der NMR-Spektroskopie erfassbar. Für Membranen sind die auftretenden Bewegungsmoden mit den möglichen Untersuchungsmethoden in den einzelnen Zeitbereichen angegeben (Tab. V.23b). Durch inter- und intramolekulare Wechselwirkungen und Stöße mit Nachbar- und Lösungsmittelmolekülen weisen die einzelnen Bewegungsmoden nicht nur eine bestimmte Frequenz, sondern ein ganzes Frequenzspektrum auf. Frequenzverteilungen werden durch die sog. *spektrale Dichte* $J(\omega)$ charakterisiert, deren Form von dem jeweiligen Bewegungsvorgang abhängt. Sie ist die FOURIER-Transformierte einer Korrelationsfunktion $G(t)$, die das Zeitverhalten der jeweiligen dynamischen Größe zur Zeit t charakterisiert. Ein Maß zur Charakterisierung der Zeitabhängigkeit der Bewegung ist die Korrelationszeit τ_c. Kurze Korrelationszeiten entsprechen schnellen Bewegungen. Für eine Rotationsbewegung ist τ_c die Zeit, die ein Molekül im Mittel benötigt, um sich um einen Winkel von 1 rad zu drehen (ca. 10 ps für kleine Moleküle, ca. 10 ns für kleine Proteine). Man findet z. B., dass die Frequenzabhängigkeit der Stärke der fluktu-

Tab. V.23: a) Charakteristische Frequenzen molekularer Bewegungsvorgänge von Biomolekülen; b) Bewegungsvorgänge in Membranen (oben) und Untersuchungsmethoden für die einzelnen Zeitbereiche (unten).

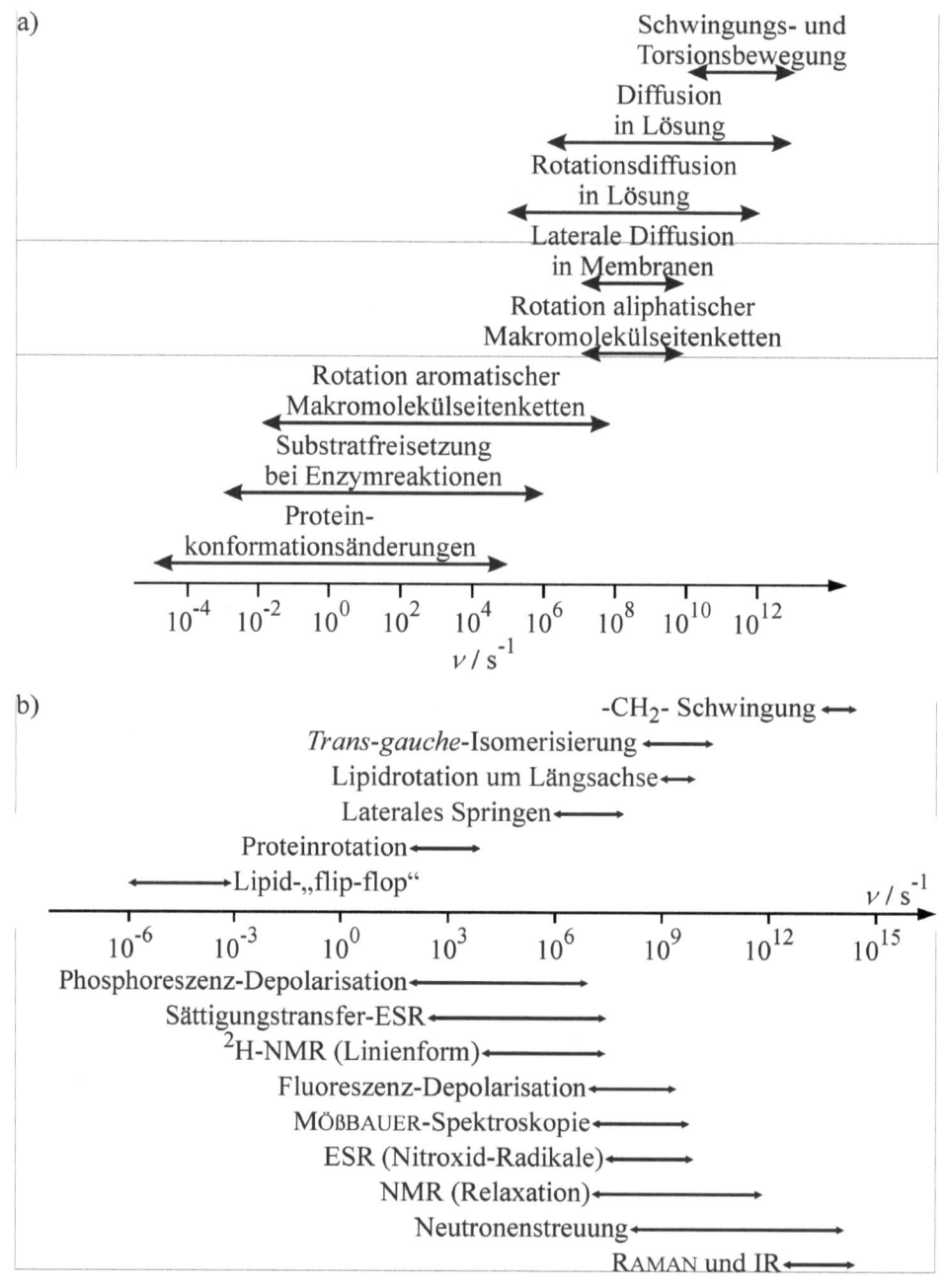

7. Kernmagnetische Resonanz (NMR)

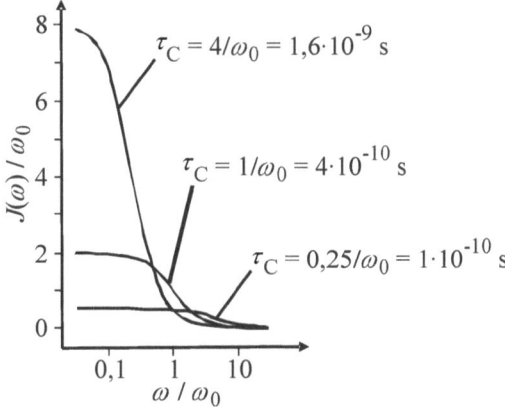

Abb. V.164: Spektrale Dichtefunktion $J(\omega)$ (bezogen auf die NMR-Frequenz ω_0) als Funktion der normierten Kreisfrequenz ω/ω_0 für verschiedene Werte der Korrelationszeit τ_c (in Klammern: τ_c-Werte für $v_0 = \omega_0/2\pi = 400$ MHz). Die Intensität der fluktuierenden Magnetfelder hängt drastisch von der molekularen Beweglichkeit (τ_c) der Teilchen ab. Für $\omega = \omega_0$ ist $\tau_c = 1/\omega_0$ und $J(\omega_0)$ ist maximal. Wenn τ_c kleiner wird (schnelle Bewegung), wird $J(\omega)$ zu höheren Frequenzen verschoben und flacher (da die Gesamtfläche unter der Kurve konstant bleibt).

ierenden magnetischen Dipol-Dipol-Wechselwirkung für eine isotrope Bewegung durch eine spektrale Dichtefunktion $J(\omega)$ gegeben ist, welche von der Form

$$J(\omega) = \overline{B_{\text{lok}}^2} \cdot \frac{2\tau_c}{1+\omega^2\tau_c^2} \tag{V.148}$$

ist (B_{lok} lokale Stärke der Magnetfeldfluktuationen). Sie ist ein Maß für die Wahrscheinlichkeit, dass Fluktuationen der Frequenz ω für eine bestimmte Korrelationszeit τ_c auftreten. Für ein großes, sphärisches Molekül mit Radius R in einer Lösung mit dem Viskositätskoeffizienten η ist die Rotationskorrelationszeit $\tau_c \approx 4\pi\eta R^3/(3k_B T)$. Sie beträgt für ein Teilchen von 5 nm Radius in H$_2$O bei Raumtemperatur etwa 10^{-7} s. Für eine niedrigviskose Flüssigkeit liegt τ_c zwischen 10^{-12} und 10^{-10} s. $G(t)$ besitzt in dem für die molekulare Reorientierung benutzten Modell einer Diffusion und Rotation eine exponentielle Zeitabhängigkeit:

$$G(t) = \overline{B_{\text{lok}}(t)B_{\text{lok}}(0)} = \overline{B_{\text{lok}}^2}\, e^{-t/\tau_c} \tag{V.149}$$

Der Verlauf von $J(\omega)$ mit der Messkreisfrequenz ω ist in Abbildung V.164 für verschiedene Werte von τ_c veranschaulicht. $J(\omega)$ ist im *extreme narrowing*-Bereich ($\omega^2\tau_c^2 \ll 1$) unabhängig von ω.

Diese Beziehungen haben grundlegende Bedeutung für die Interpretation der Relaxationsvorgänge. Wir haben gesehen, dass zur Relaxation eines Kerns nur solche Komponenten des Frequenzspektrums beitragen, die mit der LARMOR-Frequenz ω_0 des relaxierenden Kerns übereinstimmen. Diese Bedingung ist erfüllt, wenn $\tau_c \approx 1/\omega_0$. Allgemein gilt, dass $1/T_1 \propto J(\omega_0)$). Die Zusammenhänge zwischen den Relaxationszeiten T_1 und T_2 und τ_c, die dem jeweiligen Relaxationsmechanismus zugrunde liegen, wurden in den klassischen Arbeiten von N.

BLOEMBERGEN angegeben. Einfache Fälle haben wir bereits kennengelernt (s. z. B. Abb. V.143). In Festkörpern, in denen die molekulare Beweglichkeit i. Allg. stark eingeschränkt ist, liegt der größte Teil des Frequenzspektrums unterhalb von ω_0, so dass T_1 sehr lang werden kann. In Flüssigkeiten dagegen ist die Bewegung schneller und man beobachtet ein breites Spektrum fluktuierender lokaler Feldkomponenten, so dass T_1 klein wird (i. Allg. T_1 < 10 s).

Wir haben bereits einige Beispiele zur ^{1}H-NMR-Spektroskopie an Biomolekülen kennengelernt. Die *^{13}C-NMR-Spektroskopie* findet ebenfalls breite Anwendung. Ein Vorteil der ^{13}C-NMR liegt darin, dass die Hyperfeinaufspaltung mit den Nachbarprotonen durch Spin-Entkopplung (*Breitbandkopplung* durch Einstrahlen mit der Resonanzfrequenz der Protonen) aufgehoben werden kann, wodurch sich die Spektren stark vereinfachen. Eine willkommene Begleiterscheinung ist eine Intensitätssteigerung aufgrund des NO-Effekts (s. Kap. V.7.10). Der Nachteil der ^{13}C-NMR liegt in der geringen natürlichen Häufigkeit (1,1 %) des ^{13}C-Kerns und damit in dem geringen Signal-zu-Rausch-Verhältnis. Wenn die Signalintensität nicht ausreicht, kann dies durch Isotopenanreicherung kompensiert werden, die durch *in vivo*- oder durch chemische Synthese erreicht werden kann. Durch Einstrahlen der ^{1}H-Resonanzfrequenzen wird die Besetzung der Energieniveaus des gemeinsamen ^{13}C/^{1}H-Spinsystems gestört. Das System reagiert durch verstärkte ^{13}C-Relaxation, um die gestörte BOLTZMANN-Verteilung wieder herzustellen. Der ^{13}C-Grundzustand wird stärker besetzt und es kommt daher zur Erhöhung der Signalintensität (um etwa den Faktor drei), da mehr HF-Leistung aus dem B_1-Feld aufgenommen werden kann.

Einen weiteren Vorteil bieten Messungen der ^{13}C-T_1-Relaxationszeiten zur Bestimmung von Korrelationszeiten dynamischer Prozesse in Biomolekülen.

Die ^{1}H-Relaxationsprozesse in Proteinen oder Lipid-Membranen werden wesentlich durch intra- und intermolekulare magnetische Dipol-Dipol-Wechselwirkungen bestimmt. Anzahl, Stärke, Abstand und das Frequenzspektrum benachbarter magnetischer Dipole bestimmen die Relaxationszeit eines betrachteten Kerns. Die Analyse der Dynamik (τ_c) eines Molekülsegments erfordert somit in der Regel einen recht komplexen Modellansatz für die einzelnen Beiträge. Qualitative Aussagen über Beweglichkeitsänderungen sind jedoch oftmals möglich. Die theoretische Behandlung der Spin-Gitter-Relaxationszeit für ^{13}C-Kerne ist wesentlich einfacher als für ^{1}H-Kerne, da intermolekulare Beiträge, wie im Fall der Protonenrelaxation, i. Allg. nicht zum intramolekularen Relaxationsbeitrag hinzukommen. Die ^{13}C-Dipol-Dipol-Relaxation wird aufgrund der r^{-6}-Abhängigkeit hauptsächlich durch benachbarte Protonen hervorgerufen. Die T_1-Zeiten liegen im Bereich 0,1-20 s. In Abbildung V.165 sind ^{13}C-NMR-Spektren und ^{13}C-T_1-Zeiten der verschiedenen Positionen in der Modellmembran DPPC dargestellt. Man erkennt, dass die Cholinkopfgruppe relativ beweglich ist ($\tau_c \propto 1/T_1$). In der Nähe des Glyceringerüsts ist die CH$_2$-Segmentbeweglichkeit stark eingeschränkt. Die Beweglichkeit der Segmente nimmt bis zur terminalen CH$_3$-Gruppe hin drastisch zu. Die ^{13}C-NMR-Resonanzen im Acylkettenbereich werden in der Gelphase des DPPC aufgrund der Rigidisierung der Ketten sehr breit ($\Delta \nu_{1/2} \propto 1/T_2 \propto \tau_c$). Nur die Cholinkopfgruppe zeigt noch eine scharfe Resonanzlinie. Eine quantitative Auswertung solcher Daten ist jedoch i. Allg. nicht einfach, da detaillierte Bewegungsmodelle entwickelt werden müssen, um die Effekte der Segmentbeweglichkeit von denen der Beweglichkeit des Gesamtmoleküls zu trennen. Eine einfachere Charakterisierung der Beweglichkeiten der verschiedenen Lipidgruppen erlauben ^{2}H-NMR-Messungen.

7. Kernmagnetische Resonanz (NMR)

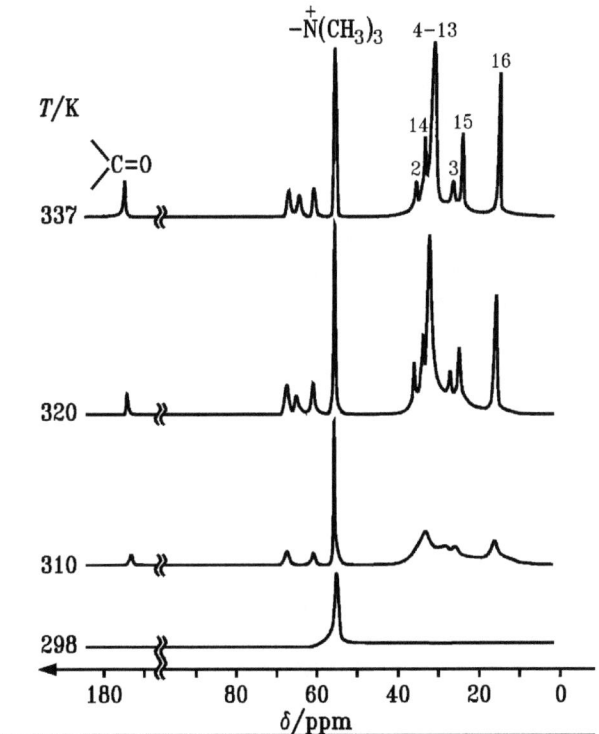

Abb. V.165: ^{13}C-NMR-Spektren von kleinen DPPC-Vesikeln in D$_2$O bei unterschiedlichen Temperaturen und T_1-Relaxationszeiten der ^{13}C-Kerne an verschiedenen Positionen des Moleküls bei $T = 323$ K. Für die C=O-Gruppen stehen keine direkt gebundenen H-Atome zur Relaxation zur Verfügung. Nur in kleinen Lipidvesikeln ist die Rotationsbeweglichkeit des Aggregats so groß, dass die Spektren gut aufgelöst sind (nach: Y. K. Levine, N. J. M. Birdsall, A. G. Lee, J. C. Metcalfe, Biochemistry **11** (1972) 1416).

7.9 Deuteronen-NMR-Spektroskopie

Bei Atomkernen mit Kernspinquantenzahl $I > 1/2$, wie z. B. dem Deuteron ^{2}H mit $I = 1$, bestimmt hauptsächlich die Wechselwirkung des Kernquadrupolmoments mit dem elektrischen Feldgradienten (EFG) die Form des NMR-Spektrums und die Relaxation des Atomkerns. Andere Beiträge, wie dipolare magnetische Wechselwirkungen, sind in erster Näherung vernachlässigbar. Das ^{2}H-NMR-Spektrum eines Deuteriumkerns zeigt, wie in Kap. V.7.3 ausgeführt, zwei Resonanzlinien. Ihr Frequenzunterschied wird als *Quadrupolaufspaltung* $\Delta\nu_Q$ bezeichnet.

Die Komponente $V_{zz} = eq$ sei das betragsmäßig größte Element des elektrischen Feldgradientensors in Diagonalform (ausgedrückt im molekularen Hauptachsensystem). $\eta = (V_{xx} - V_{yy}) / V_{zz}$ definiert den sog. Asymmetrieparameter des elektrischen Feldgradienten ($|V_{zz}| \geq |V_{yy}| \geq |V_{xx}|$ und $0 \leq \eta \leq 1$). Wenn V_{zz} parallel zur Magnetfeldrichtung liegt, ist:

$$\Delta\nu_Q = \nu_+ - \nu_- = \frac{3}{2} \cdot \frac{e^2 qQ}{h} = \frac{3}{2} \cdot \frac{eQ}{h} V_{zz} \qquad (V.150)$$

Allgemein gilt, wenn V_{zz} den Winkel θ mit $\vec{B}_0$ einschließt:

$$\Delta\nu_Q = \frac{3}{2} \cdot \frac{e^2 qQ}{h} \cdot \frac{3\cos^2\theta - 1}{2} \qquad (V.151)$$

(e^2qQ/h) ist die statische *Quadrupolkopplungskonstante*. Sie beträgt für aliphatische C–D-Bindungen etwa 167 kHz. Somit ergibt sich für eine parallele Orientierung von V_{zz} zu $\vec{B}_0$ eine Quadrupolaufspaltung von etwa 250 Hz.

In einem Pulver sind die einzelnen Kristallite statistisch räumlich orientiert. In diesem Fall erhält man ein Pulverspektrum (PAKE-Spektrum), wie in Abbildung V.166 dargestellt. Die beiden inneren Spitzen des Spektrums entsprechen einer senkrechten Orientierung von V_{zz} zu $\vec{B}_0$, die äußeren Kanten parallelen Orientierungen.

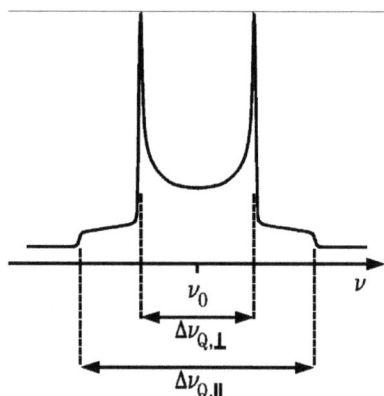

Abb. V.166: Theoretische Linienform für ein Pulverspektrum eines Spinsystems mit dem Kernspin $I = 1$ unter der Annahme eines symmetrischen EFG-Tensors ($\eta = 0$).

7. Kernmagnetische Resonanz (NMR)

Diese Linienform wird jedoch nur beobachtet, wenn die C–D-Bindungen keine molekularen Reorientierungsbewegungen durchführen. Molekulare Dynamik führt zu einer Mittelung des elektrischen Feldgradienten. Im Extremfall sehr schneller, isotroper Bewegungen (*fast limit*) beobachtet man daher nur noch eine scharfe Absorptionslinie bei v_0. Sind die Bewegungen der C–D-Bindung dagegen anisotrop und/oder nicht im schnellen Grenzfall, so wird die resultierende ^{2}H-NMR-Linienform durch den Bewegungstyp und die Korrelationszeit τ_c der Bewegung bestimmt.

Für Phospholipidmembranen kommen als Reorientierungsbewegung in Betracht: Rotationen der gesamten Acylketten, *trans-gauche*-Isomerisierungen um C–C-Bindungen, Wackelbewegung (*wobbling*) der Lipidmoleküle und eine schnelle laterale Diffusion. Aus der Analyse der Linienform lassen sich bei Anwendung eines geeigneten Modells somit Informationen über die Bewegungsmechanismen und ihre Korrelationszeiten gewinnen. Der Empfindlichkeitsbereich erstreckt sich auf dynamische Prozesse mit Korrelationszeiten τ_c von etwa 10^{-7} bis 10^{-5} s. Durch eine schnelle Rotation der Lipidmoleküle ändert sich die Linienform des Deuteronenspektrums zu einem PAKE-Spektrum reduzierter Breite.

Um die Orientierung eines Molekülsegments (z. B. C–D-Bindung) bezüglich einer Vorzugsrichtung (Direktorachse) anzugeben, führt man das Ordnungsparameterkonzept ein. Der *Ordnungsparameter* eines Molekülsegments beschreibt die zeitlich gemittelten Bewegungen um die Koordinaten des Segments in Bezug auf die Direktorachse. Er ist definiert durch

$$S_{ii} = \frac{3 <\cos^2 \Theta_i> -1}{2} \quad \text{mit: } i = x, y, z \tag{V.152}$$

$<\cos^2 \Theta_i>$ steht für das Zeitmittel des Winkels Θ_i zwischen der Koordinatenachse i und der Direktorachse. S_{ii} kann Werte zwischen $-1/2$ und 1 annehmen. Für axialsymmetrische Molekülgruppen, wie z. B. eine CD$_2$-Gruppe der Acylkette eines Phospholipids, taucht näherungsweise nur ein Ordnungsparameter, S_{zz}, auf. Die Quadrupolaufspaltung Δv_Q hängt vom Winkel zwischen der C–D-Bindungsrichtung und dem Direktor sowie vom Winkel relativ zum äußeren Magnetfeld $\vec{B}_0$ ab.

Als Beispiel betrachten wir Deuteronen-NMR-Messungen an partiell deuterierten Modellmembransystemen. Deuterium kann spezifisch chemisch oder biochemisch - ohne signifikante Störung der Membranordnung - an verschiedenen Stellen des Lipidmoleküls den Wasserstoff ersetzen, wodurch C–D-Bindungen entstehen. Die Quadrupolaufspaltung Δv_Q hängt von der Orientierung des C–D-Bindungsvektors $\vec{r}_{CD}$ relativ zum äußeren angelegten Magnetfeld und von dem Bewegungszustand des C–D-Segments ab. Für nicht orientierte Phospholipid-Dispersionen (Liposomen) erhält man nach Mittelung über alle möglichen Orientierungen der Direktorachse für die Quadrupolaufspaltung (Seelig, 1977):

$$\Delta v_Q = \frac{3}{4}\left(\frac{e^2qQ}{h}\right) S_{CD} \tag{V.153}$$

S_{CD} ist der Bindungs-Ordnungsparameter. Er gibt die zeitlich gemittelte Orientierung Θ der C–D-Bindung relativ zu einer Normalen, die bei Membranen senkrecht auf der Doppelschichtebene steht (Abb. V.167), an:

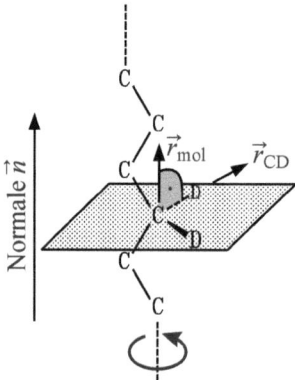

Abb. V.167: Die Konformation eines CD$_2$-Segments innerhalb der Fettsäurekette eines Lipids und Definitionen des C–D-Bindungsvektors $\vec{r}_{CD}$ und des molekularen Vektors $\vec{r}_{mol}$, welche über die Ordnungsparameter definiert werden.

$$S_{CD} = \frac{3 <\cos^2 \Theta> -1}{2} \qquad (V.154)$$

Θ ist der Winkel zwischen der momentanen Orientierung der C–D-Bindung und der Normalen.

Um die molekulare Ordnung eines Segments -CD$_2$- im Lipidsystem zu beschreiben, wird jedoch oft der *molekulare Ordnungsparameter S_{mol}* verwendet, der die Orientierung des Vektors $\vec{r}_{mol}$ senkrecht zur Ebene der CD$_2$-Gruppe wiedergibt ($S_{mol} = -2S_{CD}$) (Abb. V.167). Für eine *all-trans*-Konformation, d. h. senkrechte Ausrichtung der Lipid-Kette zur Doppelschichtebene, ist $S_{mol} = 1$ für alle Segmente; bei rein statistischer Verteilung der Orientierung eines Segments ist $S_{mol} = 0$.

Abbildung V.168 zeigt als Beispiel das ^{2}H-NMR-Spektrum von DMPC, das an verschiedenen Stellen in der C$_{14}$-Kohlenwasserstoffkette deuteriert wurde, in der flüssig-kristallinen Phase. Der Abstand der zwei scharfen Signale, der durch die Quadrupolkopplungskonstante und S_{mol} gegeben ist, nimmt mit zunehmender Entfernung von der Kopfgruppe ab, d. h., der Ordnungsparameter der Kette (Abb. V.168b), der die mittleren Fluktuationen der Kettensegmente relativ zur Normalen widerspiegelt, wird kleiner, die „Konformationsunordnung" der Kohlenwasserstoffketten im Inneren der Lipiddoppelschicht größer. Aufgrund der schnellen Rotation der terminalen Methylgruppe ist das entsprechende ^{2}H-NMR-Spektrum relativ schmal.

Weiterhin kann über Messung der Deuteronen-Relaxationsrate $1/T_1$ die molekulare Korrelationszeit, d. h. die Beweglichkeit der Kettensegmente, bestimmt werden. Im Fall einer asymmetrischen Bewegung, wie in Membranen, hängt die Relaxationsrate jedoch auch vom Ordnungsparameter S_{CD} ab. Für den Fall, dass nur eine einzige Bewegung mit der Korrelationszeit τ_c vorliegt und dass man sich im schnellen *extrem narrowing*-Bereich ($\tau_c < 10^{-8}$ s) befindet, ist die longitudinale Relaxationsrate gegeben durch (Seelig, 1977):

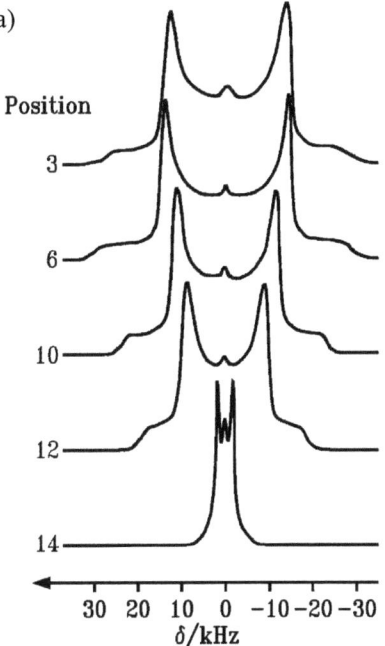
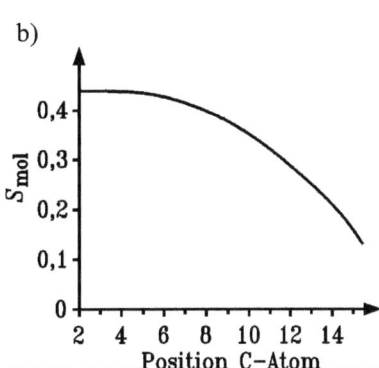

Abb. V.168: a) ^{2}H-NMR-Spektren von DMPC, das an verschiedenen Positionen der Acylkette selektiv deuteriert wurde, in der fluiden Phase in wässriger Dispersion. Aufgrund der schnellen Rotationsbewegung der Lipidmoleküle relativ zur NMR-Zeitskala ($\sim 10^{-6}$ s) sind die Spektren relativ zum starren Pulverspektrum schmaler; b) Molekularer Ordnungsparameter der CD$_2$-Gruppen an verschiedenen Positionen der Acylketten von DMPC (nach: J. Seelig, J. L. Browning, *FEBS Lett.* **92** (1978) 41; R. B. Gennis, *Biomembranes*, S. 53, Springer-Verlag, Heidelberg, 1989).

$$\frac{1}{T_1} = \frac{3\pi^2}{2}\left(\frac{e^2qQ}{h}\right)^2\left(1+\frac{1}{2}S_{CD}-\frac{3}{2}S_{CD}^2\right)\tau_c \tag{V.155}$$

Die ^{2}H-T_1-Zeiten sind aufgrund des großen Quadrupolmoments sehr kurz. Für reines ^{2}H$_2$O beträgt $T_1 \approx 400$ ms ($\tau_c \approx 6$ ps), für an Membranen hydratisiertes Wasser liegt T_1 im Bereich 10-100 ms. Die Relaxationszeiten der CD$_2$-Segmente von Lipid-Acylketten variieren zwischen 5 und 200 ms.

Informationen über molekulare Beweglichkeiten und die zugrunde liegenden Bewegungsformen erhält man in der ^{2}H-NMR-Spektroskopie über eine Analyse der Linienformen (im Frequenzfenster 10^4-10^8 s^{-1}), über T_1-Relaxationszeit-Messungen für schnellere Prozesse (10^7-10^{11} s^{-1}) und über T_2-Messungen und Messungen zweidimensionaler Austauschspektren für langsamere Bewegungsprozesse (1-10^4 s^{-1}). Die ^{2}H-NMR-Spektroskopie bietet damit die Möglichkeit, die molekulare Struktur und Dynamik von Biopolymeren mit Segmentauflösung zu studieren, wodurch sie zu einer der wichtigsten Spektroskopiearten auf dem Gebiet biophysikalischer Untersuchungsmethoden geworden ist.

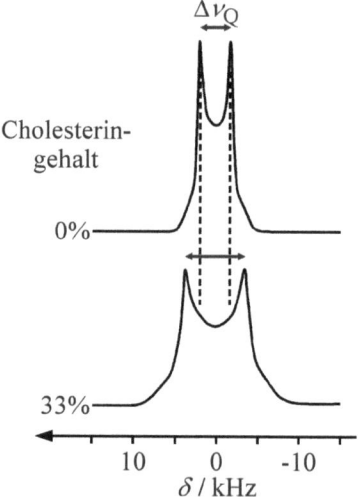

Abb. V.169: ^{2}H-NMR-Spektrum von C_{14}-deuteriertem DMPC ohne und mit Cholesterinzusatz (33 %) bei $T = 303$ K (nach: R. L. Smith, E. Oldfield, Science **225** (1984) 280).

Die Korrelationszeiten für *trans-gauche*-Isomerisierungen in fluiden Membranen liegen, abhängig von der Position in der Kette, bei 10^{-12}-10^{-10} s, die molekulare Rotation der Lipidmoleküle um ihre Längsachse liegt bei etwa 10^{-9}-10^{-8} s, die *wobble*-Bewegung des gesamten Moleküls im Bereich 10^{-9}-10^{-7} s. Kollektive Bewegungen sind langsamer, mit Korrelationszeiten um etwa 10^{-3} s.

^{2}H-NMR-Messungen an deuteriertem Cholesterin zeigen, dass die Rotationsbeweglichkeit um seine Längsachse ($\sim 3 \cdot 10^{-9}$ s) beim Einbau in die Membran etwas größer ist als die der Membranlipide. Seine *wobble*-Bewegung ist dagegen um eine Größenordnung langsamer.

Abbildung V.169 zeigt ^{2}H-NMR-Spektren von DMPC, das an der terminalen Gruppe der Fettsäure deuteriert wurde, ohne und mit 33 % inkorporiertem Cholesterin. Die größere Quadrupolaufspaltung im Fall des eingebauten Cholesterins zeigt, dass das Sterol einen ordnenden Einfluss auf die Konformation der Acylketten in der fluiden Modellmembran besitzt.

Auch die Änderung der *Oberflächenladung* von Membranen hat einen drastischen Einfluss auf die Quadrupolaufspaltung an der Kopfgruppe deuterierter Segmente. Abbildung V.170

7. Kernmagnetische Resonanz (NMR)

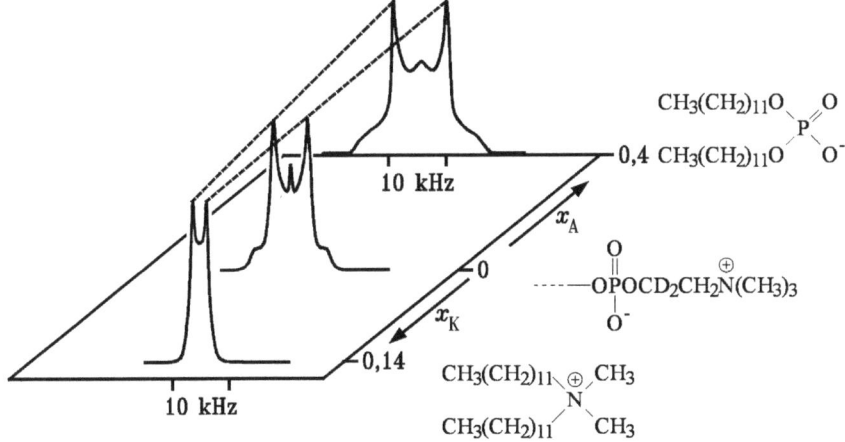

Abb. V.170: ^{2}H-NMR-Spektrum einer Lecithin-Membran mit verschiedenen Oberflächenladungen. Deuteriert ist ein Segment der Cholin-Kopfgruppe. Durch Zugabe von positiv geladenem Dimethyldialkylammoniumbromid oder negativ geladenem Dialkylphosphat (mit Stoffmengenbruch x_K bzw. x_A) ändert sich die Quadrupolaufspaltung. Mit Lecithin sind beide Substanzen in beliebigen Mengenverhältnissen mischbar, verändern aber die Eigenschaften des hydrophoben Teils der Membran nicht (nach: J. Seelig, Nachr. Chemie Techn. Lab. **36** (1988) 1096).

zeigt ^{2}H-NMR-Spektren einer Lecithinmembran mit verschiedenen Oberflächenladungen. In der elektrisch neutralen Membran liegen die zwitterionischen Kopfgruppendipole (Dipolmoment ca. 20 D) in etwa parallel zur Membranoberfläche. Die Zugabe positiver oder negativer Überschussladungen kann zu Änderungen der Konformation und Orientierung der Kopfgruppe und damit zu unterschiedlichen Quadrupolaufspaltungen führen. Alle geladenen Substanzen, die an der Membranoberfläche adsorbiert werden oder zwischen Lipide interkalieren, wie Metallionen (z. B. Ca^{2+}, Mg^{2+}), I^-, hydrophobe Ionen (z. B. Lokalanästhetika) oder auch Peptide (z. B. Mellitin), können vergleichbare Kopfgruppen- und Konformationsänderungen induzieren. Die Kopfgruppen-^{2}H-NMR-Spektren der Lipide reagieren empfindlich auf lokale elektrische Felder, so dass man sie als „molekulare Voltmeter" charakterisieren könnte. Mit dieser Methode können auch Bindungsisothermen geladener Liganden gemessen werden. Aber auch eine Änderung der Hydratation der Membran führt zu Änderungen von $\Delta \nu_Q$.

Der Einfluss der Molekülbeweglichkeit auf die Quadrupolaufspaltung wird in einem weiteren Beispiel in Abbildung V.171 demonstriert. Hier wurde die molekulare Bewegung von C–D-Bindungen untersucht, die an unterschiedlichen Stellen in eine Membran eingebaut wurden. Die Lipidmoleküle wurden dann durch Polymerisation der Kopfgruppen miteinander verknüpft. Die an den verschiedenen Stellen des Lipidmoleküls eingebauten Deuteronen zeigen durchweg schmale Spektren, die auf hohe Beweglichkeiten hindeuten. Dies ist bei der polymerisierten Variante anders. Die C–D-Beweglichkeit ist viel kleiner als in der monomeren Membran, nimmt aber von der Polymerkette über die hydrophile Kopfgruppe zu den hydrophoben Ketten hin stark zu. Eine Linienformanalyse der Spektren erlaubt die Aufstellung eines detaillierten Bewegungsmodells für die Ketten.

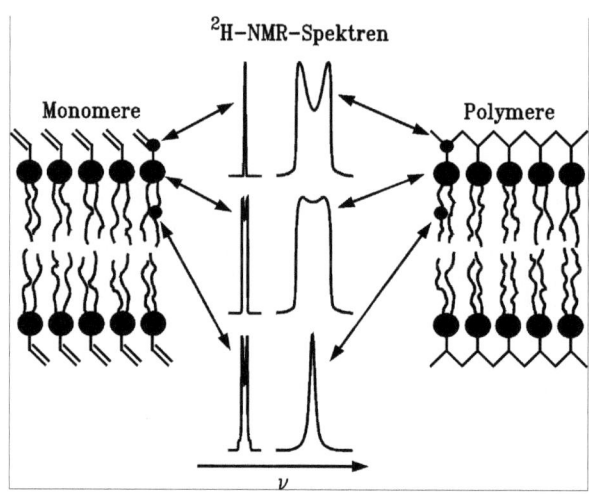

Abb. V.171: Einschränkung der molekularen Beweglichkeit einer Modellmembran durch Polymerisation im Bereich der Kopfgruppen. Die ^{2}H-NMR-Signale werden in der Nähe der polymerisierbaren Gruppe im Monomer (links) und in der Polymerkette (rechts), an der Kopfgruppe und in der Mitte einer Acylkette detektiert. Eine Signalverbreiterung deutet auf eine eingeschränkte molekulare Beweglichkeit hin (nach: H. W. Spiess, Phys. Bl. **43** (1987) 233).

Abbildung V.172 demonstriert, welchen Einfluss verschiedene Orientierungen bzw. molekulare Ordnungszustände auf ^{2}H-NMR-Spektren von Polymeren und aromatischen Seitengruppen haben.

7.10 Der Kern-OVERHAUSER-Effekt

Der Kern-OVERHAUSER-Effekt (engl.: *nuclear OVERHAUSER effect*, NOE) ist ein Phänomen, das sich als relative Intensitätsänderung η_i einer Resonanz i im NMR-Spektrum beobachten lässt, wenn eine andere Resonanz s durch Sättigung gestört wird:

$$\eta_i(s) = \frac{I - I_0}{I_0} \qquad (V.156)$$

(I_0 und I sind die Signalintensitäten von i ohne bzw. mit Sättigung des Kernspinsystems s). Je nach Art der Intensitätsänderung (Vergrößerung oder Verkleinerung) spricht man von einem positiven oder negativen NOE. Da die Intensität einer Resonanzlinie auf der Populationsdifferenz zwischen den betreffenden Spinzuständen beruht, muss der Ursprung für den NOE in einer Abweichung der Populationsdifferenz des entsprechenden Übergangs vom thermischen Gleichgewicht liegen, d. h. auf dem Versuch des Systems beruhen, in dieses zurückzukehren. Den Hauptbeitrag zur Relaxation bildet dabei der Dipol-Dipol-Relaxationsmechanismus. Da die dipolare Kopplung, die diese Populationsänderung vermittelt, vom Abstand der wechselwirkenden Kernspins abhängt, ist die Größe des NOE abstandsabhängig. Diese Abhängigkeit macht es möglich, die zugehörigen Abstände zu bestimmen.

7. Kernmagnetische Resonanz (NMR)

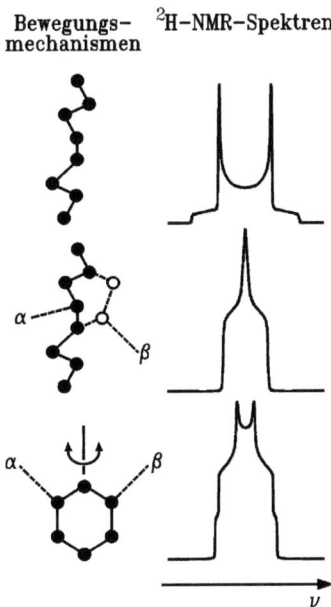

Abb. V.172: Zusammenhang zwischen verschiedenen Bewegungsmechanismen und den daraus resultierenden ^{2}H-NMR-Spektren. Oben: starre Kette; Mitte: Kettenbewegung durch konformative Umlagerung eines Kettenstücks mit drei C–C-Bindungen; unten: 180°-Sprungbewegung eines Phenylrings. Infolge der molekularen Bewegung fluktuiert die Orientierung der markierten C–^{2}H-Bindungsrichtung zwischen den beiden Positionen α und β (nach: H. W. Spiess, Phys. Bl. **43** (1987) 233).

Um den NOE-Effekt zu verdeutlichen, betrachten wir ein einfaches Zweispinsystem. Es besteht aus Molekülen, die zwei dipolar gekoppelte Spins i und s mit Kernspinquantenzahlen $I_i = I_s = 1/2$ besitzen. Mittelt man über das ganze Ensemble dieser Moleküle in der Probe, so kann man jedem der vier möglichen Spinzustände (Abb. V.173) des Systems ($\alpha\alpha$, $\alpha\beta$, $\beta\alpha$, $\beta\beta$) Besetzungswahrscheinlichkeiten (Populationen) zuordnen. Verändert man eine dieser Populationen durch selektive Störung, z. B. durch Einstrahlung von HF-Strahlung bei der Resonanzfrequenz $\nu_{0,s}$ des Atomkerns s, so ändern sich aufgrund der dipolaren Wechselwirkung zwischen den Kernspins alle Populationen des Spinsystems. Bei andauernder Einstrahlung mit $\nu_{0,s}$ stellt sich ein neuer stationärer Zustand ein. Die für diesen Zustand in Frage kommenden Relaxationswege in den Gleichgewichtszustand sind in Abbildung V.173 mit eingezeichnet. Man kann sie entsprechend der Änderung der Quantenzahl m in Nullquanten- ($\Delta m = 0$), Einquanten- ($\Delta m = \pm 1$) und Zweiquantenübergänge ($\Delta m = \pm 2$) einteilen. Die entsprechenden Übergangswahrscheinlichkeiten bezeichnet man als W_0, W_1 und W_2. Ein Vergleich der zur Verfügung stehenden Relaxationswege $W_{1,s}$, $W_{1,i}$, $W_{0,is}$ und $W_{2,is}$ macht deutlich, dass nur die Zweiquantenübergänge, die auf dipolaren Wechselwirkungen zwischen den zwei Kernen beruhen, den NOE verursachen können. Die Art der Intensitätsänderungen, die aus den Übergängen $W_{0,is}$ und $W_{2,is}$ resultiert, veranschaulicht Abbildung V.173. Die Sättigung der Resonanz s bewirkt keine unmittelbare Intensitätsänderung der Resonanz i, da die Populationsdifferenzen für die entsprechenden Übergänge zunächst unbeeinflusst bleiben (Abb. V.173a,b).

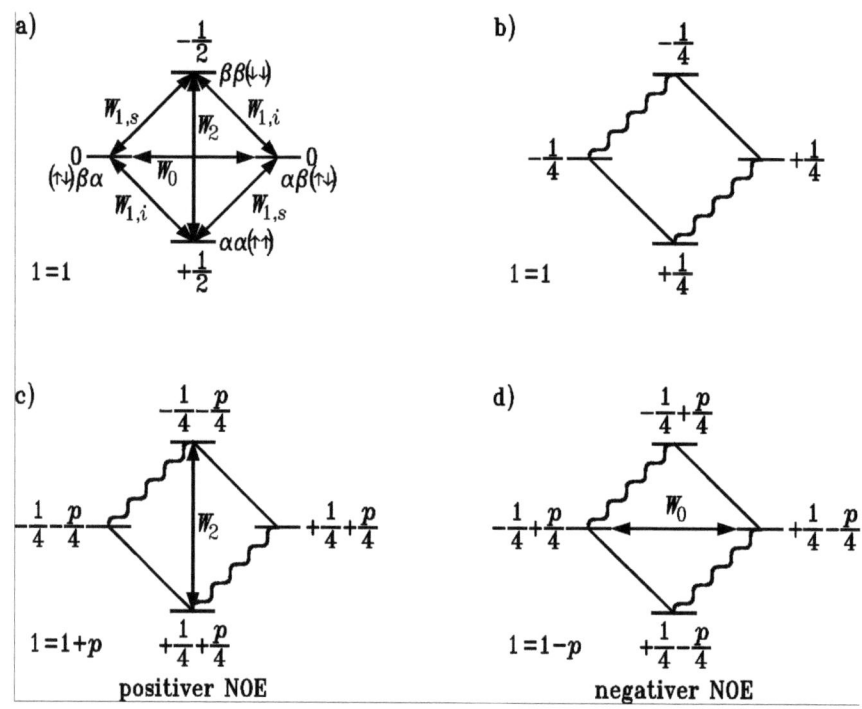

Abb. V.173: Erklärung der Entstehung des NOE für ein Zweispinsystem *is* anhand der schematischen Darstellung der verschiedenen Ausrichtungsmöglichkeiten der zwei Kernspins *i* und *s* im Energieniveauschema. Die Spinzustände (α oder β) bezeichnen als erstes den Spinzustand vom Kern *i*, als zweites den vom Kern *s*. Die Gesamtpopulationsdifferenz zwischen Grund- und angeregtem Zustand ist in Einheiten von eins angegeben. W_0, W_1 und W_2 bezeichnen die Übergangswahrscheinlichkeiten (der erste Index gibt die Änderung des Gesamtspins an; $W_j \propto T_{1,j}^{-1}$), mit denen die verschiedenen Zustände ineinander übergehen können. Die Übergangswahrscheinlichkeiten $W_{1,s}$ und $W_{1,i}$ entsprechen den normalen Einquantenübergängen, die im NMR-Spektrum als Resonanzlinien zu beobachten sind, wohingegen die Null- und Zweiquantenübergänge $W_{0,is}$ und $W_{2,is}$ nach quantenmechanischen Auswahlregeln für die Anregung verboten sind - nicht aber für die Relaxation. Die durch W_0 verbundenen Zustände haben i. Allg. nicht genau dieselbe Energie, wie es hier vereinfachend dargestellt ist. Die beobachtbare Signalintensität ist der jeweiligen Populationsdifferenz ($\alpha\alpha - \beta\alpha$ und $\alpha\beta - \beta\beta$) proportional (Δ relativer Populationsunterschied für Übergang des Kerns *i*); a) Gleichgewichtszustand; b) Sättigung (~~) des Resonanzsignals des Kerns *s*; c) Effekt der W_2-Relaxation während der Sättigung (der Polarisationstransfer $\beta\beta \to \alpha\alpha$ sei *p*/2); d) Effekt der W_0-Relaxation während der Sättigung (der Polarisationstransfer $\alpha\beta \to \beta\alpha$ sei *p*/2) (nach: D. Neuhaus, M. P. Williamson, *The Nuclear Overhauser Effect in Structural and Conformational Analysis*, VCH, Weinheim, 1989).

Entsprechend können auch die Einquantenübergänge $W_{1,i}$ keine Rückführung des Systems in den Gleichgewichtszustand bewirken. Dies gelingt erst durch einen Relaxationsprozess, wie den Zweiquantenübergang $W_{2,is}$, durch den die Population des Energieniveaus $\beta\beta$ zugunsten des Niveaus $\alpha\alpha$ erniedrigt wird. Dies entspricht einer gleichzeitigen Erhöhung der Populationsdifferenz für die Übergänge der *i*-Kerne (Abb. V.173c). Entsprechende Überlegungen für den Nullquantenübergang $W_{0,is}$ zeigen, dass hier für die Übergänge von i eine Abnahme der Populationsdifferenz resultiert (Abb. V.173d). Der Zweiquantenübergang $W_{2,is}$ bewirkt also einen positiven NOE, der Nullquantenübergang $W_{0,is}$ einen negativen NOE.

Entscheidend für die zu beobachtende Intensitätsänderung sind damit die relativen Anteile dieser beiden Relaxationskanäle am Gesamtrelaxationsprozess. Sie ergeben sich aus der Abhängigkeit der dipolaren Relaxation von dem Frequenzspektrum der Molekülbewegungen. Der Nullquantenübergang $W_{0,is}$, dessen Energiedifferenz einer Frequenz von $(\nu_{0,i} - \nu_{0,s})$ entspricht, wird bei langsamen Molekülbewegungen (großes τ_c) überwiegen, der Zweiquantenübergang $W_{2,is}$, dessen Energiedifferenz einer Frequenz von $(\nu_{0,i} + \nu_{0,s})$ entspricht, dagegen bei schnellen Molekülbewegungen (kleines τ_c). Bei kleinen Molekülen ($\tau_c \approx 10^{-11}$ s) wird somit $W_{2,is}$ überwiegen und ein positiver NOE zu beobachten sein, bei großen Molekülen ($\tau_c \approx 10^{-8}$-10^{-7} s) dagegen $W_{0,is}$ und entsprechend ein negativer NOE resultieren. Quantitativ werden diese Zusammenhänge durch die SOLOMON-Gleichung beschrieben. Für den stationären NOE findet man bei andauernder Sättigung des Übergangs vom Kern s als Kern-OVERHAUSER-Verstärkungsfaktor

$$\eta_i(s) = \frac{I - I_0}{I_0} = \frac{\gamma_s}{\gamma_i} \cdot \frac{W_{2,is} - W_{0,is}}{W_{0,is} + 2W_{1,i} + W_{2,is}} \qquad (V.157)$$

Die NOE-Werte werden in der Literatur meist in der Form $\eta_i(s)+1$ angegeben. Die Kreuzrelaxationsrate $(W_{2,is} - W_{0,is})$ ist verantwortlich für den NOE. Der Term $(W_{0,is} + 2W_{1,i} + W_{2,is})$ erfasst alle dipolaren Übergänge, die zur longitudinalen Relaxation beitragen. γ_s und γ_i sind die gyromagnetischen Verhältnisse der Kerne s bzw. i.

Ist die Bewegung, die die Relaxation bewirkt, isotrop und statistisch, wie z. B. die isotrope Rotationsdiffusion eines Moleküls, erhält man nach Einsetzen der spektralen Dichtefunktionen in die Übergangswahrscheinlichkeiten ein Verhalten des NOEs in Abhängigkeit der Rotationskorrelationszeit, wie es in Abbildung V.174 für verschiedene Kerne dargestellt ist. Zusätzliche externe Relaxationseffekte sind hier nicht berücksichtigt. Für kleine Rotationskorrelationszeiten, wie sie für kleine Moleküle in niedrigviskosen Lösungen typisch sind, erhält man als maximalen NOE mit $W_2:W_1:W_0=1:(1/4):(1/6)$:

$$\text{NOE}_{\text{max}} = \eta_i(s)_{\text{max}} + 1 = 1 + \frac{1}{2}\frac{\gamma_s}{\gamma_i} \qquad (V.158)$$

Sind andere Relaxationsmechanismen wirksam, so reduziert sich dieser Faktor entsprechend. Ist der gesättigte Kernspin s ein Proton und ist γ_i positiv, so erhält man eine Verstärkung der Resonanzlinie von Kern i. Für ^{13}C erhält man eine maximale Verstärkung des Signals von etwa 3, wenn man ein daran gebundenes Proton sättigt. Diese Empfindlichkeitserhöhung ist ein Grund, weshalb man bei der ^{13}C-NMR die Protonen häufig breitband-entkoppelt. Der NOE kann aber auch zu einem Verschwinden des NMR-Signals führen (s. Abb. V.174).

Abbildung V.175 zeigt ein Beispiel für die Ausnutzung des NOE zur Strukturanalyse. Die Bedeutung des NOE für die Strukturanalyse von Biomolekülen basiert insbesondere auf der Abhängigkeit des NOE von der Entfernung der wechselwirkenden Kerne. Für den Fall des *extreme-narrowing*-Bereichs ($\omega_0\tau_c \ll 1$) erhält man interessanterweise für ein Zweispinsystem das Ergebnis, dass der NOE unabhängig von der Entfernung der Dipole ist. Falls die externe,

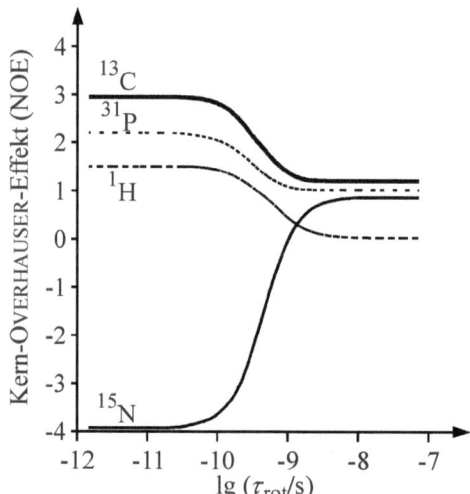

Abb. V.174: Gleichgewichts-NOE als Funktion der Rotationskorrelationszeit ($\tau_c = \tau_{rot}$) bei einer Protonenresonanzfrequenz von 500 MHz für verschiedene Atomkerne. Es wird ein dipolarer Relaxationsmechanismus angenommen. Wenn $\omega_0 \tau_{rot} \approx 1$ ist, variiert $\eta_i(s)$ drastisch in Abhängigkeit von der Molekülbewegung und der Spektrometerfrequenz. Für ein 500-MHz-NMR-Spektrometer fallen Moleküle mit Rotationskorrelationszeiten in der Größenordnung von etwa 10^{-10}-10^{-8} s in diesen Bereich.

intermolekulare Relaxation von null verschieden ist, wird der NOE jedoch abstandsabhängig und man kann ihn zur Abstandsbestimmung der beteiligten Kernspins einsetzen. Erst aus diesen zusätzlichen externen Relaxationswegen resultiert die von R. A. BELL und J. K. SAUNDERS gefundene lineare Korrelation von NOE und r_{is}^{-6} (r_{is} Entfernung der Kerndipole). Die intermolekularen Abstände lassen sich eindeutiger bestimmen, wenn man die Zeitabhängigkeit der NOEs verfolgt (transienter NOE).

Im Fall schneller molekularer Rotationsbeweglichkeit in Flüssigkeiten erhält man für die Kreuzrelaxationsrate:

$$W_2 - W_0 = \frac{1}{2}\left(\frac{\mu_0}{4\pi}\right)^2 \hbar^2 \gamma_i^2 \gamma_s^2 \tau_c r_{is}^{-6} \tag{V.159}$$

Der Kern-OVERHAUSER-Effekt ist dann ein wertvolles Hilfsmittel bei der Strukturaufklärung, wenn es darum geht zu entscheiden, wie groß die Entfernung zweier Kerne i und s zu einem dritten Kern t ist. Man strahlt bei einer der Frequenzen $\nu_{0,i}$ oder $\nu_{0,s}$ mit einem Zweitmagnetfeld ein und misst die Intensitätsänderung der Resonanz des Kerns t. Die größere Intensitätszunahme wird für dasjenige Kernpaar beobachtet, das den geringeren Abstand r besitzt, da

$$\frac{\eta_{it}}{\eta_{st}} = \left(\frac{r_{st}}{r_{it}}\right)^6 \tag{V.160}$$

7. Kernmagnetische Resonanz (NMR)

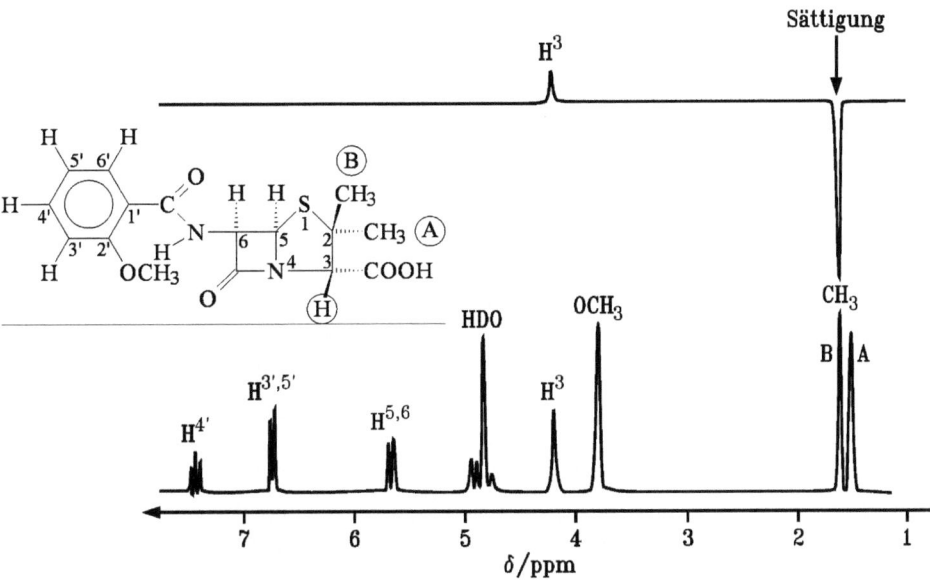

Abb. V.175: 250-MHz-^{1}H-NMR-Spektrum von Methicillin in D$_2$O (unten) und NOE-Differenzspektrum (oben). Beim Sättigen des Methylsignals B ($\delta \approx 1{,}7$ ppm) findet man im NOE-Differenz-Spektrum eine Intensitätszunahme des Signals von H^3 ($\delta \approx 4{,}25$ ppm), das somit in Nachbarschaft zur CH$_3$(B)-Gruppe liegen muss. Das Signal mit negativer Amplitude im NOE-Differenz-Spektrum zeigt an, welche Frequenz eingestrahlt wurde.

Voraussetzung ist hierfür, dass die Kernpaare *it* und *st* gleiche Korrelationszeiten besitzen und zwischen *i* und *s* kein NOE vorliegt.

7.11 Zweidimensionale NMR-Spektroskopie

Die Entwicklung der zweidimensionalen NMR-Spektroskopie (2D-NMR), die auf eine Idee von J. JEENER zurückgeht, hat in der Biologischen Chemie ganz neue Möglichkeiten geschaffen. Im Jahre 1991 erhielt R.R. ERNST den Nobelpreis für Chemie. In den siebziger Jahren waren er und seine Mitarbeiter entscheidend an der Entwicklung der 2D-NMR beteiligt.

Die zweidimensionalen NMR-Spektren haben zwei Frequenzachsen. Die Intensitäten werden in der dritten Dimension nach oben oder unten aufgetragen. Das Basisexperiment der 2D-NMR in der Zeitdomäne lässt sich schematisch in vier Zeitabschnitte einteilen (Abb. V.176): die Präparationsphase, die Evolutionsphase, die Mischphase und die Detektionsphase. Während der Detektionsphase werden die Signale, wie im konventionellen eindimensionalen Fall, in äquidistanten Abständen Δt_2 detektiert, digitalisiert und abgespeichert. In der Präparationsphase wird longitudinale Polarisation aufgebaut. Sie endet meist mit einem 90°-Puls, der Quermagnetisierung erzeugt. Während der Evolutionsphase mit der variablen Zeitdauer t_1 entwickeln sich Kohärenzen unter dem Einfluss verschiedener Faktoren (z. B. LARMOR-Präzession, Spin-Spin-Kopplung), die in der Mischperiode, die jedoch nicht immer notwendig ist, miteinander gekoppelt und in detektierbare Transversalmagnetisierung umgewandelt wer-

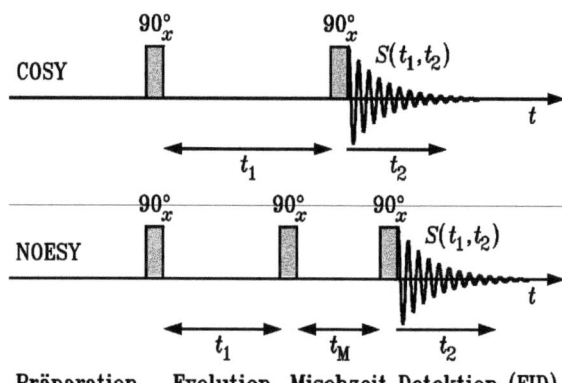

Abb. V.176: Beispiele zweidimensionaler Pulssequenzen: die homonukleare COSY- und NOESY-Pulssequenz. Bei Experimenten an Biomolekülen werden einige hundert Werte von t_1 aufgenommen. Nach dem letzten 90°_x-Puls beginnt die Beobachtungszeit t_2, während der der freie Induktionszerfall (FID) aufgezeichnet wird. Die $S(t_1,t_2)$-Datenmatrix besteht aus einigen Millionen Datenpunkten.

den. Die Evolutionszeit t_1 wird von Experiment zu Experiment um einen festen Wert Δt_1 stufenweise erhöht (z. B. 256 t_1-Inkremente Δt_1). Der zu jedem t_1-Wert gehörige FID wird getrennt abgespeichert. Man erhält also eine zweidimensionale Matrix, die jedem Paar (t_1,t_2) eine Signalamplitude $S(t_1,t_2)$ zuordnet. Eine zweidimensionale FOURIER-Transformation führt dann das Zeitsignal $S(t_1,t_2)$ in das Frequenzsignal $S(\omega_1,\omega_2)$ über:

$$S(\omega_1,\omega_2) = \int_{-\infty}^{\infty}\int_{-\infty}^{\infty} S(t_1,t_2)\, e^{-i\omega_1 t_1} e^{-i\omega_2 t_2}\, dt_2 dt_1 \qquad (V.161)$$

Alle FIDs werden wie gewöhnlich als Funktion von t_2 transformiert. Die daraus entstehende neue Datenmatrix enthält nun nach t_1 geordnet in den Reihen (der ω_2-Richtung) die NMR-Spektren. Als nächstes wird noch einmal in t_1-Richtung transformiert. Die Intensitäten des 2D-Spektrums spannen die dritte Dimension im Raum auf. Die Darstellung erfolgt in Form eines gestaffelten Diagramms (engl.: *stacked plot*, s. Abb. V.177) oder als Konturliniendiagramm in einem quadratischen Diagramm, dessen Achsen die üblichen Frequenzskalen darstellen (Abb. V.178). Die Intensitäten der Peaks sind hier mit Hilfe von Höhenlinien dargestellt. Diese Darstellungsweise ist für die Auswertung geeigneter.

Die Hauptdiagonale (von der linken unteren bis zur rechten oberen Ecke) entspricht dem herkömmlichen 1D-NMR-Spektrum. Außerhalb dieser Diagonalen liegen symmetrisch zu ihr Kreuzsignale (engl.: *cross peaks*) oder Korrelationspeaks. Sie zeigen die gegenseitige Kopplung derjenigen Spins an, die sich auf den Schnittpunkten der Hauptdiagonalen mit der durch den Kreuzpeak gehenden Horizontalen und Vertikalen befinden. Die zweidimensionale Kernresonanzspektroskopie hat gegenüber eindimensionalen Methoden mehrere Vorteile:

- Die Information wird auf zwei Dimensionen verteilt, so dass man auch komplizierte Spektren auflösen kann, die in einer Dimension durch starke Überlagerungen nicht mehr interpretierbar sind.

7. Kernmagnetische Resonanz (NMR)

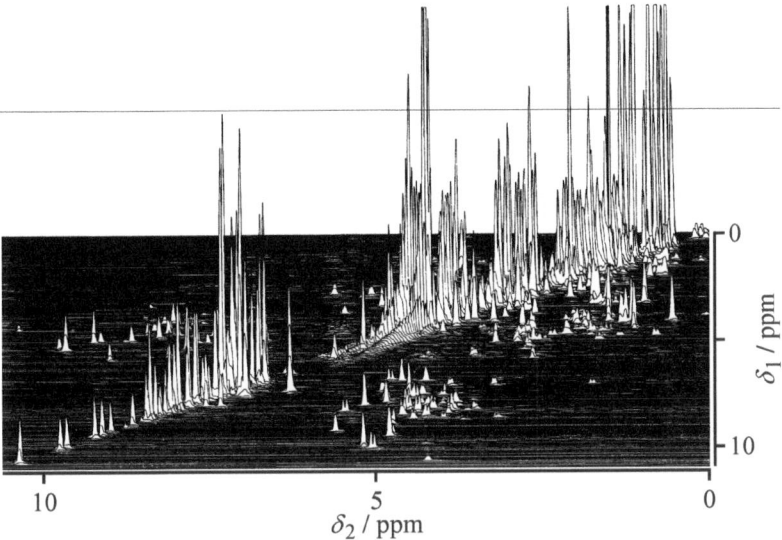

Abb. V.177: Dreidimensionale Ansicht (*stacked plot*) eines ^{1}H,^{1}H-500MHz-COSY-Spektrums des Proteins basischer pankreatischer Trypsin-Inhibitor (BPTI). Es besitzt 58 Aminosäurereste (M = 6500 Da) (nach: G. Wagner, K. Wüthrich, J. Mol. Biol. **155** (1982) 347).

- Man erhält die gesamte Information über alle Gruppen des Moleküls auf einmal.
- Man kann auf zwei Dimensionen verschiedene physikalische Wechselwirkungen auswählen, nach denen man separieren will.
- Weiterhin kann man Mehrquantenübergänge, die in erster Näherung spinverboten sind, in der zweidimensionalen NMR-Spektroskopie beobachten.

Durch Einführung weiterer Zeitvariablen kann man prinzipiell zu n-dimensionalen Kernresonanzexperimenten übergehen. Allerdings beschränkt das Anwachsen der notwendigen Messzeit die praktische Durchführbarkeit auf maximal drei bis vier Dimensionen.

Wenn man alle Varianten mitrechnet, gibt es inzwischen mehrere hundert verschiedene Arten der 2D-NMR-Spektroskopie. Für biochemische Zwecke spielen jedoch nur wenige eine Rolle. Wenn man versucht, diese zu klassifizieren, kann man zunächst zwischen den homonuklearen und den heteronuklearen Experimenten unterscheiden. Bei homonuklearen Experimenten werden Korrelationen zwischen gleichen Spins, zum Beispiel zwischen Protonen, betrachtet. Bei den heteronuklearen Experimenten werden Wechselwirkungen zwischen verschiedenartigen Kernen beobachtet, zum Beispiel zwischen ^{13}C und ^{1}H. Eine Beschreibung der Pulssequenzen in einfachen Vektorbildern ist meist nicht möglich. Aus diesem Grund hat man einen quantenmechanischen Formalismus, den Produktoperatorformalismus, eingeführt. Hier wollen wir uns mit einer qualitativen Betrachtungsweise begnügen. Die biochemischen Anwendungen der 2D-Spektroskopie nutzen im Wesentlichen nur zwei Wechselwirkungen der Kernspins, die skalare Kopplung und die dipolare Kopplung.

Im sog. *COSY-Experiment* (engl.: *correlated spectroscopy*, Korrelationsspektroskopie) treten auf beiden Frequenzachsen chemische Verschiebungen auf. Die Kreuzsignale geben an, wel-

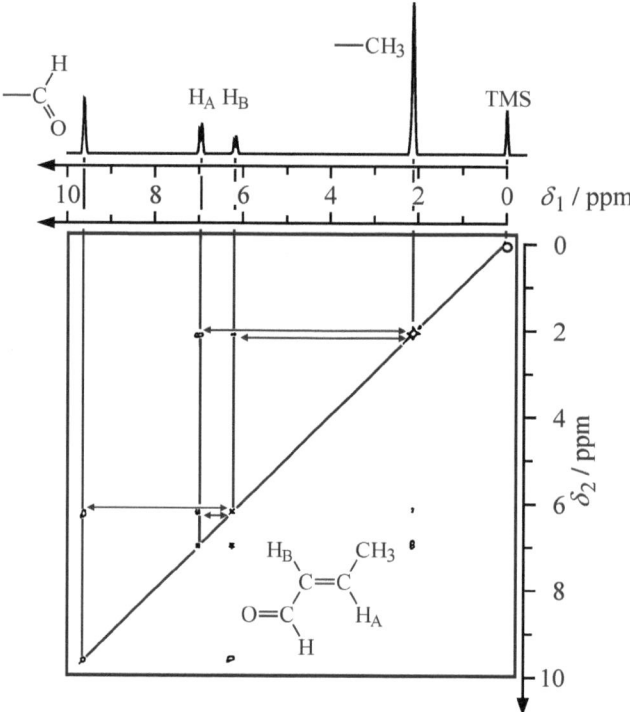

Abb. V.178: COSY-Spektrum von *trans*-Crotonaldehyd. Zieht man von den Kreuzpeaks parallel zu den Achsen verlaufende senkrechte und waagerechte Linien bis zur Diagonalen, so erhält man die Signale der miteinander skalar koppelnden Kerne (nach: D. Canet, *NMR - Konzepte und Methoden*, S. 32, Springer Verlag, Berlin, 1994).

che Kerne miteinander skalar über die Spin-Spin-Wechselwirkung koppeln. Wir haben bereits bei der Behandlung der 1D-NMR-Spektren gesehen, dass die J-Kopplung darüber Auskunft gibt, welche Kernspins über chemische Bindungen miteinander gekoppelt sind. Das 2D-Experiment dient nun dazu, Nachbarschaftsbeziehungen zwischen Kernen auf einmal aufzudecken, um auf diese Weise Strukturinformation zu erhalten. Die COSY-Pulssequenz besteht lediglich aus zwei, durch die Evolutionszeit t_1 getrennten $90^o_{x'}$-Pulsen (Abb. V.176). Für ein AX-Zweispinsystem erhält man Kreuzsignale bei (ν_A, ν_X) und (ν_X, ν_A), falls die Kerne A und X skalar koppeln. Bei hoher spektraler Auflösung findet man sowohl für die Diagonale wie für die Kreuzsignale eine Feinstruktur, die durch die Spin-Spin-Kopplung hervorgerufen wird. Dies ist verständlich, da während t_1 beide Parameter, chemische Verschiebung δ und skalare Kopplung J, wirksam sind. Der erste $90^o_{x'}$-Puls erzeugt transversale Magnetisierung. Die Magnetisierungsvektoren für die A- und X-Kerne rotieren entsprechend ihrer LARMOR-Frequenz mit $\nu_A \pm J_{AX}/2$ und $\nu_X \pm J_{AX}/2$ um die z-Achse im rotierenden Koordinatensystem. Da die Frequenzen unterschiedlich sind, sind auch die Richtungen der Vektoren nach der Zeit t_1 in der x', y'-Ebene des rotierenden Koordinatensystems verschieden. Der zweite $90^o_{x'}$-Puls dreht die jeweiligen y'-Komponenten der Magnetisierungsvektoren auf die $+z$- oder $-z$-Achse.

Dieser Schritt ist mit einem Magnetisierungstransfer spingekoppelter Nachbarn verbunden, wodurch sich die Besetzung der Energieniveaus des AX-Spinsystems und damit die Signalintensität ändern. Die x'-Anteile der Magnetisierungsvektoren, die von dem zweiten $90^0_{x'}$-Puls nicht beeinflusst werden, rotieren in der x',y'-Ebene weiter und liefern den FID. Deren Signale werden in der Serie von t_1-Experimenten mit den Frequenzen der Nachbarkerne moduliert. Dies führt zu den Kreuzsignalen im 2D-Spektrum bei (v_A, v_X) bzw. (v_X, v_A). Innerhalb eines jeden Peaks unterscheiden sich zwei benachbarte Signale gerade um die Kopplungskonstante J_{AX}. Die Größe der skalaren Kopplung ist ein empfindlicher Parameter für Torsionswinkel um Bindungen und birgt damit wichtige Informationen über die Konformation des Moleküls. Von besonderer Bedeutung sind die J-Kopplungen der H^N-Protonen mit den H^α-Protonen von Proteinen, da über eine KARPLUS-Beziehung ein direkter Zusammenhang zwischen der Größe der Kopplungskonstante $^3J(H^N\text{-}H^\alpha)$ und dem zwischen diesen Protonen liegenden Torsionswinkel des Proteinrückgrats besteht (s. Abb. V.150).

Abbildung V.178 zeigt als einfaches Beispiel das COSY-NMR-Spektrum von *trans*-Crotonaldehyd. Man erhält beim $^1H,^1H$-COSY-Experiment im Fall gesättigter Verbindungen i. Allg. nur Korrelationspeaks zwischen geminalen oder vicinalen Protonen, weil die H,H-Kopplungen normalerweise nur über zwei und drei Bindungen gehen. Da in unserem Beispiel Protonen miteinander korreliert sind, spricht man von einem H,H-COSY-Spektrum. Man ist aber keineswegs nur auf Systeme skalar gekoppelter Kerne der gleichen Kernsorte beschränkt. Auch heteronukleare Systeme liefern COSY-Spektren, wie z. B. skalar wechselwirkende ^1H- und ^{13}C-Kerne. Zusätzlich kann man das zweidimensionale Korrelationsspektrum noch nutzen, um die Signale von Kernen mit kleinem gyromagnetischen Verhältnis empfindlicher zu detektieren (s. Kap. V.7.10).

Eine Variante des Experiments ist das *relayed*-COSY-Experiment, bei dem neben den normalen COSY-Peaks Signale auftreten, die zu Kernspins gehören, deren wechselseitige Kopplung nicht registriert wird, die aber beide zu einem dritten Kern eine nennenswerte J-Kopplung haben. Der zwischengeschaltete Kern spielt die Rolle eines Relais. Varianten des COSY-Experiments sind auch n-quantengefilterte (n = 2, 3, ...) COSY-Spektren. Sie führen zu einer Vereinfachung der Spektren. Das Zweiquantenspektrum enthält nicht nur die Verknüpfung zwischen den direkt gekoppelten Spins, deren Crosspeaks symmetrisch zur Diagonale angeordnet sind, sondern sie geben auch Auskunft über die Kerne, die nur indirekt über einen anderen Spin gekoppelt sind (s. z. B. Derome, 1987; Evans, 1995).

In der *total correlation spectroscopy* (TOCSY), auch vollständige Korrelationsspektroskopie genannt, werden durch kontinuierliche RF-Einstrahlung während der Mischzeit Kohärenzen innerhalb eines gekoppelten Spin-Systems über beliebig viele Kopplungen übertragen. Damit können ganze Spinsysteme identifiziert werden, z. B. das gesamte Spinsystem einer Aminosäure. Dies ist wichtig zur Identifikation von Aminosäureresten in Proteinen, da keine Kopplungen zwischen verschiedenen Aminosäureresten existieren. Die TOCSY-Spektren bestehen aus mehreren parallel verlaufenden vertikalen Signalreihen, die die intraresidualen Wechselwirkungen der Protonenpaare $H^\alpha(i)$-$H^N(i)$, $H^\beta(i)$-$H^N(i)$, $H^\gamma(i)$-$H^N(i)$, $H^\delta(i)$-$H^N(i)$ usw. wiedergeben (s. Abb. V.179). Es können jedoch nicht alle Aminosäuren durch ihr Signalmuster eindeutig identifiziert werden, da z. B. alle Aminosäuren mit einer CH_2-Gruppe als Seitenkettenspinsystem, wie Ser, Cys, Asp, Asn, His, Trp, Phe und Tyr, identische Muster aufweisen

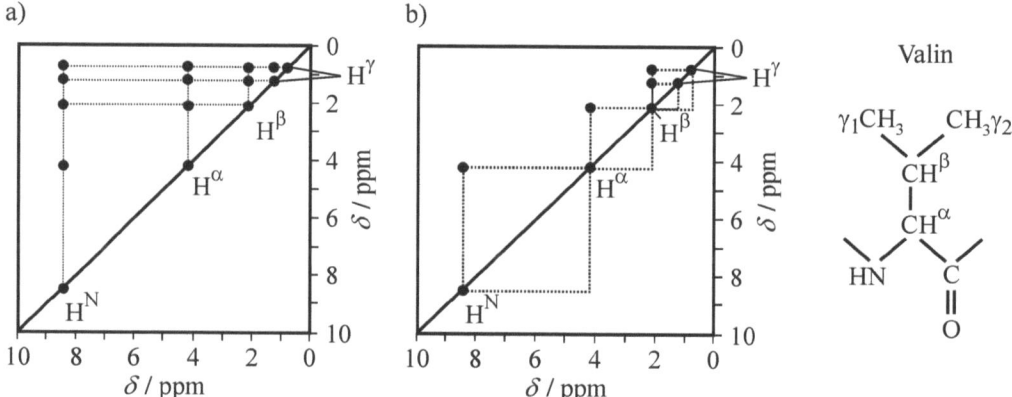

Abb. V.179: a) 2D-TOCSY- (Signale sind hier nur oberhalb der Diagonale gezeigt) und b) 2D-COSY-Protonen-NMR-Spektrum der Aminosäure Valin (nach: Lottspeich et al., 2006).

(s. z. B. Wüthrich, 1986; Bertini et al., 1991; Croasmun, Carlson, 1994; Evans, 1995, Lottspeich et al., 2006).

Es können nicht nur Wechselwirkungen von Atomkernen über chemische Bindungen, sondern auch über den Raum detektiert werden. Wir haben bereits gesehen, dass man zur Bestimmung des räumlichen Abstands zwischen Kernspins den NOE ausnutzen kann. Das Experiment kann auch zweidimensional durchgeführt werden, was als *NOESY* bezeichnet wird (engl.: *nuclear OVERHAUSER enhancement spectroscopy*). Ihm liegt die Pulssequenz $90^o_{x'}$-t_1-$90^o_{x'}$-t_M-$90^o_{x'}$, FID(t_2) zugrunde. Wir wollen sie wieder für ein AX-Zweispinsystem diskutieren (Abb. V.180). Der erste HF-Puls erzeugt x',y'-Quermagnetisierung, die sich in der Evolutionszeit t_1 gemäß den einzelnen LARMOR-Frequenzen entwickelt. Am Ende der Evolutionszeit sind alle Spins mit ihrer jeweiligen LARMOR-Frequenz markiert oder etikettiert. Der zweite $90^o_{x'}$-Puls erzeugt nun longitudinale z-Magnetisierung, die je nach der Vektorstellung der Spins ein positives oder negatives Vorzeichen besitzt und - abhängig von t_1 - unterschiedlich groß ausfällt. Die verbleibenden transversalen Komponenten werden durch einen bestimmten Phasenzyklus eliminiert. In den sich anschließenden längeren Mischzeiten t_M kommt es dann zu dem über die Dipol-Dipol-Wechselwirkung vermittelten Magnetisierungsaustausch (NOE) zwischen A und X. Die Amplitude der durch den dritten $90^o_{x'}$-Lesepuls erzeugten Quermagnetisierung, die während t_2 detektiert wird, hängt damit von der Effektivität des Magnetisierungsaustauschs ab. Durch FOURIER-Transformation bezüglich t_2 erhält man für die X-Kerne Signale, die in Abhängigkeit von t_1 mit der LARMOR-Frequenz der A-Kerne amplitudenmoduliert sind und umgekehrt. Die zweite FOURIER-Transformation (bezüglich t_1) liefert dann Korrelationspeaks (ν_A, ν_X) und (ν_X, ν_A). COSY-Signale, die bei den meisten ^{1}H-NOE-Experimenten wegen vorhandener geminaler oder vicinaler ^{1}H,^{1}H-Kopplungen erzeugt werden, müssen durch einen besonderen Phasenzyklus eliminiert werden. Voraussetzung für die Interpretation eines NOESY-Spektrums ist das zugeordnete 1D-NMR-Spektrum. Das Auftreten von Kreuzpeaks bedeutet eine von null verschiedene dipolare Wechselwirkung zwischen den betreffenden Spins und eine gewisse räumliche Nähe ($\leq 0,5$ nm). Sie beruhen auf der Kreuzrelaxation von longitudinaler Magnetisierung während der Mischzeit. Abbildung V.181

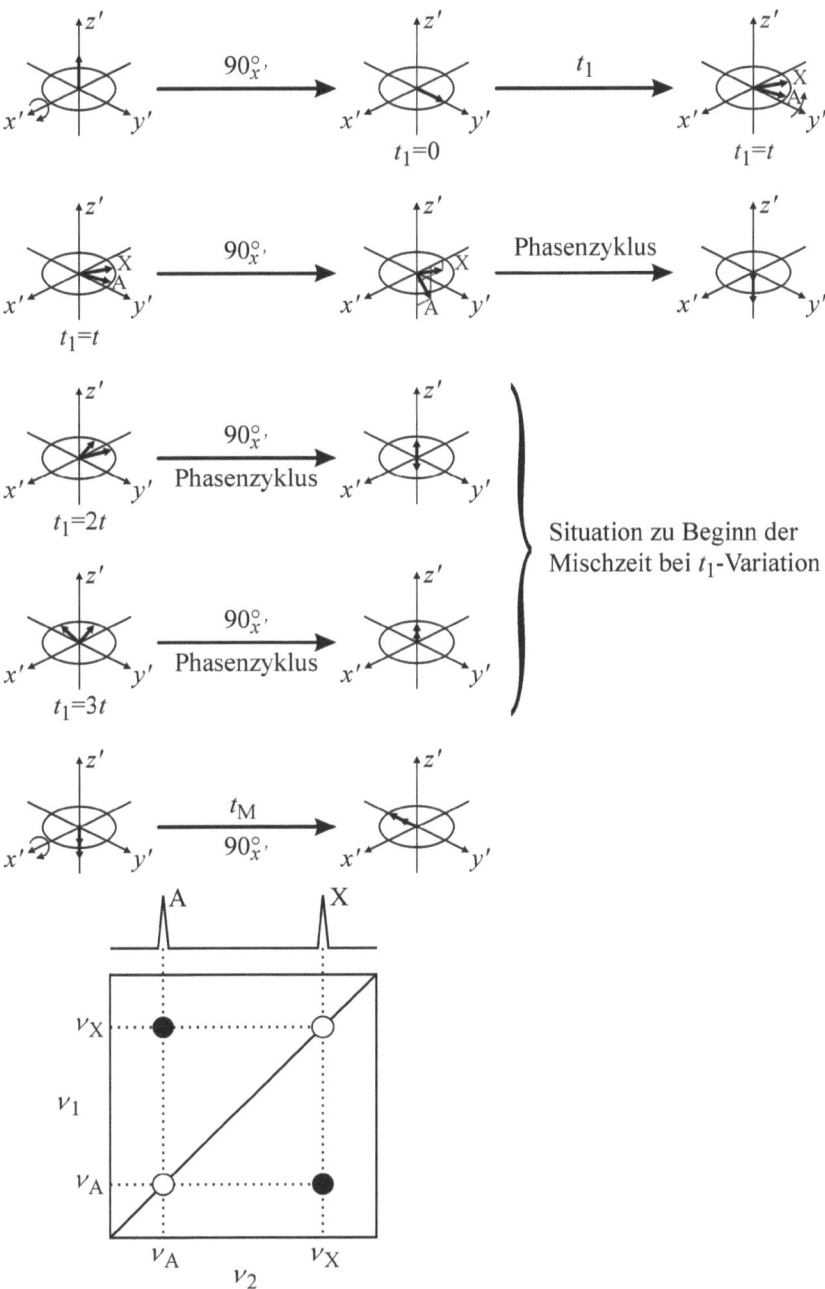

Abb. V.180: NOESY-Pulssequenz mit schematischer Darstellung der dazugehörigen Vektordiagramme und des resultierenden NOESY-Spektrums für ein Zweispinsystem AX.

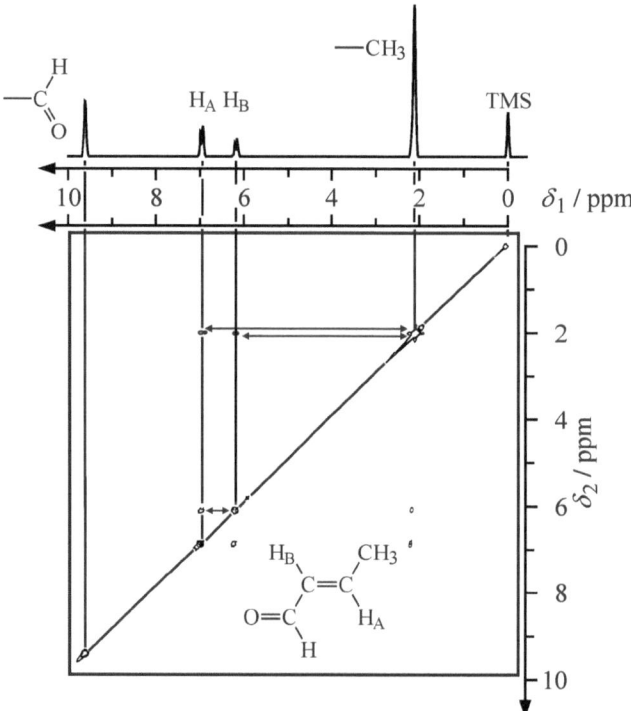

Abb. V.181: NOESY-Spektrum von *trans*-Crotonaldehyd. Die Kreuzsignale zeigen einen wechselseitigen NOE zwischen räumlich benachbarten Gruppen. Die Intensität der Kreuzsignale hängt von der Mischzeit t_M ab. Sie nimmt zunächst zu, erreicht einen Maximalwert und fällt dann wieder auf null ab. Für kleine t_M (einige zehn ms) ist die Signalintensität proportional zum Abstand der Kerne r^{-6} (nach: D. Canet, *NMR - Konzepte und Methoden*, S. 160, Springer Verlag, Berlin, 1994).

zeigt als einfaches Beispiel das NOESY-Spektrum des *trans*-Crotonaldehyds. Hier muss noch erwähnt werden, dass auch chemische Austauschprozesse zu NOE-Korrelationspeaks führen.

In der Konformationsanalyse von Biomolekülen, wie Proteinen, ist die NOESY-Spektroskopie unentbehrlich geworden. Sie hat den Weg zur dreidimensionalen Strukturanalyse in Lösung eröffnet, da nun neben den Korrelationen über das Netzwerk chemischer Bindungen (COSY-Experiment und Varianten) auch Informationen über räumliche Abstände gewonnen werden können. Dazu bestimmt man durch Variation von t_M die Aufbauraten (Intensitätsanstieg in Abhängigkeit der Zeit) der Kreuzsignale. Man kann zeigen, dass die Änderung des NOEs für kleine Mischzeiten ($t_M \rightarrow 0$) proportional zur Kreuzrelaxationsrate ($W_2 - W_0$) und damit proportional zum Abstand r^{-6} der Kerne ist (vgl. Gl. V.159). Da normalerweise die Korrelationsfunktionen und -zeiten für ein großes Biomolekül nicht genau bekannt sind, hat man zur Abstandsbestimmung nur die Möglichkeit, den NOE zwischen zwei Kernspins im Biomolekül, dessen Abstand durch die kovalente Struktur vorgegeben und bekannt ist, zur Kalibrierung zu verwenden. Mit dem bekannten Abstand als Kalibrierung lassen sich dann Protonenabstände im Bereich 0,2-0,5 nm mit einem Fehler von etwa 10 % ermitteln. Heute werden

7. Kernmagnetische Resonanz (NMR)

Spektren mit mehreren hundert Korrelationspeaks ausgewertet. Die Analyse der Daten übernimmt der Computer.

Wir hatten bereits in Kap. V.7.10 erwähnt, dass bei Vorliegen ungünstiger Korrelationszeiten die Kreuzrelaxationsrate (W_2-W_0) ≈ 0 werden kann und man daher keinen NOE mehr beobachtet. Diese Verhältnisse sind manchmal bei biologisch interessanten Molekülen (z. B. Proteinen, Nucleinsäuren) anzutreffen. Abhilfe schafft hier das ROESY (engl.: *rotating frame OVERHAUSER enhancement spectroscopy*)-Experiment, eine Variante der NOESY-Sequenz. Beim ROESY-Experiment handelt es sich um eine Kreuzrelaxation von transversaler Magnetisierung, die nach der Evolutionsphase durch das Einstrahlen eines starken sog. *B_1-lock-Feldes* in x,y-Ebene hervorgerufen wird. Die Kreuzrelaxation findet daher durch Spin-Spin-Relaxationsprozesse statt, die eine andere Abhängigkeit von der molekularen Beweglichkeit der Kerne aufweist.

Die NOESY-Sequenz kann auch auf ein heteronukleares Spinsystem (z. B. ^{1}H, ^{13}C) übertragen werden, daher der Name HOESY (engl.: *heteronuclear OVERHAUSER effect spectroscopy*).

Heteronukleare NMR-Experimente. Aufgrund der Überlappung von Signalen ist man bei größeren Proteinen (> 15 kDa) i. d. R. auf die Anwendung heteronuklearer NMR-Experimente sowie der dreidimensionalen NMR-Spektroskopie angewiesen. Neben ^{1}H enthalten Proteine noch andere magnetisch aktive Kerne (Heterokerne), von denen insbesondere ^{15}N und ^{13}C für die Strukturaufklärung mit NMR wichtig sind. Da die Isotope ^{13}C und ^{15}N nur in geringen natürlichen Häufigkeiten auftreten und ein relativ kleines gyromagnetisches Verhältnis haben (s. Tab. V.20), wendet man im Wesentlichen zwei Strategien an, um die Empfindlichkeit heteronuklearer Experimente zu steigern. Es ist z. B. möglich, isotopenangereicherte Proteine herzustellen. Dazu werden bei der Proteinexpression die Bakterien in einem Minimalmedium kultiviert, welches als Stickstoffquelle ^{15}NH$_4$Cl enthält. Bei der Markierung mit Kohlenstoff wird ^{13}C-Glucose als Kohlenstoffquelle verwendet. Auf diese Weise können einfach markierte Proben (^{15}N oder ^{13}C) oder auch doppelt ^{15}N/^{13}C-markierte Proben hergestellt werden. Verwendet man als Lösungsmittel für die Kulturmedien D$_2$O statt H$_2$O, können auch deuterierte Proteine hergestellt werden. Weiterhin kann das Signal-zu-Rausch-Verhältnis eines NMR-Experiments gesteigert werden, indem die relativ starke Magnetisierung des Protons auf den daran gebundenen Heterokern, der dann detektiert wird, übertragen wird.

Als Beispiel betrachten wir das *HSQC-Experiment* (engl.: *heteronuclear single quantum coherence*, heteronukleare Einquantenkohärenz), das den Übertrag von Magnetisierung auf einen Heterokern verwendet. In ihm wird in einem 2D-Spektrum die Stickstofffrequenz (ω_1) mit der des gebundenen Amidprotons (ω_2) innerhalb einer NH-Gruppe verknüpft. Jedes im HSQC-Spektrum auftretende Signal repräsentiert damit ein an ein ^{15}N-Atom gebundenes Proton. Das Spektrum besteht somit im Wesentlichen aus den Signalen der H^N-Protonen des Proteinrückgrats und zusätzlich aus den Signalen der NH$_2$-Gruppen der Seitenketten von Asn, Gln, Lys und Arg bzw. der aromatischen H^N-Protonen von Trp und His. Durch das HSQC-Experiment ist es dann meist möglich, überlappende Amidprotonenresonanzen durch die Entzerrung des Spektrums in die Stickstoffdimension deutlich getrennt darzustellen. Verglichen mit einem homonuklearen Spektrum hat das HSQC-Spektrum natürlich keine Diagonale, da während der t_1- und der t_2-Zeit verschiedene Kerne gemessen werden. Analoge Experimente lassen sich für ^{13}C und ^{1}H durchführen (^{13}C-HSQC).

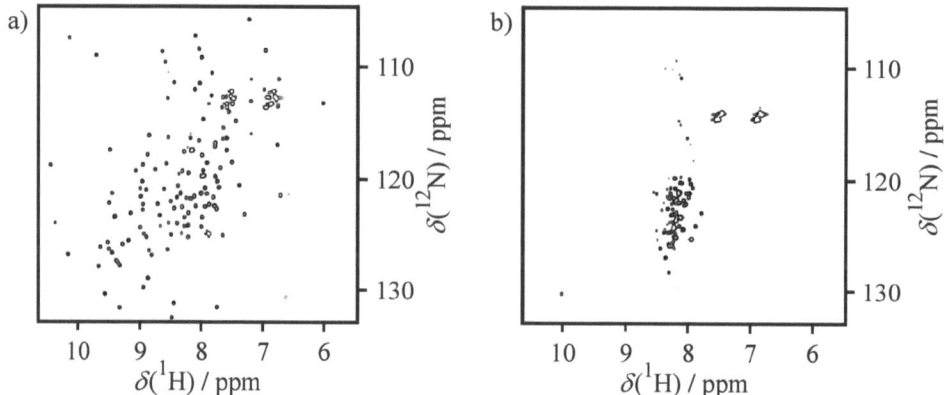

Abb. V.182: ^{1}H-^{15}N HSQC-Spektrum des Proteins SNase (Mutante Δ+PHS+V66A) im (a) gefalteten und (b) entfalteten Zustand (zur Verfügung gestellt von C. Roumestand, J. Roche, C. A. Royer).

Abbildung V. 182 gibt ein Beispiel. Das HSQC-Spektrum zeigt ein Signal für jede Aminosäure, mit Ausnahme der N-terminalen Aminosäure sowie Prolin. Wie oben zu sehen ist, unterscheiden sich die HSQC Spektren von gefalteten und entfalteten Proteinen deutlich. Die chemische Verschiebung sowohl in der ^{15}N- als auch in der ^{1}H-Dimension wird durch die Sekundär- bzw. Tertiärstruktur beeinflusst. Im Fall eines entfalteten Proteins liegen die chemischen Verschiebungen der einzelnen Aminosäuren alle relativ nah an den *random coil*-Werten der chemischen Verschiebungen, wodurch die Dispersion des Spektrums verloren geht.

Durch die Einführung einer weiteren Dimension gelangt man zur *dreidimensionalen NMR-Spektroskopie* (3D-NMR). Ein dreidimensionales Spektrum kann aus einem zweidimensionalen Experiment konstruiert werden, indem nach der ersten Mischperiode statt der Akquisition eine weitere Evolutionszeit, gefolgt von einer zweiten Mischperiode, eingefügt wird. Am Ende steht wiederum die direkte Datenakquisition. Es gibt 3D-Experimente, die aus einer Verknüpfung von zwei 2D-Experimenten bestehen, und die Tripelresonanzexperimente, bei denen drei verschiedene Kerne (^{1}H, ^{13}C, ^{15}N) angeregt werden. Die 2D-NOESY- und TOCSY-Spektren sind z. B. auf entsprechende heteronukleare 3D-Spektren ^{15}N-NOESY-HSQC und ^{15}N-TOCSY-HSQC übertragbar. Es treten nur Signale von Protonen auf, die mit an einem ^{15}N-Kern gebundenen Protonen wechselwirken.

Eine weitere Methode, TROSY (engl.: *transverse relaxation optimized spectroscopy*), erlaubt eine Erweiterung der Anwendbarkeit vieler heteronuklearer Experimente auf größere Proteine (< 15 kDa). Bei der TROSY-Spektroskopie kompensieren sich teilweise zwei Relaxationsmechanismen, die dipolare Kopplung und die Anisotropie der chemischen Verschiebung, so dass eine starke Reduzierung der Linienbreite resultiert. Mit Hilfe von Isotopenmarkierung lassen sich mit dieser Methode Proteinkomplexe bis zu einigen hundert kDa untersuchen. Auf Einzelheiten können wir hier nicht eingehen.

Die *2D- und 3D-NMR an Proteinen* ist heute weit entwickelt und gibt wichtige Informationen über die Konformation und Dynamik sowie über ihre Wechselwirkung mit Substraten. Ziel bei der Auswertung der Protonen-NMR-Spektren ist es, alle vorhandenen Informationen über Atomabstände und Bindungswinkel der Strukturberechnung zugänglich zu machen. Voraus-

7. Kernmagnetische Resonanz (NMR)

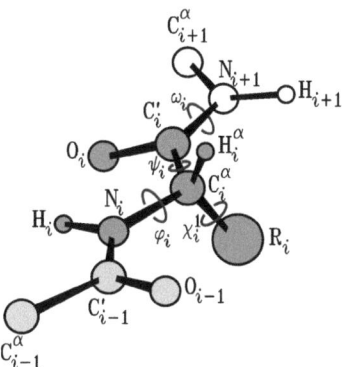

Abb. V.183: Die Definition der Drehwinkel (Torsionswinkel) zwischen zwei Peptideinheiten einer Polypeptidkette. Die Peptidkette ist hier in ihrer gestreckten, *all-trans*-Konformation ($\varphi = \psi = \omega = 180°$) dargestellt. φ ist der Torsionswinkel der N–C-Bindung, ψ der Torsionswinkel der C–C-Bindung. Für eine rechtsgängige α-Helix sind alle $\varphi_i = -57°$ und alle $\psi_i = -47°$. Die Vorzeichenkonvention besagt, dass ein Winkel positiv ist, wenn man die vordere Bindung im Uhrzeigersinn drehen muss, um sie mit der hinteren Bindung zur Deckung zu bringen.

setzung ist zunächst, dass jedes der in einem Spektrum beobachteten Signale den jeweils entsprechenden Protonen im Protein zugeordnet werden kann. Dies erfordert wegen der großen Anzahl der Signale die Aufnahme von 2D-COSY-, NOESY- und TOCSY-Spektren. Die Arbeiten zur Bestimmung der vollständigen räumlichen Struktur von Proteinen gehen maßgeblich auf R. R. ERNST (Nobelpreis 1991) und K. WÜTHRICH (Nobelpreis 2002) zurück. Die räumliche Struktur von Proteinen hängt von den Rotationswinkeln um die Einfachbindungen der Peptidkette ab (Abb. V.183). Die Drehwinkel (dihedrale Winkel) werden, abhängig von ihrer Position im Peptidgerüst, mit φ_i, ψ_i und ω_i bezeichnet, die der Ketten mit χ_i^k (k Position in der Seitenkette). Die möglichen Sekundärstrukturen (s. Kap. I.) lassen sich damit auch über die Wertebereiche der dihedralen Winkel φ_i und ψ_i definieren (sog. RAMACHANDRAN-Plots; s. z. B. G. N. Ramachandran, V. Saisekharan, Adv. Protein Chem. **23** (1968) 283).

Wir wollen den Gang einer Strukturbestimmung an einem einfachen Beispiel demonstrieren. Abbildung V.184 zeigt die chemische Struktur eines Segments einer Polypeptidkette mit der Aminosäuresequenz Alanin-Valin (AV). Die chemischen Bindungen sind durch durchgezogene Linien dargestellt. Innerhalb der zwei Aminosäurereste sind durch gestrichelte Linien die Beziehungen zwischen denjenigen H-Atomen eingezeichnet, die durch höchstens drei chemische Bindungen voneinander getrennt sind. Durch COSY-Experimente lassen sich die durch die gestrichelten Linien angegebenen Beziehungen zwischen den Protonen nachweisen. Sie stehen über skalare Kopplungen miteinander in Wechselwirkung. Durch gepunktete Linien sind Beziehungen zwischen H-Atomen in den zwei benachbarten Aminosäureresten gekennzeichnet, und zwar zwischen den Amidprotonen der zwei Aminosäurereste und zwischen dem Proton am C^α des Aminosäurerests i und dem Amidproton des Aminosäurerests $i+1$. Diese Korrelationen werden im NOESY-Experiment detektiert.

Im ersten Schritt des Resonanzzuordnungsverfahrens eines Proteins geht es darum, unter den vielen Resonanzlinien im Spektrum die Spinsysteme der einzelnen Aminosäuren zu identifi-

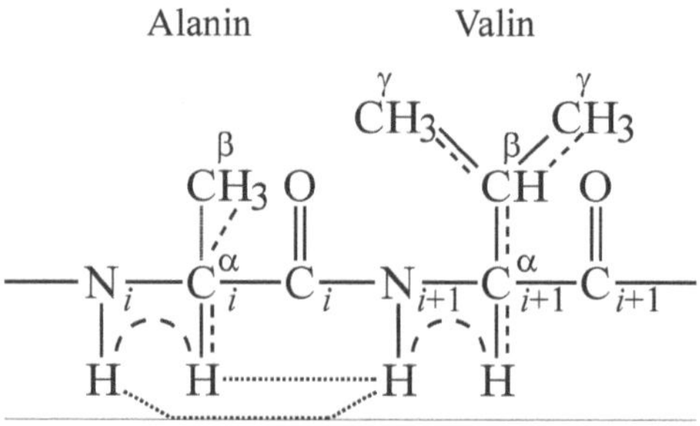

Alanin   Valin

[Strukturformel eines Peptidsegments aus Alanin und Valin mit Kennzeichnung von N_i, C^α_i, C_i, N_{i+1}, C^α_{i+1}, C_{i+1}, den β-CH$_3$-Gruppen des Alanins, den γ-CH$_3$-Gruppen und β-CH des Valins sowie den H-Atomen. Gestrichelte Linien zeigen COSY-, gepunktete Linien NOESY-Konnektivitäten.]

Abb. V.184: Peptidsegment aus zwei Aminosäuren (Alanin und Valin) und Konnektivitäten, die mit Hilfe der COSY (- - -)- und NOESY (···)-Spektroskopie bestimmt werden können.

zieren (z. B. die drei Linien des Alanins oder die fünf Linien des Valins). Im zweiten Schritt werden Beziehungen zwischen sequenziell benachbarten Aminosäuren ermittelt. Da die H-Atome in verschiedenen Aminosäureresten der Polypeptidkette durch mehr als drei chemische Bindungen voneinander getrennt sind, werden keine J-Kopplungen zwischen ihnen mehr beobachtet. Deshalb werden hier die im NOESY-Spektrum beobachtbaren Dipol-Dipol-Kopplungen genutzt (die in Abbildung V.184 durch Punkte markierten Beziehungen). In Abbildung V.185 ist dies schematisch für einen NOESY-Kreuzpeak dargestellt. Das Auftreten dieses Kreuzpeaks bedeutet, dass die H-Atome i und j im Proteinmolekül in kurzem Abstand (< 0,5 nm) voneinander angeordnet sind. Für unser Beispiel bedeutet dies, dass die Polypeptidkette eine große Schlaufe bilden muss, damit die beiden Gruppen so dicht beieinander liegen können. Analog geht man für die anderen Gruppen vor.

Sekundärstrukturelemente können anhand der NH/NH-Kreuzsignale identifiziert werden. So hat z. B. die α-Helix intensive NH/NH-Kreuzsignale zwischen benachbarten Aminosäureresten i und $i+1$ (Protonenabstand 0,28 nm) und C^αH/NH-Kreuzsignale zwischen Resten i und $i+3$ (Protonenabstand 0,32 nm). β-Faltblätter haben intensive sequenzielle C^αH/NH-Kreuzsignale zwischen Resten i und $i+1$ (Protonenabstand 0,22 nm) (s. WÜTHRICH, 1986).

Unterstützt werden die resultierenden Strukturhypothesen durch Messung der J-Kopplungskonstante $^3J(H^N\text{-}H^\alpha)$ zwischen C^αH- und Amid-Protonen, die von der Größe des dihedralen Winkels φ bestimmt wird. Quantitativ lässt sich die Abhängigkeit $^3J(\varphi)$ durch eine KARPLUS-Gleichung (vgl. Gl. V.143) beschreiben. Für helikale Strukturen ist $^3J(H^N\text{-}H^\alpha) < 6$ Hz ($\varphi = 60°$), für β-Faltblätter $^3J(H^N\text{-}H^\alpha) > 8$ Hz ($\varphi = 120°$), und für ungeordnete Bereiche liegt $^3J(H^N\text{-}H^\alpha)$ zwischen 6 und 8 Hz. Die chemischen Verschiebungen der C^αH-Protonenresonanzen der Aminosäuren sind auch von einer Sekundärstrukturausbildung abhängig (α-Helix: Verschiebung zu kleineren ppm-Werten; β-Faltblatt: Verschiebung zu größeren ppm-Werten).

Es gibt zwei generell anwendbare Methoden, um die Strukturermittlung zu vereinfachen: Den Einsatz von Isotopen (z. B. selektive ^2H, ^{13}C, ^{15}N-Markierung bestimmter Aminosäuren) und den Vergleich mit weitgehend homologen Proteinen, bei denen nur einige Aminosäuren in der Sequenz ausgetauscht sind. Diese Methoden werden insbesondere bei größeren Proteinen wichtig, bei denen die Überlappung der Resonanzen und die größeren Linienbreiten problematisch werden. In diesen Fällen helfen oftmals auch dreidimensionale heteronukleare NMR-Experimente weiter (s. oben).

7. Kernmagnetische Resonanz (NMR)

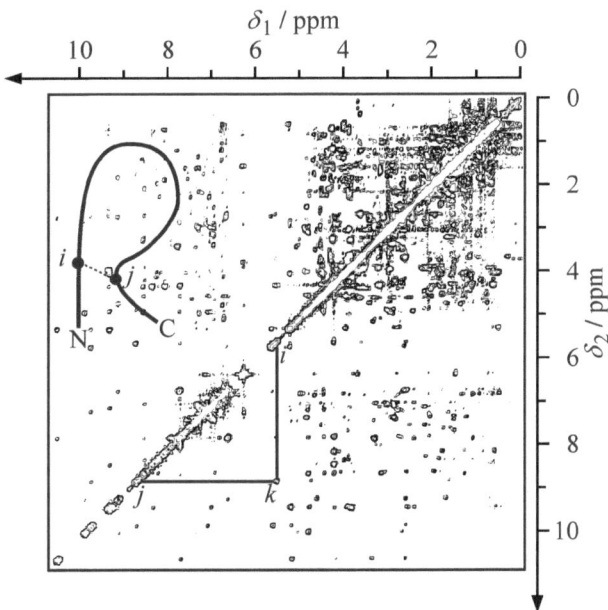

Abb. V.185: Höhenliniendarstellung eines 500-MHz-^{1}H-^{1}H-NOESY-Spektrums von BPTI in D$_2$O. i und j identifizieren zwei Diagonalpeaks. Sie sind durch eine horizontale bzw. eine vertikale Linie mit einem Kreuzpeak k verbunden, der einen Kern-OVERHAUSER-Effekt zwischen den den Resonanzen i und j entsprechenden Protonen anzeigt. Die Peptidkette mit den Enden N und C muss eine Schlaufe bilden. Nur so lässt sich der durch das NOESY-Kreuzsignal angezeigte kurze Abstand (< 0,5 nm) zwischen den Kernen i und j erklären (nach: G. Wagner, K. Wüthrich, J. Mol. Biol. **155** (1982) 347).

Um die vollständige dreidimensionale Struktur eines Proteins aus NMR-Daten zu bestimmen, müssen die experimentellen interatomaren Abstände mit den möglichen Konformationen, die die Polypeptidkette im Raum einnehmen kann, kombiniert und daraus verträgliche Strukturen berechnet werden. Hierbei helfen computerunterstützte Rechenmethoden, wie *Distanzgeometrie-Algorithmen* (engl.: *distance geometry algorithms*) und die *eingeschränkte Molekulardynamik* (engl.: *restrained molecular dynamics*). Bei der Distanzgeometrie-Methode werden aus NMR-Daten und einem Kraftfeld Abstandsrandbedingungen für alle Atompaare erhalten. Mit einem mathematischen Optimierungsverfahren werden kartesische Koordinaten für alle Atome berechnet, so dass alle Abstandsbedingungen möglichst gut erfüllt werden. Die Lösung dieses Problems ist jedoch i. Allg. nicht eindeutig. Bei der Molekulardynamik-Methode wird direkt die Bewegung eines Proteinmoleküls in der Zeit simuliert. Ausgehend von einer möglichst guten Ausgangsstruktur werden die klassischen NEWTONschen Bewegungsgleichungen für die N Atome i der Masse m_i im Biomolekül numerisch integriert. Damit lassen sich die Geschwindigkeiten v_i und Koordinaten r_i aller Teilchen in jedem Zeitintervall berechnen. Die potenzielle Energie V setzt sich aus Potenzialansätzen für kovalente Bindungen, Bindungswinkel, Diederwinkel, VAN DER WAALS- und COULOMB-Wechselwirkungen, aber auch aus Wechselwirkungen mit dem Lösungsmittel zusammen. Sie müssen für alle Paare von Atomen

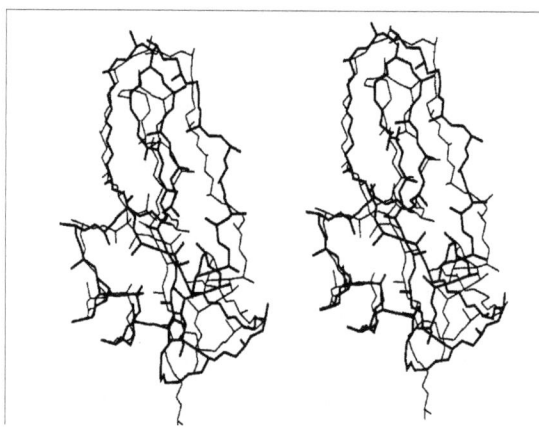

Abb. V.186: Stereobild einer Überlagerung der mit RÖNTGEN-Methoden ermittelten Einkristallstruktur des Proteins BPTI (dünner Strich) mit der durch NMR ermittelten Lösungsstruktur (dicker Strich). Für jeden Aminosäurerest sind die Rückgratatome N, C^α und C' sowie das erste Schweratom der Seitenkette (C^β) gezeichnet. Die zwei Strukturen wurden so überlagert, dass die mittlere Abweichung der Positionen der Rückgratatome minimal ist (nach: G. Wagner, W. Braun, T. F. Havel, T. Schaumann, N. Gō, K. Wüthrich, J. Mol. Biol. **196** (1987) 611).

im Molekül berechnet werden. Die NMR-Daten (z. B. dihedrale Winkel und interatomare Abstände aus NOE-Daten) gehen als Randbedingungen ein und sorgen dafür, dass das simulierte Protein nur Konformationen einnimmt, die mit den experimentell gemessenen Daten übereinstimmen. Ausgehend von einer Startstruktur erlaubt eine Simulationsperiode bei hoher Temperatur, dass das Protein die Struktur findet, die im Kraftfeld mit den NMR-Daten kompatibel ist, da das simulierte Molekül bei höheren Temperaturen große Konformationsänderungen durchführen kann. Beim anschließenden *simulated annealing* ("simuliertes Tempern") wird die Simulationstemperatur erniedrigt. Die Fluktuationen der Struktur werden dabei immer weiter eingeschränkt, bis am Ende die 3D-Struktur mit minimaler Energie erreicht ist (s. a. A. R. Leach, *Molecular Modelling*, Addison Wesley Longman Ltd., Harlow, 1996; Evans, 1995).

Für den Biochemiker sind Strukturermittlungen mittels NMR von Interesse, da die biologischen Makromoleküle in Lösung unter Bedingungen untersucht werden, die der physiologischen Umgebung sehr ähnlich sein können. Es ist damit auch möglich, Strukturen im Einkristall, die mittels RÖNTGEN-Beugung erhalten wurden, mit den entsprechenden Strukturen in Lösung zu vergleichen. Die Ergebnisse zeigen, dass gerade die Komplementarität der zwei Methoden wichtig ist. Wir betrachten als Beispiel das Protein BPTI (engl.: *bovine pancreatic trypsin inhibitor*). Es reguliert durch Komplexbildung mit Proteasen die Funktion dieser Enzyme. Es besteht aus einer Polypeptidkette mit 58 Aminosäureresten und hat eine Molmasse von 6500 Da. Die Einkristallstruktur von BPTI ist mit hoher Auflösung bekannt. In Abbildung V.186 ist die Kristallstruktur von BPTI mit der Lösungsstruktur verglichen. Die Strukturen des Polypeptidrückgrats sind so überlagert, dass sich minimale Abweichungen ergeben. Man erkennt, dass die im Einkristall beobachtbare Struktur des BPTI-Moleküls in wässriger

7. Kernmagnetische Resonanz (NMR)

Lösung im Wesentlichen erhalten bleibt. Signifikante Unterschiede zwischen Kristall- und Lösungsstruktur ergeben sich vor allem für die Kettenenden und für Aminosäureseitenketten auf der Proteinoberfläche. Diese Unterschiede sind u. U. aber wichtig für die funktionellen Eigenschaften des Moleküls.

Falls ein Protein nicht kristallisiert werden kann, ist die NMR-Methode heute die einzige Technik zur Ermittlung der dreidimensionalen Struktur. Darüber hinaus lässt sich die NMR-Spektroskopie auch für quantitative Messungen der molekularen Dynamik von Proteinen einsetzen. Der Anwendung der 2D-NMR-Methoden zur Strukturbestimmung von Proteinen sind bei großen Molmassen der Proteine von über 30 kDa wegen der Überlagerung der vielen Signale Grenzen gesetzt. Mit speziellen 3D-NMR-Methoden können diese Hürden oftmals überwunden werden (s. o.).

Neben den Proteinen können natürlich auch andere Biomoleküle mit Hilfe der 2D-NMR untersucht werden, wie z. B. *Nucleinsäuren* (kleine DNA-Stücke), *Polysaccharide* und *Lipidmembranen*. Die eingesetzten Methoden sind ähnlich. Wir wollen hier nur noch ein Beispiel betrachten: Die Wechselwirkung von exogenen Molekülen mit Membranen. Wir betrachten die Wechselwirkung des Lokalanästhetikums Tetracain (TTC) mit der Modellmembran DMPC in D_2O. Abbildung V.187 zeigt das $^1H,^1H$-NOESY-Spektrum des Systems. Man erkennt einen intensiven intermolekularen Kreuzpeak zwischen den Phenylprotonen f und der $^+ND(CH_3)_2$-Gruppe i des Tetracains. Die Phenylprotonen e koppeln ebenfalls mit der $^+ND(CH_3)_2$-Gruppe des Tetracains. Weiterhin sind die Kreuzpeaks zwischen den Phenylprotonen e und f des Tetracains und den Protonen der Kopfgruppe I des Lipids, aber auch die zwischen den Protonen I der Kopfgruppe und den $^+ND(CH_3)_2$-Protonen i des Tetracains sichtbar. Die intramolekularen Kreuzsignale des TTC zeigen, dass das Molekül bei seinem Einbau in die Membran wahrscheinlich in einer gefalteten Konformation vorliegt. Die intermolekularen Kreuzsignale zwischen TTC und der Cholin-Kopfgruppe des Lipids belegen, dass das Lokalanästhetikum im Kopfgruppenbereich der Lipidmembran lokalisiert ist.

7.12 Festkörper-NMR-Spektroskopie

Festkörper-NMR-Spektren besitzen in der Regel breite Absorptionsbanden und damit eine schlechte Auflösung. Dies hat verschiedene Ursachen: Einen wesentlichen Beitrag zum Spektrum liefert die magnetische Dipol-Dipol-Wechselwirkung, die sich im Festkörper im Gegensatz zu niedrigviskosen Flüssigkeiten nicht mehr herausmittelt. Im Festkörper führt diese Wechselwirkung zu sehr breiten Signalen, da sich einerseits unterschiedliche lokale Felder ergeben, andererseits durch die starke dipolare Kopplung sehr kurze T_2-Relaxationszeiten ($\sim 10^{-4}$ s im Vergleich zu $\sim 10^{-1}$ s in Flüssigkeiten) resultieren, die nach der HEISENBERGschen Unschärferelation eine große Linienbreite (kHz) zur Folge haben. Neben dieser magnetischen Dipol-Dipol-Wechselwirkung führt auch die Anisotropie der chemischen Verschiebung zur Linienverbreiterung, da auch sie sich im Festkörper nicht herausmittelt. Weitere Wechselwirkungen, wie die Quadrupolwechselwirkung bei Quadrupolkernen, können noch hinzukommen.

Allerdings gibt es auch gute Gründe für die Anwendung der Festkörper-NMR-Spektroskopie. Die richtungsabhängigen Terme, die in Lösung herausgemittelt werden, enthalten wichtige strukturelle Informationen, wie Bindungswinkel und Abstände. Darüber hinaus gibt es in bio-

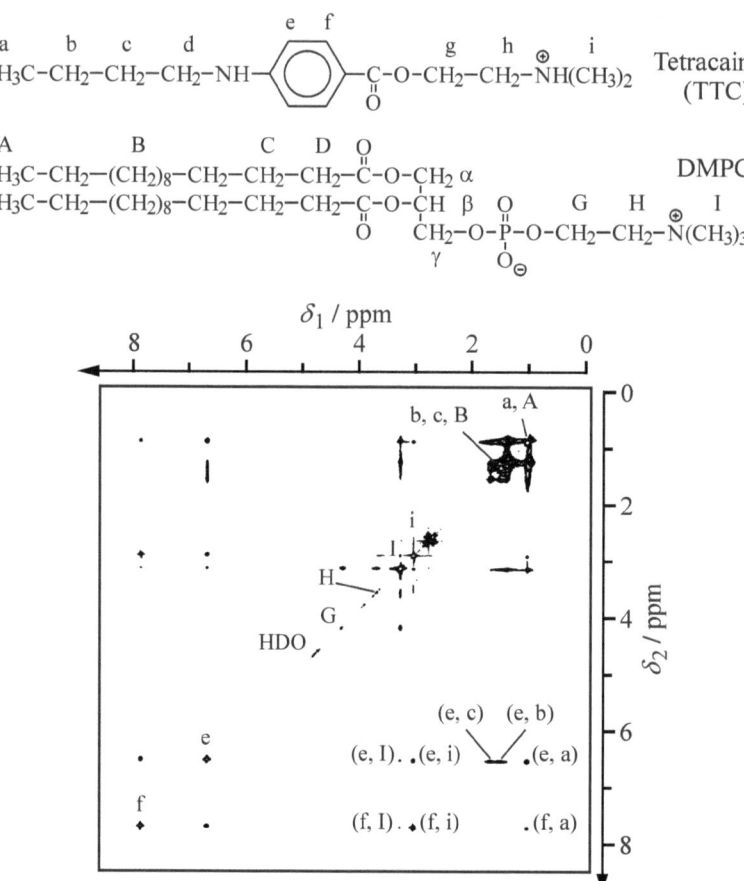

Abb. V.187: 400-MHz-^{1}H,^{1}H-NOESY-Spektrum des Systems DMPC/10 Mol-% TTC in D$_2$O bei pD = 5,5, T = 303 K; Mischzeit t_M = 200 ms. Bei dem pD-Wert von 5,5 liegt das Tetracain in der geladenen Form vor (nach: O. Reis, A. Zenerino, R. Winter, in: *Biological Macromolecular Dynamics*, S. Cusack et al. (Hrsg.), S. 41, Adenine Press, 1997).

logischen Systemen auch Komponenten, die nicht wasserlöslich sind. Sie bilden oft supramolekulare Strukturen aus, wie z. B. Membranen, Faserproteine und Viruspartikel. Während bei der Flüssigkeitsresonanz mit ihren schmalen Resonanzlinien von wenigen Hz Breite für biologische Anwendungen die ^{1}H-NMR dominiert, ist es in der Festkörperresonanz anders. Die große Anzahl der im Makromolekül vorkommenden Protonen zusammen mit der großen Linienbreite im Festkörper erschweren die Separierung und Zuordnung der individuellen Resonanzlinien. Daher ist es hier oft günstiger, ^{2}H, ^{13}C oder ^{15}N, also Kerne mit geringer natürlicher Häufigkeit, auszuwählen und diese selektiv an einer oder einigen wenigen Stellen im Molekül einzubauen. Damit hat man gleichzeitig das Zuordnungs- und das Überlappungsproblem gelöst.

7. Kernmagnetische Resonanz (NMR)

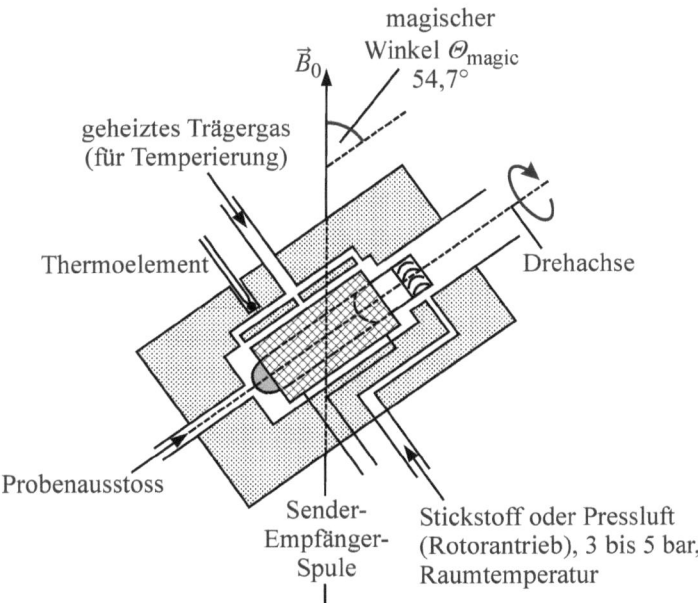

Abb. V.188: MAS-Rotor, der die zu untersuchende Probe enthält und um den magischen Winkel von 54,7° zur $\vec{B}_0$-Richtung sehr schnell (einige kHz) dreht.

Mit Hilfe von Methoden der Linienverschmälerung (*magic angle spinning* (MAS) oder Multipuls-Verfahren) ist man jedoch auch in der Lage, Festkörper-NMR-Spektren mit relativ scharfen Linien zu beobachten (hochauflösende Festkörper-NMR-Spektroskopie). Wichtig zur Untersuchung von Biomolekülen ist z. B. die ^{13}C-NMR-Spektroskopie geworden. Die starke dipolare Kopplung zwischen ^{13}C und ^{1}H im Festkörper-Spektrum kann man durch Entkopplung mit einer hohen Senderfeldstärke eliminieren. Die Anisotropie der chemischen Verschiebung sowie auch Anteile der dipolaren Kopplung werden durch sehr schnelle Rotation (einige kHz) der Probe unter einem Winkel von 54,7° (engl.: *magic angle*) zur z-Richtung des B_0-Felds aufgehoben (Abb. V.188). Dies kommt daher, dass die Ausdrücke der dipolaren Wechselwirkung wie auch der Anisotropie der chemischen Verschiebung mit dem Faktor $(3\cos^2\Theta-1)$ verknüpft sind. Θ ist der Winkel zwischen der Kernverbindungsachse und der Richtung des B_0-Felds. Die dipolare Wechselwirkung führt zu einer Linienaufspaltung $\Delta\nu$. Sie ist für zwei nichtäquivalente Kerne A und B (mit $I = 1/2$) im Abstand r_{AB} gegeben durch:

$$\Delta\nu = \frac{\mu_0}{4\pi} \cdot \frac{3\hbar\gamma_A\gamma_B}{4\pi} \cdot \frac{3\cos^2\Theta - 1}{r_{AB}^3} \tag{V.162}$$

In einer Pulverprobe kann Θ alle möglichen Werte annehmen und man erhält ein Pulver-Spektrum, das aus der Überlagerung der Spektren aller möglichen Orientierungen besteht. In orientierten Proben erhält man ein Dublett-Spektrum, aus dem man bei bekanntem Abstand zwischen den Atomen (z. B. eine kovalente ^{1}H–^{13}C- oder ^{1}H–^{15}N-Bindung) die Richtung der Bindung im Raum bestimmen kann.

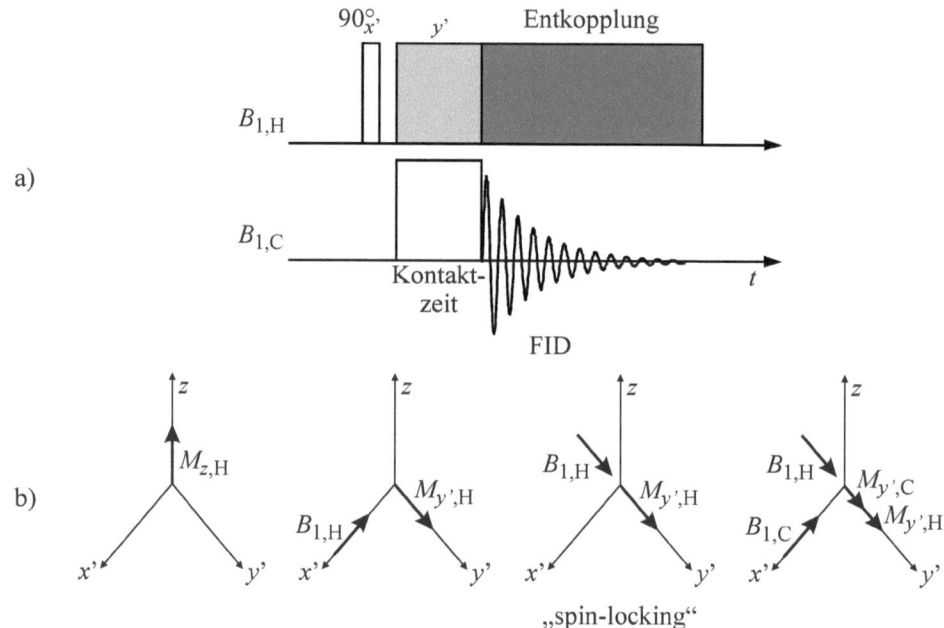

Abb. V.189: Schematische Darstellung der Kreuzpolarisation (CP) zwischen ^{1}H- und ^{13}C-Kernen zur Erhöhung der Sensitivität der Messung von ^{13}C und Verkürzung der Puls-Wiederholungsrate. a) Pulssequenz; b) dazugehöriges Bild der Magnetisierungsvektoren.

Der Faktor $(3\cos^2\Theta - 1)$ und daher die z-Komponente des magnetischen Dipolfelds wird gerade bei $\Theta = \Theta_{\text{magic}} = 54{,}7°$ null. Die Probe rotiert bei der MAS-Methode im Rotor (Abb. V.188) um eine Achse, die mit $\vec{B}_0$ den magischen Winkel bildet. Bei hinreichend schneller Probenrotation nehmen im zeitlichen Mittel alle wechselwirkenden Spinvektoren in der Probe dann den magischen Winkel ein. Im linienverschmälerten Spektrum treten aufgrund der schnellen Probenrotation im kHz-Bereich jedoch oft noch Rotationsseitenbanden auf. Sie lassen sich mit Hilfe geeigneter Puls-Verfahren (TOSS, *total sideband suppression*) unterdrücken. Andererseits lassen sich - falls dies gewünscht ist - aus der Intensität der Rotationsseitenbanden auch Informationen über den Tensor der chemischen Verschiebung gewinnen.

Durch einen Trick, die sog. *Kreuzpolarisation* (engl.: *cross polarisation*, CP), kann schließlich die i. Allg. langsame Relaxation der ^{13}C-Atome beschleunigt und damit die Sensitivität der ^{13}C-NMR erhöht werden. In der in Abbildung V.189 angegebenen Pulsfolge wird zunächst für die Protonen die $M_{z,\text{H}}$-Magnetisierung durch einen $90°_{x'}$-Puls ($B_{1,\text{H}}$) in $M_{y',\text{H}}$-Magnetisierung überführt. Um sie zu erhalten, bleibt das $B_{1,\text{H}}$-Feld bestehen, seine Phase wird jedoch unmittelbar nach Ende des $90°_{x'}$-Pulses um 90° verschoben. Die Protonen geraten dadurch in die sog. *spin-locking*-Situation. Wendet man während dieser Zeit, auch Kontaktzeit genannt, einen ^{13}C-Puls unter Beachtung der HARTMANN-HAHN-Bedingung

$$\gamma_\text{C} B_{1,\text{C}} \approx \gamma_\text{H} B_{1,\text{H}} \tag{V.163}$$

7. Kernmagnetische Resonanz (NMR)

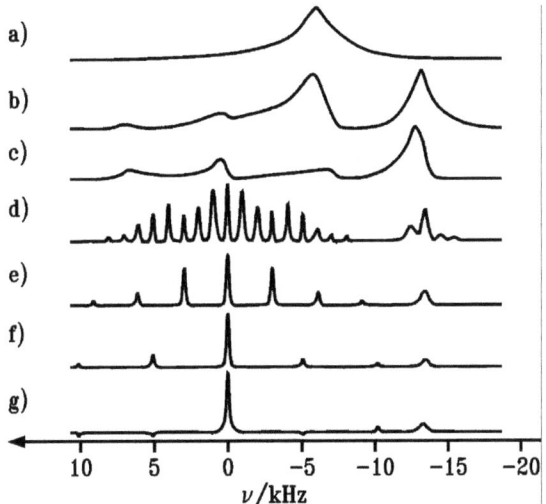

Abb. V.190: ^{13}C-NMR-Spektrum von kristallinem Glycin a) ohne ^{1}H-Entkopplung; b) mit ^{1}H-Entkopplung; c) mit ^{1}H-Entkopplung und Kreuzpolarisation (CP); d) CPMAS (Rotorfrequenz 1 kHz); e) CPMAS (Rotorfrequenz 3 kHz) f) CPMAS (Rotorfrequenz 5 kHz); g) CPMAS (Rotorfrequenz 5 kHz) und TOSS (nach: J. N. S. Evans, *Biomolecular NMR Spectroscopy*, S. 36, Oxford University Press, Oxford, 1995).

an, so haben ^{13}C und ^{1}H gleiche Präzessionsfrequenzen und können Energie austauschen (Kreuzpolarisation). Es kommt zum Austausch von $M_{y'}$-Magnetisierung, und die Sensitivität der ^{13}C-Spins vergrößert sich um den Faktor $\gamma_H/\gamma_C \approx 4$. Nach dem Ende der Kontaktzeit (einige ms) wird $B_{1,C}$ abgeschaltet und der FID registriert, wobei das *spin-locking*-Feld beibehalten wird, um die dipolaren ^{1}H-^{13}C-Wechselwirkungen weitgehend zu eliminieren (Entkopplung). Das Pulsexperiment kann nach kurzer Zeit (wenige s) wiederholt werden, da die kurze T_1-Relaxationszeit der Protonen für die Rückkehr ins thermische Gleichgewicht maßgeblich ist.

Das kombinierte CPMAS-Experiment steht für *cross polarisation and magic angle spinning* und wurde erstmals 1975 von J. SCHAEFER und E.O. STEJSKAL verwirklicht. In Abbildung V.190 ist das ^{13}C-NMR-Spektrum von kristallinem Glycin für verschiedene Festkörper-NMR-Parameter dargestellt. Man erkennt, dass bei Anwendung hoher MAS-Frequenzen unter Zuhilfenahme von TOSS gut aufgelöste NMR-Spektren erhalten werden können. Abbildung V.191 zeigt als Beispiel das ^{13}C-CPMAS-Spektrum von kristalliner Cellulose. Die Auflösung des NMR-Spektrums ist so gut, dass die aus Lösungsspektren bekannten ^{13}C-Resonanzen zugeordnet werden können.

Mit speziellen Pulsfolgen (wie *rotational resonance* (RR) und REDOR; s. z. B. Evans, 1995) kann die geometrische Abstandsinformation über die dipolare Kopplung, die durch MAS verloren geht, zum Teil wieder zurückgewonnen werden. Es kann z. B. die schwache heteronukleare dipolare Kopplung zwischen ^{31}P und ^{13}C oder zwischen ^{15}N und ^{13}C (nach Isotopenmarkierung) gemessen werden. Über die dipolaren Kopplungskonstanten lassen sich für orientierte Proben bei Kenntnis der Bindungslängen dann die Bindungswinkel bestimmen. Durch diese Art der selektiven Abstandsmessung kann man z. B. Informationen über die Sekundärstruktur

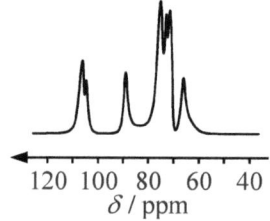

Abb. V.191: ^{13}C-CPMAS-Spektrum von kristalliner Cellulose (s. Abb. I.52) (nach: B. Wrackmeyer, Chem. unserer Zeit **21** (1988) 100).

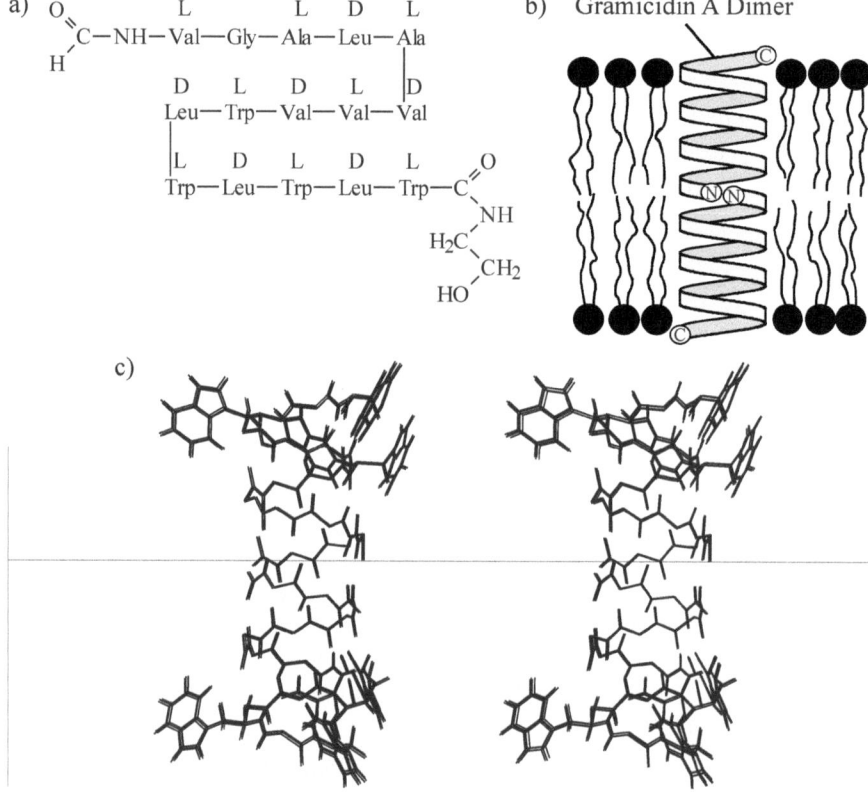

Abb. V.192: a) Chemische Formel von Gramicidin A; b) Schematische Darstellung des aus zwei Gramicidin A-Molekülen gebildeten 2,6-nm-langen Transmembrankanals; c) Stereobild der Konformation von Gramicidin A in einer Membrandoppelschicht (nach: R. R. Ketchem, W. Hu, T. A. Cross, Science **261** (1993) 1457).

und die Konformation von Seitengruppen von Membranproteinen oder auch die Konformation gebundener Liganden erhalten. So ist es z. B. gelungen, durch Messung der dipolaren Kopplungskonstante von ^{15}N–^{1}H, ^{15}N–^{13}C, der ^{2}H-Quadrupolkopplungskonstante und der ^{15}N chemischen Verschiebungsanisotropie die Konformation des Polypeptids Gramicidin A in Membranen zu bestimmen. Das Antibiotikum Gramicidin A ist ein kanalbildendes Ionophor, das Protonen und Alkalimetall-Kationen passieren lässt. Es handelt sich um ein lineares, hydrophobes Polypeptid aus 15 alternierenden L- und D-Aminosäuren, das durch Formylierung seines Aminoendes und eine C-terminale Amidbindung mit Ethanolamin chemisch blockiert ist (Abb. V.192). Es dimerisiert Kopf an Kopf und bildet eine linksgängige Helix (β-Helix), wodurch ein Transmembrankanal gebildet wird. Die polaren Gruppen des Peptidrückgrats kleiden den zentralen Ionenkanal aus, was den Durchtritt der Kationen erleichtert.

7.13 Feldgradienten-NMR

Mit Hilfe der Kernspinresonanz lässt sich auch der Selbstdiffusionskoeffizient von Biomolekülen bestimmen. Bei der Feldgradienten-NMR ist das Magnetfeld räumlich nicht konstant. Der z-Komponente von $\vec{B}_0$ ist ein linearer Gradient g_0 der magnetischen Induktion überlagert, so dass die Kernspins an einem Ort z das Feld

$$B_z = B_0 + g_0 z \tag{V.164}$$

sehen. Die Präzessionskreisfrequenz der Kerne wird dadurch ortsabhängig:

$$\omega(z) = \gamma_N (B_0 + g_0 z) = \omega_0 + \gamma_N g_0 z \tag{V.165}$$

Die Selbstdiffusion der Teilchen bewirkt, dass die Einzelspins ihre Orte und damit auch ihre Resonanzfrequenz ändern. Mit Hilfe von Echoexperimenten lässt sich der Diffusionskoeffizient D bestimmen. Wir hatten gesehen, dass man mit Hilfe der HAHNschen Pulsfolge die Spin-Spin-Relaxationszeit bestimmen kann (Kap. V.7.3), dass Diffusionsprozesse aber störend wirken. Zunächst wird durch einen 90°-Puls der Magnetisierungsvektor in die x', y'-Ebene gedreht. Aufgrund der Spin-Spin-Relaxation dephasieren die Spins. Nach der Zeit τ, die kürzer ist als T_2, wird ein 180°-Puls eingestrahlt, der die Phasen der Spins umkehrt, so dass die Spins rephasieren und man nach der Zeit 2τ ein Echo misst. Unter Berücksichtigung einer isotropen Selbstdiffusion der Moleküle und der durch den Magnetfeldgradienten g_0 verursachten Änderung der Resonanzfrequenz erhält man eine vom Diffusionskoeffizienten D abhängige Reduktion der Signalintensität S:

$$S(2\tau) = S(0) e^{-2\tau/T_2} e^{-(2/3) D g_0^2 \gamma_N^2 \tau^3} \tag{V.166}$$

($S(0)$ Anfangsamplitude des FID). Man sieht, dass die Analyse der Abnahme der Signalintensität bei Kenntnis der Größe des Gradienten g_0 sowohl die Bestimmung von T_2 als auch des Selbstdiffusionskoeffizienten D gestattet. Es werden statische Feldgradienten von ca. 200 T m^{-1} verwendet, um Diffusionskoeffizienten bis herunter zu 10^{-15} m^2 s^{-1} messen zu können (I. Chang, F. Fujara, B. Geil, G. Hinze, H. Sillescu, A. Tölle, J. Non-Cryst. Solids **172-174** (1994) 647).

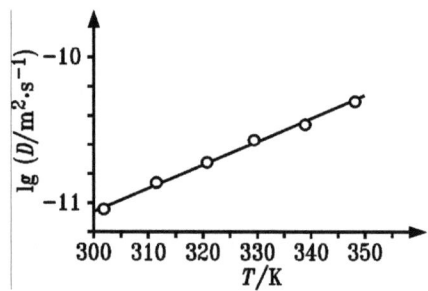

Abb. V.193: Diffusionskoeffizienten von Monoolein (MO) im System MO/D$_2$O (24 Gew.-%) in Abhängigkeit von der Temperatur.

Als Beispiel ist in Abbildung V.193 der laterale Diffusionskoeffizient des Lipids Monoolein in 24 Gew.-% D$_2$O als Funktion der Temperatur gezeigt. Er wurde aus ^{1}H-NMR-Spin-Echo-Messungen im statischen Feldgradienten bestimmt. Bei dieser Wasserkonzentration liegt das Monoolein in der bikontinuierlichen kubischen Phase Q$_{II}^G$ (Raumgruppe Ia3d) vor. Man erkennt den in etwa exponentiellen Anstieg von D mit der Temperatur von $1 \cdot 10^{-11}$ m^2 s^{-1} bei 302 K auf $5{,}7 \cdot 10^{-11}$ m^2 s^{-1} bei 348 K. Aus der ARRHENIUS-Auftragung (ln$D$ vs. T^{-1}) ergibt sich eine Aktivierungsenergie für die Lipiddiffusion von etwa 32 kJ mol^{-1}. Analoge Messungen des Diffusionskoeffizienten des D$_2$O in den dreidimensionalen Wasserkanälen der kubischen Phase auf der Resonanzfrequenz der Deuteriumkerne ergeben, dass die translatorische Beweglichkeit des Wassers um etwa eine Größenordnung geringer ist als diejenige von reinem Wasser in der Volumenphase.

Da der FID bei dieser Methode mit statischem Feldgradienten sehr schnell abklingt, wird nach der FOURIER-Transformation i. Allg. kein hochaufgelöstes Spektrum erhalten. Dieses Verfahren schließt daher die Möglichkeit der Bestimmung des Selbstdiffusionskoeffizienten der verschiedenen in der Probe vorliegenden Spezies aus. Man wählt daher oft die Methode des „gepulsten Gradienten". Bei dieser Methode wird die Diffusion während des Zeitintervalls Δ zwischen zwei Gradientenpulsen in einem Spin-Echo-Experiment betrachtet (Abb. V.194). Die Analyse der Pulssequenz liefert für die Abnahme der Quermagnetisierung und damit für die Signalintensität in Abhängigkeit der Intervallgröße:

$$S(2\tau) = S(0) e^{-2\tau/T_2} e^{-D\gamma_N^2 g_0^2 \delta^2 (\Delta - \delta/3)} \qquad \text{(V.167)}$$

In der Praxis legt man τ, die Zeitdauer zwischen dem 90°- und 180°-Puls, fest und wählt ein Intervall Δ zwischen den Gradientenpulsen, das sehr viel größer ist als die Dauer δ der Gradientenpulse. Wenn man soviele Messungen durchführt, wie sie für verschiedene Werte δ nötig sind, liefert der natürliche Logarithmus von S, gegen δ^2 aufgetragen, eine Gerade, aus deren Steigung D bestimmt werden kann.

Außer dieser uneingeschränkten isotropen dreidimensionalen Diffusion lassen sich unter Erweiterung der Gleichung V.166 auch Diffusionsprozesse in eingeschränkten Geometrien, wie Poren, Lipidkanälen und Zellen, bestimmen. So fand man z. B. für die Wassermoleküle in Hefezellen einen Selbstdiffusionskoeffizienten von $D = 2 \cdot 10^{-9}$ m^2 s^{-1} bei einem Zelldurchmesser von $4{,}1 \cdot 10^{-6}$ m. Der Selbstdiffusionskoeffizient von DPPC in der P$_{\beta'}$- und L$_{\beta'}$-Gelphase liegt

7. Kernmagnetische Resonanz (NMR)

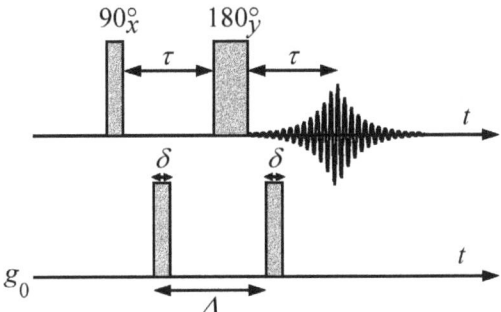

Abb. V.194: Pulssequenz des *pulse field gradient spin echo* (PFGSE)-Experiments. Nach dem 90_x°- und dem 180_y°-Echo-Puls erfolgt ein Gradientenpuls der Dauer δ. Die beiden Gradientenpulse müssen vor und nach dem Refokussierungspuls 180_y° liegen, müssen aber nicht symmetrisch angeordnet sein. Die Dauer der Gradientenpulse muss kurz gegenüber der Zeitdauer Δ zwischen den Pulsen sein. Wenn nach dem 90_x°-Puls der erste Gradientenpuls erfolgt, findet aufgrund des inhomogenen Magnetfelds eine schnelle Dephasierung der Magnetisierung $\vec{M}$ statt. Sie wird wieder langsam, wenn g_0 abgeschaltet ist. Wenn keine signifikante Diffusion der Atomkerne stattfindet, führen der 180_y°-Puls und der zweite Gradientenpuls wieder zur Rephasierung der Spins, und $\vec{M}$ ist zur Zeit 2τ refokussiert. Die Spinvektoren sind wieder alle in Phase, und das Spin-Echo wird beobachtet. Bei Auftreten von Diffusionsprozessen findet keine vollständige Refokussierung statt und man misst ein abgeschwächtes Magnetisierungssignal. Das Messsignal wird üblicherweise auf das ohne Gradientenpuls normiert, so dass T_2-Effekte ausgeschlossen sind.

bei ca. 10^{-14} m^2 s^{-1} und ist damit im Vergleich zu dem in der fluiden L$_\alpha$-Phase mit einigen 10^{-12} m^2 s^{-1} um zwei Größenordnungen kleiner. Hohe Cholesterinkonzentrationen ($\geq$ 20 %) führen für Temperaturen oberhalb der Hauptumwandlungstemperatur zu einer signifikanten Abnahme von D (um den Faktor 3-4 bei 50 Mol-% Cholesterin).

Mit Hilfe großer statischer Feldgradienten lassen sich auch sehr langsame Diffusionsprozesse und noch Teilchenverschiebungen von etwa 10 nm verfolgen. Ein Verfahren, mit dem wir schnelle Bewegungen (typisch 10^{-13}-10^{-8} s) auf mikroskopischer Ortsskala (ca. 0,1-100 nm) verfolgen können, ist die inelastische Neutronenstreuung. Eine weitere Methode zur Bestimmung dynamischer Eigenschaften ist die quasielastische Neutronenstreuung. Sie wird im Kapitel IV.8 behandelt.

7.14 NMR-Tomographie

Biologisches Gewebe enthält sehr viele Protonen (z. B. im Wasser und den Fettsäuren der Membranen). Es bietet sich daher an, die NMR-Signale der Protonen zur Darstellung von Gewebeschnitten heranzuziehen (Tomographie). Während die RÖNTGEN-Tomographie im Wesentlichen nur die Knochen abbildet, wird durch die NMR-Tomographie in erster Linie das weiche Gewebe sichtbar gemacht. Das Prinzip der Methode ist einfach. Bringt man das biologische Material in ein Magnetfeld mit einem Magnetfeldgradienten ($\partial B/\partial z$) in z. B. z-Richtung (Abb. V.195), so ändert sich die Resonanzfrequenz der Protonen in dieser Richtung

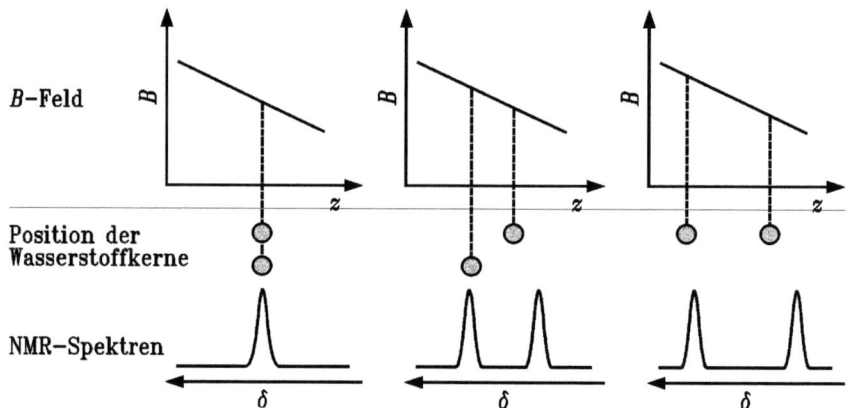

Abb. V.195: Einfluss der Orientierung zweier Kerne in einem Magnetfeld mit Gradienten in z-Richtung auf das NMR-Spektrum. Da an verschiedenen Orten der Probe unterschiedliche Magnetfeldstärken herrschen, erscheinen die Kerne entsprechend ihrer räumlichen Lage bei verschiedenen Frequenzen bzw. chemischen Verschiebungen im Spektrum.

($\omega_0 = \omega_0(z)$), da sie sich in Regionen unterschiedlicher Feldstärke befinden. Man arbeitet i. Allg. mit niedriger Auflösung, so dass auch chemisch nichtäquivalente Protonen bei derselben Frequenz erscheinen. Eine Messung des Resonanzsignals als Funktion der Frequenz liefert damit ein Profil der Verteilung der Probenmoleküle als Funktion des Orts. Abbildung V.196 zeigt einige Beispiele.

Bei der 2D-Projektions-Rekonstruktions-Methode, auf der das erste publizierte NMR-Bild von P. C. LAUTERBUR aus dem Jahre 1973 beruht, wird ein linearer Feldgradient in der Ebene einer definierten Scheibe angelegt und das NMR-Signal aufgenommen, so dass man eine 1D-Projektion der Protonendichte längs dieses Feldgradienten erhält. Anschließend wird die Richtung des Feldgradienten sukzessive in der Ebene immer um den gleichen Winkel gedreht, so dass man eine Serie von 1D-Projektionen in dieser Ebene erhält. Mittels eines Computers wird dann das Bild der Protonendichte in dieser Ebene rekonstruiert. Da die Magnetresonanztomographie (MRT) als bildgebendes NMR-Verfahren auf wesentliche Beiträgen von P. C. LAUTERBUR und P. MANSFIELD zurückgeht, wurden sie 2003 mit dem Nobelpreis ausgezeichnet. Heute wird i. Allg. die sog. *2D-FOURIER-imaging*-Methode angewendet, die auf A. KUMAR, D. WELTI und R. R. ERNST zurückgeht. Die benutzten Feldstärken liegen zwischen 0,2 und 2 T, und die erreichte Auflösung beträgt etwa 10-100 µm.

Die NMR-Bildgebung ist heute eine Routinemethode in der radiologischen Diagnostik. Im Vordergrund steht hierbei die Messung von NMR-Querschnittsbildern von Patienten. Die ortsaufgelöste NMR-Information wird meist durch das ^{1}H-NMR-Signal von Wasser und Lipiden gewonnen. Der Bildkontrast hängt von der lokalen Dichte und von den biophysikalischen Eigenschaften der Wasser- und Lipidmoleküle ab. Folgende Eigenschaften des Gewebes bestimmen den Bildkontrast: die NMR-Relaxationszeiten von Wasser und Gewebe, die Selbstdiffusionskoeffizienten der Moleküle, die Flussgeschwindigkeiten, die gelösten diamagnetischen und paramagnetischen Stoffe sowie die Natur und Umgebung der gelösten

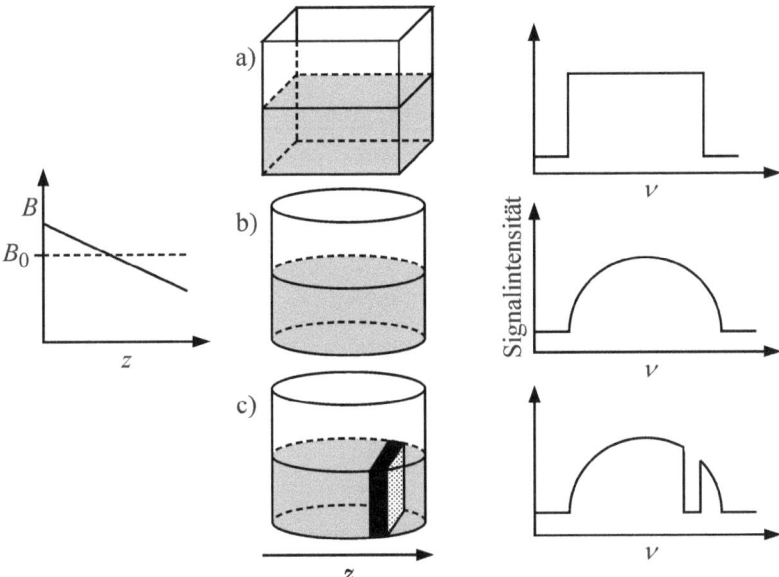

Abb. V.196: Illustration des ^{1}H-Bildgebungsverfahrens im eindimensionalen Feldgradienten in z-Achsenrichtung. NMR-Spektrum von a) einem rechteckigen Gefäß, das z. T. mit Wasser gefüllt ist; b) Wasser in einem runden Becherglas; c) wie b) mit einem keine Protonen enthaltenden Plastikstreifen im Becherglas. Der angelegte lineare Feldgradient erzeugt ein „NMR-Spektrum", das der eindimensionalen Projektion der Protonendichte $\rho_H(z)$ entlang der Richtung des Gradienten auf die Frequenzachse entspricht.

Biomoleküle. Die medizinische Diagnostik nutzt z. B. die Beobachtung, dass sich die T_1- und T_2-Werte von Wasserprotonen aus verschiedenen Geweben deutlich unterscheiden. Typische Werte für T_1 im menschlichen Gewebe liegen zwischen einigen Sekunden für Körperflüssigkeiten wie Blut und Hirnwasser (Liquor) und ca. 100 ms für Körperfett. R. DAMADIAN konnte 1970 zeigen, dass Relaxationszeiten in Tumorgewebe signifikant größer sind als jene in normalem Gewebe (Tab. V.24). Die Relaxationswerte hängen von der Art und Stärke der Bindung des Wassers an die Zellbestandteile ab. Der erhöhte Wassergehalt in Tumorgewebe erklärt zumindest teilweise die längeren Relaxationszeiten. Aufgrund des geringen Signal-zu-Rausch-Verhältnisses müssen viele Einzelspektren für jede Einzelprojektion addiert werden. Das Signal eines rekonstruierten Bildelements hängt damit einerseits von der Protonendichte ρ_H, der transversalen (T_2) und longitudinalen (T_1) Relaxationszeit, aber andererseits auch von den experimentellen Parametern der Pulsfolgen und der Wiederholzeit zwischen aufeinanderfolgenden Pulsfolgen ab. Durch geeignete Wahl der experimentellen Parameter lassen sich somit relaxationszeitgewichtete Bilder erhalten. Bei Variation des zeitlichen Abstands zwischen den Einzelspektren lassen sich im NMR-Tomogramm zwei Gewebesorten ähnlichen Protonengehalts voneinander unterscheiden, wenn die T_1- und T_2-Werte verschieden groß sind. In einigen Fällen, bei denen z. B. die Differenz der T_1- und T_2-Werte von benachbartem

Tab. V.24: ^{1}H-T_1-Zeiten verschiedener normaler und tumoröser Gewebeproben.

Gewebe	T_1/s normal	tumorös
Haut	0,62	1,05
Skelettmuskel	1,02	1,41
Milz	0,70	1,13
Lunge	0,79	1,11
Magen	0,76	1,23
Darm	0,64	1,22
Leber	0,57	0,83
Knochen	0,55	1,03
Speiseröhre	0,80	1,10

Gewebe klein ist, kommen auch NMR-Kontrastmittel zur Anwendung, z. B. bei der Untersuchung von Organdurchblutungen. Die Kontrastmittel haben miteinander gemeinsam, dass sie paramagnetisch sind und dadurch sowohl T_1 als auch T_2 drastisch verkürzen. Bisher meist angewandte Kontrastmittel sind Chelate der seltenen Erden, wie z. B. der Gadoliniumdiethylentriaminpentaessigsäure-Komplex (Gd-DTPA). Außer Protonen lassen sich auch andere Kerne (^{13}C, ^{23}Na, ^{31}P, ^{39}K) für die NMR-Tomographie nutzbar machen.

Die Methoden der Bildgebung sind heute so weit entwickelt, dass auch funktionale Bildgebung betrieben werden kann. So eröffnet z. B. die Echtzeitanalyse der Hirnaktivität mit Hilfe der Kernresonanzbildgebung ganz neue Perspektiven für die Kognitionsforschung und klinische Routine. Auch funktionale Stoffwechselveränderungen können inzwischen mittels schneller NMR-Bildgebung nachgewiesen werden.

NMR-bildgebende Untersuchungen können auch für Pflanzen strukturelle und funktionelle Informationen liefern und spielen damit auch in der Pflanzenanatomie als nicht-invasive Methode eine große Rolle. Abbildung V.197 zeigt eine klassische Aufnahme.

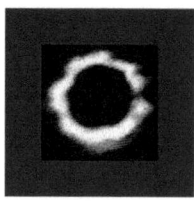

Abb.V.197: Zweidimensionales NMR-Bild des Stengels einer kleinen Pflanze (Durchmesser ungefähr 2 mm; nach: D. Canet, *NMR - Konzepte und Methoden*, S. 14, Springer Verlag, Berlin, 1994).

8. Elektronenspinresonanz-Spektroskopie (ESR)

Die Elektronenspinresonanz (ESR)-Spektroskopie (engl.: *electron paramagnetic resonance*, EPR) ist eine Hochfrequenz-Spektroskopieart, mit der sich paramagnetische Substanzen untersuchen lassen. Im einfachsten Fall sind organische Moleküle paramagnetisch (Radikale), wenn sie eine ungerade Anzahl von Elektronen besitzen. In biologischen Systemen treten paramagnetische Spezies in verschiedenen Formen auf, beispielsweise als Übergangsmetallkomplexe (z. B. mit Cu^{2+}, Fe^{3+}, Mn^{2+}), als Zwischenprodukte bei Elektronentransferreaktionen des Metabolismus, als Folgeprodukte von lichtinduzierten Reaktionen (z. B. bei der Photosynthese), oder sie werden als Spinsonden zugegeben. Dies sind stabile organische Radikale, die in das Biomolekül als Sonde eingebaut werden (*spin label*- oder Spinsonden-Technik). Intermediär auftretende Radikale sind oft sehr reaktiv und daher nur kurzlebig, so dass man die Untersuchungen dann meist bei tieferen Temperaturen durchführen muss, bei denen die Radikale langlebiger sind.

8.1 Grundlagen der ESR-Spektroskopie

Die ungepaarten Elektronen eines Atoms haben einen Bahndrehimpuls $\vec{L}$ und einen Eigendrehimpuls (Spin) $\vec{S}$. Der Gesamtdrehimpuls $\vec{J}$ setzt sich im Fall der RUSSELL-SAUNDERS-Kopplung der Drehimpulse additiv aus dem Bahn- und Eigendrehimpuls zusammen:

$$\vec{J} = \vec{L} + \vec{S} \tag{V.168}$$

mit $|\vec{J}| = \sqrt{J(J+1)}\hbar$, $|\vec{L}| = \sqrt{L(L+1)}\hbar$ und $|\vec{S}| = \sqrt{S(S+1)}\hbar$ (*J* Gesamtdrehimpulsquantenzahl, *L* Gesamtbahndrehimpulsquantenzahl, *S* Gesamtspinquantenzahl). Die Elektronenbewegung ruft ein magnetisches Moment hervor, das sich aus den Anteilen des Bahn- und Eigendrehimpulses zusammensetzt:

$$\vec{\mu}_J = \vec{\mu}_L + \vec{\mu}_S \tag{V.169}$$

Es ist gegeben durch:

$$\vec{\mu}_J = -g \cdot \frac{e}{2m_e} \cdot \vec{J} \tag{V.170}$$

g ist der LANDÉ-Faktor (*g*-Faktor):

$$g = 1 + \frac{J(J+1) + S(S+1) - L(L+1)}{2J(J+1)} \tag{V.171}$$

Das magnetische Moment der Elektronen wird oft in Einheiten des BOHRschen Magnetons

$$\mu_B = \frac{e\hbar}{2m_e} = 9{,}274 \cdot 10^{-24} \text{ J T}^{-1} \tag{V.172}$$

angegeben (*e* Elementarladung, m_e Masse des Elektrons, *c* Lichtgeschwindigkeit). In organischen Radikalen ist der Bahndrehimpulsanteil meist vernachlässigbar, so dass hier nur der Spin betrachtet werden muss ($g \approx 2$). In paramagnetischen Übergangsmetallionen wird der Beitrag des Bahndrehimpulses und die Wechselwirkung zwischen Spin- und Bahnmoment (Spin-Bahn-Kopplung) jedoch wichtig (i. Allg. $1{,}4 < g < 10$).

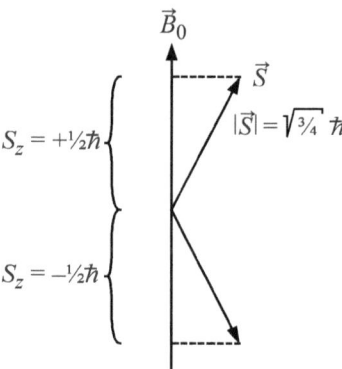

Abb. V.198: Erlaubte Spineinstellungen eines freien Elektrons mit $S = s = 1/2$ in einem homogenen Magnetfeld B_0.

Für den Fall freier Elektronen mit reinem Spinmoment ist

$$\vec{\mu}_J = \vec{\mu}_S = -g\frac{e}{2m_e}\vec{S} \qquad (V.173)$$

Das negative Vorzeichen in Gleichung V.173 zeigt, dass das magnetische Moment $\vec{\mu}_S$ des Elektrons und der Eigendrehimpulsvektor $\vec{S}$ entgegengesetzt orientiert sind. Der LANDÉ-Faktor nimmt hier den Wert $g = 2$ an. Eine genaue quantenmechanische Rechnung liefert allerdings den Wert $g = 2{,}00232$ für ein solches freies Elektron ohne Bahnmoment.

Bringt man das ungepaarte Elektron in ein äußeres Magnetfeld der Flussdichte $\vec{B}_0$, wird die ursprünglich isotrope räumliche Verteilung der Elektronenspins aufgehoben. Das magnetische Moment des Elektrons wechselwirkt mit $\vec{B}_0$. Wenn das $\vec{B}_0$-Feld in z-Richtung anliegt, gilt für die potenzielle Wechselwirkungsenergie

$$E = -\vec{\mu}_S \vec{B}_0 = g\mu_B m_s B_0 \qquad (V.174)$$

Quantenmechanisch sind bezüglich der $\vec{B}_0$-Feldrichtung für $s = 1/2$ nur zwei Spineinstellungen eines Elektrons erlaubt. Diese können durch die magnetischen Quantenzahlen $m_s = +1/2$ („parallele" Spinrichtung) und $m_s = -1/2$ („antiparallele" Spinrichtung) charakterisiert werden, die die Projektionen des Spins $\vec{S}$ auf die $\vec{B}_0$-Feldrichtung charakterisieren (Abb. V.198). Allgemein gilt $M_S = \sum m_s = S, S-1, \ldots, -S$, und es gibt - analog der NMR-Spektroskopie für Kernspins - $(2S+1)$ Einstellmöglichkeiten im angelegten $\vec{B}_0$-Feld. Mit $m_s = \pm 1/2$ für ein freies, ungepaartes Elektron gibt es somit zwei Energieterme. Durch Einsetzen der magnetischen Quantenzahlen ergibt sich für den unteren Zustand $E = -(1/2)g\mu_B B_0$ und für den oberen Zustand $E = +(1/2)g\mu_B B_0$. Für den Energieunterschied (Abb. V.199) erhält man

$$\Delta E = g\mu_B B_0 \qquad (V.175)$$

Wird diese Energie in Form von elektromagnetischer Strahlung eingestrahlt, können die einzelnen Elektronen vom unteren in das obere Energieniveau angeregt werden. Relaxationsvorgänge, im Wesentlichen die Wechselwirkung der Radikale mit ihrer direkten Umgebung, füh-

8. Elektronenspinresonanz-Spektroskopie (ESR) 457

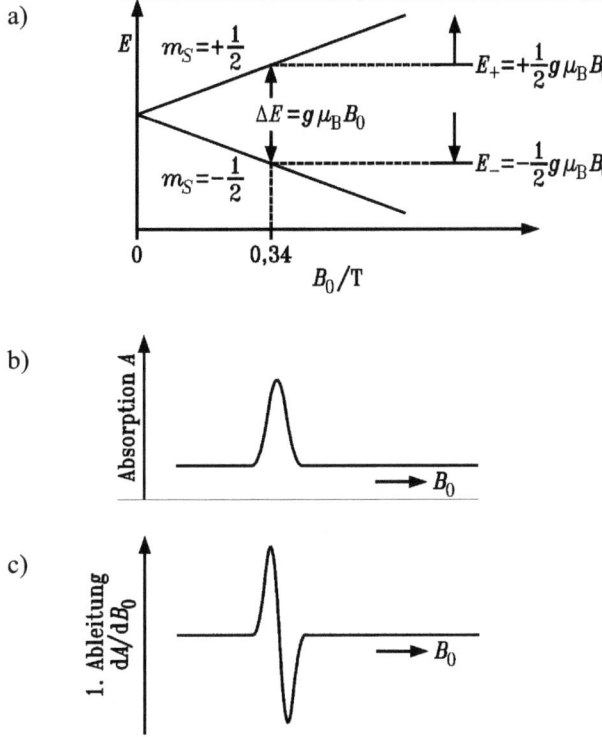

Abb. V.199: ZEEMAN-Aufspaltung der Energieniveaus eines Elektrons ($S = s = 1/2$, $m_s = \pm 1/2$) im B_0-Feld zunehmender Stärke. Bei Einstrahlen von 9,5-GHz-Mikrowellenfrequenz tritt Absorption bei 0,34 T ein, und Mikrowellenstrahlung wird absorbiert. b) Das Absorptions-ESR-Signal ist als Funktion des B_0-Feldes aufgetragen. c) In der Regel wird jedoch durch Magnetfeldmodulation das 1. Ableitungssignal dA/dB_0 mit besserem Signal-zu-Rausch-Verhältnis angegeben.

ren dazu, dass die BOLTZMANN-Verteilung wiederhergestellt wird. Eine Absorption der eingestrahlten Energie findet also immer dann statt, wenn

$$\Delta E = h \cdot \nu = g\mu_B B_0 \tag{V.176}$$

Aus technischen Gründen wird vorwiegend bei $B_0 = 0,34$ T und $\nu = 9,5$ GHz (X-Band) - dies entspricht einer Wellenlänge von $\lambda \approx 3$ cm - gemessen.

Zur Aufnahme eines ESR-Spektrums wird die Lösung mit der paramagnetischen Substanz in ein homogenes Magnetfeld eingebracht und in einer sog. *cavity* (Hohlraumresonator) mit Mikrowellen konstanter Frequenz bestrahlt. Durch zeitliche Variation der Feldstärke wird die Resonanzbedingung (Gl. V.176) durchfahren. In der ESR-Spektroskopie werden vorwiegend nicht die Absorptionsspektren selbst, sondern deren erste Ableitung registriert (Abb. V.199).

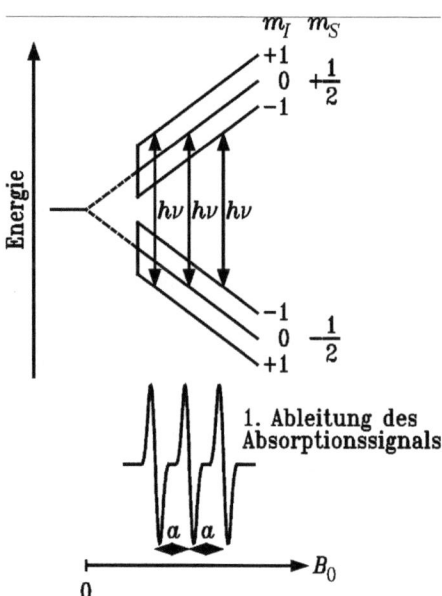

Abb. V.200: Hyperfein-Aufspaltung durch Wechselwirkung eines freien, ungepaarten Elektrons ($S = s = 1/2$) mit den magnetischen Momenten eines Kernspins ($I = 1$, z. B. ^{14}N-Kern). Die Orientierungen des Kernspins sind gegeben durch $m_I = 1$, $m_I = 0$ und $m_I = -1$ (allgemein: $m_I = I, I-1, ..., -I$). Es gelten die Auswahlregeln $\Delta m_S = \pm 1$ und $\Delta m_I = 0$.

Der g-Faktor entspricht bei konstanter Mikrowellenfrequenz der Lage des Spektrenschwerpunkts bei Variation des B_0-Felds. Bei organischen Radikalen werden Werte gefunden, die dem Wert des freien Elektrons nahekommen. Abweichungen davon können qualitativ durch die Spin-Bahn-Wechselwirkung beschrieben werden. Eine quantitative Theorie des g-Faktors ist i. Allg. sehr kompliziert, so dass die g-Faktoren oft auch nur als Stoffkonstanten genutzt werden, um unterschiedliche Radikale zu charakterisieren.

Nach der bisher entwickelten Vorstellung wird im ESR-Spektrum eines freien Elektrons nur eine einzige Linie erwartet. Durch Wechselwirkung der magnetischen Momente der ungepaarten Elektronen mit den magnetischen Momenten benachbarter Kernspins (*Hyperfeinwechselwirkung*) kann die ESR-Linie jedoch aufspalten. Die Atomkerne erzeugen ein lokales Feld, das sich mit dem äußeren B_0-Feld zu einem effektiven Feld addiert. Da die Atomkerne mit Kernspinquantenzahl I ja ($2I+1$) Einstellmöglichkeiten - charakterisiert durch ihre m_I-Werte - zum B_0-Feld haben, spalten die ESR-Linien ($2nI+1$)-fach auf (n ist die Anzahl der äquivalenten Nachbarkerne). Für $I = 1$ und $S = 1/2$ ist die Hyperfeinspaltung in Abbildung V.200 dargestellt. Die eine ESR-Linie spaltet in drei Linien auf. Die jeweilige Resonanz erfolgt nun beim Feld

$$B_{\text{res}} = B_0 - a \cdot m_I \qquad (V.177)$$

8. Elektronenspinresonanz-Spektroskopie (ESR)

B_0 ist die Resonanzfeldstärke ohne die Elektron-Atomkern-Wechselwirkung. Der Faktor a gibt den Abstand der Hyperfeinlinien an. Er wird *Hyperfeinkopplungskonstante* genannt. Die Hyperfeinstruktur, d. h. die Zahl und Intensität der Linien, hängt somit von der Zahl der Nachbarkerne, die mit dem magnetischen Moment des ungepaarten Elektrons in Wechselwirkung treten, und deren Kernspinquantenzahlen ab. Für äquivalente Nachbarkerne entsprechen die relativen Intensitäten der ESR-Linien - wie in der NMR-Spektroskopie - den Binomialkoeffizienten (PASCALsches Dreieck).

Bei den meisten organischen Radikalen wird das freie Elektron durch p- oder π-Funktionen beschrieben. Bei solchen Systemen werden vorwiegend Kopplungen mit Kernen beobachtet, die direkt gebunden sind (α-Kopplung), und mit Kernen, die eine σ-Bindung weiter entfernt sind (β-Kopplung oder Hyperkonjugation). Für beide Kopplungsarten gibt es einen einfachen Zusammenhang zwischen den experimentell aus den Spektren zu entnehmenden Kopplungsparametern und der Aufenthaltswahrscheinlichkeit des freien Elektrons, der Spindichte ρ_S, an den betreffenden Zentren, so dass aus der Hyperfeinstruktur strukturelle Aussagen über die Eigenschaften der untersuchten Radikale getroffen werden können. Für z. B. die ^{1}H-Kerne im Benzolanion-Radikal ist $a_H \approx -2{,}3 \cdot 10^{-3}$ T$\cdot \rho_S$ (MCCONNEL-Gleichung). Das ESR-Spektrum des Benzolanion-Radikals zeigt 7 Komponenten um $g = 2{,}00285$ mit dem Intensitätsverhältnis 1:6:15:20:15:6:1. Diese Hyperfeinstruktur lässt sich durch Wechselwirkung des Elektronenspins mit den 6 äquivalenten Protonenspins verstehen. Aus $a_H = -3{,}75 \cdot 10^{-4}$ T ergibt sich eine Spindichte von 0,163 pro C-Atom. Sie ist also gleichmäßig über das Molekül verteilt. Im Fall der Hyperkonjugation hängt die Aufspaltung vom Winkel, der von der Rotationsachse des p- oder π-Elektrons und der Bindungsachse der benachbarten Gruppe eingeschlossen wird, ab. Bei Kenntnis der Spindichte kann dieser Hyperkonjugationswinkel bestimmt und somit wertvolle Information über die Konformation des Moleküls erhalten werden.

8.2 Anwendungsbeispiele

Spinsonden werden insbesondere zur Untersuchung der Struktur und Dynamik von Membranen und zur Analyse der Segmentbeweglichkeit in Proteinen eingesetzt. Damit sie die Struktur des Biomoleküls nicht zu sehr stören, werden sie in sehr geringer Konzentration verwendet. Als Sonden kommen Nitroso-Verbindungen zur Anwendung, wie z. B. das 2,2,6,6-Tetramethylpiperidin-1-oxyl, TEMPO (Abb. V.201). Das Radikal ist von Methylgruppen sterisch derart abgeschirmt, dass es über Tage stabil ist. Es kann bis etwa 350 K und im pH-Bereich 3 bis 10 eingesetzt werden. Das Radikal kann auch kovalent an ein Biomolekül gebunden werden (z. B. an die Acylketten von Phospholipiden).

Abbildung V.201 zeigt das ESR-Spektrum von TEMPO in wässriger Lösung. Die Kopplung mit dem ^{14}N-Kern ($I = 1$) führt zu einem Dreilinienspektrum. Es ist aber auch noch eine weitere Feinaufspaltung schwach erkennbar, die durch Wechselwirkung mit ^{13}C-Kernen ($I = 1/2$, natürliche Häufigkeit 1,1 %) hervorgerufen wird.

Nicht nur der *g*-Wert, sondern insbesondere auch die Hyperfeinkopplungskonstante a hängt von der Polarität des die Nitroxid-Gruppe umgebenden Lösungsmittels ab, die die Elektronendichte am N-Atom der Radikalsonde beeinflusst. In polarer Umgebung (z. B. H_2O) ist die Spindichte des ungepaarten Elektrons am Stickstoff der NO-Gruppe und damit a größer.

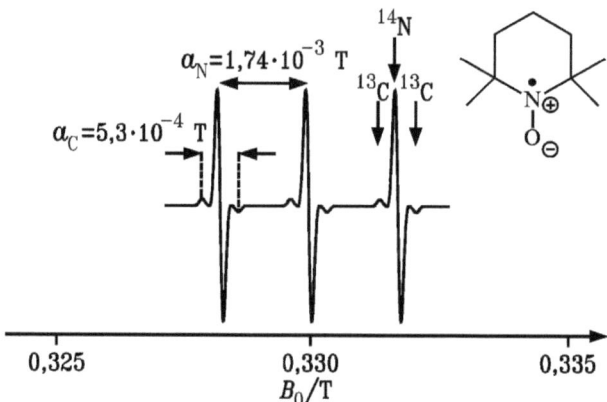

Abb. V.201: ESR-Spektrum der Spinsonde TEMPO in wässriger Lösung. Das freie Elektron ist im Wesentlichen in einem 2p-Orbital am Stickstoff lokalisiert.

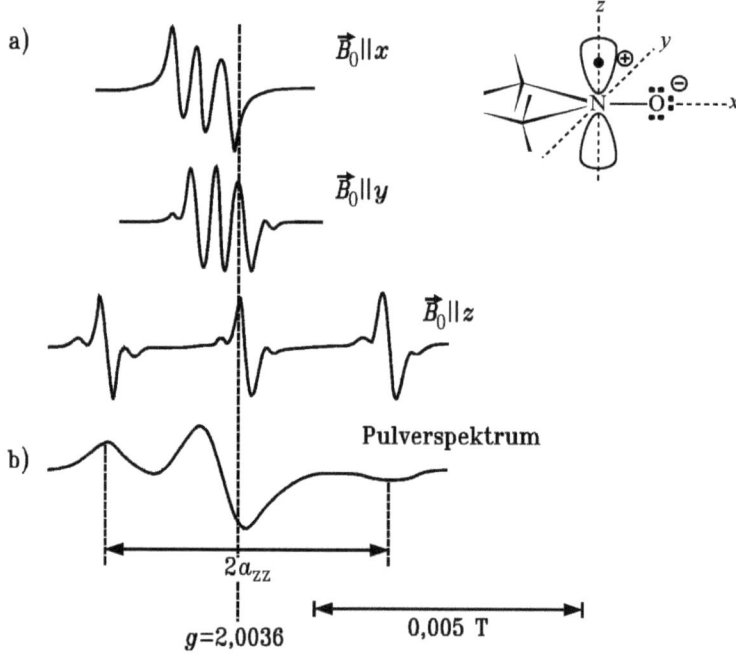

Abb. V.202: a) Orientierungsabhängigkeit des 9,5-GHz-ESR-Spektrums einer Nitroxidspinsonde (oben rechts). Bezugssystem ist die Richtung des B_0-Feldes; b) Pulverspektrum. Der Maximalwert der Hyperfeinkopplungskonstante ist a_{zz} (nach: H. M. Swartz, S. M. Swartz, Methods of Biochemical Analysis **29** (1983) 207).

8. Elektronenspinresonanz-Spektroskopie (ESR)

Der g-Faktor wie auch die Hyperfeinkopplungskonstante a hängen von der Orientierung der Spinsonde zum äußeren B_0-Feld ab (sog. *spektrale Anisotropie*, vgl. Abb. V.202). Man kann die spektrale Anisotropie durch Tensoren beschreiben. Durch Einführung der 3 Hauptachsen x,y,z im Molekülachsensystem reduziert sich der Tensor auf seine drei Diagonalelemente. Die Anisotropie des g-Werts ist dann durch drei Hauptwerte g_{xx}, g_{yy} und g_{zz} charakterisierbar, die entlang der Hauptachsen der das ungepaarte Elektron enthaltenden Molekülgruppe liegen. Die Hauptachsen ergeben sich aus Symmetriebetrachtungen. Im Fall axialsymmetrischer molekularer Systeme, wie für die meisten Spinsonden in Membranen und viele Übergangsmetalle, ist $g_{xx} = g_{yy} \neq g_{zz}$, d. h., es reichen zwei g-Werte aus, um das ESR-Spektrum zu charakterisieren. Konventionsgemäß ist $g_{zz} = g_{\parallel}$ der g-Wert, für den die Symmetrieachse des Moleküls parallel zur B_0-Richtung liegt, und $g_{xx} = g_{yy} = g_{\perp}$ der entsprechende Wert senkrecht zu B_0. In einem Einkristall können die Hauptwerte des g-Tensors durch entsprechende Orientierung leicht bestimmt werden. In einer polykristallinen Pulverprobe, in der alle möglichen Orientierungen statistisch verteilt vorkommen, beobachtet man ein sog. Pulverspektrum (Abb. V.202b).

Aus den experimentell bestimmten Werten für die Komponenten von g und a lässt sich somit prinzipiell die Orientierung des Moleküls bestimmen. In Lösung, in der sich die Moleküle schnell drehen, mittelt sich die Anisotropie von g und a jedoch heraus, und man erhält die isotropen Mittelwerte $g_0 = (g_{xx}+g_{yy}+g_{zz})/3$ und $a_0 = (a_{xx}+a_{yy}+a_{zz})/3$. Das resultierende Spektrum ist durch drei relativ scharfe Signale gekennzeichnet (Abb. V.203). Generell kann Information über die Beweglichkeit der Spinsonde somit auch aus der Hyperfeinaufspaltung des ESR-Spektrums gewonnen werden.

Wir haben gesehen, dass die Beweglichkeit der Spinsonde einen signifikanten Einfluss auf das ESR-Spektrum hat, was ausgenutzt werden kann, um Änderungen der biomolekularen Umgebung, z. B. bei der Bindung von Liganden, zu detektieren. Dies wird am Beispiel in Abbildung V.204 deutlich, in der wir Radikalsonden in Membranen betrachten. Durch die schnelle Kettenrotation um die Membrannormale wird $a_{xx} = a_{yy}$. Die Abweichungen vom starren Pulverspektrum sind umso größer, je größer die Kettenbeweglichkeit ist. Die maximale ($a_{\parallel} = a_{zz}$) und minimale ($a_{\perp} = a_{xx}$) Hyperfeinspaltung wird nicht mehr erreicht, man beobachtet $a_{\parallel} < a_{zz}$ und $a_{\perp} > a_{xx}$. Man beschreibt die beobachtete Hyperfeinanisotropie $(a_{\parallel}-a_{\perp})_{\text{beob}}$ relativ zur maximalen $(a_{zz}-a_{xx} = (a_{\parallel}-a_{\perp})_{\text{max}} \approx 2{,}5 \cdot 10^{-3}$ T) mit einem Ordnungsparameter der Form

$$S = \frac{(a_{\parallel} - a_{\perp})_{\text{beob.}}}{(a_{\parallel} - a_{\perp})_{\text{max.}}} \qquad (\text{V.178})$$

Damit ist $S = 1$ für starre Moleküle und $S = 0$ für eine isotrope, schnelle molekulare Bewegung. Der Ordnungsparameter ist mit der Winkelamplitude der anisotropen molekularen „Wackel"-Bewegung verknüpft:

$$S = \frac{1}{2}(3\langle\cos^2\Theta\rangle - 1) \qquad (\text{V.179})$$

(Θ ist hier der zeitliche Mittelwert des Winkels zwischen Membrannormale und der Längsachse des Spinsondenmoleküls).

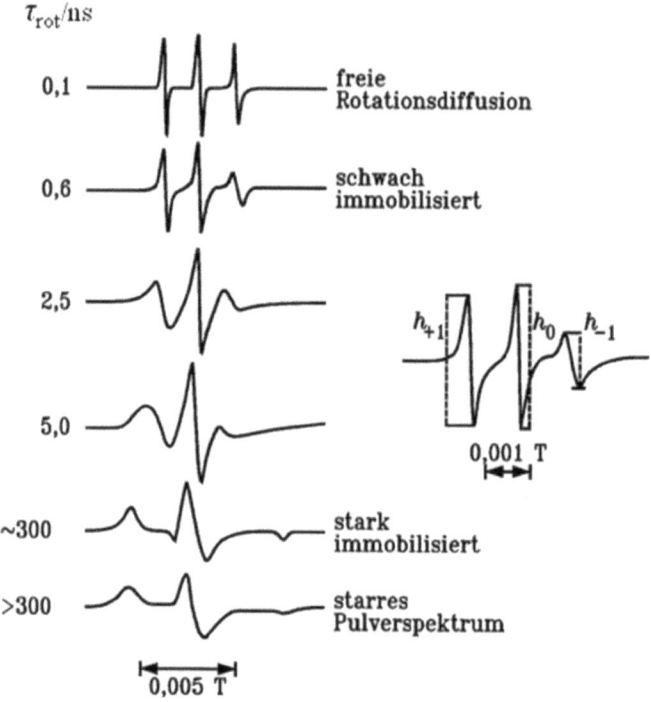

Abb. V.203: Einfluss der Rotationskorrelationszeit τ_{rot} auf die Form des ESR-Spektrums einer isotrop beweglichen Spinsonde. Solche ESR-Spektren werden oft bei kovalent spinmarkierten Proteinen gefunden. Die Änderung der Rotationsbeweglichkeit wird hier durch Temperaturvariation bewirkt. Für nicht zu kleine Rotationsbeweglichkeiten lässt sich τ_{rot} aus der Linienbreite ΔB der zentralen Linie und dem Intensitätsverhältnis h_0/h_1 der mittleren zur Tieffeldlinie abschätzen ($\tau_{rot}/\text{ns} \approx 6{,}5 \cdot 10^{-10}\, (\Delta B/\text{T})\, [(h_0/h_1)^{1/2} - 1]$, nach: I. D. Campbell, R. A. Dwek, *Biological Spectroscopy*, S. 192, The Benjamin/Cummings Company, Menlo Park, 1984).

Abbildung V.205 zeigt die ESR-Spektren von DPPC, dessen Ketten an verschiedenen Positionen mit einem NO-Spinlabel markiert wurden. Deutlich erkennt man, dass $(a_\parallel - a_\perp)$ und damit der Ordnungsparameter S von der Kopfgruppe bis ins Innere der Lipiddoppelschicht drastisch abnimmt. Am Kettenende ist $a_\parallel \approx a_\perp$. Dieses Verhalten ist durch die Zunahme an *trans-gauche*-Isomeren entlang der Ketten von der Kopfgruppe bis ins Membraninnere erklärbar.

Die Methode kann auch angewendet werden, um *Lipid-Protein-Wechselwirkungen* von Membranproteinen zu studieren, z. B. die Bildung assoziierter Lipid-Domänen um die eingebauten Proteine. Die Bildung solcher Lipid-Domänen ist natürlich ein dynamischer Prozess. Solche Lipid-Protein-Assoziate lassen sich nur beobachten, wenn die Austauschrate von gebundenem und freiem Lipid im Zeitfenster der ESR-Spektroskopie (10^{-9}-10^{-7} s) liegt. Im Zeitfenster der NMR-Spektroskopie (10^{-6}-10^{-4} s) ist diese Assoziatstruktur i. Allg. nicht sichtbar, da die Austauschrate zu schnell ist (ca. $10^7\, \text{s}^{-1}$).

8. Elektronenspinresonanz-Spektroskopie (ESR)

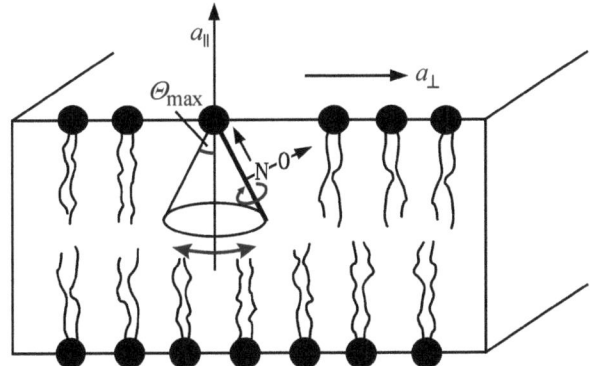

Abb. V.204: ESR-Radikalsonde in einer Lipidmembran. Sie führt eine anisotrope Bewegung mit begrenzter Winkelamplitude durch, die die Segmentbeweglichkeit der Lipidketten widerspiegelt. Die Nitroxid-Gruppe der Sonde besitzt eine definierte Orientierung im molekularen Achsensystem. Die z-Achse zeigt hier in Richtung von B_0 und der Membrannormalen. In ebenen Lipiddoppelschichten kann a_{zz} bei einer Orientierung der Membrannormalen parallel zu B_0 bestimmt werden ($a_{xx} = a_{yy}$ bei senkrechter Orientierung).

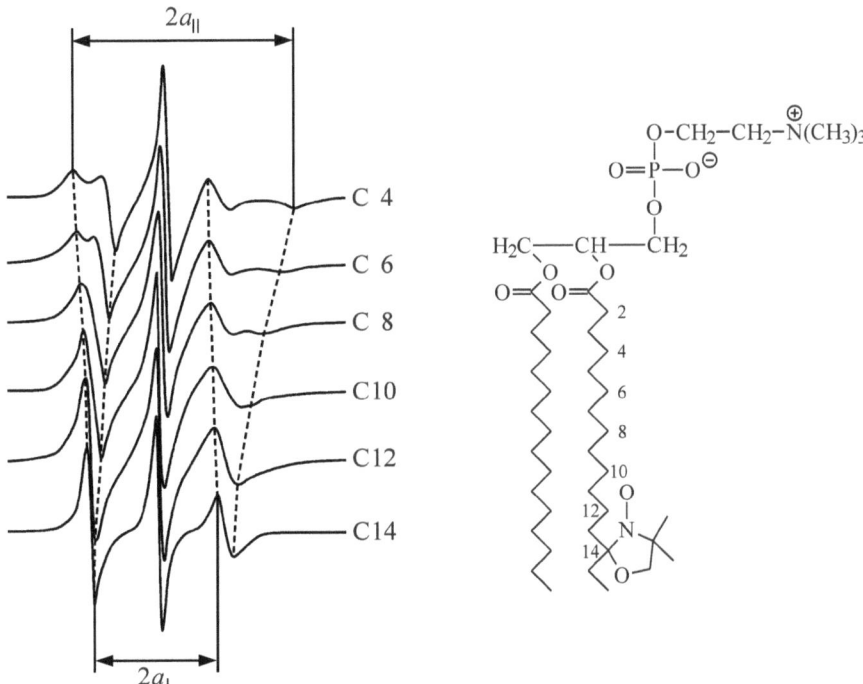

Abb. V.205: ESR-Spektren einer Nitroxid-Sonde, die an verschiedenen Kettenpositionen einer DPPC-Membran eingebracht wurde (nach: A. Watts, in: I. D. Campbell, R. A. Dwek, *Biological Spectroscopy*, S. 197, The Benjamin/Cummings Company, Menlo Park, 1984).

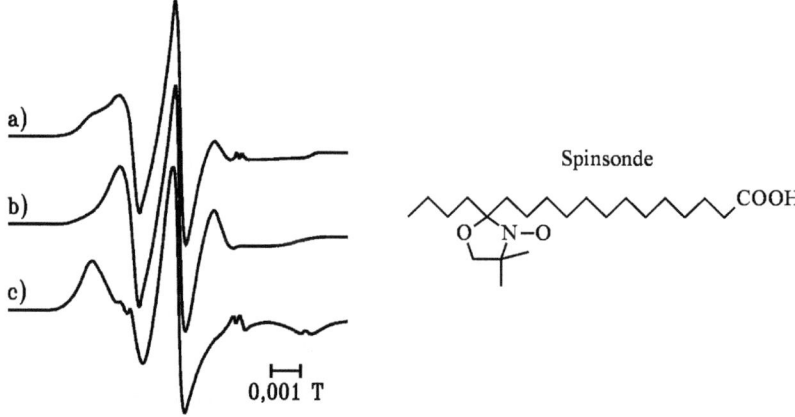

Abb. V.206: a) ESR-Spektrum einer Stearinsäure-Spinsonde (an C_{14}) im Protein-Lipid-Komplex von *rod outer segment disc*-Membranen (Verhältnis Rhodopsin:Lipid = 1:67) bei T = 276 K. Zerlegung des Spektrums a) liefert eine spektrale Komponente b), die dem beweglichen Hauptanteil der Lipide (reines Lipid) entspricht, und einen Anteil c), dessen Beweglichkeit deutlich reduziert ist und dem „immobilisierten" Lipidanteil in der unmittelbaren Proteinumgebung entspricht. Dieser Anteil macht in etwa 24 Lipidmoleküle/Proteinmolekül aus. Dies würde ausreichen, eine einzige Lipidhülle um das Rhodopsin zu bilden (nach: A. Watts, I. D. Volotovski, D. Marsh, *Biochemistry* **18** (1979) 5006).

Nimmt man an, dass Membranproteine von einem Ring aus Lipiden in der Membran umgeben sind, und dass deren Fluidität sich signifikant von derjenigen des Hauptteils der Membran unterscheidet, dann sollte das ESR-Spektrum aus zwei Komponenten mit verschiedener Linienform zusammengesetzt sein. Durch Variation des Lipidanteils im Protein-Lipid-Komplex kann die Zahl der Grenzflächen-Lipide in unmittelbarer Umgebung des Proteins bestimmt werden. Ein Beispiel ist in Abbildung V.206 gegeben.

Mit Hilfe der ESR-Spektroskopie erhält man nicht nur Informationen über intramolekulare dynamische Prozesse in Membranen, es lässt sich auch der zweidimensionale *laterale Diffusionskoeffizient D* der Sonden in der Membranebene bestimmen. Die Methode basiert auf der Spinaustausch-Wechselwirkung benachbarter Radikale. Mit zunehmender Radikalkonzentration werden die ESR-Spektren durch die Wechselwirkung zwischen den ungepaarten Elektronen stark beeinflusst. Bei geringer Spinsondenkonzentration, und daher geringer Kollisionsfrequenz und Austauschrate der Spins, beobachtet man eine Verbreiterung der drei Hyperfeinlinien. Bei hoher Kollisionsfrequenz dagegen fallen die drei Hyperfeinlinien zu einer einzigen austauschverschmälerten Linie zusammen. Diesem Effekt der Spinaustausch-Wechselwirkung ist noch eine Verbreiterung durch die magnetische Dipol-Dipol-Wechselwirkung überlagert. Mit Hilfe eines Diffusionsmodells und der aus einer Computersimulation des Spektrums erhaltenen Austauschfrequenz in Abhängigkeit der Sondenkonzentration lässt sich D bestimmen (s. z. B. H.-J. Galla, *Spektroskopische Methoden in der Biochemie*, Georg Thieme Verlag, Stuttgart, 1988).

8. Elektronenspinresonanz-Spektroskopie (ESR)

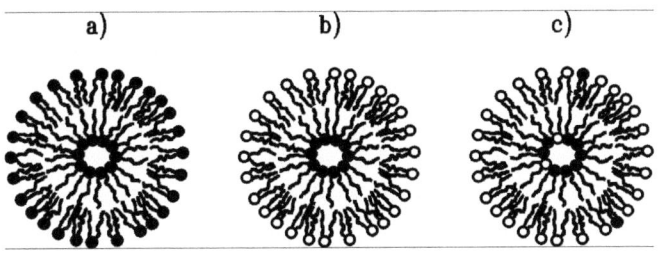

Abb. V.207: Schematische Darstellung der Bestimmung der transversalen Lipidaustauschrate in einer Membran. a) Beide Membranhälften sind mit Spinsonden (ausgefüllte Kreise) markiert; b) Reduktion der Spinlabel (offene Kreise: unmarkierte Lipide) in der äußeren Monoschicht bei 273 K mit Ascorbinsäure; c) anschließende Inkubation bei Raumtemperatur führt zum Austauschprozess.

Im Gegensatz zur lateralen Diffusionsbewegung ist die *transversale Diffusion* (*flip flop*-Prozess), d. h. der Austausch von Lipiden zwischen den zwei Monoschichten der Lipiddoppelschicht, sehr langsam (oft mehrere Stunden). Sie wurde ebenfalls mit Hilfe der ESR-Spektroskopie bestimmt. Dazu wurde eine Lipid-Spinsonde mit der NO-Gruppe im Kopfgruppenbereich des Lipidmoleküls verwendet und statistisch in die beiden Monoschichten eines Vesikels eingebaut (Abb. V.207). Bei tiefer Temperatur (z. B. 273 K) werden die äußeren Radikalsonden durch ein Reduktionsmittel (Ascorbinsäure) reduziert. Die im Inneren liegenden Radikalsonden werden nicht erreicht, da die Membran bei diesen tiefen Temperaturen für das Reduktionsmittel undurchlässig ist. Das überschüssige Reduktionsmittel wird abgetrennt. Das System wird nun bei höherer Temperatur inkubiert und es kommt durch *flip flop*-Prozesse zu einem Austausch der innen liegenden Lipidsonden mit der äußeren Monoschicht. Nach bestimmten Zeiten wird dieser Prozess wieder durch Abkühlen gestoppt und der nach außen diffundierte Sondenanteil reduziert. Aus der Verringerung der ESR-Signalintensität kann die Transferrate für den *flip flop*-Prozess abgeschätzt werden. Entsprechende Experimente können zur Bestimmung der Membranpermeabilität NO-markierter Moleküle durchgeführt werden.

Wird eine Verbindung ionisierender Strahlung ausgesetzt, können *Zwischenprodukte* entstehen, die radikalischer Natur sein können. Die ESR-Spektroskopie erlaubt es, solche Spezies nachzuweisen, um damit Hinweise zur Entstehung von Strahlenschäden zu erhalten. Bestrahlung von Zellen durch hochenergetische elektromagnetische Strahlung (UV-, RÖNTGEN- oder γ-Strahlen) kann zum Bruch des DNA-Strangs führen. Abbildung V.208 zeigt das ESR-Spektrum einer bestrahlten DNA. Es konnte durch Vergleich mit ESR-Spektren der vier Nucleotidbasen dem Radikal des Thymidins zugeordnet werden.

Eine wichtige Anwendung der ESR-Spektroskopie liegt im Bereich der Untersuchung paramagnetischer *Übergangsmetallionen*, wie Ionen von Cu, Fe, Mn, Co, Mo und Ni, die oft in Metalloproteinen zu finden sind. Sie enthalten ein oder mehrere Elektronen mit ungepaartem Elektronenspin, die im Wesentlichen in d-Orbitalen lokalisiert sind (Abb. V.209). Wie oben erwähnt, führen ihre Bahnmoment-Beiträge zu erheblichen Abweichungen des *g*-Werts von dem Wert des freien Elektrons. Dies hat zur Folge, dass anisotrope Spektren auftreten. Durch den Einfluss der Spin-Bahn-Kopplung erhält man folglich sehr spezifische Spektren der einzelnen Übergangsmetallionen.

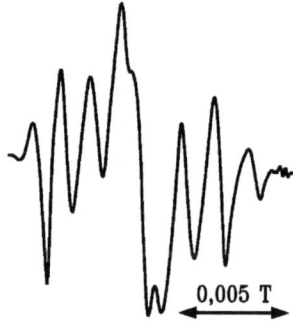

Abb. V.208: ESR-Spektrum von γ-bestrahlter DNA (nach: J. B. Cook, S. J. Wyard, Nature **210** (1966) 526).

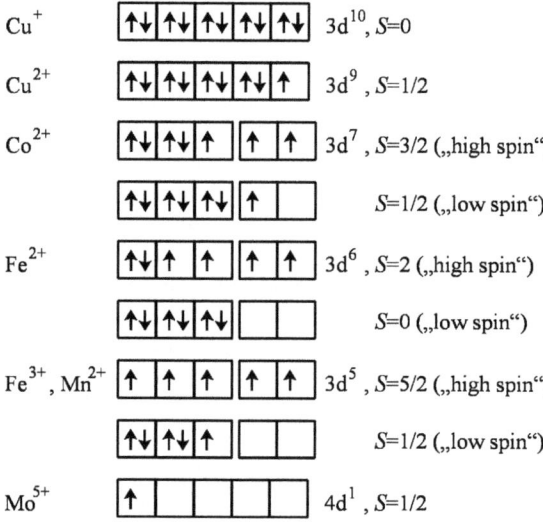

Abb. V.209: Besetzung der fünf d-Orbitale einiger Übergangsmetallionen (S Gesamtspinquantenzahl). Die Natur der Liganden bestimmt, ob ein *high spin*- oder ein *low spin*-Komplex vorliegt. Für $S = 0$ beobachtet man kein ESR-Signal.

Das ESR-Spektrum wird von der Zahl der ungepaarten Elektronen, aber auch von der Symmetrie des umgebenden Ligandenfelds und dem Kovalenzgrad der ausgebildeten Bindungen bestimmt. Die g-Werte hängen signifikant von der Natur der Liganden des Metallions ab. Sie hängen weiterhin - wie auch die Hyperfeinkopplungskonstante - von der Orientierung zum B_0-Feld ab. Je nach Umgebung des Metallions, seinem Ligandenfeld, unterscheidet man *high spin*- und *low spin*-Zustände. Der *high spin*-Komplex hat durch maximale Einfachbesetzung

8. Elektronenspinresonanz-Spektroskopie (ESR)

der d-Orbitale den größtmöglichen Gesamtelektronenspin, z. B. $S = 5/2$ bei Fe^{3+}, der *low spin*-Komplex durch maximale Doppelbelegung den kleinstmöglichen Wert für S (z. B. $S = 1/2$ bei Fe^{3+}). Da die Gesamtzahl der ESR-Linien ohne Hyperfeinaufspaltung $2S$ beträgt, muss der *high spin*-Zustand fünf und der *low spin*-Zustand eine ESR-Linie aufweisen. Beim Fe^{2+} ist nur der *high spin*-Zustand paramagnetisch, der *low spin*-Zustand ist dagegen diamagnetisch und liefert daher kein ESR-Signal.

Viele Übergangsmetallionen haben auch einen Kernspin, woraus eine Hyperfeinaufspaltung der ESR-Signale resultiert. Manchmal lässt sich auch eine Hyperfeinaufspaltung durch Wechselwirkung mit den Kernspins der Liganden beobachten. Aufgrund der sehr kurzen Relaxationszeiten bei Raumtemperatur (starke Verbreiterung der Spektren) müssen ESR-Spektren oft bei tiefen Temperaturen aufgenommen werden.

Den großen Nutzen der ESR-Spektroskopie bei der Ermittlung der elektronischen Struktur metallionhaltiger Proteine in ihrer Abhängigkeit von der Zusammensetzung und Geometrie der Koordinationssphäre des Metalls zeigen wir anhand von Beispielen aus der Bioanorganischen Chemie des Kupfers. Cu^{2+} (d^9) hat nur ein ungepaartes Elektron (Abb. V.209). Im ESR-Spektrum beobachtet man vier Linien, da der Elektronenspin mit den Kernspins der ^{63}Cu- und ^{65}Cu-Isotope ($I = 3/2$) koppelt, was zur Hyperfeinaufspaltung des ESR-Übergangs führt. In der Regel nimmt man die ESR-Spektren der Substanzen bei tiefen Temperaturen auf, so dass die Anisotropie des g-Tensors, die durch die größere thermische Taumelbewegung bei höheren Temperaturen herausgemittelt wird, erkennbar ist. Cu^{2+}-Zentren weisen häufig eine tetragonale Geometrie auf, und ihr g-Tensor ist gewöhnlich axialsymmetrisch, wobei $g_{zz} > g_{xx} = g_{yy} > 2{,}0023$. Die molekulare z-Achse steht hier senkrecht zur Ebene des Kupfers mit seinen vier Liganden. Wie erwartet, wird auch eine Anisotropie der Hyperfeinwechselwirkung mit den Komponenten parallel ($a_\parallel$) bzw. senkrecht ($a_\perp$) zur molekularen Symmetrieachse beobachtet ($a_\parallel > a_\perp$). Dementsprechend ist die größere g-Komponente mehr oder weniger deutlich in vier Linien aufgespalten. Abbildung V.210 zeigt die ESR-Spektren des $[Cu(H_2O)_6]^{2+}$-Komplexes und der Kupferproteine Plastocyanin und Superoxid-Dismutase.

Aus den Werten der g-Tensorkomponenten und Parameter der Hyperfeinaufspaltung lassen sich Informationen über die Koordination des Metalls im Biomolekül, seinen Oxidations- und Spinzustand und damit sein reaktives Zentrum gewinnen. Das ESR-Signal des Plastocyanins (Typ 1-Spektrum) weist einen großen g-Wert und einen sehr kleinen $a_\parallel$-Wert auf, was auf eine signifikante Delokalisierung der Elektronendichte des ungepaarten Elektrons hinweist. Das Plastocyanin ist ein Elektronenüberträger ($Cu^+ \rightarrow Cu^{2+} + e^-$), der an der pflanzlichen Photosynthese beteiligt ist. Die RÖNTGEN-Strukturanalyse des Plastocyanins ergibt eine sehr stark verzerrte Koordinationssphäre des Cu^{2+} mit zwei Histidin-Stickstoff-Donoren und einem Cystein-Thiolatschwefel-Donor, die in etwa in einer Ebene mit dem Metall liegen, sowie einer langen axialen Cu–S-Bindung zur Thioethereinheit eines Methioninrests (Abb. V.211).

Ein weiterer Typ von Cu^{2+}-ESR-Signalen ist am Beispiel der Cu, Zn-Superoxid-Dismutase dargestellt. Sie katalysiert die Disproportionierung von zelltoxischem $O_2^{\bullet -}$ zu O_2 und H_2O_2, wobei letzteres z. B. über Katalasen weiter zu O_2 und H_2O reagiert. Das Cu^{2+}-Ion ist von vier Histidin-Seitenketten verzerrt quadratisch-planar koordiniert. Bei den Kupferproteinen mit ihrer nicht-quadratischen Konfiguration sind sowohl die g-Anisotropie als auch die Hyperfeinkopplung deutlich reduziert, entsprechend einem geringen Anteil des Metalls mit seiner großen Spin-Bahn-Kopplungskonstante am einfach besetzten Molekülorbital.

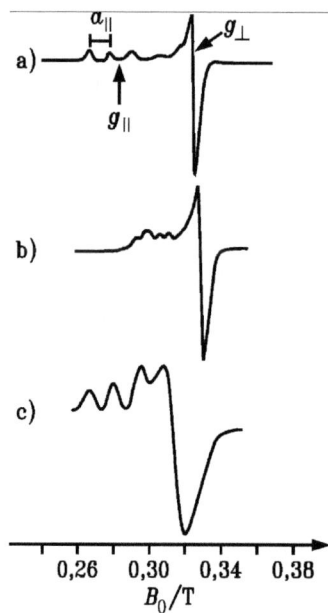

Abb. V.210: Anisotrope ESR-Spektren von a) $[Cu(H_2O)_6]^{2+}$, b) einem Kupferzentrum des Typs 1 in Plastocyanin und c) einem Kupferzentrum des Typs 2 in der Kupfer-Zink-Superoxid-Dismutase (nach: S. J. Lippard, J. M. Berg, *Bioanorganische Chemie*, S. 91, Spektrum Akademischer Verlag, Heidelberg, 1995).

ESR-Techniken waren auch bei der Untersuchung des Eisens im Hämoglobin und in Eisen-Schwefel-Clustern wichtig. Beim Eisen können die beiden Redoxzustände Fe^{2+} und Fe^{3+} jeweils in der *low spin*- oder der *high spin*-Form vorliegen. ESR-spektroskopisch sind diese Konfigurationen beim Fe^{3+} leicht voneinander zu unterscheiden, und der g-Wert liefert Informationen über die Liganden. Hilfreich waren ESR-Untersuchungen z. B. auch bei der Untersuchung von Mn^{2+} von an der Photosynthese beteiligten Polymanganclustern, von Mo in der Nitrogenase, von Co im Vitamin B_{12} sowie von Ni im Hydrogenase-Bestandteil methanerzeugender Bakterien.

Wie in der NMR-Spektroskopie gibt es auch in der ESR-Spektroskopie Mehrfachresonanz-Methoden. Wir wollen nur eine kurz erwähnen. Häufig werden ESR-Spektren registriert, deren Hyperfeinlinien nicht mehr aufgelöst sind. Hier kann die sog. *electron nuclear double resonance* (ENDOR)-Technik helfen. Mit ihrer Hilfe kann die Hyperfeinaufspaltung gemessen werden, und zusätzlich erhält man die Art des wechselwirkenden Kerns. Bei dieser Methode sättigt man den ESR-Übergang und strahlt gleichzeitig Radiowellen ein, so dass die NMR-Übergänge der Kerne induziert werden, welche die Hyperfeinaufspaltung des ESR-Übergangs verursachen. Dadurch wird die Sättigung des ESR-Signals wieder aufgehoben, und man misst zwei ESR-Linien (ENDOR-Spektrum), die um die Hyperfeinkopplungskonstante a voneinander getrennt sind.

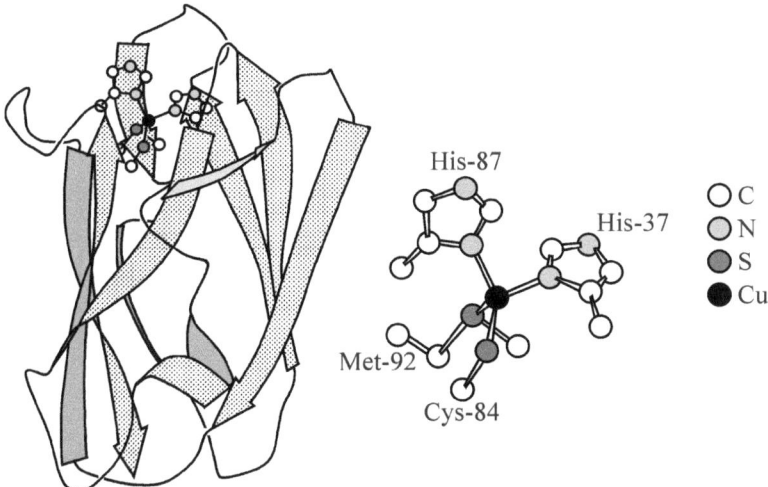

Abb. V.211: Struktur von oxidiertem Plastocyanin und seines Kupferzentrums. Die Proteinstruktur gehört zum β-Fass-Typ. Das aktive Zentrum liegt nahe an der Oberfläche des Proteins (nach: S. J. Lippard, J. M. Berg, *Bioanorganische Chemie*, S. 258, Spektrum Akademischer Verlag, Heidelberg, 1995).

9. MÖßBAUER-Spektroskopie

In der MÖßBAUER-Spektroskopie untersucht man Übergänge zwischen verschiedenen Atomkern-Energieniveaus. Sie beruht auf einem von R. L. MÖßBAUER 1957 entdeckten Resonanzeffekt bei Absorption von γ-Strahlung, also elektromagnetischer Strahlung im keV-Bereich. Zur Anregung von Atomkernen benötigt man γ-Strahlung. Man erzeugt sie am einfachsten, indem man die von angeregten Kernen emittierte γ-Strahlung verwendet. Durch Resonanzabsorption kann mit einem solchen γ-Quant das gleiche Isotop in einer Probe vom Grund- in den angeregten Kernzustand gebracht werden (Abb. V.212a). Das am häufigsten verwendete MÖßBAUER-Isotop ist das Eisenisotop ^{57}Fe. Es entsteht durch radioaktiven β-Zerfall von ^{57}Co (Halbwertszeit 270 Tage). Das ^{57}Fe wird dabei in einem energetisch angeregten Kernzustand gebildet, der über die Aussendung von zwei γ-Quanten in den Grundzustand übergeht, wobei das zweite γ-Quant mit einer Energie von 14,4 keV für den MÖßBAUER-Effekt genutzt wird. Das radioaktive Isotop befindet sich in einer als „Quelle" bezeichneten Folie. Die ausgesandten γ-Quanten durchdringen die Probe, den „Absorber", der ebenfalls ^{57}Fe-Atome enthält, und erreichen dann den Detektor.

Gemessen werden im Wesentlichen kleine Unterschiede der Übergangsenergien in Quelle und Absorber, die durch sog. *Hyperfeinwechselwirkungen* zwischen den Kernen und ihrer elektronischen Umgebung zustande kommen und somit Aufschluss über die elektronische Umgebung des absorbierenden Kerns geben können. Neben dem ^{57}Fe gibt es etwa vierzig verschiedene Elemente, an denen MÖßBAUER-Spektroskopie möglich ist.

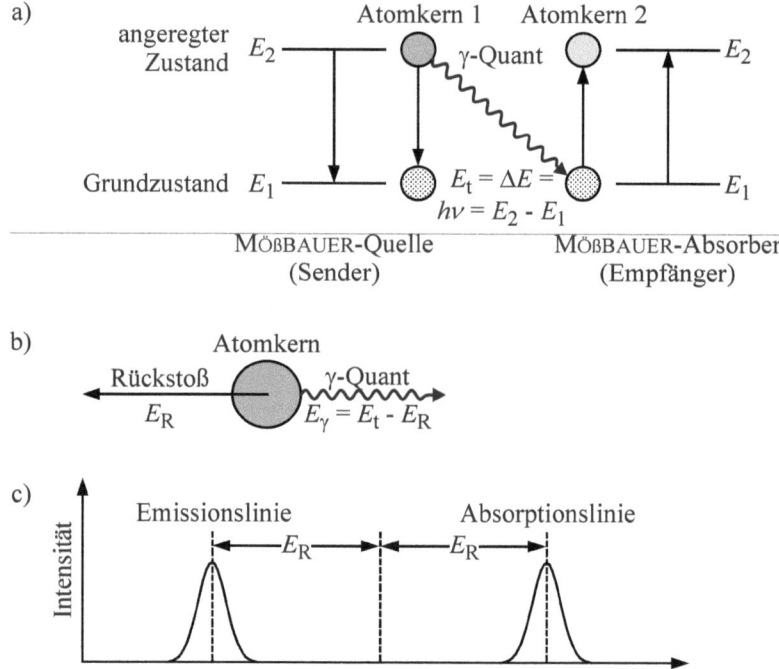

Abb. V.212: Schematische Darstellung a) des Prinzips der Kernresonanzabsorption von γ-Strahlen, b) des Rückstoßeffekts bei der Emission eines γ-Quants und c) der Energieskala, auf der die Energien der Emissionslinie und der Absorptionslinie im Vergleich zur Energiedifferenz zwischen Grund- und angeregtem Zustand dargestellt sind.

Wenn die von einem Kern emittierte γ-Strahlung auf einen anderen Kern desselben Isotops trifft und von diesem absorbiert werden soll, ergibt sich jedoch folgende Schwierigkeit: Bei der Emission des γ-Quants der Energie E_γ, das einen Impuls E_γ/c besitzt, muss aus Gründen der Impulserhaltung auf den emittierenden Kern ein gleich großer, aber entgegengesetzt gerichteter Rückstoßimpuls p_R übertragen werden (Abb. V.212b). Der Kern erhält eine kinetische Rückstoßenergie

$$E_R = \frac{p_R^2}{2m} = \frac{E_\gamma^2}{2mc^2} \approx \frac{E_t^2}{2mc^2} \tag{V.180}$$

(m Masse des emittierenden Kerns, c Lichtgeschwindigkeit). Die beim Kernübergang freiwerdende Energie verteilt sich auf die Photonenergie E_γ und die Rückstoßenergie E_R des Atomkerns:

$$E_t = E_\gamma + E_R \tag{V.181}$$

E_R liegt im Bereich einiger meV, E_t zwischen 10 und 100 keV. Daher konnten wir in Gleichung V.180 $E_\gamma \approx E_t$ setzen.

9. MÖSSBAUER-Spektroskopie

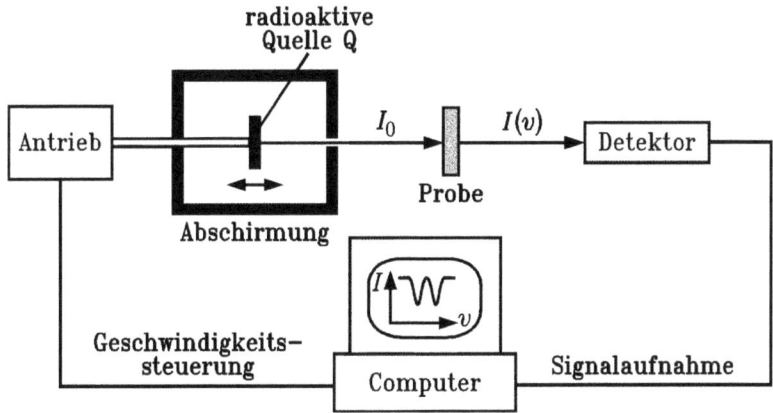

Abb. V.213: Schema eines MÖSSBAUER-Spektrometers. Die γ-Quelle wird von einem elektromechanischen Antriebsystem mit der Geschwindigkeit v bewegt. Die vom Resonanzabsorber (Probe) durchgelassene γ-Strahlung wird im Detektor nachgewiesen.

Ähnlich wie bei der Emission der γ-Quanten wird auch bei ihrer Absorption Impuls und damit kinetische Energie auf den Kern übertragen, so dass ein γ-Quant, um absorbiert werden zu können, eine Energie braucht, die um E_R höher ist als die Resonanzenergie. Emissions- und Absorptionslinie treten daher nicht bei E_t auf, sie sind um $2E_R$ gegeneinander verschoben.

Anders als in der optischen Spektroskopie, wo dieser Rückstoßenergieverlust keine Rolle spielt, ist er im Fall der Kernresonanzabsorption groß gegenüber der Linienbreite. Zum Beispiel ist im Fall der 14,4-keV-γ-Strahlung von ^{57}Fe die Linienbreite $7 \cdot 10^{-9}$ eV und $E_R = 2 \cdot 10^{-3}$ eV. Da somit die Rückstoßenergie E_R um viele Größenordnungen größer als die Linienbreite ist, erscheint eine Resonanzabsorption von γ-Strahlung aus energetischen Gründen ausgeschlossen zu sein. Sie wird jedoch möglich, wenn die emittierenden und absorbierenden Kerne in einem Festkörperverband eingebunden sind. Dieser kann mit seiner relativ großen Masse den Rückstoßimpuls aufnehmen. Allerdings können in Festkörpern beim Emissions- oder Absorptionsprozess neben der Übertragung von Translationsenergie auch Gitterschwingungen vernichtet bzw. angeregt werden. Dies ist mit einem Energieverlust bzw. einem Energiegewinn verbunden, der ebenfalls im Bereich von meV liegt. Nur der Anteil der ohne Energieübertragung an das Gitter emittierten und absorbierten Strahlung ist damit nutzbar (LAMB-MÖSSBAUER-Faktor f). Um den Gitterbeitrag gering zu halten, ist es häufig erforderlich, die Proben zu kühlen (z. B. mit flüssigem Stickstoff bei 77 K).

Abbildung V.213 zeigt schematisch das MÖSSBAUER-Experiment. Quelle und Probe (Absorber) enthalten hier ^{57}Fe-Kerne. Ein Detektor (z. B. Szintillationszähler oder Halbleiterdetektor; s. Kap. VII) weist die Strahlung nach. Um die Emissionslinie der Quelle geringfügig gegenüber der Absorptionsbande des Absorbers verschieben und so mit der Emissionslinie die Absorptionsbande abtasten zu können, bewegt man Quelle und Absorber relativ zueinander. Man verschiebt die beiden Linien durch den DOPPLER-Effekt geringfügig gegeneinander. Die Bewegung der Quelle wird durch ein elektromechanisches System erzeugt. Es genügen meist Geschwindigkeiten von einigen mm s^{-1}. Misst man nun die Intensität der γ-Strahlung, die in

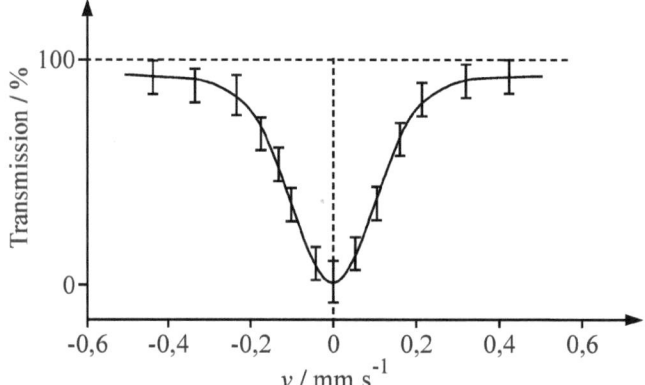

Abb. V.214: Schematische Darstellung eines MÖßBAUER-Spektrums. Als Linienform erhält man eine LORENTZ-Kurve. Die durchgezogene Kurve ist die theoretisch erwartete Form des Spektrums. Wenn Emissions- und Absorptionslinie gerade aufeinander fallen, ist die Absorption am größten und daher die Transmission minimal. Die Messung erfolgt meist so, dass man die Quelle mit einer Frequenz von einigen Hz hin- und herbewegt, wobei innerhalb einer Bewegungsperiode sämtliche Geschwindigkeiten des abzutastenden Bereichs durchlaufen werden. Der Detektor ist synchron auf die gleiche Frequenz eingestellt und wertet die Signale aus, die der gleichen Relativgeschwindigkeit v zuzuordnen sind.

den Detektor fällt, als Funktion der Geschwindigkeit v, so erhält man ein sogenanntes MÖßBAUER-Spektrum. Ein Beispiel ist in Abbildung V.214 gezeigt.

Durch Wechselwirkung mit der den Kern umgebenden Elektronenhülle kann es nun zu einer Aufspaltung und Verschiebung der Energiezustände des Kerns kommen. Man unterscheidet drei Mechanismen:

- Die *Isomerieverschiebung* kommt durch elektrostatische Wechselwirkung zwischen der Kernladung und der Ladung der Elektronen zustande (s. Abb. V.215). Da die s-Elektronen eine endliche Aufenthaltswahrscheinlichkeit am Kernort haben, treten sie mit dem Kern in COULOMB-Wechselwirkung. Da der Atomkern im angeregten Zustand eine andere räumliche Ausdehnung hat, wird eine unterschiedliche Verschiebung der Energieniveaus des angeregten und des Grundzustands gegenüber einem idealen isolierten Atomkern beobachtet. Unterscheiden sich die Umgebungen des Kerns in der Quelle und im untersuchten Material, so wird die *Isomerieverschiebung* $\delta = E_{t,A} - E_{t,Q}$ gemessen. Solche Unterschiede, die durch geänderte Elektronendichten auftreten, können durch eine unterschiedliche chemische Umgebung, wie z. B. einen anderen Oxidationszustand oder andere Bindungsverhältnisse, verursacht werden. δ ist dem Unterschied der Elektronendichten von Absorber A und Quelle Q proportional. Sie tritt im Spektrum in Form einer Verschiebung der Resonanzlinie von der Relativgeschwindigkeit $v = 0$ auf. Durch Messung der Isomerieverschiebung können somit Informationen über Oxidationszustand (z. B. Fe^{2+}, Fe^{3+}), Spinmultiplizität, Bindungseigenschaften (Kovalenz, Ionizität) und die Elektronegativität von Liganden gewonnen werden.
- Die *Quadrupolaufspaltung* tritt bei Kernen mit Kernspinquantenzahlen $I > 1/2$ auf. Solche Kerne besitzen keine kugelförmige Ladungsverteilung. Die Abweichungen von der

9. MÖSSBAUER-Spektroskopie

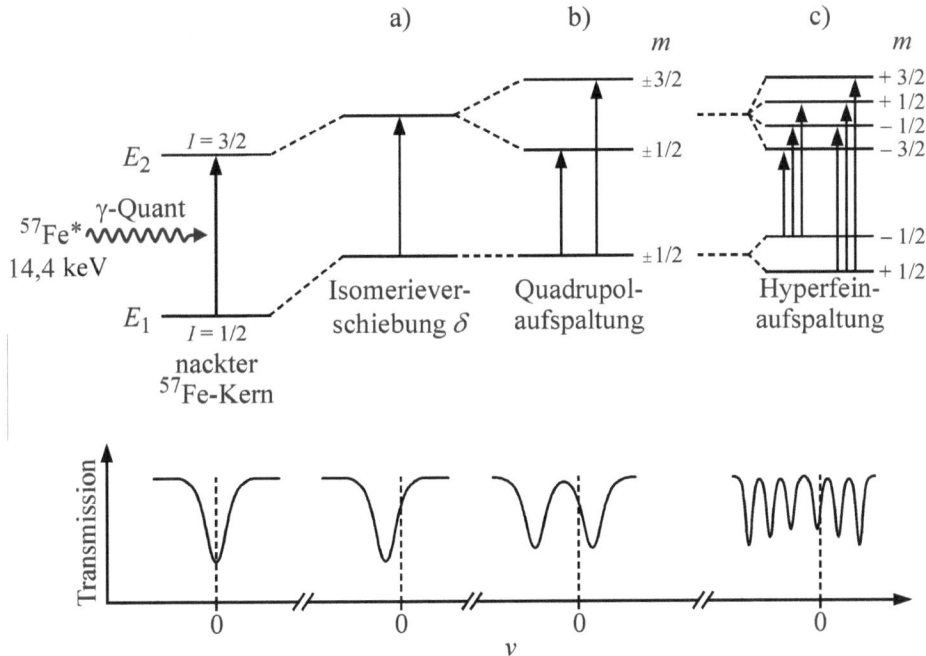

Abb. V.215: Möglichkeiten der Verschiebungen und Aufspaltungen der MÖSSBAUER-Linie des ^{57}Fe. Dieses Isotop besitzt im Grundzustand einen Kernspin von $I = 1/2$, im angeregten Zustand (14,4 keV) ist $I = 3/2$. a) Isomerieverschiebung, b) Quadrupolaufspaltung des 14,4-keV-Zustands des Fe und die daraus resultierenden zwei Übergänge. Sie besitzen einen Energieabstand, der durch das Quadrupolmoment Q des Kerns und den elektrischen Feldgradienten V_{zz} der ihn umgebenden Elektronenhülle hervorgerufen wird ($\Delta E_Q = eQV_{zz}/2$). c) Magnetische Hyperfeinaufspaltung. Das Grundniveau spaltet in zwei, das angeregte in vier Niveaus auf (Auswahlregeln: $\Delta I = \pm 1$; $\Delta m = 0, \pm 1$). Die Pfeile kennzeichnen die erlaubten Übergänge.

Kugelgestalt werden durch das sog. Quadrupolmoment Q des Kerns beschrieben (s. Kap. V.7.3 und V.7.9). Die Verteilung der Elektronenladung in der Umgebung des Atomkerns ist meist ebenfalls nicht kugelsymmetrisch. Infolge der elektrostatischen Wechselwirkung zwischen dem positiv geladenen Atomkern und den negativ geladenen Elektronen stellen sich verschiedene Orientierungen des Kerns ein, die durch die Quantenzahlen m charakterisiert werden, und die unterschiedliche Energien besitzen. Wenn sich der Atomkern in einer unsymmetrischen elektronischen Ladungsverteilung befindet, beobachtet man daher eine Aufspaltung der Kernenergieniveaus, wie es am Beispiel des ^{57}Fe in Abbildung V.215 gezeigt ist. Aus der elektrischen Quadrupolaufspaltung erhält man somit Informationen über die Molekülsymmetrie und über das Ligandenfeld.

- *Hyperfeinaufspaltung.* Zusätzlich zu den bisher besprochenen Effekten, die auf einer elektrostatischen Wechselwirkung beruhen, können Atomkerne mit einem magnetischen Dipolmoment auch eine magnetische Aufspaltung zeigen. In einem Magnetfeld werden die Kernniveaus in $2I+1$ Niveaus aufgespalten. Diese Aufspaltung kann z. B. von dem magnetischen Moment ungepaarter Elektronen, die den Kernort umgeben, hervorgerufen

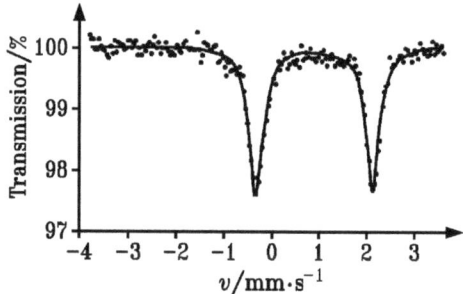

Abb. V.216: MÖßBAUER-Spektrum von desoxygeniertem Humanhämoglobin bei $T = 20$ K als Beispiel für eine Quadrupolaufspaltung. Sie wird im Wesentlichen durch die d-Elektronen des Eisens hervorgerufen. Die Isomerieverschiebung ist deutlich als Verschiebung des Schwerpunkts des Spektrums von $v = 0$ zu erkennen. Die durchgezogene Linie ist eine Anpassung der theoretischen Spektralverteilung an die Messdaten. Hämoglobin hat 4 Eisenatome. Von diesen sind aber nur 2,2 % resonanzfähig (Isotop ^{57}Fe). Dies erschwert die experimentelle Beobachtung des MÖßBAUER-Effekts. Man versucht daher, die Proben mit dem Isotop ^{57}Fe anzureichern (nach: F. Parak, G. M. Kalvius, in: *Biophysik*, W. Hoppe et al, (Hrsg.), S. 159, Springer Verlag, Berlin, 1982).

werden. Die entsprechenden Aufspaltungen sind wieder für den Fall des ^{57}Fe in Abbildung V.215 dargestellt. Die Aufspaltung ist völlig analog der ZEEMAN-Aufspaltung in einem äußeren Magnetfeld (vgl. Kap. V.7).

Die MÖßBAUER-Spektroskopie wird intensiv für Untersuchungen an Häm- und Eisen-Schwefel-Proteinen eingesetzt. Wir betrachten als Beispiel das Myoglobin (dieses Protein speichert Sauerstoff im Muskel) und Hämoglobin (transportiert Sauerstoff im Blut). Zusätzlich zu den Peptidketten enthalten diese Moleküle noch Porphyrinringe, in deren Zentrum ein Eisenion sitzt (s. a. Kap. I). Abbildung V.216 zeigt das MÖßBAUER-Spektrum von desoxygeniertem Myoglobin (es enthält Fe^{2+} ohne O_2-Ligand). Die beobachtete Quadrupolaufspaltung ΔE_Q wird im Wesentlichen durch die d-Elektronen des Eisenions hervorgerufen. Aus der Art und Größe der Aufspaltung lassen sich die Ligandenfeldparameter bestimmen und damit Aussagen über den relativen Abstand des Eisens zu den nächsten N-Nachbarn der Hämgruppe und den Bindungszustand des Fe gewinnen. Das Fe sitzt im desoxygenierten Zustand oberhalb der Hämebene, im O_2-gebundenen Zustand mehr in der Hämebene.

Allgemein lassen sich also Informationen über die elektronische Struktur des aktiven Zentrums von Biomolekülen aus solchen Messungen erhalten, wenn das Zentrum einen MÖßBAUER-Kern enthält.

Zahlreiche Forschungsergebnisse haben mittlerweile gezeigt, dass auch die Dynamik von Biomolekülen wesentlich für ihre biologische Funktion ist, so dass auch Untersuchungen der Dynamik von Biomolekülen eine große Bedeutung zukommt. Hierzu konnten auch MÖßBAUER-Untersuchungen beitragen. Wir haben gesehen, dass die Intensitäten der Absorptionsbanden eines MÖßBAUER-Spektrums vom LAMB-MÖßBAUER-Faktor f abhängen. Er ist ein Maß für die effektive Schwingungsamplitude des Systems. Es werden jedoch nur Auslenkungen registriert, die auf einer Zeitskala schneller als 10^{-7} s erfolgen.

9. MÖßBAUER-Spektroskopie 475

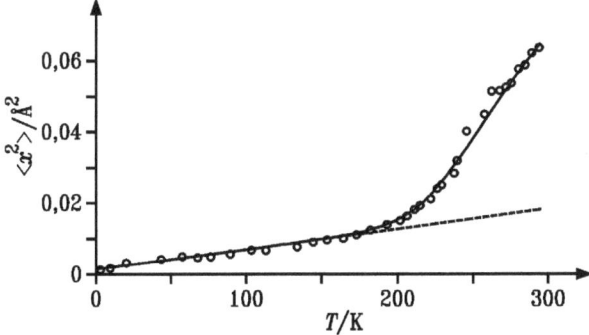

Abb. V.217: Bestimmung der mittleren quadratischen Auslenkung $\langle x^2 \rangle$ des Fe-Atoms im Myoglobin als Funktion der Temperatur aus MÖßBAUER-Experimenten (nach: F. Parak, Phys. Bl. **41** (1985) 396; F. Parak, H. Frauenfelder, Physica A **201** (1993) 332).

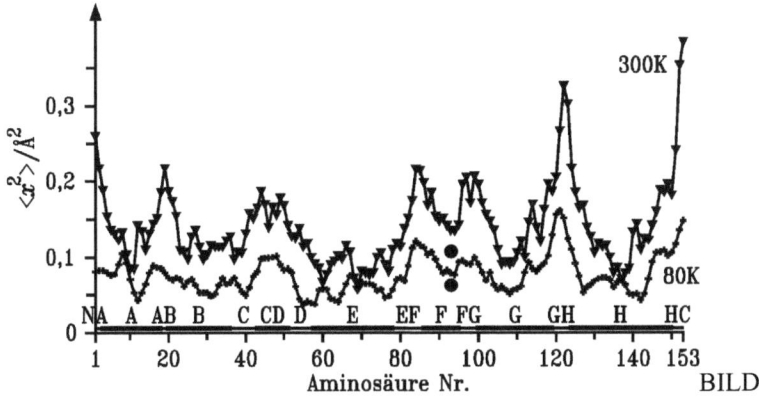

Abb. V.218: Mittlere quadratische Auslenkungen der Aminosäuren von Myoglobin, wie sie aus der RÖNTGEN-Strukturanalyse (vgl. Kap. IV.5) gewonnen wurden (ohne H-Atome). Es sind die Mittelwerte für das Rückgrat der 153 Aminosäuren der Myoglobinsequenz angegeben (Dreiecke: 300 K; Kreuze: 80 K; ausgefüllte Kreise: Fe). Die Lagen des proximalen und des distalen Histidins sind durch Pfeile gekennzeichnet. Die Einzelbuchstaben kennzeichnen die helikalen Bereiche der Sequenz, Doppelbuchstaben die nicht-helikalen Bereiche (nach: F. Parak, Phys. Bl. **41** (1985) 396; F. Parak, H. Frauenfelder, Physica A **201** (1993) 332).

Das MÖßBAUER-Spektrum von Desoxymyoglobinkristallen bei 80 K kann durch zwei LORENTZ-Kurven angepasst werden. Man erhält den LAMB-MÖßBAUER-Faktor aus der Fläche unter den LORENTZ-Linien. Für das Raumtemperaturspektrum ergibt erst die Zuhilfenahme von zwei weiteren LORENTZ-Kurven mit relativ großer Linienbreite eine befriedigende Anpassung an die Messergebnisse. Derartig breite Linien weisen auf eine diffusionsartige Bewegung hin. Abbildung V.217 zeigt die Temperaturabhängigkeit der mittleren quadratischen Auslenkung $<x^2>$ des Fe-Atoms im Myoglobin aus seiner Mittellage infolge von Schwingungen. Von 4 K bis 210 K besitzt $<x^2>$ Werte, die für Gitterschwingungen von Festkörpern typisch sind (DEBYE-Spektrum). Die starke Zunahme von $<x^2>$ oberhalb von etwa 210 K lässt sich dagegen nur durch das Auftreten eines neuen Bewegungsmodus des Proteins erklären. Das Proteinmolekül „atmet" offensichtlich bei Raumtemperatur, und zwar mit einer charakteristischen Periodendauer von etwa 10^{-9} s. Diese proteinspezifischen Bewegungsmoden sind also deutlich langsamer als normale Festkörperschwingungen. Aus einer genauen Analyse der Messkurve lässt sich ableiten, dass die Molekülstruktur des Myoglobinkristalls infolge dieser „Atmungsbewegung" eine mittlere „Unschärfe" von etwa 0,5 Å besitzt. Das Protein besitzt also keine starre Struktur. Die Strukturfluktuationen ermöglichen erst den Sauerstofftransport. Die hohe Entropie im Übergangszustand ist für die große Flexibilität des Moleküls verantwortlich.

Als Vergleich dazu zeigt Abbildung V.218 die mittlere quadratische Auslenkung der Atome entlang der Peptidkette von Myoglobin bei zwei Temperaturen, wie man sie aus den Intensitäten (DEBYE-WALLER-Faktoren) im RÖNTGEN-Beugungsexperiment erhält (s. Kap. IV). Im Fall der RÖNTGEN-Beugung erhält man eine Momentaufnahme der Moleküle, gemittelt über alle Elementarzellen. Es fällt auf, dass deutliche Abweichungen in $<x^2>$ vom Mittelwert auftreten. Es ist offensichtlich, dass die helikalen Bereiche weniger flexibel sind. Die Ergebnisse zeigen ebenfalls, dass die Atome nicht statisch „eingefroren" sind, sondern um ihre Gleichgewichtskonfigurationen fluktuieren.

10. Literatur zu Kapitel V

C. N. Banwell, E. M. McCash, *Fundamentals of Molecular Spectroscopy*, McGraw Hill Book Comp., London, 1994.

I. D. Campbell, R. A. Dwek, *Biological Spectroscopy*, The Benjamin/Cummings Publishing Company, Menlo Park, 1984.

F. Lottspeich, J. W. Engels (Hrsg.), *Bioanalytik*, Spektrum Akademischer Verlag, 2006.

P. J. Walla, *Modern Biophysical Chemistry*, Wiley-VCH, Weinheim, 2009.

H.-J. Galla, *Spektroskopische Methoden in der Biochemie*, Georg Thieme Verlag, Stuttgart, 1988.

K. Sauer (Hrsg.), *Biochemical Spectroscopy*, Methods in Enzymology, Vol. 246, Academic Press, New York, 1995.

H. A. Havel (Hrsg.), *Spectroscopic Methods For Determining Protein Structure in Solution*, VCH, Weinheim, 1996.

S. A. Asher, „UV Resonance Raman Studies of Molecular Structure and Dynamics - Applications in Physical and Biophysical Chemistry", Annu. Rev. Phys. Chem. **39** (1988) 537.

G. D. Fasman, *Circular Dichroism and the Conformational Analysis of Biomolecules*, Plenum Press, New York, 1996.

A. Rodger, B. Norden, *Circular Dichroism and Linear Dichroism*, Oxford University Press, Oxford, 1997.

10. Literatur zu Kapitel V

J. R. Lakowicz, *Principles of Fluorescence Spectroscopy*, Springer, New York, 2006.

J. R. Lakowicz (Hrsg.), *Topics in Fluorescence Spectroscopy*, Vol. 1-3, Plenum Press, New York, 1991.

B. Valeur, *Molecular Fluorescence. Principles and Applications*, Wiley-VCH, Weinheim, 2002.

R. Rigler, E. Elson (Hrsg.), *Fluorescence Correlation Spectroscopy. Theory and Applications*, Springer, Berlin, 2001.

M. Hof, R. Hutterer, V. Fidler (Hrsg.), *Fluorescence Spectroscopy in Biology*, Springer, Berlin, 2005.

M. Eftink, „Fluorescence Techniques for Studying Protein Structure", in: *Protein Structure Determination: Methods of Biochemical Analysis*, Vol. 35, C.H. Suelter (Hrsg.), John Wiley & Sons, New York, 1990.

D. M. Jameson, T. L. Hazlett, „Time-resolved Fluorescence in Biology and Biochemistry", in: *Biophysical and Biochemical Aspects of Fluorescence Spectroscopy*, S. 105, T. G. Dewey (Hrsg.), Plenum Publishing Corporation, New York, 1991.

M. Sauer, J. Hofkens, J. Enderlein (Hrsg.), *Handbook of Fluorescence Spectroscopy and Imaging*, Wiley-VCH, Weinheim, 2011.

C. Zander, J. Enderlein, R. A. Keller (Hrsg.), *Single Molecule Detection in Solution*, Wiley-VCH, Berlin, 2002.

C. A. Royer, „Approaches to Teaching Fluorescence Spectroscopy", Biophys. J. **68** (1995) 1191.

E. Haustein, P. Schwille, *Single-Molecule Spectroscopic Methods*, Curr. Opin. Struct. Biol. **14** (2004) 531.

D.-P. Herten, „Optische Einzelmolekülspektroskopie", Chem. unserer Zeit **42** (2008) 192.

J. Widengren, V. Kudryavtsev, M. Antonik, S. Berger, M. Gerken, C. A. M. Seidel, „Single-Molecule Detection and Identification of Multiple Species by Multiparameter Fluorescence Detection", Anal. Chem. **78** (2006) 2039.

J. Weidlein, U. Müller, K. Dehnicke, *Schwingungsspektroskopie*, Georg Thieme Verlag, Stuttgart, 1988.

Schrader (Hrsg.), *Infrared and Raman Spectroscopy*, VCH, Weinheim, 1995.

F. Siebert, P. Hildebrandt, *Vibrational Spectroscopy in Life Science*, Wiley-VCH, Weinheim, 2008.

H. H. Mantsch, D. Chapman (Hrsg.), *Infrared Spectroscopy of Biomolecules*, Wiley-Liss, New York, 1996.

B. Stuart, *Biological Applications of Infrared Spectroscopy*, Acol by John Wiley, Chichester, 1997.

K. Gerwert, G. Souvignier, „Zeitaufgelöste FTIR-Differenzspektroskopie", Nachr. Chem. Techn. Lab. **41** (1993) 950.

K. Ataka, T. Kottke, J. Heberle, „Thinner, Smaller, Faster: IR Techniques to Probe the Functionality of Biological and Biomimetic Systems", Angew. Chem. Int. Ed. **49** (2010) 5416.

D. M. Leitner, M. Grübele, M. Havenith, „THz Technology and THz Spectroscopy: Modeling and Experiments to Study Solvation Dynamics of Biomolecules", Bunsen-Magazin **11** (2009) 184.

D. A. Long, *Raman Spectroscopy*, Mc Graw Hill Book Co., New York, 1977.

M. R. Bunow, „Raman Spectroscopy", in: *Biophysics*, G. Ehrenstein, H. Lecar (Hrsg.), Academic Press, New York, 1982.

T. G. Spiro (Hrsg.), *Biological Applications of Raman Spectroscopy*, J. Wiley & Sons, New York, 1988.

S. P. Verma, D. F. Wallach, „Raman Spectroscopy of Lipids and Biomembranes", in: *Biomembrane Structure and Function*, D. Chapman (Hrsg.), Verlag Chemie, Weinheim, 1984.

R. Petry, M. Schmitt, J. Popp, „Raman Spectroscopy. A Prospective Tool in the Life Sciences", ChemPhysChem **4** (2003) 14.

L. D. Barron, L. Hecht, E. W. Blanch, A. F. Bell, „Solution Structure and Dynamics of Molecules from Raman Optical Activity", Prog. Biophys. Mol. Biol. **73** (2000) 1.

J. Kincaid, „Structure and Dynamics of Transient Species using Time-resolved Resonance Raman Spectroscopy", Meth. Enzymol. **246** (1995) 461.

P. R. Cary, *Biochemical Applications of Raman and Resonance Raman Spectroscopy*, Academic Press, London, 1982.

A. Rosenczwaig, *Photoacoustics and Photoacoustic Spectroscopy*, John Wiley & Sons, New York, 1980.

H. Friebolin, *Basic one- and two-dimensional NMR spectroscopy*, Wiley-VCH, Weinheim, 2005.

H. Günther, *NMR-Spektroskopie*, Georg Thieme Verlag, Stuttgart, 1992.

J. Keeler, *Understanding NMR Spectroscopy*, John Wiley & Sons, Chichester, UK, 2010.

J. Cavanagh, W. J. Fairbrother, A. G. Palmer, N. J. Skelton, *Protein NMR Spectroscopy: Principles and Practice*, Academic Press, San Diego, 1996.

T. C. Farrar, E. D. Becker, *Pulse and Fourier Transform NMR*, Academic Press, New York, 1971.

A. E. Derome, *Modern NMR Techniques for Chemical Research*, Pergamon Press, Oxford, 1987.

R. K. Harris, *Nuclear Magnetic Resonance Spectroscopy*, Longman Scientific & Technical, New York, 1992.

R. R. Ernst, G. Bodenhausen, A. Wokaun, *Principles of NMR in One and Two Dimensions*, Clarendon Press, Oxford, 1987.

D. Canet, *NMR - Konzepte und Methoden*, Springer Verlag, Berlin, 1994.

10. Literatur zu Kapitel V

J. McConnell, *The Theory of Nuclear Magnetic Relaxation in Liquids*, Cambridge University Press, Cambridge, 1987.

R. Kimmich, *NMR-Tomography, Diffusometry, Relaxometry*, Springer Verlag, Berlin, 1997.

G. C. K Roberts, *NMR of Macromolecules. A Practical Approach*, IRL Press, Oxford, 1993.

R. G. Shulman (Hrsg.), *Biological Applications of Magnetic Resonance*, Academic Press, New York, 1979.

O. Jardetzky, G. C. K. Roberts, *NMR in Molecular Biology*, Academic Press, New York, 1981.

D. G. Gadian, *NMR and its Applications to Living Systems*, Oxford University Press, Oxford, 1995.

K. Wüthrich, *NMR of Proteins and Nucleic Acids*, John Wiley & Sons, New York, 1986.

D. Neuhaus, M. P. Williamson, *The Nuclear Overhauser Effect in Structural and Conformational Analysis*, VCH, Weinheim, 1989.

K. H. Hausser, H. R. Kalbitzer, *NMR für Mediziner und Biologen*, Springer Verlag, Berlin, 1989.

I. Bertini, H. Molinari, N. Niccolai (Hrsg.), *NMR and Biomolecular Structure*, VCH, Weinheim, 1991.

J. N. S. Evans, *Biomolecular NMR Spectroscopy*, Oxford University Press, Oxford, 1995.

H. H. Mantsch, H. Saito, I. C. P. Smith, „Deuterium Magnetic Resonance, Applications in Chemistry, Physics and Biology", Progress in NMR-Spectroscopy **11** (1977) 211.

J. Seelig, „Deuterium Magnetic Resonance: Theory and Application to Lipid Membranes", Quart. Rev. Biophys. **10** (1977) 353.

J. Seelig, P. M. MacDonald, „Phospholipids and Proteins in Biological Membranes. ^{2}H-NMR as a Method to Study Structure, Dynamics and Interactions", Acc. Chem. Res. **20** (1987) 221.

P. M. MacDonald, „Deuterium NMR and the Topography of Surface Electrostatic Charge", Acc. Chem. Res. **30** (1997) 196.

W. R. Croasmun, R. M. K. Carlson (Hrsg.), *Two-Dimensional NMR-Spectroscopy - Applications for Chemists and Biochemists*, VCH, Weinheim, 1994.

R. Benn, H. Günther, „Moderne Pulsfolgen in der hochauflösenden NMR-Spektroskopie", Angew. Chem. **95** (1983) 381.

H. Kessel, M. Gehrke, C. Griesinger, „Zweidimensionale NMR-Spektroskopie, Grundlagen und Übersicht über die Experimente", Angew. Chem. **100** (1988) 507.

K. Wüthrich, „The Development of Nuclear Magnetic Resonance Spectroscopy as a Technique for Protein Structure Determination", Acc. Chem. Res. **22** (1989) 36.

R. R. Ernst, „Kernresonanz-Fourier-Transformations-Spektroskopie (Nobel-Vortrag)", Angew. Chem. **104** (1992) 817.

H. Friebolin, G. Schilling, „Zweidimensionale NMR-Spektroskopie", Chem. unserer Zeit **28** (1994) 88.

G. Wagner, „NMR-Investigations of Protein Structure", Progress in NMR-Spectroscopy **22** (1990) 101.

G. M. Clore, A. M. Gronenborn, „Structures of Larger Proteins in Solution: Three- and Four-dimensional Heteronuclear NMR Spectroscopy", Science **252** (1991) 1390.

K. Schmidt-Rohr, H. W. Spiess, *Multidimensional Solid-State NMR and Polymers*, Academic Press, New York, 1994.

B. Wrackmeyer, „Hochaufgelöste Kernresonanz-Spektroskopie von Festkörpern. CP-MAS-NMR-Spektroskopie", Chem. unserer Zeit **21** (1988) 100.

S. O. Smith, „Magic Angle Spinning NMR as a Tool for Structural Studies of Membrane Proteins", Magn. Res. Rev. **17** (1996) 1.

W. S. Price, „Gradient NMR", Annual Reports on NMR Spectroscopy **32** (1996) 51.

A. R. Waldeck, P. W. Kuchel, A. J. Lennon, B. E. Chapman, „NMR Diffusion Measurements to Characterise Membrane Transport and Solute Binding", Progr. Nucl. Magn. Res. Spectr. **30** (1997) 39.

K. Roth, A. M. Gronenborn, „NMR-Tomographie", Chem. unserer Zeit **16** (1982) 35.

R. R. Ernst, „Methodology of Magnetic Resonance Imaging", Quart. Rev. of Biophys. **19** (1987) 183.

W. Kuhn, „NMR-Mikroskopie - Grundlagen, Grenzen und Anwendungsmöglichkeiten", Angew. Chem. **102** (1990) 1.

J. A. Weil, J. R. Bolton, J. E. Wertz, *Electron Paramagnetic Resonance*, John Wiley & Sons, New York, 1994.

H. M. Swartz, S. M. Swartz, „Biochemical and Biophysical Applications of Electron Spin Resonance", Methods of Biochemical Analysis **29** (1983) 207.

B. M. Hoffman, „Electron Nuclear Double Resonance (ENDOR) of Metalloenzymes", Acc. Chem. Res. **24** (1991) 164.

P. Gütlich, R. Link, A. Trautwein, *Mößbauer Spectroscopy and Transition Metal Chemistry*, Springer Verlag, Berlin, 1978.

H. Wegener, *Der Mößbauereffekt und seine Anwendungen in Physik und Chemie*, Bibliographisches Institut, Mannheim, 1996.

VI. Biochemische Reaktionen

Nahezu alle in einer lebenden Zelle ablaufenden chemischen Reaktionen werden mit Hilfe zelleigener Katalysatoren durchgeführt. In der Regel handelt es sich bei diesen Katalysatoren um Enzyme. Sie bestimmen das Muster chemischer Umsetzungen und können die Umwandlung verschiedener Energieformen vermitteln - z. B. die von Glucose in ATP über eine Vielzahl von Schritten (Glykolyse und Citratzyklus). Die hervorstechendsten Eigenschaften von Enzymen sind ihre Spezifität und Selektivität, d. h. ihre Einsatzmöglichkeit für eine bestimmte chemische Reaktion. Ferner ist ihre Aktivität regulierbar.

Enzyme sind Proteine, daher sind sie aus Aminosäuren aufgebaut. Die Struktur solcher Moleküle ist bereits im ersten Kapitel erläutert worden. Einige Enzymreaktionen sind schon seit vielen Jahrhunderten bekannt, so sind z. B. Gärprozesse im Sauerteig oder auch die alkoholische Gärung letztlich enzymatisch katalysierte Reaktionen.

Der Begriff Enzym grenzt diese Makromoleküle von anderen Proteinen ab. Wir haben die Proteine Myoglobin und Hämoglobin als Sauerstoff transportierende Moleküle schon kennengelernt. Sie stabilisieren sozusagen den Sauerstoff, um ihn zu lagern oder zu transportieren. Solche Proteine werden daher auch als Stabilisator-Proteine bezeichnet und sind im gewissen Sinn gerade das Gegenteil von Enzymen, welche chemische Reaktionen ja beschleunigen. Vor einigen Jahren hat man entdeckt, dass auch bestimmte RNA-Moleküle katalytisch aktiv sind, d. h., die Enzyme besitzen kein absolutes Monopol als Biokatalysatoren. Wir wollen im Folgenden im Wesentlichen Enzyme und ihre Kinetik betrachten, aber auch die Kinetik anderer biochemischer Prozesse, wie die Proteinfaltung, streifen. Schließlich werden wir noch kurz auf Bindungsgleichgewichte eingehen.

1. Enzymatische Reaktionen

Enzyme beschleunigen Reaktionen um Faktoren von wenigstens 10^6, in manchen Fällen bis zu einem Faktor von 10^{14}. Ohne sie würden die meisten Reaktionen in biologischen Systemen in nicht wahrnehmbarem Umfang ablaufen. Selbst eine so einfache Reaktion wie die Hydratisierung von Kohlendioxid wird durch ein Enzym, die Carboanhydrase, katalysiert:

$$CO_2 + H_2O \xrightleftharpoons{\text{Carboanhydrase}} [H_2CO_3] \qquad (VI.1)$$

Die Geschwindigkeitskonstante der Hinreaktion beträgt mit Enzym 10^5 s^{-1}, während sie ohne Enzym nur einen Wert von ca. 10^{-2} s^{-1} besitzt. Diese Zahl nennt man auch *turnover*- oder Wechselzahl. Sie gibt die Anzahl der umgesetzten Moleküle pro Zeiteinheit und katalytisch aktivem Zentrum eines Enzyms an. Die Carboanhydrase ist eines der „schnellsten" aller bekannten Enzyme. Den derzeitigen Spitzenreiter in punkto Beschleunigung chemischer Reaktionen stellt jedoch die Urease dar, welche den Abbau von Harnstoff zu Ammoniak und Kohlendioxid gemäß

$$\underset{H_2N}{\overset{O}{\underset{\|}{C}}}_{NH_2} + H_2O \xrightleftharpoons{\text{Urease}} 2\,NH_3 + CO_2 \qquad (VI.2)$$

katalysiert und um den Faktor 10^{14} beschleunigt.

1.1 Energetik und Mechanismen enzymatischer Reaktionen

Energetik chemischer Reaktionen
Die meisten biochemischen Reaktionen sind Gleichgewichtsreaktionen, die man z. B. als

$$A + B \underset{k_{-1}}{\overset{k_1}{\rightleftharpoons}} C + D \qquad (VI.3)$$

formulieren kann. k_1 und k_{-1} stehen für die Reaktionsgeschwindigkeitskonstanten der Hin- bzw. Rückreaktion. Gleichgewichtsreaktionen dieses Schemas besitzen die Gleichgewichtskonstante

$$K = \frac{c_C \cdot c_D}{c_A \cdot c_B} = \frac{k_1}{k_{-1}} \qquad (VI.4)$$

Der quantitative Zusammenhang zwischen der freien Enthalpieänderung bei der Reaktion (Reaktions-GIBBS-Energie) und der Gleichgewichtskonstanten K ist aus der Thermodynamik bekannt:

$$\Delta_r G = \Delta_r G^\circ + RT \ln \frac{c_C \cdot c_D}{c_A \cdot c_B} \qquad (VI.5)$$

$\Delta_r G^\circ$ ist die Änderung der freien Enthalpie unter Standardbedingungen (hier ideale Lösung, in der alle Komponenten die Konzentration 1 M haben). Unter Gleichgewichtsbedingungen, d. h. $\Delta_r G = 0$, gilt:

$$\Delta_r G^\circ = -RT \ln K \qquad (VI.6)$$

wobei die Konzentrationen c_i nun Gleichgewichtskonzentrationen darstellen.
Enzyme sind Katalysatoren, beeinflussen somit die Lage des Gleichgewichts nicht, wohl aber dessen Einstellungsgeschwindigkeit. Betrachten wir als Beispiel die Reaktion nach Gleichung VI.3. Die bimolekularen Geschwindigkeitskonstanten seien z. B. $k_1 = 10^{-4}$ s^{-1} M^{-1} und $k_{-1} = 10^{-6}$ s^{-1} M^{-1}. Damit erhält man für die Gleichgewichtskonstante K einen Wert von 100, d. h., das Produkt der Gleichgewichtskonzentrationen von C und D ist um den Faktor 100 größer als das von A und B. Ein Enzym beschleunigt nun beide Reaktionen, die Hin- wie auch die Rückreaktion, um einen gleich großen Faktor, der sich somit bei der Berechnung von K herauskürzt. Ohne Enzymbeteiligung würde es nur wesentlich länger dauern, bis sich das Gleichgewicht einstellt.

Um zu verstehen, wie es zu einer Beschleunigung chemischer Reaktionen kommen kann, betrachten wir die Energetik einer Reaktion genauer. Ohne Katalysator verläuft eine Reaktion in der Regel über einen aktivierten Übergangszustand, der hier X* genannt werden soll:

1. Enzymatische Reaktionen

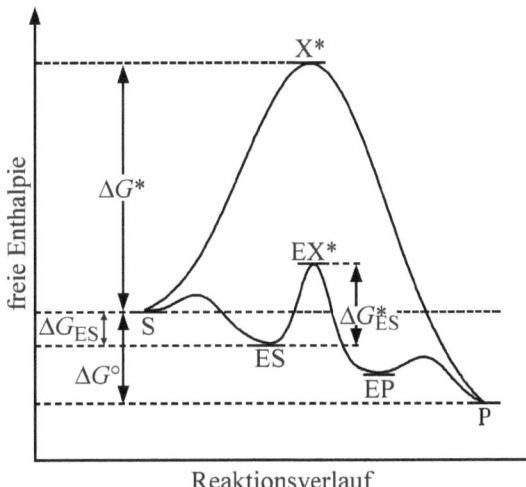

Abb. VI.1: Energetik des Reaktionsverlaufs einer durch Enzyme katalysierten und einer nicht katalysierten Reaktion.

$$S \rightleftharpoons X^* \rightleftharpoons P \qquad (VI.7)$$

S steht für Substrat, P für Produkt. Der Übergangszustand X* tritt während der Reaktion nur kurzzeitig auf, denn er besitzt die größte freie Enthalpie (Abb. VI.1).

Die Differenz zwischen der freien Enthalpie des aktivierten Komplexes und des Substrats bezeichnet man als *freie Aktivierungsenthalpie* ΔG^*. Dabei handelt es sich um den freien Enthalpiebetrag, den man dem Substrat zuführen muss, um über diese Aktivierungsschwelle überhaupt den Produktzustand erreichen zu können. Diese Aktivierungsenthalpie nimmt oft so große Werte an, dass eine Reaktion bei Raumtemperatur nicht oder nur sehr langsam abläuft, wie z. B. die Ammoniaksynthese aus den Elementen.

Die freie Enthalpiedifferenz zwischen Produkt und Substrat ist $\Delta_r G°$. Das Vorzeichen von $\Delta_r G°$ bestimmt, ob eine Reaktion freiwillig (negatives Vorzeichen) ablaufen kann oder nicht (positives Vorzeichen). Die Geschwindigkeitskonstante k einer Reaktion wird hingegen von ΔG^*, der freien Aktivierungsenthalpie, bestimmt:

$$k = A \cdot e^{-\Delta G^*/RT} \qquad (VI.8)$$

Die freie Aktivierungsenthalpie (Aktivierungs-GIBBS-Energie) setzt sich aus Aktivierungsenthalpie und -entropie zusammen ($\Delta G^* = \Delta H^* - T\Delta S^*$). Die Aktivierungsenthalpie enthält ihrerseits die Aktivierungsenergie E_A, die aus temperaturabhängigen Messungen der Reaktionsgeschwindigkeitskonstante üblicherweise ermittelte Größe (vgl. ARRHENIUS-Gleichung). Gleichung VI.8 kann man entnehmen, dass mit einer Abnahme der freien Aktivierungsenthalpie eine Zunahme der Reaktionsgeschwindigkeitskonstante (und damit der Reaktionsgeschwindigkeit) verbunden sein muss. Für die Reaktion mit einem Substrat S muss sich dieses an das Enzym E anlagern. Ein gängiges Modell postuliert folgenden Reaktionsablauf:

$$E + S \underset{k_{-1}}{\overset{k_1}{\rightleftharpoons}} ES \underset{k_{-2}}{\overset{k_2}{\rightleftharpoons}} EP \underset{k_{-3}}{\overset{k_3}{\rightleftharpoons}} E + P \tag{VI.9}$$

ES steht für den Enzym-Substrat-Komplex, EP entsprechend für den Komplex aus Enzym und Produkt. Wie die Energetik eines solchen Prozesses aussehen kann, ist in Abbildung VI.1 mit eingezeichnet. Der Übergangszustand wird EX* genannt, entsprechend ist die freie Aktivierungsenthalpie ΔG^*_{ES} die Differenz der freien Enthalpien von Übergangszustand EX* und Enzym-Substrat-Komplex ES. Die freie Aktivierungsenthalpie ist nun viel geringer als die im unkatalysierten Fall. Am Beispiel der Katalase, welche die Reduktion von Wasserstoffperoxid nach

$$H_2O_2 \rightleftharpoons H_2O + 1/2\, O_2 \tag{VI.10}$$

katalysiert, lässt sich die Auswirkung auf die Reaktionsgeschwindigkeit demonstrieren. Die Aktivierungsenergien und Reaktionsgeschwindigkeitskonstanten betragen bei Raumtemperatur (298 K) in 1 M Lösungen:

ohne Katalysator	75,3 kJ mol^{-1}	$\Rightarrow k = 0{,}4\ s^{-1}$
mit Pt-Katalysator	49,4 kJ mol^{-1}	$\Rightarrow k = 1{,}3 \cdot 10^4\ s^{-1}$
mit Katalase	23,0 kJ mol^{-1}	$\Rightarrow k = 5{,}7 \cdot 10^8\ s^{-1}$

Damit ist zwar erklärt, dass die Beschleunigung der Einstellung eines Gleichgewichts dadurch hervorgerufen wird, dass die freie Aktivierungsenthalpie ΔG^*_{ES} des während der Reaktion gebildeten aktivierten Komplexes durch Einsatz von Enzymen herabgesetzt wird, aus welchem Grund dies geschieht, muss noch diskutiert werden. Offensichtlich spielt dabei die Bildung des ES-Komplexes eine wichtige Rolle.

Enzym-Substrat-Komplex

Die enzymatische Katalyse findet in einem bestimmten Bereich der Tertiär- oder Quartärstruktur des Enzyms statt, dem aktiven Zentrum. Aufgrund der Faltung des Enzyms können hier Aminosäuren räumlich benachbart sein, die in der linearen Sequenz weit voneinander entfernt sind. Beispielsweise sind im Enzym Lysozym an der Substratbindung und der chemischen Umsetzung die Seitenketten der Aminosäuren Asn-37, Asn-44, Gln-57, Trp-62, Trp-63, Asp-101 und Arg-114 sowie die Peptidbindungen von Phe-34, Glu-35, Gln-57, Asn-59 und Ala-107 beteiligt. Welche Faktoren können die Bildung des ES-Komplexes, also den ersten Schritt bei der Katalyse, beeinflussen? Man kann fünf verschiedene Beiträge dafür verantwortlich machen:

1. Hydrophobe Wechselwirkung (s. Kap. I). Die treibende Kraft ist im Wesentlichen entropisch bedingt. Die Assoziation von Enzym und Substrat setzt die an der hydrophoben Oberfläche liegenden Wassermoleküle frei und führt daher zu einem Entropiegewinn (Abb. VI.2). Dieser Beitrag spielt eine bedeutende Rolle bei der ES-Komplexbildung, da die aktiven Zentren vieler Enzyme unpolar sind.
2. Elektrostatische Wechselwirkung. Enzym und Substrat besitzen geladene Gruppen, die sich anziehen können.
3. Wasserstoffbrückenbindungen. Sie sind dann von Bedeutung, wenn sie sich zwischen Enzym und Substrat im ES-Komplex ausbilden können und ihn somit stabilisieren.

1. Enzymatische Reaktionen 485

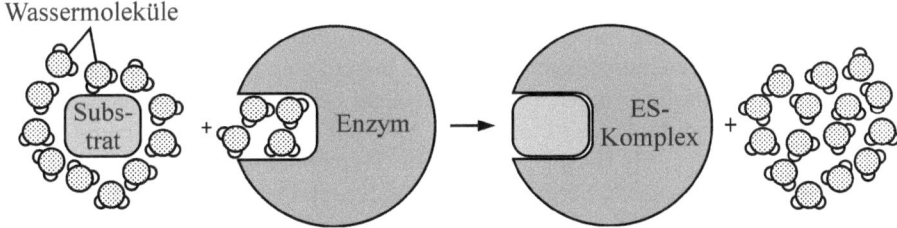

Abb. VI.2: Hydrophobe Wechselwirkung bei der Bildung des ES-Komplexes.

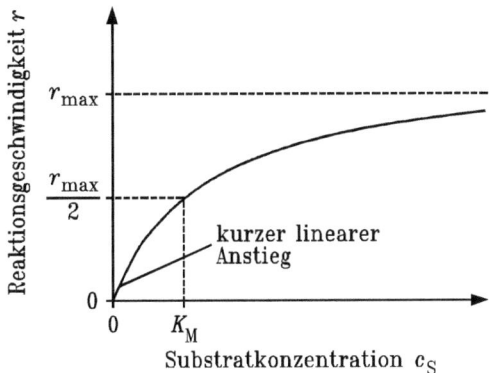

Abb. VI.3: Verlauf der Reaktionsgeschwindigkeit mit der Substratkonzentration bei Sättigungskinetik (r_{max} maximale Reaktionsgeschwindigkeit, K_M MICHAELIS-Konstante).

4. VAN DER WAALS-Wechselwirkungen. Sie sind nur bei Annäherung von ungeladenen, aliphatischen Resten von Bedeutung.
5. Charge-Transfer. Ein Ladungsaustausch zwischen Enzym und Substrat begünstigt die Bildung des ES-Komplexes.

Einen ersten Hinweis auf die Existenz von ES-Komplexen gibt das Verhalten der Reaktionsgeschwindigkeit r in Abhängigkeit der Substratkonzentration. Es zeigte sich bei der Untersuchung verschiedener Enzyme, dass die Reaktionsgeschwindigkeit mit der Substratkonzentration zunächst linear ansteigt, die Steigung mit zunehmender Konzentration dann aber abnimmt (Abb. VI.3).

Die Reaktionsgeschwindigkeit nähert sich bei großen Substratkonzentrationen dann einem Grenzwert, der maximalen Reaktionsgeschwindigkeit r_{max}. Es liegt eine Sättigungskinetik vor, die unkatalysierte Reaktionen nicht zeigen. Bereits 1902 deutete A. BROWN diesen Effekt mit der Bildung von ES-Komplexen. Bei genügend hoher Substratkonzentration werden alle katalytischen Zentren besetzt, so dass die Reaktionsgeschwindigkeit ein Maximum erreicht.

Einen direkten Beweis der Existenz von ES-Komplexen liefern elektronenmikroskopische Aufnahmen. Auch RÖNTGEN-Strukturuntersuchungen ergaben hochaufgelöste Bilder von an die aktiven Zentren der Enzyme gebundenen Substraten oder Substratanaloga. Als weiterer

Nachweis dienen spektroskopische Untersuchungsmethoden, da sich die spektroskopischen Eigenschaften vieler Enzyme mit der Bildung des ES-Komplexes ändern. Diese Veränderungen sind dann besonders eindrucksvoll, wenn das Enzym eine im sichtbaren Spektralbereich absorbierende prosthetische Gruppe, also eine kovalent oder nicht-kovalent gebundene, nichtpeptidische Verbindung, die für die biologische Aktivität des Enzyms notwendig ist (z. B. eine Häm-Gruppe), besitzt. Als Beispiel sei hier die Tryptophan-Synthetase angeführt, die die Synthese von Tryptophan aus L-Serin und Indol katalysiert. Die Zugabe von L-Serin zum Enzym lässt die durch die prosthetische Gruppe (Pyridoxalphosphat) hervorgerufene Fluoreszenz stark anwachsen (s. Abb. VI.4). Gibt man nun noch Indol hinzu, wird die Fluoreszenzintensität unter den Wert des freien Enzyms abgesenkt. So wird durch Fluoreszenzspektroskopie zunächst die Bildung des Enzym-Serin-Komplexes, dann die des Enzym-Serin-Indol-Komplexes sichtbar.

Die Frage, wie ein Enzym die Aktivierungsenergie herabsetzen kann, wollen wir nun andiskutieren. Vermutlich spielt dabei das Zusammenwirken mehrerer Faktoren eine Rolle. Bei diesen Faktoren handelt es sich um Entropieeffekte, die Stabilisierung des Übergangszustands und die chemische Katalyse:

- Eine wesentliche Reaktionsbeschleunigung kann dadurch erreicht werden, dass die Reaktionspartner durch die Bindung im aktiven Zentrum in unmittelbarer Nähe und korrekter Orientierung zueinander angeordnet sind. Enzymatische Reaktionen finden im ES-Komplex statt. Die katalytisch aktive Gruppe befindet sich in demselben Molekül wie das Substrat. Im Übergangszustand gibt es somit im Vergleich zu nicht-katalysierten Reaktionen keinen so großen Verlust an Translations- oder Rotationsentropie.

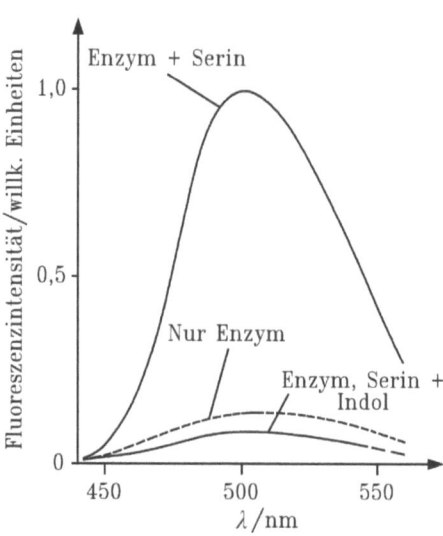

Abb. VI.4: Änderung der relativen Fluoreszenzintensität der prosthetischen Gruppe im aktiven Zentrum von Tryptophan-Synthetase durch Zugabe der Substrate Indol und L-Serin (nach: L. Stryer, *Biochemie*, S. 194, Spektrum Verlag, Heidelberg, 1990).

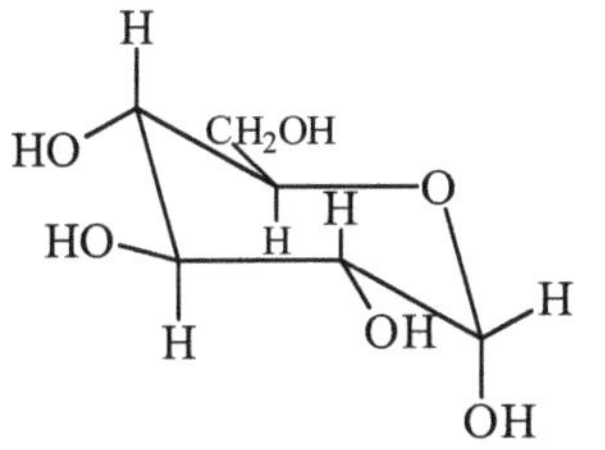

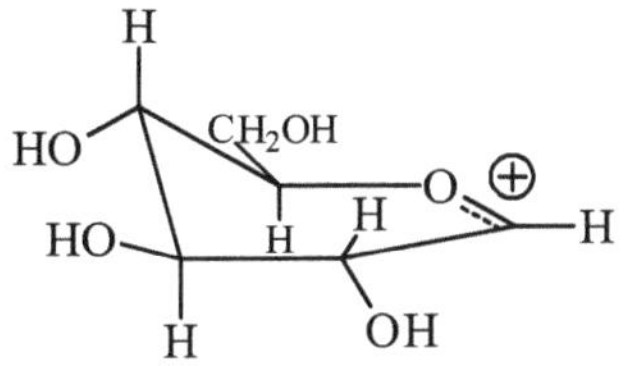

1. Enzymatische Reaktionen

Sesselkonformation   Halbsesselkonformation

Abb. VI.5: Vergleich von Sessel- und Halbsesselkonformation.

- Nach L. PAULING soll die Struktur des aktiven Zentrums eines Enzyms komplementär zur Struktur des Übergangszustands X* derjenigen Reaktion sein, die das Enzym beschleunigt. Dadurch kann X* stärker gebunden werden, wodurch die Aktivierungsenergie um den Betrag der Bindungsenergie abgesenkt wird. Für das Enzym Lysozym wurde dies experimentell nachgewiesen. Der Übergangszustand bei der katalysierten Reaktion, der Spaltung von Polysacchariden (z. B. Chitin), stellt ein Carbeniumion dar. Die normale Sesselkonformation wird durch einen Doppelbindungsanteil zu einer Halbsesselkonformation verzerrt (Abb. VI.5).
Lysozym stabilisiert diese durch die Anordnung seiner Seitenketten im aktiven Zentrum und senkt daher dessen Energie ab. Als Nachweis dieser Verzerrung dienen Untersuchungen der Reaktion des Enzyms mit Substanzen, welche im Übergangszustand wie das Substrat in Halbsesselkonfiguration vorliegen. Eine weitere Konsequenz dieser Stabilisierung des Übergangszustands liegt in einer geringfügigen Destabilisierung des ES-Komplexes, da das Substrat normalerweise nicht die Struktur des Übergangszustands besitzt und daher ein wenig lockerer gebunden wird als dieser. Dadurch kommt es zu einer weiteren Verringerung der Aktivierungsenergie.

- Die chemische Katalyse beruht im Wesentlichen auf der optimalen Anordnung katalytisch aktiver Gruppen (Aminosäurereste, Metallionen, Coenzyme) zum Substrat. Mehrere Mechanismen können bei der enzymatischen Katalyse eine Rolle spielen. Einer ist die allgemeine Säure-Base-Katalyse. Säuren und Basen können integraler Bestandteil des aktiven Zentrums eines Enzyms sein, wie z. B. Reste an den Aminosäuren Asparaginsäure, Glutaminsäure, Histidin, Cystein, Tyrosin und Lysin.
Ein weiterer Mechanismus ist die nucleophile Katalyse. Bei ihr greift das katalytisch wirksame Agens ein elektrophiles Reaktionszentrum mit seinem freien Elektronenpaar an. Bei Enzymen können die Seitenketten der Aminosäuren Lysin, Cystein, Serin, Histidin und Tyrosin als Nucleophil agieren. Analog können elektrophile Katalysatoren freie Elektronenpaare der Substrate binden. Bei diesen Elektrophilen handelt es sich oft um Metallionen, die sich im aktiven Zentrum des Enzyms befinden.
Bei der kovalenten Katalyse wird die Reaktionsgeschwindigkeit beschleunigt, indem kurzfristig eine kovalente Bindung zwischen Substrat und Enzym gebildet wird. Beispielsweise wird bei der enzymatisch katalysierten Decarboxylierung von Acetoacetat vorübergehend eine SCHIFFsche Base mit einem Lysinrest des Enzyms gebildet:

$$\begin{array}{c} H_2N-R \\ + \\ H_3C-\underset{\underset{O}{\|}}{C}-CH_2-C\underset{O|^-}{\overset{O}{\diagup}} \end{array} \underset{+OH^-}{\overset{-OH^-}{\rightleftharpoons}} H_3C-\underset{\underset{O}{\|}}{C}-CH_2-C\underset{O|^-}{\overset{\overset{R\diagdown\overset{\oplus}{N}\diagup H}{|}}{\underset{}{\diagup}}} \xrightarrow{-CO_2}$$

$$\underset{H_3C-\underset{}{C}=CH_2}{\overset{R\diagdown\overset{-}{N}\diagup H}{|}} \xrightarrow{+H^+} \underset{H_3C-\underset{\underset{}{|}}{C}-CH_3}{\overset{R\diagdown\overset{\oplus}{N}\diagup H}{|}} \xrightarrow{+OH^-} \begin{array}{c} H_2N-R \\ + \\ H_3C-\underset{\underset{O}{\|}}{C}-CH_3 \end{array} \qquad (VI.11)$$

Schließlich zählen zur chemischen Katalyse auch Lösungsmitteleffekte. Da die aktiven Zentren von Enzymen ein eher unpolares Medium darstellen, muss die Solvatationshülle von Substraten bei der Bindung an das Enzym zum größten Teil, wenn nicht vollständig, entfernt werden. Das hat zur Folge, dass die Substrate (z. B. nucleophile Gruppen) im aktiven Zentrum nicht solvatisiert vorliegen und dadurch eine größere Reaktivität besitzen.

Substratspezifität

Enzyme sind geradezu für ihre Spezifität bekannt. Selbst für ähnliche Substrate können die Reaktionsgeschwindigkeiten sehr stark variieren, wie Tabelle VI.1 für das Enzym Chymotrypsin zeigt.

Das aktive Zentrum eines Enzyms besitzt eine charakteristische dreidimensionale Struktur. Daraus folgt schon unmittelbar, dass ein Substrat ebenfalls eine bestimmte Struktur haben muss, um in das aktive Zentrum hineinzupassen. Bereits 1890 prägte E. FISCHER den bildlichen Ausdruck von Schloss und Schlüssel (Abb. VI.6a).

Neuere Untersuchungen haben jedoch gezeigt, dass die Substratbindung die aktiven Zentren einer ganzen Reihe von Enzymen deutlich verändert. Erst nach Bindung des Substrats besitzt dieses die dazu komplementäre Form. Dieses 1958 postulierte Modell der dynamischen Erkennung nennt man *induzierte Anpassung* (engl.: *induced fit*, Abb. VI.6b). In diesem Fall können u. U. auch andere Moleküle einen Komplex mit dem Enzym bilden. Die Substratspezifität äußert sich dann in unterschiedlichen Reaktionsgeschwindigkeiten.

Tab. VI.1: Relative Geschwindigkeit der Umsetzung verschiedener N-Acetyl-aminosäuremethylester durch das Enzym Chymotrypsin.

Aminosäure	Relative Geschwindigkeit
Glycin	1
Norvalin	970
Norleucin	9700
Phenylalanin	770000

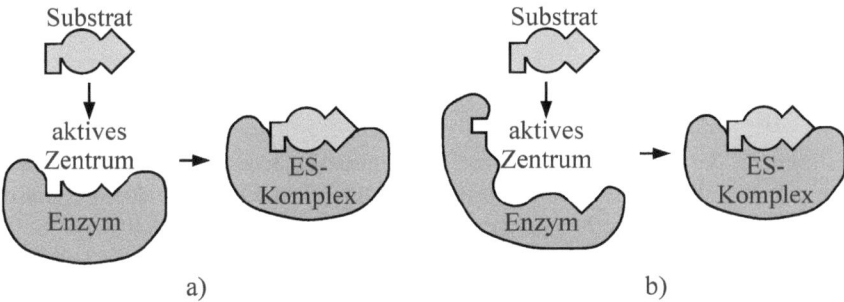

Abb. VI.6: a) Schlüssel-Schloss-Modell nach E. FISCHER. Enzym und Substrat besitzen zueinander komplementäre Gestalt; b) Modell der induzierten Anpassung (*induced fit*). Erst nach der Substratbindung besitzt das aktive Zentrum die zum Substrat komplementäre Struktur.

1.2 Kinetik enzymatischer Reaktionen

MICHAELIS-MENTEN-Kinetik
Die ersten enzymkinetischen Untersuchungen wurden bereits 1902 von A. BROWN durchgeführt. Er fand bei der durch das Enzym Invertase (β-Fructofuranosidase) katalysierten Hydrolyse von Saccharose nach

$$\text{Saccharose} + H_2O \rightarrow \text{Glucose} + \text{Fructose} \tag{VI.12}$$

dass die Reaktionsgeschwindigkeit bei sehr hohen Substratkonzentrationen unabhängig von ihr wird. Daher schlug er vor, die Gesamtreaktion in zwei Teilschritte zu zerlegen, wobei das Substrat zunächst einen ES-Komplex bildet, welcher anschließend zu Produkt und Enzym zerfällt:

$$E + S \underset{k_{-1}}{\overset{k_1}{\rightleftharpoons}} ES \xrightarrow{k_2} E + P \tag{VI.13}$$

Dies stellt eine deutlich vereinfachte Form von Gleichung VI.9 dar. Die Bildung des ES-Komplexes soll reversibel sein, stellt also eine Gleichgewichtsreaktion dar. Seine Bildungsgeschwindigkeitskonstante ist k_1, die Dissoziationsgeschwindigkeitskonstante k_{-1}. Die Geschwindigkeitskonstante für die Reaktion zu Produkt und Enzym ist k_2, und diese Dissoziation soll irreversibel sein. Dies gilt zumindest bei Reaktionsbeginn, wenn noch kein Produkt vorhanden ist. In biologischen Systemen ist die Produktkonzentration ohnehin oft sehr niedrig, da ein Produkt meist unmittelbar bei einer Folgereaktion verbraucht wird.

Um die Reaktionsgeschwindigkeit quantitativ beschreiben zu können, haben L. MICHAELIS und M. MENTEN 1913 angenommen, dass die Reaktion zu den Produkten der geschwindigkeitsbestimmende Schritt der Gesamtreaktion ist (d. h. $k_2 \ll k_{-1}$ sowie $k_2 \ll k_1$). Das hat zur Folge, dass die Aktivierungsenergie der Produktbildung größer ist als die der Bildung des ES-Komplexes und dass sich das Gleichgewicht im ersten Reaktionsschritt einstellen kann. Für die Gesamtreaktion ist also der zweite Reaktionsschritt der geschwindigkeitsbestimmende

Teil. Die Reaktionsgeschwindigkeit r ist dann proportional zur Konzentration des ES-Komplexes:

$$r = \frac{dc_P}{dt} = k_2 \cdot c_{ES} \tag{VI.14}$$

Zur Bestimmung der Reaktionsgeschwindigkeit muss die Konzentration c_{ES} des Komplexes bestimmt werden. Wegen der oben getroffenen Annahmen kann man für die Dissoziationsreaktion des ES-Komplexes eine Gleichgewichtskonstante K_D formulieren:

$$K_D = \frac{c_E \cdot c_S}{c_{ES}} = \frac{k_{-1}}{k_1} \tag{VI.15}$$

c_E ist die Konzentration an freiem Enzym. Üblicherweise kennt man aber nur die Gesamtkonzentration $c_{E,tot}$ an Enzym. Diese ist gegeben durch:

$$c_{E,tot} = c_E + c_{ES} \tag{VI.16}$$

Zusammenfassen von Gleichung VI.15 und VI.16 führt zu:

$$c_{ES} = \frac{c_{E,tot} \cdot c_S}{c_S + K_D} \tag{VI.17}$$

Damit ergibt sich mit Gleichung VI.14 für die Reaktionsgeschwindigkeit:

$$r = k_2 \, c_{E,tot} \frac{c_S}{c_S + K_D} \tag{VI.18}$$

Dies ist die MICHAELIS-MENTEN-Gleichung, welche die Reaktionsgeschwindigkeit in der Form beschreibt, wie sie in Abbildung VI.3 wiedergegeben ist, strenggenommen aber ohne den linearen Anstieg bei niedrigen Substratkonzentrationen, der sich nach Gleichung VI.18 für $c_S \ll K_D$ als Grenzwert ergibt. Die Reaktionsgeschwindigkeit nähert sich bei hohen Substratkonzentrationen einem Grenzwert r_{max}. Ein Enzym wird durch eine hohe Substratkonzentration gesättigt, jedes aktive Zentrum ist dann mit Substrat belegt. Mathematisch heißt dies für die MICHAELIS-MENTEN-Beziehung (wegen $c_S \gg K_D$):

$$\lim_{c_S \to \infty} r = k_2 \cdot c_{E,tot} = r_{max} \tag{VI.19}$$

Damit kann die MICHAELIS-MENTEN-Beziehung auch anders formuliert werden:

$$r = r_{max} \frac{c_S}{c_S + K_D} \tag{VI.20}$$

Durch Messung der maximalen Reaktionsgeschwindigkeit r_{max} kann nach diesem Modell die Reaktionsgeschwindigkeitskonstante k_2 bestimmt werden.

Die Voraussetzung, dass Enzym, Substrat und ES-Komplex im Gleichgewicht nebeneinander vorliegen, kann jedoch nicht exakt gelten, da immer etwas Produkt gebildet wird. Dies macht eine Verfeinerung des Modells notwendig, die 1925 von G. E. BRIGGS und J. B. S. HALDANE eingeführt wurde. Ihr Modell beruht auf der Annahme, dass außer in dem kurzen Zeitraum der ersten Bildung des ES-Komplexes die Konzentration dieses Komplexes solange

1. Enzymatische Reaktionen

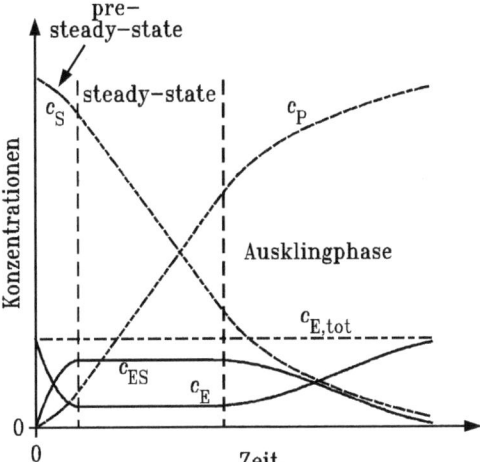

Abb. VI.7: Unmaßstäblicher zeitlicher Verlauf der Konzentrationsverhältnisse einer einfachen enzymatisch katalysierten Reaktion mit c_S Substratkonzentration, c_P Produktkonzentration, $c_{E,tot}$ gesamte Enzymkonzentration, c_E Konzentration an freiem Enzym, c_{ES} ES-Komplexkonzentration.

näherungsweise konstant bleibt, bis nahezu alles Substrat verbraucht ist. Man kann dann drei Phasen der Reaktion unterscheiden, die in Abbildung VI.7 dargestellt sind:

1. *Pre-steady-state*-Phase: In dieser sehr kurzen Phase, die sich im Millisekundenbereich abspielt, baut sich der ES-Komplex auf. Dieser Bereich ist nur durch schnelle kinetische Messmethoden, auf die später in diesem Kapitel eingegangen wird, erfassbar.
2. Daran schließt sich die *steady-state*-Phase an, die einen längeren Zeitraum einnimmt. Die ES-Komplexkonzentration bleibt nahezu konstant, während die des Substrats ab- und die des Produkts zunimmt.
3. Während der Ausklingphase kommt die Substratkonzentration in den Bereich der Enzymkonzentration, wodurch auch die ES-Komplexkonzentration abnimmt, und zwar solange, bis Substrat- und ES-Konzentration den Wert null erreichen.

Während der *steady-state*-Phase, die der eines Fließgleichgewichts entspricht, ist die zeitliche Änderung der ES-Komplexkonzentration dc_{ES}/dt null, d. h. dessen Bildungsrate ist gleich seiner Abbaurate. Es gilt:

$$\frac{dc_{ES}}{dt} = \underbrace{k_1 \cdot c_E \cdot c_S}_{\text{Bildungsrate}} - \underbrace{k_{-1} \cdot c_{ES} - k_2 \cdot c_{ES}}_{\text{Abbaurate des Komplexes}} = 0 \tag{VI.21}$$

und somit:

$$c_{ES} = \frac{k_1 \cdot c_E \cdot c_S}{k_{-1} + k_2} \tag{VI.22}$$

Die Reaktionsgeschwindigkeitskonstanten fasst man zur MICHAELIS-Konstanten K_M zusammen:

$$K_M = \frac{k_{-1} + k_2}{k_1} \qquad (VI.23)$$

Für die Reaktionsgeschwindigkeit erhält man dadurch:

$$r = k_2 \cdot c_{E,tot} \cdot \frac{c_S}{c_S + K_M} \qquad (VI.24)$$

Obwohl diese Beziehung eigentlich BRIGGS-HALDANE-Gleichung genannt werden sollte, hat sich die Bezeichnung MICHAELIS-MENTEN-Gleichung auch für Gleichung VI.24 durchgesetzt.

Auch nach diesem Modell gilt, dass die maximale Reaktionsgeschwindigkeit erreicht wird, wenn alle aktiven Zentren mit Substrat besetzt sind, also c_S groß ist. Daher folgt wieder Gleichung V.19, weil K_M gegenüber c_S vernachlässigt werden kann. Man erhält somit:

$$r = r_{max} \cdot \frac{c_S}{c_S + K_M} \qquad (VI.25)$$

Beträgt die Substratkonzentration genau K_M (die MICHAELIS-Konstante hat die Dimension einer Konzentration), so wird

$$r = \frac{r_{max}}{2} \qquad (VI.26)$$

(s. Abb. VI.3). Bei einer Substratkonzentration von der Größe der MICHAELIS-Konstante wird die halbe maximale Reaktionsgeschwindigkeit erreicht. Misst man als Reaktionsgeschwindigkeit $r_{max}/2$, muss die Substratkonzentration gleich K_M sein.

Für geringe Substratkonzentrationen kann im Nenner des Bruchs von Gleichung VI.25 c_S vernachlässigt werden. Für die Reaktionsgeschwindigkeit ergibt sich dann

$$r = \frac{r_{max} \cdot c_S}{K_M} \qquad (VI.27)$$

also ein Geschwindigkeitsgesetz für eine Reaktion erster Ordnung: r ist proportional zur Konzentration eines Reaktionsteilnehmers, des Substrats.

Die MICHAELIS-Konstante gibt die Substratkonzentration an, bei der die Hälfte aller aktiven Zentren besetzt ist. Kennt man K_M, so lässt sich der Anteil f_{ES} der besetzten Zentren für jede Substratkonzentration berechnen:

$$f_{ES} = \frac{r}{r_{max}} = \frac{c_S}{c_S + K_M} \qquad (VI.28)$$

Desweiteren steht K_M in Zusammenhang mit den Geschwindigkeitskonstanten der Einzelschritte (Gl. VI.23). Im Grenzfall $k_{-1} \gg k_2$, d. h., die Dissoziation des ES-Komplexes ist viel schneller als die Reaktion zum Produkt, wird:

$$K_M = \frac{k_{-1}}{k_1} = K_D \qquad (VI.29)$$

1. Enzymatische Reaktionen

Tab. VI.2: MICHAELIS-Konstanten einiger Enzyme.

Enzym	Substrat	K_M/mol L^{-1}
Katalase	Wasserstoffperoxid	1,1
Alkohol-Dehydrogenase	Ethanol	$1,3 \cdot 10^{-2}$
Chymotrypsin	Acetyl-L-phenylalaninamid	$3,1 \cdot 10^{-2}$
	Acetyl-L-tryptophanamid	$5 \cdot 10^{-3}$
Carboanhydrase	Kohlendioxid	$8 \cdot 10^{-3}$
Urease	Harnstoff	$4 \cdot 10^{-3}$
Pepsin	L-Phenylalanyl-glycin	$3 \cdot 10^{-4}$
Lysozym	Hexa-N-acetylglucosamin	$6 \cdot 10^{-6}$
Arginyl-tRNA-Synthetase	Arginin	$3 \cdot 10^{-6}$
	ATP	$3 \cdot 10^{-4}$
	tRNA	$4 \cdot 10^{-7}$
Fumarase	Fumarat	$1,7 \cdot 10^{-6}$

Unter diesen Bedingungen stellt K_M ein Maß für die Stabilität des ES-Komplexes dar. Ein hoher Wert von K_M zeigt eine schwache, ein niedriger Wert eine starke Bindung an. In Tabelle VI.2 sind die K_M-Werte für einige Enzyme wiedergegeben.

Bestimmung der Reaktionsgeschwindigkeit und kinetischer Parameter
Die Kenntnis der maximalen Reaktionsgeschwindigkeit liefert den Wert für k_2, die Geschwindigkeitskonstante für die Produktbildung (k_2 wird manchmal auch k_{cat} genannt). Diese wird - wie bereits erwähnt - auch als Wechselzahl oder *turnover number* bezeichnet und gibt die Anzahl der Substratmoleküle an, die - bei vollständiger Sättigung des Enzyms mit Substrat - pro Zeiteinheit in das Produkt umgewandelt werden. In Tabelle VI.3 sind maximale Wechselzahlen verschiedener Enzyme exemplarisch aufgelistet.

Beispielsweise katalysiert eine 10^{-6} molare wässrige Lösung an Carboanhydrase ($c_{E,tot}$) die Bildung von 0,6 mol H$_2$CO$_3$ pro Liter und Sekunde (r_{max}), wenn das Enzym vollständig mit Substrat gesättigt ist. Die Carboanhydrase besitzt eine der größten bekannten Wechselzahlen. Ein Katalysevorgang erfolgt im Mittel im Zeitintervall $1/k_2$, also in 1,7 μs.

In vivo liegen Substrate sicherlich nicht in so hohen Konzentrationen vor. Das Verhältnis c_S/K_M liegt meist zwischen 0,01 und 1. Für diese Bedingungen liegt die Reaktionsgeschwindigkeit weit unter r_{max}, da die meisten aktiven Zentren unbesetzt bleiben. Für $c_S \ll K_M$ - wie für die Katalase mit K_M = 1,1 M - kann die Reaktionsgeschwindigkeit nach Gleichung VI.24 vereinfacht werden zu

Tab. VI.3: Maximale *turnover*-Zahlen einiger Enzyme.

Enzym	k_2/s^{-1}
Katalase	34 000 000
Carboanhydrase	600 000
Acetycholinesterase	25 000
Lactat-dehydrogenase	1 000
Fumarase	800
Chymotrypsin	100
Lysozym	0,5

$$r = \frac{k_2}{K_M} \cdot c_{E,\text{tot}} \cdot c_S \qquad (VI.30)$$

Die Reaktionsgeschwindigkeit hängt also vom Verhältnis k_2/K_M ab. Dieses stellt einen geeigneten Parameter zur Beschreibung der Enzymkinetik dar und ist somit ein Maß für die katalytische Effizienz. Es hängt von den Geschwindigkeitskonstanten k_1, k_{-1} und k_2 ab:

$$\frac{k_2}{K_M} = \frac{k_2 \cdot k_1}{k_2 + k_{-1}} \leq k_1 \qquad (VI.31)$$

Wird k_{-1} sehr klein, d. h. reagiert der ES-Komplex viel schneller zu Produkt als er wieder dissoziiert, so wird k_2/K_M gleich k_1, also gleich der Bildungsgeschwindigkeitskonstante des ES-Komplexes. Dies ist die physikalische Obergrenze für die Reaktionsgeschwindigkeit. Da Enzym und Substrat aufeinander zu diffundieren müssen, kann die Reaktionsgeschwindigkeit nicht größer werden als die Geschwindigkeit der Diffusionsbewegung in der Lösung. k_1 kann somit Werte von 10^8 bis 10^9 M^{-1} s^{-1} nicht übersteigen, und genau dort liegt die Grenze für k_2/K_M. Dies gilt auch für Enzyme, die einen komplexeren als den hier angenommenen Reaktionsweg katalysieren. Für Carboanhydrase liegt der Wert für k_2/K_M bei 10^8 M^{-1} s^{-1} und damit schon beim kinetischen Optimum.

Die Reaktionsgeschwindigkeit r enzymkatalysierter Reaktionen ist gegeben durch Gleichung VI.25. Graphisch ist sie als Funktion der Substratkonzentration c_S in Abbildung VI.3 dargestellt. Die Reaktionsgeschwindigkeit ist als Zunahme (dc_P) der Produktkonzentration und – solange die ES-Konzentration konstant bleibt – als Abnahme ($-dc_S$) der Substratkonzentration mit der Zeit nach

$$r = -\frac{dc_S}{dt} = \frac{dc_P}{dt} \qquad (VI.32)$$

gegeben. Trägt man die Konzentration an Substrat in Abhängigkeit von der Zeit auf, erhält man ein Diagramm, wie es in Abbildung VI.8 dargestellt ist. Aus diesem Diagramm kann die Reaktionsgeschwindigkeit r als Funktion der Substratkonzentration c_S als Tangentensteigung ermittelt werden.

Mit Hilfe von Computerprogrammen lassen sich die experimentellen Daten an die MICHAELIS-MENTEN-Gleichung oder ähnliche Gleichungen anpassen. Es ist manchmal aber auch

1. Enzymatische Reaktionen

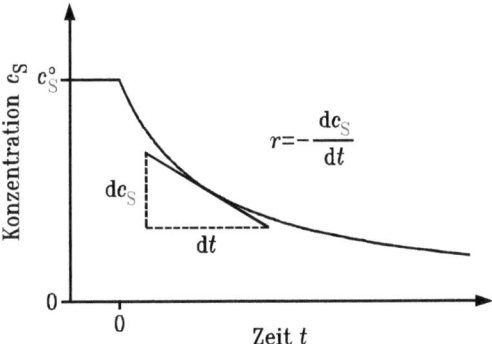

Abb. VI.8: Substratkonzentration c_S bei einer Enzymreaktion als Funktion der Zeit. Die Reaktionsgeschwindigkeit r bei einer bestimmten Konzentration und Zeit ergibt sich aus der Tangentensteigung.

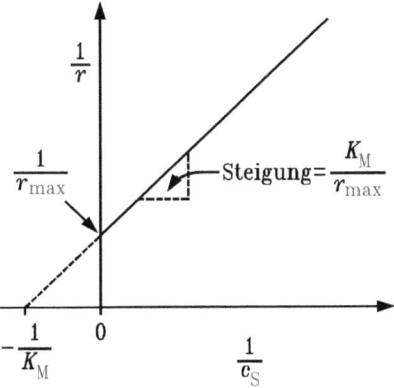

Abb. VI.9: LINEWEAVER-BURK-Plot (doppelt reziproke Darstellung) einer Enzymkinetik nach dem MICHAELIS-MENTEN-Modell.

illustrativ, die Messdaten in Form einer Geraden darzustellen. Um eine lineare Darstellungsform zu finden, muss die MICHAELIS-MENTEN-Gleichung umgestellt werden. Eine Möglichkeit liegt in der Bildung des Kehrwerts:

$$\frac{1}{r} = \frac{1}{r_{max}} \cdot \frac{c_S + K_M}{c_S} = \frac{1}{r_{max}} + \frac{K_M}{r_{max} \cdot c_S} \qquad (VI.33)$$

Trägt man also die reziproke Reaktionsgeschwindigkeit gegen die reziproke Substratkonzentration auf, so erhält man eine Gerade mit der Steigung K_M/r_{max}, dem Ordinatenabschnitt $1/r_{max}$ und dem Abszissenabschnitt $-1/K_M$. Diese Darstellungsmöglichkeit nennt man auch LINEWEAVER-BURK-Plot (Abb. VI.9).

Die Auftragung in Abhängigkeit von der reziproken Substratkonzentration birgt jedoch einen Nachteil: Da die meisten Messungen bei relativ großen Substratkonzentrationen erfolgen,

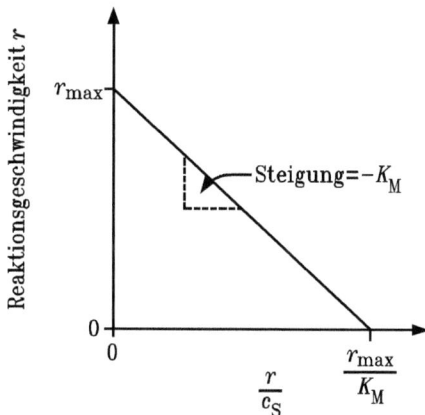

Abb. VI.10: MICHAELIS-MENTEN-Kinetik in der Darstellung nach EADIE-HOFSTEE.

ballen sich die Werte im LINEWEAVER-BURK-Plot bei kleinen $1/c_S$-Werten. Es wird daher auch eine andere lineare Darstellungsweise gewählt, der EADIE-HOFSTEE-Plot (Abb. VI.10). Hier wird die Reaktionsgeschwindigkeit als Funktion des Verhältnisses r/c_S aufgetragen. Die zugehörige Geradengleichung ergibt sich auch aus der MICHAELIS-MENTEN-Beziehung und lautet:

$$r = r_{max} - \frac{K_M \cdot r}{c_S} \tag{VI.34}$$

Die Steigung beträgt also $-K_M$, der Ordinatenabschnitt r_{max} und der Abszissenabschnitt r_{max}/K_M.

Die MICHAELIS-MENTEN-Beziehung beschreibt ein relativ einfaches Modell für Enzymreaktionen. Enzyme, deren Reaktionen einem solchen Modell folgen, sind jedoch in der Minderzahl. In der Regel müssen die Reversibilität der Produktbildung oder auch konkurrierende Reaktionen mit mehreren Substraten berücksichtigt werden. Die Natur baut auch oft „Schalter" ein, die dafür sorgen, dass ein Substrat erst ab einer bestimmten Schwellenkonzentration abgebaut wird (s. a. Beladung des Hämoglobins mit O_2). Desweiteren können bestimmte Moleküle Enzymreaktionen verhindern oder verlangsamen. Dies führt zu mehr oder weniger komplexen Beziehungen zwischen Reaktionsgeschwindigkeit und Substratkonzentration, von denen hier nur noch einige wenige diskutiert werden sollen.

Enzymhemmung

Mit dem Substrat können andere chemische Verbindungen um den Bindungsplatz am Enzym konkurrieren. Solche Substanzen nennt man *Inhibitoren*. Sie können die Reaktion reversibel oder durch Bildung kovalenter Bindungen auch irreversibel beeinflussen. Viele Nervengifte (z. B. Sarin) sind irreversible Hemmer. Oft werden bei enzymatischen Untersuchungen Inhibitoren eingesetzt, um den Katalysemechanismus zu analysieren. Im Folgenden sollen die einfachsten Mechanismen reversibler Inhibitoren und ihr Einfluss auf die Reaktionsgeschwindigkeit beschrieben werden.

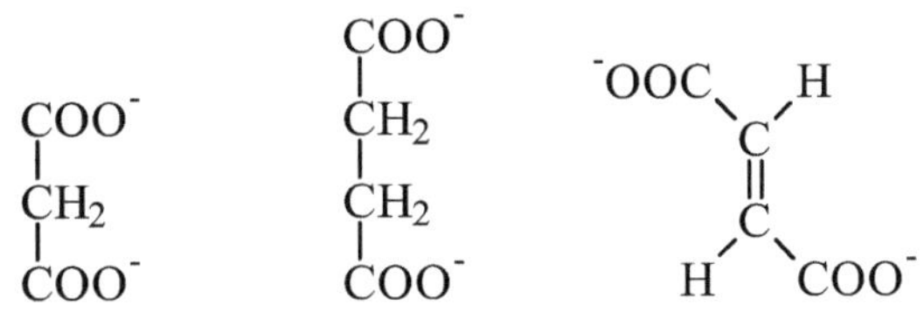

1. Enzymatische Reaktionen

$$\begin{array}{ccc}
\text{COO}^- & \text{COO}^- & \\
| & | & \\
\text{CH}_2 & \text{CH}_2 & \\
| & | & \\
\text{COO}^- & \text{CH}_2 & \\
 & | & \\
 & \text{COO}^- & \\
\text{Malonat} & \text{Succinat} & \text{Fumarat}
\end{array}$$

Abb. VI.11: Strichformeldarstellungen von Malonat, Succinat und Fumarat.

a) *Kompetitive Hemmung.* Konkurriert eine Substanz mit dem Substrat um den Bindungsplatz, spricht man von kompetitiver Hemmung. Ein solches Molekül wird zwar im aktiven Zentrum gebunden, kann aber nicht zu Produkt umgesetzt werden. Meist ähneln solche Verbindungen strukturell dem Substrat; so ist z. B. Malonat (Abb. VI.11) ein kompetitiver Inhibitor für das Enzym Succinat-Dehydrogenase, welches Succinat in Fumarat umwandelt. Malonat unterscheidet sich von Succinat nur durch eine $-\text{CH}_2$-Gruppe, aber genau deshalb kann kein Wasserstoff abgespalten werden.

Das Reaktionsschema für eine Enzymreaktion mit kompetitiver Hemmung unterscheidet sich von dem einer einfachen Reaktion durch Berücksichtigung einer Konkurrenzreaktion:

$$\text{E} + \text{S} \underset{k_{-1}}{\overset{k_1}{\rightleftharpoons}} \text{ES} \xrightarrow{k_2} \text{E} + \text{P} \tag{VI.35}$$

$$\text{E} + \text{I} \underset{K_\text{I}}{\rightleftharpoons} \text{EI} \longrightarrow \text{keine Reaktion}$$

Die Gleichgewichtskonstante K_I für die Dissoziation des Enzym-Inhibitor-Komplexes EI ist gegeben durch:

$$K_\text{I} = \frac{c_\text{E} \cdot c_\text{I}}{c_\text{EI}} \tag{VI.36}$$

Kompetitive Inhibitoren senken die Konzentration an freiem Enzym, welches für die Bindung des Substrats zur Verfügung steht. Zur Herleitung einer Beziehung für die Reaktionsgeschwindigkeit r in Analogie zur MICHAELIS-MENTEN-Gleichung (Gl. VI.24) muss somit die Konzentration c_EI des EI-Komplexes in

$$c_{\text{E,tot}} = c_\text{E} + c_\text{ES} + c_\text{EI} \tag{VI.37}$$

berücksichtigt werden. Für die Enzymkonzentration gilt nach Gleichung VI.22 und VI.23:

$$c_\text{E} = \frac{K_\text{M} \cdot c_\text{ES}}{c_\text{S}} \tag{VI.38}$$

Für die Konzentration c_EI folgt damit:

$$c_\text{EI} = \frac{c_\text{E} \cdot c_\text{I}}{K_\text{I}} = \frac{K_\text{M} \cdot c_\text{ES} \cdot c_\text{I}}{c_\text{S} \cdot K_\text{I}} \tag{VI.39}$$

Setzt man diese Ergebnisse in den Ausdruck für die Gesamtkonzentration (Gl. VI.37) ein, erhält man:

$$c_{ES} = \frac{c_{E,tot}}{\dfrac{K_M}{c_S} \cdot \left(1 + \dfrac{c_I}{K_I}\right) + 1} \tag{VI.40}$$

Für die Reaktionsgeschwindigkeit $r = k_2 \cdot c_{ES}$ (Gl. VI.14) erhält man dann:

$$r = \frac{k_2 \cdot c_{E,tot} \cdot c_S}{K_M \cdot \left(1 + \dfrac{c_I}{K_I}\right) + c_S} \tag{VI.41}$$

Mit den Abkürzungen $r_{max} = k_2 \cdot c_{E,tot}$ und $\gamma = 1 + c_I/K_I$ vereinfacht sich diese Beziehung zu:

$$r = \frac{r_{max} \cdot c_S}{\gamma \cdot K_M + c_S} \tag{VI.42}$$

Dadurch hat Gleichung VI.42 eine der MICHAELIS-MENTEN-Gleichung ähnliche Form bekommen, allerdings wird die MICHAELIS-Konstante mit einem Faktor γ gewichtet, welcher den Einfluss des Inhibitors widerspiegelt. In der doppelt reziproken Form nach LINEWEAVER-BURK

$$\frac{1}{r} = \frac{\gamma \cdot K_M}{r_{max}} \cdot \frac{1}{c_S} + \frac{1}{r_{max}} \tag{VI.43}$$

äußern sich verschiedene Konzentrationen an kompetitivem Inhibitor durch eine Änderung der Steigung, der Ordinatenabschnitt bleibt gleich (Abb. VI.12).

b) *Unkompetitive Hemmung.* Einige wenige Inhibitoren können nur an den ES-Komplex binden, z. B. dann, wenn die Bindungsstelle für den Hemmstoff erst nach Bindung des Substrats durch eine Konformationsänderung gebildet wird. Die Bindung des Inhibitors kann ihrerseits die Struktur des ES-Komplexes im Bereich des aktiven Zentrums verändern. Das Reaktionsschema für diesen Fall kann wie folgt geschrieben werden:

$$\begin{array}{c} E + S \underset{k_{-1}}{\overset{k_1}{\rightleftharpoons}} ES \xrightarrow{k_2} E + P \\ + \\ I \\ K_I' \updownarrow \\ ESI \longrightarrow \text{keine Reaktion} \end{array} \tag{VI.44}$$

Zur Berechnung der Reaktionsgeschwindigkeit muss die Konzentration des ES-Inhibitor-Komplexes ESI berücksichtigt werden, die über dessen Dissoziationskonstante

$$K_I' = \frac{c_{ES} \cdot c_I}{c_{ESI}} \tag{VI.45}$$

gegeben ist. Man erhält für die Reaktionsgeschwindigkeit:

1. Enzymatische Reaktionen

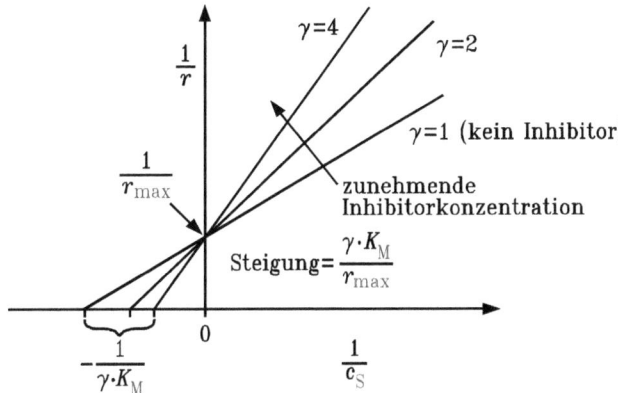

Abb. VI.12: LINEWEAVER-BURK-Plot für ein kompetitiv gehemmtes Enzym, dessen Reaktivität der MICHAELIS-MENTEN-Kinetik folgt.

$$r = \frac{k_2 \cdot c_{E,tot} \cdot c_S}{K_M + \left(1 + \dfrac{c_I}{K_I'}\right) \cdot c_S} = \frac{r_{max} \cdot c_S}{K_M + \gamma' \cdot c_S} \qquad (VI.46)$$

mit $r_{max} = k_2 \cdot c_{E,tot}$ und $\gamma' = 1 + c_I/K_I'$. Für hohe Substratkonzentrationen geht die Reaktionsgeschwindigkeit nun gegen r_{max}/γ'. Der Einfluss des Inhibitors kann nicht durch Steigerung der Substratkonzentration verringert werden. Der unkompetitive Hemmstoff konkurriert nicht mit dem Substrat um dessen Bindungsstelle, sondern wird an einem anderen Ort des Enzyms gebunden. Bei niedriger Substratkonzentration ($c_S \ll K_M$) wird der Effekt des unkompetitiven Inhibitors vernachlässigbar.

In doppelt reziproker Darstellung ergibt sich für einen unkompetitiven Hemmstoff (Abb. VI.13):

$$\frac{1}{r} = \frac{K_M}{r_{max}} \cdot \frac{1}{c_S} + \frac{\gamma'}{r_{max}} \qquad (VI.47)$$

Die Steigung im LINEWEAVER-BURK-Plot bleibt für verschiedene Inhibitorkonzentrationen gleich (K_M/r_{max}), die Geraden werden jedoch mit steigendem c_I zu niedrigeren Reaktionsgeschwindigkeiten verschoben. Dadurch ändern sich beide Achsenabschnitte, die durch γ'/r_{max} bzw. $-\gamma'/K_M$ gegeben sind.

c) *Nicht-kompetitive Hemmung.* Eine dritte Art von Inhibitoren kann sowohl an das Enzym, als auch den ES-Komplex binden, allerdings geschieht dies - wie im Fall unkompetitiver Hemmung - nicht am aktiven Zentrum. Auch dadurch kann die Reaktionsgeschwindigkeitskonstante k_2 beeinflusst werden. In diesem Fall spricht man von nicht-kompetitiver (oder auch gemischter) Hemmung. Das Reaktionsschema wird dadurch komplexer:

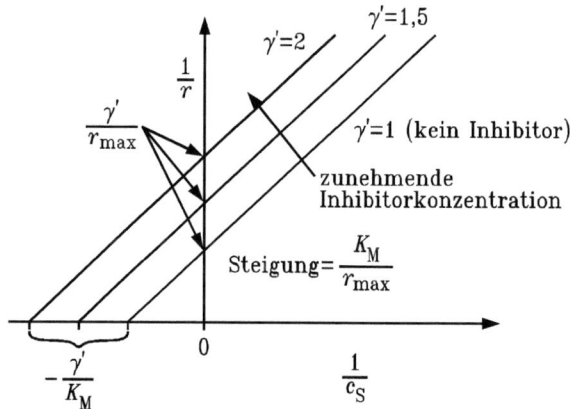

Abb. VI.13: LINEWEAVER-BURK-Plot für ein unkompetitiv gehemmtes Enzym, dessen Reaktivität der MICHAELIS-MENTEN-Kinetik folgt.

$$\begin{array}{ccc} E + S & \underset{k_{-1}}{\overset{k_1}{\rightleftharpoons}} ES & \overset{k_2}{\longrightarrow} E + P \\ + & + & \\ I & I & \\ K_I \updownarrow & K_I' \updownarrow & \\ EI & ESI & \longrightarrow \text{keine Reaktion} \end{array} \qquad (VI.48)$$

Die Vorgehensweise zur Herleitung einer Gleichung für die Reaktionsgeschwindigkeit ist analog dem Fall der unkompetitiven Hemmung. Es muss lediglich der zusätzliche Reaktionsschritt noch berücksichtigt werden. Als Ergebnis erhält man:

$$r = \frac{k_2 \cdot c_{E,tot} \cdot c_S}{\gamma \cdot K_M + \gamma' \cdot c_S} \qquad (VI.49)$$

wobei $\gamma = 1 + c_I/K_I$ und $\gamma' = 1 + c_I/K_I'$. In diesem Fall wird K_M nicht beeinflusst, aber die Reaktionsgeschwindigkeit wird mit steigender Inhibitorkonzentration immer geringer. Für die maximale Reaktionsgeschwindigkeit erhält man:

$$r_{max} = \frac{k_2 \cdot c_{E,tot}}{\gamma'} = \frac{k_2 \cdot c_{E,tot}}{1 + c_I/K_I'} \qquad (VI.50)$$

Sie ist bei Anwesenheit nicht-kompetitiver Hemmstoffe also immer geringer als bei nicht gehemmtem Reaktionsverlauf und lässt sich auch nicht durch Steigerung der Substratkonzentration verändern.

Die doppelt-reziproke Darstellung zeigt Abbildung VI.14. Abszissenabschnitt, Ordinatenabschnitt und die Steigung ändern sich. Wegen

$$\frac{1}{r} = \frac{\gamma \cdot K_M + \gamma' \cdot c_S}{k_2 \cdot c_{E,tot} \cdot c_S} = \frac{\gamma \cdot K_M}{r_{max}} \cdot \frac{1}{c_S} + \frac{\gamma'}{r_{max}} \qquad (VI.51)$$

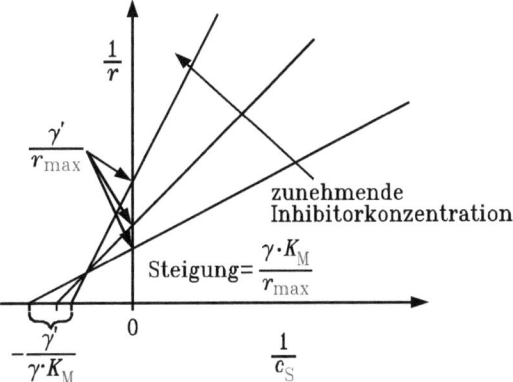

Abb. VI.14: LINEWEAVER-BURK-Plot für ein nicht-kompetitiv gehemmtes Enzym, dessen Reaktivität der MICHAELIS-MENTEN-Kinetik folgt.

kann aus der Steigung bei Kenntnis von K_M auf K_I geschlossen werden und aus dem Ordinatenabschnitt bei Kenntnis von r_{max} auf K_I'.

Oftmals ist die Situation jedoch noch komplizierter. Beispielsweise kann der EI-Komplex auch mit Substrat zu einem ESI-Komplex reagieren. Dies führt über eine etwas komplexere Ableitung - die sonst aber analog zu der hier gezeigten Vorgehensweise erfolgt - zu einer neuen Gleichung für die Reaktionsgeschwindigkeit.

2. Messmethoden der Kinetik biochemischer Reaktionen

2.1 Absorptions- und Fluoreszenzspektroskopie

Unterscheiden sich Substrat und Produkt in ihrem Absorptionsspektrum, so kann die Geschwindigkeit einer Reaktion durch zeitabhängige Absorptionsmessungen bei einer konstanten Wellenlänge verfolgt werden. Beispielsweise wird bei einer Reihe von Enzymreaktionen NADH in NAD$^+$ umgewandelt (Abb. VI.15). Die Absorptionsspektren dieser beiden Verbindungen sind in Abbildung V.16 wiedergegeben. Da die oxidierte Form (NAD$^+$) im Bereich um 340 nm nicht absorbiert, kann bei dieser Wellenlänge die Konzentration an NADH leicht gemessen werden. Reaktionen von Enzymen, die NADH als Co-Substrat benötigen (z. B. Dehydrogenasen), können mit dieser Methode verfolgt werden, z. B. die von der Lactat-Dehydrogenase (LDH) katalysierte Reaktion:

$$\underset{\text{Pyruvat}}{\begin{array}{c}O\!\!\diagup\!\!\!{}^{\displaystyle C}\!\!\diagdown\!\!O^- \\ |\\ C=O \\ |\\ CH_3\end{array}} + NADH + H^+ \xrightleftharpoons{LDH} \underset{\text{L-Lactat}}{\begin{array}{c}O\!\!\diagup\!\!\!{}^{\displaystyle C}\!\!\diagdown\!\!O^- \\ |\\ HO-C-H \\ |\\ CH_3\end{array}} + NAD^+ \quad\quad (VI.52)$$

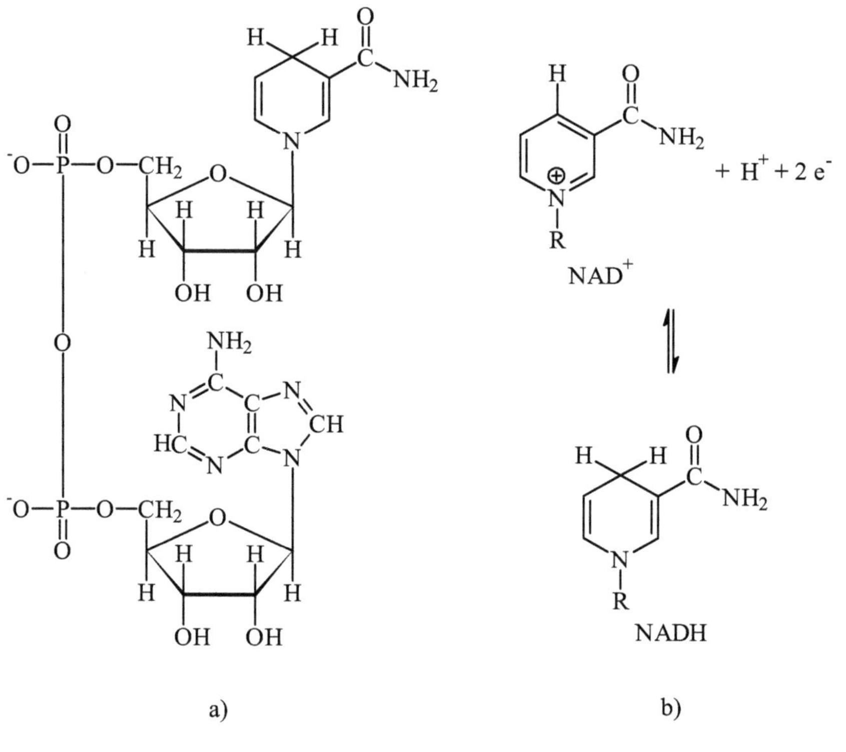

Abb. VI.15: a) Die Struktur von NADH; b) der Reaktionsablauf bei der Oxidation von NADH zu NAD$^+$.

Die Konzentration an NADH erhält man nach dem LAMBERT-BEERschen Gesetz (vgl. Kap. V.3.3) gemäß

$$E = \lg\frac{I_0}{I} = \varepsilon \cdot d \cdot c_{\text{NADH}} \tag{VI.53}$$

aus der gemessenen Extinktion E bei bekanntem Extinktionskoeffizient ε und bekannter Schichtdicke d der Messzelle. Einzelheiten werden in Kapitel V erläutert. Die Reaktion wird z. B. in einer Küvette durchgeführt, die sich in einem Spektrometer befindet. Gestartet wird die Reaktion durch Zugabe eines Substrats. Es werden mehrere Messkurven für unterschiedliche Anfangskonzentrationen c^0_{NADH} aufgenommen (Abb. VI.17). Ermittelt werden daraus die Steigungen der Kurven für den Startpunkt der Reaktion, da die MICHAELIS-MENTEN-Beziehung strenggenommen nur für diesen Bereich gilt. Die Steigungen sind mit der Reaktionsgeschwindigkeit r verknüpft:

$$-\frac{\Delta E}{\Delta t} = -\varepsilon \cdot d \cdot \frac{\Delta c_{\text{NADH}}}{\Delta t} = \varepsilon \cdot d \cdot \frac{\Delta c_{\text{NAD}^+}}{\Delta t} = \varepsilon \cdot d \cdot r \tag{VI.54}$$

2. Messmethoden der Kinetik biochemischer Reaktionen 503

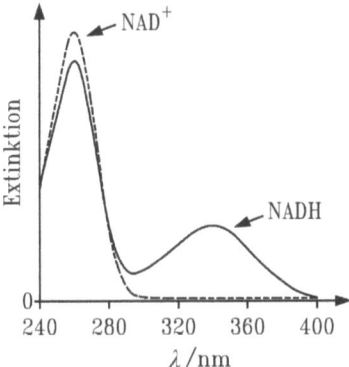

Abb. VI.16: Extinktion von NAD$^+$ (gestrichelt) und NADH im UV/Vis Spektralbereich.

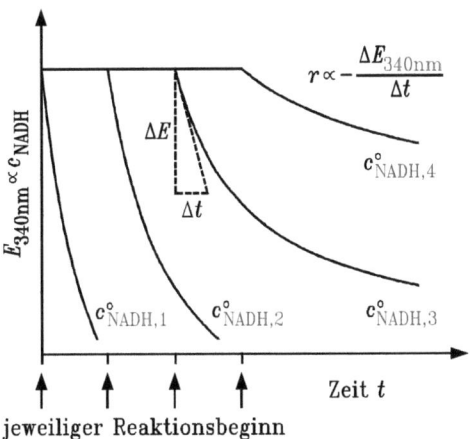

Abb. VI.17: Bestimmung der Reaktionsgeschwindigkeit für die LDH-katalysierte Reduktion von Pyruvat. Aufgetragen ist die zeitliche Abnahme der Extinktion von NADH bei einer Wellenlänge von 340 nm für verschiedene Anfangskonzentrationen c_{NADH}^o. Die Reaktionsgeschwindigkeit ergibt sich als Tangentensteigung der einzelnen Kurven bei Reaktionsbeginn.

Ergebnis der Messungen ist somit die Reaktionsgeschwindigkeit für verschiedene Substratkonzentrationen, welche dann z. B. nach der MICHAELIS-MENTEN-Kinetik ausgewertet werden kann.

Als weitere spektroskopische Methode zur Bestimmung des Konzentrationsverlaufs der Reaktanden bei enzymatischen Reaktionen wird auch oft die Fluoreszenzspektroskopie eingesetzt (vgl. Kap. V.5). Um die Fluoreszenz als Messsignal nutzen zu können, muss einer der Reaktionspartner ein charakteristisches Fluoreszenzspektrum aufweisen. Es fluoreszieren jedoch nur relativ wenige der in biochemischen Umsetzungen relevanten Verbindungen, wodurch die Anwendbarkeit dieser Messmethode manchmal eingeschränkt ist. Man kann aber auch extrinsische Fluorophore zusetzen, um Reaktionsteilnehmer zu markieren. Vorteile der Fluoreszenzspektroskopie liegen in ihrer Selektivität und in ihrer außerordentlich hohen Empfindlichkeit. Substratkonzentrationen, die um zwei bis drei Größenordnungen unterhalb der Nachweisgrenze der Absorptionsspektroskopie liegen, lassen sich mit ihrer Hilfe noch untersuchen.

Diese statischen Methoden der Absorptions- und Fluoreszenzspektroskopie zur Untersuchung der Kinetik biochemischer Reaktionen können nur Kinetiken verfolgen, deren Reaktionsgeschwindigkeiten relativ langsam sind und noch im Sekundenbereich liegen. Schnellere Reaktionen, deren Reaktionsgeschwindigkeiten im ms-, µs- oder sogar ns-Bereich liegen, müssen mit anderen Methoden untersucht werden. Teilweise werden auch dort optische Nachweismethoden eingesetzt, mit denen die Konzentrationen der Reaktionspartner bestimmt werden. Vorgeschaltet werden müssen aber bestimmte Triggermethoden, wodurch die Bestimmung einer schnellen Kinetik erst möglich wird. Eine Übersicht über verschiedene Messmethoden zeigt Tabelle VI.4.

2.2 Untersuchungsmethoden der Kinetik schneller biochemischer Reaktionen

Während bei den bisher vorgestellten Messmethoden die Bestimmung der Parameter der MICHAELIS-MENTEN-Beziehung im Vordergrund stand (*steady state*-Bereich), wird im Folgenden der wesentlich kürzere Zeitbereich des *pre-steady state* (Abb. VI.7) betrachtet. Die Übersicht in Tabelle VI.4 gibt den ungefähren Zeitbereich an, für den die jeweilige Messmethode Ergebnisse liefert. *Strömungsmethoden* decken in der Regel einen langsameren Zeitbereich ab als *Relaxationsmethoden*. Insgesamt wird durch die Vielzahl der zur Verfügung stehenden Messmethoden ein sehr großer Zeitbereich abgedeckt. Dadurch gelingt die Charakterisierung einzelner Elementarschritte (z. B. die Bildung des Enzym-Substrat-Komplexes) und damit die Untersuchung der Reaktionsmechanismen enzymatischer Reaktionen. Hierzu sind schnelle kinetische Messmethoden notwendig. Wir wollen einige etwas näher erläutern.

Stopped flow-Technik

Als Strömungsmethode soll hier die *stopped flow*-Messtechnik näher erörtert werden. Das Messprinzip wurde bereits 1940 von B. CHANCE entwickelt und 1964 von Q. H. GIBSON verfeinert. Es ist in Abbildung VI.18 schematisch dargestellt. Aus zwei pneumatisch betriebenen Treibspritzen werden Enzym- und Substratlösung in eine Mischkammer eingespritzt. Dort werden sie vollständig durchmischt. Von dieser Kammer aus gelangt die Mischung durch eine optische Beobachtungsküvette in eine Stoppspritze. Solange die Lösung fließt, beträgt ihr „Alter" (d. h. die Zeit nach Reaktionsbeginn in der Mischkammer) im Beobachtungsraum etwa 1-3 ms. Dieser Zeitraum hängt von der Fließgeschwindigkeit (typischerweise 10 m s^{-1}), dem Abstand zwischen Misch- und Beobachtungskammer sowie von der Schichtdicke der Beobachtungsküvette ab. Die Stoppspritze löst die Detektionseinheit aus. Die ablaufenden Prozesse können z. B. über die Änderung der optischen Absorption, Fluoreszenz, des Circulardichroismus oder der Lichtstreuung (Turbidität) verfolgt werden. Wählt man nun die Messbedingungen derart, dass einer der beiden Reaktanden in großem Überschuss vorhanden ist, z. B. das Substrat, so schafft man damit Reaktionsbedingungen sog. pseudo-erster Ordnung. Die Reaktionsgeschwindigkeit ist dann abhängig von der Enzymkonzentration. Man misst eine scheinbare Geschwindigkeitskonstante k der Reaktion, die aus einem exponentiellen Zeitge-

2. Messmethoden der Kinetik biochemischer Reaktionen

Tab. VI.4: Übersicht über die zeitliche Auflösung einiger kinetischer Messmethoden (ungefähre Werte).

Methode	Zeitbereich / s
Femtosekunden-Laserspektroskopie	$> 10^{-15}$
Blitzlichtphotolyse	$> 10^{-12}$
Fluoreszenzlöschung	$10^{-10} - 10^{-6}$
Ultraschallabsorption	$10^{-9} - 10^{-4}$
ESR	$10^{-9} - 10^{-4}$
Dielektrische Relaxation	$10^{-9} - 1$
E-Feldsprung	$10^{-7} - 10^{-1}$
Temperatursprung	$10^{-7} - 1$
Drucksprung	$> 10^{-5}$
Phosphoreszenz	$10^{-6} - 10$
NMR	$10^{-5} - 1$
Mischverfahren (*stopped flow* u. a.)	$> 10^{-4}$

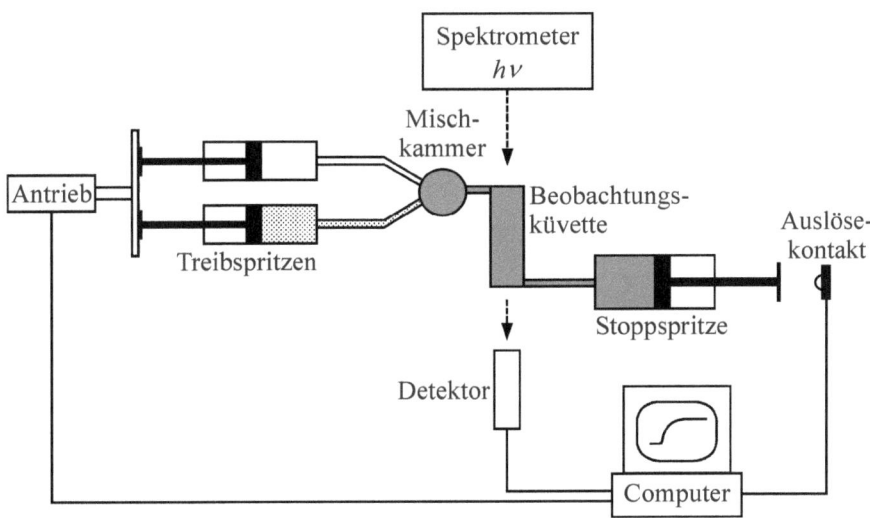

Abb. VI.18: Prinzip einer *stopped flow*-Apparatur.

setz bestimmt werden kann. Die Änderung der Konzentration c_A eines Reaktanden A folgt einem Zeitgesetz für Reaktionen erster Ordnung

$$c_A = c_A^\circ \cdot e^{-k \cdot t} \tag{VI.55}$$

wobei c_A° für die Anfangskonzentration dieser Substanz (im Beispiel hier das Enzym) steht. Durch die Messung von k werden weitere kinetische Parameter zugänglich.

Im Fall einer bimolekularen Reaktion, wie z. B. der Bildung eines Enzym-Substrat-Komplexes nach

$$\text{E} + \text{S} \underset{k_{-1}}{\overset{k_1}{\rightleftharpoons}} \text{ES} \tag{VI.56}$$

sind wir an den Geschwindigkeitskonstanten k_1 für die Hin- und k_{-1} für die Rückreaktion interessiert. Die Reaktionsgeschwindigkeit für eine solche Reaktion ist gegeben durch:

$$-\frac{dc_E}{dt} = k_1 \cdot c_E \cdot c_S - k_{-1} \cdot c_{ES} \tag{VI.57}$$

$c_{ES} = c_E^\circ - c_E$ ist die Komplexkonzentration, c_E die Konzentration des freien Enzyms zur Zeit t und c_E° dessen Anfangskonzentration. Bei sehr hoher Substratkonzentration, die wir vorausgesetzt haben, wird $c_S = c_S^\circ$; diese ist also gleich der Anfangskonzentration. Damit ergibt sich für die Reaktionsgeschwindigkeit:

$$-\frac{dc_E}{dt} = (k_1 \cdot c_S^\circ + k_{-1}) \cdot c_E - k_{-1} \cdot c_E^\circ \tag{VI.58}$$

Der letzte Term $-k_{-1} \cdot c_E^\circ$ stellt eine konstante Größe dar. Die Größen in der Klammer fassen wir zur Größe k zusammen. Bei dieser Größe handelt es sich um die oben eingeführte scheinbare Reaktionsgeschwindigkeitskonstante, wie durch Integration von Gleichung VI.58 nach Abzug des konstanten Beitrags erkennbar ist:

$$c_E = c_E^\circ \cdot e^{-k \cdot t} \tag{VI.59}$$

Logarithmieren der Gleichung liefert:

$$\ln \frac{c_E}{c_E^\circ} = -k \cdot t \tag{VI.60}$$

Die Auftragung des natürlichen Logarithmus der gemessenen Konzentration c_E gegen die Zeit liefert somit eine Gerade, deren Steigung gleich $-k$ ist.

Als Beispiel wollen wir die Bindung von Methylhydroperoxid H_3C-OOH an das Enzym Katalase betrachten. Da die Reaktion der Katalase mit H_2O_2, ihrem eigentlichen Substrat, zum einen zu schnell ist, um beobachtet zu werden, zum anderen auch vollständig abläuft, wird hier Methylhydroperoxid als Substratanalogon eingesetzt. Dieses Molekül bindet ebenfalls an das aktive Zentrum des Enzyms. Der entstehende Komplex ist über eine Zeit von einigen 100 ms stabil, so dass er noch gut mit der hier betrachteten Methode untersucht werden kann. Mit Hilfe der Absorptionsspektroskopie kann man die Konzentrationsänderung an freiem Enzym in einer *stopped flow*-Apparatur verfolgen (Abb. VI.19). Dabei wurden zu verschiedenen Zeitpunkten Absorptionsspektren der Lösung im Bereich zwischen 370 und 440 nm aufge-

2. Messmethoden der Kinetik biochemischer Reaktionen   507

nommen. Da die native Katalase und der ES-Komplex in diesem Spektralbereich unterschiedliche Absorptionskoeffizienten ε besitzen und ε direkt mit der Konzentration verknüpft ist, kann man aus der Änderung der Spektren auf die Änderung der Konzentration an freiem Enzym schließen und somit c_E als Funktion der Zeit bestimmen. Aus der halblogarithmischen Darstellung (Abb. VI.20) erhält man k. k stellt eine Verknüpfung zwischen den beiden Geschwindigkeitskonstanten k_1 und k_{-1} sowie der anfänglichen Substratkonzentration c_S° (Gl. VI.58) dar. Man muss k in Abhängigkeit von c_S° bestimmen, um Werte für k_1 und k_{-1} ermitteln zu können. Dies ist mit der *stopped flow*-Messmethode möglich. Eine Auftragung von k gegen c_S° (Abb. VI.21) liefert als Steigung k_1 und als Ordinatenabschnitt k_{-1}.

Weit verbreitet ist auch eine modifizierte Version der hier gezeigten *stopped flow*-Methode. Dabei durchläuft das Reaktionsgemisch eine längere Strecke nach der Mischkammer und wird danach in einer zweiten Mischkammer mit einem Reagenz vermischt, das die ursprüngliche Reaktion stoppen (quenchen) kann (Abb. VI.22). Dieser Quenchprozess kann z. B. durch Bildung einer kovalenten Bindung im aktiven Zentrum des Enzyms erfolgen. In der Beobachtungskammer lassen sich die Konzentrationen der Reaktionsteilnehmer dann leicht bestimmen. Da sich die Reaktionszeiten durch die Fließgeschwindigkeit steuern lassen, wird es möglich, die Reaktionsprodukte nach verschieden langen Reaktionszeiten zu untersuchen und so eine Reaktionskurve im ms-Bereich punktweise aufzunehmen (Abb. VI.23). Auch zur Untersuchung eines Dreikomponentensystems ist eine solche Anordnung geeignet.

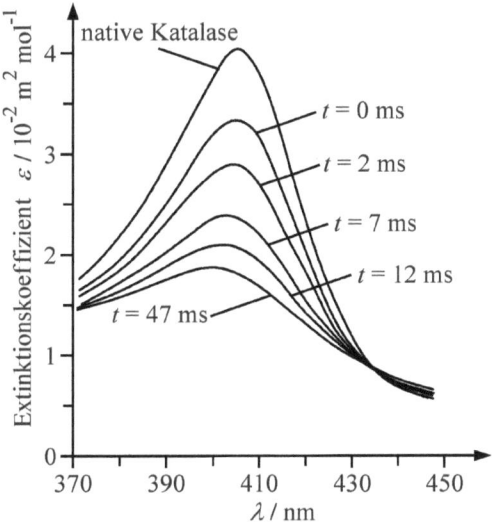

Abb. VI.19: Absorptionsspektroskopische Messung der Reaktion von Katalase mit Methylhydroperoxid in einer *stopped flow*-Apparatur bei pH = 7,1 und 298 K. Jedes Spektrum wurde nach der Reaktionszeit t innerhalb einer ms aufgenommen. Der Unterschied zwischen dem Spektrum der nativen Katalase und dem des Zeitnullpunkts erklärt sich aus der endlichen Strömungszeit der Mischung zwischen Mischkammer und Beobachtungsküvette. Der Zeitnullpunkt wird durch die Auslösung des Stopp-Signals definiert (nach: M. M. Palcic, H. B. Dunford, J. Biol. Chem. **255** (1980) 6128).

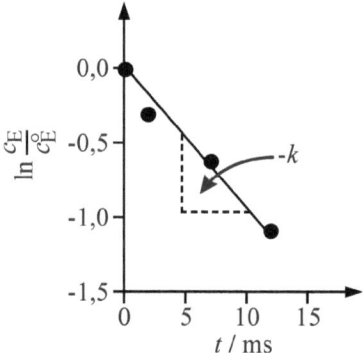

Abb. VI.20: Halblogarithmische Darstellung der aus Abbildung VI.19 gewonnenen Konzentrationsdaten als Funktion der Zeit zur Bestimmung der Reaktionsgeschwindigkeitskonstanten (hier $k = 91\ \text{s}^{-1}$; nach: M. M. Palcic, H. B. Dunford, J. Biol. Chem. **255** (1980) 6128).

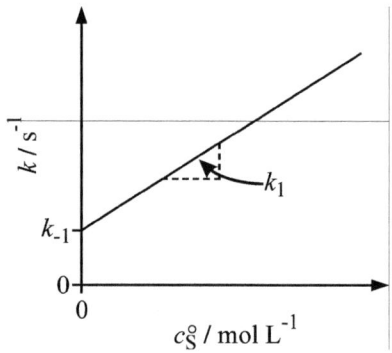

Abb. VI.21: Bestimmung der kinetischen Parameter k_1 und k_{-1}, die die Bildung bzw. Dissoziation des ES-Komplexes beschreiben, aus Messwerten für k durch Auftragen von k gegen die anfängliche Substratkonzentration c_S^o.

Die Grenze der Zeitauflösung dieser Verfahren liegt beim Mischvorgang. Die Durchmischung erfordert einen gewissen Zeitraum, der nicht unterschritten werden kann. Er liegt im Millisekundenbereich, kann durch spezielle turbulente Mischverfahren jedoch bis in den 10 µs-Bereich gebracht werden.

Wir haben als Einsatzmöglichkeit der schnellen kinetischen Messverfahren lediglich die Untersuchung von Enzymreaktionen besprochen. Die Methoden können aber natürlich auch für eine Vielzahl weiterer biochemischer Reaktionen (z. B. bei der Sinneswahrnehmung oder der Muskelkontraktion) und Prozesse (z. B. zur Ermittlung von Phasenumwandlungskinetiken) eingesetzt werden.

Eine Möglichkeit zur Untersuchung der Faltungskinetik und evtl. auftretender Faltungsintermediate eines Proteins ist die schnelle Vermischung einer Lösung des entfalteten Proteins

2. Messmethoden der Kinetik biochemischer Reaktionen

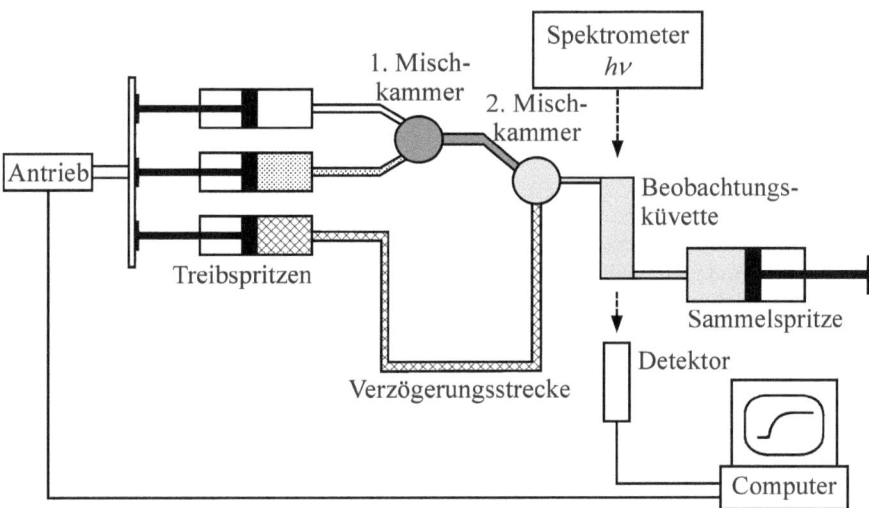

Abb. VI.22: Prinzip einer *quenched-stopped-flow*-Apparatur mit mehreren Mischkammern.

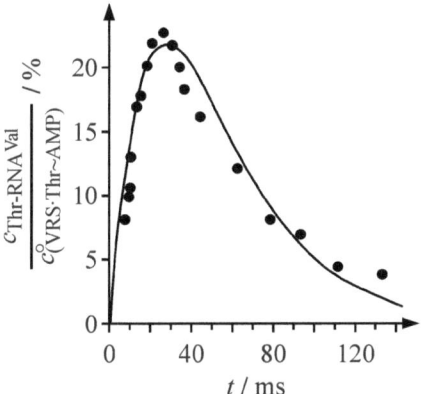

Abb. VI.23: Messung der von der Valyl-tRNA-Synthetase (VRS) katalysierten Reaktion in einer *quenched-stopped-flow*-Apparatur. Eine 34 µM Lösung von tRNA^{Val} wurde mit einer Lösung gemischt, die einen Komplex (VRS·Thr~AMP) bestehend aus VRS, radioaktiv markiertem Threonin (^{14}C-Thr) und AMP enthielt. Bei der Reaktion wird Thr auf die tRNA^{Val} übertragen. Die Reaktion wurde mit Trichloressigsäure gequencht. Die Menge an übertragenem, markiertem Thr ($c_{Thr-RNA^{Val}}$) wurde mit einem Szintillationszähler bestimmt und sein prozentualer Anteil am insgesamt eingesetzten Thr ($c^{\circ}_{(VRS·Thr~AMP)}$) als Funktion der Zeit aufgetragen. Wie die Messdaten zeigen, wurde der gebildete Thr-tRNA^{Val}-Komplex wieder hydrolysiert. Die durchgezogene Linie ist für eine Komplexbildungsgeschwindigkeitskonstante von 36 s^{-1} sowie eine Hydrolysegeschwindigkeitskonstante von 40 s^{-1} berechnet (nach: A. R. Fersht, M. M. Kaenther, Biochemistry **15** (1976) 3342).

(z. B. durch Harnstoff- oder GdmCl-Zusatz) mit einer Pufferlösung in einer *stopped flow*-Apparatur und die Beobachtung der Rückfaltungskinetik mittels UV/Vis-, CD-, FTIR-, Fluoreszenzspektroskopie oder einer anderen geeigneten Methode. Oftmals reicht die zeitliche Auflösung der Methode jedoch nicht aus, so dass man auf schnellere Methoden, wie die Temperatur- oder die Drucksprung-Relaxationsmethode, zurückgreifen muss.

Temperatursprung-Methode
Um noch schnellere Reaktionen untersuchen zu können, wurden Relaxationsmethoden entwickelt. Diese Methoden umgehen den Mischvorgang. Sie verschieben die Lage eines chemischen Gleichgewichts, welches von einer Reihe von Faktoren, wie Temperatur, Druck und elektrischer Feldstärke, abhängt, durch sehr schnelle Änderung eines dieser Parameter. Danach läuft eine Reaktion solange ab, bis die dem geänderten Parameter entsprechende neue Gleichgewichtslage erreicht ist. In der biochemischen Forschung wird oft die Temperatursprung-Methode, die 1959 von M. EIGEN entwickelt wurde, eingesetzt. Nach der VAN'T HOFFschen Gleichung

$$\left(\frac{\partial \ln K}{\partial T}\right)_p = \frac{\Delta_r H^\circ}{RT^2} \tag{VI.61}$$

hängt die Gleichgewichtskonstante K von der Temperatur ab, wenn $\Delta_r H^\circ$, die Standard-Reaktionsenthalpie, ungleich null ist. Dies ist in der Regel bei chemischen und biochemischen Reaktionen der Fall. Es reicht oft eine relativ geringe Temperaturänderung (einige Kelvin) aus, um in biologischen Systemen gut messbare Gleichgewichtsverschiebungen hervorzurufen (hierfür gilt dann näherungsweise $\Delta K/K = \Delta T \cdot \Delta_r H^\circ/(RT^2)$). Ist z. B. $\Delta_r H^\circ = 20$ kJ mol^{-1}, so resultiert aus einem Temperatursprung von 5 K ausgehend von 298 K eine Änderung der Gleichgewichtskonstanten um 13,5 %.

Es ist experimentell relativ einfach, eine Lösung ausreichender Ionenstärke durch homogene JOULEsche Erwärmung innerhalb etwa einer Mikrosekunde um 5-10 K zu erwärmen. Eine entsprechende Apparatur ist in Abbildung VI.24 gezeigt. Ein Hochspannungskondensator ist über eine Funkenstrecke mit zwei Platinelektroden verbunden, die in den Messraum hineinragen. Der Kondensator wird von einer Hochspannungsquelle aufgeladen und entlädt sich (mit der Zeitkonstanten RC, wobei R der Widerstand und C die Kapazität der Lösung sind), wenn die Überschlagspannung der Funkenstrecke (die bis zu 100 kV betragen kann) erreicht ist. Die an die Elektroden angelegte Spannung kann durch Variation der Funkenstrecke verändert werden. Der elektrische Überschlag löst gleichzeitig mit der Erwärmung auch die Registrierung (z. B. der Extinktion) aus. Noch kürzere Aufheizzeiten erreicht man durch Bestrahlen der Probe mit einem sehr kurzen Infrarot-Laserpuls (z. B. Jodlaser, $\lambda = 1,3$ μm). Mit dieser Methode kann die Lösung um 3 bis 7 K innerhalb von etwa 20 ns erwärmt werden.

Als Beispiel einer Reaktion vom Typ E + S ↔ ES sei der Verlauf der Gleichgewichtseinstellung der Reaktion von Ribonuclease mit Cytidin-3'-phosphat gezeigt (Abb. VI.25). Das System nähert sich nach dem Temperatursprung asymptotisch dem neuen Gleichgewicht. Die Störung des Gleichgewichts durch den Temperatursprung entspricht einer Auslenkung des neuen Gleichgewichts um die Konzentrationsänderung Δc:

2. Messmethoden der Kinetik biochemischer Reaktionen

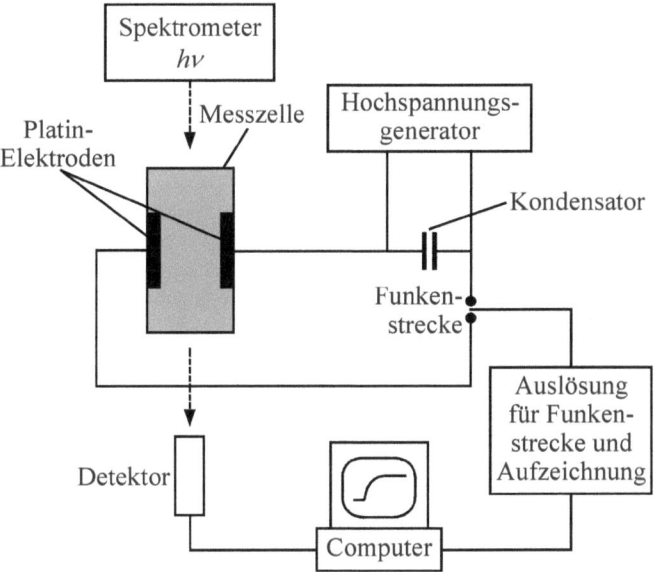

Abb. VI.24: Prinzip einer Temperatursprung-Apparatur.

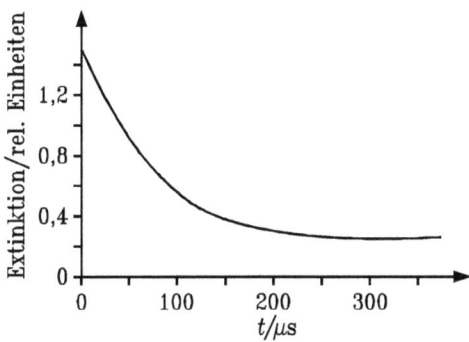

Abb. VI.25: Absorptionsspektroskopische Beobachtung der Gleichgewichtseinstellung einer Mischung aus Ribonuclease ($1{,}35 \cdot 10^{-4}$ M) und Cytidin-3'-phosphat ($2{,}87 \cdot 10^{-4}$ M) bei pH = 6,7 in einer Temperatursprung-Apparatur (nach: E. E. Cathou, G. G. Hammes, J. Am. Chem. Soc. **86** (1964) 3240).

$$c_E = c_{E,neu} + \Delta c$$
$$c_S = c_{S,neu} + \Delta c \tag{VI.62}$$
$$c_{ES} = c_{ES,neu} - \Delta c$$

Natürlich ändern sich die Gesamtkonzentrationen an Enzym und Substrat nicht, es gilt also:

$$c_E^\circ = c_E + c_{ES} = c_{E,neu} + c_{ES,neu}$$
$$c_S^\circ = c_S + c_{ES} = c_{S,neu} + c_{ES,neu} \tag{VI.63}$$

Im Fall dieser bimolekularen Reaktion gilt für die Änderung der Konzentrationen:

$$\Delta c_E = \Delta c_S = -\Delta c_{ES} = \Delta c \tag{VI.64}$$

Die Reaktionsgeschwindigkeit der Reaktion ist gegeben durch:

$$-\frac{dc_S}{dt} = k_1 \cdot c_E \cdot c_S - k_{-1} \cdot c_{ES} \tag{VI.65}$$

Einsetzen der Gleichungen VI.62 liefert:

$$-\frac{d(c_{S,neu} + \Delta c)}{dt} = k_1 (c_{E,neu} + \Delta c) \cdot (c_{S,neu} + \Delta c) - k_{-1} (c_{ES,neu} - \Delta c) \tag{VI.66}$$

$$-\frac{dc_{S,neu}}{dt} - \frac{d\Delta c}{dt} = k_1 \cdot c_{E,neu} \cdot c_{S,neu} - k_{-1} \cdot c_{ES,neu}$$
$$+ \left(k_1 \cdot (c_{E,neu} + c_{S,neu}) + k_{-1}\right) \cdot \Delta c + k_1 \cdot (\Delta c)^2 \tag{VI.67}$$

Im neu eingestellten Gleichgewicht sind die Konzentrationen der Reaktionsteilnehmer zeitlich konstant, d. h.

$$-\frac{dc_{S,neu}}{dt} = k_1 \cdot c_{E,neu} \cdot c_{S,neu} - k_{-1} \cdot c_{ES,neu} = 0 \tag{VI.68}$$

Sind die Konzentrationsänderungen klein, und dies kann für geringe Temperaturänderungen vorausgesetzt werden, kann das quadratische Glied in Gleichung VI.67 ebenfalls vernachlässigt werden und man erhält:

$$-\frac{d\Delta c}{dt} = \left(k_1 \cdot (c_{E,neu} + c_{S,neu}) + k_{-1}\right) \cdot \Delta c = \frac{\Delta c}{\tau} \tag{VI.69}$$

wobei die Größen k_1, k_{-1}, $c_{E,neu}$ und $c_{S,neu}$ zu $1/\tau$ zusammengefasst wurden. τ wird Relaxationszeit genannt. Sie ist ein Maß für die Geschwindigkeit, mit der sich das neue Gleichgewicht einstellt. Durch Integration von Gleichung VI.69 erhält man

$$\Delta c = \Delta c_{max} \cdot e^{-t/\tau} \tag{VI.70}$$

Δc_{max} ist die maximale Konzentrationsauslenkung direkt nach dem Temperatursprung ($t = 0$), d. h. der Unterschied in den Konzentrationen vor und nach Einstellung des neuen Gleichgewichts.

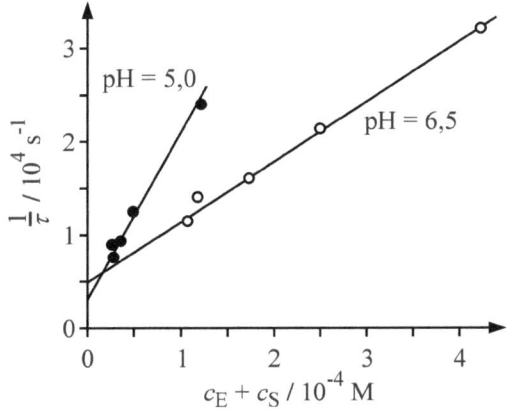

Abb. VI.26: Auftragung der reziproken Relaxationszeit $1/\tau$ als Funktion der Summe der Gleichgewichtskonzentrationen von Substrat und Enzym bei unterschiedlichem pH-Wert für die Messung nach Abbildung VI.25. Als Geschwindigkeitskonstanten ergeben sich für pH = 5,0: $k_1 = 1{,}7 \cdot 10^8$ M^{-1} s^{-1} und $k_{-1} = 3{,}0 \cdot 10^3$ s^{-1} (nach: E. E. Cathou, G. G. Hammes, J. Am. Chem. Soc. **86** (1964) 3240).

Aus einer logarithmischen Auftragung von Δc - diese Größe kann z. B. wieder spektroskopisch ermittelt werden - in Abhängigkeit der Reaktionszeit kann die Relaxationszeit τ ermittelt werden. Die Reaktionsgeschwindigkeitskonstanten k_1 und k_{-1} können dann durch Bestimmung der Relaxationszeiten bei verschiedenen Konzentrationen $c_{E,neu}+c_{S,neu}$ nach Gleichung VI.69 bestimmt werden. Die Steigung einer Auftragung von $1/\tau$ gegen $c_{E,neu}+c_{S,neu}$ ergibt k_1. k_{-1} folgt aus dem Ordinatenabschnitt.

Ein Beispiel zeigt Abbildung VI.26. Aus k_1 und k_{-1} folgt die Gleichgewichtskonstante K. Dabei ist zu beachten, dass es sich bei den Konzentrationen um die neuen, nach der Relaxation eingestellten Konzentrationen handelt. Ebenso gelten die Reaktionsgeschwindigkeitskonstanten für die neue, höhere Temperatur.

Eine Einschränkung der Relaxationsmethode ist, dass sie nur auf Gleichgewichtssysteme angewendet werden kann. Es ist jedoch auch möglich, die Anwendung auf die Untersuchung stationärer Zustände auszudehnen. Ist die verfügbare Lebensdauer des stationären Zustands relativ kurz, kann man ihn in einer Mischanordnung erzeugen. Solch eine Mischungsanordnung kann der Temperatursprung-Messzelle vorgeschaltet werden. Es entsteht eine Kombination von *stopped flow*- und Temperatursprung-Methode (Abb. VI.27). Hier werden die Reaktanden in eine Mischkammer eingespritzt und in die Messkammer gedrückt. Die Stoppspritze löst die Entladung des Kondensators und damit den Temperatursprung sowie die Detektionsgeräte aus. Vorteil dieser Methode ist, dass stationäre Zustände, die eine Halbwertszeit bis herunter zu 10 ms besitzen, untersucht werden können, denn die Zeitauflösung der Temperatursprungmethode ist um mehrere Größenordnungen besser als die des *stopped flow*-Verfahrens. Diese Methode kann z. B. zur Untersuchung der Elementarprozesse von Enzymreaktionen herangezogen werden.

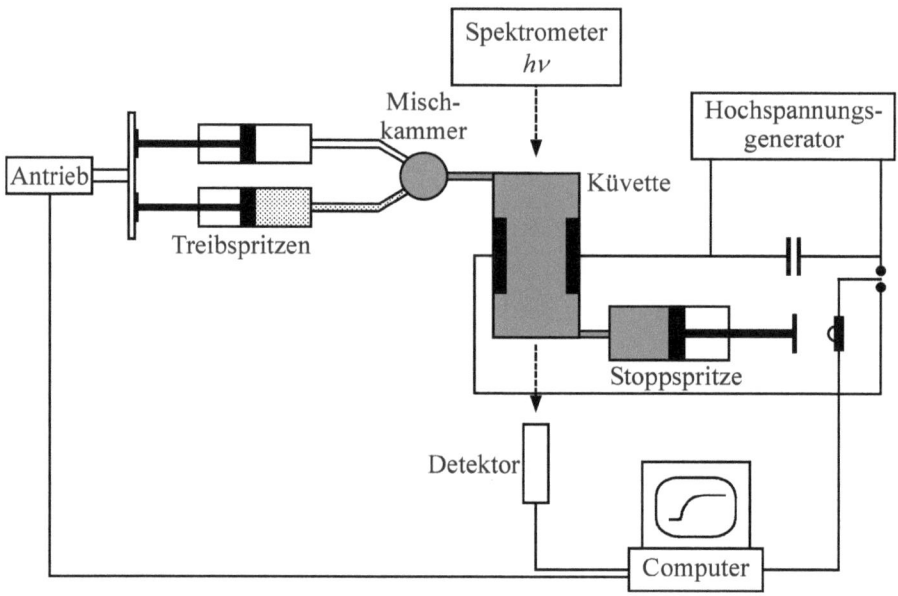

Abb. VI.27: Prinzip einer *stopped flow*-Temperatursprung-Apparatur.

Drucksprung-Methode
Ein anderes Relaxationsverfahren ist die *Drucksprungmethode*. Sie ist anwendbar, wenn das molare Standard-Reaktionsvolumen $\Delta_r V^\circ$ von null verschieden ist; es ist über die Druckabhängigkeit der Gleichgewichtskonstante gegeben:

$$\left(\frac{\partial \ln K}{\partial p}\right)_T = -\frac{\Delta_r V^\circ}{RT} \tag{VI.71}$$

Die zeitliche Auflösung eines Drucksprungs liegt wegen der Begrenzung durch die Schallgeschwindigkeit bei einigen zehn μs. Es gibt mehrere Methoden, um Drücksprünge auszulösen. Generell ist ein Hochdruckautoklav notwendig, der bei Verfolgung der Konzentration der Reaktionsteilnehmer mit optischen Methoden mit druckstabilen Fenstern (z. B. aus Saphir) ausgestattet sein muss. Der Autoklavenkörper ist meist aus Stahl gefertigt und mit einer Spindelpresse und einem Vorratsgefäß (Druckreservoir), das das druckübertragende Medium (z. B. Wasser oder Hydrauliköl) enthält, über Hochdruckkapillaren verbunden. Der Druckverlauf wird mit Hilfe von Druckmessgeräten registriert. Der Drucksprung kann durch (auf bestimme Drücke normierte) Berstscheiben oder durch computergesteuertes elektronisches Öffnen von Hochdruckmagnetventilen erfolgen (siehe z. B. R. Winter, D. Lopes, S. Grudzielanek, K. Vogtt, J. Non-Equilib. Thermodyn. **32** (2007) 41). Eine weitere Möglichkeit, einen Drucksprung zu generieren, ist die direkte Komprimierung der Probe durch einen Kolben, wobei dieser durch einen Piezokristall angetrieben wird. Die dadurch erreichbaren Sprungzeiten liegen in der Größenordnung von 10^{-4} bis 10^{-5} s (M. Schiewek, A. Blume, Eur. Biophys. J. **38** (2009) 219). Drücke im kbar-Bereich sind mit dieser Methode aber schwieriger zu erreichen. Der Drucksprung kann prinzipiell in beide Richtungen, d. h. zu hö-

2. Messmethoden der Kinetik biochemischer Reaktionen

heren und niedrigeren Drücken, erfolgen. Meist sind druckinduzierte Phasenumwandlungen, wie Lipid-Phasenumwandlungen oder die druckinduzierte Ent- und Rückfaltung von Proteinen, voll reversibel. Da der Drucksprung meist adiabatisch erfolgt, wird sich auch die Temperatur etwas ändern, was berücksichtigt werden muss.

Als Beispiel schauen wir uns die druckinduzierte Ent- und Rückfaltung des monomeren Proteins SNase an. Wir nehmen ein Zweizustandsmodell für die Denaturierung des Proteins, d. h. für den Prozess vom gefalteten (F) zum entfalteten (U) Zustand, an:

$$F \leftrightarrow U \qquad (VI.72)$$

Die Gleichgewichtskonstante $K = c_U/c_F$ für den Entfaltungsprozess und somit auch die Standard-GIBBS-Energie-Änderung ΔG_U^o bei der Entfaltung beim jeweiligen Druck p erhält man aus der spektroskopischen Messung der Konzentrationen c_U und c_F an entfaltetem bzw. gefaltetem Protein:

$$\Delta G_U^o(p) = -RT \ln K(p) = -RT \ln \frac{c_U(p)}{c_F(p)} \qquad (VI.73)$$

(° Standardzustand: Konzentrationen betragen 1 mol L^{-1} in einer idealen Lösung).

Die GIBBS-Energie-Änderung ist direkt mit der Volumenänderung ΔV_U^o bei der Entfaltung verknüpft:

$$\frac{d\Delta G_U^o(p)}{dp} = \Delta V_U^o \qquad (VI.74)$$

Aus der Bestimmung von ΔG_U^o in Abhängigkeit des Drucks und Auftragung von ΔG_U^o gegen p erhält man also ΔV_U^o.

Die Anteile x_F und x_U an gefaltetem bzw. entfaltetem Protein bekommt man z. B. über die spektroskopisch bestimmte Intensität I oder Extinktion eines Strukturelements mit Hilfe der UV/Vis-, Fluoreszenz- oder Infrarot-Spektroskopie, wobei die Intensitäten des gefalteten und entfalteten Zustands durch Intensitätsplateaus (I_F bzw. I_U) beschrieben werden: $I = x_F I_F + x_U I_U$ mit $x_F = c_F/(c_F+c_U) = (I_U - I(p))/(I_U - I_F)$ und $x_U = c_U/(c_F+c_U) = (I(p) - I_F)/(I_U - I_F)$. Abbildung VI.28 zeigt den aus Fluoreszenzmessungen erhaltenen Anteil entfalteten Proteins in Abhängigkeit des Drucks bei $T = 21$ °C.

Es ergibt sich eine negative Volumenänderung bei der Entfaltung, d. h., das Protein nimmt im entfalteten Zustand ein kleineres Volumen ein. Dies hängt damit zusammen, dass bei dessen Entfaltung die Packungsdefekte mit Lösungsmittelmolekülen gefüllt werden und dass bei der Exposition geladener und polarer Gruppen durch eine dichtere Packung des Hydratwassers (Elektrostriktion) eine Volumenverringerung eintritt.

Die kinetische Messung der Proteinfaltung erfolgt über die Bestimmung der Relaxationszeit τ. Die Relaxationszeit τ ist der Reziprokwert der beobachteten Geschwindigkeitskonstanten k_{obs}. Sie bestimmt hier ein exponentielles Zeitgesetz, was bei geringen Auslenkungen aus der Gleichgewichtslage meist vorliegt. Die gemessenen Intensitätsprofile $I(t)$ werden daher mit einer monoexponentiellen Funktion angepasst, die die Geschwindigkeitskonstante k_{obs}, die Intensitätsamplitude I_0 zur Zeit $t = 0$ und eine asymptotische Konstante C als Fitparameter enthält:

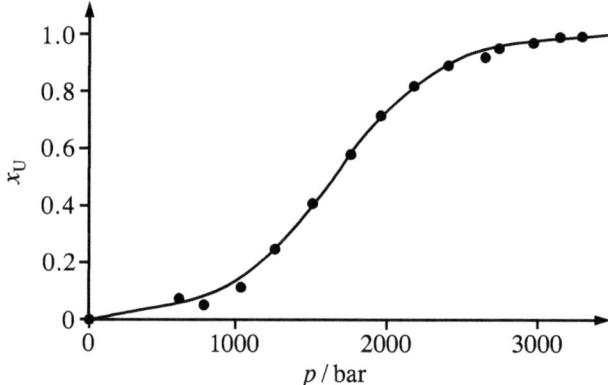

Abb. VI.28: Der mit Hilfe der Fluoreszenzspektroskopie erhaltene Anteil $x_U = c_U/(c_U+c_F)$ an entfaltetem Protein SNase bei $T = 21$ °C. Der entsprechende Anteil gefalteten Proteins ergibt sich aus $x_F = 1 - x_U$. Nach Gleichung VI.73 erhält man für die Entfaltungs-Gibbs-Energie $\Delta G_U^o = 13$ kJ mol^{-1} bei 1 bar und mit Gleichung VI.74 $\Delta V_U^o = -80$ mL mol^{-1} für die Volumenänderung bei der Entfaltung (nach: G. Panick, G. Vidugiris, R. Malessa, G. Rapp, R. Winter, C. A. Royer, Biochemistry **38** (1999) 4157).

$$I(t) = I_0 e^{-k_{obs} \cdot t} + C \tag{VI.75}$$

Somit lässt sich $k_{obs} = \tau^{-1}$ bei einem gegebenen Druck p ermitteln (s. Abb. VI.29).

In einem Zweizustandsmodell wird die Relaxationsrate ins neue Gleichgewicht nach dem Drucksprung durch die Geschwindigkeitskonstanten der Hinreaktion $k_U(p)$ und Rückreaktion $k_F(p)$ beim Druck p beschrieben:

$$k_{obs}(p) = \frac{1}{\tau(p)} = k_U(p) + k_F(p) \tag{VI.76}$$

(s. Lehrbücher der Reaktionskinetik). Diese Geschwindigkeitskonstanten lassen sich durch die Geschwindigkeitskonstanten bei Normaldruck $k_U(1)$ bzw. $k_F(1)$ und die korrespondierenden Aktivierungsvolumina $\Delta V_U^{\neq}$ bzw. $\Delta V_F^{\neq}$ beschreiben:

$$k_U(p) = k_U(1) \cdot e^{-\frac{p \cdot \Delta V_U^{\neq}}{RT}} \tag{VI.77}$$

$$k_F(p) = k_F(1) \cdot e^{-\frac{p \cdot \Delta V_F^{\neq}}{RT}} \tag{VI.78}$$

(wobei angenommen wurde, dass die Geschwindigkeitskonstanten beim Druck null in etwa denen bei 1 bar entsprechen). Das Reaktionsvolumen ΔV_U^o entspricht der Differenz der Aktivierungsvolumina von Hin- und Rückreaktion:

$$\Delta V_U^o = \Delta V_U^{\neq} - \Delta V_F^{\neq} \tag{VI.79}$$

während das Verhältnis der Geschwindigkeitskonstanten wie gewöhnlich die Gleichgewichtskonstante darstellt (Gl. VI.72):

2. Messmethoden der Kinetik biochemischer Reaktionen 517

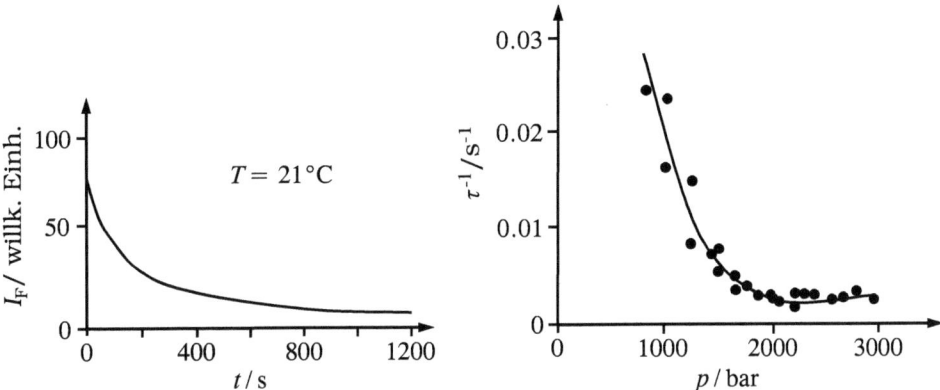

Abb. VI.29: Links: Zeitlicher Verlauf der intrinsischen Tryptophan-Fluoreszenzintensität von SNase nach eine Drucksprung von 1 bar auf 1,7 kbar bei pH 5,5 und T = 21 °C, gemessen mit einem schnell registrierenden CCD-Detektor. Aufgrund der Wasser-Exposition der Tryptophanreste im entfalteten Zustand nimmt die Fluoreszenzintensität ab. Drucksprünge können in beide Richtungen durchgeführt werden. Rechts: Druckabhängigkeit der Geschwindigkeitskonstante (Kehrwert der Relaxationszeit τ) (nach: G. Panick, G. Vidugiris, R. Malessa, G. Rapp, R. Winter, C. A. Royer, Biochemistry **38** (1999) 4157).

$$K(p) = k_U(p)/k_F(p) \tag{VI.80}$$

Gleichungen VI.77 und VI.78 werden auch in logarithmierter Form dargestellt:

$$\frac{\mathrm{d}\ln k_U}{\mathrm{d}p} = -\frac{\Delta V_U^{\neq}}{RT} \quad \text{bzw.} \quad \frac{\mathrm{d}\ln k_F}{\mathrm{d}p} = -\frac{\Delta V_F^{\neq}}{RT} \tag{VI.81}$$

(s. K. J. Laidler, *Chemical Kinetics*, Harper & Collins Publ., 1987). Werden die Gleichungen VI.77 und VI.78 in Gleichung VI.76 eingesetzt, ergibt sich:

$$k_{\mathrm{obs}}(p) = k_U(1) \cdot e^{-\frac{p \cdot \Delta V_U^{\neq}}{RT}} + k_F(1) \cdot e^{-\frac{p \cdot \Delta V_F^{\neq}}{RT}} \tag{VI.82}$$

Die beobachtete Geschwindigkeitskonstante $k_{\mathrm{obs}}(p)$ wird bei Kenntnis von ΔV_U^o und $K(1)$ (Gl. VI.79 und VI.80) nur noch durch die zwei Parameter $\Delta V_U^{\neq}$ und $k_U(1)$ beschrieben:

$$k_{\mathrm{obs}}(p) = k_U(1) \cdot e^{-\frac{p \cdot \Delta V_U^{\neq}}{RT}} \left(1 + \frac{1}{K(1) \cdot e^{-\frac{p \cdot \Delta V_U^o}{RT}}} \right) \tag{VI.83}$$

Durch Anpassen des gemessenen Profils $k_{\mathrm{obs}}(p) = \tau^{-1}$ mit Gleichung VI.83 lassen sich die Geschwindigkeitskonstante $k_U(1)$ und das Aktivierungsvolumen $\Delta V_U^{\neq}$ bestimmen. Die entsprechenden Werte für die Rückreaktion ergeben sich aus den Nebenbedingungen VI.79 und VI.80.

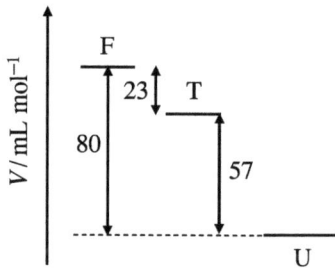

Abb. VI.30: Volumendiagramm für das Protein SNase: Partielle molare Volumina von SNase im gefalteten (*folded*, F), entfalteten (*unfolded*, U) und Übergangszustand (*transition state*, T) (nach: G. Panick, G. Vidugiris, R. Malessa, G. Rapp, R. Winter, C. A. Royer, Biochemistry **38** (1999) 4157).

Aus dem Fit an die experimentellen Ergebnisse (Abb. VI.29) erhält man für die Geschwindigkeitskonstanten und Aktivierungsvolumina der Faltung und Rückfaltung von SNase $k_F(1) = 0{,}18$ s^{-1}, $k_U(1) = 7 \cdot 10^{-4}$ s^{-1}, $\Delta V_F^{\neq} = 57$ mL mol^{-1} und $\Delta V_U^{\neq} = -23$ mL mol^{-1} für $T = 21$ °C. Die Aktivierungsvolumina sind zusammen mit dem Entfaltungsvolumen ΔV_U^o in Abbildung VI.30 dargestellt. Wir erkennen, dass der Übergangszustand sehr nahe am nativen, gefalteten Zustand liegt, d. h., dass das Protein im Übergangszustand (T) weitgehend dehydratisiert und gefaltet vorliegt. Interessanterweise sehen wir auch, dass das Aktivierungsvolumen für den Faltungsprozess ($\Delta V_F^{\neq}$) positiv und groß ist. Nach Gleichung VI.78 bedeutet dies, dass die Rückfaltung des Proteins unter Druck wesentlich langsamer verläuft als bei 1 bar (bei Normaldruck kann die Ent- und Rückfaltung des Proteins durch sprunghafte Änderung des pH-Wertes oder der Denaturans-Konzentration, z. B. von Harnstoff oder GdmCl, in *stopped flow*-Apparaturen induziert werden).

Lichtinduzierte Reaktionen
Biochemische Reaktionen können oftmals auch durch Absorption von Licht ausgelöst werden, wobei elektronisch angeregte Zustände oder Radikale erzeugt werden. Dies ist Grundlage einer weiteren kinetischen Messmethode, der *Blitzlichtphotolyse*, die von R. G. W. NORRISH und G. PORTER 1949 eingeführt wurde. Die Reaktion wird durch einen kurzzeitigen Photolyseblitz (meist mit Hilfe kurzer Lampen- oder Laserpulse) ausgelöst. Die Detektion der spektralen Eigenschaften des Systems erfolgt danach mittels kinetischer Spektralphotometrie. Die Spektren werden dabei elektronisch (früher auch photographisch) zu verschiedenen Zeiten nach der Auslösung des Photolyseblitzes registriert. Voraussetzung zur Anwendung dieser Methode ist die Photosensitivität der zu untersuchenden Biomoleküle. Durch die Einführung von gepulsten Lasern konnte die Blitzlichtphotolyse bis in den ps-Bereich vordringen (*flash*-Spektroskopie). Dabei wird der Lichtpuls in zwei Strahlen aufgeteilt; einer dient der Anregung der Probe, der andere als spektroskopischer Lichtpuls zur spektroskopischen Abfrage des Systems. Zur zeitlichen Verzögerung wird letzterer über Spiegel umgelenkt und gelangt schließlich z. B. in eine fluoreszierende Lösung, die Licht innerhalb eines bestimmten Spektralbereichs aussendet.

Mit dieser Methode können Prozesse des Sehvorgangs, die Bindung von O_2 an Hämoglobin und Myoglobin sowie viele weitere schnelle biochemische Vorgänge untersucht werden. Als

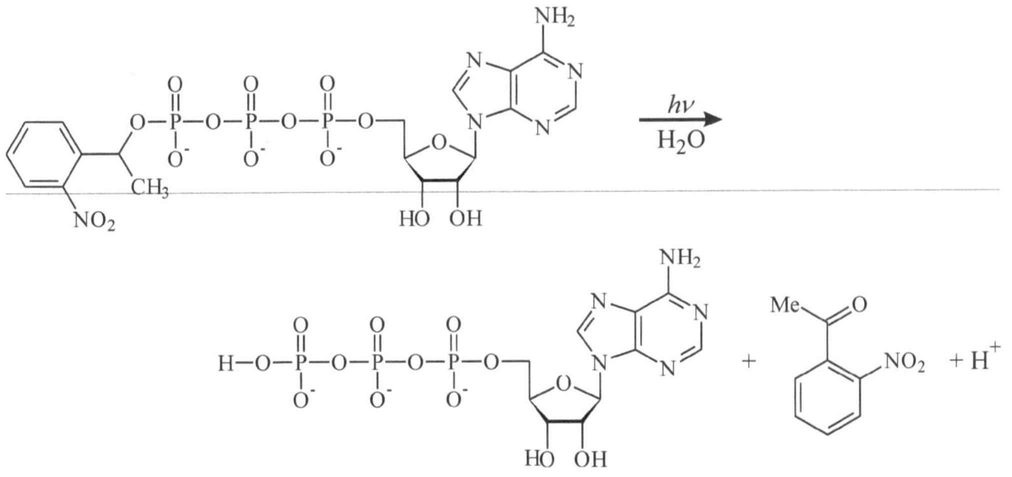

2. Messmethoden der Kinetik biochemischer Reaktionen

Abb. VI.31: Photolytische Spaltung von NPE-*caged*-ATP.

sehr hilfreich haben sich sog. *caged*-Verbindungen (engl.: *cage*, Käfig) erwiesen. Diese sind photolysierbare Verbindungen, die bei Bestrahlung mit Licht bestimmter Wellenlängen eine reaktive Substanz, den „Effektor", freisetzen, der die eigentliche Reaktion auslöst. Durch die Verwendung von Lasern ist es möglich, einen biochemischen Prozess, wie z. B. eine enzymkatalysierte Reaktion oder eine Signalübertragung, sehr schnell (meist im Bereich von μs bis ps) zu starten. Als Beispiel betrachten wir NPE-*caged*-ATP (Adenosin-5'-triphosphat, dass mit einer 1-(2-Nitrophenyl)ethyl-Gruppe verestert ist, s. Abb. VI.31). Wenn man NPE-*caged*-ATP mit dem Muskelenzym Ca^{2+}-ATPase, das ATP als Substrat benötigt, vermischt, erkennt das Enzym das modifizierte ATP nicht. Durch Bestrahlung mit UV-Licht wird jedoch die NPE-Gruppe abgespalten und das ATP vom Enzym als Substrat erkannt. Die bei der Reaktion erfolgende strukturelle Änderung der Ca^{2+}-ATPase kann z. B. mit Hilfe der FTIR-Spektroskopie verfolgt werden (siehe z. B. G. C. R. Ellis-Davies, Nat. Methods **4** (2007) 619; A. Barth, C. Zscherp, FEBS Lett. **477** (2000) 151; A. Barth, W. Mäntele, W. Kreutz, Biochim. Biophys. Acta **1057** (1991) 115).

2.3 Oberflächenplasmonenresonanz (SPR)

Mit Hilfe der Oberflächenplasmonenresonanz-Methode (engl.: *surface plasmon resonance*, SPR) ist es möglich, die Kinetik biomolekularer Wechselwirkungen an wässrig-festen Grenzflächen zu verfolgen. Mit Hilfe kommerzieller Geräte und z. T. vorgefertigter Sensoroberflächen können im Wesentlichen Bindungsreaktionen zwischen gelösten Substanzen und der Grenzfläche in Echtzeit ohne zusätzliche Markierungen detektiert werden. Das Prinzip der Methode beruht auf der Änderung des Brechungsindex in der Nähe der Grenzfläche durch die anbindenden Moleküle. Über die indirekte Messung dieses Brechungsindex lassen sich so u. a. die adsorbierte Masse, Geschwindigkeitskonstanten für Assoziations- und Dissoziationsprozesse (k_{on} bzw. k_{off}) und Gleichgewichtskonstanten der Dissoziation K_D oder Assoziation $K_A = 1/K_D$ ermitteln.

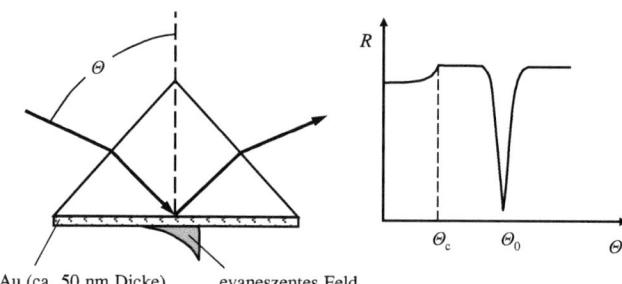

Au (ca. 50 nm Dicke)   evaneszentes Feld

Abb. VI.32: Links: Anregung von Oberflächenplasmonen in einem auf der Prismenunterseite aufgebrachten Metallfilm bei Einstrahlwinkeln oberhalb des kritischen Winkels ($\Theta > \Theta_c$). Beim Winkel Θ_0 werden Oberflächenplasmonen erzeugt und das eingestrahlte Licht absorbiert. Rechts: Oberhalb des kritischen Winkels liegt interne Totalreflektion vor, so dass die Reflektivität $R = 1$ beträgt. Bei Θ_0 ist R aufgrund der Lichtabsorption vermindert. Θ_0 hängt vom Brechungsindex des angrenzenden Mediums ab, in das eine evaneszente Welle bei Totalreflexion hineinreicht (etwa 200 bis 300 nm).

Eine Oberflächenplasmonenresonanz kann auftreten, wenn parallel polarisertes Licht in einem Prisma intern totalreflektiert wird, wobei die reflektierende Seite mit einem dünnen Goldfilm beschichtet ist (Abb. VI.32). Interne Totalreflexion (engl.: *total internal reflection*, TIR) tritt immer dann auf, wenn der Einstrahlwinkel Θ (zur Grenzflächennormalen gemessen) größer als der kritische Winkel Θ_c ist. Obwohl bei der TIR keine Energie transmittiert wird, reicht das elektrische Feld des reflektierten Lichts in das optisch dünnere Medium hinein. Jenseits der Grenzfläche fällt die elektrische Feldstärke allerdings exponentiell mit dem Abstand zur Grenzfläche ab, wobei die Reichweite in der Größenordnung der Wellenlänge liegt.

Bei der SPR-Methode verwendet man ein Prisma, das auf der Unterseite mit einem dünnen Goldfilm beschichtet ist (Abb. VI.32). Bei einem bestimmten Einstrahlwinkel Θ_0 des Lichts können die Leitungselektronen im Goldfilm zu einer kollektiven Schwingung angeregt werden, was man als Oberflächenplasmonenresonanz bezeichnet. Hierbei entstehen Regionen mit periodisch schwankender Elektronendichte, was eine Verstärkung des evaneszenten elektrischen Feldes bewirkt. Die Wellenlänge der Oberflächenplasmonen hängt sensitiv vom Brechungsindex auf der nichtmetallischen Seite der Oberfläche (dem Dielektrikum) ab.

Um Oberflächenplasmonen im Goldfilm anregen zu können, muss der Lichtwellenvektor eine Komponente parallel zur Grenzfläche besitzen, die mit dem Wellenvektor der Oberflächenplasmonen in Richtung und Größe übereinstimmt. Die hierdurch induzierte Resonanzkopplung verursacht einen Energieverlust des reflektierten Lichts, so dass trotz Totalreflexion eine Reflektivität kleiner als eins gemessen wird. Trägt man die Reflektivität R als Funktion des Einstrahlwinkels Θ auf, zeigt sich beim Winkel der Oberflächenplasmonenresonanzanregung Θ_0 ein scharfes Minimum (Abb. VI.32). Der Winkel, bei dem das Minimum auftritt, ist das Messsignal der SPR-Methode.

Die Resonanzbedingung, die sich durch Gleichsetzen der Wellenvektorkomponente des Lichts parallel zur Oberfläche mit dem Wellenvektor des Oberflächenplasmons ergibt, lautet

2. Messmethoden der Kinetik biochemischer Reaktionen

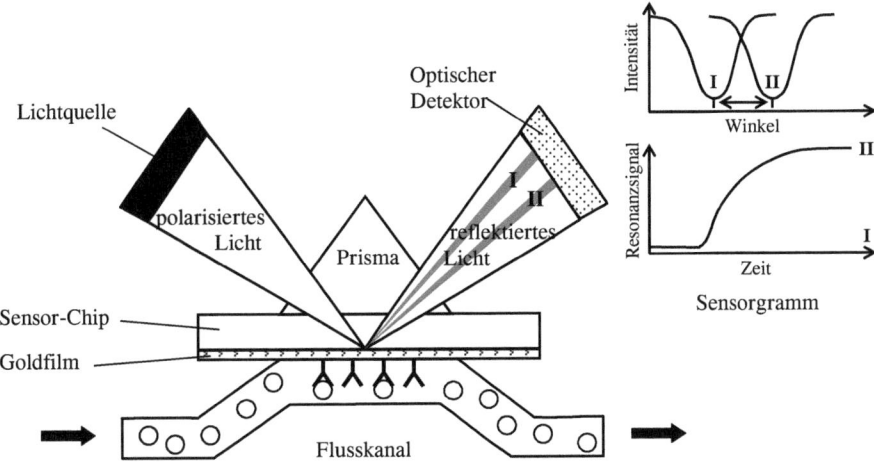

Abb. VI.33: Schematischer Aufbau eines SPR-Systems. Adsorption des Analyten (O) an der Sensoroberfläche (Y) führt zu einer Zunahme des Brechungsindex ($n_3 = \varepsilon_3^{1/2}$), der den SPR-Winkel verändert. Die Winkeländerung des Intensitätsminimums durch Adsorption wird gemessen (kleine Diagramme oben rechts: von I nach II). Die Software ermöglicht die Wahl der Temperatur in der Fließzelle und der Fließrate (in der Regel 1 - 100 µL/min) der den Analyten enthaltenden Lösung. Die Änderung des Resonanzwinkels wird in der Praxis in Resonanzeinheiten (*resonance units*, RU) angegeben. Ein Messsignal von 10^3 RU entspricht einer Winkeländerung von 0,1 Grad, die im Fall einer Bindung von Proteinen mit einer Massenbelegung von etwa 1 mg/m² verbunden ist. Die Ausgabe der Daten erfolgt in Form eines Sensorgramms, in dem der RU-Wert in Abhängigkeit von der Zeit aufgetragen wird.

$$\sin\Theta_0 \cdot \sqrt{\varepsilon_1(\lambda)} = \sqrt{\frac{\varepsilon_2(\lambda) \cdot \varepsilon_3(\lambda)}{\varepsilon_2(\lambda) + \varepsilon_3(\lambda)}} \tag{VI.84}$$

mit den wellenlängenabhängigen relativen Dielektrizitätszahlen ε_1 des Prismas, ε_2 des Metallfilms und ε_3 der angrenzenden Probe. Sie lässt sich numerisch lösen. Man sieht, dass eine Änderung der dielektrischen Funktion der an den Metallfilm angrenzenden Probenschicht ($\varepsilon_3 = n_3^2$), die z. B. bei einer Bindungsreaktion auftritt, eine Änderung des Winkels Θ_0 bei fester Resonanzwellenlänge λ zur Folge hat.

Allgemein wird entweder weißes Licht parallel eingestrahlt und die Resonanzwellenlänge bestimmt, oder es wird monochromatisches Licht unter mehreren Winkeln eingestrahlt und der Resonanzwinkel gemessen. Letztere Methode wird in den kommerziell erhältlichen Biacore-Instrumenten angewandt. Abbildung VI.33 zeigt das Funktionsprinzip. Wird ein Lichtkegel einer bestimmten Wellenlänge durch ein Glasprisma auf die Grenzfläche gerichtet, so erfolgt an der Grundfläche des Prismas Totalreflexion, solange die Einstrahlwinkel des Lichtkegels oberhalb des kritischen Winkels liegen (der Brechungsindex des Prismas n_1 ist größer als der der Probe n_3). Das totalreflektierte Licht tritt unter den gleichen Winkeln aus dem Prisma, wie es eingestrahlt wurde, und wird mit einem Photodetektor (z. B. CCD-Kamera) detektiert. Im Fall der Totalreflexion propagiert eine evaneszente Welle mit einer charakteristischen Abklinglänge in das benachbarte Dielektrikum, die Probe (Flusszelle). Kommt es nun an der

522   VI. Biochemische Reaktionen

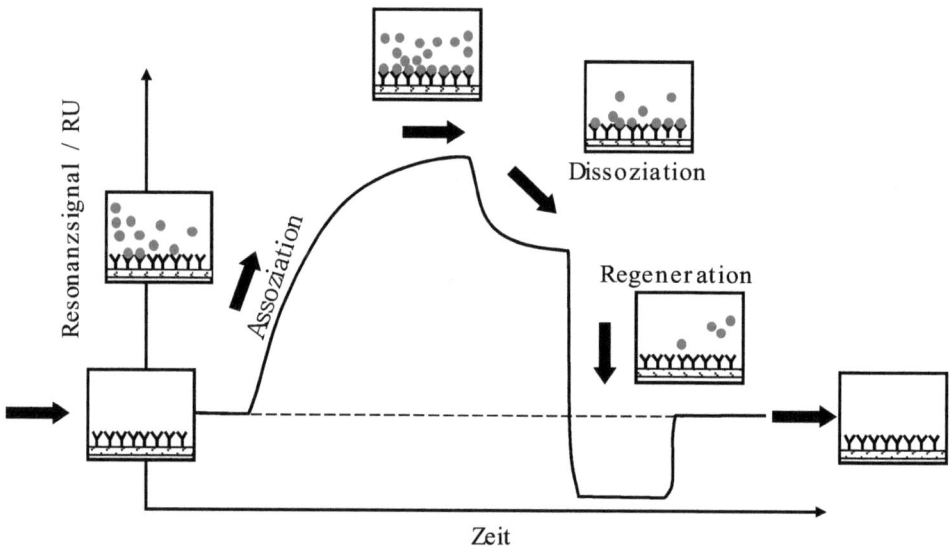

Abb. VI.34: Schematische Darstellung der Detektion biomolekularer Wechselwirkungen mit Hilfe der SPR-Methode in einem Sensorgramm.

Goldoberfläche zu geringen Änderungen der Massebeladung, z. B. durch Anlagerung von Proteinen, so ändert sich der Brechungsindex $n_3 = \varepsilon_3^{1/2}$, was zu einer detektierbaren Verschiebung des Intensitätsminimums im Winkelbereich des reflektierten Lichtkegels führt (Abb. VI.33, von I nach II). Diese Verschiebung korreliert mit der adsorbierten Masse.

Ein typisches Sensorgramm zeigt Abbildung VI.34. Nach Immobilisierung eines Liganden, z. B. ein Protein, an der Sensorchipoberfläche wird der Analyt, z. B. ein anderes interagierendes Protein, in die Flusszelle injiziert. Der starke Anstieg der Kurve im Sensorgramm ist auf die Bindung des Analyten an immobilisierte Liganden auf der Chipoberfläche zurückzuführen. Durch Bindung des Analyten an den Liganden ändert sich der Brechungsindex an der Sensorchipoberfläche und dadurch auch der Einfallswinkel für die Oberflächenplasmonenresonanz. Das Resonanzsignal steigt an, bis der Gleichgewichtszustand erreicht ist. Wird der Analyt anschließend durch reine Pufferlösung ersetzt, kommt es zur partiellen Dissoziation und das SPR-Signal sinkt wieder ab (Dissoziationsphase). Nach der Messung kann der Sensorchip i. d. R. regeneriert werden und steht dann für eine neue Messung zur Verfügung.

Die SPR-Spektroskopie wird oftmals dazu eingesetzt, Wechselwirkungen in biologischen Systemen zu quantifizieren. Hierzu zählen die Erkennung von Antigenen durch Antikörper, die Bildung von Enzym-Substrat-Komplexen, die Hybridisierung von DNA sowie die spezifische Protein-Protein-Wechselwirkung. Um unspezifische Proteinadsorption an einer Sensorchipoberfläche zu vermeiden, verwendet man meist Beschichtungen mit Polysacchariden, wie Dextran. Kommerziell erhältliche Sensorchips weisen z. B. eine carboxymethylierte Dextranbeschichtung mit einer Dicke von etwa 100 nm auf. An die Carboxylgruppen können verschiedenste Moleküle über NH_2-, SH-, CHO-, OH- und COOH-Gruppen kovalent gekoppelt

2. Messmethoden der Kinetik biochemischer Reaktionen 523

werden. Die Sensitivität gängiger, auf SPR-beruhender Biosensoren liegt in einer Größenordnung von etwa 0,1 µg/m².

Der Echtzeit-Modus der Methode eröffnet weiterhin die Möglichkeit, kinetische Messungen auf einer Zeitskala von etwa 10^{-1} bis 10^3 s durchzuführen. Als Beispiel betrachten wir das folgende Bindungsgleichgewicht zwischen dem Analyten A und dem Liganden L:

$$A + L \xrightleftharpoons[k_{off}]{k_{on}} AL \tag{VI.85}$$

k_{on} ist die Geschwindigkeitskonstante der Bindung von A an den immobilisierten Liganden L (d. h. die pro Zeit- und Volumeneinheit gebildete Stoffmenge an AL-Komplex, wenn die Konzentrationen von A und L jeweils 1 M betragen), k_{off} ist die Geschwindigkeitskonstante für den Dissoziationsprozess (d. h., die pro Zeiteinheit abgebaute Konzentration an AL-Komplex, wenn dessen Konzentration 1 M beträgt).

$$K_D = \frac{c_A \cdot c_L}{c_{AL}} = \frac{k_{off}}{k_{on}} \tag{VI.86}$$

ist die Gleichgewichtskonstante für den Dissoziationsprozess. Die genannten Parameter haben typischerweise Wertebereiche von $K_D = 10^{-6}\ldots10^{-9}$ M, $k_{on} = 10^{-3}\ldots10^{7}$ M^{-1}s^{-1} und $k_{off} = 10^{-1}\ldots10^{-6}$ s^{-1}. Hohe K_D-Werte bedeuten eine geringe Affinität von A zu L. Das Messsignal R (gemessen in RU) im SPR-Sensorgramm ist proportional zur Massenkonzentration an der Grenzfläche und damit zur Konzentration c_{AL} an gebundenem Analyt. Für die Zeitabhängigkeit des Resonanzsignals bekommt man dann:

$$\begin{aligned}\frac{dR(t)}{dt} &= k_{on} \cdot c_A \cdot c_L(t) - k_{off} \cdot c_{AL}(t) \\ &= k_{on} \cdot c_A \cdot [R_{max} - R(t)] - k_{off} \cdot R(t)\end{aligned} \tag{VI.87}$$

da $c_L(t) = c_{L,max} - c_{AL}(t) \propto R_{max} - R(t)$. Die freie Analytkonzentration c_A in der Flussstelle bleibt konstant. R_{max} bezeichnet man als maximale Bindungskapazität, sie ist proportional zur Anfangskonzentration an L, $c_{L,max}$. Die aktuelle freie Konzentration an Ligand an der Oberfläche ist daher proportional zu $R_{max} - R(t)$.

Im dynamischen Gleichgewicht ist $dR(t)/dt = 0$ und wir erhalten

$$R_{GG} = \frac{c_A R_{max}}{\frac{k_{off}}{k_{on}} + c_A} = \frac{c_A R_{max}}{K_D + c_A} \tag{VI.88}$$

Gleichung VI.88 hat die gleiche Form wie die LANGMUIR-Adsorptionsisotherme. K_D erhält man damit aus der Vermessung der Gleichgewichtsplateauwerte $R_{GG}(c_A)$ in Abhängigkeit der Analyt-Konzentration c_A und der Anpassung der $R_{GG}(c_A)$-Gleichung an die Daten. Eine lineare Auftragung erhält man durch Kehrwertbildung:

$$\frac{1}{R_{GG}} = \frac{1}{R_{max}} + \frac{K_D}{R_{max}} \cdot \frac{1}{c_A} \tag{VI.89}$$

Um die kinetischen Konstanten k_{on} und k_{off} zu erhalten, passt man an die experimentelle Kurve, das Sensorgramm, ein geeignetes mathematisches Reaktionsmodell an. In der Assoziationsphase steigt des Messsignal $R(t)$ – abhängig von c_A – schnell an, und die Steigung der Kurve $dR(t)/dt$ ist durch Gleichung VI.87 gegeben, so dass sich k_{on} durch einen entsprechenden Fit bestimmen lässt. Für $t \to 0$ erhält man speziell:

$$\frac{dR(t)}{dt} = k_{on} \cdot c_A \cdot R_{max} \tag{VI.90}$$

Nach Erreichen eines Gleichgewichtszustands der Adsorption für die maximale Konzentration an Analyt erhält man durch nachfolgendes Einspülen von reinem Lösungsmittel (Puffer) zur Zeit $t = 0$ (wenn also $c_A = 0$) in der Dissoziationsphase die Geschwindigkeitskonstante k_{off} auch aus der Abnahme von $R(t)$:

$$R(t) = R(0) \cdot e^{-k_{off} \, t} \tag{VI.91}$$

Bei komplexen Bindungsgleichgewichten erweist sich ein globaler Fit der Assoziations- und Dissoziationsphase für einige Analytkonzentrationen zur Bestimmung der kinetischen und thermodynamischen Parameter als sinnvoll (T. A. Morton, D. G. Myszka, I. M. Chaiken, *Analyt. Biochem.* **227** (1995) 176).

Abbildung VI.35 zeigt als Beispiel die Wechselwirkung des lipidierten Signalproteins K-Ras 4B mit einer Phospholipidmembran, die auf einem Sensorchip aufgebracht ist. K-Ras 4B besitzt neben einem Farnesyl-Lipidanker eine polybasische Region am C-Terminus, die mit negativ geladenen Phospholipiden von Membranen stark wechselwirkt (s. a. A. Gohlke, G. Triola, H. Waldmann, R. Winter, *Biophys. J.* **98** (2010) 2226).

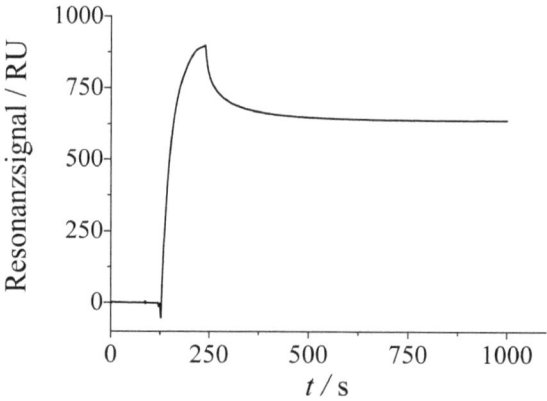

Abb. VI.35: Sensorgramm der Interaktion von K-Ras 4B mit einer Phospholipidmembran, die 10 % negativ geladene Lipide enthält. Man erhält einen k_{on}-Wert von $1{,}7 \cdot 10^4$ M^{-1}s^{-1} und einen k_{off}-Wert von $3{,}6 \cdot 10^{-2}$ s^{-1}, woraus sich ein K_D-Wert von $2{,}1 \cdot 10^{-6}$ M ergibt (S. Möbitz, G. Triola, H. Waldmann, R. Winter).

3. Bindungsgleichgewichte

Der Wechselwirkung von Biopolymeren mit Liganden im Ablauf biologischer Prozesse kommt natürlich allgemein eine große Bedeutung zu. Mit der SPR-Technik haben wir eine wichtige Methode kennengelernt, Bindungsgleichgewichte und die Kinetik der Ligandenbindung an ein Substrat zu vermessen. Abschließend wollen wir noch einen kurzen Blick auf solche Bindungsgleichgewichte richten, bei denen auch kooperative Effekte auftreten. Beispiele sind natürlich wieder Enzym-Substrat-Wechselwirkungen, aber auch die Wechselwirkung von Hormonen mit Rezeptoren oder von Effektoren mit Signalproteinen.

Biopolymere (z. B. Proteine) können nicht nur über einen, sondern auch über mehrere Liganden-Bindungsplätze verfügen. Bezeichnet man die Gesamtkonzentration der Biopolymermoleküle mit $c_{M,tot}$, so beträgt die mittlere Zahl der an ein Makromolekül gebundenen Ligandenmoleküle $\nu = c_{L,b}/c_{M,tot}$ ($c_{L,b}$ ist die Konzentration der gebundenen Ligandenmoleküle). Wenn Messungen bis zu einer hinreichend hohen Konzentration an Ligand, bei der sich die Sättigungsbelegung der Bindungsplätze einstellt, durchgeführt werden, erreicht ν seinen oberen Grenzwert n; n gibt die Zahl der Bindungsplätze des Makromoleküls an.

Weiterhin ist zu beachten, dass durch Bindung eines Liganden an einer Bindungsstelle die Bindung eines weiteren Liganden an einer anderen Bindungsstelle desselben Makromoleküls im Sinne einer kooperativen Wechselwirkung beeinflusst werden kann, so dass die Bindungskonstanten für diese beiden Liganden unterschiedliche Werte annehmen können. Ein prominentes Beispiel für ein solch komplexes Bindungsgleichgewicht ist die Beladung von Hämoglobin mit Sauerstoff, die spektroskopisch verfolgt werden kann (s. Abb. I.38, Kap. V.3.5).

Wir hatten bislang den einfachsten Fall eines Bindungsgleichgewichts besprochen: Ein Makromolekül M hat $n = 1$ Bindungsstelle für ein Ligandmolekül L:

$$M + L \longleftrightarrow ML \tag{VI.92}$$

Die Dissoziationskonstante K_D, der Kehrwert der Assoziationskonstante K_A, ist gegeben durch

$$K_D = \frac{c_M \cdot c_L}{c_{ML}} \tag{VI.93}$$

Für den Anteil der belegten Bindungsplätze ergibt sich:

$$\nu = \frac{c_{ML}}{c_M + c_{ML}} = \frac{c_L}{K_D + c_L} \tag{VI.94}$$

Die Auftragung von ν in Abhängigkeit der Konzentration c_L an freiem Ligand nennt man auch Bindungsisotherme. Ihr Verlauf ist hyperbolisch und strebt gegen den Grenzwert Eins. Für $\nu = 0{,}5$ (halbe Sättigung) gilt $K_D = c_L$.

Betrachten wir nun den Fall, dass das Makromolekül n Bindungsstellen besitzt. Wir gehen zunächst von einem Modellansatz unbegrenzter Kooperativität aus, d. h., die Ligandenmoleküle werden in einem „Alles oder Nichts"-Prozess gebunden. Das Bindungsgleichgewicht kann durch die Reaktionsgleichung

$$M + nL \longleftrightarrow ML_n \tag{VI.95}$$

mit der makroskopischen Dissoziationskonstante

$$K_D^n = \frac{c_M \cdot c_L^n}{c_{ML_n}} \tag{VI.96}$$

beschrieben werden. Für die mittlere Zahl der an M gebundenen Ligandenmoleküle L (z. B. ein Enzym, das aus n Untereinheiten besteht, von denen jede einen Liganden L binden kann) ergibt sich folgende Beziehung (s. z. B. K. E. van Holde, W. C. Johnson, P. S. Ho, *Principles of Physical Biochemistry*, Prentice Hall, 1998):

$$v = \frac{n\, c_{ML_n}}{c_M + c_{ML_n}} \tag{VI.97}$$

Die gesamte Dissoziationskonstante K_D^n ergibt sich hier als Produkt der individuellen Dissoziationskostanten K_D. Der relative Sättigungsgrad (oder die fraktionelle Sättigung) pro Ligandenbindungsstelle beträgt

$$\theta = \frac{v}{n} = \frac{c_{ML_n}}{c_M + c_{ML_n}} = \frac{c_L^n}{K_D^n + c_L^n} \tag{VI.98}$$

θ nimmt damit Werte zwischen 0 und 1 an. Solche Bindungsisothermen lassen sich z. B. mit Hilfe der Gleichgewichtsdialyse oder spektroskopischer Verfahren, die z. B. den Unterschied von gebundenem und freiem Liganden registrieren, vermessen.

In realen Systemen kommt es jedoch i. Allg. nicht zu einem solchen hochkooperativen Prozess. Man ersetzt daher den Exponenten n durch einen von A. HILL eingeführten empirischen Faktor n_H, der als HILL-Koeffizient bezeichnet wird. Man erhält die sog. HILL-Gleichung:

$$\theta = \frac{c_L^{n_H}}{K_D^n + c_L^{n_H}} \quad \text{oder in der Form} \quad \frac{\theta}{1-\theta} = \frac{c_L^{n_H}}{K_D^n} \tag{VI.99}$$

Nach Logarithmierung der HILL-Gleichung gemäß

$$\ln\frac{\theta}{1-\theta} = n_H \ln c_L - \ln K_D^n \tag{VI.100}$$

kann man mit einer Auftragung von $\ln[\theta/(1-\theta)]$ gegen $\ln c_L$ (sog. HILL-Plot) aus der Steigung n_H ermitteln. K_D^n folgt aus dem Ordinatenabschnitt der Kurve. Ist $n_H = 1$ über den ganzen Bereich, so liegt ein Bindungsgleichgewicht ohne Kooperativität vor. Maximale Kooperativität wäre für $n_H = n$ gegeben. Für $n_H > 1$ spricht man von einem positiv kooperativen Verhalten, was sich in einer sigmoidalen Bindungskurve widerspiegelt. Der Fall $n_H < 1$ kann auch vorkommen; er beschreibt den Fall einer negativen Kooperativität, also den Fall, dass die Affinität der Nachbarbindungsstellen durch Bindung eines Liganden reduziert wird. Der HILL-Gleichung liegt damit ein empirisches Anpassungsverfahren und kein mechanistisches Modell der Ligandenbindung zugrunde.

Als Beispiel zeigt Abbildung VI.36 die fraktionelle Sättigungskurve für die O_2-Bindung an Myoglobin (Mb) und Hämoglobin (Hb). Hier ist der Sättigungsgrad, der Anteil an O_2-bindenden Stellen, gegeben durch

3. Bindungsgleichgewichte

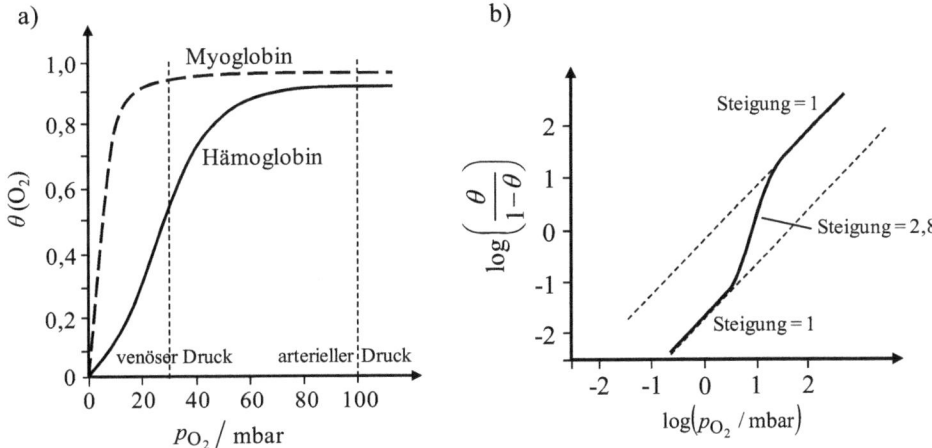

Abb. VI.36: a) O$_2$-Bindungskurve von Myoglobin (Mb) und Hämoglobin (Hb) im gesamten Blut. Es sind auch typische p_{O_2}-Werte für venöses Blut (im stoffwechseltreibendem Gewebe) und arterielles Blut (in der Lunge) angegeben. Die O$_2$-Bindungskurve von Mb ähnelt einer hyperbolischen Kurve, die von Hämoglobin (Hb) weist dagegen eine sigmoidale (S-förmige) Form auf. Die Halbsättigung für Mb liegt bei einem Sauerstoffpartialdruck von 2 mbar, die für Hb bei etwa 26 mbar. b) Experimentell bestimmter HILL-Plot von Hämoglobin zur Bestimmung des HILL-Koeffizienten; für $\theta = 0,5$ findet man $n_H = 2,8$. Wenn die θ- bzw. $\theta/(1-\theta)$-Werte klein sind, ist $n_H = 1$, da die Hb-Untereinheiten unabhängig voneinander um O$_2$ konkurrieren. Wenn diese Werte groß werden und mindestens 3 der 4 Bindungsstellen besetzt sind, ist die Steigung im HILL-Plot ebenfalls eins, da die letzten unbesetzten Stellen unabhängig voneinander besetzt werden (s. z. B. D. Voet, J. G. Voet, C. W. Pratt, *Fundamentals of Biochemistry*, John Wiley & Sons, 1999).

$$\theta(O_2) = \frac{p_{O_2}^{n_H}}{K_D^n + p_{O_2}^{n_H}} \tag{VI.101}$$

wobei aufgrund der Proportionalität der O$_2$-Konzentration in Lösung mit dem Partialdruck des Sauerstoffs die Konzentration durch den Partialdruck p_{O_2} ersetzt wurde. Für $\theta(O_2) = 0,5$ ist $K_D^n = p_{O_2,50}^{n_H}$, wobei $p_{O_2,50}$ der Sauerstoffpartialdruck ist, bei dem eine 50 %ige Sättigung erreicht ist. Für Myoglobin ergibt sich in der HILL-Auftragung eine Gerade mit Steigung $n_H = 1$. Für das tetramere Hämoglobin des Menschen, an dem die O$_2$-Bindung in mehreren Stufen abläuft, erhält man dagegen n_H-Werte von etwa 2,8 (Abb. VI.36b). Hier liegt also eine positive kooperative Wechselwirkung zwischen den Bindungsstellen vor, d. h., die Bindung eines O$_2$-Moleküls erhöht die Affinität für die Bindung weiterer Sauerstoffmoleküle. Eine detaillierte Analyse ergibt, dass das vierte O$_2$ eine etwa 20-fach erhöhte Affinität an Hb gegenüber dem ersten besitzt. Dies ist auf die Wechselwirkung zwischen den Globin-Proteinuntereinheiten zurückzuführen. Bei der O$_2$-Bindung ändert sich die Struktur der Sauerstoffbindungsstelle. Die gegenseitige Orientierung der αβ-Dimere ändert sich in der Folge: Sie drehen sich um ca. 15° gegeneinander (Übergang von der T- (engl.: *tense*) in die R- (engl.: *relaxed*) Form). Auf diese Weise werden die strukturellen Änderungen an einem Eisenatom auf das andere in der Nachbareinheit übertragen. Dass die Bindung eines Liganden an einer Stelle des Makromoleküls durch eine Konformationsänderung die Aktivität an einer anderen Stelle beeinflusst, ist ein in der Biochemie häufig angetroffener Prozess. Er wird als allosterische Kontrolle bezeichnet. Wie auch aus Abbildung VI.36a ersichtlich, erlaubt das O_2-Bindungsverhalten an Hb es dem Blut, viel mehr O_2 an das umgebende Gewebe abzugeben als dies nach einem hyperbolischen-Bindungsverlauf möglich wäre.

Eine tiefer gehende Beschreibung der zugrunde liegenden Prozesse erfordert die Entwicklung theoretischer Modellansätze zur Erklärung des Prinzips der allosterischen Regulierung, wie das konzertierte Modell (MONOND-WYMAN-CHANGEUX-Modell), das sequenzielle Modell (KOSHLAND-NÉMETHY-FILMER-Modell) oder Kombinationen dieser Modellansätze (s. z. B. K. E. van Holde, W. C. Johnson, P. S. Ho, *Principles of Physical Biochemistry*, Prentice Hall, 1998). Sie gehen von der Unterscheidung zwischen zwei Konformationszuständen der Proteinuntereinheiten aus und helfen, den sigmoidalen Verlauf der Bindungskurve, der ein charakteristisches Merkmal allosterisch regulierter Enyzme darstellt, mechanistisch besser zu verstehen.

4. Literatur zu Kapitel VI

A. Fersht, *Structure and Mechanism in Protein Science: A Guide to Enzyme Catalysis and Protein Folding*, Freeman, New York, 1999.

J. M. Berg, J. L. Tymoczko, L. Stryer, *Biochemie*, Spektrum Verlag, München, 2007.

H. Bisswanger, *Enzymkinetik - Theorie und Methoden*, VCH, Weinheim, 1994.

K. Hiromi, *Kinetics of Fast Enzyme Reactions*, Halstead Press, New York, 1979.

D. V. Roberts, *Enzyme Kinetics*, Cambridge University Press, Cambridge, 1977.

A. Cornish-Bowden, *Fundamentals of Enzyme Kinetics*, Portland Press, London, 1995.

A. Cornish-Bowden, *Analysis of Enzyme Kinetic Data*, Oxford University Press, Oxford, 1995.

B. Nölting, *Protein Folding Kinetics*, Springer-Verlag, Berlin, 1999.

M. Dixon, E. C. Webb, *Enzymes*, Kap. IV, Academic Press, New York, 1979.

I. Tinoco, K. Sauer, J. C. Wang, *Physical Chemistry. Principles and Applications for Biological Sciences*, Prentice-Hall, New York, 1985.

M. J. Pilling, P. W. Seakins, *Reaction Kinetics*, Oxford University Press, Oxford, 1995.

C. A. Fierke, G. G. Hammes, „Transient Kinetic Approaches to Enzyme Mechanism", in: *Enzyme Kinetics and Mechanism, Part D: Developments in Enzyme Dynamics*, D. L. Purich (Hrsg.), Methods in Enzymology **249** (1995) 3.

K. A. Johnson, „Rapid Quenching Kinetic Analysis of Polymerases, Adenosintriphosphatases, and Enzyme Intermediates", in: *Enzyme Kinetics and Mechanism, Part D: Developments in Enzyme Dynamics*, D. L. Purich (Hrsg.), Methods in Enzymology **249** (1995) 38.

D. A. Schultz, „Plasmon resonant particles for biological detection", Curr. Opin. Biotechn. **14** (2003) 13.

J. Homola, S. S. Yee, G. Gauglitz, „Surface plasmon resonance sensors: review", Sensors and Actuators B **54** (1999) 3.

D. T. Haynie, *Biological Thermodynamics*, Cambridge University Press, Cambridge, 2001.

K. E. van Holde, W. C. Johnson, P. Shing Ho, *Principles of Physical Biochemistry*, Prentice Hall, New Jersey, 1998.

J. Wyman, S. J. Gill, *Binding and Linkage: Functional Chemistry of Biological Macromolecules*, University Science Books, Mill Valley, 1990.

VII. Radioaktive Nuklide

Die radioaktive Markierung von Molekülen ermöglicht es, diese gezielt in biochemischen Untersuchungen einzusetzen und ihren Weg sowie ihre Reaktionen (z. B. in der Zelle) genau zu verfolgen. Es ist jederzeit möglich, den Ort eines markierten Moleküls oder die chemischen Reaktionen, die es eingegangen ist, zu bestimmen. Es sind Untersuchungen an Substanzmengen im Bereich von 10^{-12} mol routinemäßig möglich. Die Markierung mit zwei verschiedenen radioaktiven Isotopen erlaubt des Weiteren, zwei ansonsten identische Verbindungen, die zu unterschiedlichen Zeitpunkten synthetisiert wurden, zu unterscheiden. Damit ist die radioaktive Markierung ein wichtiges Instrument zur Erforschung molekularer Reaktionsmechanismen in Zellen.

1. Physikalische Eigenschaften radioaktiver Nuklide

Radioaktive Stoffe sind dadurch gekennzeichnet, dass sie unabhängig von ihrem chemischen und physikalischen Zustand und unabhängig von äußeren Einflüssen, wie Temperatur oder Druck, eine charakteristische Strahlung aussenden. Die Entdeckung der Radioaktivität geht auf H. BEQUEREL (1896) zurück. Man unterscheidet drei Arten radioaktiver Strahlung: α-, β- und γ-Strahlung. Hervorgerufen wird die Radioaktivität durch den Zerfall instabiler Atomkerne, d. h. durch deren Umwandlung in stabile Kerne.

Atomkerne bestehen aus einer bestimmten Anzahl von Protonen (Massenzahl 1, Ladungszahl +1) und Neutronen (Massenzahl 1, Ladungszahl 0). Die Summe dieser „Nukleonen" ist gleich der Massenzahl A des Kerns, die Zahl der Protonen (ihre Anzahl stellt die Kernladungszahl Z und die Ordnungszahl dar) entspricht bei ungeladenen Atomen der Zahl der Elektronen in der Atomhülle und bestimmt die chemischen Eigenschaften des betreffenden Elements. Zur Kennzeichnung der verschiedenen Atomkernarten (Nuklide) wird vor das Elementsymbol unten die Kernladungszahl (Ordnungszahl) und oben die Massenzahl ($^{A}_{Z}X$) geschrieben, z. B. $^{32}_{15}P$ (in verkürzter Form auch ^{32}P oder P-32). Nuklide eines Elements mit unterschiedlichen Neutronenzahlen (und damit Massenzahlen) werden als Isotope bezeichnet. Für Kernladungszahlen $Z < 84$ (zwischen Wasserstoff und Bismut) existiert für die verschiedenen Elemente zumindest ein stabiles Nuklid (Ausnahmen: Tc und Pm). Für $Z \geq 84$ gibt es keine stabilen Isotope mehr. Alle bisher bekannten Atomkerne von Polonium an sind instabil. Instabile radioaktive Isotope können sowohl einen Neutronen- als auch einen Protonenüberschuss im Vergleich zu den stabilen Isotopen besitzen. Um einen solchen Überschuss auszugleichen, kann sich im Kern ein Neutron in ein Proton (oder umgekehrt) umwandeln. Schwere Kerne sind inhärent instabil und versuchen über einen Massenverlust einen stabileren Zustand einzunehmen.

Der α-Zerfall: Die für schwere radioaktive Elemente charakteristische α-Strahlung besteht aus Heliumkernen, welche eine sehr hohe Geschwindigkeit (ca. 0,1-fache Lichtgeschwindigkeit) besitzen. Die Kernumwandlung erfolgt nach dem Schema

$$^{A}_{Z}X \rightarrow {}^{A-4}_{Z-2}Y + {}^{4}_{2}He \; (\alpha\text{-Teilchen}) \tag{VII.1}$$

1. Physikalische Eigenschaften radioaktiver Nuklide

z. B.: $^{238}_{92}U \rightarrow {}^{234}_{90}Th + {}^{4}_{2}\alpha$.

α-Teilchen besitzen zwar eine hohe Energie, aufgrund ihrer Größe und Ladung wechselwirken sie aber stark mit Materie, so dass sie nur eine geringe Reichweite besitzen (s. Tab. VII.1). Daher sind sie schwierig nachzuweisen; sie werden meist schon in der Probe wieder absorbiert. Aus diesem Grund werden für biochemische Untersuchungen hauptsächlich Isotope benutzt, die β- oder γ-Strahlung emittieren (s. Tab. VII.2).

Die β-Umwandlung und der Elektroneneinfang: Bei β-Teilchen handelt es sich um Elektronen (β⁻-Umwandlung) oder Positronen (β⁺-Umwandlung), welche bei der Umwandlung eines Nukleons in ein anderes entstehen können. Das Positron (e⁺) ist das Antiteilchen des Elektrons mit gleicher Masse aber entgegen gesetzter Ladung.

Bei der Umwandlung eines Neutrons in ein Proton entsteht ein Elektron. Dabei erhöht sich die Kernladungszahl um Eins, die Nukleonenzahl und damit die Massenzahl bleiben gleich: Eine β⁻-Umwandlung verläuft nach dem Schema

$$^{A}_{Z}X \rightarrow {}^{A}_{Z+1}Y + e^- \left(\beta^{-}\text{-Teilchen}\right) + \tilde{\nu}_e \tag{VII.2}$$

z. B.: $^{3}_{1}H \rightarrow {}^{3}_{2}He + e^- + \tilde{\nu}_e$

Diese Art der Kernumwandlung kann auftreten, wenn die Kerninstabilität auf einem Neutronenüberschuss beruht. Bei dieser Umwandlungsart wird neben dem Elektron noch ein weiteres Teilchen, ein sog. Antineutrino $\tilde{\nu}_e$, emittiert. Dieses Teilchen musste zunächst aus Drehimpulserhaltungsgründen postuliert werden; der Nachweis gelang erst später, da es nur äußerst schwach mit Materie wechselwirkt. Für die biophysikalisch-chemische Forschung spielt es unmittelbar keine Rolle.

Ein bei künstlich hergestellten Nukliden möglicherweise auftretender Protonenüberschuss kann durch Umwandlung eines Protons in ein Neutron ausgeglichen werden. Dies kann entweder durch Emission eines Positrons (β⁺-Teilchen) oder durch den Einfang eines Elektrons (meist aus der K-Schale) geschehen (Elektroneneinfang, ε). Eine β⁺-Umwandlung verläuft gemäß

$$^{A}_{Z}X \rightarrow {}^{A}_{Z-1}Y + e^+ \left(\beta^{+}\text{-Teilchen}\right) + \nu_e \tag{VII.3}$$

z. B.: $^{22}_{11}Na \rightarrow {}^{22}_{10}Ne + e^+ + \nu_e$

Tab. VII.1: Mittlerer Reichweiten von α- und β-Teilchen in Materie.

Materie	mittlere Reichweite / mm	
	α-Teilchen (10 MeV)	β-Teilchen (1 MeV)
Luft (1 bar)	100	3800
Wasser	0,1	4
Blei	0,04	0,7

Tab. VII.2: Physikalische Größen von in der biochemischen und biophysikalischen Forschung verwendeten radioaktiven Nukliden (nach: R. B. Firestone, V. S. Shirley et al. (Hrsg.), *Table of Isotopes*, 8. Aufl., John Wiley & Sons, Inc., New York, 1996).

Nuklid	emittierte Strahlung	E_{max} / MeV (β) E / MeV (γ)			Halbwertszeit $t_{1/2}$	mittlere Reichweite R der β-Strahlung in Wasser bei E_{max}, R / mm
^{3}H	β$^-$	0,018			12,3 a	0,008
^{14}C	β$^-$	0,156			5730 a	0,3
^{22}Na	β$^+$	0,545			2,6 a	2,1
	γ	1,275				
^{24}Na	β$^-$	1,39			14,96 h	6
	γ	1,37	2,75			
^{32}P	β$^-$	1,71			14,3 d	8
^{33}P	β$^-$	0,249			25,34 d	0,7
^{35}S	β$^-$	0,167			87,5 d	0,3
^{42}K	β$^-$	3,52			12,36 d	18
	γ	1,525				
^{45}Ca	β$^-$	0,257			164 d	0,7
^{59}Fe	β$^-$	0,475			44,5 d	1,8
^{57}Co	γ	0,136	0,122	0,014	271,7 d	
^{123}I	β$^+$	1,242			13,27 h	
	γ	0,159				
^{125}I	γ	0,035			59,4 d	
^{131}I	β$^-$	0,606			8,04 d	2,5
	γ	0,284	0,364	0,637		

Eine ε-Umwandlung folgt dem Schema

$$^A_Z X \rightarrow ^A_{Z-1} Y + \nu_e \qquad (VII.4)$$

z. B.: $^{125}_{53} I \rightarrow ^{125}_{52} Te + \nu_e$

Bei diesen beiden Umwandlungsarten entsteht ein Neutrino ν_e. Wie sein Antiteilchen, das Antineutrino $\tilde{\nu}_e$, wechselwirkt es nur sehr schwach mit Materie. Der Elektroneneinfang führt des Weiteren zu einer Emission charakteristischer RÖNTGEN-Strahlung.

Die Radionuklide unterscheiden sich durch die Art und Energie der emittierten Strahlung, die bei α- und β-Teilchen (kinetische Energie) sowie den weiter unten beschriebenen γ-Quanten (Photonenenergie) in Einheiten von Elektronenvolt (eV, 1 eV = $1{,}602 \cdot 10^{-19}$ J, 1 MeV = 10^3 keV = 10^6 eV) angegeben wird. 1 eV ist die Energie, die ein Elektron besitzt, wenn es eine Spannungsdifferenz von 1 V überwindet.

1. Physikalische Eigenschaften radioaktiver Nuklide

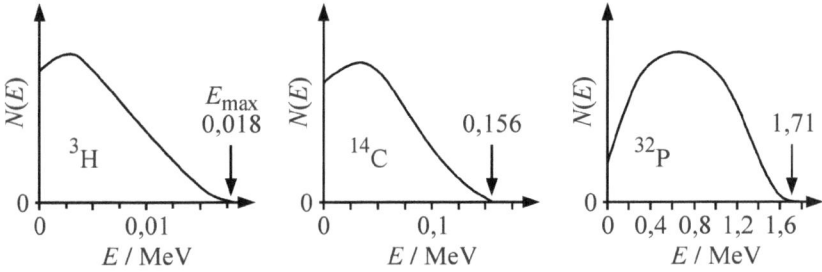

Abb. VII.1: β-Spektren von ^{3}H, ^{14}C und ^{32}P.

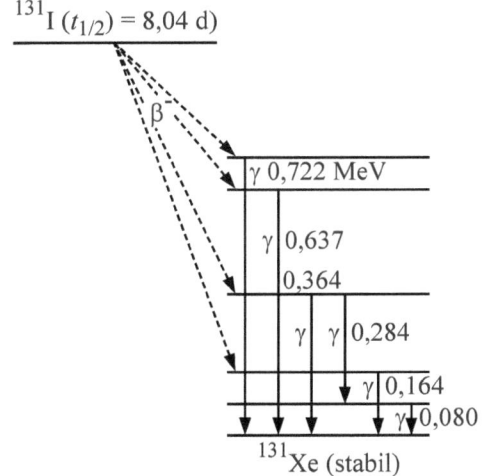

Abb. VII.2: Vereinfachtes Zerfallsdiagramm von ^{131}I.

Die emittierten Teilchen der β-Strahler besitzen ein charakteristisches, kontinuierliches Energiespektrum. Die Energien reichen von null bis zu einem Maximalwert E_{max} (Abb. VII.1). Ein solches Diagramm, welches die Anzahl $N(E)$ der für die jeweilige Energie E emittierten Teilchen als Funktion der Energie zeigt, wird β-Spektrum genannt. Es kommt dadurch zustande, dass die β-Teilchen und die Neutrinos bzw. Antineutrinos die beim Zerfall frei werdende Energie beliebig teilen können. Üblicherweise wird die Energie einer β-Strahlung durch den Wert E_{max} (s. Tab. VII.2) charakterisiert, obwohl der Anteil der mit Maximalenergie emittierten Teilchen recht klein ist.

γ-Strahlung: Sowohl der α-Zerfall als auch die β-Umwandlung können zu angeregten Kernzuständen der jeweiligen Produktnuklide führen. Beim Übergang in den Kerngrundzustand, der i. Allg. in nur ca. 10^{-10} s stattfindet, wird eine sehr kurzwellige elektromagnetische Strahlung, die sog. γ-Strahlung, emittiert. Abbildung VII.2 zeigt als Beispiel das vereinfachte Zerfallsschema von ^{131}I. In diesem Fall führen die β$^-$-Zerfallsprozesse zu angeregten Kernzuständen des stabilen Tochternuklids ^{131}Xe. Bei der Relaxation dieser angeregten Zustände in den

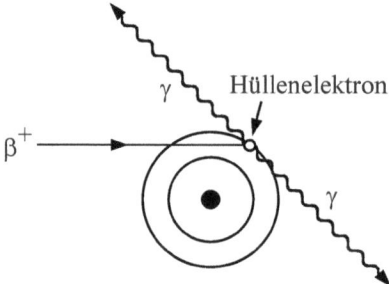

Abb. VII.3: Vernichtung von Elektron und Positron.

Grundzustand wird γ-Strahlung unterschiedlicher Energien emittiert. Das bedeutet, dass die beim radioaktiven Zerfall entstehende γ-Strahlung kein kontinuierliches Spektrum besitzt, sondern die für ein bestimmtes Radioisotop charakteristischen Wellenlängen besitzt (Linienspektren).

Auch bei der Vernichtung eines Positrons entsteht γ-Strahlung. Das beim β⁺-Zerfall entstandene Positron wird zunächst durch elastische Stöße mit Elektronen abgebremst, bevor es sich mit einem Elektron in einer Materie-Antimaterie-Reaktion vernichtet. Dabei entstehen gemäß der EINSTEINschen Masse-Energiebeziehung $E = m \cdot c^2$ zwei γ-Quanten der Energie 0,511 MeV, welche unter einem Winkel von 180° auseinander fliegen (Abb. VII.3).

Gesetze des radioaktiven Zerfalls: Beim radioaktiven Zerfall handelt es sich um Zufallsprozesse in dem Sinn, dass jedes Atom in der Probe mit derselben Wahrscheinlichkeit im nächsten Zeitintervall zerfallen kann. Auch beeinflusst der Zerfall eines bestimmten Kerns keineswegs den Zeitpunkt des Zerfalls eines anderen Kerns (dies gilt so nicht für den hier nicht behandelten Fall der induzierten Kernspaltung). Radioaktive Isotope zerfallen, unter Umständen über mehrere Zwischenstufen, in stabile Nuklide. Die Zerfallswahrscheinlichkeit für ein Nuklid kann man dadurch beschreiben, dass von der Anzahl N_0 der ursprünglich vorhandenen Nuklide pro Zeiteinheit ein bestimmter Bruchteil zerfällt. Für die Zerfallsrate gilt:

$$-\frac{dN}{dt} = \lambda \cdot N \qquad \text{(VII.5)}$$

wobei N die Zahl der Atome zur Zeit t und λ die charakteristische Zerfallskonstante in s⁻¹ sind. Die Zerfallsrate entspricht der Zahl der Zerfallsprozesse pro Zeiteinheit, der sog. *Aktivität* $A = -(dN/dt)$. Die gebräuchlichste Einheit für die Aktivität ist das CURIE (Ci). Die SI-Einheit wird aber nach BEQUEREL (Bq, 1 Bq = 1 Zerfall/s), dem Entdecker der Radioaktivität, benannt. Das CURIE – nach den Mitentdeckern der Radioaktivität, Pierre und Marie CURIE – ist historisch als Zerfallsrate von 1 g ^{226}Ra definiert; der exakte Zahlenwert ist: 1 Ci = 3,74·10¹⁰ Bq. In der angelsächsischen Literatur werden auch die Einheiten „dps" und „dpm" (*desintegrations per s* bzw. *min*) verwendet. Die Aktivität ist bei gegebener Konzentration des betreffenden Radionuklids der Masse der Probe proportional. Als spezifische Aktivität wird deshalb die auf die Masseneinheit eines radioaktiven Stoffs bezogene Aktivität eingeführt (z. B. Ci/g, Bq/kg). Die spezifische Aktivität einer Substanz sagt somit etwas über die Konzentration des radioaktiven Nuklids in ihr aus und ermöglicht es auch abzuschätzen, welche

Menge eines Stoffs benötigt wird, um für die Messung eine hinreichend große Zerfallsrate zu garantieren.

Mit der Anfangszahl N_0 der Nuklide für die Zeit $t = 0$ ergibt sich durch Integration von Gleichung VII.5

$$N = N_0 \cdot e^{-\lambda t} \tag{VII.6}$$

In der Regel wird zur Charakterisierung der Stabilität eines Nuklids diejenige Zeit $t_{1/2}$ angegeben, nach der die Zahl der radioaktiven Nuklide von der Anfangszahl N_0 auf die Hälfte ($N_0/2$) abgenommen hat. Diese Zeit wird *Halbwertszeit* des Nuklids genannt (s. Tab. VII.2). Zwischen der Halbwertszeit und der Zerfallskonstante besteht folgender einfacher Zusammenhang:

$$\lambda = \frac{\ln 2}{t_{1/2}} = \frac{0{,}693}{t_{1/2}} \tag{VII.7}$$

Der Bezugspunkt ($t = 0$) ist willkürlich wählbar, da die Halbwertszeit nicht von der Anfangskonzentration des Nuklids abhängt. Somit kann durch Messung der zeitlichen Abnahme der Konzentration des Radioisotops, und damit von N, $t_{1/2}$ berechnet werden. Umgekehrt kann man auch N aus der Zerfallsrate bei bekanntem λ ermitteln.

2. Messung von β- und γ-Strahlung

2.1 Messung von β-Strahlung

Neben der Halbwertszeit ist die Kenntnis der Energie der β-Teilchen für ihre Anwendung in der biophysikalischen Forschung von Bedeutung. In einem Material mit hoher Dichte sind viele Elektronen vorhanden, die durch Stöße ein β-Teilchen schon in einer dünnen Schicht abbremsen. In Tabelle VII.2 sind die mittleren Reichweiten von β-Teilchen in Wasser in Abhängigkeit ihrer Energie angegeben. In biologischer Materie sind die Reichweiten ähnlich denen in Wasser. Die Reichweite ist zu berücksichtigen, wenn die aus radioaktiven Proben austretende β-Strahlung quantitativ gemessen werden soll. Aus Schichten, die tiefer als die Reichweite in der Probe liegen, können keine β-Teilchen mehr durch die Oberfläche treten und werden somit nicht registriert.

Die Art der Messung von β-Strahlung hängt von der Energie der emittierten Elektronen und von der Beschaffenheit der Probe ab. Wenn die Energie der β-Strahlung so groß ist, dass sie aus der Probe austritt, kann ein GEIGER-MÜLLER-Zählrohr als Messgerät verwendet werden, wie es in Abbildung VII.4 gezeigt ist. Eventuell müssen zu diesem Zweck Lösungen, die radioaktive Stoffe enthalten, noch eingedampft werden. Das Zählrohr besteht aus einem mit einem speziellen Gas gefüllten Rohr, in dem sich ein dünner Draht befindet. Zwischen diesem Draht (Anode) und dem Rohr (Kathode) wird eine Hochspannung angelegt. Wenn nun ein β-Teilchen in das Zählrohr eintritt, stößt es mit den Elektronen der Gasmoleküle zusammen. Dabei kann ein so großer Energiebetrag auf ein Hüllenelektron eines Gasmoleküls übertragen werden, dass dieses Elektron den Molekülverband verlässt. Bei niedriger Spannung kann ein Teil der Elektronen und Molekülionen wieder rekombinieren (Abb. VII.5). Wird etwas höhere

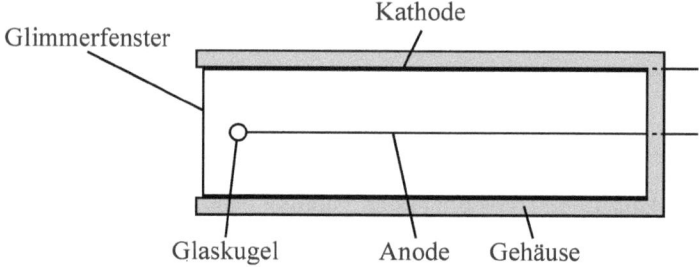

Abb. VII.4: Schematische Darstellung eines GEIGER-MÜLLER-Zählrohrs.

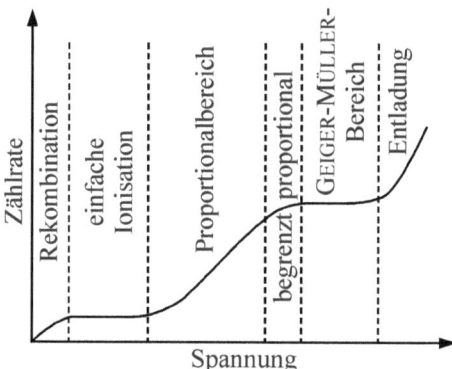

Abb. VII.5: Zählrate eines GEIGER-MÜLLER-Zählrohrs als Funktion der Spannung zwischen Anode und Kathode.

Spannung angelegt, werden alle geladenen Teilchen die Elektroden erreichen, und es tritt eine Sättigung ein. Erhöht man die Spannung weiter, so gewinnen die Elektronen durch die Beschleunigung kinetische Energie. Dadurch können sie auf ihrem Flug aus anderen Gasmolekülen Elektronen herausschlagen. Dieser Vorgang setzt sich fort, bis eine Elektronenlawine entstanden ist, die nach elektronischer Verstärkung als elektrischer Impuls in einem Zählgerät registriert wird. In diesem Spannungsbereich ist die Zahl der erzeugten Sekundärelektronen proportional zu der Zahl der durch die β-Teilchen primär gebildeten Elektronen. Zu höherer Spannung schließt sich wieder ein Sättigungsbereich an. GEIGER-MÜLLER-Zählrohre werden immer in diesem Bereich betrieben. Bei noch höherer Spannung kommt es schließlich zu Überschlägen im Zählrohr. Die Messgeometrie von GEIGER-MÜLLER-Zählrohren schränkt ihren Wirkungsgrad ein. Selbst wenn die Messprobe auf dem Fenster liegt, wird schon die Hälfte der Teilchen vom Zähler weg emittiert und kann nicht erfasst werden.

Die Zählung der erzeugten Impulse erfolgt derart, dass ein in das Zählrohr einfallendes β-Teilchen auch nur einen Impuls erzeugt. Das Zählrohr ist auf einer Seite mit einem dünnen, zumeist aus Glimmer bestehenden Fenster verschlossen, damit die β-Teilchen dort in das Zählrohr eintreten können.

2. Messung von β- und γ-Strahlung

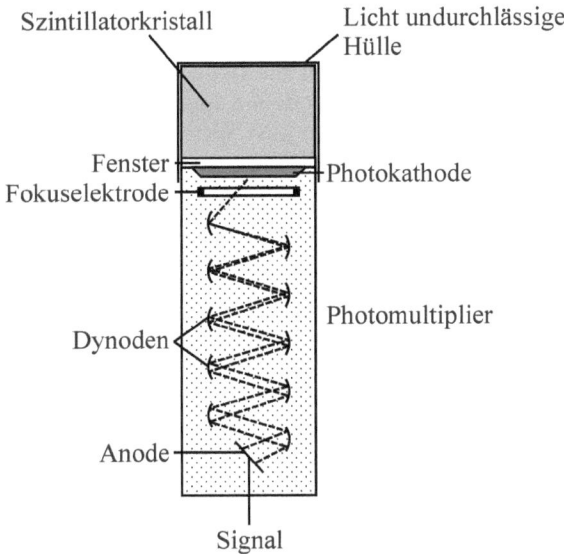

Abb. VII.6: Schematische Darstellung eines Szintillationszählers.

Mit GEIGER-MÜLLER-Zählrohren wird eine höchstmögliche Verstärkung erreicht. Die erzeugten Ladungsimpulse sind so groß, dass sie nicht mehr verstärkt werden müssen. Spannungsschwankungen üben keinen oder nur einen sehr kleinen Effekt auf die Zählrate aus.

Wird ein Zähler im Proportionalbereich betrieben, können durch eine Pulshöhenanalyse β-Teilchen mit verschiedener Energie unterschieden werden, da die Pulshöhe der Zahl der primär von den β-Teilchen gebildeten Elektronen und damit der Energie der β-Teilchen proportional ist. Voraussetzung dafür ist eine sehr konstante Hochspannung, da Spannungsschwankungen große Änderungen der Impulshöhe zur Folge haben. Solche Proportionalzähler unterscheiden sich in ihrem Aufbau von GEIGER-MÜLLER-Zählrohren, ihr Messprinzip ist im Wesentlichen jedoch ähnlich.

Varianten von Zählrohren arbeiten mit dauerndem Gasdurchfluss zur Regeneration des Gases im Rohr. Auch Zählrohre ohne Fenster sind in Gebrauch. Bei ihnen wird auch kontinuierlich Gas zugeführt, welches an der Stelle, wo bei anderen Zählrohren das Fenster sitzt, wieder austritt. Diese Zählrohre müssen mit der Öffnung auf der Probe platziert werden. Sie haben den Vorteil, dass keine Teilchen von einem Fenster absorbiert werden.

In einem *Szintillationszähler* (Abb. VII.6) regen die β-Teilchen Hüllenelektronen in einem Szintillatormaterial an. Bei Rückfall in die elektronischen Grundniveaus sendet dieses Material elektromagnetische Strahlung aus, d. h., das Eindringen eines β-Teilchens in den Szintillator macht sich dort als Lichtblitz bemerkbar. Es gibt eine ganze Reihe von Materialien, die sich als Szintillatoren eignen, z. B. Anthracen oder Stilben. Die im Szintillator erzeugten Lichtblitze fallen auf eine Photokathode, aus der aufgrund des Photoeffekts Elektronen herausgelöst werden. Diese werden durch eine angelegte Spannung auf ein Blech (Dynode) beschleunigt, wobei die Spannung so hoch ist, dass ein auf der Dynode auftreffendes Elektron dort seinerseits mehrere Elektronen auslöst. Dieser Vorgang setzt sich über mehrere Dynoden fort, so dass schließlich eine Lawine aus über 1 Mio. Elektronen entsteht, die von einer Anode aufgefangen und nach elektronischer Verstärkung als elektrischer Impuls zählbar wird. Von der Photokathode angefangen, befinden sich alle Dynoden und die Anode in einer evakuierten Röhre, damit die Elektronen nicht durch Stöße mit Gasmolekülen an Energie verlieren. Diese der Verstärkung dienende Anordnung nennt man *Sekundärelektronenvervielfacher* oder *Photomultiplier*.

Im Prinzip sollten die Proben so dünn sein, dass praktisch alle β-Teilchen die Probe verlassen und somit gezählt werden können. Bei Proben, für die extrem dünne Schichtdicken notwendig wären und damit die Messgenauigkeit unzureichend wäre, wie z. B. bei der Messung von ^{3}H und oft auch von ^{14}C, zieht man eine Methode vor, bei der die zu messende Probe in einem flüssigen sog. Szintillatorcocktail gelöst oder suspendiert wird. Die Messung erfolgt bei diesem Flüssigkeits-Szintillationszähler in ähnlicher Weise wie bereits beschrieben, nur verwendet man in der Regel zwei Photomultiplier (s. Abb. VII.7).

Als Lösungsmittel dienen oft Toluol, ein Xylol oder 1,4-Dioxan (Abb. VII.8). Diese werden durch die β-Strahlung zur Fluoreszenz angeregt. Da ihr Fluoreszenzlicht aber im UV-Bereich liegt und die Probenbehälter in diesem Spektralbereich oft lichtundurchlässig sind, gibt man der Lösung einen primären Szintillator, wie z. B. 2,5-Diphenyloxazol (PPO), zu. Dieser absorbiert das vom Lösungsmittel ausgehende Fluoreszenzlicht und fluoresziert seinerseits bei der Relaxation seines angeregten Elektrons, nur eben bei größerer Wellenlänge als das Lösungsmittel. Üblicherweise verwendet man sogar noch einen sekundären Szintillator (z. B. POPOP, s. Abb. VII.8), um das zu detektierende Licht noch weiter in den langwelligen Spektralbereich zu verschieben. Dort besitzen Photomultiplier in der Regel ihre größte Empfindlichkeit.

Die Anzahl der Lichtblitze und damit die Höhe des elektrischen Impulses im Flüssigkeits-Szintillationszähler ist der Gesamtenergie des β-Teilchens proportional, welches diesen Impuls ausgelöst hat. Dies kann dazu ausgenutzt werden, Gemische aus Substanzen, die mit unterschiedlichen Nukliden radioaktiv markiert wurden, zu unterscheiden. Werden die gemessenen Impulse einem Diskriminator zugeführt, kann dieser die Impulse, die zwischen zwei vorher eingestellten Impulshöhen liegen, in getrennten Kanälen zählen, wie in Abbildung VII.9 schematisch angedeutet ist. Auf diese Weise können z. B. kleine Impulse von ^{3}H von den großen Impulsen des ^{14}C getrennt gezählt werden. Eine so ausgerüstete Anlage kann also gleichzeitig die Aktivität mehrerer Nuklide messen.

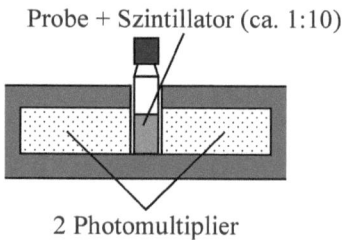

Abb. VII.7: Schematische Darstellung eines Flüssigkeits-Szintillationszählers.

2. Messung von β- und γ-Strahlung

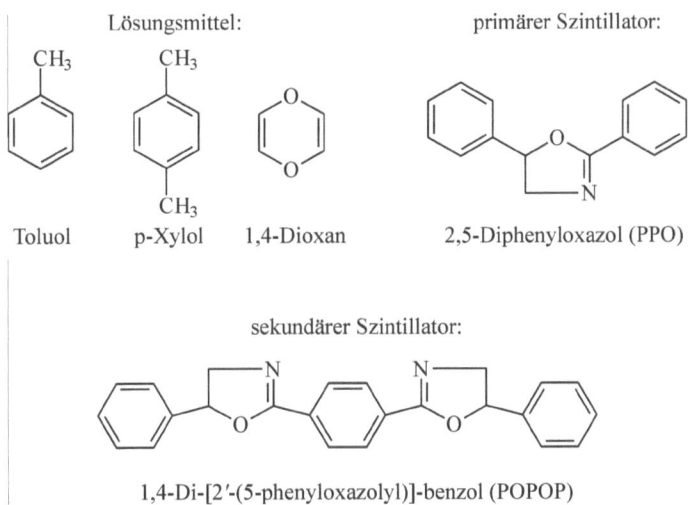

Abb. VII.8: Strukturformeln einiger bei der Flüssigkeits-Szintillationszählung verwendeter Verbindungen.

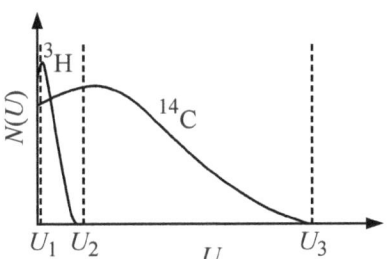

Abb. VII.9: Pulshöhenverteilung $N(U)$ von Szintillationszählerpulsen für ^{3}H und ^{14}C als Funktion der Pulshöhe U. Drei Diskriminatorschwellen U_1, U_2 und U_3 sind mit angegeben. U_1 stellt für die meisten Zähler die untere Schwelle dar, unter der thermisches Rauschen signifikant wird. Die Schwelle U_2 ist so gewählt, dass von den ^{3}H-Pulsen fast keine im Bereich U_2–U_3 gezählt werden. U_3 ist so hoch, dass nahezu alle von ^{14}C stammenden β-Teilchen erfasst werden. Wird in den Bereichen U_1–U_2 und U_2–U_3 getrennt gezählt und werden zusätzlich zwei Standardproben gemessen, kann das Verhältnis ^{3}H/^{14}C bestimmt werden.

Bei der Anwendung flüssiger Szintillatoren, in denen die zu vermessende Substanz gelöst wird, sind jedoch noch eine Reihe zusätzlicher Effekte, wie die Löslichkeit im Szintillator, eine Veränderung der Szintillatoreigenschaften durch die Probe (Quenching), Selbstabsorption des emittierten Lichts bei gefärbten Proben und noch weitere andere Effekte zu berücksichtigen.

2.2 Messung von γ-Strahlung

Der Nachweis von γ-Quanten kann ähnlich erfolgen wie der von β-Teilchen. Dies liegt daran, dass γ-Quanten mit Elektronen eines Atoms wechselwirken und Energie auf sie übertragen können. Dabei entstehen in einem Szintillatorkristall freie Elektronen, welche wie β-Teilchen nachgewiesen werden können. Für die Absorption von γ-Quanten sind im Wesentlichen der Photoeffekt, die COMPTON-Streuung und der Paarbildungseffekt verantwortlich.

Beim Photoeffekt gibt ein γ-Quant seine gesamte Energie an ein Elektron der K- oder L-Schale in der Hülle eines Atoms ab. Dieses Elektron (Photoelektron) verlässt den Atomverband. Seine kinetische Energie entspricht der des γ-Quants abzüglich der Bindungsenergie des Elektrons. Wird ein γ-Quant an einem Hüllenelektron gestreut, überträgt es nur einen Teil seiner Energie. Dieser Prozess wird COMPTON-Streuung genannt und kann mit klassischen Stoßgesetzen beschrieben werden. Da die Stoßwinkel sehr unterschiedlich sein können, besitzen die heraus gelösten Elektronen ein kontinuierliches Spektrum. Wenn die γ-Quanten ausreichend Energie besitzen, kann im elektrischen Feld eines Atomkerns auch ein e^--e^+-Paar gebildet werden, also die Umkehrung der Positronenvernichtung erfolgen. Dabei muss die Photonenenergie zumindest dem Doppelten der Ruhemasse eines Elektrons ($h\nu_0 \geq 1{,}02$ MeV) entsprechen.

Da γ-Quanten nur sehr schwach mit Materie wechselwirken, durchdringen sie Probenmaterial und Gefäßwände problemlos. Um möglichst starke Absorption zu erreichen, müssen Materialien mit hoher Dichte (und damit auch Elektronendichte) verwendet werden. In diese Absorber werden Szintillatoren eingebettet, so dass der Nachweis der γ-Strahlung in einem Szintillationszähler, der einem Zähler für β-Strahlung sehr ähnlich ist (Abb. VII.6), erfolgen kann. Einige Prozent der γ-Quanten erzeugen in dem Szintillatorkristall Elektronen, welche benachbarte Tl-Ionen elektronisch anregen können. Beim Rückfall dieser angeregten Elektronen in den Grundzustand entsteht dann Fluoreszenzlicht, das mit einem Photomultiplier detektiert und verstärkt wird. Da die Energie der erzeugten Elektronen und damit die Intensität des Fluoreszenzlichts von der Energie der γ-Photonen abhängt, können auch hier mittels einer Pulshöhenanalyse verschiedene Isotope unterschieden werden. Für die Analyse komplexer Gemische aus γ-Strahlung emittierenden Nukliden sind Na(Tl)I-Detektoren aufgrund unzureichender Energieauflösung nicht geeignet; hier werden dann Reinstgermanium-Detektoren (HPGe) eingesetzt. Weitere Nachweismethoden – wie die Verwendung fotografischer Prozesse – werden später erläutert.

3. Die Herstellung radioaktiver Nuklide

Die in biophysikalischen und biochemischen Experimenten wichtigen radioaktiven Nuklide kommen in den natürlichen Isotopengemischen nicht oder nur in sehr geringer Menge vor, sie müssen daher künstlich hergestellt werden. Dies kann z. B. in einem Kernreaktor geschehen. Im Inneren eines solchen Reaktors werden bei der Kernspaltung Neutronen frei, mit deren Hilfe radioaktive Kerne hergestellt werden können, z. B. radioaktives ^{14}C nach

$$^{14}N + n \rightarrow {}^{14}C + p^+ \qquad \text{(VII.8)}$$

Bei dieser Reaktion entsteht ein Proton p$^+$. Die radioaktiven ^{14}C-Atome können dann durch geeignete chemische Reaktionen in jedes beliebige Molekül eingebaut werden. Zur Darstellung organischer ^{14}C-markierter Verbindungen dient normalerweise Ba^{14}CO$_3$ als Ausgangssubstanz. Heute sind viele tausend verschiedener organischer radioaktiver Verbindungen im Handel. Beim Umgang mit ihnen sind die jeweils angegebenen Schutzmaßnahmen zu beachten.

Außer in Kernreaktoren können geeignete Radionuklide auch in Teilchenbeschleunigern, die Protonen oder andere geladene Atomkerne beschleunigen, produziert werden.

4. Beispiele von Isotopenanwendungen

Es gibt eine Vielzahl von Anwendungsmöglichkeiten für radioaktive Isotope. Stoffwechselwege und die Biosynthese niedermolekularer Substanzen konnten mit ihrer Hilfe aufgeklärt werden, z. B. der Weg des Kohlenstoffs bei der Photosynthese grüner Pflanzen sowie die Biosynthese der wichtigsten Makromoleküle, wie Proteine, Nucleinsäuren und Polysaccharide.

Bei solchen Experimenten kann das biologische System unterschiedlich lange der radioaktiv markierten Verbindung (Tracer) ausgesetzt werden. Daher unterscheidet man Gleichgewichtsmarkierung, Pulsmarkierung und *pulse-chase*-Markierung.

Mit Hilfe der *Gleichgewichtsmarkierung* konnte z. B. geklärt werden, dass bei länger anhaltender Inkubation markierter Essigsäure (^{14}CH$_3$^{13}COOH) mit Leberzellen Cholesterin synthetisiert und eine Zwischenstufe mit sechs Kohlenstoffatomen (Mevalonsäure, Abb. VII.10) durchlaufen wird.

Bei der *Pulsmarkierungsmethode* wird ein biologisches System nur eine kurze Zeit einem radioaktiven Tracer ausgesetzt. Diese Methode erwies sich als geeignet zur Ermittlung des ersten Schritts der Kohlenstofffixierung bei der Photosynthese. Dazu wurden grüne Algen einige Sekunden lang ^{14}CO$_2$ ausgesetzt und das Experiment schlagartig abgebrochen. Betrug die Inkubationszeit 10 s, so konnten über 20 radioaktiv markierte Substanzen in der Probe nachgewiesen werden. Wurde das Experiment aber bereits nach 5 s beendet, erhielt man nur ein radioaktives Produkt, 3-Phosphoglycerat, bei dem sich das radioaktive C-Atom in der Carboxylgruppe befand (Abb. VII.11). Dieser Befund führte über weitere Untersuchungen zur Entdeckung des Startenzyms der Kohlenstofffixierung, der Ribulose-1,5-bisphosphat-carboxylase (Rubisco).

$$\text{HOOC—CH}_2\text{—}\underset{\underset{\text{OH}}{|}}{\overset{\overset{\text{CH}_3}{|}}{\text{C}}}\text{—CH}_2\text{—CH}_2\text{OH}$$

Abb. VII.10: Strukturformel von Mevalonsäure.

$$\text{HOO}^{14}\text{C—CHOH—CH}_2\text{—OPO}_3^{2-}$$

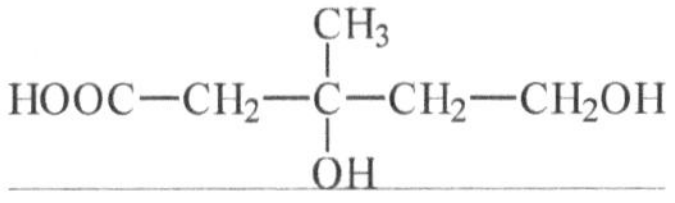

Abb. VII.11: Strukturformel von ^{14}C-markiertem 3-Phosphoglycerat.

Mit Hilfe der *pulse-chase*-Methode konnten entscheidende Hinweise auf die Existenz von mRNA gegeben werden. Bei dieser Methode wird ein biologisches System kurze Zeit einem radioaktiven Tracer ausgesetzt. Das Experiment wird aber nicht –wie im vorhergehenden Fall– beendet, sondern es wird nicht markierte Tracersubstanz in großem Überschuss (ca. 1000-fach) zugegeben. Dadurch wird in der Folge näherungsweise kein weiteres radioaktives Material mehr im Verlauf der Biosynthese verwendet. Zu verschiedenen Zeitpunkten können dann Proben entnommen und die gebildeten Produkte analysiert werden, um den Verbleib des radioaktiven Materials zu ermitteln.

mRNA hätte ohne diese Methode aufgrund ihrer geringen Menge in Zellen und ihrer metabolischen Instabilität schwer nachgewiesen werden können. Um dies zu erreichen, wurden *E. coli*-Bakterien mit T2-Phagen in einem Medium, welches ^{32}P-markiertes Orthophosphat enthielt, infiziert. Nach einigen Minuten wurde unmarkiertes Orthophosphat hinzugegeben. Im Bakterium wurde die Phagen-DNA transkribiert und mRNA gebildet. Etwa 2% der gesamten *E. coli*-RNA war radioaktiv markiert, also auch deren rRNA und tRNA. Dies zeigt zunächst den schnellen Abbau der mRNA in ihre Nucleotide und deren Weiterverwendung. Mit Hilfe von Hybridisierungsexperimenten, bei denen aus mRNA und Phagen-DNA Doppelstränge gebildet werden, konnte die in *E. coli* synthetisierte mRNA durch deren radioaktive Strahlung nachgewiesen werden (B. D. Hall, S. Spiegelman, Proc. Natl. Acad. Sci. USA **47** (1961) 141).

4.1 Radioimmunoassay

Äußerst geringe Mengen einer biologischen Substanz (z. B. Hormone) können nachgewiesen werden, wenn man Antikörper gegen sie besitzt. Antikörper sind körpereigene Proteine mit spezifischen Bindungsstellen für nur eine bestimmte chemische Verbindung, das sog. Antigen. Sie bilden zusammen einen Antigen-Antikörper-Komplex. Die Antikörper werden gewonnen, indem einem Versuchstier das Antigen injiziert wird und dieses die Antikörper dann im Blut bildet. Für die radiochemische Bestimmung muss ein radioaktiv markiertes Antigen zur Verfügung stehen. Beim Radioimmunoassay (RIA) wird ausgenutzt, dass bei der Bindung eines Antigens an einen Antikörper eine Konkurrenz zwischen den Antigenmolekülen um die Bindungsstelle am Antikörper herrscht. Das Prinzip zeigt Abbildung VII.12. Einer Lösung des radioaktiv markierten Antigens wird eine bestimmte Menge an Antikörpern zugesetzt. In einer Parallelprobe befindet sich zusätzlich noch das zu bestimmende Material. In beiden Fällen liegen die Antigene im Überschuss vor, daher nennt man die hier beschriebene Methode genauer kompetitives Radioimmunoassay. Die Antigene werden an die Antikörper gebunden, im einen Fall nur radioaktive Antigene, im anderen beide Arten von Antigenen. Anschließend werden die Antigen-Antikörper-Komplexe von den Lösungen abgetrennt und die Radioaktivität gemessen. Aus dem Unterschied der Aktivitäten kann mit Hilfe einer Standardkurve auf die Menge an nicht markiertem Antigen und somit an Substanz in der Probe rückgeschlossen werden. Diese Methode ist insbesondere dann wichtig, wenn Moleküle nachgewiesen werden sollen, die nicht *in vivo* in ausreichender Zahl markiert werden können oder dürfen, z. B. in menschlichem Blut. Mit Hilfe des Radioimmunoassay lassen sich z. B. Hormone im Mengenbereich von weniger als 1 ng nachweisen. Insbesondere in Krankenhäusern werden weltweit jährlich viele 10 Mio. dieser Tests durchgeführt.

4. Beispiele von Isotopenanwendungen 543

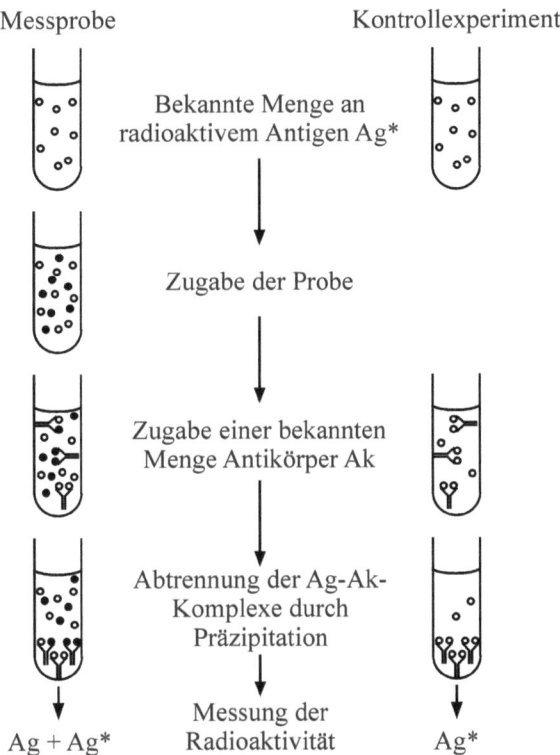

Abb. VII.12: Schematische Darstellung eines Radioimmunoassay-Experiments. Aus dem Verhältnis der gemessenen Strahlungsintensitäten von Messprobe und Kontrollexperiment kann mit Hilfe einer Standardkurve auf die Probenmenge geschlossen werden.

4.2 Autoradiographie

Wie sichtbares Licht ist auch ionisierende Strahlung in der Lage, in fotografischen Filmen (z. B. RÖNTGEN-Filmen) ein latentes Bild zu erzeugen. Dazu wird eine strahlende Quelle – also eine Probe – und eine strahlenempfindliche Emulsion benötigt. Letztere besteht aus einer großen Zahl von Silberhalogenidkristallen, welche in eine feste Matrix, wie z. B. Gelatine, eingebettet sind. Durch Radioaktivität erzeugte latente Bilder werden wie Fotografien entwickelt und fixiert, so dass ein permanentes Bild (Negativ) entsteht. Anwendung finden weiche β-Strahler, wie ^3H oder ^{14}C für Autoradiogramme von Zellen oder Geweben, und härtere Strahler für Elektrophorese-Gele, wie ^{32}P für DNA-Banden und ^{125}I für Proteinbanden. Die Radiogramme können dann densitometrisch vermessen werden.

Mit Hilfe dieser Methode lässt sich z. B. die Verteilung radioaktiver Tracer in biologischen Proben darstellen. Dazu müssen allerdings nach ausreichender Inkubationszeit Schnitte der entsprechenden Probe angefertigt werden, welche dann auf die fotografische Emulsion gepresst werden. Dort entsteht bei ausreichender Belichtungszeit ein Bild, welches in Bereichen hoher Tracerkonzentration mehr geschwärzt ist als in anderen Bereichen.

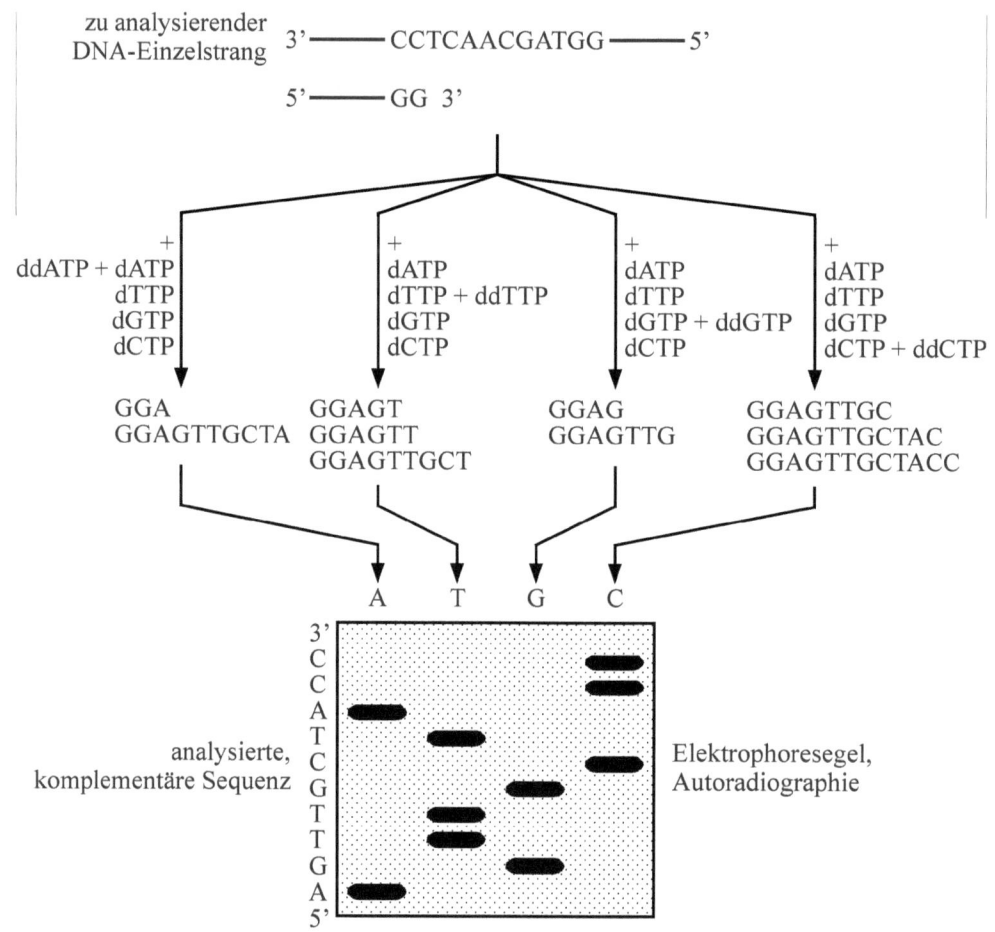

Abb. VII.13: Schematische Darstellung der Didesoxy-Methode zur Sequenzierung von DNA mit Hilfe der Autoradiographie.

Bei der Gelelektrophorese (s. Kap. III) liegen schon flache Platten vor. Wurde mit dieser Methode radioaktiv markiertes Material (z. B. DNA, Proteine) getrennt, kann dessen Verteilung mit Hilfe der Autoradiographie sichtbar gemacht werden. Der Vorteil liegt darin, dass sehr wenig Substanz nachgewiesen werden kann. Das kann z. B. bei der Sequenzanalyse von DNA wichtig sein. Dazu wird mit Hilfe von DNA-Polymerase I von einem zu untersuchenden DNA-Einzelstrang eine komplementäre Kopie angefertigt. Der Syntheselösung werden dazu die vier Desoxynucleotidtriphosphate dATP, dCTP, dGTP und dTTP zugesetzt (Abb. VII.13). In geringer Konzentration befindet sich in der Lösung auch ein radioaktiv markiertes Nucleotidtriphosphat, meist ^{32}P-markiertes dATP. Dadurch werden die synthetisierten DNA-Stränge radioaktiv markiert. Um die Synthesereaktion abzubrechen, wird vier ansonsten äquivalenten Ansätzen noch eine gewisse Menge jeweils eines der vier verschiedenen 2',3'-Didesoxynucleotidtriphosphate ddNTP (Abb. VII.14) zugesetzt.

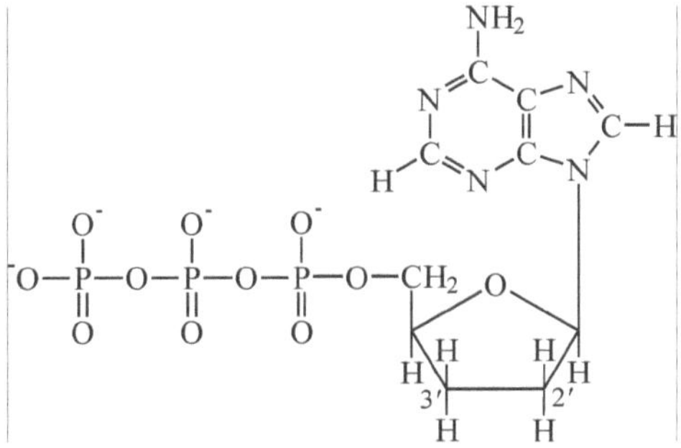

4. Beispiele von Isotopenanwendungen 545

Abb. VII.14: Strukturformel von 2',3'-Didesoxyadenosintriphosphat.

Durch den fehlenden Sauerstoff in 3'-Position kann ein DNA-Strang nach Einbau eines ddNTP nicht mehr weiter verlängert werden. So werden verschieden lange, mit einem bestimmten Nucleotid endende DNA-Fragmente erhalten. Die Fragmente der vier Ansätze können auf einem Gel nebeneinander nach ihrer Länge getrennt und autoradiographisch nachgewiesen werden, aus der Verteilung folgt die Nucleotidsequenz.

4.3 Radioluminographie

Eine sehr hohe Empfindlichkeit bei der Messung radioaktiver Strahlung wird mit einer anderen Art von strahlenempfindlichem Material erreicht. Dabei wird ein Material verwendet, welches über einen Umweg sichtbares Lumineszenzlicht an den Stellen erzeugen kann, an denen es vorher radioaktiver Strahlung ausgesetzt war. Diese Bildplatten (*imaging plates*) bestehen aus einer Schutzschicht, einer Schicht anregbaren Materials und einer Trägersubstanz (Abb. VII.15). Bei der stimulierbaren Schicht handelt es sich z. B. um Eu^{2+}-dotiertes $Ba(FBr)$. Dieses Material weist eine große Zahl an Halogenid-Fehlstellen auf. Wird eine Bildplatte „belichtet", so regt die ionisierende Strahlung ein Hüllenelektron in das Leitungsband des stimulierbaren Materials an. Dieses Elektron kann in einer Halogenid-Fehlstelle eingefangen werden, wodurch ein F-Zentrum entsteht. Diese F-Zentren sind metastabil und zerfallen unter Aussendung von Strahlung nach etwa einer Woche. Dadurch ist die Expositionszeit für *imaging plates* begrenzt. Um die gespeicherte Information zu erhalten, wird die Platte mit einem He-Ne-Laser ($\lambda = 633$ nm) punktweise bestrahlt (kleinste Punktgröße derzeit $(50~\mu m)^2$, dies begrenzt die Ortsauflösung). Die F-Zentren absorbieren dieses Licht, und die Elektronen werden erneut angeregt. Beim Rückfall in das Grundniveau (Valenzband) wird Energie auf die Eu^{2+}-Ionen übertragen, welche ihrerseits beim Übergang vom angeregten in den Grundzustand Lumineszenzlicht abstrahlen. Das Lumineszenzlicht wird mit Photodetektoren gemessen. Seine Intensität ist proportional zur Menge angeregter Atome, diese wiederum proportional zur Intensität der radioaktiven Strahlung und damit der Menge an markierter Substanz. Daher kann mit Hilfe eines parallel vermessenen Standards die absolute Menge an Material bestimmt werden. Abbildung VII.16 zeigt ein typisches Bild, den ein Elektrophorese-Gel auf einer solchen Nachweisplatte erzeugt. Durch die hohe Empfindlichkeit dieser Methode können die Belichtungszeiten im Vergleich zur Autoradiographie bis zu einem Faktor von etwa 100 reduziert werden. Die *imaging plate* wird durch Bestrahlung mit weißem Licht wieder gelöscht, so dass sie wieder verwendet werden kann.

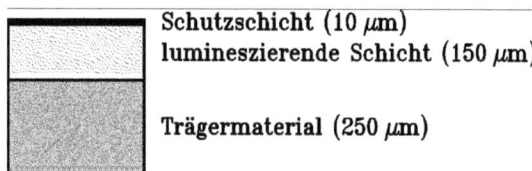

Abb. VII.15: Schematische Darstellung des Aufbaus einer *imaging plate*.

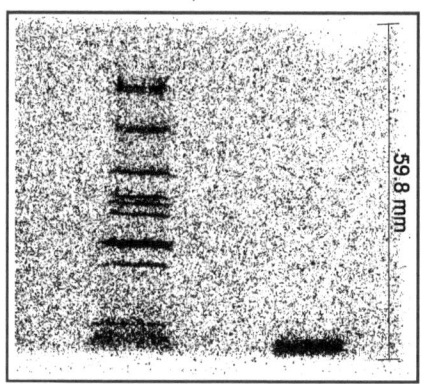

Abb. VII.16: Radioluminographische Aufnahme eines ^{3}H-markierten Expressionssystems aus *E. coli*.

5. Biologische Strahlenwirkung

Der größte Nachteil bei der Verwendung radioaktiver Isotope ist ihre Toxizität, die von der ionisierenden Strahlung herrührt. Wird diese Strahlung in Gewebe absorbiert, werden angeregte Moleküle und freie Radikale gebildet. Diese können über eine Reihe komplexer biochemischer Reaktionen zu zellulären Veränderungen und schließlich sogar zum Zelltod führen. In komplexen Organismen können solche Zellen durch Zellerneuerung ersetzt werden, wodurch der Gesamtorganismus überlebt. Wird ein Körper aber sehr intensiver Strahlung ausgesetzt, kann der Zelluntergang derartige Ausmaße annehmen, dass er nicht mehr durch Ersatz kompensiert werden kann. Der Organismus stirbt schließlich an akuter Strahlenkrankheit. Diese Schädigung lässt sich somit vermeiden, wenn die Exposition unter einen gewissen Schwellenwert sinkt, bei dem die Zellerneuerungsrate ausreichend hoch im Vergleich zum Zelltod ist.

Die *Strahlungsdosis*, die für einen Menschen zum Tod führt, liegt bei einigen GRAY (Gy). Als Dosis bezeichnet man die Strahlungsenergie, die bei der Wechselwirkung zwischen Strahlung und Materie abgegeben wird. Die *Energiedosis* D_E entspricht somit der Energie dE, die an ein Massenelement dm abgegeben wird:

$$D_E = \frac{dE}{dm} \tag{VII.9}$$

5. Biologische Strahlenwirkung

Ihre Einheit ist somit J kg^{-1} und wird GRAY (Gy) genannt. Früher war die Einheit rad (*radiation absorbed dose*) gebräuchlich (1 Gy = 100 rad).

Die Energiedosis beschreibt die Wirkung von Strahlung auf biologisches Gewebe nicht adäquat, da unterschiedliche Strahlungsarten verschiedene Wirkungsgrade besitzen. Daher muss in Gleichung VII.9 ein Wichtungsfaktor W eingefügt werden, um dies zu korrigieren. Für die sog. *Äquivalentdosis* H_R gilt:

$$H_R = D_E \cdot W \tag{VII.10}$$

Die physikalische Einheit der Äquivalentdosis ist ebenfalls J kg^{-1}, sie wird SIEVERT (Sv) genannt und ist somit von Gy zu unterscheiden (ältere Einheit: rem (*RÖNTGEN equivalent man*), 1 Sv = 100 rem).

Gleiche Äquivalentdosen erzeugen die gleichen biologischen Wirkungen. Der Wichtungsfaktor wird für RÖNTGEN-Strahlung und andere Photonen gleich eins gesetzt. β-Strahlung ruft in ähnlichem Maße Schäden hervor, so dass ihr Wichtungsfaktor ebenfalls eins beträgt. Damit wird für β- und γ-Strahlung 1 Gy = 1 Sv. α-Teilchen erzeugen Ionen und Radikale aufgrund ihrer starken Wechselwirkung mit Materie in einem viel kleineren Volumen als β- oder γ-Strahlung. Daher besitzen sie mit $W = 20$ einen viel höheren Wichtungsfaktor.

Zwar führen nur die bei genügend hohen Dosen auftretenden Schäden zum Tod, aber auch geringe Strahlendosen können zu Zellschäden führen. Drei Phasen der Strahlenwirkungen können unterschieden werden (Abb. VII.17). Zunächst wird die Strahlungsenergie absorbiert. Die Strahlung wechselwirkt mit den Zellmolekülen und regt ihre Elektronen an. Dies führt entweder zu angeregten Molekülen oder, wenn ein Elektron einen Molekülverband verlässt, zu Radikal-Kationen:

$$\begin{aligned} \text{Ionisation:} \quad & M \xrightarrow{\alpha, \beta, \gamma} M^{\bullet+} + e^- \\ \text{Anregung:} \quad & M \xrightarrow{\alpha, \beta, \gamma} M^* \end{aligned} \tag{VII.11}$$

Ein durch Ionisation erzeugtes Elektron kann seinerseits Moleküle anregen oder ionisieren. In chemischen Schritten können dann über Folgereaktionen (wie z. B. Dissoziation) weitere Radikale gebildet werden, und die Radikale reagieren dann in der Zelle mit anderen Molekülen. Aufgrund der wässrigen Umgebung werden besonders häufig die sehr reaktiven Hydroxylradikale und Wasserstoffperoxid gebildet:

$$\begin{aligned} H_2O &\xrightarrow{\alpha, \beta, \gamma} H_2O^{\bullet+} + e^- \\ H_2O &\xrightarrow{\alpha, \beta, \gamma} H_2O^* \\ H_2O^{\bullet+} + H_2O &\longrightarrow H_3O^+ + HO^{\bullet} \\ 2\,HO^{\bullet} &\longrightarrow H_2O_2 \\ H_2O^{\bullet+} + e^- &\longrightarrow H_2O^* \\ H_2O^* &\longrightarrow H^{\bullet} + HO^{\bullet} \end{aligned} \tag{VII.12}$$

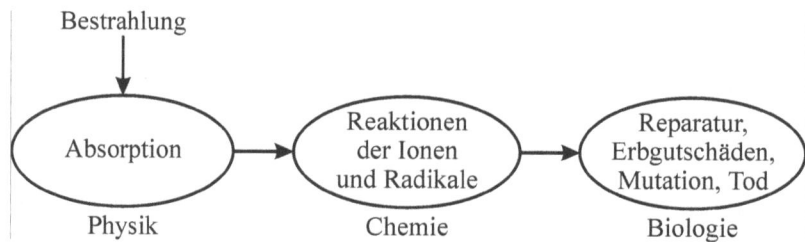

Abb. VII.17: Die drei Phasen der Wirkung ionisierender Strahlung auf Zellen (nach: D. Schulte-Frohlinde, Chem. unserer Zeit **24** (1990) 37).

Insbesondere Schäden an der DNA können im dritten, dem biologischen Schritt, schwerwiegende Folgen nach sich ziehen: Erbgutveränderungen (genetische Wirkung) oder Mutationen, die Krebs auslösen (somatische Wirkung). Da mit zunehmender Dosis die Zahl der auftretenden Schäden steigt, gibt es im Fall von radioaktiver Strahlung wahrscheinlich auch keinen Schwellenwert, unter dem eine Bestrahlung völlig risikofrei ist. Allerdings gibt es eine Vielzahl zellulärer Reparaturmechanismen, welche DNA-Schäden korrigieren und bei geringen Dosen die Tumorbildung unwahrscheinlich machen. Die DNA kann entweder direkt von der ionisierenden Strahlung oder durch Reaktion mit einem in seiner Nachbarschaft gebildeten Radikal (z. B. Hydroxylradikal) geschädigt werden. Tabelle VII.3 zeigt die wichtigsten Klassen von DNA-Schäden, wobei zumindest für Bakterien geklärt ist, dass ein Doppelstrangbruch besonders gravierende Folgen nach sich zieht. Für *E. coli* wurde beispielsweise von H. S. KAPLAN gefunden, dass die Zahl der letal von radioaktiver Strahlung getroffenen Zellen proportional der Zahl der Doppelstrangbrüche im Genom ist.

Grundsätzlich ist es also wichtig, dass man sich, um Strahlenschäden zu vermeiden, möglichst niedrigen Strahlendosen aussetzt. Daneben ist man immer natürlichen Strahlungsquellen ausgesetzt, wie z. B. kosmischer Strahlung oder natürlich vorkommenden Radionukliden. Diese können z. B. eingeatmet (wie ^{222}Rn und ^{220}Rn) oder über die Nahrung inkorporiert werden (wie z. B. ^{14}C oder ^{40}K). Die Gesamtsumme dieser natürlichen Strahlungsexpositionen beträgt für einen Menschen ca. 1,5–2,5 mSv pro Jahr.

Zusätzlich setzen sich Menschen auch künstlichen Strahlungsquellen aus, z. B. in der RÖNTGEN-Diagnostik und Nuklearmedizin. Dadurch beträgt die durchschnittliche effektive Äquivalentdosis eines Menschen in Mitteleuropa pro Jahr zwischen 2,5 und 4 mSv.

Tab. VII.3: Auftretende Klassen von Strahlenschäden an DNA.

1. Einzel- und Doppelstrangbrüche
2. Basenschäden
3. Verluste von Basen, Nucleosiden und Nucleotiden
4. Strukturänderungen der DNA
5. Mehrfachschäden
6. Addukte
7. Vernetzungen zwischen zwei DNA-Strängen oder zwischen DNA und Proteinen

Der Umgang mit radioaktiven Stoffen ist durch die Strahlenschutzverordnung geregelt und genehmigungspflichtig. In ihr sind u. a. die Aufgaben von Strahlenschutzverantwortlichen und -beauftragten festgelegt. Außerdem sind die Dosisgrenzwerte für die verschiedenen Überwachungsbereiche angegeben. Weiterhin legt sie Maximalwerte für die Inkorporation radioaktiver Stoffe fest. Die Personendosis wird durch dosisempfindliche Geräte (Dosimeter, Plaketten) erfasst. Arbeiten mit radioaktiven Substanzen erfordert einen sorgfältigen Umgang mit den verwendeten Chemikalien in Isotopenlabors. Unter Umständen müssen spezielle Abschirmungen (z. B. Plexiglas mit Bleieinlagerungen gegen β-Strahlung, dicke Bleiplatten gegen γ-Strahlung) benutzt werden. Als einfachste Regel zum Selbstschutz kann gelten, dass Abstand einen sehr guten Strahlenschutz darstellt. Aufgrund des quadratischen Zusammenhangs zwischen Strahlungsintensität und Abstand hat ein doppelter Abstand eine vierfach geringere Exposition zur Folge. Neben *Abschirmung* und *Abstand* zählt natürlich *Abwesenheit*, d. h. eine möglichst kurze Aufenthaltszeit in radiochemischen Laboren, zu den drei wichtigen „A's" des Strahlenschutzes.

6. Literatur zu Kapitel VII

E. L. Alpen, *Radiation Biophysics*, Prentice Hall, Englewood Cliffs, 1990.

G. Adam, P. Läuger, G. Stark, *Physikalische Chemie und Biophysik*, Springer Verlag, Berlin, 1995.

D. Billington, G. G. Jayson, P. J. Maltby, *Radioisotopes*, BIOS Scientific Publ. Ltd., Oxford, 1992.

D. Freifelder, *Physical Biochemistry*, W. H. Freeman & Co., New York, 1982.

C. Keller, *Grundlagen der Radiochemie*, Otto Salle Verlag, Frankfurt/Main, Verlag Sauerländer, Aarau, 1993.

K. H. Lieser, *Einführung in die Kernchemie*, VCH, Weinheim, 1991.

P. Hoffmann, K. H. Lieser, *Methoden der Kern- und Radiochemie*, VCH, Weinheim, 1992.

R. J. Slater (Hrsg.), *Radioisotopes in Biology*, IRL Press, Oxford, 1990.

K. Wilson, J. M. Walker (Hrsg.), *Principles and Techniques of Practical Biochemistry*, Cambridge Univ. Press, Cambridge, 1994.

D. Schulte-Frohlinde, „Die Chemie des zellulären Strahlentodes", Chem. unserer Zeit **24** (1990) 37.

H.-G. Vogt, H. Schultz, *Grundzüge des praktischen Strahlenschutzes*, Carl Hanser Verlag, München, 1992.

Anhang

Physikalische Größen und Einheiten

1. Basisgrößen und ihre Einheiten im SI-System.

Basisgröße	Basiseinheit	
Länge	m	(Meter)
Masse	kg	(Kilogramm)
Zeit	s	(Sekunde)
Elektrische Stromstärke	A	(AMPÈRE)
Thermodynamische Temperatur	K	(KELVIN)
Stoffmenge	mol	(Mol)
Lichtstärke	cd	(Candela)

2. Abgeleitete SI-Einheiten.

Einheitenname	Einheitenzeichen	Definition	Größe
HERTZ	Hz	s^{-1}	Frequenz
NEWTON	N	$kg\,m\,s^{-2}$	Kraft
PASCAL	Pa	$N\,m^{-2}$	Druck
JOULE	J	$N\,m$	Energie
WATT	W	$J\,s^{-1}$	Leistung
COULOMB	C	$A\,s$	elektr. Ladung
VOLT	V	$J\,C^{-1}$	elektr. Potenzial
OHM	Ω	$V\,A^{-1}$	elektr. Widerstand
SIEMENS	S	Ω^{-1}	elektr. Leitwert
FARAD	F	$C\,V^{-1}$	elektr. Kapazität
TESLA	T	$V\,s\,m^{-2}$	magn. Flussdichte

Anhang

3. Dezimale Vielfache und Bruchteile von Einheiten.

Vielfaches	Vorsilbe	Symbol	Bruchteil	Vorsilbe	Symbol
10	Deka	da	10^{-1}	Dezi	d
10^2	Hekto	h	10^{-2}	Zenti	c
10^3	Kilo	k	10^{-3}	Milli	m
10^6	Mega	M	10^{-6}	Mikro	µ
10^9	Giga	G	10^{-9}	Nano	n
10^{12}	Tera	T	10^{-12}	Piko	p
10^{15}	Peta	P	10^{-15}	Femto	f

4. Weitere Einheiten und ihr Zusammenhang mit SI-Einheiten.

Einheitenname	Einheitenzeichen	Definition
Zentimeter	cm	$= 10^{-2}$ m
ÅNGSTRÖM	Å	$= 10^{-10}$ m
Barn	b	$= 100$ fm$^2 = 10^{-28}$ m^2
Liter	L	$= 1$ dm$^3 = 10^{-3}$ m^3
Gramm	g	$= 10^{-3}$ kg
SVEDBERG	S	$= 10^{-13}$ s
Dyn	dyn	$= 1$ g cm s$^{-2} = 10^{-5}$ N
Kilopond	kp	$= 9{,}80665$ kg m s$^{-2} = 9{,}80665$ N
Erg	erg	$= 1$ dyn cm $= 10^{-7}$ J
Elektronenvolt	eV	$= 1{,}602177 \cdot 10^{-19}$ J
Thermochemische Kalorie	cal	$= 4{,}184$ J
Physikalische Atmosphäre	atm	$= 1{,}01325$ bar $= 760$ Torr
Bar	bar	$= 10^5$ Pa
Torr	Torr	$= 1$ mm Hg-Säule $= 133{,}322$ Pa
POISE	P	$= 1$ g cm^{-1} s$^{-1} = 0{,}1$ Pa s
CURIE	Ci	$= 3{,}7 \cdot 10^{10}$ Bq
DEBYE	D	$= 3{,}33564 \cdot 10^{-30}$ C m

5. Naturkonstanten und wichtige Zahlenwerte.

Größe	Symbol	Zahlenwert
AVOGADRO-Konstante	N_A	$6{,}022\,141\,79 \cdot 10^{23}$ mol^{-1}
Gaskonstante	R	$8{,}314\,472$ J K^{-1} mol^{-1}
BOLTZMANN-Konstante	$k_B = R/N_A$	$1{,}380\,650\,4 \cdot 10^{-23}$ J K^{-1}
Elektrische Elementarladung	e	$1{,}602\,176\,487 \cdot 10^{-19}$ C
FARADAY-Konstante	$F = e \cdot N_A$	$9{,}648\,533\,99 \cdot 10^4$ C mol^{-1}
Lichtgeschwindigkeit im Vakuum	c	$2{,}997\,924\,58 \cdot 10^8$ m s^{-1}
PLANCKsche Konstante	h	$6{,}626\,068\,96 \cdot 10^{-34}$ J s
	$\hbar = h/2\pi$	$1{,}054\,571\,628 \cdot 10^{-34}$ J s
atomare Masseneinheit	u	$1{,}660\,538\,782 \cdot 10^{-27}$ kg
Ruhemasse		
des Neutrons	m_n	$1{,}674\,927\,211 \cdot 10^{-27}$ kg
des Protons	m_p	$1{,}672\,621\,637 \cdot 10^{-27}$ kg
des Elektrons	m_e	$9{,}109\,382\,15 \cdot 10^{-31}$ kg
Massenverhältnis	m_p/m_e	$1836{,}152\,672$
Magnetische Feldkonstante	μ_0	$4\pi \cdot 10^{-7}$ N A^{-2}
Elektrische Feldkonstante	$\varepsilon_0 = (\mu_0 \cdot c^2)^{-1}$	$8{,}854\,187\,817 \cdot 10^{-12}$ F m^{-1}
Nullpunkt der CELSIUS-Skala	T^0	$273{,}15$ K
Normaldruck	p^0	$1{,}013\,25 \cdot 10^5$ Pa
Molares Standardvolumen des idealen Gases	$V^0 = R \cdot T^0/p^0$	$22{,}414 \cdot 10^{-3}$ m^3 mol^{-1}
BOHRscher Radius	$a_0 = 4\pi \cdot \varepsilon_0 \cdot \hbar^2 /(m_e \cdot e^2)$	$5{,}291\,772\,085\,9 \cdot 10^{-11}$ m
BOHRsches Magneton	$\mu_B = e \cdot \hbar /2m_e$	$9{,}274\,009\,15 \cdot 10^{-24}$ J T^{-1}
Kernmagneton	$\mu_N = e \cdot \hbar /2m_p$	$5{,}050\,783\,24 \cdot 10^{-27}$ J T^{-1}
Magnetisches Moment des Elektrons	μ_e	$9{,}284\,763\,77 \cdot 10^{-24}$ J T^{-1}
LANDÉ-Faktor des Elektrons (g-Faktor)	$g_e = 2\mu_e/\mu_B$	$2{,}002\,319\,304\,3622$
Gyromagnetisches Verhältnis des Protons	γ_p	$2{,}675\,222\,099 \cdot 10^8$ T^{-1} s^{-1}
Normal-Fallbeschleunigung	g	$9{,}806\,65$ m s^{-2}

nach: National Institute of Standards and Technology (NIST), 2006; http://www.nist.gov.

6. Umrechnungsfaktoren von Energieeinheiten

$1\ J = 1\ W\ s = 1\ N\ m = 1\ kg\ m^2\ s^{-2} = 1\ Pa\ m^3 = 10^{-2}\ L\ bar$

$4{,}184\ J = 1\ cal$

Die Energien atomarer Teilchen werden oft in Elektronenvolt (eV) angegeben:

$1\ eV = 1000\ meV = 1{,}602176 \cdot 10^{-19}\ J = 96{,}485\ kJ\ mol^{-1}\ /\ N_A$

In der Spektroskopie wird in Anlehnung an das Frequenzgesetz

$\Delta E = h \cdot \nu = h \cdot c \cdot \tilde{\nu}$

als Maß für die Anregungsenergie ΔE eines Teilchens häufig die Wellenzahl $\tilde{\nu}$ (in cm^{-1}) angegeben:

$1\ cm^{-1} \mathrel{\hat{=}} 1{,}9864 \cdot 10^{-23}\ J \mathrel{\hat{=}} 0{,}1240\ meV \mathrel{\hat{=}} 11{,}963\ J\ mol^{-1}$

Die thermische Energie beträgt bei Raumtemperatur (298,15 K):

$R \cdot T = 2{,}4790\ kJ\ mol^{-1} \mathrel{\hat{=}} 0{,}02569\ eV \mathrel{\hat{=}} 207{,}2\ cm^{-1}$

Index

Abschirmungskonstante	395	Bindungsgleichgewichte	525
Absorption	248	Bindungskonstante	55
Absorptionskoeffizient	251	biochemische Reaktionen	481
linearer	192	Messmethoden	501
Absorptionsspektrometer	250	biologische Membranen	11, 13
Absorptionsspektrum	249	biologische Strahlenwirkung	546
Aminosäuren	260, 261	*black lipid membranes*	15
Lösungsmitteleinfluss	266	Blitzlichtphotolyse	518
Nucleinsäuren	262	BLOCHsche Gleichungen	411
Porphyrine	261	BOHRsches Magneton	381, 455
Proteine	259, 260	BOLTZMANN-Verteilung	246
Abstandsverteilungsfunktion	182	BRAGGsche Gleichung	201
Adenosin-5'-monophosphat (AMP)	28	BRAVAIS-Gitter	198
A-DNA	30	BRIGGS-HALDANE-Gleichung	492
Adsorptionsisotherme	18	BUERGER-Kamera	207
Affinitätschromatographie	105	*buoyancy factor*	83
AFM	133	*caged*-Verbindungen	519
Aktivierungs-GIBBS-Energie	483	CARR-PURCELL-MEIBOOM-GILL-	
Aktivität	534	Pulsfolge	391
Alles-oder-Nichts-Prozess	525	CD	277
Amid-Banden (IR)	360	CD-Spektren, Nucleotide	284
Aminosäuren	19, 20	Proteine	285
Anharmonischer Oszillator	344	CD-Spektrometer	279
Anisotropie (chemische Verschiebung)	407	Cellulose	34
Anisotropie (Fluoreszenz)	322	Chaotrope Agenzien	38
Anti-STOKES-Streuung	368, 369	*charge-transfer*-Übergänge	254
Äquivalentdosis	547	*chemical shift*	395
Assoziationskonstante	525	chemische Verschiebung	395, 397
Atomformfaktor	164	chemischer Austausch	411
ATR	351	Chiroptische Methoden	272
attenuated total reflection (ATR)	351	Cholesterin	49
Auflösungsvermögen	110, 111	Chromatographie	100
Auftriebsfaktor	83	Chromophor-Chromophor-	
Auslöschungen	209	Wechselwirkung	265
Austauschkorrelationszeit	411	Chromophore	247, 255
Auswahlregeln	249	Chromosomen	30
Autokorrelationsfunktion (FSC)	336	CHUDLEY-ELLIOTT-Modell	233
Autoradiographie	543	Circulardichroismus (CD)	277
Bahndrehimpuls	455	Clathrat-Struktur	8
Bakteriorhodopsin	364	CLAUSIUS-MOSOTTI-Gleichung	149
Bathochrome Verschiebung	266	cmc	8
B-DNA	30	Codon	32
BEQUEREL	534	*coherent anti-STOKES RAMAN*	
Beugungsbegrenzung	119	*scattering* (CARS)	371

COMPTON-Effekt	197	Drucksprung-Methode	514
continuous-wave-NMR	386	DSC	44
Coomassie-Blau	97	Thermogramme, Phospholipide	50
correlated spectroscopy (COSY)	431	Thermogramme, Polynucleotide	52
COSY	431	Thermogramme, Proteine	51
COTTON-Effekt	275, 278	*dynamic light scattering* (DLS)	155
COUETTE-Rotationsviskosimeter	71	dynamische Lichtstreuung	155
COULOMB-Gesetz	1	dynamische Prozesse (NMR)	413
CPMAS-Experiment	447	EADIE-HOFSTEE-Plot	496
cross polarisation (CP)	446	Effizienz (Energietransfer)	318
DAVYDOV-Aufspaltung	265	EFM	141
DE BROGLIE-Beziehung	124	Einkristallverfahren	206
DEBYE-Gleichung	177	EINSTEIN-Beziehung	81
DEBYE-SCHERRER-Methode	209	EINSTEIN-KUHNsches Viskositätsgesetz	74
DEBYE-Streufunktion (GAUßsche Kette)	179	Eis-Struktur	6
		elastic incoherent structure factor (EISF)	230
DEBYE-WALLER Faktor	204, 474	*electron nuclear double resonance* (ENDOR)	468
Deformationsschwingungen	346		
Desoxyribonucleinsäure (DNA)	27, 30	*electron paramagnetic resonance* (EPR)	455
Desoxyribose	28		
Deuteronen-NMR-Spektroskopie	418	*electrostatic force microscope* (EFM)	141
Dextran	102	elektrischer Feldgradient (NMR)	393
diamagnetische Abschirmung	395	elektrisches Dipolmoment	247, 248
dichroitisches Verhältnis	270	elektrisches Kernquadrupolmoment	392
Dichtegradientenzentrifugation	91	elektromagnetische Strahlung	242
Diederwinkel	398	elektromagnetische Welle	242, 244
difference scanning calorimetry (DSC)	44	Elektronendichte	202
Differential-Interferenz-Kontrastmikroskopie	111	Elektronendichteprofil	225
differentieller Streuquerschnitt	163, 166	Elektronendichteverteilung	204
Differenzspektren (FT-IR)	364	Elektroneneinfang	531
Diffusionskoeffizient	158	Elektronenmikroskopie (EM)	124
mittels ESR	464	Elektronenradius	163
mittels FRAP	333, 334	Elektronenspektroskopie	247
Dihedraler Winkel	24	Elektronenspinresonanz-Spektroskopie (ESR)	455
Dipalmitylphosphatidylcholin	13		
Dipol-Dipol-Relaxation	388, 392	elektronische Übergänge	254, 259
Dipol-Dipol-Wechselwirkung	2, 4	Elektrophorese	93
Dipolmoment, elektrisches	3	Elektrophoretische Beweglichkeit	96
Dissoziationskonstante	525	elliptisch polarisiertes Licht	272
Distanzgeometrie-Algorithmen	441	Elliptizität	277
Disulfidbrücke	22	Elutionsdiagramm	101, 104
DNA	27, 30	ENDOR	468
Doppelhelix	29	Energiedosis	546
Schmelzvorgang	40	Energieübertragung	292
DONNAN-Gleichgewicht	67	Entfaltungs-GIBBS-Energie	44, 46
doppelt differentieller Streuquerschnitt	230	enzymatische Reaktionen	481

Enzymhemmung	496
Enzym-Substrat-Komplex	484
ESR	455
EWALD-Konstruktion (Kugel)	202
EXAFS	236
Excimere	313
Exciton-Aufspaltung	265
excluded volume-Effekt	60
extended X-ray absorption fine structure (EXAFS)	236
Extinktionskoeffizient	251, 255
extreme motional narrowing-Bereich	392
extrinsische Fluorophore	303
Faserproteine	26
FCS	333
Feldgradienten-NMR	449
FERGUSON-Plot	96
FERMI-Kontakt-Wechselwirkung	397
Festkörper-NMR-Spektroskopie	443
Festkörperunterstütze Lipidmembranen	15
Fibrillen, Beugungsbild	227
FICKsche Gesetze	74, 77
Filmwaage	17
FISCHER-Projektion	21
FLIM	116, 308
flip flop-Prozess	465
fluorescence correlation spectroscopy (FCS)	333
fluorescence intensity distribution analysis (FIDA)	338
fluorescence lifetime imaging microscopy (FLIM)	116, 308
fluorescence quantum yield	306
fluorescence recovery after photobleaching (FRAP)	332
Fluoreszenzdepolarisation	320
Fluoreszenzintensitäts-Fluktuationen	336, 339
Fluoreszenzkorrelationsspektroskopie	333
Fluoreszenzlebensdauer-Mikroskopie	308
Fluoreszenzlöschung	308
Fluoreszenzmessung	
dynamische	294
statische	294
Fluoreszenzmikroskopie	112
Fluoreszenzquantenausbeute	306
Fluoreszenzspektren	297

Lösungsmitteleinfluss	299
Fluoreszenzspektroskopie	290
Messmethoden	293
Fluorophore	301
flüssig-kristalline Phase (Membranen)	13
Flüssig-Mosaik-Modell	11
Formfaktor	174
FÖRSTER-Abstand	318
FÖRSTER-Energietransfer	315
FOURIER-*imaging*-Methode	452
FOURIER-Koeffizienten	205
Fraktale	181
FRANCK-CONDON-Prinzip	258
FRAP	332
free induction decay (FID)	385, 388
freie Aktivierungsenthalpie	483
Frequenzdomänen-Technik	296, 325
Frequenzspektrum	159
FRIEDELsches Gesetz	218
FT-IR-Spektrometer	348
FT-NMR	386
Ganghöhe	24
gauche-Isomere	16
GAUßsche Kette	179
GAUßsches Knäuel	180
Gefrierätzung	130
GEIGER-MÜLLER-Zählrohr	535
Gelausschlusschromatographie	101
Gelelektrophorese	95
Gelpermeationschromatographie	101
Gel-Phase	13
Geometrische Packungsfaktoren	8, 10
GFP	303
Gitterkonstanten	197
Gleichgewichtsmarkierung	541
Glucose	33, 34
GOUY-CHAPMAN-Schicht	99
GRAY	546
grazing incidence diffraction (GID)	195
grazing incidence small-angle X-ray scattering (GISAXS)	195
green fluorescent protein (GFP)	303
Grenzanisotropie	330
Grenzviskositätszahl (STAUDINGER-Index)	62
GROTTHUSS-Mechanismus	6
Gruppenfrequenz	346

g-Tensor	461	induzierte Anpassung	488, 489
Guanidiniumhydrochlorid	38	Infrarot-Reflexions-Absorptions-	
GUINIER-Näherung	177	Spektroskopie (IRRAS)	352
Gyrationsradius (Streumassen-		Infrarotspektroskopie	342
radius)	60, 152	Inhibitoren	496
gyromagnetisches Verhältnis	381	inkohärenter Streubeitrag	166
HAGEN-POISEUILLE-Gleichung	69	*insertion devices*	169
Halbwertsbreite (NMR-Spektrum)	389	Interferogramm-Funktion	349
Halbwertszeit	535	Interkombinationsübergang	292
Hämoglobin	27, 527	interne Totalreflexionsmikroskopie	115
Absorptionsspektrum	263	interpartikulärer Strukturfaktor	163, 184
harmonischer Oszillator	343	*intersystem crossing* (ISC)	292
Harnstoff	38	intrapartikulärer Strukturfaktor	163, 174
HARTMANN-HAHN-Bedingung	446	intrinsische Fluorophore	301
Hauptübergangstemperatur	15	intrinsische Viskosität	72
Helices	24	*inversion recovery*-Methode	390
Helixbildungsgrad	34, 38	Ionenaustauschchromatographie	104
Helix-Knäuel-Umwandlung	31, 38, 39	Ionenbeweglichkeiten	7
HELMHOLTZ-SMOLUCHOWSKI-		Ionenbindung	1
Gleichung	99	Ionenstärke	61
heteronuclear OVERHAUSER effect		ionisierende Strahlung	547
spectroscopy (HOESY)	437	IRRAS	352
heteronuclear single quantum coherence		isoelektrische Fokussierung	97
(HSQC)	437	Isomerieverschiebung	472
high spin-Zustand (ESR)	466	isopyknische Ultrazentrifugation	91
HILL-Gleichung	526	*isothermal titration calorimetry* (ITC)	54
HILL-Koeffizient	526	Isotherme Titrationskalorimetrie (ITC)	54
Histone	30, 31	Isotopenanwendungen	541
Hohlraumresonator	457	Isotopensubstitutionsmethode	362
homöoviskose Adaption	48	JABLONSKI-Diagramm	291
HOOKEsches Gesetz	343	KARPLUS-Beziehung	398
HSQC	437	KEESOM-Wechselwirkung	3
hydrodynamische Methoden	59	*KELVIN probe microscopy*	141
hydrodynamisches Volumen	72	Keratin	26
hydrophober Effekt	7	Kernmagnetische Resonanz (NMR)	381
Hyperchromie	262	Kern-OVERHAUSER-Effekt	424
Hyperfeinaufspaltung		Kern-OVERHAUSER-Verstärkungs-	
in ESR-Spektroskopie	458	faktor	427
in MÖßBAUER-Spektroskope	473	Kernquadrupolmoment	394
Hyperfeinkopplungskonstante	459	Kernspin	381
Hyperfeinwechselwirkung		Kernspin-Quantenzahlen	382
in ESR-Spektroskopie	458	KERR- Zelle	279
in MÖßBAUER-Spektroskopie	469	Kinematische Näherung	193
Hypochromie	262, 265	Kippschwingung	354
hypsochrome Verschiebung	267	KIRCHHOFFsche Gleichung	45
imaging plates	545	Kleinwinkelstreuapparaturen	167
induced fit	488, 489	Koaleszenztemperatur	411

kohärenter Streubeitrag	166
Kohlenhydrate	32
Kollagen	24
kolligative Methoden	59
kompetitive Hemmung	497
konfokale Laserscanningmikroskopie	113
Konformationsumwandlungen	34
Kontaktverschiebung	409
Kontrastfaktor	174, 188
Kontrastvariation	187
Kooperativität	34, 37, 525
Koordinationszahl	186
Kopplungskonstanten	398, 440
Korrelationsfunktion (Lichtstreuung)	158
Korrelationspeak	186
Korrelationsspektroskopie (COSY)	431
KOSHLAND-NÉMETHY-FILMER-Modell	528
Kraftspektroskopie	143
KRAMERS-KRONIG-Beziehung	279
KRATKY-Kamera	171
KRATKY-Plot	178
Kreuzkorrelationsfunktion (FCS)	340
Kreuzpolarisation	446
Kristallgitter	197
Kristallisationsmethoden	214
kritische Micellkonzentration (cmc)	8
kritischer Packungsparameter	10
Kryo-Elektronentomographie	131
LAMBERT-BEER-Gesetz	250, 251
LAMB-MÖßBAUER-Faktor	474
LANGMUIR-Adsorptionsisotherme	523
LANGMUIR-BLODGETT-Schichten	18
LANGMUIR-POCKELS-Filmwaage	16
LAPORTE-Verbot	250
LARMOR-Frequenz	384
Laser-Doppler-Anemometrie	99
LAUE-Gleichung	200
LENNARD-JONES-Wechselwirkung	3
Lichtmikroskopie	110
Lichtstreuung	146
Lineardichroismus	269
LINEWEAVER-BURK-Plot	495
Lipiddoppelschichten	10
Lipid-Konformation	16
Liposomen	12
LONDONsche Dispersionskräfte	3, 4
longitudinale Relaxationszeit	387
LORENTZ-Kurve	232
LORENTZ-Polarisationsfaktor	205
LORENTZ-Verteilung (Lichtstreuung)	160
low spin-Zustand (ESR)	466
LUZZATI-Methode	221
lyotroper Polymorphismus	12, 15
L_α-Phase	15
MAD	215
magic angle spinning (MAS)	445
magnetic force microscope (MFM)	142
magnetisches Moment	
Elektronen	455
Kerne	381
Magnetisierung	384
major groove	30
Makromoleküle (Polymere)	60, 61
MARK-HOUWINK-Gleichung	74
MAS	445
MCCONNEL-Gleichung	459
MCCONNEL-ROBERTSON-Gleichung	408
mean residue weight (MRW)	278
Membranen	11, 15
Membranlipide	12
Micellen	8
MICHAELIS-Konstanten	491, 492
MICHAELIS-MENTEN-Gleichung	490
MICHAELIS-MENTEN-Kinetik	489
MICHELSON-Interferometer	348, 349
Mikroskopie	110
MILLERsche Indizes	198
MIR	215
mittleres Verschiebungsquadrat	80
molare Rotation	275
molekularer Ordnungsparameter (NMR)	420
Molmasse, mittlere	62, 63
monomolekulare Filme	16
MONOND-WYMAN-CHANGEUX-Modell	528
Monoschichten	17
MORSE-Potenzial	344
MÖßBAUER-Spektroskopie	469
multilamellare Vesikel	12, 14
multiple isomorphous replacement (MIR)	215
multipler isomorpher Ersatz	215

Multipolentwicklung	183	in NMR	419
multi-wavelength anomalous diffraction (MAD)	215	ORD-Spektrometer	275
		Osmometrie	64
Myoglobin	26, 527	Osmose	64
Natriumdodecylsulfat (SDS)	8, 9, 96	OSTWALD-Viskosimeter	69
NERNST-Stift	347	Oszillatorenstärke	249
Netzebenenabstand	198	Oxymeter	261
Neutronen-Kleinwinkelstreuung	161, 171	Paarkorrelationsfunktion	186
Neutronen-Reflektometrie	191	PALM-Mikroskop	124.
Neutronen-Streulänge	165	paramagnetische Substanzen (NMR)	408
Neutronen-Streulängendichte	188	PARRATT-Methode	193
Neutronenstreuspektrum	230, 235	PATTERSON-Funktion	212
Nicht-kompetitive Hemmung	499	PATTERSON-Synthese	213
NICOLsches Prisma	277	penetration depth	349
Nitroxidspinsonde	460	Peptidbindung	21
NMR	381	PERRIN-Gleichung	324, 327
dreidimensionale (3D)	438	Phasendifferenz	164
zweidimensionale (2D)	429	Phasenfluorometer	296
NMR-Spektrometer	385, 386	Phasenkontrastmikroskopie	111
NMR-Tomographie	451	Phasenproblem	211
NOE-Effekt	424	Phasenumwandlungen, Modellbio-	
NOESY	434	membranen	47, 48
Normalschwingungen	345, 346	Phasenverschiebung	204
nuclear magnetic resonance (NMR)	381	Phospholipide	12, 15
nuclear OVERHAUSER effect (NOE)	424	Phosphoreszenz	292
nuclear OVERHAUSER enhancement		photoactivated localization microscopy	
spectroscopy (NOESY)	434	(PALM)	122
Nucleinsäuren	27	photoakustische Spektroskopie (PAS)	378
Nucleosid	27	Photobleichverfahren	332
Nucleotid	27	photon counting histogram (PCH)	338
numerische Apertur	111	Photonenenergie	242
Oberflächendruck	18	Photonen-Korrelationsspektroskopie	156
Oberflächenplasmonenresonanz	519	Photoselektion	321
Oberflächenpotenzial	99	pitch	24
oberflächenverstärkte RAMAN-		POCKELS-Zelle	279
Streuung	371	point spread function (PSF)	336
optical tweezers	144	Polarisation	245, 322
optische Aktivität	281	Polyacrylamid	102
optische Drehung	274	Polyacrylamidgele	95, 96
optische Pinzetten	144	Polysaccharide	33
optische Rasternahfeldmikroskopie	142	POROD-Näherung	177
optische Rotationsdispersion (ORD)	272	Potenzialkurve	257, 344
optoakustisches Spektrum	379	power spectrum	159
ORD	272	pre-steady-state-Phase	491
Ordnungsparameter		Primärstruktur	23
in ESR	461	Proteine	19
in Fluoreszenzspektroskopie	330	Proteinkristallographie	195

Proteinkristallstrukturanalyse	214	Relaxationsmechanismen	391
Protonentransport	7	Relaxationsmethoden	504
pulse field gradient spin echo		Relaxationsprozesse	416
(PFGSE)-Experiment	451	Relaxationszeiten	389
pulse-chase-Methode	542	REM	128
Pulsmarkierungsmethode	541	*resonance units* (RU)	521
Pulverdiagramme	209	Resonanz-RAMAN-Effekt	370
pump-probe-Experiment	320	Resonanz-RAMAN-Spektroskopie	
Pyren-Sonde	314	(RRS)	376
QENS	229	*restrained molecular dynamics*	441
Quadrupolaufspaltung		Retinal	254, 256
in MÖßBAUER-Spektroskopie	472	Rezeptor-Ligand-Wechselwirkung	328
in NMR-Spektroskopie	418	Reziprokes Gitter	200, 202
Quadrupolkopplungskonstante	418	Ribonuclease S	26
Quartärstruktur	27	Ribonucleinsäure (RNA)	27, 28, 31, 32
Quasielastische Neutronen-Streuung		Ribose	28
(QENS)	229	Ringstromeffekt	396
quenched-stopped-flow-Apparatur	509	RNA	27, 28, 31, 32
quenching	292	*rocking*-Schwingung	354
radiation absorbed dose (rad)	547	ROESY	437
radioaktive Nuklide	530	RÖNTGEN equivalent man (rem)	547
radioaktiver Zerfall	534	RÖNTGEN-Absorption (EXAFS)	236
Radioimmunoassay	542	RÖNTGEN-Beugung, Lipidphasen	218, 224
Radioluminographie	545	RÖNTGEN-Beugungsmethoden	
Radionuklide	532	zeitaufgelöste	216, 227, 228
RAMACHANDRAN-Diagramm	25	RÖNTGEN-Kleinwinkelstreuung	161
RAMAN-Effekt	368, 369	RÖNTGEN-Reflektometrie	191
RAMAN-Spektroskopie	367	RÖNTGEN-Röhre	168
Rasterelektronenmikroskop (REM)	128	RÖNTGEN-Spektrum	168
Rasterkraftmikroskop (AFM)	133	RÖNTGEN-Streulänge	165
Rastersondenmikroskopie	131	RÖNTGEN-Streuung, anomale	217
Rastertransmissionselektronen-		*rotating frame OVERHAUSER*	
mikroskop	130	*enhancement spectroscopy*	
Rastertunnelmikroskopie	131	(ROESY)	437
RAYLEIGH-GANS-DEBYE-		*rotational resonance*	447
Theorie	151, 155	Rotationsdiffusion	81, 323
RAYLEIGH-Interferogramme	88	Rotationsstärke	282
RAYLEIGH-Streuung	146	rotierendes Koordinatensystem	384
RAYLEIGH-Streuung	368	RUSSELL-SAUNDERS-Kopplung	455
RAYLEIGH-Verhältnis	148, 152	*R*-Wert	212
Reaktions-GIBBS-Energie	482	Sauerstoff-Bindungskurve	527
REDOR	447	SAYREsche Gleichung	214
Reflektometrie	191	*scanning near field optical microscope*	
Reflexionsbedingung	203	(SNOM)	142
Reflexionskoeffizient	192	*scanning thermal microscope* (SThM)	142
Reibungskoeffizienten	81	*scanning transmission electron*	
Relaxation (NMR)	386	*microscope* (STEM)	130

Index   561

scanning tunneling microscope (STM)	131	spezifischer Drehwinkel	275, 276
SCHERAGA-MANDELKERN-Beziehung	89	Spin-Bahn-Kopplung	455
Schlüssel-Schloss-Modell	489	Spindrehimpuls	455
Schmelzen, DNA	38	Spin-Echo-Experiment	391
Schmelztemperatur	38, 39	Spin-Gitter-Relaxationszeit	387
Schweratommethode	213	Spinmultiplizität	256
Schwingungsspektroskopie	342	Spin-Spin-Kopplung (Feinaufspaltung)	397
Membranen	353	Spin-Spin-Wechselwirkungsenergie	397
Nucleinsäuren	366	Spreitungsdruck	16
Proteine	360	*stacked plot* (2D-NMR)	430
Schwingungswellenfunktionen	257	Standardbedingungen	482
scissoring-Schwingung	354	Standard-Bindungsenthalpie	56
SDS	8, 9	*steady-state*-Phase	491
SDS-Gelelektrophorese	96	STED-Mikroskop	120
SDS-PAGE	96	STEM	130
SDS-Polyacrylamidgel	96, 97	*step scan*-Technik	363
Sedimentation	82	STERNsche Doppelschicht	99
Sedimentationsgeschwindigkeit	85	STERN-VOLMER-Gleichung	310, 313
Sedimentationsgleichgewicht	90	Stickstoffbasen	28
Sedimentationsgleichgewichts-zentrifugation	91	*stimulated emission depletion* (STED)	119
Sedimentationskoeffizient	85, 87	*stochastic optical reconstruction microscopy* (STORM)	122
SEIRA	352	STOKES-EINSTEIN-Gleichung	81, 311
Sekundärelektronenvervielfacher	538	STOKES-Radius	74, 81
Sekundärstruktur	23, 24	STOKESsches Gesetz	80, 327
Selbstdiffusion	80	STOKES-Streuung	368, 369
Selbstdiffusionskoeffizient (NMR)	449	STOKES-Verschiebung	299
Selbstkorrelationsfunktion	232	*stopped flow*-Technik	288, 504
self beating-Spektroskopie	161	STORM	122
self-assembled monolayer (SAM)	352	Strahlenschäden	547
Sensorgramm	521	Strahlungsdosis	546
Sephadex	102	Streulängendichte, Neutronen	188
SERS	371	Streulängendichteprofil	225, 226
SIEGERT-Gleichung	158	Streumassenradius	60, 154, 182
SIEVERT	547	Streuquerschnitt, doppelt differentieller	230
SIMHA-Faktor	71	Streuvektor	162
simulated annealing	442	Stroboskop-Technik	362
single photon counting	295	Strömungsmethoden	504
Singulett-Singulett-Energie-transfer	292, 315	Strukturfaktor	184, 202, 204
Singulettzustände	256	Strukturviskosität	74
size exclusion chromatography	103	Substratspezifität	488
SOLOMON-Gleichung	427	*surface enhanced RAMAN scattering* (SERS)	371
SORET-Bande	261	*surface plasmon resonance* (SPR)	519
Spektralbereiche	243	*surface enhanced infrared absorption* (SEIRA)	352
spektrale Dichtefunktion	414, 415		
spezifische Rotation	275		

SVEDBERG-Einheit	85	*umbrella*-Schwingung	354
Synchrotronstrahlung	169, 216	Umwandlungsenthalpie	36
Szintillationszähler	537, 538	unkompetitive Hemmung	498
tapping mode-AFM	135	Valenzschwingungen	345
Teilchenform (Modellierung)	183	VAN DER WAALS-Wechselwirkung	2
TEM	125	VAN HOVE-Korrelationsfunktion	231
Temperatursprung-Methode	510	VAN'T HOFFsche Enthalpie-	
TEMPO-Spinsonde	460	änderung	37, 45
Terahertz-Spektroskopie	379	VAN'T HOFFsche Gleichung	36, 64, 510
TERS	371	VCD	371
Tertiärstruktur	25	Verteilungskoeffizient	101
Thermisch-kalorische Messverfahren	43	Vesikel	12, 14, 15
THOMSON-Streuung	163, 197	*vibrational circular dichroism* (VCD)	371
time correlated single photon counting		Vierkreis-Diffraktometer	208
(TCSPC)	295, 342	viskoelastisches Verhalten	76
tip-enhanced RAMAN spectroscopy		Viskosimetrie	67
(TERS)	371	Viskositätskoeffizient, Wasser	70
TIRF	115	*wagging*-Schwingung	354
TOCSY	433	Wärmekapazität	46
Torsionswinkel	24, 398, 440	Wärmestrom-Differenz-Kalorimetrie	53
total correlation spectroscopy		Wasser	5
(TOCSY)	433	Dipolmoment	6
total internal reflection (TIR)	520	Wasserstoffbrückenbindungen	5
total internal reflection fluorescence		Wechselwirkungen, Aminosäuren	22
microscopy (TIRF)	115	Wechselwirkungsenergien	1
total sideband suppression (TOSS)	446	Wechselwirkungskräfte, intermolekulare	1
trans-gauche-Isomerisierung	422	Wechselzahl	481, 493, 494
trans-Isomere	16	WEISSENBERG-Methode	206
Transkription	32	Wellenvektorübertrag	162
Translationsdiffusion	74	WILHELMY-Plättchen	16
Translationsdiffusionskoeffizient	78, 161	Winkel, kritischer	192
Transmission	252	*wobbling*-Diffusionskoeffizient	329
Transmissionselektronenmikroskop		XANES	236
(TEM)	125	*X-ray absorption near edge structure*	
transversale Relaxation	388	(XANES)	236
transversale Relaxationszeit	388	Z-DNA	30
transverse relaxation optimized		ZEEMAN-Aufspaltung	381
spectroscopy (TROSY)	438	zeitkorrelierte Einzelphotonenzählung	295
Triplettzustände	256	*zero path difference* (ZPD)	348,
TROSY	438	Zeta-Potenzial	99
Turbidität	151	ZIMM-Plot	153
turnover number	481, 493, 494	zirkular polarisiertes Licht	272, 273, 278
Übergangsdipolmoment	248	Zonenzentrifugation	92
Übergangswahrscheinlichkeit	249	Zufallsknäuel	60
Übergangszustand	484	zweidimensionale NMR-	
Ultrazentrifugation	83	Spektroskopie	429
Ultrazentrifugenzelle	88	zweiter Virialkoeffizient (B)	64, 65

Index

α-Helix	23	β-Schleifen	24
α-Zerfall	530	β-Spektren	533
β-Faltblatt	24	β-Umwandlung	531
β-Mercaptoethanol	96	γ-Strahlung	533, 535, 540

Aus dem Programm Chemie

Claus Czeslik / Heiko Seemann / Roland Winter
Basiswissen Physikalische Chemie
3., überarb. u. erw. Aufl. 2009. XVI, 372 S. mit 159 Abb. u. 30 Tab.
(Studienbücher Chemie, hrsg. von Elschenbroich, Christoph / Hensel,
Friedrich / Hopf, Henning) Br. EUR 39,90
ISBN 978-3-8351-0253-8

Aggregatzustände - Thermodynamik - Aufbau der Materie - Statistische Thermodynamik - Oberflächenerscheinungen - Elektrochemie - Reaktionskinetik - Molekülspektroskopie

Das Basiswissen der Physikalischen Chemie wird in klarer und kompakter Weise dargestellt. Angesichts des Umfangs traditioneller Lehrbücher der Physikalischen Chemie soll der hier dargebotene Stoff das Lernen für Prüfungen und Klausuren erleichtern. Ziel des Buches ist es, für die fortgeschrittene und spezielle Ausbildung in diesem Fach ein tragfähiges - mathematisch fundiertes - Fundament zu legen. Neben der makroskopischen, phänomenologischen Beschreibungsweise kommt der molekularen theoretischen Deutung der Begriffe und Gesetzmäßigkeiten eine zentrale Rolle zu. Wichtige Aspekte der quantenmechanischen Darstellung molekularer Eigenschaften werden ebenfalls besprochen.
In der 3. Auflage wurden kleinere Verbesserungen und Ergänzungen vorgenommen.

VIEWEG+TEUBNER

Abraham-Lincoln-Straße 46
65189 Wiesbaden
Fax 0611.7878-400
www.viewegteubner.de

Stand Januar 2011.
Änderungen vorbehalten.
Erhältlich im Buchhandel oder im Verlag.

Aus dem Programm Chemie

Rudi Hutterer
Fit in Biochemie
Das Prüfungstraining für Mediziner, Chemiker und Biologen
2010. IV, 641 S. (Studienbücher Chemie) Br. EUR 39,95
ISBN 978-3-8348-0727-4

Aufgaben vom Multiple Choice-Typus - Biomoleküle - Enzymkinetik und optisch-enzymatische Bestimmungen - Energetik und Stoffwechsel - Nucleinsäuren, Genexpression und molekularbiologische Methoden - Spezielle Themenbereiche - Aufgaben mit klinischem / pharmakologischen Bezug - Lösungen

Die Aufgabensammlung „Fit in Biochemie" baut auf den beiden erschienenen Titeln „Fit in Anorganik" und „Fit in Organik" auf und bildet den Abschluss dieser Reihe. Das hierbei bewährte Konzept wird beibehalten: im Mittelpunkt stehen die ausführlich ausgearbeiteten und kommentierten Lösungen zu den Aufgaben.

Rudi Hutterer
Fit in Anorganik
Das Prüfungstraining für Mediziner, Chemiker und Biologen
2., überarb. und erw. Aufl. 2011. VI, 498 S. (Studienbücher Chemie)
Br. ca. EUR 34,95
ISBN 978-3-8348-0652-9

Multiple Choice Aufgaben mit einer richtigen Lösung - Multiple Choice Aufgaben mit mehreren richtigen Lösungen - Aufgaben mit frei zu formulierenden Antworten - Lösungen zu den Aufgaben aus Kapitel 1 - Lösungen zu den Aufgaben aus Kapitel 2 - Lösungen zu den Aufgaben aus Kapitel 3

VIEWEG+
TEUBNER

Abraham-Lincoln-Straße 46
65189 Wiesbaden
Fax 0611.7878-400
www.viewegteubner.de

Stand Januar 2011.
Änderungen vorbehalten.
Erhältlich im Buchhandel oder im Verlag.

MIX
Papier aus verantwortungsvollen Quellen
Paper from responsible sources
FSC® C105338

If you have any concerns about our products,
you can contact us on
ProductSafety@springernature.com

In case Publisher is established outside the EU,
the EU authorized representative is:
**Springer Nature Customer Service Center GmbH
Europaplatz 3, 69115 Heidelberg, Germany**

Printed by Libri Plureos GmbH
in Hamburg, Germany